实用工程塑料手册

第2版

主　　编　张玉龙

副 主 编　李　萍　石　磊　张文栋

参　　编　王喜梅　王四清　孔令美

杜仕国　李桂变　杨晓冬

段金栋　黄晓霞　宫　平

机 械 工 业 出 版 社

本书全面、详细地介绍了主要工程塑料聚酰胺（PA）、聚碳酸酯（PC）、聚甲醛（POM）、热塑性聚酯（PET 与 PBT）、聚苯醚（PPO）、聚四氟乙烯（PTFE）、聚苯硫醚（PPS）、聚砜类塑料（PSU）、聚醚醚酮（PEEK）、聚酰亚胺（PI）、聚芳酯（PAR）与液晶聚合物（LCP）的性能、改性技术及加工与应用，采用实例的方式详细介绍每一种改性塑料的原材料与配方、制备方法、性能、效果与应用等，反映了工程塑料改性和成型方法及应用中的最新成果。

本书的特点是实用性、先进性和可操作性强。

本书可供塑料行业材料研究、产品设计、配方设计、制造加工人员查阅，也可供管理、销售和教学人员参考。

图书在版编目（CIP）数据

实用工程塑料手册/张玉龙主编. —2 版. —北京：机械工业出版社，2019. 3（2024.7重印）

ISBN 978-7-111-62079-2

Ⅰ. ①实… Ⅱ. ①张… Ⅲ. ①工程塑料－技术手册 Ⅳ. ①TQ322. 3-62

中国版本图书馆 CIP 数据核字（2019）第 034635 号

机械工业出版社（北京市百万庄大街 22 号 邮政编码 100037）

策划编辑：张秀恩 责任编辑：张秀恩

责任校对：郑 婕 张晓蓉 封面设计：严娅萍

责任印制：张 博

北京建宏印刷有限公司印刷

2024 年 7 月第 2 版第 2 次印刷

169mm×239mm · 57. 75 印张 · 2 插页 · 1325 千字

标准书号：ISBN 978-7-111-62079-2

定价：249.00 元

电话服务 网络服务

客服电话：010-88361066 机 工 官 网：www.cmpbook.com

010-88379833 机 工 官 博：weibo.com/cmp1952

010-68326294 金 书 网：www.golden-book.com

机工教育服务网：www.cmpedu.com

前　言

工程塑料是一种新型的合成材料，且在合成材料中属于低成本、高效工程结构材料。因其原材料来源丰富，品种多样，性能优异，可调节性、可配制性强，应用领域逐步拓宽，属于当今发展最快、用量最大的工程材料之一。它与当前使用最为普遍的金属材料和无机结构材料一起，成为当今世界三大主导结构材料。近年来，随着高新技术在工程塑料中的应用，特别是改性技术、配方设计技术的深入发展，使得其牌号与各品级数量与日俱增，性能不断提高，应用领域迅速扩展，已成为国民经济建设、国防建设和人民日常生活不可或缺的重要工程材料之一，呈现出良好的发展势头。

为了普及工程塑料的基础知识，推广并宣传工程塑料改性和成型方法及应用中的新成果，我们对《实用工程塑料手册》进行了再版。2 版（以下简称本书）全书 12 章 35 节，较为详细地介绍了聚酰胺（PA）、聚碳酸酯（PC）、聚甲醛（POM）、热塑性聚酯（PET 与 PBT）、聚苯醚（PPO）、聚四氟乙烯（PTFE）、聚苯硫醚（PPS）、聚砜类（PSU）塑料、聚醚醚酮（PEEK）、聚酰亚胺（PI）、聚芳酯（PAR）与液晶聚合物（LCP）的性能、改性技术及加工与应用，采用实例的方式详细介绍了每一种改性塑料的原材料与配方、制备方法、性能、效果与应用等内容。本书在保留 1 版中工程塑料主要品种与性能的基础上，增添了改性、加工与应用内容，新增内容超过 70%。

本书是塑料行业材料研究、产品设计、配方设计、制造加工、管理、销售和教学人员的必备工具书，也可作为培训教材使用。

本书突出实用性、先进性和可操作性，理论叙述从简，侧重于用实例说明问题，结构层次清晰，语言简练，信息量大，数据翔实可靠，图文并茂，可读性、可查阅性极强。若本手册的出版发行能对我国塑料工业的发展起到指导和促进作用，作者将感到无比欣慰。

由于水平有限，书中不妥之处在所难免，敬请读者批评指正。

作　者

目 录

前言
第一章 工程塑料概述 …… 1
第一节 工程塑料的基础知识 …… 1
一、定义与范畴 …… 1
二、分类 …… 1
三、性能 …… 1
第二节 工程塑料的改性方法、组成和成型方法 …… 10
一、主要改性方法 …… 10
二、组成和成型方法 …… 12
第三节 工程塑料技术创新 …… 13
一、简介 …… 13
二、树脂的技术创新 …… 14
三、配方创新 …… 15
四、工艺技术创新 …… 15
五、为保持工程塑料工业的持续发展而创新 …… 16
第四节 工程塑料的地位与作用 …… 17
一、在国民经济建设中的作用 …… 17
二、在国防建设中的地位与作用 …… 19
三、在高新技术中的地位与作用 …… 23
第二章 聚酰胺（PA） …… 24
第一节 主要品种的性能 …… 24
一、简介 …… 24
二、尼龙 6 …… 29
三、尼龙 66 …… 54
四、尼龙 610 …… 78
五、尼龙 612 …… 85
六、尼龙 11 …… 90
七、尼龙 12 …… 93
八、尼龙 1010 …… 98
九、尼龙 46 …… 102
十、MC 尼龙 …… 105
十一、粉末尼龙 …… 108
十二、透明尼龙 …… 110
十三、共聚尼龙 …… 113
十四、改性尼龙 …… 115

第二节　改性技术 …… 121
一、简介 …… 121
二、增韧改性 …… 125
三、合金化改性 …… 137
四、填充改性 …… 145
五、纤维增强 …… 158
六、纳米改性 …… 167
七、石墨烯改性 …… 181
八、功能改性 …… 191
第三节　加工与应用 …… 209
一、玻璃纤维增强尼龙 66 的加工与应用 …… 209
二、高耐寒玻璃纤维增强尼龙复合材料的加工与应用 …… 211
三、无捻粗纱增强尼龙复合材料的加工与应用 …… 212
四、增强增韧尼龙 12 加工与应用 …… 213
五、玻璃纤维增强尼龙 6 的挤出工艺与性能 …… 214
六、无卤阻燃尼龙 6 的加工与应用 …… 217
七、聚氨酯改性尼龙球磨机内衬的加工与应用 …… 218
八、MC 尼龙棒材卧式离心浇注加工与应用 …… 219
九、增韧耐磨尼龙弹带的加工与应用 …… 220
十、尼龙放线滑轮的注射成型与应用 …… 221
第三章　聚碳酸酯（PC） …… 223
第一节　主要品种的性能 …… 223
一、简介 …… 223
二、国内聚碳酸酯主要品种的性能 …… 229
三、国外聚碳酸酯主要品种的性能 …… 232
第二节　改性技术 …… 257
一、增韧改性 …… 257
二、合金化改性 …… 263
三、填充改性与增强改性 …… 267
四、纳米改性 …… 272
五、功能改性 …… 279
第三节　加工与应用 …… 289
一、装甲防护用高抗冲高模量 PC 复合材料的加工与应用 …… 289
二、高级改性 PC 板材的加工与应用 …… 290
三、液晶显示器光反射膜用 TiO_2 改性 PC 的加工与应用 …… 292
四、薄膜法增强改性 PC 的加工与应用 …… 292
五、抗黄变性 PC 的加工与应用 …… 294
六、PC 基光扩散材料的加工与应用 …… 295
七、PC/ABS 手机充电器专用料的加工与应用 …… 298
八、蓝光吸收剂改性 PC 光扩散产品的加工与应用 …… 301

九、耐刮擦高光 PC/ABS 合金的加工与应用 …… 303
十、PC/ABS 合金的挤出成型与应用 …… 304
十一、短切玻璃纤维增强 PC 的加工与应用 …… 306
十二、玻璃纤维网格布增强 PC 复合材料的加工与应用 …… 307
十三、PC 导电功能材料的加工与应用 …… 309
第四章 聚甲醛（POM） …… 312
第一节 主要品种的性能 …… 312
一、简介 …… 312
二、国内聚甲醛主要品种的性能 …… 314
三、国外聚甲醛主要品种的性能 …… 316
四、改性聚甲醛 …… 337
第二节 改性技术 …… 339
一、简介 …… 339
二、增韧改性 …… 343
三、合金化改性 …… 352
四、填充改性与增强改性 …… 359
五、纳米改性 …… 367
六、功能改性 …… 374
第三节 加工与应用 …… 384
一、碳纤维增强 POM 复合材料的加工与应用 …… 384
二、碳纤维/铜颗粒增强 POM 复合材料的加工与应用 …… 385
三、改性竹纤维增强废旧 POM 复合材料的加工与应用 …… 386
四、耐磨消声 POM 复合材料的加工与应用 …… 388
五、改性 POM 耐磨复合材料的加工与应用 …… 389
六、PTFE/POM 耐磨复合材料的加工与应用 …… 390
七、抗静电/导电型 POM 产品的开发与应用 …… 391
八、耐候型 POM 材料的加工与应用 …… 396
第五章 热塑性聚酯（PET 与 PBT） …… 398
第一节 聚对苯二甲酸乙二（醇）酯（PET） …… 398
一、主要品种的性能 …… 398
二、改性技术 …… 414
三、加工与应用 …… 449
第二节 聚对苯二甲酸丁二醇酯（PBT） …… 456
一、主要品种的性能 …… 456
二、改性技术 …… 485
三、加工与应用 …… 528
第六章 聚苯醚（PPO） …… 548
第一节 主要品种的性能 …… 548
一、简介 …… 548
二、国外聚苯醚主要品种的性能 …… 549

第二节　改性技术……561
一、增韧改性……561
二、合金化改性……568
三、填充改性与增强改性……582
四、纳米改性……588
五、功能改性……594
第三节　加工与应用……598
一、三螺杆挤出尼龙 66/PPO 共聚物……598
二、PPO/尼龙 66 合金的加工与应用……599
三、预辐照 PPO 反应挤出成型与应用……601
四、耐水高安全环保 PPO 软电缆用材的加工与应用……601
五、PPO 天线罩的加工与应用……605
六、改性 PPO 合金雷达天线罩的加工与应用……609
七、玻璃纤维布增强改性 PPO 覆铜板……611
第七章　聚四氟乙烯（PTFE）……615
第一节　主要品种的性能……615
一、简介……615
二、国内 PTFE 主要品种的性能与应用……617
三、国外 PTFE 主要品种的性能与应用……620
第二节　PTFE 的改性技术……624
一、表面改性……624
二、合金化改性……629
三、填充改性……636
四、增强改性……647
五、纳米改性……655
第三节　加工与应用……664
一、PTFE 密封垫片……664
二、高回弹低磨损食品级 PTFE 密封材料产品……665
三、多孔含油 PTFE 密封材料……666
四、水/油润滑条件下 PTFE 耐磨材料的加工与应用……668
五、玻璃纤维增强 PTFE 材料的加工与应用……669
六、Al/Fe_2O_3/PTFE 反应材料的加工与应用……670
七、玻璃纤维增强 PTFE 耐高温滤料的加工与应用……671
八、纳米 Al_2O_3 改性 PTFE 复合保持架材料……675
九、PTFE 油封技术……676
第八章　聚苯硫醚（PPS）……679
第一节　主要品种的性能与应用……679
一、主要品种……679
二、主要性能……680
三、应用……682

四、国内 PPS 主要品种的性能与应用…… 682
五、国外 PPS 主要品种的性能与应用…… 685
第二节　改性技术…… 686
一、增韧改性…… 686
二、合金化改性…… 690
三、填充改性和增强改性…… 699
四、纳米改性…… 709
第三节　加工与应用…… 714
一、PPS 的注射成型技术…… 714
二、PPS 微孔泡沫的注射成型与制品…… 719
三、热压法制备锆（Zr）基非晶颗粒增强 PPS…… 720
四、玻璃纤维增强增韧 PPS 复合材料的加工与应用…… 721
五、碳纤维增强 PPS 复合材料的性能与应用…… 722
六、PPS 耐磨复合材料的制备与应用…… 724
七、碳纤维与玻璃纤维增强 PPS 耐磨复合材料…… 725
八、抗热氧化 PPS 复合材料…… 726
第九章　聚砜类（PSU）塑料…… 728
第一节　主要品种的性能…… 728
一、主要品种…… 728
二、双酚 A 聚砜…… 728
三、聚醚砜…… 734
四、聚芳砜…… 738
第二节　改性技术…… 742
一、填充改性与增强改性…… 742
二、合金化改性…… 746
三、填充增强改性…… 751
第三节　加工与应用…… 763
一、玻璃纤维增强 PES/环氟复合材料的加工与应用…… 763
二、磨碎碳纤维增强 PES 汽车装饰紧固件材料的加工与应用…… 764
三、金属/PES 复合自润滑材料…… 765
四、3D 打印用木粉/PES 材料激光烧结成型技术…… 767
第十章　聚醚醚酮（PEEK）…… 769
第一节　主要品种的性能…… 769
一、简介…… 769
二、聚醚醚酮的性能…… 771
三、成型加工性能…… 773
第二节　改性技术…… 773
一、填充改性与增强改性…… 773
二、纳米改性…… 782
第三节　加工与应用…… 785
一、钛酸钾晶须/PEEK 复合材料的注射成型与应用…… 785

二、碳纤维 + 石墨/PEEK 复合材料的模压成型与应用…… 786
三、高承载耐磨 PEEK 复合材料的加工…… 788
四、三维编织纤维增强 PEEK 的加工与应用…… 789
五、连续碳纤维增强 PEEK 预浸带的成型加工…… 790
六、PEEK/PTFE 水润滑轴承材料的加工与应用…… 792
七、电缆用 PEEK 的加工与应用…… 793
第十一章　聚酰亚胺（PI）…… 796
第一节　主要品种的性能…… 796
一、简介…… 796
二、实用性聚酰亚胺…… 797
三、性能与应用…… 809
四、性能、成型方法与应用…… 815
第二节　改性技术…… 816
一、简介…… 816
二、填充改性与增强改性…… 819
三、纳米改性…… 826
四、石墨烯改性…… 832
五、功能改性…… 838
第三节　加工与应用…… 847
一、共聚联苯型聚酰亚胺模压成型与应用…… 847
二、聚酰亚胺复合材料的树脂传递模塑（RTM）与应用…… 849
三、高强度玻璃布增强 PI 复合材料的加工与应用…… 850
四、短切碳纤维增强 PI 泡沫塑料的加工与应用…… 851
五、电纺碳纳米纤维短纤增强 PI 高介电常数复合材料…… 852
六、PI 纤维的结构、性能及其应用…… 853
第十二章　聚芳酯（PAR）与液晶聚合物（LCP）…… 856
第一节　聚芳酯（PAR）…… 856
一、PAR 树脂…… 856
二、PAR 合金…… 858
三、增强 PAR 塑料…… 860
四、国内外 PAR 主要品种的性能…… 860
五、PAR 的成型加工…… 862
六、氧化石墨烯改性热致液晶 PAR…… 863
七、PAR 的研究进展…… 864
第二节　液晶聚合物（LCP）…… 867
一、主要性能…… 867
二、主要品种的性能…… 867
三、成型加工特性…… 869
四、应用与发展…… 870
五、改性技术…… 870
六、加工与应用…… 877
七、其他液晶化合物…… 881
参考文献…… 896

第一章　工程塑料概述

第一节　工程塑料的基础知识

一、定义与范畴

工程塑料是指可用作结构材料的塑料。该类塑料具有较宽的使用温度范围、较长的使用寿命，使用期间可保持优良的特性、能够承受机械应力的作用。

所谓已在工程结构中应用的一类塑料主要是指通用工程塑料、特种工程塑料和高性能增强塑料等。

二、分类

工程塑料的分类方法很多，可按其化学组成、结晶程度、耐热性、受热后性能变化特点和功能或用途等方法加以分类，但不管哪一种方法，都难以全面概括，只是根据需要或便于形成一种明确概念，从某一侧面加以归纳分类表述的一种方式。本手册则按照工程塑料的应用或功能分类为主加以介绍，其他分类方法仅做简要介绍。

（一）按用途或功能分类

（1）通用工程塑料　聚酰胺（PA）（俗称尼龙）、聚碳酸酯（PC）、聚甲醛（POM）、热塑性聚酯［聚对苯二甲酸乙二醇酯（PET）和聚对苯二甲酸丁二醇酯（PBT）］和改性聚苯醚。

（2）特种工程塑料　氟塑料、聚酰亚胺（PI）、聚苯硫醚（PPS）、聚砜类（PSU）、聚酮类（如聚醚醚酮 PEEK）、聚芳酯（PAR）、液晶聚合物（LCP）和发展中的特种工程塑料。

（二）按化学组成分类

可分为聚酰胺类、聚酯类、聚醚类、聚烯烃类、芳杂环类和含氟类聚合物。

（三）按结晶程度分类

按照聚合物的物理状态，可分为结晶型和无定型两类。聚合物的结晶能力与分子结构规整性、分子间力、分子链柔顺性能等因素相关，结晶程度还会受拉力、温度等外界因素的影响。利用聚合物的物理状态也可部分地表征聚合物的结构和共同特性，是常用的一种分类方法。

（四）按耐热性分类

通常按长期连续使用温度划分为两类：使用温度在 100～150℃ 的塑料（如通用工程塑料和改性工程塑料等）；使用温度在 150℃ 以上的塑料（如特种工程塑料）。

三、性能

（一）塑料的特点（表 1-1）

表1-1　塑料的特点

特点	说　明
优点	1. 质轻——塑料一般都比较轻，其密度在0.83～2.3g/cm^{3}范围内，只有钢铁的1/7～1/4、铝的1/2。这对于减轻机械设备的重量是非常有利的，尤其对要求减轻自重的车辆、船舶、飞机、火箭、导弹、人造卫星和其他尖端技术产品，具有更重要的意义 2. 比强度高——通常情况下塑料的强度都低于金属，但各种增强塑料的力学性能却可以与金属相比。由于其密度远小于金属，因此其比强度（即强度/密度）则与金属相当，甚至远比金属高 3. 耐化学腐蚀性好——塑料的耐化学腐蚀性优于金属，它对酸、碱等化学药品具有良好的耐腐蚀能力。用塑料制作化工设备等耐腐蚀装置具有重要意义 4. 电绝缘性优异——塑料是电的不良导体，其电绝缘性优良，介质常数较低，介电损耗很小。为电气工业及电信、雷达、航天等技术提供了优异的材料 5. 减摩、耐磨性好——大部分塑料的摩擦因数都很小，可用作减摩、耐磨材料，有的甚至能在无润滑剂的情况下有效工作，自润滑性能良好。适宜作为有磨粒或杂质存在等恶劣条件下工作的摩擦材料 6. 消声和隔热性优良——塑料具有优良的消声、隔热性能。用塑料制成的传动摩擦件能减少噪声、降低振动、改善劳动条件。尤其是泡沫塑料常常用作隔声、隔热或保温材料
缺点	1. 一般工程塑料的机械强度较低（特别是刚性差），远不及金属材料高 2. 耐热性较差，大多只能在100℃左右使用，仅有少数品种在200℃上下使用 3. 导热性极差、热胀系数大、易老化、易燃烧，常温下的蠕变值（即所谓冷流性）也比较大

（二）塑料性能术语（表1-2）

表1-2　塑料性能术语

类　别	性能名称	性能含义及其在使用上的意义
物理性能	密度	在一定温度下，物质单位体积的质量称为密度，其单位以g/cm^{3}表示
	吸水性	塑料的吸水性是指规定尺寸的试样浸入一定温度（25℃±2℃）的蒸馏水中，经过一定时间（24h）后所吸收的水量。吸水量与试样质量之比称吸水率
	透明度	透明度通常以透光度来表示。所谓透光度是指透过物体的光通量和射到物体上的光通量的比值百分数（%），它是在光度计上测定出来的
	摩擦因数	根据摩擦定律，通常把摩擦力（F）与施加在摩擦部件上的垂直载荷（N）的比值，称为摩擦因数（μ），即$\mu=F/N$。良好的减摩耐磨材料应当具有最低的摩擦因数
	磨耗	磨耗是塑料在摩擦过程中微粒从摩擦表面不断地被分离，引起摩擦件尺寸不断改变的机械破坏过程，也可称磨损或磨蚀。磨耗量大小表示塑料的耐磨耗程度，常用质量磨耗、体积磨耗、磨痕宽度等指标来表示。良好的减摩材料应当具有最小的磨耗量
力学性能	拉伸强度	拉伸强度表示材料破坏时所承受的最大拉伸应力，它是衡量材料强度的一项重要指标
	弹性模量	弹性模量是一种表示材料刚性大小，是否容易拉伸变形的物理量。弹性模量越高，意味着刚性越大，越不易变形

（续）

类　别	性能名称	性能含义及其在使用上的意义
力学性能	断裂伸长率	断裂伸长率是指材料断裂破坏时的长度变化率，它表示材料的韧性大小，断裂伸长率越大，就表明这种塑料越柔软
	弯曲强度	弯曲强度是指试样放在两支点上，在两支点间施加集中载荷，使试样变形直至破裂时的强度
	弯曲屈服强度	对非脆性塑料而言，当载荷达到某一值时，其弯曲变形继续增加，而载荷不增加的强度。此时的载荷即为破坏载荷
	弯曲模量	弯曲模量是指在屈服之前的比例极限内，弯曲应力与应变的比值，表示该塑料是否容易弯曲变形的物理量
	压缩强度	对材料施加压缩载荷直至破坏或产生屈服现象时，试样原单位横截面面积上所能承受的载荷称为压缩强度
	冲击强度	冲击强度是指以极快的速度对试样施加载荷（冲击力）使之破坏的应力，以单位断裂面积所消耗的能量大小来表示，单位为 kJ/m^2。塑料冲击试验用的试样有两种：一种试样中间刻有缺口；一种没有缺口。对于强度较高的塑料多用带有缺口的试样进行测定
	疲劳强度	塑料在一定循环次数（10^7 次）的交变应力作用下发生破坏的极限强度，称为塑料的疲劳强度。也可以用实际循环次数下的破坏应力来表示
	硬度	硬度是指物体抵抗其他物体压入表面的能力。物体硬度越高，其他物体越难压入。塑料硬度与金属硬度的测定方法相同，都可用布氏硬度、洛氏硬度和邵氏硬度表示。常用的是布氏硬度和洛氏硬度两种，其洛氏硬度以 M 和 R 标尺表示
热性能	比热容	比热容是指 1kg 塑料升高温度 1℃所需要的热量，单位为 J/(kg·K)
	热导率	所谓热导率即当两个平行传热面间的垂直距离为 1m，其间温度为 1℃时，单位时间内在 $1m^2$ 面积上传递的热量，单位为 W/(m·K)。塑料的热导率一般只有 0.23～0.7W/(m·K)，是优良的隔热、保温材料，但对于要求散热的制品，例如摩擦零件，热导率小则是一个缺点
	线胀系数	物质温度升高 1℃时所增加的长度与它原来的长度之比，称为线胀系数。塑料的线胀系数是比较大的，一般比金属大 3～10 倍。这样，在制造带有金属嵌件或者与金属件紧紧结合在一起的塑料制品时，往往会因两者之间膨胀系数相差过大而造成开裂、脱落或松动等不良后果，因此在选择使用塑料制品时应当注意
	耐热性	塑料能够耐受较高的温度而仍保持其优良的物理、力学性能的能力称为耐热性。衡量塑料耐热性的指标，通常有马丁耐热温度、热变形温度和维卡软化点三种。前两种适用于热固性塑料和硬质热塑性塑料，后者适用于均一的热塑性塑料

（续）

类 别	性能名称	性能含义及其在使用上的意义
热性能	脆化温度	把塑料经低温冷冻一段时间后，用一定的外力冲击，塑料开始断裂时的温度称为脆化温度。脆化温度越低，就表明这种塑料的耐寒性越好
	耐燃烧性	这是衡量塑料在火焰中燃烧难易程度和离开火焰后熄灭快慢程度的一个性能指标，一般用不燃、燃烧及自熄等字样来表示
	熔融指数	又称熔体流动速率，是指热塑性塑料在一定温度和一定压力下，熔体在10min内通过标准毛细管的质量值，以g/10min表示
电性能	表面电阻率	是指电流沿材料表面流动时所受的阻力，单位为Ω。表面电阻率越大，表明这种材料的绝缘性能越好
	体积电阻率	是指电流流过材料体内所受的阻力，单位为Ω·cm
	介电常数	在电压相同的两个金属平板之间分别测定塑料和空气（或真空）为介质时的电容量（C_s、C_k）。这两个电容量之比，就是该塑料的介电常数。介电常数越小，表明这种塑料的绝缘性能就越好
	介电损耗	塑料在电场作用下，单位时间内消耗的能量，也就是引起材料发热所消耗的能量，称为介电损耗，常以介电损耗角正切值（$\tan\delta$）表示。介电损耗角正切值$\tan\delta$越小，则其介电损耗也越小，这种塑料的绝缘性能也就越好
	介电强度	任何电介质放在电场中，当电场电压超过某一临界值时，都会丧失其绝缘作用，这种现象称为介质的击穿，单位厚度的介质发生击穿时的电场电压称为介电强度，单位为kV/mm。介电强度越大，这种材料的绝缘性能就越好
	耐电弧性	借高电压在两电极间产生的电弧作用，致使绝缘材料表面形成导电层所需的时间（s），以此来判断绝缘材料的耐电弧性
工艺性能	成型收缩率	是指塑料制品从热模中取出冷却后，制品尺寸缩减的百分比（%）。收缩率是设计塑料制品压模时必须考虑的一项重要数据，否则压制出来的制品尺寸会不符合图样的要求
	流动性	塑料受一定的温度及压力作用能流入并充满整个压模型腔的能力，称为塑料的流动性。它是衡量塑料模压制品工艺性能的一项重要指标

（三）塑料的主要性能（表1-3～表1-7）

表1-3 物理性能

塑料名称		相对密度	收缩率（%）	吸水性（%）	硬 度
尼龙	6	1.14～1.15	—	—	—
	66	1.10～1.15	—	—	118HRR
	610	1.08～1.13	—	—	—
	1010	1.03～1.06	1.0～1.5	0.39	71HBW

（续）

塑料名称		相对密度	收缩率（%）	吸水性（%）	硬　度
尼龙	单体浇注尼龙6	1.15~1.16	—	0.7~1.2	100~120HRR
	30%玻璃纤维增强尼龙6	1.35	—	—	160HBW
	30%玻璃纤维增强尼龙610	1.34	—	—	—
聚碳酸酯	未增强	1.20	0.5~0.8	0.20~0.30	90~95HBW
	30%玻璃纤维增强	1.30	0.1~0.3	0.10~0.20	100~110HBW
	30%碳璃纤维增强	1.36	2	—	—
聚甲醛	均聚物	—	—	—	114HBW
PETP	20%~30%玻璃纤维增强	1.63	—	—	170~300HBW
PBTP	未增强	1.32~1.55	1.20~2.20	0.06~0.10	132~151HBW
	20%~30%玻璃纤维增强	1.45~0.70	0.20~1.00	0.03~0.09	168~204HBW
氟塑料	F4	2.16~2.18	3~4	—	—
	F3	2.1	—	—	—
	F46	2.14~2.17	—	—	—
聚砜	未增强	1.24	0.5~0.8	0.10~0.20	100~200HBW
	玻璃纤维增强	1.45	0.3~0.5	—	100HBW
聚芳砜	玻璃纤维增强	1.67	—	0.51	—
聚醚砜		1.36~1.39	—	—	133.5HBW
聚醚醚酮		1.26	—	0.60	—
聚芳酯		1.20	—	—	—
聚苯醚（改性）		1.06~1.10	0.5~0.7	0.07	—
聚酰亚胺	聚均苯四酰亚胺（薄膜）	1.40	—	—	—
	双醚酐聚酰亚胺	1.36~1.37	—	—	—
	聚醚酰亚胺	1.27	0.5~0.7	0.25	—
	玻璃纤维增强聚胺酰亚胺模压料	1.75~1.95	—	0.5	—
聚苯硫醚	未填充	1.34	—	0.05	—
	玻璃纤维增强	1.58~1.65	0.2	0.01~0.02	—

表1-4　力学性能

塑料名称		拉伸强度/MPa	弯曲强度/MPa	压缩强度/MPa	冲击强度（缺口）/（kJ/m^2）	弹性模量/MPa	弯曲模量/MPa	断裂伸长率（%）
尼龙	6	60～65	90	—	5～7	—	—	30
	66	60～80	80～120	—	8～12	—	2000～3000	—
	610	45～50	600	—	3.2～3.5	—	—	—
	1010	50～55	70～89	79	4～5	1600	1300	100～250
	单体浇注尼龙6	75～100	140～170	100～140	2.7～9	3500～4500	4000	10～30
	30%玻璃纤维增强尼龙6	150～170	200～240	—	9～12	—	5200	12
	30%玻璃纤维增强尼龙610	140	180	—	12	—	5300	11
	30%玻璃纤维增强尼龙1010	110～140	160～220	—	15	—	6000	—
聚碳酸酯	未增强	50～62	90～95	60～80	45～60	2100～2200	1600～1700	60～120
	30%玻璃纤维增强	110	130	—	7～17	4000	—	—
	30%碳纤维增强	76.9～203.3	118	—	5.3～134	—	7000	2.1
聚甲醛	均聚物	65	139	82	85（无缺口）	—	2300	—
	共聚物	50～60	—	—	33～100（无缺口）	—	—	—
PETP	20%～30%玻璃纤维增强	120～160	160～200	159	5～9	—	9100	—
PBTP	未增强	51～63	83～110	12～95	5.5～6.4	—	—	—
	20%～30%玻璃纤维增强	60～130	150～200	125～130	4～15	—	9000	4
氟塑料	F4	14～20	—	—	—	—	—	250～500
	F3	30～35	—	—	—	—	—	20～50
	F46	18～27	—	—	—	—	—	250～400
聚砜	未增强	50～85	100～120	80～100	100～500（无缺口）	2000～2500	2500～2700	—
	玻璃纤维增强	80	140	90	70（无缺口）	3000	—	—
聚芳砜	未增强	94	140	150	100（无缺口）	—	—	7～10

（续）

塑料名称		拉伸强度/MPa	弯曲强度/MPa	压缩强度/MPa	冲击强度（缺口）/(kJ/m²)	弹性模量/MPa	弯曲模量/MPa	断裂伸长率(%)
聚芳砜	玻璃纤维增强	190	346	367	126.3（无缺口）	—	—	—
聚醚砜		90~98	136~154	90.4	23	—	2100	40
聚醚醚酮		86.3	—	—	—	—	—	—
聚芳酯		65	110	97	20	—	—	15~40
改性聚苯醚		40~60	70~100	—	14~20	—	—	—
聚酰亚胺	聚均苯四酰亚胺（薄膜）	100	—	—	—	—	—	20~25
	单醚酐聚酰亚胺	—	180	160	100（无缺口）	—	—	—
	双醚酐聚酰亚胺	110	166~189	153	155（无缺口）	—	—	—
	聚醚酰亚胺	110	106~131	156	6	—	2100	—
	玻璃纤维增强聚胺酰	—	700	—	350（无缺口）	—	—	—
	亚胺模压料	—	—	—	—	—	—	—
聚苯酯		17.6	50.7~53.7	105.2	1~1.5	—	—	—
聚苯硫醚	未填充	56	82	183	4.7	—	—	—
	玻璃纤维增强	144~190	152~312	187	30~99	—	—	—

表1-5 热 性 能

塑料名称		热导率/[W/(m·K)]	线胀系数/($\times10^{-5}K^{-1}$)	热变形温度/℃	马丁耐热温度/℃
尼龙	66	—	—	—	50~60
	1010	—	10.5	—	45
	单体浇注尼龙6	0.32~0.34	4~7	150~190	50~74
	30%玻璃纤维增强尼龙6	—	—	200	—
聚碳酸酯	未增强	0.142	5~7	115~135	105~115
	30%玻璃纤维增强	—	2~4	135~145	—
	碳纤维增强	—	2.8	145	—
聚甲醛	均聚物	—	—	—	53

（续）

塑料名称		热导率/[W/(m·K)]	线胀系数/(×10⁻³K⁻¹)	热变形温度/℃	马丁耐热温度/℃
PETP	20%～30%玻璃纤维增强	—	2.5	240	140～178
PBTP	未增强	—	—	63～64	49～52
	20%～30%玻璃纤维增强	—	2.5	200～218	160～190
聚砜	未增强	—	5	150～174	145～170
	玻璃纤维增强	—	5	165	—
聚芳砜	未增强	—	—	300	242
	玻璃纤维增强	—	—	—	250
聚醚砜		—	5.1～7.7	208	173
聚芳酯		—	6	170	152～155
聚苯醚（改性）		—	—	85～120	—
聚酰亚胺	双醚酐聚酰亚胺	—	2.7	232	—
	聚醚酰亚胺	—	7.1	200	—
	亚胺模压料	—	—	—	280
聚苯硫醚	未填充	—	—	—	102
	玻璃纤维增强	—	2.2～4.5	260	250

表1-6　电　性　能

塑料名称		表面电阻率/Ω	体积电阻率/Ω·cm	介电强度/(kV/mm)	介电常数(1MHz下)	介电损耗角正切值(1MHz下)
尼龙	66	—	1.8×10^{15}	—	1.63	—
	610	—	10^{13}	15	—	3.5×10^{-2}
	1010	—	10^{14}	20	2.5～3.6 (60Hz)	2×10^{-2} (60Hz)
	单体浇注尼龙6	—	—	15～23.6	2.5～3.6	1.5×10^{-2}～2×10^{-2}
	30%玻璃纤维增强尼龙6	—	10^{16}	—	3	—
聚碳酸酯	未增强	—	10^{15}～10^{16}	16～22	2.7～3.1	3×10^{-2}～5×10^{-2}
	30%玻璃纤维增强	—	5×10^{16}	18～22	3～3.3	10^{-2}

（续）

塑料名称		表面电阻率/Ω	体积电阻率/Ω·cm	介电强度/(kV/mm)	介电常数(1MHz下)	介电损耗角正切值(1MHz下)
PETP	20%~30%玻璃纤维增强	10^{12}~10^{16}	10^{16}	24	3.5~4	10^{-2}
PBTP	未增强	—	10^{15}~10^{16}	18~24	2.4~3.3	2×10^{-2}~2.4×10^{-2}
	20%~30%玻璃纤维增强	—	10^{15}~10^{16}	19~30	3.2~4.2	2×10^{-2}
氟塑料	F4	—	10^{16}~10^{17}	60~100	1.8~2.2	2.5×10^{-4}
	F3	—	10^{16}	15	2.2~2.7	1×10^{-2}
	F46	—	10^{16}	30	2.0~2.2	7×10^{-4}
聚砜	未增强	10^{15}~10^{17}	10^{16}~10^{17}	15~20	3.0~3.4	1×10^{-3}~6×10^{-3}
	玻璃纤维增强	—	10^{16}	15	3	1×10^{-3}
聚芳砜	未增强	10^{15}	10^{16}	84.6	4.77	6.5×10^{-3}
	玻璃纤维增强	10^{15}	10^{15}	26	2.68	0.05
聚醚砜		—	10^{16}~10^{17}	—	2.89~3.57	8.6×10^{-3}
聚醚醚酮		—	10^{18}	51.3	2.18	1.7×10^{-2}
聚芳酯		—	10^{16}	20	3.45（50Hz）	2.3×10^{-3}（50Hz）
聚苯醚（改性）		—	10^{16}	22	2.5~2.7	7×10^{-3}~8×10^{-3}
聚酰亚胺	聚均苯四酰亚胺（薄膜）	10^{13}~10^{15}	10^{14}~10^{16}	100	2~4	10^{-2}
	单醚酐聚酰亚胺	10^{15}	10^{16}	15.7	3.0~3.5	5×10^{-3}
	聚醚酰亚胺	10^{17}	10^{16}~10^{17}	36~42	3.3	3×10^{-3}
	玻璃纤维增强聚胺酰亚胺模压料	10^{12}	10^{13}	13	6	5×10^{-2}
聚苯酯		—	10^{13}	—	2.67~3.58（60Hz）	10^{-3}
聚苯硫醚	未填充	—	10^{16}	26.6	—	—
	玻璃纤维增强	10^{15}	10^{16}	17~18.4	—	—

表1-7　燃 烧 性 能

塑料类别	燃　烧　性	试样的外形变化	分解出气体的酸碱性	火焰的外表	分解出气体的气味
聚四氟乙烯	不燃烧	无变化	强酸性	—	在烈火中分解出刺鼻的氟化氢
聚三氟氯乙烯		变软	强酸性	—	在烈火中分解出刺鼻的氟化氢和氯化氢
聚碳酸酯	火焰中能燃烧，不容易点燃，离开火焰后自灭	熔化，分解，焦	中性，开始为弱酸性	明亮，起炱	有特殊味
聚酰胺	火焰中能燃烧，不太容易点燃，离开火焰后自灭	熔化，淌滴，然后分解	碱性	黄橙，边缘蓝色	烧头发、羊毛味

第二节　工程塑料的改性方法、组成和成型方法

一、主要改性方法

工程塑料的改性方法分为聚合物合金（或掺混物）改性法、填充改性法、增强改性法和纳米改性法等。

（一）聚合物合金改性法

（1）机械共混改性法　将两种或两种以上的聚合物，以粉末状、溶液状、乳液状或熔体状，在通用塑料混合设备中加以混合，形成各组分均匀分散的聚合物合金的方法称为共混法。

（2）接枝共聚法　接枝共聚是将聚合物单体B与聚合物A分子主链发生聚合反应的过程，通常生成的典型结构为 ～～—AAAA—～～（支链 BBB—～～）。其接枝操作程序为：先制备聚合物A，再将其溶于聚合物单体B中，形成均匀溶液后，再利用引发剂或热能引发，使聚合物单体B向聚合物A主链上发生转移，便制得接枝共聚物。

（3）嵌段共聚法　聚合物A与聚合物B在黏弹状态或熔融状态下，受强力剪切、超声波或高压电场作用而发生解聚，破裂产生端基活性大分子自由基，这种不同类型的大分子自由基相互结合而形成嵌段共聚物的过程，或者先制备一具有端基活性的聚合物，再用另一单体引发聚合而生成嵌段共聚物的过程称之为嵌段共聚法。

（4）多层乳液共聚法　先用一种聚合物单体进行乳液聚合，以生成的粒子为核，并在其表面聚合形成另一种聚合物单体，使之形成内层与外层组成不同的多层粒子结构的方法称为多层乳液共聚法。

（5）反应增容共混法　在两种聚合物热力学相容性不好或不相容的情况下，加入

某种相容剂以降低两相之间的界面能，促进共混过程中相的分散，阻止分散相的凝聚，强化相间黏结或使共混聚合物组分官能化，通过相互反应增容的一种改性方法称为反应增容共混法。

（6）互穿网络改性法　先制备一适度交联的聚合物网络（聚合物A），并将其在含有活化剂和交联剂的第二种聚合物（聚合物B）单体中溶胀，然后引发聚合就生成交联聚合物网络与第一种聚合物网络相互贯穿的聚合物合金结构，这一反应过程称为互穿网络改性法。

（7）反应挤出改性法　利用双螺杆挤出机（又称反应挤出机），使掺混的物料在增容反应或化学反应的同时完成共混的过程称为反应挤出改性法。

（8）动态硫化改性法　在硫化剂或交联剂存在的情况下，在熔融混炼过程使物料均匀分散的同时进行交联反应生成聚合物合金的过程称为动态硫化改性法。

（9）分子复合改性法　以刚性棒状聚合物为分散相，柔性聚合物为连续相，采用熔融共混或原位聚合技术，使少量的分散相均匀地分散于连续相中生成聚合物合金的过程称为分子复合改性法。

（10）综合改性法　综合改性法是指在聚合物改性过程采用了共聚、多重乳液聚合、反应挤出等技术使合金化一体完成的改性方法。典型的产品有商品牌号为 catalloy 和 EXL3386 的聚合物合金。这种聚合物合金具有微观相分离形态，热变形温度达250℃，且冲击强度良好。

（二）填充改性法

填充改性法是运用在组成和结构上与聚合物基体不同的填料（常为无机填料），以机械掺混的方式，将其添加到聚合物中去，形成分散均匀的复合体系的过程。

常用的填料有以下三类：

（1）惰性填料　以增加体积、降低成本为目的。

（2）活性填料　以改善聚合物某些力学和物理性能为目的。

（3）功能填料　以赋予或改进聚合物某些功能特性为目的。

（三）增强改性法

增强改性法是以聚合物为基体或连续相，以纤维（如玻璃纤维、碳纤维、芳纶、超拉伸聚乙烯纤维、陶瓷纤维、金属纤维等）为增强材料或分散相，采用浸渍或机械混合法制成分散均匀复合材料体系的一种改性方法。

增强改性的目的：

1）提高工程塑料的硬度、密度、刚性（弹性模量）和强度。

2）提高工程塑料的热变形温度，减小其力学和物理性能对温度的依赖性。

3）降低制品收缩率。

4）改进工程塑料的蠕变行为和表观模量，降低载荷黏弹屈服特性，局部改进耐冲击强度等。

5）降低成本等。

（四）纳米改性法

纳米改性是采用机械共混、原位聚合、插层、溶胶-凝胶和分子组装等技术，将纳米级无机粒子、陶瓷粒子、金属粒子、半导体粒子、纳米碳管、纳米葱、纳米线等均匀地分散于树脂基体中形成新型的塑料体系。纳米物质在体系中通过其小尺寸效应、体积效应、表面或界面效应和宏观量子隧道效应的发挥可显著改进和提高塑料的力学性能和热性能，并可赋予塑料新的功能特性。纳米改性法是目前乃至将来塑料改性所追求的高新技术，代表了塑料乃至材料科学发展的重要方向之一。

二、组成和成型方法

（一）塑料的组成（表1-8）

表1-8 塑料的组成

组分名称		作用说明
合成树脂		树脂是塑料中最主要的组分，占塑料质量的40%～100%。树脂不仅起粘接各组分的作用，而且决定了塑料的基本性能
添加剂	填充剂	填充剂又称填料，是塑料中另一个重要组分。在塑料中加入填料，既能改善塑料的性能，又可降低其成本。常用的填料有木粉、棉布、纸张、石棉、云母、玻璃纤维等，一般填料的用量为20%～50%①
	增塑剂	增塑剂是用来增加塑料可塑性和柔软性的一种添加剂。它与树脂混合时并不发生化学反应，而只能减小其熔融黏度，改善塑料的加工性能，同时降低塑料的脆化温度，提高其柔韧性。增塑剂应与树脂有较好的相溶性，无色、无味、无毒，挥发性小，对光、热稳定。常用的增塑剂是低气压液体或低熔点固体有机物，主要是酯类，例如邻苯二甲酸酯类、癸二酸酯类等
	固化剂	固化剂又称硬化剂，是在热固性塑料成型时，用来使线型结构转变成体型结构而加入的一种添加剂。其主要作用是在高聚物分子间生成横跨键，使大分子交联。用作酚醛树脂的固化剂有六次甲基四胺，用作环氧树脂的固化剂有胺类和酸酐类化合物等
	稳定剂	不少塑料在成型加工和使用过程中，因热、光、氧或其他因素的作用会过早老化。为了稳定塑料制品的质量，延长其使用寿命，常在塑料的组分中加入稳定剂。通常都要求稳定剂能与树脂互溶，且成型时不会分解，不与其他添加剂发生化学反应，在使用环境中稳定。常用的稳定剂有硬脂酸盐、铅白、环氧化物等
	着色剂	为了使塑料具有一定的色泽和美观性，常加入着色剂。一般要求着色剂的性质稳定，耐温、耐光、不易变色，着色力强，色泽鲜艳，与塑料结合牢靠。着色剂主要为有机染料和无机颜料
	润滑剂	润滑剂又称脱模剂，它能防止塑料在成型过程中黏附模具或设备，以使制品易于脱模，且表面光洁。常用的润滑剂有硬脂酸及其盐类，其用量为0.5%～1.5%
	其他添加剂	1. 阻燃剂——增加塑料的耐燃性，或能使之自熄。常用的有氧化锑、各类磷酸酯类等 2. 发泡剂——主要用于制备泡沫塑料，能产生泡沫结构。常用的有偶氮二甲酰胺、偶氮苯胺等 3. 抗静电剂——消除塑料在加工、使用中因摩擦而产生的静电，以保证生产操作安全，并使塑料表面不易吸尘。常用的有长链脂族胺类、酰胺类等

① 此处表示质量分数。本书后文中的用量、含量等若未明确说明，均表示质量分数。

（二）塑料的成型方法（表 1-9）

表 1-9 塑料的成型方法

名　称	说　明
注射成型	注射成型是指借助于螺杆或柱塞的推力，将塑料熔融体注入闭合模具内，经冷却、固化定型为制品，是热塑性塑料的主要成型方法之一，近年来也用于某些流动性较大的热固性塑料的成型。这种方法效率高、速度快，且操作可以自动化
挤出成型	挤出成型也称挤压成型，它是利用螺杆旋转产生的推进压力，将熔融状态的塑料连续经型孔或口模挤出，冷却后成型为制品，如管、棒、片以及各种异型断面的型材，是热塑性塑料最主要的一种成型方法。这种方法效率高、产量大，可连续化、自动化
吹塑成型	吹塑成型是制造空心塑料制品或塑料薄膜的重要成型方法，通常分为两种： 中空吹塑——将预先挤出的管状坯料，置于瓣合模具中，封闭管端，趁坯料在受热软化的状态下鼓入压缩空气，经膨胀、冷却、脱模，即得到中空塑料制品 挤出吹塑——挤出成型的一种改进，即在管状环料由挤出机口模挤出的同时，从机头鼓入压缩空气，使之膨胀，并经冷却而得到圆筒状薄膜
压延成型	压延成型是指将树脂与添加剂经混炼和塑化后，加料至压延机上用金属滚筒压延成型，冷却后得到制品的成型方法。压延成型可用于生产热塑性塑料的薄片、薄膜、人造革、地板胶等
压制成型	模压成型——即将粉状、片状或粒状塑料放在金属模具中，在一定的温度和压力下成型为制品。它是热固性塑料的主要成型方法之一，也可用于热塑性塑料。加热的目的，对后者而言，仅仅是为了塑料熔化，获得流动性；而对前者，则还要使大分子间发生交联，转换成不熔的体型结构。模压成型适合用于制造形状复杂或带有嵌件的制品 层压制品——这是指以片状材料如纸、布、玻璃布、木片等浸渍树脂溶液或液态树脂，经烘干、裁制、叠层，然后在层压机上加热加压固化成型。用这种方法可生产各种层压制品，如板材、棒材、管材等
浇注成型	浇注成型是由金属浇注移植而来的一种成型方法，即将液态的热塑性或热固性树脂，甚至液态单体注入模型中，在常压或低压下，经冷却凝固或加热固化而成型为制品。这种方法的制造工艺及所用设备简单，成本低廉，便于制造大型制件
真空成型	真空成型是利用热塑性塑料片或板受热软化后施加真空，使之吸贴于模具上成型，冷却后即得制品。这种方法效率高，所需模具及设备简单，可生产大型制件
流延成型	流延成型是将热塑性或热固性树脂配成一定黏度的胶液，以一定速度流延在一回转的不锈钢带上，经加热干燥后剥离成膜。这种方法宜制作光学塑料薄膜，如电影胶卷、照相底片等
烧结成型	烧结成型是先将塑料冷压成坯件，然后置于烧结炉中，加热至一定温度下烧结成制品，这种方法主要用于不能采用一般的热塑性塑料成型方法成型的塑料，例如聚四氟乙烯，其熔点高达327℃，当温度超过熔点时，材料可由晶态转变为非晶态，但由于其黏度太大而无足够的成型流动性，若再升高温度超过415℃，聚四氟乙烯又会热分解，因此，一般都将其在370～400℃烧结成型

第三节　工程塑料技术创新

一、简介

21世纪是知识经济的时代，科学技术的日新月异，使高新技术产品不断涌现。同时，也使得市场竞争日趋激烈，其竞争的焦点主要体现在产品的技术含量和技术的创新能力上，工程塑料行业也是如此。工程树脂合成工艺的技术创新程度决定了工程塑料原材料的技术含量，加工工艺和加工设备的创新能力决定了工程塑料及其制品的技术含量。这一技术含量的高低又决定了产品的市场竞争力。企业只有对工程塑料原材料、加工工艺与设备实施不断的技术创新，突破其关键技术，引入和应用高新技术，才能立于不败之地。可以说技术创新是工程塑料发展的永恒主题。

二、树脂的技术创新

树脂是工程塑料的主要原料。其性能的优劣决定了制品质量的高低。要制取高质量、高性能的树脂，除了引用高新技术和高效催化技术外，树脂改性技术仍是树脂技术创新的最主要途径。改性的目的是普遍提高树脂的综合性能并赋予树脂新的功能特性。具体来说是，使通用塑料工程化，通用工程塑料和热固性塑料高性能化、特种工程塑料适用化以及各类塑料功能化。所采用的改性方法主要包括 ABC 改性（A 是合金化、B 是掺混化、C 是复合化）、纳米改性和掺杂改性等。

（1）ABC 改性　所谓 ABC 改性技术就是工程树脂的合金化（Alloy）、掺混化（Blend）和复合化（Composite）技术。这是已应用多年的改性技术，其技术成熟，改性效果好，对提高工程树脂的综合性能和赋予其功能特性应用价值很高。可以相信，这仍是未来提高树脂性能的非常有效的实用性技术。

合金化或掺混化改性的目的是通过聚合物的优化组合实现其性能的互补，以获得单一材料所不能实现的有实用价值的新性能。合金化或掺混化所采用的技术是共混接枝、嵌段、互穿网络（IPN）、原位复合和反应增容技术等。

复合化技术又称增强技术，主要是提高工程塑料的强度与刚性，使之满足工程结构的使用要求。众所周知，树脂本身的刚性与强度是有限的。其刚性与强度主要来自于增强材料，特别是纤维材料含量的高低决定了工程塑料与制品的性能水平。而新型的连续纤维增强、长纤维增强、混杂纤维增强、多向编织物增强、预成型物等技术是进一步提高工程塑料与制品性能行之有效的方法。可以说，选择高性能纤维（如 S-2 玻璃纤维、碳纤维、芳纶、超拉伸聚乙烯纤维、陶瓷纤维和金属纤维等），采用合适的增强方法，控制好树脂与增强材料的界面关系就可制备出满足工程塑料结构使用要求的制品，甚至可制造出高性能复合化结构或高性能多功能结构的制品。

（2）纳米改性　纳米改性技术是利用处于纳米级物质的小尺寸效应、表面和界面效应、体积效应和宏观量子隧道效应等原理，在与树脂体系掺混或复合后，可使树脂性能发生突变，在提高树脂综合性能的同时，还可赋予树脂奇特的功能特性。已商品化的某些纳米改性塑料充分展示了这一效果。纳米改性技术代表了材料科学发展的方向，是一种新技术，用其改性工程塑料可以获得事半功倍的效果。可采用的改性方法有插层、共混、原位聚合、溶胶-凝胶、LB 制膜和分子组装等技术。

（3）掺杂改性　掺杂改性技术是早期用于半导体材料的制备技术，后来被用于开发那些采用熔融成型方法难以加工的聚合物（如聚苯胺、聚乙炔、聚噻吩和聚吡咯等结构型导电塑料），是未来开发功能塑料的主要技术。这一技术除具有分子设计的特点外，通过掺杂处理可在难加工聚合物中引入一价对阴离子（这称为 P 型掺杂），或引入一价对阳离子（这称为 N 型掺杂），掺杂后的聚合物可保持树脂的分子结构、加工特性和形变行为等特性，也就是说掺杂后的聚合物具有高分子链结构和与链非键合的一价阴离子或阳离子的共同特点，并具有高分子材料的设计结构的多元化、易加工和轻质等特点。其性能特别是电导率会发生突变。以聚乙炔为例，其电导率可从未掺杂前的 10^{-10}S/cm 提高 12 个数量级，达到 2×10^{3}S/cm。聚乙炔是未来二次电池、发光二极管、光学元件、非线性光学元器件、智能窗、人工肌肉、高级功能膜和隐身材料的高性能原材料。

三、配方创新

（1）配方创新的重要性　工程塑料配方是在充分了解制品性能要求、原材料（包括树脂和助剂的性能、价格、配伍性）和成型工艺条件的基础上，将树脂与助剂按一定比例配合在一起的技术。这是工程塑料研究和制造中十分重要的环节。这是因为配方的好坏、助剂的选择适当与否都会直接影响工程塑料及其制品的性能和使用，影响制品的生产和价格以及市场竞争力。不同的树脂与助剂可以制造出用途不同的工程塑料与制品，通过对树脂与助剂的优化设计，可以制成强度和硬度类似金属的结构材料、透明性与玻璃一样的透明材料、软似橡胶一样的弹性体材料、具有独特功能的耐高温材料、耐磨材料、导电材料和导磁材料等。此外，还要掌握树脂和助剂的配伍性，通过几种材料的并用取得协同效果，优化组合，也可通过优选法、正交试验法取得最佳效果。

为实现这一目标，也必须采用高新技术（如计算机辅助专家系统和计算机仿真评价系统等）并对原材料进行有效选择和改性。

（2）计算机辅助设计专家系统　运用计算机辅助设计专家系统进行推理、优选、决策，可使选材命中率达99%，是目前较先进且可靠的方法。专家系统是一个智能程序系统，它能利用专家的知识及方法解决所遇到的问题。但一般企业不可能开发此类软件，只能购买现有支撑软件，并在此基础上进行必要的二次开发形成自己的应用软件。支撑软件的选择非常关键。可喜的是这种软件已国产化，其技术已逐渐形成并开始应用。

（3）计算机仿真评价系统　该技术也是依赖于特定的支撑软件，并通过二次开发设置成符合本单位或本专业的应用软件。通过计算机条件假设、推理、优化组合仿制成几种配方，仿制成制品再进行制品检验，选择出一组或几组最佳配方或对配方做出评价。这是一种工程塑料制品的模拟制造程序。在配方设计中应用可大幅度降低成本，提高效率。

（4）对原材的有效选择与改性　工程塑料配方设计与日用塑料截然不同，它对刚性和强度要求高，制品的应用环境比较恶劣。一般均为增强塑料或填充塑料。这就涉及对树脂、增强材料、填料和助剂的选择。一般说来，工程塑料与制品要选用改性树脂，如工程化改性或纳米改性的通用树脂和通用工程树脂，以及特种工程树脂合金等。而增强材料则选用高性能纤维（如S-2玻璃纤维、芳纶、碳纤维、超拉伸聚乙烯纤维、陶瓷纤维、金属纤维等），其增强方式要采用连续增强、长纤维增强、混杂增强或制成预成型物和预浸料等方法；而填料的选用最好选用纳米填料对树脂进行改性，会使制品综合性能显著提高。

配方设计与确定是工程塑料与制品制备成功与否的前提，是十分重要的环节。本书除论述配方设计的理论外，还将结合各具体品种或产品给出优选配方，供读者选用。

四、工艺技术创新

（1）合成工艺的创新　国外工程塑料的生产工艺已达到很高的水平，也很成熟，但仍高度重视应用新技术和新的原料路线、改造传统工艺，并不断取得成效。例如，非光气酯交换法PC生产工艺的开发及产业化，是以甲醇、一氧化碳和氧气为原料，经羰基合成得到的碳酸二甲酯与苯酚进行酯交换反应生成碳酸二苯酯，再与双酚A反应得到聚碳酸酯。这条路线革除了剧毒的光气，实现了“清洁生产工艺”，产品质量上了一个新台阶，加速了PC进入光媒体的进程，迎来更广阔的应用领域。巴斯夫公司以丁二烯代替芳族为原料开发出制备尼龙66的单体己二酸的新工艺，减少了三废，提高了效率。新开发的异亚胺化生产聚酰亚胺新工艺，提高了产品质量。当今工艺技术创新工作方兴未艾，开展得十分活跃，一批正在开发的项目，如以双酚A、一氧化碳和氧气为原料，经催化氧化、羰基化反应，直接合成PC。巴斯夫公司与杜邦公司合作，进一步开发以天然气和丁二烯为原料，合成己二胺的联合生产工艺等，都取得了良好的进展，预计还会取得突破性进展。

（2）成型加工工艺的创新　尽管目前工程塑料制品成型加工工艺十分成熟，也比较完善，但为了市场竞争需求和研制高性能制品的需要，还是要对成型工艺技术进行创新。如在反应注射成型工艺问世不久，为了获得其在制备工程结构件中的应用，很快研制出增强反应注射成型（RRIM）工艺，随后又研制出结构反应注射成型（SRIM）工艺，又如最近出现的树脂传递模塑（RTM）工艺。在不到三年的时间内，就先后出现了真空辅助RTM、共注射RTM、智能RTM等。为了制得高质量制品，又提高生产效率，国外将注射工艺与模压工艺相组合，研制出注射-模压工艺的缠绕-模压成型工艺等。为制得无熔接痕的高强度工程塑料制品，国外研制出“推拉”成型工艺。为解决难熔聚合物基体中纤维含量不高的问题，而研制出“环化”成型工艺，即以低相对分子质量的聚合物浸渍纤维增强材料，浸渍后再进行反应环化处理，使聚合物恢复正常黏度再加工成型。利用这一工艺可使纤维含量（质量分数）高达80%以上。这些工艺的技术创新，为利用现有工艺制备高性能工程塑料与制品奠定了坚实的基础。随着高新技术在工程塑料加工中的应用，工艺技术必将会有更大的技术创新。

五、为保持工程塑料工业的持续发展而创新

全球环境危机的不断增强推动了环保工作的社会化、全人类化。环保工作已成为树立企业形象、企业竞争能力的重要体现。环保意识强的企业受到市场的大力支持，无污染的环境友好产品或称绿色产品，受到消费者的青睐，获得很好的市场占有率。环境保护工作与市场机制的日益紧密结合，是环保工作向深度发展的重要方向。

塑料制品是对环境有危害的产品，特别是日用塑料所造成的“白色污染”已受到各界的高度关注。尽管工程塑料与制品用量比日用塑料少，对环境所造成的危害也不如日用塑料大，但要保持工程塑料工业的持续发展，也必须进行技术创新，尽量减少或消除工程塑料与制品在加工和使用过程中对环境的危害。应进行的环保技术创新领域有：

（1）生产过程中的技术创新　实施“清洁生产”工程，避免生产过程的废旧料存放、堆积，力争做到对原材料和废旧料的日回收利用。

（2）开展废旧工程塑料的回收利用　应大力开发废旧工程塑料制品的回收利用工作。目前采用的方法是：

1）废旧塑料与新料混合再利用法。即按照一定的比例，将废旧料与新料掺混改性后重新使用。

2）对无法再次熔融的热固性塑料与制品，通过焚烧法抽取原体或燃料再次应用。

3）对那些无利用价值的废旧料，作为燃料进行销毁。

目前世界各国对废旧塑料的回收处理制定了更为严格的规范，提出了更为严格的要求。然而，废旧塑料的数量与日俱增，对环境形成了严峻挑战，故而世界各国的塑料公司纷纷投巨资开发并建立废旧塑料再生利用厂。DSM化学公司和Allised Signal公司联

合在美国建立了处理废旧 PA6 地毯废料 9 万 t 的再生产回收装置，每年可回收己内酰胺 4.5 万 t；BASF 等公司联合建装置，采用氨甲醇和甲苯作为溶剂，经催化水解，获得双酚 A 和碳酸酯类。

“零垃圾”“零排放”“高的资源再生率”以及“生产环境友好产品”等将成为当今规范企业环保行为的共同要求。

(3) 加快降解塑料的开发应用研究，尽快进入实用阶段 提倡生产无污染、易回收、环境友好的高分子材料。为了消除产品使用过程的二次污染，各大公司纷纷开发可生物降解、易回收的工程塑料。美国 Eastman 化学公司推出的由己二酸和对苯二酸与 1，4 丁二醇合成的可生物降解的共聚酯已商品化；杜邦公司推出的可生物降解的改性 PET 商品名 Biomax 系列等，都取得了“同等优先”的地位，成为用户首选的品牌。

第四节 工程塑料的地位与作用

自 20 世纪中期工程塑料问世迄今，工程塑料为了满足工程结构的性能要求，取代传统结构材料、开拓新的应用领域、跻身于材料市场，采用各种改性手段，使其性能不断提高，在激烈的市场竞争中逐步发展壮大起来，呈现出旺盛的生命力。其发展速度为年增长 10% 以上。到目前为止，工程塑料已成为国民经济和国防建设及社会发展中的主导材料之一。

一、在国民经济建设中的作用

由于工程塑料具有优良的力学性能、耐化学性能、耐蚀性、高比强度、高比模量、良好的结构特性及功能特性、灵活的可设计性、可配制性与低成本加工性等，在国民经济各个部门具有广阔的应用前景，已成为各工业部门不可替代的重要原材料。

（一）工程塑料已成为车辆应用和制造中的主体材料

工程塑料在车辆中的应用量占工程塑料总体用量的 1/3，主要部件类型为结构部件、装饰构件和功能制件等。

工程塑料的密度仅是钢的 1/4 ~ 1/5，将这些材料用于车辆可在很大程度上减小自重、提高车速，同时还可以减少轴和轮胎的磨损，延长使用寿命。尤其重要的是自重减小可在很大程度上降低油耗。采用工程塑料制造汽车部件，在相同条件下耗油不超过钢制汽车的 1/4，这是一个非常有诱惑力的比例，因此美国、日本等几个大汽车公司如福特、丰田，都非常重视用工程塑料制造汽车构件。据报道，福特公司一辆由碳纤维增强塑料制造车身主要部件的小轿车，其燃料效率提高了 38%。此外，由于工程塑料韧性好，受到撞击后大幅度吸收冲击，可避免重大的伤亡事故。英国曾展出一辆由芳纶增强塑料制造的轿车，展览者用铁锤猛击车顶竟无破损，同时以 100km/h 速度碰撞也未损坏。用工程塑料制造的汽车部件很多，如驾驶室、挡泥板、保险杠、前脸、发动机罩、仪表盘、地板、座椅等。日本东丽公司研制成功用碳纤维/环氧做的驱动轴、板簧，这种板簧自重小、弹力大，仅用一片就可代替传统的多片叠板弹簧。

工程塑料构件已逐步渗入火车结构。铁路是国民经济的动脉，铁路运输对整个国民经济的发展具有重大影响。铁路运输约占一个国家运输总量的 60%。制造火车的主体材料是钢材和木材，我国木材资源缺乏，使用钢材又不能满足要求，所以从 20 世纪 50

年代起人们就寻找可以替代的材料，通过国内外的试验证明，工程塑料是制造铁路运输装备较好的材料。世界上有许多国家已把工程塑料用到火车制造业中，并取得了良好的效果。日本新干线上的高速列车，其车箱外壳是由泡沫塑料夹芯的玻璃纤维增强聚酯制成的，这种材料结构刚度大，保温、抗振、防水性好，在高速行驶时不会产生过度的颠簸。用工程塑料制造的还有水箱、整体卫生间、车门窗、冷藏车保温车身、运输液体的贮罐、集装箱等。这种集装箱自重小、耐冲击性好、密封性好、防水、耐腐蚀、抗污染，因而运载效率高，又经久耐用，所以它将是取代钢制或铝制集装箱的极好材料。

除用于车体结构外，工程塑料还是铁道通信线路工程中使用的优良材料。通常用它做成信号机、变压器箱、电缆盒、轨道绝缘材料。据报道，英吉利海峡连接英、法两国的隧道铁路，其电缆线绝缘材料就使用了工程塑料。

（二）工程塑料是普遍应用的建筑材料，为推动高强轻质建筑结构的发展起了重要作用

用于建筑工业的工程塑料，绝大多数是高效低成本玻璃纤维增强塑料。由于这种材料具有优异的力学性能，较好的隔热、隔声性，吸湿和透水率低，电绝缘性能好，有很好的耐化学腐蚀性，特殊处理的玻璃纤维增强塑料具有较好的透光性，加之装饰性好，尤其是其性能的可设计性和产品设计的高度灵活性，一直为建筑业所青睐，目前已在建筑结构、围护、门窗、卫生洁具、供暖、通风、建筑装饰等方面广泛应用。玻璃纤维增强塑料制作承重结构和围护结构，与传统钢材或混凝土等材料相比独具特点，玻璃纤维增强塑料的轻质、高强，可做成大跨度、大幅面的屋梁及顶棚等建筑构件，用于宽敞明亮的展览馆、体育馆、电影院、剧场等建筑尤为适宜。前苏联、德国已建成跨度为18～24m 的温室，上海玻璃钢研究所在云南建造了一座直径 44m 的玻璃纤维增强塑料球形雷达天线罩。按设计分析，如采用玻璃纤维增强塑料为双曲面屋顶结构，其跨度可达200m，这样无需任何梁柱支撑的大跨度结构只有用玻璃纤维增强塑料才能实现。同时由于它具有隔热、隔声、防水、阻燃、易装饰等性能，也是围护结构的极好材料。

用玻璃纤维增强塑料制备的凉水塔、卫生间洁具、高位水箱等制品在我国已形成较大的生产规模，目前已完全取代了钢筋混凝土、金属和木材等传统建筑材料，而且具有耐腐蚀、高强度、自重小，并可根据建筑的风格设计成各种形状。这一新的结构物对解决我国大多数城市供水缺乏问题无疑是件极大的好事。

（三）工程塑料已成为新型防腐材料，在化学防腐工程中具有无可替代的地位

玻璃纤维增强不饱和聚酯树脂、环氧树脂、酚醛树脂、呋喃树脂和聚酰亚胺等增强塑料具有较高的耐化学介质腐蚀性。例如，在碱溶液中玻璃纤维增强环氧树脂可使用10 年，而普通钢管只能使用 1 年多。在酸介质中玻璃纤维增强塑料比不锈钢表现出优异的耐蚀性，因此在石油化工等防腐蚀工程中，近年来越来越广泛地得到应用，已成为不可缺少的新型耐腐蚀材料。

目前用玻璃纤维增强塑料制造的化工耐腐蚀设备有大型的贮槽、容器、传质用各种管道、弯头、三通、管接头等配件以及通风管道、烟囱、风机、泵等。对用于防腐工程的玻璃纤维增强塑料产品早在 1965 年美国就制定了有关的设计、制造和检验标准与规范。英国、加拿大和日本等国也都相继制定了相应标准，如日本增强塑料技术协会1975 年制定的“手糊法成型耐腐蚀玻璃纤维增强塑料设备制品标准”，美国 1969 年制定的“缠绕法制造玻璃纤维增强塑料贮槽制品规范”。由上述的定型标准和规范可见，

工业发达地区的北美、西欧和日本等对玻璃钢在防腐工程领域所发挥的作用十分重视，并已经形成了一个庞大的产业，在国民经济中占有一定的地位。

我国20世纪60年代初引进玻璃纤维增强塑料技术后不久，即开始在化工防腐中的应用，并收到了良好的效果，预计玻璃纤维增强塑料作为防腐工程材料在我国将有极其光明的发展前景。

（四）工程塑料已逐渐成为基础工业不可短缺的主导材料

1）在电器工业中用于制作层压板、敷铜板、绝缘管、电机、护环、槽楔、绝缘子、灯具、电线杆、带电操作工具等。

2）在农渔业方面用于制作蔬菜、花卉、水产养殖、养鸡、养猪等温室，以及粮仓、水渠、化粪池、粪便车等。

3）在机械制造工业中工程塑料的用途很广，如风机叶片，纺织机械、化纤机械、矿山机械、食品机械等部件及齿轮、法兰盘、防护罩等。

4）用于制作体育器材，如撑杆、弓箭、赛车、滑板、球拍、雪橇、赛艇、划艇、划桨等。

5）航空工业在大型的主航线民航飞机上也开始应用，如美国波音737至波音767，欧洲的空中客车A310～A340，前苏联的主航线客机等型号上用作机头雷达罩、发动机罩、副翼、襟翼、垂直尾翼和水平尾翼的舵面、翼根整流罩以及内部的通风管道、行李架、地板、卫生间、压力容器等。

6）在船舶工业用于制作各种工作艇、渔船、交通艇、摩托艇、救生艇、游船、军用扫雷艇和潜水艇等。

7）人造地球卫星几乎全部是由不同的纤维增强塑料和复合材料制造的空间结构，如卫星仪器舱本体、框、梁、桁、蒙皮、支架、太阳能电池的基板、天线反射面等。特别是地球同步通信卫星的天线反射面，始终要准确地对准地面上某一个接收站，当卫星反复处于地球的向阳面和背阳面的交变过程，卫星上的温差可达200℃以上，在这样的交变温差下要求天线反射面的支架不热胀冷缩，需要由“零膨胀”材料制成。目前只有经过精心设计的工程塑料和复合材料才能具备“零膨胀”这一特殊性能。

二、在国防建设中的地位与作用

工程塑料特别是高性能纤维增强塑料，属军用新材料技术发展的重点材料。它不仅具有结构材料优良的结构性能、良好的综合特性，而且还具备某些功能材料特性（如耐腐蚀、不锈蚀、隐身性、电磁波屏蔽性、绝热耐热和优良的电绝缘性等），以及质量小、比强度高、比模量高等性能。工程塑料是武器装备实现轻量化、小型化、功能化以及智能化的重要材料技术，具有极其重要的军事实用价值，也是未来武器装备制造中极为重要的结构和功能材料。

未来战争对武器装备的要求可概括为“三化”“三性”“三高”“一全”，即轻量化、小型化、功能化，隐蔽性、机动性和生存性，高精度、高威慑和高速度，以及全天候作战的能力。这些要求具体体现在减小武器装备质量、缩小其体积、提高战争的机动性和生存能力上，要制得这种武器装备满足未来战争需要，除了在武器装备结构的设计上下功夫外，选用高性能材料是解决问题的关键。

（一）利用工程塑料密度低、比强度高、比模量高，使武器装备轻量化和小型化

工程塑料特别是高性能纤维增强塑料已应用多年，其轻质高强的特性早已被军方认

可，这是那些对质量要求十分苛刻的武器装备系统可选用的最佳材料。

1. 航天武器装备

20 世纪 60 年代初期，美国采用玻璃纤维增强环氧塑料制备了“北极星”导弹第二级火箭发动机壳体，使其质量比原金属壳体质量减小 310kg，使其射程由 1600km 提高到 2400km。而采用石墨纤维增强环氧塑料制备的三叉戟导弹仪器舵比用铝制备的仪器舵质量减小 146kg，减小质量率达 30%，且简化了部件组装工艺。还用此增强塑料制备了陀螺仪支架、电池支架、发射筒支环等 55 个部件，使得此导弹增程达 340km 以上。美国的三叉戟-Ⅱ型、飞马座和朱儒等导弹也大量采用碳纤维增强塑料制备，使弹体质量减小 30% 以上。美国爱国者和战斧导弹的仪器舱和发射筒等重要部件也采用高性能纤维增强塑料制备，使其结构质量大幅减小。据设计计算，一枚洲际导弹如用高性能工程塑料取代金属结构，可使其质量减小 300kg 以上，射程提高 1000km。

目前，国外军事强国导弹弹头有效载荷与结构质量比已达 4:1，固体火箭发动机质量比已达 0.92 ~0.93。这都是采用高性能工程塑料的结果。

2. 航空武器装备

军用飞机也是最早采用工程塑料，特别是高性能纤维增强塑料的武器装备之一。作战飞机的机翼蒙皮、机身、垂尾、副翼、水平尾翼、侧壁板、隔框、翼肋和加强筋等主承力构件大量采用高性能纤维增强塑料制备，不仅明显减小了飞机结构质量，改善了机体总体结构和外形，而且减少了零部件数量和组装工序，使飞机的整体性和可靠性得到显著改善。就其减小质量效果而言，一翼梁采用铝合金设计为 220kg，用纤维增强塑料制备为 157kg，减小质量率为 28.6%；加强筋用铝合金制备为 67.9kg，用纤维增强塑料制备为 58.4kg，减小质量率为 14%；蒙皮用铝合金制备为 87.5kg，用纤维增强塑料制备为 16.6kg，减小质量率为 29.5%；而铝合金口盖为 18.5kg，纤维增强塑料口盖则为 16.6kg，减小质量率为 10% 左右。

目前美国采用纤维增强塑料的军用飞机中，F117 采用量为 42%，B-2 采用量为 38%，FY-22 采用量为 35%，FY-23 采用量为 50%，F-16 采用量为 39%，AV-86 采用量为 26% 等。到目前为止，战机纤维增强塑料用量已占结构质量的 26% ~65%；每架飞机的平均使用量为 2.4 ~6.5t，且年增长率达 20% 左右。

3. 陆军武器装备

（1）坦克装甲车辆　坦克装甲车辆，特别是主战坦克是陆军主战武器装备，也代表一个国家的武器装备水平和威慑力。目前主战坦克战斗总质量在 60t 以上，已超过地面武器装备的极限质量，再无限制地加厚装甲，会给坦克机动性和生存力带来极大的危害，坦克装甲车辆轻量化已势在必行。轻量化的途径除结构设计外，关键技术仍是采用轻质结构材料技术。

美国和英国近年来研制并通过演示试验的全纤维增强塑料装甲车车体，与原金属车体相比，可减小质量 33%。为采用高性能纤维增强塑料制备坦克装甲车辆奠定了技术基础。

各国目前应用的复合装甲，由于采用了纤维增强塑料，其抗弹能力比均质钢装甲有了明显提高，而且减小质量 30%。用纤维增强塑料为结构材料的电（磁）装甲，又进一步提高了抗弹水平，在使车体无损伤的情况下，可抗御大口径弹药或串联式弹药的攻击。最新研制的集成装甲，将金属、陶瓷、橡胶组合成一装甲体系，其中的纤维增强塑料主要起保持装甲结构的整体性和提高抗弹性能及隐身功能的作用。在同等体积下，比均质钢装甲减小质量30%～50%。

美国M1A1主战坦克采用工程塑料制备的22个零部件，与以前所采用的金属部件相比，减小质量近5t，降低制造成本1.2万美元。

（2）战术导弹火箭　弹箭武器装备是对减小质量要求十分迫切的装备，轻质结构材料应用较早，也比较普遍。世界各国的反坦克导弹、火箭和防空导弹等均大量采用工程塑料制备。所采用的工程塑料，以玻璃纤维增强塑料为主，芳纶增强塑料和碳纤维增强塑料也开始应用。可以说，战术导弹火箭已基本实现塑料化。其质量比采用金属结构件减小40%～65%。特别是法国的“阿匹拉斯”反坦克火箭发动机壳体和发射筒采用芳纶增强塑料制备，其他结构件采用通用工程塑料和改性通用塑料制备，除其中装药和战斗部及发动机外，几乎均用工程塑料制成，其质量仅为3kg。

（3）火炮和枪械　火炮制造采用工程塑料是从塑料附件代替金属附件开始的。由碳纤维/环氧增强塑料制造的复合炮管、炮管延伸管等关键部件，其质量仅为钢炮管质量的1/3。被称为战争之神的大口径火炮，由于本身质量极大，机动性较差，用工程塑料代替钢构件，就能显著地减小质量，提高机动性。例如，一个122mm口径的加农炮，原来尾臂装配质量为1115kg，改用玻璃纤维工程塑料后只有445kg，比原来减小了55%；再如步兵用迫击炮原来钢制底盘质量为41kg，改用工程塑料只有28kg，一个战士可以背在背上机动。

枪械用工程塑料是从以塑代木应用开始的，而后以塑料代金属制备结构件和承力件。目前正在研制在钢衬筒上缠绕金属纤维或碳纤维/环氧的复合枪管。到目前为止，世界各国的枪械枪托、握把、护木、弹匣、刺刀等均采用尼龙制造。使枪体质量减小50%以上，使用性能大幅度提高。最为典型的是奥地利的AHG步枪，其中30个零部件用9种工程塑料制成，占全枪零件的16%；法国的FAMA3步枪中33个部件用尼龙制成，占全枪部件的30%。以上两种枪的质量减小程度高。美国雷明顿兵工厂研制出的全尼龙枪除枪管和自动结构外，其他部件均用尼龙制造而成，轻量化程度更高。

（4）单兵装具　工程塑料在单兵装具制造中的广泛应用，将会引起装备的重大革新。战士的头盔由钢制改成工程塑料，不仅质量减小，同时还提高了防护能力，在阵地上构筑单人掩体，传统的办法是用锹镐挖坑填土，不仅费力，还要消耗时间，目前已用工程塑料做成对步枪子弹有很好的防护能力、可随身携带作为装具的掩体，临战时展开即可参加战斗。此外，还有用工程塑料做成防弹衣、防弹盾牌、防地雷的防爆靴等，这些用工程塑料制造的单兵装具一旦装备部队，无疑会大大地提高战士的作战能力。

（二）运用工程塑料的功能特性，使武器装备功能化

1. 隐身性

工程塑料特别是那些具有导电或导磁性能的导电塑料和磁性塑料对雷达波反射率低，且具有很高的吸波特性。一般认为，这类功能塑料对红外和雷达波以及电磁波反射仅30%，而吸波能力为70%，且噪声小、振动低、隔热性优良。因而其良好的隐身功能，可防雷达波、热成像仪等光电探测系统的探测，也可防止具有热寻功能弹头寻的。运用工程塑料可改性的特点，在加工过程中加入高性能吸收剂或纳米剂可制成武器装备

隐身用结构件。

美国的 F-117A 飞机上采用了纤维增强塑料为主体的结构吸波材料，使雷达反射截面面积降低到只有 $0.1m^2$ 的程度。

能够吸收雷达波的结构隐身材料，在设计中可能有如下几个措施：

1）在基体材料构筑环形或方形的电阻材料几何图形中，制成复合材料蜂窝结构，在蜂窝中填充能吸收电磁波的铁氧体材料。

2）在结构表面制成小的圆柱、半球或方形的凹坑，在其中填充吸收材料。

3）在树脂基体材料中镶嵌环形天线等吸收单元。

另外，可利用纤维增强塑料的非均质性、可透射雷达波的特点，常用工程塑料制造飞机或导弹雷达罩。

2. 工程塑料可保障战略武器突破热障难题

众所周知，导弹弹头是导弹的战斗部，在飞向敌方目标冲落时会受到高温气流的摩擦而产生极高温度，例如射程为 8000 ~ 12000km 的洲际导弹鼻锥驻点温度可达 10000℃，这在战略武器上称为热障，不突破热障，威力再大的战斗部在未到达敌方目标之前都将被烧毁。早期的防热措施是采用高热容材料的热沉式结构和复杂的发汗冷却结构，这些办法使得弹头质量很大，影响战斗效应。采用纤维增强塑料烧蚀防热结构不仅有效地解决了防热问题，还减小了头部质量。在未来战争中由于空中拦截技术的发展，要求导弹的弹头小型化，并可多头分导，能耐高温、抗核爆、抗中子浸沏、抗强激光，并具有隐身等功能，预计解决这一问题的惟一途径是在抗烧蚀纤维增强塑料的基础上添加多种材料制成具有多功能的纤维增强塑料。

另外，还可将纤维增强塑料作为导弹和火箭发动机隔热绝热材料、耐烧蚀材料等。

（三）运用功能塑料的机敏特性开发智能材料与结构，使武器装备智能化

利用压电塑料或压电陶瓷增强塑料可以制备智能材料与结构中的驱动机构和传感机构。利用压电聚合物或增强压电聚合物材料制成的高速驱动机构可把电能转化为机械能，且不发生相变，而是通过改变材料的自发偶极矩来改变材料尺寸，此种效应可产生 200 ~ 300μm 应变，88 层压电增强塑料制成驱动器可在 20ms 内产生 50μm 的应变位移，且可成膜，加工性良好。这种材料制成的传感器或自适应结构具备可感知压力、温度、冲击、弯曲等功能，并可利用不同模式识别出边、角、棱等几何特征，且具备热释放效应和温度传感功能。配合形态化材料、电磁流变材料和电致材料技术可组成智能结构。此材料与结构在武器装备中具有很高的应用价值。美国国防部计划研究局投资 8900 万美元开发此项材料，预计在装甲防护、武装直升机、士兵作战服装、弹药、导弹和火箭中具有巨大的应用潜力。

美、德等国已研制出智能复合装甲和智能反应复合装甲，从被动装甲防护向主动装甲防护迈进了一大步。美国陆军预算投资 300 万美元，把反应装甲与短距离传感器网络及一台计算机等组成一体，制成主动反应装甲系统。美陆军还把智能材料系统用于 M1 坦克防 120mm 动能弹、50mm 动能弹。德国已研制出制备计算机或火控系统的薄膜传感器、冲击传感器和加速传感器的被动装甲及反应装甲，并将其改造为主动装甲。英国也研制出类似的智能装甲。

美国用压电复合材料制造出直升机的固态自适应旋翼，这种智能压电材料应用于直升机后其隐身能力提高 2 倍，机动性提高 30%，速度提高 15%，可靠性大有增强。

美国运用电致变色高分子材料设计出自动变色服。这是采用电致变色织物制成的，可随外界环境变化而改变颜色，与背景保持一致，大大提高了伪装功能。

随着武器装备的智能化进程，智能材料系统将会发挥越来越大的作用。

三、在高新技术中的地位与作用

工程塑料是新材料之一，也是高新技术的组成部分。高新工程技术的发展依赖于新材料技术的进步，新材料在整个高新技术发展中发挥着先导和推动作用。

（一）信息工程技术

信息技术是当前高技术群的核心，而用于信息技术中能接收、处理、定存和传播信息的材料称为信息材料。在这类材料中工程塑料占有重要地位。首先，任何一个信息技术装备，如电话机、收录机、电视机、录音机、录像机和计算机等都离不开导线和电缆。导线要求有良好的导电性，同时又要求具有很好的绝缘性，这种截然相反的性能要求绝不可能由单一材料完成，它是由导电的金属和包围其周围的绝缘工程塑料构成的。其次，计算机等所用多层印制电路板是典型的层压塑料，它是用纤维增强树脂和覆铜层压复合而成。多层混杂的层合板具有高散热性、高度的尺寸稳定性，从而能满足大规模集成电路高密度的装配要求。用于录音机、录像机和计算机的录音（像）带和软盘等信息记录材料，是由将粉末状磁性材料均匀掺混在树脂中的磁性塑料制成的。最近出现的垂直记录带，用气相沉积法在塑料基材上沉积一层铬-钴化合物，钴的柱状晶体和铬之间有明显界面，这种新型大存储量的磁记录器材实际上是一种高性能功能塑料。

（二）能源工程技术

人们早已想到了太阳能，并已在宇航飞行器等上面应用，但在地面上有效地利用太阳能还不普遍。尽管已有一些太阳能灶、太阳能加热器装备出现，可是在常年多雨的地域就很难利用。据报道，在20世纪80年代美国已拟定在太空中建造一座太阳能发电站的规划，发电站长25km、宽3.8km，所有构件全部由碳纤维增强塑料制成，零件在地面成型后用航天飞机运到太空中安装，电站上由太阳能转换的电能用安装在两端的直径为700m的微波天线发送到地面接收站，这个电站所生产的电能可供一个大城市用电。这个设在太空的太阳能电站不受地球天气阴晴的影响。

原子能站发电的核燃料是具有放射性的铀235。从天然铀矿中提取铀235是利用高速旋转的离心机，提取效率与离心机转筒的线速度的四次方成正比。为了提高效果需加大转速，这就要求转筒材料经得住高速旋转的离心载荷的作用。对多种材料进行试验，高强铝合金的最大线速度为357m/s，钛合金为400～460m/s，碳纤维增强塑料是800～900m/s。由此可见，碳纤维增强塑料是制造提取铀235离心机转筒的理想材料。

（三）生命工程技术

材料科学与医学的结合发展了一系列医用人体材料。为了人类延年益寿，正在研究用人造器官代替破损病变或衰老的器官，工程塑料特别是纤维增强塑料是这一领域的首选材料。用碳纤维增强塑料制成的心脏瓣膜已经成功地植入人体；以尼龙为增强材料的人造血管也已投入使用。此外，还有有机硅、尼龙等制成的鼻、耳等器官。试验研究表明，碳-碳复合材料与人体有很好的相容性，做成的人体器官无排异反应，因此这方面的研究有广阔的应用前景。据预测，碳-碳复合材料可以制成人造心脏、人造肾脏、人造肝脏等重要器官，一旦投入使用，人类对于破损病变的器官可以像机器调换零件一样进行修理调换，这样可大大地延长人类的寿命。

第二章 聚酰胺（PA）

第一节 主要品种的性能

一、简介

（一）结构特征

聚酰胺俗称尼龙（Nylon），英文名称 Polyamide（PA），它是大分子主链重复单元中含有酰胺基团的高聚物的总称。聚酰胺可由内酰胺开环聚合制得，也可由二元胺与二元酸缩聚制得。聚酰胺塑料是在聚酰胺纤维基础上发展起来的，是最早出现能承受载荷的热塑性塑料，也是五大通用工程塑料中产量最大、品种最多、用途最广的品种。其主要品种有尼龙 6、尼龙 66、尼龙 11、尼龙 12、尼龙 610、尼龙 612、尼龙 46、尼龙 1010 等。其中尼龙 6、尼龙 66 产量最高，占尼龙产量的 90% 以上。尼龙 11、尼龙 12 具有突出的低温韧性；尼龙 46 具有优异的耐热性而得到迅速发展；尼龙 1010 是以蓖麻油为原料生产的，是我国特有的品种。

尼龙的化学结构基本有以下两种：

一种是由 ω-氨基酸或它的内酰胺聚合而制得的，结构通式如下：

$$\left[-NH(CH_2)_{n-1}-\underset{\underset{\displaystyle O}{\|}}{C}- \right]_p$$

另一种是由二元酸和二元胺缩聚而制得的，结构通式如下：

$$\left[-NH(CH_2)_m NH\underset{\underset{\displaystyle O}{\|}}{C}-(CH_2)_{n-2}-\underset{\underset{\displaystyle O}{\|}}{C}- \right]_p$$

二元胺和二元酸或二元胺或二元酸中的亚甲基可以被环状或芳香族化合物取代，也可以是上述结构的尼龙的共聚物。从上述尼龙结构中可以看出，尼龙分子主链链段单位中都含有酰氨基团（—CONH—），都含有亚甲基或部分亚甲基、部分环状化合物基团或芳香族化合物基团。尼龙的性能与上述化学结构有密切的关系。由于各种尼龙的化学结构不同，其性能也有差异，但它们具有共同的特性：尼龙的分子之间可以形成氢键，使结构易发生结晶化，而且分子之间互相作用力较大，赋予尼龙以高熔点和力学性能。由于酰氨基是亲水基团，因此吸水性较大。在尼龙的化学结构中还存在亚甲基或芳基，使尼龙具有一定的柔性或刚性。尼龙中的亚甲基/酰氨基的比例越大，分子中氢键数越少，分子间作用力越小，柔性增加，吸水性越小。因此，尼龙工程塑料一般都具有良好的力学性能、电性能、耐热性和韧性，还具有优良的耐油性、耐磨性、自润滑性、耐化学药品性和成型加工性。表2-1列出了各种聚酰胺（尼龙）的名称与分子结构。

表2-1　各种聚酰胺（尼龙）的名称与分子结构

名　称	合成单体	分子结构
尼龙6	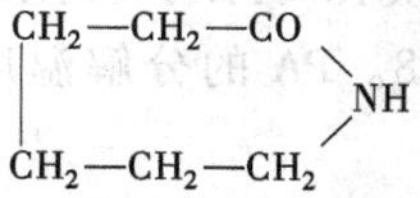 己内酰胺	$[NHCO(CH_2)_5]_n$
尼龙8	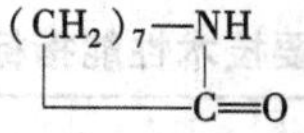 辛内酰胺	$[NHCO(CH_2)_7]_n$
尼龙11	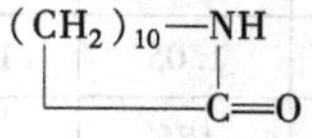 十一内酰胺	$[NHCO(CH_2)_{10}]_n$
尼龙12	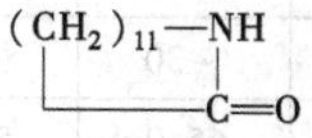 十二内酰胺	$[NH(CH_2)_{11}CO]_n$
尼龙66	$H_2N(CH_2)_6NH_2 + HOOC(CH_2)_4COOH$ 己二胺　己二酸	$[NH(CH_2)_6NH{-}CO(CH_2)_4CO]_n$
尼龙610	$H_2N(CH_2)_6NH_2 + HOOC(CH_2)_8COOH$ 己二胺　癸二酸	$[NH(CH_2)_6NHCO(CH_2)_8CO]_n$
尼龙1010	$H_2N(CH_2)_{10}NH_2 + HOOC(CH_2)_8COOH$ 癸二胺　癸二酸	$[NH(CH_2)_{10}NHCO(CH_2)_8CO]_n$

尼龙可用多种成型方法加工，如注射、挤出、浇注、模压等。

（二）主要性能特点

1. 基本性能特征

聚酰胺具有如下通性：

1）主链上的酰氨基团有极性，可形成氢键，分子间作用力较大，分子链易较整齐地排列，因而力学性能优异，且具有较高的结晶度，熔点明显，表面硬度大，耐磨耗，摩擦因数小，有自润滑性、吸振和消声性；由于分子中次甲基的存在，具有耐冲击和较高的韧性，是强韧的工程塑料。

2）耐低温性好，又具有一定的耐热性，可在100℃以下使用。

3）电绝缘性好，但易受湿度的影响。

4）吸水性大，影响尺寸稳定性和电性能，玻璃纤维增强可减少吸水率，且可长期在高温、高湿度下工作。

5）有自熄性，无毒、无臭、不霉烂，耐候性好而染色性差。

6）化学稳定性好，耐海水、溶剂、油类，但不耐酸。

聚酰胺中PA66的硬度、刚性最高，但韧性最差。各种聚酰胺按韧性的大小排列为：

PA66 < PA66/PA6 < PA6 < PA610 < PA11 < PA12

PA的燃烧性为UL94V-2，氧指数为24~28。PA的分解温度>299℃，在449~499℃时会发生自燃。

PA熔体流动性很好，如制品壁厚可小到1mm。

聚酰胺的主要技术性能指标见表2-2。

表2-2 聚酰胺（尼龙）的主要技术性能指标

项　目	PA6	PA66	PA610	PA612	PA9	PA11	PA12	PA1010
密度/(g/cm³)	1.13	1.15	1.07	1.07	1.05	1.04	1.02	1.07
熔点/℃	215	252	220	—	185	186	178	210
热变形温度/℃	68	75	82	—	—	54	55	—
耐寒温度/℃	-30	-30	-40	—	-30	-40	—	-40
拉伸强度/MPa	75.0	80.0	60.0	62.0	65.0	56.0	65.0	55.0
压缩强度/MPa	85.0	105.0	—	—	72.5	70.0	—	65.0
弯曲强度/MPa	120.0	60.0~100.0	90.0	—	85.0	70.0	90.0	80.0
缺口冲击强度/(kJ/m²)	5.5	5.4	5.5	—	—	3.86	—	5
体积电阻率/Ω·cm	10^{12}	10^{14}	10^{14}	10^{12}	10^{14}	10^{13}	10^{14}	10^{15}
相对介电常数(1MHz)	3.4	3.6	3.5	3.5	3.7	3.7	3.1	3.1
介电损耗角正切值(1MHz)	0.03	0.03	0.04	0.02	0.018	0.04	0.03	0.026
介电强度/(kV/mm)	16	16	16	16	16	17	18	15
成型收缩率（%）	0.8~2.5	1.5~2.2	1.5~2	—	1.5~2.5	1.2	—	1~2.5
用　途	轴承、齿轮、凸轮滚子、滑轮、辊轴螺钉、螺母、垫片、高压油管、贮油容器等	用途与尼龙6基本一样，还可用作把手、壳体、支撑架等	机械制造、汽车用齿轮、衬垫、轴承滑轮等精密部件、输油管、贮油容器、传动带、仪表壳体、纺织机械部件	精密机械部件、电线电缆绝缘层、枪托、弹药箱、工具架、线圈	齿轮、机械部件、电缆护套、医疗特种消毒包、渔网、金属涂层	输送汽油的硬管和软管、电缆护套、食品包装膜、发泡建材、静电喷涂	轴承、齿轮、精密部件、电子部件、油管、软管、电线电缆护套	机械部件、轴承架轴套、油箱衬里、电线电缆护套、工业滤布、筛网、毛刷等

2. 物理性能

尼龙的外观为乳白或淡黄的粒料，表观角质、坚硬，制品表面有光泽。表2-3为各种尼龙的密度。可见，各种尼龙的密度（结晶相密度、非晶相密度和一般成型加工制品的密度）是不一样的。尼龙6、尼龙66的密度较大，随着分子中亚甲基的含量增加和酰氨键（—NHCO—）的含量降低，尼龙的结晶度降低，密度也随之降低。

表2-3　各种尼龙的密度

尼龙的种类	结晶相密度/(g/cm^3)	非晶相密度/(g/cm^3)	一般成型加工制品的密度/(g/cm^3)
尼龙6	1.23	1.10	1.12~1.16
尼龙66	1.24	1.09	1.12~1.16
尼龙610	1.17	1.04	1.06~1.09
尼龙11	1.12	1.01	1.03~1.05
尼龙12	1.11	0.99	1.01~1.04

尼龙是一类半结晶性工程塑料，存在着结晶区和非结晶区。结晶区所占的比例叫结晶度。结晶度对尼龙的热性能影响较大。

加工工艺条件对尼龙的结晶有一定影响，注射成型时，模具温度高时，熔体冷却时间较长，制品的结晶度较高；反之亦然。

结晶度高的尼龙具有较大的拉伸强度、冲击强度和热变形温度，但成型收缩大，断裂伸长率较小。

尼龙的吸水率比较高，酰氨键的比例越大，吸水率越高，具体为尼龙6>尼龙66>尼龙610>尼龙1010>尼龙11>尼龙12>尼龙1212。

尼龙属于自熄性塑料，烧焦时有羊毛或指甲味。透气性是尼龙的一项重要特征，尼龙对氧气等气体的透过率最小，因此具有优良的阻隔性，是食品保鲜包装的优良材料。尼龙的阻隔性随酰氨/亚甲基的比例增大而提高，以尼龙6的阻隔效果最好。尼龙6的O_2透过系数为25~40cm^3·mm/(m^2·d·MPa)，CO_2的透过系数为150~200cm^3·mm/(m^2·d·MPa)，H_2O的透过系数为150g·mm/(m^2·d·MPa)。

3. 力学性能

在尼龙分子主链上的重复单元中含有极性酰氨基团，能形成分子间的氢键，具有结晶性，分子间相互作用力大，因此尼龙具有较高的机械强度和弹性模量。机械强度和弹性模量随着尼龙主链亚甲基的增加而下降，冲击强度增加。尼龙在室温下的拉伸强度和冲击强度虽然都较高，但冲击强度不如PC和POM高。随温度和湿度的升高，拉伸强度急剧下降，而冲击强度则明显提高。玻璃纤维增强尼龙的强度受温度和湿度的影响小。

尼龙的耐疲劳性较好，仅次于POM，进行玻璃纤维增强处理后可提高50%左右。

尼龙的抗蠕变性较差，不适于制造精密的受力制品，但玻璃纤维增强后可改善。

尼龙的耐摩擦性和耐磨损性优良，是一种常用的耐磨性塑料品种。不同品种摩擦因数相差不大，无油润滑摩擦因数仅为0.1~0.3；耐磨性以PA1010最佳。尼龙中加入二硫化钼、石墨、聚四氟乙烯及聚乙烯（PE）等可进一步改进耐磨性。表2-4列出了代表性尼龙的力学性能。

表2-4　尼龙的力学性能（干燥状态下）

项　目	尼龙6	尼龙66	尼龙46	尼龙11	尼龙12	尼龙MXD-6
拉伸强度/MPa	75	83	100	55	50	84.5
断裂伸长率（%）	150	60	40	300	350	2.0
弯曲强度/MPa	110	120	144	69	74	162
弯曲模量/MPa	2400	2900	3200	1000	1100	4630
缺口冲击强度/(J/m)	70	45	90	40	90	19

4. 热性能

尼龙的热变形温度都不高，一般在50～75℃，用玻璃纤维增强后可提高4倍以上，高达200℃。尼龙的热导率很小，仅为0.16～0.4W/(m·K)。尼龙的线胀系数较大，并随结晶度增大而下降。低结晶尼龙610的线胀系数高达$13\times10^{-5}K^{-1}$，尼龙11的线胀系数可达$12.5\times10^{-5}K^{-1}$。

5. 电性能

尼龙的电性能主要指它的介电性能和导电性能。作为绝缘材料的尼龙，绝缘性能指标主要有体积电阻率、表面电阻率和介电强度。

影响电性能的因素很多，其中尼龙本身所具有的化学结构是影响尼龙电性能的非常重要因素。尼龙是典型的极性结晶性高分子聚合物。其中，最重要的结构特征是：在大分子链段重复单元中，含有极性酰氨基团（—CONH—），在尼龙的分子之间能形成高聚物，介电常数和介电损耗角正切值也大。杂质对高聚物介电性能的影响也很大，特别是极性杂质（如水）会大大增加高聚物的电导电流和极化度，使介电性能严重恶化。水对高分子聚合物的介电强度影响很大。水会使得高分子聚合物的电导率、介电损耗增大，因而介电强度降低。尼龙虽有较好的电性能，但是其分子主链中含有极性酰氨基，属于易吸水（湿）的聚合物，在使用时受到一定的限制，不适合作为高频和湿态环境下的绝缘材料。主要尼龙的电性能见表2-5。

表2-5　主要尼龙的电性能

项　目	尼龙6	尼龙66	尼龙46	尼龙11	尼龙12	尼龙1010
相对介电常数(1MHz)	3.4	3.3	4.0	3.2～3.7（kHz）	3.1	3.6
介电损耗角正切值(1MHz)	0.02	0.04	0.01	0.05（kHz）	0.030	0.0265（50Hz）
体积电阻率/Ω·m	7×10^{14}	4.5×10^{13}	10^{15}	6×10^{13}	8×10^{14}	$>10^{14}$
表面电阻率/Ω	—	—	10^{14}	—	—	$>10^{14}$
介电强度/(kV/mm)	31	15.4	24	16.7	30	>12

6. 环境性能

尼龙耐化学稳定性优良，可耐大部分有机溶剂如醇、芳烃、酯及酮等，尤其是耐油性突出，已成为汽车油管的首选材料。但是尼龙的耐酸、碱及盐性不好，可导致溶胀，危害最大的无机盐有氯化锌。尼龙可溶于甲酸及酚类化合物。

尼龙的耐光性不好，在阳光下强度会迅速下降并变脆，因此不可用于户外。

（三）成型加工特性

聚酰胺（尼龙）大分子链中都含有亚甲基和酰氨基团，只是不同品种所含基团数目不同，结构形式基本相似。因此，各种尼龙有共同的成型特性。

1）尼龙易受潮。在大气中，PA6 的平均吸水率为 3.5%、PA66 为 2.5%、PA610 为 1.5%、PA1010 为 0.8%，尼龙的含水量对其力学性能有较大的影响。在熔融状态下，水分的存在会引起尼龙的水解而导致分子量下降，从而使制品力学性能下降；成型过程中，水分的存在还会使制品表面出现气泡、银丝和斑纹等缺陷，所以成型前必须充分干燥。

2）尼龙的熔体黏度低、流动性好，喷嘴会产生“流延”现象，浪费原料，沾污喷嘴。如果用螺杆式注射机成型，注射时，熔体会在螺杆和机筒壁之间出现逆流，使注料不准，所以尼龙在用螺杆式注射机成型时，在螺杆端部必须安装止逆环。

3）尼龙是结晶性高聚物，熔点明显，而且较高，所以尼龙需要在较高温度下成型。熔融状态的尼龙热稳定性较差，易分解。因此，必须严格控制工艺条件。

4）尼龙的成型收缩率大，尼龙制品成型后需进行除湿处理，以降低吸水对性能的影响，提高尺寸稳定性。除湿处理的条件是在水、熔化石蜡、矿物油或聚乙二醇中进行，温度高于使用温度 10～20℃，时间 30～60min。对于制造高精度的制品，模具设计应在试验的基础上确定其尺寸，成型工艺应严格控制。

5）尼龙在加工中易产生内应力，应进行退火处理。具体条件为缓慢升温到 160～190℃，停留 15min 后，缓慢冷却即可。

（四）应用

作为工程塑料，尼龙主要用于制作耐磨和受力的传动部件，已广泛应用于机械、交通、仪器仪表、电器、电子、通信、化工及医疗器械和日用品中。如制作齿轮、滑轮、蜗轮、滚子、轴承、泵叶轮、风扇叶片、密封圈、衬套、阀座、垫片、贮油容器、输油管、刷子、拉链等。兵器工业上制作引信、弹带等。

二、尼龙 6

（一）尼龙 6 简介

1. 基本特征

尼龙 6 化学名称为聚己内酰胺，英文名称 Polycaprolacam（Nylon 6），又称聚酰胺（Polyamide）-6，简称 PA6；结构式为 $\text{+NH}(\text{CH}_2)_5\text{CO+}_n$。

尼龙 6 为半透明或不透明的乳白色结晶性聚合物颗粒，熔点 220℃，热分解温度大于 310℃，相对密度 1.14，吸水率（23℃ 水中 24h）1.8%，具有优良的耐磨性和自润滑性，机械强度高，耐热性、电绝缘性能好，低温性能优良，能自熄，耐化学药品性好，特别是耐油性优良。加工成型比尼龙 66 容易，制品表面光泽性好，使用温度范围宽。但尼龙6吸水率较高，尺寸稳定性较差。与尼龙66相比，尼龙6刚性小，熔点低，在恶劣环境下能长期使用，在较宽的温度范围内仍能保持足够的强度，连续使用温度为105℃，介电损耗角正切值为0.03（1MHz），体积电阻率为$10^{12}\Omega\cdot cm$，介电强度为16kV/mm，阻燃等级为V-2，耐寒温度为－30℃。

2. 应用

尼龙6是尼龙系列中产量最大、用量最多、用途最广的品种之一，广泛应用于汽车、电子、电器、机械、交通、纺织、化工、造纸、包装等行业。

（二）国内尼龙6的性能与应用

（1）上海塑料十八厂的尼龙6的性能（表2-6）

表2-6　上海塑料十八厂尼龙6的性能

项　目	非　增　强　级	增　强　级
密度/(g/cm^3)	1.11～1.13	1.36
拉伸屈服强度/MPa	60～65	120
静弯曲强度/MPa	80～100	200
弯曲模量/MPa	2000～3000	—
冲击强度（缺口）/(kJ/m^2)	2～5	10
布氏硬度 HBW	50～70	150
熔点/℃	215～225	210
体积电阻率/Ω·cm	1.83×10^{16}	2×10^{15}
相对介电常数（10^6Hz）	1.63	2.1

该产品耐磨性、自润滑性好，耐低温性、耐热性优良，力学性能好，适合制造机电、轻纺行业的配件。

（2）上海合成树脂研究所的尼龙6的性能（表2-7）

表2-7　上海合成树脂研究所的尼龙6的性能

品　种	密度/(g/cm^3)	拉伸强度/MPa	缺口冲击强度/(kJ/m^2)	弯曲强度/MPa	热变形温度(1.81MPa)/℃	布氏硬度HBW	熔点/℃	填料及含量
增强级	1.36	130	10	200	200	150	210	玻璃纤维30%
增韧增强级	1.35	110	25	—	200	130	210	玻璃纤维30%
增韧级	1.08	46	25	—	60	—	—	—
超增韧级	1.07	45	60	—	55	—	—	—
增强增韧阻燃级	1.30	110	25	—	200	130	—	玻璃纤维30%，UL94 V-0级

（3）上海龙马工程塑料有限公司的尼龙6的性能（表2-8）

表2-8　上海龙马工程塑料有限公司的尼龙6的性能

牌号	密度/(g/cm^3)	阻燃性(UL94)	热变形温度(1.81MPa)/℃	拉伸强度/MPa	断裂伸长率(%)	弯曲强度/MPa	弯曲模量/MPa	悬臂梁缺口冲击强度/(J/m)	洛氏硬度HRR	填料
C216	1.14	HB	65	85	35	120	2950	90	99	无
C216V30	1.37	HB	210	175	4	240	8400	110	110	含30%玻璃纤维

（4）上海日之升新技术发展公司的尼龙6的性能（表2-9）

表2-9　上海日之升新技术发展公司的尼龙6的性能

项　目	B010	B015	B017	B300	B305	B307
拉伸强度/MPa	40～80	90～130	160	40～80	100～160	115～185
断裂伸长率（%）	5～40	2～4	2～4	80～280	3～7	2～7
弯曲强度/MPa	60～120	135～205	245	40～110	130～200	150～250
弯曲模量/MPa	1700～3000	5000～7500	9000	800～2600	4200～6800	5000～8400
简支梁缺口冲击强度/(kJ/m^2)	4～10	7～12	10～14	6～35	11～18	15～24
悬臂梁缺口冲击强度/(J/m)	40～100	70～120	90～130	80～500	80～100	120～160
燃烧性（UL94）	V-0	V-0	V-0	HB	HB	HB
热变形温度(1.82MPa)/℃	60	180	190		205	215
熔点/℃	220	220	220	220	220	220
维卡软化点/℃	—	—	—	195	—	—
体积电阻率/Ω · cm	10^{15}	10^{15}	10^{15}	10^{15}	10^{15}	10^{15}
项　目	B310	B400	B500	BR306	BT306	HMPA6
拉伸强度/MPa	45～90	40～80	45～85	95～140	50～88	80
断裂伸长率(%)	40～200	80～280	100～300	3～9	3～7	100
弯曲强度/MPa	45～115	40～110	40～110	120～190	65～150	120
弯曲弹性模量/MPa	900～2800	800～2600	80～2600	4000～6000	2000～5000	2900
简支梁缺口冲击强度/(kJ/m^2)	6～35	6～35	6～35	20～35	7～18	35
悬臂梁缺口冲击强度/(J/m)	70～500	80～500	80～500	200～300	45～140	100
燃烧性（UL94）	HB	HB	HB	HB	HB	—
热变形温度(1.82MPa)/℃	—	—	—	200	160	55～75
熔点/℃	220	220	220	215～220	215～220	—
维卡软化点/℃	198	195	195	—	—	—
体积电阻率/Ω · cm	10^{15}	10^{15}	10^{15}	10^{15}	10^{15}	—

（5）上海凌尼工程塑料有限公司的高黏度尼龙6的性能（表2-10）

表2-10　上海凌尼工程塑料有限公司的高黏度尼龙6的性能

项　目	H40	H40-G30	B40
相对黏度	4.5	—	—
密度/(g/cm^3)	1.13	1.34	1.07
拉伸屈服强度/MPa	75	164	—
拉伸断裂强度/MPa	64	164	50
断裂伸长率（%）	58	3	—
弯曲强度/MPa	78	226	280
弯曲模量/MPa	1820	—	—
无缺口冲击强度/(kJ/m^2)	不断	92	不断
缺口冲击强度/(kJ/m^2)	35	17	9.5
布氏硬度 HBW	114	174	—
热变形温度（1.84MPa)/℃	53	215	—

该产品可注射或挤出成型，用于改善吹塑、片材、薄膜成型性。

（6）北京泛威工程塑料公司的尼龙6的性能（表2-11）

表 2-11 北京泛威工程塑料公司尼龙 6 的性能

项目	测试标准（ASTM）	增强型				阻燃增强型			
		201G0	201G10	201G20	201G30	301G0	301G10	301G20	301
拉伸强度/MPa	D638	62	89	115	135	64	80	101	1
弯曲强度/MPa	D790	88	150	175	200	101	140	155	1
冲击强度（缺口）/(kJ/m²)	D256	10	8	11	18	7.4	8.5	9.5	1
冲击强度（无缺口）/(kJ/m²)	D256	>100	36	44	78	51	44	48	—
弯曲性模量/MPa	D790	2.00×10^3	—	—	—	1.82×10^3	2.30×10^3	2.64×10^3	3.00
热变形温度/℃	D64	65	170	180	190	68	150	168	195
燃烧性（UL94）	—	—	—	—	—	V-0	V-0	V-0	V-0
玻璃纤维含量（%）	—	—	10	20	30	—	10	20	30
成型收缩率（%）	D955	1.5~2.0	0.8~1	0.4~0.8	0.2~0.6	1.0~1.5	0.6~0.8	0.4~0.6	0.2~0.4
体积电阻率/Ω · cm	D257	1×10^{14}	3.1×10^{15}	1.2×10^{15}	2.2×10^{15}	4.1×10^{15}	1.8×10^{15}	1.2×10^{15}	1.6×10^{15}
表面电阻率/Ω	D257	—	1.2×10^{14}	1.4×10^{14}	1.6×10^{14}	1.8×10^{14}	2.5×10^{14}	1.4×10^{14}	1.6×10^{14}
相对介电常数	D150	3.1	—	—	—	3.10	3.00	3.19	3.26
介电损耗角正切值	—	—	—	—	—	0.028	0.030	0.029	0.023
密度/(g/cm³)	D792	1.12	1.20	1.27	1.35	1.25	1.30	1.34	1.38
摩擦因数	—	—	—	—	—	—	—	—	—
介电强度/(kV/mm)	D149	21	23	23	23	21	25	25	25

（续）

项　目	测试标准（ASTM）	增　韧　型		尼龙合金（防翘曲）			耐磨型	阻燃防静电型	增强防静电型	
		401	402	501G0	501	502	601G0	701G0	801	802
拉伸强度/MPa	D638	48	36	60	110	130	59	51	56	51
弯曲强度/MPa	D790	105	82	110	150	174	85	69	75	147
冲击强度（缺口）/(kJ/m^2)	D256	20	30	6	8	10	8.5	5.2	7	9
冲击强度（无缺口）/(kJ/m^2)	D256	>100	>210	—	—	43	41	—	—	—
弯曲模量/MPa	D790	1.98×10^3	1.05×10^3	1.29×10^3	2.10×10^3	2.50×10^3	1.80×10^3	—	—	—
热变形温度/℃	D64	55	47	70	205	215	70	65	65	178
燃烧性（UL94）	—	—	—	—	—	—	—	V-0	—	—
玻璃纤维含量（%）	—	—	—	—	20	30	—	—	—	20
成型收缩率（%）	D955	1.5~2.0	1.5~2.0	0.8	0.5	0.2~0.4	—	0.5	1.0	0.5
体积电阻率/Ω·cm	D257	3.2×10^{15}	5.3×10^{15}	2.1×10^{15}	1.3×10^{15}	1.3×10^{15}	—	1.2×10^5	1.5×10^5	1.1×10^5
表面电阻率/Ω	D257	5×10^{14}	1.40×10^{15}	1.2×10^{15}	1.7×10^{15}	1.7×10^{15}	—	1.1×10^8	1.4×10^8	1.5×10^8
相对介电常数	D150	2.88	2.70	2.80	3.10	2.90	—	—	—	—
介电损耗角正切值	—	0.029	0.028	0.030	0.030	0.030	—	—	—	—
密度/(g/cm^3)	D792	1.10	1.10	1.37	1.45	1.53	1.20	1.17	1.11	1.20
摩擦因数	—	—	—	—	—	—	0.1	—	—	—
介电强度/(kV/mm)	D149	22	25	25	25	25	—	—	—	—

（7）北京海尔科化工程塑料国家工程研究中心的尼龙6的性能（表2-12）

表2-12 北京海尔科化工程塑料国家工程研究中心的尼龙6的性能

项 目		标准	KHPA6-T214	KHPA6-G114	KHPA6-G206	KHPA6-G308
填料		—	矿物	玻璃纤维	玻璃纤维	玻璃纤维
密度/(g/cm³)	>	GB/T 1033	1.24～1.26	1.20～1.22	1.26～1.28	1.34～1.36
拉伸强度/MPa	>	GB/T 1040	85	85	110	130
弯曲强度/MPa	>	GB/T 9341	160	150	170	200
弯曲模量/MPa	>	GB/T 9341	3800	3500	5000	10000
悬臂梁缺口冲击强度/(J/m)	>	GB/T 1843	50	50	30	30
热变形温度（0.46MPa)/℃	>	GB/T 1634	160	170	180	190

该产品主要用于汽车发动机空调阀、轮罩、雾灯反射器、制动油盒、踏板空滤器进口、轴承架；其他如高尔夫球杆、自行车轮、电锯外壳、接插件、风扇、齿轮、仪表、矿山机械零件。

（8）南京聚隆化学实业公司的尼龙6的性能（表2-13）

表2-13 南京聚隆化学实业公司的尼龙6的性能

项 目	测试标准	状 态	BNOF	BG61	BG9	BG6	BHO	BRO
拉伸断裂强度/MPa	ISO527	干态/湿态	75/40	150/105	175/130	160/110	45/40	80/50
断裂伸长率（%）	ISO527	干态/湿态	80/200	4/5	2/4	3/4	40/>50	4/20
弯曲屈服强度/MPa	ISO178	干态/湿态	100/45	214/—	250/180	230/190	55/—	110/—
弯曲模量/MPa	ISO178	干态/湿态	2550/850	—	10300/8500	7500/5000	1450/685	—
悬臂梁缺口冲击强度/(J/m)	ISO180	干态/湿态	60/110	130/150	150/—	120/200	850/不断	40/100
洛氏硬度 HRR	ISO2039/2	干态/湿态	118/—	118/—	120/115	120/110	100/—	120/112
熔点/℃	ISO3416	—	220	259	220	220	215	215
热变形温度/℃								
0.45MPa	ISO75	—	170	230	220	215	120	130
1.8MPa	ISO75	—	75	75	210	200	70	70
燃烧性（UL94）	—	—	V2	HB	HB	HB	HB	V0
表面电阻率/Ω	ISO167	干态/湿态	$10^{13}/10^{10}$	$10^{12}/10^{10}$	$10^{13}/10^{10}$	$10^{12}/10^{10}$	$10^{13}/10^{10}$	$10^{12}/10^{10}$
介电强度/(kV/mm)	IEC243	干态/湿态	20/—	19/—	20/—	20/—	—	18/—
密度/(g/cm³)	ISO1183	—	1.13	1.34	1.48	1.37	1.08	1.20
饱和吸水率（%）	ISO62	—	9.5	6.2	5.5	6.2	8.5	8.5
成型收缩率/(%)	—	—	1～1.2	0.15～0.5	0.1～0.3	0.15～0.5	0.6～1	1～1.2
特性与应用	BG6、BG9、BG61分别为30%、45%、30%玻璃纤维增强品级，强度高、耐高温、电性能好，可用于制备机械零部件、电动工具外壳、线圈架、汽车配件、电器配件、旱冰鞋支架等。BHO为抗冲击品级，可用于接插件、各类配件、机器的制备。BRO为阻燃品级，主要用于电子元器件、电器端子、熔丝盖。BNOF为通用品级，可用于制备机械零部件、线圈支架等							

（9）南京化工集团研究院的尼龙 6 的性能（表 2-14）

表 2-14 南京化工集团研究院的尼龙 6 的性能

项 目		R-PA-1	R-PA-2
熔点/℃		215 ~ 225	215 ~ 225
拉伸屈服强度/MPa		72	72
屈服伸长率（%）		55	55
弯曲强度/MPa		100	95
弯曲模量/MPa		1600	1500
简支梁无缺口冲击强度/(kJ/m²)		不断	不断
简支梁缺口冲击强度/(kJ/m²)		28	35
布氏硬度 HBW		110	100
特性与应用	R-PA-1	纯树脂，高强度、高抗冲击，宜制造汽车、电器、纺织零件，还可用作增韧改性剂	
	R-PA-2	吹塑制薄膜，挤出中空成型，宜制造高阻隔复合膜、液体包装膜、汽车燃料箱、改性燃料管	

（10）南京立汉化学有限公司的 Ductel B 系列尼龙 6 的性能（表 2-15）

表 2-15 南京立汉化学有限公司的 Ductel B 系列尼龙 6 的性能

项 目	测试标准 ASTM	状态	通用级				增强级	
			B102F	B103S	B601TL	B801E	B705GL	B706GL
密度/(g/cm³)	D792	干态	1.13	1.13	1.1	1.08	1.32	1.36
燃烧性（UL94）	—	—	V2	V2	HB	HB	HB	HB
碳纤维含量(%)	—	—	—	—	—	—	CF25	CF30
成型收缩率（纵向）(%)	D955	—	1.0	1.0	0.9	0.6	0.2	0.15
拉伸强度/MPa	D638	干态	80	80	65	50	170	180
		湿态	50	50	40	37	100	110
弯曲强度/MPa	D790	干态	110	110	—	—	210	240
		湿态	50	50	—	—	170	190
悬臂梁缺口冲击强度/(J/m)	D256	干态	45	45	130	>800	100	140
		湿态	160	160	NB	NB	>200	250
洛氏硬度 HRR	D785	干态	119	119	—	—	120	120
		湿态	—	—	—	—	—	—
热变形温度（1.82MPa）/℃	D648	—	55 ~ 75	55 ~ 75	65	60	210	210
表面电阻率/Ω	D257	干态	10^{13}	10^{13}	10^{13}	10^{13}	10^{12}	10^{12}
		湿态	10^{10}	10^{10}	10^{10}	10^{10}	10^{10}	10^{10}
项 目	测试标准 ASTM	状态	增强级				阻燃级	
			B707GL	B709GL	B260M	B253MG	B9706	B9260
密度/(g/cm³)	D792	干态	1.41	1.48	1.36	1.48	1.52	1.45
燃烧性（UL94）	—	—	HB	HB	HB	HB	VO	VO
玻璃纤维 GF/矿物含量(%)	—	—	CF35	CF45	M30	GF15/M25	—	M30
成型收缩率（纵向）(%)	D955	—	0.13	0.1	0.8	0.4	0.1	0.75
拉伸强度/MPa	D638	干态	195	210	85	120	158	60
		湿态	130	145	55	85	—	55
弯曲强度/MPa	D790	干态	285	280	145	190	195	130
		湿态	200	210	80	110	—	50
悬臂梁缺口冲击强度/(J/m)	D256	干态	175	105	60	50	80	20
		湿态	280	300	140	130	—	25
洛氏硬度 HRR	D785	干态	120	120	—	—	120	—
		湿态	—	—	—	—	—	—
热变形温度（1.82MPa）/℃	D648	—	215	215	120	200	190	150
表面电阻率/Ω	D257	干态	10^{13}	10^{13}	10^{12}	10^{12}	10^{12}	10^{13}
		湿态	10^{10}	10^{10}	10^{10}	10^{10}	10^{10}	10^{10}

（11）湖南省岳阳石化总厂的尼龙6的性能（表2-16）

表2-16　湖南省岳阳石化总厂的尼龙6的性能

项　目	牌　号						
	YH500	YH600	YH700	YH800	YH900	YH3000	YH3400
密度/(g/cm^3)	1.156	1.156	1.156	1.157	1.157	1.157	1.157
相对黏度	2.55±0.03	2.65±0.03	2.75±0.03	2.85±0.03	2.90±0.03	3.0±0.03	3.4±0.03
单体含量（%）	<0.3	<0.3	<0.3	<0.3	<0.3	<0.3	<0.3
含水量（%）	<0.07	<0.07	<0.07	<0.07	<0.07	<0.07	<0.07
外观	纯白色透明颗粒，无机械杂质，颗粒均匀						
力学性能							
拉伸强度/MPa	59.8	67.3	67.6	60.7	66.5	66.1	64.6
断裂伸长率（%）	80.0	189.5	151.7	48.1	153.4	151.8	231.3
弯曲强度/MPa	89.6	81.9	86.2	86.6	83.6	86.3	84.9
弯曲弹性模量/MPa	2124	1990	2104	2087	2026	2065	1992
硬度 HRR	63.8	64.1	64.4	72.2	63.8	66.8	69.2
冲击强度/(kJ/m^2)	12.1	19.9	20.1	20.1	22.4	21.4	28.3
成型收缩率（%）	1.33	1.35	1.32	0.93	1.4	1.47	1.42
热性能							
熔点/℃	215~220	215~220	215~220	215~220	217~223	218~224	219~225
热变形温度（1.82MPa）/℃	73.5	74.0	73.5	71.0	74.1	75.0	75.0
电性能							
表面电阻/Ω	2.3×10^{11}	2.2×10^{11}	1.3×10^{11}	3.0×10^{11}	8.0×10^{11}	9.0×10^{11}	7.3×10^{11}
表面电阻率/Ω	2.0×10^{12}	1.8×10^{13}	1.0×10^{14}	2.4×10^{13}	5.7×10^{13}	7.4×10^{13}	6.0×10^{13}
体积电阻/Ω	8.5×10^{13}	1.9×10^{12}	5.6×10^{13}	2.7×10^{13}	7.2×10^{13}	2.8×10^{14}	2.7×10^{13}
体积电阻率/Ω·cm	4.6×10^{15}	9.6×10^{13}	3.0×10^{15}	1.5×10^{14}	6.7×10^{15}	1.5×10^{16}	2.5×10^{15}
介电损耗角正切值	4.5×10^{-2}	1.8×10^{-2}	4.9×10^{-2}	5.0×10^{-2}	4.3×10^{-2}	4.2×10^{-2}	4.0×10^{-2}
相对介电常数	0.67	0.06	1.1	0.65	1.3	1.5	1.5
基本特征	流动性好，适合一般用途以及高玻璃纤维含量的增强改性产品及纺丝	分子量适中，适合增强改性、合金等用途及纺棕丝、渔网丝等	中黏度，适合一般注射成型，阻燃改性及纺棕丝、渔网丝等	中黏度，适合一般注射成型、阻燃改性及纺棕丝、单丝等	中黏度，适合一般注射成型、挤出成型、阻燃改性及纺棕丝、单丝	高黏度，适合于工业用线及高丝、耐磨等制品	高黏度，适合于工业用丝、包装膜及高耐磨结构件等用途

（12）黑龙江尼龙厂的尼龙的性能（表2-17、表2-18）

表2-17 黑龙江尼龙厂的尼龙6的性能

项　　目		O型	Ⅰ型	Ⅱ型
密度/(g/cm³)		1.13～1.15	1.13～1.15	1.13～1.15
熔点/℃		215～225	215～225	215～225
相对黏度		2.2～2.39	2.4～3.00	3.00
含水量（%）	≤	3	3	3
拉伸强度/MPa	≥	58.8	63.7	68.6
断裂伸长率（%）	≥	30	30	30
弯曲强度/MPa	≥	78.4(只弯不断)	88.2(只弯不断)	98
缺口冲击强度/(kJ/m²)	≥	7.84	9.8	11.76
带黑点树脂含量（%）	≤	2	2	2
成型收缩率（%）		1.8～2.5	1.2～1.8	0.8～1.2

表2-18 黑龙江尼龙厂的改性尼龙6的性能

项　　目		增强尼龙6	韧性尼龙6	韧性增强尼龙6
密度/(g/cm³)		1.34	1.09～1.10	1.36
拉伸强度/MPa		≥139	≥45	≥100
断裂伸长率（%）		—	30	—
弯曲强度/MPa		≥196	≥70	≥150
冲击强度（缺口）/(kJ/m²)	常温	≥9.8	≥14	≥16
	-40℃	—	≥7	≥9
体积电阻率/Ω·cm		≥10¹⁴	≥10¹⁴	≥10¹⁴
表面电阻率/Ω		≥10¹³	≥10¹³	≥10¹³
介电强度/(kV/mm)		—	≥16	≥18
热变形温度（1.8MPa)/℃		≥190	≥55	≥180
模后收缩率（%）		—	0.6～1.5	0.5～1.0
玻璃纤维含量（%）		30±2		30±2

（13）辽宁鞍山龙马工程塑料公司的尼龙6的性能（表2-19）

表2-19 辽宁鞍山龙马工程塑料公司的尼龙6的性能

项　　目	ASTM	LM-A108	LM-A209
屈服拉伸强度/MPa	D638	170	70
断裂伸长率（%）	D638	3.5	2
悬臂梁缺口冲击强度/(J/m)	D256	115	37
弯曲弹性模量/MPa	D790	8300	6200
洛氏硬度 HR	D785	98	85
维卡软化点/℃	D1525	222	222
热变形温度（0.45MPa)/℃	D648	223	205
吸水率（%）	D570	1.05	1.0

（14）江苏仪征工程塑料公司的高黏度尼龙6的性能（表2-20）

表2-20　江苏仪征工程塑料公司的高黏度尼龙6的性能

项　　目	湿态	干态	项　　目	湿态	干态
拉伸强度/MPa　≥	70	75	弯曲模量/GPa　≥	2.2	2.4
断裂伸长率（%）　≥	55	50	冲击强度/(kJ/m²)　无缺口　≥	377	375
弯曲强度/MPa　≥	95	100	缺口	3.2	8

该产品的相对黏度为3.2～4.5，可用于制备高强度丝，还可用来注射、挤出和吹塑各种制品。

（15）江苏宜兴太湖尼龙厂的尼龙6的性能（表2-21）

表2-21　江苏宜兴太湖尼龙厂尼龙6的性能

项　　目	Ⅰ型	Ⅱ型	含30%玻璃纤维增强料
相对黏度	2.4～3.0	>3.0	—
熔点/℃	215～225	215～225	—
单体含量（%）	3	3	—
拉伸强度/MPa	60	65	140
弯曲强度/MPa	90	98	200
弯曲模量/MPa	—	—	6000
悬臂梁缺口冲击强度/(kJ/m²)	5	7	9
热变形温度（1.82MPa）/℃	—	—	190
布氏硬度HBW	—	—	145

Ⅰ、Ⅱ型料可用于制备轴套、齿轮、密封件等。增强料可用于制备汽车、机械用齿轮、滑板、仪表匣等。

（16）台湾南亚工程塑胶公司的尼龙6的性能（表2-22）

表2-22　台湾南亚工程塑胶公司的尼龙6的性能

牌　　号	吸水率（%）	成型收缩率（%）	拉伸屈服强度/MPa	弯曲模量/GPa	缺口冲击强度(3.2mm)/(J/m)	热变形温度(1.86MPa)/℃
2100	1.8	1.0～1.8	70	2.6	78	60
2110	1.9	1.0～1.8	77	2.7	78	60
2200M6	1.8	0.4～0.9	95	5.65	55	185
2210G4	1.2	0.3～0.8	120	4.5	110	198
2210G6	1.0	0.2～0.6	170	7.6	150	205
2210G9	0.8	0.1～0.4	180	8.5	185	212
2212G4	1.1	0.5～1.0	100	4.5	250	175
2310	1.4	1.0～1.5	60	2.8	50	60
2512F	1.4	0.4～1.4	45	0.83	120	52

（三）国外尼龙 6 的性能

（1）美国联合信号（Allied Signal）公司的 Capron 尼龙（表 2-23）和 Nypel 尼龙 6 的性能（表 2-24）

表 2-23 美国联合信号公司的 Capron 尼龙的性能

牌号	密度/(g/cm^3)	拉伸屈服强度/MPa	屈服伸长率(%)	弯曲模量/GPa	悬臂梁缺口冲击强度/(J/m)	热变形温度/℃	燃烧性(UL94)	特性
8200	1.13	82	150	2.8	64	64	HB	中等流动，注射成型
8200BK102	1.13	82	60	2.8	48	64	—	黑色，中等流动，注射成型
8200HS	1.13	82	150	2.8	64	64	V-2	中等流动，注射成型
8200HS-BK102	1.13	82	60	2.9	48	70	—	黑色，中等流动
8202	1.13	78	70	2.8	53	64	V-2	低黏度，注射成型
8020BK102	1.13	78	50	2.8	43	60	—	黑色，注射成型
8202BK106	1.13	78	30	2.8	48	64	—	黑色，含炭黑 >3%（质量分数）
8202C	1.13	91	15	3.2	43	73	V-2	成型周期短，注射成型
8202C-BK102	1.13	91	15	3.2	43	75	—	黑色，注射成型
8202CF	1.13	91	—	3.2	43	75	—	高结晶
8202C-HS	1.13	91	15	3.2	43	75	V-2	热稳定，注射成型
8202C-HS-BK102	1.13	87	15	3.15	43	71	—	黑色，热稳定性好，注射
8202F	1.13	78	—	2.8	53	64	—	低黏度，注射成型
8202HS	1.13	78	—	2.8	53	64	—	低黏度，注射成型
8202HS-BK102	1.13	87	15	3.15	43	71	—	黑色，低黏度，注射成型
8203C	1.13	82	200	3.4	53	75	HB	挤出，中黏度
8203C-HS	1.13	82	200	3.4	53	75	—	低黏度，注射成型
8206	—	—	—	—	—	—	—	注射成型、挤出成型均可
8206S	—	—	—	—	—	—	—	注射成型
8207F	1.13	—	—	—	—	—	—	挤出制造薄膜，食品级
8209F	1.13	—	—	—	—	—	—	吹塑制造薄膜，食品级
8216HSBK102	1.13	52	250	1.24	91	60	—	挤出成型，黑色，高伸长率
8220HS	1.13	82	120	2.8	64	55	—	制金属丝包覆、电缆护套
8220HS-B103	1.13	82	80	2.8	53	62	—	黑色，挤出成型
8222	—	—	—	—	—	—	—	热稳定，挤出成型
8230	—	—	—	—	—	—	—	注射成型，含 6% 玻璃纤维，热稳定性好
8230GHS	1.16	82	—	3.7	32	149	—	注射成型，含 6% 玻璃纤维，热稳定性好
8230GHSBK102	1.17	82	5.0	4.0	32	149	—	注射成型，含 6% 玻璃纤维，黑色

（续）

牌　　号	密度/(g/cm³)	拉伸屈服强度/MPa	屈服伸长率(%)	弯曲模量/GPa	悬臂梁缺口冲击强度/(J/m)	热变形温度/℃	燃烧性(UL94)	特　　性
8231GHS	1.22	124	—	5.5	56	199	HB	注射成型，含14%玻璃纤维，热稳定
8231GHSBK102	1.22	124	—	5.5	48	199	—	注射成型，含14%玻璃纤维，黑色
8232GHS-FR	1.62	157	—	9.1	107	193	V-0	注射成型，含25%玻璃纤维，阻燃
8233G	1.38	200	—	9.4	117	210	HB	注射成型，含33%玻璃纤维，尺寸稳定
8233GHS	1.38	200	—	9.4	117	210	HB	注射成型，含33%玻璃纤维，热稳定性好
8233GHSBK102	1.38	186	3	9.4	96	210	—	注射成型，含33%玻璃纤维，黑色
8233GHSBK106	1.38	162	2	9.35	80	210	—	注射成型，含33%玻璃纤维，黑色，热稳定性好
8233GHSBK125	1.38	186	—	9.4	133	210	—	注射成型，含33%玻璃纤维，抗冲击
8234GHS	1.49	221	—	11.9	149	210	HB	注射成型，含44%玻璃纤维，耐高温
8234GHSBK102	1.49	207	—	11.9	128	210	—	注射成型，含44%玻璃纤维，黑色，耐高温
8234GHSBK106	1.49	193	—	11.9	128	210	—	注射成型，含44%玻璃纤维，尺寸稳定
8235GHSBK102	1.56	221	—	13.8	123	210	—	注射成型，含50%玻璃纤维，耐高温
8252HS	—	—	—	—	—	—	—	改性，热稳定，挤出成型
8253	1.09	66	150	2.2	133	60	HB	注射成型、挤出成型均可，抗冲击
8253GHSBK102	1.22	124	—	5.5	48	199	—	注射成型，含14%玻璃纤维
8253HS	1.09	66	150	2.2	133	60	HB	注射成型、挤出成型均可，热稳定性好
8253HSBK102	1.09	66	130	2.2	133	60	—	注射成型，抗冲击
8254HS	1.08	36	—	7.6	320	54	—	挤出制造薄膜，热稳定性好
8255	1.08	34	—	8.1	320	43	HB	注射成型，柔韧
8255HS	1.08	34	230	8.1	320	43	HB	注射成型，抗冲击
8259	1.09	59	—	2.1	160	60	HB	注射成型
8260	1.49	91	—	5.5	43	120	—	注射成型，含40%矿物，填料
8260-BK104	1.49	91	—	5.5	37	120	—	含40%矿物，尺寸稳定性好，注射成型
8260HS	1.50	91	—	5.5	43	120	HB	注射成型，含40%矿物，填料
8260HSBK102	1.49	91	10	5.5	43	120	—	注射成型，含40%矿物，热稳定性好
8266GHS	1.48	131	—	9.1	43	206	HB	注射成型，低翘曲
8266GHSBK102	1.48	131	2.0	9.1	43	206	—	注射成型，低翘曲
8267GHS	1.48	138	—	7.65	48	202	HB	注射成型，热稳定性好
8267GHSBK102	1.48	138	—	7.65	48	202	—	注射成型，低翘曲
8267GHSBK106	1.48	131	—	7.65	48	202	—	注射成型，抗紫外线

（续）

牌　　号	密度/(g/cm³)	拉伸屈服强度/MPa	屈服伸长率(%)	弯曲模量/GPa	悬臂梁缺口冲击强度/(J/m)	热变形温度/℃	燃烧性(UL94)	特　　性
8270HS	1.13	81	5	2.75	69	63	—	挤出制膜，热稳定性好
8350	1.07	55	260	11.8	不断裂	60	—	挤出成型，高抗冲击
8350HS	1.07	55	260	1.8	不断裂	60	—	挤出成型，高抗冲击
8350HSBK102	1.08	55	—	1.8	800	60	—	挤出制膜，热稳定性好
8351	1.07	55	—	1.66	不断裂	60	—	注射成型，高抗冲击
8351HS	1.07	55	—	1.66	不断裂	60	—	注射成型，耐化学品好
8351HSBK102	1.07	55	—	1.66	不断裂	60	—	注射成型，黑色
8351HSBK106	1.07	55	—	1.66	不断裂	60	—	注射成型，高抗冲击
8360HS	1.43	91	—	5.05	43	90	HB	注射成型，含34%矿物，低翘曲
8360HSBK102	1.40	91	—	5.05	43	90	—	注射成型，含34%矿物，黑色
XPN1509	1.13	52	—	1.24	91	60	—	挤出制造单丝

表2-24　美国联合信号公司的Nypel尼龙6的性能

牌　　号	密度/(g/cm³)	拉伸屈服强度/MPa	屈服伸长率(%)	弯曲模量/GPa	悬臂梁缺口冲击强度/(J/m)	热变形温度/℃	燃烧性(UL94)	特　　性
2314	1.13	78	30	2.8	48	60	HB	高流动，注射成型
2314FCAT	1.13	82	12	3.2	43	75	HB	注射成型，成型周期短
2314HS	1.13	78	3	2.8	48	60	HB	注射成型，流动性好
2314HSBK	1.13	78	30	2.8	43	64	HB	注射成型，黑色
2314HSFCAT	1.13	82	10	3.2	43	70	HB	注射成型，成型周期短
2314HSFCATBK	1.13	82	—	3.2	42	75	—	注射成型，流动性好
2360	1.49	91	—	5.5	43	120	—	注射成型，含40%矿物，耐高温
2365G	1.43	117	—	8.2	48	201	—	注射成型，含玻璃纤维，低翘曲
2365GHS	1.43	117	—	8.2	43	201	HB	注射成型，含玻璃纤维，低翘曲
2365HSBK	1.43	117	—	8.2	43	201	HB	注射成型，黑色
6033G	—	—	—	—	—	—	—	注射成型，含33%玻璃纤维
6033GBK	1.38	164	—	9.4	64	204	HB	注射成型，含33%玻璃纤维，力学性能好
6033GHS	1.38	164	—	9.4	69	204	HB	注射成型，含33%玻璃纤维，刚性好
6033GHS-BK	1.38	164	—	9.4	69	204	HB	注射成型，含33%玻璃纤维，热稳定

（2）美国杜邦公司的Zytel尼龙6的性能（表2-25）

表 2-25 美国杜邦公司 Zytel 尼龙 6 的性能

牌号	密度/(g/cm³)	拉伸屈服强度/MPa	屈服伸长率(%)	弯曲模量/GPa	悬臂梁缺口冲击强度/(J/m)	热变形温度/℃		燃烧性(UL94)	特性
						0.44MPa	1.82MPa		
42HSBNC10	1.14	85	250	2.8	59	235	93	V-2	注射成型，伸长率好，热稳定
BexloyF	1.38	94	—	5.4	53	202	—	—	注射成型，改性物，刚性好
Zytel211	1.13	51	20	1.03	80	171	54	HB	注射成型或挤出成型，柔韧性好
Zytel301HS	1.08	55	35	20.0	133	179	39	—	挤出成型，抗冲击
ZytelFR10	1.24	69	—	3.0	37	216	100	V-0	注射成型，阻燃
ZytelFR11	1.35	59	20	3.1	37	—	127	V-0	注射成型，阻燃，热稳定
ZytelST811HS	1.04	48	>500	0.5	不断裂	171	52	HB	注射成型、挤出成型均可，非增强，抗冲击，耐候性好

(3) 日本三菱化成（Mitsubishi Chemical）公司的 Novamid 尼龙 6 的性能（表 2-26）

表 2-26 日本三菱化成公司的 Novamid 尼龙 6 的性能

牌号	密度/(g/cm³)	拉伸强度/MPa	断裂伸长率(%)	弯曲强度/MPa	弯曲模量/GPa	悬臂梁缺口冲击强度/(J/m)	洛氏硬度 HRR	热变形温度/℃		成型收缩率(%)	燃烧性(UL94)
								0.46MPa	1.86MPa		
1007C	1.13	80	80	105	2.9	45	121	160	68	1~1.5	V-2
1010	1.13	78	130	105	2.7	50	120	150	61	1~1.5	V-2
1010C	1.13	80	90	105	2.9	45	121	165	68	1~1.5	V-2
1010C2	1.13	80	110	105	2.7	50	121	160	65	1~1.5	V-2
1010CH	1.13	80	110	105	2.7	50	121	160	65	1~1.5	V-2
1010F	1.50	97	7	160	6.5	40	120	190	140	0.7~0.9	V-2
1010G	1.36	150	4	210	8.0	90	121	>200	200	0.2~0.8	HB
1010GH	1.36	150	4	210	8.0	90	121	>200	200	0.2~0.8	HB
1010GN	1.66	140	5	190	9.4	70	121	—	211	0.3~0.9	V-0
1010GN20	1.53	120	5	160	8.1	50	121	—	209	0.2~0.8	V-0
1010N	1.13	85	20	120	3.1	40	120	—	70	1~1.5	V-0
1010N2	1.16	81	20	115	3.2	40	120	—	75	1~1.5	V-0
1012C2	1.13	83	140	108	2.7	45	121	156	64	1~1.5	V-2
1013C3	1.14	83	140	106	2.6	45	121	156	64	1~1.5	V-2
1015G30	1.36	165	4	220	8.0	140	121	—	220	0.2~0.8	HB
1015G45	1.48	220	5	300	11.3	180	121	—	220	0.2~0.8	HB
1018F2	1.42	85	8	130	7.0	80	120	195	165	0.4~0.7	—
1020	1.13	76	200	100	2.6	60	—	—	57	0.8~1.4	HB
1030	1.13	76	200	100	2.6	60	—	—	57	0.8~1.4	HB
2010	1.13	70	220	90	2.3	65	—	—	50	0.7~1.3	V-2
2010N	1.16	77	20	100	2.7	50	—	—	65	1~1.5	V-0
ST120	1.08	51	200	67	1.7	700	110	110	58	1.5~2.0	HR
ST145	1.01	27	200	30	0.83	900	—	—	—	—	—
ST220	1.08	51	200	64	1.65	1050	110	110	58	1.5~2.0	HB

（4）日本东丽（Toray）工业公司的 Amilon 尼龙 6 的性能（表 2-27）

表 2-27 日本东丽工业公司的 Amilon 尼龙 6 的性能

项目	测试方法（ASTM）	测试条件	CM1001 CM1007		CM1017		CM1021 CM1021L CM1021M CM1021TM CM1021LO CM1021F CM1026		CM1041 CM1041LO		CM2001 CM2006	
密度/(g/cm^3)	—	98% H_2SO_4	2.35	—	2.65	—	3.40	—	4.3	—	2.70	—
吸水率（%）	D570-57T	20℃	1.13	—	1.41	—	1.13	—	1.13	—	1.03	—
断裂伸长率（%）	D638-56T	23℃	1.8	—	1.80	—	1.9	—	2.0	—	0.3	—
拉伸强度/MPa	D638-56T	23℃	750	540	800	400	750	520	750	520	600	470
弹性模量/GPa	D638-56T	23℃	100	25	6	5	20	25	25	30	10	22
弯曲模量/GPa	D790-49T	23℃	28	8.5	30	10	27	8.3	28	8.5	23	12
冲击强度/(J/m)	D256-56	23℃	26	5.8	27	6.5	24	5.6	25	5.3	20	10
热变形温度/℃	D648-56	18.2MPa	5	40	4.5	50	6	50	6.5	50	5	10
洛氏硬度 HRR	D785-51	23℃	65	—	67	—	63	—	64	—	66	—
线胀系数/($\times 10^{-4}K^{-1}$)	D696-44	—	119	85	119	88	119	85	120	85	116	90
Taber 磨耗量/g	—	—	0.8	—	0.9	—	0.8	—	0.8	—	1.2	—
相对介电常数	D150-54T	23℃，10^3Hz	6	—	6	—	6	—	6	—	4	—
相对介电常数	D150-54T	23℃，10^6Hz	—	—	—	—	—	—	—	—	3.6	—
介电强度/(kV/mm)	D149-55T	—	31	—	31	—	31	—	31	—	28.5	—
体积电阻率/($\times 10^{14}\Omega \cdot cm$)	D257-57T	—	7	—	7	—	7	—	7	—	4	—
燃烧性（UL94）	—	—	—	—	V-2	V-2	CM1021 CM1026	V-2 HB	—	—	—	—

（续）

项　　目	测试方法（ASTM）	测试条件	CM2402		CM3001N CM3006		CM4000		CM4001	
密度/(g/cm³)	—	98% H_2SO_4	2.74	—	2.95	—	2.65	—	2.70	—
吸水率（%）	D570-57T	20℃	1.08	—	1.14	—	1.13	—	1.13	—
断裂伸长率（%）	D638-56T	23℃	0.7	—	1.2	—	3.5	—	3.5	—
拉伸强度/MPa	D638-56T	23℃	550	400	800	530	450	300	450	300
拉伸模量/GPa	D638-56T	23℃	27	35	10	20	30	35	30	35
弯曲模量/GPa	D790-49T	23℃	18	9	31	13	15	7	15	7
冲击强度/(J/m)	D256-56	23℃	15	7	28	12	15	7	15	7
热变形温度/℃	D648-56	18.2MPa	4.5	10	5	15	5	10	5	10
洛氏硬度 HRR	D785-51	23℃	58	—	77	—	38	—	38	—
线胀系数/($\times10^{-4}K^{-1}$)	D696-44	—	115	90	120	100	78	60	83	60
Taber 磨耗量/g	—	—	1.1	—	1.0	—	1.2	—	1.2	—
相对介电常数	D150-54T	23℃，10^3Hz	4	—	8	—	—	—	—	—
		23℃，10^6Hz	3.4	—	3.9	—	—	—	—	—
介电强度/(kV/mm)	D149-55T	—	23	—	35	—	—	—	—	—
体积电阻率/($\times10^{14}\Omega\cdot cm$)	D257-57T	—	1	—	14	—	—	—	—	—
燃烧性（UL94）	—	—	—	—	V-2	—	—	—	—	—

（续）

项　目	测试方法（ASTM）	测试条件	CM6001		CM6021、CM6021M		CM6041		CM6014VO		CM1001G15	
密度/(g/cm^3)	—	98% H_2SO_4	3.2	—	3.4	—	4.2	—	2.35	—	2.35	—
吸水率（%）	D570-57T	20℃	1.14	—	1.13	—	1.14	—	1.19	—	1.25	—
断裂伸长率（%）	D638-56T	23℃	2.0	—	1.9	—	2.0	—	2.0	—	1.0	—
拉伸强度/MPa	D638-56T	23℃	700	500	750	510	700	500	610	410	1050	550
拉伸模量/GPa	D638-56T	23℃	32	40	25	28	32	40	8	4	0.5	1
弯曲模量/GPa	D790-49T	23℃	24	12	28	9	36	13	28	11	55	30
冲击强度/(J/m)	D256-56	23℃	22	11	24	7	24	12	34	13	50	30
热变形温度/℃	D648-56	18.2MPa	7	10	6	750	7	10	4	15	5	12
洛氏硬度 HRR	D785-51	23℃	56	—	60	—	59	—	77	—	175	—
线胀系数/($\times10^{-4}K^{-1}$)	D696-44	—	118	85	19	85	40	90	118	85	119	100
Taber 磨耗量/g	—	—	—	—	—	—	—	—	—	—	—	—
相对介电常数	D150-54T	23℃，10^3Hz	—	—	—	—	—	—	—	—	—	—
		23℃，10^6Hz	—	—	—	—	—	—	5.0	—	3.3	—
介电强度/(kV/mm)	D149-55T	—	—	—	—	—	—	—	—	—	23	—
体积电阻率/($\times10^{14}\Omega\cdot cm$)	D257-57T	—	—	—	—	—	—	—	10	—	2	—
燃烧性（UL94）	—	—	—	—	—	—	—	—	V-0	—	HB	—

（续）

项　目	测试方法（ASTM）	测试条件	CM1011G30		CM1011G45		CM3001G30		CM1001R	
密度/(g/cm^3)	—	98% H_2SO_4	2.85	—	2.85	—	2.90	—	2.35	—
吸水率（%）	D570-57T	20℃	1.36	—	1.48	—	1.37	—	1.50	—
断裂伸长率（%）	D638-56T	23℃	1.1	—	0.8	—	0.6	—	0.90	—
拉伸强度/MPa	D638-56T	23℃	16000	1000	2000	1300	1800	1100	900	600
拉伸模量/GPa	D638-56T	23℃	0.5	0.7	0.5	0.7	0.5	0.6	0.4	0.6
弯曲模量/GPa	D790-49T	23℃	85	45	122	45	98	50	53	30
冲击强度/(J/m)	D256-56	23℃	80	40	120	70	85	42	60	35
热变形温度/℃	D648-56	18.2MPa	11	15	15	20	8	10	4	8
洛氏硬度 HRR	D785-51	23℃	230	—	205	—	245	—	150	—
线胀系数/($\times10^{-4}K^{-1}$)	D696-44	—	120	112	121	113	121	115	120	115
Taber 磨耗量/g	—	—	—	—	—	—	—	—	—	—
相对介电常数	D150-54T	23℃，10^3Hz	—	—	—	—	—	—	—	—
		23℃，10^6Hz	4.6	—	4.9	—	4.4	—	4.4	—
介电强度/(kV/mm)	D149-55T	—	20	—	20	—	20	—	22	—
体积电阻率/($\times10^{14}\Omega\cdot cm$)	D257-57T	—	9	—	11	—	12	—	10	—
燃烧性（UL94）	—	—	HB	—	HB	—	—	—	HB	—

（5）德国巴斯夫（BASF）公司的 Ultramid 尼龙 6 的性能（表 2-28）

表 2-28 德国巴斯夫公司 Ultramid 的尼龙 6 的性能

项　　目	ISO	B3K	B3L	B3S	B3SK	B35K	B35Z	B35MF01	B36FN	B4
密度/(g/cm^3)	1183	1.13	1.1	1.13	1.13	1.13	1.08	1.13	1.13	1.13
吸水率（23℃，水中）（%）	—	9~10	8.5~9.5	9~10	9~10	9~10	8~9	—	9~10	9~10
熔体质量流动速率/[g/（10min）]	1133	160	115	165	170	50	<10	—	30	16
成型收缩率（%）	—	0.85~1.0	0.9~1.2	0.75~1.0	0.75~1.0	0.65	0.95	—	—	0.65
燃烧性（UL94，厚 3.2mm）	—	V-2	—	V-2	V-2	V-2	HB	—	V-2	HB
拉伸强度（干/湿）/MPa	527	85/40	70/35	90/45	90/45	80/45	50/40	—	90/60	90/45
屈服伸长率（干/湿）（%）	527	4.5/20	3.5/18	4/20	4/20	4.5/20	4/20	750/750	50/750	4/20
弯曲模量（干/湿）/MPa	178	2800/	2300/	3000/	2900/	—	—	—	—	—
弯曲强度（干/湿）/MPa	178	—	—	—	—	—	—	—	—	—
悬臂梁缺口冲击强度/(kJ/m^2)	180-1A	5.5/不断裂	15/不断裂	5/不断裂	5/不断裂	6.5~10/不断裂	8.7/不断裂	—	10/不断裂	6.5~10/不断裂
布氏硬度（干/湿）HBW	2039-1	150/70	120-63	160/70	160/70	150/70	100/50	—	160/70	150/70
热变形温度/℃ 1.82MPa	75	65	65	65	65	65	50	—	75/90	65
热变形温度/℃ 0.45MPa	75	>160	>160	>180	>180	>160	70	—	>180	>160
线胀系数（垂直/水平）/($\times10^{-5}K^{-1}$)	—	7~10/	7~10/	7~10/	7~10/	7~10/	7~10/	—	7~10/	7~10/
相对介电常数（1MHz，干/湿）	250	3.5/7.0	3.5/6.4	3.3/7.0	3.5/7.0	3.5/7.0	3.1/3.6	—	3.3/7.0	3.5/7.0
介电损耗角正切值（1MHz，干/湿）	250	0.023/0.30	0.024/0.030	0.03/0.30	0.03/0.30	0.031/0.30	0.011/0.07	—	0.03/0.030	0.031/0.30
体积电阻率（干/湿）/Ω·cm	93	$10^{15}/10^{12}$	$10^{15}/10^{12}$	$10^{15}/10^{12}$	$10^{15}/10^{12}$	$10^{15}/10^{12}$	$10^{15}/10^{12}$	$10^{15}/10^{12}$	$10^{15}/10^{12}$	$10^{15}/10^{12}$
介电强度（干/湿）/(kV/mm)	243/1	100/60	100/60	100/60	100/60	100/60	100/60	—	100/60	100/60
相比漏电起痕指数（干/湿）/V	112A	600/—	600/—	600/—	600/—	600/—	600/—	—	600/—	600/—

（续）

项　目		ISO	B5W	B3EG3	B3EG5	B3EG6	B3WG5	B3WG6	B3WG7	B3WG10	B3ZG3
密度/(g/cm³)		1183	1.13	1.23	1.32	1.36	1.32	1.36	1.41	1.55	1.22
吸水率（23℃，水中）(%)		—	9~10	7.7~8.3	6.8~7.4	6.3~6.9	6.8~7.4	6.3~6.9	5.9~6.5	4.5~5.1	7.2~7.8
熔体流动速率/[g/(10min)]		1133	8	75	60	50	60	60	45	25	30
成型收缩率（%）		—	0.60	0.5~1.2	0.35~0.8	0.3~0.75	0.35~0.80	0.3~0.75	0.25~0.75	0.2~0.7	0.4~0.85
燃烧性（UL94，厚3.2mm）		—	—	HB	HB	HB	HB	HB	HB	HB	HB
拉伸强度（干/湿）/MPa		527	90/45	130/70	160/105	185/115	160/105	185/115	190/130	235/160	105/60
屈服伸长率（干/湿）(%)		527	4.5/20	3.5/15	3.5/8.5	3.5/8.0	3.5/8.5	3.5/8.0	3.5/7.0	3/5.5	10/25
弯曲模量（干/湿）/MPa		178	—	5200/2500	7400/4200	8600/5000	7400/4200	8600/5000	10000/6300	15000/9000	4500/2300
弯曲强度（干/湿）/MPa		178	—	180/100	220/150	270/190	220/150	270/190	280/220	320/240	150/80
悬臂梁缺口冲击强度/(kJ/m²)		180-1A	7.5~10/NB	6.0	12/17	15.5/20	12/17	15.5/20	19/27	20/24	17/31
布氏硬度（干/湿）HBW		2039-1	150/70	180/95	210/140	220/150	210/140	220/150	230/160	280/210	150
热变形温度/℃	1.82MPa	75	65	190	210	210	210	210	215	215	160
	0.45MPa	75	>160	215	220	220	220	220	220	220	200
线胀系数（垂直/水平）/($\times10^{-5}K^{-1}$)		—	7~10/—	2~2.5/6~7	1.5~2.5/6~7	2~2.5/6~7	2~2.5/6~7	2~2.5/6~7	1.5~2/6~7	1~1.5/5~6	3~3.5/7~8
相对介电常数（1MHz，干/湿）		250	3.5/7.0	3.8/7.0	3.9/6.2	3.8/6.8	3.8/7.0	3.8/6.8	3.9/6.2	4.2/6.1	3.7/6.2
介电损耗角正切值（1MHz，干/湿）		250	0.023/0.30	0.025/0.24	0.021/0.19	0.023/0.22	0.025/0.24	0.023/0.22	0.021/0.19	0.014/0.14	0.025/0.20
体积电阻率（干/湿）/Ω·cm		93	$10^{15}/10^{12}$	$10^{15}/10^{12}$	$10^{15}/10^{12}$	$10^{15}/10^{12}$	$10^{15}/10^{12}$	$10^{15}/10^{12}$	$10^{15}/10^{12}$	$10^{15}/10^{12}$	$10^{15}/10^{12}$
介电强度（干/湿）/(kV/mm)		243/1	100/40	80/70	80/30	80/70	80/30	80/30	80/30	90/40	80/70

（续）

项　　目		ISO	B3ZG6	B3ZG8	B3WM602	B3GM35	B3GK24	B3UM6	KR4450	KR4455	KR4460	KR4480
密度/(g/cm³)		1183	1.33	1.43	1.36	1.48	1.34	1.51	1.50	1.17	1.31	1.39
吸水率（23℃水中）(%)		—	5.9~6.5	4.7~5.3	5.7~6.3	6.3~6.9	—	6.3~6.9	5.3~6.1	4.1~4.7	—	—
熔体流动速率/[g/(10min)]		1133	25	15	80	35	60	60	40	30	120	70
成型收缩率（%）		—	0.35~0.8	0.25~0.75	0.5	0.3~0.4	0.4~0.9	0.7	0.6~0.9	0.4~0.7	0.6~0.9	0.6
燃烧性（UL94，厚3.2mm）		—	HB	HB	HB	HB	HB	V-0	V-2	V-0	V-2	V-2
拉伸强度（干/湿）/MPa		527	150/100	165/115	72/45	120/65	110/65	50/30	105/70	110/80	95/60	90/50
屈服伸长率（干/湿）(%)		527	5/8	4/7	2.6/2.0	3/12	3.5/15	3/8	2.5~4.5	1.8~2.5	3.5/5.0	2.5/6.0
弯曲弹性模量（干/湿）/MPa		178	7900/4000	—	—	—	—	5200/	7500/	10000/	—	—
弯曲强度（干/湿）/MPa		178	200/130	270/200	120/60	190/110	175/100	130/150	160/100	165/115	—	—
悬臂梁缺口冲击强度/(kJ/m²)		180-1A	22/32	22/	4.5/8.5	8.0/	5.0/8.5	2/2.5	3.5/4.5	2.5/4.5	—	—
布氏硬度（干/湿）HBW		2039-1	180/110	190/110	170/80	210/150	170/120	180/80	240/	270/	—	—
热变形温度/℃	1.82MPa	75	210	210	150	200	200	100	180	195	170	170
	0.45MPa	75	220	220	200	215	215	200	215	215	210	210
线胀系数（垂直/水平）/($\times10^{-5}K^{-1}$)		—	2~2.5/ 6~7	1~2/ 5~6	4~6.5/ 3.5~4.5	3.5~4.0/ —	3.5~4.0/ —	4~8/4~8	—	4~6/ 4~5	—	—
相对介电常数（1MHz，干/湿）		250	3.8/6.8	4.0/5.3	3.5/6.2	3.9/6.2	3.9/4.6	3.6/6.0	—	4.5/5.0	—	—
介电损耗角正切值（1MHz，干/湿）		250	0.02/0.20	0.019/0.13	0.02/0.20	0.02/0.20	0.02/0.07	0.02/0.30	—	—	—	—
体积电阻率（干/湿）/Ω·cm		93	$10^{15}/10^{12}$	$10^{15}/10^{12}$	$10^{15}/10^{12}$	$10^{15}/10^{12}$	$10^{15}/10^{12}$	$10^{15}/10^{12}$	$10^{15}/10^{12}$	$10^{15}/10^{12}$	—	—
介电强度（干/湿）/(kV/mm)		243/1	80/70	80/70	105/80	60/40	135/53	95/70	35/35	35/35	—	—
相比漏电起痕指数（干/湿）/V		112A	550/—	550/—	550/—	400/—	425/—	375/—	600/—	600/—	600/—	550/—

（6）英国帝国化学公司（ICI）的尼龙6的性能（表2-29）

表2-29 英国帝国化学公司的尼龙6的性能

牌号	密度/(g/cm³)	拉伸屈服强度/MPa	屈服伸长率(%)	弯曲模量/GPa	悬臂梁缺口冲击强度/(J/m)	热变形温度/℃	特性
EMI-X PC100-8	1.34	—	—	28.0	1.8	219~221	含8%碳纤维，用于电磁干扰屏蔽
EMI-X PC100-10	1.39	—	—	33.0	1.8	219~221	含10%碳纤维，用于电磁干扰屏蔽
Lubricomp PFL4036	1.49	—	—	12	1.9	210	含18% PTFE，润滑好
Lubricomp PFL4040	1.26	59	—	3	—	57	含20% PTFE，润滑好
Lubricomp PFL4128	1.52	173	3	15	—	219~221	含40%玻璃纤维和 MoS_4 润滑
Lubricomp PFL4536	1.47	—	—	11	1.8	210	含PTFE，润滑好
Lubricomp PL4010	1.17	—	—	3.9	0.9	60	润滑好
Lubricomp PL4030	1.23	—	—	2.9	0.8	60	润滑好
Lubricomp PL4216	1.43	127	4	11	—	216~219	含35%玻璃纤维和 MoS_4，润滑好
Lubricomp PL4310	1.16	82	—	5	0.7	77	含5%矿物质，润滑好
Lubricomp PL4510	1.12	72	—	4.0	1.1	130	润滑好
Lubricomp PL4530	1.21	—	—	3.5	—	145	润滑好
Lubricomp PL4540	1.25	62	—	3.3	0.9	135	含2%硅，润滑好
Magnacomp PL	3.20	—	—	12.5	0.6	110	—
Magnacomp PM	3.45	—	—	13.0	0.6	110	—
Nykon P	1.19	86	10	4.5	—	82~179	含20% MoS_2，润滑好，阻燃HB级
PA1002	1.17	78	—	5.1	—	194	含10%芳纶酰胺纤维，耐磨
PA1004	1.20	103	—	6.5	—	210	含20%芳纶酰胺纤维，耐磨
PF1004	1.28	—	—	8.5	1.4	210~216	含碳纤维，耐高温
PF1004HI	1.27	—	—	8.0	2.5	213	含玻璃纤维
PF1006	1.37	—	—	12.0	2.3	216~219	含玻璃纤维

（续）

牌　号	密度 /(g/cm³)	拉伸屈服强度 /MPa	屈服伸长率 (%)	弯曲模量 /GPa	悬臂梁缺口冲击强度 /(J/m)	热变形温度 /℃	特　性
PF1006FR	1.58	—	—	13.5	1.5	207	含玻璃纤维，阻燃
PF1006HI	1.37	—	—	10.0	3.2	213	含玻璃纤维，阻燃 HB 级
PF1006MG	1.36	—	—	6.4	43	196	含玻璃纤维
PF100-8	1.46	—	—	10.3	160	216～219	含玻璃纤维
PF100-10	1.57	—	—	7.8	160	216～219	含玻璃纤维
PF100-12	1.70	—	—	19.3	213	216～219	含玻璃纤维
PC1004	1.23	—	—	10.3	69	213	含芳纶酰胺纤维
PC1006	1.28	—	—	15.8	91	216	含碳纤维
PDX58384	1.35	158	>3	0.82	—	221	含>10%玻璃纤维，耐化学药品
PF1002	1.21	93	4	—	—	190～210	含10%玻璃纤维，刚性好
PF1002HI	1.19	91	7	6	—	204	含10%玻璃纤维，抗冲击
RC100-10	—	280	—	26	—	—	含50%碳纤维，力学性能好
RC100-10HM	—	290	—	38	—	—	含50%碳纤维，力学性能好
RFL4012	1.24	93	—	1.45	—	251	含15%玻璃纤维和PTFE，润滑好、耐高温
RFL4636	1.47	145	4	82	96	254	含30%玻璃纤维和PTFE，润滑好、耐高温
Stat-KonPC1002	1.18	—	—	6.6	48	210～213	含碳纤维，抗静电
Stat-KonPC1006	1.28	—	—	16.6	96	219～221	含碳纤维，抗静电
Thermocomp P1000	1.14	81	40	2.8	53	140	—
Thermocomp V1000	1.06	52	—	1.73	107	135	—
Verton PF700-10	1.57	230	—	14.5	400	216	含50%玻璃纤维，力学性能好
Verton PF700-10HI	1.55	—	—	13.8	373	219	含50%玻璃纤维，中等抗冲击
VFM-3335	1.42	110	>3	6.9	62	249	含40%玻璃纤维和云母，刚性、耐高温

（7）荷兰阿克苏（Akzo）工程塑料公司的 Nylafil 尼龙6的性能（表2-30）

表2-30　荷兰阿克苏工程塑料公司的 Nylafil 尼龙6的性能

牌　号	密度 /(g/cm^3)	拉伸屈服强度 /MPa	屈服伸长率 (%)	弯曲模量 /GPa	热变形温度 /℃	特　性
G3/10/CF/20	1.32	230	1.5	18.6	219～224	含10%玻璃纤维和20%碳纤维，高强度，耐磨
G3/30	1.40	179	2.0	8.2	216～219	含30%玻璃纤维，高强度
G3/30MS/5	1.44	138	—	—	216～219	含30%玻璃纤维和5% MoS_2，润滑
G3/40	1.47	210	2	10.3	219～221	含40%玻璃纤维，高强度
G3/40MS/5	1.49	207	—	10.3	216～221	含30%玻璃纤维和5% MoS_2，润滑
G8/40	1.40	138	2.5	8.2	254	含40%玻璃纤维，高强度
J3/CF/30	1.28	207	3.3	17.3	213～219	含30%碳纤维，耐磨
J3/CF/40	1.33	221	2.8	20.7	213～219	含40%碳纤维，耐磨
J3/CP/50	1.38	230	1.5	24.0	213～219	含50%碳纤维，耐磨
J3/CP/50	1.40	138	1.2	15.8	204～219	含50%碳纤维，耐磨、抗拉伸
J3/15/MF/25	1.48	113	4.0	9.1	203	含15%玻璃纤维，25%填料
J3/20	1.30	145	—	6.9	207～213	含20%玻璃纤维
J3/30	1.40	169	2	9.2	210～216	含30%玻璃纤维，拉伸强度高
J3/30/V-0	1.66	138	3	10.3	199	含30%玻璃纤维，阻燃V-0级
J3/40	1.50	200	2.8	12.3	213～219	含40%玻璃纤维，力学性能好
J7/13	1.19	82	5	3.8	199～219	含13%玻璃纤维，抗拉伸
J7/33	1.33	88	4	7.6	204～221	含33%玻璃纤维，抗拉伸
J7/43	1.43	145	4	9.9	208～221	含43%玻璃纤维，抗拉伸
J8/CF/15	1.16	145	3.5	9.1	246～260	含15%碳纤维，耐磨
J8/15/CF/10	1.25	152	4.0	11.0	246～260	含15%玻璃纤维和10%碳纤维，抗拉伸、耐磨
NY3/EC	1.16	48	2	2.7	84	含10%炭黑，导电，耐温低

（8）韩国三星（Samsung）集团化学公司的Samsung尼龙6的性能（表2-31）

表2-31 韩国三星集团化学公司Samsung尼龙6的性能

项 目	测试方法(ASTM)	1011	1021	1031	1011R	1015CR	1930
拉伸强度/MPa	D638	75.0	80.0	80.0	75.0	77.0	54.0
断裂伸长率（%）	D638	140	140	140	140	100	300
弯曲强度/MPa	D790	100.0	105.0	105.0	100.0	105.0	53.0
弯曲模量/MPa	D790	2400	2800	2800	2400	2500	1100
冲击强度/(kJ/m^2)	D256	0.06	0.06	0.06	0.06	0.06	0.12
洛氏硬度 HRR	D785	120	120	120	120	120	120
熔点/℃	D789	215~220	215~220	215~220	215~220	215~220	215~220
热变形温度（0.46MPa）/℃	D648	150	150	150	150	190	150
线胀系数/$(\times 10^{-4}K^{-1})$	D696	0.8	0.8	—	0.8	0.8	0.8
热导率/[W/(m·K)]	C177	1.7	1.7	1.7	1.7	1.7	1.7
介电强度/(kV/mm)	D149	19	19	19	19	19	19
相对介电常数(10^4Hz)	D150	2.8	3.5	—	2.8	—	—
密度/(g/cm^3)	D792	1.14	1.14	1.14	1.14	1.14	1.14
成型收缩率（3.15mm)(%)	D955	1.0~1.6	1.1~1.8	1.1~1.8	1.1~1.6	0.7~1.4	—
吸水率(%)	D570	1.5	1.5	1.5	1.5	1.3	1.5

牌 号	特性和主要用途
1011	低黏度、阻燃UL94HB级，宜用注射成型或挤出成型制造一般用途的工程制品
1011R	低黏度、阻燃UL94V-2级，力学性能稍好于1011，宜用注射成型或挤出成型制造一般工程制品
1015CR	低黏度、阻燃UL94V-0级，力学性能与1011R接近，宜用注射成型或挤出成型制造阻燃工程件
1021	中黏度、阻燃UL94HB级，力学性能较好，宜用注射成型或挤出成型制造高强度的工程制品
1031	高黏度、阻燃UL94HB级，力学性能好，宜用注射成型或挤出成型制造高强度的工程塑料件
1930	低黏度、高伸长率、力学性能较差，宜用挤出成型制造延伸的制品

三、尼龙 66

（一）尼龙 66 简介

1. 基本特性

尼龙 66 化学名称聚己二酰己二胺，英文名称 Polyhexamethyleneadi-pamide（Nylon 66，PA66），结构式为 $[NH(CH_2)_6NHCO(CH_2)_4CO]_n$，是由己二酸和己二胺所生成的尼龙 66 盐在 280℃缩聚而得的一种脂肪族聚酰胺。其熔点为 260～265℃，玻璃化转变温度（干态）为 50℃，密度为 1.13～1.16g/cm^3。

PA66 为半透明或不透明的乳白色、结晶性、热塑性树脂，是分子结构内含 6 个对称亚甲基的均匀线型高分子化合物。其主链为极强的酰氨基，氢链可增加分子间力，端基为高反应性的氨基和羧基。其热分解温度大于 370℃，连续使用温度 105℃。

PA66 较一般热塑性树脂具有更高的使用温度，具有较高的韧性、刚性和优良的耐磨性、自润滑性，耐油和耐化学性好，有自熄性，加工流动性好，力学性能较高，刚性和抗冲击性好；使用温度范围广，耐热性优良，耐寒性好，体积电阻率 $10^{15}\Omega \cdot cm$，相对介电常数（1MHz）3.6，介电损耗角正切值（1MHz）0.03，热变形温度 235℃；能耐稀无机酸、碱及醇、酮、芳烃等溶剂，特别是耐油性突出，但吸水率较大，制品尺寸稳定性较差。

未改性的尼龙 66 因为其高强度、硬度、刚度、抗蠕变性和抗热降解性、耐摩擦而著称，添加 10%～20% 的橡胶状聚合物改性的尼龙 66 的抗冲击性能得到改善，但是强度和刚度有所降低。添加矿物质特别是玻璃纤维改性可以增强其硬度、强度、抗蠕变性和耐疲劳性。

PA66 的拉伸屈服强度随温度降低和吸水率增加而降低，此外还受到结晶度、应变速度和球晶大小的影响。随着应变速度增加，拉伸屈服强度加大，断裂伸长率变小。

PA66 的弯曲模量随温度升高而明显降低，随吸水率增加而降低，随着应变速度大，弹性模量也会增加。

尼龙 66 是一种具有较高熔点的半结晶性高分子材料，只要未达到熔化温度，就保持有足够的刚性。玻璃纤维增强改性有效地增加了高温下的刚性，同时降低了其线胀系数。正是基于这些原因，尼龙 66 才在高温环境中被广泛使用。

尼龙 66 制件在热环境中的最终性能与尼龙 66 本身品级、制件的几何形状、热源的本性、暴露时间的长短、载荷状况等有关，因此不能简单地根据标准化比较测试来估计热变形。例如炮筒活塞环就暴露在 1000℃以上的着火温度中，但因其暴露时间短而不发生热变形。由于未增强的尼龙 66 可以经受短时间的过载冲击或电弧引起的温度峰值，因而广泛用于电力用连接器件和继电器中。

尼龙 66 对润滑剂、机油、液压油、冷却剂、制冷剂、涂料溶剂、清洁剂、洗涤剂、脂肪族和芳香族溶剂及其他一些溶剂，即使在高温下也具有较好的耐受性，同样对许多水溶液和盐溶液也具有较好的耐受性。在某些化学物质如水和二氯甲烷中，尼龙 66 可被塑化或软化，但当这些化学物质被除去以后，又可恢复尼龙 66 本身的性质。正是由于尼龙 66 有很好的耐热水性和耐蒸汽性，才在汽车引擎的冷却系统中得到了应用。富空气水中的氧气可能损坏尼龙制件，但可通过添加剂改性来避免这种氧化过程。

通常，尼龙 66 具有优良的户外稳定性，使用某些添加剂会使尼龙 66 制件的表面光泽保持得更加持久。在本色和着色制品中适当添加稳定剂是有益的，例如添加 2% 的高度分散的炭黑可以显著改善耐候性。

在较宽的温度范围内，未增强的尼龙 66 都具有较好的耐疲劳和抗振性，加上其优良的耐化学品性，因而在一些载荷经常变化或者动态加载的机械部件上得到了广泛应用。玻璃纤维增强的尼龙 66 则提供了更高的应力水平。在工业测试中，其拉伸-压缩循环次数可达 10^7 量级。

尼龙 66 具有良好的绝缘性能，体积电阻率和表面电阻率较大，抗电荷径迹性能也较好。

当尼龙 66 制件浸没在水中或暴露在潮湿的空气中时，其吸水量与尼龙 66 的品级、制件厚度、湿度、时间、温度等因素有关。纯尼龙 66 在饱和状态下吸湿量达 8.5%，在相对湿度为 50% 时平衡吸湿量也有 2.5%。改性后的尼龙 66 一般吸湿量要小，减小的程度与配方中尼龙 66 的含量成正比。

模塑制件的尺寸稳定性与成型温度、制件厚度和尼龙 66 的级别有关。成型后退火可导致制件收缩，而吸水又可导致制件膨胀，有时这两者的作用可以相互抵消。

尼龙 66 的性能见表 2-32。

表 2-32 尼龙 66 的性能

性能和项目			ASTM 方法	均聚物	增韧	33% 玻璃纤维	矿物增强
一般性能	熔点/℃		D789	255	255	255	255
	密度/(g/cm³)		D792	1.14	1.08	1.38	1.45
	模塑收缩率（%）（厚 3.2mm）		—	1.5	1.8	0.2	0.9
	吸水率（%）	25h	D570	1.2	1.2	0.7	0.7
		50%（相对湿度）		2.5	2.0	1.7	1.6
		饱和		8.5	6.7	5.4	4.7
力学性能	拉伸强度/MPa		D638	87	52	186	89
	断裂伸长率（%）		D638	60	60	3	17
	屈服伸长率（%）		D638	5	5	3	17
力学性能	弯曲模量/MPa		D790	2800	1700	9000	5200
	洛氏硬度 HRR		D785	121	110	125	121
	悬臂梁冲击强度/(J/m)		D256	53	900	117	37
	拉伸冲击强度/(kJ/m²)		D1822	500	588	—	—
	Taber 磨耗/(mg/1000 次)		D1044	7	—	14	22
热性能	弯曲温度/℃	0.5MPa	D648	235	216	260	230
		1.8MPa		90	71	249	185
	线胀系数/($\times10^{-5}K^{-1}$)		D648	7×10^{-5}	12×10^{-5}	2.3×10^{-5}	3.6×10^{-5}

2. 应用

尼龙 66 的应用与尼龙 6 大致相似，主要用于汽车、机械工业、电子电气、精密仪器等领域。

（二）国内尼龙 66 的品种与性能

（1）黑龙江尼龙厂的尼龙 66 的性能（表 2-33）

表 2-33　黑龙江尼龙厂的尼龙 66 的性能

牌　号	密度 /(g·cm³)	相对黏度	拉伸强度 /MPa	弯曲强度 /MPa	缺口冲击强度 /(kJ/m²)	热变形温度 (1.82MPa) /℃	燃烧性 (UL94)	特性和主要用途
O 型	1.10～1.15	2.2～2.39	58.8	88.2	5.88	60	—	电绝缘性好，化学稳定，耐磨、润滑，脆化温度低，用于制造机械、电子、纺织、化工的耐磨件、高强度和电气绝缘件
Ⅰ型	1.10～1.15	2.4～3.0	63.7	98	7.84	61	—	
Ⅱ型	1.10～1.15	73.0	68.6	98	9.8	62	—	
增强级	1.39	—	151	196	9.8	220	—	
阻燃级	—	—	59	98	5.5	74	V-0	
阻燃增强级	—	—	118	176	8.0	210	V-0	

（2）上海神马工程塑料厂的尼龙 66（表 2-34）

表 2-34　上海神马工程塑料厂尼龙 66 的性能

牌　号	密度 /(g/cm³)	燃烧性 (UL94)	热变形温度 (0.46MPa) /℃	拉伸强度 /MPa	弯曲强度 /℃	悬臂梁缺口冲击强度 /(J/m)	洛氏硬度 HRR	特　性
A20	1.17	V-0	240	75	125	32	120	非增强，阻燃
A20V25	1.38	V-0	250	135	205	73	120	含 25% 玻璃纤维，阻燃
A148MT30	1.35	HB	198	65	100	—	120	含 30% 矿物质及弹性体
A216	1.14	V-2	223	55	120	108	120	标准级（非增强）
A216V20	1.29	HB	255	145	190	127	120	含 20% 玻璃纤维
A216V30	1.37	HB	255	180	255	147	120	含 30% 玻璃纤维
A218V30	1.37	HB	255	180	255	147	120	含 30% 玻璃纤维
A221	1.14	V-2	>200	72	125	150	120	成型周期短
A228MT40	1.49	HB	210	90	150	—	120	含 40% 矿物，热稳定好
A230	1.10	HB	200	50	95	60	—	高抗冲击
A246	1.08	HB	190	44	63	600	—	高抗冲击

（3）上海赛璐珞厂的三鹿牌尼龙 66 的性能（表 2-35）

表 2-35　上海赛璐珞厂的三鹿牌尼龙 66 的性能

项　目	B_2	FR102A	ST102	SG-301	SG-302	FR-302
玻璃纤维含量（%）	—	—	—	30	30	30
矿物含量（%）	—	—	—	—	—	—
拉伸屈服强度/MPa	68.0	53.0	47.0	120	199	160

（续）

项 目	B_2	FR102A	ST102	SG-301	SG-302	FR-302
拉伸断裂强度/MPa	76.0	53.0	44.5	120	199	160
断裂伸长率（%）	31	2	53	2	6	4
弯曲强度/MPa	120	100	76	220	256	180
弯曲模量/MPa	2600	2645	1625	—	7000	5000
冲击强度（无缺口）/(kJ/m^2)	50.0	35.0	不断	92	88	45
冲击强度（缺口）/(kJ/m^2)	18.0	9.0	116.0	24	22	9.5
热变形温度（1.81MPa）/℃	85	150	60	206	220	230
表面电阻率/Ω	10^{12}	10^{12}	10^{14}	10^{12}	10^{11}	—
体积电阻率/Ω·cm	10^{13}	10^{15}	10^{15}	10^{11}	10^{13}	10^{14}
相对介电常数（10^6Hz）	3.6	3.5	2.9	4.3	4.1	3.6
介电损耗角正切值（10^6Hz）	2.9×10^{-2}	1.4×10^{-2}	1.0×10^{-2}	7.4×10^{-2}	3.3×10^{-2}	1.2×10^{-2}
漏电起痕指数/V	—	600	—	—	—	275
燃烧性（UL94）	V-2	V-0	—	HB	HB	V-0

注：以上数据是把测试样条暴露在空气中15天后测得的。

（4）上海合成树脂研究所的龙尼66的性能（表2-36）

表2-36 上海合成树脂研究所的尼龙66的性能

项 目	66-G30	66-G33	增韧66-G30	超韧尼龙66	增韧尼龙66	增韧阻燃66	增韧增强阻燃66
拉伸断裂强度/MPa	≥135	≥160	≥110	45.5	46	≥45	≥110
冲击强度（缺口，简支梁法）/(kJ/m^2)	≥10	≥6	25	60	25	≥9	≥15
冲击强度（无缺口，简支梁法）/(kJ/m^2)	≥40	≥35	—	不断	不断	—	—
热变形温度（1.81MPa）/°C	≥200	≥250	≥200	≥55	≥60	≥65	≥200
布氏硬度HBW	≥160	≥195	≥135	—	—	110	120
体积电阻率/Ω·cm	2×10^{15}	2×10^{15}	4×10^{15}	4.5×10^{15}	4.5×10^{15}	1×10^{14}	1×10^{14}
相对介电常数	—	—	2.1	2.7	2.7	2.2	2.2
熔点/℃	≥255	≥260	≥255	—	—	—	—
弯曲强度/MPa	≥200	≥200	—	—	—	—	—

（5）南京立汉化学有限公司的尼龙66的性能（表2-37）

表 2-37　南京立汉化学有限公司尼龙 66 的性能

项　　目		ASTM	通　用　级				增　强　级	
			A102F4	A103S	A601TL	A801ET	A705GL	A706GL
密度/(g/cm³)		D792	1.13	1.13	1.00	1.08	1.32	1.36
燃烧性（UL94）		—	V2	V2	HB	HB	HB	HB
玻璃纤维/矿物含量(%)		—	—	—	—	—	CF25	CF30
成型收缩率（纵向)(%)		D955	1.3	1.3	1.3	1.6	0.3	0.2
拉伸强度/MPa	干态	D638	80	90	70	50	170	190
	湿态		60	65	50	40	120	125
弯曲强度/MPa	干态	D790	105	110	95	63	210	255
	湿态		48	50	45	20	170	195
悬臂梁缺口冲击强度/(J/m)	干态	D256	43	50	65	600	80	110
	湿态		105	110	185	NB	110	175
洛氏硬度 HRR		D785	120	120	110	—	120	120
			104	105	100	—	115	115
热变形温度（0.45MPa)/℃		D648	215	235	200	195	255	255
介电强度/(kV/mm)		D149	—	—	—	—	—	20
体积电阻率/Ω·cm		D257	10^{13}	10^{13}	10^{13}	10^{13}	10^{12}	10^{12}
表面电阻率/Ω		—	10^{10}	10^{10}	10^{12}	10^{12}	10^{10}	10^{10}

项　　目		测试标准	增　强　级			阻　燃　级	
			A707GL	A240M	A353MG	A9000	A9705
密度/(g/cm³)		D792	1.41	1.2	1.48	1.24	1.50
燃烧性（UL94）		—	HB	HB	HB	V0	V0
玻璃纤维/矿物含量（%）		—	35/—	—/20	15/25	—	25/—
成型收缩率（纵向)(%)		D955	0.2	1.1	0.4	1.2	0.3
拉伸强度/MPa	干态	D638	200	75	130	69	160
	湿态		135	55	90	30	120
弯曲强度/MPa	干态	D790	270	100	210	104	—
	湿态		210	50	140	—	—
悬臂梁缺口冲击强度/(J/m)	干态	D256	115	75	—	35	80
	湿态		250	—	—	90	110
洛氏硬度 HRR	干态	D785	120	120	120	120	120
	湿态		115	—	—	104	115
热变形温度（0.45MPa)/℃		D648	255	230	250	216	255
介电强度/(kV/mm)		D149	21	17	18	17	—
体积电阻率/Ω·cm		D257	10^{12}	10^{12}	10^{14}	—	10^{13}
表面电阻率/Ω		—	10^{10}	10^{10}	—	—	10^{10}

（6）江苏宜兴太湖尼龙厂的尼龙 66 的性能（表 2-38）

表 2-38　江苏宜兴太湖尼龙厂的尼龙 66 的性能

项　　目	Ⅰ型	Ⅱ型	增强级	阻燃级
相对黏度	2.5～2.90	>2.90	—	—
熔点/℃	250～260	250～260	—	255
含水量（%）	1.5	1.5	—	1.5
拉伸强度/MPa	65	68	150	62
弯曲强度/MPa	100	110	200	95
弯曲模量/MPa	—	—	6500	—
悬臂梁缺口冲击强度/(kJ/m^2)	9	12	15	8
热变形温度（1.82MPa）/℃	60～70	60～70	210	—

（7）北京泛威工程塑料公司的尼龙 66 的性能（表 2-39）

表 2-39　北京泛威工程塑料公司的尼龙 66 的性能

项　　目	测试标准（ASTM）	MN-101	MN-201G10	MN-201G20	MN-201G25	MN-201G30	MN-201G35	MN-301G0	MN-3010
密度/(g/m^3)	D792	1.10	1.24	1.27	1.30	1.35	1.40	1.31	1.40
成型收缩率（%）	D955	1.4～1.8	0.6～1.2	0.6～1.0	0.6～1.0	0.4～0.8	0.3～0.5	0.7～1.4	0.5～0.9
拉伸强度/MPa	D638	60	85	100	125	150	155	60	90
弯曲强度/MPa	D790	91	125	155	200	210	225	90	13
冲击强度（无缺口）/(kJ/m^2)	D256	120	58	65	70	75	90	40	40
冲击强度（缺口）/(kJ/m^2)	D256	10	7.5	11	13	15	15	8	10
热变形温度（1.83MPa）/℃	D648	75	190	230	248	250	250	85	19
燃烧性（UL94，厚 3.2mm）	—	—	HB	HB	HB	HB	HB	V-0	V-0
体积电阻率/Ω·cm	D257	3×10^{12}	2×10^{13}	3×10^{13}	3×10^{13}	3×10^{13}	3×10^{13}	3×10^{11}	3×10^{13}
相对介电常数	D150	2.85	3.1	3.14	3.14	3.14	3.14	2.7	3.14
介电强度/(kV/mm)	D149	30	30	30	30	30	30	26	29
介电损耗角正切值	D150	0.2	0.3	0.3	0.3	0.3	0.3	0.2	0.3

项　　目	测试标准	MN-301G20	MN-301G25	MN-301G30	MN-301G35	MNT-1	MNT-2	MNM-1
密度/(g/m^3)	D792	1.48	1.50	1.53	1.55	1.40	1.44	1.20
成型收缩率（%）	D955	0.4～0.8	0.4～0.8	0.3～0.6	0.3～0.6	0.8～1.2	0.4～0.8	1.4～2.0
拉伸强度/MPa	D638	110	114	117	125	60	85	50
弯曲强度/MPa	D790	155	200	210	215	90	150	80
冲击强度（无缺口）/(kJ/m^2)	D256	56	70	85	90	40	50	90

（续）

项　　目	测试标准	MN-301G20	MN-301G25	MN-301G30	MN-301G35	MNT-1	MNT-2	MNM-1
冲击强度（缺口）/(kJ/m²)	D256	10	10	13	15	5	8	10
热变形温度（1.83MPa）/℃	D648	235	250	250	250	90	230	75
燃烧性（UL94）（厚3.2mm）	—	V-0	V-0	V-0	V-0	HB	HB	HB
体积电阻率/Ω·cm	D257	1×10^{14}	3×10^{14}	3×10^{14}	3×10^{14}	3×10^{14}	1×10^{15}	—
相对介电常数	D150	3.2	3.2	3.2	3.2	3.4	2.8	—
介电强度/(kV/mm)	D149	28	28	30	30	33	25	—
介电损耗角正切值	D150	0.17	0.17	0.18	0.18	0.16	0.16	—

（8）江苏海安尼龙厂的尼龙66的性能（表2-40）

表2-40　江苏海安尼龙厂的尼龙66的性能

项　　目	低　黏　度	中　黏　度	高　黏　度
密度/(g/cm³)	1.1～1.15	1.1～1.15	1.1～1.15
熔点/℃	245～255	245～255	245～255
相对黏度	2.2～2.4	2.4～2.7	2.7～3.0
拉伸强度/MPa　≥	60	65	70
弯曲强度/MPa　≥	90	100	110

（9）台湾南亚工程塑胶公司的尼龙66的性能（表2-41）

表2-41　台湾南亚工程塑胶公司尼龙66的性能

牌　号	吸水率（%）	成型收缩率（%）	拉伸屈服强度/MPa	弯曲模量/GPa	缺口冲击强度/(J/m)	热变形温度（1.86MPa）/℃
6210G3	1.0	0.3～0.8	130	4.5	100	238
6210G6	0.7	0.2～0.4	170	8.0	130	245
6210G9	0.6	0.1～0.3	190	9.0	160	250
6210M6	1.25	0.4～0.9	90	4.0	45	210
6310	1.1	0.9～1.5	55	2.6	45	78
6410G5	0.7	0.3～0.6	115	7.2	70	248
6512	1.25	0.4～1.4	45	1.65	900	60

（10）南京聚隆化学实业有限公司的尼龙66的性能（表2-42）

表 2-42 南京聚隆化学实业有限公司的尼龙 66 的性能

项目		测试标准	状态	ANOF	AG6	AG41	AG61	AM3	AHO	ARO	AROG5
拉伸断裂强度/MPa		ISO 527	干态/湿态	85/85	180/130	145/100	170/100	75/40	48/42	75/50	125/100
断裂伸长率（%）		ISO 527	干态/湿态	25/ >50	3/5	4/5	3/6	16/50	40/ >50	4/20	2/3
弯曲屈服强度/MPa		ISO 178	干态/湿态	105/60	255/195	205/—	220/—	105/—	60/20	110/45	220/—
弯曲模量/MPa		ISO 178	干态/湿态	2700/1200	8200/5800	—	—	—	1500/850	2900/—	—
悬臂梁缺口冲击强度/(J/m)		ISO 180	干态/湿态	40/100	105/170	55/110	110/160	70/—	1800/1000	35/90	45/100
洛氏硬度 HRR		ISO 2039/2	干态/湿态	120/104	120/115	118/—	118/—	118/—	110/110	120/114	120/117
熔点/℃		ISO 3416	—	258	259	259	256	259	256	258	259
热变形温度/℃	0.45MPa	ISO 75	—	200	259	255	255	230	128	200	250
	1.8MPa		—	75	255	250	235	75	65	70	240
燃烧性（UL94）		—	—	V2	HB	HB	HB	HB	HB	V0	V0
表面电阻率/Ω		ISO 167	干态/湿态	$10^{13}/10^{10}$	$10^{12}/10^{10}$	$10^{12}/10^{10}$	$10^{12}/10^{10}$	$10^{13}/10^{10}$	$10^{13}/10^{12}$	$10^{13}/10^{12}$	$10^{13}/10^{10}$
介电强度/(kV/mm)		IEC 243	干态/湿态	20/—	20/—	—	—	20/—	—	17/—	21/—
密度/(g/cm³)		ISO 1183	—	1.13	1.37	1.29	1.34	1.24	1.08	1.24	1.42
饱和吸水率（%）		ISO 62	—	8.5	5.5	6.5	6.5	7.0	6.7	7.5	6
成型收缩率（%）		—	—	0.013	0.2～0.6	0.3～0.7	0.3～0.7	1.2～1.5	1.6～1.8	1.2	0.3

(11) 成都有机硅研究中心的尼龙 66 的性能（表 2-43）

表 2-43　成都有机硅研究中心的尼龙 66 的性能

牌　号	FRPA6	FRPA66	FRPA610	FRPA1010	高硬度 PA6	PA6G30S
拉伸强度/MPa	145	175	165	140	185	150
弯曲强度/MPa	220	240	220	200	240	225
弯曲模量/MPa	7500	8400	6500	5500	7300	—
无缺口冲击强度/(kJ/m^2)	50	55	>70	>70	>50	65
缺口冲击强度/(kJ/m^2)	12	11	≥14.5	≥15	≥8	12
断裂伸长率（%）	—	—	—	—	2~4	5
洛氏硬度 HRM	92	100	95	85	≥200	—
马丁耐热温度/℃	135	>170	142	137	—	215
燃烧性（UL94）	—	—	—	—	—	V-0
体积电阻率/Ω · cm	10^{14}	10^{15}	10^{14}	10^{15}	—	10^{14}
表面电阻率/Ω	10^{13}	10^{13}	10^{13}	10^{13}	—	10^{13}
相对介电常数	4.4	4.4	4	4.2	—	4.4
介电损耗角正切值	10^{-2}	10^{-2}	10^{-2}	10^{-2}	—	10^{-2}
介电强度/(kV/mm)	29	32	29	30	—	20

(12) 上海日之升新技术发展公司的尼龙 66 的性能（表 2-44）

表 2-44　上海日之升新技术发展公司的尼龙 66 的性能

项　目	A010	A015	A017	A300	A305
拉伸强度/MPa	50~80	95~135	165	60~80	110~160
断裂伸长率（%）	3~20	2~4	2~4	50~300	3~5
弯曲强度/MPa	65~120	145~210	245	60~100	155~205
弯曲模量/MPa	1700~3000	5000~7500	9000	1050~2800	4600~6600
简支梁缺口冲击强度/(kJ/m^2)	4~7	6~9	8~11	6~24	7~12
悬臂梁缺口冲击强度/(J/m)	35~65	65~90	85~110	45~120	80~110
热变形温度（1.82MPa）/℃	78	248	250	—	250
熔点/℃	255	255	255	260	255~265
维卡软化温度（49N）/℃	—	—	—	235	—
燃烧性（UL94）	V-0	V-0	V-0	HB	HB
体积电阻率/Ω · cm	10^{15}	10^{15}	10^{15}	10^{15}	10^{15}
项　目	A307	A310	A400	A500	AR306
拉伸强度/MPa	150~200	65~90	60~80	65~85	100~140
断裂伸长率（%）	2~5	20~200	50~300	80~300	3~6
弯曲强度/MPa	210~260	65~105	60~100	65~105	125~145
弯曲弹性模量/MPa	6000~8500	1100~2850	1050~2800	1050~2800	5000~6500
简支梁缺口冲击强度/(kJ/m^2)	13~18	6~24	6~24	7~33	20
悬臂梁缺口冲击强度/(J/m)	110~175	45~120	45~120	60~135	125
热变形温度（1.82MPa）/℃	255	—	—	—	245
熔点/℃	255~265	260	260	260	255~265
维卡软化温度（49N）/℃	—	238	238	235	—
燃烧性（UL94）	HB	HB	HB	HB	HB
体积电阻率/Ω · cm	10^{15}	10^{15}	10^{15}	10^{15}	10^{15}

（13）河南平顶山塑料三厂的尼龙66的性能（表2-45）

表2-45　河南平顶山塑料三厂的尼龙66的性能

项　目	PA66-1	PA66-2	PA66-3	PA66-4	PA66-6	PA66-7	PA66-8
拉伸强度/MPa	72.5	63.5	50	40～55	110	120	62
弯曲强度/MPa	131.5	114.5	70	60～85	170	200	55
断裂伸长率（%）	70	60	35	45～50	—	—	120
冲击强度(缺口，23℃)/(kJ/m²)	9.9	7.0	10	36～46	4	3	—
冲击强度（无缺口，23℃)/(kJ/m²)	23	35	—	—	9	7	—
热变形温度/℃	61	61	60	55	240	240	55
燃烧性（UL94）	—	—	HB	HB	HB	HB	HB
体积电阻率/Ω·cm	4×10^{15}	4.3×10^{15}	10^{14}	10^{14}	10^{15}	10^{15}	10^{15}
相对介电常数（10^6Hz）	3.1	3.1	3.3	3.3	3.1	2.8	—
主要改性剂和填充剂	—	—	PE接枝改性	EPDM接枝改性	玻璃纤维20%增强	玻璃纤维30%增强	PE、EPDM接枝改性

（14）河南平顶山华邦工程塑料公司的尼龙66的性能（表2-46）

表2-46　河南平顶山华邦工程塑料公司的尼龙66的性能

项　目	ASTM	增强增韧级				
		AG_3S_2	AG_4S_2	AG_5S_2	AG_6S_2	AG_7S_2
拉伸强度/MPa	D638	100	110	140	160	170
断裂伸长率（%）	D638	4	3	3	3	2
弯曲强度/MPa	D790	160	180	210	220	230
悬臂梁缺口冲击强度/(kJ/m²)	—	25	25	25	25	25
熔点/℃	D789	260	260	260	260	260
热变形温度（1.82MPa)/℃	D648	250	250	250	250	250
体积电阻率/Ω·cm	D257	10^{14}	10^{14}	10^{14}	10^{14}	10^{14}
燃烧性（UL94）	—	HB	HB	HB	HB	HB
相比漏电起痕指数	D3638	600	600	600	600	600
吸水率（24h，23℃）（%）	D570	0.3	0.3	0.7	0.7	0.7

项　目	ASTM	阻　燃　级				抗静电级	
		AS_1N	AC_5S_1N	AG_6S_1N	AG_7S_1N	AG_4S_3E	AG_5S_3E
拉伸强度/MPa	D638	80	130	150	160	110	100
断裂伸长率（%）	D638	3	3	2	2	3	3

（续）

项　目	ASTM	阻　燃　级				抗 静 电 级	
		AS_1N	AC_5S_1N	AG_6S_1N	AG_7S_1N	AG_4S_3E	AG_5S_3E
弯曲强度/MPa	D790	110	200	210	220	170	200
悬臂梁缺口冲击强度/(kJ/m^2)	—	20	15	15	15	30	30
熔点/℃	D789	260	260	260	260	260	260
热变形温度（1.82MPa）/℃	D648	85	250	250	250	240	240
体积电阻率/Ω · cm	D257	10^{15}	10^{15}	10^{15}	10^{15}	10^8	10^8
燃烧性（UL94）	—	V-0	V-0	V-0	V-0	HB	HB
耐漏电痕迹指数	D3638	475	475	475	475	600	600
吸水率（24h，23℃）（%）	D570	1.1	0.7	0.7	0.7	0.7	0.7

（三）国外尼龙66的品种与性能

（1）美国杜邦公司的Zytel尼龙66的性能（表2-47和表2-48）

表2-47　美国杜邦公司的Zytel尼龙66的性能

牌　号	密度/(g/cm^3)	悬臂梁缺口冲击强度/(J/m)	热变形温度/℃		燃烧性（UL94）	特性和主要用途
			0.44MPa	1.82MPa		
42	1.14	64	235	92	V-2	注射成型或挤出成型，刚性、耐候性、耐低温性、力学性能好
42NC-10	1.14	64	235	92	V-2	注射成型或挤出成型，刚性、耐候性、力学性能好
45HSB	1.15	53	256	102	V-2	注射成型，高相对分子质量，力学性能好
101	1.14	53	235	92	V-2	注射成型，耐候性、耐潮湿性、刚性好
101F	1.14	53	235	92	V-2	注射成型，润滑
101FS	1.14	53	235	92	V-2	注射成型或挤出成型，柔韧，着色稳定
101F-HS						注射成型，成型周期短
101L	1.14	53	235	92	V-2	注射成型，耐候性、耐潮湿性、刚性好，润滑
101NC-10						注射成型或挤出成型
103F-HS	1.14	53	235	92	V-2	注射成型，热稳定
103HS-L	1.14	53	235	92	V-2	注射成型，热稳定，耐候性、耐潮湿性、刚性好，伸长率小
105BK-10						注射成型或挤出成型，柔韧
105BK-10A	1.15	53	240	92	V-2	注射成型，耐候性好（黑色含2%炭黑）
105F	1.15	48	210	79	V-2	注射成型，黑色，耐候性好，制造一般工程制件
114L	1.11	107	229	92	—	注射成型或挤出成型，韧性好
122						注射成型，耐潮湿性好

(续)

牌　　号	密度/(g/cm³)	悬臂梁缺口冲击强度/(J/m)	热变形温度/℃		燃烧性(UL94)	特性和主要用途
			0.44MPa	1.82MPa		
122L	1.14	53	235	92	V-2	注射成型或挤出成型，韧性好，抗氧化
131L	—	—	—	—	—	注射成型，含成核剂，着色性好，润滑
132F	1.14	43	235	85	V-2	注射成型，韧性好，含成核剂
133L	1.14	37	241	92	V-2	注射成型、挤出成型、吹塑成型，高强度，韧性好
158L-NC10	—	—	—	—	—	挤出成型或吹塑成型，软质，韧性好
301PHS	1.08	—	150	60	—	注射成型或挤出成型，韧性好
330	—	—	—	—	—	挤出成型，透明度、强度高，可替代部分聚碳酸酯
408	1.09	251	230	74	HB	注射成型，抗冲击，高强度
408HS	1.09	229	230	74	HB	注射成型、挤出成型、吹塑成型，抗冲击，高强度
408L	1.09	229	230	74	HB	注射成型，抗冲击，润滑
408NC-10	—	—	—	—	—	注射成型，制造普通工程制件
450HSL-BK152	1.08	133	225	70	HB	注射成型，高强度，韧性好，黑色
3189	1.11	197	230	80	HB	注射成型，制造工程件，抗冲击
3189HSL	1.11	197	230	80	HB	注射成型，制造高强度工程件
ST800	1.08	800	216	71	HB	注射成型，抗冲击
ST801HS	1.08	906	217	71	HB	注射成型、挤出成型、吹塑成型，PA6/PA66接枝共聚，韧性好，热稳定
ST801-NC10	1.09	906	217	71	HB	注射成型、挤出成型或吹塑成型，韧性好，热稳定
ST811-HS	1.04	—	171	54	HB	挤出成型，质软，韧性好，也可吹塑成型
ST811NC-10	—	—	—	—	—	挤出成型或吹塑成型，质软，韧性好
ST901	—	—	—	—	—	超韧性
CFE8004HS	1.08	53	222	62	—	吹塑成型，热稳定

表 2-48　美国杜邦公司 Zytel 改性尼龙 66 的性能

牌　　号	密度/(g/cm³)	悬臂梁缺口冲击强度/(J/m)	热变形温度/℃		燃烧性(UL94)	玻璃纤维含量(%)	特　　性
			0.44MPa	1.82MPa			
10B-40NC-10	1.51	32	250	230	HB	40 矿物	注射成型，柔韧，延伸性好
10B-40WT-113	1.51	—	—	—	—	40 矿物	注射成型，低翘曲
11C-40NC-10	1.48	69	230	185	HB	40 矿物	注射成型，柔韧，延伸性好
12T-NC-10	1.42	—	225	180	HB	40 矿物	注射成型，韧性好
20B-NC-10	1.42	—	258	245	—	40 矿物	注射成型或挤出成型，热稳定

（续）

牌号	密度/(g/cm³)	悬臂梁缺口冲击强度/(J/m)	热变形温度/℃		燃烧性(UL94)	玻璃纤维含量(%)	特性
			0.44MPa	1.82MPa			
22C-NC-10	1.45	—	258	239	HB	40矿物	注射成型，尺寸稳定
70G-13HS$_1$-L	1.22	48	—	243	HB	13	注射成型，抗冲击
70G-13L	1.22	—	—	232	—	13	注射成型，高强度
70G-13L-NC	1.22	48	—	243	HB	13	注射成型，抗冲击
70G33HR-L	1.38	117	—	249	HB	33	注射成型，高强度
70G33HS-L	1.38	117	—	249	HB	33	注射成型，热稳定
70G33L	1.35	—	—	230	—	33	注射成型，高强度
70G33L-NC	1.38	117	—	249	HB	33	注射成型，抗冲击，润滑
70G43L	1.51	133	—	261	HB	43	注射成型，高强度，润滑
71G13L	1.18	—	—	111	—	5~40	注射成型，韧性好
71G13L-NC	1.18	123	—	232	HB	13	注射成型，抗冲击
71G33L	1.35	128	—	245	HB	33	注射成型，韧性好
71G33L-NC	1.35	128	—	245	HB	33	注射成型，高强度
72G33L	1.38	123	—	105	HB	33	注射成型，高强度，自润滑性好
77G33L-NC	1.32	124	—	210	HB	33	注射成型，高强度，刚性好
77G43L-NC	1.46	155	—	210	HB	43	注射成型，高强度，刚性好
80G-33HS$_1$-L	1.34	219	260	250	HB	33	注射成型，高强度，抗冲击
80-33L-HS	—	—	—	—	—	33	注射成型，高强度
80G-43HS$_1$-L	1.42	235	—	251	—	43	注射成型，高强度，抗冲击
82G-33L	1.34	224	—	—	—	33	注射成型，高强度
90G	—	—	—	—	—	—	注射成型，韧性好
91C	1.42	—	209	113	HB	30矿物	注射成型，超韧性
FE6105-NC10	1.38	—	225	169	—	25专用	注射成型，抗冲击
FE6109NC-10	1.42	—	—	—	—	40矿物	注射成型，柔韧，延伸性好
FE6130-NC10	1.44	—	259	232	—	30专用	注射成型，强度高
FE6147A-NC10	1.41	—	—	252	—	25专用	注射成型，强度高
FE6187-NC10	1.49	—	245	188	—	30专用	注射成型，抗冲击
FR-50	—	—	—	—	—	25	注射成型，阻燃
FR-50-NC10	1.56	101	—	242	—	25	注射成型，热稳定
FR60	—	—	—	—	—	—	注射成型，阻燃
FR80	—	—	—	—	—	—	注射成型，阻燃，抗冲击
8018	1.19	139	252	232	HB	14	注射成型，抗冲击
CFE5008HS	1.23	37	252	230	HB	13	吹塑成型，热稳定

（2）美国聚合物技术（Polymer Science）工业公司的 Nylamid 尼龙 66（表 2-49）

表 2-49 美国聚合物技术工业公司 Nylamid 尼龙 66 的性能

牌号	密度/(g/cm^3)	拉伸屈服强度/MPa	屈服伸长率(%)	弯曲模量/GPa	悬臂梁缺口冲击强度/(J/m)	热变形温度/℃		短玻璃纤维含量(%)	特性
						0.44MPa	1.82MPa		
132	1.13	81	5	2.9	53	—	93	—	注射成型或挤出成型
132HS	1.14	82	—	1.2	53	235	93	—	注射成型
134	1.14	91	4	3.0	43	241	93	—	注射成型或挤出成型，含成核剂
135	1.14	83	5	2.8	64	235	—	—	注射成型或挤出成型
135F	1.14	83	5	2.8	64	235	—	—	注射成型或挤出成型
137UV-BK	1.14	91	—	1.31	107	240	93	—	注射成型，抗紫外线
141	1.13	87	—	2.9	43	—	94	30（聚合物）	注射成型
190	1.14	83	—	2.7	101	243	104	—	挤出成型，制管
311	1.08	60	5	1.70	240	227	70	—	注射成型或挤出成型，韧性好
311-13GL	1.42	89	—	5.35	69	241	185	13	注射成型，刚性好
311-33GL	1.33	—	—	6.9	—	—	245	33	注射成型，中等抗冲击
411	1.10	67	—	2.04	213	227	79	—	注射成型或挤出成型，中等抗冲击
412	1.07	51	5	1.71	640	213	66	—	注射成型，高抗冲击
4114	1.08	48	—	1.63	1013	213	66	—	注射成型，高抗冲击
4114-14GL	1.18	79	—	3.3	160	249	207	14	注射成型或挤出成型，中等抗冲击
4114-33GL	1.34	143	—	6.8	213	250	216	33	注射成型或挤出成型，中等抗冲击
4120	1.08	46	—	1.71	800	208	62	2（MoS_2）	注射成型或挤出成型，高抗冲击
4220	1.11	66	—	2.6	853	195	75	—	注射成型或挤出成型，高抗冲击
5113GL	1.21	—	—	4.8	48	242	—	13	注射成型，刚性好
5133	1.37	179	3	8.6	107	249	249	33	注射成型或挤出成型，刚性好
6140MN	1.42	89	—	5.35	69	229	185	40（矿物）	注射成型，刚性好
6340	1.45	98	—	4.1	53	249	227	40（矿物）	注射成型或挤出成型，刚性好
6440	1.42	79	—	4.6	66	224	175	40（矿物）	注射成型或挤出成型，刚性好
7215GM	1.48	130	—	6.9	48	256	236	—	注射成型，耐高温

（3）日本旭化成（Asahi Chemical）工业公司的Leona尼龙66的性能（表2-50）

表2-50 日本旭化成工业公司的Leona尼龙66的性能

牌号	密度 /(g/cm^3)	拉伸强度 /MPa	断裂伸长率（%）	弯曲模量/GPa	悬臂梁缺口冲击强度 /(J/m)	洛氏硬度 HRM	热变形温度/℃		成型收缩率（%）	燃烧性 (UL94)	相对介电常数（10^{6}Hz）	耐电弧性 /s
							0.44MPa	1.86MPa				
13G43	1.5	2300	6	12.5	150	103	255	250	3/7	—	—	—
14G43	1.5	2300	6	12.5	150	130	255	250	3/7	—	—	—
1200	1.14	850	100	—	55	120	—	—	—	—	—	—
1200S	1.14	810	50	2.9	40	80	230	70	13～20	V-2	3.4	118
1300G	1.39	1900	6	9.1	110	97	255	250	4/9	HB	3.3	124
1300S	1.14	830	60	2.9	45	80	230	70	13～20	V-2	3.3	70
1330G	1.52	1710	5	9.7	84	89	245	—	5/10	—	—	—
1340G	1.24	990	4.5	5.5	—	98	242	—	—	—	—	—
1402G	1.39	1880	5.8	—	90	120	—	—	—	—	—	—
1402S	1.14	830	60	2.9	45	80	230	70	13～20	V-2	3.3	70
1500	1.14	840	80	2.9	50	80	230	70	—	—	4.0	118
1700	1.14	850	100	2.9	55	80	230	70	—	—	4.0	—
4300	1.08	600	80	2.0	120	45	180	60	25	—	—	—
FR200	1.16	840	15	2.8	40	80	209	66	13～20	V-0	3.3	124
FR370	1.16	880	20	3.2	34	88	240	90	13～20	V-0	—	—
FG101	1.43	1200	4	6.8	45	90	255	230	4/11	V-1	3.5	24
FG170	1.55	1250	5	6.38	45	—	—	240	—	V-0	—	—
FG171	1.62	1570	5	8.64	73	—	—	243	—	V-0	—	—
FG172	1.57	1400	4	7.8	65	—	—	240	—	V-0	—	—
HF600	2.4	610	2	6.3	20	—	220	—	8/11	V-0	—	85
MR001	1.52	1020	5	7.2	32	85	250	190	10/11	HB	3.7	87

（4）日本聚合物塑料公司的（注射级）Celanese 尼龙 66 的性能（表 2-51）

表 2-51 日本聚合物塑料公司的（注射级）Celanese 尼龙 66 的性能

牌 号	密度 /(g/cm^3)	拉伸强度 /MPa	断裂伸长率 (%)	弯曲模量 /GPa	悬臂梁冲击强度 /(J/m)	热变形温度 (1.86MPa) /℃	特性和主要用途
1000-2	1.14	84.5	60	2.95	53	75	低黏度，宜制造通用件
1003-2	1.14	84.5	60	2.95	53	75	中黏度，耐热
1200-1	1.14	87.0	125	2.95	68	75	中黏度，宜制造通用件
1310-2	1.14	95.5	45	3.3	47	77	中黏度，成型周期短
1500-2	1.38	197.0	4	9.1	116	252	含 33% 玻璃纤维，高强度
1503-2	1.38	197.0	4	9.1	116	252	含 33% 玻璃纤维，耐热
1600-2	1.47	239	2.5	11.2	137	253	含 40% 玻璃纤维，耐热、耐冲击
1603-2	1.47	239	2.5	11.2	137	253	含 40% 玻璃纤维，耐热、耐冲击
6520	1.33	138	4	—	201	240	高冲击强度、耐高温
2520	1.33	124	7	—	169	230	高冲击强度、耐高温

（5）德国巴斯夫公司的 Ultramid 尼龙 66 的性能（表 2-52）

表 2-52 德国巴斯夫公司的 Ultramid 尼龙 66 的性能

项 目	ISO	A3K	A3W	A3Z	A4	A4H	A3EG3	A3EG6
密度/(g/cm^3)	1183	1.13	1.13	1.07	1.13	1.13	1.23	1.36
吸水率（23℃水中）(%)	—	8~9	8~9	6.7~7.7	8~9	8~9	6.7~7.3	5.2~5.8
熔体质量流动速率/[g/(10min)]	1133	115	100	<10	40	35	70	40
成型收缩率（%）	—	0.95~1.1	0.9~1.2	1.4	0.95~1.1	0.9~1.1	0.5~1.2	0.25~1.1
燃烧性（UL94，试样厚 3.2mm）	—	V-2	V-2	HB	V-2	V-2	HB	HB
拉伸强度（干/湿）/MPa	527	85/50	85/50	50/40	80/60	85/50	130/85	190/130
屈服伸长率（干/湿）(%)	527	5/20	4.4/20	5/18	4.2/20	4.2/20	3/10	3/5
弯曲模量（干/湿）/MPa	178	3100	3100	—	—	3000	5500/4000	8600/7000
弯曲强度（干/湿）/MPa	178	—	—	—	—	—	180/125	280/220

（续）

项　　目	ISO	A3K	A3W	A3Z	A4	A4H	A3EG3	A3EG6
悬臂梁缺口冲击强度（干/湿）/(kJ/m²)	180-1A	5.5/不断	5.5/不断	>90/不断	6/不断	5.5/不断	5.5/6.5	11.5/15.5
布氏硬度 HBW	2039-1	160/100	160/100	100/45	160/100	160/100	200/150	270/200
热变形温度/℃　1.82MPa	75	75	75	60	75	75	250	250
0.45MPa	75	220	220	200	220	220	250	250
线胀系数（水平/垂直）/($\times10^{-5}K^{-1}$)	—	7~10	7~10	7~10	7~10	7~10	3~3.5/7~8	1.5~2.0/6~7
相对介电常数（干/湿，1MHz）	250	3.2/5.0	3.2/5.0	3.1/3.6	3.2/5.0	3.2/5.0	3.5/5.5	3.5/5.6
介电损耗角正切值（1MHz，干/湿）	250	0.025/0.20	0.025/0.20	0.016/0.07	0.026/0.20	0.025/0.20	0.014/0.16	0.014/0.16
体积电阻率（干/湿）/Ω·cm	93	$10^{15}/10^{12}$	$10^{15}/10^{11}$	$4\times10^{14}/10^{12}$	$10^{15}/10^{12}$	$10^{15}/10^{12}$	$10^{15}/10^{12}$	$10^{15}/10^{12}$
介电强度（干/湿）/(kV/mm)	243/1	120/80	120/60	90/55	120/80	110/80	90/50	90/80
相比漏电起痕指数（干）/V	112A	600	500	600	600	600	550	550

项　　目	ISO	A3EG7	A3HG5	A3WG5	A3WG6	A3WG7	A3WG10	A3WGM35
密度/(g/cm³)	1183	1.41	1.32	1.32	1.35	1.41	1.55	1.48
吸水率（23℃，水中）(%)	—	4.7~5.3	5.7~6.3	5.7~6.3	5.2~5.8	4.7~5.3	3.7~4.3	4.8~5.4
熔体流动速率/[g/(10min)]	1133	40	50	50	40	40	20	15
成型收缩率（%）	—	0.25~1.05	0.3~1.1	0.3~1.1	0.25~1.1	0.25~1.05	0.25~1.0	0.6~0.7
燃烧性（UL94，试样厚3.2mm）	—	HB	HB	HB	HB	HB	HB	HB
拉伸强度（干/湿）/MPa	527	210/150	170/120	175/120	190/130	210/150	230/180	130/75
屈服伸长率（干/湿）(%)	527	3/5	3/6	3/6	3/5	3/5	2.5/3.5	2.5/5.0
弯曲模量（干/湿）/MPa	178	10000/8500	7600/6000	7600/6000	8600/7000	10000/8500	15000/13500	7600/5000
弯曲强度（干/湿）/MPa	178	300/240	260/200	220/200	280/220	300/240	360/300	190/130
悬臂梁缺口冲击强度（干/湿）/(kJ/m²)	180-1A	14/18.0	9.5/15	9.5/15	11.5/15.5	14/18	13/14.5	11/17
布氏硬度 HBW	2039-1	280/220	240/190	240/190	270/200	280/210	300/260	190
热变形温度/℃　1.82MPa	75	250	250	250	250	250	250	235
0.45MPa	75	250	250	250	250	250	250	250
线胀系数（水平/垂直）/($\times10^{-5}K^{-1}$)	—	1.5~2.0/6~7	2.5~3.5/6~7	2.5~3.5/6~7	1.5~2.0/6~7	1.5~2.0/6~7	0.5~2.0/5~6	3~4

（续）

项　　目	ISO	A3EG7	A3HG5	A3WG5	A3WG6	A3WG7	A3WG10	A3WGM35
相对介电常数（1MHz，干/湿）	250	3.5/5.7	3.5/5.5	3.5/5.5	3.5/5.6	3.5/5.7	3.8/6.6	4
介电损耗角正切值（1MHz，干/湿）	250	0.02/0.15	0.014/0.16	0.014/0.30	0.014/0.30	0.02/0.30	0.015/0.30	0.015/0.30
体积电阻率（干/湿）/Ω·cm	93	$10^{15}/10^{12}$	$10^{15}/10^{12}$	$10^{15}/10^{12}$	$10^{15}/10^{12}$	$10^{15}/10^{12}$	$10^{15}/10^{12}$	$10^{15}/10^{12}$
介电强度（干/湿）/（kV/mm）	243/1	90/80	90/80	90/75	90/75	90/75	90/75	80/55
相比漏电起痕指数（干）/V	112A	550	550	450	450	450	450	325

项　　目		ISO	A3ZG6	A3X2G5	A3X2G7	A3X3G5	A3X3G7	A3X3G10	KR4205	C35
密度/（g/cm^3）		1183	1.33	1.34	1.45	1.34	1.45	1.60	1.16	1.13
吸水率（23℃水中）（%）		—	4.7~5.3	5.7~6.3	4.4~5.0	5.7~6.3	4.4~5.0	3.7~4.3	8~9	9.5~10.5
熔体流动速率/[g/(10min)]		1133	30	40	30	40	30	20	60	—
成型收缩率（%）		—	0.25~1.05	0.4~0.75	0.3~0.65	0.4~0.75	0.3~0.65	0.25~0.5	0.9~1.3	—
燃烧性（UL94，试样厚3.2mm）		—	HB	V-0	V-0	V-0	V-0	V-0	V-0	—
拉伸强度（干/湿）/MPa		527	140/100	140/100	160/120	140/100	160/120	180/130	85/45	80/45
屈服伸长率（干/湿）（%）		527	3.5/6.0	3/4.5	3/4	3/4.5	3/4	2/3	5/>50	>50/>50
弯曲模量（干/湿）/MPa		178	7300/4900	7100	7100	9200	9200	13000	3000	—
弯曲强度（干/湿）/MPa		178	210/150	—	—	—	—	—	—	—
悬臂梁缺口冲击强度（干/湿）/(kJ/m^2)		180-1A	11/17	13/20	13/20	14/20	13/20	14/20	4.5/11	—
布氏硬度 HBW		2039-1	190	210	210	260	250	260	160/100	—
热变形温度/℃	1.82MPa	75	240	250	250	250	250	250	80	57
	0.45MPa	75	250	250	250	250	250	250	200	140
线胀系数（水平/垂直）/（$\times 10^{-5}K^{-1}$）		—	2.5~3.5/6~7	2.5~3.5/6~8	1.5~2.0/6~7	2.5~3.5/6~8	1.5~2.0/6~7	1.5~2.0/4~5	6~10/6~12	—
相对介电常数（1MHz，干/湿）		250	3.5/5.5	3.7/5.0	3.6/5.0	3.7/5.0	3.6/5.0	3.5/5.0	3.6/6.0	3.7
介电损耗角正切值（1MHz，干/湿）		250	0.014/0.16	0.02/0.10	0.02/0.20	0.02/0.10	0.02/0.20	0.02/0.20	0.02/0.30	0.03
体积电阻率（干/湿）/Ω·cm		93	$10^{15}/10^{12}$	$10^{15}/10^{12}$	$10^{15}/10^{12}$	$10^{15}/10^{12}$	$10^{15}/10^{12}$	$10^{15}/10^{12}$	$10^{15}/10^{11}$	10^{15}
介电强度（干/湿）/（kV/mm）		243/1	90/75	80/65	70/40	80/65	70/40	70/40	55/45	—
相比漏电起痕指数（干）/V		112A	550	500	600	600	600	550	600	600

（6）英国帝国化学公司的尼龙 66 的性能（表 2-53）

表 2-53　英国帝国化学公司的尼龙 66 的性能

1）商品名称：Lubricomp Nylon 66 注射级

牌　号	密度/(g/cm³)	拉伸屈服强度/MPa	屈服伸长率(%)	弯曲模量/GPa	悬臂梁缺口冲击强度/(J/m)	热变形温度/℃		短玻璃纤维含量(%)	特　性
						0.44MPa	1.82MPa		
R1000	1.14	81	60	2.8	—	—	63	—	—
R1000FRHS	1.35	72	—	3.4	27	—	85	—	阻燃 V-0 级
RA1002	1.17	—	—	3.6	53	—	210	4①	润滑
RAL4022	1.23	—	—	3.7	48	—	204	22①	润滑
RAL4023	1.24	—	—	3.8	53	—	240	23①	润滑、耐高温
RC1006HI	1.27	220	—	17.3	112	—	219	30②	抗静电、中等抗冲击
RCF1006-10C	1.34	168	4.5	10.3	75	260	257	30②	抗静电
RCL4036	1.38	—	—	15.8	75	—	254	—	含碳纤维，润滑
RCL4536	1.36	—	—	12.1	75	—	252	—	润滑
RF1000R	1.35	72	5.0	3.4	—	—	85	20	阻燃 V-0 级
RF1002HI	1.21	97	7	4.5	—	—	243	10	抗冲击
RF1004FRHS	1.51	124	3.5	6.6	85	—	238	20	阻燃 V-0 级
RF1006FRHS	1.59	148	—	7.8	85	—	243	30	阻燃 V-0 级，力学性能好
RFL4010	1.31	—	—	6.0	59	—	252	—	润滑，含 MoS_2
RFL4024	1.35	—	—	5.9	53	—	252	—	润滑，含 MoS_2
RFL4034	1.39	—	—	5.9	59	—	252	—	润滑，含 MoS_2
RFL4036	1.49	—	—	9.4	96	—	254	—	润滑，含 MoS_2
RFL4216	1.43	138	4	2.8	213	249	252	35	润滑，含 MoS_2
RFL4218	1.52	179	3	11.7	—	254	254	40	润滑，含 MoS_2
RFL4536	1.47	—	—	8.2	96	—	254	—	润滑，含 MoS_2
RL4010	1.17	—	—	2.8	43	—	104	5③	润滑
RL4020	1.20	—	—	2.5	43	—	104	10③	润滑
RL4030	1.23	—	—	2.3	37	—	104	15③	润滑
RL4040	1.26	62	—	2.1	—	—	104	20③	润滑
RL4040FL	1.45	45	—	2.8	37	—	215	20③	润滑，阻燃 V-0 级
RL4310	1.16	—	—	4.0	27	—	98	5③	润滑
RL4510	1.12	—	—	2.8	48	—	99	5（硅）	润滑
RL4520	1.18	—	—	2.6	43	—	102	10（硅）	润滑
RL4530	1.21	—	—	2.5	43	—	102	15（硅）	润滑
RL4540	1.25	66	—	2.5	43	—	104	2（硅）	润滑
VFL4036	1.42	—	—	5.2	197	—	193	36	高冲击强度、尺寸稳定
VL4040	1.19	34	—	1.03	160	—	54	—	润滑
VL4410	1.10	46	—	1.1	267	—	54	—	润滑、高冲击强度
VL4530	1.16	37	—	0.91	203	—	54	—	润滑、高冲击强度

① 芳族聚酰胺纤维。

② 碳纤维。

③ 聚四氟乙烯。

（续）

2）商品名称：Maranyl Nylon 66 注射级

牌号	密度/(g/cm³)	拉伸屈服强度/MPa	屈服伸长率(%)	弯曲模量/GPa	悬臂梁缺口冲击强度/(J/m)	热变形温度/℃		特性
						0.44MPa	1.82MPa	
A100	1.14	87	>50	2.8	—	—	100	未改性
A101	1.14	87	>50	2.8	—	—	100	未改性，比 A100 耐热
A125	1.14	87	—	2.8	53	—	100	润滑
A127	1.14	87	—	2.8	53	—	100	润滑，比 A125 耐热
A129	1.14	86	—	2.9	59	—	100	水解性好
A151	1.14	87	—	2.8	91	—	100	润滑、耐热
A153	1.14	87	—	2.8	91	—	99	高柔软
A175	1.37	—	—	8.0	96	—	468	含 30% 玻璃纤维
A190C	1.39	—	—	5.5	123	—	480	含 33% 玻璃纤维
A190D	1.39	—	—	9.1	91	—	480	含 33% 玻璃纤维
A223	1.14	89	—	2.9	221	—	98	高冲击强度
A225	1.14	88	>23	2.9	—	—	104	高冲击强度
A226C	1.14	60	—	1.04	219	—	100	高冲击强度
A226D	1.14	85	—	2.8	53	—	100	高冲击强度
A228	1.14	87	—	2.9	43	—	104	阻燃 V-2 级
A322	1.39	—	—	9.1	96	—	249	—
A360	1.49	—	—	7.0	85	—	102	—
A427	1.18	79	—	2.8	53	—	104	阻燃 V-0 级，耐磨
A457	1.60	—	—	8.6	64	—	238	含 28% 玻璃纤维，阻燃 V-0 级
AMX9	1.21	—	—	3.2	155	—	221	—
TA505HS	1.09	62	—	1.92	176	—	88	韧性

3）商品名称：Rimplast Nylon 66

牌号	密度/(g/cm³)	拉伸屈服强度/MPa	屈服伸长率(%)	弯曲模量/GPa	悬臂梁缺口冲击强度/(J/m)	热变形温度/℃		特性
						0.44MPa	1.82MPa	
RA1004	1.20	103	—	4.8	—	—	249	含 20% 芳族聚酰胺纤维，耐磨
RCL4736	1.34	206	—	12.1	80	—	256	含 30% 碳纤维，润滑、抗拉伸
RF5006	1.36	179	5	8.2	117	—	255	含 30% 短玻璃纤维，低翘曲
RFL4416	1.37	173	—	0.3	101	—	254	润滑、抗拉伸
RFL4530	1.21	66	—	2.4	43	—	102	含 2% 硅，润滑
RFL4616	1.36	183	—	7.9	96	—	254	润滑、力学性能好
RFL4736LW	1.46	151	—	7.9	101	—	255	含 30% 玻璃纤维，聚四氟乙烯混合物、润滑、抗拉伸
RFL4610	1.13	86	—	2.8	48	—	71	含 2% 硅，润滑
RL4620	1.12	69	5	2.5	48	—	82	润滑
RL5000	1.13	77	20	2.8	48	—	98	低翘曲

（续）

4）商品名称：Stat-Locn Nylon 66 注射级

牌　　号	密度/(g/cm³)	拉伸屈服强度/MPa	屈服伸长率(%)	弯曲模量/GPa	悬臂梁缺口冲击强度/(J/m)	热变形温度/℃		碳纤维含量(%)	特　　性
						0.44MPa	1.82MPa		
R	1.19	91	10	3.4	37	188	98	20①	润滑
RC1002	1.18	—	—	6.9	53	254	251	10	抗静电
RC1004	1.23	—	—	16.6	64	260	257	20	抗静电
RC1004FR	1.42	—	—	15.8	53	254	251	20	抗静电
RC1006	1.28	—	—	20.0	80	260	257	30	抗静电
RC1006HI	1.27	—	—	17.3	112	260	257	30	抗静电
RCF1006	1.34	—	—	10.3	75	260	257		含碳纤维，抗静电
RCL4036	1.38	—	—	15.8	75	260	257		含碳纤维，抗静电
RCL4042	1.31	—	—	6.6	43	254	251		含碳纤维，抗静电
RCL4536	1.36	—	—	12.0	75	257	251		含碳纤维，抗静电
RF-15	1.30	69	2	5.9	75	254	249	15②	抗静电
VC1003	1.16	—	—	9.1	229	245	243	15	抗静电
VC1004	1.18	—	—	11.4	187	—	243	20	抗静电、抗冲击
VC1006	1.22	—	—	13.8	160	—	249	30	抗静电、抗冲击
VF1003	1.18	97	7	3.95	—	—	249	15②	抗冲击
VF1004	1.23	—	—	5.5	187	—	245	20②	高冲击强度
VF1006	1.33	—	—	7.2	187	—	249	30②	高冲击强度、刚性好
VF1007	1.34	148	5	6.9	—	—	254	35②	高冲击强度、抗拉伸
VF1008	1.41	—	—	8.2	187	—	249	40②	高冲击强度、刚性好
VFM3335	1.42	110	>3	6.9	53~80	—	249	40②	含云母，电绝缘性好、抗拉伸

① 二硫化钼。
② 短玻璃纤维。

5）商品名称：Verton Nylon 66 注射级

牌　　号	密度/(g/cm³)	拉伸屈服强度/MPa	屈服伸长率(%)	弯曲模量/GPa	悬臂梁缺口冲击强度/(J/m)	热变形温度/℃		短玻璃纤维含量(%)	特　　性
						0.44MPa	1.82MPa		
AG1030	1.37	195	4	10.0	181	—	254	30	力学性能好
AG1050	1.57	236	4	15.7	272	—	260	50	力学性能好
CG1030	1.37	195	4	10.0	181	—	237	30	力学性能好
CG1050	1.57	230	4	15.7	27	—	243	50	力学性能好
RA1002	1.17	—	—	3.6	53	—	210	10	耐磨
RA7008	1.24	117	—	6.6	85	—	—	40	阻燃V-0级，耐高温
RC1004	1.23	—	—	16.6	64	—	—	20	耐高温、高强度
RC1006	1.28	—	—	20.0	80	—	257	30	耐高温、高强度
RC1008	1.34	—	—	23	85	—	260	40	耐高温、高强度
RC7006	1.28	250	—	23	91	—	—	30	阻燃V-0级、高强度

（续）

牌　　号	密度/(g/cm³)	拉伸屈服强度/MPa	屈服伸长率(%)	弯曲模量/GPa	悬臂梁缺口冲击强度/(J/m)	热变形温度/℃		短玻璃纤维含量(%)	特　　性
						0.44MPa	1.82MPa		
RC7008	1.34	295	>3	33	155	—	260	40	高强度、耐高温
RF1002	1.21	—	—	4.5	43	260	251	10	耐高温
RF1004	1.28	—	—	5.9	64	260	251	20	抗冲击
RF1004FR	1.54	—	—	6.6	43	—	232	20	阻燃 V-0 级
RF1004HI	1.28	—	—	5.9	107	—	251	20	抗冲击
RF1006	1.37	—	—	9.1	107	260	254	30	抗冲击
RF1006MG	1.37	—	—	6.6	53	—	249	30	耐高温
RF1008	1.46	—	—	11.0	139	260	260	40	刚性好、抗冲击
RF1008HI	1.46	—	—	9.7	23	—	251	40	冲击强度高
RF1008MG	1.46	—	—	82	85	—	254	40	刚性好、耐高温
RF100-10	1.57	—	—	15.2	139	260	260	50	刚性好、耐高温
RF100-12	1.70	—	—	19.3	139	260	260	60	刚性好、流动性差
RF7006	1.37	197	4	9.9	187	—	257	30	耐拉伸、抗冲击
RF7006EM	1.37	197	4	10.3	187	295	—	30	耐拉伸、抗冲击
RF7007EM	1.42	—	—	11.0	—	—	239	35	—
RF7007EMHS	1.41	—	—	10.3	240	—	238	35	热稳定
RF7007FRC	1.68	—	—	10.3	203	—	257	35	热稳定、阻燃
RF7007FRD	1.68	—	—	8.2	245	—	—	35	阻燃
RF7008	1.47	32.0	—	12.4	219	—	260	40	耐高温、耐拉伸
RF700-10BKC	1.57	—	—	11.4	320	—	—	50	刚性好、抗冲击，黑色
RF700-10BKD	1.57	—	—	15.8	133	—	262	50	刚性好、抗冲击，黑色
RF700-10C	1.57	—	—	12.4	187	—	—	50	刚性好、抗冲击
RF700-10D	1.57	—	—	15.8	133	—	262	50	刚性好、抗冲击
R700-10EMBKC	1.57	—	—	15.8	240	—	238	50	刚性好、抗冲击，黑色
RF700-10EMBKD	1.57	—	—	11.2	368	—	—	50	刚性好、抗冲击
RF700-10EMC	1.57	—	—	15.8	266	—	243	50	刚性好、抗冲击
RF700-10EMD	1.57	—	—	11.1	373	—	—	50	刚性好、抗冲击
RF700-10EMHSC	1.57	—	—	15.8	320	—	243	50	刚性好、抗冲击
RF700-10EMHSD	1.57	—	—	12.4	448	—	—	50	刚性好、抗冲击
RF700-12C	1.70	—	—	14.5	320	—	—	60	刚性好
RF700-12D	1.70	—	—	19.3	448	—	260	60	刚性好
RF700-12EMC	1.70	—	—	16.0	550	—	—	60	刚性好、冲击强度高
RF700-12EMD	1.70	—	—	20.7	505	—	238	60	刚性好、冲击强度高
RF700-12EMHSC	1.70	—	—	15.5	640	—	—	60	刚性好、冲击强度高
RF700-12EMHSD	1.70	—	—	20.7	533	—	260	60	刚性好、冲击强度高
RFL8019	1.57	217	—	13.4	213	—	260	50	含聚四氟乙烯，润滑

（续）

牌　号	密度/(g/cm³)	拉伸屈服强度/MPa	屈服伸长率(%)	弯曲模量/GPa	悬臂梁缺口冲击强度/(J/m)	热变形温度/℃		短玻璃纤维含量(%)	特　性
						0.44MPa	1.82MPa		
RFL8028	1.56	207	—	12.0	203	—	260	50	含聚四氟乙烯，润滑
RFL8037	1.55	193	—	11.0	187	—	257	50	含聚四氟乙烯，润滑
RFL8046	1.54	169	—	9.7	170	—	257	50	含聚四氟乙烯，润滑
RFL8219	1.55	207	—	13.1	213	—	260	47	含聚四氟乙烯，润滑

（7）韩国九龙化学公司的Amlde尼龙66的性能（表2-54）

表2-54　韩国九龙化学公司的Amlde尼龙66的性能

牌　号	密度/(g/cm³)	吸水率(%)	成型收缩率(%)	拉伸强度/MPa	断裂伸长率(%)	弯曲模量/MPa	洛氏硬度HRM	悬臂梁缺口冲击强度/(kJ/m)	热变形温度/℃	燃烧性(UL94)	介电强度/(kV/mm)
ESA800	1.14	1.2	0.7～2.0	83	60	2750	120	20	230	V-0	19
ESA800S	1.16	1.2	1.5～1.8	83	15	3100	120	16	230	V-0	19
ESA815S	1.25	0.8	0.5～1.3	98	6.9	7500	100	35	240	V-0	21
ESA830	1.37	0.6	0.3～1.1	190	3.5	9200	121	42	239	HB	21

（8）荷兰阿克苏工程塑料公司的Akulon尼龙66的性能（表2-55）

表2-55　荷兰阿克苏工程塑料公司尼龙66的性能

1）商品名称：Akulon Nylon 66

牌　号	密度/(g/cm³)	拉伸屈服强度/MPa	弯曲模量/GPa	特　性
S223-TP4	1.08	52	1.86	注射成型，中等流动
S225-HMV2	1.38	86	4.55	注射成型，含10%矿物质，热稳定
SX4330	1.34	134	8.5	注射成型，含33%玻璃纤维，高冲击强度
SX4397	1.48	80	9.5	注射成型，含40%矿物质，是PA6/66共聚物，刚性好
SX4435	1.66	190	12.7	注射成型，阻燃V-0级，刚性好
X4497	1.42	—	4.93	注射成型，含35%矿物质，是PA6/PA66共聚物，抗冲击

2）商品名称：Electrafil Nylon 66注射极

牌　号	密度/(g/cm³)	拉伸屈服强度/MPa	屈服伸长率(%)	弯曲模量/GPa	热变形温度/℃		特　性
					0.44MPa	1.82MPa	
G-1/SS/5	1.22	59	2	4.4	—	232	含5%钢丝，导电
J1/CF/20	1.23	193	3	12.4	260	254	含20%碳纤维，导电

（续）

牌号	密度/(g/cm³)	拉伸屈服强度/MPa	屈服伸长率(%)	弯曲模量/GPa	热变形温度/℃		特性
					0.44MPa	1.82MPa	
J-1/CF/40	1.33	260	1.8	23	262	254	含40%玻璃纤维，尺寸稳定性好
J-1/CN/15	1.20	97	1.6	7.4	—	232	含15%碳纤维，导电
J-1/CN/40	1.46	138	2.5	13.8	—	243	含40%碳纤维，导电
M1051	1.33	320	1.8	27.6	260	257	刚性好

3）商品名称：Fiberfil Nylon 66 注射级

牌号	密度/(g/cm³)	拉伸屈服强度/MPa	屈服伸长率(%)	弯曲模量/GPa	热变形温度/℃		特性
					0.44MPa	1.82MPa	
G-1/40	1.47	221	2	11.0	—	260	抗拉伸
G-8/40	1.40	138	2.5	8.15	—	254	抗拉伸
J-1/20/FR	1.51	86	—	—	—	211	阻燃V-0级
J-8/13	1.19	88	5.5	3.7	—	232	含13%玻璃纤维，抗冲击
J-8/33	1.34	140	5.0	7.6	257	243	含33%玻璃纤维，冲击强度高
J-17/20/V-0	1.53	117	—	8.2	—	219	含20%玻璃纤维，阻燃V-0级
J-17/30/V-0	1.62	138	—	10.0	—	227	含30%玻璃纤维，阻燃V-0级
NY-7/V-0	1.35	48	23	2.5	—	67	含15%专用料，阻燃V-0级
NY-8	1.08	48	125	1.66	—	63	冲击强度高
NY-8/MF/36	1.41	71	26	3.8	—	128	含36%矿物，抗拉伸
Xylon/V-0级	1.42	59	—	2.9	—	80	电性能好，阻燃V-0级
Xylon/FR	1.42	67	2.0	3.7	190	88	阻燃V-0级

4）商品名称：Nylofil Nylon 66 注射级

牌号	密度/(g/cm³)	拉伸屈服强度/MPa	屈服伸长率(%)	弯曲模量/GPa	悬臂梁缺口冲击强度/(J/m)	热变形温度/℃		短玻璃纤维含量(%)	特性
						0.44MPa	1.82MPa		
G-1/10/CF/30	1.39	270	—	23	—	—	260	10	含碳纤维30%，耐磨
G-1/30	1.40	193	3	9.1	—	263	257	30	抗拉伸
G-1/30/HS	1.40	193	2.5	9.1	—	263	257	30	热稳定
G-1/30/MS/5	1.44	173	3	9.1	—	260	254	30	含5% MoS_2，润滑
G-1/30/Si/2	1.40	186	2.5	9.1	—	263	257	30	含硅2%，润滑
G-1/30/TF/15	1.52	176	3	8.6	—	260	254	30	含15% PTFE，润滑
G-1/40	1.47	221	2	11.0	—	263	260	40	抗拉伸
G-1/40/MS/5	1.51	193	—	10.5	—	265	260	40	含15% MoS，润滑
G-1/CF/30	1.28	280	—	21.4	—	—	257	30	耐磨、高强度

（续）

牌　号	密度/(g/cm³)	拉伸屈服强度/MPa	屈服伸长率(%)	弯曲模量/GPa	悬臂梁缺口冲击强度/(J/m)	热变形温度/℃		短玻璃纤维含量(%)	特　性
						0.44MPa	1.82MPa		
J-1/CF/10	1.18	138	4	6.9	—	260	249	10	耐磨、抗拉伸
J-1/CF/15/T20	1.33	158	3.5	9.7	—	257	249	15	导电、强度高
J-1/CF/301	1.36	193	2.4	15.3	—	260	254	13	耐磨、耐高温
J1/CF/30T	1.38	207	2.6	15.2	—	260	254	30	耐磨、强度高
J1/CF/30/TF13	1.32	190	1.5	15.7	—	260	251	30	含13% PTFE，润滑
J1/CF/30/TF13S	1.38	193	2.4	15.2	—	260	254	30	含13% PTFE 硅，导电
J1/CF/40	1.33	221	2.0	230	—	263	255	40	耐磨、高强度
J-1/CF/40/V-0	1.46	240	1.5	210	—	254	249	40	耐磨、高强度
J-1/CF/50	1.38	260	1.2	290	—	263	256	50	耐磨、高强度
J-8/13	1.19	88	5.5	3.7	—	—	232	13	抗拉伸
J-8/33	1.34	140	5.0	20.4	—	257	243	33	抗拉伸
J-8/43	1.42	158	4.5	9.25	—	—	245	43	抗拉伸
J-17/20/V-0	1.56	110	3	8.2	1.2	238	216	20	阻燃 V-0 级
J-17/20/V-0/TF15	1.65	106	2	6.9	—	410	239	20	阻燃 V-0 级
J-17/30/V-0	1.67	138	2	9.7	—	238	216	30	阻燃 V-0 级
J-29/8/MB/22	1.38	102	3.3	8.0	—	—	243	8 云母	抗拉伸
J-29/33	1.39	155	4	9.1	—	260	251	33	抗拉伸
J-71/30/TF15	1.46	134	—	9.4	15.3	—	241	30	含15% PTFE
J-71/30/TF15	1.48	157	—	8.5	17.0	—	226	30	含15% PTFE
NY-1/MS/5	1.18	72	4	2.9	—	201	98	5MoS_2	润滑
NY-1/TF/15	1.23	61	6	2.8	—	221	74	15	润滑
NY-16/MF/40	1.50	91	3	7.2	—	249	205	40	抗拉伸、尺寸稳定
N-17/MF/40	1.49	82	9	4.5	—	227	183	40	抗拉伸、尺寸稳定
J-1/15/FR	1.47	76	2.6	—	—	—	207	15	阻燃 V-0 级
J-1/15/MR/25	1.49	124	4.0	9.7	—	—	246	15	含25%矿物，抗拉伸
J-1/20/FR	1.51	86	2.3	—	—	—	211	20	阻燃 V-0 级

四、尼龙 610

（一）尼龙 610 简介

1. 基本特征

尼龙 610 化学名称为聚癸二酸己二胺，英文名称 Polyhex- amethyensebacamide（Nylon 610，PA610），结构式为 $-\!\!\left[\overset{H}{\overset{|}{N}}-(CH_2)_6-\overset{H}{\overset{|}{N}}-\overset{O}{\overset{\|}{C}}-(CH_2)_8-\overset{O}{\overset{\|}{C}}\right]_n$。

尼龙 610 的很多性能类似尼龙 66，力学性能介于尼龙 6 和尼龙 66 之间，吸水率优于尼龙 6 和尼龙 66；耐低温性能、拉伸强度、冲击强度等优于尼龙 1010，具有较小的密度。尼龙 610 耐碱和稀无机酸，不耐浓无机酸，耐去污剂和化学药品、油脂类；稍耐醇类、酮类、芳烃、氯化烃，并能吸收醇、酮、芳烃、氯代烃起增塑作用。尼龙 610 的耐候性较好。尼龙 610 与尼龙 6 和尼龙 66 的性能比较见表 2-56。

表 2-56　尼龙 610 与尼龙 6 和尼龙 66 的性能比较

性　　能		尼龙 610	尼龙 6	尼龙 66
密度/(g/cm³)		1.09	1.14	1.14
熔点/℃		213	220	260
结晶熔点/℃		225	—	264
成型收缩率（%）		1.2	0.6～1.6	0.8～1.5
拉伸强度/MPa		60	74	80
弹性模量/MPa		2000	2500	2900
断裂伸长率（%）		200	200	60
弯曲强度/MPa		95	110	120
弯曲模量/MPa		2200	2600	3100
缺口冲击强度/(J/m)		56	56	40
洛氏硬度 HRR		116	114	118
热变形温度/℃	1.86MPa	65	65	75
	0.46MPa	173	175	216
相对介电常数	1000Hz	3.6	3.7	—
	10^6 Hz	3.5	—	4.0
介电损耗角正切值（10^6 Hz）		0.04	0.023（10^3 Hz）	—
体积电阻率/Ω·cm		10^{14}～10^{15}	—	—
吸水率（23℃，水中，24h）（%）		0.5	1.8	1.3
Taber 磨耗量/(mg/1000 次)		4	7	1.5

注：试验方法为 ASTM。

表 2-57 列出了纯尼龙 610、玻璃纤维增强尼龙 610 及碳纤维增强尼龙 610 的性能指标。

表 2-57　尼龙 610 的性能指标

项　　目	基础树脂	玻璃纤维增强级	碳纤维增强级
密度/(g/cm³)	1.07	1.39	1.26
成型收缩率/(%)	1.3	0.28	0.17
熔体质量流动速率/[g/(10min)]	50	—	—
吸水率（%）	1.5	0.22	0.18
平衡吸湿率（%）	1.4	—	—
洛氏硬度 HRR	110	110	120

（续）

项　目	基础树脂	玻璃纤维增强级	碳纤维增强级
拉伸屈服强度/MPa	55	170	—
拉伸强度/MPa	64.3	140	200
断裂伸长率（%）	80	3.1	2.6
弹性模量/GPa	2	9.2	20.7
弯曲模量/GPa	2	7.9	15.7
弯曲强度/MPa	88	210	300
悬臂梁缺口冲击强度/(J/m)	70	140	140
悬臂梁无缺口冲击强度/(J/m)	640	970	960
压缩屈服强度/MPa	69	150	—
1000h 拉伸蠕变模量/MPa	400	—	—
剪切强度/MPa	—	75.5	—
K 因子（耐磨性）	—	18	—
摩擦因数	—	0.31	—
线胀系数（20℃）/K^{-1}	110	40.3	15.3
热变形温度（0.46MPa）/℃	170	220	230
热变形温度（1.82MPa）/℃	72.2	210	220
熔点/℃	220	220	—
空气中最高使用温度/℃	72.2	210	220
比热容/[J/(g·K)]	1.6	1.6	—
热导率/[W/(m·K)]	0.21	0.43	—
极限氧指数	24%	—	—
燃烧性（UL94）	V-2	V-0（最高）	HB
加工温度/℃	260	270	280
成型温度/℃	—	93.2	96.3
干燥温度/℃	—	80.8	87.7
体积电阻率/Ω·cm	4.3×10^{14}	3.1×10^{14}	310
表面电阻率/Ω	5.1×10^{11}	—	1000
相对介电常数	3.5	3.8	—
低频相对介电常数	3.7	4.2	—
介电强度/(kV/mm)	17.9	19.5	—
介电损耗角正切值	0.079	0.016	—
耐电弧性/s	120	130	—
相比漏电起痕指数/V	600	—	—

2. 应用

尼龙610的用途类似于尼龙6和尼龙66，有着巨大的潜在市场。在机械行业、交通运输行业，可用于制作套圈、套筒及轴承保持架等；在汽车制造业可用于制作转向盘、法兰、操作杆等汽车零部件，但与尼龙6和尼龙66相比，尤其适合于制造尺寸稳定性要求高的制品，如齿轮、轴承、衬垫、滑轮及要求耐磨的纺织机械的精密零部件；也可用于输油管道、贮油容器、绳索、传送带、单丝、鬃丝及降落伞布等；在电子电器行业，尼龙610可用于制造计算机外壳、工业生产电绝缘产品、仪表外壳、电线电缆包覆料等。另外，由于尼龙610的耐低温性能、拉伸强度、冲击强度等都优于尼龙1010，且成本低于后者，随着家用电器向轻量化、安全性方向发展，耐燃、增强及增韧尼龙610在家电行业的应用量以及粉末涂料中的应用可望迅速增加。

（二）国内尼龙610的品种与性能

（1）黑龙江尼龙厂的尼龙610的性能（表2-58）

表2-58 黑龙江尼龙厂的尼龙610的性能

项目		Ⅰ型		Ⅱ型		增强级
		一级	二级	一级	二级	
外观		白色~微黄色	淡黄色	白色~微黄色	淡黄色	淡黄色
粒度/(粒/g)	>	40		40		—
水分（%）	≤	0.3		0.3		—
密度/(g/cm^3)		1.08~1.10		1.10~1.13		1.13
熔点/℃		≥215（熔程7℃）		≥215（熔程7℃）		—
相对黏度		2.40~3.00		>3.00		—
拉伸强度/MPa	≥	45		50		118
弯曲强度/MPa	≥	600（只弯不断）		700（只弯不断）		162
冲击强度（缺口）/(kJ/m^2)	≥	3.5		3.2		9.8
介电强度/(kV/mm)	≥	15		15		—
体积电阻率/Ω·cm	≥	10^{13}		10^{13}		10^{15}
介电损耗角正切值（1MHz）	≤	3.5×10^{-2}		3.5×10^{-2}		—
带黑点树脂含量（黑点直径0.2~0.7mm）(%)	≤	1.0	1.5	1.0	1.5	—
热变形温度（1.8MPa）/℃		55		55		184
成型收缩率（%）		1.5~2.0		1.5~2		0.2
特性与应用		Ⅰ型	半透明微黄颗粒，除强度高，耐磨、耐油、抗冲击外，还具有吸水性低、尺寸稳定和电绝缘性好等性能，宜制造齿轮、密封材料、油管、绝缘材料			
		Ⅱ型	比Ⅰ型强度高，除抗冲击性好外，其他与Ⅰ型类似			

（2）江苏宜兴太湖尼龙厂的尼龙610的性能（表2-59）

表2-59 江苏宜兴太湖尼龙厂的尼龙610的性能

项 目	Ⅰ型	Ⅱ型	增强料	SL012
相对黏度	1.80～2.30	2.30～2.80	—	—
熔点/℃	215～223	215～223	—	—
拉伸强度/MPa	55	60	140	142
弯曲强度/MPa	75	80	200	207
弯曲模量/MPa	—	—	6000	—
悬臂梁缺口冲击强度/(kJ/m²)	12	15	9	21.6
马丁耐热温度/℃	50～55	50～55	190	—
热变形温度（1.82MPa)/℃	55～63	55～63	—	198
布氏硬度 HBW	—	—	145	—
特性与应用	增强料	象牙色或微黄色颗粒，含30%玻璃纤维，除强度、耐温、抗冲击等比未增强料较高外，其他与普通料类似		
	SL012	注射成型，含40%玻璃纤维，抗冲击、刚性好，宜制造工程件		

（三）国外尼龙610的品种与性能

（1）美国复合材料（Compounding Technology）公司的尼龙610的性能（表2-60）

表2-60 美国复合材料公司的尼龙610的性能

牌 号	密度/(g/cm³)	拉伸屈服强度/MPa	屈服伸长率(%)	热变形温度/℃		玻璃纤维含量(%)	特 性
				0.44MPa	1.82MPa		
NI-30GF	1.31	138	4	216	210	30	拉伸强度高、收缩率低
NI-40GF	1.40	173	4	221	216	40	同NI-30GF

（2）美国特克波尔公司的尼龙610的性能（表2-61）

表2-61 美国特克波尔公司的尼龙610的性能

牌 号	密度/(g/cm³)	拉伸屈服强度/MPa	弯曲模量/GPa	悬臂梁缺口冲击强度/(J/m)	热变形温度(0.44MPa)/℃	特 性
1600AZIPINAT	1.09	66	2.05	49	184	未增强，耐水汽
160AZIP-10	1.08	69	2.0	59	171	未增强，耐水汽
GF1600A-33	1.32	166	7.6	139	216	含33%玻璃纤维，耐水汽
Texalon 1600A-NAT	1.08	69	1.9	59	160	未增强，耐水汽

（3）日本昭和电工（Showa Denka）公司的Technyl尼龙610（表2-62）

表2-62 日本昭和电工公司Technyl尼龙610的性能

牌号	密度/(g/cm³)	吸水率(%)	洛氏硬度HRR	悬臂梁缺口冲击强度/(J/m)	热变形温度(0.45MPa)/℃	线胀系数/($\times10^{-5}K^{-1}$)	拉伸屈服强度/MPa	弯曲模量/GPa
D100	1.09	0.36	114	44.1	173	9	68.7	2.26
D316	1.09	0.40	116	29.4	173	9	68.7	2.26
D317	1.09	0.40	116	29.4	173	9	68.7	2.26

（4）日本东丽工业公司的Amilan尼龙610的性能（表2-63）

表2-63 日本东丽工业公司的Amilan尼龙610的性能

牌号		密度/(g/cm³)	吸水性(%)	熔点/℃	拉伸屈服强度/MPa	断裂伸长率(%)	弯曲强度/MPa	悬臂梁缺口冲击强度/(J/m)	洛氏硬度HRR	体积电阻率/Ω·cm
CM2001		1.08	0.3	225	58	200	95	50	116	10^{14} ~ 10^{15}
CM2006		1.08	0.3	225	60	200	95	50	116	10^{13} ~ 10^{14}
CM2402		1.08	0.4	—	55	200	—	45	115	—
特性与应用	CM2001	注射成型、挤出成型均可，尺寸稳定性好，电性能好，制造电器件、工具刷、涂料刷								
	CM2006	挤出级，热稳定，制造电线套管								
	CM2402	挤出级，耐候、吸潮、柔曲性好，宜制造电线护套								

（5）法国罗纳·普朗克（Rhone-Poulenc）公司的Technyl尼龙610的性能（表2-64）

表2-64 法国罗纳·普朗克公司的Technyl尼龙610的性能

牌号	密度/(g/cm³)	吸水性(%)	熔点/℃	悬臂梁缺口冲击强度/(J/m)	燃烧性(UL94)	特性和主要用途
D100	1.09	0.36	215~220	45	HB	低黏度，注射成型，制造普通制品
D316	1.09	0.4	215~220	30	HB	中黏度，注射成型，制造普通制品
D317	1.09	0.4	215~220	30	HB	耐热，注射成型，制造耐热制品

（6）英国帝国化学公司的尼龙610的性能（表2-65）

表2-65 英国帝国化学公司尼龙610的性能

牌号	密度/(g/cm³)	弯曲模量/GPa	悬臂梁缺口冲击强度/(J/m)	热变形温度/℃	特性和主要用途
EMI-X PDX82428	1.39	10.3	53	210~213	含碳纤维，用于电磁干扰屏蔽
EMI-X QC1008	1.29	20.6	107	219~224	含碳纤维，用于电磁干扰屏蔽
EMI-X QC100-10	1.34	23.0	107	219~224	含10%碳纤维，用于电磁干扰屏蔽
Lubricomp QFL4024	1.30	5.9	53	204	润滑，含玻璃纤维

（续）

牌　　号	密度/(g/cm³)	弯曲模量/GPa	悬臂梁缺口冲击强度/(J/m)	热变形温度/℃	特性和主要用途
Lubricomp QFL4034	1.34	5.9	48	204	润滑，含玻璃纤维
Lubricomp QFL4036	1.45	7.9	—	210	润滑，含45%玻璃纤维和聚四氟乙烯
Lubricomp QFL4536	1.43	6.9	117	204	润滑
Lubricomp QFL4736LW	1.43	6.9	107	204	润滑
Lubricomp QL4020	1.14	1.58	37	54	润滑
Lubricomp QL4030	1.17	1.58	30	54	润滑
Lubricomp QL4040	1.20	1.45	—	54	润滑，含20%聚四氟乙烯
Lubricomp QL4410	1.17	1.86	32	52	润滑
Lubricomp QL4530	1.17	1.58	30	54	润滑
Lubricomp QL4540	1.19	1.58	27	54	润滑，含2%硅
Magnacomp QL	3.20	8.7	32	110	—
Magnacomp QM	3.45	9.1	32	110	—
Ny-kon Q	1.13	0.23	—	63~154	润滑，含20%二硫化钼
Ny-kon Q1000	1.08	1.93	—	57	—
QF1002	1.15	5.2	48	204~210	含玻璃纤维
QF1004	1.22	6.2	59	210~216	含玻璃纤维
QF1006	1.23	17.3	96	219	含玻璃纤维
QF1006FR	1.58	8.2	69	204	含玻璃纤维，阻燃
QF1006MG	1.30	5.9	53	204	含玻璃纤维
QF1008	1.41	9.1	170	216~221	含玻璃纤维
QF1008MG	1.50	7.6	107	204	含玻璃纤维
QF100-10	1.50	13.1	170	219~224	含玻璃纤维
QF100-12	1.65	15.8	170	219~224	含玻璃纤维
Stat-kon QC1002	1.12	6.7	53	207~210	抗静电，含碳纤维
Stat-kon QC1004	1.17	12.4	80	213	含碳纤维，抗静电
Stat-kon QC1006	1.23	15.2	96	219~224	抗静电，含碳纤维
Stat-kon QCL4035	1.31	13.1	85	221	抗静电，含碳纤维
Stat-kon QCL4036	1.33	15.5	85	213	润滑，含碳纤维
Stat-kon QCL4536	1.31	11.0	91	210	润滑，含碳纤维
Verton QA7004	1.14	4.5	69	210	含20%芳族酰胺长纤维
Verton QF700-10	1.53	13.8	426	221	含玻璃纤维
Verton RF7007	1.42	9.9	197	254	含玻璃纤维

（7）德国巴斯夫公司的 Ultramid 尼龙 610 的性能（表 2-66）

表 2-66 德国巴斯夫公司的 Ultramid 尼龙 610 的性能

牌号	密度/(g/cm³)	拉伸屈服强度/MPa	弯曲模量/GPa	悬臂梁缺口冲击强度/(J/m)	热变形温度/℃		特性和主要用途
					0.44MPa	1.82MPa	
S_3	1.07	69.1	2.1	53	170	76	低黏度，注射成型普通工业件、家电外壳、高级日用品，阻燃 V-2 级
S_3K	1.07	69.1	2.1	69	200	85	低黏度，高冲击强度，含稳定剂，注射成型，制造工业配件，阻燃 V-2 级
S_4	1.07	69.1	2.1	69	200	76	中黏度，挤出成型、注射成型均可，制造工业配件、型材，阻燃 V-2 级
S_4K	1.07	69.1	2.1	69	205	99	中黏度，耐热，注射成型、挤出成型均可

（8）荷兰阿克苏工程塑料公司的 Nylafil 尼龙 610 的性能（表 2-67）

表 2-67 荷兰阿克苏工程塑料公司的 Nylafil 尼龙 610 的性能

牌号	密度/(g/cm³)	拉伸屈服强度/MPa	屈服伸长率(%)	弯曲模量/GPa	热变形温度/℃		特性
					0.44MPa	1.82MPa	
J-2/10	1.15	65	2.6	4.1	213	190	含 10% 玻璃纤维
J-2/20	1.22	107	3.5	5.7	219	204	含 20% 玻璃纤维
J-2/30	1.31	152	4.3	7.9	221	210	含 30% 玻璃纤维
J-2/40	1.40	184	4.7	10.3	221	210	含 40% 玻璃纤维
G-2/10	1.14	63	2.8	4.0	221	213	含 10% 玻璃纤维
G-2/20	1.33	103	3.3	5.75	221	219	含 20% 玻璃纤维
G-2/30	1.39	154	4.0	8.2	221	219	含 30% 玻璃纤维
G-2/40	1.39	175	4.1	9.85	221	219	含 40% 玻璃纤维
J2/30/V-0	1.55	131	3.5	8.5	—	199	含 30% 玻璃纤维，阻燃 V-0 级
J2/30/V-0①	1.55	131	—	8.5	—	199	阻燃 V-0 级，电性能好

① 商品名为 Fiberfil。

五、尼龙 612

（一）尼龙 612 简介

1. 基本特性

尼龙 612 化学名称聚十二酰己二胺，英文名称 Polyhexamethylene dodeca namide（Nylon612，PA612），结构式为$\pm$NH—$(CH_2)_6$—NH—CO$(CH_2)_{10}$—CO$\mp_n$。

尼龙 612 为半透明乳白色粒状料，相对分子质量为 1200～4000，性能与尼龙 6 和尼龙 610 接近，吸水性、尺寸稳定性及刚性等优于尼龙 610，冲击强度比尼龙 6 高得多，低温性能和拉伸强度、冲击强度等都超过尼龙 1010；能耐酸、碱等溶剂。表 2-68 列出了注射级尼龙 612 的性能指标。

表 2-68　注射级尼龙 612 的性能指标

项　目			ASTM 方法	非增强 PA612	33%玻璃纤维增强 PA612
一般性能	熔点/℃		D789	212	212
			D3418	217	217
	相对密度		D792	1.06	1.32
	成型收缩率（%）（厚 3.2mm）		—	1.1	0.2
	吸水率（%）	24h	D570	0.25	0.16
		50%（相对湿度）		1.3	0.9
		饱和		3.0	2.0
力学性能	拉伸强度/MPa		D638	61（61）	165（138）
	断裂伸长率（%）		D638	150（≥300）	3（4）
	屈服伸长率（%）		D638	7（40）	—
	弯曲模量/MPa		D790	2304（1241）	8274（6205）
	洛氏硬度 HRR		D785	114（108）	118
	悬臂梁缺口冲击强度/(J/m)		D256	53（75）	2.4（2.5）
	Taber 磨耗/(mg/1000 次)		D1044	6	—
热学性能	热变形温度/℃	0.5MPa	D648	180	215
		1.8MPa		65	210
	线胀系数/K^{-1}		D648	9×10^{-5}	2.3×10^{-5}
电学和燃烧性能	体积电阻率/Ω·cm		D257	10^{15}（10^{13}）	10^{15}（10^{12}）
	相对介电常数（1000Hz）		D150	4.0（5.3）	3.7（7.8，100%相对湿度）
	介电损耗角正切值（1000Hz）		D150	0.02（0.15）	0.02（0.14，100%相对湿度）
	介电强度/(kV/mm)		D149	30（30）	20.5（17.3，100%相对湿度）
	极限氧指数（%）		D2863	25（28）	—

2. *应用*

尼龙 612 主要用于汽车、电器、宇航、兵器、机械等行业的一些耐低温、耐摩擦及精密部件，如精密机械部件、线圈骨架、电线电缆的绝缘层、燃料油管道、油压系统管道、导管、传送带、循环连接管、工具架套、弹药箱、汽车零件、枪托、火箭尾翼件及薄膜制品等。

（二）国外尼龙 612 的主要品种与性能

（1）美国科马洛伊（Comalloy）国际公司的尼龙 612 的性能（表 2-69）

表 2-69　美国科马洛伊国际公司的尼龙 612 的性能

牌　号	密度/(g/cm^3)	拉伸屈服强度/MPa	弯曲模量/GPa	悬臂梁缺口冲击强度/(J/m)	热变形温度/℃	特　性
640-2140	1.42	103	7.0	53	199~207	尺寸稳定
640-2250	1.51	128	9.3	80	210~213	尺寸稳定

（续）

牌 号	密度/(g/cm³)	拉伸屈服强度/MPa	弯曲模量/GPa	悬臂梁缺口冲击强度/(J/m)	热变形温度/℃	特 性
640-2355	1.56	152	11.4	107	210~213	含55%玻璃纤维，低收缩率
640-3020	1.21	123	6.3	6.4	207~210	含10%玻璃纤维，刚性
640-3033	1.32	163	8.2	128	210~213	含33%玻璃纤维，刚性
640-3013	1.42	191	10.3	133	210~213	含43%玻璃纤维，刚性
640-3050	1.50	200	12.4	155	213~216	含50%玻璃纤维，刚性
Aqualoy 640	1.46	186	10.3	160	210~216	矿物、玻璃纤维混合增强
Comtuf 608	0.99	40	1.45	1070	63~188	高冲击强度、阻燃HB级
Comtuf 640	1.42	145	78	267	210~216	玻璃纤维增强，阻燃HB级
Comtuf 643	1.25	132	6.2	277	204~210	含33%玻璃纤维，阻燃HB级
Comtuf 644	1.38	142	7.7	293	204~210	含43%玻璃纤维，阻燃HB级
Comtuf 649	1.32	63	3.9	170	149~182	含49%矿物，阻燃HB级
Hiloy 640	1.46	186	10.3	160	210~216	特殊级，阻燃HB级
Hiloy 641	1.13	94	4.1	59	185~204	含13%玻璃纤维，阻燃HB级
Hiloy 642	1.21	123	6.3	64	207~210	含20%玻璃纤维增强
Hiloy 643	1.32	163	8.2	128	210~213	含33%玻璃纤维增强
Hiloy 644	1.42	191	10.3	133	210~213	含43%玻璃纤维增强
Hiloy 645	1.50	200	12.4	155	213~216	含50%玻璃纤维增强
Hiloy 646	1.42	103	7.0	53	199~207	阻燃HB级
Hiloy 648	1.26	60	3.1	35	99~106	专用级、阻燃HB级
Hiloy 649	1.30	62	4.7	48	110~177	矿物改性，阻燃HB级
Lubrilon 643	1.43	138	6.8	117	204~210	含33%玻璃纤维/聚四氟乙烯，耐化学、摩擦性能好
Volon 642	1.46	123	6.5	80	177~199	含25%玻璃纤维，阻燃V-0级
Volon 648	1.46	58	4.1	53	104~154	含25%矿物，阻燃V-0级
Volon 694	1.40	103	4.8	133	160~193	含25%玻璃纤维，阻燃V-0级
Volon 698	1.40	54	3.4	107	96~182	含25%矿物，阻燃V-0级

（2）美国杜邦公司的Minlon Zytel尼龙612的性能（表2-70）

表2-70 美国杜邦公司的Minlon Zytel尼龙612的性能

牌 号	密度/(g/cm³)	拉伸屈服强度/MPa	屈服伸长率(%)	弯曲模量/GPa	悬臂梁缺口冲击强度/(J/m)	热变形温度/℃		燃烧性(UL94)
						0.44MPa	1.82MPa	
77G33L-NC	1.32	166	—	8.2	128	—	210	HB
77G43L-NC	1.44	193	—	10.3	155	—	210	HB

（续）

牌　　号	密度/(g/cm³)	拉伸屈服强度/MPa	屈服伸长率(%)	弯曲模量/GPa	悬臂梁缺口冲击强度/(J/m)	热变形温度/℃		燃烧性(UL94)
						0.44MPa	1.82MPa	
151NC-10	1.06	61	7	2.04	43	180	90	V-2
153HS-L	1.06	61	7	2.04	53	180	90	V-2
157HS-LBK10	1.06	61	7	2.04	53	180	90	V-2
158L	1.06	30	7	2.04	53	180	90	V-2
158L-NC10	1.06	61	7	2.04	53	180	90	V-2
350P-HS	1.02	37	>250	0.91	800	156	76	—
351P-HS	1.04	37	>250	0.47	1013	163	76	—
ST351-PHS	1.04	37	—	0.47	无断裂	163	76	—
ST801	1.08	52	60	1.69	906	216	71	HB
ST811	1.04	48	415	4.8	1170	188	53	HB

（3）美国弗伯菲尔（Fiberfil）公司的 Nylafil 尼龙 612 的性能（表 2-71）

表 2-71　美国弗伯菲尔公司的 Nylafil 尼龙 612 的性能

项　　目		ASTM	77G-33 LNC-10	77G-43 LNC-10	G-4/35	J4/30/TF/15	J4/30/V-0	J4/35
熔融温度/℃		—	282 ~ 304	282 ~ 304	—	—	—	—
吸水率（%）		D570	2.0	1.7	3.1	—	—	2.1
拉伸屈服强度/MPa		D638	138 ~ 165	165 ~ 193	179	138	131	152
屈服伸长率（%）		D638	5.0	4 ~ 5	3.2	3.4	3.2	5.0
弯曲屈服强度/MPa		D790	—	—	269	217	193	241
弯曲模量/GPa		D790	6.2 ~ 8.3	8.6 ~ 10.3	6.21	6.21	9.65	6.21
硬度 HRR		D785	R118	R118	E36 ~ 45	M70 ~ 80	M89	E35 ~ 45
悬臂梁缺口冲击强度/(kJ/m)		D256	5.0	5.2	8.8	6.3	3.1	5.5
热变形温度/℃	0.46MPa	D648	—	—	216	204	—	210
	1.82MPa	D648	210	210	210	196	188	199
连续使用最高温度/℃		—	120	120	—	—	—	—
线胀系数/($\times 10^{-5}K^{-1}$)		D696	2.3	2.2	2.5	1.8	1.8	2.5
相对介电常数（1MHz）		D150	3.4	3.6	—	—	—	—
介电损耗角正切值（1MHz）		D150	1.6×10^{-2}	1.7×10^{-2}	—	—	—	—
体积电阻率/Ω · cm		D257	1×10^{15}	1×10^{15}	—	—	—	—

（4）荷兰阿克苏工程塑料公司的 Nylafil 尼龙 612 的性能（表 2-72）

表2-72 荷兰阿克苏工程塑料公司的Nylafil尼龙612的性能

牌号	密度/(g/cm³)	拉伸屈服强度/MPa	屈服伸长率(%)	弯曲模量/GPa	悬臂梁缺口冲击强度/(J/m)	热变形温度/℃		特性
						0.44MPa	1.82MPa	
G-4/35	1.34	179	3	8.2	—	216	210	含35%玻璃纤维
G-4/45	1.45	200	2.9	10.3	—	219	213	含45%玻璃纤维
J-4/30/TF/10	1.45	138	3	8.2	—	204	196	润滑，含30%玻璃纤维和10%聚四氟乙烯
J4/30/V-0	1.60	131	3	9.7	—		188	阻燃，含30%玻璃纤维
J4/35	1.34	152	5	8.2	—	210	199	含35%玻璃纤维
J4/45	1.45	173	4.5	9.7	—	213	199	含45%玻璃纤维
J4/CF/30/TF/10	1.30	193	3	17.9	128	—	199	润滑，含30%碳纤维和10%聚四氟乙烯
J4/CF/40	1.29	230	3	23	160	—	199	耐磨，含40%碳纤维
Fibcrfil J-4/30V-0	1.55	131	—	8.3	—	—	196	阻燃V-0级，含30%玻璃纤维
Fiberfil TN-Ny4	1.06	61	100	2.04	580	—	90	未改性，高冲击强度
Fiberfil TN-Ny12	1.03	37	40	1.34	666	—	57	未改性，高冲击强度
Fiberfil TN-J12/33	1.28	124	5	7.2	240	—	196	含5%玻璃纤维

(5) 英国帝国化学工业公司的Lubricomp尼龙612的性能(表2-73)

表2-73 英国帝国化学工业公司的Lubricomp尼龙612的性能

牌号	密度/(g/cm³)	拉伸屈服强度/MPa	弯曲模量/GPa	悬臂梁缺口冲击强度/(J/m)	热变形温度/℃		特性
					0.44MPa	1.82MPa	
Stat-kon IC1004	1.16	—	12.4	75	—	213	抗静电，含碳纤维
Stat-kon IC1006	1.22	—	15.8	96	—	210	抗静电，含碳纤维
EMI-X IC1008	1.29	—	20.7	128	219	216	具有电磁屏蔽作用，含碳纤维
IF1002	1.14	—	4.8	43	210	204	含10%玻璃纤维增强
IF1004	1.21	—	6.2	59	216	210	含20%玻璃纤维增强
IF1006	1.30	—	7.6	128	221	213	含30%玻璃纤维增强
IF1006FR	1.58	—	8.2	80	—	204	阻燃，含30%玻璃纤维增强
IF1008	1.40	—	9.4	170	224	204	含40%玻璃纤维增强
IF1008MG	1.40	—	5.9	59	—	204	含40%玻璃纤维增强
IF100-10	1.49	—	13.1	170	224	219	含50%玻璃纤维增强

（续）

牌　号	密度/(g/cm³)	拉伸屈服强度/MPa	弯曲模量/GPa	悬臂梁缺口冲击强度/(J/m)	热变形温度/℃		特　性
					0.44MPa	1.82MPa	
IF100-12	1.64	31	15.8	—	224	219	含60%玻璃纤维，刚性好
IFL4036	1.43	—	7.2	107	—	207	含玻璃纤维
IFL4536	1.41	—	6.6	107	—	204	含玻璃纤维
IL4020	1.12	—	2.3	48	—	60	含10%聚四氟乙烯，润滑
IL4030	1.18	—	1.52	48	—	63	含15%聚四氟乙烯，润滑
IL4040	1.19	7	1.09	—	—	57	含20%聚四氟乙烯，润滑
IL4410	1.08	8	1.79	64	—	54	含2%硅，润滑
IL4540	1.17	6.5	1.73	53	—	57	含2%硅，润滑
Thermocomp I-1000	1.07	8.8	2.0	53	—	57	—
Ny-kon I	1.13	9.5	2.25	—	154	63	含20% MoS_2，润滑

六、尼龙11

（一）尼龙11简介

1. 基本性能

尼龙11化学名称聚十一内酰胺，英文名称Polyundecanoylamide（Nylon11，PA11）。

尼龙11为白色半透明固体，其分子中亚甲基数目与酰氨基数目之比较高，故其相对密度为1.03～1.05，吸水性小，熔点低，加工温度宽，尺寸稳定性好，电气性能稳定可靠；低温性能优良，可在－40～120℃保持良好的柔性；耐磨性和耐油性优良，耐碱、醇、酮、芳烃、润滑油、汽油、柴油、去污剂性等优良；耐稀无机酸和氯代烃的性能中等；不耐浓无机酸；50%盐酸对它有很大腐蚀，苯酚对它也有较大腐蚀；耐候性中等，加入紫外线吸收剂，可大大提高耐候性。尼龙11的主要性能指标见表2-74。

表2-74　尼龙11的主要性能指标

项　目		指　标	项　目		指　标
密度/(g/cm³)		1.03～1.05	维卡软化点/℃		160～165
吸水率（%）	23℃，水中，24h	0.3	热变形温度/℃	1.86MPa	56
	20℃，65%相对湿度平衡	1.05		0.46MPa	155
熔点（T_m）/℃		186	线胀系数/(×10⁻⁵K⁻¹)		15
玻璃化转变温度（T_g）/℃		42	比热容/[kJ/(kg·K)]		2.42
瞬间使用温度/℃		100～130	熔解热/(kJ/kg)		83.7
最高连续使用温度/℃		60	拉伸强度/MPa		55
马丁耐热温度/℃		50～55	断裂伸长率（%）		300

（续）

项　目		指　标	项　目	指　标
弹性模量/MPa		1300	洛氏硬度 HRR	108
弯曲强度（干燥）/MPa		69	相对介电常数（1kHz）	3.2～3.7
弯曲模量/MPa		1400	介电损耗角正切值（20℃，1kHz）	0.05
成型收缩率（%）		1.2	介电强度/(kV/mm)	16.7
冲击强度（缺口）/(J/m)	20℃	43	体积电阻率/Ω·cm	6×10^{13}
			Taber 磨耗量/(mg/1000 次)	5
	−40℃	37	可燃性	自熄

2. 应用

尼龙 11 因其良好的综合性能，应用领域不断扩大，在汽车、军械、电缆、电器、机械、医疗器材、体育用品等许多领域获得了广泛应用。

（二）国外尼龙 11 的主要品种和性能

（1）美国复合技术公司的尼龙 11 的性能（表 2-75）

表 2-75　美国复合技术公司的尼龙 11 的性能

牌　号	密度/(g/cm³)	拉伸屈服强度/MPa	屈服伸长率（%）	热变形温度/℃	特　性
NH20GF	1.19	91	6	160～166	含 20% 玻璃纤维，强度高
NH30GF	1.24	103	3	166～171	含 30% 玻璃纤维，强度高
NH40GF	1.38	131	3	171～177	含 40% 玻璃纤维，收缩率低

（2）美国杜邦公司的 Zytel 尼龙 11 的性能（表 2-76）

表 2-76　美国杜邦公司的 Zytel 尼龙 11 的性能

牌　号	密度/(g/cm³)	拉伸屈服强度/MPa	弯曲模量/GPa	主要用途
FN714	1.02	28	0.52	用于制造汽车零件
FN716	1.03	30	0.69	
FN718	1.04	37	0.94	
FN726	1.01	32	0.61	

（3）美国尔特普（RTP）公司的 RTP 尼龙 11 的性能（表 2-77）

表 2-77　美国尔特普公司的 RTP 尼龙 11 的性能

牌　号	密度/(g/cm³)	拉伸屈服强度/MPa	屈服伸长率（%）	弯曲模量/GPa	热变形温度（0.44MPa）/℃	特　性
201C	1.11	82	4	2.1	164～167	含 10% 玻璃纤维，低温性能好
203C	1.18	97	3.5	3.6	171～180	含 20% 玻璃纤维，耐水汽
205C	1.28	110	2.6	5.2	177～182	含 30% 玻璃纤维，抗冲击
207C	1.38	131	2.3	6.9	193～199	含 40% 玻璃纤维，耐水解

（4）日本里尔散（Lirse）公司的 Lirse 尼龙 11 的性能（表 2-78）

表 2-78　日本里尔散公司的 Lirse 尼龙 11 的性能

牌　号	密度 /(g/cm³)	拉伸屈服强度 /MPa	屈服伸长率 (%)	弯曲模量 /GPa	悬臂梁缺口冲击强度 /(J/m)	洛氏硬度 HRR	热变形温度 (0.46MPa) /℃
BECNO TL	1.04	33	250	0.98	40～60	108	150
BESNO TL	1.04	34	250	1.0	50～90	108	157
BESNOP15TL	1.04	11	250	0.15	不断	74	100
BESNOP20TL	1.05	26	250	0.5	100～150	85	149
BESNOP40TL	1.06	20	250	0.35	>300	75	140
BMNG8	1.05	38	250	1.2	27	111	161
BMNO	1.04	34	250	9.0	40～60	121	150
BMNOP20	1.05	27	250	0.5	100～200	85	149
BMNOP40	1.06	18	250	0.35	>300	75	140
BMNY	1.04	35	250	1.1	40	108	155
BMZ23G9	1.22	900	断裂 6	2.9	106	112	185
BMZ300	1.26	880	断裂 5	3.2	100～150	116	180
BMZ43G9	1.42	1360	断裂 4	4.1	129	111	188
KMFO	1.04	32	250	1.0	30～60	108	150

牌　号	热变形温度 (1.86MPa) /℃	成型收缩率 (%)	燃烧性 (UL94)	相对介电常数 (10^6Hz)	耐电弧性 /s	特　性
BECNO TL	55	0.7～1.0	V-2	3.7	1.0	电线护套级
BESNO TL	57	0.7～1.0	V-2	3.7	1.0	挤出
BESNOP15TL	40	0.7～1.0	HB	—	1.0	挤出
BESNOP20TL	54	0.7～1.0	HB	5.9	1.0	挤出
BESNOP40TL	48	0.7～1.0	HB	9.7	1.0	挤出
BMNG8	63	0.7～0.9	HB	3.7	1.1	注射
BMNO	55	0.7～1.0	—	3.7	1.1	注射
BMNOP20	54	0.7～1.0	HB	5.9	1.0	注射
BMNOP40	48	0.7～1.0	HB	9.7	1.0	注射
BMNY	58	0.7～0.9	V-2	—	1.0	注射
BMZ23G9	176	0.3～0.5	HB	6.5	0.50	注射
BMZ300	173	0.3～0.5	HB	4.8	0.54	注射
BMZ43G9	183	0.3～0.5	HB	—	0.49	注射
KMFO	55	0.7～1.0	V-2	—	1.1	注射

（5）英国帝国化学工业公司的 Lubricomp 尼龙 11 的性能（表 2-79）

表 2-79 英国帝国化学工业公司的 Lubricomp 尼龙 11 的性能

牌　号	密度 /（g/cm³）	拉伸屈服强度 /MPa	弯曲模量 /GPa	悬臂梁缺口冲击强度 /（J/m）	热变形温度 /℃	特　性
H1000	1.04	57	0.98	37	54	—
HF1004	1.19	—	4.8	112	165	含短玻璃纤维
HF1006	1.24	—	6.0	117	165	含短玻璃纤维
HFL4325	1.31	86	5.9	—	166	含润滑剂

（6）法国阿托（ATO）化学公司的 Risah 尼龙 11 的性能（表 2-80）

表 2-80 法国阿托化学公司的 Risah 尼龙 11 的性能

牌　号	密度 /（g/cm³）	拉伸屈服强度 /MPa	弯曲模量 /GPa	热变形温度 （1.82MPa）/℃	燃烧性 （UL94）
BMNO	1.04	69	1.17	42	V-2
BMNOF15	1.05	40	0.15	39	—
BMNOP20	1.05	66	0.46	42	HB
BMNOP40	1.05	64	0.34	41	HB
BMV Black T	1.04	69	1.17	45	—
BMVO TL	1.03	69	1.17	45	—
BMNY	1.04	57	1.38	62	—
BMN G8D	1.09	57	1.1	61	—
BMN G9	1.09	57	1.24	64	—
BMN Y-BZ-TL	4.17	33	4.1	113	—
BUM-30-0	1.24	41	1.73	61	HB
BZM-30-0	1.26	97	5.4	177	HB
BESV-0	1.04	76	1.24	46	—
BECNO TL	1.05	66	0.32	43	—
BECNO	1.04	69	1.17	46	V-2
BESN-T	1.03	69	1.17	44	V-2
BESNO	1.04	65	1.17	57	—
BESNO-P10-TL	1.04	69	1.17	46	—
BESNO-P20	1.04	68	0.44	43	—
BESNO-P40	1.05	66	0.32	43	—
BECVO-P40TL	1.05	63	0.52	40	—
BECN0	1.04	55	0.98	54	—

七、尼龙 12

（一）尼龙 12 简介

1. 基本性能

尼龙 12 的性能类似尼龙 11，比尼龙 11 有更低的密度、熔点和吸水性，而且物性受酰氨基团的影响较小。尼龙 12 耐碱、耐去污剂、耐油品和油脂性能优良，耐醇、耐无机稀酸、耐芳烃性能中等，不耐浓无机酸、氯代烃，可溶于苯酚。尼龙12的密度在尼龙树脂中最小，吸水性小，故制品尺寸变化小，易成型加工，特别容易注射成型和挤出成型，具有优异的耐低温冲击性能、耐屈服疲劳性、耐磨性、耐水分解性，加入增塑剂可赋予其柔软性，可有效地利用尼龙12的耐油性、耐磨性和耐沸水性广泛用于管材和软管制造。尼龙12作为车用管材具有以下特点：

1）质量小，做相同的管材，尼龙12比橡胶管轻1/2~1/3。

2）耐蚀性、耐油性好。

3）寿命比钢质材料长7倍。

4）可在-40℃的低温下使用。

5）耐磨性好，比橡胶管高10倍。

6）投资比金属管生产线少25%~45%。

7）外径/内径比小，在狭小空间内可安装多根软管。

8）不导电，在375kV下漏电不超过50μA。

9）无振动噪声。

10）生产、成型、装配、安装简便。

尼龙12的性能列于表2-81。

表2-81　尼龙12的性能

性能		数值
密度/(g/cm^3)		1.02
吸水率（%）	23℃，水中，24h	0.25
	20℃，65%相对湿度平衡	0.95
熔点 T_m/℃		178~180
玻璃化转变温度 T_g/℃		41
热分解温度/℃		>350
耐寒温度/℃		-70
长期最高使用温度/℃	空气中	80~90
	水中	70
	惰性气体中	110
	油中	100
线胀系数/K^{-1}		10.4×10^{-5}
热变形温度/℃	1.86MPa	55
	0.46MPa	150
可燃性		自熄
成型收缩率（%）		0.3~1.5
Taber磨耗量/(mg/1000次)		5
拉伸强度（干态）/MPa		50

性能		数值
断裂伸长率（干态）（%）		350
弹性模量/MPa		1300
弯曲强度（干态）/MPa		74
弯曲模量/MPa		1400
缺口冲击强度/(J/m)	干态0℃	90
	干态-28℃	80
	干态-40℃	70
洛氏硬度HRR		105
相对介电常数	60Hz	4.2
	10^3Hz	3.8
	10^6Hz	3.1
体积电阻率/Ω·cm		2.5×10^{15}
介电损耗角正切值	60Hz	0.04
	10^3Hz	0.05
	10^6Hz	0.03
介电强度（厚3.2mm）/(kV/mm)		18.1
耐电弧性/s		109

尼龙 12 的成型加工可采用挤出、注射、吹塑、涂层等方法，可加工成板材、棒材、管材、零部件、薄膜、单丝等制件，其加工特性与尼龙 11 类似。

尼龙 12 的注射工艺条件：机筒温度前部 190 ~ 210℃，后部 170 ~ 190℃；模具温度 20 ~ 40℃；注射压力 108MPa。

尼龙 12 的挤出温度 190 ~ 250℃。

2. 应用

尼龙 12 广泛应用于汽车、电子通信、包装、仪器仪表、金属涂层等领域，欧美用于轿车的消费量为 43%，电子通信为 23%，其他用途为 34%。

（二）国内尼龙 12 的品种与性能

国内尼龙 12 的生产厂家及性能见表 2-82。

表 2-82　国内尼龙 12 的生产厂家及性能

厂　　家	相对黏度	熔点/℃	相对分子质量	熔体质量流动速率/(g/10min)
江苏淮阴化工研究所	>1.5	178 ~ 180	—	—
江苏靖江工程尼龙厂	—	178 ~ 180	16000 ~ 17000	11.85
上海合成树脂研究所	—	—	—	—
江苏淮阴大众塑料厂	—	—	—	—

（三）国外尼龙 12 的品种与性能

（1）日本里耳散公司的尼龙 12 的性能（表 2-83）

表 2-83　日本里耳散公司的尼龙 12 的性能

级　别	牌　　号	密度/(g/cm³)	拉伸屈服强度/MPa	屈服伸长率(%)	弯曲模量/GPa	悬臂梁缺口冲击强度/(J/m)
电线护套	AECNO TL	1.01	36	250	1.1	40 ~ 60
挤出级	AESNO TL	1.01	42	250	1.1	50 ~ 70
	AESNO P20TL	1.02	36	250	0.7	150 ~ 200
	AESNO P40TL	1.03	24	250	0.4 ~ 0.5	250 ~ 350
注射级	AMNO	1.01	36	250	1.1	50 ~ 70
	AMNO P20	1.02	29	250	0.7	150 ~ 200
	AMNO P40	1.03	22	250	0.45	250 ~ 350

级　别	牌　　号	洛氏硬度 HRR	热变形温度/℃		成型收缩率(%)	相对介电常数(10^6Hz)	耐电弧性/s
			0.46MPa	1.86MPa			
电线护套	AECNO TL	105	150	55	0.7 ~ 1.0	—	0.90
挤出级	AESNO TL	105	150	55	0.7 ~ 1.0	3.0	0.85
	AESNO P20TL	87	155	60	0.7 ~ 1.0	5.0	0.77
	AESNO P40TL	80	155	60	0.7 ~ 1.0	8.0	0.70
注射级	AMNO	105	150	55	0.7 ~ 1.0	3.0	0.85
	AMNO P20	87	145	60	0.7 ~ 1.0	5.0	0.77
	AMNO P40	80	150	60	0.7 ~ 1.0	8.0	0.70

（2）法国阿托化学公司的Rilsan尼龙12的性能（表2-84）

表2-84 法国阿托化学公司的Rilsan尼龙12的性能

牌 号	密度/(g/cm³)	拉伸屈服强度/MPa	弯曲模量/GPa	悬臂梁缺口冲击强度(缺口)/(J/m)	热变形温度(1.82MPa)/℃
AESNO	1.02	69	1.24	—	52
AESNP-10TL	1.02	55	0.76	—	34
AECNO-TL	1.02	66	13.8	4.8	52
AESNO-TL	1.02	69	1.24	17.9	50
AESNOP-10TL	1.03	69	0.76	26	52
AESNOP-20TL	1.03	69	0.52	断裂	49
AESNOP-40TL	1.03	66	0.37	断裂	47
AMNOP40	1.01	49	0.35	—	48
AMVO	1.02	55	1.03	—	52
AMNO	1.02	66	1.1	—	50
AZMO-30	1.23	97	15.9	—	161

（3）荷兰阿克苏工程塑料公司的Nylafil尼龙12的性能（表2-85）

表2-85 荷兰阿克苏工程塑料公司的Nylafil尼龙12的性能

牌 号	密度/(g/cm³)	拉伸屈服强度/MPa	屈服伸长率(%)	弯曲模量/GPa	热变形温度(1.82MPa)/℃	特 性
J6/25	1.19	95	5.20	4.9	170	含25%玻璃纤维，力学性能好
J6/50	1.49	152	7.40	—	170	含50%玻璃纤维，力学性能好

（4）英国帝国化学工业公司的Lubricomp尼龙12的性能（表2-86）

表2-86 英国帝国化学工业公司Lubricomp尼龙12的性能

牌 号	密度/(g/cm³)	拉伸屈服强度/MPa	弯曲模量/GPa	悬臂梁缺口冲击强度/(J/m)	热变形温度(1.82MPa)/℃	特 性
S1000	1.02	51	12.0	107	51	低翘曲
SCL4036	1.25	—	13.8	128	173	含炭黑，润滑
SCL4536	1.26	—	10.3	128	171	含碳纤维，润滑
SF100-6	1.24	—	6.9	176	171	含玻璃纤维，增强级
SF100-10	1.45	—	9.1	224	177	含玻璃纤维，增强级
SFL4036	137	—	7.2	160	166	润滑
SFL4536	—	—	—	—	—	润滑
SL4030	1.11	—	1.04	80	49	润滑（含15%聚四氟乙烯）
SL4040	1.14	41	1.04	—	49	润滑（含20%聚四氟乙烯）

（续）

牌　　号	密度/(g/cm³)	拉伸屈服强度/MPa	弯曲模量/GPa	悬臂梁缺口冲击强度/(J/m)	热变形温度(1.82MPa)/℃	特　　性
SL4410	—	—	—	—	—	润滑（含氟塑料）
SL4530	1.44	64	—	64	204	含氟塑料，润滑、耐高温
SL4610	1.02	38	2.15	37	63	含2%硅，润滑
Stat-Kon SC1002	1.06	—	8	149	166	含碳纤维，润滑、耐高温
XL4040	1.14	41	1.55	—	49	含20%聚四氟乙烯，润滑

（5）德国赫斯（Hüels）公司化工厂的Vestamid尼龙12的性能（表2-87）

表2-87　德国赫斯公司化工厂的Vestamid尼龙12的性能

项　　目		L1600	L1640	L1700	L1722	L1723	L1724
密度/(g/cm³)		1.01～1.02	1.01～1.02	1.01～1.02	1.01～1.03	1.01～1.03	1.01～1.03
吸水率（%）		14	14	14	10	10	10
维卡软化点/℃	VST/A50①	170	170	170	160	160	160
	VST/B50②	140	140	140	140	135	125
线胀系数/($\times10^{-5}K^{-1}$)		11	11	11	12	12	12
拉伸强度/MPa		50	50	50	30	28	25
屈服伸长率（%）		6	8	6	20	20	20
布氏硬度（H358/30）HBW		98	96	98	44	40	35
冲击强度（简支梁无缺口，-40℃）/(kJ/m²)		不断	不断	不断	不断	不断	不断
冲击强度（悬臂梁缺口）/(kJ/m²)		2.0	2.0	2.0	2.8	2.8	2.8
项　　目		L1801	L1836	L1901	L1930 L1931	L1940	L1941
密度/(g/cm³)		1.01～1.02	1.22～1.23	1.01～1.02	1.21～1.23	1.01～1.02	1.01～1.02
吸水率（%）		14	10	14	10	14	14
维卡软化点/℃	VST/A50①	170	175	170	175	170	170
	VST/B50②	140	160	140	160	140	140
线胀系数/($\times10^{-5}K^{-1}$)		11	7	11	3～7	11	11
拉伸强度/MPa		50	55	50	65	50	50
屈服伸长率（%）		6	5	8	5	8	8
布氏硬度（H358/30）HBW		98	120	96	120	95	95
冲击强度（简支梁无缺口，-40℃）/(kJ/m²)		不断	不断	不断	50	不断	不断
冲击强度（悬臂梁缺口）/(kJ/m²)		2.4	3.2	2.8	2.8	2.8	2.8

（续）

项目		L1950	L1960	L2101	L2106F	L2121
密度/(g/cm^3)		1.02 ~ 1.03	1.02 ~ 1.03	1.01 ~ 1.02	1.01 ~ 1.02	1.02 ~ 1.03
吸水率（%）		14	14	14	14	10
维卡软化点/℃	VST/A50①	170	170	170	160	165
	VST/B50②	150	150	140	140	140
线胀系数/($\times10^{-5}K^{-1}$)		10	10	11	11	12
拉伸强度/MPa		50	50	50	50	30
屈服伸长率（%）		7	7	8	8	20
布氏硬度（H358/30）HBW		98	98	94	84	50
冲击强度（简支梁无缺口，-40℃）/(kJ/m^2)		不断	不断	不断	不断	不断
冲击强度（悬臂梁缺口）/(kJ/m^2)		2.0	2.0	5.9	7.9	—
项目		L2122	L2124	L2128	L2140	L2224E
密度/(g/cm^3)		1.02 ~ 1.03	1.02 ~ 1.03	1.03 ~ 1.04	1.01 ~ 1.02	1.02 ~ 1.03
吸水率（%）		10	10	—	14	—
维卡软化点/℃	VST/A50①	160	160	140	170	160
	VST/B50②	138	125	95	140	125
线胀系数/($\times10^{-5}K^{-1}$)		12	12	13	11	12
拉伸强度/MPa		27	25	15	50	25
屈服伸长率（%）		20	20	25	8	20
布氏硬度（H358/30）HBW		44	35	22	94	35
冲击强度（简支梁无缺口，-40℃）/(kJ/m^2)		不断	不断	不断	不断	不断
冲击强度（悬臂梁缺口）/(kJ/m^2)		>19.8	>19.8	>19.8	4.8	>19.8

① ISO 标准。

② DIN 标准。

八、尼龙 1010

（一）尼龙 1010 简介

1. 基本特性

尼龙 1010 化学名称为聚亚癸基癸二酰胺或聚癸二酰癸二胺，英文名称 Poly decamethylen sebacamide（Nylon1010，PA1010），结构式为 $\left[NH \left(CH_2 \right)_{10} NHCO(CH_2)_8CO \right]_n$。

尼龙 1010 是一种半透明结晶性聚酰胺，具有一般尼龙的共性。尼龙 1010 的密度为 1.04 ~ 1.05g/cm^3，吸水率为 1.5%，比尼龙 6、尼龙 66 低，脆化温度为 -60℃，热分解温度大于 350℃，对霉菌的作用非常稳定，无毒，对光的作用也很稳定。尼龙 1010 的性能列于表 2-88。从表 2-88 中可看出，尼龙 1010 的最大特点是具有高度延展性，不可逆拉伸能力高，在拉力的作用下，可拉伸至原长的3～4倍，同时还具有优良的冲击性能和很高的拉伸强度，−60℃下不脆。其自润滑性和耐磨性优良，其抗磨性是铜的8倍，优于尼龙6和尼龙66。其耐化学腐蚀性能非常好，对大多数非极性溶剂稳定，如烃、酯、低级醇类等，但易溶于苯酚、甲酚、浓硫酸等强极性溶剂。在高于100℃下，尼龙1010长期与氧接触逐渐变黄，力学性能下降，特别是在熔融状态下，极易热氧化降解。

表2-88　尼龙1010的性能

项　目		参　数	项　目			参　数
密度/(g/cm^3)		1.04	长期使用温度/℃			80以下
相对黏度		1.320	冲击强度/(kJ/m^2)	缺口	23℃	9.10
相对分子质量（黏度法）		13100			−40℃	5.67
结晶度（%）		56.4		无缺口	23℃	458.5
结晶温度/℃		180			−40℃	308.3
熔点/℃		204	定负荷变形（14.66MPa，24h）（%）			3.71
分解温度（DSC法）/℃		328	热变形温度（1.82MPa）/℃			54.5
熔体质量流动速率/(g/10min)		5.89	马丁耐热温度/℃			43.7
吸水率（%）	23℃，50%相对湿度	1.1±0.2	维卡软化点［49N，(12±1.0)℃/6min］/℃			159
	水中（23℃）	1.8±0.2				
布氏硬度HBW		107	线胀系数/($\times10^{-5}K^{-1}$)			12.8
洛氏硬度HRR		55.8	表面电阻率/Ω			4.73×10^{13}
球压痕硬度/MPa		83	体积电阻率/Ω·cm			5.9×10^{15}
拉伸断裂强度/MPa		70	相对介电常数（10^6Hz）			3.66
断裂伸长率（%）		340	介电损耗角正切值（10^6Hz）			0.072
弹性模量/MPa		700	介电强度/(kV/mm)			21.6
弯曲强度/MPa		131	耐电弧性/s			70
弯曲模量/MPa		2200	Taber磨耗量/(mg/1000次)			2.92
变形5%压缩强度/MPa		1067	—			—

2. 应用

尼龙1010用途较广，可代替金属制作各种机械、电机、纺织器材、电器仪表、医疗器械等的零部件，如注射产品有齿轮、轴承、轴套、活塞环、叶轮、叶片、密封圈等；挤出产品有管材、棒材和型材；吹塑产品有容器、中空制品及薄膜；还可抽丝用于编织渔网、绳索及刷子等。

（二）尼龙1010的主要牌号、性能与应用（表2-89～表2-93）

表2-89　上海赛璐珞厂的尼龙1010的主要牌号、性能与应用

牌　号	相对密度	熔点/℃	缺口冲击强度/(kJ/m^2)	热变形温度(1.82MPa)/℃	特　性	应　用
A1	1.04	195	24	40	相对黏度为1.9～2.0，易加工，可注射成型	可用于制备工程制品

（续）

牌　号	相对密度	熔点/℃	缺口冲击强度/(kJ/m²)	热变形温度(1.82MPa)/℃	特　性	应　用
A2	1.04	204	22	40	相对黏度为2.1～2.3，可注射成型	可用于制备轴承、轴套、挤出阻燃管材等
A3	1.04	210	18	40	相对黏度>2.3，可挤出成型或注射成型	可用于制备管、棒材和高强度零部件
A1H	1.04	190～200	22	40	黏度与熔点低，柔软，防老化	可用于制备电线、电缆护套
B	1.04	190～200	—	—	相对黏度<1.75，白色透明料，防老化	可用于制备一般户外制品
FR10V2	1.04	204	11.0	64	阻燃品级，可注射成型	可用于制备电子、电器制品
FR10VOFR10	1.04	204	10.8	64	高阻燃品级（V-0），可注射成型	可用于制备电子、电器制品和电缆护套
G30	—	≥204	20	185	30%长玻璃纤维增强高强耐磨品级	可用于制备泵叶轮、打字机凸轮等
G35	—	≥204	15	195	30%玻璃纤维增强品级，可注射成型	可用于制备叶轮、打字机凸轮等
MR40	—	—	12	190	40%矿物填充品级，尺寸稳定性好	可用于制备机械壳体等
NT200	—	≥200	—	—	粉末（80目）料，与金属黏结力高	可用作粘合剂或涂料
SG30	—	≥204	20	185	30%玻璃纤维增强品级，强度高	可用于制备高载荷零部件
炭黑尼龙1010	1.06～1.10	200	—	—	填充炭黑品级，可注射成型	可用于制备齿轮、轴瓦等制品
耐磨级尼龙1010	1.06～1.10	200	32～38	—	填充 MoS_2 灰色料，耐磨性好	可用于制备耐磨制品

表2-90　上海长虹塑料厂的尼龙1010的主要牌号、性能与应用

牌　号	拉伸强度/MPa	冲击强度（缺口）/(kJ/m²)	热变形温度/℃	特　性	应　用
I	50	25	—	通用品级，可注射成型或挤出成型	可用于制备通用制品

（续）

牌　　号	拉伸强度/MPa	冲击强度（缺口）/(kJ/m²)	热变形温度/℃	特　　性	应　　用
Ⅱ	50	35	—	高抗冲击品级，可注射成型	可用于制备抗冲击制品
Ⅲ	50	45	—	超韧性品级，可注射成型	可用于制备高频受力件
30%玻璃纤维增强尼龙1010	118	9.8	170	高强度耐热品级，可注射成型	可用于制备工程结构件

表2-91　天津市中河化工厂尼龙1010的主要牌号、性能与应用

牌　　号	拉伸强度/MPa	冲击强度/(kJ/m²)	熔点/℃	特　　性	应　　用
Ⅰ	≥50	≥25	195～210	抗冲击品级，可注射或挤出成型	可用于制备一般制品
Ⅱ	≥50	≥35	195～210	高抗冲击品级，可注射成型	
Ⅲ	≥50	≥45	195～210	高抗冲击品级，可注射成型	

表2-92　江苏宜兴太湖尼龙厂尼龙1010的主要牌号、性能与应用

牌号	拉伸强度/MPa	冲击强度（缺口）/(kJ/m²)	热变形温度（1.82MPa）/℃	成型收缩率（%）	特　　性	应　　用
未增强品级尼龙1010	40	25	45	1.0～1.5	白色或微黄色透明粒料，轻质坚硬，吸水性小，尺寸稳定性好，电绝缘性好，－40℃低温韧性好，成型工艺好	可用于制备航空、航天、造船、汽车、仪表等结构部件
增强品级尼龙1010	120	20	190	—	白色或微黄色透明粒料，强度高，耐热性好，尺寸稳定	可用于制备航天、航空、造船、武器装备、车辆等结构部件

表2-93　尼龙1010的其他厂家牌号、性能与应用

厂家牌号	拉伸强度/MPa	冲击强度/(kJ/m²)	热变形温度（1.82MPa）/℃	成型收缩率（%）	特　　性	应　　用
黑龙江尼龙厂的尼龙1010	118	9.8（缺口）	170	—	强度高，电气性能优越，可注射成型	可用于制备机械、电子、电器、家电等零部件
中国兵器工业集团第五三研究所的尼龙1010	170	23（无缺口）	210	0.3～0.5	高强度、耐磨、耐热品级，可注射成型	可用于制备枪用结构件及纺织机械耐磨件

九、尼龙 46

（一）尼龙 46 简介

1. 基本特性

尼龙 46 的化学名称为聚己二酰丁二胺，英文名称 Polytetramethylene adipamide（Nylon46，PA46），结构式为 $\text{-}[NH\text{-}(CH_2)_4\text{-}NH\text{—}CO\text{-}(CH_2)_4\text{-}CO]_n\text{-}$。

尼龙 46 的分子结构具有高度对称性，—CONH—的两侧分别有 4 个对称亚甲基，在已工业化生产的脂肪族聚酰胺中酰胺基浓度是最高的。因此，尼龙 46 具有以下特性：

（1）耐热性　PA46 在 PA 中耐热性最为优良，熔点高达 290℃，比 PA66 高 30℃，玻璃化转变温度高，而且在 150℃高温下连续长期使用（5000h）仍能保持优良的力学性能。非增强型 PA46 耐 160℃的高温，30% 玻璃纤维增强型 PA46 能耐 290℃的高温。玻璃纤维增强型 PA46 在 170℃下，耐温可达 5000h，其拉伸强度下降 50%。

（2）耐高温蠕变性　PA46 耐高温蠕变性小，高结晶度的 PA46 在 100℃以上仍能保持其刚度，因而使其抗蠕变力增强，优于大多数工程塑料和耐热材料。

PA46 由高极性氨基基团构成，结构与 PA66 相近，分子链相互缠结，其最高应用温度较 PA66 高 29～30℃。

（3）力学性能　PA46 的主要特性为结晶度高（约为 43%），结晶速度快，熔点高，在接近熔点时仍能保持高刚度。在要求较高的刚度条件下，其安全使用性能优于 PA6 和 PA66。

由于 PA46 的刚度高，故可减少壁厚，节约原材料和费用。PA46 的改性玻璃纤维增强品级可生产薄壁零部件，较其他工程塑料壁薄 10%～15%，尤其适用于汽车制造和机械工业。

（4）韧性、耐磨性和抗疲劳性　PA46 的拉伸性能好，抗冲击强度高，在较低的温度下，缺口冲击强度仍能保持高水平。

PA46 具有良好的晶型结构，非增强型 PA46 较其他工程塑料抗冲击强度高，玻璃纤维增强型 PA46 的悬臂梁抗冲击强度更高。

PA46 较其他工程塑料与耐热塑料使用期长，耐疲劳性佳，耐摩擦和耐磨耗性都较好。其无润滑的摩擦因数为 0.1～0.3，是酚醛树脂的 1/4，巴氏合金的 1/3 左右。其表面光滑坚固，且密度小，可用于替代金属。

（5）耐化学药品性　PA46 的耐油、耐化学药品性佳，在较高温度下，耐油及油脂性极佳，是汽车工业生产中用于齿轮、轴承等的优选材料，耐蚀性优于 PA66，且抗氧化性好，使用安全。但作为尼龙材料，PA46 能被强酸腐蚀。尼龙 46 的耐化学品性能见表 2-94。

表 2-94　尼龙 46 的耐化学品性能

溶　剂	拉伸强度保持率（%）	溶　剂	拉伸强度保持率（%）	溶　剂	拉伸强度保持率（%）
汽油	97	10%氢氧化钠	79	丙酮	96
发动机油	95	10%硫酸	78	二氯甲烷	97
二甲苯	94	煤油	97	乙醇	86

注：试样在上述溶剂中浸泡 90 天后测定。

（6）电气性能和阻燃性　PA46阻燃性好，具有高的表面电阻率和体积电阻率以及绝缘强度，在高温下仍能保持高水平。再加上PA46的耐高温性和高韧性，PA46适用于电子电器材料。

玻璃纤维增强型PA46有TE250F8和TE250F9两个品种，用于电子产品，能符合耐热性和刚性方面的要求，并具有UL94FR的V-0级阻燃性。

（7）加热成型性　PA46热容量较PA66小，热导率大于PA66，成型周期较PA66短20%。PA46吸水性大，密度大。尼龙46的性能见表2-95。

表2-95　尼龙46的性能

性能		未增强级	玻璃纤维增强级	阻燃级	玻璃纤维增强阻燃级
密度/(g/cm^3)		1.18	1.41	1.37	1.63
熔点（T_m）/℃		295	295	290	290
玻璃化转变温度/℃		78	—	—	—
热导率/[W/(m·K)]		0.348～0.395	—	—	—
吸水率（%）	23℃，65%相对湿度，平衡	3～4	1～2	—	—
	23℃，100%相对湿度，平衡	8～12	5～9	—	—
热变形温度/℃	1.86MPa	220	285	200	260
	0.46MPa	285	285	280	285
线胀系数/K^{-1}		8×10^{-5}	3×10^{-5}	7×10^{-5}	3×10^{-5}
维卡软化温度/℃		280	290	277	283
介电强度/(kV/mm)		24	24～27	24	25
体积电阻率/Ω·cm		10^{15}	10^{15}	10^{15}	10^{15}
表面电阻率/Ω		10^{16}	10^{16}	10^{16}	10^{16}
相对介电常数（23℃，10^3Hz）		4	3.8～4.4	3.8	4.0
耐电弧性/s		121	85～100	85	85
燃烧性（UL94，厚0.8mm）		V-2	HB	V-0	V-0
缺口冲击强度/(J/m)	23℃	90～400	110～170	40～100	70～110
	-40℃	40～50	80～90	30	40～50
拉伸屈服强度/MPa		70～102	140～200	50～103	105～138
断裂伸长率（%）		50～200	15～20	30～200	10～15
弯曲强度/MPa		50～146	225～310	75～145	190～230
弯曲模量/MPa		1200～3200	6500～8700	2200～3400	7800～8200
压缩屈服强度/MPa		40～94	85～200	60～96	80～86
剪切强度（厚3.0mm）/MPa		70～75	79～95	69～73	80～86
洛氏硬度HRR		102～121	115～123	108～122	117～123
Taber磨耗量（1000g，S-17）/(mg/1000次)		4	24	9	36

注：1. 力学性能，除标明外，均为在23℃时测定值。

2. 本表性能值均为日本合成橡胶公司测定，不是保证值。

3. 测定方法，除标明外，均按ASTM标准测定。

4. 介电损耗角正切值干态时均为0.01。

2. 应用

尼龙 46 主要用于汽车工业、电子电器工业、机械行业。

利用尼龙 46 的耐磨耗、耐疲劳以及摩擦因数小、滑动性好的特性，可用来制作滚动轴承保持架、带轮等。

目前尼龙 46 在大型工程中正开发用作结构件、摩擦件及传动件等。随着应用技术的开发，尼龙 46 作为一种耐热、耐磨、高强度、高抗冲击的新型工程塑料将得到广泛应用。

（二）国外尼龙 46 的主要品种与性能

（1）日本合成树脂（Polymer Gum）公司的尼龙 46 的性能（表 2-96）

表 2-96 日本合成树脂公司的尼龙 46 的性能

牌号	密度/(g/cm³)	吸水率(%)	洛氏硬度 HRR	成型收缩率(%)	悬臂梁缺口冲击强度/(J/m)	热变形温度/℃		特性
						0.45MPa	1.82MPa	
$TS200F_6$	1.41	3	123	0.3	108	285	285	含 30% 玻璃纤维，注射成型，抗冲击，耐热
TS250PTFE	1.63	1.0	123	0.5	68.7	285	260	含 20% 玻璃纤维，注射成型，耐热，阻燃 V-0 级
TS300	1.18	4	121	1.2	88.3	285	220	非增强，注射成型，抗冲击，成型收缩率大
TS324	1.10	3	103	2.0	98.1	260	80	橡胶改性，抗冲击，注射成型
TS350	1.37	2	122	1.7	39.2	280	200	阻燃 V-0 级，抗冲击性较差，注射成型

（2）日本尤尼获卡（Unitika）公司的 Unitika 尼龙 46 的性能（表 2-97）

表 2-97 日本尤尼获卡公司的 Unitika 尼龙 46 的性能

牌号	密度/(g/cm³)	吸水率(%)	洛氏硬度 HRR	成型收缩率（%）	悬臂梁缺口冲击强度/(J/m)	热变形温度/℃		特性
						0.45MPa	1.82MPa	
F5000	1.18	2.3	118	1.5~2.0	88.3	285	220	未增强，标准级，阻燃 V-0 级
F5000G30	1.40	1.5	120	0.5~1.0	98.1	285	285	含 30% 玻璃纤维，强度高
F5001	1.18	2.3	118	1.5~2.0	88.3	285	220	未增强，耐老化
FN5000	1.37	1.2	119	1.2~1.8	39.2	280	177	未增强，阻燃 V-0 级
FN5100G20	1.57	0.9	120	0.5~1.0	58.8	285	285	含 20% 玻璃纤维，强度高

（3）德国拜耳公司的 Durethan 尼龙 46 的性能（表 2-98）

表 2-98 德国拜耳公司的 Durethan 尼龙 46 的性能

牌号	密度/(g/cm³)	吸水率(%)	悬臂梁缺口冲击强度/(J/m)	热变形温度/℃		特性
				0.45MPa	1.82MPa	
A30S	1.14	1.06	30.4	>200	70	标准注射级，耐高温
A40S	1.14	1.6	—	>200	70	高黏度，抗冲击，宜挤出成型
AKV30G	1.36	—	—	—	245	含30%玻璃纤维，耐高温，制品尺寸稳定
AKV30H	1.35	0.8	100	250	250	含30%玻璃纤维，耐高温、抗冲击、耐老化
AKV40H	1.45	—	—	>250	>250	含40%玻璃纤维，耐高温、耐老化

（4）荷兰国家矿业（DSM）公司的 Stanyl 尼龙 46 的性能（表 2-99）

表 2-99 荷兰国家矿业公司的 Stanyl 尼龙 46 的性能

牌号	密度/(g/cm³)	拉伸屈服强度/MPa	弯曲模量/GPa	悬臂梁缺口冲击强度/(J/m)	热变形温度(1.82MPa)/℃	燃烧性(UL94)	特性
TE200F$_6$	1.41	—	9.1	94	96	HB	含30%玻璃纤维，耐热
TE200K$_8$	1.51	—	6.3	33	119	HB	含20%矿物质，耐热
TE250F$_6$	1.68	—	10.5	59	140	V-0	含30%玻璃纤维，耐热
T300	1.18	100	3.4	86	51	V-1	耐热
TE350	1.38	—	3.5	42	71	V-0	阻燃
TQ200F$_6$	1.41	—	9.1	94	97	—	含30%玻璃纤维，耐褪色
TQ200K$_8$	1.38	—	6.3	33	119	—	含20%矿物质，耐褪色
TQ250F$_6$	1.68	—	10.5	59	141	—	含30%玻璃纤维，高滑爽
TQ300	1.18	100	3.4	86	46	—	耐油
TQ350	1.38	—	3.5	42	71	V-0	阻燃
TW200F$_6$	1.18	100	3.4	86	46	V-2	含30%玻璃纤维
TW200K$_8$	1.51	—	6.3	33	119	HB	含20%矿物质，耐热
B217	1.14	1.6	235	35	45	HB	注射成型，一般用途
B218	—	—	—	—	—	—	注射成型，含矿物质
B218M30	—	—	—	—	—	—	注射成型，含矿物质
B218MX30	1.38	1.1	235	5	—	HB	注射成型，含30%矿物质

十、MC 尼龙

（一）MC 尼龙简介

1. 基本性能

浇注用聚己内酰胺又称 MC 尼龙。其结构式为 $\left[NH\overset{O}{\overset{\|}{C}}(CH_2)_{m-1} \right]_n$，式中 $m=6$，10，

但通常为6，故也称浇注尼龙6。其单体在碱性催化剂存在下预缩聚后再在模具中进一步缩聚而成。

MC尼龙的特征如下：

1）具有聚己内酰胺的通性，即强度高，刚性、韧性好，耐磨，化学稳定性好。

2）相对分子质量和结晶度高于聚己内酰胺，故吸水率较低，尺寸稳定性和机械强度也高于尼龙6。

3）有自熄性，持续耐热可达100℃。

MC尼龙的耐疲劳性能、电绝缘性能与相应尼龙产品相当，能耐碱、醇、醚、酮、碳氢化合物、洗涤剂和水等。由于在常压下浇注，成型加工设备及模具简单，可以直接浇注，生产工艺过程简捷，成型件的形式和尺寸不受限制，特别适用于大件、多品种和小批量制品的生产。

以己内酰胺和十二内酰胺为原料的单体浇注共聚尼龙较普通MC尼龙的冲击韧性好，耐低温性能好（脆化温度可达 -40℃），缺口冲击强度为整个尼龙系列之首。此外，它还具有良好的耐磨、自润滑和耐化学药品性。但其拉伸、弯曲和压缩强度较低（与尼龙1010、尼龙12相比）。MC尼龙产品成本比钢材低得多，密度小80%，可以生产如圆棒、管、筒、厚薄板片与实体块等各种尺寸型号的铸件。

2. *应用*

MC尼龙作为耐磨、自润滑、耐油、耐化学腐蚀的工程塑料，广泛应用于油田、矿山、冶金、化工、轻工及运输等工业机械的传动滑动部件，并可节约、取代非铁（有色）金属，节能降耗。MC尼龙用作难以注射成型的大型制品，如大型齿轮、蜗轮、绳轮、叉车轮、轴套、轴压、轴承、轴筒、导向环、导轨、挡圈、挡板、衬套、螺旋推进器、高压泵的各种阀和滑块、纺织机械的各种梭子等；也可制作管材、棒材、板材等，广泛用于机械等行业。

（二）国内MC尼龙的主要牌号、性能与应用（表2-100～表2-103）

表2-100　黑龙江尼龙厂MC尼龙的主要牌号、性能与应用

牌　号	拉伸强度/MPa	冲击强度（缺口）/(kJ/m²)	马丁耐热温度/℃	特　性	应　用
MC尼龙	76	6.5	55	强度较高，工艺性好	可用于制备机械构件和耐磨件
MC-3-3	74	5.5	55	强度与刚性较好，工艺性良好	可用于制备工程结构件和耐磨件等
含油MC尼龙	65	7.0	100（热变形温度）	抗冲击品级，耐磨性好	可用于制备工程耐磨制品或结构制品

表2-101　中国兵器工业集团第五三研究所MC尼龙的性能与应用

牌　号	拉伸强度/MPa	冲击强度（缺口）/(kJ/m²)	热变形温度/℃	特　性	应　用
无名	40～57	45～85	54～60	强度高，尺寸稳定性好，耐磨性优越	可用于制备工程耐磨制品，也可用于制备弹托、弹带等

表 2-102　中科院化学所 MC 尼龙的性能与应用

牌　　号	拉伸强度/MPa	冲击强度/(kJ/m^2)	热变形温度(1.82MPa)/℃	特　　性	应　　用
无名	75~100	200~390	150~180	强度高，尺寸稳定性好，易浸渍	可用于制备工程耐磨结构件，如齿轮、滑轮、轴承等

表 2-103　国产单体浇注尼龙 6 的性能

项　　目		中科院化学所	黑龙江省尼龙厂	兵器部五三所①
相对密度		1.15~1.16	1.15~1.16	1.13~1.14
平均相对分子质量		(5~10)×10^4	(5~10)×10^4	—
吸水率（%）	24h	0.7~1.2	0.7~1.2	0.56~0.79
	饱和	5.5~6.5	5.5~6.5	
熔点/℃		223~225	223~225	—
线胀系数/K^{-1}		(4~7)×10^{-5}	(4~7)×10^{-5}	0.968×10^{-5}
热导率/[W/(m·K)]		0.32~0.34	0.32~0.34	—
热变形温度（1.82MPa）/℃		150~190	150~190	54~60
马丁耐热温度/℃		49.5~55	67~74	
洛氏硬度 HRR		110~120	100~120	80~120
拉伸强度/MPa		75~100	75~100	40~57
弹性模量/GPa		3.5~4.5	4.0	
断裂伸长率（%）		10~30	10~30	110~270
压缩强度/MPa		100~140	100~140	51~67
弯曲强度/MPa		140~170	140~170	35~37
弯曲模量/GPa		4.0	4.0	—
剪切强度/MPa		74~81	74~81	—
冲击强度/(kJ/m^2)	无缺口	200~630	200~630	45~85
	缺口	5~9	2.7~4.5	
介电强度/(kV/mm)		15~23.6	15~23.6	—
相对介电常数	1MHz	2.5~3.6	—	—
	50Hz	3.7	—	—
介质损耗角正切值	1MHz	(1.5~2.0)×10^{-2}	—	—
	50Hz	0.45×10^{-2}	—	—
无油润滑动摩擦因数		—	0.15~0.30	—

① 所用数据系采用国家标准测定而得。国内具代表性的生产厂家有上海塑料制品十八厂、上海赛璐珞厂、中科院化学所、北京玻璃钢研究所、北京塑料二十厂、四川晨光化工研究院三分厂、重庆合成化工厂、武汉钢铁公司机械总厂、武汉塑料五厂、沈阳重型机器厂、青岛工程塑料厂、黑龙江尼龙厂、郑州尼龙厂等。

（三）国外MC尼龙的牌号、性能与应用（表2-104、表2-105）

表2-104　日本波利潘公司（Polypen Co.）MC尼龙的主要牌号、性能与应用

牌　号	相对密度	冲击强度（缺口）/(J/m)	热变形温度(1.82MPa)/℃	特　性	应　用
601ST	1.27	79~127	>200	承载耐热品级	可用于制备承载耐磨结构件
701ST	1.10	98~157	—	高伸长率品级，抗冲击	可用于制备抗冲击工程制品
801	1.16	98~157	160~200	耐热自熄性品级	可用于制备耐热和耐磨结构件
901	1.16	88~127	160~200	耐热自熄性品级	可用于制备耐热自熄性结构件
908	1.16	177~353	70~100	超韧性，耐磨品级	可用于制备高频受力件和耐冲击耐磨件

表2-105　日本宇部兴产公司UBE浇注尼龙的主要牌号、性能与应用

牌　号	拉伸屈服强度/MPa	冲击强度（缺口）/(J/m)	热变形温度(1.82MPa)/℃	特　性	应　用
UMC-1	78.5~88.3	33.3	190~200	高强度，耐磨品级	可用于制备工程耐磨制品

十一、粉末尼龙

（一）基本特性

粉末尼龙基本上与相应尼龙性能相同。粉末尼龙涂层具有耐磨、自润滑、耐腐蚀和电绝缘性能好等特性。

除了粉末尼龙1010外，还有粉末尼龙11、粉末尼龙12和粉末尼龙1212等。相对黏度为1.5~1.8的粉末尼龙1212用流化床法成膜性能好。低黏度树脂比高黏度树脂流动性好，树脂涂膜时“橘皮纹”现象少。除光泽稍差外，尼龙1212的粉末涂层外观与尼龙11粉末的涂膜十分相似。但用标准的实验室深冷粉碎法比较尼龙1212和尼龙11的粉碎过筛率，发现尼龙1212比尼龙11难以粉碎。典型的实验室工艺为：将混合好的尼龙切片放入液氮中冷冻，然后用多孔勺将冷冻切片直接放入杆或盘磨中磨碎，粉末过60目筛，结果尼龙1212的60目过筛率只有5%~10%，而尼龙11则达25%左右。尼龙1212涂料在冷轧钢板上初始黏附性较好，但在沸水中浸泡几小时后，就失去了黏附性。尼龙1212涂膜的冲击强度为22.5~34.3kJ/m^2，而当涂膜吸潮后，这一性能有所改善。

粉末尼龙的加工方法有火焰喷涂、静电喷涂、流化床浸涂、热熔覆工艺等。

（二）粉末尼龙的主要牌号、性能与应用（表2-106~表2-111）

表2-106　上海赛璐珞厂粉末尼龙的规格、性能

项　目	尼龙1010粉末	改性尼龙粉末	三元尼龙粉末	低熔点尼龙粉末	
				ML-1	ML-2
外观	白色或微黄色粉末	白色或微黄色粉末	白色或微黄色粉末	白色或微黄色粉末	白色或微黄色粉末

（续）

项　　目	尼龙1010粉末	改性尼龙粉末	三元尼龙粉末	低熔点尼龙粉末	
				ML-1	ML-2
熔点/℃	>200	195	160～170	<130	<130
相对黏度	>1.7	>1.7	>1.8	1.6～1.8	1.6～1.8
细度	96%通过80目	96%通过80目	96%通过80目	40～80目	96%通过80目
含水量（%）	<1	<1	<1	<3	<3

表2-107　德国赫斯特公司化工厂的Vestamelt粉末尼龙的特性与应用

牌　　号	黏度	熔点/℃	特　　性	应　　用
170	高	133	粘接强度高，可改善低黏度品级的渗胶性	可用于制备粘合剂或薄膜
171	高	133	柔韧性好、粘接强度高	可用于制备粘合剂，用于长丝的粘接等
250	高	135	耐高温洗涤，耐蒸汽性好	用于粘合剂制备，粘接纺织产品
251	高	135	耐高温洗涤，耐蒸汽性好	用于粘合剂制备，粘接纺织产品
350	高	122	粘接性能良好	可用于制备工业用粘合剂
351	高	122	粘接性能良好	可用于制备工业用粘合剂
430	高	116	共聚尼龙，耐洗涤性能良好	用其制备的胶可用于纺丝网的粘接、女衬衫中内衬料
431	高	116	共聚尼龙，耐洗涤性能良好	用其制备的胶可用于纺丝网的粘接、女衬衫中内衬料
450	高	116	耐水解性良好，熔点较低	可制成热熔胶，用于纺织工业
451	高	116	共聚尼龙，耐水解性优良，熔点较低	可制成热熔胶，用于纺织工业
470	高	119	粘接性好，防渗性强	可用作低黏度品级添加剂，提高浆料的防渗性，也可用于制备薄膜
471	高	119	粘接性好，防渗性强	可用作低黏度品级添加剂，提高浆料的防渗性，也可用于制备薄膜
550、551	高	132	耐洗涤性能好	可用于制备热熔胶或用作纤维软化剂
640	高	92	共聚尼龙，熔点极低，粘接强度高	用其制备的胶可粘接热敏材料，如皮革、毛皮
650、651	高	128	耐水汽性好	用其制备的胶可用于纺织行业
742	高		共聚尼龙，粘接性好	可用于制备粘合剂
750	高	108	共聚尼龙，耐洗涤性和粘接性好	可用于制备粘合剂，用于难以涂覆的热固化底布

（续）

牌　号	黏度	熔点/℃	特　性	应　用
3041	高	—	属耐柴油性良好的共聚尼龙	可用于制备粘合剂
3151	高	—	属耐高辛烷值汽油性良好的共聚尼龙	可用于制备粘合剂
3261	高	—	属耐含甲醇汽油性能良好的共聚尼龙	可用于制备粘合剂
4180	高	116	柔软性好	用其制备的粘合剂可黏合织物的热塑性共聚物
4280	高	140	耐洗涤性极佳	用其制备的粘合剂可粘合织物的热塑性共聚物
X4685	高	—	可溶于醇，属醇溶性尼龙	可用于制备醇溶性热熔胶，广泛用于油漆工业

表2-108　日本大赛璐·赫斯公司Daiamide共聚粉末尼龙的特性与应用

牌号	特　性	应　用
N1901	柔软、透明，高黏度，挤出成型	可用于制备一般制品
P1	热熔粘接性好	可用于制备热熔胶
P2	热熔粘接性好	
P3	热熔粘接性好	
T450	热熔粘接性好	
X1874	乙醇中可溶	可用于制备粘合剂

表2-109　日本东丽工业公司Amilan共聚粉末尼龙的特性与应用

牌号	特　性	应用
842P	热熔粘接性好（粉末）	可用于制备热熔胶
843	粉末，热熔粘接性好	
CM831	粉末，热熔粘接性好	
CM833	粉末，热熔粘接性好	
CM4000	溶于乙醇	可用于涂塑或制备粘合剂
CM4001	溶于乙醇	
CM8000	溶于乙醇	

表2-110　日本宇部兴产公司UBE Nylon（共聚粉末尼龙）的特性与应用

牌　号	特　性	应　用
5035B	溶于乙醇	可用于制备粘合剂
6021B	溶于乙醇	
6032B	溶于乙醇	

表2-111　日本尤尼荻卡公司Unitika粉末尼龙的特性与应用

牌　号	特　性	应　用
T-8-5	溶于乙醇	可用于制备粘合剂
T-8-5-H	溶于乙醇	

十二、透明尼龙

（一）基本性能

透明尼龙为无定形聚合物，与其他尼龙相比具有良好的透明性。透明尼龙的热稳定性好，冲击强度比聚甲基丙烯酸甲酯高10倍，力学性能与其他尼龙类似。其电绝缘性、尺寸稳定性和耐老化性能好，并且无臭、无毒。其制品收缩率低，线胀系数低。透明尼龙耐稀酸、稀碱、脂肪烃、芳香烃、酯类、醚类、油和脂肪，但不耐醇类。透明尼龙能溶于80%氯仿和20%甲醇的混合液中。果汁、咖啡、茶、墨水等都不能使透明尼龙着色。透明尼龙的加工较尼龙66容易，一般制成粒料再加工成型。其注射成型温度250～320℃，注射压力130MPa。其制件成型时容易放嵌件。透明尼龙也可采用吹塑成型。

（二）应用

透明尼龙可制作工业用监视窗，计算机和光学仪器零件，静电复印机显影剂贮器，X射线仪的窥视窗，特种灯具外罩，食具以及与食品接触的容器；电器工业用接线柱、电插头、插座、把柄等；化学工业用的与石油接触的容器、油过滤器、贮油库的丁烷点灯器、油计量器的视窗等，也可制成薄膜作为包装容器。

（三）透明尼龙的主要牌号、性能与应用（表2-112～表2-120）

表2-112 美国杜邦公司Zytel无定形透明尼龙的主要牌号、性能与应用

牌号	拉伸屈服强度/MPa	冲击强度（缺口）/(J/m)	热变形温度(1.82MPa)/℃	特性	应用
330	97	80	121	—	—
ST901L	62	—	115	透明性好，抗冲击强度高，可用注射成型、挤出成型、吹塑成型	可用于制备抗冲击工程透明制品

表2-113 美国其他公司透明尼龙的特性与应用

牌号	公司	特性	应用
Nydur C38F透明尼龙	美国英贝尔公司(Mobay Co., Ltd.)	相对密度1.10，拉伸屈服强度69MPa，可注射成型或挤出成型	可用于制备透明工程制品
Grilamid TR55LX透明尼龙	美国埃姆化学公司(Emser Chemicals Co.)	透光率（厚3.2mm）85%，在热水中浸泡1年，透明性基本无变化，使用温度-40～122℃，坚韧、尺寸稳定，耐化学药品，可注射成型或挤出成型	可用于制备透明工程制品
Capron C100透明尼龙	美国阿尔迪公司(Allied Co.)	结晶型尼龙6，透明性好，耐化学药品	可用于制备透光制品
Gelon A100透明尼龙	美国通用电气型塑料公司(GE Plastics Co., Ltd.)	相对密度1.16，弯曲模量315.3MPa，悬臂梁缺口冲击强度37.4J/m，热变形温度101℃，可注射成型或挤出成型	可用于制备透明工程制品
Bacp 9/6透明尼龙	美国菲利浦公司(Phillips Petroleum)	透明性好，具有较好的力学性能和耐化学药品性，可注射成型或挤出成型	可用于制备透明工程制品

表2-114 日本三菱化成公司Novamid透明尼龙的特性与应用

牌号	特性	应用
2020R	共聚级，透明度好	可用于制备透明工程或结构制品
2020S	共聚级，透明度好	
2420A	共聚级，透明度好	
TR-55	共聚级（基材尼龙12），相对密度1.02	

表 2-115　日本尤尼荻卡公司 Unitika 透明尼龙的特性与应用

牌　号	特　性	应　用
C1030	共聚级，柔软，透明性好，可挤出成型或注射成型	可用于制备一般透明制品
CX1004	共聚级，透明性好，可挤出成型或注射成型	
CX1005A	共聚级，透明性好，可挤出成型或注射成型	
CX1005B	共聚级，透明性好，可挤出成型或注射成型	
CX3000	相对密度 1.10，透明、低吸水（吸水率 0.41%）	可用于制备透明工程制品
CX3000G30	相对密度 1.34，玻璃纤维增强，低吸水（吸水率 0.29%），制品尺寸稳定，可注射成型或挤出成型	
CX3000ST	相对密度 1.07，吸水率 0.30%，柔软、耐寒、超韧性（缺口冲击强度 6.37J/cm²），可注射成型或挤出成型	

表 2-116　日本宇部兴产公司 UBE 透明尼龙的特性与应用

牌　号	特　性	应　用
5013B	注射级，低黏度，翘曲性好，透明	可用于制备透明工程制品
5033B	挤出级，高黏度，翘曲性好，透明	可用于制备透明制品
5003T	挤出级，高黏度，透明	可用于制备透明制品或拉制单丝

表 2-117　德国拜耳公司 Durethan 透明尼龙的性能与应用

牌号	拉伸屈服强度/MPa	弯曲模量/GPa	热变形温度/℃	特　性	应　用
T40	110	2.9	116	非结晶型芳香尼龙，透明性好，可注射成型或挤出成型	可用于制备透明工程制品
C38F	—	—	—	共聚物尼龙，高度透明性，可挤出成型	可用于挤出薄膜或其他透明制品

表 2-118　德国诺贝尔炸药公司（Dynamit Nobel AG）Trogamid 透明尼龙的性能与应用

牌号	拉伸强度/MPa	冲击强度（缺口）/(kJ/m²)	维卡软化点/℃	成型收缩率（%）	特　性	应　用
T	84	10～15	150	0.5	透明性好、强度高，抗冲击品级，耐热，可注射成型	可用于制备透明工程制品

表 2-119　德国巴斯夫公司 Utramid 共聚型透明尼龙的特性与应用

牌　号	特　性	应　用
KR4600	滑爽、透明、柔韧性好、节结强度高，适合低温下与聚烯烃共挤出成型	可用于制备 PE/PA 薄膜或单丝
KR4601	透明性好，热变形温度高，耐环境应力开裂性好，可注射成型	可用于制备透明壳体及受力盖罩等制品

表2-120 瑞士埃姆斯化学公司Grivoryc透明尼龙的性能与应用

牌号	拉伸屈服强度/MPa	冲击强度(缺口)/(J/m)	热变形温度(1.82MPa)/℃	特性	应用
G355NZ	49.0	1040	138	属超韧性品级，透明性好，可注射成型	可用于制备工程透明制品或受力透明制品
XE3038	90.2	34.3	136	高拉伸强度品级，透明性好，可注射成型	可用于制备工程结构透明制品

十三、共聚尼龙

共聚尼龙的牌号、性能与应用见表2-121～表2-129。

表2-121 上海赛璐珞厂尼龙6/尼龙66共聚物的牌号、性能与应用

牌号	相对密度	相对黏度	熔点/℃	特性	应用
EN-1	1.0	2.0±0.2	180	白色粒料，吸湿性小，低温性好	可用于挤出薄膜、电缆护套，注射成型机械零件
ES-2	1.0	2.0±0.2	180	能溶于乙醇，黏附性好	可用于制备粘合剂、涂料、光敏材料等
ES-3	1.0	2.0±0.2	180	溶于三元醇，溶液稳定，黏附性好	可用于制备粘合剂、涂料和光敏材料等

表2-122 上海龙马工程塑料有限公司尼龙6/尼龙66共聚物的牌号、性能与应用

牌号	拉伸强度/MPa	冲击强度(缺口)/(J/m)	热变形温度(1.82MPa)/℃	特性	应用
B216、B217、B218	—	45	67	通用品级，可注射成型或挤出成型	可用于制备通用制品
B216 V20	140	—	230	20%玻璃纤维增强高强度耐高温品级，可注射成型	可用于制备高强度耐高温工程制品
B216 V30 B216 V40	160	100	230	30%和40%玻璃纤维增强，刚性好，高冲击强度，耐高温品级，可注射成型	可用于制备刚韧兼备的耐高温工程承力制品
B218 M×30 B218 M×25V5 B250MT16	86	—	180	矿物改性品级，性能均衡，可注射成型	可用于制备工程制品

（续）

牌　　号	拉伸强度 /MPa	冲击强度 （缺口）/（J/m）	热变形温度 （1.82MPa）/℃	特　　性	应　　用
B230	50	60	65	超韧性品级，可注射成型	可用于制备工程承力件
B50H1	—	—	—	阻燃品级，可注射成型或挤出成型	可用于制备阻燃制品

表 2-123　上海塑料十八厂尼龙 6/尼龙 66 共聚物的牌号、性能与应用

牌　　号	相对密度	熔点/℃	特　　性	应　　用
PA6/PA66 共聚物	1.7 ~ 1.9	168 ~ 172	全溶于醇类，耐热，强度、韧性适中	可用于制备工程制品

表 2-124　黑龙江尼龙厂 XAZ-G54 尼龙 6/尼龙 66 共聚物的牌号、性能与应用

牌　　号		相对黏度	拉伸强度 /MPa	熔点 /℃	特　　性	应　　用
XAZ-G54	1 级	2.4 ~ 3.0	30	160	白色或微黄色料，相对密度 1.10	可用于制备工程制品
	2 级	2.4 ~ 3.0	25	160	淡黄色粒料，相对密度 1.10	可用于制备工程制品

表 2-125　美国孟山都公司 Vydyne R 尼龙 6/尼龙 66 共聚物的牌号、性能与应用

牌号	拉伸强度 /MPa	冲击强度（缺口） /（J/m）	熔点 /℃	特　　性	应　　用
80X	84	53	245	相对密度低，强度高，耐高温，可注射成型	可用于制备耐高温结构制品

表 2-126　美国杜邦公司 MinIon 尼龙 6/尼龙 66 共聚物的牌号、特性与应用

牌　　号	特　　性	应　　用
109	普通级	可用于制备通用制品
72G-13L	含 13% 玻璃纤维	可用于制备工程结构制品
72G-33L	含 33% 玻璃纤维	
72G-43L	含 43% 玻璃纤维	可用于制备承力结构制品
82G-33L	含 33% 玻璃纤维，韧性好	
13T1GYB-282	相对密度 1.35，吸水性 1.6%，成型收缩率 1.4% ~ 1.6%，冲击强度 8.6kJ/m^2	可用于制备工程制品

表 2-127　日本宇部兴产公司 UBE 尼龙 6/尼龙 66 共聚物的牌号、性能与应用

牌号	拉伸强度/MPa	冲击强度（缺口）/（J/m）	热变形温度（1.82MPa）/℃	特性	应用
5013B	27.5	>1080	60	中等黏度，通用品级，可吹塑成型	可用于制备薄膜
5033J12	14.7	不断	—	薄膜品级，可吹塑成型或流延成型	可用于制备薄膜
7125U	16.7	不断	—	透明性好，柔韧品级	可用于制备薄膜或纺丝
5021T①	—	—	—	中精度	宜纺丝

① 相对密度为 1.14。

表 2-128　尼龙 6/尼龙 66/尼龙 610 共聚物的牌号、厂家、特性与应用

牌号	厂家	特性	应用
XAZ-G548 尼龙 6/尼龙 66/尼龙 610	黑龙江尼龙厂	熔点低，结晶度低，柔软性和弹性好，未改性或添加填充物	可用于挤出软管、油管，也可注射成型一般制品等
尼龙 6/尼龙 66/尼龙 610	上海赛璐珞厂		
尼龙 6/尼龙 66/尼龙 610	上海方远有机粉末厂		
Ehnjon Ⅱ 548 尼龙 6/尼龙 66/尼龙 610	俄罗斯塑料工业公司（Plastics Ind. Co.）		

表 2-129　上海赛璐珞厂尼龙 6/尼龙 66/MXD10 共聚物的牌号、性能与应用

尼龙 6/尼龙 66/MXD10 比例	相对黏度	熔点/℃	特性	应用
40/45/15	2.0	155～175	白色或微黄色半透明粒料，通用品级，可挤出成型或注射成型	可用于制备通用制品或工程制品

注：MXD = 聚癸二酰间对亚苯基酯。

十四、改性尼龙

改性尼龙的主要牌号、性能与应用见表 2-130～表 2-143。

表 2-130　北京燕山石化公司树脂应用研究所尼龙 6/聚烯烃合金的牌号、性能与应用

牌号	拉伸强度/MPa	冲击强度（缺口）/（J/m）	热变形温度（0.46MPa）/℃	特性	应用
N50	45	>950	>120	超韧性品级，耐磨性好，可注射成型	可用于制备工程耐磨制品，如汽车、摩托车零配件、电动工具、安全帽、旱冰鞋等

（续）

牌号	拉伸强度/MPa	冲击强度(缺口)/(J/m)	热变形温度(0.46MPa)/℃	特 性	应 用
N100	48	950	147	超韧性品级，耐磨，成型前不用干燥，可注射成型	可用于制备工程耐磨制品
N200	50	>950	150	超韧性品级，耐磨，成型前不用干燥，可注射成型	可用于制备工程耐磨结构制品
N300	51	>950	153	超韧性品级，耐热耐磨性好，吸水性小，可注射成型	可用于制备工程耐热耐磨制品
N400	54	260	165	耐热抗冲击品级，吸水性小，可注射成型	可用于制备工程制品，一般耐磨、自润滑制品等

表2-131 上海日之升新技术发展公司的耐磨尼龙/弹性体合金与超韧性尼龙的牌号、性能与应用

牌 号		拉伸强度/MPa	冲击强度(缺口)/(J/m)	热变形温度(1.82MPa)/℃	成型收缩率(%)	特 性	应 用
耐磨尼龙/弹性体合金	AF_3	75	50	70	1.0～1.8	20%弹性体增韧尼龙66，耐磨性好，摩擦因数降低50%，PV值高，噪声小，可注射成型	可用于制备齿轮、轴套、滑块和活塞等部件
	AF_3G_5	140	120	243	0.3～0.7	20%弹性体增韧，25%玻璃纤维增强尼龙66品级，耐高温、耐磨、抗冲击，机械强度比AF_3高，可注射成型	可用于制备工程结构部件和耐高温部件
	BF_3	70	55	60	1.0～1.8	20%弹性体增韧尼龙6，耐磨耗，摩擦因数小，PV值高，可注射成型	可用于制备齿轮、轴套等耐磨制品
	BF_3G_5	135	130	210	0.3～0.7	20%弹性体增韧、25%玻璃纤维增强型尼龙6品级，耐热、耐磨、抗冲击，机械强度比BF_3高，可注射成型	可用于制备齿轮、轴承等耐磨制品
超韧性尼龙	BST320	40～50	420～600	130(0.46MPa)	0.6～1.6	20%弹性体增韧尼龙6，韧性比普通尼龙6高5～15倍，可注射成型	可用于制备耐热抗冲击制品

（续）

牌　号		拉伸强度/MPa	冲击强度（缺口）/(J/m)	热变形温度（1.82MPa）/℃	成型收缩率（%）	特　性	应　用
超韧性尼龙	BST520	42～55	600～800	130（0.46MPa）	0.6～1.6	20%弹性体增韧的高黏度尼龙6，韧性比普通尼龙高5～15倍，不受温度、缺口、应力作用的影响，可注射成型或挤出成型	可用于制备电动工具壳体、运动器材和带有嵌件的零部件
	ST320	42～48	800～900	>180（0.46MPa）	0.6～1.6	20%弹性体增韧尼龙66，性能不受温度、缺口、应力因素的影响，可注射成型	可用于制备运动器具、纺织器材和带有嵌件的零配件

表2-132　上海杰事杰材料新技术公司尼龙合金的牌号、性能与应用

牌号	拉伸强度/MPa	冲击强度（缺口）/(J/m)	热变形温度/℃	特　性	应　用
HTPA	64	≥100	80	PA/PP合金，冲击强度高，可代替尼龙1010，可注射成型	可用于制备抗冲击制品，如汽车、电动工具外壳体、轴承保持架、齿轮、阀体、旱冰鞋滚轮、冰鞋刀座等
STPA	55	≥800	71	PA/EPDM合金，超韧性品级，可与美国杜邦公司的ST-801相媲美，可注射成型	

表2-133　上海龙马工程塑料有限公司超韧性尼龙的牌号、性能与应用

牌　号	拉伸强度/MPa	冲击强度（缺口）/(J/m)	热变形温度（1.82MPa）/℃	特　性	应　用
A148MT30	65	10	68	增韧改性尼龙66，可注射成型	可用于制备工程制品
A230	70	60	70	增韧改性尼龙66，抗冲击，可注射成型	可用于制备工程结构制品
A240	47	600	65	增韧改性尼龙66，超高韧性品级，可注射成型	可用于制备承力件和各种抗冲击制品
A250	60	600	65	增韧改性尼龙6，可注射成型	可用于制备各种抗冲击制品

表2-134　上海合成树脂研究所超韧性尼龙的牌号、性能与应用

牌　号	拉伸强度/MPa	冲击强度（缺口）/(kJ/m^2)	热变形温度（1.82MPa）/℃	特　性	应　用
PA66	45.5	60	≥55	增韧改性品级，耐磨性好，可注射成型	可用于制备抗冲击制品
PA6	45	60	≥55	增韧改性品级，耐磨性好，可注射成型	可用于制备耐磨抗冲击制品

表 2-135　中国兵器工业集团第五三研究所的 PA6/PE、PA66/PE 尼龙合金的牌号、性能与应用

<table>
<tr><th>牌　号</th><th>弯曲强度/MPa</th><th>冲击强度（缺口）/(kJ/m²)</th><th>熔点/℃</th><th>成型收缩率（%）</th><th>特　性</th><th>应　用</th></tr>
<tr><td>PA6/PE</td><td>70</td><td>19.6</td><td>210</td><td>1.8</td><td rowspan="2">吸水率低，抗冲击强度高，耐油性好，可注射成型或挤出成型</td><td rowspan="2">可用于制备仪表盘、保险杠、液压缸、衬垫、密封圈、油管等</td></tr>
<tr><td>PA66/PE</td><td>66</td><td>20.0</td><td>285</td><td>1.8</td></tr>
</table>

表 2-136　中国兵器工业集团第五三研究所超韧性尼龙合金的牌号、性能与应用

<table>
<tr><th>牌　号</th><th>拉伸强度/MPa</th><th>冲击强度（缺口）/(kJ/m²)</th><th>热变形温度/℃</th><th>成型收缩率（%）</th><th>特　性</th><th>应　用</th></tr>
<tr><td>PA/PPO</td><td>55</td><td>80</td><td>180</td><td>—</td><td>超韧性尼龙，吸水性差、耐油，可注射成型或挤出成型</td><td>可用于制备汽车挡泥板、仪表板、绝缘件、仪器仪表的精密零件、洗衣机壳体、照相机壳等</td></tr>
<tr><td>SL-004</td><td>46</td><td>89</td><td>—</td><td>2.0</td><td>超韧性尼龙 66，抗冲击、耐油、耐磨，可注射成型</td><td rowspan="6">可用于注射成型汽车、电动工具外壳体、轴承保持架、齿轮、阀体、冰鞋滚轮、旱冰鞋刀座等，枪托、握把、弹匣等承力部件和高抗冲击结构件等</td></tr>
<tr><td>SL-005</td><td>44</td><td>90</td><td>—</td><td>2.0</td><td>超韧性，高强度、耐磨、耐油</td></tr>
<tr><td>SL-006</td><td>65</td><td>20</td><td>—</td><td>2.0</td><td>9% ~13% 玻璃纤维增强品级</td></tr>
<tr><td>SL-007</td><td>95</td><td>19</td><td>—</td><td>0.8</td><td>玻璃纤维增强增韧品级</td></tr>
<tr><td>SL-008</td><td>165</td><td>22</td><td>—</td><td>0.3</td><td>31% ~35% 玻璃纤维增强品级</td></tr>
<tr><td>SL-012</td><td>142</td><td>21.6</td><td>—</td><td>0.3</td><td>40% 玻璃纤维增强品级</td></tr>
</table>

表 2-137　海尔科化工程塑料国家工程研究中心尼龙合金的牌号、性能与应用

<table>
<tr><th>牌　号</th><th>拉伸强度/MPa</th><th>冲击强度（缺口）/(J/m)</th><th>热变形温度(0.46MPa)/℃</th><th>特　性</th><th>应　用</th></tr>
<tr><td>KHPA6-E122</td><td>60</td><td>120</td><td>165</td><td>增韧尼龙 6 品级，抗冲击强度高，耐磨、耐油，可注射成型</td><td rowspan="2">可用于制备冷库用零部件、冬季体育用品、接插件、齿轮、轴承、电动工具外壳体、汽车发动机罩、阀门、管、泵等</td></tr>
<tr><td>KHPA6-E261</td><td>50</td><td>500</td><td>160</td><td>超韧性尼龙 6 品级，耐磨、承力、耐油，可注射成型</td></tr>
</table>

（续）

牌　号	拉伸强度/MPa	冲击强度（缺口）/(J/m)	热变形温度(0.46MPa)/℃	特　性	应　用
KHPA6-E381	40	900	145	超韧性尼龙 6 品级，尺寸稳定，耐磨、耐油，可注射成型	可用于制备冷库用零部件，冬季体育用品、接插件、齿轮、轴承、电动工具外壳体、汽车发动机罩、阀门、油管、泵等
KHPA66-E222	54	200	160	增韧尼龙 66 品级，抗冲击，耐磨、耐油，可注射成型	
KHPA66-E332	45	300	150	超韧性尼龙 66 品级，耐磨、承力、耐油，可注射成型	

表 2-138　浙江（东阳横店）得邦工程塑料公司 PA/弹性体合金的牌号、性能与应用

牌号	拉伸强度/MPa	冲击强度（缺口）/(kJ/m²)	热变形温度/℃	成型收缩率(%)	特　性	应　用
T_3	61	8.5	75	6.8	尼龙/弹性体增韧品级，抗冲击、耐磨、耐油，可注射成型	可用于制备工程抗冲击或耐磨制品
D	58	8.0	68	1.4～2.0		

表 2-139　江苏宜兴太湖尼龙厂超韧性尼龙的牌号、性能与应用

牌　号	拉伸强度/MPa	冲击强度（缺口）/(kJ/m²)	热变形温度(1.82MPa)/℃	特　性	应　用
超韧性尼龙（无牌号）	≥40	≥40	≥60	相对密度 1.0～1.1，体积电阻率 $1.0\times10^{14}\Omega\cdot cm$，强韧性平衡，耐磨、耐油，可注射成型	可用于制备工程结构制品

表 2-140　河南平顶山华非公司超韧性尼龙的牌号、性能与应用

牌号	拉伸强度/MPa	冲击强度（缺口）/(kJ/m²)	热变形温度/℃	成型收缩率(%)	特　性	应　用
AS_4	50	90	130	1.4	相对密度低（1.06），体积电阻率为 $10^{14}\Omega\cdot cm$，超韧性，耐磨、耐油，可注射成型	可用于制备工程结构制品
ASS	42	70	63	1.5		

表 2-141　美国阿谢力聚合物公司 Ashley 超韧性尼龙的牌号、性能与应用

牌号	拉伸屈服强度/MPa	冲击强度（缺口）/(kJ/m)	热变形温度(1.82MPa)/℃	特　性	应　用
527LD	51	1.01	68	增韧改性尼龙 66 品级，抗冲击、耐油、耐磨，可注射成型	可用于制备工程结构制品或抗冲击制品
527D	47	1.01	68	增韧改性尼龙 66 品级，抗冲击、耐油、耐磨，可注射成型	可用于制备工程抗冲击制品
734D	56	0.533	56	增韧改性尼龙 6 品级，相对密度 1.07，断裂伸长率 30%，耐油性好，可注射成型	可用于制备抗冲击制品
737	55	0.533	55	增韧改性尼龙 6 品极，相对密度 1.10，断裂伸长率 10%，耐磨、耐油，可挤出成型	可用于制备一般抗冲击制品
738D	59	0.75	63	增韧改性尼龙 6 品级，相对密度 1.08，断裂伸长率 10%，耐磨、耐油，可注射成型	可用于制备工程制品和抗冲击制品

表 2-142　美国切索公司（Chisso Inc.）Enpnite PA/PP 合金的牌号、性能与应用

牌号	拉伸屈服强度/MPa	冲击强度（缺口）/(J/m)	热变形温度(0.46MPa)/℃	特　性	应　用
H200K	132	127	160	25%玻璃纤维增强、矿物填充品级，强度高、抗冲击、耐热、吸水性差，可注射成型或挤出成型	可用于制备工程制品
H200B	159	176	160	35%玻璃纤维增强、矿物质填充品级，强度、抗冲击性、耐热性均高于 H200K，可注射成型或挤出成型	可用于制备高强度结构制品
H200R	168	176	160	45%玻璃纤维增强、矿物质填充品级，刚性、耐热性、尺寸稳定性好，可注射成型或挤出成型	可用于制备高强度、耐热结构制品
W100B	169	203	201	35%玻璃纤维增强、矿物质填充品级，刚性、耐热性好，抗冲击强度高于 H200R，可注射成型或挤出成型	可用于制备高强度、耐高温结构制品

表2-143 美国杜邦公司 Zytel PA/EPDM 合金的牌号、性能与应用

牌 号	拉伸强度/MPa	冲击强度（缺口）/(J/m)	热变形温度(1.82MPa)/℃	特 性	应 用
ST800、ST801	54.88	80	71	超韧性尼龙，刚性好，可注射成型	可用于制备雪橇鞋、溜冰鞋底，阀体和其他工程制品
ST811、ST811HS	48.3	120	53	超韧性，刚性好，可注射成型	
ST901	48.3	120	127	超韧性，刚性好，尺寸稳定性高于 ST801 2 倍，可注射成型	

第二节 改 性 技 术

一、简介

尼龙具有优异的力学性能、电性能、耐磨、耐化学药品性、润滑性，但也存在较突出的缺点，如吸水性较大，导致成型尺寸稳定性差。

与钢材相比较，其优点是耐腐蚀、自润滑、相对密度小、易成型；其缺点是吸水性大、力学性能不足。所以，要想把尼龙作为工程结构材料，还需改善其性能，才能达到工业用途的要求。

尼龙的改性分为化学改性和物理改性。化学改性是在聚合过程中加入第二、三单体进行共聚合，得到共聚尼龙。物理改性则是添加一些改性剂（如填充剂、增强材料、阻燃剂等）与尼龙共混，得到改性尼龙。物理改性方法又可分为增强、增韧、阻燃、填充、共混合金及纳米改性方法。尼龙的物理改性方法工艺简单，能够得到理想的改性材料，所以自20世纪80年代以来发展很快，并形成了当今的高新技术产业。本书主要讲述尼龙的物理改性方法及实例。

1. 共混合金

尼龙共混合金是以尼龙为主体，其他高分子聚合物为辅，通过共混制得的高分子多相体系。其目的是提高尼龙的耐冲击性、刚性、耐热性和尺寸稳定性。

（1）相容性理论及研究方法　聚合物合金作为一种多组分复合体，各组分间的相容性以及如何改善组分间的相容性是聚合物合金研究的重点内容。众所周知，大多数聚合物之间是不相容或部分相容的，聚合物合金是多相结构体系。多相结构体系中，相形态结构和界面性质在某种程度上反映了合金中各组分的相容性程度，而相容性好坏与合金性能有着密切关系。

1）关于聚合物相容性的判据——溶解度参数。根据溶解度参数预测有机化合物之间的相容性。一般来说，两种聚合物的溶解度参数差小于0.5时，相容性较好。溶解度参数理论仅仅考虑分子间的色散力，只适合于非极性分子的情况。对于分子间有极性作用的情况，S. Chen. 提出了三维溶解度参数的概念。三维溶解度参数考虑聚合物间色散

力、偶极力和氢键的作用。但由于三维溶解度参数测定较复杂，尚未普遍使用。

2）玻璃化转变温度（T_g）的评价法。聚合物共混物的玻璃化转变温度与两种聚合物分子级的混合程度有直接关系。若两种聚合物组分相容，共混物为均相体系，只有一个玻璃化转变温度；若两组分完全不容，形成界面明显的两相结构，则有两个玻璃化转变温度，而且分别为两组分的 T_g，如果部分相容，则所测的 T_g 介于两种极限情况之间。两种聚合物达到一定程度的分子级混合时，仍有两个 T_g，但相互靠近，靠近的程度取决于分子级混合的程度。因此，可根据测定共混物的 T_g 结果来判断体系各组分相容的程度。

T_g 测定的方法有多种，较为简单的是热分析法（DSC）。

3）聚合物合金形态结构与研究方法。聚合物合金形态结构有三种情形。

① 单相连续结构。这时构成聚合物共混合金的两相或多相体系中只有一个连续相。连续相作为一种分散介质，称为基体。其他相分散于连续相中，称为分散相。大多数共混物都呈此结构。

② 互穿网络结构。通常讲互穿网络结构就是互穿两相连续结构。

③ 层状分布形态结构。前两种形态是微粒状结构。所谓层状分布是分散相在连续相中呈多层状结构，如 PE/PA6 共混体系中，在一定的挤出工艺下，分散相 PE 在 PA6 中以层状形式存在。这种结构使共混材料具有很好的气体阻隔性。

研究聚合物共混合金形态结构通常用光学显微镜（尺寸范围为 $10^3 \sim 10^5 \mu m$）或电子显微镜（可观察到 0.01μm，甚至更小的颗粒）直接观察共混物的形态结构；此外，测定共混合金各种力学松弛特性，特别是玻璃化转变特性，作为一种补充方法。

光学显微镜仅用于较大尺寸形态结构的分析。光学显微镜方法中，按操作方法可分为溶剂法、切片法和蚀镂法。

电子显微镜法分为透射电镜法（TEM）和扫描电镜法（SEM）。

4）聚合物共混合金的界面层的形成与性质。两种聚合物共混时，共混体系存在三个区域结构，即两聚合物各自独立的区域，以及两聚合物之间形成的过渡区。这个过渡区称为界面层。界面层的结构与性质，在一定程度上反映了共混聚合物之间的相容程度和相间的粘合强度，对共混物的性能起着很大的作用。

聚合物在共混过程中经历了两个过程：第一个过程是两相之间相互接触；第二个过程是两种聚合物大分子链段之间的相互扩散。这种大分子链相互扩散的过程，也就是两相界面层形成的过程。

聚合物大分子链段的相互扩散存在两种情况：若两种聚合物大分子具有相近的活动性；则两大分子链段以相近的速度相互扩散；若两大分子的活动性相差悬殊，则发生单向扩散。

两种聚合物大分子链段的相互扩散过程中，在相界面之间产生明显的浓度梯度。如 PA6 与 PP 共混时，由于扩散的作用，以 PA6 相来讲，在 PA6 相边，PA6 的浓度呈逐渐减小的变化趋势，PP 相边的浓度变化也逐渐变小，最终形成 PA6 和 PP 共存区域，这个区域就是界面层。

界面层的厚度主要取决于两种聚合物的相容性。相容性差的两种聚合物共混时，两相间有非常明显和确定的相界面。两种聚合物相容性好，则共混体中两相的链段的相互扩散程度大，相界面较模糊，界面层厚度大，两相间的黏结力大；若两种聚合物完全互容，则共混体最终形成均相体系，相界面完全消失。

目前对界面层的研究还处于定性描述，主要通过电子显微镜照片观察，并与力学性能测定结果进行关联。

（2）相容剂及其在尼龙合金中的应用　在聚合物共混合金中，相容剂起着十分重要的“桥梁作用”。它能通过化学反应或物理缠结，将极不相容的聚合物有机地结合起来。这种聚合物具有共混聚合物相似结构，或具有反应基团。常用的相容剂有 SBS-g-MAH、SEBS-g-MAH、PP-g-MAH、PE-g-MAH、PA6-g-MAH、EPDM-g-MAH（MMA）、ABS-g-MAH（MMA）等，大多为马来酸酐（MAH）或甲基丙烯酸甲酯（MMA）的接枝产物。

2. 增韧改性

PA6、PA66 具有较高的弯曲、拉伸强度，但其冲击强度，特别是抗低温脆性并不是很理想。对于一些室外使用的场合，以及要求抗冲击的部件，如铁路铁轨轨端绝缘板、滑冰鞋、体育器具等，必须通过橡胶弹性体增韧改性，以提高 PA6、PA66 的抗冲击性能。

（1）橡胶增韧机理　在尼龙中加入5%～25%（质量分数）的橡胶弹性体或热塑性弹性体，可使尼龙的冲击强度大幅度提高。这说明由于弹性体的存在，使材料的破裂能大大提高。

研究这种破裂能提高的原因的理论，称为增韧理论或增韧机理。业内普遍接受的理论有银纹-剪切带理论。

银纹-剪切带理论认为：橡胶增韧的主要原因是银纹和剪切带的大量产生，以及银纹与剪切带的相互作用的结果。

橡胶颗粒的第一个重要作用就是充当应力集中中心，诱发大量银纹和剪切带。大量银纹或剪切带的产生和发展要消耗大量能量。橡胶颗粒还能诱发剪切带，这是消耗能量的另一个因素。

银纹和剪切带所占比例与基体性质有关，基体的韧性越大，剪切带所占的比例越高；同时，也与形变速率有关，形变速率增加时，银纹所占的比例提高。

橡胶颗粒的第二个重要作用是控制银纹的发展，及时终止银纹。在外力作用下，橡胶颗粒产生形变，不仅产生大量的小银纹或剪切带，吸收大量的能量，而且又能及时将其产生的银纹终止而不致发展成破坏性的裂纹。

这种理论充分地考虑大橡胶颗粒的作用，也肯定了树脂连续性能的影响，明确了银纹的产生与发展消耗大量能量，剪切带的形成是增韧的重要因素，它不仅消耗能量并且是终止银纹的重要因素。

（2）尼龙用增韧剂的种类　用作尼龙增韧的橡胶有乙丙橡胶、三元乙丙橡胶、丁腈橡胶、丁苯橡胶等；热塑弹性体有 SBS（苯乙烯-丁二烯嵌段共聚物）、SEBS（加氢 SBS）、EVA（聚乙酸乙烯乙酸酯）、EAA（乙烯、丙烯酸共聚物）。使用最多的是三元乙丙橡胶。

（3）影响增韧效果的主要因素

1）橡胶粒径的影响。橡胶颗粒大小及分布对增韧有较大影响，从银纹终止文化的角度，有人主张橡胶粒径越小越好，粒径分布越均匀越好，但实际上很难做到。橡胶粒径及其分布与很多因素有关，如螺杆剪切混合效果、共混挤出温度、基料的相容性等。

2）弹性体交联度的影响。橡胶的交联度过大，橡胶相模量过高，会失去橡胶的特征，增韧作用小；交联度太小，加工时受剪切作用，橡胶颗粒易变形破碎，也影响其增韧效能。交联度的大小应根据应用场合对产品性能要求来决定。

3）橡胶与尼龙之间黏结力的影响。橡胶与尼龙的黏结力大时，橡胶颗粒才能有效地引发、终止银纹，并分担施加的负荷，提高其增韧效果。

提高橡胶与尼龙的黏结力的有效办法是通过接枝反应，增加两相间的化学结合，改善两相界面性质，缩小两相界面层尺寸，实现一定程度的相容性。

3. 玻璃纤维增强改性

尼龙中，PA6、PA66 用量最大，其他产品如 PA11、PA12、PA46 等因其特点突出，一般用于一些特殊场合，改性产品较少。PA1010 通过增强或合金化能提高强度等性能，但用量较少。下面主要介绍 PA6、PA66 的改性。

从工艺上讲，玻璃纤维增强 PA 生产工艺有两种：一种是短纤法，即玻璃短纤维与 PA 经混合后挤出造粒；另一种是长纤法，玻璃纤维与 PA 从不同的位置进入双螺杆挤出机。PA 与助剂混合后加入料斗，玻璃纤维则从玻璃纤维入口处通过螺杆转动将其连续带入螺杆。

玻璃纤维增强尼龙可用于机械、汽车部件和航空、军用设备部件。

（1）尼龙用玻璃纤维及偶联剂　用于高聚物增强玻璃纤维一般采用无碱纤维。无碱纤维的电绝缘性好、机械强度高、水解度低、耐水耐弱碱性好。

玻璃纤维在螺杆挤出机高剪切和混合作用下，被切成一定长度的纤维均匀地分布在 PA 基体树脂中，从而增强了材料承受外力作用的能力。在宏观上显示出材料弯曲强度、拉伸强度等力学性能的大幅度提高。

偶联剂是具有某些特定基团的有机化合物，它能通过化学的或物理的作用，将两种性质差异很大的、不易结合的材料有机地结合起来。

偶联剂的种类有有机硅烷类、钛酸酯、有机酸络合物、铝酸酯等。使用最多的是有机硅烷类，此类偶联剂适合于含氧化硅的无机填料的表面处理。

（2）玻璃纤维增强 PA6、PA66 生产中的主要影响因素

1）玻璃纤维的分散与表面处理。在玻璃纤维增强 PA6、PA66 生产中，玻璃纤维在树脂基体中均匀分散与黏结对产品性能影响很大。在挤出过程中，玻璃纤维的分散主要通过双螺杆的剪切混合作用来实现。所以，双螺杆挤出机剪切元件的尺寸、组合形式至关重要。

在双螺杆中安装一些捏合块，提供必要的剪切作用和物料的捏合作用。根据产品性能要求，对双螺杆组合进行调整是十分重要的。

除了螺杆组合外，选择不同的螺杆转速也能实现不同的剪切混合效果。

2）挤出工艺对产品性能的影响。根据玻璃纤维含量及基料分开量不同，采用适当

的共混挤出温度。如果挤出温度低，玻璃纤维的包裹效果差，玻璃纤维外露，制品表面粗糙、脆性大；挤出温度太高，则易造成基料氧化分解，使产品力学性能差。玻璃纤维含量小时，挤出温度可选择在熔点；玻璃纤维含量高时，应高于熔点。

3）玻璃纤维表面处理对产品性能影响。玻璃纤维表面经有机化处理后，增强了玻璃纤维与PA间的黏结力，可提高产品的力学性能。一般来讲，根据基料性能采用不同的偶联剂，要求在挤出温度下不分解、不挥发的偶联剂。

4. 填充改性

用无机填料与PA6、PA66共混，能提高尼龙的尺寸稳定性，降低成型收缩率和制品挠屈，降低生产成本，提高制品刚性。

（1）尼龙用填料的种类

1）碳酸钙（$CaCO_3$）。碳酸钙按来源分为重质和轻质两种。

2）滑石粉（$3MgO \cdot 4SiO_2 \cdot H_2O$）。

3）硅灰石（$CaSiO_3$）。

4）高岭土（$Al_2O_3 \cdot SiO_2 \cdot H_2O$）。

上述四种填料，除$CaCO_3$外，滑石粉、硅灰石、高岭土属于硅酸盐类，结晶结构具有针状、棒状、层状特征，不仅可作为填充剂降低生产成本，而且具有一定的增强作用。

（2）影响填料填充尼龙性能的主要因素　填料粒径、性状及表面性质是填充尼龙性能的重要影响因素。

一般来说，填料粒径越细，对复合材料力学性能影响越小。作为填料适宜的粒径以1～10μm为好。

5. 纳米改性

由于纳米材料的表面效应、体积效应和宏观量子隧道效应，使得纳米复合材料的性能优于相同组分常规复合材料的物理力学性能，因此制备纳米复合材料是获得高性能复合材料的重要方法之一。近年来，许多研究学者采用嵌段共聚法、插层聚合法、熔体插层法、溶液或乳液插层法等制备了尼龙的纳米改性材料，在提高尼龙的性能和功能方面有很大进展。今后应发展制备纳米尼龙改性材料的新方法和新工艺，使得纳米尼龙改性材料向产业化方向发展。

二、增韧改性

（一）苯乙烯-乙烯/丁烯嵌段共聚物（SEBS）/（SEBS-g-MAH）增韧改性尼龙6

1. 原材料与配方（质量份）

尼龙6	100	SEBS-g-MAH	5～6
无水氯化钙	3～5	其他助剂	适量
SEBS	15		

2. 制备方法

用HAAKE流变仪的密炼机将不同配比的尼龙6、SEBS、SEBS-g-MAH和$CaCl_2$进行共混，温度 250℃，转速 30r/min，时间 10min。将上面用密炼机制备好的各种共混物，用明利电业公司的 MC-SC 强力粉碎机制成粒径为 3mm 左右的颗粒，用米拉克龙国际公司精密注射机，按 GB/T 1040.1—2018、GB/T 1040.5—2008、GB/T 1040.2～4—2006 中规定的塑料拉伸性能试验方法制成试样，进行分析测试。

3. 结构分析

纯尼龙 6 的断面较光滑，呈鱼鳞状。这表明虽然纯尼龙 6 在拉伸时也会出现细颈，但其断裂方式仍然是脆性断裂。加入 SEBS 后，共混物样条的断口呈现为纤维状的毛刺，表明共混 SEBS 后改变了尼龙 6 的断裂方式，由脆性断裂变为韧性断裂，因而能提高尼龙 6 的断裂冲击强度。加入氯化钙后，共混物样条的断裂方式又发生了一些改变，随氯化钙含量的提高，PA6/SEBS/$CaCl_2$ 共混物样条拉伸断口纤维状毛刺逐渐变粗、变短，表明其断裂方式逐渐由韧性断裂向脆性断裂转变。当尼龙 6 与 SEBS 共混，橡胶粒子作为应力集中中心，在外力作用下引发大量的银纹和剪切带，其产生和发展要消耗大量的能量。橡胶粒子控制银纹的发展，并使银纹及时终止而不发展成破裂性裂纹，而且剪切带也可以终止银纹。同时，银纹和剪切带相遇时，或银纹与橡胶粒子相遇时，会使银纹转向和变化。这种变化会使银纹的数量增加，从而增加了能量的吸收，同时降低每条银纹的前沿应力而导致银纹的终止。这些过程的综合作用大大缓解了材料的冲击破坏过程，并增加了破坏过程所需的能量，从而使尼龙 6 由脆性断裂转变为韧性断裂，大大提高了尼龙 6 的缺口冲击强度。但当加入氯化钙且含量增加时，共混物样品的冲击强度有较大幅度的下降。通过以上研究表明，氯化钙增强作用、SEBS 增韧作用，两者在某种程度上是竞争反应，所以可以通过调整两者的含量和加入的顺序实现尼龙 6 力学性能（增强或增韧）的可控。

4. 性能

从 PA6/SEBS/SEBS-g-MAH 共混体系的研究可知，当尼龙 6 和 SEBS 总量的比例为 4∶1，SEBS 和 SEBS-g-MAH 的比例为 4 左右时，共混体系缺口冲击性能最佳。加入不同比例的氯化钙共混，对共混体系结构和性能有影响。研究结果表明，PA6/SEBS/$CaCl_2$ 共混体系的缺口冲击强度比 PA6/$CaCl_2$ 复合物有很大提高，但与 PA6/SEBS 共混体系相比也有较大的下降，氯化钙加入量越高，共混物的缺口冲击强度越低。加入氯化钙的先后顺序对共混物缺口冲击强度也有较大的影响，先加氯化钙的共混物的缺口冲击强度较低，而先加 SEBS 的共混物比氯化钙、SEBS 同时加的共混物缺口冲击强度相对要高一些。

当 SEBS-g-MAH 在 SEBS 总量中占 15% 左右时，共混物有最大的冲击强度值。在 PA6/SEBS/$CaCl_2$ 共混物中，改变 SEBS 和 SEBS-g-MAH 的比例，对共混物力学性能的改变并不是特别明显，在接枝和未接枝 SEBS 的比例从 0/100 到 100/0 的范围，共混物的屈服强度仅有 1MPa 的变化，断裂伸长率随 SEBS-g-MAH 量的增加有所增加。

当频率为 1Hz 和 10Hz 时，共混物中尼龙 6 的 α 转变温度出现在 59.5℃ 和 64.4℃，比纯尼龙 6 的 59.3℃ 和 60.1℃ 有所提高，但比相同 PA6/$CaCl_2$ 比例下的 PA6/$CaCl_2$ 复合物 α 转变温度有所降低，分别为 60.9℃ 和 66.8℃。这说明氯化钙和 SEBS 在共混体系中对尼龙 6 的玻璃化转变都产生作用，氯化钙使尼龙 6 玻璃化转变温度提高，而 SEBS 起到降低尼龙 6 玻璃化转变温度的作用，两种成分作用的结果，使 PA6/SEBS/$CaCl_2$ 共混物的玻璃化转变温度处于 PA6/SEBS 共混物和 PA6/$CaCl_2$ 复合物之间。

（二）(PE/POE)-g-MAH 增韧改性尼龙 6

1. 原材料与配方（质量份）

尼龙 6	100	过氧化二异丙苯	1～2
PE/POE（40/60）-g-MAH	10～30	其他助剂	适量
MAH	1～2		

2. 制备方法

（1）(PE/POE)-g-MAH 的制备　将 MAH、引发剂 DCP 溶于丁酮，从加料口加入双螺杆挤出机（TE-35 型，南京科亚有限公司），PE/POE 质量比按 40/60 共混，反应温度 180～210℃，接枝率控制在 1%，熔融挤出后，切粒干燥，制得接枝物粒料。

（2）共混物的制备　将 PA6 与（PE/POE)-g-MAH 按不同比例在双螺杆挤出机中进行共混，螺杆转速 250r/min，筒体温度 220～245℃。挤出物经切粒干燥后，在注射机注射成标准试样。

3. 结构分析

从接枝 MAH 后的 PE/POE 与 PA6，按 10/90 的比例共混后的冲击断面图中可以看出，由于 PE/POE 上接枝 MAH 单体，在 PA6 基体中的分散性明显提高，且分散相粒径明显减小，界面之间变得模糊。但由于用量太少，分散相粒子之间的距离过大，达不到临界层厚度，当受冲击力断裂时，不能引起基体的剪切屈服，吸收能量较少，断裂面比较光滑平整，依然表现为脆性断裂。当（PE/POE)-g-MAH 用量超过 20%，特别是其用量达到 30% 时，断裂面的表面粗糙且高低不平，明显表现为韧性断裂。此时，PA6 基体产生大量的剪切屈服，吸收大量的能量，从而获得非常高的缺口冲击强度。

4. 性能

随着（PE/POE)-g-MAH 用量的增加，共混物的缺口冲击强度大大提高，当（PE/POE)-g-MAH 用量达到 30% 时，共混物缺口冲击强度可达 1050J/m^2，从而获得超韧尼龙。

而随着（PE/POE)-g-MAH 用量的增加，共混物的断裂伸长率也随着增加，这是由于分散相与 PA6 的相容性提高引起的。共混物的拉伸和弯曲强度都有一定的下降，其中弯曲强度的下降较为明显。

5. 效果

用 MAH 接枝 PE/POE 共混物，不仅提高了材料的加工性能，而且降低了成本。当（PE/POE)-g-MAH 含量达到 30% 时，可获得超韧尼龙。随着（PE/POE)-g-MAH 含量的增加，共混物伸长率有所增加，但拉伸强度和弯曲强度均有所降低。

（三）EVA 增韧改性尼龙 6

1. 原材料与配方（质量份）

尼龙 6	100	引发剂	1～2
EVA	14～18	其他助剂	适量
接枝单体	5～6		

2. 制备方法

（1）增韧剂的制备　将 EVA、接枝单体、引发剂、分散剂及其他助剂在搅拌机中混合均匀后，送入挤出机中进行接枝反应，挤出物经冷却切粒后即得增韧剂。

（2）增韧尼龙 6 的制备　将尼龙 6 和增韧剂按一定比例在搅拌机中混合均匀，然后在 200～250℃的温度下经双螺杆挤出机挤出，制得增韧尼龙 6 的粒料。

（3）工艺条件

1）注射温度：220～260℃。

2）注射压力：50～70MPa。

3）模温：80℃左右。

3. 性能

VA 含量、MFR 与 EVA 硬度的关系及 VA 含量与弹性模量的关系分别见表 2-144 和表 2-145。表 2-146 为 EVA 和 LDPE 的性能比较。

表 2-144　VA 含量与 EVA 硬度的关系

VA 含量（%）	7.2	12.5	18	18	28	28	33	40
MFR	2	4	2	150	6	400	25	50
邵氏硬度 HA	96	93	92	86	85	68	66	40

表 2-145　VA 含量与 EVA 弹性模量的关系

VA 含量（%）	2	7	9	12	17	28
弹性模量/MPa	170	160	110	105	60	20

表 2-146　EVA 和 LDPE 的性能比较

项目	MFR /g·(10min)$^{-1}$	密度 /g·cm^{-3}	回弹性（%）	压缩变形（23℃，10 天）（%）	刚性模量 /MPa	拉伸强度 /MPa	伸长率（%）
EVA	2.5	0.943	42	52	40	20	650
LDPE	2.0	0.920	22	53	140	13	600

EVA 对尼龙 6 的增韧具有冲击强度高、低吸水性和易成型加工等特点。其主要指标与 PA6/PP 合金做比较，见表 2-147。

表 2-147　增韧的尼龙 6 主要性能指标

项目	日本昭和电工 S400		清华大学 PA6/PP		岳阳研究院 PA6/PP		本试验 PA6/EVA 湿态
	干态	相对湿度（50%）	干态	湿度	干态	相对湿度（50%）	
拉伸强度/MPa	48	42.1	62.3	56.2	47	43	40
断裂伸长率（%）	50	>200	—	31	80	250	100
弯曲强度/MPa	71.5	49	87	81	91	52.2	65.8
缺口冲击强度/(kJ/m^2)	8.3	11.8	6	6.3	21	28	42.4

从表2-147中可看出，用EVA增韧的尼龙6具有较高的缺口冲击强度，也具有其他良好的力学性能。

（四）全硫化丁腈橡胶增韧尼龙6

1. 原材料与配方（质量份）

样品	PA6	全硫化丁腈橡胶（UFNBRP）	MAH	过氧化物（DCP）
CM0	100	4	0	0
CM0.5	100	4	0.5	0.1
CM1	100	4	1.0	0.1
CM1.5	100	4	1.5	0.1
CM2	100	4	2.0	0.1

2. 制备方法

（1）熔融挤出　称取一定量的PA6、UFNBRP、MAH和DCP初步混合后，通过同向双螺杆挤出机挤出造粒，螺杆转速为120r/min，加料频率为6Hz，机筒温度200～240℃，机头温度235℃。根据MAH在复合材料中的含量，分别将复合材料命名为CM0、CM0.5、CM1、CM1.5和CM2。

（2）相容剂提取　为了验证一步法制备PA6/UFNBRP复合材料的过程中发生了原位增容反应，对复合材料中的接枝物UFNBRP接枝PA6（UFNBRP-g-PA6）进行提取，步骤：①取2g的PA6/UFNBRP复合材料加入甲酸中，室温下搅拌3h；②将悬浊液进行抽滤，然后用乙醇清洗；③多次重复①和②两步，彻底除去复合材料中均聚PA6；④将滤饼放入真空烘箱中，80℃下烘干24h。

3. 性能

表2-148列出了PA6/UFNBRP复合材料的力学性能。从表2-148中可以看出，未进行增容的复合材料CM0的缺口冲击强度与PA6相当，而进行增容处理的复合材料的缺口冲击强度都有所提高。当MAH含量为1.0份时，复合材料的缺口冲击强度最高，较纯PA6提高158%。这表明PA6和UFNBRP两相间的界面结合对增韧效果至关重要。复合材料的拉伸强度和弹性模量与纯PA6相比，仅有少量下降，下降幅度小于10%。因此，在本体系中，适当的增容可以显著提高复合材料的韧性，同时不劣化材料的强度，从而实现韧性和强度的较好平衡。

表2-148　PA6和PA6/UFNBRP复合材料的力学性能

样品	拉伸强度/MPa	弹性模量/MPa	缺口冲击强度/$kJ \cdot m^{-2}$
PA6	75.3	2030	8.1
CM0	73.0	1956	7.9
CM0.5	73.6	1951	15.6
CM1.0	68.2	1894	20.9
CM1.5	70.2	1925	19.7
CM2.0	70.0	1961	14.1

4. 效果

1）在熔融挤出过程中，原位生成了 UFNBRP-g-PA6。

2）MAH 含量为 1.0 份时，分散相 UFNBRP 的粒径最小，粒径分布最窄。

3）MAH 含量为 1.0 份时，PA6/UFNBRP 复合材料的韧性最佳，与纯 PA6 相比，提高了 158%，而拉伸性能仅小幅下降。

4）MAH 含量为 1.0 份的复合材料中，PA6 的玻璃化转变温度 T_g 最低，表明该复合材料的原位增容效果最佳。

（五）聚烯烃增韧改性尼龙 6

1. 原材料与配方（质量份）

尼龙 6	100	增韧剂	5～20
顺丁烯二酸酐	5～10	过氧化苯甲酰	0.5～1.0
其他助剂	适量		

各种增韧剂的基体树脂见表 2-149。

表 2-149 各种增韧剂的基体树脂

增韧剂类别	增韧剂 a	增韧剂 b	增韧剂 c
基础聚合物	PE/POE	PP/POE	POE/EPDM

2. 制备方法

1）基体树脂在引发剂的作用下与顺丁烯二酸酐经双螺杆挤出机熔融接枝制备增韧剂。三种增韧剂的基体树脂、顺丁烯二酸酐、引发剂配比（10000∶100∶5）一致，只是三种增韧剂的基体树脂不一样。

2）三种增韧剂分别与 PA6 按设定的质量分数（5%、10%、20%、30%）通过双螺杆挤出机熔融共混，造粒，制得增韧剂添加量不同的增韧尼龙 6。

3）增韧尼龙 6，100℃，干燥 4h。采用高温注射机注射弯曲及缺口冲击标准试样。

3. 性能

改性后，弯曲强度随增韧剂用量的增加而降低，冲击强度随增韧剂用量的增加而增大。添加量低于 5% 时，三种增韧剂的弯曲强度基本相同。当添加量在 10%～30% 时，三种增韧剂改性的尼龙 6 弯曲强度为：a > b > c。增韧剂用量较小时，缺口冲击强度增大的幅度较小；增韧剂用量在 10%～20% 范围时，增韧剂 a、增韧剂 b 增韧的尼龙 6 的缺口冲击强度大幅度提高。增韧剂用量相同时，增韧剂 b 的增韧效果最好。这主要是因为 PP 和 PE 分子结构及其结晶形态不同造成的。PP 分子结构中含有叔碳，叔碳氢易被夺取成为活性点，故 PP 易被接枝。而 PE 分子结构对称，不易被引发。再者，PP 是球晶结构，球晶利于增韧，而 PE 是折叠链片晶结构。

本来增韧剂 c 的基体是 POE/EPDM 弹性体，应该增韧效果好些，但是乙丙橡胶分子链长，摩尔质量较大，接枝过程中存在交联多，接枝率低，再者增韧剂 c 颗粒发黏，不易分散，所以增韧剂 c 与尼龙 6 的界面结合不好，进而反映出增韧剂 c 与其他两种增韧剂相比，改性后尼龙弯曲强度及冲击强度都偏低。

采用增韧剂 b，其用量为 20% 时，直接混合和熔融混合后分别制备试样，测试弯曲强度和缺口冲击强度。弯曲强度均为 65 ~ 70MPa，几乎相当。直接混合制备试样的缺口冲击强度离散性稍大，最小为 $79kJ/m^2$，最大为 $140kJ/m^2$；熔融混合缺口冲击强度最小为 $97kJ/m^2$，最高为 $120kJ/m^2$，数据均匀。

聚烯烃接枝系列增韧剂可与尼龙颗粒直接混合后注射成型或挤出成型，也可与尼龙熔融挤出共混合后挤出成型或注射成型。前者使用方便，成本低，在注射喷嘴处高速剪切和塑化，提高了增韧剂与尼龙的混合均匀性，从而可获得理想的产品；后者在熔融混合过程中，增韧剂和尼龙熔融混合，产品质量更加均匀和稳定。根据不同的需要可以选择不同的使用方法。

4. 效果

1）通过 Molau 试验说明：三种增韧剂都与尼龙 6 有一定的相容性。

2）随增韧剂用量的增加，改性尼龙的缺口冲击强度提高，弯曲强度降低。增韧剂 a、增韧剂 b 用量为 10% ~ 20% 时，缺口冲击强度大幅度提高。

3）添加同样的增韧剂，在 10% ~ 20% 范围内，增韧剂 b 的增韧效果最好。

（六）聚丁二烯增韧改性 MC 尼龙

1. 原材料与配方（质量份）

MC 尼龙	100	聚丁二烯	20 ~ 40
相容剂	5 ~ 10	其他助剂	适量

2. 制备方法

（1）大分子活化剂的合成　将一定量的甲苯二异氰酸酯（TDI）与已脱水的端羟基 PB 混合、搅拌，反应温度保持在 90℃ 左右，反应时间以产物中异氰酸酯（—NCO）含量达到设定值为准。

（2）嵌段共聚物的合成　称取一定量的己内酰胺（CL）于 250mL 的三口烧瓶中，温度约为 120℃，抽真空约 10min，然后将 2/3 体积的 CL 与定量的大分子活化剂混合；剩余的 CL 与定量的催化剂氢氧化钠混合，待氢氧化钠反应完毕后，两个反应瓶同时抽真空脱水，温度约为 120℃，约 10min。最后将催化剂瓶中的产物转入另一反应瓶，搅匀，浇注到预热至 170℃ 的模具内聚合 20min，冷却后脱模，得到聚丁二烯嵌段共聚改性 MC 尼龙。

3. 性能

MC 尼龙材料的熔点（T_m）、熔融焓（ΔH_m）见表 2-150 和表 2-151。

表 2-150　分子量为 3900 的大分子活化剂对 MC 尼龙结晶度的影响

活化剂质量分数（%）	0	5	10	15	20	25
T_m/℃	220.6	218.1	211.8	210.6	203.3	193.1
ΔH_m/J·g^{-1}	89.0	96.2	78.3	73.5	48.8	59.4
结晶度（%）	43.4	47.0	38.2	35.9	23.8	29.0

表 2-151 分子量为 11500 的大分子活化剂对 MC 尼龙结晶度的影响

活化剂质量分数（%）	0	5	10	15	20	25
T_m/℃	220.6	219.1	218.7	213.1	208.5	201.0
ΔH_m/J·g^{-1}	89.0	88.3	112.0	72.8	64.7	51.4
结晶度（%）	43.4	54.7	51.7	36.5	31.6	25.1

由表 2-150 和表 2-151 可看出，无论是选用分子量为 3900 还是选用分子量为 11500 的大分子活化剂时，当其质量分数为 5%～10% 时，改性 MC 尼龙结晶度虽然增加，但是其熔点没有超过未改性的熔点。无论使用分子量多大的大分子活化剂，MC 尼龙的冲击强度都随着大分子活化剂用量的增加而提高。当使用相对分子量为 3900 的大分子活化剂时，冲击强度远远高于使用相对分子量为 11500 时的 MC 尼龙。并且在试验中发现，当大分子活化剂的质量分数达 20% 时，MC 尼龙材料不会被冲断。而 MC 尼龙的拉伸强度从 93.6MPa 下降到 22.8MPa。由此可见，PB 的加入对 MC 尼龙材料的冲击性能、韧性有明显的提高。

无论活化剂分子量的大小，随着大分子活化剂用量的增加，材料的断裂伸长率也不断增加，且小分子量的活化剂与大分子量的活化剂相比，相应材料断裂伸长率增加得更为明显。硬度随着大分子活化剂用量的增加先变大后变小，与结晶度的变化基本一致。

大分子活化剂的引入对 MC 尼龙材料的冲击强度有了明显的改善，并且分子量相对小的大分子活化剂更有利于改善 MC 尼龙材料的韧性。

4. 效果

1）端羟基 PB 改性 MC 尼龙材料的合成过程中，大分子活化剂的分子量大小、用量多少，决定共聚物中尼龙段及共聚物的分子量的大小。

2）随着大分子活化剂用量的增加，PB 嵌段改性 MC 尼龙材料的结晶度先增加后减小。

3）引入大分子活化剂对 MC 尼龙材料的冲击强度有明显的改善，并且分子量相对小的大分子活化剂更有利于改善 MC 尼龙材料的韧性。

（七）马来酸酐（MAH）三元乙丙橡胶（EPDM-g-MAH）增韧改性尼龙 66

1. 原材料与配方（质量份）

尼龙 66	100	MAH	1～2
EPDM-g-MAH	6～10	其他助剂	适量

2. 制备方法

（1）工艺流程 EPDM-g-MAH 增韧 PA66 共混体系制备的工艺及测试流程示意图如图 2-1 所示。

（2）MAH-g-EPDM 的制备 将一定质量配比的 MAH 和 EPDM 于密炼机中混炼均匀，密炼温度 250℃，转速 40r/min。

3. 结构分析

从 H_v 散射特征图像中分析判断，加入 6 份 EODM-g-MAH 后共混体系球晶半径

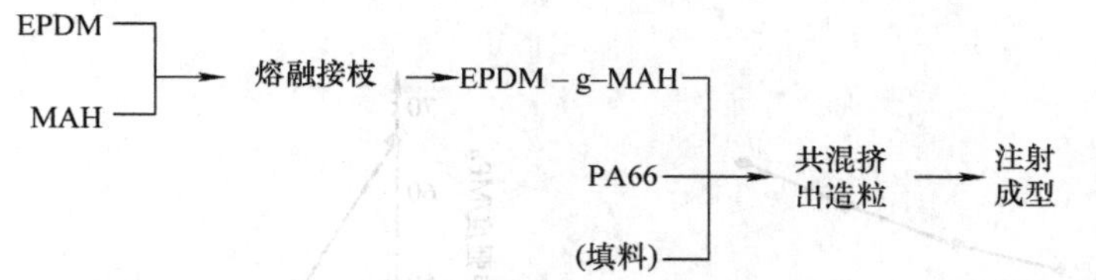

图 2-1 工艺及测试流程示意图

减小。

根据聚合物球晶半径与 $\boldsymbol{H}_{\mathrm{v}}$ 矢量的关系，计算出不同 EPDM-g-MAH 用量的 PA66/EPDM-g-MAH 共混体系中 PA66 的球晶尺寸，见表 2-152。

表 2-152 PA66/EPDM-g-MAH 共混体系中 PA66 的球晶尺寸

材料	纯 PA66	PA66/EPDM-g-MAH 中 MAH 含量（质量份）			
		3	6	9	12
球晶尺寸/μm	7.6	5.0	4.8	4.2	3.9

从表 2-152 中可看出，PA66/EPDM-g-MAH 共混体系中 PA66 的球晶半径比纯 PA66 的小，且随着 EP-DM-g-MAH 份数的增加，共混体系球晶尺寸减小。这是由于 EPDM-g-MAH 颗粒对 PA66 球晶的插入、分割和细化导致的。直到最后，PA66 晶体不再呈球晶形式，而以片晶或碎晶形式存在。在 PA66 含量较高的共混体系中，PA66 仍以球晶结构存在，随橡胶含量增加，片晶尺寸减小，逐渐向碎晶过渡。PA66 球晶细化对共混体系的冲击强度有利，这阻碍了降温过程中聚合物熔体的松弛，在球晶内和球晶间形成更多的带状超分子结构，球晶相互连接产生更多的缠结作用，使球晶间界面强度增加，提高了 PA66/EPDM-g-MAH 共混体系的韧性，冲击强度增大。

4. 性能

表 2-153 是 PA66/EPDM 与 PA66/EPDM-g-MAH 共混体系拉伸强度的比较。从表 2-153中可以看出，PA66/EPDM 共混体系比纯 PA66 拉伸强度稍有下降。当 MAH 含量为 1.8 份（质量份，下同），PA66/EPDM-g-MAH 拉伸强度高于 PA66/EPDM 共混体系。这是由于 EPDM-g-MAH 起相容剂作用，提高了界面间的黏结力，从而改进共混体系的力学性能，拉伸强度随之提高。而当 MAH 含量为 0.5 份时，拉伸强度达到最小值，可能是由于接枝量较少，且分布不均匀所致。

表 2-153 共混体系拉伸强度的比较

性能	纯 PA66	PA66/EPDM	PA66/EPDM-g-MAH 中 MAH 含量（质量份）	
			0.5	1.8
拉伸强度/MPa	65.7	60.7	50.1	62.4

图 2-2 是 EPDM-g-MAH 用量对 PA66/EPDM-g-MAH 共混体系冲击强度的影响。EPDM-g-MAH 用量对 PA66-EPDM-g-MAH 共混体系拉伸强度的影响如图 2-3 所示。

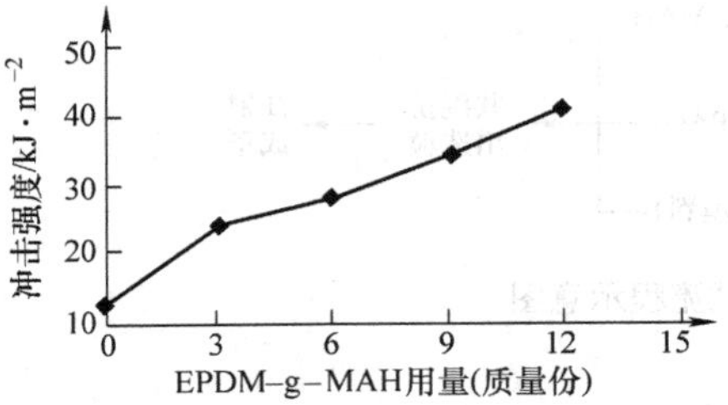

图2-2　EPDM-g-MAH用量对共混体系冲击强度的影响

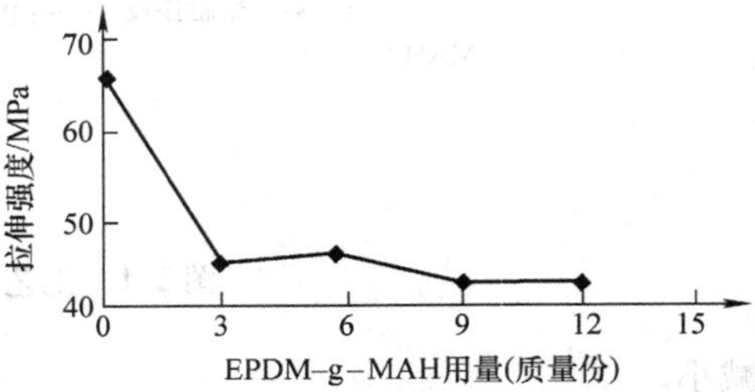

图2-3　EPDM-g-MAH用量对共混体系拉伸强度的影响

5. 效果

1）EPDM-g-MAH和PA66的相容性明显好于EPDM和PA66，界面状况变好，共混体系力学性能有所提高。

2）随着EPDM-g-MAH用量的增加，PA66/EPDM-g-MAH共混体系由脆性断裂逐步向韧性断裂转变，冲击性能呈线性上升趋势，但拉伸性能有所下降。

3）加入EPDM-g-MAH使得纯PA66的典型球晶结构发生改变。随EPDM-g-MAH用量的增加，PA66球晶尺寸变小，共混体系冲击强度提高。

（八）POE增韧改性尼龙66

1. 原材料与配方（质量份）

尼龙66（M20）	100	丙酮	适量
POE（8999）-g-MAH	2~3	其他助剂	适量
二甲苯	适量		

2. 制备方法

将MAH用丙酮溶解，与待接枝物混合均匀，在双螺杆挤出机（TE-35B，中国科亚）上熔融挤出接枝反应，挤出机加料段温度210℃，模头温度240℃，中间三段温度可调，螺杆转速为50~800r/min，熔融挤出后，切粒干燥，制得接枝产物。

3. 结构分析

PA66/POE-g-MAH共混材料断面经刻蚀而形成的孔洞较均匀地分布在PA66基体中。其中分散颗粒直径均在1.0μm以下，且分布比较均匀。这说明接枝产物POE-g-MAH与PA66产生了良好的相容性，增强了POE-g-MAH与PA66基体间的界面黏结力，故起到了很好的增韧效果。

4. 性能

由表2-154可知，在不同的螺杆转带和接枝温度条件下，所得接枝产物的凝胶质量分数均≤0.3%。

表 2-154 螺杆转速 n 和接枝反应温度 t 对产物接枝率 G_d 和凝胶含量 C 的影响

样品编号	t/℃	n/r·min^{-1}	G_d(%)	C(%)	样品编号	t/℃	n/r·min^{-1}	G_d(%)	C(%)
POE-g-MAH-1	230	50	0.035	0.0	POE-g-MAH-10	270	500	0.214	0.0
POE-g-MAH-2	230	200	0.006	0.0	POE-g-MAH-11	270	600	0.251	0.2
POE-g-MAH-3	230	350	0.011	0.0	POE-g-MAH-12	270	800	0.307	0.3
POE-g-MAH-4	230	500	0.121	0.0	POE-g-MAH-13	310	50	0.165	0.0
POE-g-MAH-5	230	600	0.249	0.1	POE-g-MAH-14	310	200	0.116	0.0
POE-g-MAH-6	230	800	0.268	0.2	POE-g-MAH-15	310	350	0.162	0.0
POE-g-MAH-7	270	50	0.133	0.0	POE-g-MAH-16	310	500	0.248	0.1
POE-g-MAH-8	270	200	0.099	0.0	POE-g-MAH-17	310	600	0.334	0.2
POE-g-MAH-9	270	350	0.058	0.0	POE-g-MAH-18	310	800	0.390	0.2

5. 效果

1）在不加入任何过氧类引发剂的条件下，通过提高熔融挤出过程中双螺杆挤出机螺杆转速的机械力引发方法，可以制得具有较高接枝率（接枝率 0.39%）、较好熔体流动性（熔体质量流动速率 0.05～0.4g/10min），且凝胶质量分数小于 0.3% 的马来酸酐接枝 POE 产物（POE-g-MAH）。

2）在机械力引发熔融接枝方法中，接枝反应温度和马来酸酐用量对产物接枝率和熔体流动速率具有重要影响。

3）接枝产物 POE-g-MAH 对 PA66 具有良好的增韧作用，可使 PA66/POE-g-MAH 共混材料的缺口冲击强度提高至 PA66 材料的 12 倍左右。

（九）马来酸酐聚丁二烯改性聚丙烯尼龙 6

1. 原材料与配方（质量份）

尼龙 6	100	马来酸酐化低分子量聚丁二烯（MLPB）	1～10
过氧化二异丙苯（DCP）	0.5～1.5	PP	10～30
其他助剂	适量		

2. 制备方法

（1）增韧剂 PPgPB 的制备　将原料 PP、MLPB、DCP 按配比预混合均匀，然后加入双螺杆挤出机中进行反应挤出，挤出温度为 180℃，螺杆转带为 120r/min。接枝产物经水冷切粒，干燥后备用。所制备五种增韧剂，记为 PPg PB-x（1，3，5，7，10），其中 x 代表 MLPB 的含量，分别为 1%，3%，5%，7%，10%。

（2）共混物的制备　将 PA6 与 PPgPB 按一定比例经 HAAKE 双螺杆挤出机进行反应挤出，挤出温度为 230℃，螺杆转速为 240r/min。所得增韧 PA6 共混物水冷切粒，干燥之后再注射成标准样条。

3. 性能

将 PPgPB-5/PA6 体系与 LDPEgPB-5/PA6 体系的冲击强度、拉伸屈服强度和弹性模量进行了比较。从中可见，前者的拉伸屈服强度和弹性模量均高于后者，然而以相对更硬的 PP 为核的共混体系的悬臂梁缺口冲击强度明显低于以软质 LDPE 为核的共混体系。

不难发现，在核壳增韧尼龙6体系中采用的核材料的特性是影响增韧体系的力学性能和断裂行为的非常重要的因素。

当增韧剂含量为10%时，体系发生了脆韧转变，此时PPgPB-5/PA6体系分散相粒子的平均粒子间距为0.49μm，大于Wu S. 测出的PA6体系的临界粒子间距（0.3μm），这进一步证明了LDPEgPB/PA6体系中Wu S. 理论的不足，研究其增韧机理必须充分考虑分散相粒子的性质和作用。

4. 效果

硬核（PP）软壳（MLPB）的核-壳结构粒子能够有效增韧PA6，核壳增韧体系中作为壳层的橡胶的空穴化和纤维化是个关键的过程，然而其中橡胶纤维的稳定性对能否有效增韧是至关重要的，而且由于PP核的高弹性模量和屈服强度，橡胶纤维的稳定性也因此降低，使得增韧体系的韧性下降。尽管如此，相对LDPE/PA6体系而言，PP/PA6增韧体系的力学性能更为均衡。

（十）聚丙烯酸酯核壳粒子增韧尼龙6

1. 原材料与配方（质量份）

尼龙6	100	PBMM	1~2
交联剂	0.5	其他助剂	适量

2. 制备方法

（1）乳液聚合　聚合在500mL的四口烧瓶中进行，水溶温度控制在（78±1）℃。在氮气保护下加入去离子水、乳化剂和质量分数为5%的种子单体（BA），加入引发剂过硫酸钾（KPS）水溶液后开始制备种子乳液。1h后滴加剩余的79%单体（核层BA+ALMA和壳层单体MMA）及16%单体（壳层单体MMA+MAA）和乳化剂的预乳化液。反应过程中适当补加KPS溶液，3h内均匀滴加完毕，保温1h。冷却后过滤，经冷冻破乳、洗涤、真空干燥后得到聚丙烯酸酯核壳粒子，poly（BA）/poly（MMA-co-MAA），简称PBMM。在该体系中，丙烯酸丁酯与甲基丙烯酸甲酯的单体质量比为85/15，最外层单体MAA为BA+MMA单体总质量的0.5%，核层交联剂ALMA的质量分别为核层单体质量的0.4%、0.5%、0.6%、0.7%、0.8%和0.9%。

（2）PA6/聚丙烯酸酯核壳粒子共混物制备　将上述制备的聚丙烯酸酯改性剂在40℃下真空干燥24h，PA6树脂在80℃下真空干燥12h。改性剂与PA6的质量比为1:4，经双螺杆挤出机熔融共混后挤出造粒。将得到的PA6共混物粒料在80℃下真空干燥12h，随后注塑得到拉伸测试样条，缺口冲击测试样条和用于其他性能测试的样条。

3. 性能

表2-155列出了不同核层交联剂含量乳液的主要参数。

表2-155　不同核层交联剂含量的PBMM最终乳液参数汇总

ALMA质量分数（%）	最终粒径/nm	多分散指数（PDI）	总转化率（%）	聚合物质量分数（%）
0.4	295	0.031	95.63	2.33
0.5	297	0.019	97.54	2.09

（续）

ALMA 质量分数（%）	最终粒径/nm	多分散指数（PDI）	总转化率（%）	聚合物质量分数（%）
0.6	295	0.018	96.94	3.38
0.7	296	0.015	97.22	3.17
0.8	293	0.013	96.50	2.02
0.9	295	0.008	98.68	1.39

随着 ALMA 用量的增加，PA6/PBMM 共混物的缺口冲击强度呈现先增大后减小的趋势，这是由于 ALMA 的加入提高了聚丙烯酸正丁酯的交联度；当 ALMA 质量分数为 0.5% 时，共混物的缺口冲击强度提高最多，是纯 PA6 的 7 倍。但随着交联度的不断增大，核层变硬，不能为共混物提供足够的形变能力，从而使共混物的缺口冲击强度下降。另外，随着 ALMA 用量的增加，共混物的拉伸强度呈下降趋势，超过 0.5% 后，变化不大。

4. 效果

1）用种子乳液聚合方法成功制备了聚丙烯酸酯核-壳粒子 PBMM，在反应过程中，单体具有很高的瞬时转化率和总转化变，粒子呈现明显的核壳结构，并实现了对粒子尺寸、结构和组成的控制。

2）核层聚丙烯酸丁酯的交联剂用量对 PA6/PBMM 共混物的力学性能有很大影响，当交联剂用量为 0.5% 时，共混物的缺口冲击强度提高最多，是纯 PA6 的 7 倍。

三、合金化改性

（一）马来酸酐（MAH）改性 LDPE/PA6 热致形状记忆合金

1. 原材料与配方（质量份）

尼龙 6	100	过氧化二异丙苯（DCP）	1～2
LDPE	20～30	其他助剂	适量
MAH	3～10		

2. 制备方法

用双螺杆挤出机先将 PE 与 DCP、MAH 在 200℃ 熔融共混，然后再与 PA6 在 260℃ 熔融共混，螺杆转速为 200r/min。所得产物经造粒、干燥后，用平板流变仪在 230℃ 熔融压片用于形状记忆性能测试。

3. 性能与效果

1）在自由基引发剂 DCP 的作用下，通过用 MAH 改性的 PE 与 PA6 接枝的方法，可制备性能优良的具有微晶物理交联网络的形状记忆材料。

2）回复温度、伸长率、形变固定时间、回复次数是影响微晶物理交联网络稳定的重要因素。

3）MAH 改性 PE/PA6 共混体系的形状回复响应温度为 130℃，伸长率增加、形变固定时间延长、回复次数增多导致形状记忆性能下降。

（二）PA6/HDPE 防辐射合金

1. 原材料与配方（质量份）

尼龙66	100	相容剂	1~2
HDPE	30~50	其他助剂	适量

2. 制备方法

（1）HDPE的辐照 将试样（粉状，未加稳定剂）在室温、空气、相对温度60%的条件下，采用圆柱体式15000Ci ^{60}Co γ射线源照射，辐照剂量率为0.3kGy/h。

（2）样品的制备 按配方称取HDPE、γ辐照HDPE（γ-HDPE）、PA6（110℃下真空干燥12h）和适量抗氧剂，在哈克转矩流变仪上密炼10min，密炼温度为230℃。将所制得的共混物在230℃下模压成4mm×1mm的片材。

3. 结构分析

从HDPE/PA6（质量比90/10）与γ-HDPE（45kGy）/PA6（质量比90/10）共混体系的液氮脆断面刻蚀后的扫描电镜照片中可见，在HDPE/PA6体系中，分散相粒子粗大，表面光滑，两相间界面明显，相容性差；对于γ-HDPE/PA6体系，分散相的粒径显著变小，在基体中分散均匀，两相间界面模糊，表明两者的界面相互作用明显增强。这也说明γ辐照增加了HDPE的极性，有效降低了HDPE/PA6间的界面张力，改善了两者的相容性。

4. 性能

表2-156为Molau试验结果。该结果进一步证实了γ-HDPE可以与PA6形成较强的相互作用，诸如氢键，甚至化学键，从而使γ-HDPE和PA6的相容性得到改善。

表2-156 Molau试验结果

试样	试验现象
HDPE	完全透明
HDPE/PA6	出现明显的分层现象，上层为透明溶液，下层为白色絮状物
γ-HDPE（45kGy）/PA6	较均匀的乳状液，只有试管底部出现少量絮状物

1）HDPE经γ射线辐照后，在分子链上引入了羰基等含氧极性基团。含氧基团的浓度随辐照剂量的增加而增大。

2）γ射线辐照改善了HDPE与PA6的相容性，提高了γ-HDPE/PA6共混体系的力学性能。

3）γ射线辐照HDPE改善了γ-HDPE/PA6共混体系对二甲苯的阻隔性能。

（三）互穿网络尼龙6/PP合金

1. 原材料与配方（质量份）

尼龙6	100	MAH	5~6
PP	25~75	其他助剂	适量

2. 制备方法

聚丙烯（PP）：H-T-022（F401）；已内酰胺、二甲苯、苛性钠、甲苯二异氰酸酯（TDI）、马来酸酐（MAH）均为分析纯。将PP与马来酸酐在130℃进行接枝反应后，将 PP 与马来酸酐的接枝物、二甲苯、己内酰胺充分混合，然后加入脱水容器中溶胀一定的时间后，加热到 110℃，加入苛性钠，在搅拌的条件下通入氮气，使之反应脱水 30min；再升温到 140℃，并加入助催化剂甲苯二异氰酸酯后，迅速通入氮气并搅拌 15min；然后趁热在模具中成型，保温聚合一定时间，最后脱出制品。

3. 性能

试验性能数据见表 2-157。

表 2-157 试验性能数据

试验号	PP 含量（%）	溶胀温度/℃	马来酸酐含量（%）	溶胀时间/min	拉伸强度/MPa	冲击强度/(kJ/m^2)
1	25	80	10	90	10.32	20.152
2	50	80	5	45	17.798	22.114
3	75	80	8	135	10.628	19.676
4	25	90	8	45	11.782	20.999
5	50	90	10	135	16.578	24.028
6	75	90	5	90	20.289	23.574
7	25	100	5	135	14.526	24.028
8	50	100	8	90	16.887	26.304
9	75	100	10	45	12.553	26.870

表 2-158 为最佳组分共混物与纯组分的性能对比。由表 2-158 可知，PP/PA6（50/50）的拉伸强度与纯 PP 的拉伸强度相比有较大的提高，但冲击强度均略有下降。其原因是 PA6 在力学性能上略显脆性。随着 PA6 含量的增高，拉伸强度随之升高，冲击强度则相反。共混物的微观形态结构从海-岛结构，变成海-海结构，再到岛-海结构。PP 作为一种韧性材料，当 PA6 含量小于 50% 时，PP 是连续相，PA6 是分散相。PA6 作为增强材料加入 PP 中，起到增强剂的作用，故共混材料的拉伸强度随 PA6 含量的增加而逐渐提高。马来酸酐相容剂的使用使得 PP 和 PA6 的相容性增加，两者之间的相分离不明显，材料的拉伸强度提高较大而冲击强度下降不多。综合考虑材料的力学性能，认为在 PP 接枝物/PA6（50/50）时是最佳组成成分。

表 2-158 热塑性 IPN PP/PA6（50/50）与纯 PP 的性能对比表

材料	拉伸强度/MPa	冲击强度/(kJ/m^2)
纯 PP	13.438	25.764
纯 PA6	24.989	14.573
最佳组分	20.989	20.628

（四）尼龙 6/尼龙 66 合金

1. 原材料与配方（质量份）

尼龙 6	25～75	EAA	1～5
尼龙 66	75～25	MAH	5～6
PE	10～30	抗氧剂	1～2
EVA	15～25	其他助剂	适量

2. 制备方法

（1）相容剂的制备　将EVA、PE、MAH、过氧化物在高速混合机中混匀后，在温度为160～190℃、螺杆转速为160～190r/min的条件下经双螺杆共混挤出得相容剂。

（2）尼龙改性材料的制备　在烘料温度不大于80℃、烘料时间不小于12h、抽真空的条件下，将尼龙6、尼龙66烘干，再与PE、EAA、相容剂等原材料在高速混合机中混匀，在温度为245～268℃、螺杆转速设定为180～240r/min的双螺杆挤出机中共混挤出造粒。

（3）组分调整与作用　为获得具有最佳性能的增韧PA6/PA66合金，制备具有高接枝率和低凝胶量的EVA/PE-g-MAH相容剂是关键，因而影响相容剂制备的主要因素都要合理地选择。

3. 性能

改性产品低温性能与纯尼龙6的低温性能比较见表2-159。从表2-159中可以看出，纯尼龙的低温冲击性能较差。在－15℃下缺口冲击强度为5.8kJ/m^2，通过改性后的缺口冲击强度可达12.9kJ/m^2。

表2-159　改性产品与纯尼龙6的低温性能比较

品种	冲击强度/kJ·m^{-2}	弯曲强度/MPa	拉伸强度/MPa	断裂伸长率（%）
改性产品	12.9	96.8	76.7	12.8
纯尼龙6	5.8	111.4	80.4	15.0

4. 效果

1）以EVA/PE-g-MAH作为相容剂，以EAA、PE作为增韧剂，对PA6/PA66共混物进行改性，能得到综合性能优良的聚酰胺合金。经过改性的PA6/PA66合金的吸水率有较大降低。

2）以含量为0.08%～0.15%的过氧化物为引发剂，以含量为1.0%～2.0%的MAH为接枝单体，以EVA/PE的混合料为载体，合成的相容剂的增容效果好，EVA/PE-g-MAH不但具有增容作用，而且具有良好的增韧作用。

3）PA6与PA66的比例为（65～55）:（35～55）时得到的合金材料综合性能较好。

4）增韧剂EAA的用量为6%～11%时，增韧剂的效果较好。

（五）尼龙6/PC合金的苯乙烯-马来酸酐（SMA）增容改性

1. 选材

1）聚碳酸酯（PC）：日本出光化学公司产品。

2）尼龙6（PA6）：南京立汉化学有限公司提供。

3）苯乙烯-马来酸酐共聚物（SMA）：SMA212，SMA218，上海石化研究院产品。

4）甲基丙烯酸甲酯-丁二烯-苯乙烯共聚物（MBS）：BH505，上海制笔化工厂产品。

5）ABS：PA757，台湾奇美实业有限公司产品。

6）增容剂A和增容剂B：自制。

2. 制备方法

（1）共混 将PA6、PC和增容剂等按一定配比混合，在真空烘箱中90℃下烘6～10h，然后采用双螺杆挤出机共混造粒，挤出温度185～250℃。

（2）制样 将共混粒子充分干燥后，用塑料注射机注射样条，注射温度200～250℃。

3. 性能

PC/PA/SMA共混体系。由于PC和PA不相容，PC/PA共混材料的力学性能差。从表2-160中可看出，加入增容剂SMA后，共混体系的相容性得到了一定程度的改善，共混材料的拉伸强度、弯曲强度和冲击强度有所提高。SMA212的增容效果优于SMA218；PC/PA（75/25）共混体系中加入5份SMA212时，共混物的缺口冲击强度得到了较大提高，同时共混物具有较高的拉伸强度和弯曲强度。因此，选用SMA212作为PC/PA（75/25）共混体系的增容剂，用量为5份。

表2-160 PC/PA/SMA共混体系的力学性能

样品	拉伸强度/MPa	弯曲强度/MPa	缺口冲击强度/J·m^{-2}
PC/PA（75/25）	53.7	90.0	15.0
PC/PA/SMA212（75/23/3）	58.8	92.6	23.8
PC/PA/SMA212（75/25/5）	57.1	89.8	56.2
PC/PA/SMA212（75/25/8）	55.7	87.3	36.4
PC/PA/SMA218（75/25/3）	57.4	93.1	18.8
PC/PA/SMA218（75/25/5）	56.5	90.5	18.3
PC/PA/SMA218（75/25/8）	54.8	88.2	16.8

由表2-161可知，在PC/PA/SMA（70/25/5）体系中分别加入ABS、MBS和自制增容剂A，共混物的力学性能不但没有改善，反而劣化了；而对于自制增容剂B，它的少量加入（5份）大大提高了共混物的冲击强度，同时共混物保持着较高的拉伸强度和弯曲强度。

表2-161 PC/PA/SMA/X共混体系的力学性能

样品	拉伸强度/MPa	弯曲强度/MPa	缺口冲击强度/J·m^{-2}
PC/PA（75/25/5）	57.1	89.8	56.2
PC/PA/SMA/ABS（75/25/5/5）	58.5	88.7	20.8
PC/PA/SMA/MBS（75/25/5/5）	54.7	93.0	20.2
PC/PA/SMA/A（75/25/5/5）	50.4	69.7	20.0
PC/PA/SMA/B（75/25/5/5）	51.2	78.5	103.5
PC/PA/SMA/B（75/18/5/7）	45.1	71.3	160.7

4. 效果

1）SMA212对PC/PA（75/25）共混体系有增容作用，当加入5份时，共混物的缺口冲击强度有较大提高。

2）自制增容剂B的加入进一步改善了PC/PA/SMA（75/25/5）共混体系的界面黏

结，当其加入量为 5 份时，共混物的冲击强度大幅度提高，同时保持较高的拉伸强度和弯曲强度。

（六）尼龙 6/PPS 合金

1. 原材料与配方（质量份）

尼龙 6（F-223-D）	30 ~ 80	相容剂	5 ~ 6
PPS（PPS-hb）	70 ~ 20	其他助剂	适量

2. 制备方法

将原料烘干后，按一定配比在流变仪上以 30r/min 共混，以单丝形式挤出物料，在水槽中冷却后造粒。粒料在注射机上注射成所需试样。

3. 结构分析

从 PPS/PA6 合金拉伸断裂试样断面喷金后的 SEM 微观形态图中可见，当外力作用在试样上，到达屈服点后，会引起 PPS/PA6 合金链段沿受力方向取向，尤其是到试样取向极限状态，也就是断裂时，能够充分保留链段受力后的形态。因此通过 SEM 观察可以得到 PPS/PA6 合金内部受力后的形态结构，从而推断出 PPS/PA6 合金中两种聚合物的相容性。PPS 与 PA6 两相没有明显分离现离，说明 PA6 和 PPS 有较好的相容性。对比不同配方的两个试样可见，PA6 含量为 60% 时相对于含量为 30% 时缺陷较明显，可以看到有微小气泡的存在。这可能是因为 PA6 较易与水反应，当 PA6 含量较高时，在加工过程中与空气中水分反应造成的。

4. 性能

各种配比合金的拉伸强度均比 PPS 的拉伸强度（49.06MPa）有所提高，而配方中 PA6 含量为 60% 时拉伸强度最大，为 58.20MPa。不同配比的 PPS/PA6 合金的断裂伸长率列于表 2-162。由表 2-162 可知，PA6 的加入可明显提高 PPS 的断裂伸长率，说明通过这种方法可以改善 PPS 的脆性，提高它的韧性。

表 2-162　不同配比的 PPS/PA6 合金的断裂伸长率

项目	PA6 含量（%）				
	0	30	60	70	80
断裂伸长率（%）	10.63	16.24	17.94	14.22	16.02

PPS/PA6 合金的缺口冲击强度和无缺口冲击强度分别为 8.69kJ/m^2 和 17.12kJ/m^2；PA6 含量为 70% 时，则分别为 9.37kJ/m^2 和 19.32kJ/m^2。

虽然 PPS/PA6 合金的质量保持率相对于 PPS 有所下降，但 PPS/PA6 合金仍然具有良好的耐热性能，PPS 起始分解（质量保持率 99%，下同）温度为 395℃，PPS/PA6 合金为 358℃。

PPS 和 PPS/PA6 合金在失重率为 5%、40%、60% 时的温度及最大失重率处温度见表 2-163。

表 2-163　PPS 和 PPS/PA6 合金失重率与温度对照

失重率（%）	温度/℃	
	PPS	PPS/PA6
5	443	392
40	516	492
60	536	537
最大失重率	521.31	437.70

（七）MCPA6/ABS 合金

1. 原材料与配方（质量份）

己内酰胺	100	ABS	10
TDI	0.5～1.5	其他助剂	适量

2. MCPA6/ABS 合金的制备

将一定量的固体粉末状己内酰胺加入三口烧瓶中，在氮气保护下加热熔融。加入质量分数均为10%的不同牌号 ABS 粉料，加热至170℃搅拌至完全溶解，溶液呈透明状。减压蒸馏，加入 NaOH，继续蒸馏。称取一定量的 TDI，加入溶液后快速混合，倒入预热到145℃的模具中，烘箱中保温反应40min，室温下冷却脱模制得样品。

3. 性能

表 2-164 为 MCPA6 与 MCPA6/ABS 合金的力学性能测试结果。由数据分析可知，加入三种牌号质量分数为10%的 ABS 后合金的冲击强度均得到改善，并且随着丁二烯含量的增加而提高，其中丁二烯质量分数为18%的 MCPA6/ABS 749S 达到最大值 10.2kJ/m^2，较 MCPA6 提高了39.73%。这是因为 ABS 中丁二烯软段部分能够吸收能量，增强了抵抗形变的能力，因此合金韧性得到提高。

表 2-164　MCPA6 和 MCPA6/ABS 合金的缺口冲击强度和洛氏硬度

样品	缺口冲击强度/kJ·m^{-2}	洛氏硬度 HRR	样品	缺口冲击强度/kJ·m^{-2}	洛氏硬度 HRR
MCPA6	7.3	118.7	MCPA6/ABS 750	9.3	115.3
MCPA6/ABS 749S	10.2	112.8	MCPA6/ABS 757	8.6	117.9

从表 2-164 中试验结果分析还可知：ABS 的加入使合金硬度有所降低。这是因为 ABS 的加入使 MCPA6 分子链规整度下降，结晶度降低，从而导致分子间作用力减弱，分子链之间孔隙率增大，且随着丁二烯软段含量的增加洛氏硬度降低。

4. 效果

1）FTIR 谱图表明：ABS 中的腈基发生碱解反应生成酰胺基团，MCPA6/ABS 聚合物合金中 PA6 的特征吸收峰峰值增强，同时出现了新的腈基特征吸收峰；随着丁二烯含量的增加，PA6 的特征吸收峰均向低波数偏移。

2）SEM 图像表明：通过 ABS 中腈基的活性，使 ABS 与 MCPA6 共聚反应生成 ABS/MCPA6 共聚物，并对合金体系起到增容作用。两相之间相容性随着丁二烯含量的降低有所提高，其中 MCPA6/ABS757 合金断面结构均一，无明显的孔洞及两相分离现象。

3）合金热稳定性随着 ABS 中丁二烯含量的减少而提高，其中 MCPA6/ABS 757 的热稳定性最好，但均较 MCPA6 有所降低。

4）ABS 的加入改善了 MCPA6 的韧性，合金的韧性随丁二烯软段含量的增加而提高，其中 MCPA6/ABS 749S（质量比 90/10）的缺口冲击强度较 MCPA6 提高了 39.73%，但是加入 ABS 后合金体系的洛氏硬度均有所下降。

（八）聚苯醚/尼龙 6 合金

1. 原材料与配方（质量份）

尼龙 6	100	其他助剂	适量
相容剂（乙烯-丙烯酸甲酯共聚物，Elvaloy 1125AC；乙烯-丙烯酸甲酯-甲基丙烯缩水甘油酯三元共聚物，Lotader AX8900）	5～15	聚苯醚	5～30
PPO-g-MAH	适量	抗氧剂	0.5～1.5

2. 制备方法

PPO 材料在 120℃鼓风干燥 5h 以上，PA6 材料在 100℃鼓风干燥 5h 以上，其他助剂（如 1125AC、AX8900、PPO-g-MAH 等）在 45℃下真空干燥 12h 以上，由双螺杆挤出机进行熔融共混，挤出物经切粒后在 100℃干燥 8h 以上备用，经注射机注射成标准样条。注射机各区段温度分别为 180℃、260℃、260℃、270℃。

3. 性能

当 PA6/PPO = 95/5 时，随着相容剂含量逐渐增加到 20%，合金的拉伸强度逐渐下降，缺口冲击强度逐渐提升。且相容剂 AX8900 对合金力学性能的改善效果较为明显。这可能是因为，体系中 PA6 含有大量柔性链段，对比使用相容剂 PPO-g-MAH，相容剂 AX8900 含有较多酯键和乙烯柔性链段，更能有效地改善 PA6/PPO 的相容性和韧性。

由表 2-165 可以看出，随着 PPO 含量从 0 逐渐增加到 100%，PA6/PPO 合金的热变形温度从 49.8℃提升到 172.2℃。这是因为 PPO 是一种优异的耐热刚性材料，所以 PPO 含量越高，合金的热变形温度提升越明显。而且由于相容剂 AX8900 含有甲基丙烯酸缩水甘油酯基团（GMA），GMA 作为活性基团能更好地实现合金的增容效果，故相比未添加相容剂和添加相容剂 1125AC 和 AX8900 能更好地改善合金的耐热性能。

表 2-165　PPO 用量对 PA6/PPO 复合材料热变形温度（HDT）的影响

PPO 含量（%）	无相容剂的 HDT/℃	相容剂 AX8900 的 HDT/℃	相容剂 1125AC 的 HDT/℃
0	49.8	50.1	50.2
5	50.3	70.0	63.8
15	52.6	82.8	64.2
30	92.5	101.1	71
50	106.7	109.2	138.5
70	160.1	160.7	152.4
100	172.2	172.8	172.9

注：相容剂 AX8900、1125AC 含量均为 5%。

从表2-166可以看出，因为PPO分子链含有大量刚性的苯环结构，所以随着PPO含量的增加，PA6/PPO合金的熔体质量流动速率逐渐降低，这就改善了PA6加工过程中熔体质量流动速率过快的问题。但若添加更多的PPO，容易造成熔体质量流动速率过小。综上分析，PPO含量控制在5%～15%时，PA6/PPO合金有利于实现良好的加工性能。

表2-166 PPO含量对PA6/PPO熔体质量流动速率（MFR）的影响

PPO含量（%）	无相容剂的MFR/（g/10min）	相容剂Ax8900的MFR/（g/10min）	相容剂1125的MFR/（g/10min）
5	51.32	59.53	61.25
15	42.12	51.44	56.44
30	36.72	26.81	37.08

注：熔体质量流动速率测试条件为260℃、5kg，相容剂含量均为5%。

PPO吸水率低，具有良好的尺寸稳定性。所以随着PPO含量从0增加到70%，合金的吸水率从1.35%下降到0.57%。这说明PPO的加入明显改善了PA6吸水率高的缺点，改善了PA6的尺寸稳定性。而相容剂由于未能改变合金的亲水性，因此对吸水性能影响不大。

4. 结论

通过引入PPO，以及添加三种相容剂1125AC、AX8900和PPO-g-MAX增容改性，改善了PA6的性能；并探讨了PPO及相容剂对PA6/PPO合金综合性能的影响，得出如下主要结论。

1）随PPO含量的增加，合金的耐热性能显著提升，吸水性下降，并且PPO含量在5%～15%时合金具有较好的加工性能。

2）当PA6/PPO（质量比）=95/5时，随着相容剂AX8900、1125AC的加入，合金的缺口冲击强度和热变形温度得到提升，对合金的吸水性能影响不大。

四、填充改性

（一）云母填充尼龙6

1. 原材料与配方（质量份）

尼龙6（B010）	100	偶联剂	2～3
云母（800目）	40	其他助剂	适量

2. 制备方法

（1）混料　称取定量的云母放在鼓风干燥箱中，于100～115℃下烘5～6h，然后加上定量的偶联剂及白油，在高速混合机中混合5～6h。将尼龙6在90～95℃下干燥8～10h，以除去表面水分，将物料加入高速搅拌器中混合。

（2）双螺杆挤出机挤出造粒　控制挤出机各段温度，在一定的螺杆转速下进行混合挤出造粒，切粒，然后在烘箱中于100℃左右烘5～6h。

（3）注射机注射制样　将粒料在注射机中按规定尺寸注射，有关尺寸按国家标准执行。

3. 结构分析

在使用偶联剂处理填料时，从电镜照片图中可明显看出，用KH570硅烷类偶联剂处理过的云母而得到的增强PA6，其云母鳞片的边缘与尼龙主体结合得很好，没有明显的界面空隙，起到了较好的粘合作用。

在用KH570作为偶联剂时，使用不同云母含量而得到的增强PA6，其微观结构表明随云母含量的增加，云母磷片在机体中被包裹得越来越不理想。当云母含量过高时，可能会造成机体包裹填料不充分，从而降低材料的力学性能。

从使用不同种类的无机填料的增强PA6体系中，可看出和理论很一致的云母鳞片状结构，均匀地分散在基体中间，界面处没有明显的界面线痕；片状结构使得材料的增强性能得以提高。

4. 性能

（1）偶联剂种类对尼龙6性能的影响　以1%白油和1%偶联剂101（1#）、偶联剂201（2#）、KH550（3#）、KH570（4#）分别加入云母中混合，然后再与尼龙6进行熔融共混造粒，不同偶联剂对尼龙6性能的影响见表2-167。

表2-167　不同偶联剂对尼龙6性能的影响

项目	1#	2#	3#	4#
PA6/g	640	640	640	640
处理后云母/g	160	160	160	160
拉伸强度/MPa	75.3	75.0	78.6	81.3
弯曲强度/MPa	127.6	133.3	140.4	141.0
缺口冲击强度/$kJ \cdot m^{-2}$	7.4	6.9	7.1	8.6
断裂伸长率（%）	2.3	2.3	2.3	2.0

由表2-167中可看出，在云母和白油含量相同时，使用偶联剂KH570所得到的增强PA6的拉伸强度、弯曲强度、缺口冲击强度较其他三种高，其材料的断裂伸长率也较低。这是由于KH570为硅烷类偶联剂，其分子的一端含有机官能基团，而另一端为无机官能基团，能对无机云母材料起到很好的连接作用，使两相体系界面有较好的结合力，从而提高了复合材料的性能。

（2）白油的用量对尼龙6性能的影响　以1% KH 570加入量、白油作为润滑剂加入量依次为1%（1#）、2%（2#）、3%（3#）、4%（4#），其影响效果见表2-168。

表2-168　不同的白油加入量对尼龙6性能的影响

项目	1#	2#	3#	4#
PA6/g	800	800	800	800
处理后云母/g	200	200	200	200
拉伸强度/MPa	78.0	78.5	79.3	79.8
弯曲强度/MPa	142.4	146.4	142.7	139.2
缺口冲击强度/$kJ \cdot m^{-2}$	7.7	7.6	7.9	7.8
断裂伸长率（%）	1.8	2.0	2.2	1.8
热变形温度/℃	74.0	114.0	102.2	90.4

当白油与偶联剂质量比为1:1使用，且含量为体系的1%时，弯曲强度最高，其他性能也较好。原因是润滑剂含量的增加，使得体系的流动性有所改善。因此选择用白油含量为1%作为最佳助剂填料量。

（3）偶联剂KH570的用量对尼龙6性能的影响　以1%白油、偶联剂KH570的用量依次为云母的含量的0（1#）、0.5%（2#）、1%（3#）、1.5%（4#）、2%（5#），其对尼龙6性能的影响见表2-169。

表2-169　KH570加入量对尼龙6性能的影响

项目	1#	2#	3#	4#	5#
PA6/g	800	800	800	800	800
处理后云母/g	200	200	200	200	200
拉伸强度/MPa	78.8	82.5	82.3	83.7	84.7
弯曲强度/MPa	134.0	141.5	146.1	145.3	143.2
缺口冲击强度/$kJ \cdot m^{-2}$	5.9	5.4	5.8	5.4	5.5
断裂伸长率（%）	1.6	1.3	1.1	1.7	1.4

从表2-169中可看出，当偶联剂与白油质量比为1:1，且含量为体系的1%时，拉伸强度和冲击强度较好，弯曲强度先增加后降低。这是因为偶联剂的加入存在一个最佳值，在这里是1%的用量，用量过少会造成部分云母不能与PA6很好地结合；用量过多，会造成偶联剂作为无效填料，使体系性能降低。所以在以后的试验中确定使用偶联剂KH570与白油质量比1:1，含量为体系的1%。

（4）比较不同目数、相同比例的云母对增强尼龙6的性能影响　本次试验采用相同比例的云母，在白油和KH570为云母加入量1%时，依次观察600目（1#）、800（目2#）、1000目（3#）、1500目（4#）云母对体系性能的影响，其结果见表2-170。

表2-170　云母细度对改性尼龙6的性能影响

项目	600目	800目	1000目	1500目
PA6/g	800	800	800	800
处理后云母/g	200	200	200	200
拉伸强度/MPa	69.1	76.5	76.0	80.4
弯曲强度/MPa	129.6	136.1	138.2	139.1
缺口冲击强度/$kJ \cdot m^{-2}$	8.8	8.8	9.8	9.2
断裂伸长率（%）	1.2	1.0	0.7	1.1
热变形温度/℃	80.7	90.9	119.2	146.5
熔体质量流动速率/$g \cdot (10min)^{-1}$	1.764	1.736	1.702	1.286

从表2-170中可看出，云母细度增加会使得尼龙6的综合性能得到提高。这是因为云母细度的增加，云母的厚径比增加；而云母的厚径比越大，其增强效果越好。由此可见，1500目的云母增强效果最佳。

（5）相同目数、不同含量的云母对尼龙6的性能影响　采用1500目云母，在白油和 KH570 为云母加入量 1% 时，云母加入量：1#为 0%、2#为 10%、3#为 20%、4#为 30%，其对尼龙 6 性能的影响见表 2-171。

表 2-171　云母加入量对尼龙 6 性能的影响

项目	1#	2#	3#	4#
PA6/g	100	900	800	700
处理后云母/g	0	100	200	300
拉伸强度/MPa	67.0	75.0	80.4	85.6
弯曲强度/MPa	134.1	141.2	135.5	131.9
缺口冲击强度/kJ · m^{-2}	5.3	6.2	4.4	4.2
断裂伸长率（%）	—	9.3	2.0	0.5
热变形温度/℃	57.1	72.2	127.5	161.6
熔体质量流动速率/g · $(10min)^{-1}$	2.228	1.914	1.704	1.224

从表 2-171 中可看出，随着云母加入含量的增加，其拉伸强度、热变形温度都逐渐上升，冲击强度随着云母填料的增加而下降；弯曲强度先增加后逐渐减小。这是因为云母含量的增加，体系的黏度增加，流动性能下降。无机填料过多，使得缺口冲击强度明显下降。因此，对于改性后的 PA6，云母含量有一个最佳值。

（6）不同填料对 PA6 性能的影响　试验中采用重钙、轻钙、滑石、云母四种填料，白油和 KH570 的加入量为 1%，考察填料种类对尼龙 6 性能的影响，其影响结果见表 2-172。

表 2-172　不同填料对尼龙 6 的性能影响

项目	1#	2#	3#	4#
PA6/g	800	800	800	800
重钙（800 目）/g	200	—	—	—
轻钙（1000 目）/g	—	200	—	—
滑石（800 目）/g	—	—	200	—
云母（1500 目）/g	—	—	—	200
拉伸强度/MPa	75.2	74.3	77.1	80.4
弯曲强度/MPa	129.1	129.4	134.0	135.5
缺口冲击强度/kJ · m^{-2}	6.5	5.6	8.7	4.4
断裂伸长率（%）	2.0	0.3	1.1	2.0
热变形温度/℃	65.0	90.8	107.9	127.5
熔体质量流动速率/g · $(10min)^{-1}$	1.280	1.302	1.530	1.704

从表 2-172 中可看出：使用相同的助剂，云母作为 PA6 的填料能得到力学性能相对较好的改性尼龙 6 的复合材料。这是因为云母磷片平面的力学性能均匀，在一个平面上可以自由弯曲，弹性模量高；而碳酸钙、滑石作为增强尼龙 6 的无机改性填料，只能使尼龙 6 在单维方向上得到增强，而且它们的力学性能也不够均匀，所以云母增强效果较好。

（二）硅灰石粉体填充改性尼龙 6

1. 原材料与配方（质量份）

尼龙6	100	硅灰石粉体	10～40
偶联剂	1～2	其他助剂	适量
玻璃纤维	10～40		

2. 制备方法

（1）硅灰石粉体的制备　由江西新余南方硅灰石矿业公司提供硅灰石粉体，矿石为手选块矿，粒度0～40mm。破碎采用长腔颚式破碎机，其作用力以挤压力为主，使硅灰石易沿晶体长轴方向剥分，有效地保护了硅灰石针状晶体结构。

超细粉碎采用QLM型气流粉碎机组，使作用于矿物上的力以剪切力和摩擦力为主，再辅以偶联剂等助剂，使粉碎所产生的离子活性点和偶联剂等助剂的有效基因进行瞬间结合，获得较为理想的高长径比超细活性硅灰石功能性矿物填料。不同分级电流条件和改性产品粒度分析结果见表2-173。

表2-173　不同分级电流条件和改性产品粒度分析结果

分级电流/Hz	X10/μm	X50/μm	X90/μm	SMD/μm	VMD/μm
100	1.79	8.10	17.31	3.65	8.98
150	1.40	5.14	15.54	2.86	6.92
200	1.22	4.16	14.07	2.50	6.07
改性200	1.04	4.04	13.59	2.28	5.84

注：1. SMD是指按颗粒面积统计的平均粒径。
2. VDM是指按颗粒体积统计的平均粒径。

（2）填充/增强尼龙6的制备　材料的制备采用一步法，将干燥的尼龙6与硅灰石及其他助剂按一定比例混合均匀，送入螺杆式加料器中，由加料器将混合物料从双螺杆挤出机的第一加料口加入双螺杆挤出机中，熔融、混合。长玻璃纤维从双螺杆挤出机的第二加料口引入，在混炼过程中被切断，并与来自第一加料口的物料混合、均化、挤出、拉带、切粒。

3. 性能

表2-174为在相同硅灰石用量条件下，硅灰石细度对硅灰石增强尼龙6性能的影响。由表2-174可见，随着硅灰石细度的增加，硅灰石增强尼龙6的缺口冲击强度、拉伸强度和压缩强度均增加，突出的是150目与200目粉体，材料的各项性能显著提高，但当硅灰石的细度达到一定级别后，材料性能提高幅度减小，这是因为，在一定的细度范围内，硅灰石越细，硅灰石粒子的平均粒径越小，硅灰石在尼龙6中越易分散，而且分散均匀度越高，因而材料的性能越好。

表2-174　硅灰石细度对硅灰石增强尼龙6性能的影响

材料组成（%）	缺口冲击强度/kJ·m^{-2}	拉伸强度/MPa	压缩强度/MPa
尼龙6/硅灰石(100目)=70/30	6.6	80.9	111.6
尼龙6/硅灰石(150目)=70/30	7.3	91.1	124.0
尼龙6/硅灰石(200目)=70/30	7.9	93.8	125.0

硅灰石用量、硅灰石/玻璃纤维复配对和硅灰石界面性质对增强尼龙6性能的影响分别见表2-175、表2-176和表2-177。

表2-175 硅灰石用量对增强尼龙6性能的影响

材料组成（%）	缺口冲击强度/kJ·m^{-2}	拉伸强度/MPa	压缩强度/MPa
尼龙6/硅灰石（200目）=100/0	10.5	73.7	96.4
尼龙6/硅灰石（200目）=80/20	9.6	85.1	114.9
尼龙6/硅灰石（200目）=70/30	7.9	93.8	125.8
尼龙6/硅灰石（200目）=60/40	4.9	81.0	137.5

表2-176 硅灰石/玻璃纤维复配对增强尼龙6的影响

材料组成（%）	缺口冲击强度/kJ·m^{-2}	拉伸强度/MPa	压缩强度/MPa	试样外观
尼龙6/硅灰石/玻纤=60/40/0	4.8	81.0	137.5	表面光泽好、形变小
尼龙6/硅灰石/玻纤=60/30/10	5.3	110.2	153.4	表面光泽好、形变小
尼龙6/硅灰石/玻纤=60/20/20	6.9	125.3	160.6	表面光泽较好、形变较小
尼龙6/硅灰石/玻纤=60/10/30	9.9	144.1	186.6	表面光泽较好、形变较小
尼龙6/硅灰石/玻纤=60/0/40	12.6	161.7	218.9	表面较粗糙、形变较大

表2-177 硅灰石界面性质对增强尼龙6的影响

材料组成（%）	缺口冲击强度/kJ·m^{-2}	拉伸强度/MPa	压缩强度/MPa
尼龙6/硅灰石（200目）/玻璃纤维=60/10/30	100.0	154.0	205.6
尼龙6/硅灰石（改性200目）/玻璃纤维=60/10/30	14.1	160.1	222.0

4. 效果

硅灰石粉体细度对增强尼龙6的性能有明显的影响，在选择硅灰石细度时，应根据硅灰石在尼龙6中的用量大小来决定，低填充量时，可选择硅灰石超细粉体，而高填充量时，则宜选择中等细度的硅灰石粉体。

硅灰石与玻璃纤维复配对尼龙6具有明显的增强改性效果，它不仅可以大大提高尼龙6的拉伸强度和压缩强度，同时还可以提高尼龙6的缺口冲击强度。

硅灰石与玻璃纤维配比为1:1～1:3时，对尼龙6的增强效果较好。在此配比范围内，硅灰石/玻璃纤维增强尼龙6具有较好的韧性－刚性平衡性能和较好的外观。

表面改性深加工硅灰石粉体，可提高硅灰石与尼龙的界面黏结性能，从而提高硅灰石/玻璃纤维增强尼龙6的力学性能。

（三）异辛酸稀土填充改性MC尼龙

1. 原材料与配方（质量份）

MC尼龙	100	异辛酸稀土填充剂	30～60
溶剂油	10～15	己内酰胺	5～6
甲苯二异氰酸酯	10～20	其他助剂	适量

2. 制备方法

（1）异辛酸稀土的制备　制备异辛酸稀土时，为防止反应中产物水解，要加入过量的异辛酸；为保证稀土添加剂不因残剩酸而影响改性材料的性能，必须除去残剩酸。处理方法是在反应后的油相中加入蒸馏水，搅拌，待静置分层后除去下层水，如此反复多次，直到洗出水接近中性为止。

异辛酸稀土中水分的存在将影响己内酰胺的聚合反应，大大降低改性 MC 尼龙的相对分子质量，对其性能影响很大，有时过量的水分还会使反应完全停止，所以在使用前必须对其进行脱水处理。采用水与溶剂油共沸脱水的方法脱水。处理方法是在负压下缓慢搅拌升温，脱水过程为 1～2h，直到真空度小于或等于 0.09MPa，温度达 120℃为脱水终点。

（2）异辛酸稀土改性剂的制备　把一定量的异辛酸加入带回流冷凝器、温度计和搅拌器的反应釜中，在搅拌下加入质量分数为 0.3% 的 NaOH 水溶液，在 85℃反应 30min 之后加入溶剂油，最后加入配制好的氯化稀土水溶液，在 85℃反应 1～2h，静止分层后除去下层水溶液，将油相水洗至中性，再将油相分出后蒸馏脱水，加入溶剂油调制成需要的浓度，即为成品。

（3）异辛酸稀有稀土改性 MC 尼龙的制备　将一定量的己内酰胺和异辛酸稀土加入反应器中，开启真空泵减压加热熔融，待熔体温度达 120℃时，蒸馏 10～15min，加入甲醇钠催化剂在真空下反应，待熔体温度加热至 135～140℃维持 20～25min，解除真空和加热。加入一定量的助催化剂 TDI，搅匀，迅速注入已预热至 160℃的模具中，在 160℃的恒温干燥箱中聚合 25～30min，冷却后脱模，得到改性 MC 尼龙制品。其制备工艺流程如图 2-4 所示。

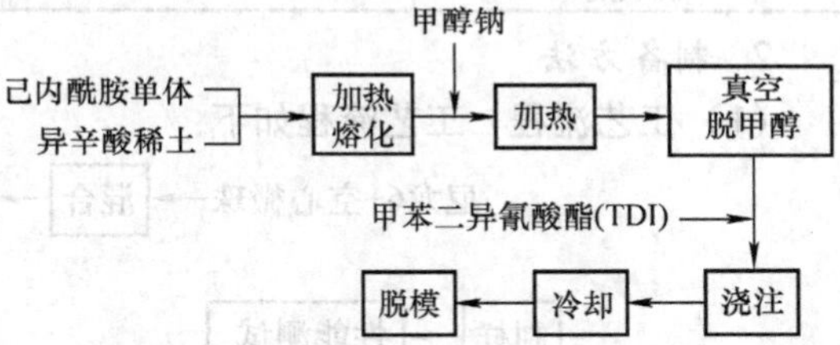

图 2-4　改性 MC 尼龙合成工艺流程

3. 性能

（1）力学性能　为了使异辛酸稀土改性 MC 尼龙的性能具有可比性，采用相同的工艺制作了普通 MC 尼龙试样。表 2-178 列出了异辛酸稀土改性与普通 MC 尼龙的主要力学性能。

表 2-178　异辛酸稀土改性与普通 MC 尼龙的主要力学性能

项目	改性 MC 尼龙	普通 MC 尼龙
拉伸强度/MPa	64.4	61.8
压缩强度/MPa	91.0	94.4
简支梁冲击强度/kJ·m^{-2}	124.8	95.0
弯曲强度/MPa	193.6	134.9

从表 2-178 中可看出，改性 MC 尼龙的压缩强度和拉伸强度与普通 MC 尼龙大致相同，而弯曲强度、冲击强度均有较大的提高，特别是弯曲强度提高了 44%。

（2）物理性能　表 2-179 列出了异辛酸稀土改性与普通 MC 尼龙的主要物理性能。

表 2-179　异辛酸稀土改性与普通 MC 尼龙的主要物理性能

项目	改性 MC 尼龙	普通 MC 尼龙
颜色	白	淡黄
密度/$kg \cdot cm^{-3}$	1.166	1.157
吸水率（%）	0.33	1.19
尺寸稳定性	较好	较差
成型收缩率	较小	较大
热变形温度（1.824MPa）/℃	187	150
磨损量/mg	3.7	8.5
单体转化率（%）	99.4	97.3

由表 2-179 可知，改性 MC 尼龙的热变形温度比普通 MC 尼龙提高 37℃；改性 MC 尼龙的吸水率降低 72%，磨损量不到普通 MC 尼龙的 1/2；同时改性 MC 尼龙的尺寸稳定性较好，单体转化率也比普通 MC 尼龙高。这些特性有利于制件使用精度、使用寿命的提高。

（四）空心微珠填充增强尼龙 6

1. 原材料与配方（质量份）

尼龙 6	100	空心玻璃珠	15~20
偶联剂	1~2	其他助剂	适量

2. 制备方法

（1）工艺流程　工艺流程如下：

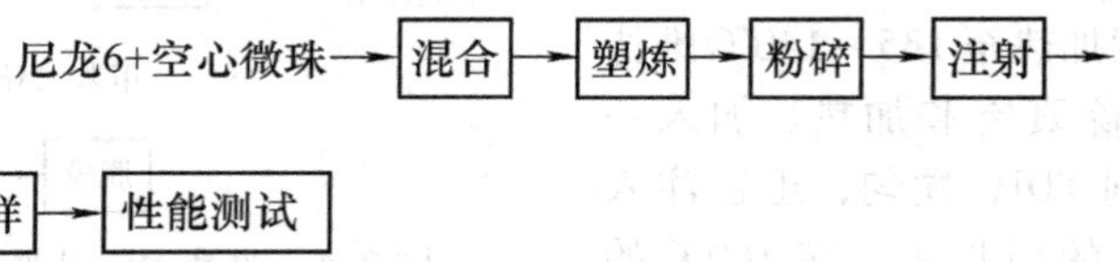

空心微珠：硅烷偶联剂活化。

（2）注射工艺条件　料筒温度：Ⅰ区 225℃，Ⅱ区 210℃；喷嘴温度：220℃；膜聚温度：30℃；注射压力：80MPa；保压时间：8s。

3. 性能与效果

活化后的空心微珠添加在玻璃纤维改性尼龙 6 中，依靠空心微珠光滑的小球面，在熔体里受外力作用，有辊轴功能，可提高流动性能；使制品的表面变得光滑细腻，改善浮纤外露现象。空心微珠坚硬的表面使制品的表面耐磨材料更致密，耐磨、耐刻划性能更佳。玻璃纤维的各向异性，使玻璃纤维改性的尼龙制品会有后翘曲现象，而小圆球的空心微珠各向同性，能降低玻璃纤维的各向异性作用；随着空心微珠用量的增加，玻璃纤维的各向异性作用会进一步降低，能最大限度地克服后翘曲现象。同时，空心微珠低廉的价格可使生产成本大大降低。

（五）碳酸钙填充尼龙 12

1. 原材料与配方（质量份）

尼龙 12（PA12）	100	轻质 $CaCO_3$	10~30
偶联剂（KH-550）	1~2	其他助剂	适量

2. 制备方法

将一定量的 KH-550 溶于无水乙醇中，再加入定量 $CaCO_3$ 粉，均匀混合后于 120℃ 烘干并粉碎，筛选出 1250 目的 $CaCO_3$ 粉。然后将 PA12 粉和偶联剂改性的 $CaCO_3$ 粉按质量比 8∶2 加入多功能搅拌机中，以 800r/min 的转速均匀混合 10min，制备 PA12/$CaCO_3$/KH-550 复合粉料。采用相同工艺制得 PA12/$CaCO_3$ 和纯 PA12 粉料。

在同一工艺参数下利用 SLS 快速成型机对三种不同粉料进行烧结，同时在单层厚度 0.15mm、扫描间距 0.28mm 条件下，分别调节机器预热温度、激光功率和激光的扫描速度对 PA12/$CaCO_3$/KH-550 复合粉料进行烧结，每次加工的烧结件为五个，其中尺寸精度测试用烧结件尺寸为 40mm×40mm×40mm，弯曲强度测试用烧结件尺寸为 80mm×10mm×4mm，拉伸强度烧结件尺寸参照 GB/T 1040.2—2006 设计成哑铃状。为保证每组中五个烧结件性能一致，在烧结成型过程中将五个烧结件模型并行排列，同时成型。

3. 性能

表 2-180 为三种不同粉料烧结件的尺寸精度和强度。由表 2-180 可以看出，PA12/$CaCO_3$ 烧结件的 Z 向尺寸相对误差相对于纯 PA12 烧结件相差很小，且弯曲强度和拉伸强度均有所降低，这时由于较小粒径的 $CaCO_3$ 粉末之间的相互团聚现象较为严重，与 PA12 结合较差，导致 Z 向尺寸相对误差基本没有变化，同时团聚现象影响到粉末熔融态流动导致熔化程度较低，从而造成弯曲强度和拉伸强度降低。PA12/$CaCO_3$/KH-550 烧结件的 Z 向尺寸相对误差较纯 PA12 烧结件的低，即尺寸精度有一定提高，这是由于 KH-550 作为一种偶联剂加强了 PA12 与 $CaCO_3$ 之间的界面结合，使得激光向下传递时的能量削弱程度降低，产生的内应力减小，Z 向尺寸相对误差降低，同时 PA12 与 $CaCO_3$ 之间的相互结合大大削弱了 $CaCO_3$ 之间的团聚现象，改善了粉末熔融态流动使得熔化程度较高，从而提高了弯曲强度和拉伸强度。

表 2-180 三种不同粉料烧结件的尺寸精度和强度

项目	PA12	PA12/$CaCO_3$	PA12/$CaCO_3$/KH-550
Z 向尺寸相对误差（%）	-0.04	-0.038	-0.025
弯曲强度/MPa	25.4	22.6	29.4
拉伸强度/MPa	20.7	17.9	25.8

4. 效果

1）与纯 PA12 烧结件相比，PA12/$CaCO_3$ 烧结件的 Z 向尺寸相对误差基本没有变化，但弯曲强度和拉伸强度均降低；而 PA12/$CaCO_3$/KH-550 烧结件 Z 向尺寸相对误差较纯 PA12 烧结件有所减小，同时弯曲强度和拉伸强度有所提高。

2）在试验取值范围内，PA12/$CaCO_3$/KH-550 烧结件的弯曲强度和拉伸强度随激光功率和预热温度的增大而增大，随扫描速度的增大而降低，而其 Z 向尺寸相对误差随激光功率和预热温度的增大表现出从负值向正值的变化过程，随扫描速度的增大表现出从正值向负值的变化过程。

3）激光功率对 PA12/$CaCO_3$/KH-550 烧结件的质量影响最大，扫描速度次之，预热温度最小。在激光功率25W、扫描速度2000mm/s、预热温度85℃下，PA12/$CaCO_3$/KH-550烧结件的 Z 向尺寸相对误差为 -0.02%、弯曲强度为30.3MPa、拉伸强度为26.4MPa。

（六）硅灰石填充改性尼龙1010

1. 原材料与配方（质量份）

尼龙1010	100	硅灰石	10~70
偶联剂（KH-550）	2~3	其他助剂	适量

2. 制备方法

（1）硅灰石表面的改性　将硅烷偶联剂KH-550与无水乙醇按体积比1∶4配成溶液，再用丙酮稀释成1%的溶液。称取一定量的硅灰石于三口烧瓶中，将上述配制的处理剂溶液倒入三口烧瓶，封口、摇匀，在室温下机械搅拌3h，使硅灰石充分浸渍。之后将硅灰石取出，80℃条件下在真空烧箱内干燥12h取出备用。

（2）PA1010/硅灰石复合材料的制备　将一定量的PA1010与经过表面改性后的硅灰石置于高速混合机中高速搅拌混合均匀，置于80℃真空烘箱中烘干至恒重。然后用挤出机挤出造粒，挤出机各段温度分别为220℃、225℃、225℃、225℃、220℃和215℃，螺杆转速设定为170r/min。将制得的粒料在真空烘箱中于80℃下干燥24h，用注射机制备成标准试样，注射机各段温度分别为225℃、230℃、230℃和225℃，模具温度为80℃。复合材料中硅灰石的质量分数取10%、20%、30%、40%、50%、60%和70%。

3. 性能

表2-181是不同硅灰石填充量下的PA1010/硅灰石复合材料的MFR。由表2-181可知，随硅灰石填充量增加，MFR逐渐下降。挤出和注射成型试验表明，当硅灰石质量分数≤70%时，纯PA1010与复合材料均能在相同温度和压力下顺利成型，成型试样表面光滑，且无毛边。但当硅灰石填充量再增加时，则挤出时无法顺利出料，造成螺杆旋转困难。因此，制备的复合材料中硅灰石的最大质量分数为70%。

表2-181　PA1010/硅灰石复合材料的MFR

硅灰石的质量分数（%）	MFR/（g/10min）	硅灰石的质量分数（%）	MFR/（g/10min）
0	12.9	40	6.9
10	11.5	50	5.0
20	10.6	60	5.0
30	6.2	70	4.8

硅灰石的加入显著提高了PA1010的拉伸性能和弯曲性能，随着硅灰石填充量的增加，复合材料的拉伸弹性模量、拉伸强度和弯曲模量、弯曲强度均逐渐提高，其中当硅灰石质量分数为70%时，复合材料的弹性模量与拉伸强度比纯PA1010分别提高了256%和29%，弯曲弹性模量与弯曲强度则分别提高了367%和93%。

硅灰石在PA1010中既有短纤维形态，也有颗粒形态，两种形态的硅灰石均匀分布在 PA1010 基体中，刚性好的硅灰石短纤维和颗粒起到桥梁支架作用，提高 PA1010 的强度，使其可以承载更高的弯曲及拉伸应力。

纯 PA1010 及其复合材料的动态储能模量（E'）均随温度升高而逐渐下降，在玻璃化转变温度（T_g）（约 70℃）附近下降最快。复合材料在 T_g 以下处于玻璃态，树脂基体内部大分子链段被冻结，只有小运动单元可以运动。同一温度下随硅灰石填充量的增加，复合材料的 E' 总体上逐渐增大。

复合材料的 E' 随硅灰石填充量的增加而增大。纯 PA1010 在 T_g 时的 E' 为 0.93GPa，而当硅灰石质量分数为 70% 时复合材料的 E' 为 4.43GPa，比纯 PA1010 提高了 376%，这表明硅灰石对 PA1010 有很好的增强作用，硅灰石的加入大幅提高了 PA1010 的刚性。

4. 效果

1）通过熔融共混法制备了 PA1010/硅灰石复合材料，电子显微镜扫描表明硅灰石均匀分散于 PA1010 基体中。

2）随硅灰石填充量增加，复合材料的 MFR 逐渐下降，但挤出和注射试验表明，当硅灰石质量分数≤70% 时，复合材料仍具有良好的成型加工性能。

3）硅灰石的加入显著提高了 PA1010 的强度和刚性。与纯 PA1010 相比，复合材料的拉伸性能和弯曲性能均有较大幅度提升，其中拉伸强度与弹性模量最大分别提高了 29% 与 256%，弯曲强度与弯曲模量最大分别提高了 93% 与 367%。

4）复合材料的动态储能模量随硅灰石填充量的增加而大幅提高，当硅灰石质量分数为 70% 时，与纯 PA1010 相比，在 T_g 时的动态储能模量增加了约 376%。

5）硅灰石填充 PA1010 复合材料具有良好的综合性能，材料制备方法简单易操作，硅灰石填充量可高达 70%，由此可大幅降低复合材料成本。

（七）凹凸棒土填充改性 MC 尼龙

1. 原材料与配方

己内酰胺	100g	凹凸棒土	0.4～0.7g
偶联剂（KH-550）	0.1～0.5g	TDI	1～2g
十六烷基三甲基溴化铵	5～10g	其他助剂	适量

2. 制备方法

（1）凹凸棒土（以下简称凹土）的预处理　将一定量的凹土在高速搅拌下加入水中，配成浓度为 10% 的悬浮液，60℃水浴锅中高速搅拌 2h。按铵盐与凹土的离子交换容量 1.5∶1 的比例，称取十六烷基三甲基溴化铵（CTAB），与已配好的 KH-550 乙醇水溶液配成浓度为 10% 的溶液，放入凹土悬浮液中，强力搅拌，升温至 80℃进行改性，再经抽滤、洗涤后烘干、研磨，通过 400 目筛子筛选，即可得到十六烷基三甲基溴化铵改性凹土。

（2）复合材料的制备　将 100g 己内酰胺、适量凹土（预热处理过）和 0.2g NaOH 放入三口烧瓶中，投加适量尼龙溶体，开启真空泵减压加热熔融，温度至 120℃后持续 30min，慢慢通氮气至反应器内变为常压，加入一定量助催化剂甲苯二异氰酸酯（TDI），迅速摇匀后倒入已预热至 150℃的模具中，在 150℃烘箱内聚合 30～50min，随烘箱自然冷却，取出脱模，即制得凹土填充 MC 尼龙的复合材料。

3. 性能

在原料和试验条件相同的情况下，改变凹土的加入量，观察聚合反应过程，结果见表 2-182 和表 2-183。

表 2-182 凹土添加量不同对聚合反应的影响

凹土添加量/g	试验现象
0.4	聚合速度快，聚合物表面、底部光滑，凹土分布均匀，聚合物呈浅灰色
0.5	聚合速度快，聚合物表面、底部光滑，凹土分布均匀，聚合物呈灰白色
0.6	聚合时间延长，聚合物表面、底部出现少量凹土沉淀，聚合物呈灰色
0.7	聚合时间较长，聚合物表面光滑，底部出现很多凹土沉淀，聚合物为深灰色

表 2-183 MC 尼龙与复合材料的热性能比较

材料名称	溶解温度/℃	分解温度/℃
MC 尼龙	216.7	321.5
填充 0.4g 凹土	220.8	423.8
填充 0.5g 凹土	226.8	430.8

4. 效果

1）MC 尼龙中加入偶联剂处理过的凹土，凹土能均匀分散在 MC 尼龙基体里，可与基体界面有效结合。用凹土填充 MC 尼龙减少了己内酰胺的用量，显著降低了成本，材料的综合性能有所提高。

2）凹土添加量不同对聚合反应有影响，最佳添加量为 0.5g。

3）填充凹土的 MC 尼龙比纯 MC 尼龙的溶解温度和分解温度都高，采用 0.5g 凹土填充的复合材料耐热性能最好。

（八）勃姆石填充改性尼龙 66

1. 简介

勃姆石（BM）是一种新型的填料，分子式为 γ-AlOOH，因德国化学家约翰·勃姆首先发现认识而得名。BM 为细小白色晶体，结晶完整，晶粒细小，吸油性低，热稳定性好，热导率高。近年来研究表明，BM 可在聚合物中起增强作用，能提高复合材料的阻燃、热变形温度、导热性等。

2. 原材料与配方（质量份）

尼龙 66	100	勃姆石（BM）	10～60
抗氧剂	0.1～1.0	偶联剂	0.5～1.5
其他助剂	适量		

3. 制备方法

（1）BM 的表面改性　按 BM 用量计算偶联剂的用量（质量分数均为 0.5%～2.0%），将称取的硅烷偶联剂 KH-550、钛酸酯偶联剂 K-44 和 K38S 分别与无水乙醇按体积比 1∶4 配成溶液待用。将配好的溶液慢慢倒入盛有 BM（粒径为 0.5μm、1.5μm、

5.0μm、8.0μm）的高速混合机中，高速混合15min后出料。

（2）PA66/BM复合材料的制备　将干燥好的PA66与经过表面改性后的BM（质量分数为10%～60%）置于高速混合机中高速搅拌混合均匀，再按配方加入干燥好的抗氧剂，高速搅拌混合后出料，双螺杆熔融挤出，自来水冷却，牵引切粒，所得粒料在真空烘箱100℃烘干10h，用注射机注射制成标准试样。

4. 性能

表2-184列出了BM粒径（BM质量分数为30%，偶联剂KH-550质量分数为1.0%）对PA66/BM复合材料的力学性能的影响。

表2-184　BM粒径对复合材料力学性能的影响

BM粒径/μm	拉伸强度/MPa	弯曲强度/MPa	缺口冲击强度/kJ·m^{-2}
未添加	76.36	115.41	4.78
0.5	78.77	124.33	6.25
1.5	81.61	130.12	577
5.0	70.24	127.08	5.23
8.0	77.16	125.66	4.82

从表2-184中可以看出，BM的填充在一定程度上提高了PA66/BM复合材料的各项力学性能，粒径最小在0.5μm时，复合材料的冲击性能提高了30.7%，这很可能是BM作为无机刚性粒子引起的增韧效果。但BM粒径为1.5μm时制备的复合材料的拉伸强度和弯曲强度更优。

BM质量分数为50%以上时复合材料阻燃等级达到UL 94V-0级，表现出较好的阻燃性，在垂直燃烧试验中产生的烟雾也更少，具有抑烟效果。

当BM质量分数为50%时，热导率为0.75W/(m·K)，当质量分数为60%时，热导率达0.78W/(m·K)，PA66/BM复合材料具备良好的导热性。

当BM质量分数为60%时，复合材料的热变形温度达到178.6℃，比基体提高167.4%，表现出较好的耐热性能。

5. 效果

1）选用质量分数为1.5%偶联剂KH-550对粒径为1.5μm的BM进行表面改性，当改性BM的质量分数为50%时，制得的PA66/BM复合材料的力学性能最佳，拉伸强度为93.48MPa，弯曲强度为157.8MPa，缺口冲击强度为5.36kJ/m^2。

2）BM质量分数为50%时，PA66/BM复合材料的综合性能最佳：无卤阻燃等级达到UL94 V-0级，热导率为0.75W/(m·K)，热变形温度为169.3℃，熔体流动速率为16.0g/10min，初始分解温度为436.5℃，热稳定性高，流动性好，具备良好的加工成型特性。

3）制备的BM质量分数为50%的PA66/BM复合材料可用于导热、阻燃和耐热的电子电器的塑料元器件。

五、纤维增强

（一）研究现状

1. 玻璃纤维增强尼龙复合材料

通过对玻璃纤维增强尼龙66在常温下进行拉伸和冲击试验，并在低倍显微镜和扫描电镜下对断口的微观形貌特征做出表征，可得出玻璃纤维增强尼龙66微观断裂机理。

其中拉伸断裂时，其裂纹的扩展分为两个阶段：一是缓慢的扩展起始阶段，形成了平坦的光滑区；二是快速断裂阶段，其形貌特征是高低不平的粗糙区，纤维被拔出，最后快速断裂。

冲击断裂时，断口形貌分为两个区域：拉应力区和压应力区。拉应力区的断裂过程与拉伸断裂一致。在压应力区，在裂纹起始平坦区，基体发生强烈的塑性变形，使基体上出现明显的倒伞状花样，倒伞中心为纤维，断口主要集中在裂纹萌生区。

有人研究了玻璃纤维含量、温度以及应变速率对短玻璃纤维增强PA66的力学行为的影响。结果表明：随着玻璃纤维含量的提高，复合材料的弹性模量和拉伸强度逐渐提高，拉伸强度是PA66原样的2.43倍左右，且复合材料呈现的是脆性断裂；随着应变速率的提高，复合材料的弹性模量和拉伸强度提高，但随着温度的升高性能反而降低。

有人研究发现，把玻璃纤维添加到PA66中，能明显地提高PA66的综合性能。与PA66相比，GF/PA66复合材料的拉伸强度提高了51%，弯曲模量提高了179%，缺口冲击强度提高了9%。V. Bellenger等研究了PA66/玻璃纤维复合材料的热断裂和机械断裂。研究发现：在10Hz频率下，复合材料的热断裂和机械断裂均发生，且疲劳强度对应变的敏感性不大；在2Hz频率下，复合材料只是发生机械断裂。

有人研究了玻璃纤维增强PA66，结果表明，当玻璃纤维质量分数达30%时，纤维对PA66增强效果最佳，复合材料的拉伸强度达112.13MPa。

有科研人员对玻璃纤维增强PA66的研究表明，其冲击强度和拉伸强度随玻璃纤维配比的增大而逐渐提高，熔体流动速率则逐渐减小。

有人采用自行研制的熔体浸渍包覆长玻璃纤维装置，制备了长玻璃纤维增强尼龙66（LFT-PA66）复合材料。研究了玻璃纤维用量、预浸料粒料长度和相容剂聚丙烯接枝马来酸酐（PP-G-MAH）对长纤维增强尼龙66的拉伸强度和冲击强度的影响。结果表明：长玻璃纤维增强尼龙66的力学性能明显优于短玻璃纤维增强尼龙66（SFT-PA66），相容剂PP-G-MAH的加入增强了界面黏结强度，提高了长玻璃纤维增强尼龙66复合材料的拉伸强度和冲击强度。

有人研究了短切玻璃纤维（GF）含量、界面相容剂和稳定剂对尼龙66（PA66）/GF复合材料力学性能的影响。结果表明，复合材料的拉伸强度和弯曲强度随GF含量的增加而提高，而缺口冲击强度呈现先降低后提高的趋势；界面相容剂和稳定剂的添加，使复合材料的综合力学性能都有明显的提高，其中添加界面相容剂TAF和稳定剂168/DNP的复合材料综合力学性能优于其他界面相容剂和助剂。

有研究将玻璃纤维通过不同种改性方法对其表面进行改性，然后添加到尼龙66当中经过双螺杆挤出机熔融共混挤出制得制品。经测试显示玻璃纤维的加入，显著地提高了复合材料的刚性和韧性。玻璃纤维含量为40%时，复合材料的弹性模量和弯曲模量有了很大的提高，分别提高了273%和272%；拉伸强度和弯曲强度显著提高，分别增加了173%和186%；冲击强度也有了明显的提高，增加了283%。

2. 芳纶增强尼龙复合材料

有人采用共混的方法制得芳纶浆粕增强尼龙6复合材料，研究了芳纶浆粕用量及相容剂对增强尼龙6复合材料力学性能的影响、芳纶浆粕对尼龙6结晶行为的影响以及复合材料的形貌进行了研究。结果表明：随芳纶浆粕含量的增加，复合材料的断裂伸长率和缺口冲击强度下降，拉伸断裂强度先降后增；马来酸酐接枝聚丙烯的加入增强了两相界面的结合力，使得应力能够在两相间有效地传递，共混物宏观力学性能较之未加相容剂的尼龙6/芳纶浆粕体系好，其拉伸断裂强度和缺口冲击强度等均有所改善。

通过对Kevlar纤维改性后添加到尼龙6复合材料中的研究，并用挤出成型和注射成型方式制备了尼龙6改性Kevlar纤维（PA6/KFL）复合材料。结果表明，接枝尼龙6的KFL增强了KF与尼龙6复合材料界面的相互作用，拉伸强度、弯曲强度和弯曲模量分别提高了20.69%、12.26%和14.23%，但冲击强度降低了8.2%。

有人利用双螺杆挤出机制备了尼龙6（PA6）/芳纶浆粕（PPTA-pulp）/马来酸酐接枝聚合物复合材料，研究了两种马来酸酐接枝（POE-g-MAH、LLDPE-g-MAH）对复合材料的力学性能、断面形态以及结晶性能的影响。其中，POE-g-MAH能明显地提高复合材料PA6/PPTA-pulp的冲击强度和断裂伸长率，POE-g-MAH含量为3%时，PA6/PPTA-pulp/POE-g-MAH的拉伸强度和弯曲强度达到试验范围内的最佳值，其断裂伸长率和冲击强度分别提高了57.9%和28.8%。

有人通过研究化学改性的芳纶增强尼龙6，并用红外光谱和扫描电镜分析其界面层。结果表明，芳纶经异氰酸酯化及封端稳定处理后，其表面所接枝的不稳定基团-NCO转化成稳定的—NHCO—，封端结果较为明显；改性后纤维表面附有接枝物，从而使表面粗糙程度值大大增加。力学性能测试结果显示改性尼龙6复合材料的拉伸强度和弯曲强度得到了改善，但冲击性能略微下降。

有人研究了短切芳纶增强复合材料，其中提到利用短切芳纶增强尼龙复合材料，芳纶经过表面改性之后加入尼龙树脂基体，使整个复合材料的力学性能得到改善。

有人制备了芳纶纤维质量分数分别为1%、3%、5%、7%、10%的未改性短切芳纶增强PA6、PA66、PA11复合材料，复合材料的拉伸强度随芳纶含量的增加而略微增加。若在芳纶表面接枝一层PA再和PA基体复合，则可提高复合材料的力学性能。

有人制备了三维混杂碳纤维/芳纶增强尼龙复合材料（HY/PA），并对其力学性能进行了测试。研究表明：由于芳纶纤维的加入，使碳纤维增强尼龙复合材料（CF/PA）的抗冲击性能有了显著提高，HY/PA的抗冲击强度随芳纶体积分数的增大而有所提高。

3. 碳纤维增强尼龙复合材料

有人研究发现利用碳纤维增强PA66、PA610后，复合材料的拉伸强度、弯曲强度、压缩强度都成倍地增加，PA66同PA610相比其力学性能的提高更为显著，除冲击强度略降低外，其中弯曲强度提高近2倍，拉伸强度提高14倍。

有人采用差示扫描量热仪，研究高含量碳纤维增强尼龙6（CF/PA6）复合材料的非等温结晶行为，应用Je-ziorny法和Liu法对尼6（PA6）的非等温结晶动力学过程进行处理。结果表明，高含量碳纤维的引入对基体尼龙6的结晶起到促进的作用，提高了其结晶速率，缩短了结晶时间，但对基体尼龙6的成核机理和晶体生长方式没有发生很大的改变。

有人用碳纤维填充尼龙1010制备出了碳纤维增强尼龙复合材料，并对其力学性能进行了试验研究。结果表明：碳纤维的加入使尼龙复合材料的拉伸强度、表面硬度增大，碳纤维增强尼龙材料的拉伸强度在碳纤维含量为20%时达到最大值；碳纤维表面处理对尼龙复合材料的拉伸强度有很大影响，碳纤维表面氧化处理提高了碳纤维增强尼龙复合材料的拉伸强度。

有人研究将碳纤维经表面处理后通过双螺杆挤出机制出碳纤维/尼龙6复合材料，其力学性能得到明显提高，其中拉伸强度和拉伸模量分别提高了33%和50%。

有研究表明，KF与PA66的相容性好，制造过程中可不添加偶联剂。若是对芳香纤维进行适当的表面处理，如经BrN/H3表面处理，可使PA66基体在界面处形成双层薄而紧密的横穿结晶，在一定范围内抵消表面的破坏，从而使复合材料的力学性能纵向弹性模量在研究范围内大幅提高。

有人还发现用天然结晶石墨纤维复合PA66，可获得比无定形/PA66更高的模量。

有人根据碱催化阴离子聚合原理制备了单体浇注（MC）尼龙6（PA6）、长碳纤维增强尼龙6（$PA6/C_L$）复合材料和三维编织碳纤维增强尼龙6（$PA6/C_{3D}$）复合材料，分析了工艺影响因素，并通过动态热机械分析仪对材料的热机械性能进行了研究。结果表明，$PA6/C_{3D}$复合材料比PA6的热强度高4.37倍，$PA6/C_{3D}$复合材料的综合性能优于$PA6/C_L$复合材料。

4. 其他纤维增强尼龙复合材料

有人用熔融挤出法制备了尼龙66/玄武岩纤维复合材料，通过扫描电子显微镜观察，并分析了复合材料的力学性能。结果表明，偶联剂KH-550对改善复合材料的力学性能效果最佳，且随偶联剂KH-550含量的增加，复合材料的力学性能先提高后降低；在试验范围内，随着玄武岩纤维含量的增加，复合材料的力学性能显著提高，熔体流动速率降低。

有人对竹纤维增强尼龙复合材料动态机械性能进行了研究。结果表明，竹纤维增强尼龙复合材料存在玻璃态、高弹态、黏流态、玻璃化转变和流动转变区域。黏流态的温度与界面改性处理、纤维用量的关系不大，与基体呈现黏流态的温度有关。经界面改性处理，竹纤维增强尼龙复合材料的玻璃化转变温度比尼龙6基体高，且随着纤维含量的增加而提高。复合材料的储能模量、损耗模量比尼龙6基体高。

有人以注射成型法制备了无机填料氟化钙和碳纤维增强尼龙1010复合材料，采用MM-200型磨损试验机考察了复合材料的摩擦磨损性能。研究结果表明：氟化钙（CaF_2）和碳纤维（CF）的复合添入可显著改善尼龙（Nylon）复合材料的摩擦学性能，其中30% CF－10% CaF_2-Nylon的耐磨性能比30% CF-Nylon提高近5倍，而摩擦因数降低了约1/4。氟化钙和碳纤维增强尼龙复合材料在摩擦过程中发生了协同效应，CF-CaF_2-Nylon在对偶钢环表面上生成富含钙元素的连续转移膜，提高了转移膜和对偶间的结合强度以及复合材料的耐磨性能。

有人研究发现，DCNF 型尼龙 66 短切纤维面经过特殊增黏表面预处理，能够对 EPDM（三元乙丙）基质橡胶具有良好的增强效果；但由于极性的尼龙短纤维与非极性的 EPDM 基质橡胶相容性相对较差，在确保短纤维能够均匀分散在 EPDM 基质橡胶中的情况下，DCNF 短纤维用量在 15 份以下；并用具有独特微/纳米超细纤维结构的芳纶浆粕，能够有效提高 EPDM 复合材料的常温和高温力学性能。

（二）长玻璃纤维增强改性尼龙 6

1. 原材料与配方（质量份）

尼龙 6	100	偶联剂	1～2
玻璃纤维	30～40	其他助剂	适量

2. 制备方法

玻璃纤维增强作用的好坏，与它在聚合物中的分散状态、分布均匀性和浸渍状态密切相关，而这些因素与模具设计息息相关。下面通过合理而科学地选择原材料及模具的合理设计，完成这一高性能复合材料的制备。

长玻璃纤维增强 PA6 工艺流程如图 2-5 所示。

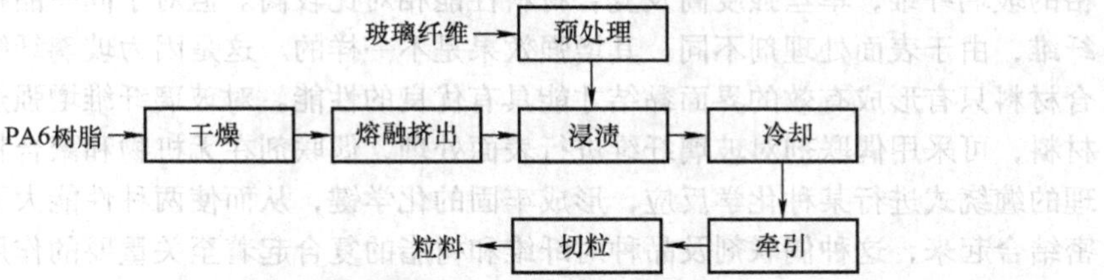

图 2-5 长玻璃纤维增强 PA6 工艺流程

经干燥处理的 PA6 树脂由双螺杆机熔体挤出，进入特殊设计的浸渍模具内，在模具内完成树脂对纤维束的浸渍，料带经冷却、切粒，得到长玻璃纤维增强 PA6 复合材料。

3. 性能

把 PA6 与采用双螺杆挤出制备的短玻璃纤维增强 PA6 及长玻璃纤维增强 PA6 复合材料的性能列于表 2-185。

表 2-185 PA6、短玻璃纤维增强 PA6 和长玻璃纤维增强 PA6 复合材料的性能

项 目	PA6	短玻璃纤维增强 PA6	长玻璃纤维增强 PA6
玻璃纤维含量（%）	0	34.1	228
拉伸强度/MPa	78	160	280
弯曲强度/MPa	120	205	79
冲击强度（无缺口）/kJ · m^{-2}	32	50	26.6
介电强度/kV · mm^{-1}	18.1	4.4	214
热变形温度/℃	61	190	—

由表 2-185 可知，长玻璃纤维增强 PA6 的力学性能、电性能及热性能明显高于短玻璃纤维增强 PA6。这主要是由于长纤维的纤维端头较少，填充性能好，长纤维混料在充入模具时相互缠结、翻转和弯曲，而不像短纤维混料那样沿流动方向排列。因此，长纤

维混料模塑制件与短纤维混料的同样模塑制件相比，相同性粒度较高，平直度较好，翘曲较小。纤维长度是决定纤维增强复合材料最主要的因素，长纤维比短纤维具有更明显的增强效果。

在长玻璃纤维增强 PA6 复合材料中，玻璃纤维品种及表面处理对复合材料的影响非常显著。表 2-186 中列出了两种高强玻璃纤维与无碱玻璃纤维增强 PA6 复合材料的性能。

表 2-186　高强玻璃纤维与无碱玻璃纤维增强 PA6 复合材料的性能

项　　目	无碱玻璃纤维	高强玻璃纤维Ⅰ	高强玻璃纤维Ⅱ
玻璃纤维含量（%）	35	33	32.8
拉伸强度/MPa	198	208	231
弯曲强度/MPa	205	217	289
冲击强度（无缺口）/kJ · m^{-2}	57	64.2	69.4
热变形温度/℃	204	210	215
介电强度/kV · mm^{-1}	25.5	24.1	24.8

从表 2-186 中可以看出，玻璃纤维品种不同，以及同一品种不同表面处理剂，对复合材料性能的影响也不同。影响材料性能的主要因素是单丝强度及表面处理剂。同样规格的玻璃纤维，单丝强度高及复合材料性能相对比较高。但对于同一品种、同一规格的纤维，由于表面处理剂不同，其增强效果是不一样的。这是因为玻璃纤维增强聚合物复合材料只有形成有效的界面黏结才能具有优良的性能。对玻璃纤维增强热塑性树脂复合材料，可采用偶联剂对玻璃纤维进行表面处理，偶联剂在无机物和聚合物之间，通过物理的缠绕式进行某种化学反应，形成牢固的化学键，从而使两种性能大不相同的材料紧密结合起来，这种偶联剂及品种对纤维和树脂的复合起着至关重要的作用，决定了纤维树脂复合材料的综合性能。尼龙和玻璃纤维常用的偶联剂为硅烷类物质。

4. 效果

1）在玻璃纤维含量相同的情况下，长玻璃纤维增强 PA6 比短玻璃纤维增强 PA6，在力学性能、热性能上有大幅度提高。

2）预浸料带原始切粒长度越长，长玻璃纤维增强 PA6 复合材料的力学性能越高。

3）玻璃纤维品种不同或同一品种不同表面处理剂，玻璃纤维对 PA6 复合材料的增强效果是不一样的。

4）通过适度交联改性，可以提高复合材料的力学性能和电性能。

5）在玻璃纤维含量为 35%、粒径为 3 ~ 5mm、切粒长度为 7mm 时，复合材料的拉伸强度为 231MPa，弯曲强度为 289MPa，冲击强度为 61.5kJ · m^{-2}，热变形温度为 214℃，介电强度为 24.8kV · mm^{-1}。长玻璃纤维增强 PA6 复合材料具有优异的力学、热学、电性能。

（三）碳纤维/二硫化钼增强环氧树脂/MC 尼龙复合材料

1. 原材料与配方（质量份）

己内酰胺	100	E-51 环氧树脂（EP）	1.5
碳纤维（CF）粉	13	MoS_2	6.5
炭黑	3.5	其他助剂	适量

2. 制备方法

首先将 CF 粉和 MoS_2 在烘箱中加热到 120～130℃，干燥 1.5h，以去除原料中的水分，将干燥好的原料保存在干燥器中，备用。

取少量己内酰胺于烧杯中，加热至己内酰胺完全融化，按比例加入 CF 粉和炭黑，用搅拌器充分搅拌，使 CF 粉均匀分散在己内酰胺中。再将混有 CF 粉和炭黑的己内酰胺转移到三口烧瓶中，加热至 140℃；补加剩余己内酰胺和脱水处理过的 EP，熔融后真空脱水 5min；加入 NaOH，真空脱水搅拌数分钟后，加入 MoS_2，搅拌均匀后再加入 TDI，振荡混合后迅速倒入 175℃的模具中，保持 15min 后，自然冷却至 45℃以下即可脱模，然后加工成标准试样。

3. 性能

该配方下 MC 尼龙复合材料的压缩强度为 106MPa，洛氏硬度为 68.5HRM，摩擦因数为 0.079。

表 2-187 为最终制得的 MC 尼龙复合材料分别与对偶面钢及铝合金摩擦时的耐磨损性能，其中对偶面表面粗糙度值均为 1.6μm，摩擦试验中相对转速均为 9m/s。

表 2-187 MC 尼龙复合材料与不同对偶面摩擦时的耐磨损性能

对偶面	载荷/N	磨损率 /[$\times10^{-6}$mm·(N·m)$^{-1}$]	摩擦 96h 后状态
45 钢	100	1.1	完好
	200	2.3	50h 后失效
	300	4.2	9h 后破坏失效
铝合金	100	0.8	完好
	200	1.6	完好
	300	2.7	完好

从表 2-187 中可以看出，在相同条件下，MC 尼龙复合材料与钢摩擦时的磨损率较大，耐磨性较差，且载荷越高，耐磨性越差。而复合材料与铝合金摩擦时的耐磨性较好，摩擦 96h 后其表面仍然完好。这主要是因为，钢的硬度明显大于铝合金，而且从相关资料的查询看，当对偶面为钢时，在摩擦过程中磨损表面的 MoS_2 在切应力下易吸附 O_2 发生氧化，从而生成 MoO_3，该氧化物颗粒较硬，不仅没有润滑作用而且是一种研磨料，对 MC 尼龙复合材料表面起较大的磨损作用。

由于氧化作用，铝合金表面具有一层致密的 Al_2O_3 层，Al_2O_3 层极薄，MC 尼龙复合材料中的 MoS_2 可转移到铝合金表面上，形成稳定光滑的对偶面，从而提高了 MC 尼龙复合材料与铝合金摩擦时的耐磨性。

4. 效果

1）EP 可有效破坏 MC 尼龙的结晶，从而减少其内部缺陷并提高冲击性能，EP 也可有效增加 MC 尼龙与 CF 的相容性。

2）通过炭黑增容，CF 及 MoS_2 可有效提高 MC 尼龙的力学性能和摩擦性能。

3）EP、CF、MoS_2 的用量不宜过大，否则 MC 尼龙复合材料的制备将变得极为困难。

4）在一定载荷和转速下，相对于钢，MC尼龙复合材料与铝合金摩擦时的耐磨性较好。

（四）硫酸钙晶须/短玻璃纤维增强尼龙6

1. 原材料与配方（质量份）

尼龙6	100	短玻璃纤维	20
硫酸钙晶须（1002，1003）	10	润滑剂	1～2
抗氧剂	0.5～1.0	其他助剂	适量

2. 增强尼龙6材料的制备

首先把尼龙6在110℃干燥3～4h。方式一：将设计配方中除短玻璃纤维和硫酸钙晶须外的其他组分加入高速混合机中混合均匀。从南京宝铭橡塑机械厂的TE-35型双螺杆挤出机的主加料口加入经高速混合搅拌后的物料，采用自行研发侧向喂料装置将短玻璃纤维和硫酸钙在双螺杆挤出机的第二加料口计量加入，控制挤出温度在230～250℃之间，确保各组分在挤出过程中充分混合均匀，然后经过水冷切粒，得到硫酸钙晶须和短玻璃纤维共同增强尼龙6复合材料样品。方式二：将短玻璃纤维、硫酸钙晶须、润滑剂、抗氧剂和尼龙6在高速混合机中混合均匀后，从双螺杆挤出机主加料口将所有物料挤出，挤出过程温度控制在230～250℃之间，同样经水冷切粒得到样品。

3. 性能

不同型号硫酸钙晶须对复合材料力学性能影响见表2-188。

表2-188 不同型号硫酸钙晶须短玻璃纤维增强尼龙6复合材料的力学性能

力学性能	L002	L003
拉伸强度/MPa	149	138
弯曲强度/MPa	200	188
弯曲模量/GPa	7.3	7.0
断裂伸长率（%）	15.8	14.7
简支梁缺口冲击强度/(kJ/m^2)	8.7	7.8
悬臂梁缺口冲击强度/(kJ/m^2)	8.5	6.9

从表2-188可以看出，L002型硫酸钙晶须与短玻璃纤维复配增强尼龙6材料综合力学性能要明显好于L003与短玻璃纤维的复配。L002型硫酸钙晶须是经过表面处理的，而L003型未经表面处理，很显然，表面处理后的硫酸钙晶须与尼龙基体结合力加强了，两者界面间黏结强度的改善有利于应力的传导，使其力学性能优于未表面处理的硫酸钙晶须。

固定L002型硫酸钙晶须含量10%、短玻璃纤维含量20%不变，分别采用方式一和方式二制备尼龙6复合材料，它们力学性能的差异见表2-189。

表 2-189 不同制备方式所得硫酸钙晶须短玻璃纤维增强尼龙 6 复合材料力学性能

力学性能	方式一	方式二
拉伸强度/MPa	149	93
弯曲强度/MPa	200	138
弯曲模量/GPa	7.3	4.9
断裂伸长率（%）	15.8	15.6
简支梁缺口冲击强度/(kJ/m^2)	8.7	6.7
悬臂梁缺口冲击强度/(kJ/m^2)	8.5	4.4

表 2-189 中数据显示，采用侧向加入短玻璃纤维和硫酸钙晶须的方式制备得到的尼龙 6 复合材料力学性能远好于主料口加入方式，这是因为如果玻璃纤维和硫酸钙晶须从主料口加入，在挤出过程中全程经螺杆的强烈剪切，它们的最终长度肯定比侧向加料方式短，这样一来降低了玻璃纤维和硫酸钙晶须长径比，从而使主料口加入方式制备的复合材料力学性能较侧向加料方式大幅下降。

4. 效果

1）在硫酸钙晶须含量不超过 10% 情况下，硫酸钙晶须与短玻璃纤维有协同增强作用，当硫酸钙晶须含量为 10%、短玻璃纤维含量为 20% 时，它们共同增强尼龙 6 复合材料的拉伸强度、弯曲强度和弯曲模量分别比 30% 短玻璃纤维增强尼龙 6 提高 8.7%、7.5% 和 8%，但是冲击性能有所下降。

2）在相同硫酸钙晶须含量下，经过表面处理后的硫酸钙晶须与短玻璃纤维复配所得增强尼龙 6 材料力学性能明显优于未经表面处理的硫酸钙晶须与短玻璃纤维复配体系。

3）采用侧向加入短玻璃纤维和硫酸钙晶须的方式制备得到的尼龙 6 复合材料力学性能要远好于主料口加入方式。

（五）竹纤维增强尼龙 6

1. 原材料与配方（质量份）

尼龙 6	100	竹纤维（BF）	20～30
EVA	8.0	其他助剂	适量

2. 制备方法

将干燥（95℃，7h）后的竹纤维粉在高速混合机内粉碎，经 60 目滤筛过筛后在质量分数为 10% 的 NaOH 溶液浸泡 24h，用清水反复清洗竹粉至洗液为中性（pH = 7.0 左右）。清洗过的竹纤维粉干燥（105℃，24h）后，用高速粉碎机剪切分散均匀后，放入干燥器内备用。

PA6 在 90℃下真空干燥 12h，按配比将 PA6、EVA 和 BF 均匀混合，用双螺杆挤出机熔融共混（温度为 167～227℃，螺杆转速为 100r/min），水冷却造粒。粒料真空干燥后（90℃，8h）用注射机制备标准哑铃形拉伸试样和矩形试样（15mm × 10mm × 120mm）。

3. 性能

由表 2-190 可知，随 BF 含量增加，BF/PA6 的缺口冲击强度和断裂伸长率降低，拉伸强度、拉伸模量和弯曲强度呈先增大后减小的趋势。20% BF/PA6 的拉伸强度为 65.5MPa，30% BF/PA6 的弯曲强度（102.7MPa）和拉伸模量（673.0MPa）分别达到最大，均高于纯 PA6。

表 2-190　纯 PA6 及其 BF/PA6、EVA/PA6 和 BF/EVA/PA6 复合材料的 MFR 和力学性能

材料质量配比	拉伸强度/MPa	拉伸模量/MPa	弯曲强度/MPa	冲击强度/$kJ \cdot m^{-2}$	断裂伸长率（%）	MFR/$g \cdot (10min)^{-1}$
纯 PA6	63.7	603.8	97.6	13.5	14.5	30.0
BF/PA6						
20/80	65.5	627.4	101.5	6.8	11.5	9.0
30/70	51.7	673.0	102.7	4.4	8.3	5.2
40/60	42.2	642.9	73.9	3.2	6.7	4.4
EVA/PA6						
4/96	58.6	561.2	89.5	14.4	41.5	31.0
8/92	54.3	528.4	83.7	18.2	70.4	31.6
12/88	50.2	462.4	78.4	17.6	61.8	33.4
16/84	46.8	424.6	72.6	13.6	52.0	36.1
BF/EVA/PA6						
30/4/66	51.3	573.7	80.2	7.6	9.8	6.0
30/8/62	44.8	539.8	69.0	8.1	10.4	6.9
30/12/58	36.9	497.8	49.9	7.2	10.4	7.4
30/16/54	31.7	488.9	41.2	7.1	10.6	8.5

由表 2-191 可知，EVA/PA6 中 PA6 的结晶度温度明显高于 BF/PA6 中 PA6 的结晶温度。另外，添加 EVA 使 EVA/PA6 或 BF/EVA/PA6 中 PA6 的结晶度增加，加入 8% ~ 12% EVA 的 30% BF/EVA/PA6 中 PA6 的熔点高于对应的 30% BF/PA6。

表 2-191　复合材料的结晶参数

材料质量配比	熔点/℃	结晶温度/℃	熔融焓/$J \cdot g^{-1}$	结晶焓/$J \cdot g^{-1}$	结晶度（%）
纯 PA6	222.6	187.4	51.6	-64.0	22.4
BF/PA6					
20/80	219.9	185.3	36.6	-46.4	19.9
30/70	217.7	183.5	34.6	-43.0	21.5
40/60	216.9	182.7	32.8	-39.8	23.8
EVA/PA6					
4/96	222.5	191.3	50.2	-64.6	22.7
8/92	222.5	191.0	48.2	-59.5	22.8
12/88	222.0	191.3	46.3	-56.1	22.9
16/84	222.0	190.9	43.8	-55.2	22.6

（续）

材料质量配比	熔点/℃	结晶温度/℃	熔融焓/J·g^{-1}	结晶焓/J·g^{-1}	结晶度（%）
BF/EVA/PA6					
30/4/66	217.2	183.4	34.1	-40.6	22.4
30/8/62	217.8	183.2	33.5	-40.0	23.4
30/12/58	218.4	183.6	34.1	-40.6	25.5
30/16/54	218.6	183.8	28.7	-33.5	23.1

4. 效果

1）添加20%～30% BF的PA6复合材料具有较好的拉伸和弯曲性能；BF能提高PA6的刚性，但导致韧性、热稳定性和熔体加工性明显降低。

2）添加EVA有利于改善30% BF/PA6的韧性、热稳定性和熔体加工性，但使材料的拉伸和弯曲性能降低；添加8% EVA可改善BF和PA6之间的界面黏附，使30% BF/PA6获得较高的韧性。

3）BF和EVA对PA6结晶行为的影响存在明显差异，BF主要限制PA6分子链段的运动和晶体生长，使晶体缺陷增多；EVA有利于PA6链段的运动，可提高PA6的结晶性能。

六、纳米改性

（一）简介

纳米材料是20世纪80年代发展起来的材料，从一诞生就因广泛的商业前景而被美国材料学会誉为“21世纪最有前途的材料”。若无机材料能在聚合物基体中达到纳米级分散，则会具有一般传统复合材料所没有的特性，形成一种新型材料——聚合物纳米复合材料，其中纳米改性尼龙又称尼龙纳米复合材料，是近年来研究较为活跃的一个领域，为PA的增强改性提供了一条全新的途径。PA纳米复合材料中常用蒙脱土（MMT）作为无机相，MMT添加量较少，一般在10%以下，通常仅为3%～5%，但其刚性、强度、耐热性等性能与常规玻璃纤维或矿物填充（填充量为30%左右甚至更高）增强复合材料相当，因而聚合物纳米复合材料的密度较低，比强度和比弹性模量高而又不损失其冲击强度，能够有效地降低件重，方便运输；同时PA6纳米复合材料还具有高强度、高阻隔，耐热及阻燃等优异性能。

PA纳米复合材料的合成方法有插层复合法、原位复合法、共混法、分子复合材料形成法等。其中，插层复合法是当前研究最为活跃，也是最有工业化前景的方法。由于插层技术的突破，PA/层状无机粒子纳米复合材料获得迅速发展，部分研究成果已开始进入工业化，并因其有极大的工业化应用前景而备受关注。插层复合技术能够实现PA基体与无机物分散相在纳米尺度上的复合，所得的纳米复合材料能够将无机物的刚性、尺寸稳定性和热稳定性与PA的韧性、可加工性及介电性完美地结合起来。

纳米复合材料正逐渐被全球加工业所接受，对于这种材料的乐观看法也在不断增加：大量的研究工作已经证实了PA纳米复合材料的发展潜力。不断有PA纳米复合材料新产品推出，表2-192列出了世界上部分PA纳米复合材料供应商及其产品。

表 2-192　世界上部分 PA 纳米复合材料供应商及其产品

供应商（商品名）	基体树脂	纳米填料	目标市场
Bayer（Durethan LPDC）	PA6	有机黏土	阻隔薄膜
Creanova（Vestamid）	PA12	纳米管	导电应用
CE Plastics（Noryl GTX）	PPO/PA	纳米管	汽车着色部件
Honeywell（Aegis）	PA6	有机黏土	多用途瓶和薄膜
	阻隔 PA6	有机黏土	
Nanocor（Imperm）	PA6	有机黏土	多用途 PET 啤酒瓶
	PA MDX6	有机黏土	
RTP	PA6	有机黏土	多用途
Showa Denko（Systemer）	PA6	黏土、云母	阻燃
宇部（Ecobesta）	PA6、PA12	有机黏土	多用途汽车燃料系统
	PA6、PA66	有机黏土	
Unitika	PA6	有机黏土	多用途

（二）纳米蒙脱石插层改性尼龙

1. 简介

（1）尼龙　尼龙（尼龙 6、尼龙 66、尼龙 1010 等）是目前插层蒙脱石用于聚合物纳米复合材料制备效果较为明显的品种，其中蒙脱石/尼龙 6 纳米复合材料最具商品开发价值。因此，深入研究聚酰胺改性用插层蒙脱石制备条件和性能影响因素，对膨润土类矿物深加工技术水平提高具有重要的现实意义。

（2）插层蒙脱石的分类　由于蒙脱石晶层内部的双电层结构，表面层所带的负电荷更易吸附比表面积大的有机阳离子到晶层附近，最终取代层间原有阳离子，形成新的、更加稳定的层状结构，制得有机插层蒙脱石。从所用有机阳离子结构看，插层蒙脱石又可分为非反应型和反应型两大类。

2. 制备方法

（1）非反映型插层蒙脱石的制备

1）用于非反应型有机插层蒙脱石制备的蒙脱石对矿物纯度要求较高，一般要求蒙脱石含量大于90%，最好大于95%，因杂质带入的过多不能解离的成分同复合材料混合作用后，仍主要以起始尺寸分散在聚合物基体中，从而在复合材料受外力作用时，形成应力集中点，对聚合物性能不能起到补强作用；而自然界原生膨润土矿等矿种中一般蒙脱石含量仅为30%～60%，因此，提高蒙脱石含量是其改性应用的基础，可根据原矿性质采用干法或湿法提纯，目前各种提纯技术已较为成熟。

2）用于有机插层蒙脱石制备的蒙脱石层间可交换阳离子总量（CEC）应适中，一般选择0.7～1.3mmol/g，过低，插层上有效量的有机物和插层后的蒙脱石同聚合物混合时难以解离；过高，蒙脱石单位晶胞电荷密度高，蒙脱石品层难以膨胀、分散、解离，则发生层间离子插层交换反应困难。

3）能用于非反应型有机插层蒙脱石制备的有机物品种很多，但不同有机物对蒙脱石插层有一定的特征性，以常用的季铵盐型插层改性剂十八烷基三甲基氯化铵（简称

1831，下同）、十八烷基苄基二甲基氯化铵（1827）、十六烷基三甲基氯化铵（1631）、十六烷基苄基二甲基氯化铵（1627）、十二烷基苄基二甲基氯化铵（1227）、双十八烷基二甲基氯化铵（DOAC）等为例，用X射线衍射 d_{001} 值检测插层效果，不同非反应型有机物对蒙脱石插层结果见表2-193。

表2-193 X射线衍射测定不同季铵盐型插层蒙脱石的值 d_{001} 和层间距 $d_{001}-0.96$

季铵盐	空白	1227	1627	1827	1631	1831	DOAC
d_{001}/nm	1.19	1.78	2.76	2.98	2.75	2.98	3.87
$d_{001}-0.96$/nm	0.23	0.82	1.80	2.02	1.79	2.02	2.91

由表2-193中数据可见，随着碳链数的增长，改性蒙脱石层间距不断增大；当长碳链数由1根（1831）增加到2根（DOAC）时，碳链在层间的排列方式由倾斜变为近似直立形式，层间距急剧增大。从聚酰胺改性效果看，一般选择主碳链长为16～18个碳的有机物较为适宜。碳链短，分子体积小，不利于插层时形成层间距大的插层蒙脱石；但碳链过长，在水中溶解度低，难以同蒙脱石反应形成稳定的插层交换产物；此外，蒙脱石在水中的分散程度、反应搅拌速度、干燥程度也对插层产品层间距有一定影响，蒙脱石分散液质量分数低、分散均匀、层间含一定量水，其层间距增大。

（2）反应型有机插层蒙脱石制备　聚酰胺用反应型插层蒙脱石插层剂可选用4～19个碳的氨基酸、烷基内酰胺等同聚酰胺单体有类似结构、性能的有机物，从插层后的蒙脱石层间距看，以大于或等于11个碳的氨基酸有明显的增大效果，但11～18个碳的氨基酸目前由于其生产工艺的局限，当前售价均较高，已超过聚酰胺改性可接受程度，因此，虽然有好的插层效果，但当前难以推广应用。目前，可实际应用的聚酰胺改性用反应型插层蒙脱石插层剂主要为价格适中的6-氨基己酸和己内酰胺等。

6-氨基己酸和己内酰胺等有机物易溶于水，但结构本身在水中不能电离出有机阳离子，实际应用时需经质子化加氢步骤生成有机阳离子后才能插层交换，质子化剂可以用硫酸、盐酸、醋酸、磷酸、间苯二酸、邻苯二酸等无机或有机酸。插层剂在水中质子化后同蒙脱石经60～80℃反应2～5h，产物经冷却、分离、洗涤、干燥、粉碎、筛分即为成品，由于所用有机插层剂耐热性稍差，插层后的成品采用低温真空干燥为好，由此制备蒙脱石/聚酰胺纳米复合材料的工艺也称“二步法”工艺。按设计复合材料中蒙脱石用量，一次将蒙脱石、单体（包括插层剂）、助剂加入聚合釜中，插层分散均匀后抽出多余的水分，再加入聚合引发剂、防老剂等，按聚酰胺聚合条件聚合反应，制得熔融缩聚法蒙脱石/聚酰胺纳米复合材料，此工艺称“一步法”蒙脱石改性聚酰胺工艺。

（3）反应型蒙脱石/尼龙6纳米复合材料的制备方法及评价　反应型插层蒙脱石改性聚酰胺可采用单体聚合法或熔体挤出法，其中单体聚合法又可采用前述“二步法”和“一步法”路线。“二步法”工艺所用插层蒙脱石适于现有蒙脱石加工企业根据不同应用领域生产插层蒙脱石系列产品，插层蒙脱石应用对现有聚合设备不需做大的改动；而“一步法”蒙脱石改性聚酰胺路线虽然具有工艺流程短、复合后的材料性能好的特点，但插层蒙脱石处理反应后大量的水需蒸发除去，总体能量消耗高，并且复合材料制备需对现有的聚合工艺和设备做较大的改动，也限制了此工艺的推广和应用。

3. 性能

（1）非反应型插层有机蒙脱石性能　以提纯、改型后含蒙脱石91%的内蒙某钠基蒙脱石为例，以5%～10%的质量分数分散于水中，根据所用插层剂性质调节溶液的pH值，控制溶液温度为60～80℃，有机插层剂用量以大于或等于提纯改型后的蒙脱石阳离子交换总量（CEC）为宜，直接加破碎成小块的插层剂固体，保温快速搅拌反应1～2h，反应完后冷却、分离、洗涤、干燥、粉碎、筛分即为成品。

应用试验选用A、B两种改性剂，按以上工艺制备改性蒙脱石样品，编号分别为NNY-1、NNY-2，性能见表2-194。

表2-194　非反应型插层蒙脱石性能

样品名称	细度-0.076mm（%）	105℃挥发量（%）	850℃质量分数（%）	d_{001}值/nm	层间距 $d_{001}-0.96$/nm	白度（%）
NNY-1	100	1.23	38.46	2.63	1.67	73.1
NNY-2	100	1.30	39.63	2.83	1.87	73.8

（2）蒙脱石/尼龙6挤出法纳米复合材料性能　主要试验设备和检测设备：高速混料机、双螺杆挤出机、注射机、万能材料试验机、冲击试验机、熔融指数测定仪、热变形维卡温度测定仪等。

非反应型有机插层蒙脱石的性能见表2-194，尼龙6的相对黏度为3.0，广州新会美达公司生产，复合稳定剂为工业品自配，其他助剂硬脂酸、白油为市售工业品。制备过程是将尼龙6先在鼓风干燥机中于95℃干燥8h，然后按一定比例将尼龙6、改性蒙脱石、稳定剂、硬脂酸、白油高速混合均匀，蒙脱石量以小于15%效果为佳，其他助剂量控制在1%～5%。用双螺杆挤出机挤出造粒，机筒各段温度分别为200℃、210℃、220℃、225℃、230℃、235℃，机头温度为240℃，通过控制主螺杆转速，调节物料在挤出机内的停留时间，依靠尼龙6高分子链同插层蒙脱石层间有机基团的相互作用及螺杆的剪切力将尼龙6大分子链插入蒙脱石片层间并将片层解离，使蒙脱石达到纳米尺度的均匀分散，复合形成非反应型蒙脱石/尼龙6挤出法纳米复合材料。

由表2-195可以看出，蒙脱石/尼龙6纳米复合材料强度、热变形温度等性能均有较大提高，复合材料经X射线衍射及透射电镜观察，蒙脱石片层厚度小于100nm，主要分布范围为20～50nm。非反应型插层蒙脱石以平均粒径50nm的普通粉体与尼龙6离子通过挤出复合作用后，在尼龙6基体中在一维方向上实现了纳米尺度分散，形成了高性能的蒙脱石/尼龙6纳米复合材料。

（3）反应型插层有机蒙脱石性能　以提纯、改型后含蒙脱石91%的内蒙某钠基蒙脱石为例，用11-氨基酸、复合己内酰胺插层反应，插层后的反应型蒙脱石编号分别为NM-23、NM-24，其性能见表2-196。

表2-195　挤出法非反应型蒙脱石/尼龙6纳米复合材料性能

项目	空白样	NNY-1	NNY-2
缺口冲击强度/$kJ \cdot m^{-2}$	2.59	8.00	3.96
无缺口冲击强度/$kJ \cdot m^{-2}$	25J不断	110.75	89.37
拉伸强度/MPa	75.86	84.41	83.61

（续）

项目	空白样	NNY-1	NNY-2
弯曲强度/MPa	87.47	108.90	115.40
弯曲模量/MPa	1954.4	2584.1	2648.3
热变形温度（0.45MPa）/℃	175.3	189.0	—
熔体流动速率/g·(10min)$^{-1}$	3.28	1.10	0.96

表 2-196 反应型有机插层蒙脱石性能

样品名称	细度 -0.076mm（%）	105℃挥发量（%）	850℃质量分数（%）	d_{001}值/nm	层间距 d_{001} - 0.96/nm	白度（%）
NNY-23	100	0.82	26.16	1.75	0.79	78.7
NNY-24	100	1.38	21.92	1.47	0.51	79.3

4. 效果

聚酰胺改性用插层蒙脱石是一种具有特殊结构和性能的功能性矿物材料，其层状化学组成和尺寸可以根据加工工艺需要进行调整，现在的制备工艺各有利弊。如非反应型插层蒙脱石主要用于挤出法制备蒙脱石/聚酰胺纳米复合材料，具有插层剂成本低、应用面广、工艺简单的特点，但由于所带的插层剂耐热性差，复合后的材料一般色泽较深，外观性能不好；而反应型插层蒙脱石目前最大的缺陷是插层剂售价高，另外缩聚法应用对现有聚酰胺合成工艺需做改动，一定程度限制了其发展和应用；因此，目前聚酰胺改性用插层蒙脱石实际应用主要品种为非反应型插层蒙脱石。

根据改性聚酰胺品种和不同使用性能要求，蒙脱石/聚酰胺纳米复合材料现可用作高强度工程塑料原料、阻隔保鲜包装材料、阻燃及耐热材料等，目前最具商品开发价值的是蒙脱石/尼龙 6 纳米复合材料，其无机成分含量较少，密度比传统填充材料小，具有广泛的应用前景。

（三）纳米蒙脱土插层改性尼龙 66

1. 原材料与配方（质量份）

尼龙 66	60～80	有机化蒙脱土（MMT）	5～6
接枝聚丙烯（PP）	10～20	PP	20～40
其他助剂	适量		

2. 制备方法

尼龙 66 在真空烘箱中 100℃下干燥 10h 后，把有机化蒙脱土和尼龙 66 按照设计的配方混合，加入少许白油。混匀后在双螺杆挤出机中挤出造粒，干燥后注射成型试样并进行力学性能等相关测试，试样加工工艺如图 2-6 所示。

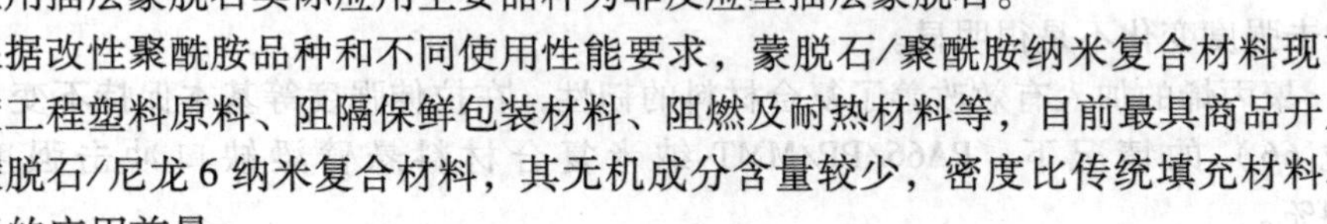

图 2-6 试样加工工艺

将25%有机化处理的蒙脱土与75%接枝的改性聚丙烯混合，用双螺杆挤出机挤出制备PP/MMT母粒。PA66与MMT母粒共混挤出，经过双螺杆挤出机共混制备PA66/PP/MMT纳米复合材料并测试力学性能。

3. 性能

（1）蒙脱土插层尼龙66的力学性能　按照上述方法，首先制备得到不同含量MMT的尼龙66/蒙脱土纳米复合材料，对其进行力学性能测试。

从测试结果可以看到：当蒙脱土的含量在7%的时候，复合材料的各项力学性能达到最优。其中，与树脂基体相比，拉伸强度从65.6MPa提高到75.8MP，提高15.5%；弯曲强度从107.2MPa提高到115.3MPa，提高8%，基本保持不变；弯曲模量提高了13.8%；冲击强度总体基本保持不变。

（2）蒙脱土插层合金的力学性能　为解决纳米尼龙复合材料的脆性不足，突出表现在冲击强度有所下降的问题，研制了PA6CN/PP-g-MAH共混合金。结果表明，与PA6CN相比较，在10%~20%填充比例的合金中，PP-g-MAH以小于1μm的粒径在合金中良好分散，使其在保持较高硬度的同时合金材料的缺口冲击强度有较大的提高，说明材料的韧性得到很大的改善。同时，在填充5%纳米蒙脱土的尼龙6复合材料的吸水性降低25%，使材料在潮湿条件下的尺寸稳定性良好。

4. 效果

1）采用熔融共混法分别制备PA66/PP和PA66/PP/MMT纳米复合材料。

2）试验制备的蒙脱土插层尼龙66纳米复合材料，对于尼龙66的力学性能改善并不是很明显，拉伸强度提高了15.5%，弯曲强度提高了8%，弯曲模量提高了13.8%，缺口冲击强度变化不是很明显。

3）聚丙烯的加入有效改善了复合材料的韧性，在拉伸强度等基本保持不变（对比纯尼龙66）的情况下，PA66/PP/MMT纳米复合材料悬臂梁缺口冲击强度提高了45.4%。

（四）纳米蒙脱土改性MC尼龙

1. 原材料与配方（质量份）

MC尼龙	100	相容剂	10~30
钠基蒙脱土	2~3	甲苯二异氰酸酯（TDI）	5~8
硅烷偶联剂	1~2	其他助剂	适量

2. 制备方法

有机蒙脱土的制备：将一定量的盯朋配成水溶液，加入充分溶胀的蒙脱土悬浮液中，调节pH值，加热到一定的温度，强烈搅拌一定时间。冷却至室温，加入一定量的已配好的KH-550乙醇水溶液，再搅拌一定时间，然后将悬浮液抽滤，先用水洗涤数次，用硝酸银检测无Br^-为止，再用95%工业乙醇洗涤两次。最后把产品于80℃真空下干燥24h，研磨过400目筛，得白色粉末状有机土。

MC尼龙复合材料的制备：将已内酰胺、有机蒙脱土充分混合后放入反应瓶内，开动搅拌，升温到熔融，100℃后开始抽真空；30min后，加入少量氢氧化钠，抽真空并升温到140℃左右，保持微沸，30～40min后减至常压，加入少量TDI，充分搅拌后，倒入模具中，并继续在170℃保温一段时间，冷却后得MC尼龙蒙脱土复合材料。

3. 结构

MC尼龙的晶型结构，对材料的力学强度和冲击性能有很大的影响。尼龙6晶胞中相邻的大分子链间由氢键相接，由于不同的氢键组合从而产生了不同的球晶结构，主要是具有反平行链结构γ型、平行链结构的γ型以及少量的亚稳态β型，这些球晶结构依赖于聚合条件、结晶条件。当有机蒙脱土含量为1%时，在小角度范围没有出现明显的蒙脱土d_{001}晶面的衍射峰。推断有两种可能性：一是由于蒙脱土部分剥离或层间距过大，2θ在小角度范围，仪器不能检测到；二是蒙脱土含量太少，仪器到检测处没有蒙脱土的存在。当蒙脱土含量为2%时，在2θ为3°处出现较强的分布较窄的吸收峰，而复合前蒙脱土d_{001}晶面的2θ为4.3°。当蒙脱土含量为3%时，在2θ为4.3°出现宽峰，蒙脱土层间距分布较广，部分蒙脱土被插层，部分没有。这说明当蒙脱土含量较大时，插层效果不显著。

X射线衍射（XRD）同时也是研究MC尼龙晶型的一种好的手段之一。20.1°和23.8°左右的强峰分别代表MC尼龙的（202+200）和（200），是MC尼龙较稳定的晶型结构，蒙脱土的加入改变了尼龙的晶型。根据研究当$I_{(200)}/I_{(202+200)}=1.61$时，双峰主要是由于α球晶导致的。$I_{(200)}/I_{(202+200)}$的比值越小，γ球晶越占主导地位。通过XRD衍射图峰强的计算得表2-197。可以看出：蒙脱土的添加确实对MC尼龙晶型有一定的影响。而且当蒙脱土的含量为2%时，$I_{(200)}/I_{(202+200)}$比值最大，这说明γ球晶含量少，α球晶含量多，即α/γ最大；变化其次的是添加1%蒙脱土的MC尼龙。根据α/γ的变化，可以解释在小角度没有衍射峰出现的原因，即蒙脱土处于剥离状态或插层状态。因为如果没有蒙脱土的存在，复合材料晶型结构不会改变如此大。而对于添加3%蒙脱土的MC尼龙来说，$I_{(200)}/I_{(202+200)}$只有1.27，变化不显著。这大概是由于蒙脱土含量较大，其片层没有充分被撑开，对尼龙晶形的影响不显著。由此可以推断出：当蒙脱土的含量为1%～2%时，MC尼龙复合材料的强度最大。

表2-197 蒙脱土用量对$I_{(200)}/I_{(202+200)}$的影响

蒙脱土含量（%）	0	1	2	3
$I_{(200)}/I_{(202+200)}$	1.08	1.41	1.46	1.27

4. 性能

加入少量的有机蒙脱土，复合材料的综合力学性能就有较大的改善。MC尼龙蒙脱土复合材料的拉伸强度随蒙脱土含量的增加而上升，在蒙脱土含量为2%左右时达到最大值，纯MC尼龙的拉伸强度为75.62MPa，当加入2%的有机蒙脱土时，复合材料拉伸强度为85.68MPa，比纯MC尼龙提高了13.3%；当蒙脱土的含量大于3%时，拉伸强度开始下降，但是用有机蒙脱土制备的MC尼龙复合材料的拉伸强度总是优于纯MC尼龙。这是因为MC尼龙与有机蒙脱土之间形成了良好的界面黏结，这种复合效果可以使填料与聚合物基体产生强的界面作用，分散在尼龙中的层状蒙脱土起到了类似于玻璃纤维的增强作用，在只加少许有机蒙脱土的情况下就能使复合材料的强度大幅度提高，达到一般填料所起不到的效果。

当蒙脱土含量达到2%时，冲击强度最高为6.66kJ/m²，而纯MC尼龙为6.05kJ/m²，冲击强度提高了10.1%，而随着蒙脱土含量的增加，冲击强度反而下降，并且幅度很大。这是由于尼龙66基体中除了稳定的α晶型外还出现了不稳定的γ晶型，它在受冲击过程中易受到破坏，因此随着蒙脱土含量的增加，γ晶型的含量增加，导致了冲击韧性的下降。

5. 效果

1）对复合材料的结构研究表明：当有机蒙脱土含量为1%时，尼龙分子链进入蒙脱土片层，使蒙脱土层间距扩大或剥离；当有机蒙脱土含量为2%时，蒙脱土层间距达到3.0nm，形成插层聚合。蒙脱土的添加改变了MC尼龙的晶型，当蒙脱土含量为2%时，球晶α/γ比值最大。

2）对复合材料的应用性能研究表明：少量的有机蒙脱土改善了复合材料的力学性能和热性能，使材料具有一定的阻燃性。

（五）纳米 Al_2O_3 改性MC尼龙

1. 原材料与配方（质量份）

己内酰胺	100	纳米 Al_2O_3	4~5
NaOH	1~3	表面处理剂	1~2
甲苯二异氰酸酯（TDI）	3~5	其他助剂	适量

2. 制备方法

（1）纳米 Al_2O_3 的表面处理　为了减少纳米 Al_2O_3 表面的阻聚基团，以便合成相对分子质量更高、纳米 Al_2O_3 在基体中分散较好的复合材料，对纳米 Al_2O_3 进行了表面处理。纳米 Al_2O_3 表面处理工艺如图2-7所示。采用粒径为1.0~1.9mm的锆珠进行球磨，球磨温度为90℃，通过油浴加热控制温度。

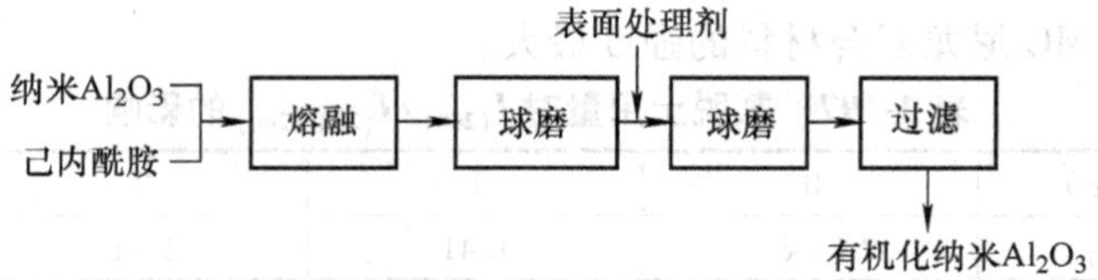

图2-7　纳米 Al_2O_3 表面处理工艺

（2）试样制备工艺　将己内酰胺与有机化纳米 Al_2O_3 按图2-8所示的工艺流程先制备活性料，浇注后聚合成型，制得MC尼龙/纳米 Al_2O_3 复合材料试样，模具预热温度为140~160℃，预热时间为90min。同法制得MC尼龙试样。

3. 结构

用扫描电子显微镜观察MC尼龙/纳米 Al_2O_3 复合材料的断口形貌可知，纳米 Al_2O_3 在MC尼龙基体中分布比较均匀，纳米 Al_2O_3 与MC尼龙两相界面模糊，说明纳米 Al_2O_3 与MC尼龙已较好地复合。

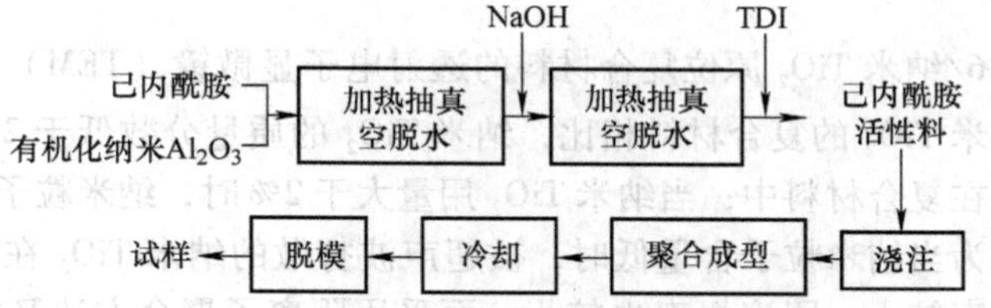

图2-8　MC尼龙/纳米Al_2O_3复合材料试样的制备工艺流程

4. 性能

随着纳米Al_2O_3含量的增加，MC尼龙/纳米Al_2O_3复合材料的拉伸强度先增加后降低，在纳米Al_2O_3质量分数为4%时达到最大值，比纯MC尼龙提高了19%。分析其原因，主要是由于纳米Al_2O_3的比表面积很大且存在着大量的羟基，与MC尼龙分子链之间存在着很强的相互作用，这使得材料的拉伸强度有很大提高；高分子偶联剂的加入极大地改善了两相间的界面黏接，同时偶联剂的长端基还与MC尼龙发生缠结，也使体系的拉伸强度明显提高。

随纳米Al_2O_3含量的增加，MC尼龙/纳米Al_2O_3的冲击强度先增加后降低，当纳米Al_2O_3的质量分数为4%时材料的冲击经度达到最大值，比纯MC尼龙提高了33%。

MC尼龙/纳米Al_2O_3的弯曲强度随纳米Al_2O_3含量的增加而先小幅上升后降低，在纳米Al_2O_3的质量分数为4%时达到最大值，提高了11%。但从总体上看，纳米复合材料的弯曲强度提高较小。

5. 效果

1）采用原位聚合技术可获得纳米Al_2O_3分布均匀、综合性能优良的MC尼龙/纳米Al_2O_3复合材料。

2）随着纳米Al_2O_3含量的增加，MC尼龙/纳米Al_2O_3复合材料的拉伸强度、冲击强度和弯曲强度等性能均表现为先增加后降低的趋势。

3）在纳米Al_2O_3质量分数为4%时，纳米Al_2O_3增强MC尼龙复合材料的拉伸强度、冲击强度和弯曲强度均达到最大值，分别比纯MC尼龙提高了19%、33%和11%。

（六）纳米TiO_2改性MC尼龙6

1. 原材料与配方（质量份）

MC尼龙6	100	甲苯二异氰酸酯（TDI）	5~6
纳米TiO_2	1~5	其他助剂	适量
NaOH	1~3		

2. 制备方法

将真空干燥过的纳米TiO_2以一定的比例加入熔融的己内酰胺单体中，加入催化剂NaOH，抽真空后用超声波分散一定时间，迅速升温至预定温度后加入助催化剂TDI引发聚合并保温。

3. 结构

从 MC 尼龙 6/纳米 TiO_2 原位复合材料的透射电子显微镜（TEM）照片中可见，与采用未处理的纳米 TiO_2 的复合材料相比，纳米 TiO_2 的质量分数低于 2% 时，纳米 TiO_2 能较均匀地分散在复合材料中；当纳米 TiO_2 用量大于 2% 时，纳米粒子在复合材料中出现团聚。这是因为当纳米粒子含量低时，被超声波打散的纳米 TiO_2 在己内酰胺单体的包裹下，碰撞概率较小，团聚概率也较小。而采用阴离子聚合方法又能快速地引发聚合，分散的纳米粒子来不及形成团聚体就已被聚合住，从而形成了分散较均匀的 MC 尼龙 6/纳米 TiO_2 原位复合材料。纳米粒子含量高时，粒子间碰撞概率较高。同时不能被己内酰胺分子包裹完全，被超声波打散的纳米粒子在较高的碰撞概率下会很快结合在一起形成团聚体，因此分散相对较差，存在较严重的团聚现象。

4. 性能

由表 2-198 和表 2-199 可知，纳米 TiO_2 的引入增加了 MC 尼龙 6 的弯曲强度和弯曲模量，且随纳米 TiO_2 用量的增加复而增加。复合材料的缺口冲击强度大于 MC 尼龙 6 的缺口冲击强度，且随着纳米 TiO_2 用量的增加先增后减，在纳米 TiO_2 的质量分数为 1% 时达到最大。

表 2-198　纳米 TiO_2 用量对 MC 尼龙 6/纳米 TiO_2 原位复合材料热性能的影响

纳米 TiO_2 质量分数（%）	降解起始温度 T_{max}/℃	最大失重速率温度 T_{max}/℃	降解完全时温度 T_{max}/℃
0	219.4	372.0	454.0
1	218.0	336.5	405.7
2	222.5	336.6	468.8
5	222.2	414.7	461.4

表 2-199　纳米 TiO_2 用量对 MC 尼龙 6/纳米 TiO_2 原位复合材料力学性能的影响

纳米 TiO_2 质量分数（%）	拉伸强度 /MPa	断裂伸长率 （%）	弯曲强度 /MPa	弯曲模量 /GPa	冲击强度 /$kJ \cdot m^{-2}$
0	91.4	32.0	142.3	4.23	4.2
1	92.6	24.3	141.5	4.25	7.6
2	96.2	21.2	147.1	4.66	5.5
5	97.0	19.1	154.5	4.61	4.9

从以上结果看，在一定用量范围内，纳米 TiO_2 对 MC 尼龙 6 同时具有增强和增韧的作用。纳米 TiO_2 之所以能够在含量较低的范围内同时增强和增韧尼龙 6，可能是因为含量低时，纳米 TiO_2 在复合材料中分散较为均匀，纳米 TiO_2 表面基团的“钉锚”效应，使其在 MC 尼龙 6 中起到物理交联点的作用，和聚合物分子链“钉锚”在一起。当体系受到外力作用时，这些物理交联点受到外力的破坏，吸收能量，提高了材料的拉伸和冲击性能。当纳米 TiO_2 用量较高时，纳米 TiO_2 开始出现团聚，使 MC 尼龙 6 和纳米 TiO_2 之间的物理交联点明显减少，当纳米复合材料受到外力作用时吸收能量变小，因此复合材料的冲击性能降低，使纳米 TiO_2 对 MC 尼龙 6 的增韧幅度变小。

5. 效果

1）采用阴离子原位聚合法制备 MC 尼龙 6/纳米 TiO_2 复合材料，在纳米 TiO_2 的质量分数低于 2% 时，纳米 TiO_2 可较均匀地分散在复合材料中。

2）纳米 TiO_2 的加入提高了复合材料的热稳定性，使 MC 尼龙 6 的起始降解温度提高 2～3℃，最大失重速率温度大幅度提高，并随纳米 TiO_2 用量的增加而升高。

3）纳米 TiO_2 的质量分数低于 2% 时，对 MC 尼龙 6 同时具有增强和增韧的作用。

（七）纳米氢氧化镁（NMH）改性尼龙 6

1. 原材料与配方（质量份）

尼龙 6	100	纳米氢氧化镁（NMH）	10
偶联剂（KH-570）	1～2	甲基丙烯酸甲酯（MMA）	5～10
TDI	2～3	其他助剂	适量

2. 制备方法

（1）NMH 的表面改性　将一定量的 NMH、KH-570 和甲苯投入三口烧瓶中，超声波分散后，于回流温度下反应 3h，然后将反应的混合物分离过滤后，用无水乙醇、去离子水对滤饼洗涤数次，得到改性 NMH（NMH/KH-570）。以 MMA 为共聚单体，采用乳液聚合方法制备 PMMA 接枝共聚改性氢氧化镁（NMH/KH-570/PMMA）。

（2）原位聚合制备 PA6/NMH 纳米复合材料　将改性的 MNMH（NMH/KH-570 或 NMH/KH-570/PMMA）与已内酰胺按一定配比投入三口烧瓶中，超声波分散后，置于 120℃油浴中加热熔融，维持 0.09MPa 真空度一定时间；然后加入甲醇钠，在一定真空度下升温至 140℃，保持 15min；加入一定量的甲苯二异氰酸酯（TDI），搅拌 2～3min 后转移至烧杯中，升温至 170℃进行聚合反应。待聚合反应完成后，自然冷却脱模，得到 PA6/NMH/KH-570 和 PA6/NMH/KH-570/PMMA 纳米复合材料。采用同样方法制备未改性的 NMH 填充的 PA6/NMH 纳米复合材料。

3. 性能

NMH 与 PA6 的质量比低时（<5%），NMH 原位聚合制备 PA6/NMH 纳米复合材料的缺口冲击强度明显高于 PA6 的，说明少量纳米微粒的加入能提高聚合物复合材料的冲击韧性。随着 NMH 与 PA6 的质量比增加（>7%），PA6/NMH 复合材料的缺口冲击强度小于 PA6 的，表明纳米微粒的增加，使其在聚合物材料中容易团聚，分散不均，从而导致复合材料的冲击韧性有所下降。原位聚合制备 PA6/NMH/KH-570 复合材料的缺口冲击强度高于添加未改性 NMH 微粒的，提高了 16%～21%。在 NMH/KH-570 与 PA6 的质量比为 5% 时缺口冲击强度达到最大值 14.6MPa。与 PA6/NMH 和 PA6/NMH/KH-570 复合材料比较，PA6/NMH/KH-570/PMMA 复合材料的缺口冲击强度又有进一步提高。

结果表明：NMH/KH-570/PMMA 表面接枝的有机物起到界面相容剂作用。与 PA6/NMH/KH-570 和 PA6/NMH 复合材料相比，PA6/NMH/KH-570/PMMA 复合材料的断裂伸长率和缺口冲击强度均有较大幅度提高；同时 NMH 及 MNMH 的加入提高了复合材料的热稳定性。

（八）纳米 MgO_2 改性 MC 尼龙

1. 原材料与配方（质量份）

尼龙 6	100	纳米 MgO_2	0.1～0.4
TDI	5～6	其他助剂	适量

2. 制备方法

（1）MgO 的改性　称取 0.09g 硬脂酸钠配制成 0.005g/mL 的溶液，将纳米 MgO 加入 100mL 的蒸馏水中，在 pH＝10.6 的条件下，温度控制在 50℃，搅拌 35min，最后过滤烘干，得到改性后的纳米 MgO。

（2）MC 尼龙/MgO 杂化材料的制备　将一定量的己内酰胺在 80～90℃的条件下熔化，加入不同含量的 MgO，升温到 130℃，保持真空状态进行脱水，当观察到没有气泡时，60min 左右，解除真空，加入一定量的 NaOH，将温度升至 140℃，然后抽真空 60min 左右，脱水，当温度降到 100℃时加入一定量的 TDI，然后迅速将反应物转移至预热到 170℃左右的模具中，保温 30min 后取出，室温下冷却脱模。

3. 性能

MC 尼龙/MgO 复合材料的拉伸强度先随 MgO 含量的增加而增加，当 MgO 质量分数为 0.3% 时，拉伸强度达到最大值，比纯 MC 尼龙拉伸强度提高了 9.9%。由于无机纳米粒子和聚合物基体之间存在强烈的物理化学作用，改性后的纳米 MgO 分散性好，且带有非极性基团，与 MC 尼龙相容性好，所以拉伸强度上升。但纳米粒子的均匀分散量具有一定的饱和值，当超过一定限度时，纳米粒子将产生团聚，在复合材料内部形成缺陷，受到外力作用时，在此处最先破坏，所以力学性能反而降低。

随着改性后 MgO 含量的增加，MC 尼龙/MgO 材料的断裂伸长率下降。当 MgO 质量分数为 0.4% 时，MC 尼龙复合材料的断裂伸长率比纯 MC 尼龙减少 28.2%。MC 尼龙大分子链之间有较多的空隙，分子链之间可以自由滑动，所以 MC 尼龙具有很强的自润滑能力。随着 MgO 的加入，填充了链与链之间的空隙，阻碍了分子链之间的滑动，起到了物理交联点的作用，降低了 MC 尼龙的自润滑能力，从而降低了复合材料的断裂伸长率。

随着改性后 MgO 的增加，MC 尼龙/MgO 复合材料的弯曲强度逐渐升高 MC 尼龙/MgO 复合材料的弯曲强度比 MC 尼龙基体升高了 12.8%。由于纳米 MgO 粒子与高分子链之间有很强的作用力，而且可以很好地分散在 MC 尼龙中，起到了应力分散的作用，从而提高了弯曲强度。

随着改性后 MgO 含量的增加，MC 尼龙/MgO 复合材料的维卡软化温度有所上升。改性后的 MgO 与 MC 尼龙基体相容性较好，导致 MC 尼龙复合材料的维卡软化温度上升。随着改性后 MgO 含量的增加，MC 尼龙/MgO 复合材料的吸水率有所下降。当 MgO 质量分数为 0.4% 时，MC 尼龙/MgO 复合材料的吸水率比 MC 尼龙基体降低了 60.7%。

在 MC 尼龙中加入纳米 MgO 粒子，成功地制备了 MC 尼龙/纳米 MgO 复合材料，可在 MC 尼龙中引入交联结构，从而降低复合材料的结晶度和内应力，减少复合材料的缺陷。在所研究的用量范围内，不同含量的纳米 MgO 的添加可在一定程度上改善 MC 尼龙的力学性能，其中当 MgO 质量分数为 0.1% 时，MC 尼龙/MgO 复合材料的冲击强度比 MC 尼龙基体增加了 8.7%。当 MgO 质量分数为 0.3% 时，拉伸强度达到最大值，比纯 MC 尼龙拉伸强度提高了 9.9%。而 MC 尼龙/MgO 复合材料的断裂伸长率、吸水率随着 MgO 用量的增加而逐渐减小，维卡软化温度则逐渐上升。

（九）埃洛石纳米管改性尼龙 6 碳纤维复合材料

1. 原材料与配方（质量份）

尼龙6	100	埃洛石纳米管（HNTs）	2~15
碳纤维（CF）	15	抗氧剂	0.1~1.0
表面处理剂	1~1.5	其他助剂	适量

埃洛石纳米管（HNTs）是一种天然的多壁纳米管状材料，力学性能优异，其片层由硅氧四面体与铝氧八面体组成，其外壁含有一定的羟基，具有极性，但相互间作用力不强，易于分散。相比于碳纳米管，HNTs 来源丰富，价格低廉，因此 HNTs 已经作为一种新型的聚合物增强材料被广泛研究与应用。其特有的管状结构，不仅能够有效地提高树脂材料的刚性，还能在极少的添加质量分数下大幅提高基体材料的冲击韧性。试验时将 HNTs 应用于脆性环氧树脂（EP）的改性，仅添加质量分数 2.3%，EP 的冲击强度就可以提高 4 倍。

2. 制备方法

将 PA6、HNTs 和抗氧剂与碳纤维按预定比例混合均匀、共混造粒。双螺杆挤出机挤出温度设定依次为 220℃、230℃、240℃、240℃、235℃ 和 230℃，喂料转速为 25r/min，主机转速为 100r/min。将所造粒子于鼓风干燥箱中 110℃ 干燥 8h，然后注射成标准样条以进行性能测试。注射温度设定依次为 220℃、240℃、240℃ 和 235℃。

3. 性能

PA6 及 PA6/HNTs 纳米复合材料力学性能和结晶参数分别见表 2-200 和表 2-201。

表 2-200 PA6/HNTs 纳米复合材料的力学性能

HNTs 质量分数（%）	拉伸强度/MPa	弯曲强度/MPa	弯曲模量/MPa	缺口冲击强度/kJ·m^{-2}
0	64.3	78.8	2300	4.93
2	62.7	81.2	2360	3.97
5	64.6	83.2	2610	4.87
10	67.7	87.8	3180	7.71
15	68.1	89.6	3450	6.51

表 2-201 PA6 及其纳米复合材料的结晶参数

HNTs 质量分数（%）	结晶焓（ΔH）/J·g^{-1}	结晶度（%）	开始结晶温度/℃	结晶温度峰值/℃
0	65.57	27.3	192.6	189.9
2	63.82	27.1	192.6	190.0
5	53.61	23.5	193.4	191.0
10	48.29	22.4	193.7	191.0
15	43.75	22.4	194.8	191.9

由表2-202可知，由于碳纤维本身的高强度和高模量，可大幅度提升材料的拉伸强度、弯曲强度和弯曲模量。在PA6/碳纤维复合材料体系中加入HNTs，在提高其冲击强度的同时，拉伸强度、弯曲强度和弯曲模量均有小幅度的提高，在PA6+15%CF+10%HNTs体系中，与未加HNTs的PA6+15%CF相比，其冲击强度提高了1.1kJ/m^2，弯曲模量提高了660MPa。在PA6+30%CF+10%HNTs体系中，与未加HNTs的PA6+30%CF相比，其冲击强度提高了0.7kJ/m^2，弯曲模量提高了300MPa。由此可见，CF和HNTs对PA6增强和增韧有较好的协同作用。

表2-202 PA6/碳纤维/HNTs复合材料的力学性能

材料的质量分数	拉伸强度/MPa	弯曲强度/MPa	弯曲模量/MPa	缺口冲击强度/kJ·m^{-2}
PA6	64.3	78.8	2300	4.9
PA6+10%HNTs	67.7	87.8	3180	7.7
PA6+15%CF	152.0	240.0	11320	6.7
PA6+15%CF+10%HNTs	153.0	246.0	11980	7.8
PA6+30%CF	195.0	304.0	16900	8.2
PA6+30%CF+10%HNTs	213.0	310.0	17200	8.9

4. 效果

HNTs作为一种新型的纳米增强材料，对热塑性材料PA6在力学性能和热性能方面起到很好的改善作用，并且能够弥补PA6/CF复合材料在成本和性能方面的不足。研究结论如下：

1）在一定的质量分数下（如10%），HNTs能以纳米尺度均匀地分散于PA6基体中，从而能够有效提高PA6基体的冲击韧性和模量，进一步提高质量分数（如15%）则会由于团聚现象而导致韧性下降。

2）HNTs能够有效诱导PA6结晶形态从α向γ转变，并降低PA6的结晶度，减小材料成型收缩率，并且能够提高材料的热变形温度。

3）HNTs和CF在增韧和增强PA6方面存在协同效应。

（十）碳纳米管改性尼龙12

1. 原材料与配方（质量份）

尼龙12	100	碳纳米管（CNTs）	2~5
硝酸	65~68	无水乙醇	10~20
其他助剂	适量	抗氧剂（AT-1010）	1~2

2. 制备方法

（1）浓硝酸氧化处理碳纳米管（CNTs） 取适量的碳纳米管与浓硝酸超声振荡2h，然后于140℃的油浴锅中加热回流6h，用去离子水稀释抽滤至中性，真空干燥。

（2）碳纳米管/复合材料的制备

1）溶液共混法：将碳纳米管于无水乙醇中超声2h，然后将其与尼龙12、抗氧剂AT-1010以一定比例倒入高压反应釜中，以无水乙醇为溶剂，150℃下高速搅拌0.5h，然后通冷凝水冷却至78℃开釜，抽滤送至80℃下真空干燥直至样品质量恒定。

2）熔融共混法：将碳纳米管与尼龙12、抗氧剂AT-1010以一定比例放入转矩流变仪中，在190℃下熔融共混15min。

3. 性能

表2-203为纯PA12、纯CNTs/PA12及改性CNTs/PA12三种样品的拉伸强度。

表2-203 不同样品的拉伸强度

样品	拉伸强度/MPa
纯PA12	28.02
纯CNTs/PA12	31.71
改性CNTs/PA12	34.17

从表2-203中可以看出碳纳米管的添加使复合材料的抗拉强度提高，改性碳纳米管的加入使复合材料的抗拉强度增加程度略大于未改性碳纳米管。未改性碳纳米管很容易自发团聚，在PA12基体中不能得到很好的分散，而经过酸化处理的碳纳米管，在其表面接枝上—COOH，羧基的存在使碳纳米管在基体中分散度提高，羧基与基体通过氢键连接在一起，这样使碳纳米管与基体之间的接合力增强，从而提高了材料的抗拉强度。

纯PA12失重速率达到50%的温度为451.7℃，纯CNTs/PA12失重速率达到50%的温度为460.1℃，改性CNTs/PA12失重速率达到50%的温度为461.6℃，纯PA12失重速率达到50%的温度的温度低于纯CNTs/PA12和改性CNTs/PA12，这表明碳纳米管的加入提高了材料的耐热性。分析认为碳纳米管具有与金刚石相同的独特的热导性能，是一种良好的热导体。加入碳纳米管的复合材料在高温时可将产生的热量通过碳纳米管导出，从而降低树脂温度。

表2-204为改性碳纳米管与PA12分别采用溶液共混法和熔融共混法制得的复合材料的抗拉强度。

表2-204 不同制备方法的复合材料的抗拉强度

制备方法	抗拉强度/MPa
溶液共混	34.17
熔融共混	33.13

4. 效果

通过浓酸氧化在碳纳米管表面接枝上羧基和羟基等极性官能团，碳纳米管的存在提高了复合材料的热稳定性，纯CNTs/PA12和改性CNTs/PA12复合材料在热失重速率为50%时的温度分别比纯PA12高8.4℃和10℃。纯碳纳米管和改性碳纳米管都提高了复合材料的抗拉强度，改性碳纳米管比较显著，且通过溶液共混法制得的复合材料的抗拉强度优于熔融共混法。

七、石墨烯改性

（一）简介

自2004年K. S. Novoselov等人发现石墨烯后，石墨烯因其具有杂化碳原子紧密堆积成的单层二维蜂窝状晶格结构，在电子、光电、热、机械等领域表现出优异的性能，特别是在改性高分子材料领域已经引起国内外学者的广泛关注。目前石墨烯改性高分子材料的主要工艺有原位聚合、熔融共混、溶液聚合和静电纺丝聚合四种。为避免石墨烯在高分子材料基体中发生团聚，绝大部分学者采用含有大量氧官能团的氧化石墨烯（GO），通过对氧官能团改性与高分子材料基体发生静电、化学反应等形成共价键、离子键和氢键，提高两者的作用力。

尼龙（PA）是重要的工程塑料之一，包括PA6、PA66、浇注型尼龙（MC尼龙）、PA11、PA12、PA610等，被广泛应用在机械、船舶、汽车、家电、航空、电子电器等领域。随着工程塑料的发展，对PA提出了更高的要求（如强度、热稳定性等），依靠其自身性能已经不能满足实际需求，因此PA的改性研究越来越受到科研人员和工程技术人员的关注。

1. *PA6/石墨烯复合材料*

PA6是最常用的尼龙材料，它熔点较低，工艺温度范围宽。为了提高PA6的耐热性和力学性能等，经常加入改性剂。

为了克服大尺寸石墨添加造成材料力学性能下降，最先设想通过原位聚合获得PA6/石墨烯复合材料。利用Hummer方法制备GO，同时为了保持高导电性能，将原位聚合获得的复合材料热处理，以还原材料中的氧。该材料各方面性能均有所提高，电导率达到6.5×10^{-3}S/cm。但由于石墨烯在PA6基体中发生团聚，大部分以微米级别存在，因此还不是真正意义上的PA6/石墨烯复合材料。随后，浙江大学的科研人员通过改性Hummer方法和原位聚合合成出纳米级别的PA6/GO复合材料。改性Hummer方法使GO边缘富含大量的—COOH和—OH基团，GO与己内酰胺原位聚合时，高分子链可以接枝到GO上，使GO的层间距大大增大，降低了其在基体中的团聚。X射线光电子能谱（XPS）、傅里叶变换红外光谱（FTIR）、热重分析（TGA）和原子力显微镜（AFM）分析表明接枝非常成功。他们将获得的复合材料通过熔融纺丝方法制备出PA6/石墨烯纳米纤维，纤维的力学性能大大提高，当石墨烯含量达到0.1%时，拉伸强度达到123MPa，拉伸弹性模量达到722MPa，展现出非常好的应用前景。随后，科研人员通过差示扫描量热法（DSC）表征对该复合材料等温和非等温结晶动力学进行了研究。通过Avrami理论考察了降温速度对结晶速度的影响和结晶过程晶核的形成模型，在等温结晶时和非等温结晶时，纯PA6的活化能分别为−193.35kJ/mol和−287.53kJ/mol，添加0.1%的GO时为−179.69kJ/mol和−187.8kJ/mol。值得指出的是，为了保持复合材料的导电性，GO中的氧官能团最后通常要被还原，形成还原石墨烯（RGO），但氧官能团消失会使石墨烯和PA6的作用力减弱，造成力学性能等下降，为了兼顾两方面的性能，大多数学者在制备最后阶段对材料进行还原处理如热处理，为了进行对比，有些科研人员比较了具有多层石墨烯结构的鳞片石墨烯（FG）、GO插层化合物（GiC）和GiC的热处理还原剥离产物（EG）三种石墨烯与PA6原位共聚复合材料的性能，发现PA6/GiC和PA6/EG中反应发生在石墨烯层间，PA6/FG只在表面发生反应，并且作用力PA6/GiC最强，还原确实降低石墨烯与基体之间的作用力。随后，科研人员进一步研究发现，当将GO在1100℃热处理后与己内酰胺原位聚合时，由于分子间作用力减弱和分散不均匀，虽然拉伸强度由纯PA6的124MPa提高到318MPa（含0.2%，GO），但材料的断裂伸长率由294%下降到24%，材料的电导率最高达到1.0×10^{-3}S/cm（含0.8% GO），还原后导电性能优势并不明显。

科研人员将石墨烯微片与PA6熔融共混制备复合材料。添加石墨烯与天然石墨相比，由于石墨烯比表面积大，材料的硬度、断裂伸长率和拉伸强度等力学性能有所提高，当石墨烯含量为10%时，摩擦磨损性能最佳，摩擦因数和体积磨损率分别比纯PA6降低了30%和50%。

科研人员对熔融共混获得的PA6/石墨烯复合材料热性能进行测试，发现石墨烯可以大幅度提高PA6的热导率。石墨烯体积含量达到20%时，热导率为4.11W/(m·K)，提高了15倍。为进一步提高熔融共混时石墨烯在PA6基体中的分散效果，科研人员用十六烷基三甲基溴化铵改性GO。改性后，GO的分散性得到提高，性能提高。改性GO含量为0.6%时，复合材料的力学性能最佳，拉伸强度提高17.8%，断裂伸长率提高4.7%，弯曲弹性模量提高40.8%。

有些科研人员设计了更为复杂的改性方法，利用太阳光极化对GO剥离得到SG，然后用聚电解质对SG表面改性，获得P-SG，同时将碳纤维（CF）用酸氧化处理表面，得到改性碳纤维O-CF，将P-SG和O-CF在水溶液中超声混合处理，获得石墨烯包覆CF复合粒子，将复合粒子与PA6熔融混合制备出复合材料。改性石墨烯相当于双面胶将CF与PA6基体黏结在一起，提高了填料与基体的相容性，复合材料的力学性能得到提高，当添加13%时，材料的弯曲弹性模量和强度分别为4.9GPa和180.59MPa，与纯PA6相比，分别提高了42.30%和67.31%，但工艺比较复杂。

有些科研人员利用静电纺丝方法制备出蜘蛛网形状的PA6/GO纳米纤维。GO通过氢键与PA6表面连接，整个过程电离加速度是关键。他们对PA6/GO蜘蛛网形状的纳米纤维进行水热解还原处理，在125℃处理3h，形成致密的PA6/RGO纳米纤维网。该纤维的电导率可以达到1.0×10^{-4}S/cm，分别是纯PA6材料和PA6/GO材料的300倍和3倍。随后，他们用同样的方法设计合成出PA6/TiO_2-RGO复合材料，TiO_2在水热处理过程引入。该材料与水的接触角几乎可达0°，而纯PA6材料为131.2°，表明该材料可用作水过滤材料。对该材料进行光催化降解亚甲基蓝试验发现性能优异，可用作循环使用的光催化材料。

有科研人员也做了类似水过滤材料研究。为进一步观察该方法获得的复合材料的微观结构，有科研人员通过四甲基哌啶氮氧化物改性GO，制备出PA6复合纤维，纤维平均直径为225nm，长度为微米级别。透射电镜（TEM）和电子衍射（EDP）表征发现纤维中石墨烯为1~4层结构。有科研人员还利用电子能量损失谱分析（EELS）研究了纤维内部单层改性石墨烯PA6纤维，无定型碳三者之间的连接方式和微观区别。

有科研人员通过GO和PA6溶液聚合反应制备复合材料。利用GO上的—COOH和聚乙烯醇（PVAL）上的—OH发生酯化反应，制备出PVAL改性GO，将改性GO和PA6溶液共混反应，过滤、干燥获得复合材料。TEM和扫描电子显微镜（SEM）表征发现，改性GO在PA6基体中分散均匀，作用力增强。当添加量为2.0%时，材料的拉伸强度和拉伸弹性模量达到102.33MPa（比未改性提高34%）和2.11GPa（比未改性提高41%）。有科研人员通过己内酰胺水解开环产生的氨基和磺化石墨烯上的磺酸基进行溶液缩聚反应，将 PA6 分子接枝到 GO 上。复合材料与纯 PA6 相比，力学性能提高不明显，但具有快速结晶和高流动性，可以应用于快速成型，同时材料的热导率可以提高到 0.398W/(m·K)。

原位聚合分散均匀，但过程复杂、不易控制；溶液聚合分散均匀，但需要回收溶液、容易污染；熔融共混操作简单，容易造成分散不均匀，科研人员结合原位聚合和熔融共混的优点，先用原位聚合获得 PA6/GO 母粒，将母粒切片，通过熔融共混母粒和 PA6 制备得到 PA6/GO 复合材料，GO 含量达到 0.015% 时，材料的模量达到最大值 342MPa，比纯 PA6 提高了 139%。

最近，科研人员利用抗坏血栓还原 GO 为 RGO，然后采用真空沉积方法生成 PA6/RGO 复合膜。紫外-可见分光光度计（UV-Vis）表征发现 GO 被还原后，电子共轭结构重新生成，复合膜的电导率提高，且导电性能对三甲胺敏感，在三甲胺浓度在 23～230mg/L 之间有良好的线性关系，皮尔森系数为 0.988，检测限为 23.0mg/L，可以用于化学传感器领域。

2. *PA66/石墨烯复合材料*

PA66 抗疲劳强度和刚性较高、耐热性较好、摩擦因数低、耐磨性好，石墨烯改性 PA66 主要集中在力学、导电和热性能等领域。

科研人员通过溶液共混法制备 PA66/石墨烯复合材料，发现石墨烯对 PA66 力学性能的影响与 PA6 一致，当石墨烯体积分数达到 1.338% 时，复合材料的电导率上升到 9.72×10^{-3}S/cm，热失重速率最快的温度提高 22℃。

科研人员利用三氟乙酸和丙酮混合溶剂通过溶液共混制备获得 PA66/石墨烯复合膜。与常用的甲酸溶剂相比，该混合溶剂中两种溶剂之间形成氢键，石墨烯在混合溶剂中的分散性、稳定性更好。材料的力学性能大大提高，比较结果见表 2-205。同时材料具有半导体特性，在石墨烯含量为 20% 时，复合膜的电导率达到 10^{-2}S/cm。科研人员利用溶液共混法获得 PA6/PA66/PA610/GO 三元共聚 PA 复合材料。结果表明，当 GO 添加量达到 0.6% 时，材料的拉伸强度达到最大 49.85MPa（纯三元共聚 PA 为 42.53MPa），结晶焓达 36.49J/g（纯三元共聚 PA 为 42.53J/g），这主要是由于形成氢键和 GO 在复合材料中具有成核剂异相成核作用促进材料结晶。

表 2-205 不同溶剂制备的 PA66/GO 复合膜力学性能对比（GO 含量 2%）

项目	甲酸	混合溶剂
弹性模量/MPa	28	350
拉伸强度/MPa	0.01	22
断裂伸长率（%）	1	40

复旦大学的科研人员通过两步法熔融共混制备 PA66/热致液晶聚合物(TLCP)/RGO 复合材料。先将 TLCP 和 RGO 共混，然后再与 PA66 共混，发现第二步共混时，RGO 会迁移到 TLCP 和 PA66 的界面，TLCP 在 PA66 基体中分散的尺寸随着 RGO 的加入减小，说明 RGO 有增容作用。同时 RGO 的加入提高了 TLCP 的纤维化程度和力学性能，降低了其黏度。

科研人员通过静电纺丝法首先制备出PA66/石墨烯纳米片复合纤维，然后利用复合纤维与环氧树脂制备层压板复合材料。石墨烯纳米片含量为1%时，复合纤维力学性能最好。静态压痕测试表明层压板中17.5μm厚度的纳米纤维有最佳的增韧效果。

为了对比不同制备方法对PA66/GO复合材料性能的影响，科研人员比较了静电纺丝法和化学沉积法两种方法制备的PA66/GO复合涂层，两种涂层的性能均优于纯PA66涂层，其中含2% GO的复合涂层性能最佳。

科研人员比较了静电纺丝法和熔融共混法制备的一维的纳米碳管、氧化纳米碳管和二维的GO及RGO四种碳纳米材料改性PA66，对比发现在静电纺丝法中碳纳米材料的氧化改性对性能提升有较好效果，增强了填料与基体的作用力和结晶分子链氢键作用，提高了分散性和热性能。与PA66/纳米碳管复合材料相比，PA66/RGO复合材料中晶体尺寸最小。由于二维的GO与基体作用面积大，使填料与基体间作用力大和内部自由能减少，PA66/GO复合材料的性能更佳，材料的储能模量提高了139%（与纯PA66相比），玻璃化转变温度（T_g）提高6℃。

3. MC尼龙/石墨烯复合材料

MC尼龙具有密度小、强度高、自润滑、耐磨、防腐、绝缘等多种独特性能，是应用广泛的工程塑料，但也存在吸湿性大、韧性和耐磨性差、热稳定温度低等问题。

科研人员通过十八胺和对二苯酚改性GO，改性GO晶片厚度小于10nm。然后利用阴离子开环聚合原位合成改性MC尼龙/GO复合材料。结果表明，复合材料在摩擦时形成了均匀的转移膜和细磨粒，使摩擦因数和磨损率下降。GO含量为0.05%时，摩擦因数下降14%，磨损率下降92%。科研人员认为GO提高MC尼龙的耐磨机理为：GO可以将摩擦产生的应力传到MC尼龙基体内部，大大降低了应力集中，同时，GO具有高强度和高导热率，提高了材料的承载和传输摩擦热的能力，降低了磨损过程中的破坏；但随着GO含量的增加会发生团聚，复合材料的磨损机理由黏着磨损变化为疲劳磨损。

四川大学的科研人员通过原位聚合获得MC尼龙/聚醚胺/RGO复合材料，MC尼龙分子链通过共价键和氢键插入RGO层间，聚醚胺的加入使RGO层间距大大增加，提高了MC尼龙的插层效果。同时RGO在MC尼龙基体中均匀分布形成具有低阈值渗流的导电网络，导电性能大大提高，当RGO含量为4%时，电阻降至$8.3\times10^3\Omega$，比纯MC尼龙降低了11个数量级，有利于工业化。

科研人员研究了改性GO对阴离子开环聚合原位合成MC尼龙/GO复合材料聚合过程的影响。他们采用两种方法改性：①通过十六烷基三甲基溴化铵（CTAB）的铵阳离子与GO的—COOH通过静电作用改性；②利用季铵盐（GTMAC）通过静电作用改性GO，再通过马来酸酐接枝高密度聚乙烯（PE-HD-g-MAH）中的马来酸酐基团和GTMAC中的环氧基团发生水解反应，把PE-HD-g-MAH接枝到GO上。结果表明，两种改性方法都使GO晶片的层间距拉大，改性GO在MC尼龙中具有良好的分散性，有增强增韧双重作用，材料的热性能、拉伸性能、吸湿性等大大改善，复合材料部分性能比较见表2-206。综合比较，第二种改性效果较好。但改性GO对开环聚合反应过程影响较大，甚至会造成正常反应无法进行，这主要是因为改性GO中改性基团反应性强，可以与开环反应的单体或助催化剂甲苯二异氰酸酯（TDI）发生反应，导致反应活性下降。

为进一步研究，有科研人员直接采用GO与MC尼龙进行开环聚合，发现未改性的GO对聚合反应没有影响，由于GO在基体中分散性差，材料力学性能下降。

表2-206 不同MC尼龙/GO复合材料力学性能对比①

项目	纯MC尼龙	MC尼龙/GO	MC尼龙/GO-CTAB	MC尼龙/GO-g-PE-HD
拉伸强度/MPa	74.12	75.38	78.00	85.03
断裂伸长率（%）	26.51	11.59	14.59	32.07
吸水率（%）	1.12	—	—	1.02

① 复合材料中改性GO含量为0.2%。

4. *PA11/石墨烯和PA12/石墨烯复合材料*

PA11和PA12具有吸水率低、耐油性好、耐低温、易加工等优点，石墨烯改性主要用于提高热性能和与其他材料的相容性等。

科研人员利用熔融共混法制备PA12/GO和PA11/GO复合材料。GO添加量小时，其在基体中分散性好，厚度介于10~30nm。GO的—COOH和PA11、PA12的—NH形成氢键，增强了GO和基体的作用力，使复合材料的力学性能、热性能、阻水性和气阻性等均有所提高，见表2-207，尤其是GO可以促使复合材料中晶体尺寸变小和γ相增加，大大提高了复合材料的韧性。

表2-207 PA11/GO和PA12/GO复合材料的性能比较

GO含量（%）	弹性模量/MPa		结晶温度/℃		透水性/$cm^3 \cdot m^{-2} \cdot d^{-1}$		透氧性/$cm^3 \cdot m^{-2} \cdot d^{-1}$	
	PA11	PA12	PA11	PA12	PA11	PA12	PA11	PA12
0	1200	900	154.4	155.2	36.3	25.1	19.0	27.6
0.1	1360	1060	163.7	155.3	18.4	16.8	11.9	20.4
0.6	1380	915	164.4	156.3	23.6	15.7	11.0	18.7
3	1510	910	167.8	155.2	—	—	14.9	24.5

为了进一步提高GO与基体间的作用力，科研人员提出利用缩合剂2-(7-偶氮苯并三氮唑)-N，N，N′，N′-四甲基脲六氟磷酸酯（HATU）促使聚醚酰亚胺（PEI）的—NH_2和GO的—COOH发生缩合反应，将PEI接枝到GO上，与PA12熔融共混后，材料性能得到提高，当GO在材料中达到0.35%时，储能模量达2466MPa（纯PA12为1514MPa），T_g为56.3℃（纯PA12为48.2℃），热分解温度T_{50}（质量分解50%时温度）为466.9℃（纯PA12为453.1℃）。

科研人员通过原位聚合获得PA11/GO复合材料。GO在PA11基体中分散均匀，平均厚度在20nm以内。由于GO的加入降低了晶体表面折叠自由能，提高了PA11的成核速率和结晶速率。复合材料的刚性和韧性提高。复合材料为假塑性流体，呈现剪切变稀的现象。由于GO与基体间作用力较弱，温度达到195℃时，发生相分离，两者完全不相容，影响了材料的性能。

5. *其他尼龙/石墨烯复合材料及其应用*

近来，石墨烯在高分子增容、催化剂和可穿戴式电子产品等方面也起到良好的改性效果，大大拓宽了其应用领域。

有科研人员通过界面聚合合成改性 PA610/GO 复合材料。他们先通过在氯化亚砜溶液中超声剥离，将 GO 的—COOH 变为—COCl，然后将上述改性 GO 与癸二酰氯溶于 1，2-二氯乙烷形成混合溶液，而乙二胺溶于水形成水溶液，两种不互溶的溶液混合进行界面缩聚反应，得到复合材料。红外光谱显示改性 GO 的—COCl 和已二胺的—NH_2 发生酰化反应，生成—CONH—。改性 GO 与基体作用力增强，当材料受热时，可以阻碍 PA610 链运动，热性能提高。未改性 GO 可以使 PA610 的热降解温度提高 30.4℃、热导率提高 20.5%，改性 GO 比未改性 GO 使 PA610 的热降解温度提高 41.8℃、热导率提高 16.4%。

有科研人员研究发现，GO 可以在 PA6 和聚偏氟乙烯（PVDF）熔融共混时起到增容作用，这主要是 GO 上的极性含氧官能团具有亲水性，中间片层具有疏水性，具有两亲特性。GO 上的极性含氧官能团与 PA6 上的氨基形成氢键，GO 中间片层上的碳与 PVDF 发生电荷转移形成 C—F 键，如图 2-9 所示，使两种基体相容性增加，使共混物延展性大幅度提高。

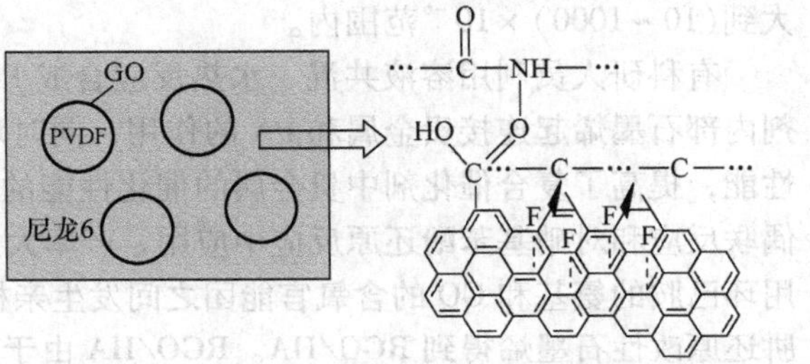

图 2-9　GO 增容 PA6 和 PVDF 机理示意图

有科研人员研究了 GO 增容 PA6/聚苯乙烯（PS）共混体系。热力学分析表明，两种高分子材料共混时，随着 GO 的加入，T_g 有相互靠近现象，说明 GO 起到了增容作用，这是因为 GO 的苯环基团与 PS 中的苯环结构可以形成 π-π 共轭作用，GO 含氧基团又可与 PA6 中—NH 键形成氢键相互作用，GO 可以起到类似偶联剂的作用，使共混物材料的拉伸性能和韧性明显提高。为进一步拓宽 GO 增容的领域，有科研人员设计出一种新型 GO 增容剂。首先通过溶液共混方式用环氧丙基三甲基氯化铵（GTA）改性 GO 获得 GO/GTA，其次利用四乙撑五胺和甲醛反应获得极性的 TEPAF，接着利用 TEPAF 上的氨基和 MAPOE（马来酸接枝聚烯烃弹性体）上的酸酐基团发生酰胺化反应，生成中间产物，最后将中间产物与 GO/GTA 反应生成 GO 增容剂 GO/TEPAF/MAPOE。该增容剂由非极性的 POE 部分、极性的 TEPAF 部分和 GO 三部分组成。当增容剂含量为 0.04% 时，几种增容剂对 MC 尼龙/POE 的增容效果比较见表 2-208。可以看出，加入增容剂后材料的力学性能和热性能明显增强，GO/TEPAF/MAPOE 效果最好，其在 POE 与 MC 尼龙共混过程中，三部分各起作用，极性部分与 MC 尼龙作用，非极性部分与 POE 作用，GO 起桥梁和增强作用。

表 2-208　不同增容剂增容 MC 尼龙/POE 共混材料性能比较

项目	无增容剂	MAPOE/TEPA	GO/MAPOE	GO/TEPAF/PO
拉伸强度/MPa	74.12	75.38	78.00	85.03
缺口冲击强度/$kJ \cdot m^{-2}$	26.51	11.59	14.59	32.07
最大分解温度/℃	346	—	350	355

有科研人员通过巧妙设计将尼龙/石墨烯复合材料应用到电子和催化等领域，也取得了较好的效果。

为了实现电子元件融入纺织品中，将含有石墨烯的墨水浸入尼龙绳。由于石墨烯具有良好的力学性能、电荷俘获能力，使该尼龙绳具有优异的拉伸应变和长期数字存储能力，可广泛应用于可穿戴式电子产品市场。有科研人员利用 RGO 将纳米 Pd 分散到多壁碳纳米管中，获得纳米 Pd/RGO/纳米碳管/PA 复合膜。RGO 可以大大增加复合膜的弹性，用于氢气传感器时，具有良好的响应性、选择性和力学性能，并且检测范围可以扩大到$(10 \sim 1000) \times 10^{-6}$范围内。

有科研人员利用溶液共混、水热反应合成 PA/贵金属/石墨烯复合催化剂，在催化剂内部石墨烯起连接贵金属和 PA 的作用，同时增加了复合催化剂中 PA 的弹性和力学性能，提高了复合催化剂中贵金属的催化性能的稳定性。催化剂通过在铃木-宫浦有机偶联反应和对硝基苯酚还原反应中应用，产率大大提高，应用前景广泛。有科研人员利用环已胺的氨基和 GO 的含氧官能团之间发生亲核取代反应改性石墨烯，然后利用水合肼还原改性石墨烯得到 RGO/HA。RGO/HA 由于具有疏水性，在有机溶剂中分散均匀，石墨烯晶片容易实现剥离，可以应用于生产层状石墨烯。将 RGO/HA 和聚氨酯溶液共混后喷涂到 PA 膜，得到氢气阻隔膜材料，与纯 PA 相比，该材料氢气传输速率可以降低 82%。

有科研人员通过噪声速喷涂系统，将石墨烯和 PA 混合成膜。在 0.05～0.35MPa 压力下，$5cm^2$ 面积复合膜的水净化处理量为 0.3～4L/h，扩大 100 倍后，完全可以满足家庭使用，且 5cm×7cm 面积成膜时间只有 10s，工业化前景非常好。

（二）氧化石墨烯改性 MC 尼龙

1. 原材料与配方（质量份）

MC 尼龙	100	氧化石墨烯（GO）	0.5～1.0
甲苯二异氰酸酯（TDI）	5～10	水合肼	适量
其他助剂	适量		

2. 制备方法

（1）GO 的制备　将 10g $K_2S_2O_8$ 和 10g P_2O_5 加入 50mL、90℃的浓硫酸中，搅拌 30min；缓慢加入 10g 天然石墨，在 80℃下反应 10h，冷却至室温，加入 1L 去离子水，静置过夜，经水洗、干燥后得到预氧化石墨。

将干燥的预氧化石墨继续氧化。在冰浴条件下，将 5g 预氧化石墨加入 150mL 浓硫酸和 10mL 浓硝酸混合溶液中，搅拌 1h，再向溶液中慢慢加入 25g 高锰酸钾，继续搅拌 11h；将溶液升温至 39℃，反应 4h；再添加 150mL 蒸馏水，将溶液升温至 90℃，反应 1h。待溶液温度冷却至室温，加入 1.4L 去离子水和 100mL 的 30% 过氧化氢溶液，得到亮黄色悬浮液。用 1mol/L 稀盐酸和去离子水洗涤产物，超声剥离 100h，在 10000r/min 下离心 20min，取上层清液透析至中性，将产物在 40℃下干燥，得到 GO 固体。

（2）MC 尼龙/GO 复合材料的制备　将已内酰胺与 GO 装入干燥的三口烧瓶中，加热熔融，然后超声分散 1h，使 GO 在基质中分散均匀，将混合物体系加热至 135℃，抽真空（保持真空度大于0.1MPa）脱水，持续20min，加入一定量氢氧化钠，继续抽真空，反应15~20min，加热至170℃左右，加入一定量的TDI，快速搅拌均匀，然后迅速浇注到已经预热的模具中，保温30min，自然降至室温，脱膜，工艺流程如图2-10所示。

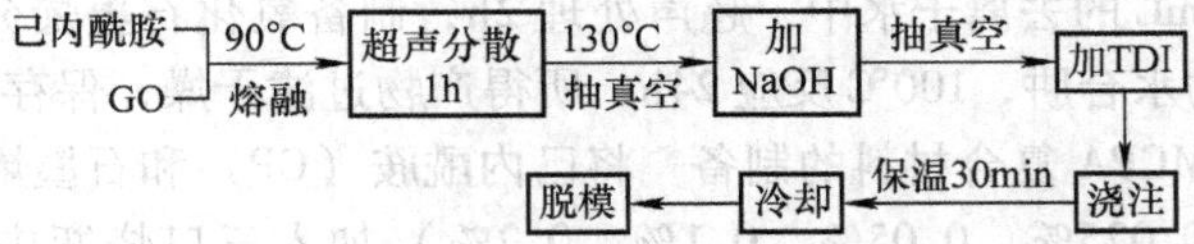

图2-10　MC尼龙/GO复合材料制备工艺流程

3. 性能

MC尼龙对湿气敏感，所以100~150℃出现小幅的质量损失，但随着GO的加入，可以看出MC尼龙/GO复合材料吸湿性降低。另外，起始分解温度（285~295℃）存在少许的差异，MC尼龙/GO复合材料稍低，这可能与GO含氧官能团分解温度较低有关（150~250℃）。400℃时MC尼龙、含质量分数为0.5%和1.0%的GO的MC尼龙/GO的残余质量分别为2.5%、8.7%和9.3%，即使考虑GO添加导致残渣质量有所增加的情况，也不能否定由于GO的加入使复合材料耐热性有所增加，这种增加的耐热性可归因于GO表面功能团与尼龙分子链间存在的相互作用。

随着GO的加入，复合材料弯曲强度明显增加，GO质量分数达到1%时，复合材料的弯曲强度达到最大119.4MPa；GO的微量加入使拉伸性能大幅度下降，但随着GO质量分数的继续增加，拉伸性能增加，这个趋势与功能化GO的改性效果有所不同，这可能与GO加入导致结晶性质变化有关。

4. 效果

1）GO的加入对MC尼龙聚合并未产生严重影响，在GO存在下MC尼龙顺利聚合，可获得高强度MC尼龙/GO复合材料。

2）GO的加入可使弯曲性能大幅增加，当其质量分数达到1%时，弯曲性能达到最大；但GO的少量加入大幅影响MC尼龙的结晶性质，使复合材料拉伸强度呈现先下降后增加的趋势。

3）MC尼龙/GO复合材料的初始分解温度大于280℃，GO与MC尼龙相对分子质量间存在一定程度的相互作用，使得高温下残余物的质量增大，从而使耐热性有所提高。

（三）石墨烯增强改性MC尼龙

1. 原材料与配方（质量份）

己内酰胺	100	鳞片石墨烯	0.025~0.2
TDI	5~10	氢氧化钠	10~20
其他助剂	适量		

2. 制备方法

（1）石墨烯的制备　采用改进的Hummer法制备氧化石墨。将3g石墨、1.5g

$NaNO_3$ 和 69mL 浓 H_2SO_4 加入三口烧瓶中搅拌 15min，再缓慢加入 9g $KMnO_4$，在冰浴条件下磁力搅拌 2h；然后在 35℃ 水浴中搅拌反应 30min，缓慢加入 140mL 去离子水；再于 98℃ 反应 15min，加入 420mL 去离子水和 30mL H_2O_2，趁热过滤，用 5% 盐酸洗涤 3 次，再用去离子水洗至中性，将所得产物置于真空干燥箱中 60℃ 干燥 24h。称取氧化石墨 100mg 溶于 100mL 的去离子水中，超声处理 2h，制备氧化石墨烯分散液，在所得产物中加入 0.1mL 的水合肼，100℃ 反应 24h，所得产物过滤干燥，保存备用。

（2）石墨烯/MCPA 复合材料的制备　将己内酰胺（CP）和石墨烯（石墨烯质量百分数分别为 0%、0.025%、0.05%、0.1%、0.2%）加入三口烧瓶中密封，在 80℃ 下加热直至熔融，再超声分散 1h。然后移入磁力搅拌器中，开启真空，加热至 120℃，保持 15min，以脱去体系中所含水分和低沸点杂质。加入一定比例的 NaOH（0.3mol/100mol CP），继续开启真空，加热到 160℃，保持 15min。解除真空，加入一定配比量的 TDI（0.3mol/100mol CP），搅匀快速浇注入已预热至 170℃ 的模具中。在 170℃ 恒温聚合 30min，随炉冷却到室温，脱模得到板状样品，再机加工成标准试样。

随着石墨烯添加量的增加，复合材料的拉伸强度呈现先增大后降低的变化趋势。当石墨烯的含量为 0.05% 时，复合材料的拉伸强度达到最大值，比纯 MC 尼龙提高了 17.4%。复合材料的弯曲强度和弯曲模量均呈现先增加后降低的规律；当石墨烯的含量为 0.05% 时，复合材料的弯曲强度和弯曲模量分别比纯 MC 尼龙增加了 17.5% 和 24.3%。这是由于少量的石墨烯在 MC 尼龙基体中能达到良好的分散效果，石墨烯与 MC 尼龙基体之间界面作用较强，能够很好地起到传递应力的作用，从而提高了复合材料的力学性能。但是，随着石墨烯含量的提高，石墨烯在 MC 尼龙基体中分散困难，界面结合性差，易产生应力集中，从而导致复合材料的力学性能降低。由以上的分析结果可以得出，添加少量的石墨烯就能够明显改善复合材料的力学性能。

添加石墨烯后，MC 尼龙复合材料的摩擦因数变化不明显。因为当石墨烯的填充量较少时，滑动接触面上石墨烯的含量也很少，主要表现为聚合物基体与对磨件之间发生摩擦作用，石墨烯未发挥其优异的摩擦性能。然而，石墨烯的加入能够明显降低复合材料的磨损量，当石墨烯含量为 0.025% 时，复合材料的磨损量比纯 MC 尼龙降低了 63.8%。磨损量的显著降低说明添加极少量的石墨烯就能够明显提高 MC 尼龙的耐磨性。其原因在于，一方面由于少量的石墨烯能够在 MC 尼龙基体中均匀分散，两相之间的相容性良好，能够有效地将摩擦面上的应力传递到基体内部而避免应力集中；另一方面，石墨烯作为具有高强度和高导热性的填充材料，可以提高复合材料的承载能力和传输摩擦热的能力，减少了磨损过程中的热破坏。这些因素综合作用，导致添加较少量的石墨烯就能够明显降低石墨烯/MC 尼龙复合材料磨损量。当石墨烯的添加量较低时，石墨烯/MC 尼龙复合材料也表现为一定程度的黏着磨损，但是与纯 MC 尼龙相比，其表面大面积的损伤现象显著减少，磨损表面较为平整。这是由于少量的石墨烯能够较好地分散在树脂基体中，提高了复合材料的强度和模量，石墨烯有助于改善复合材料的耐磨性；同时，石墨烯作为一种高导热材料，能够起到传输摩擦热的作用，使复合材料的表面损伤减弱。

采用原位聚合法制备了石墨烯/MC 尼龙复合材料，并对其力学和摩擦学性能进行了测试与表征，得到以下结论。

1）氧化石墨烯被还原后，原有的氧化石墨烯特征峰以及表面所含有的大量含氧官能团消失，还原效果理想。

2）添加0.05%的石墨烯就能起到增强MC尼龙的作用，使其拉伸强度、弹性模量、弯曲强度和弯曲模量分别提高了17.4%、14.7%、17.5%和24.3%。

3）石墨烯含量为0.025%时，复合材料的磨损量降低了63.8%，但对复合材料的摩擦因数影响不大。随着石墨烯含量的增加，复合材料的磨损机理也发生了变化，由黏着磨损转变成为疲劳磨损。

八、功能改性

（一）阻燃尼龙材料

尼龙材料阻燃性能的提高一般可以通过阻燃改性、阻燃增强改性（一般是添加玻璃纤维）、填充阻燃改性（一般是添加无机矿粉）等方式进行，使用这些改性方法来提高尼龙材料阻燃性能的机理主要有：①通过气相阻燃，即在气相中使燃烧中断或延缓链式燃烧反应，如阻燃材料受热或燃烧时释放大量惰性气体或高密度蒸气，其中惰性气体可稀释气态可燃物和氧并降低气体本身的温度，而高密度蒸气可以使可燃材料与空气接触，达到延缓燃烧的目的；②凝聚相阻燃，即在凝聚相中延缓或中断阻燃材料热分解，如阻燃材料燃烧时在其表面生成的难燃、隔热、隔氧的，又可阻止可燃气体进入燃烧气相；③中断热交换阻燃，即阻燃材料在燃烧时产生融化现象，出现滴落的情况，这些滴落物可将大部分热量带走，减少材料本身的热量，使燃烧延缓，达到阻燃的效果。

目前，大部分尼龙材料阻燃性能的提高是通过添加阻燃剂来实现的，主要可分为含卤阻燃尼龙和无卤阻燃尼龙两大类。传统的阻燃体系是将含卤阻燃剂添加到尼龙中，所使用的阻燃剂主要以含溴素为主，如BPS和十溴二苯乙烷等，因此行业内通常称之为溴系阻燃尼龙，具有阻燃性好的特点，可部分用于电子电器行业。对于无卤阻燃尼龙，行业内主要分为氮系阻燃尼龙和磷系阻燃尼龙。

1. 溴系阻燃尼龙

溴系阻燃尼龙的阻燃机理主要是气相阻燃，即通过燃烧产生溴化氢气体将材料与氧化隔绝，阻碍材料的继续燃烧。行业内通常使用溴化聚苯乙烯与三氧化二锑按质量比3:1的比例复配添加至尼龙中进行阻燃改性。溴系阻燃尼龙的特点是阻燃性极好，容易达到V-0级，灼热丝燃烧指数（GWFI）达到960℃，灼热丝发火温度（GWIT）达到775℃，因此，该类尼龙材料可以广泛用于电机罩盖等电子产品。但溴系阻燃尼龙在燃烧过程中产生有毒气体溴化氢，相对漏电起痕指数（CTI）最高只能达到250V，不能应用于高CTI（500V以上）要求的低压电器场合。近年来，欧盟及其他发达国家对含卤产品有非常严格的限制，溴系阻燃尼龙的前景堪忧。

2. 氮系阻燃尼龙

氮系阻燃尼龙的阻燃机理主要是气相阻燃，即分解过程中产生CO_2、NH_3等不燃性气体，通过稀释可燃性气体浓度从而阻隔空气，发挥阻燃作用，其优点是低烟、无毒或低毒、低腐蚀性、对热和紫外光稳定。常见氮系阻燃剂主要有三聚氰胺（MEL）、三聚氰酸（CA）、三聚氰胺异氰尿酸盐（MCA）、三聚氰胺的衍生物等三嗪衍生物。

有科研人员以丙烯酰胺（AM）为单体和过氧化二苯甲酰（BPO）为引发剂，通过化学接枝方法改进接枝链的均匀性和尼龙66织物的阻燃性，结果表明接枝后，后火焰时间和烧焦长度显著缩短，接枝样品的热释放速率（HRR）与未接枝样品的HRR相比下降了28%；得到的最佳接枝条件为：反应时间1.5h、反应温度70℃、单体总质量分数为15%。有科研人员利用质量分数为36%的甲醛水溶液对尼龙66进行表面羟甲基化，之后再与硫脲交联，结果表明表面改性后的尼龙66的极限氧指数（LOI）从21.6%增加至46.2%，同时其炭烧残余物也比未处理的尼龙66高得多，交联后的尼龙66的防火性能和耐久性都得到改善。有科研人员通过直接裂解质谱分析了三聚氰胺和三聚氰胺氰尿酸存在下的尼龙6的热分解机理，结果发现：尼龙6的羰基和三聚氰胺的氨基的反应是产品分布改变的主要原因；在三聚氰胺氰尿酸的存在下，由于氰尿酸分解产生的氰酸与尼龙6的氨基的反应产生了新的产物。有科研人员对改性三聚氰胺氰尿酸（MCA）阻燃尼龙66进行了研究，采用分子设计手段在保持MCA基本分子结构基础上调控其超分子结构，制备出分子复合改性MCA，结果表明：尼龙66的自熄时间在经过使用复合改性的MCA后可以进一步缩短；熔滴（无焰熔滴）速率加快，滴落后不引燃脱脂棉，达到UL94标准中1.6mm的V-0级要求；力学性能保持良好，其拉伸强度和缺口冲击强度分别达到77.4MPa和6.8kJ/m^2。

3. *磷系阻燃尼龙*

磷系阻燃尼龙的阻燃机理主要是通过分解形成的高沸点含氧酸，使聚合物脱水炭化，实现材料与空气隔绝，达到聚合物阻燃的效果。其优点是热稳定性好、不挥发、效果持久、毒性低，基本不产生腐蚀性气体磷化氢。常见磷系阻燃剂主要是无机磷（红磷和一些磷酸盐）、有机磷。

有科研人员以铝磷酸为阻燃剂，并将25A黏土加入尼龙6中，通过超声来改善纳米颗粒分散体，增加尼龙6纤维的阻燃性，结果发现：超声增加了黏土的分散性，同也能改善纳米复合物的加工性并简化挤出过程，增加铝磷酸的浓度可以使尼龙6的阻燃性达到一定程度，而复合过程中的超声在黏土的存在下进一步使阻燃性的增加程度增大，这不仅可以使丝状物更易挤出，同时也能优化阻燃活性。有科研人员研究了醋酸丁酸纤维素微胶囊化聚磷酸铵（MCAPP）对膨胀型防火涂料乙烯-醋酸乙烯酯共聚物（EVA）/微胶囊化聚磷酸铵/尼龙6混合物的阻燃性、机械性、电性能和热性能的影响，结果发现：MCAPP具有好的耐水性和疏水性，可以增加EVA/MCAPP/PA6的界面黏合性、机械性能、电性能和热稳定性；微胶囊化不仅可以使EVA/MCAPP/PA6具有高的LOI和UL-94 V-0等级，还可以增强防火性能；在70℃水中处理3d后，EVA/MCAPP/PA6仍然能通过UL-94 V-0等级，表明其具有好的防水性能。科研人员以三氯氧磷和双酚A为原料制备了具有超支化结构的聚磷酸酯阻燃剂（HPPEA），并研究了超支化聚磷酸酯阻燃剂对尼龙6的成炭促进作用，结果表明：在尼龙6中添加HPPEA与MPP可形成协同成炭效果，使尼龙6在空气中的热稳定性和成炭量比在氮气中高；在600℃高温空气下，添加质量分数为30%的复合阻燃剂可以使尼龙6的成炭质量分数达16.4%，而在氮气中仅为13.6%。在尼龙6中添加质量分数为20%的复合阻燃剂可使其氧指数由21.1%提高到27.3%，达到UL-94 V-0级。此外，有科研人员还从降解动力学、流变行为和炭层形貌等方面进行分析研究，结果发现在尼龙 6 中添加 HPPEA 可以使其在降解过程中交联成炭，并提高炭层致密性，同时阻碍热量与可燃气体间的传递，提高阻燃性能。

4. *发展趋势*

随着科技的进步和社会的发展，人们对于环保的要求越来越重视，因此，溴系阻燃尼龙由于自身的缺点非常明显，势必会被淘汰，而磷系和氮系阻燃尼龙综合性能相对较好。在磷系阻燃尼龙中，目前可以采用微胶囊红磷、红磷母粒的生产等方法有效避免含毒磷化氢的释放，但由于其相对漏电起痕指数（CTI）仅优于溴系阻燃尼龙，最高仅达到 375V，而且红磷阻燃体系的尼龙存在明显的色泽问题，因此在高端产品的应用上还很不足。在氮系阻燃尼龙中，通过氮系阻燃剂与其他阻燃剂的复配得到了较好的力学性能，相对漏电起痕指数（CTI）可以达到 600V，但阻燃性不如磷系阻燃尼龙好，也限制了其应用的场合。随着阻燃技术的不断发展，添加型阻燃剂在阻燃尼龙中的使用中占据主导地位，因此，未来阻燃尼龙材料的研究中应用具有以下几个特点：

1）材料无卤化、低毒性。环保要求是未来材料的重点关注方向，无卤阻燃剂的使用将是大势所趋，因此其用量也会与日俱增。

2）复配阻燃体系的研究。阻燃尼龙材料的阻燃性能是无法通过一种阻燃剂的添加来实现的，需要多种阻燃体系复配并产生协同效应来达到良好的阻燃效果，因此，未来研发的重点方向之一应该是如何通过提高阻燃剂的协同效应开发出性能优异的新型阻燃剂来解决尼龙无卤阻燃问题。

3）功能多样化。目前，大多数阻燃体系在达到尼龙材料阻燃性能的同时降低了力学性能和其他电性能（如相对漏电起痕指数），因此，成功开发出功能多样化的阻燃体系将成为未来阻燃尼龙材料发展研究的新方向。

（二）热膨胀石墨改性尼龙 6 阻燃复合材料

1. *原材料与配方*（质量份）

尼龙 6	100	可膨胀石墨（GIC）	0.5～1.5
TDI	5～6	其他助剂	适量

2. *制备方法*

（1）功能化热膨胀石墨（EG-T）的制备　将 GIC 置于马弗炉中，在 800℃下热膨胀 60s，得热膨胀石墨（EG）（膨胀容积约为 110mL/g）。量取 150mL 浓 H_2SO_4 和 50mL 浓 HNO_3 制得混合酸，冷却至 30℃，与 2g 的 EG 混合，在超声浴中处理 60min。随后将混合物加热到 120℃，并在该温度下机械搅拌反应 2h。反应完成后，将该反应物加到 4000mL 的蒸馏水中稀释，放置 12h 后真空抽滤，清洗数次直至滤液呈中性。将反应物放置在 60℃烘箱中烘干，得到表面接枝有—OH、—COOH 等基团的酸化热膨胀石墨（EG-A）。

称取 0.24g 的 TDI 与 50mL 的无水丙酮（通过无水氯化钙除水数天）混合；将 3.0g 的 EG-A 和 250mL 无水丙酮加入 500mL 的三口烧瓶中混合，连接上冷凝管，55℃下超声搅拌条件下反应 50min，反应过程中缓慢滴加 TDI/无水丙酮混合溶液。反应完成后，常温挥发无水丙酮，再用加热烘干灯照射一段时间，等到干燥后再放入 60℃真空烘箱中干燥 12h。得到具有—N═C═O 活性基团的 TDI 功能化热膨胀石墨（EG-T），置于真空干燥皿中保存，备用。

（2）PA6复合材料的制备 将PA6粒料在80℃真空烘箱中干燥12h，分别在不引入超声外场以及引入500W超声外场条件下，使用同向双螺杆挤出机挤出造粒后，在80℃真空烘箱中干燥12h，通过注射机注射成测试试样。试验制备了纯PA6以及EG、EG-A、EG-T质量分数均为0.5%的PA6基复合材料，依次记作PA6、PA6/EG、PA6/EG-A、PA6/EG-T，对应的引入超声辅助制备的材料依次记作PA6-U、PA6/EG-U、PA6/EG-A-U、PA6/EG-T-U。挤出机参数：螺杆转速为1500r/min，喂料频率为12Hz，螺杆从一区到机头的各段温度分别为205℃、215℃、225℃、220℃和215℃，口模温度215℃；注射机参数：注射压力为18MPa，流量为40cm^3/s，从一区到机头温度依次为200℃、205℃、215℃和225℃。

3. 性能

表2-209列出了其热行为及结晶行为数据。

表2-209 无超声及超声辅助制备的PA6及其复合材料的热行为及其结晶行为数据

试样	熔融温度/℃	结晶温度/℃	熔融焓/J·g^{-1}	结晶度（%）
PA6	224.8	191.2	56.17	29.56
PA6-U	224.8	190.7	56.93	29.96
PA6/EG	223.8	193.8	58.04	30.7
PA6/EG-U	223.8	194.2	58.47	30.93
PA6/EG-A	223.8	193.5	59.45	31.45
PA6/EG-A-U	223.8	193.8	61.15	32.35
PA6/EG-T	225.3	194.3	69.06	36.53
PA6/EG-T-U	224.0	194.0	70.71	37.40

加入EG-A、EG-T粒子后，PA6复合材料的拉伸强度和拉伸弹性模量得到明显提高。通过功能性改性，EG-A或EG-T粒子在PA6中的分散性能明显提高，使其和PA6的界面结合力增强，与此同时，PA6复合材料的结晶度也有所上升，尤其是加入质量分数为0.5%的EG-T的PA6复合材料的拉伸强度和拉伸弹性模量分别达到96.6MPa和2.32GPa，相对于PA6的拉伸强度（84.3MPa）和拉伸弹性模量（2.02GPa），分别提高了14.6%和14.9%。超声辅助挤出制备的PA6/EG-T复合材料的拉伸强度及拉伸弹性模量进一步提高，分别达到97.6MPa和2.36GPa，相对于PA6分别提高了15.8%和16.8%，这是由于超声可进一步促进EG-T分散并提高PA6/EG-T复合材料的结晶度。PA6/EG-A和PA6/EG-T复合材料的断裂伸长率分别为11.6%和15.3%，超声后分别达到13.4%和18%，相对于PA6/EG的8.9%有较大程度的提高；PA6/EG复合材料冲击强度为4.25kJ/m^2，而PA6/EG-A和PA6/EG-T复合材料的冲击强度分别为4.79kJ/m^2和5.08kJ/m^2，超声后冲击强度分别为4.93kJ/m^2和4.99kJ/m^2。

加入EG、EG-A、EG-T的PA6复合材料，其热变形温度（HDT）提高，尤其是在EG经过酸化及TDI处理之后，PA6复合材料的HDT明显提高，PA6/EG-T复合材料的HDT达到108℃，相较于PA6的76.5℃和PA6/EG复合材料的80.5℃，分别提高了31.5℃和27.5℃。这一现象是复合材料结晶度提高、EG-T分散性增强和EG-T与PA6

界面结合增强等因素共同作用的结果。

超声制备的PA6/EG-A和PA6/EG-T复合材料的耐热性能相对于PA6和PA6/EG复合材料有很大提高，其HDT分别达到100.2℃和110.9℃，相对于未超声的PA6/EG-A的87.1℃和PA6/EG-T的108℃分别提高了13.1℃和2.9℃。尤其是超声制备的PA6/EG-T复合材料的HDT相对于PA6提高了34.4℃。

4. 效果

1）EG经过热膨胀和酸处理之后，其片层被“打开”，片层厚度可薄至数十纳米；酸处理使GIC片层被刻蚀形成大量缺陷，有利于接枝功能基团，提高了其在PA6中的分散性能及其与PA6基体的界面结合作用；超声辅助挤出可使EG及其改性EG的分散性能进一步提高。

2）在PA6中加入EG-T以及引入超声作用后，其结晶度和结晶温度都有所提高，超声制备的PA6/EG-T复合材料的结晶度从纯PA6的29.56%提高到37.40%，提高了7.84%，结晶温度提高了2.8℃。

3）加入EG-T的PA6复合材料的拉伸强度和拉伸弹性模量都有所提高，当EG-T填充量仅为0.5%时，PA6/EG-T复合材料的拉伸强度和拉伸弹性模量分别提高了14.6%和14.9%。引入超声使PA6复合材料的拉伸强度和弹性模量进一步提高。

4）在PA6中加入EG-T以及引入超声作用后，PA6/EG-T复合材料的耐热性能有很大程度提高，超声制备的PA6/EG-T复合材料的HDT从PA6的76.5℃提升到了110.9℃，提高了34.4℃。

（三）三聚氰胺氰尿酸阻燃尼龙66

1. 原材料与配方（质量份）

尼龙66	100	高分散型三聚氰胺氰尿酸（FS-MCA）	10
分散剂	5~10	其他助剂	适量

2. 制备方法

将一定量的MCA或FS-MCA阻燃剂、PA66按照一定的配比混合后，经双螺杆挤出机挤出、冷却、切粒，然后用注射机注射成标准试样。其中，挤出机温度设置为265~270℃，注射机温度设置为270~275℃。

3. 性能（见表2-210~表2-212）

表2-210 MCA和FS-MCA阻燃PA66的垂直燃烧测试结果

材料	燃烧情况	UL94（1.6mm）
MCA阻燃PA66	自熄时间5s，有焰熔滴，引燃脱脂棉	V-2
FS-MCA阻燃PA66	自熄时间1s，无焰熔滴，不引燃脱脂棉	V-0

表2-211 MCA和FS-MCA阻燃PA66的微型燃烧量热测试数据

材料	热释放速率峰值/W·g^{-1}	总热释放量/kJ·g^{-1}	热释放能力/J·(g·K)$^{-1}$
MCA阻燃PA66	511.2	27.9	540.0
FS-MCA阻燃PA66	438.5	25.0	465.0

表 2-212 纯 PA66、MCA 阻燃 PA66 和 FS-MCA 阻燃 PA66 的力学性能

材料	拉伸强度/MPa	断裂伸长率（%）	缺口冲击强度/$kJ \cdot m^{-2}$
纯 PA66	87.7	12.7	10.6
MCA 阻燃 PA66	81.2	7.5	4.7
FS-MCA 阻燃 PA66	80.6	11.4	7.9

上述测试结果均表明通过改善阻燃剂在树脂中的分散性确实能有效提高 PA66 材料的阻燃性能。由于 FS-MCA 在 PA66 树脂基体中呈亚微米尺度分散，大幅增加了树脂与阻燃剂的接触面积，因此阻燃剂的阻燃效率更高。

4. 效果

采用自制的具有疏松团聚颗粒结构的 FS-MCA 阻燃 PA66 实现了 FS-MCA 在 PA66 树脂基体中的亚微米级分散，其阻燃 PA66 材料与现有商品化 MCA 阻燃 PA66 体系相比具有更好的阻燃和力学性能，可实现无焰熔滴滴落且阻燃级别达到 UL94 V-0 级（1.6mm），其拉伸强度、断裂伸长率和缺口冲击强度分别为 80.6MPa、11.4% 和7.9kJ/m^2，相对于现有商品化 MCA 阻燃剂，FS-MCA 对 PA66 力学性能的负面影响较小。

（四）新型磷氮系阻燃剂改性尼龙 6

1. 原材料与配方（质量份）

尼龙 6	100	磷氮阻燃剂（OP）	26
分散剂	5～10	其他助剂	适量

2. 制备方法

将阻燃剂和尼龙 6 按一定的质量分数均匀混合。将混合物料用双螺杆挤出机在 220～240℃下进行挤出造粒。粒料经干燥后分别进行模压和注射成型，制得一定尺寸的试样，以便进行阻燃性能和力学性能的测试。

3. 性能

通过极限氧指数（LOI）和水平/垂直燃烧试验考查了磷系阻燃剂对尼龙 6 的阻燃作用，结果列于表 2-213。表 2-213 中的数据表明，磷系阻燃剂对尼龙 6 有明显的阻燃作用，尼龙 6/OP 体系的 LOI 随着阻燃剂添加量的增加而提高。未添加阻燃剂的尼龙 6 的 LOI 为 21.2%。当添加 15% 的阻燃剂时，LOI 为 28.0%。当阻燃剂的添加量为 25% 时，尼龙 6/OP 体系的 LOI 大于 30%，阻燃级别达 FV-0，表现出很好的阻燃作用。

表 2-213 阻燃剂的填充量对尼龙 6 阻燃性能的影响

阻燃剂质量分数（%）	LOI（%）	垂直燃烧（2mm）	水平燃烧（2mm）
0	21.2		
15	28.0	无	H-1
20	30.3	V-1	点不着
25	30.2	V-0	
30	32.1	V-0	

表2-214中的数据表明，添加阻燃剂对尼龙6力学性能有些影响，但影响不大。当阻燃剂质量分数为25%时，尼龙6的弯曲强度和弯曲模量有所增加，而拉伸强度和冲击能量有所下降。

表2-214 阻燃剂对尼龙6力学性能的影响

性能	PA6	尼龙6/OP（阻燃剂25%）
拉伸强度/MPa	68.184	56.890
弯曲强度/MPa	56.190	71.669
弯曲模量/MPa	1747.823	2672.970
冲击能量/J	0.262	0.202

4. 效果

1）由丙基次磷酸铝和氰尿酸三聚氰胺复合而成的磷氮阻燃剂对尼龙6具有良好的阻燃作用。当该阻燃剂质量分数为25%时，阻燃尼龙6的LOI达到30.2%，阻燃级别达V-0。

2）热重分析结果表明，OP改变了尼龙6的热降解过程，使之成炭化学反应提前，由此形成的炭层通过隔热和隔氧而产生阻燃作用。

3）锥形量热仪测定数据表明，阻燃尼龙6燃烧时的热释放速率、质量损失速率和总热释放量明显降低，热释放和质量损失更加平缓。

4）由于阻燃剂颗粒在尼龙6中分散不均匀，颗粒未完全熔化，以致阻燃尼龙6的拉伸强度和冲击能量有所下降，而弯曲强度和弯曲模量有所增加。

（五）低气味阻燃增强尼龙

1. 原材料与配方（质量份）

尼龙	40.7	玻璃纤维	15～30
弹性体（M-POE）	3.0	凹凸棒石	5～10
硅烷偶联剂（KH-560）	1～2	抗氧剂（1010/168）	0.5～1.0
除味剂	1～2	其他助剂	适量
阻燃剂（红磷、DBDPO/Sb_2O_3、三聚氰胺、氢氧化铝、溴化环氧树脂	4.0	$CaCO_3$	40

2. 制备方法

将尼龙$CaCO_3$、M-POE、KH-560、1010/168、凹凸棒石、除味剂加入高速混合机混合均匀，再由双螺杆挤出机挤出造粒。同时将玻璃纤维由玻璃纤维进口连续加入，制得玻璃纤维增强的PA。设定加工温度为220～300℃，真空度为－0.8MPa，切粒机转速为600r/min。通过调节主机频率和喂料频率控制玻璃纤维含量。将材料通过注射机注射成型，得到测试所需的各种标准样条。

3. 性能（见表2-215～表2-218）

表2-215　玻璃纤维增强PA与未增强PA品种的比较

项目	PA6			PA66		
	未增强	30%短玻璃纤维增强	30%长玻璃纤维增强	未增强	30%短玻璃纤维增强	30%长玻璃纤维增强
相对密度	1.14	1.37	1.37	1.14	1.38	1.37
拉伸强度/MPa	74	140	158	80	180	184
断裂伸长率（%）	200	3.0	2.0	60	3.0	1.5
弯曲强度/MPa	111	161	219	137	167	261
弯曲模量/GPa	2.5	6.0	6.1	3.0	6.8	8.1
缺口冲击强度/$J \cdot m^{-1}$	56	135	108	40	135	112
热变形温度/℃	63	190	216	70	248	299

表2-216　干燥对玻璃纤维增强PA66力学性能的影响

项目	PA66 +15%玻璃纤维		PA66 +30%玻璃纤维	
	未烘烤	100℃/2h	未烘烤	100℃/2h
拉伸强度/MPa	81.45	95.88	162.38	163.24
断裂伸长率（%）	5.77	6	6.32	6.45
弯曲强度/MPa	114	135	289	292
弯曲模量/MPa	6281	7749	8345	8476
缺口冲击强度/$J \cdot m^{-1}$	76	73	110	98

表2-217　不同阻燃剂对玻璃纤维增强PA66性能的影响

项目	1	2	3	4	5
	DBDPO/Sb_2O_3（14份/6份）	三聚氰胺（20份）	红磷（15份）	氢氧化铝（25份）	溴化环氧树脂（45份）
拉伸强度/MPa	153.5	162.2	162.9	162.5	165.1
缺口冲击强度/$J \cdot m^{-1}$	99.39	97.8	114.59	105.8	130.12
燃烧性	V-0	V-2	V-0	V-0	V-0
极限氧指数（%）	24.8	22.9	30.5	25.4	27.8

表2-218　除味剂的种类及用量对玻璃纤维增强PA66气味的影响

SW-120用量（质量份）	尼龙塑料除味剂用量（质量份）	玻璃纤维增强PA66气味等级/级
0.2	—	5（强烈的刺激气味）
0.5	—	4（有刺激气味）
1	—	3（有味道，但不刺激）
—	0.2	5（强烈的刺激气味）
—	0.5	4（有刺激气味）
—	1	3（有味道，但不刺激）
0.2	0.2	2（稍有味道）
0.5	0.5	1（无异味）

4. 效果

1）短玻璃纤维增强 PA66 具有较好的刚性和韧性，PA66 经烘烤后所得玻璃纤维增强 PA66 的刚性较好，而 PA66 不经烘烤所得玻璃纤维增强 PA66 的韧性较好。

2）红磷对玻璃纤维增强的 PA66 阻燃效果好、成本低，且不对其力学性能产生影响。随着红磷阻燃母粒用量的增加，玻璃纤维增强 PA66 的阻燃性能先变好后变差，红磷用量为在 21 份时，达到最佳；凹凸棒石和红磷对玻璃纤维增强 PA66 有优异的协同阻燃作用，凹凸棒石用量为 4 份时，达到最佳。

3）SW-120 和尼龙塑料除味剂同时使用，且份数均为 0.5 份时，对玻璃纤维增强 PA66 的气味有显著的改善。

（六）玻璃纤维增强阻燃共聚尼龙 66 复合材料

1. 原材料与配方（质量份）

采用双螺杆挤出机，将玻璃纤维（GF）、玻璃纤维分散润滑剂（TAF）、抗氧剂等添加到阻燃共聚尼龙 66（FR-PA66）中制备了玻璃纤维增强阻燃共聚尼龙 66（GF/FR-PA66）新型复合材料。其配方见表 2-219。

表 2-219 GF/FR-PA66 复合材料的配方

编号	质量分数（%）				
	FR-PA66	GF	TAF	抗氧剂 168	抗氧剂 1010
0#	100	0	0	0	0
1#	83	15	1.2	0.3	0.5
2#	78	20	1.2	0.3	0.5
3#	73	25	1.2	0.3	0.5
4#	68	30	1.2	0.3	0.5

2. GF/FR-PA66 复合材料的制备

（1）制备过程 称取一定量的 FR-PA66 在真空干燥箱中 80℃ 烘干 24h，将玻璃纤维与 FR-PA66 按照表 2-219 中的配方配制，在双螺杆挤出机中挤出。其中，螺杆从加料口到机头各段温度分别设置为 250℃、260℃、270℃、275℃、275℃、275℃、270℃、265℃、260℃、255℃、250℃，螺杆转速为 120r/min。

（2）试验样条 将复合材料料粒在真空干燥箱中 80℃ 烘干 24h，设置平板流变机温度为 265℃，平板之间的压力为 8MPa，按照测试要求制成 100mm × 10mm × 4mm 及 130mm × 13mm × 3mm 的样条以备测试。

3. 性能

由表 2-220 中的数据可知，添加玻璃纤维后失重 5% 时的温度由 361.6℃ 提高到 380.3℃，第一阶段最大热分解温度由 407℃ 提高至 419℃，第二阶段最大热分解温度由 460℃ 提高到 464℃。与两个阶段最大热分解温度相比，玻璃纤维对 5% 热失重温度提高幅度略大，这说明随着温度的提高，玻璃纤维对复合材料热稳定性的提高程度在下降。另外，600℃ 下 FR-PA66 的残炭量仅有 2.3%，添加玻璃纤维后的残炭量逐渐增加，添加 25% GF 和 30% GF 的复合材料的残炭量分别达到了 25.4%、29.7%，说明玻璃纤维的加入提高了复合材料的残炭量。

表 2-220　FR-PA66 和 GF/FR-PA66 复合材料的 TG 和 DTG 数据

样品编号	$T_{5\%}$/℃	T_{max1}/℃	T_{max2}/℃	最大分解速率/(%·min^{-1})		残炭量(600℃)(%)
0#	361.6	407	460	14.9	8.2	2.3
1#	372.3	416	463	11.8	7.7	16.7
2#	376.6	418	463	11.1	6.7	22.1
3#	368.3	419	464	10.7	6.4	25.4
4#	380.3	419	464	10.1	6.1	29.7

表 2-221 和表 2-222 分别为 FR-PA66 和 GF/FR-PA66 的氧指数和垂直燃烧测试结果。从表 2-221 和表 2-222 中可以看出，FR-PA66 的极限氧指数为28%，且阻燃等级达到了 V-0，张绪杰等制备的新型含磷共聚本质阻燃尼龙 66 复合材料也有相同的结论；而添加玻璃纤维之后的复合材料的极限氧指数和阻燃等级逐渐下降，20% GF 试验样条的极限氧指数已经降低到了纯尼龙 66 的水平，25% GF 和 30% GF 试验样条的极限氧指数也分别下降至 23.2% 和 21.4%，阻燃等级下降至 V-2，以上阻燃等级均未达到塑料要求的 V-0 级。GF/FR-PA66 复合材料阻燃性能的下降，一方面与玻璃纤维增强尼龙燃烧时容易产生典型的“烛芯效应”现象有关，另一方面说明 FR-PA66 中的阻燃剂单元对自身具有较高的阻燃性能，但其阻燃剂单元并不能对 GF/FR-PA6 起到应有的阻燃作用，这也跟 FR-PA66 制备过程中的阻燃剂共聚到尼龙 66 大分子主链上的含量有一定的关系。

表 2-221　FR-PA66 和 GF/FR-PA66 的 LOI 测试结果

样品	0#	1#	2#	3#	4#
LOI (%)	28.0	25.4	24.0	23.2	21.4

表 2-222　FR-PA66 和 GF/FR-PA66 的垂直燃烧测试结果

样品	样条燃烧现象	阻燃等级
0#	不能持续燃烧，自熄，无滴落	V-0
1#	短时间内自熄，有燃烧滴落物下落，未引燃脱脂棉	V-1
2#	能够自熄，有燃烧滴落物下落，能够引燃脱脂棉	V-2
3#	不能自熄且有熔物滴落，能够引燃脱脂棉	V-2
4#	不能自熄且有熔物滴落，能够引燃脱脂棉	V-2

4. 效果

1）玻璃纤维含量越多，其在 FR-PA66 中的分散性越好，同时对降低复合材料的阻燃性能越明显。

2）玻璃纤维对 FR-PA66 的降解过程基本无影响，但可以降低复合材料的最大热分解速率，增加残炭量，提高热稳定性能。

3）由于典型的“烛芯效应”的存在，增加玻璃纤维含量，GF/FR-PA66 的极限氧指数逐渐减小，垂直燃烧等级降低，其中，25% GF 的添加含量极限氧指数只有 23.2%，垂直燃烧等级为 V-2。对其残炭形貌进行分析，结果表明：与 FR-PA6 相比，其残炭表面不够致密，疏松易脱落，难以起到隔氧、隔热的阻燃效果。

4）阻燃研究表明，阻燃共聚尼龙材料中添加玻璃纤维后，虽然提高了热稳定性，增加了残炭量，但阻燃性能总体处于下降趋势，添加有效的单组分阻燃剂及复配阻燃剂或许是解决此问题的一种有效途径。

（七）高强度阻燃导电尼龙 66

1. 原材料与配方（质量份）

尼龙 66	100	玻璃纤维（GF）	40
碳纤维（CF）	9~10	炭黑（CB）	2~3
红磷阻燃母料	12	溴二苯醚（DBDPO）	10
Sb_2O_3	2	增韧剂	5~10
其他助剂	适量		

2. 制备方法

将 CB 和少量 PA66 加入高速混合机，低速搅拌 2min；加入液体润滑剂，高速搅拌 3min；然后加入适当比例 PA66、增韧剂、抗氧剂、阻燃剂，混合均匀；将混匀后的材料加入双螺杆挤出机中，设定合理的挤出温度及螺杆转速，引入碳纤维，挤出造粒；将制得的粒料放入 110℃高温烘箱中，干燥 4h，然后注射成标准试样。

3. 性能

不同阻燃剂与导电填料的复配对材料阻燃性能和表面电阻率 ρ_s 的影响见表 2-223。

表 2-223 阻燃剂及导电填料复配对材料阻燃性能和表面电阻率的影响

材料编号	阻燃剂种类	阻燃剂质量分数（%）	CB/CF 质量比②	阻燃等级	ρ_s/Ω
1#	DBDPO/$Sb_2O_3$①	12	3/5	V-0	5.2×10^5
2#	DBDPO/Sb_2O_3	12	2/8	V-1	7.3×10^4
3#	DBDPO/Sb_2O_3	12	1/9	V-1	3.2×10^4
4#	DBDPO/Sb_2O_3	19	1/9	V-0	4.1×10^3
5#	红磷母粒	10	3/5	V-0	6.0×10^5
6#	红磷母粒	10	1/9	V-1	6.1×10^3
7#	红磷母粒	12	1/9	V-0	6.5×10^3
8#	红磷母粒	12	2/8	V-0	2.1×10^4

① 质量分数为 12% 的 DBDPO/Sb_2O_3 阻燃体系中 DBDPO 与 Sb_2O_3 质量比为 9/3，质量分数为 19% 的 DBDPO/Sb_2O_3 阻燃体系中 DBDPO 与 Sb_2O_3 质量比为 14/5。

② 指质量分数为 10% 的导电填料中 CB 与 CF 的质量比。

表2-224为GF的含量对材料性能的影响。

表2-224　GF的含量对材料性能的影响

GF的质量分数（%）	阻燃等级	ρ_s/Ω	弯曲强度/MPa
10	V-0	2.1×10^4	235
20	V-0	6.4×10^3	242
40	V-0	7.6×10^2	298

由表2-225可见，按此方法制备的高强度阻燃导电PA66材料的阻燃性能、导电性能和力学性能均满足客户的要求，已成功应用于某电力系统部件。

表2-225　高强度阻燃导电PA66材料的最终性能

项目	阻燃等级	ρ_s/Ω	弯曲强度/MPa	拉伸强度/MPa	缺口冲击强度/$kJ\cdot m^{-2}$
指标值	V-0	10^3	250	187	17
性能	V-0	7.6×10^2	298	210	20

4. 效果

1）在高强度阻燃导电PA66材料的制备中，导电填料采用CB和CF复合体系，并适量增加导电填料中CF的含量，再配合红磷母粒，可有效兼顾材料的导电性能和阻燃性能。

2）采用低相对黏度的基体树脂可明显提高材料的加工性能，改善相应制品的外观质量。

3）以牌号为EPR24的PA66为基体树脂，当红磷母粒质量分数为12%、导电填料中CB与CF质量比为2/8、导电填料质量分数为10%、GF质量分数为40%时，所制备的高强度阻燃导电PA66材料的阻燃等级达到UL 94 V-0级，ρ_s为$7.6\times10^2\Omega$，弯曲强度、拉伸强度和缺口冲击强度分别为298MPa、210MPa和20kJ/m²，完全满足客户要求，已成功应用于某电力系统部件。

（八）氮化硼/超细金属氧化物复配填料改性尼龙6导热复合材料

1. 原材料与配方（质量份）

尼龙6	100	氮化硼/超细金属氧化物复配料	40
偶联剂	0.5～1.5	其他助剂	适量

2. 制备方法

将氮化硼与金属氧化物按质量比1∶1称量并在高速混合机中混合20min，得复配填料。按复配填料质量分数分别为20%、30%、50%，相应PA6质量分数分别为80%、70%、50%，用平行双螺杆挤出机进行熔融共混和挤出造粒，制备PA6复合材料。采用分段式加料法，主喂料口加入PA6粒料，复配填料由位于塑化段的侧喂料口强制喂料，PA6粒料和复配填料均由挤出机自带的失重计量加料器定量控制加料量，精度为±0.5%。挤出机的螺杆转速为360r/min，各区和机头的温度分别为240℃、245℃、250℃、250℃、245℃、240℃、240℃、240℃、230℃、220℃、220℃、245℃，熔体温度为220℃，压力为1MPa。

将粒料于90℃下干燥4～6h后，在注射机上注射成标准测试试样，注射温度为

240～260℃。将测试试样置于干燥皿中放置24h后，进行力学性能测试。同时使用注射机注射热导率测试试样。

3. 性能

复配填料用量对复合材料热导率的影响见表2-226。

表2-226　复配填料用量对复合材料热导率的影响

复配填料质量分数(%)	层内热导率/W·(m·K)$^{-1}$	层间热导率/W·(m·K)$^{-1}$
20	1.834	0.161
30	2.633	0.206
50	4.578	0.456

由表2-226可以看出，当复配填料质量分数从20%增加到50%时，复合材料的层内热导率和层间热导率分别从1.834W/(m·K)和0.161W/(m·K)上升到4.578W/(m·K)和0.456W/(m·K)。随着复配填料用量的增加，导热氮化硼粒子堆积越紧密，相互接触，使热流沿热导率很高的填料通过，而较少穿过高热阻的基体树脂层，形成导热通路。尤其是小粒径的超细金属氧化物填充了大粒径氮化硼填料的间隙，减少了界面热阻，使复合材料的热导率随复配填料用量的增加显著升高。由于填料的片状形态，在加工成型过程中会沿流动方向取向，导致复合材料在平行于热流方向的层内热导率以及垂直于热流方向的层间热导率差异很大，层内热导率明显高于层间热导率。

4. 效果

1）随着复配填料用量的增加，复合材料的拉伸强度和弯曲强度下降不大，冲击强度下降明显，而弯曲弹性模量大幅增大。当复配填料质量分数为50%时，复合材料的拉伸强度、弯曲强度、冲击强度、弯曲弹性模量分别为68.9MPa、106.8MPa、14.1kJ/m^2、12.7GPa。

2）随着复配填料用量的增加，复合材料的层间和层内热导率逐渐增大，当复配填料的质量分数为50%时，复合材料的层内热导率和层间热导率分别达到4.578W/(m·K)和0.456W/(m·K)。

（九）金属填充尼龙66导热复合材料

1. 原材料与配方（质量份）

尼龙66	100	短切玻璃纤维	30～40
铝粉、氧化镁或Al_2O_3粉	25～45	偶联剂	1～2
其他助剂	适量		

2. 制备方法

将PA66在80℃烘箱中干燥4h，然后与一定配比的偶联剂、导热填料在高速混合机中混合1min；用双螺杆挤出机挤出，加热段温度控制在250～270℃，短切玻璃纤维由侧喂料加入，机头温度275℃，挤出、水冷、干燥、造粒。

将粒料在100℃烘箱中烘4～6h，然后注射成标准样条，注射机料筒温度控制在260～280℃。

3. 性能

导热填料Al、MgO、Al_2O_3的热导率分别为200W/(m·K)、48W/(m·K)、

46W/(m·K)。表2-227列出了PA66、导热填料、偶联剂质量比为73.5/25/1.5时不同导热填料对复合材料导热性能的影响。

由表2-227可知，热导率以Al填充PA66效果最好，达到0.443W/(m·K)；MgO效果最低，其复合材料的热导率只有0.336W/(m·K)。对于热扩散系数，也以Al填充体系的0.180mm^2/s最高。

表2-227　不同导热填料对复合材料导热性能的影响

填料	热导率/W·$(m·K)^{-1}$	热扩散系数/$mm^2·s^{-1}$
Al	0.443	0.180
Al_2O_3	0.364	0.152
MgO	0.336	0.128

表2-228为不同Al用量时复合材料的导热性能和力学性能测试结果。

表2-228　不同Al用量时复合材料的导热性能和力学性能

Al用量(%)	热导率/W·$(m·K)^{-1}$	热扩散系数/$mm^2·s^{-1}$	拉伸强度/MPa	弯曲强度/MPa	冲击强度/$kJ·m^{-2}$
0	0.264	0.088	74.0	76.7	7.5
25	0.443	0.180	72.5	110.2	5.3
30	0.485	0.207	70.1	111.1	5.0
40	0.576	0.231	68.2	109.0	4.6
45	0.778	0.253	66.0	108.0	4.0

由表2-228可以看出，随着导热填料用量由25%增加到45%，热导率由0.443W/(m·K)增加到0.778W/(m·K)，符合Agari关于热导率与填料用量的理论。同样，热扩散系数由0.180mm^2/s上升到0.253mm^2/s，这也符合随着导热填料用量增加，导热性能上升的变化规律。

由表2-229可以看出，25% Al与10%玻璃纤维复配的材料，其热导率为0.513W/(m·K)，比只加Al的复合材料的热导率［0.443W/(m·K)］要高。同样，对于MgO体系，只加导热填料的复合材料，其热导率为0.336W/(m·K)，比与玻璃纤维复配的材料热导率［0.386W/(m·K)］低。这是因为玻璃纤维在复合材料体系中起到一定的桥梁作用，对复合材料内部导热网络的形成有一定促进作用，使PA66复合材料的导热性能提高。随着玻璃纤维含量的增加，复合材料的热导率增加。

表2-229　玻璃纤维复配填料改性PA66复合材料的导热性能

填料	填料用量(%)	玻璃纤维用量(%)	热导率/W·$(m·K)^{-1}$
Al	25	10	0.513
Al	25	15	0.586
Al	25	20	0.640
MgO	25	10	0.386
MgO	25	15	0.430
MgO	25	20	0.519

4. 效果

1）采用金属氧化物粉末和金属导热粉末填充可以制备 PA66 基导热复合材料；导热填料粒子在 PA66 基体树脂中形成了网状导热通路，实现了复合材料的导热；试验选用的 3 种导热填料以金属 Al 粉填充 PA66 的效果最好。

2）导热填料用量的增加能提高导热填料之间相互接触的概率，随着填料含量的上升，复合体系的导热性能上升，当 Al 用量为 45% 时导热效果最佳，热导率达到 0.778W/(m·K)。

3）采用玻璃纤维与导热填料复配对复合材料的热导率提升有一定的促进作用。

（十）导热碳材料改性尼龙 12 导热导电复合材料

1. 原材料与配方（质量份）

尼龙 12	100	导热碳材料（CC）	5～50
偶联剂	0.5～1.5	分散剂	2～5
其他助剂	适量		

2. 制备方法

（1）原料的预混合　试验前，先将尼龙 12 在真空烘箱内于 120℃ 下连续烘 5h 以上；然后将体积分数为 0.6%、2.4%、6.2%、13.0%、20.5%、28.6%、37.5%、47.4% 的 CC 分别与尼龙 12 在开放式炼胶（塑）机上机械共混，混合温度为 170℃，时间为 30min。

（2）试样的制备　将混合好的原料在平板流变机上模压成型，压片的尺寸分别为 100mm × 100mm × 1mm 和 90mm × 12.8mm × 3.2mm。压片程序：将预混料在 190℃ 条件下热压 10min，压力为 10MPa，期间排气 3 次，卸压 3 次。热压结束后，再将模具移至另一平板流变机上冷压 10min，待模具温度接近室温时开模取样。

3. 性能

随着 CC 体积分数的增加，复合材料的热导率基本呈线性增长趋势。当 CC 的体积分数为 47.4% 时，其热导率为 3.425W/(m·K)，是纯尼龙 12 的近 11 倍，这表明材料在燃料电池双极板、抗静电材料等方面有潜在的应用价值。

表 2-230 列出了 CC 的体积分数对尼龙 12 复合材料体积电阻率的影响。

表 2-230　CC 的体积分数对尼龙 12 复合材料体积电阻率的影响

CC 的体积分数（%）	0	0.6	2.4	6.2	13.0	20.5	28.6	37.5	47.4
体积电阻率/Ω·cm	3.3×10^{13}	3.2×10^{13}	2.9×10^{13}	20	0.54	0.41	0.29	0.13	0.10

CC 的体积分数对尼龙 12 复合材料力学性能的影响见表 2-231。

表 2-231　CC 的体积分数对尼龙 12 复合材料力学性能的影响

CC 的体积分数（%）	拉伸强度/MPa	断裂伸长率（%）
0	23.0	777.1
0.6	16.9	720.4

（续）

CC的体积分数（%）	拉伸强度/MPa	断裂伸长率（%）
2.4	11.9	548.8
6.2	11.3	17.2
13.0	18.1	14.1
20.5	19.3	11.5
28.6	22.5	9.7
37.5	24.8	4.0
47.4	23.4	1.4

4. 效果

1）CC能大幅度地提高尼龙12的热导率，当CC的体积分数为47.4%时，复合材料的热导率达到3.425W/(m·K)。

2）CC的加入能提高尼龙12的热变形温度，改善尼龙12的耐热性，当CC的体积分数为47.4%时，复合材料的热变形温度提高了77.1℃。

3）当CC的体积分数为47.4%时，复合材料仍然保持与纯尼龙12相当的拉伸强度，但断裂伸长率明显降低。

（十一）增强增韧抗静电尼龙612复合材料

1. 原材料与配方（质量份）

尼龙612	100	玻璃纤维（GF）	10～40
增韧剂（EPDM-g-MAH）	10	导电填料（导电炭黑、石墨烯或碳纳米管）	1～5
分散剂	5～6	其他助剂	适量

2. 制备方法

将干燥完全的PA612材料与增韧剂EPDM-g-MAH、抗静电剂及其他助剂按比例加入高速混合机中，混合均匀后，用同向双螺杆挤出机熔融挤出，同时引入已表面处理的GF，挤出料条经冷却吹干后通过切粒机造粒得到增强增韧抗静电PA612材料粒料。挤出温度为220～275℃，机头温度为260～280℃，喂料螺杆转速为6～8r/min，挤出螺杆转速为330～380r/min。然后将制得的粒料经注射制备标准试样。注射温度为250～270℃，喷嘴温度为275℃，注射压力为80MPa，注射速度为50mm/s，成型周期为120s。

3. 性能

不同种类、含量的抗静电剂对PA612表面电阻率的影响，见表2-232～表2-234。

表2-232　不同含量导电炭黑的PA612表面电阻

试样	导电炭黑的质量分数（%）	表面电阻率/Ω
纯PA612	0	1×10^{14}
C-01	5	1×10^{14}
C-02	10	1×10^{11}
C-03	15	1×10^{9}

表 2-233 不同含量石墨烯的 PA612 表面电阻

试样	石墨烯的质量分数（%）	表面电阻率/Ω
纯 PA612	0	1×10^{14}
G-01	1	1×10^{14}
G-02	3	1×10^{11}
G-03	5	1×10^{8}

表 2-234 不同含量碳纳米管的 PA612 表面电阻

试样	碳纳米管的质量分数（%）	表面电阻率/Ω
纯 PA612	0	1×10^{14}
CN-01	1	1×10^{14}
CN-02	3	1×10^{11}
CN-03	5	1×10^{7}

试验结果表明，随着 GF 用量的增加，材料的拉伸强度及弯曲强度均有显著的提高，当 GF 的质量分数达到 40% 时拉伸强度相对未加 GF 的提高 1 倍，而弯曲强度提高 2 倍。随着增韧剂用量的增加，材料的常/低温缺口冲击强度得到持续提高，当增韧剂质量分数达到 10% 时，常温缺口冲击强度达到 $10kJ/m^2$，较未加增韧剂的提高 1 倍，-45℃缺口冲击强度达到 $9.6kJ/m^2$，已与常温缺口冲击强度相当。但是材料的拉伸与弯曲强度均有所下降，当增韧剂质量分数从 0% 增加至 10% 时，拉伸强度与弯曲强度下降较平缓；增韧剂质量分数达到 10% 时，材料的拉伸强度与弯曲强度分别为 120MPa 和 210MPa，而后随着增韧剂用量的继续增加，材料的强度尤其是弯曲强度下降趋势明显加快。由于增韧剂对抗静电性能没有影响，因此最终确定增强增韧抗静电 PA612 材料中增韧剂的质量分数为 10%。

4. 效果

1）PA612 材料的抗静电性能测试结果表明，石墨烯、碳纳米管在表面电阻方面的渗流阀值明显小于导电炭黑，即石墨烯、碳纳米管作为 PA612 抗静电剂时，其抗静电效果优于导电炭黑。高用量下，添加碳纳米管的 PA612 材料表面电阻比添加石墨烯的低一个数量级，但其成本较高，故最终确定质量分数为 3% 的石墨烯为 PA612 的抗静电剂。

2）GF 能大幅提高 PA612 材料的拉伸强度与弯曲强度，而增韧剂能大幅提高材料的冲击性能，且当增韧剂质量分数不高于 10% 时，材料的拉伸强度与弯曲强度下降幅度较小。

3）当抗静电剂石墨烯质量分数为 3%、GF 质量分数为 40%、增韧剂 EPDM-g-MAH 质量分数为 10% 时，可制得增强增韧抗静电 PA612 材料，其拉伸强度为 120MPa，弯曲强度为 210MPa，常温缺口冲击强度为 $10kJ/m^2$，-45℃缺口冲击强度为 $9.6kJ/m^2$，表面电阻率为 $1\times10^{11}\Omega$，满足 PA612 材料在储存、运输和使用过程中的抗静电要求。

（十二）载银沸石/稀土/尼龙复合材料

1. 原材料与配方（质量份）

尼龙6	100	载银沸石/稀土	1～3.0
分散剂	5～6	其他助剂	适量

2. 制备方法

（1）载银沸石的制备　将干燥过的沸石用棒磨机进行研磨，过300目筛子，然后称取一定量的细化后的沸石加入质量分数为0.2%的$AgNO_3$溶液中，保持固液比为1∶10，调节pH为5，在50℃的水浴锅中持续搅拌反应3h。反应完成后停止搅拌，将反应制得的固体重复洗涤至洗出液中无银离子（即洗出液中滴入稀盐酸使无白色沉淀），抽滤。抽滤后的载银沸石放入烘箱中烘干（105℃），然后取出载银沸石研磨并避光密封保存。

（2）载银沸石、稀土和PA6共混造粒及纺丝　将干燥后的载银沸石、稀土按1∶4（质量比）的比例加入PA6中，在80℃条件下通过物理共混方法使载银沸石和稀土能够均匀黏附在PA6颗粒表面，并经过单螺杆挤出机熔融共混，挤出后用造粒机复合切片。

将干燥的尼龙复合切片通过单螺杆纺丝机进行熔融纺丝。纺丝机各区温度：Ⅰ区为(250±2)℃，Ⅱ区为（265±2)℃，Ⅲ区为（265±2)℃，机头为（265±2)℃。螺杆转速为1500r/min，卷绕速度600m/min。制得的纤维在（90±5)℃的恒温水浴中以3.5～4倍的拉伸倍率进行拉伸，然后风干干燥。

3. 性能

试验结果表明，在相同的切应力下，共混物的表观黏度随着载银沸石和稀土质量分数的增加呈现减小的趋势，表观黏度在载银沸石和稀土质量分数为5%时有最小值。这是因为载银沸石和稀土在熔体中以分散相存在，起到了增塑剂的作用，促进了分子链的解缠，从而使分子之间的作用力降低，体系的流动阻力减小，表观黏度降低。

试验结果表明，随着载银沸石和稀土质量分数的增大，纤维断裂强度降低，力学性能呈下降趋势。这可能是因为载银沸石和稀土的加入起到了增塑剂作用，稀释了PA6分子，减小了PA6分子链之间的作用力，因而强度降低；在无机添加粒子与PA6结合的界面上也会因黏接不良而存在空穴，且无机添加粒子本身在纤维中相当于缺陷点，影响高分子的规整性，在拉伸测试中，这些空穴和缺陷点会阻碍应力从基体向分散相传递，成为应力集中体和破坏源，破坏了材料内部的应力平均分布，降低了材料的破坏应力，导致断裂强度下降。

4. 效果

载银沸石/稀土/PA6共混物为假塑性流体，其表观黏度随载银沸石和稀土质量分数的增大而减小，流动性增强，加工温度降低，加工条件得到改善，对纺丝工艺具有一定的指导意义。

载银沸石和稀土的加入，使PA6纤维断裂强度降低，纤维力学性能受到一定影响，且添加量越大，受到的影响越大，当添加量到3%时，力学性能明显地大幅下降。因此，在确定工作条件时应综合考虑纤维的力学性能和加工性能等各方面的因素。

第三节 加工与应用

一、玻璃纤维增强尼龙66的加工与应用

1. 原材料与配方（质量分数）

试样编号	PA66（%）	PA6（%）	短玻璃纤维（%）	润滑剂（%）	热稳定剂（%）	成核剂（%）	玻璃纤维处理剂（%）
0#	97.3	0	0	0.5	2	0.1	0.1
1#	67.3	5	25	0.5	2	0.1	0.1
2#	57.3	5	35	0.5	2	0.1	0.1
3#	42.3	5	50	0.5	2	0.1	0.1

2. 制备方法

（1）尼龙66树脂纯料的制备　PA66聚合工艺是以50%尼龙66盐水溶液为主要原料，通过加入醋酸、次亚磷酸钠等添加剂，按规定的工艺参数经缩聚反应，生成相对黏度（相对95%浓硫酸）为2.70±0.03的PA66聚合物颗粒。

（2）玻璃纤维改性尼龙66树脂的制备　纯尼龙66产品热变形温度为（70±2）℃，拉伸强度为（72±2）MPa，成型收缩率高达2%，限制了其应用范围，为了扩大它的应用领域，采用玻璃纤维改性尼龙66。玻璃纤维改性尼龙66最大的问题在于相容性差，玻璃纤维外露。

为此，可采用硅烷偶联剂对玻璃纤维进行预处理，加强玻璃纤维与PA66的结合力，防止玻璃纤维外露影响制品外观和性能，处理好的玻璃纤维与纯尼龙66树脂、尼龙6树脂、润滑剂、成核剂等按比例均匀地加入到双螺杆挤出机中造粒。玻璃纤维增强尼龙66的关键是表面处理技术，可采用偶联剂加大玻璃纤维与PA66树脂的亲和性，配合其他助剂，可有效改善玻璃纤维分散效果，减轻制品翘曲和浮纤现象。

（3）产品制备工艺条件　干燥条件：90℃×10h，注射温度为275～280℃，注射压力为60～75MPa。双螺杆挤出机的参数设定见表2-235。

表2-235　双螺杆挤出机的参数设定

项目	一段	二段	三段	四段	五段	七段	八段	九段
设定温度/℃	255	270	275	280	280	280	280	277

3. 性能

按照ISO178、ISO179、ISO180、ISO75等相关标准测试，与未改性产品的性能对比见表2-236。

表2-236　玻璃纤维改性尼龙66与未改性产品性能对比（按照ISO相关标准测试）

项目	0#玻璃纤维含量为0	1#-25%玻璃纤维	2#-35%玻璃纤维	3#-50%玻璃纤维
拉伸强度/MPa	72±2	140±2	180±2	220±2
断裂伸长率（%）	≥30	5	3	3

（续）

项目	0#玻璃纤维含量为0	1#-25%玻璃纤维	2#-35%玻璃纤维	3#-50%玻璃纤维
弯曲强度/MPa	80（定挠度1.5）	200	240	320
弯曲模量/GPa	2.5	7.5	8.0	10.0
缺口冲击强度/$kJ\cdot m^{-2}$	6±1	14±1	17±1	20±1
热氧老化1000h，140℃	样条严重变形	力学性能没有降低	力学性能没有降低	力学性能下降
1.8MPa热变形温度/℃	70±2	220±2	230±2	240±2
成型收缩率（%）	1.5～2	0.2～0.3	0.2～0.3	0.2～0.3

由表2-237中的数据证明，玻璃纤维增强尼龙66产品耐热耐醇性能优异。

表2-237　玻璃纤维改性尼龙66及其耐醇试验性能对比

检验项目			外观合格，性能稳定		耐乙二醇48h，试验温度130℃	
			玻璃纤维含量31%	玻璃纤维含量32%	玻璃纤维含量31%	玻璃纤维含量32%
拉伸强度/MPa			157.0	158.0	95.0	91.0
断裂伸长率（%）			4.0	3.8	7.7	6.8
弹性模量/GPa			8.90	8.92	3.80	3.85
弯曲模量/GPa			6.8	7.1	3.5	3.5
弯曲强度/MPa			230.0	228.0	133.0	126.0
冲击强度/$kJ\cdot m^{-2}$	简支梁	缺口	15.0	14.9	35.6	36.1
		无缺口	68.0	63.0	188.0	173.0
	悬臂梁	缺口	11.0	10.0	36.0	35.4

4. 效果与应用

1）经过玻璃纤维改性的尼龙66树脂，采用增韧剂与偶联剂的复合，加工玻璃纤维与PA66树脂的亲和性，力学性能得到了大幅提高，并直观地表现了力学性能的增长幅度，扩大了尼龙66在汽车工业中的应用，如气缸头盖、发动机座和总盖、门把手、锁系统、车轮装饰、汽车锁柄、烟灰缸、开关等。

2）玻璃纤维增强PA66提高了产品的热性能，热变形温度由70℃提高至220℃以上，耐老化性能十分优异，经140℃、1000h、换气10次/h的老化试验，0#试样严重变形无法继续使用，1#试样和2#试样力学性能没有降低，制品颜色由青白色变为深褐色。3#试样本身性能不稳定，老化试验后性能有所下降。玻璃纤维增强PA66提高了制品的耐热性，可以安全应用于汽车、机械、化工等领域，制造耐热受力结构零部件。例如汽车调压池、空气进气歧管、节流阀体散热器槽、风扇叶片护罩等零部件。

3）成型收缩率由原来的1.5%～1.8%降到0.2%～0.3%，使得尼龙66制品平整无翘曲，尺寸更加稳定，广泛应用于齿轮、线圈骨架等精密部件。

4）玻璃纤维在产品中起到了良好的骨架作用，耐醇试验充分证明：玻璃纤维增强PA66产品在130℃的特殊环境下具备耐乙二醇和油脂的能力，因此能够满足汽车散热器槽、散热器中间部分支架、水进口管件、油盘、充油罐、油水准仪、汽车水室等使用要求。

5）试验重现性好，玻璃纤维增强PA66工业路线切实可行。该玻璃纤维增强PA66

具有较高的比强度，良好的耐热性、电性能、耐磨蚀性能、抗冲击性能，以及加工方法简便、生产成本低且效率高、经济环保等优良特性。与纯尼龙相比，玻璃纤维增强尼龙机械强度、刚性、耐热性、耐蠕变性和耐疲劳强度大幅度提高，伸长率、模塑收缩率、吸湿性、耐磨性下降。

6）玻璃纤维增强PA66的研制与开发，扩大了尼龙66产品在汽车、电子电器行业的应用空间，还广泛应用于机械部件、护罩、扇叶、汽车冷却散热器、齿轮、线圈骨架，以及牙轮带罩、链导轨、窗用隔热异形型材等高端应用领域。

二、高耐寒玻璃纤维增强尼龙复合材料的加工与应用

1. 原材料与配方（质量份）

材料	试样编号					
	1#	2#	3#	4#	5#	6#
PA66	65	63	61	59	57	61
增韧剂	2	4	6	8	10	6
玻璃纤维	33	33	33	33	33	33
复合添加剂01	—	—	—	—	—	0.7
复合添加剂02	0.7	0.7	0.7	0.7	0.7	—

2. 制备方法

将PA66在110℃干燥4h，然后将原材料按配方中的比例预混后造粒，挤出温度240～270℃，螺杆转速350r/min。粒料在120℃干燥4h后用注射机制样，注射温度为255～285℃，注射压力为60～75MPa。样条成型后在温度（23±2)℃、湿度（50±5)%的环境下调节24h，用于性能检测。

3. 性能

不同增韧剂添加量对玻璃纤维增强尼龙材料性能的影响，其结果见表2-238和表2-239。

表2-238 材料力学性能随增韧剂添加量的变化关系

试样编号	1#	2#	3#	4#	5#
拉伸强度/MPa	180.58	178.19	173.86	160.48	141.58
弯曲强度/MPa	230.74	229.71	224.13	211.21	194.26
缺口冲击强度/$kJ \cdot m^{-2}$	19.36	24.45	26.3	26.5	26.65
无缺口冲击强度/$kJ \cdot m^{-2}$	93.84	92.64	91.1	85.19	77.06

表2-239 材料的常温性能

试样编号	3#	6#
玻璃纤维含量（%）	32.97	32.89
简支梁无缺口冲击强度/$kJ \cdot m^{-2}$	91.1	96.2
简支梁缺口冲击强度/$kJ \cdot m^{-2}$	26.3	21.2
拉伸强度/MPa	173.86	186.95
弯曲强度/MPa	224.13	239.79

测试结果表明，当温度由室温降至 -30℃时，两种材料的缺口冲击强度均出现了明显的下降，但此后随着温度的继续降低，3#试样的下降幅度变缓，而6#试样则继续大幅度下降，当温度降至 -50℃时，3#试样的缺口冲击强度明显高于6#试样，3#试样的耐高寒性能前景最优。

4. 效果与应用

1）增韧剂添加量对材料的力学性能有明显影响，随着增韧剂添加量的增加，材料的拉伸强度、弯曲强度以及无缺口冲击强度逐渐下降，而缺口冲击强度逐渐升高而后趋于稳定，增韧剂添加量为6份时材料的力学性能最优。

2）冷冻时间及冷冻温度对材料冲击性能影响明显，随着冷冻时间的延长以及冷冻温度的降低，材料的缺口冲击强度逐渐下降而无缺口冲击强度逐渐升高，且冷冻处理时性能变化主要发生在2h内，选用复合添加剂02所制备材料的热稳定性和耐高寒性能更优。

3）玻璃纤维与基体树脂之间的界面结合性与材料的力学性能密切相关，在界面结合良好的情况下制件才能表现出较好的耐高寒性能。

高耐寒玻璃纤维增强尼龙复合材料主要用于高寒地区的电气、汽车、机械仪表和建筑产品的制备。

三、无捻粗纱增强尼龙复合材料的加工与应用

1. 原材料与配方（质量份）

尼龙66	60～70	玻璃纤维（GF）无捻粗纱（988A和910）	30～40
偶联剂	1～2	其他助剂	适量

2. 制备方法

设计GF/PA66复合材料中GF无捻粗纱（988A和910）的质量分数为30%，PA66的质量分数为70%，利用双螺杆挤出机进行挤出、造粒，经过注射机注射为测试样品，测试样品在室温干燥条件下放置24h后测试性能。测试样品为两份，一份用于干态力学性能测试，一份用于耐水解性能测试。GF/PA66复合材料的制备工艺参数见表2-240。

表2-240　GF/PA66复合材料的制备工艺参数

项目	数值	项目	数值
挤出温度/℃	240～280	注射压力/MPa	80～100
螺杆转速/r·min^{-1}	200～250	注射速率/（mm/s）	90
注射温度/℃	270～290	模具温度/℃	100

3. 性能

表2-241为988A/PA66、910/PA66复合材料的干态力学性能及GF保留长度测试数据。

表 2-241　GF 保留长度及复合材料的力学性能测试数据

项目	988A/PA66	910/PA66
拉伸强度/MPa	176.34	182.81
拉伸弹性模量/GPa	10.03	10.30
断裂伸长率（%）	4.00	4.22
弯曲强度/MPa	272.04	286.83
弯曲模量/GPa	8.85	8.76
冲击强度/kJ·m^{-2}	67.23	76.70
缺口冲击强度/kJ·m^{-2}	12.22	13.21
玻璃纤维含量（%）	30.43	30.38
GF 保留长度/μm	454.8	449.7

表 2-242 所列两组试样耐水解试验后的力学性能及其保留率。保留率是指试验后的力学性能数值与试验前的力学性能数值的比值，能反映出试验前后力学性能的变化情况。

表 2-242　两组试样耐水解试验后的力学性能及其保留率

项目	988A/PA66		910/PA66	
	数值	保留率（%）	数值	保留率（%）
拉伸强度/MPa	76.31	43.27	97.81	53.50
拉伸模量/GPa	4.45	44.36	4.45	43.21
断裂伸长率（%）	4.24	105.79	7.11	168.42
弯曲强度/MPa	103.73	38.13	144.52	48.99
弯曲模量/GPa	3.82	43.11	3.79	43.29
冲击强度/kJ·m^{-2}	54.30	80.77	98.77	128.78
缺口冲击强度/kJ·m^{-2}	21.33	174.59	33.34	252.34

4. 效果与应用

1）910、988A 增强 PA66 均具有良好的力学性能，910/PA66 复合材料的力学性能更好。

2）较 988A/PA66 复合材料，910/PA66 复合材料有更好的耐水解性能。

3）在相同的 GF 无捻粗纱直径、保留长度、分布、含量的条件下，GF 与 PA66 的界面结合强度直接影响 GF/PA66 复合材料的干态力学性能及耐水解性能。

无捻粗纱增强尼龙复合材料主要用于制备水下制品、船舶制品及化工产品等。

四、增强增韧尼龙 12 加工与应用

1. 原材料与配方（质量份）

尼龙 12	100	长或短切玻璃纤维（GF）	30
增韧剂（马来酸酐接枝乙烯-1-辛烯共聚物或无规乙烯-丙烯酸-马来酸酐三元共聚物）	4~12	偶联剂	1~2
抗氧剂	0.5~1.5	其他助剂	适量

2. 制备方法

（1）工艺流程　PA12 复合材料及力学性能测试样条的制备工艺流程如图 2-11 所示。

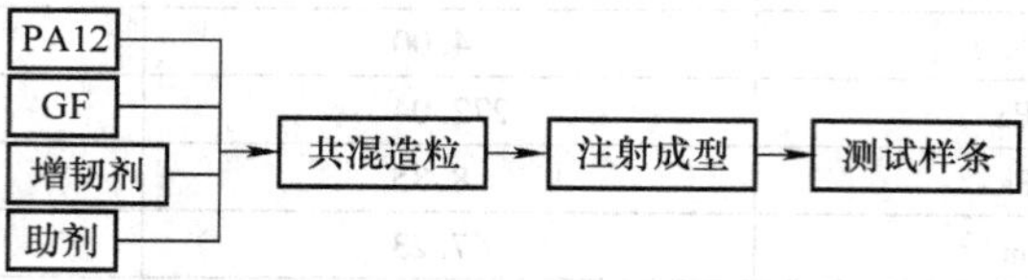

图 2-11　制备工艺流程

（2）主要工艺参数　制备 PA12 复合材料的主要工艺参数：双螺杆挤出机各区的温度：一区为 190℃，二区为 200℃，三区为 210℃，四区为 220℃，五区为 220℃，六区为 220℃，七区为 220℃，八区为 210℃，九区为 210℃，十区为 205℃；注射机各区的温度：一区为 210℃，二区为 225℃，三区为 230℃，四区为 225℃。

不同喂料方式制备的 PA12 复合材料力学性能见表 2-243。

表 2-243　不同喂料方式制备的 PA12 力学性能

喂料方式	拉伸强度/MPa	悬臂梁缺口冲击强度/$kJ\cdot m^{-2}$
长玻璃纤维连续喂料	93.6	15.8
短切玻璃纤维侧向喂料	101.5	18.5

3. 效果与应用

1）短切 GF 侧向喂料工艺较长 GF 连续喂料工艺更容易制备综合力学性能相对较高的 PA12 复合材料。

2）增韧剂 4700 较 4100 对 PA12 的增韧效果好，并使复合材料保持相对较高的强度。

3）当 PA12/GF/4700 = 60/32/8（质量比）时，PA12 复合材料拉伸强度为 120MPa，悬臂梁缺口冲击强度为 20kJ/m^2，综合力学性能最佳。

增强增韧尼龙口主要用于汽车输油管、仪表板、节气门踏板、制动软管、电子电器消声部件、电缆护套等。

五、玻璃纤维增强尼龙 6 的挤出工艺与性能

1. 原材料与配方（质量份）

尼龙 6	100	短切玻璃纤维与长玻璃纤维	10 ~ 35
偶联剂	0.5 ~ 1.5	其他助剂	适量

2. 复合材料的制备

（1）短切玻璃纤维共混物　将短切玻璃纤维在 100℃ 于真空烘箱中烘干 24h，PA6 在 80℃ 下于真空烘箱中烘干 24h。取一定量的短切玻璃纤维与干燥过的 PA6，在袋中混合均匀，由于玻璃纤维的特性，混合过程不能采用高速混合机进行混合，否则玻璃纤维束破开后会影响进料。混合原料由料斗加入双螺杆挤出机，挤出温度为 190 ~ 240℃，

经过熔融共混挤出、造粒。

（2）长玻璃纤维连续加入共混物　对于长玻璃纤维共混物，首先将烘干后的 PA6 加入料斗，在恒定速度下加入挤出机，在挤出机转速恒定、加料速度一定时，在挤出机熔融段后的副喂料口加入，由于熔融 PA6 的黏性，连续玻璃纤维被带入挤出机中，根据同时加入连续玻璃纤维的根数、主机转速和喂料速度，可以在一定范围内调节玻璃纤维添加量。造粒后得到连续玻璃纤维共混产品。

3. 性能

玻璃纤维含量对 GF/PA6 复合材料力学性能的影响见表 2-244。

表 2-244　玻璃纤维含量对复合材料力学性能的影响

玻璃纤维含量（%）	0	10	20	25	30	35
弹性模量/MPa	1173.7	1166.6	1704.1	1937.2	2032.2	2260.7
拉伸强度/MPa	61.8	72.1	89.8	93.4	96.2	117.8
屈服应变（%）	9.03	8.96	9.3	8.64	8.87	9.05
断裂应变（%）	68	42	15.9	14.5	13.8	12.3
弯曲强度/MPa	96.0	106.2	144.7	152.2	146.7	190.2
弯曲模量/GPa	2.14	2.28	3.57	4.27	4.34	5.18
冲击强度/J·m⁻²	24.1	26.3	32.4	45.6	48.6	70.4

主机转速对复合材料力学性能的影响见表 2-245。

表 2-245　主机转速对复合材料力学性能的影响

主机转速/r·min⁻¹	70	150	190	230	270
弹性模量/MPa	2110.9	2136.5	2212.9	2213.8	2139.2
拉伸强度/MPa	102.85	99.04	108.27	113.35	112.38
弯曲模量/GPa	5.46	5.63	5.78	6.01	5.39
弯曲强度/MPa	178.0	185.7	187.5	196.7	190.8
冲击强度/J·m⁻²	40.6	39.8	46.6	56.1	48.9

喂料速度对复合材料力学性能的影响见表 2-246。

表 2-246　喂料速度对复合材料力学性能的影响

喂料速度/r·min⁻¹	8	14	20	26
弹性模量/MPa	2257	2230	2050	2078
拉伸强度/MPa	120.1	108.5	101.1	105.2
弯曲模量/GPa	6.22	5.75	5.05	4.58
弯曲强度/MPa	206.8	191.9	181.2	176.9
冲击强度/J·m⁻²	57.16	51.24	36.04	43.32

长玻璃纤维在不同位置添加时复合材料的力学性能见表 2-247。

表 2-247　长玻璃纤维在不同位置添加时复合材料的力学性能

添加位置	玻璃纤维由辅助喂料口加入	玻璃纤维由排气口加入
玻璃纤维含量（%）	30.19	28.98
屈服强度/MPa	116.4	123.2
弹性模量/MPa	2733	2816
弯曲强度/MPa	168.7	171.7
弯曲模量/GPa	4.36	4.5
冲击强度/J · m^{-2}	74.89	99.0

在主机转速不变、喂料速度基本相同的条件下，采用长玻璃纤维，在辅助加料口加料，制备了玻璃纤维含量大约为 30% 的玻璃纤维增强材料，经测试，其实际的玻璃纤维含量为 30.19%。采用短切玻璃纤维，按相同玻璃纤维含量添加玻璃纤维，保证两个样品的玻璃纤维含量相同，比较了采用长玻璃纤维添加和短切玻璃纤维添加时样品的力学性能，见表 2-248。

表 2-248　长玻璃纤维与短切玻璃纤维增强 PA6 的性能对比

项　　目	短玻璃纤维	长玻璃纤维辅助喂料口加入
玻璃纤维含量（%）	30.19	30.19
拉伸强度/MPa	84.04	116.4
弹性模量/MPa	1990.6	2733.2
弯曲强度/MPa	121.9	168.8
弯曲模量/GPa	3.26	4.36
冲击强度/J · m^{-2}	39.16	74.89

4. 效果与应用

1）采用短切玻璃纤维加入时，玻璃纤维含量对 GF/PA6 复合材料的力学性能影响很大。随玻璃纤维含量增加，复合材料的力学性能越来越高，断裂伸长率变低。同等条件下，冲击测试时，断面上玻璃纤维被拉出的较多，拉伸测试时，玻璃纤维被拉断的较多。玻璃纤维含量较大时，玻璃纤维的长度较短，长度分布较宽。

2）加工工艺参数对复合材料的力学性能有影响。喂料速度不变时，随主机转速的增大，短玻璃纤维增强 PA6 复合材料的力学性能略有提高；主机转速不变时，随喂料速度的增加，复合材料的力学性能逐渐降低。

3）采用长玻璃纤维连续添加时，玻璃纤维的添加位置对复合材料的性能略有影响，但影响不大。

4）在玻璃纤维含量相同时，采用长玻璃纤维连续添加得到的材料力学性能明显优于采用短切玻璃纤维时的性能。

玻璃纤维增强尼龙 6 主要用于挤出板材、棒材、型材和其他挤出尼龙制品。

六、无卤阻燃尼龙 6 的加工与应用

1. 原材料与配方（质量份）

尼龙 6	80~90	氢氧化镁（MH）/微胶囊化红磷（HP）	10~20
纳米蒙脱土（MMT）	1.0	偶联剂	0.5~1.0
其他助剂	适量		

2. 制备方法

尼龙 6 颗粒使用前，在 90℃下鼓风干燥箱中烘干 12h，除去水分。按照试验设定的配比，将尼龙和不同含量的氢氧化镁、微胶囊化红磷和经过十八烷基三甲基氯化铵修饰前后蒙脱土填料高速预混 2min 后加入双螺杆挤出机中熔融挤出。双螺杆的加工温度：一区为 215℃，二区为 230℃，三区为 235℃，四区为 235℃，五区为 238℃，机头为 225℃；螺杆转速为 300r/min，最后挤出造粒，并在真空干燥箱中干燥后备用。将得到的不同母粒采用注射机进行注射相关测试样条，分别进行力学性能、极限氧指数（LOI）、燃烧性能和热稳定性等方面的试验。注射机温度控制为 240℃。

3. 性能

固定氢氧化镁（MH）和微胶囊化红磷（HP）的质量比为 3∶2，对尼龙 6 进行阻燃改性，各项性能见表 2-249。

表 2-249　MH∶HP = 3∶2 复配阻燃 PA6 的配方及试验结果

试样编号	PA6	阻燃等级	LOI（%）	拉伸强度/MPa	缺口冲击强度/$kJ \cdot m^{-2}$	弯曲强度/MPa
1-1	100%	—	21	76.75	7.63	91.34
1-2	90%	点不着	27	75.08	6.34	103.86
1-3	86%	点不着	29	71.49	6.18	109.25
1-4	85%	V-0	33	68.14	5.85	113.64
1-5	84%	V-0	35	66.25	5.39	114.52

试验中设计的主要配方及材料的相关参数见表 2-250。

表 2-250　经过处理后的蒙脱土（OMMT）对 MH/HP/PA6 阻隔防爆材料体系阻燃及力学性能的影响

试样编号	PA6	阻燃等级	LOI（%）	拉伸强度/MPa	缺口冲击强度/$kJ \cdot m^{-2}$	弯曲强度/MPa
2-1	85%	V-0	35	73.62	5.93	118.42
2-2	85%	V-0	37	77.87	6.39	122.56
2-3	85%	点不着	31	79.35	6.82	128.35
2-4	86%	V-0	34	70.69	6.55	117.52
2-5	86%	点不着	34	72.13	6.72	124.36
2-6	87%	点不着	29	71.16	6.16	113.84

阻燃剂的加入降低了尼龙 6 阻隔防爆材料的热分解速率，并提高了阻隔防爆材料最终的成炭量，使尼龙 6 阻隔防爆材料的热稳定性增强。

4. 效果与应用

氢氧化镁和微胶囊化红磷的质量比为3∶2时，两种阻燃剂间具有最佳的协同阻燃作用；阻燃剂总量为15%时，阻隔防爆材料的阻燃效果等级达到UL94 FV-0级别，并且阻隔防爆材料的力学性能优良；当加入1%的OMMT后，阻燃剂的总含量由15%降低至14%可保持阻燃级别为FV-0级，阻隔防爆材料的力学性能得到明显提升，同时降低了材料的整体生产成本。

无卤阻燃尼龙6主要可制备各种防火、防爆阻燃器材。

七、聚氨酯改性尼龙球磨机内衬的加工与应用

1. 原材料与配方（质量份）

尼龙（己内酰胺）	10	聚氨酯预聚体	15
相容剂	5~6	分散剂	5~10
其他助剂	适量		

2. 制备工艺及方法

（1）制备聚氨酯预聚体　首先将聚四亚甲基醚二醇（PTMG）加入三口瓶内，瓶内装有搅拌器、温度计，对其加温直到100℃，然后进行30min的真空脱水，接下来降温到70℃，并将计量好的甲苯二异氰酸酯（TDI）加入瓶内，让其在80℃下进行2h保温反应，取样本对预聚体NCO的质量分数进行分析，然后备用。

（2）制备聚氨酯改性尼龙共聚物　将己内酰胺称取好放入三口烧瓶中，在120℃下进行加热脱气直到产生明显气泡后备用；然后将聚氨酯预聚体加入部分脱气后的己内酰胺中，使其在100℃下反应1h后备用；将一定量氢氧化钠加入另一部分脱气后的己内酰胺中，设置温度在120~130℃、压力在10~15mmHg㊀下进行10~15min的减压蒸馏，将反应生成的水除去然后备用；将上述两步产物在130~140℃充分混合，然后将其迅速地浇注在事先预热的140℃模具中，在此温度下维持40min后进行冷却脱模，这样就得到了聚氨酯改性尼龙共聚物制品。

（3）制备聚氨酯改性尼龙球磨机内衬　在球磨机内壁上喷砂，将其上甲苯清洗后涂上底胶，保持在140℃下进行充分预热，参考（2）中相关步骤，进行聚氨酯改性尼龙内衬浇注的制备，制备好后将其浇注在充分预热的球磨机衬板模具内，并使其在卧式离心成型机上维持140℃，进行40min的离心成型，然后使其缓慢冷却到室温即可。

3. 性能

聚氨酯材料制作的球磨罐在磨损试验中，当温度大于60℃之后，磨损率快速上升，聚氨酯改性尼龙材料所制作的球磨罐在60℃内时磨损率与聚氨酯制作球磨罐基本上一样，即使在60℃以上时，磨损率虽然有升高，但是没有聚氨酯材料的上升明显，当温度在100℃以下时，其磨损率仅仅是聚氨酯材料的30%左右，由此能够得出结论：聚氨酯改性尼龙高温下耐磨性能显著好于聚氨酯。按照球磨机内衬材料配方制备好的聚氨酯改性尼龙球磨机内衬经过实际使用后，得出这样一个结果：当温度在80℃以上使用环

㊀ 1mmHg = 133.322Pa。

境中时，聚氨酯改性尼龙球磨机内衬与原来的聚氨酯内衬比较，其使用寿命得到了明显延长，设备连续生产能力及生产效率也有显著提高，具有非常好的实际使用效果。

4. 效果与应用

球磨机是一种粉碎设备，广泛应用于冶金、化工及电子等行业中，其内衬是设备使用过程中主要消耗的部件，以往高锰钢材料制造的球磨机噪声、能耗及磨损都较大，使用聚氨酯高分子材料生产的球磨机内衬则具有噪声小、能耗低及耐磨度高及使用周期长的特点，但是其耐温性能较差，不适合在80℃以上长期使用。浇注型尼龙在具备上述优点的同时，耐热性能好，但是脆性较大，因此使用聚氨酯对其进行改进，可增加其韧度。第一，将聚氨酯应用于改性浇注型尼龙中增韧，具有非常明显的增韧效果，增韧后尼龙产品冲击强度提高了3~4倍；第二，浇注型尼龙进行增韧时，使用了相对分子质量为2000的PTMG合成，并且将预聚体NCO的含量设定成4.0%，这种预聚体下增韧的浇注型尼龙的冲击强度有了显著增加，但是其拉伸强度并没有显著降低，预聚体黏度也比较适中，方便使用，而且预聚体用量在15%时，改性后产品显示出最大的冲击强度；第三，对制备好的产品经过耐温性试验，并结合有关用户使用经验得出：聚氨酯改性浇注型尼龙球磨机内衬能够在80℃以上的严苛环境中长期使用，与原本的聚氨酯内衬比较，其具有更长的使用寿命，这有效提升了设备的连续生产能力及生产效率，具有良好的实际使用效果，对其进行研究制备是非常必要的，设计及制造聚氨酯改性尼龙球磨机内衬过程中，注意控制好温度的设置及预聚体的添加量，注意观察制备过程中各种物质间的化学反应及产物，借助数学坐标系将相关物质间的反应关系记录展示出来。

八、MC尼龙棒材卧式离心浇注加工与应用

1. 原材料与配方（质量份）

己内酰胺	100	甲苯二异氰酸酯（TDI）	5~15
NaOH	适量	其他助剂	适量

2. 旋转棒的制备

（1）装模　按图2-12所示将两端盖安装固定在卧式离心机上，然后将组合模具与两端盖对齐，通过锁模电动机将模具锁紧并密封好，插入一个“7”字形的长柄漏斗，打开电源开关，将模具预热到160℃。

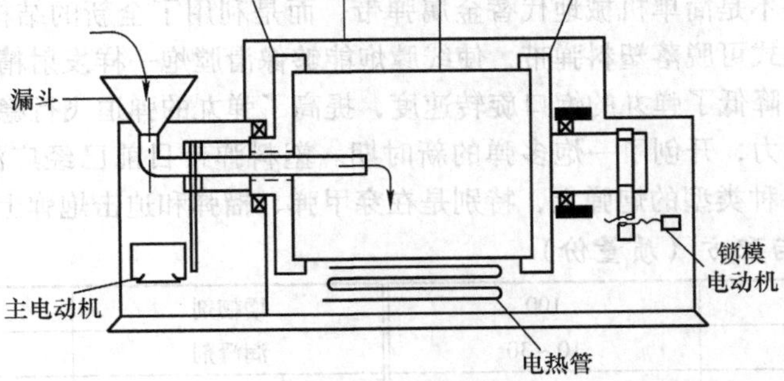

图2-12　卧式离心浇注系统结构示意图

（2）浇注 将己内酰胺加热熔融，在真空度大于0.01MPa和温度为110～130℃下，抽真空脱水一段时间，然后解除真空，加入定量的催化剂，继续抽真空脱水反应一段时间，解除真空，同时将离心机调到预定转速，加入添加剂和活化剂，搅拌均匀，浇注，恒温反应30min，自然冷却至室温，脱模，即得到MC尼龙旋转棒。

3. 性能

卧式离心浇注法生产的ϕ40mm含油MC尼龙旋转棒和静态浇注法生产的ϕ40mm含油MC尼龙棒的性能测试结果见表2-251。

表2-251 MC尼龙棒的性能

产品种类	硬度HSD	拉伸强度/MPa	断裂伸长率（%）	缺口冲击强度/$kJ \cdot m^{-2}$	弯曲强度/MPa
旋转MC棒	76～78	71.67	34.5	7.5	122.1
静态MC棒	75～78	76.2	10.8	7.6	125.2

由表2-251可见，与静态浇注法生产的ϕ40mm含油MC尼龙棒相比，旋转MC棒的硬度和缺口冲击强度差不多，拉伸强度和弯曲强度略低，而断裂伸长率明显增大，说明旋转MC棒的韧性有所改善。

4. 卧式离心浇注法的效益分析

与静态浇注法相比，卧式离心浇注法具有生产效率高、成品率高、水口少、质量好、效益好等优点。例如，按静态浇注法，一个ϕ40mm的模具每天只能生产2支ϕ40mm×300mm的MC尼龙棒；而用卧式离心浇注法，一个组合模具一次可生产38支ϕ40mm×1000mm的MC尼龙棒，而每个组合模具每天至少可生产两模，即总共76支ϕ40mm×1000mm的MC尼龙棒，效率提高80倍以上。

九、增韧耐磨尼龙弹带的加工与应用

1. 简介

弹带是弹丸的重要组成部分，主要起到闭气、定芯以及导转作用。早期的弹带均采用纯铜、铜合金、纯铁、铝以及铝合金等金属材料制造。随着兵器工业的发展以及武器装备性能的提高，金属材料弹带已不能满足现代化武器装备的需要。国内外相继开展了塑料弹带的研究，并于20世纪70年代开始广泛应用于各种新式炮弹上。目前，塑料弹带所用材料主要包括聚碳酸酯、尼龙66、尼龙12、聚乙烯、聚四氟乙烯等。

塑料弹带并不是简单机械地代替金属弹带，而是利用了全新的结构、材料和技术。目前研制的滑动式可脱落塑料弹带，使线膛炮能够像滑膛炮一样发射精度较高的各种尾翼稳定的炮弹，降低了弹丸的炮口旋转速度，提高了弹丸的弹道飞行稳定性，从而赋予线膛炮以新的动力，开创了一炮多弹的新时期。塑料弹带目前已经广泛应用于14.7～203mm口径的各种类型的炮弹上，特别是在穿甲弹、榴弹和迫击炮弹上应用甚广。

2. 原材料与配方（质量份）

尼龙66	100	增韧剂	5～25
无机填充剂	10～30	润滑剂	2～10
其他助剂	适量		

3. 制备方法

将原材料尼龙 66、增韧剂、无机填充剂、润滑剂 A、润滑剂 B 按一定比例混合均匀，在 250 ~ 280℃经挤出机挤出造粒，制备出增韧耐磨尼龙 66 粒料，待用。

将增韧耐磨尼龙 66 粒料在 100 ~ 110℃下干燥 8h，使用注射机注射成标准测试试样。

4. 性能与效果

1）所用无机填充剂对尼龙 66 材料有增强作用，但是当无机填充剂质量分数超过一定值（15%）后，无机填充剂对尼龙 66 材料的增强效果减弱。

2）所用增韧剂对改善尼龙 66 材料的韧性具有明显的作用，但是增韧剂质量分数超过 8%时会降低材料的弯曲强度和拉伸强度。

3）少量润滑剂 A 或润滑剂 B 对尼龙 66 材料的力学性能有一定的增强作用，对材料的摩擦性能均有明显的改善作用，为了实现更好的性价比，可以将润滑剂 A 与润滑剂 B 进行复配，以满足目标需要的摩擦性能。

4）靶场试验结果表明，塑料弹带要求材料强度与耐磨性能相匹配，增韧耐磨尼龙 66 材料的缺口冲击强度为 25kJ/m^2、摩擦因数为 0.25 时，可以满足弹带的使用功能要求。

十、尼龙放线滑轮的注射成型与应用

1. 简介

随着特高压建设的不断加快，为解决放线施工中的各种困难和挑战，作为主力施工机具的放线滑车和滑轮的形式不断出新。

（1）铸造铝合金轮　该轮硬度高于导线铝丝，在张力放线中对导线产生严重磨损，一般只适合用于人工放线。

（2）铸造铝合金挂胶轮　铸造铝合金与橡胶的亲和力较差，在使用过程中易脱胶，在橡胶磨损或脱胶的情况下会露出铸造铝合金基体，对导线产生损伤。

（3）MC 尼龙轮　因其强度高、耐磨性好、密度小、抗老化、加工工艺性好等优点被普遍应用在放线施工中。但 MC 尼龙轮的硬度高于橡胶，并且随着导线直径的增加，对放线质量的要求提高，已不能满足要求。

（4）MC 尼龙全挂胶轮　以 MC 尼龙轮为基础轮，在轮槽内全包挂一层橡胶，在满足强度和耐磨的同时，又保护了导线。其缺点是包胶在施工运输过程中易损坏，导致滑轮不能继续使用；随着轮径的加大，滑轮整体质量无法减小，导致整体滑车质量太大，施工不便；离心浇注工艺本身无法满足滑轮的轻型化结构要求，生产效率低、费用高。

（5）PA-M 尼龙注射半包胶轮　采用增强尼龙材料、注射成型工艺、半包胶技术完成。利用注射工艺的特点，可以设计形状复杂、壁薄的结构件，结构由多加强筋和减轻孔构成，质量大大减小。在满足强度高、耐磨性、保护导线的同时，具有密度小、包胶不易损坏、生产加工效率高、成本低、施工轻便等优点。

2. 原材料与配方（质量份）

尼龙 M（PA-M）	100	填料	10 ~ 20
偶联剂	0.5 ~ 1.0	润滑剂	3 ~ 5
其他助剂	适量		

3. 制备工艺

（1）滑轮的注射工艺　注射模具精度高、结构复杂、质量大，应能保证注射出合格的成品，收缩稳定后满足设计尺寸要求；模具本身轮片轴承孔做成镶块形式，轴承孔范围为$\phi140\sim\phi150$mm；模具寿命不低于20万模；模具流道设计布局合理，利于注射成型；保温控制良好。

（2）滑轮的半包胶工艺　注射尼龙放线滑轮实现对尼龙基体无加工，即不损伤尼龙轮本体，一次注射成型半包胶槽，由注射模具及工艺得以实现，从而减少了一道加工环节，保证轮体的整体强度不受影响。根据包胶槽形状研制专用胶圈模具，流变成型的胶圈冷粘在尼龙基体的包胶槽内，常温固化，保证黏结强度与质量，实现重复包胶。

4. 性能

对注射放线滑轮进行的性能试验主要包括载荷试验、滑轮侧壁受力试验、破坏试验、坠落试验、侧壁锤击试验、低温载荷试验等。

1）载荷试验是通过对被试验滑轮按工况分别施加100%、125%、300%额定载荷后，观察滑轮转动是否灵活，轮体是否有塑性变形、破坏现象，胶体是否有脱胶、开裂现象，以及变形量是否在允许范围内来判定滑轮是否合格。

2）滑轮侧壁受力试验是通过对被试验导线滑轮模拟过压接管保护套，分别施加100%、125%、300%额定载荷后，对相应滑轮轮槽侧壁产生挤压，观察滑轮侧壁弹性变形、回复情况，胶体是否有脱胶、开裂以及破坏现象来判定滑轮是否合格。

3）滑轮坠落试验，主要进行滑轮高空垂直坠落至水泥地面，观察其在不同高度坠落后的损坏情况。其目的考核其耐摔性能，考察材料的韧性。该试验分常温和低温两种情况，其中常温分别选取不同配方、不同后处理方式下的坠落试验。

4）滑轮侧壁锤击试验，主要考察轮缘侧壁耐冲击的性能。试验中，用15kg铁锤从不同高度自由坠落至平放水泥地面的滑轮轮缘侧壁，观察损坏情况。

5）滑轮低温载荷试验，试验重点考察其在1倍、1.25倍额载的承载能力及变形损坏情况，最后做破坏试验，观察其承载能力变化和破坏情况。试验选在我国东北地区，利用冬季的低温进行，低温速冻至-30℃，保持42h，直接做更恶劣的模拟过载荷接管保护套破坏试验。试验至200kN，轮体未破坏，只在压杆处产生两道白色的变形压痕，此时，轮体表面温度-7.6℃。

5. 适用范围

半包胶注射尼龙放线滑轮应用于架空输电线路人工或机械展放导线（含单轮滑车），各种规格采用半包胶方式，有效保护导线，延长滑轮有效使用寿命，可实现无损重复包胶；特别适于高山、高海拔和严寒地区；使用环境温度，最高60℃，最低-20℃。

第三章　聚碳酸酯（PC）

第一节　主要品种的性能

一、简介

（一）结构特征

聚碳酸酯（Polycarbonate，PC）是在分子主链中含有碳酸酯的高分子化合物的总称，对于二羟基化合物的线型结构的聚碳酸酯一般用如下通式表示：

$$\left[\mathrm{O{-}R{-}O{-}\overset{\displaystyle O}{\overset{\|}{C}}}\right]_n$$

式中，R 代表二羟基化合物 HO—R—OH 的母核，随着 R 基团的不同，可以分成脂肪族聚碳酸酯、脂肪-芳香族聚碳酸酯或芳香族聚碳酸酯。例如，当 R 为 $\left(CH_2\right)_m$ 时，结构式为 $\left[\mathrm{O}\left(CH_2\right)_m\mathrm{O{-}\overset{\displaystyle O}{\overset{\|}{C}}}\right]_n$，为脂肪族聚碳酸酯；当 R 为 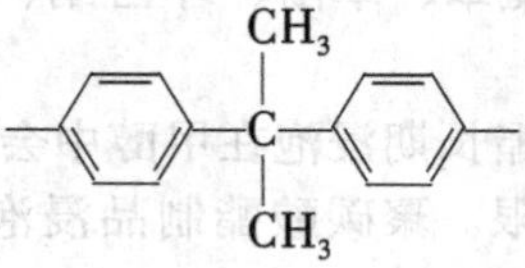 时，结构式为 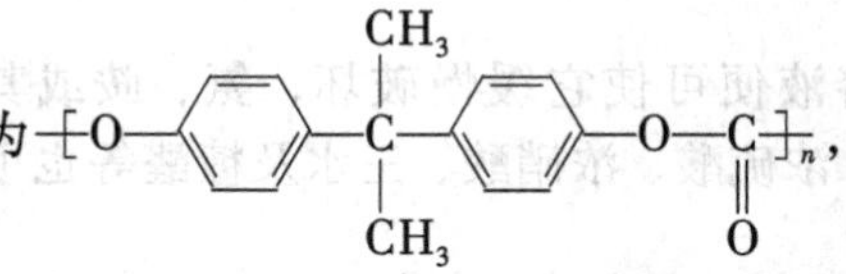，为芳香族聚碳酸酯；当脂肪族聚碳酸酯的主链中含有芳香环，为脂肪-芳香族聚碳酸酯。

脂肪族聚碳酸酯熔点低，溶解度高，亲水以及热稳定性差，机械强度低，不能作为工程塑料使用。脂肪-芳香族聚碳酸酯熔融温度虽然比脂肪族聚碳酸酯高，但由于其结晶趋势大、性脆、机械强度差，实用价值不大。真正有实用价值的是芳香族聚碳酸酯。从原料价格的低廉性、制品性能以及加工性能来考虑，能工业化生产的只有双酚 A 型芳香族聚碳酸酯。双酚 A 型聚碳酸酯是由双酚 A 和碳酰氯（光气）反应，或和碳酸二苯酯进行酯交换而得的。由于分子中含有强极性羰基（$>$C═O）及二氧基键（—O—R—O—），因而分子间作用力强，是力学性能和耐热性皆优的无定形热塑性工程塑料。

（二）主要性能

聚碳酸酯具有突出的冲击韧性、透明性和尺寸稳定性，优良的力学性能、电绝缘性，使用温度范围宽，还有良好的耐蠕变性、耐候性，低吸水性，无毒性，自熄性，是一种综合性能优良的工程塑料。

（1）物化性能　纯聚碳酸酯树脂是一种无定形、无味、无臭、无毒、透明的热塑性聚合物，相对分子质量一般在 2000 ~ 7000 范围内，相对密度为 1.18 ~ 1.20，玻璃化转变温度为 140 ~ 150℃，熔程为 220 ~ 230℃。

聚碳酸酯具有一定的耐化学腐蚀性。在常温下，它受下列化学试剂长期作用而不会溶解和引起性能变化：20% 盐酸、20% 硫酸、20% 硝酸、40% 氢氟酸、10% ~ 100% 甲酸、20% ~ 100% 乙酸、10% 碳酸钠水溶液、食盐水溶液、10% 重铬酸钾 + 10% 硫酸复合溶液、饱和溴化钾水溶液、30% 双氧水、脂肪烃、动植物油、乳酸、油酸、皂液及大多数醇类。但是，甲酸和乙酸对其有轻微侵蚀作用。

聚碳酸酯的耐油性优良，在天然汽油中浸泡 3 个月或在润滑油中 125℃ 下浸泡 3 个月，制品尺寸和质量基本无变化。当然，在常温高挥发性汽油中浸泡 1 个月后，其表面会受到轻微侵蚀。

由于聚碳酸酯的非结晶性，分子间堆砌不够致密，芳香烃、氯代烃类有机溶剂能使其溶胀或溶解，容易引起溶剂开裂现象。能使聚碳酸酯溶胀而不溶解的溶剂有四氯化碳、丙酮、苯、乙酸乙酯等。乙醚能使聚碳酸酯轻微溶胀。

虽不会引起明显降解但较易使聚碳酸酯溶解的溶剂有四氯乙烷、二氯甲烷、二氯乙烷、三氯甲烷、三氯乙烷、三氯乙烯、吡啶、四氢呋喃、三甲酚、噻吩、磷酸三甲酯等。温热的氯苯、苯酚、环己酮、N，N-二甲基甲酰胺和磷酸三甲苯酯等也有类似作用。

聚碳酸酯长期浸泡在甲醇中会引起结晶、降解并发脆，对乙醇、丁醛、樟脑油的耐蚀性也有限。聚碳酸酯制品浸泡在甲苯中可提高表面硬度，浸泡在二甲苯中则会发脆。

聚碳酸酯的耐碱性较差。稀的氢氧化钠水溶液便可使它缓慢破坏，氨、胺或其 10% 水溶液即可使它迅速皂化降解。此外，溴水、浓硫酸、浓硝酸、王水及糠醛等也可使它遭到破坏。

聚碳酸酯的吸水性小，不会影响制品的稳定性。但是，由于其分子链中有大量酯键的存在，不用说长期泡在沸水或饱和水蒸气中，就是长期处于高温高湿情况下也会引起水解、分子链断裂，最终出现制品开裂现象。

聚碳酸酯分子刚性较大，熔体黏度比普通热塑性树脂高得多，这使得其成型加工具有一定的特殊性，要按特定条件进行。

聚碳酸酯本身无自润滑性，与其他树脂相容性较差，也不适合于制造带金属嵌件的制品。

（2）结晶性　双酚 A 型聚碳酸酯大分子链较僵硬，结晶比较困难，一般多为无定形聚合物。但是，当相对分子质量较低时，还是有结晶的趋势。将无定形聚碳酸酯升温到 160℃ 以上，在没有空气的条件下长时间加热，便会逐步形成结晶。在 190℃ 下加热，结晶速度最快，其大分子链段在松弛状态下自由取向。若在其玻璃化转变温度以上进行拉伸，链段取向更快，结晶能力增大。当聚碳酸酯结晶时，其熔点升高，强度增加，伸长率下降，同时，其电绝缘性提高，溶解性和吸湿性减小。

（3）力学性能　聚碳酸酯的力学性能优良，尤为突出的是它的冲击强度和尺寸稳定性，在宽的温度范围内仍能保持较高的力学强度；其缺点是耐疲劳强度和耐磨性较差，较易产生应力开裂现象。

1）冲击强度。聚碳酸酯的冲击强度在通用工程塑料乃至所有热塑性塑料中都是很突出的，其数值与45%玻璃纤维增强聚酯（PET）相似。

2）耐蠕变性。聚碳酸酯的耐蠕变性在热塑性工程塑料中是相当好的，甚至优于尼龙和聚甲醛。因吸水而引起的尺寸变化和冷流变形均很小。这是其尺寸稳定性优良的重要标志。

在30MPa以内应力下对聚碳酸酯做蠕变试验表明，在最初300h内蠕变速度较快；随着时间继续延长，蠕变速度显著减缓；在室温下逐渐趋于恒定，而升温则会使蠕变加快和允许负荷减少。

3）疲劳强度。聚碳酸酯抵抗周期性应力循环往复作用的能力较差。

由于耐疲劳强度低，因此聚碳酸酯在长期负荷情况下所能允许的应力就比较小。

4）应力开裂性。聚碳酸酯制品的残留应力和应力开裂现象是个较为突出的问题。塑料的内应力主要是由于被强迫取向的大分子链间相互作用所造成的。

将聚碳酸酯的弯曲强度试样挠曲并放置一定时间，当挠曲应力超过其极限值时，便会发生微观撕裂现象。但是，如果聚碳酸酯制品在成型加工过程中因温度过高等原因而发生了分解老化，或者制品本身存在缺口或熔接焊缝等脆弱部分以及制品在化学气体中长期使用，那么发生微观撕裂的时间将会大大缩短，所能承受的极限应力值也将大幅度下降。

5）摩擦磨损性能。与其他大多数工程塑料相比，聚碳酸酯的摩擦因数较大，耐磨性较差。

聚碳酸酯的耐磨性比尼龙、聚甲醛、氯化聚醚及聚四氟乙烯等差，属于一种中等耐磨性材料。在耐摩擦热熔化时，极限 *pv*（压力和速度的乘积）值约为50MPa·cm/s。

尽管聚碳酸酯的耐磨性较差，但比金属的耐磨性还是要好得多。例如，用聚碳酸酯做轴，分别用锌合金和黄铜做轴套，两者配合后分别以6000r/min和3500r/min转速运转30h后，磨损量比值分别为1:5和1:3。

在聚碳酸酯树脂中加入某些填料（或纤维）可以改善其耐磨性。若加入微粉状聚四氟乙烯，便可降低其摩擦因数和磨损量，提高其 *pv* 值；加入玻璃纤维也可提高 *pv* 值，降低其磨损量。

（4）热性能　在通用工程塑料中，聚碳酸酯的耐热性还算是较好的，其热分解温度（T_d）在300℃以上，长期工作温度可高达120℃。同时，它又具有良好的耐寒性，脆化温度（T_c）低达－100℃；其长期使用温度范围为－60～120℃。

（5）电性能　聚碳酸酯的分子极性小、玻璃化转变温度高、吸水性低，因此具有优良的电绝缘性能。

聚碳酸酯的体积电阻率受温度的影响较大。当温度＜－40℃时，其体积电阻率比常温时的稍小；当温度在－40～0℃范围，体积电阻率达到最大值（约$10^{17}\Omega\cdot cm$）；当温度由常温逐渐上升到其玻璃化转变温度 T_g（150℃）时，体积电阻率逐渐下降但较缓慢；当温度 > T_g 时，随温度的升高，其体积电阻率显著下降。

聚碳酸酯的相对介电常数随电场频率的增大而缓慢降低，而介电损耗角正切值则逐渐升高；但电场频率升到 10^7Hz 时，介电损耗角正切值似乎达到最大值，其后又开始缓慢下降。

（6）吸水性　聚碳酸酯大分子链上堆砌了大量的苯环，且极性低，其吸水性在通用工程塑料甚至所有热塑性塑料中都是较小的。

聚碳酸酯的吸湿（水）性较小，一般都不会影响其制品的尺寸和形状稳定性。即使在较苛刻的条件下（如 RH100%、60℃），聚碳酸酯制品的长度变化为 0.035%，质量增加只有 0.36% ~0.40%。聚碳酸酯模塑收缩率一般仅为 0.5% ~0.8%。因此，它适合于用来制造精密制品。

（7）耐老化性和耐燃性

1）耐老化性。聚合物及其制品在其所处的热、光、风、雨、雪、氧、臭氧等环境条件下性能随着时间的推移会逐渐变坏。不同聚合物抵抗环境因素使其变坏的能力是不同的。

聚碳酸酯抵抗气候因素使其性能下降的能力极强。将厚 1.3mm 的薄板置于耐候试验机中，在相当于户外恶劣环境条件下历时 1 年，经测试发现其力学性能基本不变。即使把聚碳酸酯试片放于日光、雨水、气温等都激烈变化的户外环境中曝露 3 年，其颜色虽稍变黄，但屈服强度却没有明显下降。

聚碳酸酯的耐热老化性能也相当好，若将聚碳酸酯薄膜放置在空气中长时间加热，其性能变化很小。如在 140℃空气中长时间加热，聚碳酸酯的拉伸强度不但未降低，反而还略有提高，仅伸长率有所下降。即使在 160℃空气中加热 48 天，其拉伸强度也只降低了 18% 左右。

2）耐燃性。聚碳酸酯是可燃的，在火中燃烧时，火焰呈淡黄色，冒黑烟；但其极限氧指数仅 25%，离开火源后立即自动熄灭。若在基体树脂中加入某些阻燃性物质如卤化物、三氧化二锑、氢氧化镁、磷酸酯和红磷等，便可提高其阻燃性。若用四溴双酚 A 代替普通双酚 A 制成含卤素的聚碳酸酯，那么其耐燃性就会被大大提高，即使在火源中也不会燃烧。

（8）光学性能　聚碳酸酯是非结晶性物质，纯净聚碳酸酯无色、透明，具有良好的透过可见光的能力。其透光率与光线的波长、制件厚度有关。2mm 厚的薄板可见光透过率可达 90%；但不能透过 290×10^{-3}nm 以下的短波光线。

与其他透明高聚物一样，聚碳酸酯在单向拉伸时，由于分子被强迫取向而产生各向异性，同时贮积了内应力，这时便会出现光线的双折射现象。基于这种光学性质，可用偏振光检查出制品中内应力的大小。

聚碳酸酯对红外光、可见光和紫外光等低能长波光线的作用一般都有良好的稳定性。但是，当受波长 290nm 附近的紫外光作用时，会发生光氧化反应而逐渐老化。老化先从表面变黄开始，由于分子主链的断裂，相对分子质量降低，力学性能下降，最终发生龟裂现象。因此，通常需要加入紫外线吸收剂以提高其防老化性能。

总之，聚碳酸酯的主要原料是双酚 A。树脂的特性：透明度高（透光率为 85% ~ 90%），冲击强度高，拉伸强度、弯曲强度与尼龙、聚甲醛接近，马丁耐热温度高达 116 ~ 125℃。聚碳酸酯使用温度范围广（从 -60 ~ 130℃），吸水性低，成型收缩率小，因而尺寸稳定，还有良好的耐化学性、耐候性和易染色。但聚碳酸酯的耐疲劳强度低，耐应力开裂差，对缺口敏感，若用共混、增强及退火等方法处理，则可改善。

聚碳酸酯可用于制备要求冲击强度高的机械零件，如防护罩、齿轮、螺杆等。玻璃纤维增强的聚碳酸酯有似金属特性，可代替铜、锌、铝等压铸件，又可制电子电器的绝缘件、电动工具外壳、精密仪表零件、高频头，与聚烯烃共混，可制安全帽、纬纱管、餐具，与 ABS 共混适合制高刚度、高冲击韧性的制件，如泵叶轮、汽车部件等。也有含有发泡剂的树脂，这种用低发泡注射成型所得的制品可代替木材。

聚碳酸酯（PC）的合成方法有光气法和酯交换法，其性能见表 3-1。

表 3-1 PC 的性能

项目	光气法				酯交换法
	JTG-1	JTG-2	JTG-3	JTG-4	
外观	微黄	透明	颗粒	—	无色或微黄颗粒
平均相对分子质量（$\times 10^4$）	2.6 ±0.2	3 ±0.2	3.5 ±0.3	3.8 以上	—
透光率（%）	50 ~ 70	50 ~ 70	50 ~ 70	50 ~ 70	—
热降解率（%）	10 ~ 15	10 ~ 15	13 ~ 18	13 ~ 18	10 ~ 20
拉伸强度/MPa	60.8	60.8	60.8	60.8	60
断裂伸长率（%）	80	80	80	80	70
弯曲强度/MPa	88.3	88.3	88.3	88.3	95
悬臂梁缺口冲击强度/（kJ/m^2）	44.1	44.1	54	54	44.1
马丁耐热温度/℃	110	110	115	115	126
体积电阻率/Ω · cm	1×10^{13}	1×10^{13}	1×10^{13}	1×10^{13}	5×10^{13}
介电强度/（kV/mm）	—	—	—	—	16
介电常数（1MHz）	—	—	—	—	2.7 ~ 3.0
介电损耗角正切值（1MHz）	1.0×10^{-2}	1.0×10^{-2}	1.0×10^{-2}	1.0×10^{-2}	1.0×10^{-2}

韩国、日本、美国、德国部分公司生产的 PC 见表 3-2。

（三）应用

聚碳酸酯的综合性能优良，已得到广泛应用。长期以来，聚碳酸酯主要用于高透明性及高冲击强度的领域，作为光学材料光盘用材是聚碳酸酯的主要用途之一。

在电子电器产品方面，聚碳酸酯及其合金可用于家用电器、通用通信设备、照明设备等零部件，可用于吸尘器、洗衣机、淋浴器等，也可用于制造各种元件、大型线圈轴架、电动制品、电器开关、电动工具外壳等。

表3-2　韩国、日本、美国、德国部分公司生产的PC

生产厂家	商品名称	通用		中高黏度		纱管	阻燃	玻璃纤维增强	
韩国三养社	TRIREX	3022IR	3025IR	3027R	30301-MI	3030A	3025N1	3025G15	3500G20
日本三菱化成	NOVAREX	7022IR	7025IR	7027IR	7030I	7030A	7025NB	7025G15	7025G20
日本帝人化成	PANLITE	L-1225Y	L-1250Y	L-1285	K-1300	—	LN-1250	G-3115(V-2) GN-3115	G-3120(V-2) GN-3120
日本三菱瓦斯	IUPILON	S3000	S2000	S1000	E2000	E2003	N-3	GS-2015M	GS-2020M
日本出光石油化学	TOUFLON	IR2200	IR2500	IR2700	IR3000	N3000	NB2500	G-2515(V-2) GNB-2515	G-2520(V-2)
美国陶氏化学	CALIBRE	301-15	301-10	300-10	300-6	—	800-10	—	XZ94202
美国通用电气	LEXAN	121R	121R	141R	101	ML4751	ML1848	LGN15	3412 LNG2000
德国拜耳	MAKROLON	2045	2605	2805	3105	3109	6030	8315(V-2)	—

二、国内聚碳酸酯主要品种的性能

1. 上海中联化工厂的酯交换法 PC 的性能（表 3-3）

表 3-3　上海中联化工厂酯交换法 PC 的性能

项目		T1230	T1260	T1290	TE 型	TG2610
拉伸断裂强度/MPa		58	58	58	≥57	80
断裂伸长率(%)		70～120	70～120	70～120	70	—
弯曲强度/MPa		91	91	91	—	100
弯曲模量/GPa		1.6	1.7	1.7	—	3.5
冲击强度/(kJ/m^2)	缺口	45	50	50	≥50	7～10
	无缺口	不断	不断	不断	—	40
布氏硬度 HBW		95	95	95	—	100
热变形温度/℃		126～135	126～135	126～135	≥120	129～138
成型收缩率(%)		0.5～0.8	0.5～0.8	0.5～0.8	—	0.3～0.5
长期使用温度/℃		-60～120	-60～120	-60～120	—	220～230
线胀系数/($\times10^{-5}K^{-1}$)		5～7	5～7	5～7	—	4～5
耐电弧性/s		10～120	10～120	10～120	—	10～120
介电强度/(kV/mm)		18～22	18～22	18～22	—	18～22
体积电阻率/Ω·cm		5×10^{16}	5×10^{16}	5×10^{16}	—	5×10^{16}
相对介电常数(1MHz)		2.8～3.1	2.8～3.1	2.8～3.1	—	3.0～3.3
介电损耗角正切值(1MHz)		1×10^{-2}	1×10^{-2}	1×10^{-2}	—	1×10^{-2}

项目		TG2620	TG2630	TG2620S 型	TX1005
拉伸断裂强度/MPa		100	110	≥100	50
断裂伸长率(%)		—	—	—	60～120
弯曲强度/MPa		130	150	—	90
弯曲模量/GPa		4.0	5.0	—	—
冲击强度/(kJ/m^2)	缺口	10～17	10～17	≥10	60
	无缺口	50	50	—	不断
布氏硬度 HBW		110	110	—	90
热变形温度/℃		135～145	135～150	≥138	115～125
成型收缩率(%)		0.2～0.4	0.1～0.3	—	0.5～0.8
长期使用温度/℃		220～230	220～230	—	—
线胀系数/($\times10^{-5}K^{-1}$)		3～4	2～3	—	5～7
耐电弧性/s		10～120	10～120	—	10～120
介电强度/(kV/mm)		18～22	18～22	—	18～22
体积电阻率/Ω·cm		5×10^{16}	5×10^{16}	$\geq5\times10^{15}$	5×10^{16}
相对介电常数(1MHz)		3.0～3.3	3.0～3.3	3.2～3.6	2.8～3.1
介电损耗角正切值(1MHz)		1×10^{-2}	1×10^{-2}	$\leq1.2\times10^{-2}$	1×10^{-2}

2. 江苏五矿常州农药厂光气法PC的性能（表3-4）

表3-4　江苏五矿常州农药厂光气法PC的性能

项　　目		优级品	一级品	合格品
杂质含量(%)	≤	3	5	10
溶液色差	≤	5	8	11
热降解率(%)	≤	10	10	15
缺口冲击强度/(kJ/m²)	≥	56.5	—	—
拉伸强度/MPa	≥	64	—	—
断裂伸长率(%)	≤	85	—	—
弯曲屈服强度/MPa	≥	93	—	—
热变形温度/℃	≥	126	—	—
体积电阻率/Ω·cm	≥	1×10^{13}	—	—
介电强度/(kV/mm)	≥	16	—	—
相对介电常数(1MHz)	≥	2.7~3.0	—	—
介电损耗角正切值(1MHz)	≤	1×10^{-2}	—	—

3. 天津有机化工二厂的光气法PC的性能（表3-5）

表3-5　天津有机化工二厂光气法PC的性能

项　　目		JTG-1		JTG-2		JTG-3		JTG-4	
		一级品	二级品	一级品	二级品	一级品	二级品	一级品	二级品
外观		微黄透明颗粒							
透光率(%)	≥	70	50	70	50	70	50	70	50
热降解率(%)	≤	10	15	10	15	13	18	13	18
马丁耐热温度/℃	≥	110	110	110	110	115	115	115	115
冲击强度/(kJ/m)(缺口)	≥	0.45	0.45	0.45	0.45	0.55	0.55	0.55	0.55
拉伸强度/MPa	≥	62	62	62	62	62	62	62	62
断裂伸长率(%)	≤	80	80	80	80	80	80	80	80
弯曲强度/MPa	≥	90	90	90	90	90	90	90	90
体积电阻率/($\times10^{15}$Ω·cm)	>	1.0	1.0	1.0	1.0	1.0	1.0	1.0	1.0
介电损耗角正切值(1MHz)	≤	1×10^{-2}	1×10^{-2}	1×10^{-2}	1×10^{-2}	1×10^{-2}	1×10^{-2}	1×10^{-2}	1×10^{-2}

4. 成都有机硅研究中心的改性PC性能（表3-6）

表3-6　成都有机硅研究中心的改性PC性能

项　　目		阻燃级	增强级	项　　目	阻燃级	增强级
拉伸强度/MPa		60	110	燃烧性(UL94)	V-0	—
断裂伸长率(%)		15	10	体积电阻率/Ω·cm	10^{16}	10^{13}
弯曲强度/MPa		95	150	表面电阻率/Ω	10^{14}	—
冲击强度/(kJ/m²)	缺口	15	12	介电常数	3.0	3.2
	无缺口	27	56	介电损耗角正切值	1×10^{-3}	1×10^{-3}
热变形温度/℃		135	140	介电强度/(kV/mm)	17	23

5. 香港毅兴行工程塑料公司的玻璃纤维增强与阻燃PC的性能（表3-7）

表3-7　香港毅兴行工程塑料公司玻璃纤维增强与阻燃PC的性能

项　目	ASTM标准	玻璃纤维增强级			阻燃玻璃纤维增强	
		SCA-G22-E0284	SCA-G41-E0257	SCA-G61-E0259	SCA-G40-E0256	SCA-G60-E0267
热变形温度(0.45MPa)/℃	D648	145	150	152	150	155
拉伸强度/MPa	D638	65	80	100	75	92
屈服伸长率(%)	D638	9.5	9.0	8.0	9.5	7.5
断裂伸长率(%)	D638	11	10.5	9.0	10.5	8.0
弯曲强度/MPa	D790	100	125	150	125	145
弯曲模量/MPa	D790	3500	5500	6500	5450	6000
悬臂梁缺口冲击强度/(J/m)	D256	90	100	100	90	80
燃烧性(UL94)	—	V-2	V-1	V-1	V-0	V-0

6. 台湾南亚塑胶公司的改性PC的性能（表3-8）

表3-8　台湾南亚塑胶公司的改性PC的性能

项　目	ASTM标准	5210G2	5210G4	5210G6	5310
密度/(g/cm³)	D792	1.25	1.33	1.43	1.22
吸水性(%)	D570	0.16	0.13	0.11	0.23
成型收缩率(3mm)(%)	—	0.2~0.5	0.2~0.5	0.2~0.5	0.5~0.7
拉伸屈服强度/MPa	D638	70	110	130	63
弯曲模量/MPa	D790	3500	5500	7500	2300
缺口冲击强度(3.2mm)/(kJ/m²)	D256	0.1	0.12	0.12	0.8
热变形温度(1.82MPa)/℃	D648	142	145	145	135
介电强度/(kV/mm)	D149	18	18	18	18
阻燃性(UL94)	—	—	—	—	V-0

项　目	ASTM标准	5410G2	5410G4	5410G6	5500ZA	5512
密度/(g/cm³)	D792	1.25	1.33	1.43	1.25	1.17
吸水性(%)	D570	0.16	0.13	0.12	0.16	—
成型收缩率(3mm)(%)	—	0.2~0.5	0.2~0.5	0.2~0.5	0.3~0.6	0.2~0.7
拉伸屈服强度/MPa	D638	70	110	130	68	56
弯曲模量/MPa	D790	3500	5500	7500	2600	2400
缺口冲击强度(3.2mm)/(kJ/m²)	D256	0.10	0.12	0.12	0.15	0.8
热变形温度(1.82MPa)/℃	D648	142	145	145	120	95
介电强度/(kV/mm)	D149	20	20	20	18	
阻燃性(UL94)	—	V-0	V-0	V-0	—	—

三、国外聚碳酸酯主要品种的性能

1. 美国陶氏化学公司的 Calibre PC 的性能（表 3-9）

表 3-9　美国陶氏化学公司的 Calibre PC 的性能

牌号	熔体质量流动速率 /(g/10min)	密度 /(g/cm³)	拉伸屈服强度 /MPa	屈服伸长率 (%)	弯曲模量 /GPa	悬臂梁缺口冲击强度 /(J/m)	热变形温度/℃ 0.44 MPa	热变形温度/℃ 1.82 MPa	燃烧性 (UL94)
200-4	4	1.2	62	7.0	2.4	959	—	132	V-2
200-6	6	1.2	61.5	7.0	2.4	906	—	130	V-2
200-10	10	1.2	62	7.0	2.4	906	—	263	V-2
200-15	15	1.2	63	7.0	2.4	853	—	127	V-2
200-22	22	1.2	62	7.0	2.4	746	—	126	V-2
300-4	4	1.2	62	7.0	2.4	959	—	132	V-2
300-6	6	1.2	61.5	7.0	2.4	906	—	130	V-2
300-10	10	1.2	62	7.0	2.4	906	—	120	V-2
300-15	15	1.2	63	7.0	2.4	853	—	127	V-2
300-22	22	1.2	62	7.0	2.4	746	—	126	V-2
302-6	6	1.2	61	7.0	2.4	906	—	132	V-2
302-10	10	1.2	61	7.0	2.4	906	—	129	V-2
302-15	15	1.2	62	7.0	2.4	853	—	127	V-2
510	—	1.27	59	3.5	3.2	107	300	140	V-0
550	—	1.27	66	3.5	3.7	214	300	140	V-0
700-4	4	1.2	61.5	7.0	2.4	959	—	132	V-0
700-6	6	1.2	61.5	7.0	2.4	906	—	130	V-0
700-10	10	1.2	60.5	7	2.4	906	—	129	V-0
700-15	15	1.2	60.5	7	2.4	853	—	127	V-0
800-4	4	1.21	60	6.5	2.5	640	—	131	V-0
800-6	6	1.21	60	6.5	2.5	640	—	131	V-0
800-10	10	1.21	60	6.5	2.5	640	—	131	V-0
800-15	15	1.21	60.5	6.5	2.5	640	—	131	V-0
2060-4	4	1.20	62	7.0	2.4	959	—	132	V-2
2060-6	6	1.20	61.5	7.0	2.4	906	—	130	V-2
2060-10	10	1.20	62	7.0	2.4	906	—	129	V-2
2060-15	15	1.20	63	7.0	2.4	853	—	127	V-2
2060-22	22	1.20	62	7.0	2.4	14	—	126	V-2
2080-4	4	1.20	62	7.0	2.4	959	—	127	—
2080-6	6	1.20	61.5	7.0	2.4	906	—	130	V-2
2080-10	10	1.20	62	7.0	2.4	906	—	129	V-2
2080-15	15	1.20	61	6.4	2.4	853	—	139	V-2
XU73402.00	—	1.20	62	—	—	746	—	139	V-2
XU73405.00	—	1.20	63	—	—	373	—	157	V-1

2. 美国通用电器塑料公司的 Lexan PC 的性能（表 3-10）

表 3-10 美国通用电器塑料公司的 Lexan PC 的性能

系列	牌号	密度/(g/cm³)	吸水率(%)	成型收缩率(%)	透光率(%)	热变形温度/℃ 0.45MPa	热变形温度/℃ 1.84MPa	线胀系数/(×10⁻⁵K⁻¹)	燃烧性(UL94)	拉伸屈服强度/MPa
超低黏度	HF1110 HF1130	1.2	0.15	5~7	86	138	133	7	V-2	63
一般规格	1×× 2××	1.2	0.15	5~7	87	139	135	7	V-2	63
玻璃纤维增强	3412	1.35	0.16	2~3	—	149	146	2.3~5.3	V-1	110
	3413	1.43	0.14	1.5~2.5	—	151	146	2.2~5.0	V-1	130
	3414	1.52	0.12	1~2	—	154	146	1.8~4.0	V-1	160
阻燃	920 系列 940 系列 950 系列	1.21	0.15	5~7	85	138	132	7	V-0	63
玻璃纤维增强阻燃	500 系列	1.25	0.12	3~4	—	146	142	4.5	V-0	67
	LGN1500	1.30	0.14	2.5~3.5	—	149	146	3.5	V-0	89
	LGN2000	1.35	0.16	2~3	—	149	146	3.0	V-0	110
	LGN3000	1.40	0.18	1.5~2.5	—	151	146	2.5	V-0	130
高刚性阻燃	LGK3020	1.43	0.13	1.5~2.5	—	—	146	3.5	V-0	120
	LGK4000	1.52	0.12	2.5~3.0	—	—	142	3.0	V-0	72
	LGK4030	1.52	0.12	1.5~2.0	—	—	146	2.7	V-0	140
耐候	LS_1 LS_2 L	1.2	0.15	5~7	89	138	132	7	—	63
耐蒸气	SR1000 SR1000R SR1400 SR1400R	1.2	0.15	5~7	86	139	135	7	V-2	63

（续）

系　列	牌号	密度/(g/cm³)	吸水率(%)	成型收缩率(%)	透光率(%)	热变形温度/℃		线胀系数/(×$10^{-5}K^{-1}$)	燃烧性(UL94)	拉伸屈服强度/MPa
						0.45MPa	1.84MPa			
导电、阻燃	LC108	1.23	—	2.0~4.0	—	—	141	3~5	V-0	95
	LC112	1.24	—	2.0~3.0	—	—	141	2~4	V-0	110
	LC120	1.28	—	1.5~2.5	—	—	141	1~3	V-0	150
	LCG2007	1.32	0.12	2.0~2.5	—	—	146	1~3	V-0	150
耐磨阻燃	LF1000	1.26	0.15	5~7	—	—	138	7	V-0	63
	LF1010	1.33	0.12	3~4	—	—	142	4	V-0	67
	LF1030	1.52	0.14	1.5~2.5	—	—	146	2.5	V-0	120
	LF1510	1.36	0.12	3~4	—	—	142	4	V-0	67
	LF1520	1.46	0.16	2~3	—	—	146	3	V-0	100
	LF1530	1.55	0.12	1.5~2.5	—	—	146	2.5	V-0	120
中空成型	EBL9001	—	—	—	—	—	132	—	—	63
	EBL2061	—	—	—	—	—	132	—	V-2	60
耐高温	PPC4501	1.2	0.16	7~8	85	160	152	9.2	V-2	66
	PPC4701	1.2	0.19	8~10	85	174	163	8.1	HB	66
CD光盘用	OQ1020L	1.2	—	5~7	90	—	120	—	—	64
	OQ1010	1.2	—	5~7	90	—	132	—	V-2	63
	OQ2220	1.2	—	5~7	89	—	129	—	V-2	62
	OQ2320	1.2	—	5~7	89	—	132	—	V-2	62
	OQ2720	1.2	—	5~7	89	—	132	—	V-2	62
计算机、办公用	BE1130	1.2	—	6~8	—	—	110	—	V-0	62
	EB2130	1.2	—	6~8	—	—	110	—	V-0	55

（续）

系　列	牌号	伸长率(%)		弯曲强度/MPa	弯曲模量GPa	悬臂梁缺口冲击强度/(J/m)	相对介电常数		介电损耗角正切值/(×10⁻³)		体积电阻率/Ω·cm
		屈服	断裂				60Hz	1Mz	60Hz	1Mz	
超低黏度	HF110 FH1130	6~8	110	94	2.4	750	3.2	3.0	0.9	10	10^{16}
玻璃纤维增强	3412	—	4~6	130	5.6	110	3.2	3.1	0.9	1.1	10^{16}
	3413	—	3~5	160	7.7	110	3.3	3.3	1.1	0.7	10^{16}
	3414	—	3~4	180	9.8	140	3.5	3.4	1.3	0.67	10^{16}
阻燃	920 系列 940 系列 950 系列	6~8	90	92	2.3	650	3.0	3.0	0.9	10	10^{16}
玻璃纤维增强阻燃	500 系列	8~9	10~20	105	3.5	110	3.1	3.1	0.8	7.5	10^{16}
	LGN1500	—	4~6	118	4.6	110	3.2	3.1	0.9	7.3	10^{16}
	LGN2000	—	4~6	130	5.6	110	3.2	3.1	0.9	7.3	10^{16}
	LGN3000	—	3~5	160	7.7	110	3.3	3.3	1.1	7.0	10^{16}
高刚性阻燃	LGK3020	—	3~5	150	6.7	110	3.3	—	1.1	—	10^{16}
	LGK4000	—	8	120	7.3	50	—	—	—	—	—
	LGK4030	—	3~5	170	8.6	110	3.5	—	1.3	—	10^{16}
耐候	LS_1 LS_2 L	6~8	100	95	2.4	870	3.2	3.0	0.9	10	10^{16}
耐蒸气	SR1000 SR100R SR1400 SR1400R	6~8	110	94	2.4	650~870	3.2	3.0	0.9	10	10^{16}

（续）

系　列	牌号	伸长率(%)		弯曲强度/MPa	弯曲模量 GPa	悬臂梁缺口冲击强度/(J/m)	相对介电常数		介电损耗角正切值/($\times10^{-3}$)		体积电阻率/Ω·cm
		屈服	断裂				60Hz	1Mz	60Hz	1Mz	
导电、阻燃	LC108	—	—	140	5.5	80	—	—	—	—	$10^{4\sim6}$
	LC112	—	—	165	7.0	80	—	—	—	—	$10^{1\sim2}$
	LC120	—	3～5	220	10	80	—	—	—	—	$10^{1\sim2}$
	LCG2007	—	5～7	180	12	80	—	—	—	—	$10^{1\sim3}$
耐磨阻燃	LF1000	—	90	94	2～4	200	—	—	—	—	10^{16}
	LF1010	—	10～20	105	3.5	150	—	—	—	—	10^{16}
	LF1030	—	3～5	160	7.7	110	—	—	—	—	10^{16}
	LF1510	—	10～20	105	3.5	150	—	—	—	—	10^{16}
	LF1520	—	4～6	130	5.6	110	—	—	—	—	10^{16}
	LF1530	—	3～5	160	7.7	110	—	—	—	—	10^{16}
中空成型	EBL9001	—	—	—	2.4	650	—	—	—	—	—
	EBL2061	—	—	—	2.4	840	—	—	—	—	—
耐高温	PPC4501	—	122	96	2.0	540	—	—	1.2	24	—
	PPC4701	—	78	97	2.3	540	—	—	1.6	26	—
CD光盘、光学用	OQ1020L	—	40	—	2.1	210	—	—	—	—	—
	OQ1010	—	40～80	98	2.2	—	—	—	—	—	—
	OQ2220	—	125	98	—	—	—	—	—	—	—
	OQ2320	—	130	98	2.4	—	—	—	—	—	—
	OQ2720	—	135	98	2.4	—	—	—	—	—	—
计算机、办公用	BE1130	—	—	93	2.2	640	—	—	—	—	—
	EB2130	—	—	93	2.2	270	—	—	—	—	—

3. 日本工程塑料公司的 PC 的性能（表 3-11）

表 3-11　日本工程塑料公司的 PC 的性能

项　　目		ASTM 标准	100~140	500	900	2014	3412	3413	3414	LGN1500	IX_1	LS
密度/(g/cm^3)		D792	1.2	1.25	1.21	1.24	1.35	1.43	1.52	1.30	1.20	1.20
吸水率(%)		D570	0.15	0.12	0.15	0.15	—	—		0.14	—	—
拉伸屈服强度/MPa		D638	61.8	65.7	61.8	61.8	110	130	160	87.3	63	63
屈服伸长率(%)		D638	110	10~20	90	110	4~6	3~5	3~5	4~6	110	110
弯曲强度/MPa		D790	92.2	103	90.2	92.2	130	160	180	116	94	95
弯曲模量/GPa		D790	23.5	34.3	22.6	23.5	5.6	7.7	9.8	45.1	2.4	2.4
悬臂梁缺口冲击强度/(J/m)		D256	637~853	196	637	637	110	110	140	108	650~870	870
洛氏硬度 HRM		D785	70	85	70	74	91	92	93	88	70	70
热变形温度/℃	0.45MPa	D648	138~140	146	138	143	149	151	154	149	139	138
	1.82MPa	D648	132~138	142	132	132	146	146	146	146	136	132
线胀系数/($\times10^{-5}K^{-1}$)		D696	7	4	7	7	—	—	—	3.5	—	—
燃烧性(UL94)		—	V-2	V-0	V-0	V-0	V-1	V-1	V-1	V-0	V-2	—
体积电阻率/Ω·cm		D257	10^{16}	10^{16}	10^{16}	10^{16}	—	—	—	10^{16}	—	—
介电强度/(kV/mm)		D149	16	17.7	16.7	15	—	—	—	18.5	—	—
耐电弧性/s		D495	120	120	120	120	120	120	120	120	120	120
相对介电常数(60Hz)		D150	3.2	3.1	3.0	3.2	3.2	3.3	3.5	3.2	3.2	3.2
介电损耗角正切值(60Hz)		D150	9×10^{-4}	9×10^{-4}	9×10^{-4}	9×10^{-4}	—	—	—	—	9×10^{-4}	—
成型收缩率(%)		D955	0.5~0.7	0.3~0.4	0.5~0.7	0.5~0.7	0.2~0.3	0.15~0.25	0.1~0.2	0.25~0.35	0.5~0.7	0.5~0.7

4. 日本出光（Idemistu）石油化学公司的 Touflon PC 的性能（表3-12）

表3-12　日本出光石油化学公司的 Touflon PC 的性能

项目	ASTM标准	A2200	A2500	A2700	A3000	AL-0010	AL-0020	G2510	G2520	G2530	GL1010	GL3010	GNB2510	GNB2520	GNB2530
密度/(g/cm^3)	D792	1.20	1.20	1.20	1.20	1.25	1.31	1.27	1.30	1.43	1.33	1.51	1.28	1.35	1.44
吸水率（水中24h，23℃）(%)	D570	0.22～0.24	0.22～0.24	0.22～0.24	0.22～0.24	0.20	0.18	0.15	0.13	0.11	0.14	0.10	0.15	0.15	0.11
透光率(3mm厚)(%)	D1003	85～89	85～89	85～89	85～89	不透明	不透明	不透明	不透明	不透明	不透明	不透明	不透明	不透明	不透明
拉伸强度/MPa	D638	65～85	65～85	65～85	65～85	53	49	70～80	90～110	100～130	66	130	72	105	125
断裂伸长率(%)	D638	90～140	90～140	90～140	90～140	90	70	4～6	3～5	3～4	6	4	4～6	5～7	3～4
冲击强度（悬臂梁缺口，3.2mm）/(kJ/m^2)	D256	40	40	40	40	8.9	7.1	4.5	6.0	6.5	5.3	8.0	4.5	6.0	6.5
洛氏硬度 HRM	D785	75～85	75～85	75～85	75～85	80	75	85～90	90～95	80～95	86	92	85～90	90	90～95
线变形温度/℃	D648	134～135	134～135	134～135	134～135	135	135	139～147	140～147	142～150	147	153	145～150	147	147～152
线胀系数/($\times 10^{-5}K^{-1}$)	D696	6.0～6.5	6.0～6.5	6.0～6.5	6.0～6.5	6.3	6.3	4.5	2.5	2.3	4.5	2.2	4.5	2.8	2.3
成型收缩率(%)	D955	0.5～0.7	0.5～0.7	0.5～0.7	0.5～0.7	0.3～0.5	0.3～0.5	0.3～0.5	0.2～0.4	0.1～0.3	0.3～0.5	0.1～0.3	0.3～0.5	0.1～0.3	0.1～0.3
燃烧性(1.47mm厚，UL94)	—	V-2	V-2	V-2	V-2			V-2	V-2	V-2			V-0	V-0	V-0
介电强度（1.6mm厚）/(kV/mm)	D149	28～30	28～30	28～30	28～30	28～30	28～30	28～30	28～30	28～30	28～30	28～30	28～30	28～30	28～30
体积电阻率/Ω·cm	D257	$>10^{16}$	$>10^{16}$	$>10^{16}$	$>10^{16}$	$>10^{16}$	$>10^{16}$	$>10^{16}$	$>10^{16}$	$>10^{16}$	$>10^{16}$	$>10^{16}$	$>10^{16}$	$>10^{16}$	$>10^{16}$
相对介电常数 60Hz	D150	2.91	2.91	2.91	2.91	2.70	3.10	3.10	3.25	3.40	2.80	3.00	3.10	3.10	3.10
相对介电常数 10^6Hz	D150	2.85	2.85	2.85	2.85	2.65	3.00	2.90～2.95	3.10～3.15	3.3～3.45	2.60	2.90	2.90～2.95	2.90～2.95	2.90～2.95
介电损耗角正切值 60Hz	D150	6.6×10^{-4}	6.6×10^{-4}	6.6×10^{-4}	6.6×10^{-4}	5×10^{-4}	9×10^{-4}	8×10^{-4}	8×10^{-4}	8×10^{-4}	7×10^{-5}	7×10^{-4}	8×10^{-4}	8×10^{-3}	8×10^{-4}
介电损耗角正切值 10^6Hz	D150	9.2×10^{-3}	9.2×10^{-3}	9.2×10^{-3}	9.2×10^{-3}	5×10^{-4}	9×10^{-3}	9×10^{-3}	9×10^{-3}	9×10^{-3}	7×10^{-3}	7×10^{-3}	9×10^{-3}	9×10^{-3}	6×10^{-3}
耐电弧性/s	D495	100～120	100～120	100～120	100～120	90	75	100～120	100～120	100～120	90	100	100～120	100～120	100～120

（续）

项目		ASTM标准	I2200 I2500 I2700 I3000	IN2200 IN2500 IN2700 IN3000	IR2200 IR2500 IR2700 IR3000	N2200 N2500 N2700 N3000	NB2500	R2200 R2500 R2700 R3000	V2200 V2500 V2700 V3000	SC150	SC250	SC300	SC400	SC500
密度/(g/cm³)		D792	1.20	1.20	1.20	1.20	1.22	1.20	1.20	1.19	1.16	1.21	1.21	1.21
吸水率（水中24h，23℃）(%)		D570	0.22～0.24	0.22～0.24	0.22～0.24	0.22～0.24	0.22～0.24	0.22～0.24	0.22～0.24	0.20	0.20	0.25	0.25	0.25
透光率(3mm厚)(%)		D1003	85～89	85～89	85～89	85～89	85～89	85～89	85～89	不透明	不透明	不透明	不透明	不透明
拉伸强度/MPa		D638	65～85	65～85	65～85	65～85	65～85	65～85	65～85	65	48	60	60	60
断裂伸长率(%)		D638	90～140	90～140	90～140	90～140	90～140	90～140	90～140	100	70	100	105	100
冲击强度（悬臂梁缺口，3.2mm）/(kJ/m²)		D256	40	40	40	40	40	40	40	44	26	42	39	24
洛氏硬度 HRM		D785	75～85	75～85	75～85	75～85	75～85	75～85	75～85	R123	R120	R123	R123	R123
热变形温度/℃		D648	134～135	134～135	134～135	134～135	140～142	134～135	134～135	123	97	120	120	123
线胀系数/($\times 10^{-5}$ K^{-1})		D696	6.0～6.5	6.0～6.5	6.0～6.5	6.0～6.5	6.0～6.5	6.0～6.5	6.0～6.5	6.3	6.3	7.0	7.0	7.0
成型收缩率(%)		D955	0.5～0.7	0.5～0.7	0.5～0.7	0.5～0.7	0.5～0.7	0.5～0.7	0.5～0.7	0.5～0.7	0.5～0.7	0.6～0.7	0.7～0.8	0.7～0.8
燃烧性(厚1.47mm,UL94)		—	V-2	V-2	V-2	V-2	V-0	V-0	V-2	—	HB	—	—	—
介电强度(厚1.6mm)/(kV/mm)		D149	28～30	28～30	28～30	28～30	28～30	28～30	28～30	—	—	—	—	—
体积电阻率/Ω·cm		D257	$>10^{16}$	$>10^{16}$	$>10^{16}$	$>10^{16}$	$>10^{16}$	$>10^{16}$	$>10^{16}$	—	—	—	—	—
相对介电常数	60Hz	D150	2.91	2.91	2.91	2.91	2.91	2.91	2.91	—	—	—	—	—
	10^6Hz		2.85	2.85	2.85	2.85	2.85	2.85	2.85	—	—	—	—	—
介电损耗角正切值	60Hz	D150	6.6×10^{-4}	6.6×10^{-4}	6.6×10^{-4}	6.6×10^{-4}	6.6×10^{-4}	6.6×10^{-4}	6.6×10^{-4}	—	—	—	—	—
	10^6Hz		9.2×10^{-3}	9.2×10^{-3}	9.2×10^{-3}	9.2×10^{-3}	9.2×10^{-3}	9.2×10^{-3}	9.2×10^{-3}	—	—	—	—	—
耐电弧性/s		D495	100～120	100～120	100～120	100～120	100～120	100～120	100～120	—	—	—	—	—

5. 日本帝人（Teijin）化学公司的 Panlite PC 的性能（表 3-13）

表 3-13 日本帝人化学公司的 Panlite PC 的性能

项目		ASTM 标准	标准型				易脱模型		透明型	冰色、易脱模型	
			L-1225	L-1250	K-1285	K-1300	L-1225R	L-1250R	AD5503	L-1225Y	L-1250Y
密度/(g/cm^3)		D792	1.20	1.20	1.20	1.20	1.20	1.20	1.20	1.20	1.20
吸水率(水中24h,23℃)(%)		D570	0.20	0.20	0.20	0.20	0.20	0.20	0.20	0.20	0.20
透光率(厚3mm)(%)		D1003	89	89	89	89	89	89	—	88	88
折射率		D542	1.585	1.585	1.585	1.585	1.585	1.585	—	1.585	1.585
拉伸强度/MPa	屈服	D638	62	61	60	60	62	61	—	62	61
	断裂		78	81	84	84	78	81	—	78	81
弹性模量/MPa		D638	2130	2120	2100	2090	2130	2120	—	2130	2120
伸长率(%)	屈服	D638	6	6	6	6	6	6	—	6	6
	断裂		140	140	130	130	140	140	80	140	140
弯曲强度/MPa		D790	90	90	88	87	90	90	93.2	90	90
弯曲模量/MPa		D790	2260	2230	2200	2190	2260	2230	2320	2260	2230
压缩强度/MPa		D695	76	76	75	75	76	76	—	76	76
悬臂梁缺口冲击强度/(J/m)	厚3.2mm	D256	830	880	930	930	830	880	—	830	880
	厚6.4mm	D256	130	140	160	160	130	140	—	130	140
洛氏硬度 HRM		D785	77	77	77	77	77	77	77	77	77
成型收缩率(%)	水平	D955	0.5~0.7	0.5~0.7	0.5~0.7	0.5~0.7	0.5~0.7	0.5~0.7	—	0.5~0.7	0.5~0.7
	垂直		0.5~0.7	0.5~0.7	0.5~0.7	0.5~0.7	0.5~0.7	0.5~0.7	—	0.5~0.7	0.5~0.7

热变形温度/℃	0.45MPa	D648	142	143	146	146	142	143	—	142	143
	1.81MPa	D648	132	133	136	136	132	133	126.5	132	133
线胀系数/($\times10^{-5}K^{-1}$)	水平	D696	7	7	7	7	7	7	7	7	7
	垂直	D696	7	7	7	7	7	7	7	7	7
介电强度(厚1.6mm)/(kV/mm)		D149	30	30	30	30	30	30	30	30	30
体积电阻率/($\times10^{6}\Omega\cdot cm$)		D257	3	3	3	3	3	3	3	3	3
相对介电常数	60Hz	D150	2.95	2.95	2.95	2.95	2.95	2.95	2.95	2.95	2.95
	1MHz	D150	2.9	2.9	2.9	2.9	2.9	2.9	2.9	2.9	2.9
介电损耗角正切值	60Hz	D150	0.0004	0.0004	0.0004	0.0004	0.0004	0.0004	0.0004	0.0004	0.0004
	1MHz	D150	0.009	0.009	0.009	0.009	0.009	0.009	0.009	0.009	0.009
耐电弧性/s		D495	110	110	110	110	110	110	110	110	110
相比漏电起痕指数(干)/V		IEC112	300	300	300	300	300	300	—	300	300
燃烧性(UL94)	1.47mm厚	—	94V-2	94V-2	94V-2	94V-2	94V-2	94V-2	—	94V-2	94V-2
	3.05mm厚		94V-2	94V-2	94V-2	94V-2	94V-2	94V-2	—	94V-2	94V-2

（续）

项目		ASTM 标准	耐沸水型		难燃型	高流动性型	耐冲击型	耐候型（达到 SAE 规格）		
			L-1225J	L-1250J	LN-1250G	L-1225L	LE-1250	K-1300Z	L-1225Z	L-1250Z
密度/(g/cm³)		D792	1.20	1.20	1.22	1.20	1.18	1.20	1.20	1.20
吸水率（水中 24h，23℃）(%)		D570	0.20	0.20	0.20	0.20	0.20	0.20	0.20	0.20
透光率（厚 3mm）(%)		D1003	88	89	半透明	88	半透明	88	88	88
折射率		D542	1.585	1.585	—	1.585	—	1.585	1.585	1.585
拉伸强度/MPa	屈服	D638	62	61	63	63	58	65	63	62
	断裂		78	81	69	74	66	64	77	80
弹性模量/MPa		D638	2130	2120	2160	2170	2120	2190	2130	2120
伸长率(%)	屈服	D638	6	6	6	6	10	6	6	6
	断裂		140	140	130	140	130	130	140	140
弯曲强度/MPa		D790	90	90	88	90	83	96	93	92
弯曲模量/MPa		D790	2260	2230	2260	2280	2110	2330	2260	2260
压缩强度/MPa		D695	76	76	78	77	74	77	76	76
悬臂梁缺口冲击强度/(J/m)	厚 3.2mm	D256	830	880	780	780	830	100	830	880
	厚 6.4mm		130	140	100	100	640	50	130	140
洛氏硬度 HRM		D785	77	77	88	77	71	77	77	77
成型收缩率(%)	水平	D955	0.5～0.7	0.5～0.7	0.5～0.7	0.5～0.7	0.6～0.9	0.5～0.7	0.5～0.7	0.5～0.7
	垂直		0.5～0.7	0.5～0.7	0.5～0.7	0.5～0.7	0.6～0.9	0.5～0.7	0.5～0.7	0.5～0.7

热变形温度/℃	0.45MPa	D648	142	143	143	141	142	138	141	142
	1.81MPa	D648	132	133	133	131	134	128	131	132
线胀系数/($\times 10^{-5}K^{-1}$)	水平	D696	7	7	7	7	7	7	7	7
	垂直	D696	7	7	7	7	7	7	7	7
介电强度(1.6mm厚)/(kV/mm)		D149	30	30	30	30	30	30	30	30
体积电阻率/($\times 10^6 \Omega \cdot cm$)		D257	3	3	3	3	3	3	3	3
相对介电常数	60Hz	D150	2.95	2.95	3.12	2.95	2.86	2.95	2.95	2.95
	1MHz	D150	2.9	2.9	2.9	2.9	2.8	2.9	2.9	2.9
介电损耗角正切值	60Hz	D150	0.0004	0.0004	0.0017	0.0004	0.0004	0.0004	0.0004	0.0004
	1MHz	D150	0.009	0.009	0.0025	0.009	0.008	0.009	0.009	0.009
耐电弧性/s		D495	110	110	100	110	100	100	100	100
相比漏电起痕指数(干)/V		IEC112	300	300	230	300	—	300	300	300
燃烧性(UL94)	1.47mm厚	—	94V-2	94V-2	94V-0	94V-2	HB	94V-2	94V-2	94V-2
	3.04mm厚	—	94V-2	94V-2	94V-0	94V-2	HB	94V-2	94V-2	94V-2

（续）

项目		ASTM标准	玻璃纤维增强型（Panlite G）				Panlite G易脱模型		Panlite G具有优良外观型		
			G-3110	G-3115	G-3120	G-3130	G-3110R	G-3130R	G-3115H	G-3110H	G-3130H
密度/(g/cm³)		D792	1.27	1.30	1.34	1.43	1.27	1.43	1.30	1.27	1.43
吸水率(水中24h,23℃)(%)		D570	0.16	0.15	0.14	0.12	0.16	0.12	0.15	0.16	0.12
透光率(厚3mm)(%)		D1003	半透明	半透明	半透明	半透明	不透明	不透明	—	半透明	半透明
折射率		D542	—	—	—	—	—	—	—	—	—
拉伸强度/MPa	屈服	D638	—	—	—	—	—	—	—	—	—
	断裂		83	94	105	126	75	108		69	108
弹性模量/MPa		D638	4120	5000	5880	8240	3630	7940	—	3530	6080
伸长率(%)	屈服	D638	—	—	—	—	—	—	—	—	—
	断裂		7	5	4.3	3.5	>3	2	—	5.5	3
弯曲强度/MPa		D790	132	142	157	186	118	162	127	118	152
弯曲模量/MPa		D790	3530	4410	5390	7260	3530	7260	3900	3330	6370
压缩强度/MPa		D695	109	120	133	157	94	130	103	96	129
悬臂梁缺口冲击强度/(J/m)	厚3.2mm	D256	90	120	140	160	90	120	58.8	50	90
	厚6.4mm		90	120	140	160	90	130	—	50	70
洛氏硬度HRM		D785	86	90	91	93	84	92	90	86	93
成型收缩率(%)	水平	D955	0.3~0.5	0.2~0.4	0.1~0.3	0.02~0.2	0.3~0.5	0.02~0.2	—	0.3~0.5	0.1~0.3
	垂直	D955	0.4~0.6	0.4~0.6	0.4~0.6	0.3~0.5	0.4~0.6	0.3~0.5	—	0.4~0.6	0.3~0.5

热变形温度/℃	0.45MPa	D648	150	150	150	151	148	151	150	144	146
	1.81MPa	D648	146	147	148	149	145	150	146	140	142
线胀系数/($\times10^{-5}K^{-1}$)	水平	D696	4.0	3.2	2.7	2.0	4.0	2.0	4.2	5.2	3.2
	垂直	D696	6.7	6.5	6.2	5.6	6.7	5.6	—	7.4	5.6
介电强度(厚1.6mm)/(kV/mm)		D149	30	30	30	30	30	30	30	30	30
体积电阻率/($\times10^{6}\Omega\cdot cm$)		D257	1	1	1	1	1	1	1	1	1
相对介电常数	60Hz	D150	3.16	3.32	3.36	3.51	3.16	3.51	3.32	3.16	3.51
	1MHz	D150	3.07	3.23	3.29	3.41	3.07	3.41	3.23	3.07	3.41
介电损耗角正切值	60Hz	D150	0.0008	0.0008	0.0008	0.0008	0.0008	0.0008	0.0009	0.0009	0.0009
	1MHz	D150	0.009	0.009	0.009	0.009	0.009	0.009	0.009	0.009	0.009
耐电弧性/s		D495	100	100	100	100	100	100	100	100	100
相比漏电起痕指数(干)/V		IEC112	180	175	180	180	180	180	—	180	180
燃烧性(UL94)	1.47mm厚	—	94V-2	94V-2	94V-2	94V-2	94V-2	94V-2	94V-2	94V-2	94V-2
	3.05mm厚	—	94V-0	94V-0	94V-1	94V-1	94V-0	94V-1	—	94V-0	94V-1

（续）

项目		ASTM 标准	Panlite G 低各向异性型		Panlite G 难燃型		耐摩擦磨损型		碳纤维强化型	
			G-3110M	G-3130M	GN-3110	GN-3130	GS-3115	GS-3130	B-7110R	B-7130R
密度/(g/cm^3)		D792	1.27	1.43	1.28	1.44	1.26	1.51	1.24	1.32
吸水率(水中24h,23℃)(%)		D570	0.16	0.12	0.16	0.12	0.17	0.10	0.16	0.12
透光率(厚3mm)(%)		D1003	半透明	半透明	半透明	半透明	半透明	半透明	黑色	黑色
折射率		D542	—	—	—	—	—	—	—	—
拉伸强度/MPa	屈服	D638	—	—	—	—	55	—	—	—
	断裂		58	56	82	121	51	110	113	167
弹性模量/MPa		D638	2650	—	3920	8240	2300	8040	6860	18630
伸长率(%)	屈服	D638	—	—	—	—	6	—	—	—
	断裂		>15	>3	4.8	2.5	110	2.4	3	1.6
弯曲强度/MPa		D790	91	98	127	167	78	160	157	226
弯曲模量/MPa		D790	2550	3920	3530	7350	2110	7550	6860	16670
压缩强度/MPa		D695	76	77	105	143	73	141	—	—
悬臂梁缺口冲击强度/(J/m)	厚3.2mm	D256	80	50	60	100	290	140	70	50
	厚6.4mm		80	50	70	120	120	140	70	50
洛氏硬度 HRM		D785	86	93	86	93	67	92	78	91
成型收缩率(%)	水平	D955	0.5~0.7	0.3~0.5	0.3~0.5	0.02~0.2	0.5~0.7	0.02~0.2	0.05~0.15	0.01~0.03
	垂直		0.5~0.7	0.3~0.5	0.4~0.6	0.3~0.5	0.5~0.7	0.3~0.5	0.3~0.5	0.2~0.4

热变形温度/℃	0.45MPa	D648	137	139	149	151	145	149	—	—
	1.81MPa		133	135	146	149	136	150	147	147
线胀系数/（$\times 10^{-5}K^{-1}$）	水平	D696	7.0	5.0	4.0	2.0	7.0	2.0	3.3	1.3
	垂直		7.4	5.6	6.7	5.6	7.0	5.6	7.1	5.2
介电强度（厚1.6mm）/（kV/mm）		D149	30	30	30	30	30	30	30	—
体积电阻率/（$\times 10^{6}\Omega \cdot cm$）		D257	1	1	1	1	1	1	$10^{2} \sim 10^{5}$	$10^{0} \sim 10^{1}$
相对介电常数	60Hz	D150	3.16	3.51	3.16	3.51	2.85	3.51	—	—
	1MHz		3.07	3.41	3.07	3.41	2.80	3.41	—	—
介电损耗角正切值	60Hz	D150	0.0008	0.0008	0.0008	0.0009	0.0008	0.0009	—	—
	1MHz		0.009	0.009	0.009	0.009	0.008	0.009	—	—
耐电弧性/s		D495	100	100	100	100	100	100	—	—
相比漏电起痕指数（干）/V		IEC112	180	180	185	185	340	200	—	—
燃烧性（UL94）	厚1.47mm	—	94V-2	94V-2	94V-0	94V-0	94V-2	94V-1	94V-2	94V-2
	厚3.05mm		94V-0	94V-1	94V-0	94V-0	94V-1	94V-0	94V-0	94V-0

6. 德国拜耳公司的 Makcolon PC 的性能（见表 3-14）

表 3-14　德国拜耳公司的 Makcolon PC 的性能

项　　目		标准	2400	2600/2800	3100/3200	3118/3119	6030/6603	6385	6555/6557	6465/6560	6870
密度/(g/cm^3)		ISO/R1183	1.2	1.2	1.2	1.2	1.25	1.2	1.2	1.2	1.2
吸水率(%)		ISO62	0.36	0.36	0.36	0.36	0.36	0.36	0.36	0.36	0.36
线胀系数/($\times 10^{-6}K^{-1}$)		DIN VDE	65	65	65	65	65	65	65	65	65
热导率/[W/(m·K)]		DIN 52612	0.21	0.21	0.21	0.21	0.21	0.21	0.21	0.21～0.24	0.21
维卡软化点/℃		ISO306	145	148	150	148	153	147	148	147	148
热变形温度(1.81MPa)/℃		ISO75	132	138	138	138	138	138	138	127	138
熔体质量流动速率/(g/10min)		ISO/R1133	5～19	9～13	5～7	2	5～7	—	7～10	7～10	2
极限氧指数(%)		ASTM-D2863-77	26	27	27	27	32	V-0	36	35	36
拉伸断裂强度/MPa		ISO/R 527	>65	>65	>65	>60	>65	54.9	>65	>65	>65
断裂伸长率(%)			110	110	110	90	110	100	110	100	90
悬臂梁缺口冲击强度/(J/m)		ASTM-D 256-56	>700	>800	>850	>850	>700	—	>750	>750	>750
布氏硬度 HBW		ISO 2039	110	110	110	110	110	—	110	110	110
介电强度/(kV/mm)	干燥	IEC 253	>80	>80	>80	>80	>80	>80	>80	>80	>80
	在水中24h		>30	>30	>30	>30	>30	—	>30	>30	>30
表面电阻率/Ω	干燥	IEC 93	$>10^{15}$	$>10^{15}$	$>10^{15}$	$>10^{15}$	$>10^{15}$	—	$>10^{15}$	$>10^{15}$	$>10^{15}$
	在水中24h		$>10^{15}$	$>10^{15}$	$>10^{15}$	$>10^{15}$	$>10^{15}$	—	$>10^{15}$	$>10^{15}$	$>10^{15}$
体积电阻率/Ω·cm	干燥	IEC93	$>10^{16}$	$>10^{16}$	$>10^{16}$	$>10^{16}$	$>10^{16}$	$>10^{16}$	$>10^{16}$	$>10^{16}$	$>10^{16}$
	在水中24h		$>10^{16}$	$>10^{16}$	$>10^{16}$	$>10^{16}$	$>10^{16}$	—	$>10^{16}$	$>10^{16}$	$>10^{16}$

（续）

项目		标准	8020	8030	8320	8325	8344	8345	9125	9310	9414	9415
密度/(g/cm^3)		ISO/R1183	1.35	1.44	1.35	1.35	1.51	1.50	1.35	1.27	1.27	1.27
吸水率(%)		ISO62	0.29	0.29	0.29	0.29	0.27	0.27	—	0.32	0.32	0.32
线胀系数/($\times10^{-6}K^{-1}$)		DIN VDE	45	27	27	27	20	20	28	32	32	32
热导率/[W/(m·K)]		DIN 52612	0.23	0.24	0.23	0.23	0.25	0.25	0.24	0.23	0.23	0.23
维卡软化点/℃		ISO306	150	150	150	150	—	150	46	153	150	150
热变形温度(1.81MPa)/℃		ISO75	147	147	147	147	—	147	147	150	147	147
熔体质量流动速率/(g/10min)		ISO/R1133	—	—	—	—	—	—	—	—	—	—
极限氧指数(%)		ASTM-D2863-77	30	32	34	35	34	35	V-0	34	36	36
拉伸断裂强度/MPa		ISO/R 527	55	70	100	100	100	135	—	70	70	75
断裂伸长率(%)			7	3.5	3.8	3.3	3.8	3.8	3.0	8.0	7.0	7
悬臂梁缺口冲击强度/(J/m)		ASTM-D 256-56	80	80	15	125	6	120	83.3	15	15	165
布氏硬度 HBW		ISO 2039	140	145	140	145	155	155	—	125	125	125
介电强度/(kV/mm)	干燥	IEC 253	>80	>80	—	>80	—	>80	>80	—	—	>80
	在水中24h		>30	>30	—	>30	—	>30	—	—	—	>30
表面电阻率/Ω	干燥	IEC93	$>10^{14}$	$>10^{14}$	$>10^{14}$	$>10^{14}$	—	$>10^{14}$	—	—	—	$>10^{14}$
	在水中24h		$>10^{14}$	$>10^{14}$	—	$>10^{14}$	—	$>10^{14}$	—	—	—	$>10^{14}$
体积电阻率/Ω·cm	干燥	IEC93	$>10^{16}$	$>10^{16}$	$>10^{16}$	$>10^{16}$	—	$>10^{16}$	$>10^{16}$	—	—	$>10^{16}$
	在水中24h		$>10^{16}$	$>10^{16}$	—	$>10^{16}$	—	$>10^{16}$	—	—	—	$>10^{16}$

7. 英国帝国化学公司材料部的PC的性能（表3-15）

表3-15 英国帝国化学公司材料部的PC的性能

1）Lubricomp PC

牌号	密度/(g/cm³)	悬臂梁缺口冲击强度/(J/m)	热变形温度/℃		燃烧性(UL94)	特性
			0.44MPa	1.82MPa		
DFL4034	1.46	1.8	—	290	V-1	注射成型，含玻璃纤维，抗弯曲
DFL4036	1.55	2.0	295	290	—	注射成型，含玻璃纤维，抗弯曲
DFL4038	1.64	2.1	—	290	—	注射成型，含40%玻璃纤维，高刚性
DFL4524	1.39	2.6	—	275	V-1	注射成型，含玻璃纤维和润滑剂
DFL4534	1.43	2.6	—	280	V-1	注射成型，含玻璃纤维和润滑剂
DFL4536	1.53	2.4	—	285	V-1	注射成型，含玻璃纤维和润滑剂
DL4010	1.23	2.6	—	265	—	注射成型，含5%PTFE，润滑性好
DL4020	1.26	2.5	—	270	V-0	注射成型，含10%PTFE，润滑性好，阻燃
DL4020FR	1.26	2.5	—	265	V-0	注射成型，含10%PTFE，润滑性好，阻燃
DL4030	1.28	2.5	—	265	V-0	注射成型，含15%PTFE，润滑性好，阻燃
DL4040	1.32	4.0	300	270	V-1	注射成型，含20%PTFE，润滑性好
DL4530	1.27	2.5	—	275	V-1	注射成型，含15%PTFE，润滑性好

2）商品名称：Stat-Kon PC

牌号	密度/(g/cm³)	悬臂梁缺口冲击强度/(J/m)	热变形温度/℃		燃烧性(UL94)	特性
			0.44MPa	1.82MPa		
D	1.28	0.8	275	270	—	含炭黑，抗静电，注射成型
D-FR	1.26	—	—	—	V-0	注射成型，含炭黑，抗静电，阻燃
DC-1002	1.24	1.3	—	280	—	注射成型，含碳纤维，抗静电
DC1003FR	1.34	1.2	300	290	V-0	注射成型，含碳纤维，抗静电，阻燃
DC1004	1.29	1.5	—	300	V-0	注射成型，含碳纤维，抗静电
DC1006	1.33	1.9	305	300	—	注射成型，含碳纤维，抗静电
DC1006MG	1.43	2.0	—	290	—	注射成型，含碳纤维，抗静电
DCF1006	1.39	3.1	305	300	—	注射成型，含碳纤维，抗静电
DCL4022	1.28	1.5	—	270	—	注射成型，含碳纤维，耐磨，抗静电
DCL4032	1.33	1.1	—	290	—	注射成型，含碳纤维，润滑，抗静电
DCL4033	1.36	1.4	300	290	V-1	注射成型，含碳纤维，润滑，抗静电
DCL4034	1.38	1.0	—	295	—	注射成型，含碳纤维，润滑，抗静电
DCL4036	1.43	1	—	290	—	注射成型，含碳纤维，润滑，抗静电
DCL4532	1.32	2	—	290	—	注射成型，含碳纤维，润滑，抗静电
DCL4534	1.38	1	—	295	—	注射成型，含碳纤维，润滑，抗静电
DCL4536	1.42	1.8	—	300	—	注射成型，含碳纤维，润滑，抗静电
DF15	1.36	1.0	305	285	—	注射成型，含玻璃纤维和抗静电剂
DF1002	1.27	1.5	—	275	V-1	注射成型，含10%玻璃纤维，尺寸稳定

（续）

牌号	密度/(g/cm³)	悬臂梁缺口冲击强度/(J/m)	热变形温度/℃		燃烧性(UL94)	特性
			0.44MPa	1.82MPa		
DF1004	1.34	4.0	305	300	V-1	注射成型，含20%玻璃纤维，抗冲击
DF1006	1.43	3.7	305	300	V-1	注射成型，含30%玻璃纤维，力学性能好
DF1006FR	1.43	3.7	—	—	V-0	注射成型，含30%玻璃纤维，阻燃
DF1006MG	—	2.3	—	290	—	注射成型，含30%玻璃纤维增强
DF1008	1.52	4.0	305	300	V-1	注射成型，含40%玻璃纤维，高刚性
DF1008FR	1.52	4.0	—	—	V-0	注射成型，含40%玻璃纤维，高刚性，阻燃
DF100-10	1.63	4.2	—	30	—	注射成型，含50%玻璃纤维，高刚性
DF-FR	1.33	1.0	—	—	V-0	注射成型，阻燃，抗静电
DS	1.30	1.7	280	275	—	注射成型，抗静电
DX-3	1.29	1.4	275	270	—	注射成型，抗静电
DX-7	1.29	1.5	275	270	—	注射成型，抗静电
FDF1008MG	1.52	2	—	275	V-0	注射成型，含玻璃纤维，阻燃
PDX84368	1.23	1.7	295	290	V-1	注射成型，抗静电
PDX-C88320	1.11	—	—	170	HB	注射成型，抗静电
PDX-C89204	1.08	—	—	170	HB	注射成型，抗静电
PDX-D84356	1.26	1.2	295	285	V-0	注射成型，电磁屏蔽，阻燃
PDX-D88132	1.35	1.4	—	285	—	注射成型，电磁屏蔽
PDX-D88134	1.45	2.0	—	285	—	注射成型，电磁屏蔽
PDX-D88414	1.28	1.5	—	—	—	注射成型，抗静电
PC100C-HCLR	1.20	12	270	262	V-2	注射成型，透明
PC100-CLEAR	1.20	16	282	265	V-2	注射成型，透明
PC110-20GR	1.35	2	295	286	V-1	注射成型，含20%玻璃纤维
PC110-30GR	1.43	2	300	286	V-1	注射成型，含30%玻璃纤维
PC110-500	1.25	2.2	294	286	V-1	注射成型，抗拉伸，高刚性
PC110-HNAT	1.20	12	270	262	V-2	注射成型，未改性，高流动性
PC110-FRM-NAT	1.23	8	270	250	V-0	注射成型，阻燃，抗拉伸
PC110-NAT	1.20	16	282	250	V-2	注射成型，未改性，透明
PC169-SFI	1.21		282	250	HB	注射成型，未改性，透明
PC200-20G	1.35	2	295	286	V-1	注射成型，含20%玻璃纤维，黑色
PC200-30G	1.43	2	300	286	V-1	注射成型，含30%玻璃纤维，黑色
PC200 500	1.20	2.2	294	286	V-0	注射成型，阻燃，黑色
PC200-BLK	1.20	10	275	255	V-2	注射成型，黑色，抗冲击
PC200FRM-BLK	1.23	8	270	250	V-0	注射成型，黑色，阻燃
PC230H	1.21	10	262	255	—	注射成型，黑色，未改性
PC300WHITE	1.20	10	275	255	V-2	注射成型，本色料
PC422-MHI	1.19	15.2	282	265	HB	注射成型，低温抗冲好，本色料
PC429-MHI	1.19	15.2	282	265	HB	注射成型，低温抗冲好，本色料

8. 荷兰阿克苏工程塑料公司的 PC 的性能（表 3-16）

表 3-16 荷兰阿克苏工程塑料公司的 PC 的性能

1）Polycarbafil 玻璃纤维/PC

牌号	密度/（g/cm³）	拉伸屈服强度/MPa	屈服伸长率（%）	弯曲模量/GPa	热变形温度/℃		燃烧性（UL94）	特性
					0.44MPa	1.82MPa		
F50/20	—	3	—	4	—	162	—	含 20% 玻璃纤维，可制泡沫制品
G50/20	1.34	16	3	8	305	290	—	含 20% 玻璃纤维
G50/20/FR	1.36	14	3	9	—	300	V-0	含 20% 玻璃纤维，阻燃
G50/20/TF15	1.50	15.5	2	9	300	290	—	含 20% 玻璃纤维、15% 氟树脂，润滑性好
G50/30	1.43	20	2.5	11	—	240	—	含 30% 玻璃纤维，抗拉伸
G50/30/CF/10	1.43	20	2.5	11	305	290	—	含 30% 玻璃纤维、10% 碳纤维，抗拉伸，耐磨
G50/40	1.52	23	2.0	14	305	295	—	含 40% 玻璃纤维，高刚性
G50/CF/20	1.28	21.5	1.2	20	—	295	—	含 20% 碳纤维，耐磨，高刚性
G50/CF/25	1.31	20.0	1.1	20	—	295	—	含 25% 碳纤维，耐磨
G50/CF/40	1.37	23.0	1.0	30	—	300	—	含 40% 碳纤维，高强度，耐磨
G50/5/CF/10	1.27	17.0	2.4	11	300	290	—	含 5% 玻璃纤维、10% 碳纤维，耐磨损
J50/20	1.34	15.5	3.0	8.0	305	290	V-1	含 20% 玻璃纤维，抗拉伸
J50/20/FR	1.36	14.0	3.0	9.0	300	300	—	含 20% 玻璃纤维，阻燃
J50/20/TF/10	1.36	14.0	3.0	9.0	300	300	V-0	含 20% 玻璃纤维、10% 氟树脂，耐磨，阻燃
J50/20/TF/15	1.50	14.5	3.0	9.0	300	290	—	含 20% 玻璃纤维、15% 氟树脂，耐磨
J50/30	1.43	19.0	2.5	11.0	305	290	—	含 30% 玻璃纤维，力学性能好
J50/30/SI/2	1.46	16.0	2.0	9.0	300	290	—	含 30% 玻璃纤维、2% SiO_2，耐磨
J50/30/TF/15	1.55	17.0	—	12.5	—	290	—	含 30% 玻璃纤维、15% 氟树脂，耐磨，抗疲劳
J50/40	1.52	21	2.0	14	305	295	—	含 40% 玻璃纤维，高强度
J50/CF/10/TF15	1.28	14	2.5	9.8	296	292	V-0	含 10% 碳纤维、15% 氟树脂，耐磨，尺寸稳定，阻燃
J50/CF/20	1.28	20	2.0	15	300	295	—	含 20% 碳纤维，耐磨

（续）

牌号	密度/(g/cm^3)	拉伸屈服强度/MPa	屈服伸长率(%)	弯曲模量/GPa	热变形温度/℃		燃烧性(UL94)	特 性
					0.44MPa	1.82MPa		
J50/CF/20T	1.37	20	2.0	17	300	295	—	含20%碳纤维，耐磨
J50/CF/40	1.38	24	2.0	28	300	295	—	含40%碳纤维，高强度
J54/10	1.26	10.5	5.0	5.0	295	290	—	含10%玻璃纤维，尺寸稳定
PC50/TF/10	1.26	8.0	10.0	2.5	290	270	—	含10%氟树脂，耐磨
PC50/TF/15	1.29	7.5	—	3.0	—	270	—	含15%氟树脂，耐磨

2）商品名称：Electrafil 导电 PC

牌号	密度/(g/cm^3)	拉伸屈服强度/MPa	弯曲模量/GPa	热变形温度/℃		燃烧性(UL94)	特 性
				0.44MPa	1.82MPa		
G50/CF/5SSS	1.28	13.6	7.5	300	290	V-1	含5%钢丝和碳纤维，导电
G50/CF/20	1.28	20.0	15	300	295	V-1	含20%碳纤维，导电
G50/CF/30	1.48	21.5	20	—	300	V-1	含30%碳纤维，导电
G50/SS/5FR	1.27	10	4.5	295	285	V-0	含5%钢丝，阻燃，导电
G50/SS/10	1.33	11	5.0	295	285	HB	含10%钢丝，导电
G1100/SS/10	1.55	10.5	6.0	430	420	—	含10%钢丝，导电
J50/CF/10	1.24	16.0	11	295	288	V-1	含10%碳纤维，导电
J50/CF/10/TF/10	1.34	14.0	9.8	296	292	V-0	含10%碳纤维、10%氟树脂，阻燃，导电
J50/CF/20	1.37	20.0	17.0	300	295	V-1	含20%碳纤维，导电
J50/CF/30	1.39	22	22.0	300	295	V-1	含30%碳纤维，导电

3）商品名称：Fiberfil 纤维增强阻燃 PC

牌号	密度/(g/cm^3)	拉伸屈服强度/MPa	弯曲模量/GPa	热变形温度/℃		燃烧性(UL94)	特 性
				0.44MPa	1.82MPa		
F50/20/FR	0.98	8.5	6.8	—	275	V-0	阻燃，电性能好
G50/20/FR	1.36	18.0	9.0	—	300	V-0	阻燃，电性能好
J50/20/FR	1.36	14.0	9.0	—	300	V-0	阻燃，电性能好
J50/30/FR	1.45	16.5	12.0	—	305	V-0	阻燃，电性能好

9. 荷兰通用电器塑料公司的 Lexan PC 的性能（表3-17）

表 3-17　荷兰通用电器塑料公司的 Lexan PC 的性能

项　目		ASTM 标准	101	121	141	141R	150	161	181	500	503	920
密度/(g/cm³)		D792	1.20	1.20	1.20	1.20	1.20	1.20	1.20	1.25	1.25	1.21
吸水率(24h,23℃)(%)		D570	0.15	0.15	0.15	0.15	0.15	0.15	0.15	0.12	0.12	0.15
成型收缩率(%)		D955	0.5~0.7	0.5~0.7	0.5~0.7	0.5~0.7	0.5~0.7	0.5~0.7	0.5~0.7	0.2~0.4	0.2~0.4	0.5~0.7
透光率(%)		D1003	89	89	89	89	88~80	89	89	不适用	不适用	85
雾度(%)		D1003	1	1	1	1	1~2	1	1	不适用	不适用	1~3
折射率		—	1.586	1.586	1.586	1.586	1.586	1.586	1.586	不适用	不适用	1.586
热变形温度(0.46MPa)/℃		D648	270	265	270	270	138	270	275	146	146	138
线胀系数/K^{-1}		D696	6.75×10^{-5}	6.75×10^{-5}	6.75×10^{-5}	6.75×10^{-5}	—	6.75×10^{-5}	6.75×10^{-5}	3.22×10^{-5}	3.22×10^{-5}	6.75×10^{-5}
维卡软化点/℃		D1525	152~157	152~157	152~157	152~157	154~160	152~157	152~157	154	154	152
熔体流动速率/(g/10min)		D1238	6.5	16.5	9.5	11.5	—	8.0	5.3	—	—	—
燃烧性(UL94)	1.6mm	—	V-2	V-2	V-2	V-2	HB	V-2	V-2	V-0	V-0	V-0
	3.2mm	—	V-2	V-2	V-2	V-2	HB	V-2	V-2	V-0/5V	V-0/5V	V-0
极限氧指数(%)		D2863	25	25	25	25	25	25	25	32.5	32.5	35
介电强度(厚3.2mm)/(kV/mm)		D149	15	15	15	15	15	15	15	17.7	17.7	16.7
体积电阻率(23℃)/Ω·cm		D257	$>10^{16}$	$>10^{16}$	$>10^{16}$	$>10^{16}$	$>10^{16}$	$>10^{16}$	$>10^{16}$	$>10^{16}$	$>10^{16}$	$>10^{16}$
拉伸强度/MPa		D638	62	62	62	62	62	62	62	66	66	62
断裂伸长率(%)		D638	135	125	130	130	110	130	135	10~20	10~20	90
弯曲强度/MPa		D790	98	97	97	97	93	98	98	100	100	90
悬臂梁缺口冲击强度(3.2mm)/(J/m)		D256	908	694	801	748	640~850	854	961	100	100	640

（续）

项目		ASTM标准	920A	940	940A	950	950A	1500	3412	3413	3414	PKC4501	PKC4701	HF
密度/(g/cm^3)		D792	1.21	1.21	1.21	1.21	1.21	1.20	1.35	1.43	1.52	1.20	1.20	1.20
吸水率(24h,23℃)(%)		D570	0.15	0.15	0.15	0.15	0.15	0.15	0.16	0.14	0.12	0.16	0.19	—
成型收缩率/(mm/mm)		D955	0.005～0.007	0.005～0.007	0.005～0.007	0.005～0.007	0.005～0.007	0.005～0.007	0.001～0.003	0.0015～0.0025	0.001～0.002	0.007～0.008	0.008～0.01	0.005～0.007
透光率(%)		D1003	85	85	85	85	85	88～89	不适用	不适用	不适用	85	85	89
雾度(%)		D1003	1～3	1～3	1～3	1～3	1～3	1～2	不适用	不适用	不适用	1～2	1～2	1
折射率		—	1.586	1.586	1.586	1.586	1.586	1.586	不适用	不适用	不适用	1.6	1.6	—
热变形温度(0.46MPa)/℃		D648	138	138	138	138	138	138	149	152	151	160	174	—
线胀系数/K^{-1}		D696	6.75×10^{-5}	6.75×10^{-5}	6.75×10^{-5}	6.75×10^{-5}	6.75×10^{-5}	6.75×10^{-5}	—	2.68×10^{-5}	2.18×10^{-5}	1.67×10^{-5}	9.2×10^{-5}	8.1×10^{-5}
维卡软化点/℃		D1525	152	152	152	152	152	154～160	166	166	166	—	—	—
熔体质量流动速率/(g/10min)		D1238	—	—	—	—	—	—	—	—	—	—	—	22
燃烧性(UL94)	1.6mm	—	V-0	V-0	V-0	V-0	V-0	HB	V-1	V-1	V-1	V-2	HB	—
	3.2mm	—	V-0	V-0	V-0	5V	V-0	HB	V-0/5V	V-0/5V	V-0/5V	V-2	HB	V-2
极限氧指数(%)		D2863	35	35	35	35	35	25	30.5	30	30	—	—	—
介电强度(厚3.2mm)/(kV/mm)		D149	16.7	16.7	16.7	16.7	16.7	15	19.3	18.7	17.7	20.3	20.1	—
体积电阻率(23℃)/Ω·cm		D257	$>10^{16}$	$>10^{16}$	$>10^{16}$	$>10^{16}$	$>10^{16}$	$>10^{16}$	$>10^{16}$	$>10^{16}$	$>10^{16}$	2.6×10^{17}	2.5×10^{17}	—
拉伸强度/MPa		D638	62	62	62	62	62	62	110	130	160	66	66	62
断裂伸长率(%)		D638	90	90	90	90	90	110	4～6	3～5	3～5	122	78	120
弯曲强度/MPa		D790	91	91	91	91	91	93	130	160	190	96	97	93
悬臂梁缺口冲击强度(3.2mm)/(J/m)		D256	640	640	640	640	640	640～850	100	100	130	535	535	640

10. 韩国三养社（Sam Yang）的 Trirex PC 的性能（表3-18）

表3-18　韩国三养社的 Trirex PC 的性能

项　目		ASTM 标准	3022IR	3025IR	3027IR	3030I	3030A	3025NI	3025G15	3500G20
玻璃纤维含量(%)		—	—	—	—	—	—	—	15	20
密度/(g/cm³)		D792	1.20	1.20	1.20	1.20	1.20	1.24	1.30	1.34
吸水率(%)		D570	0.15	0.15	0.15	0.15	0.15	0.14	0.12	0.12
成型收缩率(%)	纵向(1mm厚/3mm厚)	D955	0.4/0.5	0.4/0.5	0.4/0.5	0.4/0.5	0.4/0.5	0.4/0.5	0.2/0.2	0.1/0.1
	横向(1mm厚/3mm厚)		0.6/0.7	0.6/0.7	0.6/0.7	0.6/0.7	0.6/0.7	0.6/0.7	0.5/0.7	0.5/0.6
熔体质量流动速率(300℃/11.8N)/(g/10min)		D1238	—	—	—	4.0~5.0	4.3	—	4.5	—
拉伸强度(12.7mm)/MPa		D638	71	72	74	71	64	73	95	105
断裂伸长率(3.2mm)(%)		D638	110	110	110	130	230	110	5	4
弯曲强度/MPa		D790	92	92	93	91	81	96	150	170
弯曲模量/MPa		D790	2300	2250	2200	2170	2400	2300	4500	5600
悬臂梁缺口冲击强度/(J/m)	缺口	D256	100	100	120	—	91	80	120	150
	无缺口		900	900	1000	890~1010	不断裂	900	140	160
洛氏硬度 HRR		D785	120	120	120	M78	121	122	121	121
热变形温度/℃	1.82MPa	D648	134	135	136	139	141	140	146	147
	0.42MPa		145	146	147	—	—	148	149	150
线胀系数/($\times10^{-5}K^{-1}$)		D696	5.6	5.6	5.6	5.6	5.6	5.5	3.3	2.3
燃烧性(UL94)		—	V-2	V-2	V-2	V-2	V-2	V-0	V-0	V-0
体积电阻率/Ω·cm		D257	4×10^{16}	4×10^{16}	4×10^{16}	4×10^{16}	4×10^{16}	4×10^{16}	4×10^{16}	4×10^{16}
介电强度(3.2mm厚)/(kV/mm)		D149	30	30	30	30	30	30	31	31
相对介电常数(10^6Hz)		D150	2.85	2.85	2.85	2.85	2.85	2.80	3.05	3.11
介电损耗角正切值(10^6Hz)		D150	0.0092	0.0092	0.0092	0.0092	0.0092	0.0092	0.0097	0.0097
耐电弧性/s		D495	120	120	120	120	120	90	120	120

11. 韩国 LG 化学公司的 FR-PC 的性能（表 3-19）

表 3-19　韩国 LG 化学公司的 FR-PC 的性能

项　目	ASTM 标准	GP1006F	GP2100	GP2200	GP2201F	GP2300	GP2400	GP2301F
拉伸强度/MPa	D638	68	72	115	110	1310	180	125
断裂伸长率（%）	D638	>100	8	4	4	3	3	3
弯曲强度/MPa	D790	90	125	170	160	190	190	180
弯曲弹性模量/GPa	D790	2.2	3.7	6.0	5.8	8.0	9.5	7.9
悬臂梁缺口冲击强度/（J/m）	D256	220	110	110	90	130	130	110
洛氏硬度 HRM	D785	90	85	91	91	92	93	92
热变形温度（1.82MPa）/℃	D648	136	144	147	147	148	149	148
线胀系数/（$\times10^{-5}K^{-1}$）	D696	8.0	3.0	3.0	3.0	2.5	2.0	2.0
燃烧性（UL94）	—	V-0	V-2	V-2	V-0	V-2	V-2	V-0
介电强度/（kV/mm）	D149	30	30	30	30	30	30	30
体积电阻率/Ω·cm	D257	10^{16}	10^{16}	$>10^{16}$	$>10^{16}$	$>10^{16}$	$>10^{16}$	$>10^{16}$
耐电弧性/s	D495	120	120	120	120	120	120	120

第二节　改性技术

聚碳酸酯可与聚酯类树脂（如 PET、PBT 等）、丙烯腈-丁二烯-苯乙烯共聚物（ABS）、（改性）聚苯乙烯（PS）、聚甲醛（POM）、聚氨酯（PU）、某些丙烯酸树脂等均匀熔混。

聚碳酸酯虽可与聚氯乙烯（PVC）均匀熔混，但在聚碳酸酯熔融温度下 PVC 会发生显著降解。聚碳酸酯可与少量低密度聚乙烯（LDPE）熔混均匀；也可与氯化聚醚部分熔混，类似于橡胶改性 PS 的情况。

聚碳酸酯与聚丙烯（PP）、高密度聚乙烯（HDPE）及聚酰胺（PA）熔混不均匀，有严重分层现象，但似乎不会引起聚碳酸酯降解。例如，可把 PA 与 PC 熔混挤出的条撕成许多很细的长丝，折曲多次也不易断裂。

聚碳酸酯除可以进行共混合金改性外，还可进行增韧改性、填充增强改性、纳米改性等以提高其综合性能。

一、增韧改性

（一）光盘级 PC 的增韧改性

1. 选材

1）光盘级 PC：相对分子质量 18000，密度 1.15g/cm³，回收料。

2）马来酸酐接枝聚乙烯（PE-g-MAH）：清华大学高分子研究所产品。

3）（甲基丙烯酸甲酯/丁二烯/苯乙烯）共聚物（MBS）：C-100，日本三菱人造丝公司产品。

4）（甲基丙烯酸甲酯/甲基丙烯酸丁酯）共聚物（ACR）：355P，美国 Romhass 公司产品。

2. 制备方法

将 PC 回收料在 80℃下干燥 12h，增韧剂在 70℃下干燥 12h，然后按一定比例将两者混合均匀，用双螺杆挤出机在各段的机筒温度分别为220℃、240℃、250℃、250℃、240℃（口模），螺杆转速为100r/min的条件下熔融共混，自来水冷却，直接牵引切粒，所得粒料在80℃下干燥12h，备用。

将干燥后的粒料用塑料注射机在250℃下注射成拉伸试样和冲击试样。

3. 结构与增韧机理分析

从纯PC及PC/PE-g-MAH合金冲击断面可见，纯PC的断裂面平整光滑，为典型的脆性断裂；PE呈分散相分散在PC基体中，PE粒径为2～5μm，颗粒较大，试样断裂时有拔出现象，断面留下很多孔穴，断裂方式趋于脆性断裂。之所以有明显的相分离现象，原因可能是PC用苯酚封端，没有可与接枝的马来酸酐（MAH）反应的基团，不能形成强的界面结合；同时PE的接枝率不高，极性没有得到明显的改善，而PC为极性聚合物，根据相似相容原理，PC与PE-g-MAH的相容性并不好。增韧剂粒子尺寸较大及界面作用力较弱，导致PC/PE-g-MAH合金试样脆性断裂。

从不同MBS含量下的PC合金冲击断面可知，当MBS含量为5%时断口表现为脆性断裂的微观特征，且基体有空洞化现象，PC与MBS在断裂过程中没有明显的分层现象，说明两者之间有较好的界面相互作用，但两者之间并无化学键作用，因此当试样受到冲击时，破坏从界面开始，造成分散相与基体的分离，即分散相粒子的空洞化。由于MBS粒子相距较远，粒子周围的应力场受其他粒子的影响很小，基体中的应力场只是这些孤立的MBS粒子应力场的简单加和，不能导致基体的剪切屈服，冲击能量主要由粒子空洞化损伤吸收。当MBS的含量增加到10%时，基体呈现剪切屈服表现为韧性断裂。

从PC合金呈韧性断裂（MBS含量为15%）处可知，在起裂区，基体发生了剪切屈服，且剪切带与断面约呈45°角。而在断口中心区域基体也表现为剪切屈服，只是剪切带方向与冲击方向相同。在剪切带内部可以看到许多空洞，该空洞沿冲击受力方向被拉伸，断裂表面的应力发白就是由于试样的空洞化和剪切屈服造成的。可以确定韧性断裂时PC/MBS合金的断裂过程为：冲击时首先形成粒子空洞化，空洞化的结果阻止了基体内部裂纹的产生，同时由于MBS粒子充分接近，应力场不再是孤立的MBS粒子应力场的简单加和，粒子周围的应力场有明显的相互作用，这些相互作用使MBS颗粒聚集体附近的基体PC变形时所受的约束减小，使之产生剪切屈服，PC/MBS合金表现为韧性断裂。即核-壳共聚物增韧PC的增韧机理为共聚物粒子的空洞化引发基体的剪切屈服，冲击能量由粒子空洞化和基体剪切屈服吸收，而且后者吸收的能量是主要的。

从MBS含量为8%时PC合金可可以看到，在起裂区试样断裂的微观形态为粒子空洞化和基体剪切屈服的共同作用，而在失稳区则只表现为粒子空洞化。

从不同ACR含量下PC合金冲击断面可看出，ACR含量为5%时呈脆性断裂，为8%时合金呈韧性断裂。ACR颗粒与PC间界面模糊，这表明ACR与PC的相容性好于MBS与PC的相容性。因此，ACR对PC的增韧效果优于MBS。

4. 性能

（1）PC合金的冲击性能　加入PE-g-MAH后，PC合金的韧性有所提高，PE-g-MAH含量为10%时其冲击强度为纯PC的5倍，但PC合金仍呈脆性断裂。MBS与ACR均为以甲基丙烯酸甲酯（MMA）为壳的核-壳共聚物，它们的加入，使PC的韧性有了明显的提高。当 MBS 含量为15%时 PC 合金的缺口冲击强度为纯 PC 的30倍以上。而发生脆-韧转变时 PC/ACR 合金所需的 ACR 比 PC/MBS 合金所需的 MBS 少，且 PC/ACR 合金的冲击强度可达到纯 PC 的38倍以上。

（2）PC 合金的拉伸性能　由于纯 PC 的相对分子质量太小，并未达到屈服点即脆断，加入增韧剂后，合金均开始产生屈服，拉伸强度得到提高。随着增韧剂含量的增加，合金的屈服强度下降，但下降的幅度不大。由于增韧剂与 PC 的相容性不同、增韧剂自身性质差异等因素导致屈服强度提高的幅度不同。研究表明，ACR 的加入使 PC 的屈服强度提高幅度最大。

5. 效果

PE-g-MAH 与 PC 的相容性不好，增韧效果不显著。而 MBS 与 ACR 能很好地改善 PC 的冲击性能，且由于 ACR 与 PC 的相容性好于 MBS，因此 ACR 对 PC 的增韧效果优于 MBS。对 PC 合金损伤机理的研究表明，核-壳共聚物增韧 PC 的增韧机理为共聚物粒子的空洞化引发基体的剪切屈服。

（二）PC/ABS 的弹性体增韧改性

1. 原材料与配方（质量份）

PC	60	ABS	40
弹性体（马来酸酐接枝三元乙丙橡胶与苯乙烯丁二烯共聚物或增容剂）	5~10	其他助剂	适量

2. 共混物的制备

将 ABS 和 PC 分别在90℃和120℃下在热风循环干燥箱中干燥5h 后，将各组分按配方称好，在 ϕ58mm 双螺杆挤出机上挤出造粒，加工温度为235℃，螺杆转速为140r/min。

3. 性能

弹性体增韧效果优于增容剂，其中马来酸酐接枝三元乙丙橡胶好于苯乙烯丁二烯嵌段共聚物。如对表3-20中2号组合，当 PC/ABS 质量比为60/40时，弹性体的增韧使拉伸强度在下降约14MPa 的前提下，缺口冲击强度升高了约29kJ/m^2，断裂伸长率由24%提高到41%。由此可表明，与拉伸强度的损失相比，增韧效果尚不十分理想。

表3-20　增容剂及其质量分数

序号	增容剂质量分数（%）	马来酸酐接枝三元乙丙橡胶质量分数（%）	苯乙烯丁二烯嵌段共聚物质量分数（%）
1	0	0	0
2	0	10	0
3	0	0	10
4	10	0	0
5	5	10	0
6	5	5	0
7	5	0	10
8	5	0	5

对 PC/ABS 质量比为 60/40 的组分，与未加以改性的 PC/ABS 合金相比，拉伸强度下降约 14MPa 时，缺口冲击强度升高了约 $37kJ/m^2$，断裂伸长率由 24% 提高到 53%。对 8 号组合，同样就 PC/ABS 质量比为 60/40 的组分，其拉伸强度下降约 6MPa 时，缺口冲击强度升高了 $28kJ/m^2$，断裂伸长率提高到 39%，与前述 2 号组合比较，显示出更好的综合性能，另一对组合的作用则不明显。

适当的弹性体与增容剂组合改善了组分之间的溶混性，对 PC/ABS 合金增韧出现协同作用，优于单独的增韧效果，且可减小材料在强度方面的损失，因此可优化材料综合性能，降低材料成本，扩大材料应用范围。

（三）增韧聚碳酸酯

1. *原材料与配方*（质量份）

PC	100	增韧剂（KT-30、KM-355P、AX-8900）	5.0
分散剂	5～6	其他助剂	适量

2. *制备方法*

先将干燥好的 PC、增韧剂和各种助剂在高速混合机中混合均匀，然后将混合均匀的物料投入双螺杆挤出机中进行熔融挤出造粒，PC 增韧挤出加工温度范围为 240～250℃，将挤出的粒料在 100℃下干燥 8h，用注射机将改性 PC 颗粒注射成标准试样，注射温度为 240～250℃，挤出机主机转速为 900r/min。

3. *性能*

表 3-21 是不同用量的 KT-30 对 PC 力学性能的影响。

表 3-21　KT-30 用量对 PC 力学性能的影响

KT-30 用量（%）	拉伸强度/MPa	断裂伸长率（%）	弯曲强度/MPa	冲击强度 $/kJ \cdot m^{-2}$	熔体流动速率 $/g \cdot (10min)^{-1}$
0	66.1	53.0	78.9	8.2	21.8
2.5	62.0	90.5	73.5	30.7	27.7
5.0	60.0	95.8	72.0	40.8	27.4
7.5	55.7	97.6	68.0	41.1	25.1
10.0	52.5	95.4	67.7	41.9	24.6

由表 3-21 可知，增韧剂用量选择 5.0% 为宜，此时断裂伸长率由 53.0% 增加到 95.8%，提高了 80%，冲击强度由 $8.2kJ/m^2$ 增加到 $40.8kJ/m^2$，提高了近 4 倍，拉伸强度由 66.1MPa 降低到 60.0MPa，降低了 10%。

表 3-22 是用量为 5% 的不同增韧剂和 PC 共混后的力学性能比较。从表 3-22 中的数据可以得出，各增韧剂都具有一定的增韧效果。KT-30 的拉伸强度、弯曲强度和冲击强度最大，分别达到 60.0MPa、72.0MPa 和 $40.8kJ/m^2$；其次是 AX-8900，分别达到了 58.8MPa、71.2MPa 和 $39.1kJ/m^2$；最小的是 KM-355P，分别达到 57.6MPa、70.2MPa

和36.9kJ/m²。AX-8900断裂伸长率最好，达到98.0%，其次是KM-355P，达到96.3%，最小的是KT-30，达到95.8%。相比较而言，双官能化PC增韧剂KT-30的增韧效果优于其他增韧剂，其增韧过的PC拉伸强度和弯曲强度损失相比其他增韧剂最少，且冲击强度提升的最高。

表3-22 不同增韧剂对PC力学性能的影响

增韧剂种类	拉伸强度/MPa	断裂伸长率（%）	弯曲强度/MPa	冲击强度/$kJ \cdot m^{-2}$	熔体质量流动速率/$g \cdot (10min)^{-1}$
KT-30	60.0	95.8	72.0	40.8	27.4
KM-355P	57.6	96.3	70.2	36.9	23.1
AX-8900	58.8	98.0	71.2	39.1	28.1

由表3-23可以看出，用KT-30改性后的PC的耐应力开裂明显好于其他增韧剂改性过的PC。

表3-23 不同增韧剂对PC耐应力开裂的影响

增韧剂种类	浸泡时间/min	冲击强度/$kJ \cdot m^{-2}$
KT-30	1	39.1
	2	35.7
KM-355P	1	27.2
	2	7.6
AX-8900	1	36.6
	2	11.9

由于KT-30具有良好的分散性，可直接与PC进行共混注射改性，而且其力学性能与挤出造粒后注射改性相差不大，可节省大量的生产加工时间。而其他增韧剂不具有此功能，比较结果见表3-24。

表3-24 KT-30增韧PC共混注射与挤出注射的力学性能比较

KT-30改性工艺	拉伸强度/MPa	断裂伸长率（%）	弯曲强度/MPa	冲击强度/$kJ \cdot m^{-2}$	熔体质量流动速率/$g \cdot (10min)^{-1}$
共混注射	62.5	95.0	73.1	39.6	27.0
挤出注射	60.0	95.8	72.0	40.8	27.4

4. 效果

1）随着KT-30用量的增加，PC冲击强度明显提高，当增韧剂用量达到5%时，冲击强度提高了近4倍，且其他力学性能损失较小，达到了增韧PC的要求。

2）KT-30在提高PC冲击强度的同时，更好地改善了其耐应力开裂性能，明显优于其他增韧剂。

3）KT-30可直接与PC共混注射，减少了挤出造粒过程，可大量节省生产时间。

（四）马来酸酐接枝三元乙丙橡胶增韧AES/PC

1. 原材料与配方（质量份）

PC	70	丙烯腈-三元乙丙橡胶-苯乙烯（AES）	30
马来酸酐接枝三元乙丙橡胶（EPDM-g-MAH）	3~5	其他助剂	适量

2. 制备方法

将三种AES树脂和PC树脂干燥后，按AES: PC = 70: 30的比例共混挤出造粒，挤出温度从一区到六区分别为220℃、225℃、230℃、235℃、240℃、235℃，制备了橡胶含量分别为21%、25.2%和29.4%的三种AES/PC共混物（分别记为AES1/PC、AES2/PC、AES3/PC），然后将AES/PC共混物分别与0份、1份、3份、5份、7份、9份EPDM-g-MAH混匀，挤出造粒，挤出温度从一区到六区分别为220℃、225℃、230℃、235℃、240℃、235℃；将粒料在80℃下干燥12h后经注射机注射，注射温度从一区到五区分别为230℃、235℃、240℃、245℃、240℃，制成标准样条以备测试。

3. 性能（表3-25）

表3-25　自制AES树脂的基本性能

树脂	橡胶含量（%）	热变形温度/℃	拉伸强度/MPa	缺口冲击强度/$kJ \cdot m^{-2}$
AES1	30	84.9	44.77	4.81
AES2	36	85.8	38.22	7.78
AES3	42	85.4	32.41	9.38

4. 效果

1）EPDM-g-MAH加入AES/PC共混物中后，能与共混物中PC末端羟基反应，从而起到反应性增容作用，改善AES/PC共混物的界面。

2）一定量的EPDM-g-MAH能对低橡胶含量的AES/PC（70/30）共混物起到很好的增容作用，可明显细化其中PC相尺寸，使其分散更均匀，增容后共混物能在保持较高拉伸强度时同时，冲击强度得到明显提升。

3）EPDM-g-MAH引入高橡胶含量的AES/PC共混物中后，反而使得其PC相尺寸粗化。

4）EPDM-g-MAH加入AES/PC共混物中后，对共混物热变形温度的影响不大。

（五）PP-g-MAH增韧PC

1. 原材料与配方（质量份）

PC	98	PP	2.0
聚丙烯接枝马来酸酐（PP-g-MAH）	5.0	三元乙丙橡胶接枝甲基丙烯酸缩水甘油酯（EPDM-g-GMA）	5.0
其他助剂	适量		

2. 制备方法

将原料PP在80℃烘箱中烘干2h，原料PC在120℃下烘干4h。共混物按照一定的比例确定配方挤出造粒，之后注射成型。

为研究在一定配比下不同改性剂对共混试样的影响，用PC分别与PP-g-MAH、EP-

DM-g-GMA 共混制得试样，来探究相同配比下 PC/PP、PC/PP-g-MAH 及 PC/EPDM-g-GMA 试样的性能。

3. 性能（表 3-26）

表 3-26　不同改性剂对 PC 力学性能的影响

体系	拉伸强度/MPa	弯曲强度/MPa	冲击强度/J·m^{-2}
PC/PP	53.40	64.01	26.98
PC/PP-g-MAH	57.27	66.76	272.01
PC/EPDM-g-GMA	56.28	66.37	289.25

从表 3-26 中可明显看出，在质量比为 98∶2 的共混比下，PC 分别与 PP、PP-g-MAH 及 EPDM-g-GMA 共混合，PC/PP 共混后试样拉伸强度低于接枝物与 PC 共混所得试样的拉伸强度，而且相差很大，说明用接枝物来改性可提高试样的拉伸强度。共混试样的弯曲强度相对 PC/PP 有所提高，PC/PP-g-MAH 共混试样的弯曲强度高些。

4. 效果

1）PC 的加工流动性较差，加入不同配比的 PP 与 PC 共混后，根据测试结果，试样加工流动性有较大提高。

2）与 PC/PP 相比，在相同的配比条件下，PP-g-MAH 或 EPDM-g-GMA 与 PC 共混后，共混物的力学性能得到提高，并且其加工流动性也有较大的提高，综合性能较 PC/PP共混物有明显增强。SME 观察试样发现 PC/EPDM-g-GMA 两相的黏着力比 PC/PP 有很大改善，相容性也有明显提高。

二、合金化改性

（一）PC/HDPE/EVA 共混合金

1. 原材料与配方（质量份）

HDPE 为 100 份，PC 为 10～30 份，EVA 为 10～30 份。其中，HDPE 为定值（100 份），当不添加 EVA 时，以 PC 为变量；当 PC 加入 20 份时，以 EVA 为变量，分别研究 PC 改性 HDPE 以及 EVA 用量对 HDPE/DC 合金的性能影响。

2. 制备方法

（1）工艺条件与参数设置　塑料注射机，注射温度设定（由加料段至口模段）为 140℃、180℃、220℃、265℃、280℃、270℃，注射压力为 75MPa，注射周期 53s；拉伸试验机，拉伸速度 45mm/min；热变形试验仪，介质硅油，升温速度为 120℃/h，负荷 1kg；MFR 测试仪，砝码重 5kg，设定温度为 190℃；单螺杆塑料挤出机，设定温度（由加料段至口模）为 140℃、190℃、230℃、240℃、260℃、270℃，螺杆转速为 60r/min。

（2）工艺流程　其工艺流程如图 3-1 所示。

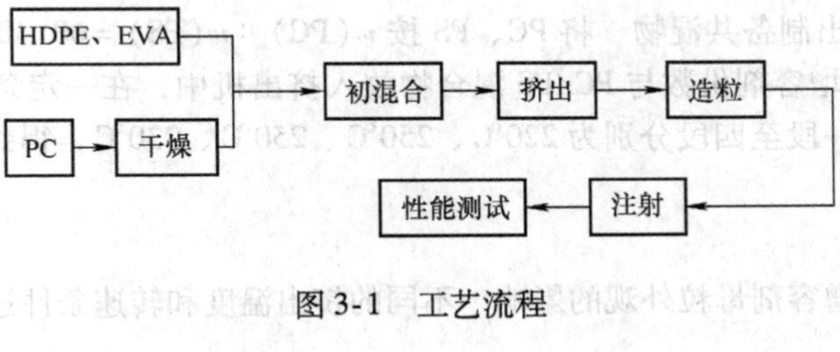

图 3-1　工艺流程

3. 性能

从表3-27中可以看到，EVA用量相同时，尽管HDPE与PC的形态和结构相差很大，属于极不相容共混体系，但共混物的拉伸强度仍然随着PC含量的增加而增加。产生这种结果的原因尚不明确。PC用量相同时，加入15份EVA的拉伸强度小于未加入EVA共混合金的拉伸强度，这是由于EVA本身的强度低造成的。

表3-27　拉伸强度及断裂伸长率测试结果

HDPE用量（质量份）	PC用量（质量份）	EVA用量（质量份）	断裂伸长率（%）	拉伸强度/MPa
100	0	0	92.1	25.30
100	10	0	114.2	25.73
100	15	0	131.7	26.45
100	20	0	165.8	27.38
100	25	0	147.2	28.05
100	30	0	137.4	28.68
100	10	15	33.3	22.88
100	15	15	65.1	22.55
100	20	15	55.2	24.23
100	25	15	35.4	24.83
100	30	15	21.8	25.83

4. 效果

1）随PC用量的增加，HDPE/PC共混合金的熔体流动速率（MFR）也减小，缺口冲击强度增大，拉伸强度增大，维卡软化点变化不大。说明PC能够提高HDPE的强度，但同时也使体系的加工性能变差。

2）EVA能够改善合金体系的加工流动性和冲击强度，但是会明显降低合金体系的拉伸性能和软化点。

（二）PC/PS共混合金

1. 原材料与配方（质量份）

PC	60	PS	40
PMA-St-PC	25	其他助剂	适量

2. 制备方法

（1）反应性挤出合成增容剂母粒　将马来酸酐（MA）、苯乙烯（St）、PC、过氧化苯甲酰混合，放入塑料挤出机的漏斗中，在一定温度和转速条件下进行反应性挤出，合成PMA-St-PC增容剂母粒。

（2）共混挤出制备共混物　将PC、PS按 $w(\mathrm{PC}):w(\mathrm{PS})=60:40$ 的比例混合，按一定PMA-St-PC增容剂份数与PC/PS混合物放入挤出机中，在一定条件下进行挤出共混，挤出温度：一段至四段分别为220℃、250℃、250℃、230℃，得到PC/PS/PMA-St-PC共混物。

3. 性能分析

合成工艺对增容剂母粒外观的影响　不同的挤出温度和转速条件进行反应性挤出合

成增容剂母粒，其外观见表 3-28。

表 3-28　不同合成工艺条件下合成的增容剂母粒外观

工艺条件	温度/℃				转速/r · min^{-1}	产物色泽
	一段	二段	三段	四段		
合成工艺 1	240	250	250	160	10	无色、透明
合成工艺 2	240	250	250	160	20	略带白色，不透明
合成工艺 3	250	260	260	170	10	略带黄色，半透明
合成工艺 4	250	260	260	170	20	浅黄色

由表 3-28 可知，在较低的转速条件下和较低的挤出温度条件下，产物的色泽较浅，几乎可达到无色、透明。若转速较低，温度较高，则 MA 易分解，导致产物的色泽较深；若转速高，温度较低，则 MA-St 共聚反应可能不完全，尽管色泽较浅，但几乎不透明，呈白色；若转速和温度都较高，则产物色泽仍较深，这是因为 MA 分解所致。所以合成 PMA-St-PC 增容剂母粒较好的工艺条件为合成工艺 1。试验中还发现，加入增容剂母粒可改善 PC/PS 共混体系的外观，PC/PS 合金体比未加前表面更光洁，透明性更好。

4. 效果

1）加工工艺对反应性挤出合成 PMA-St-PC 增容剂母粒的外观有一定的影响，调节合适的温度和转速，增容剂母粒的透明性更好。加入增容剂母粒可改善 PC/PS 合金体系的外观，使 PC/PS 合金体比未加前表面更光洁，透明性更好。

2）增容剂母粒的加入，提高了 PC/PS 合金体系的相容性，熔体流动速率显著增加，即流动性增加，添加 25 份增容剂母粒，PC/PS 合金体系熔体流动速率最高可达 85g/(10min)。

3）增容剂母粒的加入，使 PC/PS 合金体系的冲击强度和弯曲强度也得到了增强，弯曲强度在增容剂母粒份数为 25 时达到最大。但当增容剂母粒份数 >25 时，弯曲强度有所下降。

（三）PC/ABS 合金

1. 原材料与配方（表 3-29 和表 3-30）

表 3-29　PC/ABS 合金组成试验配方（质量份）

试样编号	PC	ABS	增容剂（SAG-002）	抗氧剂（1010）	抗氧剂（168）
1#	0	100	0	0.1	0.2
2#	20	80	2	0.1	0.2
3#	40	60	2	0.1	0.2
4#	60	40	2	0.1	0.2
5#	80	20	2	0.1	0.2
6#	100	0	0	0.1	0.2

表 3-30　PC/ABS 合金不同增容剂试验配方（质量份）

试样编号	增容剂（SAG-002）	增容剂（S-2001）	抗氧剂（1010）	抗氧剂（168）
7#	0	0	0.1	0.2
8#	2	0	0.1	0.2
9#	4	0	0.1	0.2
10#	6	0	0.1	0.2
11#	0	2	0.1	0.2
12#	0	4	0.1	0.2
13#	0	6	0.1	0.2

2. 制备方法

将 ABS 与 PC 分别在 90℃和 110℃下鼓风干燥 12h，然后按表 3-29 和表 3-30 中的比例分别在高速混合机中混合，用双螺杆挤出机熔融共混挤出、冷却、切粒，所得粒料再在 90℃下鼓风干燥 10h 后注射成标准试样。

挤出工艺条件：螺杆转速为 180r/min，进料转速为 170r/min，螺杆造粒温度为 230～250℃，机头温度为 250℃。

注塑工艺条件：一区至三区温度分别为 255℃、260℃、270℃，喷嘴温度为 260℃，保压时间为 8s，冷却时间为 15s，注射压力为 70MPa。

3. 性能

由表 3-31 和表 3-32 可知，未加入增容剂时，PC 与 ABS 的 ΔT_g 为 30.31℃；加入 4 份增容剂 S-2001 时，PC 与 ABS 的 ΔT_g 下降至 29.86℃，说明加入 4 份增容剂 S-2001 时，其起到的相容效果最好。

表 3-31　SAG-002 不同用量下 PC/ABS 合金的玻璃化转变温度 T_g（单位：℃）

SAG-002 用量（质量份）	T_g（ABS）	T_g（PC）	ΔT_g
0	112.46	142.77	30.31
2	112.13	141.85	29.72
4	112.23	142.36	30.13
6	112.11	141.99	29.88

表 3-32　S-2001 不同用量下 PC/ABS 合金的玻璃化转变温度 T_g（单位：℃）

S-2001 用量（质量份）	T_g（ABS）	T_g（PC）	ΔT_g
0	112.46	142.77	30.31
2	111.90	142.16	30.26
4	112.42	142.28	29.86
6	112.69	142.85	30.16

4. 效果

1）在增容剂 SAG-002 用量为 2 份时，随着 PC 用量的增加，PC/ABS 合金的力学性能随之提高。

2）在 PC/ABS 质量比为 80/20 时，增容剂 SAG-002 和增容剂 S-2001 的加入会导致

PC/ABS 合金的强度下降。

3）增容剂 S-2001 对 PC/ABS 合金有明显的增韧效果。

4）在 PC/ABS 质量比为 80/20 情况下，加入 2 份增容剂 SAG-002 和 4 份增容剂 S-2001时，PC 与 ABS 的 ΔT_g 分别为最小，PC/ABS 合金的相容性达到最佳状态。

三、填充改性与增强改性

（一）凹凸棒土填充改性 PC/PP 合金

1. 原材料与配方（质量份）

PC	80~100	凹凸棒土（AT 粉体）	1~5
PP	10	PP-MAH	10
相容剂	5~6	其他助剂	适量

2. 制备方法

（1）AT 的表面改性　称取一定量的凹凸棒土，加入适量去离子水，高速搅拌 10min 呈悬浮状态，去除沉淀的粗矿物杂质；在 80℃下加热悬浮液，滴加表面改性剂硅烷 AG-102 的水溶液，保持高速搅拌 3h；将处理物反复抽滤、洗涤数次，经干燥后粉碎过筛。

（2）AT/PP 母料的制备　在与 PP 复合前，首先将 AT 置于真空烘箱中在 105℃下干燥 5h，将 PP 和 AT、分散剂 EVA 蜡按一定比例在高速搅拌机中进行初混，混合均匀后使用德国 WP 公司 ZSK-25WLE 型（$L/D=48$，$D=35$mm）双螺杆挤出机造粒，机筒各段温度：210℃、215℃、225℃、225℃、220℃（机头），螺杆转速为 200r/min。

（3）AT/PP/PC 复合材料的制备　PC 树脂经 120℃真空烘箱干燥 6h 后与 AT/PP 母料、PP 树脂及增容剂 PP-MAH 按一定比例混合，使用同样双螺杆挤出机造粒，机筒各段温度：255℃、260℃、275℃、275℃、270℃（机头），螺杆转速为 200r/min。所得粒料干燥后，使用 CJISONC-Ⅱ型注射机制成标准测试样条。

3. 性能

表 3-33 中对 PC、PP/PC、AT/PP/PC 复合体系的力学性能进行了比较。

表 3-33　PC 复合材料与 PC 力学性能的比较

性能	AT/PP/PP-MAH/PC（质量份）			
	0/0/0/100	0/20/0/80	0/10/10/80	2/10/10/80
悬臂梁缺口冲击强度/kJ·m^{-2}	9.2±0.4	8.3±0.3	16.1±0.6	21.8±0.8
拉伸屈服强度/MPa	66.4±0.3	52.8±0.3	48.3±0.2	47.9±0.2
拉伸断裂强度/MPa	50.6±0.3	42.9±0.2	41.4±0.2	48.8±0.2

4. 效果

1）采用两步法熔融共混工艺，实现了在 PC 复合材料中具有核-壳结构分散相包容粒子的设计。即将经过偶联剂表面改性的 AT 与 PP 制成母料，然后将母料添加到 PC 树脂中，可使其在剪切力场的作用下形成以 AT 为核、PP 为壳的相包容粒子。

2）这种核-壳结构的分散相对 PC 树脂有良好的增韧作用，并且较 PP/PC 合金体系强度有一定提高。

3）在AT/PP/PC三元共混体系中，可以通过PP相周围基体产生空穴，诱发基体发生屈服形变，分散相被取向、拔出，PP相内AT对分散相的增强作用耗散冲击能。

（二）玻璃纤维增强PC/PBT合金

1. 原材料与配方（质量份）

PC	30～90	PBT	10～70
玻璃纤维	20～40	偶联剂	0.5～1.0
抗氧剂	0.5～1.5	其他助剂	适量

2. 制备方法

将物料放在烘箱中进行干燥，其中，PC和PBT在120℃下干燥6h，玻璃纤维在80℃下干燥4h，增韧剂在60℃下干燥6h。物料经过充分干燥之后，通过双螺杆挤出机混合造粒，双螺杆挤出机加热段各区的温度分别为200℃、220℃、240℃、250℃、250℃、250℃、250℃、250℃、250℃，机头温度为245℃。从主喂料加入PC、PBT、增韧剂和抗氧剂，从侧喂料加入玻璃纤维。通过调控主喂料中各组分的比例，以及主喂料和侧喂料的喂料速率，实现玻璃纤维在共混物中的含量为10%，增韧剂含量为5%，抗氧剂含量为0.5%，具体的物料组成见表3-34。作为比较，纯PBT也在相同的挤出参数下从挤出机中挤出。

表3-34　不同组成比例下PC/PBT合金的物料组成

PC/PBT（质量比）	PC含量（%）	PBT含量（%）	玻璃纤维含量（%）	增韧剂含量（%）	抗氧剂含量（%）
90/10	76.05	8.45	10	5	0.5
80/20	67.6	16.9	10	5	0.5
70/30	59.15	25.35	10	5	0.5
50/50	42.25	42.25	10	5	0.5
30/70	25.35	59.15	10	5	0.5

将挤出所得混合粒料在120℃的鼓风烘箱中干燥6h，然后在一定条件下注射成标准试样。注射制得的试样在室温下静置24h后再进行性能测试和结构表征。

3. 性能与效果

不同PC/PBT组成比例下PBT升温过程中的熔融焓ΔH_m和冷结晶焓ΔH_{cc}，见表3-35。各个试样中PBT的结晶度X_c，见表3-36。

表3-35　PC/PBT合金及纯PBT的差示扫描量热仪（DSC）熔融曲线相关数据

PC/PBT（质量比）	ΔH_m/J·g^{-1}	ΔH_{cc}/J·g^{-1}	$(\Delta H_m-\Delta H_{cc})$/J·g^{-1}
90/10	5.7	3.9	1.78
80/20	9.2	5.1	4.1
70/30	13.9	3.2	10.7
50/50	22.8	1.9	20.9
30/70	34.0	0	34.0
0/100	36.1	0	36.1

表 3-36 不同 PC/PBT 组成比例的合金和纯 PBT 的 X_c

PC/PBT（质量比）	X_c
90/10	14.5
80/20	17.0
70/30	29.6
50/50	34.6
30/70	40.2
0/100	25.4

表 3-37 列出了不同 PC/PBT 组成比例下合金的热变形温度（HDT）。随着 PBT 含量的提高，合金的 HDT 呈现先降低后增高的变化趋势，并在 PC/PBT＝70/30 时达到最低值 99.7℃。

表 3-37 不同 PC/PBT 组成比合金的 HDT

PC/PBT（质量比）	HDT/℃
90/10	120.3
80/20	106.6
70/30	99.7
50/50	101.5
30/70	109.3

（三）晶须增强 PC 复合材料

1. 原材料与原材料（质量份）

PC	100	晶须硅	2.0～5.0
偶联剂	0.5～1.0	其他助剂	适量

2. 制备方法

将 PC 置于 120℃的电热鼓风干燥箱中干燥 8h，然后装入塑料袋中密封，防止原料再次受潮。用无水乙醇稀释硅烷偶联剂 KH-550（偶联剂的用量为填料质量的 1%），在填料表面雾状喷入稀释后的偶联剂，将溶剂烘干备用。根据配方称取 PC 和表面处理过的晶须硅填料，经高速混合机混合均匀后，在双螺杆挤出机中挤出造粒，将粒料置于 120℃的电热鼓风干燥箱中干燥 8h 后，测试材料的热分解温度、熔体流动速率和流变性能，双螺杆挤出机自加料段开始各段温度依次为 245℃、260℃、265℃、270℃、280℃、280℃、275℃、275℃，螺杆转速为 45r/min。在平板硫化机中将造粒后的材料压制成板材，压制温度为 260℃、压力为 13MPa，时间为 6min，然后制样，并测试材料的热变形温度、力学性能和抗划伤性能。

3. 性能

当添加少量的晶须硅时，改性 PC 体系的抗划伤性能无明显改善，随着晶须硅含量的增加，改性 PC 体系的抗划伤性能有所提高，但当晶须硅含量大于 4% 时，改性 PC 体系的抗划伤性能基本保持不变。

随着晶须硅含量的增加，PC 体系的热变形温度随之上升，但增长趋势逐渐变缓。

这是因为：晶须硅具有显著的增强作用，经硅烷偶联剂改性后的晶须硅与PC的相容性较好，能够在PC体系中均匀分散，当外界弯曲应力施加在复合材料上时，晶须硅在PC基体中能够承受较大的弯曲应力，使复合材料抵抗外界弯曲变形应力的能力增强，所以其热变形温度升高。但随着晶须硅含量的增多，晶须硅在PC体系中的分散效果会受到一定的影响，所以随着晶须硅含量的增多，热变形温度的增长趋势逐渐变缓。

随着晶须硅含量的增加，改性PC体系的拉伸强度明显上升。

随着晶须硅含量的增加，PC体系的缺口冲击强度和断裂伸长率均呈现先上升后下降的趋势。其中，在晶须硅含量为5%时，PC的断裂伸长率和缺口冲击强度均达到最大值，分别为7.62%kJ/m^2和7.32kJ/m^2。这是因为：纤维增强型复合材料吸收冲击能的方式分为树脂变形和裂纹扩展至断裂、纤维抽出以及纤维断裂三种，PC体系在冲击载荷作用下的变形能力具有差异，而PC基体较大的变形导致沿纤维弯曲方向产生间隙，因此，一方面将使纤维抽出时吸收的能量减小，另一方面则降低了纤维断裂的可能性，即相当于增加了纤维的临界断裂长度。当晶须硅含量小于5%时，可以认为树脂变形在复合材料缺口冲击强度中的贡献占主导地位；而当晶须硅含量高于5%时，树脂含量减少，导致纤维从树脂中抽出更加容易。另外，晶须硅的端部是裂纹增长的引发点，当晶须硅含量达到一定程度后，继续增加其含量，将会降低材料的冲击强度和断裂伸长率。

改性PC体系熔体为假塑性流体，随着晶须硅含量的增加，体系的黏度和线性相关系数K值逐渐下降，非牛顿指数n值逐渐增大，即非牛顿性减小，剪切速率对体系黏度的影响减小，改性PC体系可以在较宽的剪切速率范围内加工成型。

4. 效果

在晶须硅改性PC体系中，当晶须硅含量小于5%时，随其含量的增加，改性PC体系的拉伸强度、断裂伸长率、缺口冲击强度和流变性能呈现上升的趋势；但当晶须硅含量大于5%时，随其含量的增加，改性PC体系的拉伸强度、熔体流动性能和流变性能继续上升，但缺口冲击强度和断裂伸长率却呈现下降的趋势。综上所述，当晶须硅含量为5%时，改性PC体系的综合性能最好，其拉伸强度为66.03MPa，断裂伸长率为7.62%，缺口冲击强度为7.32kJ/m^2，K值为736.631，n值为0.843。

（四）玻璃纤维增强改性PC/PBT共混合金

1. 原材料与配方（质量份）

PC	30～40	PBT	60～70
ACR（KM355P）	15	亚磷酸三苯酯	1～2
无碱玻璃纤维	30～40	偶联剂	1～2
其他助剂	适量		

2. 制备方法

将PC、PBT在110℃下鼓风干燥16h，然后按比例称取PC、PBT、ACR及其他助剂，经高速搅拌混合机预混合3min，用双螺杆挤出机熔融共混挤出，并在共混挤出过程中在双螺杆挤出机的第二加料口加入（30±2)%的无碱玻璃纤维，料条经自来水冷却后用切粒机切粒。共混工艺的转速为150r/min，加热段各区温度：一区为220℃，二区为230℃，三至六区为240℃，机头为245℃。

共混粒料在120℃下鼓风烘箱中干燥（料层厚度小于2.5cm）后，注射成标准试样，注射温度为230～260℃。

3. 结构分析

从亚磷酸三苯酯加入量为1.0%时，不同组成共混体系试样在液氮中冷冻折断后的SEM照片中看不出PBT与PC间的明显相界面，表明共混体系中PBT与PC的相容性较好；同时，可以观察到少量的微孔，这可能是由于PBT与PC共混时发生了副反应酸解而释放出CO_2引起的。从共混体系在三氯乙烷中刻蚀前后的电镜照片中可以看出有大量孔洞为刻蚀前的PC相，孔洞尺寸为0.2～1μm，孔洞形状规则，表明分散相PC在共混体系中分散均匀，进一步说明PBT与PC相容性好。

4. 性能

改变共混体系中PC与PBT的含量，测试共混体系的力学性能，结果见表3-38。由表3-38可见，在PBT/PC共混体系中，热变形温度随PBT含量的增加先降低，然后再升高，这是由于PBT的结晶度受PC的影响，PC含量越高，对PBT结晶的影响越大。当PBT在共混体系中含量不大时，由于PC的影响，PBT的结晶度小，根据共混体系性能的加和法则，共混体系的热变形温度随PBT含量的增加而降低，并低于纯PC的热变形温度，直到PBT为主要组分时，PC对PBT的结晶影响减小，热变形温度升高。随着PBT组分含量的增加，共混体系的热变形温度接近玻璃纤维增强PBT的热变形温度。

表3-38 原料配比对共混体系力学性能的影响

PBT∶PC	拉伸强度/MPa	断裂伸长率（%）	简支梁冲击强度/$kJ\cdot m^{-2}$	简支梁缺口冲击强度/$kJ\cdot m^{-2}$	弯曲强度/MPa	弯曲模量/MPa	热变形温度(1.82MPa)/℃	玻璃纤维含量（%）
90∶10	—	—	44	11	149	6350	117.5	29
80∶20	97.4	9.1	48	12	134	6451	103.8	28
70∶30	101	8.3	46	13	153	7144	90.8	30
60∶40	99.3	9.3	54	13	136	6978	82.2	31
50∶50	99.2	7.8	39	13	148	7311	121.2	33
40∶60	101	7.7	42	13	145	7396	126.1	32
30∶70	101	7.9	43	13	146	7638	150.9	34
20∶80	102	9.5	51	14	155	7175	164.5	33

注：ACR用量为15份。

PC含量很少时，PBT和PC部分相容；PC含量占30%～40%时，则完全相容，若PC含量比较多而又少于30%，PBT/PC共混体系成为PBT、PC、PBT/PC相容物的共混体系。由表3-38可看出，改变共混体系的组成，除热变形温度外，共混体系的其他性能变化不大，说明共混体系中加入ACR后，PBT与PC在更宽的组成范围内有比较好的相容性。

5. 效果

1）抗冲改性剂 ACR 的加入，使 PBT/PC 共混体系的冲击强度明显提高，但降低了共混体系的其他力学性能，如拉伸强度、弯曲强度以及弯曲模量。同时，ACR 的加入，使 PBT/PC 共混体系的相容性提高。

2）加入少量亚磷酸三苯酯后，由于不同程度地抑制了酯交换反应的发生，PBT/PC 共混体系的相容性有所降低，表现为力学性能不同程度的降低。当亚磷酸三苯酯加入量为 1.5% 时，酯交换反应已基本被抑制住。

四、纳米改性

（一）核-壳结构和层状结构纳米改性 PC

1. 原材料与配方（质量份）

PC（IR-2200）	100	甲基丙烯酸甲酯/丙烯酸丁酯	10～20
十二烷基苯磺酸钠	5～10	KH-570 偶联剂	1～2
纳米 SiO_2 或 $CaCO_3$ 或钠基蒙脱土	2～5	其他助剂	适量

2. 制备方法

（1）纳米 SiO_2 和纳米 $CaCO_3$ 的表面处理　将纳米 SiO_2 或纳米 $CaCO_3$ 在真空烘箱中于 105℃ 干燥 2h，称取 10g 加入装有 300mL 二甲苯的圆底烧瓶中，加入 3g KH-570，通 N_2 保护，在二甲苯的回流温度下回流 4h，冷却，过滤。将过滤得到的纳米 SiO_2 或纳米 $CaCO_3$ 用 300mL 二氯甲烷作为洗涤液在索氏提取器中提取 10h，再于 60℃ 下真空干燥 24h，研磨，备用。

（2）改性剂的制备　在装有搅拌器、冷凝管，并通 N_2 的 2L 三口烧瓶中加入 1000mL 去离子水、20g MMT（或表面处理过的纳米 SiO_2、纳米 $CaCO_3$）、10g 十二烷基苯磺酸钠，加热到 70℃ 后一次性加入 1g 过硫酸铵，在 0.5h 内滴加由 90g 丙烯酸丁酯和 0.9g 二乙烯基苯配成的混合液，反应 2h，再在 0.5h 内滴加 90g 甲基丙烯酸甲酯，反应 4h，冷却，过滤，喷雾干燥得到白色粉末。将含纳米 SiO_2、纳米 $CaCO_3$、MMT 的改性剂分别称为纳米 SiO_2 改性剂、纳米 $CaCO_3$ 改性剂和 MMT 改性剂。

（3）PC 合金的制备　先将 PC 于 100℃ 真空干燥 12h，改性剂于 80℃ 真空干燥 12h。将干燥过的 PC 和改性剂以 9:1 的质量比机械混合后，用双螺杆挤出机挤出，加工温度为 230～250℃，螺杆转速为 25r/min。再用注射机加工成拉伸、弯曲和冲击试样，注射温度为 250℃，模具温度为 80℃。

3. 结构分析

（1）纳米 SiO_2 改性剂和纳米 $CaCO_3$ 改性剂的 TEM 照片　从纳米 SiO_2 改性剂和纳米 $CaCO_3$ 改性剂的 TEM 照片中可以看出，纳米 SiO_2 和纳米 $CaCO_3$ 以纳米尺寸分散在聚合物中，分散都非常均匀，没有团聚现象。纳米 SiO_2 改性剂粒径为 20～50nm，纳米 $CaCO_3$ 改性剂粒径为 100～200nm，这两种改性剂可统称为具有核-壳结构的改性剂。

（2）MMT 改性剂的高分辨率电子显微镜（HREM）照片　从 MMT 改性剂的 HREM 照片中可以看出，聚合物已经插层到了 MMT 的层间。MMT 的层间距由原来的 1nm 增大到 2～3nm，形成了具有层状结构的有机聚合物/无机纳米粒子复合材料。这种改性剂可称为层状结构的改性剂。

4. 性能

纳米 SiO_2 改性剂和 MMT 改性剂均可以使 PC 的冲击强度得到较大幅度的提高，其中纳米 SiO_2 改性剂可以使 PC 的冲击强度提高约 50%，MMT 改性剂可以使 PC 的冲击强度提高约 45%，拉伸强度和弯曲强度基本不降低。这是由于当试样受到冲击力作用时，均匀分散在 PC 中的改性剂粒子吸收大量的能量，从而使冲击强度提高；而当试样受到拉伸和弯曲作用时，虽然 PC 合金中 PC 分子链不如合金化前容易取向，但改性剂粒子在拉伸变形和弯曲变形中仍可吸收大量的能量，导致拉伸强度和弯曲强度基本能与 PC 持平。

加入改性剂粒子后，PC 的加工性能均得到很大改善，最大扭矩和平衡扭矩都降低了，达到平衡扭矩的时间也缩短了，其中含有 MMT 改性剂和纳米 SiO_2 改性剂的 PC 合金的加工性能较好。

5. 效果

通过乳液聚合的方法制备了含有纳米 SiO_2 或纳米 $CaCO_3$ 的核-壳结构改性剂及含有 MMT 的层状结构改性剂，并利用这些改性剂对 PC 进行改性。纳米 SiO_2 改性剂使 PC 的冲击强度提高约 50%，MMT 改性剂使 PC 的冲击强度提高约 45%，加入改性剂后 PC 的拉伸强度和冲击强度基本不降低，加工性能得到很大改善。改性剂粒子在 PC 中均匀分散，使 PC 的分子链取向变得困难，拉伸和冲击断面变得粗糙且改性剂粒子在 PC 中成为应力集中点。

（二）烷基化纳米 SiO_2/MMA 改性 PC

1. 原材料与配方（质量份）

PC	100	甲基丙烯酸甲酯（MMA）	10~15
KH-570 偶联剂	1~2	异丁醇	5~6
过硫酸钾	3~5	其他助剂	适量

2. 制备方法

（1）烷基化纳米 SiO_2 的制备　在强力分散机（SFJ-400，上海环境工程研究所生产）中加入定量已干燥的纳米 SiO_2、KH-570 及二甲苯，使其充分分散后移入置于油浴的三颈瓶中，通 N_2 保护，磁力搅拌加热并在二甲苯的回流温度下保持一定时间后结束反应。将物料移入烧杯静置分层，取出下层沉淀物，经丙酮洗涤后干燥得烷基化纳米 SiO_2。

（2）烷基化纳米 SiO_2/MMA 乳液聚合产物的制备　称一定量的烷基化纳米 SiO_2 于上述强力分散机中，加蒸馏水和少量的异丁醇作为分散剂充分分散后，移入水浴中的三颈瓶内，磁力搅拌回流，通 N_2 保护，待升温至反应温度后加入 $K_2S_2O_8$，再滴加精制的 MMA 进行无皂乳液聚合。反应结束后分离、洗涤、干燥。

（3）复合材料样条的制备　将已干燥的 PC 与乳液聚合产物混合，在双螺杆挤出机中共混挤出，所得粒料干燥后，于注射机上注射标准样条。

3. 结构

从乳液聚合产物经染色后的TEM照片中可看出，聚合产物近似为球形的乳胶粒子。可以看见乳胶粒子具有核-壳结构，键接有KH-570的纳米SiO_2即烷基化纳米SiO_2，在引发剂引发下与MMA进行乳液聚合时，因KH-570上含双键的大R基团包覆在粒子表面，而使SiO_2粒子能稳定地分散在水中，无论体系中有无乳化剂存在，根据“相似相容”原理，MMA单体总是趋向集中在SiO_2粒子表面，一旦水相中引发剂分解的自由基扩散到SiO_2表面，便引发大R基上的双键及MMA上的双键聚合，PMMA聚合物便包覆在粒子表面；因单体的亲水性大于聚合物，故剩余单体始终处于聚合物与水的界面上，聚合反应就在这一单体层内进行，最后形成以SiO_2为核、PMMA为壳的核-壳粒子。至此可以断定：照片中具有核-壳粒子结构的中心深色部分为纳米SiO_2，外围浅色部分为PMMA。试验中发现，壳层厚度可用单体用量、引发剂用量、聚合温度、聚合时间等因素来调控。当单体用量为10mL MMA/1L H_2O，引发剂用量为0.75g $K_2S_2O_8$/1L H_2O，聚合温度为70℃，聚合反应时间为3h，壳层平均厚度为20~50nm（电镜法），SiO_2占70%左右（灼烧法）。这种PMMA为壳层，核-壳间存在化学键连接的复合粒子在聚合物基体中既能良好地分散又能改善界面状况，必然会显著改善聚合物性能。

4. 性能

由表3-39可见，2号试样的冲击强度虽比3号试样纯PC有提高，但不太显著，因文中的核-壳粒子为SiO_2/PMMA结构，属刚性粒子，而刚性粒子为分散相的复合材料要达到增韧效果，其基体必须有适度的韧性，即要求刚性粒子的弹性模量E及泊松比μ与基体聚合物的E与μ有一定的匹配，否则难以体现增韧效果。经用适量的第三组分A来调节基体的弹性模量与泊松比，使两者的弹性模量E与μ更好地匹配后，体系在脆韧转变点附近，表现出很高的韧性，因而1号试样的缺口冲击强度高达53.71kJ·m^{-2}，为纯PC的13倍。

表3-39 PC复合材料与PC性能的比较

试样编号	PC/聚合产物/第三组分①的比例	缺口冲击强度/kJ·m^{-2}	拉伸屈服强度/MPa	断裂伸长率（%）	熔体表观黏度η_a/Pa·s（270℃，7.36×10^4Pa）	热分解温度/℃
1	100/4/6	53.71	64.37	80.1	393.3	491.16
2	100/4/0	7.16	61.96	64.5	593.3	477.12
3	100/0/0	4.12	63.09	76.5	747.8	473.69
4	100/0/6	24.78	54.68	78.0	748.2	461.27

① 第三组分为硬壳软核结构，对PC及PMMA有增容作用的有机高聚物，用量为4~10份为宜。

5. 效果

1）采用乳液聚合方法能使PMMA包覆在纳米SiO_2粒子表面，形成核-壳结构。

2）烷基化纳米SiO_2/MMA乳液聚合的乳胶粒子核-壳间存在化学键，当单体用量为10mL MMA/L1 H_2O，引发剂用量为0.75g $K_2S_2O_8$/1 L H_2O，聚合温度为70℃，聚合反应时间为3h，壳层平均厚度为20~50nm，SiO_2占70%左右（由灼烧法得到）。

3）烷基化纳米 SiO_2/MMA 乳液聚合物（即核-壳乳胶粒子）在适量第三组分配合下，使 PC 的缺口冲击强度、加工流动性、热分解温度均有大幅度提高，其改性效果非常显著。该体系的增韧机理属高韧化增韧理论范畴。

（三）纳米 TiO_2 改性 PC-PP 光扩散复合材料

1. 原材料与配方（质量份）

PC	70	PP	30
纳米 TiO_2	5~20	分散剂	2~5
其他助剂	适量		

2. 复合材料的制备

首先将在60℃下真空中干燥4h 的 PP 与纳米 TiO_2 进行预混，然后将 PP 与纳米 TiO_2 在双螺杆挤出机上熔融共混并造粒，制备出 TiO_2/PP 复合物，区域温度为 160~190℃，转速为60r/min，混合时间为8min。分别将 TiO_2/PP 复合物与 PC 在60℃和120℃下真空中干燥 4h 和 12h 后，按 PP/TiO_2 复合物与 PC 质量比为 3∶7 进行混合，并在双螺杆挤出机上进行熔融共混、造粒，制得最终样品，这一过程的区域温度为 220~250℃，转速为300r/min，混合时间为8min。

3. 微观结构

随着分散相中纳米 TiO_2 的质量分数从 0 增加到 20%，复合材料始终呈现出二元相分离的"海-岛"状结构，且分散相的形态与尺寸变得较为均一，平均直径逐渐变小。当 PP 中纳米 TiO_2 粒子质量分数大于 10% 时，分散相基本以 10μm 左右的液滴状分散在基体中，说明复合材料中的纳米 TiO_2 粒子起到了分散并固定分散相的作用，避免了小的分散相之间的相互融合。这一相分离的结构与光扩散复合材料的基本结构类似，分散相就相当于光扩散复合材料中的光扩散剂。而分散相在复合材料中的分布以及尺寸对于整个纳米 TiO_2/PC-PP 光扩散复合材料最终的光学性能有直接的影响。

4. 性能

当纳米 TiO_2/PC-PP 光扩散复合材料中添加纳米 TiO_2 后，初始热降解温度从 410℃提高到 420℃以上，而最终的残留量也由 3% 提高到了 13% 以上。这是因为纳米粒子的存在阻碍了聚合物链段的运动，从而阻碍了材料的热降解行为，提高了材料的热稳定性。当 PP 中纳米 TiO_2 的质量分数为5%时，纳米 TiO_2/PC-PP 光扩散复合材料的透光率达到 80%，雾度为 88%，此时复合材料的光扩散性能效好。

5. 效果

1）随着纳米 TiO_2 质量分数的增加，纳米 TiO_2/聚碳酸酯-聚丙烯（TiO_2/PC-PP）光扩散复合材料中分散相的尺寸与形态变得更加均一。

2）随着纳米 TiO_2 质量分数的增加，纳米 TiO_2/PC-PP 光扩散复合材料的总体结晶速率下降，且体系的表观 Avrami 指数数值变小。

3）纳米 TiO_2 的存在使得纳米 TiO_2/PC-PP 光扩散复合材料的初始热降解温度提高，

材料的热稳定性得到改善。

4）随着纳米 TiO_2 质量分数的增加，纳米 TiO_2/PC-PP 光扩散复合材料的透光率明显下降，光学雾度显著提高。当 PP 中纳米 TiO_2 的质量分数为 5% 时，纳米 TiO_2/PC-PP 光扩散复合材料的透光率达到 80%，雾度为 88%，此时复合材料的光扩散性能较好。

综上所述，纳米 TiO_2 在纳米 TiO_2/PC-PP 光扩散复合材料中，不仅在微观上参与了 PP 的结晶过程，也在一定程度上控制了分散相的形貌，而且最终影响了材料的热稳定性和光扩散性能。

（四）多壁碳纳米管/聚碳酸酯复合材料

1. 原材料与配方（质量份）

PC	100	多壁碳纳米管（MWNTs）	1.0～2.0
1-丁基-3-甲基咪唑六氟磷酸盐，(Bmim) PF_6	5～10	1，2 二氯苯（DCB）	2～5
浓硝酸	60～65	其他助剂	适量

2. 制备方法

取一定量碳纳米管放入烧瓶中，加入质量分数为 60%～65% 的硝酸，于 120℃ 回流 24h。将得到的固体用蒸馏水清洗，直到 pH = 7，真空干燥。将纯化的 MWNTs 分散到一定量的 1-丁基-3 甲基咪唑六氟磷酸盐中，球磨混合均匀。得到的 MWNTs 离子液体凝胶分散到 PC/DCB 溶液[(1g PC)/(10mL DCB)]中，将其倾倒到玻璃板上，用刮刀铺展成厚度一定的薄膜，在 120℃ 烘箱中保温 6h，然后在 120℃ 下真空干燥 24h。

3. 性能

当 MWNTs 的质量分数由 0.5% 增加到 1.0% 时，试样的表面电阻率从 $10^{15}\Omega$ 降至 $10^{14}\Omega$；而当 MWNTs 的质量分数增至 2.0% 时，试样的表面电阻率迅速降至 $10^{6}\Omega$，表面电阻率下降了 8～9 个数量级；当 MWNTs 的质量分数再继续增加到 4.0% 和 6.0% 时，表面电阻率下降迅速趋缓，表面电阻率分别为 $10^{5}\Omega$ 和 $10^{4}\Omega$。由此可知，在 MWNTs 的质量分数从 1.0% 变化到 2.0% 时，试样的表面电阻率产生了一个突变。因此，MWNTs/PC 复合材料的导电阈值在 MWNTs 的质量分数为 1.0%～2.0% 时，能形成良好的导电通道，导电效应显现，表面电阻率下降显著。在突变区域过后，继续增加 MWNTs 的用量，对导电效应的贡献迅速下降。

复合薄膜的拉伸强度随着碳纳米管含量的增加而提高，当碳纳米管质量分数为 0.8% 时达到最大值 67MPa，比纯 PC 薄膜拉伸强度提高了 12%。这主要是由于，经硝化氧化处理并在离子液体存在下，碳纳米管发生了相当程度的解缠，有利于其分散。同时，碳纳米管与咪唑类离子液体的 π-π 交联作用，有利于其在 PC 基体中的分散和碳纳米管与 PC 基体间的相互作用。当添加量小于 1.0% 时，在复合薄膜中能有效地抑制团聚现象，提高了碳纳米管与 PC 基体间的相容性和界面结合能力，从而使复合材料的力学性能得到提升。当碳纳米管的质量分数超过 1.0% 时，薄膜的拉伸强度较快地下降。这可能是因为，随着添加量的增多，碳纳米管之间的团聚现象增多，导致一定程度的相分离。

4. 效果

多壁碳纳米管在相容剂［Bmim］PF_6 的存在下，经溶液混合法制备了 MWNTs/PC 纳米复合薄膜；利用 TEM、SEM 等检测手段对碳纳米管处理前后的形态结构、复合薄膜的表观形态进行了表征；改善了碳纳米管与 PC 的相容性，复合材料的拉伸强度得到了提高，导电阈值出现在碳纳米管的质量分数为 1.0% ~2.0% 的范围内。对复合材料剪切断面的扫描电镜分析表明，碳纳米管比较均匀地分散在 PC 基体中，没有明显的相分离，对 PC 起到了一定的增强作用。

（五）短多壁碳米管改性 PC 复合材料

1. 原材料与配方（质量份）

PC	100	短多壁碳纳米管（sMWNT）	1~3
四氢呋喃（THF）	5~10	甲醇	适量
其他助剂	适量		

2. 制备方法

将 PC 粒料放入真空烘箱于100℃干燥 10h 后备用；将 8g PC 溶于 THF 中制成 PC 溶液，2g 碳纳米管在 THF 中超声分散制成碳纳米管分散液，两者混合后继续超声分散 1h，然后加入过量甲醇沉淀析出复合材料，过滤并在真空烘箱中干燥至恒重，即可制备碳纳米管质量分数为 20% 的复合材料母料。将一定配比的纯 PC 与复合材料母料通过在微型双螺杆挤出机（SJSZ-10A，武汉瑞鸣塑料机械有限公司）上进行两遍熔融混合（熔体温度为 240℃，螺杆转速为 30r/min），得到碳纳米管质量分数分别为 1% 和 3% 的 sMWNT（sOMWNT）/PC 复合材料粒料；将制得的粒料在真空压缩机（北京富友马科技有限公司）上压制成厚度为 1mm 的复合材料板材，模压温度为 240℃，压力为 15MPa。其中，sOMWNT 是指羧基化短多壁碳纳米管。

3. 性能

表 3-40 是 sOMWNT/PC 复合材料的各项力学性能参数。与纯 PC 相比，sOMWNT/PC 复合材料的拉伸屈服强度和拉伸强度均提高，但断裂伸长率降低。当 sOMWNT/PC 中碳纳米管的质量分数 1% 时，sOMWNT/PC 的屈服强度和拉伸强度分别提高了 12.9% 和 12.8%。

表 3-40　PC 及 sOMWNT/PC 复合材料的力学性能

试样	拉伸屈服强度/MPa	拉伸强度/MPa	断裂伸长率（%）
纯 PC	51.94	52.03	129.8
1% sOMWNT/PC	58.65	58.70	113.7
3% sOMWNT/PC	53.19	53.95	114.4

测试结果表明，与 sMWNT/PC 复合材料相比，sOMWNT/PC 复合材料表现出了较好的热稳定性，1% 和 3% sOMWNT/PC 复合材料的热降解起始温度分别提高了 30℃ 和 21℃。与纯 PC 相比，1% sOMWNT/PC 复合材料的热降解起始温度没有降低，两者均为 483℃。1% sMWNT/PC 复合材料为脆性断裂，而 1% sOMWNT/PC 复合材料为韧性断

裂。分析认为这主要是由于 sMWNT 在 PC 基体中的分散性差，较大的团聚体引起应力集中从而导致 sMWNT/PC 复合材料脆性断裂；而对于 sOMWNT，由于表面羧基与 PC 碳酸酯基之间能够形成氢键，使得 sOMWNT 与 PC 界面作用增强，有利于 sOMWNT 的分散。在拉伸过程中，载荷能有效地传递到碳纳米管上，因而提高了复合材料的力学性能。

测试结果表明，3% sOMWNT/PC 复合材料在玻璃态时的储能模量明显高于纯 PC 和 1% sOMWNT/PC 复合材料的储能模量。与纯 PC 相比，其在 40℃ 时储能模量提高了 15%。sOMWNT/PC 复合材料的玻璃化转变温度随着 sOMWNT 含量的增加而降低。

4. 效果

1）与纯 PC 相比，sMWNT/PC 复合材料的热稳定性和拉伸性能均有明显下降。

2）与纯 PC 相比，sOMWNT/PC 复合材料在保持 PC 原有热稳定性的同时显著提高了其力学性能。

3）sOMWNT/PC 复合材料的储能模量随着 sOMWNT 含量的增加而增加，但玻璃化转变温度则随着 sOMWNT 含量的增加而呈现下降的趋势。

（六）纳米 $CaCO_3$/MAH-SBS 改性 PC/ABS 共混物

1. 原材料与配方

材料	配方（质量份）
MAH-SBS: $CaCO_3$: PC: ABS	0:4:48:48
MAH-SBS: $CaCO_3$: PC: ABS	2:4:47:47
MAH-SBS: $CaCO_3$: PC: ABS	4:4:46:46
MAH-SBS: $CaCO_3$: PC: ABS	6:4:45:45
MAH-SBS: $CaCO_3$: PC: ABS	8:4:44:44
MAH-SBS: $CaCO_3$: PC: ABS	10:4:43:43

2. 制备方法

（1）PC-ABS 共混树脂的制备　充分干燥 PC、ABS 后，在 0～70% 范围内改变 PC 的质量分数，按照配方准确称量，加入高速混合机，常温下混合 5min，出料后加入挤出机中挤出造粒，挤出温度为 230～240℃，挤出粒料干燥后，采用注射机制作标准试样，注射温度为 240～250℃。

（2）MAH-SBS-纳米 $CaCO_3$ 复配改性 PC-ABS 复合材料的制备　固定质量比 PC: ABS（质量比）=1:1，按照配方准确称量物料，加入纳米 $CaCO_3$、SBS、MAH-SBS 以及纳米 $CaCO_3$ 与 MAH-SBS 的复配改性体，调整工艺尽量使其混合均匀，加工工艺参数同上。

3. 性能与效果

1）不同质量分数的聚碳酸酯（PC）与丙烯腈-丁二烯-苯二烯三元共聚物（ABS）形成的 PC-ABS 共混材料性能差异较大，用量比为 1:1 左右时，综合性能较好。

2）一定用量范围内，纳米 $CaCO_3$ 大幅度提高了 PC-ABS 合金的拉伸强度，缺口冲击强度略有上升，用量在 4% 左右时，拉伸强度出现极大值，约为 61.5MPa。

3）单独使用苯乙烯-丁二烯-苯乙烯嵌段共聚物（SBS）无法对PC-ABS合金增强或增韧。

4）马来酸酐接枝苯乙烯-丁二烯-苯乙烯嵌段共聚物（MAH-SBS）可以提高PC-ABS合金的缺口冲击强度，但拉伸强度下降，用量在4%左右时，缺口冲击强度出现极大值，约为104kJ/m^2。

5）在合适用量下，MAH-SBS与纳米$CaCO_3$具有协调作用，MAH-SBS改善了纳米$CaCO_3$在PC-ABS合金中的分散和界面结合，发挥了两者的增韧和增强效果。MAH-SBS用量为4%、纳米$CaCO_3$用量为4%时，PC-ABS合金的缺口冲击强度由80kJ/m^2上升至108kJ/m^2左右，拉伸强度由57.0MPa上升至61.5MPa左右。

五、功能改性

（一）无卤阻燃PC/ABS合金

1. 原材料与配方（质量份）

PC	70	ABS	30
苯乙烯-丁二烯-马来酸酐（MPC）	5.0	四苯基双酚A二磷酸酯（BDP）	10
磷酸三苯酯（TPP）	3.0	分散剂	5~6
其他助剂	适量		

2. 制备方法

将PC在100℃干燥24h，将ABS、增容剂MPC 1545R、阻燃剂BDP、TPP等在80℃干燥2h，然后按配方比例称量后，加入高速混料锅中高速混合3~4min，出料，将上述预混料于245~270℃经双螺杆挤出机挤出造粒，制得相应PC/ABS合金，粒料烘干后经注射机注射标准试样。双螺杆挤出机的共混挤出温度：一区为220℃，二~四区为230℃，五~七区为225℃，机头为230℃；螺杆转速为180r/min；注射温度为240~260℃；注射压力为75MPa左右。

表3-41列出了PC与ABS配比对PC/ABS合金力学性能和熔体流动速率（MFR）的影响。

表3-41　PC与ABS配比对PC/ABS合金力学性能和MFR的影响

PC用量（质量份）	ABS用量（质量份）	拉伸强度/MPa	弯曲强度/MPa	缺口冲击强度/kJ·m^{-2}	MFR/g·$(10min)^{-1}$
80	20	62.3	86.5	47.1	6.8
70	30	61.6	83.0	46.0	7.0
65	35	60.8	79	43.9	7.2
60	40	60.3	78.4	39.7	7.5
50	50	58.8	75.2	38.4	8.1

由表3-42可看出，加入BDP或BDP与TPP复配阻燃剂后，PC/ABS合金的LOI及阻燃性能显著提高。

在3种不同螺杆组合工艺下，用双螺杆挤出机熔融共混挤出切粒，并测试其性能，结果见表3-43。

表 3-42　阻燃剂用量对 PC/ABS 合金性能的影响

BDP 用量（质量份）	TPP 用量（质量份）	拉伸强度/MPa	弯曲强度/MPa	缺口冲击强度/$kJ \cdot m^{-2}$	MFR/$g \cdot (10min)^{-1}$	LOI（%）	燃烧性（UL94）
0	0	59.5	78.2	51.4	8.2	20.4	HB
10	0	58.4	87.8	19.1	22.7	23.9	V-2
12	0	57.7	90.9	14.6	26.6	25.5	V-1
13.5	0	57.5	82.4	14.1	31.5	26.2	V-1
15	0	57.4	81.7	13.2	34.4	27.1	V-0
7.5	2.5	58.5	84.5	17.6	26.6	25.5	V-1
9	3	58.4	84.2	17.6	26.6	26.0	V-1
10	3.5	57.7	83.1	15.2	35.7	27.9	V-0
11	4	57.1	82.5	14.8	41.4	29.2	V-0

表 3-43　不同螺杆组合工艺下阻燃 PC/ABS 合金的力学及燃烧性能

螺杆组合	拉伸强度/MPa	弯曲强度/MPa	缺口冲击强度/$kJ \cdot m^{-2}$	燃烧性（UL94）
1#	58.3	70.1	7.3	V-0
2#	59.2	84.2	18.8	V-0
3#	60.7	86.9	25.2	V-0

3. 效果

1）加入 MPC 1545R，能有效改善在 PC/ABS 体系的相容性，可提高 PC/ABS 合金的力学性能。当 PC 与 ABS 的质量比为 7∶3、MPC 1545R 用量为 5 份时，PC/ABS 合金的综合力学性能最佳。

2）单一 BDP 阻燃剂及 BDP 与 TPP 复配阻燃剂均能显著提高 PC/ABS 合金的阻燃性能，BDP 与 TPP 复配阻燃剂比单一 BDP 阻燃剂的阻燃效果好。当 BDP 与 TPP 复配阻燃剂为 13.5 份（BDP 为 10 份，TPP 为 3.5 份）时，LOI 达到 27.9%，阻燃等级达到 V-0 级。

3）不同的螺杆组合工艺对阻燃 PC/ABS 合金的力学性能有显著影响，适当地降低螺杆的剪切强度，提高螺杆的分散能力，可以获得性能及外观较好的阻燃 PC/ABS 合金。

（二）S-N-P 阻燃剂改性 PC

1. 原材料与配方（质量份）

PC	100	S-N-P 阻燃剂	0.02～0.6
分散剂	5～6	其他助剂	适量

2. 制备方法

将 PC 与 S-N-P 阻燃剂均在 100℃ 下真空干燥 12h，然后按不同的配比混合均匀，使用双螺杆挤出机挤出、造粒，挤出温度为 240～260℃，螺杆转速为 85.8r/min。粒料经充分干燥后使用注射机注射成标准试样，注射温度为 260～270℃。

S-N-P 阻燃剂的结构式为

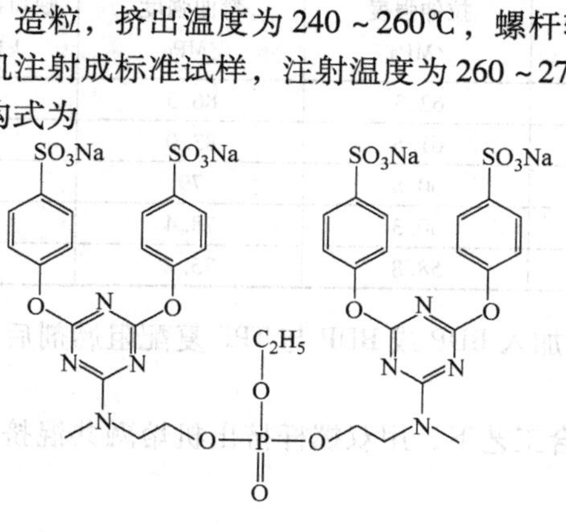

3. 性能

表3-44是不同添加量的S-N-P阻燃剂对PC力学性能的影响。

表3-44 不同添加量的S-N-P阻燃剂对PC力学性能的影响

S-N-P阻燃剂的质量分数（%）	拉伸强度/MPa	断裂伸长率（%）	弯曲强度/MPa	缺口冲击强度/$kJ \cdot m^{-2}$
0.00	49.92	52.18	68.03	14.03
0.02	56.88	96.49	93.68	7.06
0.06	56.93	88.27	92.69	6.36
0.08	59.30	111.11	93.37	5.39
0.10	58.58	115.63	93.00	12.96
0.20	55.53	108.10	94.69	12.52
0.60	58.59	80.24	94.88	12.03

测试结果表明，S-N-P阻燃剂在升温范围25～900℃内有两个显著的失重阶段，同时可以得出S-N-P阻燃剂的初始分解温度为458.8℃，说明自制的S-N-P阻燃剂具有较好的热稳定性，能满足大多数聚合物的加工温度要求。在900℃下S-N-P阻燃剂的残炭率为31.5%，这表明阻燃剂本身具有良好的成炭能力。

4. 效果

1）S-N-P阻燃剂是PC的高效阻燃剂和抗滴落剂。当其质量分数为0.1%时，阻燃PC的LOI值为35.5%，与纯PC相比提高了43.15%，能通过UL94 V-0等级。

2）S-N-P阻燃剂的加入使PC提前分解成炭，炭层对基材内部起到保护作用，但形成的炭层不稳定，最终使PC残炭率较纯PC降低。

3）当S-N-P阻燃剂质量分数为0.1%时，与纯PC相比，阻燃PC的拉伸强度提高了17.35%，弯曲强度提高了36.7%，断裂伸长率提高了121.6%，缺口冲击强度仅下降了7.63%。

（三）次磷酸铝/苯氧基环三磷腈改性阻燃聚碳酸酯

1. 原材料与配方（质量份）

PC	100	苯氧基环三磷腈（PCPZ）	2.5～5.0
次磷酸铝（AHP）	2.5～5.0	分散剂	5～10
其他助剂	适量		

2. 制备方法

称料→配料→混料→计量→切粒→包装。

3. 性能

表3-45给出了PCPZ和AHP改性PC的阻燃性能。

表3-45 单组分阻燃剂改性PC的阻燃性能

性能		ω(PCPZ)（%）			ω(AHP)（%）		
		0	5	10	5	10	15
极限氧指数（%）		26.0	27.0	29.5	—	30.0	40.5
UL 94	（3.2mm）	NR	V-0	V-0	V-1	V-0	V-0
	（1.6mm）	NR	NR	NR	NR	V-1	V-0

表3-46给出了阻燃剂的质量分数为10%时，PCPZ和AHP以不同质量比复配对PC阻燃性能的影响。

表3-46 复配阻燃剂改性PC的阻燃性能

m(PCPZ):m(AHP)		2:1	1:1	1:2
UL94	(3.2mm)	V-0	V-0	V-1
	(1.6mm)	V-1	V-0	V-1

表3-47给出了PCPZ和AHP按1:1的质量比复配，协效阻燃剂的质量分数对改性PC的阻燃性能的影响。

表3-47 协效阻燃剂的质量分数对改性PC的阻燃性能的影响

w(阻燃剂)(%)		2.5	5.0	7.5	10.0
极限氧指数(%)		26.5	28.5	31	35.5
UL 94	(3.2mm)	NR	V-2	V-2	V-0
	(1.6mm)	NR	NR	V-2	V-0

由表3-48可知，添加了PCPZ和AHP协效阻燃剂后，阻燃改性PC材料的阻燃性能得到进一步提高。

表3-48 协效阻燃剂的质量分数对阻燃PC的燃烧性能

w(阻燃剂)(%)	热释放速率 /J·(g·K)$^{-1}$	热释放速率峰值 /W·g^{-1}	总热释放量 /kJ·g^{-1}	点燃温度 /℃
0	584	821.9	20.8	548.7
2.5	552	774.3	20.3	550.1
5.0	530	747.2	20.7	550.8
7.5	515	716.8	20.2	544.8
10.0	367	510.8	17.6	544.0

由表3-49可知，协效阻燃剂的质量分数从2.5%增加到7.5%时，残炭率增加缓慢；但是从7.5%增加到10.0%时，残炭率发生突变。这和燃烧量热测试数据一致，说明协效阻燃剂的质量分数在10.0%以上时，可以有效提高PC材料的阻燃性能，可通过UL 94 V-0级。

表3-49 阻燃PC在N_2中的热重残炭率

w(阻燃剂)(%)	残炭率(%)
0	0.22
2.5	1.56
5.0	3.26
7.5	5.28
10.0	13.19

4. 效果

1）通过单组分阻燃剂改性PC的阻燃性能对比，AHP比PCPZ的阻燃效果更好。

2）将 PCPZ 和 AHP 按 1∶1 的质量比复配，协效阻燃剂的质量分数为 10.0% 时，阻燃 PC 的极限氧指数为 35.5%，可通过 UL 94 V-0（1.6mm），说明复配后两者之间存在协同阻燃作用，明显提高了 PC 的阻燃性能。

3）从微型量热测试数据可知，复配阻燃改性 PC 材料的燃烧数值均有所降低。与纯 PC 2200 的燃烧数值相比，协效阻燃剂的质量分数为 10.0% 时，热释放速率降至 367J/(g·K)，降低了 37.16%，热释放速率峰值为 510.8W/g，降低了 37.85%，总热释放量为 17.6kJ/g，降低了 15.38%。

4）通过热重分析，研究了协效阻燃 PC 的热重过程。添加阻燃剂后可以使 PC 的热分解延迟，残炭率从 0.22% 增加到 13.19%。

（四）芳基二磷酸酯改性聚碳酸酯

1. 原材料与配方（质量份）

PC	100
芳基磷酸酯化合物四-(2，6-二甲苯基）间苯二酚二磷酸酯（DMP-RDP）和四-(2，6-二甲苯基）对苯二酚二磷酸酯（DMP-HDP）	4.0
分散剂	5~10
其他助剂	适量

2. 制备方法

（1）DMP-RDP 及 DMP-HDP 的合成　图 3-2 中给出了两种芳基二磷酸酯 DMP-RDP 及 DMP-HDP 的合成路线，具体的合成方法为：在装有温度计、恒压滴液漏斗和回流冷凝管的四口瓶中先加入 48.87g 的 2，6-二甲酚和 0.5g 无水氯化铝，边搅拌边升温至 110℃，滴加 30.7g 三氯氧磷，2h 后滴加完毕，然后逐渐升温控制反应。稳定进行至磷酰化反应完全。反应结束后将体系温度降至 100℃，加入 11g 间苯二酚和 0.25g 无水氯化铝，逐渐升温至反应稳定，5h 后反应结束。体系自然冷却至 50℃左右，向反应瓶中加入乙醇与水的混合液，然后加热回流 1.5h 后将体系温度降至 30℃，此时向体系中滴加 10mL 浓度为 10% 的盐酸溶液，体系变成白色浑浊液体，用冰水冷却后，变成白色黏稠液体，静置一段时间后溶液中出现白色的固体。抽滤、烘干后得到白色粉末状固体，产率为 94.2%。

按照上述反应方法，将间苯二酚换成对苯二酚时，合成了白色粉末状的 DMP-HDP，产率为 95.3%。

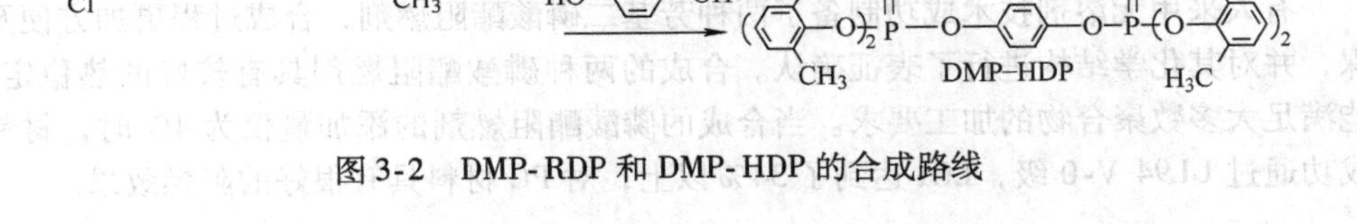

图 3-2　DMP-RDP 和 DMP-HDP 的合成路线

(2) 阻燃PC材料的制备　将PC在120℃下于鼓风干燥箱中烘干4h，阻燃剂DMP-RDP和DMP-HDP在60℃下真空烘干12h。将PC分别与DMP-RDP和DMP-HDP按一定的质量配比在转矩流变仪中加热熔融混合均匀，取出后压片，制成标准试样进行性能测试。

3. 性能

由表3-50可知，DMP-RDP及DMP-HDP的起始热分解温度（$T_{initial}$）（失重1%）分别为269℃及222℃，说明合成的两种化合物具有较好的热稳定性，能满足大多数聚合物的加工温度要求。两种芳基二磷酸酯在800℃的残炭率都为0，说明合成的产物在高温情况下都会完全分解，其中DMP-RDP在399℃出现最大热分解速率峰，其最大热失重速率为20.5%/min，而DMP-HDP在404℃时出现最大热分解速率峰，对应的热失重速率为14.7%/min。

表3-50　DMP-RDP及DMP-HDP的热重分析数据

试样	$T_{initial}$/℃	$T_{-5\%}$/℃	T_{max}/℃	最大热失重速率/(%·min^{-1})	残炭率（%）
DMP-RDP	269	316	399	20.5	0
DMP-HDP	222	257	404	14.7	0

表3-51和表3-52分别为添加了不同量阻燃剂DMP-RDP和DMP-HDP的阻燃PC的阻燃性能测试结果。纯PC的极限氧指数（LOI）为28%，能通过UL94 V-2级，而当阻燃剂DMP-RDP的添加量为4%时，阻燃PC的LOI达到34.8%，材料通过了UL94 V-0级，并且随着DMP-RDP添加量的增大，LOI值逐渐增大。

表3-51　同DMP-RDP添加量PC的阻燃性能

DMP-HDP的添加量（%）	LOI（%）	燃烧性（UL94）
1	33.5	V-1
2	34.8	V-0
3	38.2	V-0

表3-52　不同DMP-HDP添加量PC的阻燃性能

DMP-RDP的添加量（%）	LOI（%）	燃烧性（UL 94）
1	32.3	V-1
2	34.2	V-0
3	35.6	V-0

同时，当DMP-HDP的添加量也为4%时，阻燃PC的LOI值达到34.2%，材料通过UL94 V-0级，并且随着添加量的增大，LOI也明显增大。测试结果表明，合成的阻燃剂对PC具有很好的阻燃效果。

4. 效果

有人采用无溶剂技术成功制备了两种芳基二磷酸酯阻燃剂，合成过程更加方便及环保，并对其化学结构进行了表征确认。合成的两种磷酸酯阻燃剂具有较好的热稳定性，能满足大多数聚合物的加工要求。当合成的磷酸酯阻燃剂的添加量仅为4%时，材料能成功通过UL94 V-0级，LOI达到了34%以上，对PC材料具有很好的阻燃效果。

（五）无卤阻燃 ACS/PC 合金

1. 原材料与配方（质量份）

丙烯腈-氯化聚乙烯-苯乙烯塑料（ACS）	70～90	阻燃剂	变量
PC	10～30	聚四氟乙烯（PTFE）	0～0.5
马来酸酐接枝（丙烯腈-苯乙烯）共聚物（AS-g-MAH）	变量	抗氧剂	0.3

2. 制备方法

将PC于120℃干燥6h，ACS和增容剂AS-g-MAH于80℃干燥4h，将ACS、PC、增容剂、阻燃剂等按上述配方中的用量加入高混机，于1000r/min混合10min出料，用双螺杆挤出机挤出造粒，挤出机温度为180～205℃，螺杆转速为150～200r/min。采用注射机制样，注射温度为150～215℃。

3. 性能

固定ACS、PC、AS-g-MAH的质量比为75∶25∶5，考察磷系阻燃剂对阻燃ACS/PC阻燃性能和力学性能的影响，结果见表3-53。

表3-53 阻燃剂用量对阻燃ACS/PC综合性能的影响

阻燃剂用量（质量份）	阻燃等级	拉伸强度/MPa	缺口冲击强度/J·m^{-2}	MFR/g·(10min)$^{-1}$	HDT/℃
0	V-2	60.4	424	2.0	88.6
6	V-2	56.6	315	3.6	84.8
8	V-2	57.5	284	4.1	83.5
10	V-1	57.6	258	5.7	81.2
12	V-1	55.4	224	7.9	79.3
14	V-0	56.8	215	10.2	77.5
16	V-0	57.2	176	12.6	75.4

从表3-54中的数据可知，在相同基础配方的条件下，阻燃ACS中添加较少量的磷酸酯即可达到V-0阻燃等级，而阻燃ABS/PC中磷酸酯的添加量则明显偏高。磷酸酯阻燃ACS/PC既含磷元素，又含氯元素，受热燃烧时，磷酸酯生成聚偏磷酸保护膜，ACS可放出难燃性HCl气体，HCl能与火焰中活性自由基·OH、·O·和·H发生反应，从而切断火焰的自由基反应。磷酸酯阻燃ACS/PC存在磷-氯协同效应，进一步提高了阻燃效果。此外，经人工紫外老化120h后，阻燃ACS/PC的色差大幅低于阻燃ABS/PC，这也验证了线性饱和CPE橡胶的耐候性能显著优于聚丁二烯橡胶。

表3-54 磷酸酯阻燃ACS/PC、ABS/PC的性能对比

项目	ACS/PC	ABS/PC	ABS/PC
固体磷酸酯 Doher-7000 用量（质量份）	14	14	20
阻燃等级	V-0	V-2	V-0
拉伸强度/MPa	54	56	54
缺口冲击强度/J·m^{-1}	220	285	186
MFR/g·(10min)$^{-1}$	10	12	19
HDT/℃	77.5	78.7	74.1
色差	5.2	9.6	10.4

注：ACS/PC中ACS与PC的质量比为75∶25，ABS/PC中ABS与PC的质量比为75∶25。

4. 效果

1）适量添加PC可改善ACS的力学性能和HDT，PC用量过高会引起ACS热降解从而导致性能恶化。

2）增容剂AS-g-MAH可在一定程度上改善阻燃ACS/PC的冲击性能，但不宜添加过量，否则易导致材料的性能下降。

3）固体磷酸酯与ACS存在磷-氯协同效应，磷酸酯阻燃ACS/PC的生产成本相对较低，相对磷酸酯阻燃ABS/PC，其耐候性更好，综合性能较优。

（六）聚硼硅氧烷-有机磷酸酯阻燃改性聚碳酸酯

1. 原材料与配方（质量份）

PC	95	聚硼硅氧烷（PB）	1.0～2.5
有机磷酸酯（OPP）	1.0～2.5	分散剂	5～10
其他助剂	适量		

2. 制备方法

首先将PC原材料在102℃下干燥处理24h，然后将物料称重，投入混合器中在260℃下混合，直至混合均匀。其制品可在290℃下用注射机注射成型。

3. 性能与效果

1）对聚硼硅氧烷-有机磷酸酯（PB-OPP）阻燃剂复配阻燃聚碳酸酯（PC）体系研究结果表明，添加PB阻燃剂可以提高体系的极限氧指数（LOI），当PB阻燃剂质量分数小于1.25%时，提高不明显，有的体系反而略有下降，其主要原因是OPP阻燃剂的熔滴作用影响，OPP阻燃剂的熔滴作用使燃烧残炭无法在PC的燃烧表面均匀覆盖。当PB含量增加，成炭作用成为主要阻燃机制，熔滴作用被削弱，复配阻燃PC体系（FR-PC）的LOI提高。

2）PB阻燃剂对PC具有促进成炭的作用，在PB-OPP/PC复合阻燃体系中，PB降解生成的Si-O-Si和B-Si炭层和OPP生成的液态酸膜覆盖在FR-PC燃烧表面，阻碍热量和氧气的交换、抑制可燃性气体逸出，使得FR-PC燃烧过程中热量、烟以及CO释放速率均有不同程度的降低，缓和了整个燃烧过程，保证热量与外界环境及时传递，减小了火灾危害。

3）适当添加PB，可以提高OPP/PC体系的拉伸强度、弯曲强度、维卡软化点以及材料的透光率。

（七）聚铝硅氧烷阻燃改性聚碳酸酯

1. 原材料与配方（质量份）

PC	100	聚铝硅氧烷	5.0
分散剂	5～10	其他助剂	适量

2. 制备方法

首先将PC在100～110℃下干燥10～24h，然后用挤出机按照配方比例称量喂料，使其混合挤出造粒待用。

3. 性能与效果

1）5%的聚铝硅氧烷阻燃 PC 材料的拉伸强度在 54.9～58.5MPa 之间，与纯 PC 的拉伸强度 55.0MPa 相比有明显提高。

2）5%的聚铝硅氧烷对 PC 弯曲强度的影响较小。

3）5%的聚铝硅氧烷可明显提高 PC 的冲击强度，R/Si＝2.0、Ph/Me＝6/4 的聚铝硅氧烷阻燃 PC 的冲击强度最高，为 21.0kJ/m²，比纯 PC 提高了 31%。

4）PC/聚铝硅氧烷的维卡软化点随着聚铝硅氧烷含量的增加先增后降，聚铝硅氧烷含量低于 8%时，均使 PC 的维卡软化点得到提高。

（八）纳米氧化锑（ATO）改性聚碳酸酯阻红外隔热复合材料

1. 原材料与配方（质量份）

PC	100	纳米氧化锑（ATO）	0.5
硅烷偶联剂（KH-570）	1～2	四氢呋喃	适量
其他助剂	适量		

2. 制备方法

（1）纳米 ATO/PC 复合材料的制备　称取 49.85g 的 PC 溶于 150mL 四氢呋喃中，在磁力搅拌下加热回流，以 1～3 滴/s 的速度滴加 7.5g 浓度为 2%的纳米 ATO-四氢呋喃分散液。滴加完毕后，继续搅拌回流并使其凝胶熟化，脱除溶剂，于 120℃下干燥 2h，即得到纳米 ATO 含量为 0.3%的纳米 ATO/PC 复合材料。改变 PC 的质量及 ATO 的添加量即可制得其他纳米 ATO 含量的纳米 ATO/PC 复合材料。

（2）硅烷改性纳米 ATO/PC 复合材料的制备　称取 49.85g 的 PC 溶于 150mL 四氢呋喃中，在磁力搅拌下加热回流，以 1～3 滴/s 的速度滴加 7.5g 浓度为 2%的硅烷偶联剂 KH-570 改性纳米 ATO-四氢呋喃分散液。滴加完毕后，继续搅拌回流并使其凝胶熟化，脱除溶剂及水，于 120℃下干燥 2h，即得到纳米 ATO 含量为 0.3%的硅烷改性纳米 ATO/PC 复合材料。改变 PC 的质量及硅烷偶联剂 KH-570 改性纳米 ATO 的添加量即可制得其他纳米 ATO 含量的硅烷改性纳米 ATO/PC 复合材料。

3. 性能

表 3-55 为不同硅烷改性纳米 ATO 含量的纳米 ATO/PC 复合材料的力学性能。

表 3-55　不同硅烷改性纳米 ATO 含量的纳米 ATO/PC 复合材料的力学性能

阻燃剂含量（%）	断裂伸长率（%）	拉伸强度/MPa	弹性模量/MPa	冲击强度/$kJ \cdot m^{-2}$
0	25.0	62.0	1038	18.0
0.3	24.5	61.6	1021	17.6
0.4	24.0	61.2	1002	17.1
0.5	23.8	61.0	1013	16.5
0.6	23.0	61.5	993	16.3
0.7	21.0	60.0	985	16.0

纯 PC 在可见光区域的透射率高达 90%；当纳米 ATO 的含量为 0.3%～0.5%时，纳米 ATO/PC 复合材料的透射率降低至 80%左右，这说明纳米 ATO 的加入在一定程度

上影响了 PC 的可见光透射率，但复合材料的可见光透射率仍维持在较高水平；当纳米 ATO 含量提升至0.6%～0.7%时，纳米 ATO/PC 复合材料的透射率进一步降低。

纯 PC 膜片测试盒及纳米 ATO 含量分别为0.3%、0.4%、0.5%、0.6%和0.7%的纳米 ATO/PC 膜片测试盒的内外温差 ΔT 分别为1.6℃、2.5℃、3.1℃、3.9℃、4.2℃和4.5℃。由此可见，随着 PC 膜片中纳米 ATO 粒子含量的增加，纳米 ATO/PC 复合膜片的隔热性能逐渐增强。

4. 效果

通过溶胶-凝胶法制备出不同纳米氧化锑锡（ATO）含量的纳米 ATO/聚碳酸酯（PC）复合材料，性能测试结果表明：

1）经硅烷偶联剂 KH-570 改性后，纳米 ATO 的团聚现象明显减弱，平均粒径为60～80nm，在 PC 基体中分散均匀。

2）纳米 ATO 粒子具有很好的阻红外隔热能力，随着 PC 基体中纳米 ATO 粒子含量的增加，纳米 ATO/PC 复合材料的阻红外隔热能力逐渐提升，力学性能没有明显变差，但透明性却相应下降。

3）当改性纳米 ATO 的加入量为0.5%时，可在确保80%可见光透射率的情况下，获得尽可能高的阻红外隔热性能。

（九）膨化石墨填充 PC/ABS 导电材料

1. 原材料与配方（质量份）

PC	70	ABS	30
膨化石墨（EG）	1～7	分散剂	5～6
相容剂	1～3	其他助剂	适量

2. 制备方法

可膨化石墨先经高温烧制成 EG，制备的 EG 分成两类，一类未经处理，一类经过砂磨机研磨（转速为800r/min）后，再经超声（1200W）破碎。PC 和 ABS 按7∶3的比例和两类 EG 分别按特定的比例，并加入 PC/ABS 相容剂600A 密炼混合，制备 PC/ABS/EG 共混物。

3. 性能

石墨拥有比炭黑、碳纳米管（CNT）、碳纤维等炭族填充物更优良的导电性能，炭黑、CNT 由于粒径为纳米级别，表面能太高，容易团聚，如何均匀地分散在共混物中一直是个难题。石墨由于表面能相对较小，团聚得非常轻微，因此在共混物中的分散性能更好。一般来说，对于同一种颗粒，颗粒分散得越均匀，排列得越规整，共混物的导电性就越好。石墨由于是片状、长条形颗粒，在基体中更容易形成导电网络。因此，破碎后的石墨（TEG）比破碎前的 EG 填充到共混物中导电性能更佳。研究结果表明，TEG 添加到共混物中，使其电阻率得到了明显的降低，导电性能大幅提升；颗粒粒径较大的 EG 添加到共混物中，共混物的电阻率降低的不明显，这是由于颗粒较大，同等添加量下填充在基体中不利于导电网络的形成。TEG 的添加量从3%提升到5%时，共混物的电阻率降低了9个数量级。

随着EG的加入，共混物的拉伸强度从42.53MPa增加到添加量为2%时的47.14MPa，增幅为10.8%；而随着TEG的加入，共混物的拉伸强度最大增加到添加量为3%时的54.22MPa，增幅达到27.5%。

随着EG的加入，共混物的冲击强度从41.03kJ/m^{2}增加到43.9kJ/m^2，增幅为7%；而TEG的加入能使其冲击强度最大达到46.5kJ/m^2，增幅达13.3%。TEG对共混物拉伸强度的提高优于对冲击强度的提高。未添加EG的PC/ABS共混物的降解温度为396℃，添加了5%TEG的共混物其降解温度提高到408℃，提高了12℃，共混物的热稳定性得到了极大提升。在600℃时，PC/ABS已经降解完，而此时PC/ABS/TEG的残余量仍有8%左右，到750℃仍有5%的残余量。

4. 效果

TEG相对于EG在共混物中的分布更为均匀，与共混物的相容性更好，对共混物性能的提升更为明显。TEG的添加量从3%提升到5%时，共混物的电阻率降低了9个数量级；当添加量为5%时，共混物的降解温度提高了12℃；TEG的加入使共混物的拉伸强度提高了27.5%，冲击强度提高了13.3%，比EG对共混物的拉伸强度、冲击强度的提升分别高了16.7%和6.3%。

第三节　加工与应用

一、装甲防护用高抗冲高模量PC复合材料的加工与应用

1. 原材料与配方（质量份）

PC	100	超高分子质量聚乙烯（PE-UHMW）	5.0~8.0
α-ZrP	2.0	滑石粉或凹凸棒土或蒙脱土（MMT）	5~10
PE蜡	1~4	相容剂（HDPE-g-GMA）	5~10
抗氧剂	0.5~1.0	其他助剂	适量

2. 制备方法

复合材料分别采用一步法和母料法来制备。

一步法：将纯PC粉料在110℃下干燥4h，然后将PC、PE-UHMW、相容剂、流动改性剂和抗氧剂按一定配比准确称量，投入高速混合机中充分混合后经双螺杆挤出机挤出造粒，得到复合材料，挤出温度设定范围为250~280℃。

母料法：首先将PE-UHMW、相容剂、流动改性剂和抗氧剂按一定配比准确称量，在高速混合机中充分混合后经双螺杆挤出机挤出造粒，得到PE-UHMW分散母粒，挤出温度设定范围为230~260℃；其次，将纯PC粉料在110℃下干燥4h，然后将PC、母粒和抗氧剂按一定配比准确称量，在高速混合机中充分混合后经双螺杆挤出机挤出造粒，得到复合材料，挤出温度设定范围为250~280℃。

复合物粒料充分干燥后，采用注射机注射成标准测试样条。

3. 性能

两种方法得到的复合材料的各项性能数据见表3-56。

表 3-56　两种方法得到的复合材料的性能

项目	一步法	母料法
MFR/g·(10min)$^{-1}$	9.68	9.56
冲击强度/J·m^{-1}	402.1	525.1
拉伸强度/MPa	44.8	54.3
断裂伸长率（%）	91	109
弯曲强度/MPa	66.2	69.2
弯曲模量/MPa	1628	1734

从表 3-56 中可以看出，加工方法对材料的 MFR 影响相对较小，但对复合材料的力学性能有明显影响。母料法制得的复合材料的各项力学性能明显优于一步法，尤其是冲击强度和断裂伸长率提高较为明显，分别比纯 PC 提高了 31% 和 25%。这些性能的提高一方面可能是经过两次熔融挤出，相容剂与 PE-UHMW 进行了充分的接触并能将 PE-UHMW 很好地包覆，而有利于 PE-UHMW 在复合材料中的分散；另一方面，PE-UHMW 树脂分子长链易受剪切力作用发生断裂，所以在制备分散母粒的过程中，切断了 PE-UHMW 的分子链，使其超长的分子链变短，而有利于其在复合材料中进一步分散。

4. 效果与应用

1）母料法制备的 PC/PE-UHMW 复合材料的力学性能优于一步法。

2）PC/PE-UHMW 复合材料中含有 7 份 PE-UHMW 时，复合材料的力学性能较好，尤其是冲击强度由 578.7J/m 增加到 703.2J/m。

3）不同类型的无机填料对 PC/PE-UHMW 复合材料的影响不同，当加入 α-ZrP 时，复合材料具有优异的综合性能，冲击强度接近 900J/m^2，其他性能也有不同程度的提高。

4）α-ZrP 的加入起到了助分散的作用，使 PE-UHMW 在复合材料中具有更好的分散效果。

该材料可在坦克装甲、防弹背心、头盔等要求高抗冲性的设备中得到应用。

二、高级改性 PC 板材的加工与应用

1. 原材料与配方（质量份）

PC 板材		丙烯酸酯树脂	100
紫外线吸收剂（UVA-1~3）	0.5~1.2	三氯甲烷液体	适量
其他助剂	适量		

2. 制备方法

对 PC 板材进行表面处理，首先将板材在异丙醇中浸泡 1h，然后再用去离子水冲洗，干燥后待用。将一定的丙烯酸树脂溶液置于烧杯中，称取质量分数分别为 0.5%、0.8%、1.0%、1.2% 的 UVA，混合搅拌均匀。将混合溶液涂覆到 PC 板材表面，通过适当的固化工艺固化该涂层，得到表面具有抗紫外线涂层的改性 PC 板材。

3. 性能

从表 3-57 中可以看出，涂覆的 PC 板表面的硬度较低，和未涂覆的 PC 板的硬度相

当，没有大的改善，但涂层的附着力好，都达到了5B，这是由丙烯酸树脂的性质决定的，其本身的硬度较低，且与PC的粘接性能较好，所以附着力好。从涂层的平整性和表面硬度综合考虑，UVA的含量不能超过1%。

表3-57 含不同UVA涂层的铅笔硬度、附着力和平整性

涂层类型	含量（%）	铅笔硬度	附着力	平整性
—	—	2B	—	—
UVA-1	0.5	2B	5B	好
UVA-1	0.8	B	5B	好
UVA-1	1.0	HB	5B	好
UVA-1	1.2	HB	5B	差
UVA-2	0.5	B	5B	好
UVA-2	0.8	HB	5B	好
UVA-2	1.0	HB	5B	好
UVA-2	1.2	HB	5B	差
UVA-3	0.5	2B	5B	好
UVA-3	0.8	HB	5B	好
UVA-3	1.0	HB	5B	好
UVA-3	1.2	HB	5B	差

从综合性能评价，包括透光率、雾度、表面硬度、抗紫外线性能考虑，将UVA-3用于PC抗紫外线涂层，黄色指数变化最小，使得材料的黄色指数在2以下，所以1%含量的UVA-3是PC材料最佳的UVA。

表3-58为PC板和改性PC板的力学性能测试结果。从表3-58中可以看出，相对于PC板，改性PC板的拉伸强度和断裂伸长率略有降低，这是因为涂层破坏了PC表面层，但破坏层的厚度很薄，所以影响不大，并且悬臂梁无缺口冲击强度表明，板材冲不断，仍具有PC板优异的韧性。总之，涂层对PC板材的力学性能没有太大影响，改性PC板仍能保持原有的力学性能。

表3-58 未涂覆涂层和UVA-3涂层涂覆PC板的力学性能

试样	拉伸强度/MPa	断裂伸长率（%）	悬臂梁无缺口冲击强度/$kJ \cdot m^{-2}$
未涂覆涂层PC板	60.3	103	冲不断
涂覆涂层PC板	58.6	84	冲不断

4. 效果与应用

1）由丙烯酸树脂、UVA、特殊溶剂组成的抗紫外线涂料涂覆于PC表面，通过热固化，可得到抗紫外线性能、光学性能和力学性能优异的改性PC板材。

2）相对于UVA-2，UVA-3更适合于PC表面涂层，并且UVA-3在保证力学性能优良的前提下，能有效地提高PC板材的抗紫外线性能。

3）适合于PC表面涂层体系的最佳抗紫外线涂层配方是相对丙烯酸树脂含量为1.0%的紫外线吸收剂UVA-3，此改性PC板材的综合性能较好，但涂层的耐磨性还有待进一步提高。

该板材主要应用于航天、航空、高速列车、透明装甲及其他透明制品的制备。

三、液晶显示器光反射膜用 TiO_2 改性 PC 的加工与应用

1. 原材料与配方（质量份）

PC	100	二甲基硅氧烷	10
TiO_2	20～40	正庚烷	适量
其他助剂	适量		

2. 制备方法

（1）PC/TiO_2 复合材料的制备　按配比称取140℃干燥2h后的物料加入转矩流变仪中，密炼机转速控制在30r/min，在270℃下密炼15min，记录密炼过程中转矩随时间的变化，并留样进行性能测试。

（2）TiO_2 改性　将按比例配制的二甲基硅氧烷正庚烷溶液与140℃干燥后的 TiO_2 粉体充分混合均匀后，再加热蒸馏回收正庚烷，然后在140℃下干燥3h，得到改性 TiO_2。正庚烷的用量按质量比 m(正庚烷)∶m(TiO_2)=2∶5来确定。

（3）制膜　采用挤吹制膜技术制成光反射膜。

3. 性能与效果

试验表明，未改性 TiO_2 会造成 PC 的严重降解，使 TiO_2/PC 的熔体性质变差，难以加工成型。用二甲基硅氧烷改性 TiO_2 后，TiO_2/PC 的热降解行为得到改善。相比未改性 TiO_2/PC，改性后 TiO_2/PC 的转矩增大，MFR 变小，熔体性质得到改善。另外，改性 TiO_2/PC 复合材料的热稳定性和耐热性能也得到了提高。研究还发现，表面改性剂二甲基硅氧烷的用量也会对 TiO_2/PC 的性能造成影响，表面改性剂的最佳用量为 TiO_2 质量的10%。

4. 应用

该材料可用来制成光反射膜，用于液晶显示器。

光反射膜是液晶显示器背光模组的关键材料之一，随着液晶显示器尺寸和亮度的提高，光反射膜的热负荷加重，易产生热变形和老化，影响显示效果和寿命，因此，制备耐热性能良好的光反射膜是当前的研究热点。

四、薄膜法增强改性 PC 的加工与应用

1. 原材料与配方（质量份）

PC	100	E-玻璃纤维	20～40
二氯甲烷	5～10	偶联剂	1～2
其他助剂	适量		

2. 制备方法

（1）增强 PC 复合材料成型方法的选择　目前，主要是采用长纤维和短纤维来对 PC 进行增强，用注射法成型。对于玻璃纤维增强 PC 板材，则不可能用注射法成型，挤出法制造板材也同样是不可能的。而采用压制法是可行的，因为压制法所用设备较简单而普遍，成型加工容易掌握，成型温度、压力都比较低，制品内应力小，对纤维的损伤小。这对于要求内应力小、形状简单的 PC 复合材料板是特别有利的。

按照预浸料的制备方法不同，压制法又可分为溶液法、薄膜法、粉末法等。由于溶液法需大量的溶剂，而这些溶剂都或多或少地有一些毒性，对人体健康不利，对于大规模生产来讲，不宜采用此法。粉末法没有溶剂，对环境的污染小，也不损害人体健康，但压制过程中对加热设备要求较高。根据实验室现有的设备条件，也不宜采用此法。薄膜法是薄膜与增强玻璃布交替叠层来制备增强板材的一种方法。由于该方法不需使用溶剂，且成型时对温度、压力的要求不太高，因而采用了此法。

（2）压制工艺的确定　因 PC 中的酯基遇到水在高温下易水解，导致大分子降解，从而降低制品的强度，故而在压制前要对玻璃布和薄膜进行干燥处理。

压制的模温有两种：一种是在高弹态（150～200℃）下成型，一种是在黏流态下成型。制品形状简单的宜选高弹态低温成型，使制品不易起泡，但即使呈高弹态，若在 190℃以上压制也可能产生气泡。为了克服气泡，同时也为了使玻璃布层与层之间粘合紧密，提高层间强度，就需要加适当的成型压力。

（3）PC 复合材料的制备过程　PC 复合材料及试样的工艺流程如下：

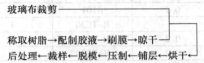

玻璃布裁剪

称取树脂→配制胶液→刷膜→晾干

后处理←裁样←脱模←压制←铺层←烘干

玻璃布的烘干条件与试样的后处理条件一样，均为 110℃/2h，PC 膜的烘干条件为 110℃/30min。

3. 性能

在恒定的压力（取 5MPa）下，增强 PC 的性能随着温度的变化而发生变化，并在 200℃出现一峰值。出现峰值的原因是在压力一定的条件（5MPa）下，成型温度过低，由于 PC 本身的流动性不好，采用薄膜法成型，PC 与玻璃布之间的浸渍不好，层与层之间粘接不牢，导致强度很低，成型温度过高，如 220℃，由于 PC 处于粘流态，流动性好，黏度低，在较大的压力下产生较大的冲击力，导致纤维冲散，并易流胶，甚至复合叠层从两端开口的模具中滑移出来，因此强度下降。在适宜的温度（200℃）下，强度最高，出现峰值。

在一定的温度（200℃）下，随着成型压力的变化，增强 PC 的性能也随着改变，同样也出现一峰值。出现峰值的原因是在 200℃的定温下，加压过大，PC 流动时产生很大的冲击力，玻璃布中的纤维被冲散，同时易产生流胶，使 PC 复合材料性能下降；加压小，PC 与玻璃布的渗透浸润能力差，加压时受力不均，易产生孔隙，从而使强度降低。而在合适的压力下，强度最高，产生峰值。

比较看来，薄膜法无污染、压力低、控温比较容易，制备大型制件所需压力机的公称压力不是很大，能充分利用现有国产设备。所以，采用薄膜法比溶液法更简单可行。

4. 效果与应用

1）验证了 PC 的流变性接近于牛顿型，即熔体黏度的变化与剪切速率关系不大，而主要与温度有关。

2）控制成型温度和压力可以提高增强 PC 复合材料的性能。

3）薄膜法与溶液法相比，成型温度稍高，成型压力较低，且无污染，适于在实际生产中成型大的制件。

该材料用于复合材料车体、构架等。

五、抗黄变性PC的加工与应用

PC在应用于电器、汽车等产品的外壳部件时，对其白度要求非常严格。但由于其自身分子结构中存在对水和热都比较敏感的碳酸酯键的原因，在加工、储存和使用时很容易发生老化降解，从而产生黄变和力学性能的部分或全部消失。因此，近年来对PC热稳定性、热降解机理和黄变原理的研究备受关注。G. F. Tjandraatmadja 等研究发现，PC热氧化黄变是一个自加速过程，光致重排和光致氧化存在竞争关系。

1. 原材料与配方（质量份）

试样编号	抗氧剂		钛白粉		群青
	牌号	用量	牌号	用量	
A_1	—	—	R104	4	—
A_2	1076	0.2	R104	4	—
A_3	627A	0.2	R104	4	—
A_4	—	—	R-TC30	4	—
A_5	1076	0.2	R-TC30	4	—
A_6	627A	0.2	R-TC30	4	—
A_7	627A	0.2	R-TC30	8	—
A_8	627A	0.2	R-TC30	10	—
B_1	627A	0.2	R-TC30	4	0.004
B_2	627A	0.2	R-TC30	8	0.004

注：PC用量为100份。

2. 制备方法

按照上述配方称取干燥好的PC、钛白粉、抗氧剂和群青，在高速搅拌机内混合均匀，使用双螺杆挤出机挤出造粒，最后用注射机制备测试试样。原材料和粒料的干燥条件为100℃、4h；挤出机的一区至四区、机头温度分别为260℃、275℃、280℃、280℃、275℃；注射机一区至三区的温度分别为260℃、275℃、275℃，喷头温度为250℃。

3. 性能

抗氧剂对PC加工变色行为的影响，试验结果见表3-59。

表3-59 抗氧剂对PC试样变黄指数（YI）的影响

项目	试样编号					
	A_1	A_2	A_3	A_4	A_5	A_6
老化前	16.62	16.15	15.86	16.41	16.02	15.67
老化后	18.36	17.42	17.25	18.22	17.58	17.02

钛白粉对PC试样蓝光白度（R_{457}）的影响见表3-60。

表3-60 钛白粉对PC试样 R_{457} 的影响

项目	试样编号					
	A_1	A_2	A_3	A_4	A_5	A_6
老化前	71.08	71.52	72.85	71.35	71.54	73.62
老化后	68.55	70.38	70.82	69.28	70.41	71.68

群青对 PC 试样变色行为的影响见表 3-61。

表 3-61 群青对 PC 试样变色行为的影响

项目		试样编号			
		A_6	B_1	A_7	B_2
YI	老化前	15.67	14.21	14.85	13.97
	老化后	17.02	16.02	16.01	15.63
R_{457}	老化前	73.62	71.06	79.92	79.87
	老化后	71.68	68.59	77.13	77.07

不同抗氧剂的 PC 试样在空气中的热失重（TG）数据，结果见表 3-62。

表 3-62 不同抗氧剂的 PC 试样 TG 数据

项目	试样编号		
	A_4	A_5	A_6
初始分解温度/℃	320.25	345.16	350.69
最大分解温度/℃	452.02	468.59	473.01

4. 效果与应用

1）添加抗氧剂后 PC 试样的 YI 明显减小，抗氧剂 627A 的效果优于抗氧剂 1076。

2）钛白粉 R-TC30 与抗氧剂 627A 的协同作用对 PC 试样有较好的增白效果。随着钛白粉 R-TC30 含量的增加，PC 试样的 R_{457} 逐渐增大，而 YI 则是先减小后增大。

3）添加具有遮黄作用的群青后，PC 试样的 YI 明显减小，且当钛白粉含量达到 8 份时，群青对 PC 试样的 R_{457} 的影响可忽略。

4）TG 分析表明，添加抗氧剂 627A 的 PC 试样的热稳定性好于添加抗氧剂 1076 的 PC 试样的热稳定性。

5）PC 的加工黄变现象是由于 PC 热氧化导致端基、侧基断裂，并发生分子内重排，形成小分子酯，导致黄色物质产生引起的。

该材料可广泛应用于汽车部件、电子电器、数据载体、建筑材料、机械零件等各个方面，而且正迅速地扩展到航空、航天等高新技术领域。

六、PC 基光扩散材料的加工与应用

光扩散材料是指能够使光通过而又能有效扩散光的材料，它能将点、线光源转化成线、面光源，散射角大，导光性好，透光均匀。

目前使用的工程塑料中，PC 的透明性能是最好的，可见光透过率高达 90% 以上。此外，PC 密度低、容易加工成型，是一种性能优良、应用广泛的工程塑料，广泛用于汽车、电子电气、建筑材料、机械零件、办公自动化设备、包装业、运动器械、医疗保健、光盘和家庭用品等领域。

1. PC 基光扩散材料的制备方法

光扩散材料的制备方法可分为聚合法和共混法两种。

（1）聚合法 该方法利用折光率有一定差异、相容性不太好的聚合物单体共聚合或采用分段聚合以制备光散射材料。聚合法具体可分为以下几种情况：

1）由两种反应活性不同的单体聚合制备散射体材料。因为散射体单体与形成基体的单体的反应活性不同，散射体单体发生自聚或与基体单体的嵌段共聚，两种单体在各自的聚合链上形成凝聚核结构，由这样的聚合物组成的透明材料其光学性质是不均匀的，当光进入材料时，在凝聚结构的边界由于折射率不同，光发生折射和反射由此产生了散射。材料完全是由透明材料组成的，没有光的吸收，因此入射光被有效地散射。

2）将一种单体混合分散于透明的基体中，使单体聚合，生成的聚合物作为散射体，其折射率不同于透明基体的折射率，因而入射光产生光散射。

3）将一种单体混合分散于一种透明材料中，使单体聚合，生成的聚合物作为基体，其折射率不同于透明材料，进而材料产生光散射。

4）散射体材料是无机粒子或有机粒子，将散射体粒子分散于基体单体中，使单体聚合生成聚合物基体。

聚合法在聚甲基丙烯酸甲酯（PMMA）基光扩散材料的制备中应用较为广泛，但在PC基光扩散材料的制备中应用较少。

（2）共混法 目前，大多数新型光散射材料是采用共混法生产的。因为这种方法与一般聚合物掺混工艺过程非常类似，特别是对于用量很大的光散射板材，它能够连续化生产，生产率较高。

1）有研究人员将聚硅氧烷颗粒作为分散粒子与PC进行共混，得到一种PC光漫散射片，该光漫散射片能够充分漫射直接放置在它下面的多个光源发出的光，并基本保证光源的亮度均匀。

2）有研究人员在PC中加入一定量的丙烯酸树脂和光扩散性试剂组合，提供了一种光扩散性树脂组合物，可用于路灯罩、玻璃替代品如车用夹层玻璃或者建筑材料等。

3）有研究人员使用一种交联（甲基）丙烯酸类聚合物粒子作为分散体粒子，加入PC中进行共混，得到了一种具有高光扩散性和高光线透过率，且具有不产生银斑、树脂褐斑的优良热稳定性的光扩散性树脂组合物。

2. 散射体粒子的研究

散射体粒子的材料可分为有机材料、无机材料和复合材料三大类。但不管是属于哪一类，都必须满足三个条件：①散射体材料与基体材料的光学性质（如折射率）之间应有一定的差异；②散射体材料对于透过的光线应无吸收或少吸收（利用散射体表面涂层反射机理的除外）；③散射体粒子的尺寸必须满足一定的要求。

初期，无机散射体粒子应用比较广泛。无机粒子主要有玻璃、石英、TiO_2、$CaCO_3$、$MgSiO_3$、$BaSO_4$、硫化物（如ZnS、BaS）等。这些无机粒子通常是坚硬的、不规则的，容易使加工设备磨损，分散相的粒度很难达到均匀，这就使聚合物基体的物理性能有所下降，这些粒子对热、氧和紫外光敏感，如果分散粒子过大还会导致材料的表面不平。而且，无机粒子的加入会严重影响光透过率，这些都严重限制了无机粒子在光扩散材料中的应用。

与无机粒子相比，有机散射粒子与基体具有更好的相容性，正逐步取代无机粒子。早期研究主要偏重于共聚物粒子的研究，通过交联共聚，获得比基体树脂折射率低且与基体树脂具有良好相容性的微球。有科研人员采用MMA-St交联共聚微球为光散射剂，当在PC基体树脂中添加粒径为13.2μm的交联微球时，可制得光扩散效果的片材。也有科研人员采用乳液溶胀法来制备聚合物光散射剂，先采用乳液聚合法得到种子，再反复溶胀制备微米级微球，可添加于PC中，也得到了有光扩散效果的PC片材。

后来人们研究发现，具有核壳复合结构的散射粒子具有更为优异的性能。核壳结构复合散射粒子是由共聚或均聚的核以及核外包覆的一层或多层壳构成的，通常最外层的壳与基体材料有良好的相容性，这样可以有效提高散射粒子在基体材料中的分散性，而且粒子与基体材料能够更加紧密地结合，避免了材料力学性能的下降，如果采用韧性较好的材料为核反而会提高材料的冲击强度。

研究发现，光散射复合物材料使用了一种核壳结构的粒子作为分散相粒子，以类似橡胶的烷基丙烯酸聚合物作为分散相粒子的核，外有一层或多层壳，最外层与基体物质相容。但是这种光散射材料中散射体含量高会导致高温下色彩稳定性差。

另外，还发现一种核壳结构的复合散射粒子，这种光散射复合物以类橡胶的乙烯基聚合物为核，具有一层或多层壳，散射体粒子中含有至少15%的烷基丙烯酸或烷基甲基丙烯酸。

有人使用了一种具有橡胶核热塑壳的散射体粒子，能够很好地分散于基体中，而基体的抗冲性能和物理性质不受影响，而且核内聚合物的折射率可以调节，并保证了基体良好的透光率。

有科研人员采用包覆方法制备两层或两层以上壳体的微小球体，将此球体通过各种不同的方式混入具有高透明度的基体材料中获取光散射材料。该微小球体在基体材料中难以分散，产品性能稳定性差。

有科研人员在乙醇/水混合溶剂中采用分散聚合法制备出微米级聚苯乙烯微球，将聚苯乙烯核微球与甲基三甲氧基硅烷的水解溶液混合，加入氨水使硅烷水解产物在核表面缩合交联，制备出微米级聚苯乙烯/聚硅氧烷核壳微球，其作为光扩散剂加入树脂中可制备出性能较好的光散射材料。

3. 制备PC基光扩散材料的影响因素

（1）散射体粒子折射率　选择不同折射率材料的散射粒子会对导光板性能产生显著影响。研究发现，在同样的透明树脂基体中添加相同粒径（4μm）和相同体积分数（0.134%）的散射颗粒，掺杂4μm的Al_2O_3聚合物的光散射能力要高过掺杂同样粒径的同样体积分数4μm的SiO_2聚合物，而掺杂同样体积分数4μm的TiO_2聚合物的光散射能力则更高。通过光散射理论可知，掺杂同样体积分数同样粒径的不同材料散射粒子的聚合物对光线散射能力的强弱是和聚合物中掺杂的散射粒子对基质的相对折射率大小相关的。在PC基光扩散材料中，散射体粒子与基体树脂之间折射率之差的大小，直接影响光扩散材料的光扩散效果和透光率。

（2）散射体粒子粒径　散射体粒子作为分散相存在于基体树脂中，其粒径直接影响复合材料的性能。

有科研人员在研究硫酸钡微球掺杂PC材料的光散射特性时，发现在一定掺杂浓度下，随粒径增加，透光率缓慢增加，这可以由光散射理论做出解释。而扩散率迅速增大，到达一个峰值后又开始缓慢下降。随着粒径的增大，反向散射不断减小，前向散射逐渐增强，导致透光率持续升高。掺杂纳米及亚微米级粒子时，扩散率主要受粒子散射能力的影响，此时散射系数很小，导致极低的扩散率；当粒径增大时，粒子的散射能力迅速增强，导致扩散率快速增加。粒径再增加时，散射能力变化不大，而前向散射逐渐增强，散射光更集中于正向前，所以扩散率开始慢慢下降。

(3) 散射体粒子在基体中的浓度　散射体浓度直接决定复合材料的光散射效果。

有科研人员在进行聚合物中多重光散射传导的Monte Carlo数值模拟研究时发现，输出光面分布的均匀度主要由散射粒子的浓度决定，计算结果表明，如果介质中散射微粒的浓度大于某个临界值，输出光强的峰值出现在远离光源的位置，反之亦然；而当其处于临界状态时，输出光强呈现基本均匀面分布。随着散射粒子浓度的增大，输出光强的峰值不断地往近距离处移动。而且，在某个中间临界值处可以出现基本均匀的分布。因此只要通过控制填充微粒的浓度，就可以得到均匀的面分布光。

有科研人员在研究硫酸钡微球掺杂PC材料的光散射特性时发现，透光率随着掺杂浓度的增加整体变化较小，而扩散率则显著增加。其原因主要是当基体材料和散射体粒子折射率匹配时，微球对光的散射基本为前向散射，背向散射极弱，因而可以获得十分理想的透光率，且对浓度的变化不敏感；而随着浓度的增加，单位体积内散射粒子增多，使得光子的散射次数显著增加，故扩散率明显增大。

4. 展望

PC基光扩散材料以其良好的光散射效果、较高的光透过率和优异的物理性能，引起了业界的极大的关注，相关研究和开发开展得如火如荼。未来对PC基光扩散材料的研究应包括以下四个方面：

1）进一步研究散射体粒子，制备出光散射效果、与基体树脂相容性俱佳的散射体粒子。

2）对制备PC基光扩散材料中的影响因素进行系统研究，以便进行进一步的开发和应用。

3）利用聚合法制备PC基光扩散材料，并研究其性能及应用。

4）采用先进的检测技术，对PC基光扩散材料的微观结构、物理性能进行更深入的研究，不但能进一步指导PC基光扩散材料的研究，而且对其实际推广应用有着重要的意义。

七、PC/ABS手机充电器专用料的加工与应用

1. 原材料与配方（质量份）

PC (2858)	70	ABS (9715)	30
增容剂 (M)	4.0	增容剂 (E)	3.0
阻燃剂 (U)	13	阻燃协效剂 (S)	5.0
抗氧剂	0.5～0.8	分散剂	1～2
着色剂	适量	其他助剂	适量

2. 性能要求

PC/ABS手机充电器专用料是一种带有阻燃功能特性的复合材料，这种阻燃功能特

性是 PC/ABS 制品在带电状态下连续使用所必备的，也是电工制品对材料性能的基本要求之一。

由于 PC/ABS 手机充电器要在带电状态下连续给手机充电，故对 PC/ABS 的耐热性能也有较高要求，即 PC/ABS 需有较高的热变形温度来保证长期接触电、热而不软化，这就要通过一定条件下的球压试验。

PC/ABS 手机充电器专用料作为一种新材料，其基本的力学性能和尺寸稳定性等必须得到保障，否则就不能满足最基本的实用要求，也就更无性能上的优势可言。PC/ABS 手机充电器专用料性能指标见表 3-63。

表 3-63 PC/ABS 手机充电器专用料性能指标

项目	指标
缺口冲击强度/kJ · m^{-2}	38 ~40
拉伸强度/MPa	52 ~54
弯曲强度/MPa	68 ~70
垂直燃烧性	V-0
热变形温度（1.82MPa）/℃	≥110
球压痕（20N，125℃）/mm	≤1.6
成型收缩率（%）	0.5 ~0.7

3. 生产工艺

（1）原材料的干燥 PC 分子结构中含有酯键，容易吸收水分。在双螺杆挤出机挤出生产过程中当物料含有微量水分时，则易从酯键处发生水解，引起相对分子质量发生变化，使 PC 与 ABS 的熔体黏度降低，性能变劣。所以需预先将 PC 在 120℃ 至少鼓风干燥 4h，使含水量降至 0.03% 左右。

ABS 树脂吸水率较低，但为防止由于 ABS 中的微量水分引起 PC 的降解，也需将 ABS 在 85℃ 左右鼓风干燥 4h 以除去表面水分。

主要助剂增容剂、阻燃剂、阻燃协效剂也应经适当干燥处理。

（2）原材料的预混 按确定的专用料配方称量原材料并适当添加抗氧剂、分散剂、着色剂。预混时先加入阻燃剂、阻燃协效剂、分散剂及着色剂搅拌 5min 左右，然后再加入其他物料搅拌 5min，取出备用。

（3）工艺参数 PC/ABS 手机充电器专用料采用同向平行双螺杆挤出机来进行生产。生产工艺参数有温度、螺杆转速、物料添加量、真空度、牵带切粒速度等，在 PC/ABS 手机充电器专用料生产中最关键的是对双螺杆挤出机料筒温度和螺杆转速进行调节，以期保障连续生产的工艺稳定性和可靠性，从而获得外观好、性能高的产品。

料筒温度设置的依据是专用料各物料组分尤其是基体树脂的可熔融温度及起始分解温度。料筒温度设置是否科学合理既可从挤出现象直观看出，又可从检测到的性能数据来判断。料筒温度设置对专用料生产工艺和产品性能的影响见表 3-64。

表 3-64　料筒温度设置对专用料生产工艺和产品性能的影响

设置温度/℃	缺口冲击强度/kJ · m⁻²	拉伸强度/MPa	阻燃性	挤出状况
210 ~ 230	36	46	V-0	不连续
210 ~ 240	39	50	V-0	较顺利
210 ~ 250	25	33	V-0	粗糙、断条
205 ~ 230	34	44	V-0	不均匀
205 ~ 240	41	53	V-0	顺利
205 ~ 250	29	39	V-0	粗糙、断条

由表 3-64 可以看出，温度设置为 210 ~ 250℃或 205 ~ 250℃时不妥当，其原因可能是 ABS 中橡胶相有部分氧化热降解，使得 PC 与 ABS 难以在增容剂作用下均匀塑化；温度设置为 210 ~ 230℃或 205 ~ 230℃时可能偏低，会导致物料各组分分散状态不均匀、流动性差、熔融剪切混炼程度不够；温度设置为 205 ~ 240℃时较为合理。

螺杆转速的确定与专用料的质量控制有密切关系。合理的螺杆转速可使混炼塑化程度处于半饱和状态，熔体压力适中，有利于物料各组分的均匀分散，也有利于相关物料组分的化学反应；同时也可减少物料在高温下的停留时间，防止因阻燃体系发生劣变而影响最终产品的性能。螺杆转速对专用料生产工艺和产品性能的影响见表 3-65。

表 3-65　螺杆转速对专用料生产工艺和产品性能的影响

螺杆转速/r · min⁻¹	缺口冲击强度/kJ · m⁻²	拉伸强度/MPa	阻燃性	挤出状况
185	30	42	V-1	断条、较粗糙
210	33	47	V-0	不均匀
225	36	48	V-0	较顺利
235	40	52	V-0	顺利
245	37	49	V-1	粗糙、不均匀

由表 3-65 可以看出，螺杆转速较慢或过快都不利于 PC/ABS 手机充电器专用料的生产，同时也不利于物料各组分的分散混配和混炼塑化，从而影响产品的相关性能。当螺杆转速为 235r/min 时较为合理。

4. 性能

将上述最佳配比的原材料混合后于料筒温度为 205 ~ 240℃、螺杆转速为 235r/min 的工艺条件下挤出造粒。然后在 90℃左右鼓风干燥 4 ~ 6h 后注射成各种待测标准试样，按相应标准检测。PC/ABS 手机充电器专用料的性能检测结果见表 3-66。

表 3-66　PC/ABS 手机充电器专用料的性能

项目	检测结果
缺口冲击强度/kJ · m⁻²	40
拉伸强度/MPa	52
弯曲强度/MPa	69
垂直燃烧性	V-0
热变形温度（1.82MPa）/℃	110
球压痕（20N，125℃）/mm	1.5
成型收缩率（%）	0.6

由表 3-66 可以看出，生产的 PC/ABS 手机充电器专用料已达到表 3-63 所要求的性能指标。

八、蓝光吸收剂改性 PC 光扩散产品的加工与应用

1. 原材料与配方（质量份）

PC（HSX-2X）	100	蓝光吸收剂（1227#、47#、1205#）	0.05～0.15
单偶氮类黄颜料	0.5～1.5	抗氧剂（B900）	0.1～1.0
PMMA 光扩散剂	5～6	其他助剂	适量

2. 制备方法

蓝光吸收剂改性 PC 的工艺流程如图 3-3 所示。

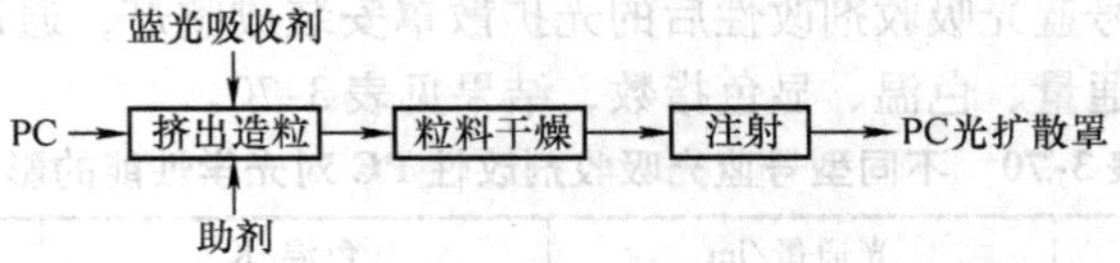

图 3-3　蓝光吸收剂改性 PC 的工艺流程

PC 料先在 120℃下干燥 6h，将蓝光吸收剂和抗氧剂、光扩散剂等助剂按不同比例和顺序加入 PC 中，高速搅拌混合均匀后通过双螺杆挤出机造粒，双螺杆各温度区间设置为 200～260℃，转速为 80r/min，再将上述蓝光吸收剂改性后的 PC 粒子于 120℃烘烤 4h 后注射得到蓝光吸收剂改性的 PC 光扩散罩，注射机各温度区间设置为 240～280℃，注射压力为 40MPa 左右。

3. 性能

表 3-67 为不同含量蓝光吸收剂 1227#改性 PC 扩散罩测得的不同波长处蓝光透过率。从表 3-67 可以看出，0.15% 的添加比例可以有效吸收蓝光，蓝光在 410nm、440nm、460nm、480nm 处的透过率均为 0。由以上数据可以得出，蓝光吸收剂能有效吸收高能短波并转化为低能辐射，消除 LED 富蓝化对人眼视网膜的损害。

表 3-67　不同含量蓝光吸收剂 1227#改性 PC 扩散罩测得的不同波长蓝光透过率（%）

1227#含量（%）	蓝光波长/nm			
	410	440	460	480
0	6.40	6.60	7.90	
0.05	0.20	0.50	1.10	1.50
0.1	0	0	0.1	0.50
0.15	0	0	0	0

蓝光吸收剂 1227#含量对 LED 灯光学性能的影响见表 3-68。

表 3-68　蓝光吸收剂 1227#含量对 LED 灯光学性能的影响

1227#含量（%）	光通量/lm	色温/K	显色指数
0	249.04	5572	82.2
0.05	236.55	4065	71.2
0.1	212.43	3077	54.9
0.15	196.6	3256	49.7

表3-69为不同型号蓝光吸收剂改性PC扩散罩测得的各波长蓝光透过率。

表3-69　不同型号蓝光吸收剂改性PC扩散罩的蓝光透过率（%）

蓝光吸收剂型号	蓝光波长/nm			
	410	440	460	480
空白	6.40	6.60	7.90	—
47#	0.10	0.20	0.30	9.30
1205#	0	0	0	0.80
黄颜料	0	0	0	0
1227#	0	0	0	0

分别将不同型号蓝光吸收剂改性后的光扩散罩安装成整灯，通过1.5m积分球测试系统测量整灯的光通量、色温、显色指数，结果见表3-70。

表3-70　不同型号蓝光吸收剂改性PC对光学性能的影响

蓝光吸收剂型号	光通量/lm	色温/K	显色指数
空白	249.04	5572	82.2
47#	238.55	4437	61.5
1205#	226.43	3487	55.3
黄颜料	173.1	3135	45.5
1227#	196.6	3256	49.7

由表3-70中可以看出，蓝光吸收效果偏弱的47#和1205#对LED灯的光学性能影响较小，蓝光吸收效果较好的黄颜料和1227#蓝光吸收剂对LED灯的光学性能影响较大。黄颜料和1227#相比两者都能将400～480nm处的蓝光完全吸收，但1227#相对来讲对LED灯的光学性能影响偏小。以上数据可以得出1227#蓝光吸收剂相比于其他几种蓝光吸收剂在改性PC光扩散罩时的蓝光吸收效果更佳。

4. 效果与应用

1）蓝光吸收剂改性PC基材产品能有效吸收并转化蓝光，各波段蓝光透过率明显降低，低能高波段光强增加，四种蓝光吸收剂的蓝光吸收效果中，1227#和黄颜料吸收效果最好，基本完全吸收，1205#吸收效果次之，47#吸收效果最差。

2）蓝光吸收剂改性后的PC材料虽然有效吸收了蓝光波段，但由于光谱结构的缺失导致PC光扩散罩的颜色偏黄色，其LED整灯的光通量、色温、显色指数明显降低。因此，在选择合适的蓝光吸收剂时可以降低蓝光吸收剂的添加比例，在吸收蓝光的同时可以兼顾保持优异的光学性能。

3）蓝光吸收剂改性PC后能有效吸收蓝光，降低蓝光对人眼视网膜的潜在损害，但同时又不能完全将蓝光吸收，否则将影响整灯的光学性能，可以选择蓝光吸收效果较好且对光学性能影响较小的1227#蓝光吸收剂改性PC材料。

一般照明行业用来解决高蓝光占比的方法主要有两种：一种是通过喷涂蓝光吸收涂层的方法降低蓝光透过率，但喷涂本身污染性较大，且喷涂后的涂层在LED光源的长期使用过程中容易产生龟裂而造成对蓝光的吸收失效；另一种是高显色全光谱法，补齐

LED 灯白光光谱中相对于太阳光谱缺失部分，使其光谱更连续，更接近太阳可见光。

科研人员采用蓝光芯片激发 YAG 黄色荧光粉并添加红粉和绿粉的方式，制备出蓝光消减高显色指数的白光 LED。但是，作为工厂大规模生产，高显色全光谱法将会增加一道工序并且要求更高的封装工艺，势必增加生产成本，从而大大提高白光 LED 灯的销售价格。

基于成本及工艺的考虑，希望通过在光扩散罩中直接添加蓝光吸收剂进行改性来达到消减蓝光的目的。光扩散罩在 LED 中起到的作用是将光多次折射和反射，使光线均匀散开。目前，光扩散罩主要由透明材料生产，如聚碳酸酯（PC）、聚甲基丙烯酸甲酯（PMMA），由于 PC 具有优异的力学性能和加工性能，故生产中选 用 PC 作为光扩散罩基材并共混不同比例、不同类型蓝光吸收剂，并注射成型光扩散罩。通过添加蓝光吸收剂，降低白光 LED 灯中的蓝光占比，为消费者提供更环保更健康的 LED 照明产品。

该材料主要用于制备光扩散罩等装置。

九、耐刮擦高光 PC/ABS 合金的加工与应用

1. 原材料与配方（质量份）

PC/ABS（70/30）	100	抗氧剂	0.1～0.2
丙烯腈-苯乙烯共聚物（AS）粒子	10～20	其他助剂	适量
耐刮擦剂（丙烯酸类、硅油类）	10		

2. 制备方法

首先将不同质量的耐刮擦剂与 PC/ABS 高胶粉、AS 粒子和抗氧剂按不同比例（其中 PC/ABS 高胶粉、AS 粒子三者质量比固定为 18:1:1，抗氧剂质量分数为 0.2%）在高速混合机中充分混合，然后通过双螺杆挤出机制备高光 PC/ABS 粒子，再在注射机上用高光样板模具注射成型用于光泽度和耐刮擦性测试的样板，样板尺寸为 210mm × 140mm × 3mm，并用标准模具注射成型用于冲击强度和断裂伸长率测试的试样，样板和试样的注射温度均为 260℃。

3. 性能与效果

1）丙烯酸类耐刮擦剂可明显提高高光 PC/ABS 合金的耐刮擦性能，但同时会降低高光 PC/ABS 合金的光泽度和韧性，综合考虑耐刮擦性、光泽和韧性，丙烯酸类耐刮擦剂的质量分数为 10% 时最佳。

2）硅油类耐刮擦剂对高光 PC/ABS 合金耐刮擦性提高不明显，且会降低高光 PC/ABS 合金的光泽度和韧性，所以硅油类耐刮擦剂不适合用于高光 PC/ABS 合金的耐刮擦改性，而丙烯酸类耐刮擦剂比较适合。

4. 汽车上使用的聚碳酸酯（PC）/丙烯腈-丁二烯-苯乙烯塑料（ABS）合金按照其后加工和使用方式可以分为通用 PC/ABS 合金、电镀 PC/ABS 合金、亚光 PC/ABS 合金、高光 PC/ABS 合金等。其中使用高光 PC/ABS 合金替代通用 PC/ABS 喷涂钢琴漆这种方案，越来越受到大家的关注。

相比于通用 PC/ABS 合金喷涂钢琴漆方案，使用高光 PC/ABS 合金方案，具有环保、低成本的绝对优势。但是，目前高光 PC/ABS 合金并没有在汽车领域大规模使用，

主要原因是其耐刮擦性不佳，在某些触摸频敏的部位，如转向盘，直接使用存在较大风险。如何提高高光PC/ABS合金的耐刮擦性，是目前高光PC/ABS合金材料发展急需解决的问题。

十、PC/ABS合金的挤出成型与应用

1. 原材料与配方（质量份）

PC	70	ABS	30
抗氧剂（1010与168）	0.5~1.0	润滑剂	1~2
其他助剂	适量		

2. 制备方法

PC/ABS合金材料试样制备工艺流程：干燥→混合→挤出造粒→注射→试样。其中干燥工艺的温度为100℃、时间4h；挤出机各区温度设置见表3-71，螺杆转速分别设为350r/min和250r/min。注射机温度从加料段到喷嘴依次设定为200℃、250℃、250℃、245℃；ABS的质量分数设定为30%。

表3-71 挤出机各区设定温度 （单位：℃）

编号	一区	二区	三区	四区	五区	六区	机头
1	180	220	240	250	250	240	235
2	180	190	220	230	230	230	220
3	180	230	260	280	270	260	250

3. 性能

对螺杆直径为35mm的同向双螺杆挤出机的螺杆组合进行设计，一种是普通剪切型；另外一种在普通剪切型的基础上减少均化段的输送元件，适量增加剪切元件，可得到强剪切型螺杆。不同螺杆的组合形式见表3-72。

表3-72 不同螺杆的组合形式

项目	加料段	塑化段	对空排气段	均化段	真空排气段	输送段	螺杆总长/mm
普通剪切型	32×1，48×3①，32×4	22×4，K48×30°②，K32×45°，K22×60°，32×2，22×1，K48×30°	K32×45°L③，48×2	32×2，22×1，K32×45°，K32×45°，K32×90°	11L，48×2	32×2，22×3	1369
强剪切型	32×1，48×3，32×4	22×4，K48×30°，K32×45°，K22×60°，32×2，22×1，K48×30°	K32×45°L，48×2	K32×45°，K32×45°，32×1，22×1，K32×45°，K32×90°	11L，48×2	32×2，22×3	1369

① 48×3表示输送元件数量为3个，螺纹长度为48mm。

② K48×30°表示剪切元件长度为48mm，其捏合片呈30°角排列。

③ L表示反螺纹元件；其余类似。

由表3-73可以看出，采用强剪切型螺杆组合能够提高PC/ABS合金材料的力学性能，其拉伸性能、缺口冲击强度和弯曲性能都有所提高，只是强剪切型对合金的拉伸强

度提高幅度较小，对断裂伸长率、缺口冲击强度和弯曲性能的提高幅度较大。经普通剪切型螺杆组合加工后的合金材料缺口冲击强度和断裂伸长率只有35.3kJ/m^{2}和98%，而经强剪切型螺杆组合加工后的材料缺口冲击强度和断裂伸长率分别提高到40.5kJ/m^{2}和125%，提高了14.7%和27.6%，说明适当的强剪切型螺杆组合能够较为明显地提高合金材料的韧性。

表3-73 不同螺杆组合对PC/ABS合金力学性能的影响

项目	螺杆组合	
	普通剪切型	强剪切型
拉伸强度/MPa	56	57
断裂伸长率（%）	98	125
缺口冲击强度/kJ·m^{-2}	35.3	40.5
弯曲强度/MPa	65	71
弯曲模量/MPa	2195	2410

螺杆转速对PC/ABS合金力学性能的影响见表3-74。

表3-74 螺杆转速对PC/ABS合金力学性能的影响

项目	螺杆转速/r·min^{-1}	
	350	250
拉伸强度/MPa	56	56.5
断裂伸长率（%）	98	100
缺口冲击强度/kJ·m^{-2}	35.3	33
弯曲强度/MPa	65	66
弯曲模量/MPa	2195	2207

不同挤出温度对PC/ABS合金力学性能的影响见表3-75。

表3-75 挤出温度对PC/ABS合金力学性能的影响

项目	挤出温度组编号		
	1	2	3
拉伸强度/MPa	56	53	54
断裂伸长率（%）	98	110	95
缺口冲击强度/kJ·m^{-2}	35.3	32	30
弯曲强度/MPa	65	65	64
弯曲模量/MPa	2195	2134	2120

4. 效果与应用

1）通过在挤出机螺杆均化段中减少输送元件，适量增加剪切元件，可形成强剪切型螺杆组合，从而提高PC/ABS合金的力学性能，其中，对缺口冲击强度和弯曲性能的提高幅度较大。

2）螺杆转速对合金材料性能影响较小，在加工中应以加工性能为依据合理选择转速。

3）挤出温度设定过低或过高都会降低材料的力学性能，对于PC/ABS合金，挤出温度最高设定在250℃时，可使其获得较好的力学性能。

该材料主要用于汽车工业、计算机、复印机和电子电气部件等。

十一、短切玻璃纤维增强 PC 的加工与应用

1. 原材料与配方（质量份）

PC	100	短切玻璃纤维（510H 与 510）	10
偶联剂	0.5～1.0	丙烯酸酯增韧剂	5～10
其他助剂	适量		

2. 制备方法

（1）GF 短切原丝的制备　分别按照两种不同的浸润剂配方 510 和 510H（510H 浸润剂配方是在 510 配方的基础上引入了丙烯酸酯类增韧剂组分）配置浸润剂，经拉丝、短切、烘干得到 510 和 510H 两种短切原丝，作为试验材料。

（2）PC 挤出注射成型　将 PC 粒料、短切原丝 510 或 510H，按照一定比例分别通过双螺杆挤出机挤出造粒，然后用注射机注射成试样，按照要求测试力学性能等。

PC 试样制备工艺条件见表 3-76。

表 3-76　PC 试样制备工艺条件

项目	数值
挤出温度/℃	240～275
注射温度/℃	270～300
注射压力/MPa	85
注射速度/$mm \cdot s^{-1}$	90
注射螺杆转速/$r \cdot min^{-1}$	40～50
模具温度/℃	100

3. 性能

表 3-77 为纯 PC 以及 510 和 510H 增强 PC 复合材料的力学性能。图 3-4 所示为纯 PC 及 510 和 510H 增强 PC 复合材料的力学性能对比。

从表 3-77 中可看出，未加玻璃纤维（GF）的纯 PC 材料的拉伸强度为 59.9MPa，弯曲强度为 95.4MPa，冲击强度为 306.2kJ/m^2；而加入 GF 短切原丝 510 后，PC 的性能明显改变，拉伸强度提高了约 28%，弯曲强度提高了约 33%，增强效果非常理想；但是复合材料的冲击强度下降超过 73.2%，只有 82.1kJ/m^2；加入 GF 短切原丝 510H 后，PC/GF 复合材料的拉伸强度和弯曲强度虽略差于 GF 短切原丝 510 增强 PC，但其冲击强度达到 168.2kJ/m^2，与常规的 GF 短切原丝 510 相比，其冲击性能大幅提高，较 GF 短切原丝 510 增强 PC 增长近一倍。从图 3-4 的对比中可以清楚地看到，经过不同浸润剂体系处理的 GF 短切原丝 510 和 510H，其增强 PC 复合材料的力学性能存在不同的效果。GF 短切原丝 510H 增强 PC 复合材料的冲击性能具有明显的优势。

表 3-77　纯 PC 以及 510 和 510H 增强 PC 复合材料的力学性能

项目	试样		
	纯 PC	PC/510H	PC/510
拉伸强度/MPa	59.9	64.3	76.4
弹性模量/GPa	2.1	2.9	3.4
弯曲强度/MPa	95.4	112.8	126.6
弯曲模量/GPa	2.3	3.0	3.7
冲击强度/$kJ \cdot m^{-2}$	306.2	168.2	82.1

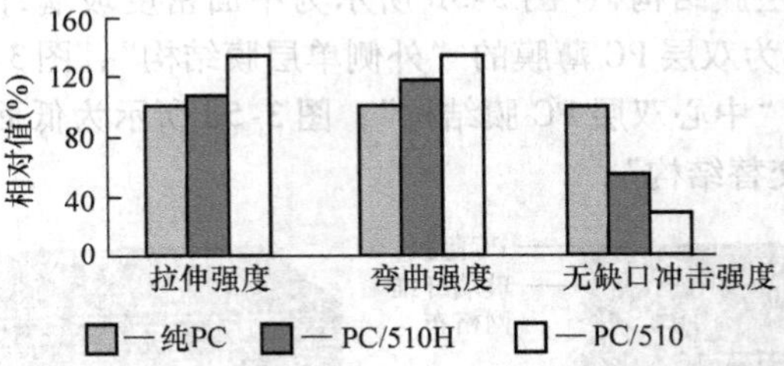

图 3-4　纯 PC 以及 510、510H 增强 PC 复合材料的力学性能对比

纯 PC 材料是一种刚性差、韧性好的材料，即其拉伸强度低、冲击性能高。当加入 GF 短切原丝 510 后，PC 树脂和 GF 发生交联反应并界面结合，使得 PC/GF 复合材料的拉伸强度大幅度提高，但正是由于和 GF 的结合，也使复合材料的脆性凸显，冲击强度急剧下降。但当加入 GF 短切原丝 510H 后，PC 树脂和 GF 的结合出现了完全不一样的现象。

虽然 GF 在 PC 基体树脂中同样分散均匀，但是 GF 表面和树脂的结合明显减弱。合理地控制 GF 短切原丝与 PC 树脂的界面结合程度，做到在增强 PC 材料拉伸强度的同时，尽可能地保留 PC 树脂原本的韧性和冲击强度，使得 PC/GF 复合材料的综合性能得到进一步的提高。

4. 效果与应用

1）使用质量分数为 10% 的两种 GF 短切原丝增强 PC，对复合材料力学性能进行对比可知，510 增强 PC 的拉伸强度和弯曲强度较高，510H 增强 PC 复合材料的冲击性能有明显优势。

2）通过对 PC/GF 复合材料的 SEM 分析表明，510 和 510H 在 PC 基体树脂中都有较好的分散性，但是 GF 和树脂的结合存在明显的差异；GF 短切原丝 510 和 PC 树脂结合明显，其复合材料强度高；而 GF 短切原丝 510H 则和 PC 树脂交联程度较低，复合材料冲击性能优异。因而 510 及 510H 可满足材料不同应用领域的需求。

该材料较为广泛地应用于航天航空、电子电气、电器照明、汽车制造、医疗器械和建筑行业中制品的制造。

十二、玻璃纤维网格布增强 PC 复合材料的加工与应用

1. 原材料

玻璃纤维网格布：E-玻璃纤维，单丝直径 17μm，面密度分别为 $160g/m^2$、$200g/m^2$、$300g/m^2$、$400g/m^2$、$600g/m^2$；PC 薄膜：厚度分别为 0.125mm、0.250mm。

2. 片材制备

将一定尺寸的 PC 薄膜和玻璃纤维网格布，按照设定的铺层结构，在设定的温度、压力下在平板流变仪上热压浸渍并固化成型，取出，自然冷却后脱模获得所需片材。由于片材首次损伤多发生于最大铺层角的铺层中，且片材中铺层角较小的铺层相比其他铺层后出现首次损伤，故试验采用同一铺层角。

3. 结构

设计的片材铺层结构如图 3-5 所示。图 3-5a 所示为双层 PC 薄膜与高面密度玻璃纤

维网格布复合的“双层膜结构”；图3-5b所示为中面密度玻璃纤维网格布复合的外侧为单层PC、薄膜内部为双层PC薄膜的“外侧单层膜结构”；图3-5c所示为中面密度玻璃纤维网格布复合的“中心双层PC膜结构”；图3-5d所示为低面密度玻璃纤维网格布与PC薄膜复合的“交替结构”。

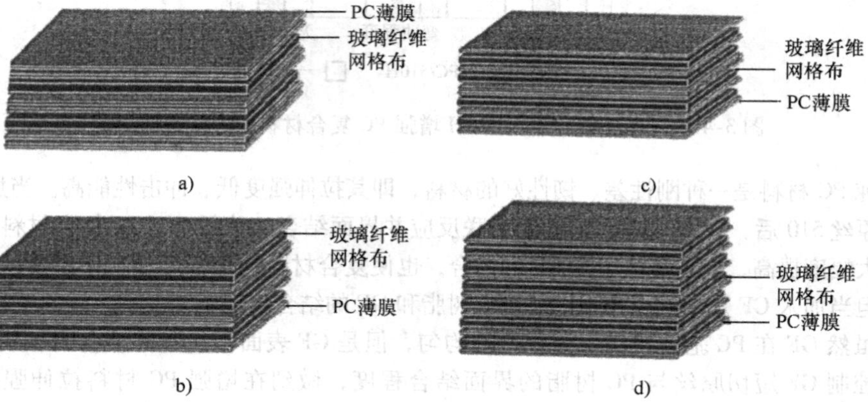

图3-5 复合材料铺层结构

a）双层膜结构 b）外层单层膜结构 c）中心双层PC膜结构 d）交替结构

四种铺层结构复合片材的玻璃纤维质量分数及空隙率结果列于表3-78。A、B、C这三种铺层结构同片材的玻璃纤维质量分数接近。D结构则因玻璃纤维网格布与基体的交替铺层结构中基体多一层，因而片材中的玻璃纤维质量分数有所降低。

表3-78 不同铺层结构片材的玻璃纤维网格布

层压结构	玻璃纤维网格布的面密度/$g\cdot m^{-2}$	质量分数（%）	空隙率（%）
图a	600	39.3	4.5
图b	400	38.7	4.1
图c	300	38.4	4.7
图d	200	36.5	3.2

4. 性能与应用

1）玻璃纤维网格布增强PC复合片材因增强体的织物结构特性而需要进行铺层结构设计，以改善基体对增强体的浸渍效果。以平板硫化机进行热压浸渍制备玻璃纤维网格布增强PC复合片材，其适宜的铺层结构为基体与增强体的交替叠层结构。

2）片材的拉伸性能随着铺层角的增大而下降，且玻璃纤维网格布的面密度越大，拉伸性能的降幅也越大，弹性模量的下降趋势较拉伸强度更明显。

3）采用单位玻璃纤维质量分数的拉伸性能，即拉伸性能因子，可以简化铺层结构与玻璃纤维质量分数对拉伸性能的评价基准。由此可以认为，低面密度的玻璃纤维网格布适宜制备“薄型”的复合片材，而较高面密度的玻璃纤维网格布则适宜制备“厚型”复合片材并获得良好的拉伸性能。

4）薄型的PC基体膜可以在较宽的玻璃纤维面密度变化范围内获得性能良好的复合片材。较厚的基体薄膜与低面密度的玻璃纤维网格布复合有利于拉伸性能的提高。

该材料主要应用于航天、航空、机械和车辆等制品的制备。

十三、PC导电功能材料的加工与应用

1. 原材料与配方（表3-79和表3-80）

表3-79 加入不同型号、用量的导电炭黑的PC共混物配方（质量份）

配方	PC	MBS	抗氧剂	润滑剂	导电炭黑（116HM）	导电炭黑（4500）
A	78	5	0.2	0.8	16	0
B	71	5	0.2	0.8	23	0
C	64	5	0.2	0.8	30	0
D	78	5	0.2	0.8	0	16
E	71	5	0.2	0.8	0	23
F	64	5	0.2	0.8	0	30

表3-80 加入不同种类及用量增韧剂的导电PC共混物配方（质量份）

配方	PC	导电炭黑（116HM）	MBS	ABS	MBS/ABS（50/50）	抗氧剂	润滑剂
G	78	16	5	0	0	0.2	0.8
H	76	16	7	0	0	0.2	0.8
I	74	16	9	0	0	0.2	0.8
J	78	16	0	5	0	0.2	0.8
K	76	16	0	7	0	0.2	0.8
L	74	16	0	9	0	0.2	0.8
M	78	16	0	0	5	0.2	0.8
N	76	16	0	0	7	0.2	0.8
O	74	16	0	0	9	0.2	0.8

2. 制备工艺

将导电炭黑置于80℃烘箱中干燥至少4h。将干燥好的炭黑加入双螺杆造粒机侧喂料斗，PC、增韧剂及其他助剂按照配方设计量用混料机混合均匀后，加入双螺杆造粒机主料斗中，进行挤出造粒。双螺杆造粒机一区～十区以及机头的温度分别为240℃、240℃、245℃、245℃、250℃、250℃、255℃、260℃、260℃、265℃、260℃。将上述PC导电粒料放入烘干料斗中在120℃下烘干2h，然后利用挤片机挤片，挤出机一区～四区以及换网器和机头的温度分别为260℃、265℃、265℃、265℃、265℃、265℃。

3. 性能

不同型号、用量的导电炭黑对导电片材力学性能、表面电阻率及外观的影响见表3-81。导电PC片材与上盖带焊接后的剥离强度见表3-82。

表 3-81　不同型号、用量的导电炭黑对导电 PC 片材力学性能、表面电阻率及外观的影响

配方	拉伸强度/MPa	断裂伸长率（%）	表面电阻率/（$\Omega \cdot m^{-2}$）	加工性能	外观	折叠试验
A	56.7	60	10^8	很好	很好	好
B	58.7	50	10^5	好	好	好
C	63.5	43	10^3	一般	一般	一般
D	56.6	58	10^9	很好	好	好
E	58.7	49	10^8	好	好	好
F	62.8	44	10^4	一般	一般	一般

表 3-82　导电 PC 片材与上盖带焊接后的剥离强度　（单位：N/m）

配方	最大值	最小值	平均值	标准偏差
A	279.3	220.5	254.8	2
B	269.5	205.8	245	2
C	254.8	171.5	235.2	3
D	284.2	210.7	254.8	3
E	259.7	181.3	235.2	3
F	245	161.7	220.5	3

从表 3-81 和表 3-82 中可以看出，添加 116HM 的 PC 片材较添加 4500 的 PC 片材的表面电阻率小，即导电性更好，同时标准偏差也小，说明其剥离强度波动范围小，故导电炭黑选用 116HM。随着导电炭黑含量的增加，导电 PC 片材的拉伸强度增大，断裂伸长率下降，表面电阻率减小；剥离强度平均值降低，标准偏差值变大，即焊接性能变差，这是由于炭黑含量增加导致片材变硬、炭黑外露概率增大，与上盖带的粘结性变差所致。此外，导电 PC 片材的加工性能、外观和折叠性能都随着炭黑含量的增加而下降。所以在满足 PC 片材表面电阻率的要求下，导电炭黑的添加量应越少越好，确定为 16%～23%。

本试验选用了以丁二烯和苯乙烯共聚物为核、甲基丙烯酸甲酯为壳的核-壳结构 MBS，以及高聚丁二烯含量的 ABS，试验结果见表 3-83 和表 3-84。

表 3-83　增韧剂种类及用量对导电 PC 片材力学性能、表面电阻率及外观的影响

配方	拉伸强度/MPa	伸长率（%）	表面电阻/$\Omega \cdot cm^{-2}$	加工性能	外观	折叠试验
G	56.7	60	108	很好	很好	好
H	52.6	80	108	好	好	很好
I	55.9	106	108	一般	好	很好
J	56.7	59	108	好	好	好
K	56	81	108	好	好	很好
L	55.9	105	108	一般	好	很好
M	57.0	59	108	很好	好	好
N	56.1	89	108	好	好	很好
O	56.0	104	108	一般	好	很好

表 3-84　增韧剂种类及用量对导电 PC 片材剥离强度的影响

（单位：N/m）

配方	最大值	最小值	平均值	标准偏差
G	279.3	220.5	254.8	2
H	294	225.4	254.8	3
I	313.6	235.2	259.7	3
J	284.2	210.7	259.7	3
K	303.8	215.6	264.6	3
L	323.4	230.3	264.6	3
M	284.2	230.3	259.7	2
N	294	235.2	264.6	2
O	308.7	240.1	269.5	3

从表 3-83 和表 3-84 中可以看出，增韧剂 MBS、ABS 和两者的混合物对导电 PC 片材拉伸性能的影响趋势相同，即随着增韧剂用量的增加，导电 PC 片材的断裂伸长率明显上升，折叠性能提高，剥离强度平均值增大，表面电阻率没有太大变化，但同时拉伸强度略微下降，剥离强度标准偏差变大，加工性能下降。在这两种增韧剂中，MBS 的剥离强度略小于 ABS，但两者混合物的剥离强度标准偏差较小。综上所述，在满足片材折叠性能的前提下，增韧剂用量应尽量降低，故确定为 5% ~7%。

4. *效果与应用*

1）选用导电炭黑添加到 PC 树脂中制得的导电材料，可挤出合格的片材用于载带的制造，满足芯片包装的各项要求，适宜的导电炭黑加入量为 16% ~23%。

2）MBS、ABS 均可作为导电 PC 的增韧剂，但以两者共混时的片材焊接剥离强度稳定性最好，片材的外观良好，适宜用量为 5% ~7%。

该导电片材主要成型计算机芯片封装用载带。

第四章　聚甲醛（POM）

第一节　主要品种的性能

一、简介

（一）基础特性

聚甲醛（Polyformaldehyde 或 Polyoxymethylene，POM）是甲醛的均聚物和共聚物的总称。

聚甲醛含有重复结构单元 $-CH_2O-$，所以应称聚氧亚甲基，它有均聚甲醛 $\lbrack CH_2O \rbrack_n$ 和共聚甲醛 $\lbrack CH_2O \rbrack_n \lbrack CH_2O-CH_2-CH_2 \rbrack_m$ 之分，其中 $n=1000\sim1500$，$m=20\sim75$。前者由无水三聚甲醛低温聚合而成，后者由三聚甲醛与少量环氧乙烷共聚而成。两者既有共性也有差异，表 4-1 列出了两者性能的差别。

表 4-1　均聚甲醛与共聚甲醛的性能比较

特　性	均聚甲醛	共聚甲醛	特　性	均聚甲醛	共聚甲醛
密度	大	小	耐磨性	大	小
结晶度	高	低	成型精度	差	优
机械强度(拉伸、弯曲)	大	小	成型性	差	优
弹性模量	大	小	短期强度	低	高
伸长率(注射制品)	小	大	热变形温度	高	低
硬度	硬	较软	摩擦因数	稍小	—
蠕变性	小	大	耐老化性	优	良
冲击强度	大	小	耐热水性	好	较差

（1）均聚甲醛　均聚甲醛的制造有甲醛合成、三聚甲醛合成和三聚甲醛辐射聚合三条路线，国内采用甲醛合成路线。

均聚甲醛为半透明或不透明的白色粉末或粒料，系高度结晶性聚合物，分子链的结合紧凑，因而熔点比共聚甲醛高 10℃，拉伸强度等机械强度高，刚性、耐疲劳、耐蠕变性好，摩擦因数小，耐磨性好，耐水、耐溶剂，电绝缘性好，因而均聚甲醛是综合性能优良的工程塑料，特别是耐疲劳性是工程塑料中最好的。但其耐紫外线性差，故常添加炭黑或紫外线吸收剂。

（2）共聚甲醛　共聚甲醛由三聚甲醛与二氧戊环共聚而成，有溶液聚合法和本体聚合法，溶液聚合的产品热稳定性好，而本体聚合的生产工艺简单，操作简便，现在采用双螺反应器更为快捷，还可以直接用反应注射生产玻璃纤维增强的聚甲醛制品。

共聚甲醛也是一种高密度、结晶性的线性聚合物，其结晶度和熔点低于均聚甲醛，但熔点明显，在熔点以下虽经长时间加热也不熔化，其热稳定性好，加工温度宽，耐疲劳性优异，自润滑性、耐磨性好，磨损量低于一般工程塑料。

（二）主要性能

（1）力学性能 聚甲醛分子链主要由C—O键构成。C—O键的键能（359.8J/mol）比C—C键的键能（347.3J/mol）大，C—O键的键长（0.143nm）比C—C键的键长（0.154nm）短，POM沿分子链方向的原子密集度大，结晶度高。而在共聚和均聚两种树脂之中，不含C—C键的均聚树脂也就因此具有更高的相对结晶度，达75%～85%，共聚树脂则为70%～75%。

由于聚甲醛是一种高结晶性的聚合物，具有较高的弹性模量，很高的硬度与刚度；可以在-40～100℃长期使用；而且耐多次重复冲击，强度变化很小；不但能在反复的冲击负荷下保持较高的冲击强度，同时强度值较少受温度和温度变化的影响。

因为POM的键能大，分子的内聚能高，所以其耐磨性好。POM的未结晶部分集结在球晶的表面，而非结晶部分的玻璃化转变温度为-50℃，极为柔软，且具有润滑作用，从而降低了摩擦和磨耗。聚甲醛不但能长期工作于要求低摩擦和耐磨耗的环境，其自润滑特性更为无油环境或容易发生早期断油的工作环境下摩擦副材料的选择提供了独特的价值。在这个问题上，它不是作为传统材料的替代材料，而是作为摩擦副材料一种较新的选择进入了各个领域。

聚甲醛是热塑性材料中耐疲劳性最为优越的品种。其抗疲劳性主要取决于温度、负荷改变的频率和加工制品中的应变点，因此特别适合受外力反复作用的齿轮类制品和持续振动下的部件。

蠕变是塑料的普遍现象，蠕变小是聚甲醛的特点。在较宽的温度范围内，它能在负荷下长时间保持重要的力学强度指标水平——大致维持在非铁（有色）金属的强度水平上。

抗蠕变性和抗疲劳性同时都比较好，这是聚甲醛十分宝贵的特点。在同档次的工程塑料中没有替代者。同时，其回弹性和弹性模量也都比较好。同时具有这两方面的特性，又是聚甲醛所独有的，这使它可作为各种结构弹簧类部件的材料使用。

聚甲醛的物理力学性能见表4-2。

表4-2 聚甲醛的物理力学性能

项 目	均聚甲醛	共聚甲醛	项 目		均聚甲醛	共聚甲醛
密度/(g/cm³)	1.42	1.41	剪切强度/MPa		67	54
拉伸强度/MPa	70	62	冲击强度/(J/m)	缺口	76	65
断裂伸长率(%)	40	60		无缺口	131	114
弹性模量/GPa	3.16	2.88	洛氏硬度 HRM		94	80
弯曲模量/GPa	2.88	2.64	磨耗/(mg/1000次)		—	14
弯曲强度/GPa	90	98	摩擦因数	对钢	—	0.15
压缩强度/GPa	127	110		对相同材料	—	0.35

(2) 热学性能 聚甲醛具有较高的热变形温度，均聚甲醛为136℃，共聚甲醛为110℃。但由于分子结构方面的差异，共聚甲醛反而有较高的连续使用温度。一般而言，聚甲醛的长期使用温度为100℃左右；而共聚甲醛可在114℃连续使用2000h，或在138℃连续使用1000h，短时间可使用的温度可达160℃。

聚甲醛可以长期在高温环境下使用，且力学性能变化不大。按美国保险商实验所（UL）的规范，它的长期耐热温度为85～105℃。

尽管该品种的加工热稳定性差，但由于其在短时间热性能（熔点及热畸变）和长时间耐用性方面表现出众，以及种种改进，它反倒成为高温空气和高温水环境下工作部件选材时常被考虑的品种。

(3) 耐化学药品性能 聚甲醛的基本结构决定了它没有常温溶剂。在树脂熔点以下或附近，也几乎找不到任何溶剂，仅有个别物质如全氟丙酮，能够形成极稀的溶液。所以，在所有工程塑料中聚甲醛耐有机溶剂和耐油性十分突出，特别是在高温条件下有相当好的耐蚀性，且尺寸和力学强度变化不大。

醇类能在聚甲醛熔点以上和熔融的树脂形成溶液。

由于共聚树脂不含有均聚树脂那样的酯基，因此能耐强碱；而均聚树脂只能耐弱酸。

聚甲醛与多种颜料有较好的相容性，易于着色，但由于有些颜料具有酸性，因此聚甲醛用的颜料需要慎重选择。其色母的制作，也远比一般树脂苛刻。

工程塑料对水的吸收能力常能导致制品的尺寸变动，而聚甲醛由于水的吸收产生的尺寸变动极小，因此不会给实际应用带来问题。

(4) 电气性能 聚甲醛有良好的电性能，表现之一在于其介电常数不受温度和湿度的影响。不同制造工艺导致的微量杂质含量的差异对体积电阻率可带来一个数量级的影响。

(三) 应用

聚甲醛主要用于代替非铁（有色）金属（如铜、锌、铝等）制作各种结构零部件。其应用量最大的是汽车工业，在机械制造、精密仪器、电器通信设备、家庭用具等领域的应用也相当普遍。聚甲醛特别适于制作耐摩擦、耐磨耗以及承受高负荷的零件，如齿轮、轴承等。

二、国内聚甲醛主要品种的性能

(1) 上海太平洋化工集团上海溶剂厂的金谷牌共聚级POM的性能（表4-3）

表4-3 上海太平洋化工集团上海溶剂厂的金谷牌共聚级POM的性能

项 目	M250	M900	M1700
密度/(g/cm^3)	1.40	1.40	1.40
拉伸强度/MPa	55	55	55
断裂伸长率(%)	50	50	50
弯曲强度/MPa	97	97	97
压缩强度/MPa	81	81	81
悬臂梁缺口冲击强度/(J/m^2)	150	150	150

（续）

项 目	M250	M900	M1700
白度（度）	≥75	>75	>50
马丁耐热温度/℃	55	55	55
线胀系数/K^{-1}	10.7×10^{-5}	10.7×10^{-5}	10.7×10^{-5}
体积电阻率/Ω·cm	3×10^{14}	3×10^{14}	3×10^{14}
相对介电常数（10^6Hz）	3.8	3.8	3.8
介电强度/(kV/mm)	19.5	19.5	19.5
热失重（220℃×10min）(%)	≥99	≥99.2	

（2）重庆合成化工厂的POM的性能（表4-4）

表4-4 重庆合成化工厂的POM的性能

项 目		M25	M60	M90	M120	M160	M200	M270
拉伸强度/MPa		60	60	60	60	60	60	50
断裂伸长率（%）		30	30	30	30	30	30	30
弯曲强度/MPa		130	130	130	130	130	130	130
压缩强度/MPa		82	82	82	82	82	82	82
悬臂梁冲击强度/(J/m^2)	无缺口	9	9	9	9	8	8	7
	缺口	15	15	15	15	15	15	15
熔点/℃		157	157	157	177	157	157	155
马丁耐热温度/℃		53	53	53	53	53	53	53
线胀系数/K^{-1}		10.9×10^{-5}	10.9×10^{-5}	10.9×10^{-5}	10.9×10^{-5}	10.9×10^{-5}	10.9×10^{-5}	10.9×10^{-5}
体积电阻率/Ω·cm		3×10^{14}	3×10^{14}	3×10^{14}	3×10^{14}	3×10^{14}	3×10^{14}	3×10^{14}
相对介电常数（10^6Hz）		3.5	3.5	3.5	3.5	3.5	3.5	3.5
介电强度/(kV/mm)		27	27	27	27	27	27	27
热失重（222℃×20min）(%)		≤1.0	≤1.0	≤1.0	≤1.0	≤1.0	≤1.0	≤1.0

牌号	熔体质量流动速率/(g/10min)	级别	特性和主要用途
M25	1.5~3.5	挤出级、注射级	韧性较好，宜制造机械、电器零件和型材、板材
M60	3.5~7.5	挤出级、注射级	韧性较好，宜制造机械、电器零件和型材、板材
M90	7.5~10.5	注射级	加工性好，宜制造一般制品
M120	10.5~14	注射级	加工性良好，宜制造一般制品
M160	14~18	注射级、挤出级	流动性好，成型容易，可制造一般构件，也可纺丝
M200	18~21	注射级、挤出级	流动性好，成型容易，可制造一般构件，也可纺丝
M270	>21	注射级	流动性好，宜制造结构复杂的薄壁工程制品

（3）成都有机硅研究中心的改性 POM 的性能（表4-5）

表4-5　成都有机硅研究中心的改性 POM 的性能

项　目		高润滑级	玻璃纤维增强级	轿车衬管专用料
密度/(g/cm^3)		—	1.60	—
拉伸强度/MPa		40～60	≥80	>60
弯曲强度/MPa		58～70	≥110	—
冲击强度/(J/m^2)	缺口	6～10	—	—
	无缺口	—	≥6	—
压缩强度/MPa		71～80	—	—
热变形温度(1.86MPa)/℃		>90	150	—
断裂伸长率（%）		—	—	>40
摩擦因数		0.2～0.3	—	—
钢丝磨破管子次数		—	—	1.7万

牌号	特 性 和 主 要 用 途
高润滑级	注射成型，制品的摩擦因数为纯 POM 的50%，耐磨性提高3倍，噪声小而力学强度基本不变，宜制造齿轮、轴套、滑块等
玻璃纤维增强级	注射成型，力学强度高，耐磨，耐腐蚀，耐热，线胀系数小，尺寸稳定性高，成型收缩率低，宜制造汽车、电器件
轿车衬管专用料	注射成型，制品表面光泽、管内外光滑，柔韧适中，宜制造轿车衬管

（4）台湾南亚工程塑胶股份有限公司的 POM 的性能（表4-6）

表4-6　台湾南亚工程塑胶股份有限公司 POM 的性能

项　目	标准（ASTM）	M25	M90	M270	M450
拉伸强度/MPa	D638	61	61	61	61
断裂伸长率（%）	D638	75	60	40	35
弯曲强度/MPa	D790	93	93	93	93
弯曲弹性模量/MPa	D790	2600	2600	2600	2600
悬臂梁缺口冲击强度/(kJ/m)	D256	0.07	0.07	0.053	0.050
热变形温度(1.84MPa)/℃	D648	110	110	110	110
阻燃性（UL94）	—	HB	HB	HB	HB
线胀系数/($\times10^{-5}K^{-1}$)	D696	9.5	9.5	9.5	9.5
介电强度/(kV/mm)	D149	23	23	23	23
体积电阻率/Ω · cm	D257	1×10^{14}	1×10^{14}	1×10^{14}	1×10^{14}

牌号	特 性 和 主 要 用 途
M25	挤出成型或注射成型，流动性较差，抗疲劳，韧性好，耐化学溶剂，耐热水解，宜制造工程件
M90	注射成型，流动性较好，抗疲劳，抗冲击，耐化学品和溶剂，耐热水解，宜制造工程件
M270	注射成型，流动性好，抗疲劳，抗冲击，耐化学品和溶剂，宜制造结构复杂薄壁工程件
M450	注射成型，流动性特好，抗疲劳，抗冲击，耐化学品和溶剂，耐热水解，宜制造结构复杂、薄壁、多穴工程件

三、国外聚甲醛主要品种的性能

（1）美国杜邦公司的 Delrin POM 的性能（表4-7）

表 4-7　美国杜邦公司 Delrin POM 的性能

项　　目		标准（ASTM）	100	100AF	100P	100ST	500	500AF	500CL
密度/(g/cm³)		D792	1.42	1.54	1.42	1.34	1.42	1.54	1.42
洛氏硬度 HR		D785	M94	M78	M94	M58	M94	M78	M90
吸水率（24h）（%）		D570	0.25	0.20	0.25	0.43	0.25	0.20	0.27
成型收缩率（%）		D955	2.3	2.1	2.2~2.4	1.2~1.4	2.0	1.9~2.2	2.0
拉伸屈服强度/MPa		D638	68.95	52.4	69	64	68.95	48	65.5
屈服伸长率（%）		D638	75	22	65	521	40	15	40
弯曲屈服强度/MPa		D790	98.6	73.1	98	40	97.2	72	89.6
弯曲模量/GPa		D790	2.6	2.3	2.8	1.2	2.8	2.4	2.8
压缩屈服强度/MPa		D695	35.9	31	35	8	35.9	31	31
悬臂梁缺口冲击强度/(J/m)		D256	44	25	137	90.1	29	37	29
热变形温度/℃	0.46MPa	D648	172	168	172	168	172	168	170
	1.82MPa	D648	136	118	136	65	136	118	124
线胀系数/($\times10^{-5}K^{-1}$)		D696	5.8	5.8	10.4	9.9	5.8	10.4	5.8
介电强度/(kV/mm)		D149	0.5	0.4	2.3	2.3	0.5	3.2	3.2
相对介电常数（1MHz）		D150	3.7	3.1	3.7	4.1	3.7	3.1	3.5
介电损耗角正切值（1MHz）		D150	5×10^{-3}	9×10^{-3}	5×10^{-3}	7×10^{-3}	5×10^{-3}	9×10^{-3}	6×10^{-3}
体积电阻率/Ω · cm		D257	1×10^{15}	3×10^{16}	1×10^{15}	2.3×10^{14}	1×10^{15}	3×10^{16}	5×10^{14}
耐电弧性/s		D495	220	183	220	120	220	183	183

（续）

项目		标准（ASTM）	500P	500T	570 577	900P	1700P	AF313
密度/(g/cm^3)		D792	1.42	1.39	1.56	1.42	—	1.54
洛氏硬度 HR		D785	M94	M79	M90	M94	M89	M78
吸水率（24h）（%）		D570	0.25	0.31	0.25	0.25	—	0.20
成型收缩率（%）		D955	1.9~2.2	1.7~1.9	1.2	1.8~2.0	1.7~1.9	—
拉伸屈服强度/MPa		D638	69	58	59	69	70	48
屈服伸长率（%）		D638	35	91	12	25	15	15
弯曲屈服强度/MPa		D790	97	70	74	97	103	—
弯曲模量/GPa		D790	3.1	2.4	5.0	3.2	3.2	2.4
压缩屈服强度/MPa		D695	35	16	36	35	22	31
悬臂梁缺口冲击强度/(J/m)		D256	81	143	43	71	59	1.5
热变形温度/℃	0.46MPa	D648	172	174	174	172	—	168
	1.82MPa	D648	136	85	158	136	—	118
线胀系数/($\times10^{-5}K^{-1}$)		D696	10.4	10.2	3.6~8.1	10.4	—	6.8
介电强度/(kV/mm)		D149	2.3	2.3	3.2	2.3	—	—
相对介电常数（1MHz）		D150	3.7	3.6	3.9	3.7	—	—
介电损耗角正切值（1MHz）		D150	5×10^{-3}	16×10^{-3}	5×10^{-3}	5×10^{-3}	5×10^{-3}	—
体积电阻率/Ω·cm		D257	1×10^{15}	2×10^{15}	5×10^{14}	1×10^{15}	1×10^{15}	—
耐电弧性/s		D495	220	120	168	220	—	—

（2）美国液氮加工公司（LNP）的 Verton POM 的性能（表 4-8）

表 4-8 美国液氮加工公司 Verton POM 的性能

项目		标准（ASTM）	KF1006B	KFL4036	KFX1002	KFX1006	KFX1008	KFX100MG	KL4030
密度/(g/cm³)		D792	1.63	1.73	1.47	1.63	1.71	1.71	1.49
吸水率（方法 A）(%)		D570	0.60	0.20	0.24	0.30	0.45	0.30	0.17
成型收缩率（%）		D955	1.27	1.14	2.0	0.76	3.3	1.53	—
拉伸屈服强度/MPa		D638	89	86	86	134	41	93	48
屈服伸长率（%）		D638	2.0	—	6.0	3~4	5~6	3.0	—
弯曲屈服强度/MPa		D790	120	—	127	199	79.3	144	—
弯曲模量/MPa		D790	8963	8300	3792	9653	4100	7645	2068
洛氏硬度 HR（方法 A）		D785	M86	—	M82	N86	M84	M84	—
悬臂梁缺口冲击强度（6.4mm）/(J/m)		D256	42.7	37	75	96	39	59	37
热变形温度（0.48MPa）/℃		D648	162	160	148	165	121	154	101
最高使用温度/℃		—	187	187	187	202	187	187	187
线胀系数/($\times10^{-5}K^{-1}$)		D696	4.32	4.5	4.68	3.96	5.4	4.32	9.36
介电强度/(kV/mm)		D194	—	—	—	0.525	—	—	—
相对介电常数	60Hz	D150	—	—	—	3.95	—	—	—
	10^6Hz	D150	—	—	—	3.95	—	—	—
介电损耗角正切值	60Hz	D150	—	—	—	0.0035	—	—	—
	10^6Hz	D150	—	—	—	0.0065	—	—	—

（3）美国塞莫菲尔（Thermofil）公司的 Thermofil POM 的性能（表4-9）

表 4-9　美国塞莫菲尔公司的 Thermofil POM 的性能

项　目		标准（ASTM）	G10FG-0100	G30FG-0100	G9900-1214	G9990-0215	G9900-0223	G1-9900-0215	G1-07SS-Y486
密度/(g/cm³)		D792	1.64	1.63	1.47	1.51	1.53	1.54	1.50
吸水率（方法 A）(%)		D570	0.22	0.20	—	—	—	—	—
成型收缩率（%）		D955	1.52	1.27	—	—	—	—	—
拉伸屈服强度/MPa		D638	72	83	46	44	41	52	64
屈服伸长率（%）		D638	2.4	2.0	—	—	—	—	—
弯曲屈服强度/MPa		D790	107	114	—	—	—	—	—
弯曲模量/GPa		D790	6.1	2.2	2.2	2.1	2.2	2.6	3.3
压缩屈服强度/MPa		D695	69	81	—	—	—	—	—
洛氏硬度 HR		D785	M80	M85	—	—	—	—	—
悬臂梁缺口冲击强度（3.2mm）/(J/m)		D256	53.4	42.8	42.6	42.6	29.3	40.0	42.6
介电强度/(V/mm)		D194	550	500	—	—	—	—	—
体积电阻率/Ω·cm		D257	10^{14}	10^{14}	—	—	—	—	—
热变形温度/℃	0.48MPa	D648	135	162	154	154	154	154	154
	1.82MPa	D648	—	—	98	98	129	98	121
连续使用最高温度/℃		—	110	126	—	—	—	—	—
线胀系数/($\times10^{-5}K^{-1}$)		D696	5.22	4.32	—	—	—	—	—
燃烧性（UL94）		—			HB	HB	HB	HB	HB

（4）日本旭化成（Asahi）工业公司的 POM 的性能（表 4-10 ~ 表 4-12）

表 4-10 日本旭化成工业公司的 Tenal 共聚级 POM 的性能

项目		标准（ASTM）	GN455	GN755	GW457	MT454	TO454	3510	3520	4510	4513	4520	7510	7520
密度/(g/cm^3)		D792	1.59	1.59	1.65	1.53	1.59	1.41	1.41	1.41	1.41	1.41	1.41	1.41
吸水率（%）		D570	—	—	—	—	—	0.22	0.22	0.22	0.22	0.22	0.22	0.22
拉伸强度/MPa		D638	150	140	130	63	95	61	61	62	62	62	63	63
断裂伸长率（%）		D638	5	5	5	7	5	75	75	60	60	60	50	50
弯曲强度/MPa		D790	230	210	195	105	160	91	91	92	92	92	93	93
弯曲模量/MPa		D790	7700	8000	8000	4600	6800	2650	2650	2650	2650	2650	2650	2650
悬臂梁缺口冲击强度/(kJ/m)		D256	0.07	0.07	0.06	0.04	0.041	0.075	0.075	0.065	0.065	0.065	0.055	0.065
燃烧性（UL94）		—	HB	HB	HB	HB	HB	HB	HB	HB	HB	HB	HB	HB
磨耗/(mg/1000r)		D1044	—	—	—	—	—	14	14	14	14	14	14	14
熔点/℃		DSC 法	167	167	167	167	167	167	167	167	167	167	167	167
线胀系数/(×$10^{-5}$$K^{-1}$)		D696	4~9	4~9	—	—	4	8	8	8	8	8	8	8
热变形温度/℃	1.84MPa	D648	163	163	163	149	160	110	110	110	110	110	110	110
	0.45MPa	D648	166	166	166	163	165	158	158	158	158	158	158	158
洛氏硬度	HRM	D785	79	79	79	98	106	78	78	80	80	80	80	80
	HRR	D785	—	—	—	—	—	—	—	115	115	115	115	115
成型收缩率（水平/垂直，3mm 厚）(%)		旭化成法	—	—	—	—	1.0/1.2	1.4/1.8	1.4/1.8	1.4/1.8	1.4/1.8	1.4/1.8	1.4/1.8	1.4/1.8

表 4-11　日本旭化成工业公司的 Tenal 均聚级 POM 的性能

项　　目		标准（ASTM）	3010	4010	4012	4013	4015	5010	5012	5013	5015	5050
密度/(g/cm^3)		D792	1.42	1.42	1.41	1.42	1.42	1.42	1.41	1.42	1.42	1.42
吸水率（%）		D570	0.16	0.16				0.16	0.24	0.16		0.16
拉伸强度/MPa		D638	70	70	65	69	70	70	65	70	70	70
断裂伸长率（%）		D638	75	60	70	65	65	45	70	45	50	45
弯曲强度/MPa		D790	100	105	93	105	105	105	96	105	108	105
弯曲模量/MPa		D790	2800	3000	2900	3000	3200	3000	2900	3000	3200	3000
悬臂梁缺口冲击强度/(kJ/m)		D256	0.11	0.085	0.10	0.08	0.08	0.07	0.08	0.07	0.07	0.07
燃烧性（UL94）		—	HB	HB	HB	HB	HB	HB	HB	HB	HB	HB
磨耗/(mg/1000r)		D1044	13	13	—	—	—	13	—	13	—	13
熔点/℃		DSC 法	179	179	—	—	—	179	179	179	—	179
线胀系数/($\times10^{-5}K^{-1}$)		D696	8.1	8.1	—	—	—	8.1	—	8.1	—	8.1
热变形温度/℃	1.84MPa	D648	124	124	110	124	124	124	110	124	124	124
	0.45MPa	D648	170	170	164	170	170	170	164	170	170	170
洛氏硬度	HRM	D785	94	94	85	94	94	94	85	94	94	94
	HRR	D785	120	120	120	120	120	120	120	120	120	120
成型收缩率（水平/垂直，3mm 厚）(%)		旭化成法	2.0/2.3	2.0/2.3	2.0/2.3	2.0/2.3	2.0/2.3	2.0/2.3	2.0/2.3	2.0/2.3	2.0/2.3	2.0/2.3

（续）

项　　目		标准（ASTM）	7010	7050	7054	EF500	GA520	GT252	LA501	LT200	LT805	PT300
密度/（g/cm³）		D792	1.42	1.42	1.42	1.36	1.36	1.56	1.38	1.40	1.42	1.40
吸水率（%）		D570	0.16	0.16	0.16	0.20	0.18	—	—	0.20	0.30	0.20
拉伸强度/MPa		D638	70	70	70	48	61	55	57.9	65	67	63
断裂伸长率（%）		D638	30	30	30	20	15	14	40	45	50	20
弯曲强度/MPa		D790	105	105	105	83	100	93	81.4	90	100	110
弯曲模量/MPa		D790	3100	3100	3100	2700	4500	4200	2230	2800	2900	4000
悬臂梁缺口冲击强度/（kJ/m）		D256	0.065	0.065	0.065	0.055	0.040	0.04	0.0392	0.07	0.07	0.05
燃烧性（UL94）		—	HB	HB	HB	HB	HB	—	HB	HB	HB	—
磨耗/（mg/1000r）		D1044	13	13	13	—	23	—	—	18	13	—
熔点/℃		DSC法	179	179	179	179	179	—	—	179	179	179
线胀系数/（$\times10^{-5}K^{-1}$）		D696	8.1	8.1	8.1	—	8.1	—	—	8.1	8.5	7.3
热变形温度/℃	1.84MPa	D648	124	124	124	94	152	150	169	114	124	139
	0.45MPa	D648	170	170	170	150	174	172	102	170	170	—
洛氏硬度	HRM	D785	94	94	94	85	90	90	91	70	92	92
	HRR	D785	120	120	120	—	118	—	—	117	120	121
成型收缩率（水平/垂直，3mm厚）(%)		旭化成法	2.0/2.3	2.0/2.3	2.0/2.3	2.0/2.3	1.2/1.7	1.7/1.8	2.16/2.18	2.0/2.3	2.0/2.3	2.0/2.3

表 4-12　日本旭化成工业公司的 Tenal 均聚级 POM 的加工性能

牌号	零件名称	质量/g	注射机容量/g	机筒温度/℃	模具/℃	注射压力/MPa	注射时间/s	冷却时间/s
3010	板	36	5	200	75	80	9	15
5010	轴承	6	1	210	85	90	13	10
5010	齿轮	27	3.5	190	70	75	8	20
5010	轴承	120	5	200	120	110	20	20
5010	纱管	570	25	200	70	100	15	55
5012	玩具	5	2	200	80	90	15	15
5050	玩具	3.2	2	200	80	80	12	9
5050	齿轮	39	5	200	70	80	15	15
7010	小齿轮	0.5	1	200	80	72	2	5
7050	滚柱	8.2	3	200	80	83	11	5
GA520	开关件	1	2	190	60	80	7	6
GA520	门锁	56	8	195	60	130	14	35

（5）日本三菱化成公司的 Lupital 共聚级 POM 的性能（表 4-13）

表 4-13 日本三菱化成公司 Lupital 共聚级 POM 的性能

项 目	标准 (ASTM)	F10-01	F20-01	F20-02	F20-51	F20-52	F20-61	F25-02	F30-01	F30-02	FA 2010	FA 2020	FB 2025	FC 2020D	FC 2020H	FG 1025A FG2025	FL 2010	FL 2020
密度/(g/cm³)	D792	1.41	1.41	1.41	1.41	1.41	1.41	1.41	1.41	1.41	1.39	1.37	1.59	1.46	1.46	1.59	1.46	1.51
吸水率（%）	D570	0.22	0.22	0.22	0.22	0.22	0.22	0.22	0.22	0.22	0.22	0.22	0.20	0.36	0.28	0.20	0.19	0.18
拉伸屈服强度/MPa	D638	61.5	70	70	68.5	70	70	71	71.3	71.3	56	47	71	135	157	157	60	66
屈服伸长率（%）	D638	65	60	60	60	50	60	55	50	50	70	75	10	3	3	3	40	30
弯曲模量/MPa	D790	2570	2600	2978	2600	2600	2550	2620	3002	3002	2812	2465	4100	13700	15700	9120	2749	2583
弯曲强度/MPa	D790	88.3	89.7	—	88.3	88.3	86.3	90.2	91.2	91.2	78.5	68.6	99.0	177	265	206	76.5	66.7
悬臂梁缺口冲击强度/(J/m)	D256	75	65	65	53	53	65	59	55	55	64	59	64	44	58.8	98	29	29
洛氏硬度 HRM	D785	78	80	80	80	80	80	80	80	80	80	80	83	96	98	95	75	70
热变形温度/℃ 0.45MPa	D648	158	158	158	158	158	158	158	158	158	160	155	162	164	164	164	158	156
热变形温度/℃ 1.82MPa	D648	110	110	110	110	110	110	110	110	110	108	106	135	163	163	163	107	106
线胀系数/($\times10^{-5}K^{-1}$)	D696	13	13	13	13	13	13	13	13	13	13	13	9	—	1.5	2~3	13	13
燃烧性（UL94）	—	HB	HB	HB	HB	HB	HB	HB	HB	HB	HB	HB	HB	HB	HB	HB	HB	HB
体积电阻率/Ω·cm	D257	10^{14}	10^{14}	10^{14}	10^{14}	—	10^{14}	10^{14}	10^{14}	10^{14}	10^{14}	10^{14}	10^{14}	2×10^{2}	2×10^{5}	10^{14}	10^{14}	10^{14}
相对介电常数（1MHz）	D150	3.7	3.7	3.7	3.7	—	3.7	3.7	3.7	3.7	—	—	—	—	—	—	3.1	3.1
介电损耗角正切值（1MHz）	D150	0.007	0.007	0.007	0.007	—	0.007	0.007	0.007	0.007	—	—	—	—	—	—	0.009	0.009
介电强度/(kV/mm)	D149	19	19	19	19	—	19	19	19	19	—	—	20	—	—	23	16	16
成型收缩率（%）	D955	2.2	2.0	2.0	2.0	—	2.0	2.0	2.0	2.0	1.9	1.9	1.6	0.4	0.4	0.6	2.0	2.1

（续）

项目		标准（ASTM）	FS 2022	FT 2010	FT 2020	FU 2025	FU 2050	FV 30	FW 21	FW 24	FX 11	FX 11A	LO21A	MF 3020	ET 20	TC 3015	TC 3030	FM 2020
密度/(g/cm^3)		D792	1.41	1.49	1.59	1.35	1.29	1.41	1.42	1.41	1.41	1.41	1.41	1.55	1.41	1.52	1.63	1.44
吸水率（%）		D570	0.22	0.23	0.23	—	—	0.22	0.22	0.22	0.22	0.22	0.20	0.22	0.22	0.21	0.20	0.22
拉伸屈服强度/MPa		D638	62	84	106	34.3	21.6	71.0	55.9	51.0	53.9	53.9	56.9	60.8	45.1	60.3	58.8	63.7
屈服伸长率（%）		D638	90	7	3	>300	>300	50	40	50	70	70	50	14	7	2.5	1.0	30
弯曲模量/MPa		D790	2550	4810	8140	1380	650	3255	2550	2450	2450	2450	2450	3630	2459	4710	8340	2650
弯曲强度/MPa		D790	83.4	118	162	44.1	22.6	90.2	81.4	73.5	80.4	80.4	80.4	98.1	68.6	103	111	94.1
悬臂梁缺口冲击强度/(J/m)		D256	53	44	44	177	98	53	49	49	64	64	59	49	54	30	33	59
洛氏硬度 HRM		D785	80	74	69	75	62	80	80	80	80	80	80	83	75	84	84	80
热变形温度/℃	0.45MPa	D648	150	160	163	147	106	158	158	156	—	—	—	163	—	—	—	158
	1.82MPa	D648	110	145	159	94	73	110	109	107	110	110	110	135	102	142	151	110
线胀系数/($\times10^{-5}K^{-1}$)		D696	13	7.0	3.5	13	13	13	13	13	13	13	13	9	13	7	5	13
燃烧性（UL94）		—	HB	HB	HB	HB	HB	HB	HB	HB	HB	HB	HB	HB	HB	HB	HB	HB
体积电阻率/Ω·cm		D257	10^{14}	10^{14}	10^{14}	10^{14}	10^{14}	10^{14}	10^{14}	10^{14}	10^{14}	10^{14}	10^{14}	10^{14}	10^{14}	10^{14}	10^{14}	10^{14}
相对介电常数（1MHz）		D150	—	—	—	—	—	3.7	—	—	—	—	—	—	—	—	—	—
介电损耗角正切值（1MHz）		D150	—	—	—	—	—	0.007	—	—	—	—	—	—	—	—	—	—
介电强度/(kV/mm)		D149	—	—	—	—	—	19	—	—	—	—	—	—	—	—	29	—
成型收缩率（%）		D955	2.0	1.7	0.9	1.7	1.2	2.0	2.0	2.0	2.1	2.1	2.0	1.7	1.6	1.9	1.5	2.0

（6）日本宝理塑料公司的 Celcon Duracon Hostaform 共聚级 POM 的性能（表 4-14）

表 4-14 日本宝理塑料公司 Celcon Duracon Hostaform 共聚级 POM 的性能

项　目	标准（ASTM）	AS270	AS450	AW-01	CE20	CH10	CH20	EC90	EF20	ES-5	GB25	GC25A	GH25	GH25D
吸水率（23℃，24h）（%）	D570	0.22	0.22	—	—	—	—	0.21	0.20	—	0.20	0.27	—	—
成型收缩率（水平/垂直）（%）	D955	2.2/1.8	2.2/1.8	—	—	—	—	2.2/1.8	0.3/1.4	—	1.6/1.4	0.4/1.4	—	—
拉伸屈服强度/MPa	D638	60	60	52	74	123	166	36	79	46	46	110	127	127
屈服伸长率（%）	D638	40	25	70	2	2.5	2.5	30	2	9	10	3.5	3	2
弯曲强度/MPa	D790	89	89	75	113	166	235	52	113	79	84	158	193	181
弯曲模量/MPa	D790	2580	2580	2150	5580	7450	12300	2130	10300	2540	3230	7570	7550	7550
疲劳强度/MPa	D671	—	—	—	—	—	—	—	—	—	—	31	—	—
压缩强度（1%变形）/MPa	D695	31	31	—	—	—	—	17	72	—	—	—	—	—
洛氏硬度 HR	D785	M85	M84	M70	—	—	—	R111	M85	—	M75	M84	M79	—
悬臂梁缺口冲击强度/(J/m)	D256	53	48	54	—	—	—	53	42	—	37	58	78.5	—
艾氏缺口冲击强度/(J/m)	D256	—	—	53	43	44	58	—	—	37	39	—	78	68
热变形温度（1.82MPa）/℃	D648	110	110	100	161	161	163	106	161	106	118	162	163	163
剪切强度/MPa	D732	53	53	—	—	—	—	39	68	—	48	58	—	—
燃烧性（UL94）	—	HB	HB	HB	HB	HB	HB	HB	HB	HB	HB	HB	HB	HB
线胀系数/($\times 10^{-5}K^{-1}$)	—	—	—	10	3~8	—	—	—	—	10	4~9	—	3~8	3~8
介电强度/(V/mm)	D149	—	—	22	—	—	—	—	—	—	20	—	23	23
体积电阻率/Ω·cm	D257	—	—	3×10^{14}	1×10	4×10^{14}	3×10^{2}	—	—	1×10^{2}	2×10^{14}	—	2×10^{14}	2×10^{14}
耐电弧性/s	—	—	—	—	—	—	—	—	—	—	—	—	—	—

（续）

项　目	标准（ASTM）	GM20	KT20	LW90	LW90F_2	LW90S_2	LWGCS_2	M25	M50	M90	M140	M270	M450
吸水率（23℃，24h）（%）	D570	—	—	0.20	0.22	0.21	0.27	0.22	0.22	0.22	0.22	0.22	0.22
成型收缩率（水平/垂直）（%）	D955	—	—	2.2/1.8	2.2/1.8	2.2/1.8	0.4/1.8	2.2/1.8	2.2/1.8	2.2/1.8	2.2/1.8	2.2/1.8	2.2/1.8
拉伸屈服强度/MPa	D638	58	92	58	57	50	110	60	60	60	60	60	60
屈服伸长率（%）	D638	10	4	50	55	60	2.5	75	65	60	50	40	25
弯曲强度/MPa	D790	107	156	84	79	82	172	89	89	89	89	89	89
弯曲模量/MPa	D790	3530	7060	2540	2340	2410	7570	2580	2580	2580	2580	2580	2580
疲劳强度/MPa	D671	—	—	—	—	—	—	27	—	28	—	20	—
压缩强度（1%变形）/MPa	D695	—	—	30	27	27	41	31	31	31	31	31	31
洛氏硬度 HRM	D785	—	—	80	79	75	83	78	80	80	80	80	80
悬臂梁缺口冲击强度/(J/m)	D256	—	—	64	53	74	58	80	74	69	58	53	48
艾氏缺口冲击强度/(J/m)	D256	39	40	—	—	—	—	74	—	63	58	52	49
热变形温度（1.82MPa）/℃	D648	150	160	97	—	110	145	110	110	110	110	110	110
剪切强度/MPa	D732	—	—	51	53	50	53	53	53	53	53	53	53
燃烧性（UL94）	—	HB	HB	HB	HB	HB	HB	HB	HB	HB	HB	HB	HB
线胀系数/($\times10^{-5}K^{-1}$)	—	4~9	4~9	—	—	—	—	10	10	10	10	10	10
介电强度/(V/mm)	D149	20	26	—	—	—	—	24	24	24	24	24	24
体积电阻率/Ω·cm	D257	2×10^{14}	2×10^{13}	—	—	—	—	1×10^{14}	1×10^{14}	1×10^{14}	1×10^{14}	1×10^{14}	1×10^{14}
耐电弧性/s	—	—	—	—	—	—	—	240	240	240	240	240	240

（续）

项　目	标准（ASTM）	MC 90	MC 90HM	MC 270	MC 270HM	MS-02	NW-02	OL-10	SU-25	SU-50	SW-01	TR-5	TR-20	TD15
吸水率（23℃，24h）（%）	D570	0.21	0.20	0.21	0.20	—	—	—	—	—	—	—	—	—
成型收缩率（水平/垂直）（%）	D955	1.9/1.6	1.5/1.2	1.9/1.6	1.5/1.2	—	—	—	—	—	—	—	—	—
拉伸屈服强度/MPa	D638	53	44	31	26	60	52	49	35	24	49	58	56	38.3
屈服伸长率（%）	D638	55	50	40	35	40	35	90	120	>300	35	20	5	>200
弯曲强度/MPa	D790	89	86	89	86	96	77	78	51	31	78	92	98	53.9
弯曲模量/MPa	D790	2960	3440	2960	3440	2510	2300	2350	1420	780	2590	3040	4110	1570
耐疲劳性/MPa	D671	—	—	—	—	—	—	—	—	—	—	—	—	—
压缩强度（1%变形）/MPa	D695	29	29	29	29	—	—	—	—	—	—	—	—	—
洛氏硬度 HRM	D785	83	83	83	M83	—	—	—	—	—	—	—	—	—
悬臂梁缺口冲击强度/(J/m)	D256	64	64	53	48	—	—	—	—	—	—	—	—	—
艾氏缺口冲击强度/(J/m)	D256	—	—	—	—	55	58	58	93	无断裂	49	39	34	137
热变形温度（1.82MPa）/℃	D648	93	97	93	97	110	117	110	80	65	110	136	149	85
剪切强度/MPa	D732	49	44	49	44	—	—	—	—	—	—	—	—	—
燃烧性（UL94）	—	HB	HB	HB	HB	HB	HB	HB	HB	HB	HB	HB	HB	HB
线胀系数/($\times 10^{-5}K^{-1}$)		—	—	—	—	10	—	10	10	10	10	—	4~9	10
介电强度/(V/mm)	D149	—	—	—	—	—	—	—	—	—	23	—	—	—
体积电阻率/Ω·cm	D257	—	—	—	—	—	—	—	—	—	2×10^{14}	—	—	—
耐电弧性/s		—	—	—	—	—	—	—	—	—	—	—	—	—

（续）

项目	标准（ASTM）	TX90	TX90 +	U10-01	U10-11	UV25Z	UV90Z	UV270Z	VC11	WR25Z	WR90Z	YF10	YF20
吸水率（23℃，24h）（%）	D570	0.21	0.20	0.22	—	0.22	0.22	0.22	—	0.22	0.22	—	—
成型收缩率（水平/垂直）（%）	D955	2.1/1.7	1.7/1.5	2.0/2.0	—	2.2/1.8	2.2/1.8	2.2/1.8	—	2.2/1.8	2.2/1.8	—	—
拉伸屈服强度/MPa	D638	49	41	59	60	60	60	60	59	60	60	53	47
屈服伸长率（%）	D638	100	>250	67	45	75	60	40	60	60	40	45	35
弯曲强度/MPa	D790	65	48	88	96	89	89	89	88	89	89	84	78
弯曲模量/MPa	D790	1920	1500	2410	2380	2580	2580	2580	2400	2580	2580	2540	2350
疲劳强度/MPa	D671	—	—	—	—	27	22	20	—	—	—	—	—
压缩强度（1%变形）/MPa	D695	19	17	—	—	31	31	31	—	33	31	—	—
洛氏硬度 HR	D785	R114	R110	M84	—	M80	M80	M80	—	M80	M80	—	—
悬臂梁缺口冲击强度/(J/m)	D256	96	133	90	—	80	69	53	—	74	64	—	—
艾氏缺口冲击强度/(J/m)	D256	—	—	—	63	—	—	—	49	—	—	49	27
热变形温度（1.82MPa)/℃	D648	101	80	96	110	110	110	110	110	110	110	107	100
剪切强度/MPa	D732	46	39	55	—	53	53	53	—	53	53	—	—
燃烧性（UL94）	—	HB	HB	HB	HB	HB	HB	HB	HB	HB	HB	HB	HB
线胀系数/($\times10^{-5}K^{-1}$)	—	—	—	—	10	—	—	—	10	—	—	10	10
介电强度/(V/mm)	D149	—	—	—	24	—	—	—	—	—	—	—	—
体积电阻率/Ω · cm	D257	—	—	—	1×10^{14}	—	—	—	1×10^{13}	—	—	—	—

（7）德国赫斯特（Hoechst）公司的 Hostaform 共聚级 POM 的性能（表 4-15）

表 4-15　德国赫斯特公司的 Hostaform 共聚级 POM 的性能

项　目	测试标准（DIN）	C2521	C9021	C9021-CV1/30	C9021K	C9021M	C9021TF	C13021	C27021	CVP13031	T1020
拉伸强度/MPa	53455	70	73	130	72	72	53	75	72	80	68
断裂伸长率（%）	53455	65 ~ 70	60 ~ 70	3	45 ~ 55	60 ~ 70	20 ~ 25	60 ~ 70	45 ~ 66	60 ~ 70	60 ~ 70
弯曲性模量/MPa	53457	3100	3300	10500	3300	3100	2600	3300	3300	3700	3000
弯曲强度/MPa	53452	115	120	150	125	125	94	120	120	130	120
邵氏硬度 HS	53505	80	85	86	85	85	80	85	85	93	82
缺口冲击强度/(J/m^2)	53453	10	9	6	7	7	4.5	8.5	7.5	8.5	9.0
热变形温度/℃	53461	125	125	160	125	125	115	125	125	132	125
维卡软化温度/℃	53460	163	163	171	163	162	155	163	163	170	163
熔点/℃	—	164 ~ 167	164 ~ 167	164 ~ 167	164 ~ 167	164 ~ 167	164 ~ 167	164 ~ 167	164 ~ 167	169 ~ 172	164 ~ 167
线胀系数/($\times 10^{-4}K^{-1}$)	52328	1.1	1.1	0.25 ~ 0.35	1.1	1.1	1.1	1.1	1.1	1.1	1.1
热导率/[W/(m · K)]	52612	0.31	0.31	0.41	0.31	0.31	0.31	0.31	0.31	0.31	0.31
摩擦因数		0.4	0.4	0.6	0.4	0.4	0.25	0.4	0.4	0.4	0.4
taber 磨耗（轮法）（mg/1000r）	53754E	30 ~ 40	35 ~ 45	30 ~ 45	—	—	—	35 ~ 45	35 ~ 45	35 ~ 45	30 ~ 40
体积电阻率/Ω · cm	53482 VDE0303	$>10^{15}$	$>10^{15}$	$>10^{15}$	$>10^{15}$	$>10^{15}$	$>10^{15}$	$>10^{15}$	$>10^{15}$	$>10^{15}$	$>10^{15}$
表面电阻率/Ω	53482 VDE0303	$>10^{13}$	$>10^{13}$	$>10^{13}$	$>10^{13}$	$>10^{13}$	$>10^{13}$	$>10^{13}$	$>10^{13}$	$>10^{13}$	$>10^{13}$
介电强度/(kV/mm)	53481 VDE0303	65	70	—	65	60	—	70	70	70	61
相对介电常数	53481 VDE0303	3.9	3.8	4.8	4.0	4.0	3.6	3.7	3.7	3.7	3.9

（8）英国帝国化学公司材料部的POM的性能（表4-16）

表4-16　英国帝国化学公司的材料部POM的性能

牌　　号	燃烧性（UL94）	拉伸屈服强度/MPa	弯曲模量/MPa	悬臂梁缺口冲击强度/(J/m)	热变形温度/℃	
					0.48MPa	1.82MPa
Fulton 404	HB	45	2415	32	160	154
404D	—	53	2415	37	—	100
441	—	55	2415	85	—	110
441D	—	66	3094	64	—	116
Lubricomp K	—	—	1587	37	—	99
KB1008	—	—	4140	37	—	121
KC1004	—	—	9315	53	—	170
KF1006	—	—	8970	43	—	165
KF1006D	—	—	9660	37	—	166
KFL4034	—	—	5865	37	—	149
KFL4036	—	86	8280	—	—	160
KFL4524	—	—	8280	37	—	160
KFL4534	—	—	6210	37	—	154
KFL4536	—	—	6210	37	—	154
KFX1002	V-0	—	3795	75	—	149
KFX1004	—	—	7590	90	—	160
Lubricomp KFX1006	HB	—	9660	96	—	166
Lubricomp KFX1006MG	—	—	3968	58	—	149
KFX1008MG	—	—	5175	32	—	133
KL4010	—	—	2415	53	—	105
KL4020	—	—	2243	48	—	101
KL4030	—	—	2070	37	—	100
KL4050	—	41.4	2243	32	—	99
KL4320	—	55	2691	43	—	110
KL4520	—	—	2200	37	—	101
KL4530	—	—	1900	53	—	100
KL4540	—	41.4	2070	48	—	99
KL4540D	—	41.4	2243	48	—	99
Rimplast KL4410	—	49	4899	48	—	—
KL4610	—	45	2381	53	—	—
Stat-Kon KA1002	—	—	2898	43	—	154
KC1002	HB	—	7590	48	163	160
KCL4022	HB	—	6900	37	163	160

（9）韩国LG化学公司的Lucel共聚级POM的性能（表4-17）

表 4-17 韩国 LG 化学公司的 Lucel 共聚级 POM 的性能

项目		标准（ASTM）	CF 610	CF 610W	CF 620	CR 620	EC 600B	EC 605B	EC 610B	FE 700A	FW 700M	FW 700S	FW 710F	FW 720F	FW 715C
拉伸强度/MPa		D638	96	120	120	160	50	60	55	55	65	55	57	50	55
断裂伸长率（%）		D638	5	3	2	3	7	10	5	60	40	50	50	40	35
弯曲强度/MPa		D790	140	180	160	230	93	90	100	76	95	80	87	80	80
弯曲模量/MPa		D790	6500	11000	10000	13000	2800	2600	2900	2300	2600	2500	2500	2300	3000
悬臂梁冲击强度/（kJ/m）	缺口	D256	0.045	0.04	0.05	0.06	0.03	0.035	0.03	0.065	0.07	0.06	0.05	0.04	0.06
	无缺口	D256	0.045	0.035	0.04	0.60	0.30	0.03	0.026	0.07	0.70	0.75	0.55	0.45	0.055
洛氏硬度 HRM		D785	85	86	97	99	82	80	82	75	82	80	75	70	70
热变形温度/℃	1.86MPa	D648	160	165	160	163	110	110	120	110	110	110	110	100	125
	0.46MPa	D648	165	165	166	166	160	160	160	160	160	160	160	155	160
线胀系数/（$\times 10^{-5}K^{-1}$）		D695	6	4	3.0	3.0	10	10	10	10	10	10	10	10	10
燃烧性（UL94）		—	HB	HB	HB	HB	HB	HB	HB	HB	HB	HB	HB	HB	HB
介电强度/（kV/mm）		D149	—	—	—	—	—	—	—	—	—	—	17	17	—
体积电阻率/Ω·cm		D257	<90	<40	<10	$<1\times10^{2}$	<50	$<10^{4}$	$<10^{2}$	$<10^{16}$	$<10^{14}$	$<10^{14}$	1×10^{14}	1×10^{14}	10^{13}
带电半衰期/s		—	—	—	<1	<1	<1	<1	—	—	—	—	—	—	—
摩擦因数	动	D1894	0.15	0.14	0.13	0.14	—	0.11	0.13	0.12	0.14	—	0.11	0.13	0.11
	静	D1894	0.11	0.11	0.08	0.09	—	0.06	0.08	0.09	0.11	—	0.06	0.08	0.09
Taber 磨耗/（mg/1000r）		D1044	23	23	30	25	—	11	9	11	—	—	11	9	10

（续）

项目		标准(ASTM)	GB325	GC210	GC225	GC240	GC325	GR220	HI510	HI520	MC310	MC320	MP109	MR310	MR320	N103
拉伸强度/MPa		D638	65	100	130	150	130	90	55	40	65	55	60	57	65	62.5
断裂伸长率（%）		D638	10	5	3	3	3.0	2.0	90	150	30	20	35	7	10	80
弯曲强度/MPa		D790	100	130	200	280	200	120	60	50	95	100	90	100	120	100
弯曲模量/MPa		D790	4000	5000	8000	12000	7800	6500	1800	1200	3000	3500	2550	3500	5500	2700
悬臂梁冲击强度/(kJ/m)	缺口	D256	0.04	0.05	0.09	0.12	0.09	0.05	0.15	0.25	0.06	0.05	0.06	0.045	0.04	0.075
	无缺口	D256	0.35	0.4	0.7	0.9	0.65	0.40	不断	不断	0.5	0.4	0.70	0.4	0.35	0.90
洛氏硬度 HRM		D785	85	83	85	87	95	92	75	70	75	73	80	83	80	80
热变形温度/℃	1.86MPa	D648	150	160	160	165	163	155	95	85	140	135	110	150	155	110
	0.46MPa	D648	163	165	165	165	166	166	150	145	155	150	160	165	165	160
线胀系数/($\times10^{-5}K^{-1}$)		D695	9	7	4	4	4	5	10	10	10	10	10	9	10	10
燃烧性（UL94）		—	HB	HB	HB	HB	HB	HB	HB	HB	HB	HB	HB	HB	HB	HB
介电强度/(kV/mm)		D149	20	—	23	25	23	23	—	—	—	—	—	—	—	24
体积电阻率/Ω·cm		D257	10^{14}	10^{16}	10^{16}	10^{16}	10^{14}	10^{11}	—	—	10^{16}	10^{16}	10^{14}	10^{16}	10^{16}	10^{14}
介电损耗角正切值（1MHz）		D150	—	—	—	—	—	—	—	—	—	—	—	—	—	0.007
相对介电常数（1MHz）		D150	—	—	—	—	—	—	—	—	—	—	—	—	—	3.8
耐电弧性/s		D495	—	—	125	135	125	135	—	—	—	—	—	—	—	240
摩擦因数	动	D1894	—	—	—	—	—	—	—	—	0.25	0.28	—	—	—	0.16
	静	D1894	—	—	—	—	—	—	—	—	0.17	0.19	—	—	—	0.12
Taber 磨耗/(mg/1000r)		D1044	20	32	40	46	25	23	—	—	22	27	—	30	33	14

（续）

项目		标准（ASTM）	N109	N109AS	N109LD	N109LD-S	N109R	N109WR	N115	N115LD	N127	N127-AS	N127LD
拉伸强度/MPa		D638	62.5	62.5	62.5	62.5	62.5	62.5	62.5	62.5	62.5	62.5	62.5
断裂伸长率（%）		D638	70	75	70	60	70	70	60	60	45	45	45
弯曲强度/MPa		D790	100	95	100	92	100	100	92	92	100	95	100
弯曲模量/MPa		D790	2650	2600	2650	2620	2650	2650	2620	2620	2650	2600	2650
悬臂梁冲击强度/（kJ/m）	缺口	D256	0.07	0.07	0.07	0.065	0.07	0.07	0.065	0.065	0.06	0.06	0.06
	无缺口	D256	0.80	0.80	0.80	0.075	0.80	0.80	0.75	0.75	0.70	0.07	0.07
洛氏硬度 HRM		D785	82	82	82	82	82	82	82	82	82	82	82
热变形温度/℃	1.86MPa	D648	110	110	110	110	110	110	110	110	110	110	110
	0.46MPa	D648	160	160	160	160	160	160	160	160	160	160	160
线胀系数/（$\times10^{-5}K^{-1}$）		D695	10	10	10	10	10	10	10	10	10	10	10
燃烧性（UL94）		—	HB	HB	HB	HB	HB	HB	HB	HB	HB	HB	HB
介电强度/（kV/mm）		D149	24	—	24	24	24	24	24	24	24	—	24
体积电阻率/Ω·cm		D257	10^{14}	10^{13}	10^{14}	10^{16}	10^{14}	10^{14}	10^{16}	10^{16}	10^{14}	10^{13}	10^{14}
介电损耗角正切值（1MHz）		D150	0.007	0.007	0.007	0.007	0.007	0.007	0.007	0.007	0.007	0.007	0.007
介电常数（1MHz）		D150	3.8	3.8	3.8	3.8	3.8	3.8	3.8	3.8	3.8	3.8	3.8
耐电弧性/s		D495	240	—	240	240	240	240	240	240	240	240	240
带电半衰期/s		—	—	<5	—	—	—	—	—	—	—	—	—
摩擦因数	动	D1894	0.16	0.16	0.16	0.16	0.16	0.16	0.16	0.16	0.16	0.16	0.16
	静	D1894	0.12	0.12	0.12	0.12	0.12	0.12	0.12	0.12	0.12	0.12	0.12
Taber 磨耗/（mg/1000r）		D1044	14	14	14	14	14	14	14	14	14	14	14

（续）

项　　目		标准（ASTM）	N127-R	N127WR	N145	N145-02	N145AS	N145LD	ST550	VC127	VC127LD	VC145	WK320
拉伸强度/MPa		D638	63.5	62.5	61.0	63.5	61	61.0	28	62.5	63	63.5	93
断裂伸长率（%）		D638	50	45	45	55	45	45	300	70	55	50	5
弯曲强度/MPa		D790	95	100	95	95	90	95	33	95	93	95	160
弯曲模量/MPa		D790	2700	2650	2600	2700	2500	2600	800	2600	2650	2700	7500
悬臂梁冲击强度/(kJ/m)	缺口	D256	0.055	0.06	0.055	0.055	0.055	0.055	不断	0.060	0.06	0.055	0.045
	无缺口	D256	0.65	0.07	0.65	0.65	0.65	0.65	不断	0.70	0.70	0.65	0.50
洛氏硬度 HRM		D785	82	82	82	82	82	82	62	82	82	82	85
热变形温度/℃	1.86MPa	D648	110	110	110	110	110	110	70	110	110	110	160
	0.46MPa	D648	160	160	160	160	160	160	120	160	160	160	165
线胀系数/($\times 10^{-5}K^{-1}$)		D695	10	10	10	10	10	10	10	10	10	10	6
燃烧性（UL94）		—	HB	HB	HB	HB	HB	HB	HB	HB	HB	HB	HB
介电强度/(kV/mm)		D149	—	24	24	24	—	24	—	—	—	—	26
体积电阻率/Ω·cm		D257	10^{13}	10^{14}	10^{14}	10^{14}	10^{13}	10^{14}	—	10^{13}	10^{13}	10^{13}	10^{16}
介电损耗角正切值（1MHz）		D150	0.007	0.007	0.007	0.007	0.007	0.007	—	0.007	0.007	0.007	—
相对介电常数（1MHz）		D150	3.8	3.8	3.8	3.8	3.8	3.8	—	3.8	3.8	3.8	—
耐电弧性/s		D495	240	—	240	240	240	—	—	240	240	240	—
带电半衰期/s		—	—	<5	—	—	<5	—	—	<5	<5	<5	—
摩擦因数	动	D1894	0.16	0.16	0.16	0.16	0.16	0.16	—	0.16	0.16	0.16	0.21
	静	D1894	0.12	0.12	0.12	0.12	0.12	0.12	—	0.12	0.12	0.12	0.15
Taber 磨耗/(mg/1000r)		D1044	14	14	14	14	14	14	—	14	14	14	19

四、改性聚甲醛

1. 含油聚甲醛

在聚甲醛中混入液体润滑剂和表面活性剂即为含油聚甲醛。它提高了润滑性、耐磨性，摩擦因数小，pv 值高，且能保持原有的特性。含油聚甲醛主要用于注射成型，产品用于纺织机械、电影机械、汽车部件中的耐磨、自润滑零件，如轴承、轴套、滑块、滑轮等。

2. 增强聚甲醛

用20%～25%玻璃纤维增强后弹性模量提高2～3倍，热变形温度提高30～40℃（碳纤维增强的更高），成型收缩率要小一半，刚性倍增，成为较硬的材料；热变形温度、抗蠕变性、拉伸强度等均有所提高，阻燃性也稍有提高，但伸长率下降。

3. 共混物

聚甲醛若与聚四氟乙烯共混，可提高自润滑性、耐磨性和 pv 值，摩擦因数更小。与弹性体共混的合金称超韧聚甲醛，其缺口冲击强度提高了几十倍，可代替钢、铜、铝等金属部件。

4. 改性聚甲醛的牌号、性能与应用（表4-18～表4-24）

表4-18　中国兵器工业集团第五三研究所POM合金的牌号、性能与应用

牌号	拉伸强度/MPa	缺口冲击强度/(kJ/m²)	动摩擦因数（对钢、黄铜、铅）	特　性	应　用
超韧级	55	30	0.2	机械强度高，韧性高，耐疲劳，防老化，尺寸稳定，可注射成型	可制备工程零部件
高耐磨级	50	10～20	0.15	机械强度高，摩擦因数小，耐摩擦磨损性高，防老化，尺寸稳定，可注射成型	可制备耐磨工程零部件

表4-19　上海日之升新技术发展公司高润滑高耐磨POM的性能与应用

牌号	拉伸强度/MPa	缺口冲击强度/(kJ/m²)	热变形温度(1.82MPa)/℃	特　性	应　用
POM-HS	40～60	7	≥95	摩擦因数为0.15～0.2，为普通POM的50%，耐磨性提高3倍，制品寿命高，噪声低，可注射成型	可制备齿轮、轴套、滑块等耐磨工程零件

表4-20　上海材料研究所、安徽化工研究所POM/PTFE合金的牌号、性能与应用

POM/PTFE配比	摩擦因数	磨耗量/(mg/1000次)	磨痕宽/mm	特　性	应　用
95/5(粉)	0.23(0.45)	1.7(7.0)	3.2(6.6)	磨耗量低，摩擦因数小，耐摩擦磨损性能好，可注射成型	可制备耐磨工程零件

（续）

POM/PTFE配比	摩擦因数	磨耗量/(mg/1000次)	磨痕宽/mm	特　性	应　用
95/5(纤维)	0.26(0.45)	1.5(7.0)	3.4(6.6)	耐摩擦磨损性能好，可注射成型	可制备耐磨工程零件

注：（ ）内数值为纯 POM 的。

表 4-21　美国杜邦公司 Delrin POM/PU 合金的牌号、性能与应用

牌号	拉伸强度/MPa	悬臂梁缺口冲击强度/(J/m)	热变形温度(1.82MPa)/℃	特　性	应　用
100ST	46(72)	945(40)	91(124)	机械强度高，缺口冲击强度高，韧性好，可注射成型	可制备工程零部件
500T	58(69)	—	100(136)	机械强度高，缺口冲击强度高，成型收缩率低，尺寸稳定性好，可注射成型	可制备工程零部件

注：（ ）内数值为纯 POM 的。

表 4-22　美国赛拉尼斯公司 POM/PTFE 和 POM/PU 合金的牌号、性能与应用

商品名称	牌号	特　性	应　用
Celcon POM/PTFE	YF10	耐摩擦磨损性能优于纯 POM，可以达到无油润滑，可注射成型	可制备万向节、轴套、轴承、精密齿轮等传动零件
Celcon POM/PU	TX-90	耐摩擦磨损性能好，可达到超韧级，可注射成型	可制备耐磨、抗冲工程零部件

表 4-23　美国宝理塑料公司（Poly. Plastics Co.）Dur Con POM 的牌号、性能与应用

商品名称	POM/PEEK 的配比	磨耗量/(mg/1000 次)	摩擦因数	特性和应用
Dur Con POM/PEEK	(3～15)/75	0.62～0.73(7.0)	0.076～0.088(0.45)	耐摩擦磨损性能好，耐热性能好，可注射成型，可制备万向联轴器、轴套、轴承、齿轮、滚轮、凸轮等耐磨抗冲传动零部件
Dur Con POM/PEEK	(3～15)/37	0.62～0.72(7.0)	0.075～0.086(0.45)	
Dur Con POM/PEI	(3～15)/75	0.69～0.74(7.0)	0.096～0.108(0.45)	

注：（ ）内数值为纯 POM 的。

表 4-24　德国赫斯特公司 Hostaform POM 合金的性能与应用

商品名称	牌号	特　　性	应　　用
POM/PTFE	9024TF C9021	耐摩擦磨损性能好，摩擦因数小，可注射成型	可制备耐磨传动零件等
POM/PU	CT20	抗冲击性能好，耐磨性能好，可注射成型	可制备汽车保险杠等抗冲零部件

第二节　改性技术

一、简介

（一）聚甲醛的改性与应用

1. POM 的改性

POM 是一种半结晶聚合物，具有良好的耐渗透性、拉伸强度和耐化学药品性，但是其冲击强度低于大多数非晶聚合物，热稳定性较差，缺口敏感性大，从而限制了其应用。目前主要是通过熔融共混的方法对 POM 进行改性，如有科研人员将聚氨酯（PUR）和氧化铝（Al_2O_3）与 POM 进行共混，发现 Al_2O_3 能均匀地分散在复合材料中，POM 的韧性和热氧化稳定性明显提高；还有科研人员将 POM 与马来酸酐（MAH）接枝的聚乙烯（PE-g-MAH）、多壁碳纳米管（MWCNTs）熔融共混，发现 POM/PE-g-MAH/MWCNTs 复合材料的电导率和力学性能均有所提高。下面主要对 POM 在力学性能、热稳定性和摩擦磨损性能方面的改性进行综述。

（1）POM 力学性能改性研究　POM 分子结构规整，结晶度高达 70%，结晶粒较大，因此具有良好的抗疲劳强度和抗蠕变性，但是其韧性和冲击强度较差。目前主要通过纳米刚性粒子、纤维以及热塑性 PUR（PUR-T）、乙烯-丙烯-二烯共聚物（EPDM）等弹性体对 POM 在力学性能方面进行改性。有科研人员分别用纳米 $CaCO_3$、纳米 Al_2O_3 和纳米级蒙脱土改性 POM，发现这些纳米粒子在质量分数低于 2% 时均能均匀地分散在 POM 中，从而提高其拉伸弹性模量和冲击强度。

科研人员通过两步法制得的 POM/热塑性聚氨酯（PUR-T）/$CaCO_3$ 复合材料，PUR-T质量分数为 20% 时，复合材料的冲击强度为 16kJ/m²，较纯 POM 提高了 1 倍，PUR-T 质量分数为 40% 和 50% 时其冲击强度分别为 26kJ/m² 和 28kJ/m²，是纯 POM 的 3.25 倍和 3.5 倍。说明 PUR-T 和 $CaCO_3$ 可以改善 POM 的力学性能。

科研人员用连续玻璃纤维（GF）改性 POM，研究不同加工温度和浸渍粒料的长度对 POM 力学性能的影响。结果表明，加工温度为 200℃ 时，复合材料的拉伸强度和弯曲强度均达到最大，分别为 131MPa 和 172MPa，并且此时 POM 仍未降解；浸渍粒料长度为 8mm 的复合材料拉伸强度和弯曲强度最大，当 GF 质量分数为 20% 时，较浸渍粒料长度为 2mm 的复合材料分别提高了 20% 和 23%。

科研人员研究发现，碳纤维（CF）能明显地改善 POM 的力学性能，当 CF 质量分数为 25% 时效果最好，其弯曲强度和拉伸强度较纯 POM 分别提高 1.1 倍和 1.3 倍，弯曲弹性模量提高了17.1GPa，最大悬臂梁缺口冲击强度是基体的2.5倍。CF可以作为复合材料的应力中心，诱发银纹产生，从而吸收外界的冲击能，改善POM的力学性能。

科研人员用自制三聚甲醛低聚物（Risun-DⅡ）作为成核剂对POM的力学性能进行改性。研究表明，Risun-DII成核剂可以细化POM球晶，减小球晶的尺寸，从而提高POM的力学性能。成核剂质量分数为1%时力学性能最佳，拉伸强度、弯曲强度和缺口冲击强度分别提高了5.8MPa、1.9MPa和1.8MPa，断裂伸长率提高了45.5%。

（2）POM热稳定性改性研究　POM分子的主链由—CH_2—O—和—CH_2—CH_2—O—组成，主链上两个相邻的O对—CH_2中的氢具有活化作用。POM分子中存在不稳定的半缩醛端基，在热和氧的作用下易使氧化甲基分解，从而发生连续的脱甲醛反应，并且甲醛氧化产生的甲酸能够促进降解反应的进行，影响POM的熔融加工。

科研人员研究发现，双酚单丙烯酸酯（BMA）可以通过双官能团稳定机制与POM的自由基发生反应，改善POM的热稳定性。研究表明，复合材料热降解过程是单一反应过程，当BMA质量分数为0.1%时其热降解温度较基体提高了16.31℃，降解速率提高了21%。由此说明少量的BMA就能明显提高POM的热稳定性。

科研人员用聚酰胺（PA）改性POM的热稳定性，发现PA质量分数为0.4%的复合材料降解活化能提高了95.63kJ/mol，并且复合材料的降解活化能和反应级数随着PA质量分数的增加而变大，当PA质量分数为0.6%时，复合材料的热稳定性最好，此时复合材料的最大降解温度较纯POM提高了6.36℃，热降解终止温度与起始温度的差值提高了14℃，最大失重速率下降了34.6%。由此说明PA可以延缓POM的热分解过程，从而提高POM的热稳定性。

科研人员研究发现，丁二烯-苯乙烯-丙烯腈接枝共聚物（HBS）含有少量的双键，能终止POM两端的自由基，从而改善POM的热稳定性。在失重速率为5%时，复合材料对应的温度为334.3℃，较纯POM提高了30.7℃。动力学研究表明，HBS的加入可以明显提高POM的降解活化能，较纯POM最大提高了23.7kJ/mol。

科研人员研究了POM/可反应性纳米SiO_2（RNS）复合材料的等温结晶和热降解动力学行为，发现RNS对POM有异向成核作用，有利于加速POM结晶。在5℃/min的升温速率下，RNS质量分数为5%的复合材料其等温结晶速率较纯POM提高了33.3%，结晶速率常数增大了1.39倍，并且复合材料的降解活化能最大提高了200kJ/mol，说明RNS明显改善了POM的热稳定性。

（3）POM摩擦磨损性能改性研究　POM具有特殊的分子结构，内聚能较大，在注射或挤出成型过程中会形成较大的球晶，因此POM的摩擦因数低，耐磨性好，具有良好的自润滑特性，但是其自身的耐磨性不能满足滑动部件的要求，特别是高负荷和高滑动速度的部件，需要对POM进行改性。目前对POM摩擦磨损性能改性主要是通过熔融共混的方法。

科研人员将芳纶短纤维（ASF）和聚四氟乙烯（PTFE）与POM熔融共混，发现与纯POM相比，POM/ASF复合材料的磨损率降低了83%，POM/PTFE复合材料降低了58%，并且两种复合材料的磨损面较 POM 更为光滑，说明两种改性剂均能提高 POM 的摩擦磨损性能。但是 PTFE 的加入会使 POM 屈服应力降低 9.2MPa，而 POM/ASF 的屈服应力较 POM 提高 5.36MPa，因此可看出 ASF 对 POM 的改性效果更好。

科研人员用 PTFE、石墨和 MoS_2 三种改性剂与 POM 共混，改性其摩擦磨损性能，发现 PTFE 较其他两种改性剂效果更为明显。PTFE 质量分数为 8% 的复合材料其磨损体积仅为纯 POM 的 1/5，摩擦因数由 0.34 降为 0.21，降低了 38%，并且其磨损表面没有明显的划痕，说明 PTFE 可以有效地改善 POM 的耐磨性。

科研人员研究发现，乙烯-丙烯酸共聚物（EAA）可以键接 POM 和高密度聚乙烯（HDPE）两相界面，增大两相间的相互作用，从而提高 POM 的耐磨性。EAA 质量分数为 2% 的复合材料其摩擦因数和磨损量减小为纯 POM 的 68.3% 和 69.3%，并且其拉伸强度、拉伸弹性模量和缺口冲击强度均达到最大，分别提高了 0.8MPa、8.2MPa 和 $6.6J/m^2$，说明 EAA 的加入既改善了 POM 的摩擦磨损性能，又提高了其力学性能。

科研人员研究发现，Fe 粉能在一定程度上阻止 POM 发生塑性变形，降低其黏着磨损，从而改善 POM 的耐磨性。研究表明，Fe 粉质量分数为 4% 的复合材料其摩擦磨损性能最好，摩擦因数较纯 POM 下降了 24.6%，磨损质量仅为纯 POM 的 1/2。对复合材料的磨损表面进行分析，发现复合材料的磨损表面与纯 POM 相比更为光滑。

2. POM 的应用进展

POM 的刚性好、硬度大，具有较高的拉伸强度、弯曲强度和良好的耐化学药品性，可以用来代替金属和合金，被广泛应用于汽车工业、机械工业、五金行业和电子电器行业。

科研人员将 POM 与耐磨剂、热塑性弹性体和硅烷偶联剂熔融共混，发明了一种 POM 单丝纤维，耐磨剂使 POM 具有良好的耐磨性，热塑性弹性体改善了其韧性，使其具有较高的拉伸强度和冲击强度，被应用于钓鱼线和刷洗装置的刷毛。

科研人员将自制复合光稳定剂与 POM 熔融共混，发明了一种耐光照老化 POM，这种材料耐光照老化性优异，并且制备工艺简单，可用于制备汽车用车把、电动窗、扬声器格栅、卡扣、紧固和弹簧元件、按钮、安全带的偏转配件和机械部件等零件。

科研人员用 POM 代替传统的氯化丁腈/氯磺化 PE 复合材料应用于耐热等级低于 80℃的汽车炭罐附近的油路管路，测得材料的拉伸强度为 34MPa，爆破压力为 8.4MPa，具有优异的耐冷却液性能、耐高低温性能、高承压和高抗冲等性能，满足汽车对炭罐附近的油路管路系统高强度、高爆破压力的要求。

科研人员将质量分数分别为 3%、6% 和 4% 的抗氧化剂、甲醛吸收剂和润滑剂与 POM 熔融共混，发明了一种纺丝级 POM 材料，这种材料可纺性能好、强度高、拉伸回复性能好，拉伸弹性模量显著提高，可以很好地应用于纺丝工业。

科研人员发明了一种高密度、高刚度、低收缩率、韧性优良、质量分布均匀的改性 POM 材料，用于生产汽车的惯性盘。这种材料的密度、弯曲模量和缺口冲击强度分别为 $2.50g/cm^3$、4511MPa 和 $7.9kJ/m^2$，均达到汽车惯性盘对材料性能的要求。

科研人员将 POM 与聚乳酸熔融压片，发明了一种具有微纳米双连续多孔结构的纳米孔薄膜，这种膜的断裂伸长率达到 110%，拉伸弹性模量达到 360MPa，孔隙率为

20% ~80%，可以被应用在电子电气、建材、汽车以及医用器材等多个行业。

3. 发展趋势

未来对 POM 的改性可从以下几个方面进行研究：

1）仍然把共混改性作为重要的研究方向，探究高效多功能的改性剂体系；另外，在共混改性的基础上，探究不同的改性方式对 POM 力学性能、热稳定性和摩擦磨损性的影响。

2）加强对高性能增容剂的研究。POM 是线性聚合物，不易与其他聚合物相容，因此增加 POM 与其他聚合物的相容性是对其进行高效和多元改性的关键。

3）对 POM 的分子结构进行更深入的研究，运用新的方法研制新型的 POM，使 POM 的各项性能满足工程应用的需要。

（二）新型成核剂改性聚甲醛

1. 原材料与配方（质量份）

POM	100	成核剂（三聚甲醛低聚物）	0.3 ~1.0
分散剂	1 ~2	其他助剂	适量

2. 制备方法

将 POM 与成核剂按一定比例在高速混合机中混合搅拌 3 ~6min，接着将均匀混合的物料加入双螺杆挤出机中熔融、混炼及挤出造粒（挤出温度为 170 ~190℃，螺杆转速为 200 ~300r/min），干燥备用。最后采用注射机注射成标准样条（注射温度为 191℃，注射压力为 82MPa，注射速率为 72g/s，模具温度为 80℃）。

3. 性能

POM 树脂结晶行为数据列于表 4-25。

表 4-25　不同成核剂用量 POM 树脂的结晶参数

成核剂质量分数（%）	T_c/℃	WHH/℃	T_m/℃	ΔH_m/J · g^{-1}	X_c（%）
0	143.8	3.4	166	166.8	67.2
0.1	146.2	3.1	166.5	172.9	69.6
0.3	146.6	2.6	166.7	177.7	71.6
0.5	147.1	2.5	166.6	178.3	71.8
1.0	147.1	2.3	167	181.7	73.2

注：T_c—结晶温度；WHH—结晶峰半峰宽；T_m—结晶熔融峰温度；ΔH_m—结晶熔融焓；X_c—结晶度。

研究表明，未加成核剂时，POM 球晶尺寸很大，直径大于 200μm，加入成核剂后，球晶尺寸发生变化，当成核剂用量为 0.3% 时球晶直径在 40μm 左右；并且随着成核剂用量的增加，球晶尺寸逐渐降低，当成核剂用量为 1.0% 时，POM 球晶直径小于 25μm；并且晶面间穿插分子链渐增，球晶间界面趋于模糊。由此表明增大成核剂的用量可以在 POM 树脂基体中同时形成数量较大的晶核点，从而进一步降低了 POM 球晶的尺寸。

成核剂对 POM 力学性能的影响见表 4-26。

表 4-26　成核剂对 POM 力学性能的影响

成核剂质量分数（%）	拉伸强度/MPa	断裂伸长率（%）	弯曲强度/MPa	弯曲模量/MPa	缺口冲击强度/kJ·m^{-2}
0	56.6	46.8	78.1	1884	6.65
0.1	57.4	50.1	78.3	1876	6.96
0.3	61.7	68.4	79.5	1894	7.50
0.5	63.6	75.6	78.7	1861	7.58
1.0	62.4	92.3	80.0	1901	7.83

从表 4-26 中可以看出，成核剂的加入可以改善 POM 的断裂伸长率、拉伸强度以及缺口冲击强度，而弯曲强度和弯曲弹性模量的变化则不甚明显；其中拉伸强度提高 8%～12%、断裂伸长率提高 49%～97%、缺口冲击强度最大提高约 18%。进一步比较发现，成核剂用量为 0.5% 和 1.0% 时，POM 的力学性能区别不大，这说明进一步增大成核剂的用量，对提高 POM 的力学性能意义不大。

4. 效果

1）随着 Risun-DⅡ成核剂用量的增加，POM 树脂的结晶温度、结晶熔融焓和结晶度提高，结晶峰半峰宽降低。

2）Risun-DⅡ成核剂对 POM 树脂球晶具有明显的细化作用，在用量为 0.3% 时就可使 POM 树脂球晶直径从超过 200μm 降低至约 40μm；增加成核剂用量可进一步细化球晶尺寸。

3）Risun-DⅡ成核剂的加入可以大幅度提高 POM 树脂的断裂伸长率，有效提高 POM 树脂的拉伸强度和改善缺口冲击性能，但对 POM 树脂的弯曲性能影响不明显。

二、增韧改性

（一）丁腈橡胶增韧聚甲醛（POM）

1. 原材料与配方（质量份）

POM	30	NBR 橡胶	100
防老剂	3.0	氧化锌	5.0
炭黑	95	石蜡	1.0
SA	1.0	DBS	10
石蜡	1.0	DCP	2.0
交联剂	3.0	其他助剂	适量

2. 制备方法

NBR/POM 母胶的制备：在常温开炼机上先将防老剂加入 NBR 中混匀待用。将 SK-160B 型高温开炼机升温至 175℃，辊距为 1mm，加入 POM，待其塑化后，放大辊距至 3mm，加入加有防老剂的 NBR，混匀后，再以 0.5mm 辊距薄通 3 次，出片冷却待用。

低温混炼：保持炼胶机辊温 50～60℃，以小辊矩将 NBR/POM 母胶轧软包辊后，依次加入炭黑、增塑剂、小料、硫化剂等，最后薄通3次，混匀出片。

试片制备：在25t平板硫化机上硫化试片，硫化条件为160℃ ×15min，24h后测试性能。

3. 性能分析

（1）不同丙烯腈含量的丁腈橡胶对共混物性能的影响　不同丙烯腈含量的丁腈橡胶对共混物性能的影响见表4-27。

见表4-27可以看出，共混物的拉伸强度、断裂伸长率和撕裂强度均随着丙烯腈含量的增加而增大。这与纯丁腈橡胶的规律基本一致，同时从溶解度参数（有关聚合物的溶解度参数：NBR-18，8.7；NBR-26，9.3；NBR-40，10.3；POM，10.2 ~11.0）来看，NBR-40与POM比较接近，POM与NBR的界面结合加强，从而使共混物的力学性能得到改善。耐油性方面，耐1#标准油：共混物随着丙烯腈含量的增加，硬度变化、体积变化增大；而耐3#标准油却恰恰相反，即随着丙烯腈含量的增加，硬度变化、体积变化显著减小。从表4-27中可以看出，胶料NP-3即丁腈-40与POM共混物的综合性能最好，故选用NBR-40作为橡胶组分。

表4-27　不同丙烯腈含量的生胶对共混物性能的影响

配方编号 生胶牌号	NP-1 NBR-18	NP-2 NBR-26	NP-3 NBR-40
邵氏A硬度HS	86	88	88
拉伸强度/MPa	11	17	22
断裂伸长率（%）	80	120	160
拉断永久变形（%）	4	4	8
撕裂强度/kN · m^{-1}	27	43	48
100℃ ×70h热空气老化后邵氏A硬度HS	90	90	90
拉伸强度/MPa	19	19	23
断裂伸长率（%）	90	110	130
脆性温度/℃	-47	-47	-30
压缩永久变形（25%，100℃ ×70h，空气）（%）	20	17	33
100℃ ×70h介质老化后			
1#标准油，体积变化ΔV（%）	-1.1	-6	-6.8
硬度变化	0	4	6
3#标准油，体积变化ΔV（%）	27.2	9.8	0.6
硬度变化	-10	-6	2

注：基本配方（质量份）——生胶，100；POM，30；防老剂，3；氧化锌，5；SA，1；炭黑，95；DBS，10；石蜡，1；DCP，2；交联助剂，3。

（2）NBR/POM共混比对物理性能的影响　以NBR-40为共混物的主体材料，相应改变POM用量为0 ~50份，共混性能见表4-28。

由表4-28可发现，随着POM用量的增加，共混物的硬度逐渐增大，断裂伸长率降低，拉伸强度变化不大，而撕裂强度明显提高，且耐油性能得到了改善。综合来看，NBR/POM 共混比为 100/20、100/30 时，共混物的综合性能较好。

表 4-28 不同橡塑比对 NBR/POM 共混物性能的影响

配方编号 NBR/POM 共混比	NP-4 100/0	NP-5 100/10	NP-6 100/20	NP-7 100/30	NP-8 100/40	NP-9 100/50
邵氏硬度 HA	78	84	86	88	90	92
拉伸强度/MPa	22	24	22	22	23	23
断裂伸长率（%）	240	200	180	160	120	80
拉断永久变形（%）	4	6	8	8	12	10
撕裂强度/kN · m^{-1}	36	37	44	48	48	51
脆性温度/℃	−37	−37	−36	−30	−36	−26
100℃ ×70h，压变 25%，压缩永久变形（%）	24	30	28	33	28	32
100℃ ×70h 介质老化后						
1#标准油，体积变化 ΔV（%）	−8.4	−7.3	−7.5	−6.8	−6.5	−6.1
硬度变化	14	10	8	6	6	2
3#标准油，体积变化 ΔV（%）	0.3	0.2	−0.1	0.6	0.1	−0.1
硬度变化	10	8	4	2	4	−2

注：基本配方（质量份）——NBR-40，100；POM，变量；防老剂，3；氧化锌，5；SA，1；炭黑，95；DBS，10；石蜡，1；DCP，2；交联助剂，3。

（3）硫化体系对共混物性能的影响　硫化体系不同，交联方式可能不同，会影响胶料性能。硫化体系对共混物性能的影响见表 4-29。

（4）交联助剂用量对共混物性能的影响　交联助剂用量对共混物性能的影响见表 4-30。由表 4-30 可以看出，交联助剂的用量对力学性能影响不大，但随着交联助剂用量的增加，压缩永久变形逐渐减小，耐油性能有所改善。

（5）NBR/POM 与 NBR/PVC 共混物性能对比　聚氯乙烯（PVC）与丁腈橡胶并用已有多年的历史，在工业上获得了广泛应用，将 NBR/POM、NBR/PVC 两者进行比较，对比其优缺点，见表 4-31。

表 4-29 硫化体系对共混物性能的影响

配方编号 硫化体系	NP-10 S1.5 促 DM2.5	NP-11 S0.5 促 DM2 促 TE2	NP-12 DCP1 MMg5	NP-13 DCP2 交联助剂 3
邵氏硬度 HA	90	88	90	88
拉伸强度/MPa	21	18	19	22
断裂伸长率（%）	180	180	200	160
拉断永久变形（%）	12	12	14	8

（续）

配方编号 硫化体系	NP-10 S1.5 促 DM2.5	NP-11 S0.5 促 DM2 促 TE2	NP-12 DCP1 MMg5	NP-13 DCP2 交联助剂 3
撕裂强度/kN·m^{-1}	49	52	51	48
脆性温度/℃	-30	-30	-30	-30
100℃×70h，压变25%，压缩永久变形（%）	48	41	60	33
100℃×70h 介质老化后				
1#标准油，体积变化 ΔV（%）	-5.8	-6.6	-6.3	-6.8
硬度变化	6	8	4	6
3#标准油，体积变化 ΔV（%）	2.7	3.1	4.9	0.6
硬度变化	2	0	-2	2

注：基本配方（质量份）——NBR-40，100；POM，30；防老剂，3；氧化锌，5；SA，1；炭黑，95；DBS，10；石蜡，1；硫化体系，变量。

表 4-30 交联助剂用量对共混物性能的影响

配方编号	NP-13	NP-14	NP-15
硫化体系 DCP	2	2	2
交联助剂	3	2	1
邵氏硬度 HA	88	86	86
拉伸强度/MPa	22	20	21
断裂伸长率（%）	160	160	150
拉断永久变形（%）	8	12	12
撕裂强度/kN·m^{-1}	48	45	49
脆性温度/℃	-30	-30	-30
压缩永久变形（100℃×70h，压变25%）（%）	33	38	40
100℃×70h 介质老化后			
1#标准油，体积变化 ΔV（%）	-6.8	-7.2	-7.5
硬度变化	6	6	6
3#标准油，体积变化 ΔV（%）	0.6	2.3	2.6
硬度变化	2	2	2

注：基本配方（质量份）——NBR-40，100；POM，变量；防老剂，3；氧化锌，5；SA，1；炭黑，95；DBS，10；石蜡，1；DCP，2；交联助剂，变量。

由表4-31可以看出，当NBR用量一定时，PVC对NBR的补强效果优于POM；二元共混中，NBR/PVC共混物的力学性能（拉伸强度、断裂伸长率、撕裂强度）优于NBR/POM共混物，但后者的耐热老化性能、压变、耐油性及耐磨性能优于前者。两者性能上的差异可能是由两种共混物微观上结构的不同引起的。另外，由表4-31可知，NBR/POM共混物的断裂伸长率、撕裂强度较低，也许可通过NBR、POM、PVC三者共混提高其力学性能。

表4-31　NBR/POM与NBR/PVC共混物的性能对比

配方编号	NP-13	NP-14
NBR-40	100	100
POM	30	
PVC（S-1000）		30
邵氏硬度HA	88	86
拉伸强度/MPa	22	23
断裂伸长率（%）	160	240
拉断永久变形（%）	8	12
撕裂强度/kN·m^{-1}	48	69
100℃×70h热空气老化后硬度变化	+2	+6
拉伸强度变化率（%）	+4.5	0
断裂伸长率变化率（%）	-18.7	-37.5
脆性温度/℃	-30	-30
（100℃×70h，25%），压缩永久变形（%）	33	38
100℃×70h介质老化后		
1#标准油，体积变化ΔV（%）	-6.8	-7.1
硬度变化	6	10
3#标准油，体积变化ΔV（%）	0.6	3.2
硬度变化	2	6
磨耗/（mg/1000次）	0.04	0.10

注：配方（质量份）其余部分——防老剂，3；氧化锌，5，SA，1；炭黑，95；DBS，10；石蜡，1；DCP，2；交联助剂，3。

4. 效果

1）随着NBR中丙烯腈含量的增加，NBR/POM共混物的力学性能有明显提高。

2）随着POM用量的增加，共混物的硬度逐渐增大，断裂伸长率降低，拉伸强度变化不大，而撕裂强度明显提高，耐油性能得到改善。

3）选用过氧化物硫化体系或低硫高促硫化体系制备的NBR/POM二元共混物的性能较好。

4）NBR/POM共混物的断裂伸长率、撕裂强度较低。

5）由于POM具有非常高的电绝缘性能，所以将两者共混可得到电绝缘性能较好的材料，可望用于一些有特殊要求的场合，如既要求有良好的耐油性能又要求有较好的电绝缘性能。

（二）TPU/POM高韧合金

1. 原材料与配方（质量份）

聚甲醛（POM）	55	热塑性聚氨酯（TPU）	40
增容剂G	5.0	其他助剂	适量

2. 工艺流程

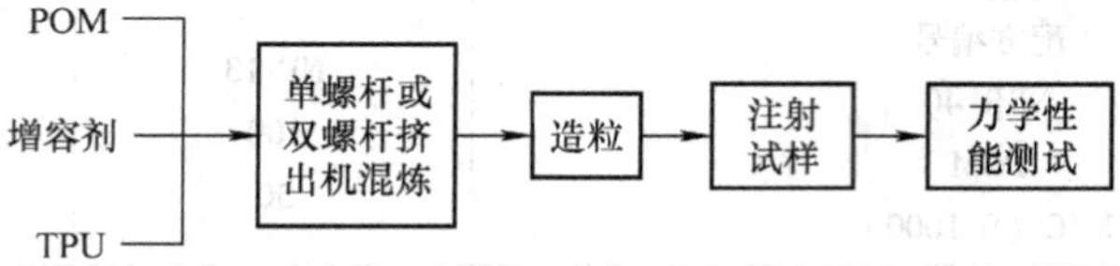

3. 结构分析

从形态结构和断口形貌的 SEM 照片中可见，TPU 在基体中难以形成良好的分散；颗粒粗大，且可以清楚地看到 TPU 的颗粒以及断裂时颗粒脱落留下的大量孔洞，说明基体与 TPU 颗粒界面间的黏结相当薄弱，在外力的作用下，先由分布不均的 TPU 颗粒引起应力集中，然后界面迅速分离导致应力失稳而使材料断裂；且断面较为整齐，形貌仍然呈脆性断裂特征，因而其冲击强度值不高是显而易见的。为此制备了新型的高分子型增容剂 G，试验结果表明，该增容剂的加入使分散相粒子明显细化，粒径达到了理论计算值，断口形貌有被大量牵伸而产生塑性变形的特征，说明两相界面黏结有力，由较小的 TPU 粒子引发的应力得以分散，材料在断裂过程中由于产生较大的塑性变形以及克服两相间较强的界面黏结耗散了大量的能量，在粒度达到临界值时实现了脆韧转变，因而其冲击强度值大幅度提高，并使共混物的拉伸强度也略有上升。

从配比为 55/5/40 的 POM/增容剂 G/TPU 共混物经双螺杆混料后注射样品的形态结构 SEM 照片中可以得到信息：①在 TPU 含量为 40% 的配比下，体系并没有发生相逆转，POM 基本仍为连续相；②分散相粒子的形态发生了较大的变化。在双螺杆的强烈剪切作用下，分散相粒子由球形变成了细长的窄条形，这种特殊形态不但增大了 TPU 粒子与基体间的接触面积，使界面脱黏需要更多的能量，而且减小了粒子间的距离，大大增强了粒子间应力场的交叠与干涉，使共混物的冲击强度进一步提高。与之对应的共混物的断口形貌明显不同于一般的韧性断裂特性，出现了大而深的韧窝，说明材料在断裂过程中产生了很大的塑性变形，耗散了更多的冲击能。这种结构在一般的增韧体系中并不多见。

4. 性能

增容剂 G 对 POM/TPU 共混体系具有较好的增容作用，表现在其缺口冲击强度的大幅度提高。以配比 60/40 为例，比未加增容剂时分别提高了 261%（单螺杆混料）和 274%（双螺杆混料），最大值约为纯 POM 缺口冲击强度的 10 倍，拉伸强度也略有上升，并使共混体系的分散相明显细化，韧性断裂特征更加明显。

5. 效果

1）TPU 是 POM 的优良增韧改性剂，在一定条件下可制成高韧合金。

2）增加界面黏结有利于提高 POM 共混材料的韧性；分散相粒子的粒径、粒子间距以及粒子形状对材料发生脆韧转变有重大影响；加工方法对分散相粒子的大小和形状影响较大。

3）制备的增容剂 G 提高了基体和增韧剂两相间的界面黏结，显示了较为明显的增容效果。

4）在共混比小于 60/40 的状态下，增韧改性剂一直作为分散相存在，没有发生相逆转。

5）研究的POM/TPU共混材料，其缺口冲击强度是纯POM树脂的10倍，加工性能良好，具有一定应用价值。

（三）不同弹性体增韧聚甲醛

1. 原材料与配方（质量份）

聚甲醛	75～95
增韧剂［丙烯酸酯类弹性体（KT-28）与热塑性聚氨酯（PUR-T）］	5～25
分散剂	5～10
其他助剂	适量

2. 制备方法

先将干燥后的POM与PUR-T和KT-28分别按一定的质量比（95/5、90/10、88/12、85/15、80/20、75/25）混合均匀，在双螺杆挤出机上熔融共混，挤出造粒。挤出机各段温度从加料口到机头依次为165℃、175℃、180℃、175℃，螺杆转速为400r/min。将所得粒料在80℃下干燥4h，然后经注射机注射成标准试样。

3. 性能与效果

1）随增韧剂PUR-T和KT-28含量的增加，两种增韧剂增韧的POM的MFR均逐渐降低；在相同含量下，KT-28增韧的POM的MFR低于PUR-T增韧的POM，表明KT-28与POM的相容性要好于PUR-T。

2）PUR-T和KT-28均使POM的冲击强度和断裂伸长率得到提高，这符合弹性体增韧塑料的一般规律。其中，KT-28对POM的增韧效果要好于PUR-T。

3）PUR-T和KT-28均使POM的拉伸强度下降。在增韧剂质量分数低于12%时，KT-28增韧POM拉伸强度的下降程度低于PUR-T增韧POM。

4）在其他条件不变的情况下，KT-28对POM的增韧效果优于PUR-T，且在质量分数低于12%时，其对POM拉伸强度的劣化影响低于PUR-T，且KT-28的价格明显低于PUR-T，故该丙烯酸酯类增韧剂具有很大的商业拓展空间。

（四）聚氨酯弹性体增韧聚甲醛

1. 原材料与配方（质量份）

POM	100	聚氨酯弹性体（TPU1，TPU2）	18
分散剂	5～10	其他助剂	适量

2. 制备方法

聚甲醛MC90在80℃下烘干4h。将POM和相容剂M均匀混合后与TPU按比例加入挤出机挤出造粒，螺杆温度170～190℃，螺杆转速350r/min。粒料在80℃下干燥2h后注射成型样条，注射温度为180～190℃，注射压力为9MPa，注射时间为2s，保压压力为8MPa，保压时间为18s，模温为80℃，冷却时间为45s。样条在23℃、相对湿度50%的条件下放置48h后，进行性能测试。

3. 性能

在添加量相同的情况下，TPU1 增韧 POM 的缺口冲击强度总体上高于 TPU2 增韧 POM，当 POM/TPU1 的比例为 100/18 时，POM 的缺口冲击强度从 6.52kJ/m² 增加到 14.01kJ/m²，冲击强度提高了 115%。这表明在 TPU1 的加入量为 18% 时，对 POM 的增韧效果最为明显，而继续加大 TUP1 的含量对挤出造粒带来较大的困难。

从表 4-32 中可以看出，随两种 TPU 含量的增加，增韧 POM 的拉伸强度、弯曲强度和弯曲模量逐渐降低，是因为 TPU 的加入使共混物的结晶度减小，强度降低。

表 4-32 TPU1 和 TPU2 的含量对 POM 力学性能的影响

POM/TPU/M 质量比	100/0/0	100/12/0.7		100/16/0.7		100/18/0.7		100/20/0.7
		TPU1	TPU2	TPU1	TPU2	TPU1	TPU2	TPU2
拉伸屈服强度/MPa	60.2	49.6	52.1	47.5	49.3	46.0	47.5	46.2
拉伸断裂强度/MPa	50.2	38.9	40.2	38.6	39.8	38.3	40.6	39.9
断裂伸长率（%）	43	80	71	95	97	120	140	122
弯曲强度/MPa	76.7	62.5	65.0	58.6	60.2	56.9	58.4	56.7
弯曲模量/MPa	2437	1757	1806	1624	1670	1571	1596	1563
简支梁缺口冲击强度/(kJ/m²)	6.52	12.99	11.18	13.31	11.90	14.01	12.75	13.66

从表 4-33 中可以看出，两种 TPU 增韧的 POM 的熔融温度和结晶温度均没有明显的变化，熔融焓值和结晶焓值略有减小。由此说明两种 TPU 对 POM 的熔融结晶行为影响不是很大。

表 4-33 TPU1 和 TPU2 的含量对 POM 的熔融结晶性能的影响

POM/TPU/M 质量比	100/0/0	100/12/0.7		100/16/0.7		100/18/0.7		100/20/0.7
		TPU1	TPU2	TPU1	TPU2	TPU1	TPU2	TPU2
熔融峰值/℃	169.4	168.2	167.9	168.6	167.8	168.5	168.0	168.0
熔融焓/(J/g)	137.2	140.1	144.8	143.6	139.4	140.4	136.5	134.8
结晶峰值/℃	140.1	140.6	140.8	140.2	140.6	140.1	140.6	140.6
结晶焓/(J/g)	125.8	124.8	128.4	125.8	121.6	123.7	120.5	118.9

4. 效果

1）两种 TPU 增韧的 POM 的 MFR 均随 TPU 含量的增加而下降，在相同含量的条件下，TPU1 增韧 POM 的 MFR 高于 TPU2 增韧 POM。这说明 TPU2 与 POM 分子间的作用要强于 TPU1。

2）两种 TPU 的添加均能够大幅度提高 POM 的抗冲击能力。在添加量相同的情况下，TPU1 增韧 POM 的缺口冲击强度总体上高于 TPU2 增韧 POM，在 TPU1 的加入量为 18% 时，共混物的冲击强度增加了 115%。

3）随两种 TPU 含量的增加，增韧 POM 的拉伸强度、弯曲强度和弯曲模量逐渐降低，断裂伸长率逐渐增大。这说明 TPU 的添加能大幅度增加聚甲醛的韧性，但同时也降低了其刚性。在 TPU 含量相同的情况下，TPU1 增韧 POM 的韧性更好，刚性的损失基本相当。

4）两种 TPU 的添加对增韧 POM 的熔融、结晶行为的影响不大。

（五）EVA 增韧改性聚甲醛

1. 原材料与配方（质量份）

聚甲醛	100	氧化镁	5 ~ 15
乙烯-乙酸乙酯共聚物（EVA）	5 ~ 30	抗氧剂	1 ~ 2
其他助剂	适量		

2. 制备方法

将配比分别为 100/0、90/10、85/15、80/20、75/25、70/30（质量分数）的 POM、EVA 和抗氧剂（抗氧剂用量为 POM 的 0.5%）混合均匀后，经双螺杆挤出机直接挤出，机筒的温度为 150 ~ 180℃，经冷却造粒后将粒料放置在 80℃ 烘箱中干燥 6h，然后注射成标准样条，注射温度为 175 ~ 197℃，模温 75℃，注射压力为 9MPa。

3. 性能

纯 POM 的缺口冲击强度很低，只有 7.6kJ/m²。当 EVA 含量低于 10% 时，POM/EVA 体系的冲击强度未得到提高，反而稍微下降了一些。随着 EVA 用量的继续增加，共混物的缺口冲击强度提高，当 EVA 含量增加到 20% 时，体系的冲击强度增加了7kJ/m²；当 EVA 含量增加到 30% 时，体系的冲击强度增加了将近 2 倍。同时，随着 EVA 含量的增加，体系的断裂伸长率也不断提高，当 EVA 的含量增加到 30% 时，体系断裂伸长率从原来的 37% 提高到了 127%。因此，EVA 的加入有效地改善了体系的韧性。

由表 4-34 可以看出，纯 POM 的结晶温度和熔融温度分别为 139.4℃ 和 170.1℃；当 EVA 的含量不断增加时，POM 的结晶温度稍有波动，熔融温度不断下降，但下降的趋势不是很明显。当 EVA 的含量为 30% 时，POM 的熔融温度只降低了 3℃。

表 4-34　不同 EVA 含量时 POM/EVA 体系的 DSC 数据

EVA 含量（%）	T_c/℃	ΔH_c/J · g^{-1}	T_m/℃	ΔH_f/J · g^{-1}	T_g/℃
0	139.4	−145.2	170.1	153.7	—
10	141.0	−131.9	169.7	152.8	—
15	142.5	−127.7	168.5	143.1	—
20	140.5	−110.4	169.7	121.6	−28.5
25	142.1	−109.0	167.5	124.0	−28.5
30	140.8	−99.36	166.9	111.2	−28.4

注：T_c—结晶温度；ΔH_c—结晶焓；T_m—熔融温度；ΔH_f—熔融焓；T_g—玻璃化转变温度。

4. 效果

1）EVA 能有效地增韧改性 POM；随着 EVA 含量的增加，POM/EVA 体系的缺口冲击强度不断增加，在含量为 20% 时，冲击强度提高将近一倍；POM/EVA 体系呈“海-岛”结构；随着 EVA 含量增加，EVA 橡胶相颗粒粒径增大，粒径分布变宽，有利于增韧改性 POM。

2）EVA的存在不仅影响POM的熔融温度，而且明显降低了POM的结晶度。

（六）弹性体与刚性粒子增韧聚甲醛

1. 原材料与配方（质量份）

聚甲醛	100	聚氨酯弹性体（TPU）	20
SiO_2	2.0	硅烷偶联剂（KH-550）	1~2
其他助剂	适量		

2. 制备方法

采用高速混合机用硅烷偶联剂处理SiO_2及TPU，并按预定比例与POM混合。采用双螺杆挤出机将混合料挤出造粒，挤出温度一段为160℃、二段为185℃、三段和四段为190~200℃，主机转速为100r/min，再用精密注射机注射成型，注射温度为200℃，得到复合材料的样条。

3. 性能

当POM中只添加20% TPU时，冲击强度提高了5.8kJ/m²；只添加2% SiO_2时，冲击强度提高了1.4kJ/m²；而20%的TPU和2%的SiO_2同时加入POM中时，冲击强度提高了15kJ/m²，远远超过了两者单独增韧时提高的总和（7.2kJ/m²）。这说明弹性体和刚性粒子协同增韧POM确实取得了很好的增韧效果。由表4-35可以看出，对POM进行增韧改性后，其熔点和结晶温度有稍有下降，结晶度下降明显。

表4-35 不同增韧体系的DSC数据

样品	熔点 T_m/℃	熔融焓 ΔH_m/J·g⁻¹	结晶温度 T_c/℃	结晶焓 $-\Delta H_c$/J·g⁻¹	结晶度 X_c（%）
POM	165.4	191.2	141.7	150.6	77.1
POM/20% TPU	165.1	154.3	143.1	134.1	62.2
POM/2% SiO_2	164.5	168.1	141.6	153.5	67.8
POM/20% TPU/2% SiO_2	164.5	157.5	142.8	126.6	63.5

4. 效果

1）加入TPU能显著提高POM的缺口冲击强度，但会造成材料拉伸强度和弯曲模量的大幅度损失；当添加量为20%时，POM的冲击强度提高了89%，拉伸强度和弯曲模量分别降低了18%和40%。

2）TPU/SiO_2协同增韧POM时，POM的缺口冲击强度提高量超过了两者单独增韧时冲击强度提高的总和，且协同增韧能有效降低POM力学性能的损失。

3）协同增韧时，TPU和SiO_2形成的复合结构，使得POM在结晶时，晶核数目增加、微晶尺寸减小，且断裂时表现为韧性断裂。

三、合金化改性

（一）LDPE/POM合金

1. 原材料与配方（质量份）

聚甲醛	100	低密度聚乙烯（LDPE）	30~40
相容剂（Z-1）	5~7	其他助剂	适量

2．共混改性工艺

（1）共混改性工艺流程

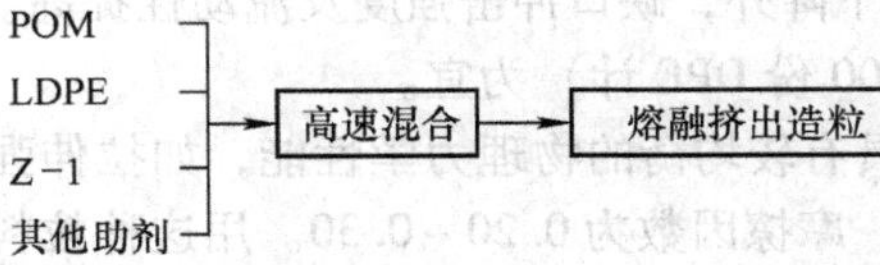

（2）熔融挤出工艺条件　料筒温度：加料段为85～120℃，压缩段为120～180℃，均化段为170～190℃；口模温度为140～160℃；螺杆转速为10～20r/min。

3．结构分析

从POM/LDPE共混物的冲击断面扫描电镜照片中可发现，相容剂Z-1存在与否对共混物的形态有显著影响：不加Z-1的共混物（POE）颗粒粗大，分散相疏松地置于POM基体中；而Z-1的存在使分散相颗粒细化、匀化，且为基体所包裹。

从共混物的偏光显微镜照片中可以看出，POM/LDPE共混物中含有相容剂Z-1时（POEZ），POM球晶细化，这有利于材料力学性能的改善。因此所选用的Z-1能增大LDPE的分散度及与POM的相容性。当相容剂Z-1的用量（以100份LDPE计，下同）超过10%时，分散相LDPE颗粒大小不匀，并且有粗大颗粒出现，因此Z-1的用量以小于10%为宜。

4．性能

当相容剂Z-1含量在10%以内时线胀系数下降明显，而大于10%时线胀系数变化极小。这说明：当Z-1含量低于10%时，POM与LDPE两相之间相容性改善，界面结合力增强，界面层更为致密；而当Z-1含量超过10%时，两相间的空洞已被紧缩或消除，导致共混物的线胀系数变化极小，但因界面层过厚而对力学性能影响显著。

当相容剂Z-1用量增加时，共混物的拉伸强度略有下降，但缺口冲击强度出现峰值。当Z-1含量大于10%时，冲击强度迅速降低，这与形态结构的分析是一致的。

综合共混物形态、结构与性能的分析与检测，所选用的相容剂Z-1的用量以控制在5%～7%最为适宜。

Z-1的用量控制在5%以下，改变POM与LDPE配比，设计两个配方系列，见表4-36。

表4-36　两种共混体系的配方及部分性能

项目		POE体系				POEZ体系			
原料的质量分数（%）	POM	95	93	90	85	95	93	90	85
	LDPE	5	7	10	15	4.65	6.51	9.30	13.95
	Z-1	0	0	0	0	0.35	0.49	0.70	1.05
部分性能	密度/$g\cdot cm^{-3}$	1.3733	1.3582	1.3315	1.3076	1.3761	1.3629	1.3365	1.3030
	MFR/$g\cdot(10min)^{-1}$	4.33	4.71	4.72	4.98	4.44	4.55	4.82	5.13

5. 效果

1）相容剂 Z-1 的加入使 POM/LDPE 共混物中 LDPE 分散均匀，POM 球晶细化。除拉伸强度、线胀系数略有下降外，缺口冲击强度及流动性提高。经综合分析，Z-1 用量以控制在 5% ~7%（以 100 份 DPE 计）为宜。

2）LDPE 改性 POM 具有较均衡的物理力学性能，如拉伸强度为 50 ~60MPa，缺口冲击强度不小于 12kJ/m^2，摩擦因数为 0.20 ~0.30。用这种粒料制成的仪表精密件——小模数齿轮（模数 $m=0.5$mm，齿数 $z=72$），经测试，其精度达 7 级（GB/T 2363—1990）。该粒料还可制成仪表用高精度的齿轮、凸轮、滚筒、滑块等，通过长期运行证明各项力学性能符合使用要求，可替代进口 POM 使用。

（二）POM/HDPE 合金

1. 原材料与配方（质量份）

聚甲醛（M900）	100	HDPE（5000S）	3.0
增容剂（Z-2）	7.0	其他助剂	适量

2. 共混改性工艺

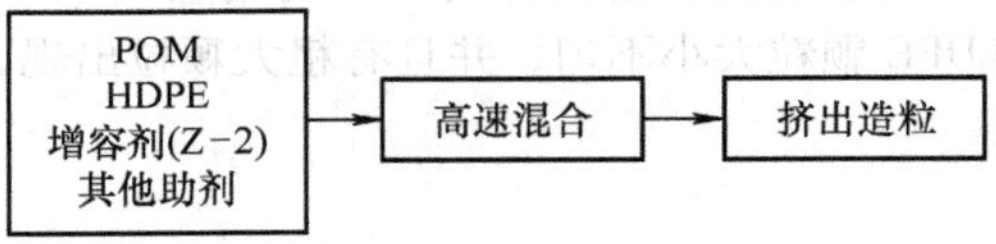

挤出造粒工艺条件：后段为 85 ~120℃；中段为 120 ~180℃；前段为170 ~190℃；口模为 140 ~160℃；螺杆转速为 10 ~20r/min。

3. 结构

POM 为连续相，HDPE 为分散相，且 HDPE 以球状颗粒分散于 POM 基体中。在增容剂 Z-2 含量一定的情况下，随着 HDPE 含量的增加，HDPE 分散料粒粒度增大；当 HDPE 含量超过 7 份时，HDPE 分散颗粒粒度大小不匀，并且分布密度也不均匀，因此，对于 POM/HDPE/Z-2 共混体系，当 HDPE 含量低于 7 份时，共混体系的分散性较好，且具有一定的相容性。

4. 性能

随着 HDPE 用量的增加，共混体系的拉伸强度迅速下降，这是由于 POM 与 HDPE 相界面结合力弱，虽然 Z-2 对相界面有一定的增容作用，但是由于 POM、HDPE 都是高结晶性聚合物，两结晶相之间的互相扩散作用小，亲和力小，导致共混体系的拉伸强度下降。但是随着 HDPE 用量增加，共混体系的缺口冲击强度出现峰值。这是由于当共混体系中 HDPE 以球状颗粒均匀地分散于 POM 基体时，对冲击能量的转移、分散和消耗起到一定的作用；但当 HDPE 用量超过 3 份时，共混体系的缺口冲击强度迅速下降，这是由于 HDPE 用量的增加导致 POM 基体中 HDPE 分散颗粒粗大，且大小与分布不均，造成共混物对缺口敏感。

随着 HDPE 用量（Z-2 的用量为 HDPE 用量的 7%）增加，POM/HDPE/Z-2 共混体系的熔体指数 *MI* 增大，说明 HDPE 的加入可改善 POM 共混体系的加工流动性。

共混体系的密度随 HDPE 用量的增加而下降，这是与 HDPE 密度较低相关联的。

由于 HDPE 本身的线胀系数较大（$13 \times 15^{-5}K^{-1}$），造成 POM/HDPE/Z-2 共混体系的线胀系数随 HDPE 用量的增加而增大。

5. 效果

1）在 POM/HDPE/Z-2 共混体系中，当 HDPE 用量低于 7 份时，增容剂 Z-2 的加入可使 HDPE 分散均匀，相容性得到明显改善。

2）随着 HDPE 用量的增加，POM/HDPE/Z-2 共混体系的拉伸强度下降，缺口冲击强度出现峰值，流动性增大，密度降低，线胀系数增加。

3）当 POM/HDPE/Z-2 的质量比为 100/3/7 时，共混体系的缺口冲击强度最大，使 POM 的缺口敏感性降低。

（三）POM/PP/EVA 合金

1. 原材料与配方（质量份）

PP	100	聚甲醛	10～30
EVA	5～25	其他助剂	适量

2. 工艺流程（图 4-1）

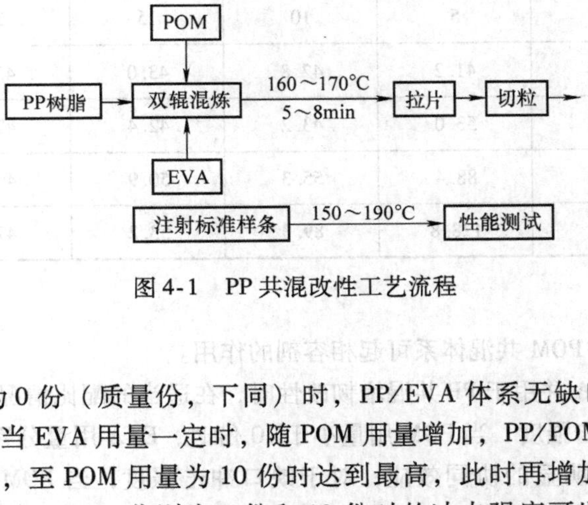

图 4-1 PP 共混改性工艺流程

3. 性能

当 POM 用量为 0 份（质量份，下同）时，PP/EVA 体系无缺口冲击强度随 EVA 用量增加而增加；当 EVA 用量一定时，随 POM 用量增加，PP/POM/EVA 体系无缺口冲击强度逐渐提高，至 POM 用量为 10 份时达到最高，此时再增加 POM 用量时，冲击强度开始下降。对比 POM 分别为 0 份和 10 份时的冲击强度可以看出，POM 为 10 份时的冲击强度随 EVA 用量增大时的增加幅度远远高于 POM 为 0 份时的增加幅度。这说明 EVA 在共混体系中不仅仅只起到冲击改性的作用，而且 EVA 与 POM 一起在 PP/POM/EVA 共混体系中起到明显的协同效应，EVA 对 PP/POM 共混体系起相容剂的作用。这也可以从溶解度参数的角度进行解释：PP 的溶解度参数 $\delta = 16.1 \sim 16.5J^{1/2}4 \cdot cm^{-3/2}$，POM 的溶解度参数 $\delta = 22.6J^{1/2} \cdot cm^{-3/2}$，EVA 的溶解度参数 $\delta = 18 \sim 20J^{1/2} \cdot cm^{-3/2}$。由于 PP 与 POM 的溶解度参数相差较大，两者相容性较差，故

PP 与 POM 直接进行共混效果不好，而 EVA 的溶解度参数介于两者之间，其大分子主链与 PP 很相似，而其侧基具有一定极性（与 POM 相似），因此 EVA 对 PP 与 POM 的混合可起到相容剂的作用。

POM 用量在 0 ~ 5 份范围时，随着 EVA 用量增加，PP/POM/EVA 共混体系的缺口冲击强度增加量明显大于 PP/EVA（即 POM 为 0 份时）共混体系的增加量。这说明在这一范围内，作为相容剂的 EVA 与 POM 两者具有明显的协同效应。当 POM 用量大于 10 份时，PP/POM/EVA 共混体系的缺口冲击强度随 EVA 用量增加的增加量明显小于 PP/POM/EVA（POM 用量为 0 份时）共混物增加量，说明此时 EVA 与 POM 不仅没起到协同效应的效果，反而出现了一定程度的对抗效应。当 EVA 用量为 7.5 份时，PP/POM/EVA 共混体系的拉伸强度在 POM 用量大于 7 份时最大，且高于纯 PP 的拉伸强度。而当 EVA 用量分别为 5 份和 12.5 份时，PP/POM/EVA 共混体系的拉伸强度均低于纯 PP 的拉伸强度。这说明 EVA 用量为 7.5 份左右有利于提高 PP/POM/EVA 共混体系的拉伸性能。

由表 4-37 可知，当 POM 用量一定时，PP/POM/EVA 共混体系的断裂伸长率随 EVA 用量的增加而提高；当 EVA 用量一定时，PP/POM/EVA 体系的断裂伸长率变化不大。

表 4-37　PP/POM/EVA 不同配比下的断裂伸长率（%）

EVA 用量（质量份）	POM 用量（质量份）					
	0	5	10	15	20	30
0	38.4	41.2	42.8	43.0	43.4	39.6
5.0	48.3	53.0	43.2	42.4	42.7	42.5
7.5	53.2	88.4	55.3	50.9	49.8	53.1
12.5	70.3	128.8	89.3	53.2	47.3	42.7

4. 效果

1）EVA 对 PP/POM 共混体系可起相容剂的作用。

2）POM 与 EVA 并用于 PP 共混增韧改性时，在适当的配比情况下，表现出协同效应；对于无缺口冲击强度，当 POM 用量小于 10 份时，EVA 用量分别为 5 份、7.5 份和 12.5 份时均表现出明显的协同效应；对于缺口冲击强度，当 POM 用量小于 5 份时，EVA 用量分别为 5 份、7.5 份和 12.5 份时均表现出明显的协同效应。

3）PP/POM/EVA 共混体系的拉伸强度均保持了 PP 原有的拉伸强度，且当 EVA 用量为 7.5 份、POM 大于 7 份时，共混体系的拉伸强度高于纯 PP 的拉伸强度。

4）对于缺口冲击强度，当 POM 用量大于 10 份时，EVA 与 POM 并用于 PP 改性时，产生了明显的对抗效应。

(四) 共聚尼龙/聚甲醛合金

1. 原材料与配方（质量份）

聚甲醛（M900）	100	共聚尼龙（COPA）	5~10
相容剂	5~10	其他助剂	适量

2. 共混物的制备

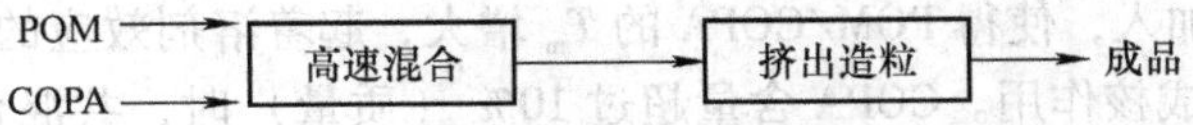

挤出工艺条件：

料筒温度：后段为85~120℃；中段为150~180℃；前段为170~190℃。

口模温度：140~160℃。

螺杆转速：10~20r/min。

3. 结构分析

从共混合金的扫描电镜照片中可以看出，POM为连续相，COPA为分散相，COPA以球状颗粒分散于POM基体中，且随着COPA含量的增加，分散颗粒粒度逐渐增大且分散均匀性变差。这对提高POM/COPA共混合金的力学性能是不利的。

4. 性能

由POM/COPA共混合金的红外光谱图可以看出，共混合金在3300cm^{-1}处出现N—H…O氢键的伸缩振动吸收峰，说明在熔融共混过程中共混合金界面处形成氢键相互作用。以2830cm^{-1}处的—CH_2—伸缩振动吸收峰为内标峰，可计算出POM/COPA共混合金中氢键的相对强度。

计算结果表明POM/COPA共混合金的氢键强度随COPA含量的增加几乎成比例地增加。COPA的加入，使POM的熔融峰温度T_m增大，半峰宽变窄，这可能是COPA的溶剂效应使POM分子链易于运动，结晶更加完善所致。这与LDPE/EVA共混体系中，EVA的溶剂效应使LDPE的T_m升高是一致的。

COPA的加入，使得共混体系的结晶温度T_c增大，因而COPA对POM具有异相成核作用，且从COPA含量为10%开始，T_c不再变化，说明COPA的成核作用并不随其用量的增加而增加。

COPA含量对POM/COPA共混体系的结晶度X_c的影响见表4-38。可以看出，COPA的含量在10%（质量）以内，结晶度是降低的；但COPA含量再增加时，结晶度是增大的。

表4-38 POM/COPA共混合金的结晶度

POM/COPA	100/0	95/5	90/10	85/15
结晶度X_c（%）	63.64	56.29	51.79	60.79

随着COPA含量的增加，共混合金的拉伸强度呈下降趋势，且含量大于10%（质量），拉伸强度下降明显。而缺口冲击强度则随着COPA含量的增加，出现峰值，当COPA含量在低于10%（质量）范围内，COPA均对POM具有增韧作用。这与共混体

系中COPA含量的增加，导致自身结晶而发生相分离及POM与COPA之间的氢键相互作用有关。

5. 效果

1）采用机械混合的方法，制备了一系列不同配比的POM/COPA共混合金。

2）在POM/COPA共混合金中，存在着氢键的相互作用，且随着COPA含量的增加，氢键的相对强度增大。

3）COPA的加入，使得POM/COPA的T_m增大，起着溶剂效应的作用，同时COPA对POM具有异相成核作用。COPA含量超过10%（质量）时，共混合金的结晶度呈增大趋势。

4）COPA的加入，使POM/COPA共混合金的拉伸强度下降，缺口冲击强度出现峰值。在COPA含量低于10%（质量）时，COPA对POM均具有增韧改性作用，因而可扩大POM的应用领域。

（五）PE-UHMW/POM合金

1. 原材料与配方（质量份）

聚甲醛（POM）	100	超高分子质量聚乙烯（PE-UHMW）	1~2
相容剂	2~5	其他助剂	适量

2. 制备方法

将POM置于80℃烘箱中干燥12h，PE-UHMW置于60℃烘箱中干燥6h；按POM/PE-UHMW=100/1的配比在高速混合机中混合均匀，用双螺杆挤出机熔融共混、造粒、备用；挤出机温度设置为180~200℃，螺杆转速为50r/min。将干燥好的粒料加入注射成型机中注射成标准样条，注射压力为80MPa。

3. 性能

表4-39为POM及POM/PE-UHMW共混物的力学性能参数。由表4-39可以看出，随着PE-UHMW的加入，材料的缺口冲击强度先增加后下降，在1%PE-UHMW时达到峰值，POM的冲击强度由13.6kJ/m²提高至16.9kJ/m²，而拉伸强度和弹性模量开始小幅下降，后随着PE-UHMW用量的增加，材料的力学性能下降较为明显。可能是因为POM与PE-UHMW本身为不相容体系，随着PE-UHMW含量的增加，造成材料的内部缺陷，而导致其性能的下降。

表4-39　纯POM及POM/PE-UHMW共混物的力学性能参数

PE-UHMW含量（%）	拉伸强度/MPa	弹性模量/MPa	断裂伸长率（%）	缺口冲击强度/kJ·m⁻²
0	59.9	983.3	23.5	13.6
0.5	53.7	915.2	20.7	15.0
1	52.8	883.4	21.0	16.9
2	50.7	871.3	16.2	13.3
4	47.1	839.3	18.0	12.5
8	41.2	742.7	17.2	10.9
10	38.8	744.0	15.7	9.7

采用 DSC 分析可得到一系列参数，如起始结晶温度（T_0）、结晶温度的峰值（T_c）、结晶过程中的热焓（ΔH_c）、熔融温度（T_m）以及熔融焓（ΔH_m）等，见表 4-40。

表 4-40　纯 POM 及 POM/PE-UHMW 共混物非等温结晶和熔融过程参数

样品	冷却速率 /℃·min^{-1}	T_0/℃	T_c/℃	T_m/℃	ΔH_m/J·g^{-1}	ΔH_c/J·g^{-1}
纯 POM	5	148.9	147.6	167.4	202.6	180.8
	10	147.6	146.1	166.8	201.6	175.2
	20	146.1	143.7	166.2	199.2	170.0
	40	144.1	139.6	165.8	196.4	167.0
POM/UHMWPE 共混物	5	149.1	147.4	170.2	208.0	188.3
	10	147.8	145.7	167.8	206.2	180.5
	20	146.3	142.0	169.3	203.7	175.3
	40	144.4	136.8	169.4	196.9	170.4

4. 效果

1）1% PE-UHMW 通过熔融共混加入 POM 基体中，能在一定程度上提高材料的缺口冲击强度，而拉伸性能下降程度较小，随着含量的增加，综合力学性能呈下降趋势。

2）非等温结晶过程中，Avrami 方程能描述 POM 及复合材料的初始结晶阶段，莫志深理论能较好地描述非等温结晶过程，PE-UHMW 减慢了 POM 的结晶速率，延长了结晶时间，提高了结晶度，改变了 POM 球晶的成核和生长方式。

3）部分熔融的 PE-UHMW 同时起到对 POM 分子链的阻碍和异相成核作用，显著降低了 POM 的结晶活化能。

四、填充改性与增强改性

（一）玻璃微珠填充改性聚甲醛复合材料

1. 原材料与配方（质量份）

POM	100	玻璃微珠	5～20
偶联剂（245）	1～2	热塑性聚氨酯（PUR-T）	5～10
抗氧剂	0.5～1.5	其他助剂	适量

2. 制备方法

直接法：将质量分数分别为 2%、5%、10%、15% 的玻璃微珠和质量分数为 1% 的抗氧剂与 POM 混合，并在高速搅拌机中搅拌均匀，然后在真空干燥箱内于 80℃ 下干燥 2h，得到混料。再将混料通过双螺杆挤出机挤出，经过拉条、冷却、造粒后得到复合材料粒子，在 80℃ 真空干燥箱内干燥 3h。

间接法：将 PUR-T 和玻璃微珠按质量比 1:9 加入混炼器中，熔融密炼，制备玻璃微珠母料，并将玻璃微珠母料破碎，待用。按玻璃微珠母料质量分数分别为2%、5%、10%、15%、20%、30%、40%，抗氧剂质量分数为1%，将玻璃微珠母料、抗氧剂与POM混合，并在高速搅拌机中搅拌均匀，然后在真空干燥箱内于80℃下干燥2h，得到混料。再将混料通过双螺杆挤出机挤出，经过拉条、冷却、造粒后得到复合材料粒子，在80℃真空干燥箱内干燥3h。

将制备的玻璃微珠填充改性POM复合材料注射成测试试样，进行性能测试和分析。密炼、挤出及注射主要工艺参数见表4-41。

表4-41　密炼、挤出及注射主要工艺参数

项　　目	工艺参数
混合器温度/℃	175～190
混合器转速/$r \cdot min^{-1}$	50～80
挤出机机筒温度/℃	170～185
螺杆转速/$r \cdot min^{-1}$	50～100
注射压力/MPa	60
注射温度/℃	175～190
注射速度/$mm \cdot s^{-1}$	60
模具温度/℃	80
保温时间/s	15

3. 性能与效果

1）间接法制备的POM复合材料的力学性能明显优于直接法。随着玻璃微珠含量的提高，缺口冲击强度和弯曲强度都呈现先增加后降低的趋势；当玻璃微珠质量分数分别为2%和5%时，POM复合材料的缺口冲击强度和弯曲强度分别达到最大值，分别为8.94kJ/m^2和124MPa；而其拉伸强度却逐渐降低。

2）加入适量的玻璃微珠有助于改善POM复合材料的熔体流动性能。当玻璃微珠质量分数为5%时，POM复合材料的熔体流动速率达到最大值，为11.2g/(10min)；随着玻璃微珠含量的继续增加，POM复合材料的熔体流动速率降低；而当玻璃微珠质量分数不高于15%时，POM复合材料的熔体流动速率始终高于纯POM的熔体流动速率。

3）玻璃微珠含量的增加对POM复合材料的热变形温度影响不大，但对POM复合材料的初始分解温度影响明显。当玻璃微珠质量分数为10%时，POM复合材料的初始分解温度为400℃左右，较纯POM树脂提高了近50℃；继续提高玻璃微珠的质量分数到15%后，POM复合材料的初始分解温度下降，低于纯POM树脂的初始分解温度。

（二）膨胀蛭石填充改性聚甲醛复合材料

1. 原材料与配方（质量份）

聚甲醛	100	膨胀蛭石（EV）	2~5
偶联剂（KH-550）	1~2	十六烷基三甲基溴化铵（CATB）	5~6
白油	0.5~1.0	复配稳定剂	1~3
其他助剂	适量		

2. POM/EV复合材料的制备

（1）超分散包覆剂的制备　超分散包覆剂是由有机硅氧烷类偶联剂与钛酸酯类偶联剂和铝酸酯类偶联剂以及白油按照3~4:0.5~1:0.5~1:0~2的质量比配制并经过均匀搅拌而成的。

（2）复配稳定剂体系的制备　复配稳定剂体系是由甲醛吸收剂体系（主要成分为三聚氰胺）、甲酸捕捉剂体系（主要成分为硬脂酸钙）、抗氧剂体系、润滑剂体系按照特定比例配制而成的。其中，润滑剂体系是由硬酯酸单甘油酯、乙撑双硬酯酸酰胺和聚乙烯蜡中的两种以上按照一定的比例常温下混合制得的；抗氧剂体系是由受阻酚类抗氧化剂（抗氧剂245、抗氧剂168、抗氧剂1010）按照一定的比例常温下混合制得的。

（3）活性膨胀蛭石微粉的制备　称取一定量的EV放入真空干燥箱中，于90~100℃干燥2~4h至恒重，取出待用。按照质量比1:1:1配制硅烷偶联剂、乙醇和CATB混合溶液高速搅匀后静置待用。按照质量比1:1分别称取干燥后的EV和配制好的活性溶剂放入1000mL烧杯中搅拌均匀后放入水浴锅中在80~90℃恒温搅拌6~8h后取出，冷却后至室温静置12~24h，经过多次真空抽滤、洗涤至用硝酸银溶液检测无沉淀为止；最后放入100~110℃烘箱干燥10~12h至恒重，冷却至室温待用。

（4）复合材料的制备　将质量分数为0.5%的液体分散包覆剂均匀喷洒在干燥过的POM粒子表面进行低速混配，然后分别根据试验需求按照一定比例加入干燥后的活性EV进行二次混配，再加入质量分数为1.5%的复配稳定剂体系混配均匀后通过双螺杆挤出机进行熔融共混挤出造粒。挤出温度为155~220℃，螺杆转速为120~170r/min。将造好的粒料盛入搪瓷盘中放在85~105℃鼓风干燥箱中干燥2~4h后取出；之后注射成型为测试用标准样条，注射温度为150~190℃，注射速度为35~60mm/s，保压时间为15~22s。最后将样条放入恒温恒湿箱（温度为23℃，湿度为50%±5%）中24~48h，取出进行性能测试表征。

3. 性能与效果

1）随着EV添加量的增加，POM/EV复合材料的拉伸强度呈缓慢降低的趋势，而其断裂伸长率、弯曲强度和缺口冲击强度均呈现先增加后降低的趋势，而其弯曲模量呈现持续增加的趋势。当EV添加量为2%时，复合材料的断裂伸长率为66.2%，较纯POM提高44.5%；弯曲强度和缺口冲击强度相对最大分别为77.7MPa和6.15kJ/m²，分别较纯POM降低了7.9%和2.4%。

2）当EV的添加量为5%时，复合材料的结晶点相对最低为144.6℃，较纯POM

(143.2℃) 提高了 1.4℃；当 EV 的添加量为 2% 时，复合材料的熔点相对最高为 166.7℃，较纯 POM (166.3℃) 提高了 0.4℃。

3）当 EV 的添加量为 2% 时，复合材料的力学性能相对较好，且热稳定性也有所提高。

（三）$CaCO_3$ 填充改性 POM/弹性体

1. 原材料与配方（质量份）

POM (M90)	100	热塑性聚氨酯 (TPU)	10
$CaCO_3$（粒径分 0.8μm、0.14μm 与 1.0μm 三种）	3.0	其他助剂	适量

2. 制备方法

一步法：将 POM、TPU 和 $CaCO_3$ 按设计的比例直接混合，在双螺杆挤出机上挤出、水冷、切粒，挤出温度 150～190℃，挤出粒料于 70℃下干燥 3h 制得复合材料。

两步法（母料法）：将 TPU 和 $CaCO_3$ 预混合制得母料（无机填料硬核和橡胶柔软外壳），再加入到基体树脂中。

3. 性能

测试结果表明，用两步法制得的三元复合体系其缺口冲击强度明显高于一步法。随着弹性体和填料总加入量的增加，一步法制备复合材料的冲击强度基本保持不变，与纯 POM 的冲击强度值相近；两步法制备复合材料的冲击强度则先上升，随后材料的冲击强度值变化不大。试验结果表明，通过两步法，纳米 $CaCO_3$ 可以代替 TPU 明显提高 POM 的冲击韧性，并且表现出协同效应，如两者总加入量为 15%，材料的冲击强度为 $24kJ/m^2$，而单加入 15% TPU，材料的冲击强度仅为 $15kJ/m^2$。

从 POM/TPU/纳米 $CaCO_3$ 复合材料的冲击断面图中可看出，在一步法制备的复合材料断口上，可看见许多 $CaCO_3$ 粒子单独分散在基体中，而两步法制备的复合材料断口上几乎见不到 $CaCO_3$ 粒子。结果表明，弹性体和 $CaCO_3$ 直接加入 POM 基体时，TPU 和 $CaCO_3$ 大多以单独分散的形式存在；用两步法制备复合材料时，单独分散的无机粒子很少，弹性体和 $CaCO_3$ 可能主要以核-壳结构分散形式存在。

母料中 $CaCO_3$ 用量较低时，材料的冲击韧性提高，尤其是 $CaCO_3$ 用量为 20% 的母料对复合材料冲击韧性的提高比较明显，填料用量过低或过高均不能得到理想的增韧效果。未加 $CaCO_3$ 时，低用量的 TPU 使得材料的冲击强度增加，当 TPU 用量增加到一定值（质量分数约 10%）后，冲击强度变化不大。$CaCO_3$ 加入后，复合材料冲击强度的变化随 TPU 用量的增加呈“S”形变化，即低 TPU 用量下，材料的冲击强度变化不大；当 TPU 用量增大到一定值时，复合材料的冲击强度出现跳跃，随后继续增加 TPU 用量，材料韧性变化不大。同时，$CaCO_3$ 用量的变化对三元体系冲击性能影响较大。在相同弹性体用量下，随着 $CaCO_3$ 用量的增加，复合材料的冲击强度增加；进一步增加填料用量时，由于低聚集作用，材料的冲击强度反而降低。

材料的冲击强度随着 $CaCO_3$ 粒径的增大而降低，如在 TPU 用量为 10% 时，纳米级

$CaCO_3$ 填充复合材料的冲击强度为24kJ/m²，140mm $CaCO_3$ 填充复合材料的冲击强度降为14kJ/m²，而微米级的冲击强度值已降至7.8kJ/m²，与纯 POM 相近。这是由于纳米级 $CaCO_3$ 利于得到小尺寸的核-壳结构，可吸收较高的冲击能，得到韧性较高的复合材料；随着粒径的增大，可能形成大尺寸的核-壳结构和单独分散的填料粒子，应力集中效应较大，材料冲击强度低。

从为不同粒径的填料填充 POM/10% TPU/3% $CaCO_3$ 复合材料的脆断断口形貌中可以看出，各种 $CaCO_3$ 均可形成包覆的核-壳结构；并且随着 $CaCO_3$ 粒径的增大，形成的核-壳结构尺寸也随之变大，基体层厚度明显增加。这说明纳米级 $CaCO_3$ 可得到小尺寸的核-壳结构，而微米级 $CaCO_3$ 则形成大尺寸的核-壳结构，在材料受到冲击时，这种大尺寸的分散相成为大的应力集中点，可直接发展成为裂纹，同时基体层厚度增加，相邻粒子产生的应力场不能产生干涉叠加，材料发生脆性断裂，冲击韧性低。

4. 效果

母料法制备复合材料的冲击韧性大大高于一步法；且纳米级 $CaCO_3$ 填充复合材料的综合性能远远优于其他粒径大小的填料；适量的弹性体及无机纳米填料的加入利于获得较好的增韧增强效果，当弹性体用量约为10%，$CaCO_3$ 用量为3%时，与纯 POM 相比，冲击强度提高了3倍，弯曲模量与纯 POM 接近，与同等增韧效果的 POM/TPU（70/30，质量比）共混体相比，弯曲模量提高了21%，且弹性体用量从30%降至10%，成本大大降低。

（四）碳纤维增强改性聚甲醛

1. 原材料与配方（质量份）

聚甲醛（POM）	100	助剂 B	0.2～0.4
碳纤维（CF）	10～30	助剂 C	0.3～0.4
助剂 A	0.2～0.5		

2. 制备方法

1）工艺流程　如图4-2所示。

2）基本工艺条件

挤出机螺杆转速为50～150r/min。

挤出机主机电流为4.0～6.0A。

挤出温度（五段）为160～205℃。

注射温度（三段）为150～165℃。

3. 性能

1）碳纤维含量与制品电性能的关系。碳纤维是一种导电性良好的无机材料，随着碳纤维含量的增加，CF/POM 制品的导电性明显地提高，如图4-3所示。当 CF 含量在15%以上，制品的导电性逐渐趋于平稳。试验中发现碳纤维含量小于10%时，其导电性变化速度快，可能是因为制品中纤维少，且分散不太均匀，难以形成“导电网络”的缘故。

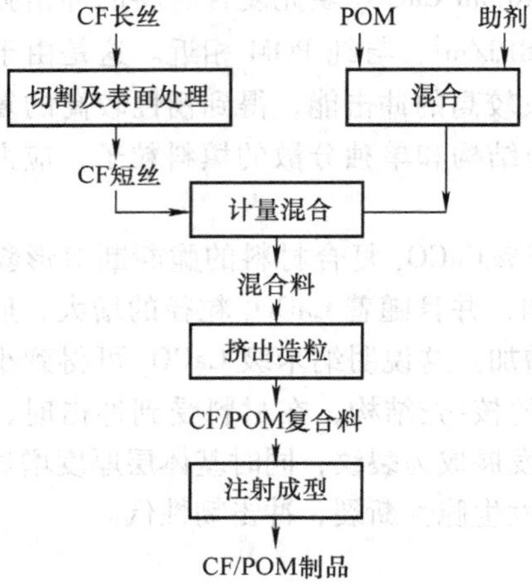

图 4-2 制备 CF/POM 复合材料工艺流程

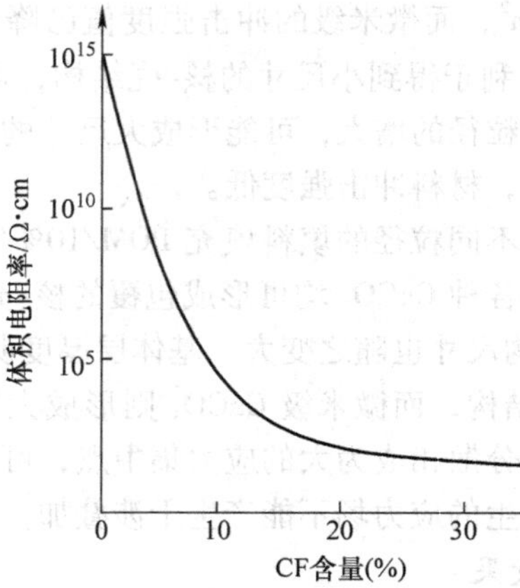

图 4-3 CF 含量与制品导电性的关系

2）为了使碳纤维与基体树脂聚甲醛有良好的结合，真正起到增强改性的作用，需对碳纤维进行适当的化学处理。碳纤维短丝蓬松状况，与聚甲醛粒料的混合非常困难，对此应采用分批计量并强制分散的配料工艺，以提高纤维在制品中的分散性。

3）纤维含量过高（30%以上）或加料速度过快，易出现挤出机主动过载，螺杆磨损加剧及纤维堵死出料口等现象。

4）CF/POM 粒料一般采用注射成型。其成型设备与纯树脂基本相同，但由于内含纤维，物料熔融黏度较高，尤其是因碳纤维密度较低，成型时具有较高的体积摩擦和热导率，融体流动性能较等重量的玻璃纤维更低。因此，工艺上需做相应的调整。如将粒料成型温度提高，或在相同温度下增加注射压力等。另外，模具及流道也需适当改变，以使注射丰满及脱模容易。

5）CF/POM 的综合性能。用 45t 压力机和 60g 螺杆式注射机将 CF/POM 复合料制成标准试样进行性能测试，并将含碳纤维 20% 的 CF/POM 与日本聚合塑料公司开发的同类产品 CE-20 进行性能对比，详见表 4-42。

由表 4-42 可以看出，国产 CF/POM 复合塑料的各项性能已经接近日本同类产品水平。

表 4-42 CF/POM 复合材料的综合性能比较

指标	国产 CF/POM	日本 CE-20	纯 POM
密度/$g \cdot cm^{-3}$	1.45	1.45	1.42
拉伸强度/MPa	68.8	76.0	67.0
弯曲强度/MPa	102.0	116.0	65.0
断裂伸长率（%）	2.8	2.0	7.5
缺口冲击强度/(kJ/m^2)	7.4	4.4	—
线胀系数/($\times 10^{-5}$℃$^{-1}$)	6.35	3.0～8.0	12.2
带电压半衰期/s	<0.1	0	—
体积电阻率/Ω·cm	5～55	70	≥10

4. 应用

CF/POM 的主要用途见表 4-43。

表 4-43　国外 CF/POM 的主要用途

分类	主要用途	利用的性能
音响器材	收音器壳体、拾音臂、扬声器纸盒滑轮、磁盘导辊、无油润滑轴承、录音机部件	质轻、强度好、导电、尺寸稳定、振动衰减好
办公器材	齿轮、轴承、导杆、塑料铅字、终端机部件、复印机供纸导辊及轴承	质轻、高强度、高模量、自润滑、导电、耐磨
汽车部件	离合器、驾驶系统部件、发动机部件、支承部件	质轻、强度好、耐摩擦、低磨损
机械部件	轴承护圈、垫片、齿轮、叶轮、滑块、横向导杆、轴承	质轻、高强度、自润滑、耐热、耐蚀
体育器材	网球拍、钓杆滑轮、赛艇构件、桨叶	质轻、强度好、尺寸精度高
其他	直升机操纵杆、照相机壳体与卷片轴、飞机构件、防电磁波屏蔽材料	自润滑、耐磨、导电、强度好、耐蚀等

5. 效果

1）碳纤维改性聚甲醛（CF/POM）具有良好的导电性和自润滑性，特别适用于要求消除静电和耐磨的机械零件，如导辊、轴承等。

2）CF/POM 综合性能优良，可广泛用于汽车、机械、电器上，适用在苛刻工况下工作或性能有特殊要求的场合。

3）CF/POM 复合塑料性能已达到国外先进水平，目前已投入批量生产，可替代进口产品，得到了用户的好评。CF/POM 粒料可直接注射成产品提供给用户。随着我国碳纤维生产水平的提高和人们思想上的重视，CF/POM 复合塑料将有更广阔的应用前景。

（五）硅灰石纤维增强聚甲醛复合材料

1. 原材料与配方（质量份）

聚甲醛（POM）	100	硅灰石纤维（WF）	1～10
硅烷偶联剂（KH-550）	0.5～1.0	润滑剂	0.5～1.5
抗氧剂	0.1～0.5	甲醛吸收剂	0.05～0.1
其他助剂	适量		

2. POM/WF 复合材料的制备

首先，称取一定量的硅灰石纤维置于真空鼓风干燥箱中，于 90～100℃条件下干燥 2～4h，待用；按照质量比 1∶1 配制硅烷偶联剂和乙醇混合溶液，经高速搅匀后静置待用；称取一定量干燥后的硅灰石纤维放入 1000mL 烧杯中，按质量比 10∶1 加入硅烷偶联剂混合溶液，高速搅拌均匀后放入真空鼓风干燥箱，于 70～80℃干燥 4h，待用。

将经硅烷偶联剂处理的硅灰石纤维与 POM 和 1.5%（质量分数，下同）的复配稳定剂体系（抗氧剂0.3%、润滑剂0.4%、甲醛吸收剂0.8%）进行低速混配，制备出硅灰石纤维含量分别为0.5%、1%、2%、5%、10%、15%、20%和25%的共混料。随后将上述混合物通过双螺杆挤出机进行熔融共混，挤出造粒。挤出工艺：温度145~190℃，螺杆转速160r/min。之后，将所得粒料置于烘箱中干燥2h，注射成型为标准样条备用。注射成型温度范围150~185℃，模温维持在80℃。

3. 性能与效果

1）随着硅灰石纤维添加量的增加，POM/WF复合材料的拉伸强度呈下降趋势，断裂伸长率呈先增加后减少的趋势。当硅灰石纤维的添加量为1%时，复合体系的断裂伸长率为44.8%，较纯POM提升19.5%。

2）POM/WF复合材料的弯曲模量和弯曲强度随着硅灰石纤维含量的增加呈先降低后升高的趋势。当硅灰石纤维含量为5%时，体系弯曲强度最小，较纯POM树脂下降6.9%。当纤维含量为25%时，复合体系的弯曲模量较纯POM提升49.9%。

3）随着硅灰石纤维含量的增加，POM/WF复合材料的简支梁缺口冲击强度和洛氏硬度均呈现出先增加后减少的趋势，且当硅灰石纤维的添加量为1%时，复合体系的缺口冲击强度和洛氏硬度达到最大值，分别较基体树脂提升7.1%和4.1%。

4）硅灰石纤维的加入，使得复合体系的热稳定性提升。当硅灰石纤维加入量为10%时，复合体系的初始分解温度较纯POM提高了11℃。

（六）玄武岩纤维/漆籽壳纤维增强改性聚甲醛复合材料

1. 原材料与配方（质量份）

聚甲醛（POM）	60~80	玄武岩纤维（BF）	20
漆籽壳纤维（LSSF）	5~20	硅烷偶联剂（KH-550）	0.5~1.5
无水乙醇	2~3	抗氧剂（1010）	0.5~1.0
其他助剂	适量		

2. 制备方法

精选出LSSF中纤维部分，清水中洗净，90℃烘24h，将烘干后的LSSF浸入8%的NaOH溶液搅拌至完全浸入，在浸泡过程中搅拌数次，30min后滤出，用醋酸洗至中性，在90~100℃的烘箱内烘干到恒重；将烘干后的LSSF和BF分别浸入3%的KH-550溶液中搅拌至完全浸入，在浸泡过程中搅拌数次，30min后滤出，在90~100℃的烘箱内烘干到恒重；将LSSF与BF按比例和POM进行熔融共混，加入0.2%的1010、0.2%的三乙醇胺等；通过双螺杆挤出机挤出造粒，螺杆转速设置为35r/min，一~四区温度依次设定为160℃、175℃、185℃、190℃；采用注射成型方法制成所需试件；温度设定依次为175℃、185℃、195℃，注射压力为60MPa，保压时间为15s；样品在50℃的烘箱中退火2h。

3. 性能

研究表明，添加了LSSF复合材料的熔体流动速率均比未添加LSSF的复合材料显著提高，且随着LSSF含量的增加，复合材料的熔体流动性先增大后减小，使其加工性能得到明显改善。LSSF 含量为 10% 的复合材料的流动性比未添加 LSSF 的复合材料提高了 68.0%。

复合材料的力学性能见表 4-44。

表 4-44 复合材料的力学性能

样品编号	冲击强度/$kJ \cdot m^{-2}$	弹性模量/MPa	拉伸强度/MPa	弯曲模量/MPa	弯曲强度/MPa
1#	16.8	298.4	55.7	3363.5	73.5
2#	34.0	288.3	45.9	2693.1	57.6
3#	39.8	244.7	40.6	2877.5	56.2
4#	54.7	272.6	38.0	2925.6	53.6
5#	43.0	194.9	34.8	2310.9	57.8

随着 LSSF 的加入使复合材料的摩擦因数和磨损量先降低然后升高。LSSF 含量为 5% 的复合材料的摩擦因数比未添加 LSSF 的复合材料降低了 23%，磨损量降低了 70%。

4. 效果

1）LSSF 能提高 POM/BF/LSSF 复合材料的熔体流动速率，且随着 LSSF 含量的增加出现先增后降的规律。当 LSSF 含量为 10%，BF 含量为 20% 时，复合材料的流动性能最好，提高了 68%。

2）当 LSSF 含量为 15%，BF 含量为 20% 时，复合材料的冲击性能最好，提高了 225%；添加了 LSSF 复合材料在拉伸和弯曲性能上均出现不同程度的降低。

3）LSSF 对复合材料的摩擦磨损性能有一定的改善作用，加入 LSSF 能明显降低摩擦因数。当纤维总量超过一定量时，摩擦因数呈上升趋势；当 LSSF 含量为 5%，BF 含量为 20% 时，复合材料的摩擦因数降低了 22%，磨损量降低了 70%。

4）POM/BF 复合材料的磨损机理主要是磨粒磨损；随着 LSSF 的加入，复合材料的磨损主要是黏着磨损；随着 LSSF 含量的增多，由黏着磨损转变成黏着磨损和磨粒磨损复合作用。

五、纳米改性

（一）纳米 $CaCO_3$ 改性 POM

1. 原材料与配方（表 4-45）

表 4-45 POM/$CaCO_3$ 复合材料中 POM/$CaCO_3$ 的配比

质量分数（%）	97/3	95/5	90/10	85/15	80/20
体积分数（%）	98.42/1.58	97.34/2.66	94.55/5.45	91.62/8.38	88.50/11.50

2. 制备方法

共混前，用适量的硬脂酸处理剂对各种 $CaCO_3$ 粒子进行表面处理，备用。将 POM 分别与上述经表面处理的纳米 $CaCO_3$（粒径 80nm）、亚微米 $CaCO_3$（粒径 140nm）、微米 $CaCO_3$（粒径 1μm）按表 4-45 中所列比例共混，用双螺杆挤出机在挤出温度为 150～190℃、螺杆转速为 110r/min 的条件下挤出、水冷、切粒，挤出粒料于 70℃下干燥 3h。

将干燥后的粒料用注射机注射成型，制得标准试样，注射温度为170～195℃，注射速率取最大注射速率的12%。

3. 结构

从SEM图中可看出不同粒径的$CaCO_3$（质量分数均为5%）在POM体系中的分散形态，纳米$CaCO_3$在POM体系中均匀分散，且分散相尺寸较小，平均粒径约为200nm；随着$CaCO_3$粒径的增大，分散相粒子的团聚现象增加，分散相粒子在POM体系中的均匀性降低，当$CaCO_3$粒径为140nm时，其粒子的分散比较均匀，有少量大的团聚体出现，其平均粒径约为600nm；当$CaCO_3$粒径为微米级时，其粒子在POM体系中的分散极不均匀，大的团聚体的数目增多，且分散相尺寸较大，达到21μm，其粒子的分散状况变差。

从不同含量的纳米$CaCO_3$在POM体系中的分散形态图可看出，在纳米$CaCO_3$含量较低时，$CaCO_3$粒子可均匀地分散在POM中，仅有少量发生了团聚，分散相尺寸小；随着纳米$CaCO_3$含量的增加，其团聚体开始变多变大，当纳米$CaCO_3$质量分数为10%时，其分散相尺寸已增大至约500nm；进一步增加纳米$CaCO_3$含量时，其粒子的团聚现象更为明显，当纳米$CaCO_3$质量分数为20%时，团聚块的尺寸已达到约1μm。其结果表明，纳米$CaCO_3$在POM体系中的分散尺寸及分布状况随着其含量的变化而发生改变，从而导致材料性能的变化。

试验证明，纳米$CaCO_3$质量分数为5%时，它在POM体系中的分散状况最好，此时POM复合材料的缺口冲击强度较高，同时增强效果明显。

从材料的冲击强度来看，低含量的纳米$CaCO_3$可使POM复合材料的缺口冲击强度得到提高，当纳米$CaCO_3$含量较高时反而会使材料的冲击性能降低。

通过SEM可以发现，出现上述现象的原因可能是由于POM的缺口冲击强度与纳米$CaCO_3$在POM中的分散状况有关。当纳米$CaCO_3$含量较低（质量分数小于10%）时，分散较为均匀，团聚粒子很少，平均分散相尺寸小，与POM的界面黏结性好，在外加载荷下，应力较为分散；当进一步增加其含量时，团聚体变多，分散相尺寸变大，当受到外力冲击时，尺寸大的分散相粒子易成为应力集中点，引起材料断裂。

4. 性能

当纳米$CaCO_3$含量较低时，POM/纳米$CaCO_3$复合材料的缺口冲击强度随纳米$CaCO_3$含量的增加而增大，并在纳米$CaCO_3$质量分数为5%时达到最大值（$12kJ/m^2$），而后材料的冲击强度随着纳米$CaCO_3$含量的增加而降低，特别是当其质量分数超过10%后，由于纳米粒子的团聚使得其冲击强度低于纯POM，比如当其质量分数为20%时，POM/纳米$CaCO_3$复合材料的冲击强度仅为$5kJ/m^2$。而微米$CaCO_3$的质量分数在0～20%范围内，材料的冲击强度变化不大，当微米$CaCO_3$质量分数大于10%后，POM/微米$CaCO_3$复合材料的冲击强度明显高于其他两种粒径$CaCO_3$填充的POM，比如其质量分数为20%时，其冲击强度为$7kJ/m^2$。从整体上看，由于亚微米$CaCO_3$的团聚使得它所填充的POM体系的冲击性能最差。

无论哪种粒径的$CaCO_3$，其填充POM体系的拉伸强度均随着$CaCO_3$含量的增加而呈线性降低。比如当$CaCO_3$的质量分数达到20%时，纳米$CaCO_3$填充POM的拉伸强度约为60MPa，亚微米 $CaCO_3$ 填充POM的拉伸强度为57MPa，微米 $CaCO_3$ 填充的POM则为53MPa。

POM/$CaCO_3$ 复合材料的相对拉伸强度随着 $CaCO_3$ 质量分数的增加而降低，并且随着 $CaCO_3$ 粒径的增大而降低。这可能是 $CaCO_3$ 表面包覆的硬脂酸处理剂与POM发生物理缠结而形成界面层的缘故，且 $CaCO_3$ 粒子的粒径越小，物理缠结作用越强，但硬脂酸处理剂与POM之间的物理作用主要为范德华力，在受到拉应力时，界面层易受到破坏而形成空洞，不仅承担载荷小，而且还会产生较大的内应力，因而 $CaCO_3$ 的加入使材料的拉伸强度降低。

上述结果表明，$CaCO_3$ 表面经硬脂酸处理后，在基体与 $CaCO_3$ 间可形成相互作用较强的界面层，使得两相间有界面黏结，且 $CaCO_3$ 粒径越小，粒子的分散相尺寸越小，则 $CaCO_3$ 粒子产生的应力集中效应就越小，$CaCO_3$ 与POM间的界面黏结力越强，材料的性能越好。

无论哪种粒径的 $CaCO_3$，其填充POM复合材料的弯曲强度和弯曲模量均随着 $CaCO_3$ 含量的增加而呈线性增大，并且随着 $CaCO_3$ 粒径的减小而提高。比如，在POM中加入质量分数为20%（体积分数为11.50%）的微米 $CaCO_3$ 时，POM/$CaCO_3$ 复合材料的弯曲强度、弯曲模量分别为70MPa和3.0GPa；而在POM中添加质量分数为20%的纳米 $CaCO_3$ 时，材料的弯曲强度增至84MPa，弯曲模量为3.5GPa，分别比纯POM提高了33%和45%，达到了较好的增强效果。

5. 效果

1）纳米 $CaCO_3$ 的含量和粒径对聚甲醛复合材料的力学性能有较大影响。低含量的纳米 $CaCO_3$ 可使聚甲醛复合材料的缺口冲击强度提高，继续增加其含量反而使材料的冲击性能降低；各种粒径 $CaCO_3$ 的加入均使材料的拉伸强度随其含量的增加而降低；纳米 $CaCO_3$ 的加入使材料的弯曲模量提高。

2）纳米 $CaCO_3$ 含量较低时，它在聚甲醛中的分散较为均匀，团聚较少，且分散相尺寸不大；当其含量进一步增加时，团聚体变多，分散相尺寸变大。

3）聚甲醛/纳米 $CaCO_3$ 复合材料的性能主要与纳米 $CaCO_3$ 在聚甲醛体系中的分散形态及其与聚甲醛间的界面黏结状况有关。纳米 $CaCO_3$ 粒径引起的应力集中效应较小，其粒子在聚甲醛中分散均匀、团聚较少，分散相尺寸小，与基体间的界面粘结好，材料的性能较好。当纳米 $CaCO_3$ 质量分数为5%时，其缺口冲击强度达到12kJ/m^2；其质量分数为20%时，POM复合材料的弯曲强度增至84MPa，弯曲模量为3.5GPa，分别比纯聚甲醛提高了33%和45%，达到了较好的增强效果。

（二）非晶纳米 Si_3N_4 改性POM

1. 选材与制备

激光法制备的非晶纳米 Si_3N_4 平均粒径为10nm左右，其化学分析结果：Si含量56.54%，N含量36.59%，O含量1.51%，Cl含量0.017%，M90聚甲醛粉料为上海湾剂厂生产。将纳米材料超声、高速搅拌分散后与POM进行塑炼20min拉片后，在硫化机上升温至180℃，时间为1h，保持压力为10MPa，然后缓慢降至50℃，脱模，压制成

180mm × 13mm × 4mm 的板材，按相关标准进行测试。

2. 结构

从放大 10 万倍的 Si_3N_4 的透射电镜图中可看出纳米粒子分散均匀，粒径为 10nm 左右。相应选区电子衍射图是非晶晕环。从放大 5 万倍的压成板材的纯聚甲醛及添加非晶纳米 Si_3N_4 后的改性聚甲醛的透射电镜图中，可以发现纳米粒子的加入经过高温塑化后，在聚甲醛中分散也较均匀，且提高了聚甲醛的塑化及分散性能。

3. 性能与效果

随着 Si_3N_4 的质量分数增加，材料的拉伸强度均逐步增加，当质量分数在 2.6% 左右时，拉伸强度出现最大值（51.7MPa），为纯 POM（41.5MPa）的 125%。但随着填料量的继续增加，拉伸强度逐渐降低。

随 Si_3N_4 的增加，材料的冲击强度上升，当质量分数为 3% 左右时出现最大值。此时其冲击强度达 13.5kJ/m^2，为纯 POM（5.2kJ/m^2）的 260%，而后随填充量增加开始逐步下降。

随着无机粒子微细化技术和粒子表面处理技术的发展，特别是近几年来纳米级无机粒子的出现，塑料的增韧改性彻底冲破了在塑料中加入橡胶类弹性体的做法。从透射电镜图中可看出纳米粒子在塑料中分散均匀，POM 的空洞明显减少，由于超细纳米粒子填充进入了塑料的缺陷内，使基体的应力集中发生了改变，从而提高了材料的拉伸强度及冲击强度。纳米材料的增韧改性机理认为具有下述过程：

1）纳米粒子的存在产生应力集中效应，易引发周围树脂产生微开裂，吸收一定的变形功。

2）纳米粒子的存在使基体树脂裂纹扩展受阻和钝化，最终终止裂纹不致发展为破坏性开裂。

3）随着材料的细微化，粒子比表面积增大，表面的物理和化学缺陷越多，粒子与高分子链发生物理或化学结合的机会越多。填料与基体接触面积增大，材料受冲击时产生更多的微开裂吸收更多的冲击能。但若填料用量过大，则微裂纹易发展成宏观开裂使体系性能变差。

（三）纳米 SiO_2 改性聚甲醛复合材料

1. 原材料与配方（质量份）

POM	100	RNS 或 DNS	0.1～5.0
表面处理剂	0.1～1.0	分散剂	1～5
其他助剂	适量		

POM，MC270-02。

RNS，原料为偏硅酸钠，修饰剂为 γ-氨丙基三乙氧基硅烷（KH-550），分子结构如图 4-4a 所示。

DNS，原料为偏硅酸钠，修饰剂

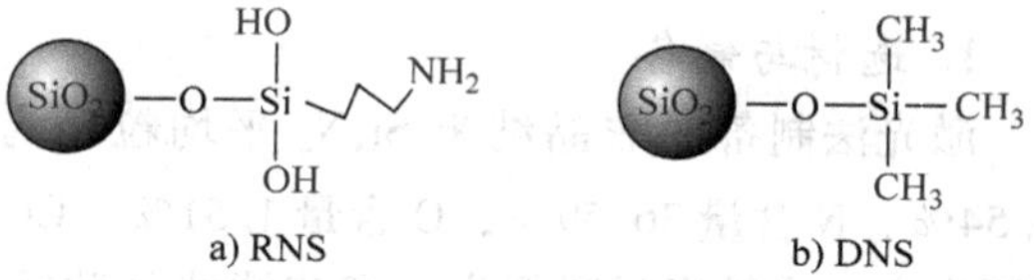

图 4-4　RNS 和 DNS 纳米颗粒的分子结构

为六甲基二硅氮烷（HDMS），分子结构如图 4-4b 所示。

2. 制备方法

先将 POM 与纳米填料分别置于 100℃ 真空干燥炉内干燥 8h；然后将 RNS（或 DNS）分别按照 0.1%、0.3%、0.5%、0.8%、1%、3%、5%（质量分数，下同）的配比与 POM 在高速共混机中共混 5min，再通过熔融共混工艺制备出 POM/SiO_2 纳米复合材料，双螺杆挤出机的挤出温度为 160～175℃，主机转速为 60r/min，喂料速度为 20r/min；挤出粒料经 110℃ 干燥 8h 后在注射机中注射成型，得到标准拉伸样条（150mm×10mm×4mm）和冲击样条（80mm×10mm×4mm）；注射机的 4 个温区温度分别设定为 170℃、175℃、170℃、165℃。

3. 性能与效果

1）氨基改性和甲基改性的纳米 SiO_2 对 POM 的力学性能有不同影响；含量较低时，两者均能促进 POM 力学性能的提高，随着纳米填料含量的增加，两种纳米复合材料的冲击强度均降低，其中 POM/RNS 纳米复合材料的降幅更为明显；拉伸强度则有所不同，随着纳米填料含量的增加，POM/DNS 纳米复合材料的拉伸强度快速降低，而 POM/RNS 纳米复合材料的变化不明显；两种纳米复合材料的弹性模量变化相对比较简单，均随纳米填料含量的增加而不断增大。

2）RNS 能够大幅度提高 POM 的热稳定性，而 POM 热稳定性的提高则与 RNS 表面上的氨基基团有关，DNS 的加入对 POM 的热稳定性几乎没有影响。

3）RNS 和 DNS 在 POM 基体中均具有异相成核作用，它们的加入既能提高 POM 的结晶温度，还导致了 POM 晶粒尺寸的减小。

（四）纳米 $CaCO_3$ 改性弹性体/聚甲醛复合材料

1. 原材料与配方（质量份）

聚甲醛	90	热塑性聚氨酯（TPU）	10
纳米 $CaCO_3$（60nm）	2～6	三聚氰胺	5～10
分散剂	3～5	其他助剂	适量

2. 制备方法

将所有原料在 80℃ 下烘干 4h，以除去含有的水分；按一定的配比，在双螺杆挤出机上挤出造粒，挤出机设定温度：一区为 165℃，二区为 170℃，三区为 175℃，四区为 175℃，五区为 175℃，机头为 170℃。此加工方式可分为两种：①一步法，即将 POM、TPU 及纳米 $CaCO_3$ 按质量比 90/10/0、90/10/1、90/10/2、90/10/3、90/10/4、90/10/5、90/10/6 进行混合；②两步法，即将质量比为 90/10/4 的 POM、TPU、纳米 $CaCO_3$ 中的两者预先混合制得母粒，再加入另一种材料中，研究不同加工方式对体系的影响；将挤出粒料在 80℃ 下烘干 4h，然后在注射机上注射成标准力学样条，注射温度为 170～185℃。

方式 1（A1）：POM/TPU/纳米 $CaCO_3$ 一步法同步挤出造粒；方式 2（A2）：POM/纳米 $CaCO_3$ 先混合挤出，再与 TPU 按比例挤出造粒；方式 3（A3）：POM/TPU 先混合挤出，再与纳米 $CaCO_3$ 按比例挤出造粒；方式4（A4）：TPU/纳米 $CaCO_3$ 先混合挤出，再与 POM 按比例挤出造粒。

3. 性能

随着纳米 $CaCO_3$ 含量的增加，共混物的力学性能都呈现先上升后下降的趋势。当纳米 $CaCO_3$ 含量为4%时，共混物的缺口冲击强度和断裂伸长率都达到最大值，分别为11.5kJ/m² 和53.8%，较未添加纳米 $CaCO_3$ 的 POM/TPU 共混物的缺口冲击强度（9.1kJ/m²）和断裂伸长率（42.9%）分别提高了26.4%和25.4%。这可能是因为当材料受到冲击时，纳米 $CaCO_3$ 引发基体产生银纹和剪切带，从而耗散大量的能量；同时，纳米粒子的存在又能起到纯化和终止裂纹扩展的作用，故而提高了 POM 复合材料的力学性能。但是，随着纳米粒子含量的增加，纳米粒子易发生团聚效应，材料内部应力分布不均，最终导致材料的力学性能出现下降的趋势。

放热峰及吸热峰分别对应于试样的结晶及熔融过程，峰值温度及相应熔融焓值见表4-46。从中可以看到，纳米粒子的加入，使结晶温度和熔融温度向高温方向偏移，说明纳米 $CaCO_3$ 具有异相成核作用。同时，复合材料的熔融热焓随纳米 $CaCO_3$ 含量的增加呈明显的下降趋势，说明纳米粒子的加入有效地降低了体系的结晶度。

表4-46　POM 及其复合材料的 DSC 数据

样品	T_c/℃	T_m/℃	ΔH_m/J·g^{-1}	X_c（%）
POM	142.9	165.1	155.4	62.7
POM/TPU（90/10）	143.5	165.6	159.3	64.2
POM/TPU/纳米-$CaCO_3$（90/10/2）	143.8	166.1	156.6	63.1
POM/TPU/纳米-$CaCO_3$（90/10/4）	144.2	167.0	154.0	62.1
POM/TPU/纳米-$CaCO_3$（90/10/6）	143.6	165.9	157.4	63.5

注：T_c—结晶温度；T_m—熔融温度；ΔH_m—熔融热焓；X_c—结晶度。

从表4-47中可以看出，A4加工方式制备的复合材料的强度和刚度最大，熔体流动性较为优异。这可能是因为通过A4加工方式获得的复合材料中 TPU 和纳米 $CaCO_3$ 主要以核-壳结构分散在树脂基体中，解决了无机填料与 POM 直接共混相容性差、材料性能劣化的难题，从而使得体系的力学性能及加工性能较好。

表4-47　加工方式对复合材料性能的影响

加工方式	拉伸强度/MPa	断裂伸长率（%）	弯曲强度/MPa	缺口冲击强度/kJ·m^{-2}	熔体质量流动速率/g·(10min)$^{-1}$
A1	45.5	53.8	62.9	11.5	8.7
A2	44.0	43.6	61.5	10.9	10.6
A3	44.9	44.9	62.5	10.6	10.5
A4	43.3	56.5	63.2	12.5	11.2

4. 效果

1）纳米 $CaCO_3$ 的加入使 POM/TPU 体系的韧性和刚性得到一定程度的提高，球晶尺寸减小，晶粒细化，结晶结构更为完善；当纳米 $CaCO_3$ 用量为4%时，POM/TPU/纳米 $CaCO_3$ 复合材料的缺口冲击强度比 POM/TPU 共混物提高了26.4%。

2）不同的混料加工方式对纳米 $CaCO_3$ 粒子在基体中的分散起着决定性的作用；同时，纳米粒子在 POM 和 TPU 两相中的分散情况不同，影响了复合材料的各项性能；采用 TPU 预先与纳米 $CaCO_3$ 共混之后与 POM 按比例挤出的方法获得的复合材料中 POM 晶粒发生明显细化，体系缺口冲击强度高达12.5kJ/m^2，冲击韧性较好。

（五）碳纳米管改性聚甲醛

1. 原材料与配方（质量份）

聚甲醛	100	多壁碳纳米管（MWNT）/PMMA	2~6
分散剂	2~5	其他助剂	适量

2. 制备方法

（1）MWNT-Br 的制备　将浓硝酸和 MWNT 混合投入烧瓶中，在110℃回流24h，得到 MWNT-COOH；将 MWNT-COOH 与过量的二氯亚砜在70℃下回流48h，得到 MWNT-COCl；然后加入精制的乙二醇，超声30min 后在120℃下反应48h，后得到 MWNT-OH；将 MWNT-OH、二氯甲烷、三乙胺投入烧瓶中超声分散30min，然后在冰浴下缓慢滴加过量的2-溴代异丁酰溴，放置常温下反应48h，得到 MWNT-Br。

（2）MWNT-PMMA 的制备　上步反应得到的 MWNT-Br 作为原子转移自由基聚合（ATRP）的引发剂，将 MWNT-Br、甲基丙烯酸甲酯（MMA）、苯甲醚、五甲基二乙烯基三胺（PMDETA）和 CuBr 投入封管，在70℃条件下反应24h；反应结束后甲醇沉淀出聚合产物，得到 MWNT-PMMA。

（3）MWNT/POM 复合材料的制备　将共聚甲醛与 MWNT-PMMA 按一定的比例（MWNT-PMMA 质量分数分别为2%、4%和6%）加入高速混合机混合，用双螺杆挤出机挤出共混造粒，再用注射机注射成标准样条，并注射纯的共聚甲醛标准样条作为对照，在室温下放置24h 后取光滑表面测试。

3. 性能与效果

1）加入 MWNT-PMMA 可使 POM 微晶尺寸有所增加，随着添加质量分数的增加，POM 的微晶尺寸呈现先增后减的趋势，添加4% MWNT-PMMA 的复合材料的各晶面的微晶尺寸达到最大值。

2）随着降温速率的递增，POM 和 MWNT/POM 复合材料的结晶峰增宽，结晶峰位置和结晶温度向温度减小的方向移动。POM 和 MWNT/POM 复合材料的 Avrami 指数 n 和结晶速率常数 K 减小。

3）在同一降温速率下，POM 和 MWNT/POM 复合材料的结晶速率常数 K 随着添加的 MWNT-PMMA 含量的增加呈现先增后减的趋势，Avrami 指数 n 随着添加的 MWNT-PMMA 含量的增加而减小。

六、功能改性

（一）三聚氰胺聚磷酸盐阻燃改性 POM

1. 原材料与配方

（1）基本配方（质量份）

聚甲醛（POM）	40～90	聚氨酯弹性体（PUR-T）	10～60
三聚氰胺聚磷酸盐（MPP）	10～50	抗氧剂	0.5～1.0
吸醛剂	0.1～0.5	润滑剂	1～3
硅油	2～5	其他助剂	适量

（2）主要成分配方（表 4-48）

表 4-48　不同含量 MPP 阻燃 POM 材料的主要成分配方（质量分数,%）

试样编号	1#	2#	3#	4#	5#	6#	7#	8#	9#
POM	83	78	73	68	63	58	53	48	43
MPP	10	15	20	25	30	35	40	45	50

2. 制备方法

将 POM 树脂、PUR-T、MPP 及各种助剂按一定配比准确称量，其中 PUR-T 质量分数固定为 6%，抗氧剂、润滑剂、吸醛剂总量为 1%，硅油适量。先将称好的颗粒料加入高速混合机中，再倒入一定量的硅油，混合 1～2min 后再加入各种粉料，再混合 3～4min 后出料；然后将混合均匀的物料加入双螺杆挤出机中，在 170～185℃条件下挤出，挤出料条经水冷、切粒；再将切好的粒料放在 90℃的烘箱中干燥 3～4h，最后用注射机在 170～185℃条件下注射成标准样条。

3. 性能

不同含量 MPP 阻燃 POM 材料的性能见表 4-49。

表 4-49　不同含量 MPP 阻燃 POM 材料的性能

项目	1#	2#	3#	4#	5#	6#	7#	8#	9#
拉伸强度/MPa	44.31	42.68	39.54	33.00	31.70	29.66	26.41	25.17	17.38
弯曲强度/MPa	64.07	62.89	57.42	50.33	50.62	44.89	40.44	37.55	20.40
冲击强度/$kJ \cdot m^{-2}$	4.38	3.67	3.04	2.14	2.25	2.06	2.00	1.75	1.52
MFR/$g \cdot (10min)^{-1}$	3.1	2.9	3.6	5.0	4.5	4.0	3.0	2.2	1.3
LOI（%）	23.9	24.5	23.5	23.0	25.7	25.9	27.8	31.9	33.0
垂直燃烧等级	HB	HB	HB	V-1	V-1	V-1	V-1	V-0	V-0

由表 4-49 可看出，阻燃 POM 的拉伸强度、弯曲强度和冲击强度大致随 MPP 含量的增加而降低。添加 50% MPP 的阻燃 POM 材料的拉伸强度、弯曲强度和缺口冲击强度只有添加 10% MPP 时的 39.2%、31.8% 和 34.7%，分别为 17.38MPa、20.40MPa 和 1.52kJ/m^2。

MFR 随 MPP 含量的增加大致呈先提高后降低的趋势；其中 MPP 添加量为25%的4#试样的 MFR 最高，为5.0g/(10min)；而 MPP 添加量为50%的9#试样，其 MFR 最低，为1.3g/（10min）。

从阻燃性能来看，LOI 除3#、4#试样可能有误差外，基本上随阻燃剂 MPP 含量的增加呈递增趋势，当 MPP 含量为50%时，阻燃 POM 的 LOI 最高，达33.0%。当 MPP 含量为10%～20%时，阻燃 POM 材料不能分级；阻燃剂 MPP 含量为25%～40%时，其垂直阻燃等级为 V-1 级；阻燃剂 MPP 含量在45%～50%时，其垂直燃烧等级为 V-0级，LOI 在31%以上。

由表4-50中阻燃 POM 的残炭率可以看出，随着阻燃剂 MPP 含量的增加，其残炭率逐步增加，说明阻燃剂含量的增加促进了阻燃 POM 体系的成炭，因此随着阻燃剂含量的增加其阻燃性得到了提高，当阻燃剂 MPP 含量为45%和50%所对应的8#和9#试样的残炭率都在17%以上，其阻燃性也达到 UL94 V-0 级。

表4-50　不同含量 MPP 阻燃 POM 的 TG 分析数据

项目	1#	2#	3#	4#	5#	6#	7#	8#	9#
分解起始点温度/℃	260.2	260.1	241.0	236.7	236.1	234.5	233.4	228.8	228.8
分解终止点温度/℃	372.2	370.4	358.8	354.8	354.7	353.8	353.1	347.7	346.4
残炭率（%）	3.50	4.69	9.59	10.81	11.46	11.74	12.95	17.13	17.38

由表4-51可以看出，随着阻燃剂 MPP 含量的增加，材料的熔融热先提高后降低，其结晶度的变化趋势也相似，其中 MPP 含量为20%的3#试样的结晶度最高，为49.89%，而 MPP 含量为50%的9#试样的结晶度最低，为24.26%。共聚 POM 的结晶度一般在70%～75%，说明阻燃剂 MPP 的加入明显降低了阻燃 POM 材料的结晶度。

表4-51　不同含量 MPP 阻燃 POM 的 DSC 分析数据

项目	1#	2#	3#	4#	5#	6#	7#	8#	9#
结晶温度 T_c/℃	144.5	145.0	145.2	144.1	143.1	144.8	143.3	141.8	142.3
熔融温度 T_m/℃	167.3	166.6	168.8	168.6	166.2	167.5	165.7	166.9	166.0
熔融焓 ΔH/J·g^{-1}	77.62	90.96	94.79	92.27	80.51	75.27	64.36	56.89	46.1
结晶度 X_c(%)	40.85	47.87	49.89	48.56	42.37	39.62	33.87	29.94	24.26

4. 效果

1）当 MPP 添加量为45%及以上时，阻燃 POM 材料的垂直燃烧性能达 UL94 V-0级，LOI 在31%以上，但材料的流动性较差，力学性能降低较多，应进一步研究加以改善。

2）MPP 阻燃 POM 材料的黄色指数为9.5～12.5，能满足白色无卤阻燃材料白度的要求。

3）MPP 阻燃 POM 材料的分解起始点和终止点温度随着阻燃剂 MPP 含量的增加而逐步降低，残炭率随阻燃剂 MPP 含量的增加而增加，当阻燃 POM 材料达 UL94 V-0 级时，阻燃 POM 材料的残炭率都在17%以上。

4）MPP 阻燃 POM 材料的结晶度随着 MPP 含量的增加先提高后降低，但均明显低于共聚 POM 的结晶度，说明阻燃剂 MPP 的加入降低了阻燃 POM 材料的结晶度。

（二）红磷膨胀阻燃改性聚甲醛

1. 原材料与配方（质量份）

序号	1#	2#	3#	4#	5#	6#	7#
POM	100	70	70	70	69	65	65
MCA	—	5	5	10	5	5	5
红磷	—	20	15	15	20	20	20
PUR-T	—	5	10	5	5	5	5
KH-560	—	—	—	—	1	—	—
KT-2	—	—	—	—	—	5	—
KT-3	—	—	—	—	—	—	5
1010	0.2	0.2	0.2	0.2	0.2	0.2	0.2
168	0.2	0.2	0.2	0.2	0.2	0.2	0.2

注：POM—聚甲醛；MCA—三聚氰胺脲酸盐；PUR-T—聚酯型聚氨酯；KH-560—硅烷偶联剂；KT-2—增容剂 MAH-g-ABS；KT-3—增容剂 MAH-g-ABS；1010—抗氧剂；168—抗氧剂。

2. 制备方法

阻燃改性的 POM 颗粒制备：先将 POM 放入干燥箱，在 80℃时干燥 4h，按照配方精确称量各种原料，并在高速混合机中混合均匀。混料完成后，加入已经设置好的双螺杆挤出机中，经双螺杆挤出机熔融共混挤出，经水槽冷却，牵引切粒，可以得到经过阻燃改性的 POM 颗粒，其制备工艺流程如图 4-5 所示，在双螺杆加工过程中工艺参数设置见表 4-52。

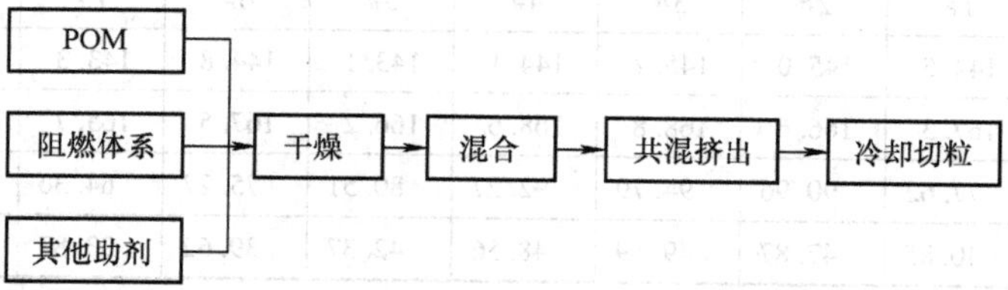

图 4-5　阻燃改性的 POM 颗粒制备工艺流程

表 4-52　阻燃改性 POM 颗粒制备工艺参数

设置项目	一区温度/℃	二区温度/℃	三区温度/℃	机头温度/℃	主机转速/r · min⁻¹	喂料电压/V	切粒转速/r · min⁻¹
参数	185	190	190	185	600	40	350

3. 性能与效果

1）纯 POM 燃烧较快，火焰呈蓝色，滴落严重，无成炭现象；而红磷膨胀阻燃的

POM燃烧速度慢，火焰呈黄色，无滴落现象，而且成炭现象明显，炭层致密，说明膨胀阻燃体系对POM阻燃效果明显。

2）POM/红磷/PUR-T/MCA在添加量为65/20/10/5时，综合效果最佳，可以达到离火自熄，点燃过程中形成的炭层明显，而且力学性能降低最少，加工性能也最佳。

3）从拉伸强度和弯曲强度来看，KT-3的增容效果更明显；从缺口冲击强度和断裂伸长率方面来看，KH-560较为优越。但添加了增容剂的样品的阻燃剂分散性均好于未添加增容剂的阻燃POM。

（三）阻燃成炭剂trimer/微胶囊红磷复配阻燃改性聚甲醛

1. 原材料与配方（质量份）

POM	77～97	微胶囊红磷（MRP）	6～15
阻燃成炭剂trimer	6～25	三聚氰胺（ME）	3.0
其他助剂	适量		

2. 制备方法

按配比称取POM、MRP、trimer、ME，在高速混合机中混合均匀，然后在双螺杆挤出机中挤出造粒，挤出机各段温度分别为169℃、170℃、172℃、172℃、171℃、170℃，螺杆转速为120r/min；将所得粒料干燥后在注射机上注射成型得到标准样条，注射温度为170～185℃。

3. 性能

表4-53为阻燃剂MRP/trimer以不同比例复配阻燃POM的垂直燃烧和极限氧指数测试结果。添加25% trimer时，虽然阻燃试样的极限氧指数显著提高到22.7%，但垂直燃烧仍不能达到任何级别。可见，trimer单独阻燃聚甲醛的阻燃效率不高。当trimer和MRP复配时，体系的阻燃性能有了明显的提高。这可能是由于红磷阻燃剂的气相阻燃机制和trimer的凝聚相阻燃机制相互配合，两者协同，因而具有更好的阻燃效果。保持两者总添加量20%不变，改变两者的配比，分别得到2#、3#、4#样品。其中，2#，3#样品垂直燃烧达到了V-0级，极限氧指数分别为27.4%和29.4%；4#样品垂直燃烧达V-2级，极限氧指数为24.4%。对比2#、3#、4#样品的配方比例和极限氧指数测试结果可见，MRP具有比trimer更高的阻燃效率，随着MRP浓度的增加极限氧指数显著增大，而trimer对极限氧指数的贡献率相对较小。

表4-53　MRP/trimer复配阻燃POM的阻燃性能

样品编号	组分含量（%）				UL94	极限氧指数（%）
	POM	trimer	MRP	ME		
POM	97	—	—	3	无级别	15.4
1#	72	25	—	3	无级别	22.7
2#	77	10	10	3	V-0	27.4
3#	77	6	14	3	V-0	29.4
4#	77	14	6	3	V-2	24.4

从表4-54中可以看出，纯POM力学性能良好，而trimer和MRP的加入明显降低了其力学性能，这可能是由于粉体小颗粒在POM基体中分布不均匀，使得相界面能升高、相界面分离，最终导致聚合物材料力学性能的恶化。1#样品由于添加量最大，因此各项力学性能也最低。2#、3#和4#样品，trimer和MRP总添加量均为20%，而两者的配比不同，3#样品的拉伸强度和弯曲强度略高于2#和4#，而断裂伸长率、缺口冲击强度三者相差不大。相比而言，3#样品各项力学性能最好，是较为理想的阻燃POM配方。

表4-54 阻燃POM的力学性能

样品	弯曲强度/MPa	断裂伸长率（%）	缺口冲击强度/kJ·m^{-2}	弯曲强度/MPa
POM	55.3	42.8	5.8	83.8
1#	29.7	3.2	2.5	59.0
2#	33.2	5.2	2.7	70.4
3#	38.3	5.1	2.8	73.4
4#	34.0	4.7	2.1	67.6

4. 效果

1）兼具阻燃和成炭作用的笼状磷酸酯trimer和MRP具有较好的协同阻燃作用，复配用于阻燃POM时具有较好的阻燃性能，并且两者的复配比例是影响其协同阻燃效率的重要因素。

2）保持trimer/MRP的添加量20%不变，改变两者的比例，当两者以1∶1和3∶7的比例复配时，阻燃聚甲醛均达到UL94 V-0级，极限氧指数分别为27.4%和29.4%；当两者以7∶3的比例复配时，垂直燃烧级别仅为UL 94 V-2级。

3）阻燃POM材料燃烧后形成了富含磷和氮的炭层，能起到隔热、隔氧的作用；并且trimer在凝聚相发挥阻燃作用和MRP在气相发挥的阻燃作用相协同，因而阻燃效率较高，阻燃剂添加量较少，因此阻燃材料的力学性能较好，能够满足多种应用领域的需求。

（四）导电炭黑改性导电聚甲醛

1. 原材料与配方（质量份）

聚甲醛	100	导电炭黑	20
抗静电剂聚乙二醇600油酸酯	6.0	其他助剂	适量

2. 简介

聚甲醛（POM）具有极高的强度和刚度，良好的耐蚀性、抗蠕变性以及突出的耐疲劳性能，经电镀后有很好的装饰性和耐环境性能。但POM属于难电镀聚合物，需要通过对其进行改性以及改进电镀工艺才能进行电镀，通过在POM中加入ABS（丙烯腈-丁二烯-苯乙烯共聚物）改性，获得了较好的镀层。

塑料电镀制品目前已大量应用在电子、汽车、家庭用品等方面。由于塑料一般是不导电的，因此传统的塑料电镀首先需要一个化学镀工艺，即通过化学镀使其表面镀上一层导电金属，然后电镀。但化学镀工艺复杂、时间长，同时易造成环境问题，因此无需化学镀铜而直接电镀的工艺方法一直是塑料电镀的研究热点。

3. 制备方法

（1）制备过程 首先将POM置于80℃烘箱中干燥，然后将其与一定比例的导电炭黑、抗静电剂聚乙二醇600油酸酯在高速混合机中混合均匀，再在双螺杆挤出机中共混挤出造粒，所得粒料注射成测试力学性能样条和测表面电阻率的圆片［直径100mm，厚（2±0.2）mm］。其中挤出机各段温度在160～180℃之间，转速250r/min。

（2）镀铜 除前处理外，聚甲醛/炭黑导电复合材料电镀铜与一般铜基体镀铜时工艺基本相同。工件为10mm×4mm矩形试样。首先对工件进行除油（氢氧化钠50g/L、碳酸钠15g/L、磷酸钠30g/L，温度55℃，时间15min），然后粗化（CrO_3 25g/L、硫酸800mL/L、水200mL/L，温度60℃，时间10～20min）。以磷铜片（P含量为0.03%～0.06%）作为阳极，用不锈钢电夹夹持工件和铜片，恒电流电镀。工件浸入镀液约10mm，电镀面积约为320mm^2。镀液含180g/L硫酸铜、50g/L硫酸和适量光亮剂，温度为20～30℃，电流密度为6A/dm^2，电镀时间为30min。

4. 性能与效果

1）POM/炭黑导电复合材料的炭黑质量分数的逾渗范围为20%～25%。适当加入抗静电剂聚乙二醇600油酸酯能显著降低POM/炭黑的表面电阻率，并能改善POM/炭黑的冲击性能。当导电填料炭黑和抗静电剂聚乙二醇600油酸酯的质量分数分别为20%和6%时，复合材料的拉伸强度为34.2MPa，冲击强度为7.3kJ/m^2，表面电阻率为100Ω。

2）所制备的POM/炭黑复合材料可直接电镀铜，所得铜镀层均匀致密，与基体的结合良好，具备单质铜的晶体特征。

（五）抗静电聚甲醛

1. 原材料与配方

POM，MC90封端粉料、MC90粒料。抗静电剂名称及建议添加量见表4-55。

表4-55 抗静电添加剂的名称及建议添加量

抗静电剂	色泽	质量分数（%）
A	淡黄色	0.1～0.9
B	淡黄色	12.0～17.0
C	黑色	25.0～30.0

POM抗静电改性的配方设计见表4-56［表中数据为质量分数（%），0#，1#，2#，3#，4#，5#，6#，7#，8#为不同抗静剂改性POM试样编号，下同］。

表4-56 抗静电POM配方设计

抗静电母粒	0#	1#	2#	3#	4#	5#	6#	7#	8#
A	0	0.3	0.6	0.9	0	0	0	0	6.0
B	0	0	0	0	10.0	15.0	0	0	0
C	0	0	0	0	0	0	25.0	30.0	0

2. 制备方法

（1）抗静电剂母粒的制备与预处理　先将抗静电剂 A 粉末（或 B 粉末或 C 粉末）与 POM MC90 封端粉料按一定比例混合均匀后经双螺杆挤出机做成 A（B 或 C）抗静电母粒。将三种抗静电剂母粒置于 50℃烘箱中烘 2h，去除其中的水分。

（2）制备过程　将 MC90 粒料与抗静电母粒按一定比例在双螺杆挤出机中熔融、挤出造粒。将所得粒料经注射机注射出标准样条。

3. 性能

抗静电剂添加量对 POM 流动性的影响见表 4-57。

表 4-57　抗静电剂添加量对 POM 流动性的影响

试样编号	MFR/g·(10min)$^{-1}$	试样编号	MFR/g·(10min)$^{-1}$
0#	12.2	5#	9.4
1#	12.1	6#	2.1
2#	11.9	7#	0.7
3#	12.0	8#	50.0

从表 4-57 中可以看出，A 的加入几乎不影响 POM 的 MFR，与未加入抗静电剂的 0# 样品基本一致；B 对 POM 的 MFR 影响相对较小。而 C 的加入严重影响了 POM 的 MFR，当其加入质量分数为 30% 时，其 MFR 降到 0.7g/(10min)。MFR 低表明样品的熔体流动性较差，在注射加工过程中不容易充满模腔，严重影响样品的后续成型加工。

抗静电剂添加量对 POM 力学性能的影响见表 4-58。

表 4-58　抗静电剂添加量对 POM 力学性能的影响

项目	0#	1#	2#	3#	4#	5#	6#	7#
拉伸屈服强度/MPa	62.1	61.2	62.3	60.5	55.2	52.4	32.0	27.0
断裂伸长率（%）	34.0	35.0	40.7	34.4	35.0	48.0	12.5	9.7
弯曲强度/MPa	78.4	78.8	77.7	74.9	69.7	65.0	49.7	38.3
弯曲模量/MPa	2366	2437	2563	2287	1997	1830	1324	1196
简支梁缺口冲击强度/(kJ·m^{-2})	6.33	7.32	6.96	7.20	8.35	7.68	2.90	2.60

抗静电剂添加量对 POM 抗静电性能的影响见表 4-59。

表 4-59　抗静电剂添加量对 POM 抗静电性能的影响

项目	0#	1#	2#	3#	4#	5#	6#	7#	8#
表面电阻率/Ω	2.5×10^{15}	3.6×10^{15}	4.1×10^{15}	1.0×10^{15}	6.5×10^{9}	1.1×10^{9}	7.2×10^{8}	1.6×10^{7}	1.8×10^{12}
体积电阻率/Ω·cm	1.3×10^{14}	2.7×10^{14}	2.7×10^{14}	4.8×10^{14}	1.1×10^{9}	1.4×10^{9}	5.4×10^{7}	3.6×10^{6}	4.6×10^{11}

4. 效果

1）A 在较低添加量（质量分数 0.1% ~0.9%）时，对 POM 的抗静电性能和力学性能基本没有影响。当 A 质量分数提高到 6.0% 时，POM 的表面电阻率可降低到 10^{12} 数量级，具备基本的抗静电效果，但 POM 熔体黏度下降，MFR 大幅升高。

2）B 质量分数为 15% 时，表面电阻率达到 10^{9} 数量级，且力学性能下降幅度不大，可用于制作一些对抗静电性能要求较高的结构部件。

3）C 对 POM 的抗静电性能改善明显，可将 POM 的表面电阻率降低到 10^{7} ~ 10^{8} 数量级，但力学性能严重损失，限制了其实际应用。

（六）抗静电聚甲醛复合材料

1. 原材料与配方（质量份）

共聚甲醛	100	抗静电剂（DC3）	1 ~3
增容剂（AX8）	5.0	抗氧剂（245）	1 ~2
三聚氰胺	3 ~5	其他助剂	适量

2. 制备方法

（1）抗静电剂母粒的制备　由于抗静电剂添加量较少，为了防止出现共混不均匀的现象发生，预先将 DC3 与 POM 按质量比 1:9 共混均匀后，在双螺杆挤出机中挤出造粒得到抗静电母粒。挤出机各段温度从加料口到机头依次为 165℃、170℃、170℃、175℃、180℃、175℃，螺杆转速 200r/min，将所得母粒在 80℃下真空干燥 4h 备用。

（2）永久抗静电型 POM 的制备　将制备的抗静电母粒、增容剂、甲醛吸收剂三聚氰胺及抗氧剂 245 按一定配比与纯 POM 混合均匀后，按照母粒工艺条件经过双螺杆挤出机挤出、造粒，充分干燥后经注射机注射成标准试样，注射机四区温度分别为 180℃、185℃、185℃、185℃。

3. 性能与效果

1）永久型聚醚酯抗静电剂 DC3 能够降低 POM 的电阻率，当其质量分数为 1% 时，表面电阻率降到 $3\times10^{12}\Omega$，体积电阻率也降到 10^{13} 数量级，拉伸强度和弯曲强度基本不变，断裂伸长率和冲击强度有所提高，但不能满足抗静电标准要求。

2）增容剂 AX8 可有效调节抗静电剂和 POM 的相容性，当 DC3 质量分数为 1%，AX8 质量分数为 5% 时，材料表面电阻率降到 $2.7\times10^{9}\Omega$，体积电阻率降到 $4.2\times10^{10}\Omega\cdot cm$，达到了 POM 抗静电标准要求，且此时拉伸和弯曲强度仅略有下降，断裂伸长率略有提高，而冲击强度相比纯 POM 提高了 25.35%。

3）抗静电剂 DC3 成功实现了 POM 的永久抗静电化，水洗 30d 后，其抗静电性能和力学性能未发生明显的变化。

（七）聚甲醛的耐紫外光/耐候改性

1. 原材料与配方（质量份）

聚甲醛	100	UV234 紫外线吸收剂	0.3
UV622 紫外线吸收剂	0.3	抗氧剂（245）	0.3
三聚氰胺	0.15	其他助剂	适量

2. 制备方法

按照上述配方精确称取原材料，混匀后加入预先加热的双螺杆挤出机中熔融挤出造粒，得改性 POM，挤出温度为 160～190℃。粒料于 80℃真空干燥 24h 后注射成型测试用样条。注射机设定温度为：射嘴 185℃，一～四段温度分别为 175℃、175℃、185℃、185℃。

3. 性能

改性聚甲醛的性能见表 4-60～表 4-63。

表 4-60　POM 和改性 POM 老化前后的拉伸强度

项目		POM	改性 POM
拉伸强度/MPa	未老化	60.8	61.4
	老化 500h	51.5	63.8
	老化 1000h	38.7	64.8
拉伸强度保持率（%）	老化 500h	84.7	104.0
	老化 1000h	63.7	106.0

表 4-61　POM 和改性 POM 老化前后的弯曲强度

项目		POM	改性 POM
弯曲强度/MPa			
未老化		80.3	81.0
老化 500h		66.3	85.5
老化 1000h		52.8	86.9
弯曲强度保持率（%）	老化 500h	82.6	106.0
	老化 1000h	65.8	107.0

表 4-62　POM 和改性 POM 老化前后的冲击强度

项目		POM	改性 POM
悬臂梁缺口冲击强度/J·m^{-1}	未老化	46.0	45.0
	老化 500h	16.0	31.0
	老化 1000h	9.0	28.0
悬臂梁缺口冲击强度保持率（%）	老化 500h	34.8	68.9
	老化 1000h	19.6	62.2

表 4-63 POM 和改性 POM 老化前后的质量损失及色度

试样	质量损失率（%）		灰卡评级①/级	
	老化 500h	老化 1000h	老化 500h	老化 1000h
POM	0.053	0.080	4～5	4
改性 POM	-0.086	-0.091	4～5	4

① 5 级为样条没变色，1 级为样条完全变色。

4. 效果

1）未改性 POM 经老化 500h、1000h 后，拉伸强度保持率分别为 84.7%、63.7%，远低于改性 POM，表明所采用的耐候改性配方具有较强的耐候防护效果。

2）未改性 POM 经老化 1000h 后，弯曲强度保持率仅为 65.8%；而改性 POM 经老化 1000h 后弯曲强度保持在较高水平，达到 107.0%。

3）未改性 POM 经老化 1000h 后，冲击强度保持率迅速下降到 19.6%；而改性 POM 经老化 1000h 后，冲击强度保持率仍在 60.0% 以上。

4）改性 POM 的稳定性明显优于未改性 POM，未改性 POM 经紫外光照射后表面已经白斑化，而改性 POM 并没有明显变化。

（八）复配抗氧剂改性聚甲醛

1. 原材料与配方（质量份）

聚甲醛	100	抗氧剂（245/168）	0.3
三乙醇胺	0.1	其他助剂	适量

2. 制备方法

将 POM 树脂在 90℃下烘干 4h，用流变仪上的混合器将不同配方的主抗氧剂、辅助抗氧剂和三乙醇胺与 POM 进行熔融混合，温度为 200℃，混合时间为 10min，转速为 30r/min，混好后将其粉碎，在注射机上制成标准样条进行测试。注射机从料斗至喷嘴的各段温度分别为 175℃、180℃、185℃、190℃。

3. 性能与效果

1）将抗氧剂 245 与辅助抗氧剂 168 进行复配添加到 POM 中，可提高 POM 的热稳定性，当其复配比为 4 时，POM 的热性能最好。

2）三乙醇胺对 POM 的热分解有抑制作用，最佳用量为 0.1%，可有效地抑制 POM 制品在热、氧存在下的降解，维持较高的力学性能。

3）在老化时间相同的情况下，三乙醇胺、主抗氧剂 245、辅抗氧剂 168 共同作用下的 POM 拉伸强度和冲击强度与未经过处理的 POM 比较相近，但断裂伸长率前者明显要高于后者。说明助剂的添入有利于 POM 长期的热稳定效果，有效地延长了 POM 制品的长期热、氧寿命。

第三节 加工与应用

一、碳纤维增强POM复合材料的加工与应用

1. 原材料与配方（质量份）

聚甲醛	100	碳纤维（T700）	25
偶联剂	1~2	抗氧剂	0.5~1.0
其他助剂	适量		

2. 制备方法

将抗氧剂按POM质量的1%与其混合并在高速搅拌机中搅拌均匀，在80℃真空干燥箱内干燥2h，得到POM混料。将得到的POM混料放入双螺杆挤出机主喂料槽，碳纤维（CF）在自然排气口加入，CF质量分数按5%、10%、15%、20%、25%、30%进料，设定挤出工艺参数，进行挤出、拉条、冷却、造粒，然后在真空干燥箱内于80℃烘3h，得到POM/CF复合材料粒料，用注射机注射成测试试样，进行性能测试。挤出及注射主要工艺参数见表4-64。

表4-64 挤出及注射主要工艺参数

项目	工艺参数
挤出机机筒温度/℃	170~190
螺杆转速/$r \cdot min^{-1}$	50~120
注射温度/℃	180~190
注射压力/MPa	60
注射速度/$mm \cdot s^{-1}$	60
保温时间/s	15
模具温度/℃	80

3. 性能

随CF含量的增加，POM/CF复合材料的拉伸强度、弯曲强度逐渐增大，而断裂伸长率逐渐减小；当CF质量分数为25%时，拉伸强度和弯曲强度分别为153MPa和187MPa，分别是纯POM的2.3倍和2.1倍，断裂伸长率降至0.52%；而CF质量分数从25%增至30%时，拉伸强度和弯曲强度提高不明显。这是因为当CF含量较低时，CF可均匀分散到POM基体内，形成有效的界面层，界面的黏结性使POM基体与CF间实现应力的有效传递，CF成为应力集中点，起到增强作用；随着CF含量的增加，在外力作用下CF的断裂、拔出所消耗的能量逐渐增大，因此，复合材料的拉伸、弯曲强度逐渐提高；但是，CF含量过高会影响其在基体内的分散性，容易造成缺陷，使材料的性能下降。当CF质量分数为25%时，POM/CF复合材料的综合力学性能最佳。随着CF含量的增加，POM/CF复合材料的维卡软化温度有小幅上升，但变化不明显；而热变形

温度随着 CF 含量的增加出现大幅提升，最后逐渐趋于平稳。当 CF 质量分数达到 15% 时，POM/CF 复合材料的热变形温度达到 160℃。

4. 效果与应用

1）CF 的加入使 POM/CF 复合材料的拉伸强度、弯曲强度和弯曲弹性模量均得到大幅提高，缺口冲击强度先增加后减少，出现峰值，断裂伸长率降低；当 CF 质量分数为 25% 时，POM/CF 复合材料的综合力学性能最佳，弯曲模量、弯曲强度、拉伸强度、缺口冲击强度、断裂伸长率分别为 19.8GPa、187MPa、153MPa、16.2kJ/m^2、0.52%。

2）POM/CF 复合材料的热变形温度随着 CF 含量的增加逐渐提高，说明 CF 的加入可以改善复合材料的热稳定性。

3）随着 POM/CF 复合材料中 CF 含量的增加，其 MFR 逐渐降低，当 CF 质量分数达到 30% 时，复合材料的 MFR 为 5.5g/(10min)。

该材料主要用于汽车、家电、电气和机械行业来制造齿轮、链轮、滚筒等零部件。

二、碳纤维/铜颗粒增强 POM 复合材料的加工与应用

1. 原材料与配方

制备的聚甲醛复合材料成分配比（质量分数,%）见表 4-65。

表 4-65　聚甲醛复合材料各成分配比

试样序号	POM/CF/Cu
1	100/0/0
2	95/5/0
3	90/10/0
4	85/15/0
5	85/10/5
6	80/10/10

注：POM—聚甲醛；CF—碳纤维；Cu—铜颗粒。

2. 制备方法

（1）碳纤维的预处理

1）用丙酮浸泡碳纤维的同时并超声处理 2h，之后再浸泡 24h，去除碳纤维表面的集束剂，干燥。

2）采用 65% 浓硝酸溶液对碳纤维进行粗化，粗化时间 24h，之后用蒸馏水洗涤至 pH 值为 7，干燥备用。

3）把碳纤维剪成 10cm 长度。

（2）铜颗粒的预处理　将适量硅烷偶联剂加入放有铜颗粒的烧杯中，并在 50℃ 水浴锅中机械搅拌 30min，水洗、真空干燥。

（3）试样的制备　将碳纤维按照同一方向平铺在装有聚甲醛树脂的模具中，利用平板硫化机加热到熔融温度 190℃，压制压力为 10MPa，热压 10min，放气 3 次，保压至室温，然后热处理并制备试样。将样品尺寸加工至 10mm × 10mm × 12mm。

3. 性能与应用

碳纤维的加入能有效提高聚甲醛的力学性能，并降低其磨损率。近年来，微纳米级填料备受国内外学者关注。一些微纳米填料拥有提高聚合物耐磨性的能力，如微纳米Cu、SiC、SiO_2、ZrO_2等。添加铜颗粒能提高聚合物复合材料的传热性、尺寸稳定性和耐磨性，大大减少了复合材料的磨损量。

1）添加碳纤维、铜颗粒能显著提高聚甲醛复合材料的耐磨性。

2）在载荷100N时，10%铜颗粒增强的10% CF/POM复合材料具有最佳耐磨性，与未添加铜颗粒的10% CF/POM复合材料相比，磨损率降低了48.5%。

3）在摩擦过程中，产生的铜屑能够与摩擦副之间形成黏附性，产生了金属分子间的吸引作用，同时过多的磨屑增大了摩擦面的表面粗糙度值，引起摩擦因数增大。

该材料适合用作高要求的机械零部件和电子、电器零部件。

三、改性竹纤维增强废旧POM复合材料的加工与应用

1. 原材料与配方（质量份）

废旧聚甲醛	100	竹纤维（BF）	20
异氰酸酯（IPDI）	5~10	硅烷偶联剂（KH-560）	1~2
分散剂（NaOH）	适量	其他助剂	适量

2. 制备方法

NaOH的处理：将BF在10% NaOH水溶液（BF与NaOH水溶液质量比为1∶15）中常温浸泡24h，用滤网过滤后将BF洗至中性，再置于80℃的烘箱中干燥24h；后取出用粉碎机粉碎待用。

NaOH+IPDI的处理：先对BF进行NaOH处理，然后将其干燥后采用2% IPDI的丙酮溶液进行处理。

NaOH+KH-560的处理：对BF进行NaOH处理后，对其采用不同质量分数（2%、3%、4%、5%、6%）的KH-560的乙醇溶液进行处理。

复合材料的制备：将废旧POM与处理过的BF（或未处理过的BF）充分混合后，通过双螺杆挤出机挤出、切粒后，在80℃烘箱中干燥4h，将切粒后的POM/BF复合材料经注射成型制成力学性能测试的标准样条；此外，将经NaOH+2% KH-560处理的BF与废旧POM按一定比例（BF含量分别为10%、15%、20%、25%、30%）混合，对混合物进行挤出造粒，干燥后注射成标准试样。复合材料的双螺杆挤出机工艺参数和注射工艺参数见表4-66和表4-67。

表4-66 双螺杆挤出机工艺参数

第一温控区温度/℃	第二温控区温度/℃	第三温控区温度/℃	第四温控区温度/℃	第五温控区温度/℃	机头温度/℃	主机转速/$r \cdot min^{-1}$	喂料转速/$r \cdot min^{-1}$
170	175	180	185	190	190	20	10

表 4-67 注射机主要工艺参数

第一段温度/℃	第二段温度/℃	第三段温度/℃	注射压力/MPa	保压时间/s
190	185	185	45	15

3. 性能

表 4-68 为不同 BF 含量的 POM/BF 复合材料的 DSC 分析数据。可以看出，不同 BF 含量的 POM/BF 复合材料的熔融温度和结晶温度，与废旧 POM 的相比变化不大，但 BF 为 10% 时复合材料的熔融温度和结晶温度均比废旧 POM 的略高，说明加入 10% 的 BF，有利于提高 POM 的结晶度。但是随着 BF 含量的进一步增加，复合材料的熔融峰和结晶峰面积逐渐减小，表明复合材料的结晶度逐渐降低。

表 4-68 POM/BF 复合材料的 DSC 数据

BF 含量（%）	熔融温度/℃	熔融焓/$J \cdot g^{-1}$	结晶温度/℃	结晶焓/$J \cdot g^{-1}$
0	165.72	117.40	144.90	-218.99
10	166.50	134.03	145.24	-136.93
15	165.91	86.88	144.90	-102.89
20	164.94	88.50	145.24	-91.51
25	165.13	65.12	144.90	-65.51
30	165.72	68.94	144.90	-76.82

加入 BF 后复合材料的弯曲性能与废旧 POM 相比均有所提升。与未改性的复合材料相比，BF 经 NaOH、NaOH + 2% IPDI、NaOH + 5% KH-560 处理后的复合材料的弯曲强度分别增加了 6.45%、13.38%、12.61%。而且与废旧 POM 相比，POM/BF 复合材料的弯曲模量有明显提升，特别是经 NaOH + 2% IPDI 处理 BF 后的复合材料。

4. 效果与应用

1）相比未进行化学改性处理的 BF，经 NaOH、NaOH + 2% IPDI 和 NaOH + 2% KH-560 处理后的 BF 热稳定性增加；加入一定量 BF 会使 POM 的结晶度提高，说明 BF 会促进分子链端运动能力的提高，结晶体更加完善；但随着 BF 含量的进一步增加，POM 的结晶度逐渐降低。

2）改性 BF 复合材料的拉伸性能相比未改性的均有所提升，而且与废旧 POM 相比，POM/BF 复合材料的拉伸弹性模量均有明显增加；经 NaOH + 2% IPDI 和 NaOH + 5% KH-560 处理后的 POM/BF 复合材料的弯曲强度增加，而且 NaOH + 2% IPDI 的处理效果比 NaOH + 5% KH-560 的更好；经过改性处理后，POM/BF 复合材料的冲击性能相对于未改性 POM/BF 复合材料的冲击性能均有较大提高。

3）综合分析不同含量的 BF 复合材料的力学性能，BF 为 20% 时复合材料的力学性能最好。

该材料主要用于建筑材料、机械板材等。

四、耐磨消声 POM 复合材料的加工与应用

1. 原材料与配方（质量份）

聚甲醛	100	主润滑剂（多元羧酸酯或脂肪酸多元醇酯）	10～15
助润滑剂（脂肪酰胺）	5～10	消声剂（聚硅氧烷）	2～5
减摩剂（聚四氟乙烯）	5～15	其他助剂	适量

2. 制备方法

在 POM 中添加由主润滑剂、助润滑剂、消声剂、减摩剂及其他相关助剂所组成的复合润滑体系，经高速混合机混合均匀，然后由双螺杆挤出机挤出造粒，挤出机温度为 170～200℃，机头温度为 195℃；将挤出粒子在 90℃下干燥 4h 后注射成耐磨消声复合材料待测试样。同时在 90℃下干燥纯 POM 粒料 4h 后注射成纯 POM 待测试样。

3. 性能

耐磨消声 POM 复合材料和纯 POM 的力学性能比较见表 4-69。由表 4-69 中各项指标可看出，耐磨消声 POM 复合材料的数据都略低于纯 POM，拉伸强度下降 3.4MPa，拉伸弹性模量下降约 125MPa，冲击强度下降 0.9kJ/m²。

表 4-69　耐磨消声 POM 和纯 POM 的力学性能比较

材料	拉伸强度/MPa	拉伸弹性模量/MPa	断裂伸长率（%）	冲击强度/kJ · m²
纯 POM	60.5	2580.0	45.2	6.5
POM 复合材料	57.1	2455.2	34.8	5.6

整体来看，耐磨消声 POM 复合材料力学性能下降有限，仍表现出良好的力学性能。复合润滑体系的添加，不仅达到了专用料的耐磨消声特性，而且保持了良好的制品外观和力学性能。

耐磨消声 POM 复合材料及纯 POM 的比磨损率见表 4-70，从表中可以看出，纯 POM 的比磨损率很高，其值达到 $8.57\times10^{-6}mm^3/(N\cdot m)$。经复合润滑剂改性的耐磨消声 POM 复合材料的耐磨性大大提高，比磨损率值为 $4.16\times10^{-6}mm^3/(N\cdot m)$，其磨损率仅相当于纯 POM 的48%。

表 4-70　耐磨消声 POM 和纯 POM 的比磨损率对比

材料	比磨损率/[$\times10^{-6}mm^3/(N\cdot m)$]
纯 POM	8.57
耐磨消声 POM	4.16

耐磨消声 POM 复合材料和纯 POM 的极限 *Pv* 值数据见表 4-71。由表 4-71 可看出，耐磨消声 POM 复合材料与纯 POM 相比，表面熔融载荷提高了 100N，表面熔融时间延长了 21min，极限 *Pv* 值提高了 40%。表明耐磨消声 POM 复合材料的承载能力较纯 POM 有了很大提高。

表 4-71 耐磨消声 POM 和纯 POM 的极限 Pv 值比较

材料	转速/$r \cdot min^{-1}$	表面熔融载荷/N	表面熔融时间/min	Pv 值/$N \cdot m \cdot s^{-1}$
纯 POM	216	250	45	131
耐磨消声 POM	216	350	66	183

4. 效果与应用

采用由主润滑剂、助润滑剂、消声剂、减摩剂及相关助剂所组成的复合润滑体系，开发的耐磨消声 POM 复合材料具有优异的摩擦磨损特性。与纯 POM 的对比研究结果表明，耐磨消声 POM 复合材料具有优异的摩擦学特性：耐磨性好、消声性能优良且摩擦性能保持率高，同时耐磨消声 POM 复合材料保持了良好的外观及力学性能，成型加工性能优良，是一种综合性能优良的耐磨消声复合材料。

该材料主要用于机械、汽车、电子电气行业传动机构部件的制备。

五、改性 POM 耐磨复合材料的加工与应用

1. 原材料与配方（质量份）

聚甲醛（M90-44）	100	耐磨剂（PTFE、石墨、MoS_2）	3.0～15
分散剂	5～10	其他助剂	适量

2. 简介

聚甲醛（POM）是一种广泛使用的热塑性工程塑料，为五大工程塑料之一。因其类似于金属的硬度、强度和刚性，被冠以“夺钢”的美称，同时 POM 也具有突出的自润滑特性和较小的摩擦因数，作为有色金属的替代材料已在汽车、机床、化工和电气等行业得到广泛应用。但纯 POM 树脂仅依靠其固有的摩擦磨损性能难以满足在滑动部件中的应用，尤其是在高负荷和高滑动速度的条件下，POM 相对钢环的摩擦因数会迅速增加，从而导致磨耗大幅增加，限制了其应用领域的拓展。因此，研究 POM 耐磨改性，进一步降低其磨耗和摩擦因数，具有重要的理论意义和实用应用价值。

为改善 POM 的摩擦学性能，典型的做法是降低 POM 对摩擦副的黏附性，并提高其硬度、刚性以及抗压强度。通过添加特殊耐磨改性剂，如聚四氟乙烯（PTFE）等可以有效地达到改性目的。

3. 制备方法

将 POM 在 80℃鼓风干燥箱中干燥 3～5h 以保证原料内部潮湿气体和水分的去除；将 PTFE、石墨和 MoS_2 分别与 POM 按比例置于高速搅拌机中充分混合 15min，得到各组分物料的混合物；通过挤出机进料口将上述混合物进行喂料，在双螺杆挤出机上熔融共混，挤出机各段温度从加料口到机头依次为 165℃、175℃、180℃、185℃、180℃、175℃，螺杆转速 200r/min。将所得粒料在 80℃下干燥 3h，经注射机注射成标准试样。其中 PTFE、石墨和 MoS_2 的质量分数为 3%～15%。

4. 性能

随耐磨改性剂用量增加，三种 POM 耐磨材料的力学性能变化趋势基本相同，其拉

伸和弯曲性能均有所下降，但下降幅度并不大，而缺口冲击强度在耐磨改性剂质量分数在10%以内变化很小，当耐磨改性剂质量分数超过10%时才有所下降。以PTFE为例，当PTFE质量分数从0%增加到15%时，材料的拉伸强度仅降低7%，弯曲强度只降低3.7%，缺口冲击强度仅降低10%左右。加入PTFE后复合材料力学性能的降低是由于PTFE和POM的熔点相差较大，在POM加工温度范围内，PTFE以固体颗粒的形式在POM中分散，这样就类似于石墨和MoS_2等无机填料的填充方式，因而引起力学性能下降。另外，MoS_2在低含量下对材料拉伸和弯曲性能的影响相对较小，不过添加三种耐磨改性剂的材料力学性能相差并不大。

纯POM的摩擦因数为0.34，而PTFE、石墨和MoS_2的加入有效降低了耐磨材料的摩擦因数，其中POM/PTFE耐磨材料的摩擦因数最低，为0.21，比纯POM降低了38%。石墨和MoS_2也在不同程度上降低了POM耐磨材料的摩擦因数。

5. 效果

1）PTFE、石墨和MoS_2的加入会使POM耐磨材料的拉伸强度、断裂伸长率、弯曲强度和缺口冲击强度有所下降，但下降幅度并不大；而且这三种耐磨改性剂改性的POM耐磨材料的力学性能相差不大。

2）三种耐磨改性剂均能改善POM耐磨材料的摩擦磨损性能，其中PTFE的改善效果最佳。当PTFE质量分数为8%时，POM耐磨材料的摩擦因数为0.21，比纯POM降低了38%，磨损体积为$5\times10^{-4}cm^3$，较纯POM降低一个数量级。

六、PTFE/POM耐磨复合材料的加工与应用

1. 原材料与配方（质量份）

POM	100	聚四氟乙烯（PTFE）	5.0~10
增溶剂	5~8	稀释剂	适量
其他助剂	适量		

2. 制备方法

（1）PTFE/POM耐磨改性材料的制备　采用高速混合机将聚甲醛树脂与PTFE粉末改性填料按比例均匀混合，并添加适量自制钛酸酯偶联剂进行合金化处理，得到预处理物料。再经过挤出造粒、干燥得到PTFE/POM耐磨改性材料。

挤出机料筒温度控制在175~180℃，机头出口温度控制在180~185℃，螺杆转速为200~230r/min，造粒机转速为300r/min。挤出造粒的物料经过80℃干燥6h处理，得到预加工料。

（2）改性聚甲醛的注射　PTFE/POM耐磨改性材料采用注射方法制备测试样条。注射机塑化温度180~185℃，喷嘴温度175~180℃，保压时间60s，合模力600~800kN，模具温度60~80℃。

3. 性能

研究表明，PTFE/POM耐磨改性材料的摩擦因数、磨耗量均有较大改善，见表4-72。这说明通过添加适量PTFE改性POM树脂可以有效提高材料耐摩擦磨损性能。

表 4-72 PTFE/POM 耐磨材料的力学性能参数

测试项目	5% PTFE/POM	M90 自测	性能变化
拉伸强度/MPa	56.42	66.35	-15.0%
拉伸模量/MPa	2650	2500	6.0%
断裂伸长率（%）	30.62	29.50	3.80%
弯曲模量/MPa	2686	2532	6.08%
弯曲强度/MPa	97.58	99.69	-2.11%
缺冲口击强度/$J \cdot m^{-1}$	56.63	62.32	-9.12%
洛氏硬度 HRM	70.82	83.65	-15.3%
横向收缩率（%）	0.28	2.4	-88.7%
纵向收缩率（%）	0.28	1.8	-84.4%
熔体质量流动速率/$g \cdot (10min)^{-1}$	5	9	-44.4%
摩擦因数（钢-动态）	0.25	0.44	-43.2%
磨耗量/mg	1.5	7.0	-78.6%

4. 效果与应用

通过 PTEE 微米级粉末改性 POM 树脂材料，在聚四氟乙烯高耐磨高润滑性作用下，大幅度提高了聚甲醛的耐摩擦磨损性能，同时材料的刚性和成型收缩率也有显著提高。尽管超细 PTEE 与聚甲醛界面之间经过偶联剂处理，但 PTFE 粉末分子量高、自凝聚性强、易团聚，同时与其他基体树脂相容性差，造成聚甲醛材料拉伸强度、韧性、表面硬度及加工流动性都有较大程度的降低。尽管如此，本试验制备的 PTFE/POM 耐磨改性材料仍是一种理想的自润滑聚甲醛材料，可以应用于摩擦磨损性较大的工业零部件。

七、抗静电/导电型 POM 产品的开发与应用

1. 简介

抗静电/导电型 POM 产品是 POM 改性研究的方向之一。普通 POM 应用在工业领域或者作为记录媒体设备的部件时，在有粉尘的环境中，容易因摩擦产生静电而引发火灾或者爆炸危害。然而，通过加入特殊的抗静电剂，导电填料等，使 POM 具有抗静电性和导电性，可消除制品表面静电聚积，减少因灰尘、碎屑积聚及静电荷产生的干扰等，使其能广泛应用于能源、光电子器件、传感器、分子导线以及电磁屏蔽等领域。

塑料制品带静电及其带静电的大小常用体积电阻率或表面电阻率来评价。表面电阻率为 $10^{13}\Omega$ 的树脂具有抗静电性能，可满足防尘等需要；表面电阻率达到 $10^{11} \sim 10^{12}\Omega$ 时，可以使表面蓄积电荷的放电时间大大缩短，满足更高需求的应用；而体积电阻率低于 $10^{8}\Omega \cdot cm$ 时即为良导体。通常 POM 的表面电阻率为 $1 \times 10^{16}\Omega$，体积电阻率为 $1 \times 10^{14}\Omega \cdot cm$。降低 POM 的电阻率能使其具有抗静电和导电的性能。但是 POM 本身是一种很难进行抗静电化和导电化的树脂，主要原因在于 POM 本身的热稳定性较差，常用的低分子表面活性剂型抗静电剂具有较强的极性，容易引起 POM 在成型加工过程中剧烈分解；同时 POM 极性弱，结晶度高，与一般高分子抗静电剂的相容性较差。为改善

POM 的抗静电性和导电性，目前采用的方法有添加弱极性低分子抗静电剂或亲水性高分子，添加导电性炭黑，添加碳纤维等。

（1）添加抗静电剂　抗静电剂通常含有一个或多个极性基因（亲水基）和疏水基（亲油基），添加到树脂中，亲油基与树脂结合，亲水基则在树脂表面与空气中的水分子氢键作用产生多层水分子层，形成极薄的水溶性导电层，从而降低表面电阻，加速静电荷的泄漏。另外，抗静电剂能增加材料表面的平滑性，降低摩擦因数，从而减少或抑制静电荷的产生。而且抗静电剂本身所带电荷如果与塑料制品表面积累的静电荷电性相反，可产生电中和现象。离子型抗静电剂除了疏水部分与聚合物结合，极性部分还可增加表面离子浓度，提供离子导电途径。非离子抗静电剂使聚合物中少量电解质产生离子化倾向，达到降低电阻的目的。

应用在 POM 上的弱极性低分子抗静电剂或亲水性高分子抗静电剂有脂肪酸单甘油酯、聚乙二醇（PEG）/酰胺共聚物、改性 PEG 等。脂肪酸单甘油酯为低分子表面活性剂型抗静电剂，其添加量为 5% 时，POM 表面电阻率可降至 $1\times10^{11}\Omega$，具有良好的抗静电效果。但是，这种抗静电剂耐久性较差，经多次水洗或长时间使用后会丧失抗静电性，受环境的温湿度影响较大。有研究表明：当将添加该抗静电剂的 POM 试样用自来水冲洗 30s，再用去离子水清洗，于环境湿度 50% 的条件下放置 24h 后，试样表面电阻率可恢复到树脂原有的数量级，抗静电性基本消失。

PEG 为亲水型高分子抗静电剂，有科研人员研究 PEG 对 POM 抗静电性的结果表明，当其添加量≥7% 时，POM 的表面电阻率达到 $10^{13}\Omega$，体积电阻率达到 $10^{12}\Omega\cdot cm$，具备抗静电的性能；再进一步采用乙二醇/甲基丙烯酸甲酯共聚制成的改性 PEG 添加到 POM 中，当添加量为 7% ~10% 时，POM 的表面电阻率和体积电阻率均可达到 10^{12}（Ω 或 $\Omega\cdot cm$）数量级，且抗静电性随环境湿度的变化较小，又不因水洗而发生明显变化，具有耐久性和全天候性。微观结构显示，抗静电剂在 POM 树脂表面层附近以一种平行于表面的层状结构存在，表面上的抗静电剂和表面层附近层状结构中的抗静电剂之间通过相互贯通，构成了从树脂内部到表层的电流泄漏通道，从而赋予树脂永久性的抗静电效果。

（2）添加炭黑　炭黑是天然的半导体材料，其体积电阻率约为 0.1 ~ $10\Omega\cdot cm$，其导电性能持久稳定，可以大幅度调整复合材料的电阻率。炭黑填充型导电高分子的导电机理比较复杂，通常认为，它以粒子形式均匀分散于基体高分子中，随着填充量的增加，粒子间距缩小，当接近或呈接触状态时，便形成大量导电网络通道，导电性能大大提高。炭黑的导电性能与其结构、比表面积和表面化学性质等因素有关。一般认为，炭黑的结构性越高（如乙炔炭黑）、比表面积越大（粒径越小），表面活性基团含量越少，则导电性能越好。

炭黑填充 POM 是制造导电 POM 的常用方法。导电性炭黑在 POM 中的添加量一般为 0.5% ~20%，若其导电性良好，则 POM 的表面电阻率和体积电阻率均可降低至 1×10^{2}（Ω 或 $\Omega\cdot cm$）。目前，对炭黑填充 POM 的研究工作较多。美国科研人员在 POM 中添加导电炭黑 5% ~6%，LDPE 为 12% 时，导电 POM 的表面电阻率为 $10^{6}\Omega$。美国科研人员采用高吸油炭黑、环氧树脂、聚烯烃共聚物/乙烯与碳原子为 3 ~6 的烯烃共聚物/

聚酯共聚物复合制备的导电 POM 体积电阻率在 $6\times10^{2}\Omega\cdot cm$ 以下。

我国科研人员在 POM 树脂中添加 25% ~30% 炭黑和 5% ~6% 二丁酯增塑剂也可制备出具有导电性能的 POM。

科研人员研究导电增韧 POM 发现，采用质量分数为 15% 的普通炭黑填充 POM 时，POM 表面电阻率降低到 $10^{8}\Omega$。研究认为体系表面电阻率的降低只是因为炭黑掺杂作用引起的，而不是形成一定的导电通路，且其表面存在一些活性含氧官能团会影响电子的迁移，使导电性能下降。而将改性硅油与 15% 的普通炭黑复合添加时，由于改性硅油与炭黑表面极性基团结合，使炭黑在基体中分散均匀，容易形成网状的导电通路，致使导电性能提高，POM 的表面电阻率可降至 $10^{2}\Omega$。研究显示，采用间接包覆法将质量分数为 2% 的氧化聚乙烯（OPE）与 POM 混合加热至 OPE 熔点以上，使 OPE 均匀分布于 POM 颗粒表面，再加入质量分数为 5% 的炭黑与两者混合均匀并包覆于树脂颗粒表面而得到的 POM 复合材料体积电阻率小于或等于 $10^{8}\Omega\cdot cm$。这种处理方法在极大地改善体系加工性能、减少炭黑对力学性能影响的同时，达到了抗静电的要求。

POM 中添加炭黑可以赋予其抗静电性和导电性，且炭黑良好的光稳定性能有效减缓 POM 的光降解过程，但是炭黑会降低 POM 的热稳定性，其添加量高时还会使 POM 的力学性能降低。因此，国外公司开发生产了专用高效的超细导电炭黑，如美国 Cabot 公司的超细导电炭黑，哥伦比亚化学公司的 Conductex40-220，荷兰 Ak-zo 公司生产的 KetjenblackEC-600 和 EC-300 等。这些高性能的专用炭黑具有较高的电导率，只需要很少的用量就能够满足材料的导电性能且对材料的力学性能影响较小。

（3）添加碳纤维　碳纤维（CF）是一种高强度、高模量的材料，既具有碳素材料的固有特性，又具有金属材料的导电性和导热性，其导电能力介于炭黑和石墨之间。加入树脂中的短切 CF 相互搭接形成导电回路，利用 CF 的导电特性，使其复合材料具有导电性，可应用于防静电材料、导电材料、电阻材料和电磁波屏蔽材料为主的领域中。目前，众多 POM 生产企业采用 CF 开发的 POM 不仅具有较好的抗静电和导电性能，而且还充分发挥其增强的作用。如宝理公司 POM 导电品级 CH 系列的最高弯曲模量达到 12000MPa，耐摩擦磨耗性能也非常突出。

国内使用 0.1% ~2% 偶联剂和 1% ~10% 酚醛树脂混合溶液涂覆的 5% ~40% 短切 CF，与 5% ~20% 二硫化钼和 1% ~3% 硬脂酸钙添加 POM，制备出的 CF 增强 POM 齿轮具有密度低、比强度高、热膨胀系数小、抗静电且不产生火花等优点。

另外，在 CF 表面电镀金属如纯铜和纯镍等可进一步提高 CF 导电性能。这种镀金属的 CF 比一般 CF 的导电性能可提高 50 ~100 倍，且可大大减少添加量。日本小西六公司生产的 CE220 是 20% 导电 CF 填充的共聚 POM，其导电性能良好，机械强度高，耐磨性好，在对抗静电、导电性及强度要求高的场合得到了应用，如静电复印机的低强导辊、音响器材、盒式磁带导辊等方面。

2. 开发与应用

目前，抗静电/导电型 POM 产生的开发多集中在国外 POM 生产企业，而国内 POM 生产企业由于工艺技术上的落后，尚未开发生产相应的 POM 牌号。国外主要 POM 生产商生产的抗静电/导电型 POM 产品见表 4-73。

表 4-73 国外主要 POM 生产商生产的抗静电/导电型 POM 产品

名称	杜邦	宝理	赛拉尼斯-泰科纳	三菱	韩国工程塑料	旭化成	韩国科隆
抗静电型	300ATB BK000 300AS	M90-48 M270-48	CF802	FV30	FV-30A FV-40 F25-63 F30-63 ED-10 ES-20	CF452 CF454	CB301 CB302
导电型		CH-10 CH-15 CH-20 EB-08 EB-10 ES-5	EC140CF10 EC140XF	ET-20 FC2020D	ET-20S ET-20A FA-20 FA-30	TFC64	EC301 CF304

从表 4-73 中可以看出，宝理公司和韩国工程塑料公司开发的抗静电/导电型 POM 产品牌号较多。宝理公司的抗静电品级 POM 表面电阻率从通用 POM 的 $1\times10^{16}\Omega$ 降低到 $1\times10^{13}\Omega$，而导电品级 POM 表面电阻率则是降低到 $1\times10^{2}\Omega$ 的水平。其中导电 POM CH-10、CH-15 和 CH-20 均为 CF 增强的，具有耐摩擦磨耗的高强度、高刚性导电产品；而 EB-08、EB-10 和 ES-05 均为添加炭黑和抗静电剂的导电品级宝理公司生产的抗静电/导电型 POM 产品性能指标见表 4-74。

韩国工程塑料公司开发的产品中，抗静电品级表面电阻率在 $1\times10^{9}\sim1\times10^{13}\Omega$ 之间，导电品级产品表面电阻率则降至 $1\times10^{3}\Omega$。其中采用炭黑填充的导电品级有 ET-20A、ET-20S；采用碳纤维增强的导电品级有 FA-20、FA-30；此外，ED-10 和 ES-20 为永久性抗静电等级的 POM 产品，适用于要求具有永久性抗静电性能的挤压部件。F25-63 为防静电型中低黏度等级的注射 POM，而 FV-30A 为易流动的具有防静电型注射 POM 产品。韩国工程塑料公司生产的抗静电/导电型 POM 产品性能指标见表 4-75。

表 4-74 宝理公司生产的抗静电/导电型 POM 产品性能指标

项目	测试标准	导电品级						抗静电品级	
		CH-10	CH-15	CH-20	EB-08	EB-10	ES-5	M90-48	M270-48
		碳纤维增强，耐摩擦磨耗			防静电			标准	高流动性
密度/g · cm^{-3}	ISO 1183	1.44	1.45	1.47	1.42	1.43	1.41	1.40	1.40
拉伸强度/MPa	ISO 527-1，2	116	130	144	55	55	49	62	61
断裂伸长率（%）	ISO 527-1，2	2	1.5	1.5	4	3	7.5	35①	30①
弯曲强度/MPa	ISO 178	170	185	205	93	95	84	85	85
弯曲模量/MPa	ISO 178	7500	10000	12000	2950	3000	2800	2450	2500
简支梁缺口冲击强度/kJ · m^{-2}	ISO 179/1eA	3	4.5	5	2.6	1.8	3	6	5.3
负荷变形温度（1.8MPa）/℃	ISO 75-1，2	163	163	163	95	95	109	95	95

（续）

项目	测试标准	导电品级						抗静电品级	
		CH-10	CH-15	0H-20	EB-08	EB-10	ES-5	M90-48	M270-48
		碳纤维增强，耐摩擦磨耗			防静电			标准	高流动性
体积电阻率/Ω · cm	IEC 60093	4×10^4	2×10^2	3×10^2	5×10^2	5×10^1	1×10^2	1×10^{13}	1×10^{13}
表面电阻率/Ω	IEC 60093	8×10^3	—	1×10^2	5×10^2	2×10^2	5×10^2	1×10^{13}	1×10^{13}

① 断裂公称应变。

表 4-75 韩国工程塑料公司生产的抗静电/导电型 POM 产品性能指标

项目	测试标准	导电品级				抗静电品级			
		ET-20A	ET-20S	FA-20	FA-30	ED-10	ES-20	F25-63	FV-30A
密度/g · cm^{-3}	ISO 1183	1.39	1.38	1.43	1.42	1.32	1.36		1.41
拉伸强度/MPa	ISO 527-1，2	52	40	100	95	43	50	63	63
断裂伸长率（%）	ISO 527-1，2	8	12	2	1	90	50	31	25
弯曲强度/MPa	ISO 178	76	67	135	125	50	70	85	88
弯曲模量/MPa	ISO 178	2450	2650	7150	8000	1350	2000	2500	2580
简支梁缺口冲击强度/kJ · m^{-2}	ISO 179/1eA	5.5	4	4	4	16	12	5.8	5
负荷变形温度（1.8MPa）/℃	ISO 75-1，2	92	88	160	—	—	—	95	97
表面电阻率/Ω	IEC 60093	1×10^3	1×10^3	1×10^3	1×10^3	1×10^3	1×10^3	1×10^3	1×10^3

除上述两公司外，在抗静电 POM 开发方面，旭化成公司的 CF452 和 CF454 均为 CF 填充增强的，弯曲模量分别达到 9000MPa 和 14500MPa 的高刚度、高强度且具有抗静电性能的共聚 POM 产品，主要用于齿轮和齿轮联轴器。美国赫司特-萨拉尼斯公司的 AS270 和 AS450 是由 M270 和 M450 改性，用于录音及录影带元件，医疗器材和电器零件上降低静电积聚的防静电品级。杜邦公司的 300AS 是用于汽车燃料箱和滤袋，具有极高的刚度和强度，以及良好的导电性和抗静电作用的 POM 产品；300ATB BK000 是用于注射成型的中黏度 POM，其表面电阻率为 $1\times10^5\Omega$，体积电阻率为 $1\times10^3\Omega\cdot cm$。

另外，使用低分子抗静电剂或亲水性高分子改善其抗静电性的 POM 中，最典型的是各公司的 VTR 卷轴专用品级，如宝理塑料公司的专用抗静电品级 VC10、VC11 及 VC12，三菱瓦斯公司的高流动防静电品级 FV30，旭化成公司的高流动品级 7554 和 8554，杜邦公司的 9100，巴斯夫公司的 W2330-003，Z2330-003 等。这类 POM 除要求有较高的强度、耐蠕变性、耐疲劳性和耐摩擦性等性能外，还要求有较高的流动性和抗静电性，其熔体流动速率（MFR）都在 30g/(10min) 左右，表面电阻率为 1×10^{11} ~ $1\times10^{13}\Omega$，体积电阻率在 $1\times10^{12}\Omega\cdot cm$ 左右。

导电 POM 开发方面，美国赫司特-萨拉尼斯公司的 EC90 + EF25，CF 含量 25%，适用于需要迅速消散积聚静电的用品，如一些不能容许静电积聚的医院手术室的装备及计算机家具等；三菱工程塑料公司的 FC2020D，CF 含量 20%，其体积电阻率和表面电阻率均达到 2×10^2（Ω·cm 或 Ω）；德国雷曼福斯公司的 POM 80-8284 和 80-8003，电阻率在 $10^1\sim10^8$（Ω 或 Ω·cm）之间，适用于齿轮、纺织和工程配件以及轴承等汽车配件；韩国科隆公司的 CF304，其弯曲模量达到 13700MPa，体积电阻率为 $1\times10^4\Omega\cdot cm$，表面电阻率为 $1\times10^3\Omega$。

综上所述，添加弱极性低分子抗静电剂或亲水性高分子、导电性炭黑、CF 等可以赋予 POM 良好的抗静电和导电性能。目前，适用于 POM 的抗静电剂还较少，更多的产品开发多集中在使用炭黑和 CF 上，这两种添加物在提高抗静电性的同时，赋予了 POM 更好的力学性能，已成为国内企业开发抗静电/导电品级 POM 产品的主流方向。

八、耐候型 POM 材料的加工与应用

1. 原材料与配方（表 4-76）

表 4-76　耐候型 POM 的原料组成及配比（质量份）

样品编号	POM	二甲基硅氧烷	UV-P	GW-326	KY-1010	KY-168	纳米二氧化钛	三聚氰胺
1#	100	—	—	—	—	—	—	—
2#	100	0.1	0.1	0.2	0.1	0.2	1	0.5
3#	100	0.1	0.2	0.2	0.2	0.2	2	0.5
4#	100	0.1	0.3	0.2	0.3	0.2	3	0.5
5#	100	0.1	0.4	0.2	0.4	0.2	4	0.5
6#	100	0.1	0.5	0.2	0.5	0.2	5	0.5

2. 制备方法

按表 4-76 准确称量各物料，将二甲基硅氧烷与 POM 加入高速混合机中，于室温下搅拌 2～3min 做初步混合；然后分别将紫外线吸收剂、光稳定剂、抗氧化剂、紫外线屏蔽剂、甲醛吸收剂置于高速混合机中混合均匀；将混合好的物料通过加料斗加入双螺杆挤出机进行熔融共混挤出，工艺条件：螺杆转速 150～170r/min，喂料速度 8～12r/min；最后经过注射机注射成测试样品，注射温度 170～180℃。

3. 性能与应用

紫外线的老化作用影响 POM 整体的力学性能：在 600h 时，纯 POM 的各项力学性能都出现不同程度的下降，到 1200h 时，纯 POM 的力学性能保持率下降严重，其中缺口冲击强度保持率与断裂伸长率保持率均不足 40%。这是由于 POM 对缺口敏感，紫外光老化使 POM 表面出现大量细纹、龟裂，在宏观上体现为 POM 缺口冲击强度与断裂伸长率的降低。对比 1#与 2#～6#样品发现，添加了耐候助剂的样品的力学性能保持率都能够得到很好的保持。其中 3#样品的拉伸强度、弯曲强度，弯曲模量、缺口冲击强度、断裂伸长率保持率分别达到了 105.23%、97.42%、98.72%、92.43%、93.51%，氙灯老化后 3#样品的综合力学性能保持最好。说明 3#样品中紫外线吸收剂、光稳定剂与抗氧化剂有效地消除了紫外线对 POM 基体的影响，达到了提高 POM 耐候性的目的。

1）POM 的缺口冲击强度和断裂伸长率在老化过程中受影响最大，POM 主要对光尤为敏感、热氧次之，对水热的影响较小。

2）耐候型 POM 的热稳定性比纯 POM 好，老化后耐候型 POM 样品的热分解温度、最大分解速率均高于纯 POM。

3）耐候助剂一方面作为成核剂促进 POM 结晶，另一方面也作为干扰剂干扰球晶的形成，耐候助剂使 POM 球晶尺寸变小，规整性下降，并使 POM 的结晶度下降，无定型区域增多，而在球晶形成的过程中耐候助剂被排斥到了 POM 的无定型区域。

4）POM 的老化过程主要发生在无定型区域，耐候助剂对 POM 发挥耐候效果的同时由于长时间被大量紫外线照射，本身也会被消耗。

POM 是一种高密度、高结晶度的热塑性工程塑料，具有优良的力学性能、耐疲劳性、耐磨损性、耐化学性和自润滑性，其力学性能较为接近金属，常被用来代替有色金属和合金。自 1960 年由杜邦公司开发问世以来，POM 已在电子电气、仪表、汽车及紧密机械等领域得到广泛应用，成为产量仅次于聚酰胺和聚碳酸酯的第三大工程塑料。

第五章　热塑性聚酯（PET与PBT）

热塑性聚酯是由饱和的二元酸和二元醇通过缩聚反应制得的线性聚合物。根据不同种类的二元酸和二元醇，可以合成许多种热塑性聚酯。商品化的主要品种有：聚对苯二甲酸丁二（醇）酯（PBT）、聚对苯二甲酸乙二（醇）酯（PET），以及近几年发展起来的聚对苯二甲酸环己撑二甲（醇）酯（PCT）、聚萘二甲酸乙二（醇）酯（PEN）、聚对苯二甲酸丙二（醇）酯（PTT）和聚萘二甲酸丁二（醇）酯（PBN）。广义地说，聚酯液晶聚合物系列、聚芳酯、聚酯弹性体及新开发的生物分解性聚酯等也属于此类，这是一类颇具发展前途的重要的工程塑料品种。但大规模工业化生产和应用最多的是PBT和PET两种聚合物。

第一节　聚对苯二甲酸乙二（醇）酯（PET）

一、主要品种的性能

（一）简介

1. 结构特性

聚对苯二甲酸乙二（醇）酯（Polyethylene terephthalate，PET或PETP）的分子结构式为

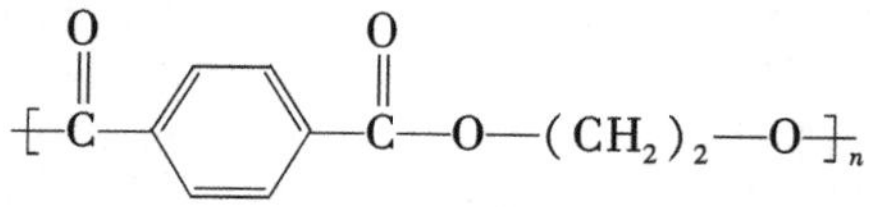

聚对苯二甲酸乙二（醇）酯（PETP）俗称涤纶树脂，它由对苯二甲酸二甲酯和乙二醇酯交换后缩聚而成；或用高纯度对苯二甲酸和乙二醇直接酯化后缩聚而成。后者产品稳定性好，易得到高聚合度产品。其主要品种有纺丝用PET、薄膜用PET、工程塑料用PET和改性PET。

2. 主要性能

聚对苯二甲酸乙二（醇）酯是乳白色或浅黄色的、高度结晶的聚合物，表面平滑而有光泽。其相对密度为1.4，双向拉伸薄膜强度高且透明。其熔点为265℃，玻璃化转变温度为80℃。

其强韧性为热塑性塑料之冠，经热处理后强度显著提高，经热处理延伸后的拉伸强度与铝膜相当。其耐蠕变性、耐疲劳性、耐磨性和尺寸稳定性都很好，磨耗小，硬度大。

其电性能优良，且受温度的影响小，但耐电晕性较差。

其耐热性好，可在120℃长期使用；在较宽的温度范围内能保持其优良的物理性能。

其吸水率低、无毒，耐候性、化学稳定性好，耐弱酸和有机溶剂，但不耐热水浸泡，也不耐碱。

其结晶速率很低，因而成型加工性差。由于结晶很迅速，若要制品（指薄膜）透明，必须快速冷却。

其成型前必须充分地干燥，可用真空干燥或在 135℃下沸腾干燥 5h；否则会影响产品质量，对流延薄膜更为重要。因其结晶速率慢、加工困难，需加入成核剂。

其相对黏度在 0.6 左右则成膜性好，可用流延或挤出后双向拉伸成膜。高黏度（特性黏度在 1.0 以上）的涤纶树脂（熔点约为 245℃）可挤出、注射、吹塑、模压、涂覆、黏接、机加工、电镀、真空镀膜、印刷。

涤纶树脂的注射条件：注射温度为 290～315℃，注射压力为 7.0～14.0MPa。加有 30% 玻璃纤维的增强塑料，其注射温度为 295～310℃，注射压力为 35～70MPa。

3. 应用

PET 主要用于纤维，少量用于薄膜和工程塑料。PET 纤维主要用于纺织工业。PET 薄膜主要用于电气绝缘材料，如电容器、电缆绝缘、印制电路布线基材、电机槽绝缘等。PET 薄膜的另一个应用领域是片基和基带，如电影胶片、X 光片、录音磁带、录像磁带、电子计算机磁带，还用于食品、药品、油脂、茶叶等包装领域。PET 在军事上可用于声波屏蔽和导弹的覆盖材料等。PET 薄膜也应用于真空镀铝（也可镀锌、银、铜等）制成金属化薄膜，如金银线、微型电容器薄膜等。

玻璃纤维增强 PET 适用于电子电器和汽车行业，用于各种线圈骨架、变压器、电视机、录音机零部件和外壳、汽车灯座、灯罩、白炽灯座、继电器、硒整流器等。PET 工程塑料目前各应用领域的耗用比例：电子电气 26%，汽车 22%，机械 19%，用具 10%，消费品 10%，其他 13%。目前 PET 工程塑料的总消耗量还不大，仅占 PET 总量的 1.6%。但由于 PET 工程塑料制造中的一些关键技术问题已经解决，而 PET 价格比 PBT 和聚碳酸酯低，其力学性能优于 PBT，因此其潜在市场是相当大的，今后 PET 的应用前景较好。

（二）国内 PET 主要品种的性能

（1）北京燕山石化公司聚酯厂的燕山牌 PET 的性能（表 5-1）

表 5-1 北京燕山石化公司聚酯厂的燕山牌 PET 的性能

项目	A 型片基		B 型片基					
	PETF-63-BR	PETF-65-BR	PETF-59-BR	PETF-61-BR	PETF-63-BR	PETF-65-BR	PETF-67-BR	PETF-69-BR
特性黏度	0.63	0.65	0.59	0.61	0.63	0.65	0.67	0.69
端羧基含量/(mol/kg)	30	30	30	30	30	30	30	30
二甘醇含量（%）	1.3	1.3	1.4	1.4	1.4	1.4	1.4	1.4
熔点/℃	262	262	260	260	260	260	260	260
色度（黄色指数）	9	9	14	14	14	14	14	14
灰分（%）	0.025	0.025	0.025	0.025	0.025	0.025	0.025	0.025
铁含量（1×10^{-6}）	2	2	3	3	3	3	3	3
水含量（%）	0.4	0.4	0.4	0.4	0.4	0.4	0.4	0.4
TiO_2 含量（%）	—	—	—	—	—	—	—	—

（续）

项　目	高黏度					纤维级			吹瓶级	帘子线级
	HVPET-74	HVPET-78	HVPET-82	HVPET-86	HVPET-90	PET-S63-SD	PET-S65-SD	PET-S67-SD		
特性黏度	0.74	0.78	0.82	0.86	0.90	0.63	0.65	0.67	0.7～0.8	1.0
端羧基含量/(mol/kg)	30	30	30	30	30	30	30	30	30	30
二甘醇含量（%）	1.3	1.3	1.3	1.3	1.3	1.4	1.4	1.4	1.5	1.5
熔点/℃	257	257	257	257	257	260	260	260	259	259
色度（黄色指数）	10	10	10	10	10	—	—	—	—	—
铁含量（1×10^{-6}）	—	—	—	—	—	—	—	—	—	—
水含量（%）	0.4	0.4	0.4	0.4	0.4	—	—	—	—	—
醛含量（1×10^{-6}）	3	3	—	—	—	—	—	—	3	3
TiO_2 含量（%）	—	—	—	—	—	0.1	0.1	0.1	—	—

（2）江苏仪征化纤工业联合公司的PET切片（4mm×4mm×2.3mm，椭圆半填充）的性能（表5-2）

表5-2　江苏仪征化纤工业联合公司的PET切片的性能

项　目		一等品A级	一等品B级	二等品	三等品
特性黏度		0.640±0.010	0.640±0.015	0.640±0.020	0.640±0.025
熔点/℃	≥	260	260	259	258
端羧基含量/(mol/kg)	≤	28	30	33	40
TiO_2 含量（%）		0.35±0.04	0.35±0.05	0.35±0.6	0.35±0.07
凝聚粒子（10μm个数/mg）		≤0.4	≤1.0	≤2.0	≤3.0
二甘醇含量（%）		≤1.2	≤1.3	≤1.4	≤1.5
水含量（%）		≤0.4	≤0.4	≤0.5	≤0.6
色度（黄色指数）		≤14	≤14	≤15	≤16

该产品主要用于纺制棉类、中长、毛型涤纶短纤维或普通涤纶长丝，其中A级可高速纺涤纶长丝。

（3）上海涤纶厂的双蝶牌PET的性能（表5-3）

表5-3　上海涤纶厂的双蝶牌PET的性能

项　目		BNN3030	FR-PET-1	FR-PET-2	SD101	SD103	SD311	SD313
外观		颗粒	颗粒	颗粒	颗粒	颗粒	颗粒	颗粒
拉伸强度/MPa		125	80～120	60～80	80	120	60	80
断裂伸长率（%）		—	5	4	5	5	4	4
弯曲强度/MPa		180	150～200	100～150	150	200	100	150
弯曲模量/GPa		9.1	—	—	—	—	—	—
压缩强度/MPa		159	110～140	90～130	110	140	90	130
冲击强度/(kJ/m²)	缺口	5.3	3～9	3～7	40①	100①	40①	80①
	无缺口	7.3	33～58	23～38	—	—	—	—
布氏硬度HBW		170	180	150	—	—	—	—
马丁耐热温度/℃		178	160～190	140～160	140②	140②	140②	140②
热变形温度/℃		240	220	200	230	230	230	230
线胀系数/($\times10^{-5}K^{-1}$)		2.5	—	—	—	—	—	—

（续）

项　目	BNN3030	FR-PET-1	FR-PET-2	SD101	SD103	SD311	SD313
表面电阻率/(×10^{16}Ω)	2.3	—	—	—	—	—	—
体积电阻率/(×10^{16}Ω·cm)	3.67	1.0	1.0	—	—	—	—
介电强度/(kV/mm)	>24	20	20	—	—	—	—
相对介电常数（10Hz）	3.7	3.2	3.2	—	—	—	—
介电损耗角正切值（10^6Hz）	1.33×10^{-3}	—	—	—	—	—	—

项　目	薄膜级			注射、挤出制品
	SD701	SD702	SD703	
外观	本色圆柱粒	本色圆柱粒	本色圆柱粒	本色圆柱粒
特性黏度	0.65±0.03	0.65±0.03	0.62±0.02	0.8871
熔点/℃	≥258	≥258	≥260	255
结晶温度/℃	—	—	—	216
水含量（%）	≤0.5	≤0.5	≤0.5	—
羧基含量/(mol/kg)	<40	<40	—	—

① 单位为 J/m。

② 长期使用温度。

（4）辽宁辽阳石油化纤公司塑料厂的 PET 的性能（表 5-4）和化工二厂的 PET 的性能（表 5-5）

表 5-4　辽阳石油化纤公司塑料厂的 PET 的性能

牌　号	特性黏度	熔点/℃	乙醛含量（1×10^{-6}）	结晶度（%）	主要用途
LS-1	0.72～0.76	255	5	4.8	瓶用，透明，韧性好，气密性高，拉伸性好，宜用注拉吹或挤拉吹成型
LS-2	0.77～0.84	255	5	4.8	
LS-3	0.85～1.0	255	5	4.8	

表 5-5　辽阳石油化纤公司化工二厂 PET 的性能

项　目	瓶用有光聚酯	项　目	瓶用有光聚酯
特性黏度	0.68～0.70	光亮度（%）	30
维卡软化点/℃	260～263	二甘醇含量（%）	1.2
灰分（%）	0.1	TiO_2 含量（%）	0.09
端羧基含量/(mol/kg)	33	TiO_2 凝聚粒子数（>10μm）/(个/mg)	3
铁含量（1×10^{-6}）	8		
色度（黄色指数）	11～14　14～17	水含量（%）	0.4

（5）上海石化公司涤纶二厂的三人牌 PET（表 5-6）

表 5-6　上海石化公司涤纶二厂三人牌 PET 的性能

项　目	片材级	瓶级	项　目	片材级	瓶级
特性黏度	0.64	0.7～1	色度 L	72～82	—
维卡软化点/℃	261	260	B	3	—
结晶度（%）	—	45	凝聚粒子（10μm 以上）/(个/mg)	0.3	—
二甘醇含量（%）	0.76	0.7			
乙醛含量（1×10^{-6}）	—	3	灰分（%）	0.48～0.58	—
			水含量（%）	0.1	—
端羧基含量/(mol/kg)	30	200	铁含量（1×10^{-6}）	3	—

（续）

牌号	特性黏度	特性和主要用途
PETS-63SD	0.63	纤维级，半消光，宜熔融纺丝
PETS-65SD	0.65	纤维级，半消光，宜熔融纺丝
PETS-67SD	0.67	纤维级，半消光，宜熔融纺丝
片材级	0.64	非纤维用，制X光片和电影片基
瓶级	0.7～1.0	吹塑级，光泽好，质轻，透明，无毒，气密性好，抗冲，宜制瓶子或挤出制拉链丝

（6）江苏无锡塑料一厂的增强PET的性能（表5-7）

表5-7　江苏无锡塑料一厂的增强PET的性能

项　　目		L-23	L-30	S-23
拉伸强度/MPa		130～150	140～160	120～135
弯曲强度/MPa		170～190	180～200	160～180
冲击强度/(kJ/m^2)	无缺口	6～8	7～9	5～7
	缺口	2.0～2.4	2.4～2.7	1.5～2.0
布氏硬度HBW		230～260	260～300	230～260
马丁耐热温度/℃		140～150	145～155	144～150
表面电阻率/$(\times 10^{12}\Omega)$		5～12	5～10	5～10
体积电阻率/$(\times 10^{16}\Omega \cdot cm)$		2～8	2～8	2～8
介电强度/(kV/mm)		>24	>24	>24
相对介电常数（1MHz）		3.5～4.0	3.5～4.0	3.5～4.0
介电损耗角正切值（1MHz）/$(\times 10^{-2})$		3.5～5.5	3.5～5.5	3.5～5.5

（7）广东汕头海洋集团公司聚酯切片厂的SOE牌PET的性能（表5-8）

表5-8　广东汕头海洋集团公司聚酯切片厂的SOE牌PET的性能

<table>
<tr><th>项　　目</th><th>1078</th><th>1080</th><th>1162</th><th>1164</th><th>1165</th><th>1262</th><th>1264</th><th>2062</th><th>2064</th></tr>
<tr><td>特性黏度</td><td>0.78</td><td>0.80</td><td>0.62</td><td>0.64</td><td>0.65</td><td>0.62</td><td>0.64</td><td>0.62</td><td>0.64</td></tr>
<tr><td>端羧基含量/(mol/kg)</td><td colspan="2">—</td><td colspan="2">30</td><td>30</td><td colspan="2">30</td><td colspan="2">30</td></tr>
<tr><td>二甘醇含量（%）</td><td colspan="2">1.4</td><td colspan="2">1.4</td><td>1.4</td><td colspan="2">1.4</td><td colspan="2">1.4</td></tr>
<tr><td>水含量（%）</td><td>0.1</td><td>0.2</td><td colspan="2">0.4</td><td>0.4</td><td colspan="2">0.4</td><td colspan="2">0.4</td></tr>
<tr><td>色度（黄色指数）</td><td colspan="2">3</td><td colspan="2">8.5</td><td>3</td><td colspan="2">3</td><td colspan="2">8.5</td></tr>
<tr><td>粉末含量（%）</td><td colspan="2">—</td><td colspan="2">0.1</td><td>0.1</td><td colspan="2">0.1</td><td colspan="2">0.1</td></tr>
<tr><td>添加剂含量（%）</td><td colspan="2">—</td><td colspan="2">—</td><td>—</td><td colspan="2">—</td><td colspan="2">0.25</td></tr>
<tr><td>熔点/℃</td><td colspan="2">261</td><td colspan="2">257</td><td>257</td><td colspan="2">257</td><td colspan="2">257</td></tr>
<tr><td>外观杂粒含量（%）</td><td colspan="2">—</td><td colspan="2">0.02</td><td>0.02</td><td colspan="2">0.02</td><td colspan="2">0.02</td></tr>
<tr><td>乙醛含量（1×10^{-6}）</td><td colspan="2">2</td><td colspan="2">—</td><td>—</td><td colspan="2">—</td><td colspan="2">—</td></tr>
<tr><td>密度/(g/cm^3)</td><td colspan="2">1.4</td><td colspan="2">—</td><td>—</td><td colspan="2">—</td><td colspan="2">—</td></tr>
<tr><td>雾度（%）</td><td colspan="2">8</td><td colspan="2">—</td><td>—</td><td colspan="2">—</td><td colspan="2">—</td></tr>
</table>

（续）

项　　目	3062	3064	4062	4064	5062	5064	8065	8078	8080
特性黏度	0.62	0.64	0.62	0.64	0.62	0.64	0.65	0.78	0.80
端羧基含量/(mol/kg)	30		30		30		—	—	
二甘醇含量（%）	1.4		1.4		1.4		—	—	
水含量（%）	0.4		0.4		0.4		0.4	0.1	0.2
色度（黄色指数）	8.5		3		8.5		3	3	
粉末含量（%）	0.1		0.1		0.1		0.1	—	
添加剂含量（%）	0.25		0.15		0.25		—	—	
熔点/℃	257		257		257		250	250	
外观杂粒含量（%）	0.02		0.02		0.02		0.02	—	
乙醛含量（1×10^{-6}）	—		—		—		—	2	
密度/(g/cm^3)	—		—		—		—	1.4	
雾度（%）	—		—		—		—	8	

（8）天津石化公司涤纶厂的PET的性能（表5-9）

表5-9　天津石化公司涤纶厂的PET的性能

项　　目	K-36蓝色（1）X-光片	K-36蓝色（2）X-光片	K-36 底片	K-36D 薄膜级	K-221 薄膜级	K-223 薄膜级
二甘醇含量（%）	1.8	1.8	1.5	1.5	1.5	1.2
相对黏度（特性黏度）	1.35 (0.635)	1.365 (0.635)	1.365 (0.635)	1.378 (0.648)	1.384 (0.655)	1.364 (0.632)
端羧基含量/(mol/kg)	30	30	30	30	30	28
熔点/℃	258	259	259	259	259	259
灰分（%）	0.07	0.07	0.07	0.07	0.07	0.06
铁含量（1×10^{-6}）	5	5	5	5	—	5
水含量（%）	0.3	0.3	0.3	0.3	0.3	0.3
精细度/mm	1	1	1	1	1	1
粉末含量（%）	0.1	0.1	0.1	0.1	0.1	0.1
用途	挤出X光片	挤出X光片	照相底片	磁带	录像带	电容器薄膜

（9）广东华南树脂厂、珠海裕华聚酯切片厂的PET的性能（表5-10）

表5-10　广东华南树脂厂、珠海裕华聚酯切片厂的PET的性能

项　　目	低黏度级	中黏度级	高黏度级	超高黏度级	项　　目	低黏度级	中黏度级	高黏度级	超高黏度级
特性黏度	0.76	0.79	0.82	0.88	醛含量(1×10^{-6})	3	3	3	—
熔点/℃	256	256	256	258	羰基含量（%）	—	—	—	15
结晶度（%）	50	50	50		灰分（%）	—	—	—	0.0005
水含量（%）	0.3	0.3	0.3	0.3					

（续）

项　　目	主要用途
低黏度级	高结晶白色粒子，强韧，电绝缘好，化学性稳定，宜用吹塑制容器
中黏度级	高结晶白色粒子，强韧，电绝缘好，化学性稳定，宜用吹塑制容器
高黏度级	高结晶白色粒子，强韧更好，化学稳定，宜用吹塑制容器
超高黏度级	高结晶白色粒子，韧性特好，宜熔融纺工业用丝、拉链用丝；还可用玻璃纤维改性，注射或挤出制电绝缘件、电影胶片、磁带

（10）北京市魄力高分子新材料公司的PET的性能（表5-11）　含玻璃纤维，力学强度高，热变形温度高，抗蠕变性优异，耐磨，宜制造电子、机械件，以及耐焊接件的壳体、骨架。

表5-11　北京市魄力高分子新材料公司的PET的性能

牌　　号	拉伸强度/MPa	弯曲强度/MPa	缺口冲击强度/(J/m)	热变形温度/℃	燃烧性(UL94)
2030	125	190	80	220	HB
3030	135	200	55	220	V-0

牌　　号	体积电阻率/($\times10^{13}\Omega\cdot cm$)	相对介电常数	介电损耗角正切值	成型收缩率（%）
2030	2.5	3.0	0.02	0.15～0.3
3030	2.5	3.0	0.02	0.15～0.3

（11）成都有机硅研究中心的汽车电器专用PET的性能（表5-12）

表5-12　成都有机硅研究中心的汽车电器专用PET的性能

项　　目		GRPET-131	GRPET-131V_0
拉伸强度/MPa	≥	120	110
断裂伸长率（%）		2～4	2～4
冲击强度/(kJ/m^2)	缺口　≥	10	10
	无缺口　≥	45	40
热变形温度（1.82MPa）/℃	≥	200	200
体积电阻率/$\Omega\cdot cm$		10^{16}	10^{16}
相对介电常数（1kHz）		3.5	3.5
介电损耗角正切值（1kHz）		0.005	0.005
燃烧性（UL94）		HB	V-0

（12）台湾南亚工程塑胶公司的改性 PET 的性能（表 5-13）

表 5-13　台湾南亚工程塑胶公司的改性 PET 的性能

项　目	4210G6	4210G9	4410G6	4410G7
拉伸屈服强度/MPa	155	175	145	1050
弯曲模量/MPa	8500	14000	9500	11740
缺口冲击强度/(J/m)	108	120	90	55
热变形温度(1.86MPa)/℃	198	224	225	220
介电强度/(kV/mm)	23	22	23	23
耐电弧性/s	125	125	115	115

（三）国外 PET 主要品种的性能

（1）美国联合化学公司的 Petra PET 的性能（表 5-14）

表 5-14　美国联合化学公司的 Petra PET 的性能

项　目	标准（ASTM）	130	130HR	132	145	230	242
密度/(g/cm³)	D-792	1.55	1.68	1.48	1.70	1.61	1.59
熔点/℃	D-789	245	245	245	245	245	245
拉伸屈服强度/MPa	D-638	150	140	128	180	105	—
断裂伸长率（%）	D-638	2.2	2.3	4.2	1.6	1.5	2.5
弯曲强度/MPa	D-790	235	210	190	285	170	160
弯曲模量/MPa	D-790	8960	6900	6900	13790	10340	8650
悬臂梁缺口冲击强度/(J/m)	D-256	95	90	25	110	55	85
热变形温度/℃	D-648	225	220	203	225	210	208
洛氏硬度 HRR	D-785	118	118	118	118	118	118
成型收缩率/(%)	—	0.3	0.3	0.3	0.2	0.3	—
体积电阻率/Ω·cm	D-257	10^{15}	10^{15}	—	10^{15}	10^{15}	—
表面电阻率/Ω	D-257	10^{14}	10^{14}	—	10^{14}	10^{14}	—
介电强度（短时）/(kV/m)	D-149	22	22	—	22	22	—
相对介电常数（10^6Hz）	D-150	3.5	3.5	—	3.8	3.4	—
介电损耗角正切值（10^6Hz）	D-150	0.021	0.020	—	0.022	0.022	—
燃烧性（UL94）	—	HB	V-0	—	—	—	—

（2）美国科马洛伊国际公司的注射级 Hiloy PET 的性能（表 5-15）

表 5-15　美国科马洛伊国际公司的注射级 Hiloy PET 性能

牌号	密度/(g/cm³)	拉伸屈服强度/MPa	弯曲模量/GPa	悬臂梁缺口冲击强度/(J/m)	热变形温度/℃		玻璃纤维含量（%）	特　性
					0.44MPa	1.82MPa		
441	1.56	160	9.1	101	227	224	30	抗拉伸，耐高温
442	1.69	192	14.2	117	230	227	45	抗拉伸，耐高温
443	1.80	197	18.0	128	233	229	55	高刚度，抗拉伸
444	1.61	110	10.6	69	221	216	35（含矿物质）	尺寸稳定
445	1.69	162	12.6	80	227	224	45（含矿物质）	尺寸稳定
463	1.65	162	13.0	107	238	199		抗拉伸
Comtuf463	1.57	176	12.7	203	235	206	45	高硬度，抗冲

（3）美国杜邦公司的 Rynite PET 的性能（表 5-16）

表 5-16　美国杜邦公司 Rynite PET 的性能

项　目	标准(ASTM)	415HP	530	545	555	935	FR530	FR945	RE5069	SST
拉伸强度(23℃)/MPa	D638	78.9	158	193	196	96.5	152	104	200	103
断裂伸长率(23℃)(%)	D638	6.0	2.7	2.1	1.6	2.2	2.3	1.4	1.5	6.6
剪切强度(23℃)/MPa	D732	—	79.2	86.1	82.7	53.7	—	—	—	—
弯曲强度(23℃)/MPa	D790	92.7	231	283	310	148	221	151	309	144
弯曲模量(23℃)/MPa	D790	3610	8960	13780	17915	9645	10300	11600	13600	6900
负重变形(27.6MPa,23℃)(%)	D621	—	0.4	0.4	—	—	—	—	—	—
弯曲蠕变(23℃)(%)	D2990	—	0.59	0.4	—	—	—	—	—	—
热变形温度(1.8MPa)/℃	D648	207	224	226	229	215	224	200	232	220
悬臂梁缺口冲击强度(23℃)/(J/m)	D256	120	101	128	123	64.1	85.3	48.1	4.2	9.2
线胀系数/($\times10^{-5}K^{-1}$)	D696	3.1	2.0	1.6	—	2.7	2.5	2.0	—	—
体积电阻率/Ω·cm	D257	10^{13}	10^{15}	10^{15}	—	10^{15}	10^{15}	10^{15}	—	—
表面电阻率/Ω	D257	—	10^{14}	10^{14}	—	10^{14}	—	—	—	—
介电强度(23℃)/(kV/mm)	D149	17.7	45.3	42.6	—	—	13.8	14.9	—	20.87
密度/(g/cm³)	D792	1.39	1.56	1.69	1.80	1.58	1.67	1.81	1.81	—
成型收缩率(%) 垂直	—	—	0.2	—	—	0.4	—	—	0.2	—
成型收缩率(%) 平行	—	—	0.9	—	—	0.8	—	—	—	—
洛氏硬度 HRM	—	58	100	—	—	85	100	92	—	—

（4）美国通用电器塑料公司的 Valax PET 的性能（表 5-17）

表 5-17　美国通用电器塑料公司的 Valax PET 的性能

项　目		1015	1030	1045	9215	9230	9245	9335	9515	9530	9530M	PDR 9335	PDR 9730
密度/(g/cm³)		1.44	1.60	1.73	1.47	1.60	1.73	1.60	1.61	1.72	1.72	1.60	1.61
拉伸屈服强度/MPa		151	225	274	142	235	284	—	122	202	—	156	166
弯曲模量/GPa		7.8	11.7	16.6	8.3	11.7	16.6	10.7	8.4	13.2	13.2	10.7	10.7
悬臂梁缺口冲击强度/(J/m)		80.1	800	106	69.4	96.1	117	75	53	75	75	75	59
热变形温度/℃	0.48MPa	213	243	237	215	248	248	243	207	246	246	243	254
	1.82MPa	210	223	226	204	226	237	215	192	223	223	215	—
燃烧性（UL94）		—	HB	HB	HB	HB	HB	HB	V-0	V-0	V-0	HB	V-0

（5）美国尔特普公司的 RTP PET 的性能（表 5-18）

表 5-18　美国尔特普公司的 RTP PET 的性能

牌　号	密度/(g/cm³)	拉伸屈服强度/MPa	屈服伸长率(%)	弯曲模量/GPa	热变形温度/℃		玻璃纤维含量(%)	特　性
					0.44MPa	1.82MPa		
1103	1.48	117	2.5	6.9	240	224	20	耐高温，尺寸变形小

（续）

牌　号	密度 /(g/cm³)	拉伸屈服强度 /MPa	屈服伸长率 (%)	弯曲模量 /GPa	热变形温度/℃		玻璃纤维含量 (%)	特　性
					0.44MPa	1.82MPa		
1105	1.56	166	2.5	9.1	243	227	30	力学强度高，耐高温
1105FR	1.68	138	1.5	10.3	243	227	30	阻燃V-0级，高刚度，耐高温
1107TEF10	1.70	158	2.0	12.4	232	227	40	还含10%PTFE，耐高温，耐磨，模量高

（6）美国MRC聚合物公司的PET的性能（表5-19）

表5-19　美国MRC聚合物公司的PET的性能

1）商品名称：Stanuloy PET

牌　号	密度 /(g/cm³)	拉伸屈服强度/MPa	弯曲模量/GPa	悬臂梁缺口冲击强度/(J/m)
ST10P-15G	1.42	100	5.9	59
ST10P-30G	1.54	141	9.7	96
ST10P-45G	1.67	158	12.4	107
ST20P-15G	1.42	100	5.9	59
ST20P-30G	1.54	141	9.7	96
ST20P-45G	1.67	158	12.4	107
ST110	1.2	52	2.1	640
ST110-10G	1.3	—	4.0	139
ST110-LT	1.2	50	1.93	890
ST110-WC	1.2	62	2.6	915
ST200	1.2	52	2.1	640
ST200-10G	1.3	—	4.0	139
ST200-LT	1.2	50	1.93	890
ST200-WC	1.2	62	2.7	910
ST631	1.2	56	2.4	800
ST631-30G	1.42		7.6	144
ST632	1.2	56	2.4	800
ST632-30G	1.42	—	7.6	144
ST633	1.2	56	2.4	800

牌　号	热变形温度/℃		燃烧性 (UL94)	短玻璃纤维含量（%）	树脂颜色
	0.44MPa	1.82MPa			
ST10P-15G	221	203	HB	15	本色
ST10P-30G	227	213	HB	30	本色

（续）

牌　　号	热变形温度/℃		燃烧性（UL94）	短玻璃纤维含量（%）	树脂颜色
	0.44MPa	1.82MPa			
ST10P-45G	232	213	HB	45	本色
ST20P-15G	221	203	HB	15	黑色
ST20P-30G	227	213	HB	30	黑色
ST20P-45G	232	213	HB	45	黑色
ST110	118	104	HB	—	本色
ST110-10G	141	128	HB	10	本色
ST110-LT	120	82	HB	—	本色
ST110-WC	135	120	HB	—	本色
ST200	118	104	HB	—	黑色
ST200-10G	141	128	HB	10	黑色
ST200-LT	120	82	HB	—	黑色
ST200-WC	135	120	HB	—	黑色
ST631	93	77	HB	—	本色
ST631-30G	131	123	HB	30	本色
ST632	93	77	HB	—	黑色
ST632-30G	131	123	HB	30	黑色
ST633	93	77	HB	—	白色

2）商品名称：RTP ESDA PETP

牌　　号	玻璃纤维含量（%）	特性和主要用途
1500-40D	（炭黑）2	注射或挤出成型，导电，抗静电，宜制造汽车、电子、电气件
1500-55D	含炭黑	注射或挤出成型，导电，抗静电，宜制造工程上需抗静电的制品
1500-72D	含炭黑	注射或挤出成型，导电，抗静电，宜制造工程上需抗静电的制品
1500-400D	5	注射成型，增强料，中等硬度，抗冲，宜制造工程制品
1501-40D	10	注射成型，增强料，中等硬度，抗冲，宜制造工程制品
1501-55D	10	注射成型，增强料，高硬度，宜制造电气电子件
1501-60D	15	注射成型，增强料，高硬度，抗冲好，宜制造工程件

（7）日本旭化成工业公司的 Sun PET 的性能（表5-20）

表5-20　日本旭化成工业公司的 Sun PET 的性能

项　　目	标准（ASTM）	3150N	3200G	3300G	3300N	3350H	3350R
密度/(g/cm^3)	D792	—	1.50	1.59	1.68	1.73	1.64
吸水率（%）	D570	—	0.09	0.08	0.06	0.08	0.08
拉伸强度/MPa	D638	101	115	138	135	98.1	98.1
断裂伸长率（%）	D638	—	1.8	2.0	1.8	1.8	1.8

（续）

项 目		标准（ASTM）	3150N	3200G	3300G	3300N	3350H	3350R
弯曲强度/MPa		D790	—	180	210	200	167	157
弯曲模量/MPa		D790	—	7000	9100	9300	9.81	9.81
悬臂梁冲击强度/(J/m)	缺口	D256	68.6	26	78.5	73.6	53.9	49
	无缺口	D256	—	—	588	490	441	392
洛氏硬度 HRM		D785	—	90	95	95	—	85
磨耗/(mg/1000次)		D1044	—	40	46	—	—	—
熔点/℃		DSC法	—	260	260	260		
热变形温度/℃	0.45MPa	D648	—	250	250	250	240	250
	1.82MPa	D648	210	215	230	220	210	220
线胀系数/($\times10^{-5}K^{-1}$)		D696	—	—	3~5	3~4	—	3~4
燃烧性（UL94）		—	V-0	HB	HB	V-0	V-0	HB
成型收缩率(平行/垂直)(%)		旭化成法	—	0.35/1.15	0.2/1.1	0.3/0.8	0.25/0.45	0.35/0.65

（8）日本钟渊（Kanegafuchi）化学工业公司的Kaneka PET的性能（表5-21）

表5-21 日本钟渊化学工业公司的Kaneka PET的性能

项 目		DFG-1	DFG-9	EFG-6	TFG-6	8150	8150-SE	8300
密度/(g/cm^3)		1.34	1.34	1.34	1.34	1.43	1.62	1.56
吸水率（%）		—	—	—	—	0.11	0.10	0.08
拉伸强度/MPa		58	55	53	53	105	104	147
断裂伸长率（%）		300	300	300	300	3	3	3
弯曲强度/MPa		—	—	—	—	154	153	226
弯曲模量/GPa		—	—	—	—	5.88	6.86	9.81
悬臂梁缺口冲击强度/(J/m)		40	30	30	30	58.8	58.8	98.1
热变形温度（0.45MPa）/℃		—	—	—	—	210	210	230
燃烧性（UL94）		—	—	—	—	HB	V-0	HB
体积电阻率/Ω·cm		—	—	—	—	10^{16}	10^{16}	10^{16}
介电强度/(kV/mm)		—	—	—	—	19	19	25
耐电弧性/s		—	—	—	—	100	72	79
相对介电常数	60Hz	—	—	—	—	3.8	3.9	4.0
	1kHz	—	—	—	—	3.6	3.7	3.8
介电损耗角正切值	60Hz	—	—	—	—	0.002	0.002	0.002
	1kHz	—	—	—	—	0.015	0.014	0.014

（续）

项　目		8300-SE	2300	2300-SE	4101	5350	6300	6300-SE
密度/(g/cm³)		1.70	1.58	1.78	1.52	1.66	1.55	1.70
吸水率（%）		0.11	—	—	—	0.07	—	—
拉伸强度/MPa		147	150	141	82	93.2	125	127
断裂伸长率（%）		3	2	2	2	2	2	2
弯曲强度/MPa		196	219	198	120	242	185	171
弯曲模量/GPa		9.81	9.1	11.0	5.0	9.81	7.2	10.0
悬臂梁缺口冲击强度/(J/m)		88.3	95	70	40	39.2	110	70
热变形温度（0.45MPa)/℃		226	221	218	200	210	218	216
燃烧性（UL94）		V-0	HB	V-0	HB	HB	HB	V-0
体积电阻率/Ω · cm		10^{16}	—	—	—	10^{15}	—	—
介电强度/(kV/mm)		22	—	—	—	—	—	—
耐电弧性/s		75	115	66	90	—	111	87
相对介电常数	60Hz	4.1	—	—	—	4.3	—	—
	1kHz	3.9	3.5	4.0	4.0	4.0	3.9	3.9
介电损耗角正切值	60Hz	0.003	—	—	—	0.012	—	—
	1kHz	0.012	—	—	—	0.018	—	—

（9）日本三菱人造丝（Mitsubishi Rayon）公司的PET的性能（表5-22）

表5-22　日本三菱人造丝公司的PET的性能

项　目		MD 8015	MD 8030	MD 8050	MD 8115	MD 8130	MD 8150	MD 8215	MD 8230	MD 8250	MD 8425
拉伸强度/MPa		100	153	178	90	150	175	100	150	173	101
断裂伸长率（%）		2.2	2.1	2.0	2.0	2.0	1.9	2.6	2.4	2.2	2.0
弯曲强度/MPa		170	250	290	170	240	290	160	240	280	170
弯曲模量/GPa		7.0	10	10.1	2	10.0	16.5	6.5	9.7	16.0	8.0
悬臂梁冲击强度/(kJ/m)	缺口	0.05	0.08	0.11	0.05	0.08	0.11	0.06	0.09	0.125	0.04
	无缺口	0.25	0.40	0.5	0.22	0.40	0.51	0.35	0.48	0.60	0.35
洛氏硬度 HRR		124	125	125	124	125	125	124	125	125	120
热变形温度/℃	0.45MPa	240	251	253	240	252	254	242	243	250	240
	1.82MPa	225	235	240	227	235	240	225	230	235	223
线胀系数/($\times10^{-5}K^{-1}$)		3.4	2.2	1.6	3.4	2.0	1.6	3.5	2.3	1.6	3.2
燃烧性（UL94）		HB	HB	HB	HB	HB	HB	HB	HB	HB	HB
体积电阻率/($\times10^{-5}\Omega\cdot cm$)		4.3	7.6	8.9	4.5	7.4	9.0	4.5	5.0	8.5	3.6
相对介电常数（1MHz）		3.5	3.9	4.0	3.5	3.9	4.0	3.9	4.1	4.2	3.7
介电损耗角正切值（1MHz）		0.017	0.015	0.013	0.025	0.020	0.018	0.022	0.019	0.016	0.014
介电强度/(kV/mm)		26	26	25	26	27	26	22	22	21	25
相比漏电起痕指数（干）/V		260	250	250	260	250	250	310	300	300	250

（续）

项目		MD 8525	MD 8545	MD 8615	MD 8630	MD 8650	MD 8730	MD 8745	MD 8750	MD 8915	MD 8930	MD 8945
拉伸强度/MPa		94	90	108	135	150	97	125	130	105	130	145
断裂伸长率（%）		2.0	1.8	1.7	1.7	1.9	1.6	1.3	1.2	2.5	2.3	2.1
弯曲强度/MPa		160	180	170	220	250	170	180	190	160	210	230
弯曲模量/GPa		8.0	13.0	8.0	17	17	12.3	15	16.1	6.1	11.0	14.0
悬臂梁冲击强度/(kJ/m)	缺口	0.05	0.06	0.062	0.076	0.084	0.04	0.05	0.06	0.07	0.082	0.10
	无缺口	0.4	0.31	0.27	0.30	0.40	0.21	0.25	0.30	0.30	0.38	0.44
洛氏硬度 HRR		122	125	120	120	124	123	124	125	120	120	124
热变形温度/℃	0.45MPa	240	246	240	246	253	250	251	252	237	247	246
	1.82MPa	224	240	215	230	238	228	230	230	210	225	230
线胀系数/($\times 10^{-5}K^{-1}$)		2.6	1.9	3.3	2.4	1.5	2.0	1.7	1.6	3.4	2.5	1.6
燃烧性（UL94）		V-0	V-0	V-0	V-0	V-0	V-0	V-0	V-0	V-0	V-0	V-0
体积电阻率/($\times 10^{-5}\Omega \cdot cm$)		5.5	9.5	3.0	4.5	6.7	5.0	7.0	7.8	4.0	5.0	8.5
相对介电常数（1MHz）		—	4.4	3.7	4.1	4.1	3.9	4.0	4.1	3.8	4.2	4.4
介电损耗角正切值（1MHz）		—	0.019	0.020	0.014	0.012	0.021	0.015	0.010	0.018	0.018	0.016
介电强度/(kV/mm)		—	19	26	24	24	27	26	26	21	20	21
相比漏电起痕指数（干）/V		260	300	250	250	250	300	300	300	280	270	250

（10）日本帝人工业公司的Teijin PET的性能（表5-23）

表5-23 日本帝人工业公司的Teijin PET的性能

项目		标准(ASTM)	ANN 3050	B1030	B3030	BLR 6001	BNN 1030	BNN 3030	BNY 3030	C3015	C3030	C9030
拉伸强度/MPa		D638	95	130	125	90	125	125	125	98.0	160	140
断裂伸长率（%）		D638	1.3	1.5	1.5	1.3	1.4	1.5	1.5	1.45	1.7	4.2
弯曲强度/MPa		D790	140	200	190	125	180	185	185	140	235	190
弯曲模量/GPa		D790	11.5	9.5	9.0	6.5	10.0	9.0	9.0	6.5	10.0	8.0
悬臂梁冲击强度/(kJ/m)		D256	0.05	0.10	0.06	0.03	0.085	0.06	0.06	0.035	0.10	0.085
洛氏硬度 HRM		D785	95	98	98	92	98	90	55~95	90	98	80
热变形温度（1.84MPa）/℃		D648	240	242	235	220	238	235	235	220	242	235
燃烧性（UL94）		—	V-0	HB	HB	HB	V-0	V-0	V-2	HB	HB	HB
相对介电常数（1MHz）		D150	3.9	3.95	4.0	3.98	4.19	3.97	3.97	3.90	3.98	4.75
介电损耗角正切值（1MHz）		D150	—	0.016	—	—	0.021	—	—	—	—	—
体积电阻率/($\times 10^{16}\Omega \cdot cm$)		D257	—	1.5	—	—	4.0	—	—	—	—	—
介电强度/(kV/mm)		D149	—	32	—	—	35	—	—	—	—	—
耐电弧性/s		D495	181	100	73	130	105	61	61	56	116	120
成型收缩率（%）	平行	D955	0.1	0.2	0.2	0.3	0.2	0.2	0.2	0.3	0.2	0.2
	垂直		1.0	1.0	1.2	1.2	1.0	1.2	1.2	1.2	1.0	1.0

（续）

项　目		标准(ASTM)	CN 9030	CNN 3030	FR 543	FR945	SST 35	TR 2000	TR 4500	W1030	W3030	WN 1030
拉伸强度/MPa		D638	135	135	176	106	105	60	62	130	125	115
断裂伸长率（%）		D638	4.0	1.5	1.8	1.4	6.6	50～500	50～300	1.4	1.4	1.45
弯曲强度/MPa		D790	195	200	253	157	148	80	90	190	185	155
弯曲模量/GPa		D790	9.5	10.0	14	12	7.5	2.6	2.7	9.5	9.0	10.0
悬臂梁冲击强度/(kJ/m)		D256	0.07	0.08	0.098	0.05	0.23	0.027	0.033	0.09	0.06	0.08
洛氏硬度 HRM		D785	85	95	102	92	—	107	106	98	98	98
热变形温度（1.84MPa）/℃		D648	235	235	335	200	220	—	—	242	235	238
燃烧性（UL94）		—	V-0	V-0	V-0	V-0	HB	—	—	HB	HB	V-0
相对介电常数（1MHz）		D150	3.89	3.87	4.1	4.0	—	—	—	3.97	3.96	4.0
介电损耗角正切值（1MHz）		D150	—	—	—	—	—	—	—	0.018	0.021	0.020
体积电阻/(×$10^{16}\Omega\cdot cm$)		D257	—	—	—	—	—	—	—	4.0	5.0	1.5
介电强度/(kV/mm)		D149	—	—	—	—	—	—	—	35	34	32
耐电弧性/s		D495	80	60	124	126	—	—	—	100	112	105
成型收缩率（%）	平行	D955	0.2	0.2	0.2	0.3	0.2	0.3	0.3	0.2	0.2	0.2
	垂直		1.2	1.2	0.7	0.7	0.9	0.4	0.4	1.0	1.2	1.0

（11）荷兰阿克苏工程塑料公司的 Tetrafil PET 与 Arnite PET 的性能（表5-24、表5-25）

表5-24　荷兰阿克苏工程塑料公司的 Tetrafil PET 的性能

牌　号	拉伸屈服强度/MPa	屈服伸长率（%）	弯曲模量/GPa	热变形温度/℃		燃烧性（UL94）
				0.44MPa	1.82MPa	
Arnite A-X4307	—	—	15.5	—	—	
Arnite A-X4754	110	—	6.2	—	—	HB
J1800/CF/30	173	0	18.6	243	221	—
J1800/30	158	0	9.3	243	224	—
J1800/30/V-0	127	0	10.0	243	224	V-0
J1800/45	179	0	13.8	249	227	—
J1800/55	193	0	17.3	249	230	—

表5-25　荷兰阿克苏工程塑料公司的 Arnite PET 的性能

项　目	测试标准	A04-102	A04-900	AV_2-360S	AV_2-370
屈服伸长率（%）	ISO R527	3.4	4.0	—	—
弯曲强度/MPa	ISO R178	—	—	250	280
弯曲模量/MPa	ISO R178	2300	3000	11500	12000
压缩强度/MPa	ISO R604	不断	不断	150	155
悬臂梁冲击强度/(J/m^2)	ISO R180	20	20	60	85
洛氏硬度 HRM	ASTM D785	25	85	102	103
动态摩擦因数	—	0.30	0.24	0.22	0.22

（续）

项　　目	测试标准	A04-102	A04-900	AV_2-360S	AV_2-370
介电强度（1min）/（MV/m）	DIN 53481	45	60	45	55
体积电阻率/Ω·cm	DIN 53482	2×10^{14}	2×10^{14}	2×10^{14}	2×10^{14}
相对介电常数（1MHz）	DIN 53483	3.4	3.2	3.8	3.7
介电损耗角正切值（1MHz）	DIN 53483	0.030	0.021	0.015	0.016
相比漏电起痕指数（干）/V	DIN 53480	KC235	KC350	KC225	KC250

（12）韩国米旺（Miwon）有限公司的PET的性能（表5-26）

表5-26　韩国米旺有限公司的PET的性能

牌　号	密度/（g/cm^3）	特性黏度	熔点/℃	吸水率（%）	色度	特　性
KP137Y	1.34	—	255	0.4	—	薄膜级
KP175	1.39	0.72	257	0.4	3～3.5	吹塑级
KP177Y	1.39	—	255	0.4	—	注射或挤出级
KP185	1.39	0.80	257	0.4	3～3.5	注射或挤出级
KP195	1.39	0.95	257	0.4	3～3.5	注射或挤出级

（13）韩国大韩油化公司的Yuhwa PET和Kolon PET的弹性体的性能（表5-27）

表5-27　韩国大韩油化公司的Yuhwa PET和Kolon PET弹性体的性能

项　　目	标准（ASTM）	KP132 G30V0	KP133 HB40	KP133 G20	KP133 G30	KP133 G45	KP-3340	KP-3355
密度/（g/cm^3）	D792	1.65	1.62	1.48	1.55	1.69	1.15	1.19
吸水率（%）	D570	0.06	0.05	0.05	0.05	0.05	—	—
成型收缩率（%）	D955	0.3	0.3	0.3	0.3	0.3	—	—
熔体质量流动速率/[g/(10min)]	D1238	—	—	—	—	—	12	22
拉伸强度/MPa	D638	150	125	120	160	195	25	36
断裂伸长率（%）	D638	3.6	3.2	4.2	3.3	2.5	850	650
弯曲模量/GPa	D790	10.5	1.2	8.5	9.8	14.0	—	—
悬臂梁冲击强度/(kJ/m)	D256	0.08	0.07	0.07	0.09	0.10	—	—
洛氏硬度HRR	D785	120	120	120	120	120	40①	55①
熔点/℃	D789	253	250	253	253	253	173	199
线胀系数/（$\times10^{-4}K^{-1}$）	D696	0.25	0.20	0.25	0.18	0.25	—	—
热变形温度（1.86MPa）/℃	D648	223	210	218	224	227	65	102
相对介电常数（10^6Hz）	D150	3.8	3.9	3.9	3.9	3.9	—	—
磨耗量/（$mg/10^3r$）	D1044	—	—	—	—	—	3	5
弹性变形率（%）	JIS标准 K6301	—	—	—	—	—	70	58
燃烧性（UL94）	—	V-0	—	—	—	—	—	—

（续）

项　　目	标准（ASTM）	KP-3363	KP-3372	KP-3740	KP-3755	KP-3763	KP-3772
密度/(g/cm³)	D792	1.23	1.27	1.16	1.20	1.23	1.27
吸水率（%）	D570	—	—	—	—	—	—
成型收缩率（%）	D955	—	—	—	—	—	—
熔体质量流动速率/[g/(10min)]	D1238	20	17	25	12	10	7
拉伸强度/MPa	D638	38	40	25	36	38	40
断裂伸长率（%）	D638	550	400	850	650	550	400
弯曲模量/GPa	D790	—	—	—	—	—	—
悬臂梁冲击强度/(kJ/m)	D256	—	0.26	—	—	—	0.28
洛氏硬度 HRR	D785	63①	72①	40①	55①	63①	78①
熔点/℃	D789	210	218	170	198	209	216
线胀系数/($\times 10^{-4}K^{-1}$)	D696	—	—	—	—	—	—
热变形温度（1.86MPa）/℃	D648	120	148	65	102	120	148
相对介电常数（10^6Hz）	D150	—	—	—	—	—	—
磨耗量/($mg/10^3r$)	D1044	7	10	3	5	6	8
弹性变形率（%）	JIS 标准 K6301	45	—	73	56	47	—
燃烧性（UL94）	—	—	—	—	—	—	—

① 邵氏标准 D2240。

二、改性技术

（一）增韧改性

1. POE-g-MAH 增韧 PET

（1）原材料与配方（质量份）

PET	100	POE-g-MAH	10～30
辛烯	1～2	其他助剂	适量

PET：WP56151，特性黏度 0.78。

马来酸酐接枝 POE（POE-g-MAH）：接枝率为 0.85%，熔体质量流动速率为 0.5～1.5g/(10min)，辛烯含量为 24%～28%，密度为 0.87g/cm³。

（2）制备方法　PET 在 120℃下鼓风干燥 24h，再与 POE-g-MAH 按一定配比混合，混合料经双螺杆挤出机熔融挤出造粒，机筒温度为 230～260℃，螺杆转速为 140r/min，所得粒料经干燥后注射成用于拉伸、冲击等测试的标准试样。其中选取一半试样在 120℃下热处理 3h，而其他试样则不进行热处理。

（3）结构　从 PET/POE-g-MAH100/30 复合体系热处理前后，其室温缺口冲击断面的扫描电镜照片可以看出，复合体系热处理前后，冲击断面的形貌特征有较大的差别。热处理前，虽然共混体系冲击断面也形成了一定的塑性变形，但其塑性变形较小，断裂面较为平整光滑，说明弹性体的加入引起基体的剪切屈服程度较低，导致冲击过程中能量的吸收有限，从而表现出复合体系的缺口冲击强度仅为 19.6kJ/m^2。然而经过热处理后，体系断面形貌变得更加复杂，冲击断面远较热处理前的粗糙，从其冲击断面上可见明显的塑性变形带，此时基体的剪切屈服程度较高，断裂面上出现大量纤维状的塑性变形突起，这表明材料断裂过程中产生许多新的表面，吸收大量能量，提高了材料的冲击强度，这与力学性能的测试结果冲击强度达 48.8kJ/m^2 相符。

从试样经液氮淬断、二甲苯刻蚀后的 SEM 图可以看出，热处理前复合体系中的分散相存在部分大颗粒，粒径为 3～5μm，粒径分布不均匀，由于分散相颗粒间距较大，一个颗粒周围的应力场很少被其他颗粒所影响，银纹易扩展成裂纹，因此复合体系表现为脆性断裂。当复合体系经过热处理后，在 SEM 图中基本看不到大尺寸颗粒，出现大颗粒被细化的现象，这时分散相颗粒之间的基体层减薄，银纹尖端的塑性区相互贯通，因此银纹的扩展得到抑制，基体层产生剪切屈服，缺口冲击强度由 19.6kJ/m^2 提高到 48.8kJ/m^2。

热处理使分散相粒子细化的原因还不清楚，但经过反复试验，这一现象是肯定的，其机理有待于深入研究。

（4）性能　POE-g-MAH 含量达到 30 份时，复合材料的冲击强度仅为 19.6kJ/m^2，仍然没有出现脆韧转变。然而，将上述试样经过退火处理后，其冲击强度出现大幅度提高，重复试验仍然得到相同的结果。在 POE-g-MAH 含量为 22.5 份时复合体系就出现了由脆性到韧性的快速转变，当 POE-g-MAH 含量为 30 份时，复合体系的缺口冲击强度达到 48.8kJ/m^2，分别比纯料和相同含量未经热处理的复合材料提高了 9 倍和 2.5 倍。经过热处理后，试样的拉伸强度也大幅度提高，不同 POE-g-MAH 含量时，分别提高 7.8～15.5MPa。也就是说试样经过热处理后，其拉伸强度和冲击强度都大幅度提高，这就为既增韧又增强热塑性塑料提供了一条新途径。

（5）效果

1）在 PET/POE-g-MAH 复合体系中，POE-g-MAH 与 PET 基体有良好的相容性，可以提高 PET 的韧性。

2）热处理不但可以提高 PET/POE-g-MAH 复合体系的拉伸强度，还可以显著提高复合体系的冲击强度。对于 PET/POE-g-MAH 100/30 复合体系来说，热处理使其冲击强度分别比纯料和未处理前提高了 9 倍和 2.5 倍。

2. 稀土氧化镧增韧改性 PET

（1）原材料与配方（质量份）

PET	100	La_2O_3	1～5
成核剂（NA）	3.0	其他助剂	适量

（2）制备方法　将干燥好的 PET 树脂、La_2O_3 或成核剂按配比预混合在双螺杆挤出机中熔融挤出造粒；所得粒料用注射机注射成标准试样，分别用于拉伸、冲击测试。

（3）性能　PET、PET/NA 和 PET/La_2O_3 三种材料经 300℃熔融后以 10℃/min 降温结晶的 DSC 分析结果见表 5-28。

表 5-28　PET、PET/NA 和 PET/La_2O_3 的 DSC 分析结果

项目	纯 PET	PET/NA	PET/La_2O_3		
		100/3	100/1	100/3	100/5
T_c/℃	179.5	202.4	212.1	213.6	212.9
ΔH_c/J · g^{-1}	37.9	37.4	45.6	51.5	50.0
S_i	7.6	9.6	9.8	10.2	10.0
ΔW/℃	5.8	7.1	6.1	6.5	6.7

注：T_c—结晶温度；ΔH_c—结晶热焓；S_i—结晶峰高温端斜率；ΔW—结晶峰半峰宽。

表 5-29 是 PET、PET/NA、PET/La_2O_3 三种材料等速结晶后升温至 300℃熔融过程的 DSC 分析结果。

表 5-29　PET、PET/NA 和 PET/La_2O_3 的 DSC 分析结果

项目	纯 PET	PET/NA	PET/La_2O_3		
		100/3	100/1	100/3	100/5
T_m/℃	255.5	243.3	255.0	252.1	253.6
ΔH_m/J · g^{-1}	36.6	36.2	43.5	50.6	49.5
ΔT/℃	76.0	40.9	42.9	38.5	40.7

注：T_m—熔融温度；ΔH_m—熔融热焓；ΔT—T_m 与 T_c 之差（T_m-T_c），称之为过冷温度。

PET/La_2O_3 的拉伸强度普遍高于 PET/NA，当 La_2O_3 为 1 质量份时达到 67.1MPa，进一步增加用量时，拉伸强度略有降低。从结晶行为的分析可知，PET/La_2O_3 的结晶速率高于 PET 和 PET/NA，即 La_2O_3 使 PET 晶体大小尺寸更均匀，晶粒排列更致密，减少了体系的缺陷，从宏观上表现出力学性能有一定提高。

3. 效果

1）DSC 分析表明，La_2O_3 的加入显著影响了 PET 的结晶行为，使结晶温度升高了 23℃，结晶速率和结晶度有不同程度的提高；与 PET/NA 相比，PET/La_2O_3 具有更强的结晶能力。

2）La_2O_3 对 PET 起到了增韧作用，当其用量为 3 质量份时可提高冲击强度达 47%，而 NA 对 PET 冲击性能的影响不如 La_2O_3 显著。

3）La_2O_3 的加入使 PET 的拉伸强度有所提高，最高达到 67.1MPa；由于成核机理的不同，随着 NA 用量的增加，PET 的拉伸强度普遍降低。

4. 回收 PET 增韧改性

聚对苯二甲酸乙二酯（PET）是一种线型热塑性工程塑料，其分子结构规整，易于取向和结晶，重复单元中含有刚性苯环和极性酯基，分子链中的酯基和苯环形成共轭体系，使分子的刚性增大。PET 具有优良的化学稳定性、耐磨性、耐热性和电绝缘性等特性，尤其是透明性好、绝缘性佳和较高的性价比，广泛应用于包装瓶、薄膜、合成纤维、电器等领域。随着食品、饮料行业的快速发展，PET 瓶已成为矿泉水、碳酸饮料、果汁、茶饮料的首选包装。由于 PET 瓶大部分为一次性使用制品，废弃后造成了资源浪费和环境污染。因此，世界各国纷纷对废弃 PET 进行回收利用，但由于回收 PET

（简称r-PET）在加工过程中，易于发生水解、热解等作用，导致r-PET发生分子链断裂，特性黏度降低、脆性增大，制品成型加工过程中存在结晶速度过慢、成型周期长、冲击性能差等缺陷，制约了r-PET的应用。目前，大多数只能用于生产聚酯短纤维，如地毯纤维、填充纤维、枕头填充物和低端服装等，附加值偏低，且市场需求量已日趋饱和。因此，将r-PET进行增韧改性或合金化改性，提高r-PET的结晶速度和冲击强度，缩短成型周期，从而提高r-PET的加工性能和使用性能，是实现r-PET高值化回收利用的技术关键。

（1）弹性体增韧改性　聚合物作为结构材料使用时，材料的强度和韧性是两个重要的力学性能指标，因而聚合物的增韧改性一直是高分子科学领域中一个重要的研究课题。而弹性体由于具有良好的韧性而被广泛应用于聚合物的增韧改性。

科研人员在r-PET中加入乙烯-辛烯共聚物（POE），以丙烯酸接枝低密度聚乙烯（LDPE-a-AA）为增容剂，制备了r-PET/POE/LDPE-g-AA复合材料。结果发现，加入POE，r-PET/POE复合材料的断裂伸长率及缺口冲击强度明显提高；当LDPE-g-AA的质量分数为2.0%时，复合材料的结晶温度升高，结晶速度加快，与纯r-PET相比，缺口冲击强度提高249.3%，断裂伸长率提高17.2倍，柔韧性大幅度提高。

科研人员利用乙烯-甲基丙烯酸缩水甘油酯（E-GMA）对r-PET进行增韧改性，研究了不同螺杆转速对共混体系性能的影响。结果发现，随着E-GMA用量的增加，r-PET的缺口冲击强度逐渐增加，当E-GMA的质量分数为13.5%时，共混物的缺口冲击强度为23.5kJ/m^2，与纯r-PET的缺口冲击强度相比，提高了20多倍，达到了高韧性；通过对共混物的相形态研究发现，随着螺杆转速的增加，E-GMA在基体r-PET中均匀分散。

科研人员制备了马来酸酐接枝丁苯橡胶（SBR-g-MAH），并用于增韧改性r-PET瓶片，研究了SBR-g-MAH的用量和马来酸酐（MAH）的接枝率对r-PET性能的影响。研究结果表明，与丁苯橡胶（SBR）相比，接枝MAH后的SBR在基体r-PET中的分散性更好，界面结合更牢固，与SBR相比，SBR-g-MAH对r-PET的增韧效果更加明显，当SBR-g-MAH用量为15份时，PET/SBR-g-MAH的缺口冲击强度达到最大值，与纯r-PET相比，提高了201.39%。

科研人员采用动态硫化热塑性弹性体（TPV）增韧r-PET，并用聚丙烯接枝马来酸酐（PP-g-MAH）进行增容，考察了TPV和PP-g-MAH对r-PET的增韧和增容作用。研究发现，TPV和PP-g-MAH的加入都可以提高r-PET的缺口冲击强度，当TPV的质量分数为9.95%时，共混物的缺口冲击强度较纯r-PET提高了36.90%，结晶温度提高了2.82℃。而PP-g-MAH的加入提高了共混体系的相容性，进一步提高了共混体系的力学性能，与纯r-PET相比，当PP-g-MAH的质量分数为1.8%时，r-PET/TPV/PP-g-MAH共混体系的缺口冲击强度提高了47.02%，断裂伸长率提高了129.06%。

科研人员研究了热塑性弹性体苯乙烯-乙烯-丁烯-苯乙烯嵌段共聚物（SEBS）对r-PET的增韧情况。结果表明，SEBS对r-PET具有显著的增韧效果，随着SEBS用量的增加，共混体系的缺口冲击强度和断裂伸长率显著增加，当SEBS的质量分数为30%时，共混体系的缺口冲击强度和断裂伸长率达到最大值，分别为17.9kJ/m^2和358.3%，与纯 r-PET 相比，共混体系的缺口冲击强度提高了 280.85%，断裂伸长率提高了 183.47%；研究还发现，SEBS 与 r-PET 的相容性不好，当 SEBS 的质量分数为 30% 时，共混体系形成了共连续结构，从而发生了从应变软化到应变硬化的转变。

（2）合金化增韧改性　聚烯烃（PO）原料丰富，价格低，品种多，具有优异的物理和化学性能，采用 PO 增韧 r-PET，其性价比较高。但是，由于 r-PET 和 PO 的极性差别大，两者相容性差，采用简单的共混方式易发生相分离，很难达到理想的共混效果。因此，需对共混体系进行增容。通常于共混体系中加入带有反应性官能团的第三组分作为增容剂，经过增容改性后制得 r-PET/PO 合金材料。

1）聚乙烯（PE）增韧改性。科研人员以茂金属线型低密度聚乙烯（mLLDPE）为增韧剂，马来酸酐接枝乙烯-辛烯共聚物（POE-g-MAH）为增容剂，制备了 r-PET/mLLDPE/POE-g-MAH 复合材料，并对其性能进行了研究。结果表明，复合材料的缺口冲击强度随着 POE-g-MAH 用量的增加而逐渐增大，当 POE-g-MAH 的质量分数为 5% 时，分散相 mLLDPE 嵌入 r-PET 基体中，相界面模糊，界面黏结力增强，与纯 r-PET 相比，缺口冲击强度提高了 216.6%，断裂伸长率提高了 14.54 倍，显著地提高了 r-PET 的韧性。同时 mLLDPE 的加入也使 r-PET 的结晶温度得到提高。

科研人员比较了 SEBS 和马来酸酐接枝苯乙烯-乙烯-丁烯-苯乙烯嵌段共聚物（SEBS-g-MAH）两种增容剂对 r-PET/线型低密度聚乙烯（LLDPE）合金性能的影响。研究发现，两种增容剂对 r-PET/LLDPE 合金均有增容效果，使合金的缺口冲击强度和断裂伸长率得到提高，但 SEBS-g-MAH 比 SEBS 的增容效果更加明显。

有科研人员采用低温固相挤出技术，研究了 SEBS 增容的 r-PET/LLDPE 合金的相态结构和力学性能。结果表明，加入 SEBS 后，合金的形态结构变得更加稳定和均衡，加入质量分数为 10% 的 SEBS 后，分散相发生从球形到纤维状结构的转变；而加入质量分数为 20% 的 SEBS 后，不仅使 r-PET 和 LLDPE 的相容性得到明显提高，而且改善了 PET 的结晶性能，同时也使合金的缺口冲击强度较未加 SEBS 时提高了 93.2%。说明加入适量的 SEBS 可以有效地提高共合金的力学性能。

有科研人员研制了马来酸酐接枝高密度聚乙烯（HDPE-g-MAH），并用于增韧 r-PET 饮料瓶片，研究了 HDPE-g-MAH 对 r-PET 力学性能和微观形态的影响。结果表明，经过官能化后的 HDPE 对 r-PET 具有显著的增韧效果，当 HDPE-g-MAH 的质量分数为 20% 时，r-PET/HDPE-g-MAH 的综合力学性能最佳；与相同质量分数的 HDPE 相比，r-PET/HDPE-g-MAH 的力学性能更好，分散相粒径分布更均匀。这可能是因为 HDPE-g-MAH 中的酐基与 r-PET 的端羟基在熔融挤出过程中发生了化学反应，生成的嵌段产物增加了相界面的作用力，提高了分散相的分散性。

有科研人员采用低温固相挤出技术，以马来酸酐接枝 LLDPE（LLDPE-g-MAH）为增韧剂，增韧 r-PET。研究发现，LLDPE-g-MAH 对 r-PET 力学性能的影响很大，当 LLDPE-g-MAH 的质量分数为 30% 时，共混物的缺口冲击强度由纯 r-PET 的 4.73kJ/m^2 提高到 10.84kJ/m^2，断裂伸长率提高了 228.73%；红外分析表明，LLDPE-g-MAH 在熔融过程中与 r-PET 发生了反应，提高了共混物的相容性。

有科研人员研究了马来酸酐接枝聚乙烯（PE-g-MAH）、SEBS 和 4，4′-二苯基甲烷二异氰酸酯（MDI）对r-PET和回收高密度聚乙烯（r-HDPE）合金性能的影响。结果表明，SEBS可以提高r-PET/r-HDPE合金的缺口冲击强度；PE-g-MAH的加入改善了r-PET/r-HDPE合金的相容性，使合金的缺口冲击强度进一步提高。经过SEBS增韧后，对于质量比为30:70的r-PET/r-HDPE合金，加入质量分数为2%的PE-g-MAH后，分散相PET的粒径显著减小，合金的缺口冲击强度较未增容前提高了2倍；而对于质量比为70:30的r-PET/r-HDPE合金，加入MDI后，合金的缺口冲击强度、拉伸强度等都得到提高。

有科研人员研究了在增容剂SEBS-g-MAH存在下，LLDPE、mLLDPE及低密度聚乙烯（LDPE）对r-PET性能的影响。结果表明，共混物的性能很大程度上取决于SEBS-g-MAH的烯烃部分与PE之间的相容性，r-PET/LDPE共混物呈现出较高的冲击强度和断裂伸长率，mLLDPE和LLDPE对r-PET的增韧效果不如LDPE好，这是因为在SEBS-g-MAH存在下，LDPE在基体中呈现出良好的分散性，界面层厚度较大，界面结合牢固，受载荷时可以较好地传递应力。

2）聚丙烯（PP）增韧改性。科研人员研究了增容剂SEBS对r-PET/PP共混物的增容效果。结果表明，随着PP用量的增加，r-PET/PP共混物的缺口冲击强度逐渐增加；对于质量比为95:5和90:10的r-PET/PP共混物，加入1份SEBS增容后，其无缺口冲击强度分别提高了1.7倍和30%，随后继续增加SEBS，r-PET/PP共混物的试样冲不断。

科研人员还研究了不同分子量的PP对r-PET/PP共混物性能的影响。结果表明，未添加增容剂时，含低分子量PP的r-PET/PP（质量比为95:5）共混物的无缺口冲击强度最大；添加增容剂后，不同分子量PP的r-PET/PP共混物的无缺口冲击样条都冲不断；而添加高分子量的PP，共混物呈现较高的刚性，但却降低了共混物的模量，这是因为基体r-PET和分散相PP之间的界面作用比共混物中各组分固有的性质对材料刚性的影响更大；通过扫描电子显微镜观察发现，低分子量PP在基体中粒径较小，分散性更好。

有科研人员首先利用反应挤出技术将无规共聚聚丙烯（PPR）官能化，制成马来酸酐接枝无规共聚聚丙烯共聚物（PPR-g-MAH），再将其用于增韧r-PET，研究了r-PET/PPR-g-MAH合金的力学性能和微观形态结构。结果发现，在r-PET中加入PPR-g-MAH可以大幅度提高合金的冲击强度和拉伸强度，当PPR-g-MAH的质量分数为10%时，合金的力学性能最佳；微观结构分析表明，与PPR相比，PPR-g-MAH能进一步提高合金的相界面作用力，使分散相分散更均匀。

（3）核壳聚合物增韧改性　核壳聚合物是指由两种或两种以上单体，通过种子乳液聚合而获得的一类聚合物复合粒子。它分为软核硬壳型和硬核软壳型。用于增韧改性的核壳粒子属于前者。可以根据实际需要对核壳聚合物的表面功能特征、粒径及其分布以及化学结构和组成等进行修饰，因而被广泛应用。研究发现，核壳聚合物可以对聚合物材料同时实现增强和增韧，被广泛用作各种高分子材料的增韧剂和抗冲改性剂。常用的核壳聚合物有甲基丙烯酸甲酯-丁二烯-苯乙烯三元共聚物（MBS）等。

有科研人员采用核壳聚合物MBS增韧r-PET，研究结果表明，MBS对r-PET具有一定的增韧作用，当 MBS 的质量分数为15%时，共混材料的缺口冲击强度达到最大值，与纯 r-PET 相比，提高了72.78%。

(4) 工程塑料增韧改性　用高韧性热塑性工程塑料共混改性 r-PET，在提高 r-PET 韧性的同时可以保持相当的强度和弹性模量，改性后共混体系的综合性能优异。对于 r-PET 与此类工程塑料的共混体系，采用简单的二元共混，很难达到理想的增韧效果，解决的方法是选择合适的第三组分作为增容剂，如加入含反应性官能团的增容剂等，经过增容后的共混体系可获得较好的韧性。此类共混体系主要有 r-PET/丙烯腈-丁二烯-苯乙烯塑料（r-PET/ABS）、r-PET/聚碳酸酯（PC）、r-PET/聚酰胺（PA）等。

有科研人员以甲基丙烯酸缩水甘油酯接枝聚苯乙烯（PS-g-GMA）为增容剂，研究了 r-PET/ABS 共混体系的性能。结果表明，相对于纯 r-PET，经 ABS 增韧后，r-PET 的缺口冲击强度和断裂伸长率分别提高了54.0%和47.2%，结晶温度升高了31.22℃，结晶速度明显加快；增容剂 PS-g-GMA 的加入改善了 r-PET/ABS 共混体系两相界面的结合力，起到了良好的增韧效果，与纯 r-PET 相比，当 PS-g-GMA 的质量分数为1%时，r-PET/ABS/PS-g-GMA 共混体系的缺口冲击强度提高了72.5%，断裂伸长率提高了71.7%。

有科研人员采用自制的马来酸酐接枝 ABS（ABS-g-MAH）为增容剂，研究了 r-PET/ABS 共混体系的相容性和流变性能。研究发现，ABS-g-MAH 对 r-PET/ABS 共混体系具有较好的增容效果。相形态结构及流变性能分析表明，当 r-PET 与 ABS 的质量比为75∶25时，r-PET/ABS 共混体系发生了相反转；当 ABS-g-MAH 的质量分数为1%时，r-PET/ABS（质量比为85∶15）共混体系的力学性能最佳。

有科研人员采用反应型挤出机研究了在乙酸铈催化作用下，PC 对 r-PET 性能的影响。结果表明，乙酸铈的加入提高了 r-PET 和 PC 之间的酯交换反应程度，产物分子量增大；当乙酸铈的质量分数为0.045%时，r-PET/PC 共混体系的力学性能随 PC 用量的增加有明显提高，当 PC 质量分数为30%时，与纯 r-PET 相比，共混体系的拉伸断裂应力提高了1.5倍，简支梁无缺口冲击强度提高了4.7倍，达到了用 PC 增韧 r-PET 的目的。

有科研人员采用低温固相挤出方法，在 r-PET/PC 共混体系中加入乙烯-丙烯酸丁酯-甲基丙烯酸缩水甘油酯共聚物（PTW）。研究发现，未加 PTW 时，r-PET/PC 共混体系的冲击强度仅为8.3kJ/m^2，而加入 PTW 后，共混体系的冲击强度提高到23.11kJ/m^2，共混体系的韧性得到明显提高。这是因为 PTW 中的环氧基团可与 r-PET 和 PC 中的端基发生反应，提高了共混体系的相容性。

有科研人员以自制的恶唑啉类共聚物（OZ）为增容剂，制备了 r-PET/PA66 复合材料，研究了增容剂 OZ 用量对 r-PET/PA66 复合材料力学性能、形态结构和流变性能等的影响。结果表明，增容剂 OZ 的加入可以改善复合材料的相容性，当 PA66 的质量分数为60%、增容剂 OZ 的质量分数为5%时，复合材料的缺口冲击强度最高，综合性能与纯 PA66 相当。

有科研人员以 LLDPE-g-MAH 为增容剂，研究了 r-PET/PA6 共混体系的性能。结果发现，加入增容剂 LLDPE-g-MAH 后，共混体系的韧性和界面黏结力均明显提高，当

LLDPE-g-MAH 的质量分数为 10% 时，增容效果最好，共混体系的拉伸强度由未加 LLDPE-g-MAH 时的 16MPa 提高到 54MPa，缺口冲击强度比原来提高了 700%。

（5）扩链剂增韧改性　有科研人员采用低温固相挤出反应技术，研究了扩链剂 MDI 对 r-PET/PC/SEBS（其质量比为 72:20:8）共混体系性能的影响。研究发现，MDI 的加入起到了增容的效果，当 MDI 的质量分数由 0.7% 提高到 0.9% 时，共混体系的缺口冲击强度迅速提高，达到 57.65kJ/m^2，成为一种“超韧性”材料。这是因为一方面 MDI 可以与 PET 和 PC 反应，提高体系的分子量；另一方面，MDI 又可与 PET 的羧基、羟基和 PC 的羟基反应生成共聚物，提高体系的相容性。

有科研人员研究了扩链剂 MDI 对 r-PET/PC 共混物性能的影响。结果表明，扩链剂的加入不仅提高了共混物的分子量，而且改善了共混物间的相容性。随着 MDI 的加入，共混物的缺口冲击强度得到提高，当 MDI 的质量分数为 0.9% 时，共混物的缺口冲击强度达到 70.5kJ/m^2，与纯 r-PET 的 17.3kJ/m^2 相比，提高了 307.51%，增韧效果显著。

科研人员制备了 r-PET/LLDPE 复合材料，采用均苯四甲酸酐（PMDA）对 r-PET 进行扩链，探讨了扩链剂用量对复合材料力学性能的影响。研究发现，PMDA 可以较大幅度地提高复合材料的特性黏度，其最佳质量分数为 0.4%。当 PMDA 的质量分数小于 0.1% 时，扩链剂用量的增加对复合材料的力学性能贡献不大；当 PMDA 的质量分数为 0.1%～0.3% 时，复合材料的力学性能急剧上升。这是因为在此阶段，PMDA 与 r-PET 发生偶联反应，聚合物的分子量明显增大。

有科研人员使用同向双螺杆挤出机系统研究了扩链剂聚亚甲基二苯二异氰酸酯（PMDI）对 r-PET/LLDPE/SEBS-g-MAH（质量比为 72:18:10）共混体系的结晶性能、相态结构、热性能和力学性能的影响。结果表明，PMDI 的加入不仅降低了 PET 的结晶度，而且使得共混体系的微观结构也发生了显著的变化，同时共混体系的力学性能也得到明显的改善，当 PMDI 的质量分数为 1.1% 时，共混体系的缺口冲击强度显著提高，与未添加 PMDI 相比，提高了 120%。这主要是因为 PET 结晶度降低导致的。

5. TPV 与 PP-g-MAH 增韧改性 PET 回收料

（1）原材料与配方（质量份）

回收 PET（r-PET）	89～99.5	PP-g-MAH	0.5～3.0
动态硫化热塑性弹性体（TPV）	9～10	抗氧剂	0.5～1.0
其他助剂	适量		

试样配方（质量分数）如下：

1#试样：99.5% rPET +0.5% 抗氧剂 1010。

2#试样：89.55% rPET +9.95% TPV +0.5% 抗氧剂 1010。

3#试样：99.4% 2#试样 +0.6% PP-g-MAH。

4#试样：98.8% 2#试样 +1.2% PP-g-MAH。

5#试样：98.2% 2#试样 +1.8% PP-g-MAH。

6#试样：97.6% 2#试样 +2.4% PP-g-MAH。

7#试样：97.0% 2#试样 +3.0% PP-g-MAH。

（2）制备工艺过程 将r-PET瓶料置于塑料粉碎机中，粉碎成3mm×3mm左右的r-PET碎片，再置于电热恒温鼓风干燥箱中于（120±1）℃下干燥8h。按配方称取r-PET碎片、TPV、PP-g-MAH、抗氧剂1010，置于高速混合机中（搅拌速度为250r/min，温度为95℃）搅拌10min成混合料；将混合料置于同向双螺杆挤出机中（料筒温度分别为197℃、228℃、252℃、260℃、265℃，模头温度为262℃）熔融挤出造粒成颗粒料；将颗粒料置于注射机中（料筒温度为250～262℃，保压时间为30s）制成标准待测试样。

（3）性能 见表5-30。

表5-30 TPV对r-PET力学性能的影响

试样	拉伸强度/MPa	断裂伸长率（%）	弯曲强度/MPa	缺口冲击强度/kJ·m^{-2}
1#	52.87	25.81	68.39	3.36
2#	48.71	50.17	61.82	4.60

随着PP-g-MAH含量的增加，r-PET/TPV/PP-g-MAH共混物的缺口冲击强度呈先上升后下降的趋势，当PP-g-MAH含量为1.8%时，共混物的缺口冲击强度达到最大值4.94kJ/m^2，比2#试样提高了7.39%，比纯r-PET（1#试样）提高了47.02%。这是因为PP-g-MAH存在于两相界面处，充当了桥梁的作用，改善了r-PET与TPV两者的相容性，从而提高了共混物的缺口冲击强度。由表5-30可见，2#试样的弯曲强度为61.82MPa，比纯r-PET的弯曲强度（68.39MPa）有所下降；随PP-g-MAH含量的增加，r-PET/TPV/PP-g-MAH共混物的弯曲强度呈先上升后下降的趋势，当PP-g-MAH含量为1.8%时，共混物的弯曲强度达到最大值66.37MPa，比2#试样提高了7.36%。

表5-31为r-PET及其共混物的DSC数据。由表5-31可见，1#试样的结晶度为45.35%（最大），2#试样为36.38%（次之），5#试样为35.20%（最小）。这是因为TPV的分子链阻碍了基体材料r-PET分子链晶格的排列，而PP-g-MAH的加入降低了r-PET的结晶熔融热焓，使得r-PET的结晶完善度不高，结晶度下降。

表5-31 r-PET及其共混物的DSC数据

试样	X（%）	ΔH_m/J·g^{-1}	T_m/℃	T_{mc}/℃
1#	45.35	53.28	254.75	213.39
2#	36.38	42.75	252.42	216.21
5#	35.20	41.36	250.94	214.85

注：X—结晶度，ΔH_m—结晶熔融热焓，T_m—熔融温度，T_{mc}—熔融结晶温度。

（4）效果

1）与纯r-PET相比，加入9.95% TPV，r-PET/TPV共混物的断裂伸长率及缺口冲击强度明显提高，弯曲强度和拉伸强度略有下降，熔融温度下降2.33℃，结晶温度提高了2.82℃，成型周期缩短。

2）加入1.8% PP-g-MAH后，TPV球状粒子嵌入r-PET基体材料中，颗粒表面粗糙，r-PET与TPV相界面模糊，相容性提高，储能模量明显增大，共混物刚性增强，弯曲强度和拉伸强度有所提高。

3）与纯r-PET相比，含1.8% PP-g-MAH的r-PET/TPV/PP-g-MAH共混物的断裂伸长率提高了129.06%，缺口冲击强度提高了47.02%，柔韧性大幅度提高。

6. 环氧树脂类扩链剂改性PET回收料

（1）原材料与配方（质量份）

回收PET	70	PET新料	30
均苯四甲酸二酐（PMDA）	0.1～0.5	环氧扩链剂	0.2～0.4
其他助剂	适量		

（2）制备方法　按配方称料，投入双螺杆挤出反应挤出造粒待用。

（3）性能　均苯四甲酸二酐（PMDA）与PET回收料反应，激活了PET的端羟基，使其发生扩链反应，延长了PET的分子链长，增加了其各项性能。

加入双扩链剂在双螺杆挤出机中均匀挤出，得出平衡扭矩大小关系，见表5-32。

表5-32　双扩链剂改性后的平衡扭矩

配方编号	PMDA含量（%）	环氧扩链剂含量（%）	平衡扭矩/N·m
1#	0.2	0.2	26
2#	0.25	0.2	31
3#	0.3	0.2	35
4#	0.2	0.4	30
5#	0.25	0.4	33
6#	0.3	0.4	38

改性后所得特性黏度、黏均分子量具体数值见表5-33。

表5-33　双扩链剂改性后的特性黏度、黏均分子量

配方编号	特性黏度/（dL/g）	黏均分子量
1#	0.36	8790
2#	0.43	10917
3#	0.48	12484
4#	0.45	11539
5#	0.49	12802
6#	0.51	13442

用TGA热重分析仪分析得到分解温度、失重率数值，见表5-34。

表5-34　双扩链剂改性对分解温度的影响

配方编号	分解温度/℃	失重率（%）
1#	397.86	100
2#	398.41	100
3#	398.87	100
4#	400.47	100
5#	401.86	100
6#	403.57	100

（4）效果　PET回收料的改性关键在于热降解作用和扩链作用的大小，当热降解作用更强时，部分性能会有一定程度的下降，当扩链作用更强，可以克服热降解时，性能提高效果明显。故得出如下结论：

1）单扩链剂改性时由于热降解作用较强，虽然改性后性能有所提高，但是提升幅度较小，改性后的PET料只能用于要求较低的PET产品。

2）双扩链剂改性时，PMDA使其端羟基发生扩链，同时环氧树脂类扩链剂使r-PET端羧基发生扩链反应，增加其分子链长度，改性效果明显，性能提高幅度大。故得出双扩链剂改性法的最佳配方为0.3%的PMDA与0.4%的环氧树脂类扩链剂联用。

（二）合金化改性

1. PET/HDPE共混合金

（1）原材料与配方（质量份）

PET	100	HDPE-g-MAH	30
引发剂（二叔丁基过氧化物）	0.1～0.3	界面改性剂（IM）	0.7
其他助剂	适量		

（2）制备方法

1）聚乙烯与马来酸酐熔融接枝反应。将高密度聚乙烯（HDPE）、马来酸酐（MAH）和二叔丁基过氧化物（DTBP）按一定比例混合均匀后，在双螺杆挤出机中进行反应性挤出。螺杆转速为30r/min，1～5区的机筒温度分别为200℃、215℃、225℃、230℃、250℃。

2）共混物的制备。将HDPE或HDPE-g-MAH、PET和界面改性剂等按一定比例预先混合均匀后，在上述挤出机中进行熔融共混。螺杆转速为30r/min，1～5区的机筒温度分别为260℃、280℃、270℃、260℃、280℃，所得共混物经造粒后在SZ－160/80NB型注射成型机上注射成标准拉伸、弯曲和冲击样条。

（3）结构　从PET/HDPE（70/30，质量比）和PET/HDPE-g-MAH（70/30，质量比）两种共混物冲击断口的扫描电镜照片可以看出，HDPE在PET基体中分散性很差，HDPE颗粒大且形状不规则，粒径分布很宽，且HDPE表面光滑，与PET之间界面也很清晰，呈现典型的不相容共混体系的形态特征。当HDPE经马来酸酐接枝改性后，共混物的形态结构发生了很大变化。分散相粒径变小，一般在2μm左右，粒径分布也变窄。这说明HDPE-g-MAH改善了HDPE/PET共混体系的相容性，从而有利于HDPE在PET基体中的分散。但是，此时分散相与基体的界面仍较清晰，这可能是由于在熔融共混条件下，PET与HDPE-g-MAH发生化学反应的能力较差所致。

在PET/IM/HDPE（70/0.7/30）共混物的冲击断口的扫描电镜照片中，HDPE在PET基体中呈条状和球状两种分市，而且分散相颗粒比未加界面改性剂的PET/HDPE（70/30）相比要小得多。这主要是由于界面改性剂在PET基体中起到了扩链作用，使PET基体黏度提高并与HDPE分散相黏度相接近。根据等黏度规则，这将有利于分散相颗粒细化，HDPE在熔体流动过程中首先被变形为细长条，后断裂为数段，于是呈现出了上述分布。但由于HDPE与PET相容性极差，使分散相大小分布宽且界面黏接很差。此时的界面改性剂起到的只是扩大基体分子链的作用。

从PET/IM/HDPE-g-MAH（70/0.7/30，质量比）共混物冲击断口扫描电镜照片中可以看到，分散相大小分布较为均匀，粒径一般均小于1μm。更重要的是，此时共混物界面变得比较模糊，这应归因于界面改性剂在PET与HDPE-g-MAH之间的化学偶联反应。界面改性剂的一端与HDPE-g-MAH上的酸酐基团反应，而另一端可与PET分子链上的羟基或羧基反应，从而增强了界面黏接。

（4）性能 表5-35为PET/HDPE共混体系的力学性能测试结果。由此可以看出，分散相经马来酸酐接枝改性后，冲击强度、断裂延伸率和拉伸强度均明显提高，这归因于HDPE-g-MAH增加了PET/HDPE的相容性，改善了HDPE在PET中的分散性。另外，界面改性剂加入未经接枝改性的HDPE与PET形成的共混体系中，对共混物的力学性能也有较明显的影响，各种力学性能，特别是拉伸强度和弯曲强度均有明显提高。此时，力学性能的提高主要归因于界面改性剂在PET基体中的扩链作用。这样，它一方面通过增加基体的相对分子质量而提高了基体的力学性能，另一方面通过调节PET与HDPE黏度比而改善了HDPE在PET中的分散性，这两方面皆对共混物的力学性能有贡献。但是，无论是PET/HDPE-g-MAH体系，还是PET/IM/HDPE体系，由于体系的界面黏结均较弱，其力学性能的提高均不显著，只有当界面改性剂和HDPE-g-MAH同时存在于PET基体中时，共混物的相容性和界面黏结同时得到明显改善，从而使冲击强度和断裂伸长率显著提高，其综合性能也最好。

表5-35 PET/HDPE合金的力学性能

试样（质量比）	悬臂梁冲击强度 /(J/m²)	拉伸强度 /MPa	弯曲强度 /MPa	弯曲模量 /GPa	断裂伸长率 (%)
PET/HDPE（70/30）	15.9	42.0	44.7	1.2	18
PET/HDPE-g-MAH（70/30）	18.0	44.7	49.6	1.1	29
PET/IM/HDPE（70/0.7/30）	17.1	55.5	58.4	1.3	27
PET/IM/HDPE-g-MAH（70/0.7/30）	38.1	47.6	57.6	1.2	210

2. 线性低密度聚乙烯/甲基丙烯酸缩水甘油酯接枝物（LLDPE-g-GMA）改性PET/LLDPE合金

（1）原材料与配方（质量份）

PET	100	LLDPE	25
LLDPE-g-MAH	5~25	甲基丙烯酸缩水甘油酯（GMA）	2~5
其他助剂	适量		

（2）制备方法

1）LLDPE-g-GMA增容剂的制备。将LLDPE和一些加工助剂从反应型双螺杆挤出机的一个加料器中计量加入，GMA引发剂及链转移剂从其液相加料器中计量泵入，用反应型双螺杆挤出机在较强剪切的螺块组合、转速300r/min、温度210~230℃等条件下制得反应性增容剂 LLDPE-g-GMA。

2）LLDPE-g-GMA 合金的制备。将 PET、LLDPE、LLDPE-g-GMA 及其他助剂按配方要求在高速混合机中混合均匀，用双螺杆挤出机与较强剪切的螺块组合、温度 245～255℃等条件下制得 PET/LLDPE 合金。用注射机制备出标准试样，进行各种性能的测试。

（3）性能　表 5-36 为 PET 中加入不同量的 LLDPE 和 LLDPE-g-GMA 后其力学性能的变化。

由表 5-36 可以看出，加入少量的 LLDPE-g-GMA 可以有效地改善 PET/LL-DPE 的拉伸性能、弯曲性能和冲击强度等。这主要是 LLDPE-g-GMA 反应增容的结果，但 LL-DPE-g-GMA 的加入量过多时体系的力学性能反而变差。

表 5-36　LLDPE-g-GMA 对 PET/LLDPE 力学性能的影响

PET/LLDPE/LLDPE-g-GMA（质量比）	拉伸强度/MPa	断裂伸长率（%）	弯曲强度/MPa	弯曲模量/GPa	缺口冲击强度/J·m^{-2}
100/0/0	59.6	6	76.8	2.26	26.1
95/0/5	66.6	35	82.3	2.49	45.2
90/0/10	60.6	25	79.2	2.41	51.6
75/0/25	38.6	26	51.5	1.75	38.7
75/25/0	34.0	6	41.9	1.49	18.7
50/0/50	25.8	15	45.2	1.52	30.0
50/25/25	23.5	6	41.3	1.42	32.2

由表 5-37 可以看到，LLDPE-g-GMA 的引入使得 PET 的 T_g 和 T_m 略有上升，与引入一些低分子物质的成核剂相比有利于提高 PET 的刚性和耐热性。在刚性的 PET 分子链上引入了较为柔顺的 LLDPE 使得它的 T_{cc} 下降而 T_{mc} 升高，有利于 PET 结晶速率的提高，这对于 PET 成型加工是十分有利的，可以降低注射时的模温，并改善其力学性能。

表 5-37　LLDPE-g-GMA 对 PET/LLDPE 结晶行为的影响

项目	PET/LLDPE/LLDPE-g-GMA		
	100/0/0	75/25/0	75/0/25
玻璃化转变温度 T_g/℃	73.93	74.29	75.29
熔点 T_m/℃	251.75	253.63	252.66
冷却结晶峰温度 T_{cc}/℃	132.41	123.78	122.79
熔融结晶峰温度 T_{mc}/℃	108.80	186.60	195.58
ΔT_{cc}/℃	—	8.63	9.62
ΔT_{mc}/℃	—	−2.2	6.78
$\Delta T=(T_{mc}-T_{cc})$/℃	56.31	62.82	72.79

由表 5-38 可知，在 PET 中加入 LLDPE-g-GMA 后，其 β 转变活化能降低。这是由于它们有较好的相容性，可进行化学反应，改变相对刚性的 PET 分子链。而 PET 与 LL-DPE 的相容性较差，加入 LLDPE 后，两者有明显的相分离，其 β 转变活化能升高。可利用 LLDPE-g-GMA 作为反应性增容剂开发实用的 PET 合金。

表5-38 LLDPE-g-GMA对PET/LLDPE β转变活化能的影响

PET/LLDPE/LLDPE-g-GMA（质量比）	频率/Hz	β转变温度/℃	活化能 ΔH/J·mol^{-1}
100/0/0	0.25	−58.9	94.6
	5.0	−44.0	
75/25/0	0.25	−37.4	240.7
	5.0	−31.5	
75/0/25	0.25	−59.3	46.9
	5.0	−32.0	

（4）效果

1）LLDPE-g-GMA可以作为PET/LLDPE良好的反应性增容剂，可以有效地改善PET/LLDPE合金的力学性能，其用量为5%～10%时，可以使PET/LLDPE合金中所有力学性能均得到显著提高，冲击强度可提高1倍。

2）DSC和X射线衍射研究都表明，LLDPE-g-GMA和LLDPE都可以改善PET的结晶行为，提高结晶速率和结晶度，改善PET的加工性能。但力学性能研究表明，使用LLDPE导致了PET/LLDPE的所有力学性能降低，而使用LLDPE-g-GMA不但可以改善PET/LLDPE的加工性能，同时也提高了它的力学性能。利用此反应性增容剂可以制备一系列PET合金产品。

3）LLDPE-g-GMA的加入可有效降低PET/LLDPE合金体系的玻璃化转变活化能，但对玻璃化转变温度影响不大，对其冷结晶速率影响较大。

3. 回收PET/PC熔融共混合金

（1）原材料与配方（表5-39）

表5-39 r-PET/PC共混改性材料配方（质量份）

试样编号	r-PET	PC	MBTO	PTW
1#	70	30	0	0
2#	70	30	0.06	0
3#	70	30	0	10
4#	70	30	0.06	10

注：MBTO—酯交换催化剂单丁基氧化锡；PTW—乙烯-丙烯酸丁酯-甲基丙烯酸缩水甘油酯。

（2）制备方法 将r-PET在130℃真空干燥箱中干燥12h，PC在120℃真空干燥箱中干燥4h，MBTO及PTW在60℃真空干燥箱中干燥2h。干燥后，按表5-39中的配方进行配制。将混合后的物料通过双螺杆挤出机挤出、造粒、干燥，然后通过注射机注射得到测试试样。

（3）性能 2#、3#、4#试样的冲击强度均比1#试样的高，特别是3#、4#试样，其冲击强度分别约为1#试样的4倍和3.5倍。2#试样的拉伸强度最大，达到50.8MPa，3#、4#试样的拉伸强度均小于1#试样。2#试样的弯曲强度和弯曲模量最大。这是因为r-PET及PC均是主链含有较多苯环刚性链的高聚物，其弯曲强度和弯曲模量均较大，2#

试样加入酯交换催化剂 MBTO 后，由于 r-PET 与 PC 的酯交换作用，生成具有更多苯环的新的酯交换产物，使其弯曲强度和弯曲模量最大；3#、4#试样由于均加入一定量的增韧弹性体 PTW，致使其弯曲强度和弯曲模量均变小。

r-PET/PC 共混改性材料特性黏度［η］的计算结果见表 5-40。

表 5-40　r-PET/PC 共混改性材料特性黏度［η］的计算结果

试样编号	t_0/s	t/s	[η]/L · g^{-1}
1#	367.6	449.9	0.418
2#	367.6	459.3	0.462
3#	367.6	496.6	0.633
4#	367.6	494.5	0.623

注：t_0、t 分别表示试剂、待测溶液流经毛细管的时间。

从表 5-40 中可以看出，2#、3#、4#试样的特性黏度比 1#试样分别提高 10.5%、51.4%、49%，说明加入 MBTO、PTW 均可提高 r-PET/PC 共混改性材料的特性黏度。

（4）效果

1）加入酯交换催化剂 MBTO，可在一定程度上提高 r-PET 与 PC 间的相容性，改善 r-PET/PC 共混改性材料的力学性能，提高共混改性材料的特性黏度。

2）加入 PTW 可有效提高 r-PET/PC 共混改性材料的相容性，大大提高 r-PET/PC 共混改性材料的冲击强度，并有效提高其特性黏度。

3）同时加入 MBTO 和 PTW 时，能够提高 r-PET/PC 共混改性材料的韧性和黏度。

4）SEM 观察表明，只加入 PTW 的 r-PET/PC 共混改性材料的相容性最好，同时加入 MBTO 和 PTW 的 r-PET/PC 共混改性材料的相容性比未加 PTW 的好。

4. 环氧树脂/PET 合金

（1）原材料与配方（质量份）

聚酯瓶片（r-PET）	100	环氧树脂（EP）	0.6～1.2
分散剂	5～6	相容剂	5～10
其他助剂	适量		

（2）制备方法

1）挤出共混造粒。将 PET 在 140℃真空干燥箱中烘 12h，按不同比例与 EP 混合均匀，用双螺杆挤出机按设定的挤出温度和螺杆转速熔融共混，挤出机各段温度分别为 220℃、225℃、230℃、235℃、240℃、240℃、235℃及 230℃，机头温度为 220℃；共混物经水槽冷却后在塑料切粒机上造粒。

2）共混物注射成型。挤出造粒所得共混物颗粒在 140℃下烘干 12h 后注射成型。所用注射参数：注射机料筒前、中、后三段温度分别为 240℃、245℃及 250℃，注射机喷嘴温度为 255℃。

（3）性能　见表 5-41 和表 5-42。

表5-41 EP用量对PET的MFR的影响

PET含量(%)	EP含量(%)	MFR/g·(10min)$^{-1}$
100	0	58.5
100	0.6	20.6
100	0.8	18.3
100	1.0	24.3
100	1.2	25.6

从表5-41中可以看出，随扩链剂用量的增加，体系的熔体流动速率（MFR）从58.5g/(10min)下降到18.3g/(10min)。

表5-42 PET/EP复合材料的非等温结晶DSC分析数据

试样	熔融结晶峰温度 T_{mc}/℃	熔点 T_m/℃	熔融焓 ΔH_m/J·g^{-1}	结晶度 X（%）
纯PET	215.5	246.9	33.21	23.06
PET/0.6%EP	219.4	249.4	34.56	24.00
PET/0.8%EP	215.7	248.2	32.2	22.36
PET/1.0%EP	217.5	248.7	27.89	19.37
PET/1.2%EP	217.0	249.6	27.21	18.89

从表5-42中各配方的熔融结晶峰温度（T_{mc}）可以发现，加入EP后，PET的结晶温度均有不同程度的上升，这表示其结晶能力有所提高。聚合物的结晶过程分成核和增长两个阶段，EP促进了PET的成核能力，使结晶温度上升，结晶能力增强，且EP含量为0.6%时，PET的成核能力达到最大值。

（4）效果

1）EP的加入能大幅度提高PET的冲击强度和拉伸强度，当EP加入量为0.8%时，冲击强度达到最大值，为3.13kJ/m^2，且加工性能也得到了改善。EP是PET良好的扩链剂。

2）EP加入PET后，其结晶成核能力增强，使结晶温度上升，且0.6%的EP可以使PET的成核能力达到最大值。

（三）填充改性与增强改性

1. 玻璃纤维增强PET注射专用料

（1）原材料与配方（质量份）

PET	50～85	填充剂	0～5
玻璃纤维（GF）	10～30	增韧剂	2～6
改性剂A或B	2～7	抗氧剂	1～2

（2）制备方法

1）改性剂A的合成。改性剂A的合成工艺流程如图5-1所示。

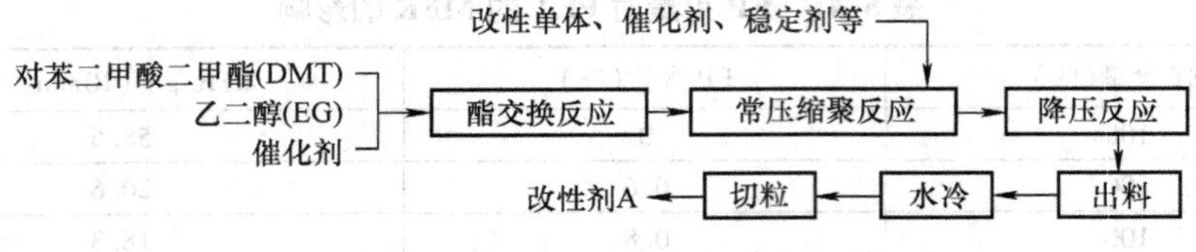

图 5-1　改性剂 A 的合成工艺流程

按一定化学计量比将 DMT、EG 及催化剂 Mg（OAc）$_2$ · 4H_2O 和 Mn（OAc）$_2$ · 4H_2O 加入反应釜，控制温度在 170 ~ 200℃进行酯交换反应。待甲醇留出量达到理论量的 95% 以上时，终止酯交换反应。此时加入一定量的改性单体、缩聚催化剂 Sb_2O_3、稳定剂等，在 215 ~ 250℃进行常压缩聚反应，留出一定量的 EG 后，在 0.5h 内将反应压力降至 133Pa 以下，控制温度在 250 ~ 260℃进行反应。当搅拌功率达到规定值时停止反应，在氮气压力下出料，水冷、切粒，得到改性剂 A。

2）注射专用料的制备。注射专用料的制备工艺流程如图 5-2 所示。

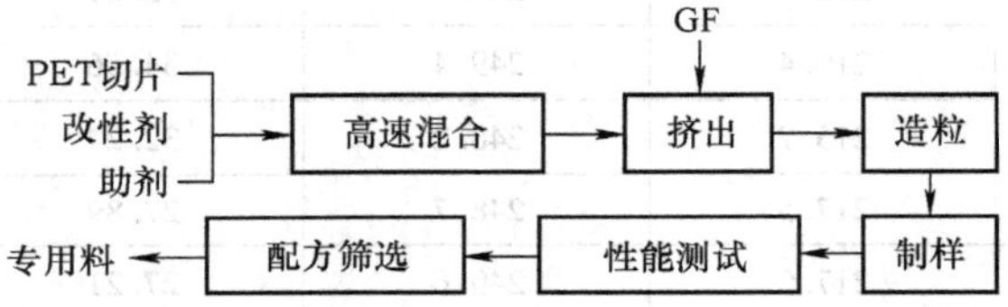

图 5-2　注射专用料的制备工艺流程

先在高速混合机内加入所列配方中的 PET 切片、改性剂和各种助剂，混合均匀后取出，配以一定比例的 GF 在双螺杆机上挤出，挤出料经水冷造粒。挤出工艺参数：塑化熔融温度为 240 ~ 275℃；喂料速度为 10 ~ 12r/min；螺杆转速为 100 ~ 120r/min；切粒速度为 300 ~ 500r/min。将所制得的专用料制成试样进行性能测试，筛选出注射专用料最佳配方。

（3）性能　IV80 PET 及其 30% GF 增强 PET 体系的 DSC 测定结果见表 5-43。

表 5-43　IV80 PET 及其 30% GF 增强 PET 体系的 DSC 测定结果

项目	IV80 PET	30% GF 增强 PET
T_g/℃	78.3	75.4
T_{cc}/℃	140.8	120.8
T_{mc}/℃	202.3	211.9
ΔH_c/J · g^{-1}	26.86	22.64
ΔH_m/J · g^{-1}	38.56	40.12
ΔH_{mc}/J · g^{-1}	36.90	36.15
T_m/℃	254.3	255.4
X_{DSC}（%）	9.96	14.87
X'_{DSC}（%）	31.4	35.77

注：T_g—玻璃化转变温度；T_m—熔点；T_{cc}—冷结晶温度；T_{mc}—熔体结晶放热温度；ΔH_c—冷结晶过程焓变；ΔH_m—熔融焓变；ΔH_{mc}—熔体结晶放热过程焓变；X_{DSC}—淬火冷却后样品的结晶度；X'_{DSC}—程序升温后样品的结晶度。

GF 含量对 PET/GF 的力学性能有较大的影响，通常 GF 含量控制在 10% ~30% 为宜。不同 GF 含量的 PET/GF 注射专用料的性能见表 5-44。

表 5-44 不同 GF 含量的 PET/GF 注射专用料的性能

项目	GF 含量（%）		
	0	10	30
拉伸强度/MPa	59.3	79.8	121.9
断裂伸长率（%）	18.8	4.2	2.4
弯曲强度/MPa	104.8	122.4	197.9
弯曲模量/GPa	3.0	3.9	8.6
冲击强度/J · m^{-2}	30.8	49.1	84.2
洛氏硬度 HRR	124.0	117.0	177.9
热变形温度/℃	78.0	101.0	178.0

由表 5-44 可知，随着体系中 GF 的增加，PET/GF 注塑料的综合力学性能得到了大幅度的提高。

表 5-45 列出了科研人员研制的含 30% GF 的 PET/GF 注塑专用料 TS30 与纯 PET、杜邦公司的 PET530、晨光化工研究院的 SD30、复旦大学的 FD30 等几种 PET 专用料的性能对比。

由表 5-45 可以看出，TS30 专用料的综合性能已达到同类产品的水平。

表 5-45 TS30 与纯 PET 及国内外同类专用料①的性能对比

项目	纯 PET	TS30	PET530	SD30	FD30
T_g/℃	78.3	57.0	56.0	71.2	65.5
T_{cc}/℃	140.8	99.7	100.7	119.3	107.3
T_{mc}/℃	202	210.2	218.2	212.9	218.0
T_m/℃	254.3	253.7	254.5	256.1	253.7
拉伸强度/MPa	59.3	121.9	119.0	120.0	128.0
断裂伸长率（%）	18.8	2.4	2.8	2.6	2.5
弯曲强度/MPa	104.8	197.9	193.3	170.4	—
弯曲模量/GPa	3.00	8.60	8.96	11.41	—
冲击强度/J · m^{-2}	30.8	84.2	85.2	62.3	128.0
洛氏硬度 HRR	124.0	117.9	115.0	117.0	—
热变形温度/℃	78.0	178.0	196.0	74	—

① 增强 PET 的 GF 含量均为30%。

由表 5-45 可知，TS30 的 T_g 下降到 57℃，冷却结晶峰温度由 140℃ 降到 99℃，说明 TS30 的结晶速度明显提高，注射模温可控制在 80 ~100℃。

由于 DSC 测试样品是从注射制品的不同部位截取的（即工艺试验法），因此所获得的数据对 PET 注射加工具有实际应用价值。

（4）效果

1）研制的 PET/GF 注射专用料的结晶速率明显提高，冷却结晶温度下降，结晶温度范围变宽，这有助于降低模具温度，缩短生产周期，提高制品质量。

2）经实测性能对比，TS30 注射专用料达到国内外同类专用料的综合性能指标。

3）用工艺试验法对 PET/GF 注射专用料的结晶性能进行了考察，获得的数据对 PET 的注射加工具有实际应用价值。

2. 玻璃纤维增强改性 PET 阻燃料

（1）原材料与配方（质量份）

PET	100	玻璃纤维	30
十溴联苯醚	6～7	三氧化二锑	2～3
滑石粉	0.1～1.0	硅烷偶联剂	1～2
其他助剂	适量		

（2）工艺流程　研制增强、阻燃 PET 的工艺流程如下：

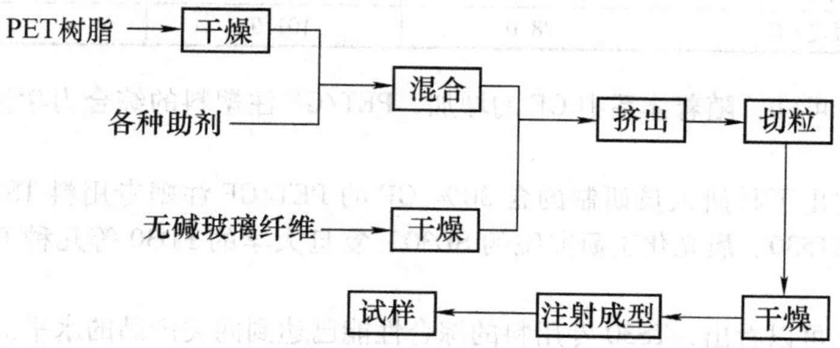

（3）性能　表 5-46 列出了玻璃纤维含量对 PET 性能的影响。由表 5-46 可知，随着玻璃纤维含量的增加，PET 的拉伸强度、弯曲模量、缺口冲击强度和热变形温度都得到明显的提高，同时断裂伸长率减小。当玻璃纤维含量达 30% 时，冲击强度和热变形温度变化趋缓，因此在权衡性能与加工两方面的情况下，玻璃纤维含量以 30% 为宜。

表 5-46　玻璃纤维含量对 PET 性能的影响

性能	玻璃纤维（经处理）含量（%）					
	0	10	15	20	30	45
拉伸强度/MPa	54	78	96	106	122	143
断裂伸长率（%）	3.8	3.4	3.0	2.8	2.5	1.9
弯曲模量/GPa	1.9	3.2	4.6	6.0	8.5	10.5
缺口冲击强度/J · m^{-2}	23	52	68	75	88	95
热变形温度/℃	83	120	190	205	230	232

表 5-47 为 PET 与 30% 玻璃纤维含量的 PET 的 DSC 测试结果。由表 5-47 中的数据可知，加入 30% 玻璃纤维后，对树脂的冷却结晶峰温度、熔融峰温度均无明显影响，但冷却结晶热焓明显增大，说明玻璃纤维的加入促进了 PET 的结晶。

表 5-47　PET 及含 30% 玻璃纤维的 PET 的 DSC 数据

样品	玻璃纤维含量（%）	结晶温度/℃	热焓/J · g^{-1}	熔融温度/℃
1	0	131	27.0	259
2	30（未处理）	130	30.6	256
3	30（经偶联剂处理）	130	31.0	256

表5-48给出了不同玻璃纤维含量的树脂体系的缺口冲击强度。由表5-48中的数据可知，2号样与3号样玻璃纤维含量相同，但缺口冲击强度远低于3号样，只比纯PET树脂的缺口冲击强度略高，说明未经偶联剂处理的玻璃纤维几乎无增强效应。可见，玻璃纤维是否处理及处理的程度对材料的物理力学性能起着关键性的作用。

根据PET树脂易吸水、加工温度高、范围窄、难以加工的特点，选择十溴联苯醚和三氧化二锑，利用其协效阻燃作用组成复配阻燃体系。因为十溴联苯醚的热稳定性好、熔点高（>300℃），且含溴量高（达83%）、与PET相容性较好，故阻燃效果比较好。

表5-48 玻璃纤维含量及表面处理对缺口冲击强度的影响

样品	玻璃纤维含量（%）	缺口冲击强度/J·m^{-2}
1	0	23
2	30（未处理）	33
3	30（经偶联挤处理）	88

十溴联苯醚与三氧化二锑复配使用，一则利用三氧化二锑的较强协同效应，二则可以减少十溴联苯醚添加量而不降低阻燃效果。这主要是十溴联苯醚中的溴与三氧化二锑生成了阻燃作用大的$Sb_2O_5Br_2$所致。表5-49为十溴联苯醚单独使用和与三氧化二锑复配使用使PET达自熄点所需阻燃剂含量。

表5-49 十溴联苯醚单独使用与复配使用使PET达自熄点所需阻燃剂含量

材料	十溴联苯醚	三氧化二锑+十溴联苯醚
PET	15	2+9
增强PET	10	2+6.5

PET中添加适量的滑石粉作为其成核剂，可促进结晶作用，但其粒径必须在1μm左右。滑石粉的加入增加了PET结晶度，有利于改善它的成型加工性能。通过试验发现，滑石粉添加量在0.5份为宜。

由表5-50可以看出，玻璃纤维、十溴联苯醚和三氧化二锑阻燃剂、滑石粉均能起到成核剂的作用。其中，滑石粉的异相成核倾向比玻璃纤维强。

表5-50 填料对PET复合材料结晶性能的影响

样品	玻璃纤维含量（%）	滑石粉含量（%）	溴阻燃剂含量（%）	锑阻燃剂含量（%）	吸热峰温度T_{gc}/℃	放热峰温度T_{mc}/℃
纯PET	—	—	—	—	131	259
改性PET	—	—	—	—	—	—
1	30	—	—	—	130	256
2	30	—	6.5	2	127	252
3	—	30	6.5	2	119	243

根据以上的分析，研制的增强、阻燃PET工程塑料的配方见表5-51。

表 5-51　增强、阻燃 PET 工程塑料的配方（质量份）

原料	PET	玻璃纤维	溴阻燃剂	锑阻燃剂	滑石粉
用量	63	30	6.5	2	0.5

增强、阻燃 PET 的成型加工性能：PET 的冷却结晶温度较高，在 130℃左右，所以 PET 树脂的结晶行为对注射时模具的温度、加工周期有很大影响。研制的增强、阻燃 PET 工程塑料通过注射制品，发现该料具有较好的成型加工性，可在较低的模温下成型制品，且成型周期较短，制品外观良好。

（4）效果

1）加入适量的经表面处理的玻璃纤维有利于提高 PET 的力学性能。

2）加入十溴联苯醚与三氧化二锑组成的复配阻燃剂并对其进行适当的处理有利于提高 PET 的阻燃性能。

3）加入适量的滑石粉有利于提高 PET 的结晶速率，改善加工性能。

4）以 63 份 PET、30 份玻璃纤维、6.5 份十溴联苯醚、2 份三氧化二锑和 0.5 份滑石粉可制成增强、阻燃 PET 工程塑料。

5）增强、阻燃 PET 材料能广泛用于电子、电气、汽车和机械部件等方面。

3. 玻璃纤维增强 PBT/PET 合金

（1）原材料与配方（质量份）

PET/P8T（60/40）	64	玻璃纤维	30
增韧剂（乙烯-甲基丙烯酸甲酯-丙烯酸缩水甘油酯三元共聚物-AX8900）	5.0	其他助剂	适量
成核剂	1.0		

（2）制备方法　按配方中的质量比称重，将所有物料经高速混合机混合均匀后，由双螺杆挤出机挤出造粒，同时玻璃纤维由侧喂料口加入，并通过调整主喂料频率与螺杆转速控制玻璃纤维含量为 30%。增强共混物粒子干燥后，注射成标准试样。各区温度设置范围为 240～270℃，螺杆转速为 320r/min。

（3）性能　固定 PBT/PET 比例为 60/40，玻璃纤维含量为 30%，成核剂含量为 1%，另外外加 5% 的增韧剂，考察不同种类的增韧剂对 PBT/PET 材料性能的影响，结果见表 5-52。

表 5-52　不同种类的增韧剂对增强 PBT/PET 共混物性能的影响

项目	无增韧剂	POE-g-MAH	EMA	AX8900
拉伸强度/MPa	125	110	119	128
弯曲强度/MPa	180	158	177	189
悬臂梁缺口冲击强度/kJ · m^{-2}	8.3	11.9	14.0	15.1
热变形温度/℃	193	187	190	195
注射外观	良好	不良	良好	优

由表5-53可知，POE-g-MAH、EMA及AX8900三种增韧剂中，POE-g-MAH的增韧效果最差，虽然可稍稍提高材料的韧性，但对拉伸和弯曲强度及耐热性能降低比较大。AX8900的增韧效果较好，除了可以大大提高材料的韧性，对强度及耐热性能降低不大，甚至有少许提高，这是因为AX8900作为一种含缩水甘油基的丙烯酸类三元共聚物，与PBT/PET基体具有化学键的作用，与体系相容性更高，所以增韧效果更好。

（四）纳米改性

1. 纳米蒙脱土改性PET

（1）原材料与配方　见表5-53。

表5-53　PET/MMT纳米复合材料配方

试样	配比		
	有机MMT（质量份）	MABS（质量份）	增容剂（质量份）
1#	0	5	0
2#	0	10	0
3#	0	20	0
4#	0	19	1
5#	0	18	2
6#	1	20	0
7#	3	20	0
8#	5	20	0
9#	3	19	1
10#	3	17	3
11#	3	15	5
12#	1	18	2

注：PET为100份。MMT—蒙脱土；MABS—甲基丙烯酸甲酯/丙烯腈/丁二烯/苯乙烯四元共聚物。

（2）制备方法　将PET在120℃真空干燥48h，有机MMT于80℃真空干燥6h，然后按表5-53中的配比分别加入高速混合机搅拌混合后，用双螺杆挤出机共混造粒。粒料在120℃下干燥12h后，用注射机在注射压力50MPa、机筒温度250~260℃、注射时间2s的条件下注射成标准试样。拉伸和热变形试样的保压时间为25s，冲击和弯曲试样的保压时间为15s。制得的试样在室温放置24h后用于性能测试。

（3）性能分析

1）PET/MMT纳米复合材料的力学性能。PET/MMT纳米复合材料的力学性能见表5-54。

表5-54　PET/MMT纳米复合材料的力学性能

试样	拉伸强度/MPa	断裂伸长率（%）	弯曲强度/MPa	弯曲模量/GPa	缺口冲击强度/J·m^{-2}
1#	50	140	105	1.76	23
2#	47	230	80	1.58	104
3#	45	240	69	1.38	316
4#	45	400	71	1.39	335

（续）

试样	拉伸强度/MPa	断裂伸长率（%）	弯曲强度/MPa	弯曲模量/GPa	缺口冲击强度/J · m^{-2}
5#	43	440	68	1.48	388
6#	45	150	78	1.60	103
7#	49	110	65	1.55	65
8#	48	30	77	1.55	32
9#	46	27	75	1.62	65
10#	43	37	73	1.58	90
11#	43	47	66	1.43	108
12#	42	25	72	1.50	148

由表 5-54 中 1# ~ 2#试样可看出，随着 MABS 含量的增加，材料的冲击强度显著提高。特别是当 MABS 的含量达到 20 份时，共混物的冲击强度达到了 316J/m^2。这可以解释为，当弹性体 MABS 含量较少时，材料受到外力作用，弹性体 MABS 引发的银纹和剪切带不能被有效地阻止，发展成破坏性裂纹而导致材料破坏。当 MABS 的含量增加到 20 份时，弹性体 MABS 产生的应力场相互交叠，引发的银纹和剪切带能够被有效地阻止和转向，材料的冲击强度得以大幅度提高。从 1# ~ 3#试样的其他力学性能来看，随着 MABS 含量增加，材料的拉伸强度小幅度降低，断裂伸长率显著提高，弯曲强度与弯曲模量都呈降低趋势。

对于 MABS 含量相同、MMT 含量不同的 6# ~ 8#试样，随着 MMT 含量的增加，拉伸强度、弯曲强度和弯曲模量变化不大，缺口冲击强度和断裂伸长率则逐渐降低。其原因可能是 MMT 含量增加，其在基体中的分散性变差，且与弹性体的相容性差引起的。

与不含增容剂的 3#试样相比，4#和 5#试样的韧性和断裂伸长率都有了大幅度的提高。9#、10#、11#试样中均含有 3 份的有机 MMT，随着增容剂含量的增加，材料的韧性呈上升趋势，但拉伸强度、弯曲强度和弯曲模量有小幅度降低。这可能是由于反应性增容剂中环氧基团与 PET 及 MMT 中有机处理剂发生了化学反应，提高了共混物的相容性，改善了界面粘接性，从而改善了复合材料的冲击性能。

2）PET/MMT 纳米复合材料的结晶性能。PET 为半结晶性高聚物，分子链刚性大导致其结晶速率缓慢。在制备工程塑料时，以 PET 为基体的复合材料的结晶性能对其力学性能有较大影响，利用 DSC 考察了不同共混物的结晶行为，所得数据见表 5-55。弹性体 MABS 对共混体系冷结晶温度影响不大，而 MMT 的加入降低了冷却结晶峰温度（T_c），弹性体和 MMT 都降低了体系的结晶熔融峰温度（T_m），MMT 和增容剂都提高了共混物的热结晶峰温度（T_{mc}）。从结晶度一栏可以看出，PET 在共混体系中的结晶度较纯 PET 有所降低，但是随着弹性体 MABS 含量的增加，PET 在共混体系中的结晶度又逐渐提高；加入 MMT 后的三相体系中 PET 结晶度也呈上升趋势，并且比两相体系高。随着增容剂的加入，PET 的结晶度较其他共混体系有了很大提高。

表 5-55　PET/MMT 纳米复合材料的结晶性能

试样	T_c/℃	ΔH_c/J · g^{-1}	T_m/℃	ΔH_m/J · g^{-1}	T_{mc}/℃	ΔH_{mc}/J · g^{-1}	X_c（%）
PET	122.25	15.24	257.13	-42.15	188.73	53.59	20.05
1#	124.60	22.50	243.32	-31.51	193.40	44.65	7.04
2#	126.68	20.71	243.28	-31.85	189.16	37.33	9.14
3#	125.76	19.83	243.97	-30.34	188.69	34.68	9.40
6#	122.44	19.88	245.40	-30.06	193.90	41.44	8.43
7#	118.18	20.43	244.36	-31.03	195.95	38.70	9.70
8#	117.38	19.80	244.96	-32.23	199.14	40.67	11.58
11#	121.15	15.52	256.18	-40.40	200.08	34.56	22.81
12#	122.06	21.56	256.60	-41.50	198.79	42.15	17.98

注：ΔH_c—冷却结晶焓；ΔH_m—熔融焓；ΔH_{mc}—热结晶焓；X_c—PET 的结晶度。

（4）效果

1）测试结果表明，用熔融共混法可制备 PET/MMT 纳米复合材料，当有机 MMT 含量为 1% 时，有较好的分散效果。

2）弹性体 MABS 的加入使 PET 韧性显著提高，并随着弹性体含量的增加呈上升趋势；随着蒙脱土含量的增加，材料的韧性呈下降趋势，而拉伸强度、弯曲强度和弯曲模量变化不大；在共混体系中加入增容剂可以改善弹性体、蒙脱土与 PET 基体的相容性，提高了材料的韧性。

3）弹性体和蒙脱土使 PET 在共混体系中的结晶度降低，增容剂的加入可提高复合材料的结晶性能。

2. 纳米 TiO_2 改性 PET

（1）原材料与配方（质量份）

PET（HVPET）	100	纳米改性剂 TiO_2	3.0
大分子分散剂	适量	其他助剂	适量

（2）制备方法　采用两步熔融共混法制备 PET/纳米 TiO_2 复合材料。先将 PET 树脂在 140℃ 真空烘箱中干燥 12h。将干燥好的 PET 树脂、大分子分散剂、纳米 TiO_2 按一定质量比在高速搅拌机中混匀，再用双螺杆挤出机熔融共混造粒，制得母料。将母料干燥后与 PET 树脂混匀，于同样条件下在双螺杆挤出机中熔融共混造粒。机筒各段温度分别为 250℃、255℃、270℃、265℃（机头），螺杆转速为 150r/min。所得粒料经再次干燥后在注射机上注射成标准试样。

（3）结构分析　为了进一步研究纳米 TiO_2 对 PET 的增韧机理，用 SEM 对纯 PET 以及 PET/纳米 TiO_2（100/1）复合材料的冲击断面形貌进行了分析观察，从图中可看出，PET 试样的断面比较光滑；而复合材料的冲击断面粗糙，存在明显的层状滑移，在裂纹扩展方向出现抛物线状和等轴韧窝，呈现出明显的韧性断裂特征。进一步观察发现，断面存在较多微裂纹，裂纹边缘呈现明显的应力发白现象，即基体发生了剪切屈服与塑性变形。这些都说明在裂纹扩展过程中伴有能量的耗散而发生钝化，从而使冲击强度提高。

（4）性能　填充纳米 TiO_2 后体系的黏流活化能增加。聚合物的黏流活化能反映了熔体黏度对温度的敏感性，它随着分子链刚性的增强而增加。由此可知，纳米粒与聚合物基体良好的界面结合会降低聚合物分子链的柔顺性而增强其刚性，从而也使其流动的活化能增大。这说明 PET/纳米 TiO_2 复合材料的剪切黏度较之 PET 下降的同时，其熔体黏度对于温度的敏感性也增加。

材料的拉伸屈服强度和断裂强度均随纳米 TiO_2 含量的增加而提高。在 TiO_2 含量为3%时，材料的屈服强度由纯 PET 树脂的48.1MPa 提高到56MPa，断裂强度由46MPa 提高到54.5MPa，提高幅度都在25%左右，说明纳米 TiO_2 对 PET 起到了明显的增强作用。这是由于纳米粒子尺寸小、比表面积大，表面的物理和化学缺陷多，因而与高分子链发生物理和化学结合的机会多，在拉应力的作用下，两者之间较好的粘合使得模量较高的无机刚性粒子与基体树脂一起移动变形，从而使复合材料的强度高于纯 PET 树脂。随着纳米 TiO_2 含量的增加，在保持良好分散状态的情况下，纳米粒子与基体结合的界面更多，承受外界负荷的有效截面面积也增加，从而强度会继续提高。

当纳米 TiO_2 含量为1%时，复合材料的冲击强度较纯 PET 树脂有所提高，上升了15%左右，达到最大值。与此同时断裂伸长率也增加到最大。但在纳米 TiO_2 含量继续增加后，复合材料的缺口冲击强度与断裂伸长率均降低。纳米 TiO_2 在 PET 基体中的增韧作用可能来自两个方面。一方面经过表面处理的纳米 TiO_2 与基体形成良好界面结合的柔性过渡层，在基体受外力冲击时可以转移和分散应力，从而提高了 PET 的断裂伸长率及冲击强度；另一方面，由于纳米粒子尺寸小、比表面积大，粒子与基体的接触面积也很大，当材料受外力冲击时会产生比一般填料存在时更多的微裂纹，耗散更多的冲击能，可以阻止和钝化裂纹的进一步扩展，达到增韧的目的。但若纳米 TiO_2 含量进一步增大，分散在基体中的粒子过于接近，微裂纹易发展为宏观开裂，体系的冲击性能变差。

（5）效果

1）在 TiO_2 含量较低时，PET/纳米 TiO_2 复合材料的熔体黏度低于纯 PET 树脂，加工性能有所改善；在保证良好分散状态的条件下，随填料含量的增加，其黏度进一步降低。

2）PET/纳米 TiO_2 复合材料熔体流动曲线的形状较纯 PET 树脂有明显变化。在较低和较高剪切速率区，体系的黏度随剪切速率的变化趋于平缓；而在中等剪切速率区，其流动行为仍表现为假塑性流体的特性。

3）在纳米 TiO_2 含量较低时，纳米 TiO_2 可以对基体产生一定的增韧增强作用。含量为3%时复合材料的拉伸屈服强度和断裂伸长率都较纯 PET 树脂增加约25%；含量为1%时材料的缺口冲击强度增加约15%，而在较高含量下纳米 TiO_2 对 PET 的韧性损害较为明显。

4）对 PET/纳米 TiO_2 复合材料的冲击断面形貌观察发现，纳米 TiO_2 对 PET 基体的增韧作用主要是通过增强基体在受到冲击时发生剪切屈服和塑性变形、钝化裂纹扩展来实现的。

3. 纳米滑石粉改性废旧PET

（1）原材料与配方（质量份）

编号	r-PET	纳米滑石粉	微米滑石粉	
		500nm	1.4μm	7μm
r-PET	100	0	0	0
PETN-05-01	99	1	0	0
PETN-05-05	95	5	0	0
PETN-05-10	90	10	0	0
PETN-05-15	85	15	0	0
PETN-14-01	99	0	1	0
PETN-14-05	95	0	5	0
PETN-14-10	90	0	10	0
PETN-14-15	85	0	15	0
PETN-70-01	99	0	0	1
PETN-70-05	95	0	0	5
PETN-70-10	90	0	0	10
PETN-70-15	85	0	0	15

（2）制备方法

1）熔融增黏反应。

① 挤出扩链法：先将r-PET在140℃的温度下干燥4h，然后加入一定量的均苯四甲酸二酐（PMDA），高混机混合均匀，经挤出机挤出造粒。设定料筒1~6段温度分别为245℃、250℃、255℃、255℃、255℃和260℃（机头），螺杆转速为50r/min。

② 混合扩链法：设定转矩流变仪料温为260℃，转速为50r/min，达到预设温度后，加入一定量的干燥r-PET，待扭矩变化相对稳定后，再按比例加入扩链剂，观察扭矩变化，直到扭矩不再增大后，结束试验，取出试样。

2）纳米滑石粉的制备。将滑石粉原料（1250目）、水以及六偏磷酸钠按一定比例混合均匀后，加入砂磨机中，再按照一定的球料比加入氧化锆研磨介质，调节转速研磨30min，将研磨后的粉体浆液经过滤、干燥和气流粉碎即得纳米滑石粉。

3）r-PET/滑石粉纳米复合材料的制备。按配方中的质量百分比准确称量各原料组分，将增黏后的r-PET基体（120℃、干燥12h），与干燥的滑石粉、抗氧剂等在高速搅拌机中混匀，从双螺杆挤出机主加料斗加入。挤出温度的设定范围为240~280℃，螺杆转速为160r/min。挤出物经水冷、风干、切粒后，得到粒料，在烘箱中120℃、干燥12h后用压板机热压成测试样条。

（3）性能与效果　以PMDA为扩链剂，对r-PET进行化学扩链改性，熔融增黏过程中的扭矩，特性黏度等的影响，获得了r-PET扩链改性的最佳条件。结果表明，随着PMDA含量的增加，PET的特性黏度存在先升后降的趋势。当PMDA用量为0.5%时，PET的特性黏度达到最大值。在此基础上，将增黏后的r-PET与物理研磨法制备的纳米滑石粉通过熔融复合，获得了r-PET滑石粉纳米复合材料。力学性能测试表明，纳米滑石粉比微米滑石粉能更有效地提高复合材料拉伸和弯曲强度。DSC 研究表明，纳米滑石粉的添加起到了成核剂的作用，r-PET 的结晶峰呈现向高温移动的趋势。

（五）功能改性

1. PET 阻燃改性简介

（1）共混阻燃 PET　共混阻燃 PET 复合材料通常是添加一种高效阻燃剂，并通过对其表面进行处理等方法，改善其在聚合物基体中的相容性等，制得具备高效阻燃性能的复合材料；或是添加一种主阻燃剂，再添加其他辅阻燃剂与 PET 熔融共混，多种组分间协同作用，综合提高 PET 复合材料的阻燃性能。按照阻燃剂主体成分可分为无机添加型阻燃剂和有机添加型阻燃剂。

1）无机添加型阻燃剂。

① 碳微球（CMS）类。CMS 是一种球形碳材料，它是由沥青类化合物在高温下处理时发生相转变而产生的。CMS 根据制备方法的不同，可以得到含氧官能团较为丰富的活性碳微球和官能团较少的惰性 CMS。当 CMS 表面的含氧官能团较多时，比较容易将一些功能性小分子通过反应链接到上面，在功能化材料添加剂领域具备很大优势。高度石墨化的 CMS 本身具有一定的阻燃性，还能将一些阻燃小分子接到 CMS 表面，可以提高复合材料的阻燃性能。

科研人员选取 CMS 和中间相 CMS（MCMS）作为阻燃剂，分别与 PET 复配制备 PET/CMS 和 PET/MCMS 复合材料，CMS 和 MCMS 的存在能提高纯 PET 的热稳定性，但 CMS 对 PET 的阻燃效果较 MCMS 更好。当 CMS 质量分数为 1% 时，PET/CMS 复合材料的极限氧指数（LOI）为 34.57%，同含量时，PET/MCMS 复合材料的 LOI 仅为 30.10%。但与 CMS 相比，MCMS 与 PET 的相容性较好，加工难度低，制得的复合材料的综合性能较 PET/CMS 复合材料好。

有科研人员通过原位聚合法制备了微胶囊包覆 CMS（MCMSs），并将其与 PET 熔融共混制备了阻燃复合材料。结果表明，在 MCMSs 表面包覆的 PET 层厚度约为 50nm，它的存在令 MCMSs 在 PET 基体中具有良好的相容性，能在 PET 基体中均匀地分散。同时，MCMSs 与 PET 界面结合较好，复合材料有较好的力学性能。当 MCMSs 质量分数为 1% 时，复合材料的 LOI 从 21.0% 提高到 27.3%，并能通过 UL94 V-0 等级测试。

② 碳纳米管（CNTs）类。CNTs 是一维碳纳米材料，最初主要被用于研究其对高分子材料的电性能和力学性能的影响，自 2002 年 Beyer 提出其在聚合物阻燃方面的作用后，人们对 CNTs 在聚合物阻燃材料中的应用进行了一系列的研究。

有科研人员研究了多壁碳纳米管（MWCNTs）在 PET 阻燃材料中的应用。他们将 PET 与 MWCNTs 分别与液态双酚 A 双（磷酸二苯酯）（BDP）先进行预混合，然后再将预混合物混合在一起，在 280℃ 下熔融挤出，制得阻燃粒料，能大大提高 MWCNTs 在 PET 基体中的分散性。通过调整 MWCNTs 和 BDP 的比例可以看出，当 MWCNTs 和 BDP 的质量分数分别为 5% 和 7% 时，阻燃材料的 LOI 从 20.6% 提高到 25.2%，UL94 等级达到 V-0 级，并且没有熔滴产生。MWCNTs 和 BDP 能起到很好的协效作用，制得的阻燃材料在燃烧时能形成致密的网状炭层，减少了热量的传导和气体的逸出。更重要的是，该阻燃材料还具有良好的电性能。

③ 多面体低聚倍半硅氧烷（POSS）类。POSS 主要有无规、梯形、部分笼形和笼形几种结构，其中引用在高分子材料中的一般是指笼形结构的 POSS。POSS 在燃烧时能形成硅氧化合物并迁移到熔融聚合物熔体的表面，形成有较高热稳定性的保护层，具有一定的阻燃作用。

有科研人员通过锥形量热仪研究了三种不同的 POSS 分别与次磷酸锌共同作用时对 PET 阻燃性能的影响。三种 POSS 分别是八甲基-POSS（OM-POSS）、八乙烯基-POSS（FQ-POSS）和十二苯基-POSS（DP-POSS）。研究结果表明，当次磷酸锌的质量分数为 9% 时，仅添加质量分数为 1% 的 POSS 就能够使 PET 阻燃材料燃烧时的热释放速率明显下降，且次磷酸锌能抑制 CO 的产生，大大地降低了 PET 阻燃材料的火灾危害。但三种 POSS 中只有 DP-POSS 能较大幅度减少 PET 阻燃材料燃烧过程中的总热释放量。

④ 蒙脱土（MMT）类。MMT 是一类由纳米级厚度的表面带负电荷的硅酸盐片层依靠层间的静电作用堆积在一起形成的土状矿物。MMT 具有表面极性大、阳离子交换能力强等特性，通过有机改性改变 MMT 表面的高极性，增大其与聚合物的相容性，使其能在聚合物中均匀地分散，能提高复合材料的热稳定性，同时，可引入含阻燃元素的有机物，使复合材料具有一定的阻燃作用。

有科研人员将六氯环三磷腈接到 MMT 上制得改性蒙脱土（HCCP-OMMT），加入 PET 中制备阻燃复合材料。结果表明，当 HCCP-OMMT 质量分数为 3% 时，不论是在空气气氛下，还是在氮气气氛下，PET/HCCP-OMMT 复合材料的热稳定性都有明显的提升。材料的 LOI 可提高到 31.5% 且能通过 UL94 的 V-0 等级测试。HCCP-OMMT 的存在能在复合材料燃烧受热时抑制 PET 的降解。环三磷腈和 MMT 均能在燃烧形成的残渣中被检测到，它们是热稳定炭层的重要组成部分，有效地隔绝了材料燃烧产生的热量。

⑤ 硼酸锌类。硼酸锌是一种环保型无机阻燃剂，它还能作为抑烟剂使用。硼酸锌一般通过促进炭层的形成和提高炭层的密度来提高聚合物的阻燃性能。

有科研人员在氧化锌和硼酸的反应过程中添加不同浓度的水溶性表面活性剂聚（苯乙烯-co-顺丁烯二酸酐）（PSMA），制得不同颗粒尺寸的硼酸锌。然后将这种表面活性剂改性的硼酸锌用于 PET 的共混阻燃改性，制得 PET 阻燃复合材料。结果表明，改性后的硼酸锌脱去第一个化合水的温度提高到 300℃，并能提高 PET 的阻燃性能，其 LOI 从 22.5% 提高到 26%。因为改性后的硼酸锌不易团聚，与 PET 基体的相容性增强，因此在 PET 燃烧过程中能更有效地促进炭层的产生，阻碍火焰的蔓延。

2）有机添加型阻燃剂。

① 烷基次磷酸盐类。烷基次磷酸盐是一种成炭有机磷系阻燃剂，其结构中缺少 P—O—C 键有助于提高水解稳定性，且由于烷基金属盐金属阳离子的存在可以防止阻燃剂挥发损失和污染环境。烷基次磷酸盐类阻燃产品阻燃效率高，对材料力学性能的影响小。

有科研人员以磷系阻燃剂 2-羧乙基苯基次磷酸（CEPP）和 NaOH 为原料，合成 2-丙酸钠苯基次磷酸钠（CEPP-Na），并与 PET 共混制得阻燃复合材料。合成的 CEPP-Na 与 PET 基体的相容性良好，避免了直接使用 CEPP 带来的降解问题。CEPP-Na 能促进 PET 在燃烧过程中形成稳定炭层，当 CEPP-Na 质量分数为 15% 时，阻燃 PET 复合材料的 LOI 为 28.5%，且 UL94 达到 V-0 级。但复合材料的热稳定性略有降低。

有科研人员通过纳米 Sb_2O_3 与二乙基次磷酸铝协同作用，明显改善了 PET 的阻燃性能。当阻燃剂质量分数为 10%、二乙基次磷酸铝与纳米 Sb_2O_3 的配比为 8:2 时，PET 复合材料的 LOI 达到 33.6%，阻燃性达到 UL94 V-0 级，且材料燃烧时不产生熔滴。纳米 Sb_2O_3 不但能促进炭层的形成，还能改变二乙基次磷酸铝的热降解行为，与二乙基次膦酸铝的降解产物反应，形成稳定的炭层，阻止火焰随熔滴蔓延。

② 环三磷腈类。环三磷腈是一种新型有机磷系阻燃剂骨架材料，具有稳定的六元环共轭结构，因此具有良好的热稳定性。同时其侧基活性较高，易于通过侧基的反应制备其衍生物，有针对性地改善其性能。

科研人员以含硅和硼元素的物质改性六氯环三磷腈（HCCP），制备环三磷腈衍生物（HCCP-Si-B），当阻燃剂 HCCP-Si-B 的添加量仅为 1% 时，就能使 PET 的 LOI 达到 30% 以上，同时阻燃性达到 UL94 V-0 级，HCCP-Si-B 的添加能促进 PET 基材脱水炭化，同时生成的氨气不但可以稀释可燃性气体的浓度，还能将炭层吹胀，形成多孔膨胀炭层，提高炭层的隔热性，进而提高复合材料的阻燃性能。

科研人员研究了 PET/环三磷腈/硅树脂复合材料的阻燃性能和抗熔滴性能。其中，环三磷腈为六（P-羟甲基苯氧基）环三磷腈（PN6），硅树脂为聚（2-苯丙基）甲基硅氧烷（PPPMS）。研究结果表明，PN6 和 PPPMS 的存在能在 PET 燃烧过程中促进炭层的形成，形成的炭层致密稳定，能抑制材料熔滴的形成。通过对炭层进行观察，硅元素主要聚集在炭层表面，是致密炭层的主要组成部分。

科研人员研究了六（4-硝基苯氧基）环三磷腈（HNCP）与马来酸酐接枝的热塑性弹性体（POE-g-MAH）协同作用对 PET 抗熔滴和阻燃性能的影响。研究结果表明，当仅添加质量分数为 10% 的 HNCP 时，PET 的 LOI 从 26.8% 提高到 35.1%，UL94 等级为 V-0 级，但有熔滴产生；在 HNCP 添加量不变的情况下，加入质量分数为 1% 的 POE-g-MAH，制备的 PET 阻燃材料在燃烧时不会产生熔滴，UL94 等级仍为 V-0 级，但 LOI 下降到 27.9%。POE-g-MAH 提高了 HNCP 在 PET 中的分散性，促进了 PET 阻燃材料在燃烧时形成连续的多孔炭层，减少熔滴的产生。

③ 其他类。目前，陆续有各种富磷有机物被合成用于 PET 阻燃应用研究。

科研人员制备了聚苯氧基膦酸［2-(二苯基膦酰）-1，4-苯二酚］酯（PDPMP），它与 PET 熔融共混制备成 PET 阻燃复合材料，当 PDPMP 的含量为 3% 时，制得的 PET 阻燃复合材料的 LOI 达到 28.2%，同时 PDPMP 的添加使得 PET 阻燃复合材料能在燃烧过程中生成耐热性较好的炭层，有助于减缓或终止 PET 的燃烧。

科研人员研究了层状金属磷酸盐苯基磷酸镧（LaPP）和微胶囊红磷（MRP）对玻璃纤维增强 PET 阻燃性能的影响。研究结果显示，MRP 和 LaPP 均能在 PET 基体中均匀地分散，没有明显的聚集现象。当只向玻璃纤维增强 PET 中添加 LaPP 时，PET 的燃烧状况没有明显改善；而当只向玻璃纤维增强 PET 中添加 MRP 时，PET 的阻燃性能有所改善，当 MRP 质量分数为 6% 时，材料的 LOI 从 19.6% 提高到 28.2%，UL94 等级达到 V-1 级。但当 MRP 与 LaPP 联用，质量分数分别为 4% 和 2% 时，材料的 LOI 为 28.7%，UL94 等级达到 V-0 级。LaPP 在 PET 燃烧过程中能起到促进阻燃材料燃烧表面形成致密的富含LaPP的难燃保护层，有效保护阻燃材料的内部结构。

（2）共聚阻燃PET 共聚阻燃PET是以反应型阻燃剂作为第三单体参与到PET聚合反应过程中制备的PET阻燃复合材料。反应性阻燃剂一般具有P、N等阻燃元素，这些元素的存在能通过改变聚合物基体的热降解过程等方式来提高聚合物的阻燃性能。下面根据第三单体的反应型阻燃剂的种类进行分类。

1）2-羧乙基苯基次磷酸（CEPPA）。CEPPA属于次磷酸衍生物，酸性较强。该化合物上的羟基和羧基具有较高的反应活性。由于CEPPA含有磷元素，且具有较高的热稳定性和氧化稳定性，是一种优良的反应型阻燃剂。

科研人员采用CEPPA作为第三单体，并原位添加磷酸盐玻璃（P-glass）协同作用，通过原位共聚制得P-glass含量不同的PET/P-glass阻燃材料。试验结果表明，P-glass的添加能促进体系成炭，同时随着P-glass添加量的增加，复合材料的耐燃性能及抗熔滴性能均有所提升。当P-glass含量达到1%以上时，LOI达到30%以上，UL94垂直燃烧级别达到V-0级。另外，通过对复合材料非等温结晶行为的研究发现，P-glass对PET晶体结构几乎没有影响，但会降低PET的结晶速率。

2）［6-氧-6H-二苯并-(c.e)（1，2氧磷杂己环-6-酮)-甲基］-丁二酸（DDP）。DDP分子结构中的磷酸酯与联苯形成稳定的环状结构，且处于侧链位置，令DDP具有良好的热稳定性和抗水解性，将其引入PET大分子链中，不仅能提高PET的阻燃性能，还能在一定程度上抑制PET的水解。

科研人员在PET中引入阻燃剂DDP，采用共聚法得到含磷阻燃PET，将其与纳米SiO_2共混，得到SiO_2质量分数为2%～8%的含磷硅阻燃PET。随DDP含量的增加，含磷阻燃PET的LOI增大，当DDP物质的量分数为5%时，LOI达到30.2%；加入质量分数为8%的SiO_2后，含磷硅阻燃PET的LOI为31.5%，垂直燃烧阻燃性能达UL94 V-0级。SiO_2的加入能提高含磷硅阻燃PET的抗熔滴效果，使阻燃后的炭层石墨化程度提高。

3）双酚A和双酚F。科研人员将双酚A和双酚F作为第三单体参与到PET聚合反应中，制得两种PET。这两种PET的热稳定性相对于纯PET无有一定的提高，但阻燃性能并没有大的提升。双酚A型PET的LOI仅从22%提高到25%，UL-94等级最好能达到V-2级，且熔滴严重；而双酚F型PET略好，LOI最高为26%，并且能产生不稳定的炭层，有一定的抑烟作用。

4）10-羟基-10氧-10氢-吩恶磷-2，8-三羧酸钾盐（DHPPO-K）。科研人员用DHPPO-K作为第三单体与对苯二甲酸、乙二醇进行共聚，制得含离子基团的PET（PETIs-K)，同时合成类似的含磷系杂环的PET（PETPs）作为对照。通过试验对比发现，PETIs-K具有更高的热稳定性，DHPPO-K能促进基材在高温下降解时形成稳定的炭层，有利于提高材料的阻燃性能。尽管PETPs和PETIs-K都具有较高的LOI，但PETIs-K同时还具有较高的自熄和抗熔滴性能。PETPs和PETIs-K中的磷在材料中的阻燃作用方式不同，PETPs中的磷在材料降解时进入气相起作用，而PETIs-K中的磷主要在凝聚相起作用。

2. AlPi 与 PPBBA 复配阻燃改性 PET

（1）原材料与配方　见表5-56。

表5-56　AlPi/PPBBA 复配阻燃改性 PET 配方

编号	PET 含量（%）	PPBBA 含量（%）	AlPi 含量（%）
A	100	0	0
B	95	5	0
C	90	10	0
D	85	15	0
E	95	0	5
F	90	0	10
G	85	0	15
H	90	5	5
I	85	5	10
J	0	100	0
K	0	0	100

注：PPBBA—聚丙烯酸五溴苄酯；AlPi—二乙基次磷酸铝。

（2）制备方法　将 PET、AlPi 和 PPBBA 在120℃真空烘箱中干燥24h 以上，按照表5-56 中给出的配比，利用平行双螺杆挤出机进行共混。双螺杆挤出机一区～九区的温度分别设定为232℃、237℃、247℃、257℃、262℃、262℃、257℃、257℃、252℃，机头温度为247℃，转速为100r/min。挤出造粒烘干后放入平板硫化仪内进行压板，上热板、中热板、下热板的温度均设定为270℃，预热时间为5min，排气泡10次，在压力为10MPa 下热压1min。热压完成后冷压1min，压力为10MPa。最后裁成测试所需要的标准样条。

（3）性能

1）阻燃性能。表5-57 列出了纯 PET 与阻燃 PET 样品的燃烧试验结果。

表5-57　样品的 LOI 与垂直燃烧测试结果

样品编号	LOI（%）	垂直燃烧测试等级	t_1/s	是否滴落/点燃脱脂棉	t_2/s	是否滴落/点燃脱脂棉
A	21.0±0.0	NR	—	是/否	—	是/是
B	23.3±0.7	V-2	8	是/是	3	是/是
C	25.6±0.6	V-2	11	是/否	4	是/是
D	27.0±0.0	V-1	10	否/否	6	是/否
E	26.3±0.7	V-2	15	否/否	2	是/是
F	29.3±0.7	V-0	2	否/否	2	否/否
G	31.0±0.0	V-0	0	否/否	0	否/否
H	28.0±1.0	V-0	0	否/否	0	否/否
I	33.3±0.7	V-0	0	否/否	0	否/否

注：t_1 代表第一次点燃时间；t_2 代表第二次点燃时间；NR 代表未达到阻燃级别。

2）TG 分析。样品的 TG 分析结果见表 5-58。

表 5-58　样品的 TG 分析结果

样品编号	$T_{5\%}$/℃		$T_{10\%}$/℃		$T_{50\%}$/℃		T_{max}/℃	V_{max}/(%·min^{-1})	残炭率（%）	
	试验值	计算值	试验值	计算值	试验值	计算值			试验值	计算值
A	399.1	—	408.9	—	438.7	—	441.9	20.8	8.3	—
B	386.7	385.0	401.7	404.8	437.3	438.7	439.5	18.8	15.9	8.4
C	391.7	358.3	402.2	395.1	435.6	438.0	436.2	19.0	13.6	8.5
E	394.8	401.1	407.6	410.4	439.1	440.5	441.6	20.7	15.0	9.1
F	385.0	401.5	403.5	411.0	439.2	441.7	437.4	18.8	17.8	9.9
H	388.9	385.3	399.1	405.2	433.6	439.9	435.9	18.1	13.1	9.2
I	372.1	385.6	386.8	405.6	433.9	441.1	437.0	16.4	16.4	10.0
J	334.4	—	342.1	—	360.7	—	357.3	29.6	10.3	—
K	430.2	—	451.4	—	484.4	—	483.2	28.3	23.9	—

注：$T_{5\%}$、$T_{10\%}$、$T_{50\%}$ 分别代表失重 5%、10%、50% 的温度，T_{max} 代表最大分解温度，V_{max} 代表最大分解速率。

（4）效果

1）利用 PPBBA 和 AlPi 复配，当添加 10% 的 AlPi 和 5% 的 PPBBA 时，样品的 LOI 为 33.3%，大于单独添加等量 PPBBA 或 AlPi 样品的 LOI，表明两者具有一定的协同阻燃作用。

2）TG 分析结果表明，PPBBA 和 AlPi 都使得 PET 提前分解，两者均具有促进 PET 提前成炭的作用。10% AlPi 和 5% PPBBA 复配后，阻燃 PET 的最大分解速率降至 16.4%/min，残炭率为 16.4%，低于 10% AlPi 阻燃 PET 的残炭率 17.8%，复配后的阻燃剂主要在气相发挥阻燃作用，并兼具凝聚相阻燃机理。

3）旋转流变试验表明，在角频率为 1rad/s 的条件下，当添加 10% 和 15% 复配阻燃剂时，体系的复数黏度由原来纯 PET 的 39.4Pa·s 分别提高到 296Pa·s 和 1970Pa·s。复配阻燃体系的储能模量大于损耗模量，体现出固体的流变行为，因此具有良好的抗熔滴性能。

4）SEM 分析结果表明，添加复配阻燃体系比添加单一阻燃剂更容易形成致密连续的炭层，起到隔热、隔氧的作用，从而达到更好的阻燃效果。

3. 磷系阻燃剂/硼酸锌阻燃改性 PET

（1）原材料与配方（质量份）

PET	100	2-羧乙基苯基次磷酸（CEPPA）	5~10
硼酸锌（ZB）	1~5	稳定剂 1010	1~2
亚磷酸三苯酯	3~4	其他助剂	适量

（2）制备方法　称取适量的对苯二甲酸（PTA）、三氧化二锑（Sb_2O_3）和乙二醇（EG），置于 2L 聚合釜中，加热加压，保持内温 220~230℃、内压在 0.3MPa，随着酯化反应的进行，釜内压力逐渐下降，直至常压，此时加入定量的阻燃剂 CEPPA、稳定剂 1010、亚磷酸三苯酯、球磨分散处理后的 ZB。常压反应 40min 后，转入真空条件下

的缩聚反应，直至搅拌功率达到额定值，结束缩聚反应。氮气挤压出料，铸带，切粒。

（3）性能　见表5-59

表5-59　阻燃PET试样的锥形量热（CONE）测试结果

试样	引燃时间/s	热释放速率峰值/kW·m^{-2}	达到热释放速率峰值所需时间/s	达到质量损失速率峰值所需时间/s	达到烟释放速率峰值所需时间/s	烟释放总量/m^3·m^{-2}
0#	79	675.80	136	126	156	1602
1#	88	470.59	142	130	126	1284
2#	85	498.56	114	124	132	961
3#	83	480.80	126	136	112	1252
4#	106	441.10	144	130	152	1824
5#	108	645.70	168	162	146	1884
6#	103	442.88	164	155	160	1915
7#	113	608.91	164	158	160	1882

（4）效果

1）在PET中单独添加ZB，ZB对PET的热性能影响不明显，但能够提高PET的降解残炭含量，且有明显的抑烟效果。

2）单独添加CEPPA能提高PET的LOI，但熔体滴落现象加重，在此基础上加入ZB，使降解炭层更加致密，残炭量增加。

3）同时添加ZB和CEPPA，所制得的复合阻燃PET的热降解残炭率最高为14.4%，同时可明显改善PET的综合阻燃效果，尤其有利于提高阻燃PET的抗熔滴性。

4）CEPPA阻燃剂是提供PET阻燃性能的主要改性剂，ZB的加入对烟雾释放以及熔体滴落具有一定的抑制作用，其主要的作用机理与锌元素的促进炭化降解和三氧化二硼的表面覆盖有关。后续研究中可尝试通过熔融共混的方式，增加ZB的含量，研究ZB对阻燃PET的阻燃效应。

4. 含磷阻燃剂改性PET

（1）原材料与配方（质量份）

试样	P（%）	PDPMP/g	PET/g
PET	0	0	100
PET/PDPMP（FR-PET）	0.414	3	97

注：P—2-(二苯基膦酰)-1，4苯二酚；PDPMP-聚苯氧基膦酸［2-(二苯基膦酰)-1，4-苯二酚］酯。

（2）制备方法

1）阻燃剂PDPMP的合成过程。将定量的苯基磷酸二氯酯（MPCP）、2-(二苯基膦酰)-1，4-苯二酚（DPO-HQ）和无水氯化钙（作为催化剂）加入带有搅拌器、温度计和气体排出装置的250mL三口烧瓶中，在氮气保护状态下，加热并搅拌至瓶内反应物完全呈液态，温度控制在160℃，反应一段时间，直到体系变黏稠出现爬杆现象，将温度升至240℃继续反应，后期抽真空30min以除去体系中残留的HCl气体，冷却后即得产物粗品。最后用溶剂 1，2 二氯乙烷溶解，石油醚沉淀剂沉淀，得到纯化的 PDPMP 产品，其合成过程如图 5-3 所示。

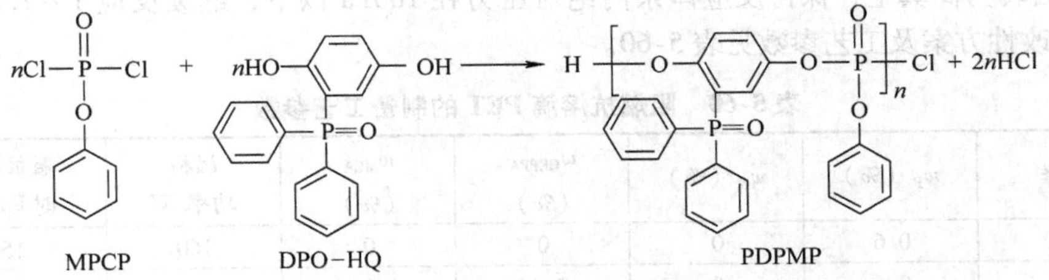

图 5-3 PDPMP 的合成过程

2）FR-PET 样品的制备。将阻燃剂聚苯氧基膦酸［2-（二苯基膦酰）-1，4-苯二酚］酯（PDPMP）与 PET 在 120℃真空干燥 12h，按一定的比例进行预混合，然后加入双螺杆挤出机中共混挤出，冷却，切粒，干燥（120℃下真空干燥 12h）。FR-PET 的制备过程如图 5-4 所示。

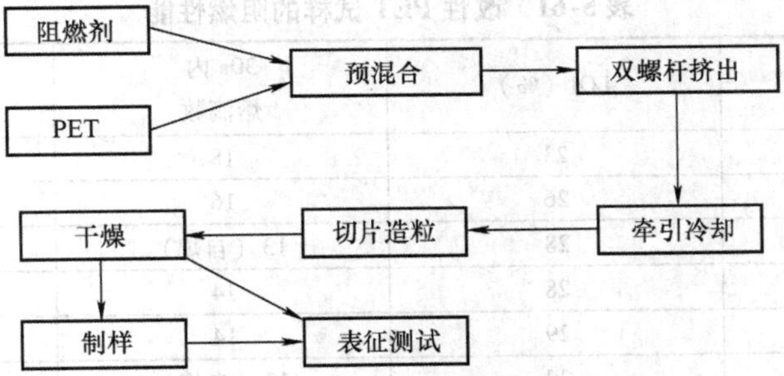

图 5-4 FR-PET 的制备过程

（3）性能与效果 合成了新型磷系阻燃剂 PDPMP 并用于阻燃聚酯 PET，当磷含量仅为 0.41% 时，其极限氧指数（LOI）达到 28.2%，显示出优异的阻燃性能。热重分析表明阻燃剂的加入使得 PET 初始热稳定性降低，但残炭率明显升高。从 FWO 和 Starink 动力学法计算得到的活化能数据可以发现，纯 PET 的活化能先升高后降低，而阻燃后的 PET 活化能一直处于升高趋势，这表明 FR-PET 燃烧过程中生成了耐热性较好的炭层，有助于减缓或者终止聚酯的燃烧，起到凝聚相阻燃的作用。

5. 阻燃抗熔滴 PET

（1）原材料与配方（质量份）

PET	100	2-羧乙基苯基次磷酸（CEPPA）	10 ~ 20
三聚氰胺氰尿酸盐（MCA）	5 ~ 6	Sb_2O_2	2 ~ 5
亚磷酸三苯酯稳定剂	1 ~ 2	其他助剂	适量

（2）阻燃抗熔滴 PET 的制备 采用半连续间歇聚合工艺。称取一定量的对苯二甲酸双羟乙酯（BHET），置于 1L 四口瓶中，加热熔融后，分批逐次添加一定配比的精对

苯二甲酸（PTA）、乙二醇（EG）以及阻燃剂和其他添加剂的浆液，进行酯化，其后将酯化产物转移到缩聚釜中，开启抽真空系统并升温至 280℃，在低真空下反应 20 ~ 50min 后转为高真空，保持反应体系内绝对压力在 100Pa 以下，继续反应 1 ~ 1.5h，出料。其改性方案及工艺参数见表 5-60。

表 5-60　阻燃抗熔滴 PET 的制备工艺参数

试样	w_P（%）	w_N（%）	w_{CEPPA}（%）	w_{MCA}（%）	出料功率/W	缩聚反应时间/min
0#	0.6	0	0	0	160	150
1#	0.6	0	5.07	0	160	160
2#	0.6	0.2	5.06	0.40	140	80
3#	0.6	0.3	5.04	0.60	140	55
4#	0.6	0.4	5.03	0.80	140	50
5#	0.6	0.6	5.01	1.20	140	45

（3）性能　见表 5-61 ~ 表 5-63。

表 5-61　改性 PET 试样的阻燃性能

试样	LOI（%）	30s 内熔滴数	是否达到 V-0 级别
0#	23	18	否
1#	26	16	否
2#	28	13（自熄）	是
3#	28	14	否
4#	29	14	否
5#	29	13（自熄）	是

由表 5-61 可以看出：未添加任何阻燃剂的 0#试样熔滴情况严重，而且 LOI 最小；添加 CEPPA 改性的 1#试样的 LOI 提高，CEPPA 与 MCA 复配改性的 PET 的 LOI 比单一添加磷系阻燃剂的试样进一步提高，且 2#、5#试样达到垂直燃烧测试 V-0 级别，说明膨胀型阻燃剂的添加能有效提高材料的阻燃性能。

改性 PET 试样的燃烧性能参数，见表 5-62。

表 5-62　改性 PET 试样的燃烧性能参数

试样	引燃时间	达到热释放速率峰值所需时间/s	达到质量损失速率峰值所需时间/s	达到烟释放速率峰值所需时间/s
0#	111	155	205	165
1#	89	140	125	140
2#	116	145	135	135
3#	109	145	135	140
4#	115	135	130	130
5#	114	145	135	145

改性 PET 试样的锥形量热试验（CONE）测试数据见表 5-63。

表5-63　改性PET试样的CONE测试数据

试样	热释放速率峰值/kW·m^{-2}	质量损失速率峰值/g·s^{-1}·m^{-2}	残炭率（%）	烟释放总量/m^3·m^{-2}
0#	736	0.62	28.45	1040.2
1#	722	0.35	22.51	1085.1
2#	467	0.31	40.04	1411.9
3#	580	0.39	35.34	1579.3
4#	470	0.36	30.64	1789.5
5#	531	0.35	36.04	1639.2

（4）效果

1）在添加CEPPA后，PET的LOI值提高，CEPPA与MCA复配，LOI值进一步提高。在锥形量热测试中，复配了膨胀型阻燃剂后，改性PET的热释放速率峰值及燃烧释放热有明显降低。与0#相比，2#的热释放速率峰值下降了36.5%。改性PET到达烟释放速率峰值的时间低于0#且烟释放总量都要高于0#，因此在所研究范围内，PET的抑烟性能没有明显改善。

2）综合热失重、LOI值、垂直燃烧和锥形量热的测试结果，在此研究范围内，少量添加膨胀型阻燃剂的情况下，与CEPPA协效作用最好，即2#为最佳配方。

三、加工与应用

（一）高阻隔耐热PET瓶材的加工与应用

1．简介

PET瓶的成型主要是注射-拉伸-吹塑（简称注拉吹）工艺方法，其中瓶坯成型的质量直接关系PET瓶的质量。本文比较分析有缺陷的瓶坯和合格瓶坯所存在质量问题，制订出切实可行的成型工艺和模具结构优化方案，采用合理配比的PET/MXD6和PET/EVOH材料，注射-拉伸出合格的PET瓶坯，最后经过瓶坯加热和吹塑成型出合格的PET瓶。

（1）高阻隔耐热PET瓶坯的结构分析　如图5-5a所示瓶坯整体透明，外形为中空薄壁塑件，壁厚为4mm，长度为159mm，口部为M40的螺纹，为方便脱模在距离瓶坯上部40mm处设置30′的斜角，瓶坯质量约为67g。

（2）PET瓶坯的模具结构分析　为保证成型出合格的无色透明的PET瓶坯，选用点浇口进料。由于PET材料注射成型温度范围较小，为PET材料在整个成型周期内具有良好的流动性，在流道板内设置加热管以对流道内的PET料实施加热，最终只产生小段流道凝料。采用此种热流道注射模结构，在流道板中加热元件的加热保温作用下以确保PET熔料处于可流动成型状态。PET瓶坯口部的螺纹采用弯销侧抽芯机构完成螺纹型环的抽芯，再由定距拉杆、推件板联合推出PET瓶坯，如图5-5b所示。

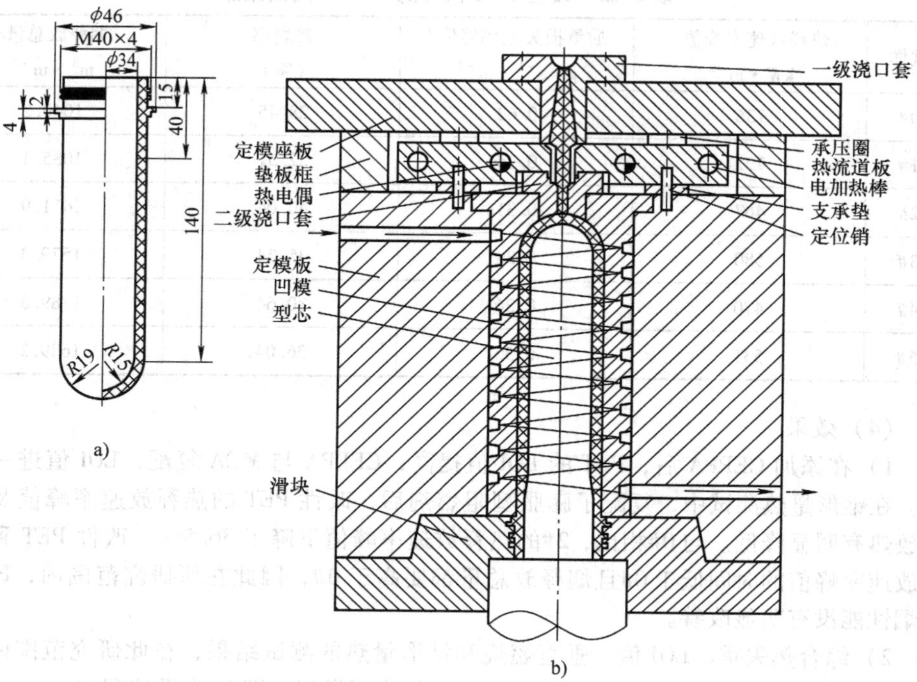

图 5-5　高阻隔耐热 PET 瓶坯及其模具结构

2. 制备工艺

（1）原材料与配方（质量份）

PET	60～90	乙烯-乙烯醇共聚物（EVOH）	10～40
聚丙烯接枝马来酸酐（PP-g-MAH）	2.0	其他助剂	适量

（2）主要设备　单螺杆挤出机、直立式塑料混色机、注射成型机、吹塑机等。

（3）原材料的预处理　由于 PET、尼龙树脂 MXD6、EVOH 对水极其敏感，容易吸潮而在加工时降解，因此所有原料均需要严格干燥。PET、MXD6 在烘箱中 130℃干燥 24h，EVOH、PP-g-MAH、EVOH-MAH 在烘箱中 80℃干燥 24h。

（4）高阻隔耐热 PET 瓶的制备　首先，采用合理配比的树脂与相容剂共混在挤出生产线上挤出并造粒；其次，再将合理配比的 PEI 与造粒出的阻隔树脂混合材料注塑-拉伸-吹塑成型 PET 试样，其研究工艺过程如图 5-6 所示。

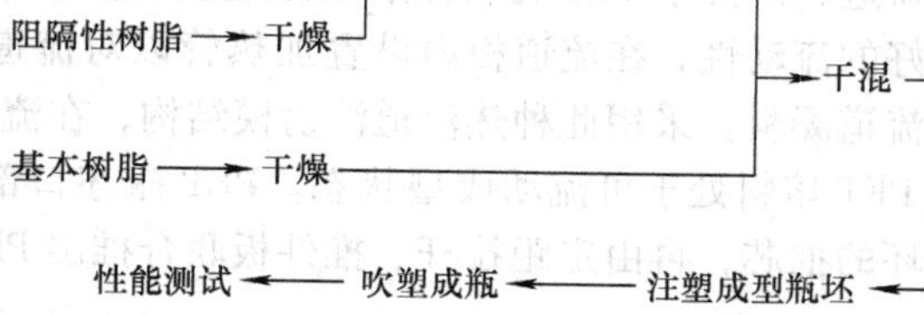

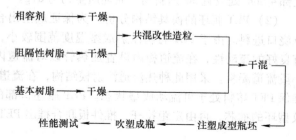

图 5-6　造粒法制备阻隔性共混材料的研究工艺过程

采用注射机及瓶坯模具成型 78g 的高阻隔耐热 PET 瓶坯，经过试模确定了高阻隔耐热PET瓶坯的注射成型工艺参数，见表5-64。

表5-64 高阻隔耐热PET瓶坯注射成型工艺参数

项目	工艺参数	项目	工艺参数
射胶温度/℃	290	保压时间/s	6
螺杆转速/$r \cdot min^{-1}$	60	冷却时间/s	4
射胶时间/s	10	模具温度/℃	30

将注塑成型的瓶坯在红外线加热器中加热，其各段温度参数见表5-65。

表5-65 高阻隔耐热PET瓶坯加热温度、拉伸吹塑时间的设置

高阻隔耐热PET瓶坯加热温度/℃									高阻隔耐热PET瓶坯拉伸吹塑时间/s				
烘箱温度	一段	二段	三段	四段	五段	六段	七段	八段	射胶	冷却	周期	中间循环	低压警报
185	关	关	110	200	200	200	200	200	6	30	120	3	5

确认瓶坯温度和软硬程度均匀后，手持瓶坯放置在吹塑机中安装的吹瓶模具中，启动合模开关。瓶坯模具合模，压缩空气吹入瓶坯模中PET瓶坯中，PET瓶胀大贴模成型出PET瓶。吹瓶过程中，吹瓶压力为18MPa，吹瓶模具温度为25℃，吹瓶时间参数见表5-65。为保证PET瓶的美观和使用卫生，吹瓶使用的压缩空气须进行油水分离操作，可避免出现小水珠贴在瓶的内部。

3. 性能与效果

1）从分散相的微观结构与气体阻隔性能的关系出发，分析比较了在不同阻隔树脂含量情况下，PET/MXD6和PET/EVOH两种共混物的气体阻隔性能，可得出PET/MXD6共混物中MXD6的配比为20%时，共混体物中MXD6用量最少且阻隔性能最好。而在PET/EVOH共混物中，EVOH的配比为20%时，共混物的阻隔性能最好。

2）综合分析可得出，PET/MXD6共混物的氧气渗透系数为纯PET的1/4.75，而PET/EVOH共混物氧气渗透系数为纯PET的1/3.06，因此比较PET/EVOH两种共混物的阻隔性，PET/MXD6共混物的阻隔性能更好。

3）注射成型合格的PET/MXD6瓶坯后，再利用红外线加热器对瓶坯进行加热、拉伸吹塑成型出高阻隔耐热的PET/MXD6瓶，相比较PET瓶具有良好的性价比。

（二）回收PET/PE合金管材的加工与应用

1. 简介

随着“以塑代钢”的政策出台，全国市场逐步接受新型的环保塑料管材。塑料管材与传统的铸铁管、镀锌钢管、水泥管等管材相比，具有节能节材、环保、轻质高强、耐蚀、内壁光滑不结垢、施工和维修简便、使用寿命长等优点，广泛应用于建筑给排水、城乡给排水、城市燃气、电力和光缆护套、工业流体输送、农业灌溉等建筑业、市政、工业和农业领域。

2. 制备工艺

（1）主要设备 PET清洗生产线、高速混合机、同向双螺杆挤出机与管材挤出机组（ϕ10mm管道）等。

（2）制备方法 试样配方：PET回收料75kg，聚乙烯（PE）回收料15kg，接枝共聚相容剂等5kg。PET/PE合金管材生产工艺如图5-7所示。

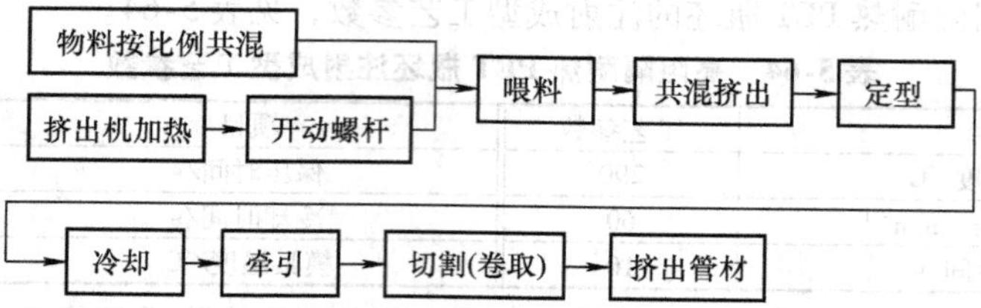

图 5-7　PET/PE 合金管材生产工艺

回收 PET：采用 PET 清洗生产线，将回收的 PET 瓶粉碎、清洗、烘干，得到 PET 瓶片。

回收 PE：PE 中空吹塑容器，如 PE 桶、牛奶瓶等，先粉碎，再清洗烘干。

按照配方，将 PET 瓶片、PE 粉碎料、接枝共聚相容剂等放在高速搅拌机内混合 5min，其中搅拌速度为 200r/min，温度为 25℃；再将混合料置于同向双螺杆挤出机中熔融挤出，其中机筒温度分别为 180～190℃、210～230℃、240～260℃、260～270℃、260～270℃，机头温度为 260～270℃，牵引速度为 3.8mm/s，水箱温度为 20℃。

3. 性能

PET/PE 合金管材的主要成分是 PET，故管道外观比较光滑，有光泽，这是因为 PET 表面平滑有光泽所致。PET/PE 合金材料呈现乳白色。假如 PET 或 PE 在回收过程中表面有大量污浊物，则 PET/PE 合金呈现灰色。因此，PET/PE 合金管材可以加工成各种颜色的产品。

由于 PET/PE 合金管材的密度较大，故可以直接沉入水底。通常 PET 密度为 1.30～1.38g/cm³，高密度聚乙烯（PE-HD）密度为 0.94～0.96g/cm³，低密度聚乙烯（PE-LD）密度为 0.91～0.92g/cm³。PET/PE 合金的密度为 1.10g/cm³ 左右，随着 PET 含量的增加，其值会逐渐增大。

众所周知，PET 瓶具有良好的耐候性，而 PET/PE 合金管材的主要成分是 PET，质量比为 75∶15，因此，PET/PE 合金管材也应当具有良好的耐候性。

各种管材力学性能的对比见表 5-66。

表 5-66　力学性能的对比

样品	拉伸强度/MPa	断裂伸长率（%）	冲击强度/kJ · m⁻²	维卡软化温度/℃	环刚度/kN · m⁻²
PET/PE 合金管材	33.2	151	40.3	81.2	5.1
PE 管材	18.0	250	20.0	79.0	>4
无规共聚聚丙烯（PP-R）管材	25.0	10	20.0	131.3	未测
聚氯乙烯（PVC）管材	40.0	无要求	4.5	74.0	未测
标准	GB/T 8804.3—2003	GB/T 8804.3—2003	GB/T 1043.1—2008	GB/T 1633—2000	GB/T 9647—2015

4. 效果

1）PET/PE 合金管材的拉伸强度能达到 33.2MPa，断裂伸长率达到 151.0%，冲击强度为 40.3kJ/m²，维卡软化温度为 81.2℃，环刚度为 5.1kN/m²。

2）PET/PE 合金管材具有漂亮的外观，表面光滑。

3）PET/PE 合金管材加工时无需干燥处理，易于挤出等成型加工。

4）PET/PE 合金管材具有很高的性价比，可以应用于建筑预埋管和排污管等。

（三）PET 蓄光功能复合材料的加工与应用

1. 简介

PET 蓄光功能复合材料是一种经自然光、灯光、紫外光等照射后，在暗处可长时间发光的聚合物功能材料。由其制备的长余辉制品如塑料、纺织品等广泛应用于儿童玩具、交通运输、夜间作业、消防应急、新型纺织服装等领域。目前 PET 蓄光功能复合材料主要通过共混母粒法制备，即先将 PET 与蓄光粉体以及分散剂共混制备成母粒，然后再与普通 PET 切片共混制得 PET 蓄光功能复合材料。但通过此方法制备的塑料和纤维制品的力学性能差，余辉时间较短，主要原因是蓄光粉体在 PET 基体中的分散性差以及在高温下促进 PET 降解。因此，开发较长余辉时间的蓄光功能材料成为研究者的工作重点。

2. 制备工艺

（1）原材料与配方（质量份）

PET	100	蓄光粉体（粒径 5～10μm）	5，8，12
分散剂（KH-560、A172 及 A186）	2～3	复配分散剂	1～2
磷酸三苯酯（TPP）	1～2	其他助剂	适量

（2）主要设备　行星式球磨机（DL357 型）、5L 聚合反应釜、双螺杆挤出机（XSD-35 型）等。

（3）蓄光粉体的分散　先向乙二醇中加入蓄光粉体（乙二醇和蓄光粉体的质量比为 1∶1），配成浆液，再经球磨机球磨，在球磨的过程中加入分散剂，球磨一定时间制得蓄光粉体-乙二醇悬浮液待用。

（4）PET 蓄光功能复合材料的制备　PET 蓄光功能复合材料的制备流程如图 5-8 所示。对苯二甲酸、乙二醇、催化剂乙二醇锑、稳定剂 TPP 投入聚合反应釜中，开始升温搅拌，反应温度控制在 230～240℃，压力为 0.25～0.30MPa，控制分馏柱顶温度为 130～135℃，进行酯化。当出水量达到理论出水量的 96% 时开始泄压，此时为常压。加入蓄光粉体-乙二醇悬浮液，常压搅拌 10min 后开始进入缩聚阶段。缩聚温度为 280～290℃，真空度在 100Pa 以内，当搅拌功率达到一定值时，停止反应。充以氮气，停止真空，用冷水槽冷却，铸带切粒。

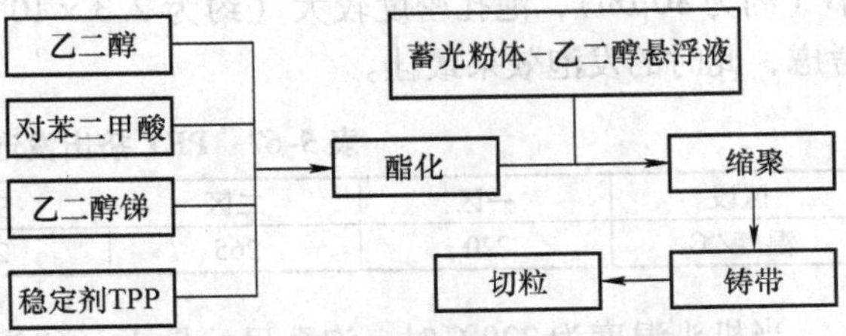

图 5-8　PET 蓄光功能复合材料的制备流程

3. 性能与效果

本文通过蓄光粉体在乙二醇中的球磨分散，利用原位聚合法制备了 PET 蓄光功能复合材料，确定了蓄光粉体球磨分散的最佳工艺条件和聚合工艺，获得了蓄光粉体质量分数为5%～12%的PET蓄光功能复合材料。与共混法相比，在原位聚合法制备的蓄光功能复合材料中蓄光粉体在PET基体中具有更好的分散性，其特性黏度均在0.640dL/g以上。当粉体质量分数为5%、8%和12%时，蓄光PET的余辉时间分别达到5h、7h和9h。

（四）PET挤出发泡成型与应用

1. 简介

PET发泡材料具有优良的耐热性、隔热性、水汽阻隔性和力学性能，可回收利用，环保性能好，可应用于食品包装、微波容器、电冰箱内板、屋顶绝热、电缆绝缘、微电子电路板绝缘、运动器材、汽车、航天工业等多个领域，市场前景广阔。挤出发泡法能连续化生产，可成型多种泡沫材料和制品，符合工业化生产的要求。

2. 制备工艺

（1）主要设备 双螺杆挤出机（KS20型）与单螺杆挤出机（PSJ-32×28A型），以及干燥箱等。

（2）原材料与配方（质量份）

PET	100	扩链剂	0.8
滑石粉	0.5	吸热型化学发泡母料	2.0
其他助剂	适量		

（3）工艺过程 采用两步挤出发泡法：先将PET、扩链剂和其他助剂干燥、混合，加入双螺杆挤出机中进行扩链反应，得到熔体强度较高的PET粒料；再将改性母粒干燥，与发泡剂和成核剂混合后加入单螺杆挤出机进行发泡成型。

（4）工艺条件 PET挤出发泡机筒温度见表5-67。

在机筒温度为265℃时，试样的表观密度达到最小（约为$0.69g/cm^3$），泡孔尺寸较小（约为80μm），泡孔密度较大（约为2.3×10^6个$/cm^3$），尺寸分布也很均匀。综合考虑，此时的发泡效果最佳。

表5-67 PET挤出发泡机筒温度

区段	一区	二区	三区	四区	五区
温度/℃	220	265	265	265	265

当机头温度为220℃时，泡孔尺寸最小（约为80μm），泡孔密度最大（约为2.3×10^6个$/cm^3$），试样表观密度最小（约为$0.59g/cm^3$），发泡效果最佳。当螺杆转速达到30r/min和40r/min时，试样呈现细密均匀的泡孔结构。

3. 性能与效果

在PET的化学挤出发泡成型过程中，在一定范围内，机筒温度越低，机头温度越低，螺杆转速越高，则试样的发泡效果越好。但机筒温度过低，螺杆转速过高，也会使试样的泡孔质量下降。就本试验而言，当机筒温度为265℃、机头温度为220℃、螺杆转速为30r/min时，试样的发泡效果最好。

（五）再生PC/PET无卤阻燃合金的加工与应用

1. 原材料与设备

（1）原材料　包括再生聚碳酸酯（PC-R）、新料聚碳酸酯（PC）、再生PET粒料（PET-R）、丙烯腈-苯乙烯接枝甲基丙烯酸缩水甘油酯（AS-g-GMA-1，AS-g-GMA-2）、聚苯乙烯接枝马来酸酐（PS-g-MAH）、其他助剂。

（2）主要设备　挤出机（CTE35型）、注射机（Easymaster EM120-SVP型）等。

2. 制备工艺

（1）试样的挤出加工　PET扩链的加工：按照表5-68中试验材料的配比，将物料混合均匀，按照表5-69中的条件设定挤出机各区温度，设定转速为450r/min，调整扭矩为最大扭矩的75%，通过挤出机挤出并造粒得到PET扩链母粒。

表5-68　PET扩链试验材料配比（质量份）

试样编号	PET-R	AS-g-GMA-1	AS-g-GMA-2	助剂
1#	100	—	—	0.2
2#	100	1	—	0.2
3#	100	—	1	0.2
4#	100	3	—	0.2
5#	100	—	3	0.2
6#	100	5	—	0.2
7#	100	—	5	0.2

表5-69　挤出试验温度条件　（单位：℃）

挤出区域	PET-R扩链	含再生材料的PC/PET无卤阻燃合金	挤出区域	PET-R扩链	含再生材料的PC/PET无卤阻燃合金
一区	230	220	六区	255	250
二区	240	235	七区	255	250
三区	250	245	八区	255	250
四区	255	250	九区	255	250
五区	255	250	十区	250	250

（2）含再生材料的PC/PET无卤阻燃样品加工稳定性试验　按照表5-70中的材料配方，将物料混合均匀，按照表5-69中的条件设定挤出机各区温度，设定转速为450r/min，调整转矩为最大转矩的75%，通过挤出机挤出并造粒得到合金粒料。将挤出得到的粒料经过注射机注射，得到测试样品。

表5-70　含再生材料的PC/PET无卤阻燃试样的配方（质量份）

试样编号	PC-R	PC	PET-R	6#	AS-g-GMA-1	PS-g-MAH	增韧剂	其他助剂
8#	35	30	10	—	—	—	10	15
9#	35	30	10	—	1.5	—	10	15
10#	35	30	10	—	—	1.5	10	15
11#	35	30	—	10.5	1.5	—	10	15

（3）含再生材料的PC/PET无卤阻燃样品相容性试验　其配方见表5-71。

表 5-71　含再生材料的 PC/PET 无卤阻燃试样的配方（质量份）

试样编号	PC-R	PC	PET-R	6#	AS-g-GMA-1	增韧剂	其他助剂
12#	35	30	5	5	1.5	10	15
13#	35	30	—	10.5	1.5	10	15

（4）Regrind 试验　按照表 5-72 的材料配方将原料混合均匀，通过注射机注射成试样。其中 Regrind Ⅰ为将 11#试样注射成制品后破碎得到的破碎料，Regrind Ⅱ为将 Regrind Ⅰ注射成制品后破碎得到的破碎料，Regrind Ⅲ为将 Regrind Ⅱ注射成制品后破碎得到的破碎料。

表 5-72　注射 Regrind 试验材料配方（质量份）

材料组分	14#	15#	16#
PC/PET 无卤阻燃合金	80	80	80
Regrind Ⅰ	20	—	—
Regrind Ⅱ	—	20	—
Regrind Ⅲ	—	—	20

3. 性能与效果

通过对再生 PET-R 的多次挤出，研究了扩链对 PET-R 稳定性的影响。同时，也通过多次挤出和多次注射的 Regrind 试验，研究了 AS-g-GMA 加入后含再生 PC/PET 阻燃合金的相容性和稳定性，以及熔体流动速率和冲击强度的变化。通过试验和一年的工业化数据可以发现，AS-g-GMA 的使用，可以很好地起到对再生材料扩链稳定化的作用，改善含再生材料的 PC/PET 阻燃合金的相容性，从而提高再生材料体系的加工稳定性。

第二节　聚对苯二甲酸丁二醇酯（PBT）

一、主要品种的性能

（一）简介

1. 结构特征

聚对苯二甲酸丁二醇酯（Polybutylene terephthalate，PBT）是对苯二甲酸与 1，4-丁二酸的缩聚物，分子结构式为

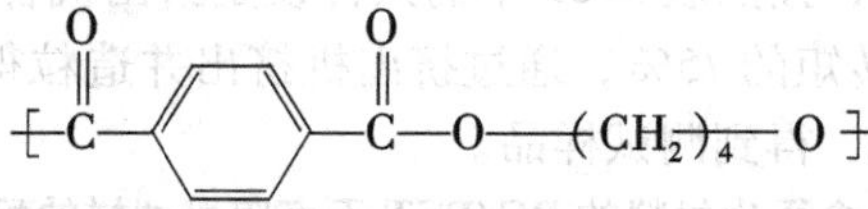

其主要品种有纺丝用 PBT、薄膜用 PBT、工程塑料用 PBT 和改性 PBT。

2. 主要性能

1）PBT 呈乳白色半透明到不透明，是结晶性热塑性聚合物。

2）PBT 具有优良的强韧性和耐疲劳性，冲击强度高，有自润滑性和耐磨性，摩擦因数小，吸水率很小，尺寸稳定性好，因而可作为工程塑料，但其缺口敏感性大。

3）PBT 的熔点高，达 225℃，耐热、耐候性好，耐燃，但能慢燃。

4）PBT 的电性能优良，耐电弧性好，但体积电阻、高频介电损耗大。

5）PBT 耐热水、碱类、酸类、油类，但易受卤代烃侵蚀，且耐水解性差。

6）PBT 熔体黏度低，成膜性、成型性好，但成型收缩率大。其薄膜可挠性优，撕裂和屈服强度高。

7）PBT 的相对密度为 1.31，玻璃纤维增强后达 1.52。

PBT 的性能见表 5-73。

表 5-73　PBT 的性能

项目		标准树脂	阻燃级	玻璃纤维增强		30%阻燃增强
				15%	30%	
密度/(kg/m³)		1310	1410	1390	1520	1600~1630
玻璃化转变温度/℃		20	—	—	—	—
晶相熔点/℃		225	—	—	—	—
吸水率(%)	23℃,24h	0.09	0.07	0.05	0.06~0.07	0.03~0.05
	23℃,平衡	0.30	0.3	0.3	0.24~0.3	0.2~0.3
成型收缩率(%)		1.7~2.3	—	—	0.2~0.8	0.2~0.8
拉伸强度/MPa		53~55	59	98	132~137	117~127
断裂伸长率(%)		300~360	5	4	2.54	1.84
弹性模量/GPa		—	2.6	5.4	98	9.8
弯曲强度/MPa		85~96	88	147	186~196	167~196
弯曲模量/GPa		2.35~2.45	2.55	5.4	8.8	8.8~9.3
压缩强度/MPa		88	88	108	118~127	118~127
悬臂梁冲击强度/(J/m)	无缺口(3.175mm) 23℃	不断	490	490	637~686	539~588
	无缺口(3.175mm) -40℃	不断	—	—	372	333
	缺口(12.7mm) 23℃	49~59	29	59	78~98	69
	缺口(12.7mm) -40℃	44	—	—	64	55
洛氏硬度		75HRM 118HRR	118HRR	120HRR	91HRM 121HRR	90HRM 120HRR
磨耗/(mg/1000 次)		10	20	50	25~50	30~50
摩擦因数	对钢	0.13	0.12	0.12	0.12~0.15	0.14~0.15
	对同种材料	0.17	0.16	0.16	0.16~0.19	0.18~0.20
热变形温度/℃	0.45MPa	154	178	200	215~220	210~220
	1.82MPa	58~60	56	190	205~212	200~212
线胀系数/($\times10^{-5}K^{-1}$)		9.4	9	5	2.0~2.5	2.5~3.0
燃烧性(UL94)		—	V-0	HB	HB	V-0
相对介电常数(23℃,60%RH)	50Hz	3.3	—	—	3.8	3.8
	106Hz	3.3	3.6	3.6	3.6~4.2	3.6~4.2
介电损耗角正切值(23℃,60%RH)	50Hz	0.002	—	—	0.002	0.002
	10^6Hz	0.02	0.017	0.017	0.017~0.02	0.017~0.02
体积电阻率/Ω·m		4×10^{14}	—	—	$\sim2.5\times10^{14}$	2.5×10^{14}
介电强度/(MV/m)		17	20	28	28	23~25
耐电弧性(钨电极)/s		100	100	143	140~145	120~122

3. 应用

PBT 的用途与 PET 相似，可用作机械部件，如汽车车身、运输机械零件、挡泥板、化油器、齿轮，办公用机器、缝纫机和纺织机械用零件；电气部件，如电动工具、端子、线圈架、开关、屏蔽套；建材和日用装饰品，如容器、安全帽、照相机、钟表外壳、镜筒等。由于 PBT 可耐锡焊，在电子电气工业中得到广泛应用，如连接件、开关部件、电视机回扫变压器线圈绕线管和配线零件，在家用电器上用作录音机传动轴、计算机罩、电熨斗罩、水银灯罩、烘烤炉部件等。

（二）国内 PBT 的品种与性能

（1）北京市化工研究院的 PBT 的性能（表 5-74）

表 5-74　北京市化工研究院的 PBT 的性能

项　目		211-G0	211-G30	T211-G30（原 211C-G30）	308-G0（原 801-G0）	308-G30（原 801-G30）	T308-G30（原 801C-G30）	309-G30（原 802-G30）
密度/(g/cm³)		1.30	1.45	1.45	1.42	1.53	1.53	1.41
吸水率（23℃，24h）（%）		0.09	0.06	0.06	0.09	0.06	0.06	0.09
成型收缩率（%）	垂直	1.9	0.7	0.6	1.9	0.8	0.6	2.0
	平行	1.5	0.2	0.2	1.5	0.2	0.2	1.5
拉伸强度/MPa		60	135	140	50	125	125	50
断裂伸长率（%）		100	5	5	20	4	4	20
弯曲强度/MPa		110	225	225	100	200	200	90
弯曲模量/MPa		2100	10000	10000	2060	9800	10000	2060
简支梁冲击强度/(kJ/m²)	无缺口	70	60	65	45	45	45	40
	缺口	8	10	11	5	10	10	4.5
摩擦因数	对钢	0.14	0.15	0.15	0.14	0.15	0.15	0.14
	对本树脂	0.17	0.19	0.19	0.18	0.20	0.20	0.18
Taber 磨耗量（1N)/(mg/1000r)		12	25	28	15	28	39	13
洛氏硬度 HRR		115	119	200	117	119	119	117
热变形温度/℃	0.45MPa	155	224	225	165	223	225	165
	1.82MPa	70	208	210	70	208	210	70
线胀系数/($\times10^{-5}K^{-1}$)		8.2	3.5	3.4	8.0	3.3	3.2	8.5
燃烧性（厚 3.2mm）（UL94）		HB	HB	HB	V-0（0.8mm）	V-0（0.8mm）	V-0（0.8mm）	V-0（0.8mm）
体积电阻率/($\times10^{6}\Omega\cdot cm$)		3.0	3.0	3.0	3.0	3.0	3.0	3.0
相对介电常数（10^6Hz）		2.9	3.3	3.3	2.8	3.2	3.2	2.9
介电损耗角正切值（10^6Hz）		0.02	0.017	0.017	0.02	0.017	0.017	0.02
介电强度（2mm)/(kV/mm)		22	23	23	22	22	22	22
耐电弧性（1.6mm，3.2mm)/s		120	120	120	30	30	30	60
相比漏电起痕指数（3.2mm)/V		600	600	600	225	225	225	300

（续）

项　目		309-G30（原802-G30）	T309-G30（原802C-G30）	201G30	310G0	301G10	301G20	301G30
密度/(g/cm³)		1.51	1.51	1.55	1.30	1.48	1.51	1.55
吸水率（23℃，24h）（%）		0.06	0.06	0.06	0.08	0.075	0.065	0.06
成型收缩率（%）	垂直	0.8	0.6	1.0	2.2	1.5	1.0	0.8
	平行	0.2	0.2	0.2	1.5	0.7	0.3	0.2
拉伸强度/MPa		120	120	120	58	80	95	120
断裂伸长率（%）		4	4	—	—	—	—	—
弯曲强度/MPa		190	190	185	90	120	160	185
弯曲模量/MPa		10300	10300	—	—	—	—	—
简支梁冲击强度/(kJ/m²)	无缺口	45	45	34	19	19	24	34
	缺口	10	10	10	6	6	7	10
摩擦因数	对钢	0.15	0.15	—	—	—	—	—
	对本树脂	0.20	0.20	—	—	—	—	—
Taber磨耗（1N）/(mg/1000r)		26	28	—	—	—	—	—
洛氏硬度 HRR		119	200	—	—	—	—	—
热变形温度/℃	0.45MPa	221	223	—	—	—	—	—
	1.82MPa	205	208	210	65	190	205	210
线胀系数/($\times10^{-5}K^{-1}$)		4.0	3.5	—	—	—	—	—
燃烧性（3.2mm）（UL94）		V-0（0.8mm）	V-0（0.8mm）	HB	V-0	V-0	V-0	V-0
体积电阻率/($\times10^{6}\Omega\cdot cm$)		3.0	3.0	5.0	5.0	5.0	5.0	5.0
相对介电常数（10^6Hz）		3.2	3.2	4.2	3.5	3.5	3.7	4.2
介电损耗角正切值（10^6Hz）		0.017	0.017	0.02	0.02	0.02	0.02	0.02
介电强度(2mm)/(kV/mm)		22	22	25	21	23	24	25
耐电弧性（1.6mm，3.2mm）/s		60	60	—	—	—	—	—
相比漏电起痕指数（3.2mm）/V		300	300	—	—	—	—	—

（2）上海涤纶厂的增强 PBT 的性能（表 5-75）

表 5-75　上海涤纶厂的增强 PBT 的性能

项　目	SD202	SD212	SD213	SD213W	SD2000	SD2100
密度/(g/cm³)	—	—	—	—	1.32	1.48
成型收缩率（%）	—	—	—	—	1.2～2.2	1.2～2.0
拉伸强度/MPa	80～120	100～115	115～145	≥100	55	51
断裂伸长率（%）	4	—	—	—	—	—
弯曲强度/MPa	150～200	160～200	180～220	≥140	110	99
压缩强度/MPa	110～130	—	—	—	119	95
冲击强度（悬臂梁缺口）/(kJ/m)	0.06～0.15	0.07～0.12	0.07～0.12	≥0.07	0.064	0.055
冲击强度（悬臂梁无缺口）/(kJ/m)	0.35～0.60	—	0.35～0.45	≥0.30	0.318	0.176
布氏硬度 HBW	1.8	—	—	—	—	—
马丁耐热温度/℃	160～190	—	—	—	49	52
热变形温度/℃	210	>200	>200	≥200	64	63
介电强度/(kV/mm)	20	≥23	≥23	—	—	—
体积电阻率/Ω·cm	10^{15}	10^{15}	10^{15}	2×10^{16}	2.6×10^{16}	3×10^{14}
相对介电常数（10^6Hz）	3.2	2.8～3.8	2.8～3.8	≤3.7	2.84	2.4～3.3
介电损耗角正切值（10^6Hz）	—	—	—	$\leq1.1\times10^{-2}$	2.4×10^{-2}	2×10^{-2}
燃烧性（UL94）	—	V-0	V-0	V-0	—	V-0

（3）上海杰事杰材料新技术公司的增强阻燃 PBT 的性能（表 5-76）

表 5-76　上海杰事杰材料新技术公司增强阻燃 PBT 的性能

牌　号	密度/(g/cm³)	成型收缩率（%）	玻璃纤维含量（%）	燃烧性（UL94）	特性和主要用途	拉伸强度/MPa	断裂伸长率（%）	弯曲强度/MPa	悬臂梁冲击强度/(J/m)		弯曲模量/MPa	体积电阻率/Ω·cm	相对介电常数（10^6Hz）	介电强度/(kV/mm)
									无缺口	缺口				
FRPBT-G10	1.43	0.6～1.1	10	V-0	阻燃，宜制造汽车接插件、电子元器件、机械工业件等	70	4.4	130	38	29	3000	10^{16}	3.3	20
FRPBT-G20	1.50	0.3～1.0	20	V-0		100	4.2	160	60	35	5000	10^{16}	3.4	20
FRPBT-G30	1.60	0.4～0.9	30	V-0		110	3.5	175	68	44	6400	10^{16}	3.5	20
FRPBT-GT30	1.57	0.4～0.9	30	V-0		105	5	170	150	50	6000	10^{16}	3.4	20

（4）北京泛威工程塑料公司的PBT的性能（表5-77）

表5-77 北京泛威工程塑料公司PBT的性能

项目		211-G10	211-G20	211-G30	211C-G30	311-G10	311-G20	311-G30	311C-G20	311C-G30	312-G0	312-G10
密度/(g/cm³)		1.36	1.40	1.45	1.45	1.42	1.46	1.51	1.46	1.51	1.39	1.40
吸水率（%）		0.08	0.07	0.06	0.06	0.08	0.07	0.06	0.07	0.06	0.09	0.08
成型收缩率（垂直/水平）（%）		1.0/0.6	0.8/0.4	0.7/0.2	0.6/0.2	1.0/0.6	0.9/0.4	0.8/0.2	0.9/0.4	0.5/0.2	2.0/1.5	1.0/0.6
拉伸强度/MPa		100	120	135	140	100	120	135	125	140	60	100
断裂伸长率（%）		10	6	5	5	7	5	4	5	4	8	7
弯曲强度/MPa		170	190	225	225	170	180	210	180	210	100	165
弯曲模量/GPa		4.0	6.0	10.0	10.0	4.0	6.0	10.0	6.0	10.0	2.0	4.0
简支梁冲击强度/(kJ/m²)	无缺口	35	45	60	65	35	45	50	45	50	60	35
	缺口	9	10	10	11	9	10	11	10	11	7	9
洛氏硬度HRR		117	118	119	200	118	118	119	119	200	117	118
Taber磨耗量/(mg/1000r)		21	24	25	28	25	27	28	28	30	13	23
摩擦因数	对钢	0.14	0.15	0.15	0.15	0.14	0.15	0.15	0.14	0.15	0.14	0.14
	对本树脂	0.17	0.19	0.19	0.19	0.18	0.19	0.20	0.19	0.20	0.18	0.18
介电强度（2mm)/(MV/m)		23	23	23	23	22	22	22	22	22	22	22
体积电阻率/($\times10^{14}\Omega\cdot cm$)		3.0	3.0	3.0	3.0	3.0	3.0	3.0	3.0	3.0	3.0	3.0
表面电阻率/($\times10^{15}\Omega$)		5.0	5.0	5.0	5.0	4.0	4.0	4.0	4.0	4.0	4.0	4.0
相对介电常数（10^6Hz）		3.0	3.2	3.3	3.3	2.9	3.1	3.2	3.1	3.2	2.8	2.9
介电损耗角正切值（10^6Hz)/($\times10^{-2}$)		1.9	1.8	1.7	1.7	1.9	1.8	1.7	1.8	1.7	2.0	1.9
耐电弧性（1.6mm/m)/s		120	120	120	120	30	30	30	30	30	60	60
相比漏电起痕指数（3.2mm)/V		600	600	600	600	225	225	225	225	225	300	300
燃烧性（3.2mm）（UL94）		HB	HB	HB	HB	V-0	V-0	V-0	V-0	V-0	V-0	V-0
热变形温度/℃	4.5MPa	213	221	224	225	212	220	223	221	224	160	210
	1.82MPa	190	200	208	210	190	200	208	202	210	70	190
线胀系数/($\times10^{-5}K^{-1}$)		5.2	4.5	3.5	3.4	5.0	4.3	3.3	4.2	3.2	8.5	5.5

（续）

项目		312-G20	312-G30	312C-G30	802-G0	802-G10	802-G20	802-G30	802C-G30	101	201-G30	301-G0
密度/(g/cm^3)		1.44	1.49	1.49	1.40	1.45	1.48	1.51	1.51	1.33	1.55	1.48
吸水率（%）		0.07	0.06	0.06	0.09	0.08	0.07	0.06	0.06	0.11	0.09	0.10
成型收缩率（垂直/水平）（%）		0.9/0.4	0.8/0.4	0.6/0.2	2.0/1.5	1.0/0.6	0.9/0.4	0.8/0.2	0.6/0.2	1.2/2.2	0.4/0.8	1.4/2.0
拉伸强度/MPa		115	135	140	60	90	105	120	120	55	120	54
断裂伸长率（%）		5	4	4	80	6	5	4	4	—	4.2	—
弯曲强度/MPa		180	210	210	100	160	180	190	190	90	190	90
弯曲模量/GPa		6.0	10.0	10.0	2.0	3.6	5.7	10.3	10.5	22.0	80.0	22.0
简支梁冲击强度/(kJ/m^2)	无缺口	45	50	50	60	30	40	45	45	42	40	25
	缺口	10	11	11	7	8	9	10	10	3.5	10.0	4
洛氏硬度 HRR		118	119	200	117	118	118	119	200	80	88	80
Taber 磨耗量/(mg/1000r)		25	27	28	15	23	25	26	28	—	—	—
摩擦因数	对钢	0.15	0.15	0.15	0.14	0.14	0.15	0.15	0.15	—	—	—
	对本树脂	0.19	0.20	0.20	0.18	0.18	0.19	0.20	0.20	—	—	—
介电强度（2mm）/(MV/m)		22	22	22	22	22	22	22	22	19	21	19
体积电阻率/(×10^{14}Ω·cm)		3.0	3.0	3.0	3.0	3.0	3.0	3.0	3.0	10^{14}	10^{14}	10^{14}
表面电阻率/(×10^{15}Ω)		4.0	4.0	4.0	4.0	4.0	4.0	4.0	4.0	—	—	—
相对介电常数（10^6Hz）		3.1	3.2	3.2	2.8	3.0	3.1	3.2	3.2	3.2	3.0	3.0
介电损耗角正切值（10^6Hz）/(×10^{-2})		1.8	1.7	1.7	2.0	1.9	1.8	1.7	1.7	2.5	2.5	2.0
耐电弧性（1.6mm/m）/s		60	60	60	30	60	60	60	60	—	—	—
相比漏电起痕指数（3.2mm）/V		300	300	300	225	300	300	300	300	—	—	—
燃烧性（3.2mm）（UL94）		V-0	V-0	V-0	V-0	V-0	V-0	V-0	V-0	HB	HB	V-0
热变形温度/℃	4.5MPa	219	220	224	165	210	218	221	223	—	—	—
	1.82MPa	200	208	208	70	190	200	205	208	62	208	60
线胀系数/(×10^{-5}K^{-1})		4.3	4.0	3.5	8.0	5.5	4.3	4.0	3.5	8	2.5	4.18

（续）

项目		301-G10	301-G15	301-G20	301-G30	302-G30	304-G20	304-G30	305-G30E	431-CM30S	551-GT20S	551-GT30S
密度/(g/cm^3)		1.52	1.54	1.60	1.65	1.60	1.60	1.65	1.65	1.61	1.55	1.60
吸水率（%）		0.09	0.08	0.07	0.06	0.08	0.07	0.07	0.07	0.09	0.06	0.06
成型收缩率（垂直/水平）（%）		0.6/1.1	0.5/0.9	0.4/0.8	0.4/0.8	0.4/0.9	0.4/0.8	0.4/0.7	0.4/0.8	0.3/0.6	0.4/0.6	0.3/0.5
拉伸强度/MPa		76	88	92	120	110	110	120	125	90	76	80
断裂伸长率（%）		4.1	4.0	3.8	3.4	3.5	3.8	3.6	3.4	3.4	3.6	3.4
弯曲强度/MPa		110	130	160	180	175	155	167	190	140	100	105
弯曲模量/GPa		4.0	5.0	6.0	8.0	7.0	5.0	7.0	8.5	6.5	4.0	5.0
简支梁冲击强度/(kJ/m^2)	无缺口	30	35	40	50	38	46	46	50	30	23	25
	缺口	7	7	8	10	7	9	10	10	10	5	7
洛氏硬度 HRR		84	86	88	90	86	80	85	90	90	85	90
Taber 磨耗量/(mg/1000r)		—	—	—	—	—	—	—	—	—	—	—
摩擦因数	对钢	—	—	—	—	—	—	—	—	—	—	—
	对本树脂	—	—	—	—	—	—	—	—	—	—	—
介电强度（2mm）/(MV/m)		21	21	21	21	20	22	22	22	25	21	23
体积电阻率/(×10^{14}Ω·cm)		10^{14}	10^{14}	10^{14}	10^{14}	10^{14}	10^{14}	10^{14}	10^{14}	10^{14}	10^{14}	10^{14}
表面电阻率/(×10^{15}Ω)		—	—	—	—	—	—	—	—	—	—	—
相对介电常数（10^{6}Hz）		3.2	3.3	3.5	3.5	3.3	3.0	3.0	3.0	3.0	3.0	3.0
介电损耗角正切值（10^{6}Hz）/(×10^{-2})		2.0	2.0	2.0	2.0	2.0	2.0	2.0	2.0	2.0	2.0	2.0
耐电弧性（1.6mm/m）/s		—	—	—	—	—	—	—	—	—	—	—
相比漏电起痕指数（3.2mm）/V		—	—	—	—	—	—	—	—	—	—	—
燃烧性（3.2mm）（UL94）		V-0	V-0	V-0	V-0	V-0	V-0	V-0	V-0	V-0	V-0	V-0
热变形温度/℃	4.5MPa	—	—	—	—	—	—	—	—	—	—	—
	1.82MPa	195	200	200	205	200	200	210	210	200	155	170
线胀系数/(×10^{-5}K^{-1})		4.1	3.8	3.5	2.5	2.5	3.6	2.6	2.6	2.0	2.5	2.2

（5）江苏仪征化纤集团工程塑料厂的 PBT 的性能（表 5-78）

表 5-78　江苏仪征化纤集团工程塑料厂的 PBT 的性能

牌　号	密度 /(g/cm³)	吸水率 (23℃，24h)	成型收缩率 (%)	增强物含量 (%)	拉伸强度 /MPa	断裂伸长率 (%)	弯曲强度 /MPa	弯曲模量 /MPa	悬臂梁冲击强度 (缺口/无缺口) /(J/m)
	ASTM D792	ASTM D570	ASTM D955	—	ASTM D638	ASTM D638	ASTM D790	ASMT D790	ASTM D256
2000	1.31	0.08	0.8～2.0	—	52	140	82	2300	44/—
2003	1.40	0.06	0.4～2.0	15	90	4	136	1360	50/—
2004	1.46	—	—	20	106	3.2	182	6470	65/298
2006	1.53	0.06	0.2～1.4	30	122	3.0	188	7530	85/—
2010	1.40	0.08	1.5～2.3	—	54	16	88	2370	31/—
2012	1.46	0.09	0.7～1.5	10	94	4.2	144	4265	49/290
2013	1.52	0.05	0.4～2.0	15	92	4～5.5	147	4720	52/—
2014	1.57	0.08	0.3～1.6	20	104	3	170	6680	58/380
2016	1.63	0.06	0.4～1.0	30	120	3	188	8660	67/—
2100	1.31	0.08	0.8～2.0	—	52	28	82	2330	35/—
2512	1.16	0.09	0.6～1.2	10	70	4	118	3870	36/—
2514	1.54	0.09	0.5～1.0	20	104	3.3	154	6270	64/—
2516	1.63	0.09	0.4～1.0	30	120	2.8	183	8330	71/—
2806M	1.56	—	—	30	100	2.6	180	8000	75/—

牌　号	洛氏硬度 HRR	热变形温度 (0.45MPa) /℃	热变形温度 (1.8MPa) /℃	线胀系数 /($\times10^{-5}K^{-1}$)	燃烧性 (UL94)	介电损耗角正切值 (50Hz/1MHz)	相对介电常数 (50Hz/1MHz)	体积电阻率 /Ω·cm	介电强度 /(kV/mm)
	ASTM D785	ASTM D648	ASTM D648	ASTM D696	—	ASTM D150	ASTM D150	ASTM D257	ASTM D149
2000	117	154	60	9.0	HB	0.002/0.02	3.3/3.3	3.0×10^{16}	18
2003	118	212	190	2.2	HB	—/0.02	—/3.4	$>10^{18}$	20
2004	—	—	205	3～10	HB	—	—	3×10^{16}	22

（续）

牌号	洛氏硬度 HRR	热变形温度 (0.45MPa) /℃	热变形温度 (1.8MPa) /℃	线胀系数 /($\times10^{-5}K^{-1}$)	燃烧性 (UL94)	介电损耗角正切值 (50Hz/1MHz)	相对介电常数 (50Hz/1MHz)	体积电阻率 /Ω·cm	介电强度 /(kV/mm)
	ASTM D785	ASTM D648	ASTM D648	ASTM D696	—	ASTM D150	ASTM D150	ASTM D257	ASTM D149
2006	118	220	210	3.0	HB	—/0.02	—/3.7	10^{16}	22
2010	110	164	64	7.6	V-0	0.002/0.02	3.0/2.9	10^{16}	20
2012	115	210	185	5.0	V-0	0.002/0.018	3.2/3.0	10^{16}	20
2013	118	215	194	4	V-0	—/0.02	—/3.4	2×10^{16}	22
2014	118	215	200	4.4	V-0	0.002/0.018	3.3/3.1	10^{16}	20
2016	120	221	209	3	V-0	0.003/0.016	3.8/3.6	10^{16}	20
2100	117	154	56	9.5	HB	0.002/0.02	3.3/3.3	3.0×10^{16}	18
2512	120	205	182	6.8	V-0	—/0.02	—/3.0	4×10^{16}	22
2514	119	213	201	4.2	V-0	—/0.019	—/3.3	3×10^{16}	22
2516	119	216	205	—	V-0	—/0.02	—/3.4	1.5×10^{16}	22
2806M	—	—	202	—	HB	—	—	2×10^{15}	24

(6) 南京立汉化学公司的 PBT 的性能（表5-79）

表5-79 南京立汉化学公司的PBT的性能

项目	标准 (ASTM)	T602 增韧	T703 增强	T704 增强	T706 增强	T9000 阻燃	T9703 增强阻燃	T9704 增强阻燃	T9706 增强阻燃
拉伸断裂强度/MPa	D638	38	98	110	125	56	100	110	125
断裂伸长率（%）	D638	>30	3.5	3.2	2.5	5	3	3	2.5
弯曲屈服强度/MPa	D790	55	150	170	200	80	140	146	155
弯曲模量/MPa	D790	1500	4600	5500	7500	2300	5000	6000	7500
悬臂梁缺口冲击强度/(J/m)	D256	500	52	65	80	25	50	58	70
洛氏硬度 HRR	—	110	119	119	120	119	120	120	119

（续）

项目		标准（ASTM）	T602 增韧	T703 增强	T704 增强	T706 增强	T9000 阻燃	T9703 增强阻燃	T9704 增强阻燃	T9706 增强阻燃
燃烧性（UL94）		—	HB	HB	HB	HB	V-0	V-0	V-0	V-0
热变形温度/℃	0.45MPa	D648	120	220	220	222	170	220	220	220
	1.81MPa	D648	50	205	205	210	60	200	200	205
体积电阻率/Ω · cm		D257	10^{16}	10^{16}	10^{16}	10^{16}	10^{16}	10^{16}	10^{16}	10^{16}
表面电阻率/Ω		D257	10^{13}	10^{13}	10^{13}	10^{13}	10^{13}	10^{13}	10^{13}	10^{13}
介电强度/(kV/mm)		—	15	15	15	20	15	20	20	20
成型收缩率（mm/mm）		D955	0.013 ~ 0.024	0.008 ~ 0.012	0.006 ~ 0.009	0.003 ~ 0.007	0.011 ~ 0.018	0.005 ~ 0.014	0.005 ~ 0.013	0.003 ~ 0.010
熔点/℃		—	220 ~ 225	220 ~ 225	220 ~ 225	220 ~ 225	220 ~ 225	220 ~ 225	220 ~ 225	220 ~ 225

（7）（北京）海尔科化工程塑料国家研究中心的玻璃纤维增强 PBT 的性能（表 5-80）

表 5-80　（北京）海尔科化工程塑料国家研究中心的玻璃纤维增强 PBT 的性能

项目		KHPBT-G125	KHPBT-G217	KHPBT-$G318F_0$	项目		KHPBT-G125	KHPBT-G217	KHPBT-$G318F_0$
密度/(g/cm³)		1.35 ~ 1.37	1.40 ~ 1.42	1.44 ~ 1.46	弯曲模量/MPa	≥	4000	6000	10000
拉伸强度/MPa	≥	100	110	120	悬臂梁缺口冲击强度/(J/m²)	≥	10	8	5
断裂伸长率（%）	≥	10	5	5	热变形温度（0.46MPa）/℃	≥	200	210	215
弯曲强度/MPa	≥	170	180	200	燃烧性（UL94）		HB	HB	V-0

（8）浙江（东阳）横店工程塑料公司的改性 PBT（表 5-81）

表 5-81　浙江（东阳）横店工程塑料公司改性 PBT 的性能

项目	标准	玻璃纤维增强型			玻璃纤维增强阻燃型		
		A15	A20	A30	B	B10	B20
密度/(g/cm³)	ISO 1183	1.40	1.45	1.51	1.40	1.44	1.52
成型收缩率（%）	ASTM D955	0.8 ~ 1.2	0.6 ~ 1.1	1.5 ~ 2.2	1.5 ~ 2.2	0.7 ~ 1.5	0.5 ~ 1.1

吸水率（%）		ISO 62	0.09	0.09	0.09	0.11	0.10	0.10
拉伸强度/MPa		ISO 527	98	115	127	55	90	115
断裂伸长率（%）		ISO 527	3.1	2.6	2.2	2.0	3.2	2.6
冲击强度/(kJ/m^2)	缺口	ISO 179	8.0	8.5	9.5	5	8.5	10
	无缺口	ISO 179	40	43	44	32	42	44
弯曲强度/MPa		ISO 178	140	178	185	88	142	175
洛氏硬度 HRR		ISO 2039/2	115	117	118	102	114	115
热变形温度（1.82MPa）/℃		ISO 75	214	216	217	61	208	214
燃烧性（UL94）		—	HB	HB	HB	V-0	V-0	V-0
表面电阻率/Ω		IEC93	1.4×10^{15}	1.3×10^{15}	1.4×10^{15}	1.5×10^{15}	1.6×10^{15}	1.6×10^{15}
体积电阻率/Ω·cm		IEC93	1.1×10^{14}	1.1×10^{14}	1.2×10^{14}	1.1×10^{14}	1.2×10^{14}	1.2×10^{14}
相对介电常数（1MHz）		IEC250	3.2	3.1	3.3	3.0	3.1	3.2
介电损耗角正切值（1MHz）		IEC250	1.1×10^{-2}	1.1×10^{-2}	1.3×10^{-2}	1.1×10^{-2}	1.2×10^{-2}	1.2×10^{-2}
介电强度/(kV/mm)		ASTM D149	21	21	21	20	20	21
特征		—	15%玻璃纤维增强	20%玻璃纤维增强	30%玻璃纤维增强	阻燃	10%玻璃纤维增强阻燃	20%玻璃纤维增强阻燃

项目		标准	玻璃纤维增强阻燃型		填充型	高光泽型	
			B30	B45	C30	T20	T30
密度/(g/cm^3)		ISO 1183	1.60	1.72	1.61	1.58	1.6
成型收缩率（%）		ASTM D955	0.3～0.9	0.2～0.6	0.3～0.6	0.4～0.6	0.3～0.5
吸水率（%）		ISO 62	0.10	0.09	0.09	0.10	0.09
拉伸强度/MPa		ISO 527	135	120	63	120	125
断裂伸长率（%）		ISO 527	2.2	1.6	2.8	2.2	2.1
冲击强度/(kJ/m^2)	缺口	ISO 179	11	9	5	8	9
	无缺口	ISO 179	46	42	32	40	41

（续）

项 目	标准	玻璃纤维增强阻燃型		填充型	高光泽型	
		B30	B45	C30	T20	T30
弯曲强度/MPa	ISO 178	200	194	118	190	192
洛氏硬度 HRR	ISO 2039/2	117	118	113	114	113
热变形温度（1.82MPa）/℃	ISO 75	216	217	195	214	216
燃烧性（UL94）	—	V-0	V-0	V-0	V-0	V-0
表面电阻率/Ω	IEC93	1.7×10^{15}	1.6×10^{15}	1.8×10^{15}	1.8×10^{15}	1.4×10^{15}
体积电阻率/Ω·cm	IEC93	1.5×10^{14}	1.4×10^{14}	1.4×10^{14}	1.3×10^{14}	1.3×10^{14}
相对介电常数（1MHz）	IEC250	3.3	3.2	3.1	3.1	3.2
介电损耗角正切值（1MHz）	IEC250	1.4×10^{-2}	1.5×10^{-2}	1.1×10^{-2}	1.3×10^{-2}	1.1×10^{-2}
介电强度/(kV/mm)	ASTM D149	20	21	20	20	20
特征		30%玻璃纤维增强阻燃	45%玻璃纤维增强阻燃	增强填充，低翘曲	20%玻璃纤维增强阻燃，高光泽	30%玻璃纤维增强阻燃，高光泽

（9）南京聚隆化学实业公司的改性 PBT 的性能（表 5-82）

表 5-82 南京聚隆化学实业公司的改性 PBT 的性能

项 目		测试标准	状 态	TG6	TR0G4	TR0G6
拉伸断裂强度/MPa		ISO 527	干态/湿态	125/—	110/—	120/—
断裂伸长率（%）		ISO 527	干态/湿态	2.5/—	3/—	2.5/—
弯曲屈服强度/MPa		ISO 178	干态/湿态	200/—	145/—	155/—
弯曲模量/MPa		ISO 178	干态/湿态	7500/—	6000/—	7500/—
悬臂梁缺口冲击强度/(J/m²)		ISO 180	干态/湿态	8/—	6/—	7/—
洛氏硬度 HRR		ISO 2039/2	干态/湿态	R120/—	R120/—	R120/—
熔点/℃		ISO 3416	—	225	225	225
热变形温度/℃	0.45MPa	ISO 75	—	222	220	220
	1.8MPa	ISO 75	—	210	200	205
燃烧性（UL94）		—	—	HB	V0	V0
表面电阻率/Ω		ISO 167	干态/湿态	10^{13}/—	10^{13}/—	10^{13}/—
介电强度/(kV/mm)		IEC 243	干态/湿态	20/—	20/—	20/—

密度/(g/cm³)	ISO 1183	—	1.53	1.63	1.72
饱和吸水率（%）	ISO 62	—	0.35	0.4	0.4
成型收缩率/(%)	—	—	0.3～0.7	0.5～1.3	0.3～1

牌号	特性和主要用途
TG6	注射成型，含30%玻璃纤维，力学性能好，耐温高，成型收缩率小，宜制造继电器、电容器、开关、电位器等
TR0G4	注射成型，含20%玻璃纤维的阻燃料（V-0级），力学性能好，耐温，宜制造高强度电子电气件、定时器、开关插座、灯头、断路器等
TR0G6	注射成型，含30%玻璃纤维的阻燃料（V-0级），力学性能、耐温均比TR0G4高，用途与TR0G4相同

（10）上海日之升技术发展公司的玻璃纤维增强 PBT 的性能（表5-83）

表5-83　上海日之升技术发展公司的玻璃纤维增强 PBT 的性能

项　目	PBTP-VG2	PBTP-VG3	PBTP-VG4	PBTP-VG6	项　目	PBTP-VG2	PBTP-VG3	PBTP-VG4	PBTP-VG6
拉伸强度/MPa	85	95	105	125	简支梁缺口冲击强度/(kJ/m²)	6	7	7	10
断裂伸长率（%）	3	3	3	2	悬臂梁缺口冲击强度/(J/m²)	5.0	5.5	6.0	7.5
弯曲强度/MPa	130	140	160	185	热变形温度（1.82MPa)/℃	185	190	205	210
弯曲模量/MPa	3600	5000	6000	8500	体积电阻率/Ω · cm	10^{16}	10^{16}	10^{16}	10^{16}

（11）台湾南亚塑胶工业股份有限公司的 PBT 的性能（表5-84）

表5-84　台湾南亚塑胶工业股份有限公司的 PBT 的性能

牌　号	拉伸强度/MPa	弯曲模量/MPa	缺口冲击强度/(J/m)	热变形温度(1.86MPa)/℃	介电强度/(kV/mm)	耐电弧性/s	牌　号	拉伸强度/MPa	弯曲模量/MPa	缺口冲击强度/(J/m)	热变形温度(1.86MPa)/℃	介电强度/(kV/mm)	耐电弧性/s
1100	56	2400	60	60	17	180	1400G3	100	5600	55	180	25	80
1110	55	2400	80	60	17	180	1400G6	145	9100	80	195	24	90
1111FB	57	2400	70	60	17	180	1402G6	125	8400	120	190	24	85
1210G3	100	5000	4.7	205	22	130	1403G3	93	5600	55	200	20	85
1210G6	135	8500	10.5	215	25	130	1403G6	125	8200	85	210	20	85
1300	62	2800	4	65	18	60							

（三）国外PBT的品种与性能

（1）美国通用电器塑料公司的Valox PBT的性能（表5-85）

表5-85 美国通用电器塑料公司的Valox PBT的性能

项目	310	310-SEO	325	357（冲击性改良型）	365（冲击性改良型）	414	420	420-SEO	430	451	457	507
密度/(g/cm³)	1.31	1.39	1.31	1.34	1.33	1.63	1.53	1.62	1.52	1.54	1.45	1.51
吸水率（24h）（%）	0.08	0.08	0.08	0.08	0.14	0.05	0.06	0.06	0.05	0.07	0.07	0.06
成型收缩率（纵向/横向）（%）	—	/1.5	/1.7	/1.1	/1.2	/0.5	0.5/0.8	0.5/0.8	0.5/0.8	—	0.8/1.0	0.3/0.5
拉伸强度/MPa	53	60	53	49	56	130	122	120	116	98	79	120
断裂伸长率（%）	300	80	300	110	120	3	3	3	—	5	5	5
弯曲强度/MPa	84	103	84	85	87.6	204	194	190	176	154	126	190
弯曲模量/MPa	2380	2660	2380	2038	2283	8451	7746	7746	7042	5600	3500	7500
压缩强度/MPa	91	102	91	—	—	148	127	127	127	—	—	—
悬臂梁冲击强度（缺口，厚3.2mm）/(J/m)	60	40	60	1020	1530	97	86	65	132	6	5	10
洛氏硬度HRR	117	120	117	117	115	118	118	119	125	119	18	119
热变形温度（1.86MPa）/℃	54	71	54	99	121	204	207	204	204	205	182	200
线胀系数（−40～40℃）/($\times10^{-5}K^{-1}$)	8.1	7.9	8.1	9.2	—	2.7	2.5	2.5	—	3	4	3
介电强度（1.6mm）/(kV/mm)	23	22	23	25	—	26	25	24	—	30	29	30
相对介电常数（100Hz）	3.3	3.1	3.3	3.2	—	4.0	3.8	3.8	—	3.8	3.3	3.7
体积电阻率/($\times10^{-16}\Omega\cdot cm$)	4.0	1.6	4.0	1.2	—	2.5	3.2	3.4	—	3.4	5.5	1.0
燃烧性（UL94）	HB	5V/3.048mm V-0/0.7112mm	HB/1.473mm	V-0/0.635mm	V-0/0.7874mm	—	HB/0.7112mm	V-0/0.7112mm 5V/2.286mm	HB/1.575mm	V-0	V-0	HB

（续）

项　目	508	553	701	735	740	751	752	760	780	815	830	850	855	865
密度/(g/cm³)	1.50	1.58	1.59	1.62	1.48	1.82	1.83	1.55	1.77	1.43	1.54	1.51	1.54	1.66
吸水率（24h）（%）	0.06	0.07	0.07	0.07	0.05	0.07	0.07	0.05	0.02	0.06	0.06	—	0.06	0.03
成型收缩率（纵向/横向）（%）	0.4/ 0.7	0.25/ 0.35	0.6/ 0.8	0.4/ 0.6	0.8/ 1.2	0.6/ 0.8	0.4/ 0.6	— —	0.35/ 0.5	0.7/ 0.9	0.5/ 0.7	— —	0.7/ 0.9	0.6/ 0.8
拉伸强度/MPa	126	127	77	81	48	87	88	56	99	85	106	92	99	1126
断裂伸长率（%）	—	5	6	—	20	4	4	15	—	3	3	5	5	—
弯曲强度/MPa	173	197	127	141	87	137	137	106	169	141	176	141	155	183
弯曲模量/MPa	7042	7042	5634	7042	3169	8420	84507	3521	10563	4577	7042	5282	5282	7746
压缩强度/MPa	118	138	134	103	77	—	106	70	141	154	154	105	1124	138
悬臂梁冲击强度（缺口，厚3.2mm）/(J/m)	109	76	32	76	81	1.7	37	54	60	37	81	43	54	76
洛氏硬度 HRR	119	118	119	109	113	114	114	113	116	119	119	121	119	119
线变形温度（1.86MPa）/℃	176	160	199	199	—	193	193	76	193	160	193	187	187	193
线胀系数（$-40\sim40$℃）/($\times10^{-5}K^{-1}$)	2.3	2.2	3.4	2.5	8.5	2.8	2.7	6.8	2.5	4.5	2.5	4.1	4.5	2.2
介电强度（1.6mm）/(kV/mm)	29	26	26	29	25	29	27	27	26	24	25	23	22	23
相对介电常数（100Hz）	3.6	3.8	3.7	4.3	3.5	4.0	4.0	3.1	3.9	3.6	3.6	3.5	3.5	3.8
体积电阻率/($\times10^{-16}\Omega\cdot cm$)	5.9	4.3	3.7	0.13	0.50	0.13	0.90	0.66	0.35	5.6	4.0	3.9	4.5	1.8
燃烧性（UL94）	HB/1.473mm	V-0/0.838mm	—	HB/0.813mm	HB/1.60mm	V-0	V-0/0.813mm	V-0/1.473mm	V-0/0.813mm	HB/1.60mm	HB/1.60mm	V-2/1.575mm	V-0/1.575mm	V-0/1.575mm

（续）

项　　目	9230	DR51	DR48	FV600	FV620	FV649	FV699	PDR 4908	PDR 4911	PDR 4912	VC108	VC112	VC120	VC130
密度/(g/cm³)	1.60	1.41	1.53	1.5	1.62	1.26	1.27	1.6	1.62	1.48	1.40	1.41	1.44	1.47
吸水率（24h）（%）	0.08	0.07	0.07	0.06	0.04	0.15	0.12	0.07	0.07	0.07	—	—	—	—
成型收缩率（纵向/横向）（%）	0.3/ 0.5	0.7/ 0.9	0.7/ 0.9	1.0/ —	0.35/ 0.9	0.35/ 0.9	0.35/ 0.5	0.5/ 0.8	0.5/ 0.8	0.7/ 0.9	0.4/ 0.9	0.25/ 0.75	0.15/ 0.65	0.15/ 0.65
拉伸强度/MPa	140	95	95	91	68	42	42	110	120	80	100	120	150	170
断裂伸长率（%）	8	5	5	4	4	4	4	6	3	8	—	—	—	—
弯曲强度/MPa	180	—	147.8	139	110	65	65	160	180	110	145	180	220	220
弯曲模量/MPa	8900	493	514	5840	5200	2170	2160	7000	8000	4000	5700	7500	12000	15000
压缩强度/MPa	2.7	105.6	105.6	—	—	—	—	—	—	—	—	—	—	—
悬臂梁冲击强度（缺口，厚3.2mm）/(J/m)	—	54	54	69	53	107	108	10	10	6	5	5	6	6
洛氏硬度 HRR	—	118	118	—	—	—	—	119	119	118	—	—	—	—
热变形温度（1.86MPa）/℃	230	190	182	146	141	108	108	205	205	183	170	180	200	200
线胀系数（$-40\sim40$℃）/($\times10^{-5}K^{-1}$)	2.6	2.2	2.0	2.3	1.2	1.3	1.3	3	3	4	8	6	6	5
介电强度（1.6mm）/(kV/mm)	33	23	26	—	—	—	—	26	30	29	—	—	—	—
相对介电常数（100Hz）	3.7	3.6	3.6	—	—	—	—	3.8	3.8	3.6	—	—	—	—
体积电阻率/($\times10^{-16}\Omega\cdot cm$)	1.8	3.3	3.6	—	—	—	—	3.4	3.4	3.6	$10^4\sim10^6$	$10\sim10^3$	10	10
燃烧性（UL94）	HB	HB/ 1.473mm	V-0/ 0.7122mm 5V/ 3.048mm	HB	V-0	HB	V-0	V-0	V-0	V-0	V-0	V-0	V-0	V-0

（2）美国尔特普公司 RTP PBT 的性能（表 5-86）

表 5-86 美国尔特普公司 RTP PBT 的性能

牌号	密度/(g/cm³)	拉伸强度/MPa	断裂伸长率(%)	弯曲弹性模量/GPa	悬臂梁缺口冲击强度/(J/m)	热变形温度/℃		短玻璃纤维含量(%)	特性
						0.44MPa	1.42MPa		
1000FRA	1.42	59	8.0	2.8	—	160	71	—	阻燃
1000-GB10	1.38	48	4.0	2.9	—	154	82	10（玻璃珠）	尺寸稳定，低吸水
1000-GB20	1.45	48	3.0	3.4	—	177	166	20（玻璃珠）	尺寸稳定，低吸水
1000-GB30	1.53	50	3.0	4.0	—	182	171	30（玻璃珠）	尺寸稳定，低吸水
1000-GB40	1.62	52	2.0	4.7	—	193	182	40（玻璃珠）	尺寸稳定，低吸水
1001	1.38	76	3.5	4.1	—	182	171	10	抗拉伸
1001-GB20	1.52	54	2.5	5.0		204	—	10，20（玻璃珠）	尺寸稳定，高刚度
1001-M20	1.54	57	2.5	5.2	—	210	—	10，20（矿物）	尺寸稳定
1002FR-A	1.53	103	3.5	5.7	—	210	188	15	阻燃 V-0，抗拉伸
1002-TFE15	1.52	76	2.5	4.8	—	210	182	15（聚四氟乙烯）	耐磨，自润滑
1003	1.45	114	3.0	5.7	—	210	204	20	尺寸稳定，低吸水
1005	1.53	124	2.5	8.2	—	216	213	30	尺寸稳定，低吸水
1005FR	1.66	145	3.0	9.1	—	213	210	30	阻燃 V-0，抗拉
1005FR-A	1.63	138	3.0	10.3	—	210	204	30	阻燃 V-0，抗拉
1005-TFE15	1.65	115	2.0	9.1	—	—	210	15（聚四氟乙烯）	耐磨，耐高温
1007	1.63	148	2.0	10.3	—	216	213	40	高刚度，尺寸稳定
1007-GB10	1.72	145	2.2	10.3	—	216	210	40，10（玻璃珠）	高刚度，低吸水
1025	1.62	110	2.5	5.3	—	213	206	50，其中含玻璃珠	高刚度
1026	1.62	53	2.5	5.7	—	210	204	10，其中含矿物	尺寸稳定
1027	1.62	62	2.5	4.8	—	204	193	10，其中含矿物	尺寸稳定
1028	1.71	47	2.0	5.4	—	204	193	10，其中含矿物	尺寸稳定

（续）

牌号	密度 /(g/cm³)	拉伸强度 /MPa	断裂伸长率 (%)	弯曲弹性模量 /GPa	悬臂梁缺口冲击强度 /(J/m)	热变形温度/℃		短玻璃纤维含量 (%)	特　性
						0.44MPa	1.42MPa		
1085	1.42	173	1.5	17.3	—	221	216	30（碳纤维）	高刚度，抗拉伸
1085TFE15	1.51	131	—	16.6	—	216	213	30（碳纤维，聚四氟乙烯）	刚性、润滑性好，耐高温
1087	1.48	193	1.5	20.7	—	221	216	40（碳纤维）	高刚度，抗拉伸
ESD-A1000	1.25	34	2.0	2.1	43	132	63	—	抗静电
ESD-A1005	1.57	103	2.0	8.2	75	219	204	—	导电
ESD-A1005FR	1.66	103	1.5	9.7	69	204	199	30	阻燃 V-0
ESD-C1000	1.25	34	2.0	2.1	43	132	63	—	抗静电
ESD-C1005	1.57	110	2.0	8.2	75	219	204	15	抗拉伸，高刚度
ESD-C1005FR	1.66	103	1.5	9.7	69	204	199	30	阻燃 V-0，高刚度
ESD-C1080	1.36	97	>2.0	6.2	53	182	171	15（碳纤维）	导电

（3）日本工程塑料公司的 Valox PBT 的性能（表 5-87）

表 5-87　日本工程塑料公司的 Valox PBT 的性能

项　目		310/325	310-SEO	357	DR-51	420	457	DR-48	420-SEO	553	735	750	830	865
密度/(g/cm³)		1.31	1.41	1.36	1.41	1.52	1.45	1.53	1.62	1.64	1.62	1.80	1.54	1.66
吸水率（%）		0.08	0.08	0.08	0.07	0.06	0.07	0.07	0.07	0.06	0.08	0.07	0.06	0.07
成型收缩率/($\times10^{-3}$%)		1.0~1.3	1.0~1.7	1.0~1.6	0.6~0.8① 0.7~1.1②	0.4~0.6① 0.6~1.0②	0.7~0.9① 0.8~1.2②	0.6~0.8① 0.7~1.1②	0.4~0.6① 0.6~1.0②	0.2~0.3① 0.3~0.5②	0.2~0.5① 0.4~0.9②	0.3~0.5① 0.5~0.7②	0.4~0.6① 0.6~0.8②	0.4~0.6① 0.6~0.8②
热变形温度/℃	0.46MPa	154	163	138	210	215	204	210	215	210	220	204	220	210
	1.86MPa	55	71	99	190	208	160	182	205	171	200	193	193	200
线胀系数/($\times10^{-5}K^{-1}$)		13	9	13	5	3	9	4	3	3	4	3	3	3

（续）

项目		310/325	310-SEO	357	DR-51	420	457	DR-48	420-SEO	553	735	750	830	865
燃烧性（UL94）		HB	V-0	V-0	HB	HB	V-0	V-0	V-0	V-0	HB	V-0	HB	V-0
拉伸强度/MPa		53.0	60.0	49.0	91.0	120.0	79.0	91.0	120.0	120.0	90.0	90.0	110.0	110.0
断裂伸长率（%）		300	80	50	5	3	5	5	3	5	3	3	3	3
弯曲强度/MPa		84.0	100.0	94.5	140.0	193.0	126.0	140.0	190.0	180.0	150.0	120.0	170.0	175.0
弯曲模量/GPa		2.4	2.6	2.38	4.5	7.7	3.5	5.0	8.0	7.5	7.0	8.4	7.7	8.0
悬臂梁缺口冲击强度/（kJ/m^2）		0.06	0.05	0.12	0.07	0.10	0.06	0.055	0.010	0.08	0.08	0.06	0.08	0.08
洛氏硬度 HRR		117	120	117	118	118	118	118	119	118	110	114	119	119
相对介电常数	100Hz	3.3	3.2	3.2	3.6	3.8	3.3	3.6	3.8	3.6	4.0	3.7	3.6	3.6
	10^6Hz	3.1	3.1	3.1	3.4	3.7	3.2	3.4	3.7	3.5	3.8	3.6	3.5	3.5
介电损耗角正切值	100Hz	0.002	0.003	0.003	0.002	0.002	0.002	0.002	0.002	0.002	0.006	0.006	0.002	0.003
	10^6Hz	0.02	0.02	0.02	0.02	0.02	0.02	0.02	0.02	0.01	0.02	0.01	0.016	0.016
体积电阻率/（$\times10^{16}\Omega\cdot cm$）		4	2.2	1	3.3	3.2	5.5	3.6	3.4	1.0	0.1	0.9	0.13	1.8

① 横向。

② 纵向。

（4）日本帝人工业公司的 Teijin PBT 的性能（表5-88）

表 5-88 日本帝人工业公司 Teijin PBT 的性能

项目	标准（ASTM）	非增强			玻璃纤维增强					特殊增强		特殊	
		一般	阻燃		一般		阻燃			一般	阻燃	软质	遮光
		C7000	CN 7000	CNN 7000	C7015	C7030	CN 7015	CN 7030	CNN 7030	C7640	XCN 7530	CE7300	C7000W6
密度/（g/cm^3）	D792	1.31	1.42	1.45	1.41	1.52	1.50	1.62	1.73	1.56	1.79	1.22	1.60
吸水率（23℃水中，24h）（%）	D570	0.09	0.08	0.08	0.08	0.06	0.06	0.06	0.06	0.06	0.03	0.09	0.06
成型收缩率（%）	—	1.1～2.2	1.1～2.2	1.1～2.2	0.4～1.6	0.1～1.3	0.4～1.6	0.1～1.3	0.1～1.3	0.90	0.3～1.3	1.0～2.0	1.20

（续）

项　　目		标准（ASTM）	非增强			玻璃纤维增强					特殊增强		特　殊	
			一般	阻燃		一般		阻燃			一般	阻燃	软质	遮光
			C7000	CN 7000	CNN 7000	C7015	C7030	CN 7015	CN 7030	CNN 7030	C7640	XCN 7530	CE7300	C7000W6
拉伸强度/MPa		D638	54.0	62.0	65.0	98.0	135.0	90.0	125.0	130.0	60.0	110.0	48.0	57.0
断裂伸长率（%）		D633	360	20	20	6	4	5	5	4	6	4	135	4
弯曲强度/MPa		D790	85.0	98.0	95.0	155.0	190.0	130.0	185.0	205.0	97.0	165.0	63.0	93.0
弯曲模量/MPa		D790	2400.0	2700.0	2900.0	5200.0	9000.0	5400.0	9000.0	10000.0	5200.0	10000.0	1500.0	3500.0
冲击强度/(kJ/m²)	缺口	D256	0.052	0.035	0.032	0.051	0.104	0.054	0.095	0.10	0.058	0.08	0.14	0.048
	无缺口	D256	不断裂	50	60	43	68	32	71	85	54	55	不断裂	4.5
压缩强度/MPa		D695	80.0	90.0	85.0	105.0	125.0	102.0	120.0	130.0	10.0	120.0	—	80.0
洛氏硬度 HRM		D758	80	85	85	92	96	93	96	95	95	95	—	89
摩擦因数	对铝	D1894	0.13	0.13	0.13	0.14	0.14	0.14	0.14	0.14	0.14	0.18	0.13	0.16
	对同材料	D1894	0.17	0.17	0.17	0.16	0.16	0.16	0.16	0.16	0.16	0.27	0.17	0.22
Taber 磨耗（1000g）/(mg/1000r)		D1044	11	15	16	21	25	23	33	30	30	47	16	50
熔点/℃		—	225	225	225	225	225	225	225	225	225	225	225	225
热变形温度/℃	0.46MPa	D648	155	160	160	210	220	220	215	220	200	220	125	180
	1.86MPa	D648	58	60	60	195	210	200	210	210	115	210	55	78
线胀系数/($\times10^{-5}K^{-1}$)		D696	8	7	7	5	3	5	3	3	5	2	8	6
阻燃性（UL94）		—	HB	V-0	V-0	HB	HB	V-0	V-0	V-0	HB	V-0	HB（相当）	HB
体积电阻率/Ω·cm		D257	$>10^{16}$	$>10^{16}$	$>10^{16}$	$>10^{16}$	$>10^{16}$	$>10^{16}$	$>10^{16}$	$>10^{16}$	$>10^{16}$	$>10^{16}$	$>10^{16}$	$>10^{16}$
介电强度（短时间法，1mm 厚）/(kV/mm)		D149	31	27	27	32	32	27	30	30	30	26	30	30
相对介电常数（60Hz）		D150	3.3	3.2	3.2	3.5	3.7	3.6	3.8	4.1	4.3	4.6	3.3	4.0
介电损耗角正切值（60Hz）		D150	0.001	0.001	0.001	0.001	0.002	0.001	0.001	0.001	0.005	0.007	0.001	0.004
耐电弧性/s		D495	91	70	11	42	42	72	85	130	180	122	130	150

（5）德国巴斯夫公司的 Ultradur PBT 的性能（表 5-89）

表 5-89　德国巴斯夫公司的 Ultradur PBT 的性能

项　目		B-2550	B-4300G10	B4300-K4	B-4300-K6	B4305G6	B-4300G2	B-4300G4	B-4300G6	B-4500	B-4520	B-4550
熔体质量流动速率/［g/(10min)］		40	11	20	11	—	20	18	15	20	25	20
密度/(g/cm³)		1.30	1.71	1.45	1.53	1.65	1.37	1.45	1.53	1.30	1.30	1.30
拉伸强度/MPa		60	—	—	—	120	—	—	—	60	60	60
断裂伸长率（%）		3.5	2.5	4.0	4.0	3.0	3.8	3.2	2.5	3.5	3.5	3.5
弯曲模量/MPa		2700	17000	3500	4000	10000	4500	7000	7000	2600	2600	2600
冲击强度/(kJ/m²)	23℃	4.5	7.5	3.5	3.5	30	4.7	6.5	10.8	6.5	5.5	6.5
	-23℃	4.5	7.5	—	—	25	4.7	6.5	10.8	—	—	—
热变形温度/℃	1.8MPa	67	215	40	95	205	200	205	215	67	67	67
	0.48MPa	165	220	170	200	220	220	220	220	165	165	165
线胀系数/($\times10^{-4}K^{-1}$)		1.45	0.25	0.85	0.75	0.1～0.2	0.45	0.35	0.25	1.45	1.45	1.45
黏度/mPa·s		107	95	113	95	—	116	109	102	130	120	130
介电强度/(kV/mm)		140	100	100	100	40	100	100	100	140	140	140
体积电阻率/Ω·cm		10^{16}	10^{16}	10^{16}	10^{16}	10^{16}	10^{16}	10^{16}	10^{16}	10^{16}	10^{16}	10^{16}
表面电阻率/Ω		10^{13}	10^{13}	10^{13}	10^{13}	10^{13}	10^{13}	10^{13}	10^{13}	10^{13}	10^{13}	10^{13}
燃烧性（UL94）		HB	HB	HB	HB	V-0	HB	HB	HB	HB	HB	HB
项　目		KR-4001	KR-4011	KR4015	KR4025	KR4035	KR-4036	B-4306 KR-4060	B-4306G2 KR-4061	B-4306G4 KR-4062	B-4306G6 KR-4063	B-4406 KR-4066
熔体质量流动速率/［g/(10min)］		20	20	—	—	—	8.0	—	—	—	—	—
密度/(g/cm³)		1.51	1.55	1.45	1.55	1.65	1.30	1.45	1.50	1.55	1.65	1.45
拉伸强度/MPa		—	—	60	110	120	60	40	—	—	—	50
断裂伸长率（%）		4.0	4.0	5.0	4.0	4.0	3.5	3.5	3.0	3.0	2.5	3.5
弯曲模量/MPa		4300	7600	3000	7000	10000	2600	2500	5000	8000	11000	25000
冲击强度/(kJ/m²)	23℃	—	—	不断	35	35	4.0	5.0	5.0	6.5	7.5	7.0
	-23℃	—	—	40	30	30	—	—	—	—	—	—

（续）

项　目		KR-4001	KR-4011	KR4015	KR4025	KR4035	KR-4036	B-4306 KR-4060	B-4306G2 KR-4061	B-4306G4 KR-4062	B-4306G6 KR-4063	B-4406 KR-4066
热变形温度/℃	1.8MPa	90	210	80	200	205	67	60	185	200	205	60
	0.48MPa	195	223	145	215	220	165	170	219	223	225	170
线胀系数/($\times10^{-4}K^{-1}$)		—	—	0.8	0.4	0.3	1.45	1.6	0.5	0.5	0.4	1.6
黏度/mPa · s		113	102	—	—	—	170	102	102	—	109	109
介电强度/(kV/mm)		100	100	40	40	40	140	40	40	40	40	—
体积电阻率/Ω · cm		10^{16}	10^{16}	10^{16}	10^{16}	10^{16}	10^{16}	10^{16}	10^{16}	10^{16}	10^{16}	10^{16}
表面电阻率/Ω		10^{13}	10^{13}	10^{13}	10^{13}	10^{13}	10^{13}	10^{13}	10^{13}	10^{13}	10^{13}	10^{13}
燃烧性（UL94）		HB	HB	V-0	V-0	V-0	HB	V-0	V-0	V-0	V-0	V-0

项　目		B-4406G2 KR-4067	B-4406G4 KR-4068	B-4406G6 KR-4069	KR-4070	KR-4071	KR-4075	KR4300K4	S4090G2	S4090G4	S4090G6
熔体质量流动速率/ [g/(10min)]		—	—	—	9.5	16.5	13	—	20	20	20
密度/(g/cm^3)		1.50	1.55	1.65	1.20	1.20	1.36	1.45	1.31	1.40	1.48
拉伸强度/MPa		—	—	—	45	35	40	50	—	—	—
断裂伸长率（%）		3.0	3.0	3.5	—	—	—	4	—	—	—
弯曲模量/MPa		5800	7900	10300	1900	1800	2200	3500	—	—	—
冲击强度/(kJ/m^2)	23℃	5.5	6.0	7.5	17.5	40	—	40	—	—	—
	-23℃	—	—	—	—	—	—	30	—	—	—
热变形温度/℃	1.8MPa	190	200	205	50	50	61	70	—	—	—
	0.48MPa	215	223	225	120	120	156	170	—	—	—
线胀系数/($\times10^{-4}K^{-1}$)		0.5	0.5	0.4	1.4	1.45	0.90	0.9	—	—	—
黏度/mPa · s		109	109	109	—	—	110	—	—	—	—
介电强度/(kV/mm)		75	40	40	100	100	100	50	—	—	—
体积电阻率/Ω · cm		10^{16}	10^{16}	10^{16}	10^{16}	10^{16}	10^{16}	10^{16}	—	—	—
表面电阻率/Ω		10^{13}	10^{13}	10^{13}	10^{13}	10^{13}	10^{13}	10^{13}	—	—	—
燃烧性（UL94）		V-0	V-0	V-0	HB	HB	HB	HB	—	—	—

（6）韩国LG公司的Lopox PBT的性能（表5-90）

表5-90 韩国LG公司的Lopox PBT的性能

项目		4000系列				5000系列			
		LW-4302F	EE-4351F	EE-4400	EE-4401F	SG-5150	SG-5151F	SG-5300	SG-5301F
密度/(g/cm^3)		1.58	1.69	1.65	1.75	1.43	1.52	1.54	1.66
成型收缩率/(%)		0.5~0.7	0.3~0.7	0.3~0.7	0.2~0.5	0.7~1.1	0.7~1.1	0.6~0.9	0.6~0.9
吸水率（%）		0.06	0.06	0.06	0.06	0.06	0.06	0.06	0.06
拉伸强度/MPa		85.0	78.0	100.0	100.0	85.0	85.0	120.0	130.0
断裂伸长率（%）		1.0	3.0	3.0	3.0	4.0	4.0	3.0	3.0
弯曲强度/MPa		150.0	160.0	160.0	160.0	130.0	135.0	180.0	185.0
弯曲模量/MPa		9000.0	9500.0	9500.0	10000.0	4500.0	5000.0	8000.0	8500.0
冲击强度/(kJ/m)	缺口	0.025	0.037	0.055	0.035	0.04	0.04	0.07	0.065
	无缺口	—	—	—	—	0.27	0.27	0.60	0.60
洛氏硬度HRM（R）		85	86	86	86	79	81	90	90
摩擦因数		—	—	—	—	0.2	0.2	0.2	0.2
热变形温度/℃	1.86MPa	200	200	205	205	190	195	195	195
	0.46MPa	210	210	215	210	200	200	215	215
线胀系数/($\times10^{-5}K^{-1}$)		3	3	3	3	5	5	3	3
燃烧性（UL94）		V-0/0.793mm	V-0/0.793mm	HB	V-0/0.793mm 5VA/1.59mm	HB	V-0/0.793mm	HB	V-0/0.793mm
介电强度/(kV/mm)		27	27	27	27	24	23	24	23
体积电阻率/Ω·cm		$>10^{16}$	$>10^{16}$	$>10^{16}$	$>10^{16}$	$>10^{16}$	$>10^{16}$	$>10^{16}$	$>10^{16}$
介电损耗角正切值	1kHz	0.002	0.002	0.002	0.002	0.002	0.002	0.002	0.002
	1MHz	0.016	0.015	0.016	0.016	0.02	0.02	0.02	0.02
相对介电常数	1kHz	3.5	3.4	3.6	3.6	3.6	3.6	3.8	3.8
	1MHz	3.4	3.3	3.5	3.5	3.5	3.5	3.6	3.6
耐电弧性/s		120	120	120	120	80	80	80	80

（续）

项目		5000 系列							
		LW-5303	LW-5303F	HI-5002BF	TE-5001	TE-5010	TE-5011	TE-5020	TE-5000G
密度/(g/cm^3)		1.51	1.55	1.42	1.22	1.22	1.22	1.22	1.21
成型收缩率/(%)		0.3～0.7	0.3～0.7	0.8～1.3	0.7～0.9	0.7～0.9	0.7～0.9	0.7～0.9	0.7～0.8
吸水率（%）		0.06	0.06	0.09	0.09	0.09	0.09	0.09	0.09
拉伸强度/MPa		120.0	120.0	52.0	52.0	54.0	48.0	49.0	57
断裂伸长率（%）		5.0	4.5	50	>100	>100	>100	>100	>100
弯曲强度/MPa		190.0	180.0	78.0	78.0	85.0	78.0	78.0	75
弯曲模量/MPa		7000.0	7200.0	2500.0	2500.0	2100.0	2000.0	2000.0	2000.0
冲击强度/(kJ/m)	缺口	0.09	0.08	0.65	0.75	0.84	0.82	0.80	—
	无缺口	0.95	0.80	NB	NB	NB	NB	NB	NB
洛氏硬度 HRM（R）		79	90	(112)	(110)	(116)	(109)	(110)	(112)
摩擦因数		0.2	0.2	—	—	—	—	—	—
热变形温度/℃	1.86MPa	190	170	90	96	97	96	96	100
	0.46MPa	200	190	—	—	—	—	—	—
线胀系数/($\times10^{-5}K^{-1}$)		3	3	—	9.2	9.2	9.2	9.2	9.2
燃烧性（UL94）		HB/1.59mm	V-0/ 0.793mm	V-0/ 0.793mm	HB	HB	HB	HB	HB
介电强度/(kV/mm)		27	27	—	18	18	18	18	18
体积电阻率/Ω·cm		$>10^{16}$	$>10^{16}$	—	$>10^{15}$	$>10^{15}$	$>10^{15}$	$>10^{15}$	$>10^{15}$
介电损耗角正切值	1kHz	0.002	0.002	—	0.002	0.002	0.002	0.002	0.002
	1MHz	0.02	0.02	—	—	—	—	—	—
相对介电常数	1kHz	3.8	3.8	—	3.3	3.3	3.3	3.3	3.3
	1MHz	3.6	3.6	—	3.3	3.3	3.3	3.3	3.3
耐电弧性/s		80	80	—	—	—	—	—	—

（续）

项　　目		1000 系列						2000 系列				
		GP-1000	HV-1010	GP-1001F	HI-1002F	GP-1006F	GP-1008F	GP-2150	GP-2151F	GP-2156F	GP-2158F	GP-2300
密度/(g/cm^3)		1.31	1.31	1.44	1.35	1.42	1.42	1.41	1.53	1.52	1.52	1.52
成型收缩率/(%)		1.7~2.3	1.7~2.3	1.3~2.0	1.5~1.8	1.3~2.0	1.3~2.0	0.6~1.4	0.4~1.4	0.4~1.4	0.4~1.4	0.3~1.0
吸水率（%）		0.08	0.08	0.08	0.08	0.08	0.08	0.07	0.07	0.07	0.07	0.06
拉伸强度/MPa		58.0	55.0	63.0	51.0	62.0	62.0	95.0	110.0	100.0	100.0	135.0
断裂伸长率（%）		40	>150	30	100	20	20	4.0	4.0	4.0	4.0	3.0
弯曲强度/MPa		85.0	85.0	110.0	85.0	100.0	100.0	150.0	160.0	155.0	160.0	200.0
弯曲模量/MPa		2100.0	2300.0	3000.0	2300.0	2800.0	2900.0	5000.0	6200.0	6000.0	6000.0	9000.0
冲击强度/(kJ/m)	缺口	0.025	0.035	0.03	0.55	0.035	0.03	0.06	0.05	0.055	0.055	0.09
	无缺口	0.40	0.180	0.50	NB	13.0	12.0	0.40	0.30	0.54	0.30	0.60
洛氏硬度 HRM（R）		(115)	(115)	(120)	(113)	(118)	(119)	90	90	90	90	91
摩擦因数		0.13	0.13	0.15	0.15	0.14	0.14	0.13	0.13	0.13	0.13	0.12
热变形温度/℃	1.86MPa	57	57	65	83	70	70	200	200	200	200	210
	0.46MPa	154	154	165	122	170	170	210	210	210	210	215
线胀系数/($\times10^{-5}K^{-1}$)		10	10	9	11	9	9	5	5	5	5	3
燃烧性（UL94）		HB 0.793mm	HB 0.793mm	V-0 0.793mm	V-0 1.59mm	V-0 0.793mm	V-0 0.793mm	HB 0.793mm	V-0 0.793mm	V-0 0.793mm	V-0 0.793mm	HB 0.793mm
介电强度/(kV/mm)		24	24	25	25	25	25	26	27	28	26	30
体积电阻率/Ω·cm		$>10^{16}$	$>10^{16}$	$>10^{16}$	$>10^{16}$	$>10^{16}$	$>10^{16}$	$>10^{16}$	$>10^{16}$	$>10^{16}$	$>10^{16}$	$>10^{16}$
介电损耗角正切值	1kHz	0.002	0.002	0.002	0.002	0.002	0.002	0.002	0.002	0.002	0.002	0.002
	1MHz	0.02	0.02	0.02	0.02	0.02	0.02	0.02	0.02	0.02	0.02	0.02
相对介电常数	1kHz	3.2	3.2	3.3	3.3	3.3	3.3	3.6	3.6	3.6	3.6	3.7
	1MHz	3.1	3.1	3.3	3.3	3.3	3.3	3.4	3.4	3.4	3.4	3.6
耐电弧性/s		130	130	70	70	70	80	95	50	40	60	126

（续）

项目		2000系列									3000系列	
		GP-2301F	GP-2306F	GP-2308F	HI-2152	HI-2302	HI-2302F	HI-2302AF	HI-2303	GP-2300G	FW-3300	SG-3250
密度/(g/cm^3)		1.66	1.65	1.65	1.35	1.44	1.58	1.57	1.46	1.52	1.60	1.54
成型收缩率/(%)		0.3～1.0	0.3～1.0	0.3～1.0	0.8～1.2	0.4～0.9	0.4～0.9	0.4～0.9	0.4～0.8	0.3～1.0	0.5～1.2	0.5～1.2
吸水率（%）		0.06	0.06	0.06	0.09	0.09	0.09	0.09	0.09	0.07	0.06	0.06
拉伸强度/MPa		135.0	135.0	135.0	800	100.0	110.0	100.0	110.0	120	89	55
断裂伸长率（%）		3.0	3.0	3.0	6.0	4.5	3.5	3.5	3.5	3.0	3.0	4.0
弯曲强度/MPa		210.0	210.0	210.0	130.0	170.0	180.0	170.0	180.0	180	140	95
弯曲模量/MPa		9800.0	9500.0	9500.0	4000.0	6500.0	8500.0	8000.0	7500.0	7800	7500	5200
冲击强度/(kJ/m)	缺口	0.07	0.08	0.08	0.14	0.165	0.11	0.11	0.155	75	4.0	3.0
	无缺口	0.45	0.70	0.55	0.50	0.80	0.60	0.60	0.70	0.600	0.4	0.35
洛氏硬度 HRM（R）		92	92	92	(113)	(115)	(113)	(113)	(113)	91	—	(85)
摩擦因数		0.12	0.12	0.12	—	—	—	—	—	0.12	—	—
热变形温度/℃	1.86MPa	210	210	210	145	160	165	160	150	210	194	—
	0.46MPa	215	215	215	170	185	185	185	180	215	—	200
线胀系数/($\times10^{-5}K^{-1}$)		3	3	3	6	4	4	4	4	3	5	—
燃烧性（UL94）		V-0 0.793mm	V-0 0.793mm	V-0 0.793mm	(HB)	(HB)	V-0 1.59mm	V-0 0.793mm	(HB)	(HB)	(HB)	(HB)
介电强度/(kV/mm)		27	28	33	18	21	18	18	20	—	—	—
体积电阻率/(Ω·cm)		$>10^{16}$	$>10^{16}$	$>10^{16}$	$>10^{16}$	$>10^{16}$	$>10^{16}$	$>10^{16}$	$>10^{16}$	$>10^{16}$	$>10^{16}$	$>10^{16}$
介电损耗角正切值	1kHz	0.002	0.002	0.002	0.003	0.003	0.003	0.003	0.003	—	—	—
	1MHz	0.02	0.02	0.02	0.03	0.03	0.03	0.03	0.03	—	—	—
相对介电常数	1kHz	3.8	3.8	3.8	3.7	3.9	3.9	3.9	3.9	—	—	—
	1MHz	3.6	3.6	3.6	3.6	3.8	3.8	3.8	3.8	—	—	—
耐电弧性/s		75	67	80	80	65	47	45	70	—	105	—

（7）瑞士汽巴·嘉基公司的Crastine PBT的性能（表5-91）

表5-91 瑞士汽巴·嘉基公司的Crastine PBT的性能

项目		S600	S620	SG625	SK602	SK603	SK605	S0655	XB 2921	XB 2949	XB 2951	XB 3034	XB 3035	XB 3036	XB 3037
密度/(g/cm³)		1.31	1.31	1.53	1.41	1.41	1.53	1.53	1.29	1.27	1.47	1.24	1.47	1.51	1.50
拉伸强度/MPa		52	52	140	100	100	140	57	37	27	58	16	60	130	100
断裂伸长率（%）		>250	>250	2~3	3	3	2~3	3~4	>250	>250	5	>250	>25	2~3	5
弯曲模量/MPa		2700	2700	10000	6000	6000	10000	4000	1100	500	2900	300	2700	9500	7000
弯曲强度/MPa		85	85	215	160	160	210	95	43	23	100	15	95	200	160
悬臂梁缺口冲击强度/(kJ/m²)	23℃	5	5	13	6	6	11	4	17	不断	4	不断	5	12	13
	-40℃	5	5	12	5	5	9	3	5	5	4	9	5	10	10
吸水率（23℃，50% RH）（%）		0.2	0.2	0.13	0.17	0.17	0.13	0.12	0.2	0.2	0.17	0.2	0.25	0.14	0.14
热变形温度（A法）/℃		50	50	220	195	195	205	99	50	50	64	50	70	180	190
长期使用温度/℃		120	120	145	140	140	140	130	100	100	130	100	130	140	140
燃烧性（UL94）		HB	HB	HB	HB	HB	HB	HB	HB	HB	V-0	HB	V-0	HB	HB
体积电阻率/Ω·cm		$>10^{16}$	$>10^{16}$	$>10^{16}$	$>10^{16}$	$>10^{16}$	$>10^{16}$	$>10^{16}$	$>10^{16}$	$>10^{16}$	$>10^{16}$	$>10^{16}$	$>10^{16}$	$>10^{16}$	$>10^{16}$
表面电阻率/Ω		$>10^{14}$	$>10^{14}$	$>10^{14}$	$>10^{14}$	$>10^{14}$	$>10^{14}$	$>10^{14}$	$>10^{14}$	$>10^{14}$	$>10^{14}$	$>10^{14}$	$>10^{14}$	$>10^{14}$	$>10^{14}$
相对介电常数（50Hz）		3.8	—	4.4	4.1	4.1	4.4	4.6	—	5.4	3.5	5.6	4	4	4.4
介电强度/(kV/cm)		150	150	170	170	170	170	170	150	150	150	150	150	170	170

（续）

项目		XB 3038	XMB 1050	XMB 1051	XMB 1052	XMB 1053	XMB 1054	XMB 1055	XMB 1056	XMB 1057	XMB 1058	XMB 1059	SG 635FR	SK 611FR	SK613 FR	SK615 FR
密度/(g/cm³)		1.45	1.52	1.69	1.59	1.54	1.71	1.50	1.53	1.59	1.69	1.51	1.69	1.53	1.59	1.69
拉伸强度/MPa		54	85	140	105	60	180	55	70	90	110	54	135	80	105	135
断裂伸长率（%）		5~6	4	2~3	2~3	5	2	10	5	4~5	3~4	4~5	2~3	2~3	2~3	2~3
弯曲模量/MPa		3800	5000	12000	8000	4500	16000	3500	3900	6200	8500	3600	12000	4800	8000	11000
弯曲强度/MPa		90	140	215	170	105	270	96	100	140	170	95	210	120	170	210
悬臂梁缺口冲击强度/(kJ/m²)	23℃	4	5	8	7	3	11	3	6	7	9	3	11	4	6	8
	-40℃	3	4	7	6	2	11	2	5	6	8	2	10	4	5	7
吸水率（23℃，50% RH）（%）		0.15	0.15	0.1	0.13	0.15	0.1	0.15	0.15	0.13	0.1	0.15	0.1	0.15	0.13	0.1
热变形温度（A法）/℃		70	200	210	205	110	215	65	183	188	192	88	217	200	204	205
长期使用温度/℃		130	140	140	140	130	140	130	140	140	140	130	145	140	140	140
燃烧性（UL94）		HB	V-0	V-0	V-0	HB	HB	HB	V-0	V-0	V-0	V-0	V-0	V-0	V-0	V-0
体积电阻率/Ω·cm		$>10^{15}$	$>10^{16}$	$>10^{16}$	$>10^{16}$	$>10^{16}$	$>10^{16}$	$>10^{16}$	$>10^{16}$	$>10^{16}$	$>10^{16}$	$>10^{16}$	$>10^{16}$	$>10^{16}$	$>10^{16}$	$>10^{16}$
表面电阻率/Ω		$>10^{14}$	$>10^{14}$	$>10^{14}$	$>10^{14}$	$>10^{14}$	$>10^{14}$	$>10^{14}$	$>10^{14}$	$>10^{14}$	$>10^{14}$	$>10^{14}$	$>10^{14}$	$>10^{14}$	$>10^{14}$	$>10^{14}$
相对介电常数（50Hz）		4	3.6	4.5	3.8	3.8	4.1	3.9	4	4.1	4.2	3.5	4.5	3.6	4.3	4.5
介电强度/(kV/cm)		170	170	170	170	170	140	150	160	160	160	150	170	170	170	170

二、改性技术

（一）增韧改性

1. PBT增韧改性方法

针对PBT缺口冲击强度低的缺点可以从化学和物理两个方面进行改性。所谓化学改性就是通过共聚、接枝、嵌段、交联等手段在PBT分子中引入新的柔性链段，使其具有良好的韧性；物理改性就是将改性剂与PBT共混或复合，使其作为分散相分布在PBT基体中，利用两组分的部分相容性或适当的界面黏结作用，提高PBT的缺口冲击性能。

从溶解度参数来看，PBT为22.1（J/cm^3）$^{1/2}$，在各类塑料中仅低于聚丙烯腈［31.5（J/cm^3）$^{1/2}$］、尼龙［26.0～27.8（J/cm^3）$^{1/2}$］和酚醛树脂［23.5（J/cm^3）$^{1/2}$］，与许多树脂具有较好的相容性。由于共混法比聚合法易于操作，因此共混成为PBT改性的主要手段之一。PBT的分子链末端含有羟基（或羧基）官能团，极易与环氧环、酸酐、羧基（或羟基）等发生化学反应，故可以先将改性剂功能化后再与PBT进行共混或共混时加入反应性增容剂，通过原位增容反应加强界面间的作用力以达到更好的增韧效果。常见的反应性增容剂类型主要有：①端基含有环氧官能团，丙烯酸缩水甘油酯（GMA），如高冲击强度聚苯乙烯接枝丙烯酸缩水甘油酯（HIPS-g-GMA）；②主链接枝马来酸酐（MAH），如高密度聚乙烯接枝马来酸酐（HDPE-g-MAH）；③接枝异氰酸基等。国内外学者在这方面进行了广泛的研究，并得到应用推广。

（1）PBT/聚烯烃体系　聚烯烃原料充足、品种多，价格便宜，用聚烯烃增韧PBT的性价比很高。但聚烯烃与PBT的相容性差，为解决此问题，可以采用含有反应性基团的第三组分作为增容剂，也可以先将聚烯烃制成各种无规、接枝或嵌段共聚物，使其功能化后再与PBT共混。

科研人员对比研究了PBT/HDPE共混物和PBT/HDPE-g-MAH共混物的形态和性能，当HDPE-g-MAH与PBT熔融共混后，分散相尺寸明显减小，界面黏结作用增强；当HDPE-g-MAH用量达到10%时，PBT/HDPE-g-MAH共混物的缺口冲击强度为6.5kJ/m^2，大约是PBT/HDPE共混物的1.3倍，且拉伸强度、弯曲强度也高于PBT/HDPE共混物。

科研人员研究了PBT/HIPS/HIPS-g-GMA三元共混物。动态力学分析（DMA）测试结果表明，在两相界面上有PBT与GMA的接枝共聚物生成，体系中PBT和HIPS两个聚合物的玻璃化转变温度T_g松弛均出现了较明显的降低，体系的相容性得到改善，最终获得了增韧增强改性的PBT共混物。

（2）PBT/橡胶弹性体体系　橡胶增韧聚合物的机理有多重银纹理论、剪切屈服理论、银纹-剪切带理论、逾渗理论和损伤竞争准数判据等。影响弹性体增韧的因素，与材料有关的主要有弹性体的种类、结构、粒径大小及其分布、粒子与PBT的界面黏结强度等。

1）PBT/乙烯-辛烯共聚物体系。乙烯-辛烯共聚物（POE）最早由美国DOW化学公司以茂金属为主催化剂开发成功的具有较窄分子量分布和共聚单体序列分布的新型聚烯烃热塑性弹性体，具有优良的力学性能和流变性能，低温韧性好，广泛应用于聚酰胺

（PA）、PBT、聚丙烯（PP）等的增韧改性。

科研人员对比研究了 POE 接枝 MAH 前后的 PBT/POE 共混体系。当增韧剂用量为 20%、POE-g-MAH 的接枝率为 0.32% 时，共混物 PBT/POE-g-MAH 的冲击强度是同样增韧剂用量下 PBT/POE 共混物的 4.5 倍（540J/m）。从经冲击后断面的 SEM 照片中可见，加入增容剂后，分散相的粒间距减小，共混物冲击强度提高，因此粒间距是控制共混物韧性的重要参数，PBT/POE-g-MAH 的临界粒间距（τ_c）是 0.33μm，当粒间距小于此值时，该体系的冲击强度迅速增加，实现了超韧。研究还发现，当测试条件相同时，τ_c 随基体弹性模量（E_m）的增加而减小，而当基体树脂相同时则随基体与橡胶分散相的弹性模量（E_d）之比（E_m/E_d）的增加线性增加。

科研人员研究了 N-[2-甲基-4-(2-氧化环己亚胺基-1-甲酰胺基）苯基] 苯氨基甲酸-2-丙烯酯（AMPC）功能化乙烯-辛烯共聚物（POE-g-AMPC）对 PBT 的增韧作用。流变学和 X 射线衍射都证明，在两相界面上有新的共聚物形成。当 POE-g-AMPC 用量达到 15% 时，可以得到超韧 PBT（其缺口冲击强度为 800J/m），当 POE-g-AMPC 用量为 25% 时，PBT/POE-g-AMPC 共混物的缺口冲击强度（950J/m），是纯 PBT 的 30 倍，可见经异氰酸盐改性的 POE 能有效增韧 PBT 树脂。科研人员用环氧树脂增容 PBT/POE 体系，当环氧树脂用量为 1.0% 时，共混物的冲击强度最大（580J/m），为纯 PBT 的 18 倍，可见环氧树脂是很好的增容剂。

2）PBT/乙丙橡胶体系。科研人员通过接枝 GMA 或（3-异氰酸酯基-4-甲基）苯氨基甲酸-2-丙烯酯（TAI）到三元乙丙橡胶（EPDM）上制备了两种接枝共聚物（EPDM-g-GMA 和 EPDM-g-TAD），并用来与 PBT 熔融共混，分别制得了增韧 PBT 共混物。试验还对比了 EPDM-g-GMA/NBR（丁腈橡胶）/PBT（质量比）（50/30/20）动态硫化的改性效果，结果发现，间接动态硫化后共混物的相容性和拉伸强度最佳。有科研人员通过熔融接枝反应合成不同接枝率的 EPR（乙丙橡胶）-g-GMA 来增韧 PBT。当 EPR-g-GMA 的接枝率为 1.3% 时，共混物的冲击强度约是纯 PBT 的 13 倍（650J/m）。

3）PBT/SBS 体系。有科研人员研究了 PBT/SBS（苯乙烯-丁二烯-苯乙烯嵌段共聚物）/PS（聚苯乙烯）-GMA 体系，依靠 PS-GMA 的 PS 组分与 SBS 的相容性及 GMA 与 PBT 的端基反应来提高 SBS 在基体中分散的均匀程度，从而提高 PBT 的韧性。

4）PBT/EVA、AES 体系。有科研人员采用过氧化二异丙苯（DCP）作为引发剂制备了乙烯-乙酸乙烯共聚物接枝马来酸酐（EVA-g-MAH），并用其增韧 PBT。当 MAH 含量一定时，共混物的冲击强度受 DCP 含量变化影响不大，而提高界面黏结作用才是此体系增韧的主要原因。

有科研人员通过熔融共混法制备了 PBT/AES（丙烯腈/乙烯/丙烯/丁二烯/苯乙烯共聚物）/MGE（甲基丙烯酸甲酯/甲基丙烯酸缩水甘油酯/丙烯酸乙酯三聚物）共混物，当共混体系的比例是 60/30/5 时，脆韧转变温度降低了 25℃，共混物低温冲击强度提高。橡胶相粒间距减小和其粒子空洞化诱发基体剪切变形是该体系韧性提高的主要原因。

（3）PBT/“核-壳”聚合物体系　在冲击改性剂中，“核-壳”型改性剂的粒径及其分布、化学结构及组成可以预先控制，因而广为应用，但是其往往与基体树脂不相容，通过在壳层接枝能与基体树脂反应的官能团，或加入能与共混组分都相容的第三组分的方法加以解决。

有科研人员用乳液聚合法合成以聚丙烯酸正丁酯为核层，聚甲基丙烯酸甲酯为壳层，并在壳层接枝甲基丙烯酸缩水甘油酯（PBA/PMMA-g-GMA）的“核-壳”型改性剂ACR（丙烯酸酯类共聚物）-g-GMA来增韧PBT。研究发现，当ACR-g-GMA的接枝率为0.4%时，PBT的冲击强度为210J/m，是纯PBT（17J/m）的12倍，并且当粒间距低于0.4μm时，共混物的缺口冲击强度明显提高。

有科研人员对比研究了以丙烯酸正辛酯（n-OA）和丙烯酸异辛酯（EHA）为核，MMA为壳的“核-壳”改性剂对PBT冲击强度的影响。结果表明，n-OA改性剂的冲击性能总是优于EHA。有科研人员用“核-壳”改性剂丙烯酸丁酯-甲基丙烯酸甲酯-丙烯酸（BA-MMA-AA）三元共聚物与PBT共混制得了新型超韧工程塑料合金，共混物的结晶行为受BA-MMA-AA共聚物用量的影响，且加入BA-MMA-AA共聚物后，PBT的成核速率和结晶速率都得到了提高。

（4）PBT/热塑性工程塑料体系 将PBT与热塑性工程塑料如PET、PA、PC、ABS共混，可以同时达到增韧增强的目的。科研人员系统研究了PBT/ABS/MGE体系。从扫描电镜分析结果可知，PBT/ABS/MGE比例为65/30/5时，分散相颗粒尺寸减小，且分散得更均匀；加入MGE后，PBT/ABS/MGE的室温缺口冲击强度虽然略有降低，但脆韧转变温度却由-22℃降到-50℃，低温冲击性能变好；从制备产物的设备看，双螺杆挤出机比单螺杆挤出机的混炼效果要好，并且确定了增容剂的最适宜用量；在增容剂中GMA用量大于5%，增容剂在共混物中的用量小于5%；如果增容剂用量继续增多反而会使基体黏度提高，不利于加工进而影响力学性能。由于MGE的环氧官能团与ABS中丙烯腈单元的腈基会发生反应，从而减少MGE与PBT发生反应的机会，进而减少了MGE/PBT共聚物的生成，因而加料顺序影响共混物性能。为消除这一影响，首先将PBT与MGE共混，使PBT与MGE中环氧官能团的反应先发生，然后再加入ABS共同挤出加工。

有科研人员研究发现，在拉伸试验中，PBT/苯乙烯丙烯腈共聚物-g-甲基丙烯酸缩水甘油酯（PBT/SAN-g-GMA）（70/30，GMA的接枝率是2%）发生韧性断裂，而PBT/SAN（70/30）发生脆性断裂，说明SAN-g-GMA能有效增容PBT/SAN体系。有科研人员研究了PBT/PA6/EVA-g-MAH三聚物体系，结果发现，EVA-g-MAH的加入能提高基体的冲击强度，而简单的PBT/PA6共混会降低PBT的力学性能，由于接枝到EVA上的马来酸酐和PA6的酰胺基或PBT的端羟基（或端羟基）都会发生反应，且反应难易程度不同，故EVA-g-MAH的加料顺序对最后的增容效果影响很大。有科研人员研究了POE-g-MAH增容PBT/PET体系，当POE-g-MAH用量相同时，PBT/PET以2/1混料时所得共混物的韧性比PBT/PET以5/1混料时大。

（5）PBT/无机物组分聚合物体系 先将无机材料有机化，然后再与PBT进行共混可以同时提高PBT的韧性和强度，近年来，这方面的研究备受关注。有科研人员将PBT预聚物接枝到纳米二氧化硅上用来改性PBT，当接枝纳米二氧化硅含量在2%~3%范围时，共混体系的冲击强度（50kJ/m²）和断裂伸长率（72%）比纯PBT分别增加了

19% 和 31%，其中纳米粒子和基体树脂间形成的接枝过渡层加大了两者的剪切模量比，从而使纳米二氧化硅粒子更容易引发基体的剪切屈服，提高了共混物的缺口冲击强度。

2. M-POE-g-MAH 增韧改性 PBT

（1）原材料与配方（质量份）

配方一			
PBT	100	POE-g-MAH	15
分散剂	适量	其他助剂	适量
配方二			
PBT	100	M-POE-g-MAH	15
分散剂	适量	其他助剂	适量

（2）制备方法　将干燥好的 PBT 树脂、新型增韧剂等组分按一定配比在双螺杆挤出机上共混、造粒，料筒温度为 220～245℃，螺杆转速为 120r/min，所得粒料经干燥后在注射机上注射成分别用于拉伸、冲击等测试的标准样条。

（3）性能　在传统的纯 POE-g-MAH 增韧剂含量为 15% 左右时，共混体系的室温缺口冲击强度由 18.8kJ/m^2 上升到 50kJ/m^2，是纯 PBT 树脂的 5 倍左右。而 M-POE-g-MAH/PBT 共混物中 POE-g-MAH 含量在 10% 左右时，共混体系的室温缺口冲击强度就发生明显的突变，即由转变前的 20.5kJ/m^2 上升到转变后的 51.2kJ/m^2。虽然脆韧转变前后体系的冲击强度值比较接近，但与纯 POE-g-MAH 弹性体增韧剂相比，新型增韧剂 M-POE-g-MAH 使体系发生脆韧转变是在较低的 POE-g-MAH 含量下发生的，需要的 POE-g-MAH 量减少了 30% 左右。这一方面节约了价格较高的 POE-g-MAH 增韧剂，降低了成本；另一方面，由于减少了弹性体的用量而意味着共混物的拉伸屈服强度和刚性损失更小。

新型增韧剂（M-POE-g-MAH）在减少昂贵的纯 POE-g-MAH 含量的情况下，同样能够显示出增韧 PBT 的良好效果。在脆韧转变之前，M-POE-g-MAH/PBT 共混物的室温缺口冲击强度稍高于 POE-g-MAH/PBT 体系，而在脆韧转变之后，M-POE-g-MAH/PBT 共混物的缺口冲击强度略有降低。可见该新型增韧剂用较低的 POE-g-MAH 含量，在不增加增韧剂用量的前提下，实现了与传统的纯 POE-g-MAH 增韧剂相近的增韧效果，具有显著的高性能、低成本特点。

（4）效果

1）对纯 POE-g-MAH 增韧剂进行改性制备的新型增韧剂 M-POE-g-MAH 用较低的 POE-g-MAH 含量，在不增加增韧剂用量的前提下，实现了与传统的纯 POE-g-MAH 增韧剂相近的增韧效果，具有显著的高性能、低成本特点。同时保持共混物的拉伸屈服强度不下降，甚至还略有增加。

2）M-POE-g-MAH 增韧剂增韧 PBT 时，共混物中 POE-g-MAH 含量为 10% 时与 15% 纯 POE-g-MAH 增韧剂对 PBT 增韧具有相近的效果，而 M-POE-g-MAH 增韧剂减少了 POE-g-MAH 的用量，降低了成本，综合性能均衡，所得共混物产品的性价比较高。

3）传统的纯 POE-g-MAH 增韧剂使 PBT 共混物发生脆韧转变时分散相产生塑性变形，诱发基体屈服而吸收能量。而 M-POE-g-MAH 增韧 PBT 时，分散相产生塑性变形和内部空洞化，诱发基体屈服来吸收能量。

3. 新型 PBT 增韧剂增韧改性 PBT

（1）原材料与配方（质量份）

PBT	100	增韧剂（SWR-6B）	5～10
相容剂	5～10	分散剂	1～2
其他助剂	适量		

（2）制备方法　将增韧剂与 PBT 及助剂按不同的比例经过双螺杆挤出、造粒；共混粒料在注射机上制成标准试样。

各种增韧剂与 PBT 及助剂按不同比例进行共混，在加料口加入，玻璃纤维在第一排气口加入，经双螺杆挤出、造粒；共混粒料在注射机上制成标准试样。

（3）性能分析

1）增韧剂（SWR-6B）对 PBT 力学性能的影响。表 5-92 是不同用量的增韧剂（SWR-6B）对 PBT 力学性能的影响。由表 5-92 可看出，随着增韧剂用量的增加，PBT 复合材料的冲击强度也逐渐提高。这是由于 SWR-6B 是一种双官能化增韧剂，由于其含有双功能活性基团，甲基丙烯酸缩水甘油酯（GMA）基团可以与 PBT 的端羧基或端羟基发生化学反应，而主要是与前者发生反应，其反应速率常数是后者反应的 10 倍以上，这样就降低了 PBT 与弹性体的界面张力，改善了共混物的相形态，并使得两相分散均匀。丙烯酸酯基团赋予柔韧性，因而 SWR-6B 与 PBT 相容性好，在 PBT 中分散性也较好，故而能很好地增韧 PBT。此外，由表 5-92 还可以看出，随着 SWR-6B 用量的增加，冲击强度明显提高，同时其他力学性能受到不同程度的影响。当增韧剂用量达到 5% 时，冲击强度提高的同时，其他性能损失最少，达到了要求。这是由于随着 SWR-6B 用量的增加，其中弹性橡胶粒子的增加，在提高 PBT 树脂体系冲击强度的同时，致使其他力学性能下降。

表 5-92　不同用量的增韧剂（SWR-6B）对 PBT 力学性能的影响

增韧剂质量分数（%）	悬臂梁冲击强度 /kJ·m⁻²	拉伸强度 /MPa	断裂伸长率（%）	弯曲强度 /MPa	弯曲模量 /GPa
0	5.0 (13.8)	54.1 (111.1)	206.5 (8.9)	73.1 (199.9)	2.48 (6.14)
5	6.0 (23.3)	49.5 (122.6)	235.0 (11.9)	72.6 (191.5)	2.20 (5.90)
10	10.0 (25.2)	46.8 (142.0)	351.8 (12.1)	71.8 (170.4)	1.97 (5.31)

注：括号内的数据为 30% 玻璃纤维增强 PBT 的力学性能。

2）国内外不同增韧剂和 SWR-6B 对 PBT 力学性能的影响比较。表 5-93 是国内外不同增韧剂和 SWR-6B 对 PBT 力学性能的影响比较。由表 5-93 中数据可知，各增韧剂都具有一定的增韧效果。相对而言，双官能化 PBT 增韧剂 SWR-6B 增韧效果明显优于国内其他增韧剂，接近国外增韧剂，而且其拉伸强度、断裂伸长率及弯曲强度及弯曲模量损失较少。从表 5-93 中数据还可看出，各增韧剂对玻璃纤维增强 PBT 共混体系的冲击性能都有很大程度的改善。相对而言，双官能化 PBT 增韧剂 SWR-6B 增韧效果明显优于国内其他外增韧剂，而且其拉伸强度、断裂伸长率、弯曲强度及弯曲模量损失较少。

表 5-93　国内外不同增韧剂和 SWR-6B 对 PBT 力学性能的影响比较

增韧剂种类	悬臂梁冲击强度 /kJ · m^{-2}	拉伸强度 /MPa	断裂伸长率 (%)	弯曲强度 /MPa	弯曲模量 /GPa
无	5.0 (13.8)	54.1 (111.1)	351.8 (12.1)	73.1 (199.9)	2.48 (6.14)
PC-15	6.6 (20.7)	46.8 (118.9)	206.0 (9.1)	70.4 (180.0)	1.95 (5.57)
AX-8900	10.4 (21.8)	46.8 (121.3)	152.0 (10.1)	71.7 (181.25)	1.96 (5.69)
PTW	10.2 (20.4)	46.0 (118.9)	110.2 (9.6)	71.0 (176.3)	1.93 (5.40)
SWR-6B	10.0 (23.3)	49.5 (122.6)	252.3 (11.9)	71.7 (191.5)	1.95 (5.90)
PC-833	(20.5)	(117.6)	(9.0)	(180.6)	(5.81)

注：玻璃纤维用量 10%，括号内的数据为 5% 玻璃纤维增强 PBT 的力学性能。

3）增韧剂用量对 PBT 流动性的影响。图 5-9 为不同用量 SWR-6B 对增强 PBT 流动性的影响。由图 5-9 可知，随着增韧剂用量的增加，PBT/SWR-6B 及玻纤增强 PBT/SWR-6B 共混体系的熔体流动速率逐渐下降。

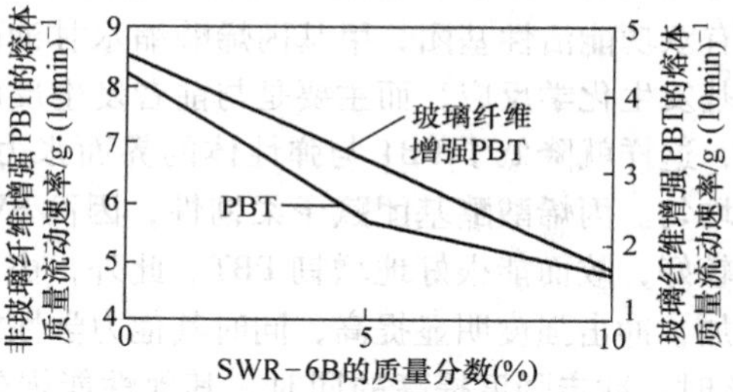

图 5-9　不同用量 SWR-6B 对增强 PBT 流动性的影响

（4）效果

1）随着 SWR-6B 用量的增加，冲击强度明显提高，当增韧剂用量达到 10% 时，冲击强度提高了近 2 倍，达到了增韧 PBT 的要求。

2）和国内外其他增韧剂相比较，SWR-6B 在提高冲击强度的同时，其拉伸性能与弯曲性能损失较少，能使共混体系的力学性能得到均衡改善。

3）随着增韧剂用量的增加，PBT 共混体系的熔体流动速率逐渐下降。

4. 官能化乙烯类弹性体增韧改性阻燃增强 PBT

（1）原材料与配方/质量份

PBT	100	十溴二苯醚（DBDPO）	30
Sb_2O_3	10	润滑剂	5.0
抗氧剂（1010）	0.2	抗氧剂（168）	0.1
官能化乙烯类弹性体增韧剂（KT-27A，KT-22A，AX-8900）	10～30	其他助剂	适量

（2）制备方法　将干燥好的 PBT、自制的增韧剂、阻燃剂及其他原料按一定比例置于高速混合机中充分混匀，然后将混匀的物料投入双螺杆挤出机中进行熔融挤出，经

牵条、冷却、切粒后即得到增韧改性的阻燃增强PBT颗粒。最后将所得材料注射成标准试样。双螺杆挤出机的挤出加工温度范围为230～240℃，注射温度范围为230～240℃；主机转速为490r/min；喂料频率为20Hz；切粒转速为550r/min。

（3）性能　不同增韧剂对增强PBT力学性能的影响见表5-94～表5-96。

表5-94　增韧剂KT-22A含量对增强PBT性能的影响①

项目	KT-22A质量分数（%）				
	3	4	5	6	7
MFR/g·(10min)$^{-1}$	57.28	55.39	53.26	52.36	52.12
拉伸强度/MPa	113.32	111.03	110.79	107.38	103.98
断裂伸长率（%）	1.97	2.28	2.83	3.20	3.48
弯曲强度/MPa	206.4	203.2	189.6	184.9	180.3
弯曲模量/MPa	9856	9037	8517	8223	8009
缺口冲击强度/kJ·m^{-2}	12.89	14.33	15.78	16.39	15.59

① 配方中加入30% GF及其他助剂，表5-95及表5-96同。

表5-95　增韧剂KT-27A含量对增强PBT材料性能的影响

项目	KT-27A质量分数（%）				
	3	4	5	6	7
MFR/g·(10min)$^{-1}$	54.26	52.81	50.63	48.98	47.77
拉伸强度/MPa	115.94	114.73	113.21	110.38	108.60
断裂伸长率（%）	1.63	2.05	2.32	2.56	2.87
弯曲强度/MPa	211.4	205.7	197.9	190.3	183.5
弯曲模量/MPa	9613	9136	8623	8439	8226
缺口冲击强度/kJ·m^{-2}	13.02	15.31	16.02	16.57	17.72

表5-96　增韧剂AX-8900含量对增强PBT材料性能的影响

项目	AX-8900质量分数（%）				
	3	4	5	6	7
MFR/g·(10min)$^{-1}$	50.42	48.35	46.67	44.41	42.06
拉伸强度/MPa	117.32	117.89	118.03	114.32	110.11
断裂伸长率（%）	2.12	2.30	2.75	2.83	2.97
弯曲强度/MPa	211.7	206.9	195.5	190.3	185.1
弯曲模量/MPa	9556	9032	8779	8541	8398
缺口冲击强度/kJ·m^{-2}	13.04	15.44	16.31	16.98	17.29

（4）效果

1）在玻璃纤维增强PBT的增韧改性试验中，当增韧剂质量分数为5%时，复合材料的综合性能最好。

2）与进口增韧剂AX-8900相比，自制增韧剂KT-22A和KT-27A同样可以全面提高玻璃纤维增强PBT的缺口冲击强度等力学性能，且两种自制增韧剂的加入均没有影响各阻燃剂的阻燃等级，其中以KT-27A增韧改性的聚丙烯酸五溴苄酯阻燃增强PBT综合性能最佳。

（二）合金化改性

1. PBT/HDPE与PBT-HDPE接枝马来酸酐共混合金

（1）原材料与配方（质量份）

PBT	70～80	HDPE	20～30
HDPE-g-MAH	10～30	其他助剂	适量

（2）制备方法 将PBT在120℃下干燥8h，HDFE和HDFE-g-MAH在80℃下干燥4h，按照给定的质量比混合后，在双螺杆挤出机上熔融共混并挤出造粒，粒料经120℃真空干燥后，注射成所需试样，供测试使用。

（3）结构分析 从PBT/HDPE-g-MAH共混物和PBT/HDPE共混物冲击断面的SEM照片中可以看出，PBT/HDPE共混物中HDPE相的粒径较大，而且有许多粒子被拔出后留下的空洞，相界面光滑清晰，两相分散极差。HDPE-g-MAH与PBT共混仍然呈现微相分离相形态，但是与PBT/HDPE共混体系相比，HDPE-g-MAH在基体PBT中分散得均匀，分散相粒径变小，粒径分布也比较均匀，共混物界面没有出现大小不均匀的空洞和粒子，相界面变得模糊。这些现象表明，HDPE-g-MAH有利于共混体系界面张力的降低，改善了相间的黏结，使HDPE-g-MAH易于分散于PBT基体中，共混体系的相容性得到显著提高，从而提高了共混物的冲击性能。

（4）性能

1）共混物的拉伸强度和弯曲强度较纯PBT均有所降低，但PBT/HDPE-g-MAH共混物的拉伸强度和弯曲强度均高于PBT/HDPE共混物。众所周知，共混物的拉伸强度和弯曲强度受共混组分之间的分散性和相界面结合力的影响较大，PBT/HDPE共混物属于不相容体系，两相之间的界面张力比较大，因此两相的分散性和结合力都较差，当试样受到拉伸和弯曲应力作用时，这种相结构容易形成缺陷而被破坏，使共混物的拉伸强度和弯曲强度有较大程度的降低。并且与PBT相比较，HDPE的拉伸强度和弯曲强度较低，这也同样使共混物的拉伸强度和弯曲强度降低。HDPE-g-MAH与PBT的亲和力比较大，因而改善了PBT与HDPE的分散状态和相界面的结合力，使PBT/HDPE-g-MAH共混物的拉伸强度和弯曲强度较PBT/HDPE共混物有所提高。随着HDPE含量增加，PBT/HDPE共混物的缺口冲击强度降低，而PBT/HDPE-g-MAH共混物的缺口冲击强度明显高于PBT/HDPE，并且HDPE-g-MAH含量为10%左右时冲击强度最高。这是由于HDPE-g-MAH与PBT共混物的界面亲和力比较好，当共混物受到冲击时可以吸收冲击能量，而大量的HDPE-g-MAH加入同样会增加两相的不相容性，使得冲击强度降低。在PBT/HDPE-g-MAH共混体系中加入5%的HDPE-g-MAH时共混物的综合性能最好。

2）共混物的加工性能。在低剪切速率下，PBT/HDPE-g-MAH共混物的黏度比PBT/HDPE共混物和PBT的大，这是由于HDPE-g-MAH可以与PBT发生反应生成共聚物，使体系分子质量增加，从而增加了共混体系的黏度。由于共混物中PBT和HDPE呈现不相容的两相，当剪切速率较大时，破坏了共混物界面之间的黏结，出现明显的剪切变稀。当HDPE和HDPE-g-MAH含量为10%时，PBT/HDPE-g-MAH共混物和PBT/

HDPE共混物的黏度相差不是很大，这是由于HDPE-g-MAH含量不能起到有效的增容作用，当共混体系中的HDPE和HDPE-g-MAH含量增加时，由于HDPE的黏度较PBT的大，在低剪切速率时共混体系的黏度比纯PBT的大，随着剪切速率的增加，PBT与分散相在两相界面处发生滑移，剪切变稀现象明显。

（5）效果　HDPE-g-MAH可以提高共混体系中PBT与HDPE的相容性，降低界面张力，使得HDPE在共混体系中的分散更加均匀，进而使共混物的缺口冲击强度提高。HDPE-g-MAH中的MAH基团可以与PBT的端基反应，改变共混物中PBT相的熔融结晶行为和流变性能，改善共混物的相形态，提高共混物的力学性能。PBT/HDPE-g-MAH共混体系可降低PBT的成本，扩大PBT的应用范围。

2. PBT/高抗冲PS合金

（1）原材料与配方（质量份）

PBT	100	甲基丙烯酸缩水甘油酯（GMA）	适量
HIPS-g-MAH	5~10	过氧化二异丙苯（DCP）	1~2
苯乙烯（HIPS）	25~50	其他助剂	适量

（2）制备方法

1）HIPS与GMA的熔融接枝反应。接枝反应在密炼机中进行，先将HIPS加入预热好的密炼机中，熔融后加入GMA与DCP，反应温度为180℃，混合器转速50r/min，反应5min后制得HIPS-g-GMA共聚物。

2）共混样品的制备。干燥后的PBT与HIPS及HIPS-g-GMA按照不同的质量比在双螺杆挤出机上熔融挤出，温度为230℃，螺杆转速为20r/min。

（3）结构　大多数结晶/非晶共混体系都是不相容的，其相分布可通过SEM进行表征，从增容及物理共混体系低温脆断面的形貌可见，在PBT/HIPS共混体系中，除了共连续相以外，其他两个组分的两相结构非常明显，界面清晰且比较光滑，粒子分布不匀，相间黏结较差，所受到的力不能在两相间很好地传递。而PBT/HIPS-g-GMA体系的界面与PBT/HIPS的界面明显不同，分散相粒子尺寸明显变小，分布均匀，较难分清界面结构，界面相对粗糙，相间黏结增强。这主要是PBT的羧基或羟基与HIPS-g-GMA的环氧基团发生反应形成共聚物，它是共混体系的有效增容剂，增强了两相间界面黏结力。

（4）性能　表5-97为PBT/HIPS与PBT/HIPS-g-GMA体系的力学性能

表5-97　PBT/HIPS与PBT/HIPS-g-GMA体系的力学性能

试样	拉伸强度/MPa	断裂伸长率（%）	弹性模量/MPa
HIPS/PBT			
25/75	41	4.8	1002
50/50	32	3.4	881
75/25	20	2.5	850
HIPS-g-GMA/PBT			
25/75	46	5.4	88.5
50/50	33	3.5	924
75/25	25	2.8	862

（5）效果　以过氧化二异丙苯（DCP）为引发剂，甲基丙烯酸缩水甘油酯（GMA）为活性单体，高抗冲苯乙烯（HIPS）通过熔融接枝制得了功能化的高抗冲聚苯乙烯接枝物（HIPS-g-GMA）。用红外光谱和电子能谱对其结构进行了表征。HIPS-g-GMA 的红外谱图，证明 GMA 已经接枝到 HIPS 上。电子能谱分析也提供了相似的结论。研究了单体浓度和 DCP 用量对产物接枝率的影响，并用化学滴定方法测定了接枝物的接枝率。用 DSC、SEM、WAXD、DMA 等研究了 PBT/HIPS 和 PBT/HIPS-g-GMA 的结晶、形态结构、动态力学性能及力学性能随组成的变化。SEM 及 DMA 分析表明增容后体系的相容性得到改善，力学性能有较大提高。

3. AS/PBT 合金

（1）原材料与配方（质量份）

PBT	100	AS 树脂（310TR、NF2200、D-168）	40～60
抗氧剂	0.5～1.0	润滑剂	0.1～1.0
其他助剂	适量		

（2）制备方法　先将 AS 树脂在 80℃的鼓风烘箱中干燥 2h，将 PBT 树脂在 110℃的鼓风烘箱中干燥 4h。然后将 AS 树脂、PBT 树脂及各种助剂等按照一定比例充分混合均匀，再经过双螺杆挤出机挤出造粒。双螺杆挤出机的机筒温度分 10 段控制，温度控制在 100～250℃，主机转速 350r/min，喂料转速 30r/min。粒料经 85℃鼓风烘箱干燥 2h 后，通过注射成型制成标准试样。注射机温度设定为 200～250℃，试样冷却 24h 后进行测试。

（3）性能　选用的 AS 和 PBT 树脂特性见表 5-98 和表 5-99，固定 AS/PBT 比例为 50/50，制备 AS/PBT 合金的加工现象描述见表 5-100。由表 5-100 可见，AS 树脂对 AS/PBT 合金加工性能的影响主要是 AS 树脂中丙烯腈（An）含量，即随着 An 含量的增加，AS 树脂的极性增加，与 PBT 树脂的相容性提高。PBT 树脂的黏度对 AS/PBT 合金加工性能有影响，PBT 树脂黏度增大，有利于提高 AS/PBT 合金的相容性，挤出料条表面更光滑，料条牵条更稳定。经过挤出加工现象对比以及挤出料条外观对比分析，筛选出 AS D-168 和 PBT 1100-211M 来制备 AS/PBT 合金。

表 5-98　AS 树脂的性能参数

牌号	An 含量(%)	Mn/g · mol	MFR/[g/(10min)]
AS 310TR	20	8.5×10^4	25
AS NF2200	25	4.5×10^4	33
AS D-168	30	6.9×10^4	12

表 5-99　PBT 树脂及其性能参数

牌号	相对黏度	Mn/g · mol	MFR/[g/(10min)]
PBT 1200-211M	0.8	2.4×10^4	55
PBT 1100-211M	1.0	5.2×10^4	25

表 5-100 AS/PBT 合金加工情况

样品编号	AS 树脂	PBT 树脂	挤出现象描述
1#	310TR	1200-211M	熔体出口模后下垂严重，无法牵条
2#	310TR	1100-211M	熔体出口模后下垂严重，无法牵条
3#	NF2200	1200-211M	可牵条，但料条时粗时细，易断条
4#	NF2200	1100-211M	可牵条，但料条时粗时细，偶尔断条
5#	D－168	1200-211M	牵条正常，不断条
6#	D－168	1100-211M	牵条正常，样条表面光滑，不断条

改变 AS 与 PBT 的比例，将 AS 与 PBT 经过熔融共混制成 AS/PBT 合金。从表 5-101 中所列 AS/PBT 合金的力学性能可以看出，随着 AS 含量的增加，合金的缺口冲击强度呈先降低后升高的趋势，而拉伸强度、弯曲强度及弯曲模量均随着 AS 含量的增加而增加，但 AS 含量的变化对合金断裂伸长率的影响不大。由于 AS 的拉伸强度、弯曲强度和弯曲模量均高于 PBT，随着 AS 含量的增加，虽然 AS 与 PBT 相容性不佳，但合金的上述力学性能均逐渐提高。由于 AS 与 PBT 的断裂伸长率均处于较低水平，且两者相容性不佳，因此 AS/PBT 合金的断裂伸长率仍较低。

表 5-101 AS/PBT 合金的力学性能

AS/PBT	缺口冲击强度 /(kJ/m²)	拉伸强度 /MPa	断裂伸长率 (%)	弯曲强度 /MPa	弯曲模量 /MPa
0/100	3.9	53.7	4.6	80.8	2175
10/90	3.7	60.9	4.8	92.9	2590
20/80	3.0	64.2	4.9	95.8	2720
30/70	2.2	65.1	4.6	96.1	2790
40/60	2.1	65.5	4.3	102.3	2930
50/50	2.1	66.1	4.0	102.0	2980
60/40	2.3	62.0	3.6	114.7	3170
70/30	3.0	73.9	4.2	118.2	3260
80/20	4.6	73.6	3.7	120.8	3400
90/10	5.0	76.1	4.2	126.3	3650
100/0	5.6	79.2	4.8	129.4	3785

（4）效果

1）AS 分子量及极性增加，以及 PBT 黏度增大，有利于 AS/PBT 合金的制备。

2）随着 AS 含量增加，AS/PBT 合金的冲击强度呈先降低后升高趋势，拉伸强度，弯曲强度及弯曲模量增加，但断裂伸长率变化不明显。

3）PBT 的加入明显提高 AS 的耐化学溶剂性能，PBT 含量提高至 20% 时，AS/PBT 合金表面几乎不受丙酮溶剂的侵蚀。

4）AS 与 PBT 的相容性有限，当 AS 含量低于 40% 时，AS 作为分散相，呈球形分散在 PBT 形成的连续相中；当 AS 含量介于 40% ～60% 时，AS 与 PBT 形成双连续相；当 AS 含量超过 60% 时，PBT 作为分散相分散在 AS 连续相中，随 PBT 含量的增加，分散相 PBT 由球形逐渐变为不规则形状。

5）由于 ABS 树脂是由 AS 以及分散在其中的 AS 接枝橡胶组成的，在制备 ABS/PBT 合金时，AS 与 PBT 的相容性在很大程度上影响对 ABS/PBT 合金的性能，因此开展 AS/PBT 合金性能和微观形态的研究，对于 ABS/PBT 合金的制备也具有一定的指导意义。

4. 环氧官能化 ABS 增韧改性 PBT

（1）原材料与配方（质量份）

PBT（S3130、L2100、L1082）	75-85	ABS-g-GMA 核壳粒子	15～25
润滑剂	1～1.5	抗氧剂	0.5～1.0
其他助剂	适量		

（2）制备方法　将不同牌号的 PBT 树脂在 80℃下干燥 24h，按不同质量比将 PBT/ABS-g-GMA 混合物在高速混合机中混合 3min 后，在双螺杆挤出机上共混挤出造粒，挤出粒料在 80℃下干燥 12h 后，在注射机上制成标准样条。

（3）性能

1）对于 PBT 2100/ABS-g-GMA 共混体系，当 ABS-g-GMA 含量在 20%～25%之间时发生脆韧转变，共混物缺口冲击强度最高可达到 800J/m，属于典型的韧性断裂。对于 PBT3120/ABS-g-GMA 共混体系，ABS-g-GMA 含量在 15%～20%之间发生脆韧转变，共混物的冲击强度高达 900J/m。由此可见 ABS-g-GMA 对 PBT 树脂具有明显的增韧作用。ABS-g-GMA 的增韧效果与 PBT 树脂的分子量有关，PBT 分子量越高增韧效果越好，共混体系的脆韧转变含量也越低。

2）对于不同的共混体系共混物的断裂伸长率随着分散相含量的增加而逐渐提高，由此可见 PBT 的断裂韧性得到提高。对于不同的基体 PBT 树脂共混体系，基体 PBT 的分子量越大其对应的组分断裂伸长率也越高。由此可见，基体树脂的分子量越大越有利于共混物性能的提高。

3）对于不同的共混体系，共混物的拉伸强度随着分散相含量的增加而降低，分散相含量越大，降低幅度也越大。在共混物组成相同时，基体 PBT 树脂分子量越高，其对应的拉伸强度也略高一些。

（4）效果　环氧官能化核壳结构增韧剂 ABS-g-GMA 可以成功实现对 PBT 树脂的增韧改性。流变性能测试和 SEM 图片证明了 GMA 的引入导致 PBT 的端羧基/羟基与 ABS-g-GMA 中环氧基团发生增容反应，导致共混体系黏度提高，ABS-g-GMA 在 PBT 基体中均匀稳定分散。力学性能测试证明，ABS-g-GMA 对 PBT 树脂具有较好的增韧效果，PBT 树脂的分子量越高，脆韧转变越能提前发生，同时高分子量 PBT 树脂共混物具有更高的断裂伸长率。

5. 尼龙 6/PBT 合金

（1）原材料与配方（质量份）

样品编号	PA6	PBT	POE-g-MAH	POE-g-GMA
P1	100	0	0	0
P2	90	10	0	0
P3	80	20	0	0
P4	70	30	0	0
P5	60	40	0	0
P6	80	20	1	1
P7	80	20	2	2
P8	80	20	3	3
P9	80	20	4	4
P10	80	20	5	5
P11	80	20	7.5	7.5

（2）制备方法　将 PA6、PBT 于 100℃下干燥 12h，将 POE-g-MAH 和 POE-g-GMA 按质量比 1:1 复配混合作为增容剂，然后将 PA6、PBT 和增容剂按照一定配比在双螺杆挤出机上挤出造粒，挤出机喂料转速为 80r/min，螺杆转速为 110r/min，螺杆各段温度分别为 230℃、235℃、235℃、240℃、240℃、240℃、245℃。然后将挤出粒料干燥后在注射机上制样。

试样热处理：将所制样条在 100℃下保温 6h 进行退火处理。

（3）性能与效果

1）POE-g-MAH 与 POE-g-GMA 作为复配增容剂能改善 PA6/PBT 合金的相容性，使共混物的熔融温度和结晶温度下降，增容剂对 PA6/PBT 合金主要起增韧作用，添加 15 份复配增容剂使合金的缺口冲击强度提高 385.9%。

2）随着 PBT 含量的增加，PA6/PBT 合金的拉伸强度和冲击强度都有所下降。

3）PA6/PBT 和 PA6/PBT/POE-g-MAH/POE-g-GMA 合金的吸水率随 PBT 和复配增容剂含量的增加而减小，PBT 含量为 40% 时，吸水率相当于纯 PA6 的 49.1%，复配增容剂的加入，能进一步降低 PA6/PBT 合金的吸水率。

6. 环氧化 EPDM 改性 PBT/LLDPE 合金

（1）原材料与配方（质量份）

样品名称	PBT/LLDPE/EPDM 质量比	样品名称	PBT/LLDPE/eEPDN 质量比
U1	25/25/0	C1	25/25/0
U2	25/25/2.5	C2	25/25/2.5
U3	25/25/5.0	C3	25/25/5.0
U4	25/25/7.5	C4	25/25/7.5
U5	25/25/10	C5	25/25/10

（2）制备方法

1）eEPDM 的制备。在加热、搅拌下先将三元乙丙橡胶（EPDM）溶解于甲苯中，再在上述体系中逐滴加入甲酸进行酸化，调整 pH 值为 2～3。将体系温度升高到 50℃，在搅拌下缓慢加入过氧化氢，维持反应 8h 完成环氧化反应。将反应产物用过量的丙酮进行沉淀后，用蒸馏水彻底洗净，并于 40℃下真空干燥得到 eEPDM。

2）橡胶改性 PBT/LLDPE 共混物的制备。PBT 在共混挤出前于 110℃彻底干燥 12h。将干燥的 PBT、LLDPE、EPDM 或 eEPDM 按一定的配比混合后，用转矩流变仪进行熔融共混。共混条件为 240℃ ×10min ×60r/min。所得共混物经充分干燥后，采用平板硫化机于 240℃下热压成型获得共混物板材，该板材经裁片获得长 × 宽 × 厚 = 62.5mm × 3.25mm ×0.7mm 的哑铃型标准试样以供拉伸测试。拉伸测试前试样于室温下放置 3 天。每种配比测试 5 个试样，结果取平均值。

（3）性能与效果

1）采用环氧化改性 EPDM（eEPDM）增韧增容 PBT/LLDPE 共混体系，熔融共混过程中环氧基因与 PBT 的端羧基反应生成 PBT-g-eEPDM 共聚物。

2）PBT-g-eEPDM 能有效改善 PBT/LLDPE 共混物的相容性，使共混物的熔体质量流动速率降低，共混过程中体系的温度升高、扭矩值变大。

3）随 eEPDM 含量增加，PBT/LLDPE/eEPDM 共混物的相区尺寸明显减小，与 PBT/LLDPE/EPDM 共混体系相比，相区尺寸更小，分散相的分布更窄。

4）添加 eEPDM 或 EPDM 使得 PBT/LLDPE 共混物的冲击强度明显提高，且添加 eEPDM 更为有效。

7. E-MA-GMA 改性 PC/PBT 合金

（1）原材料与配方（质量份）

PBT/PC（30/70）	100	MBS	6
无水 NaH_2PO_4（AMSP）	0.3	E-MA-GMA	1～5
其他助剂	适量		

（2）制备方法　将干燥后（PC，约 120℃ ×4～6h；PBT，约 80℃ ×4～6h）或新开包的 PC、PBT 和增韧剂组分按 $w_{PC}:w_{PBT}:w_{MBS}=70:30:5$ 比例和一定比例的其余组分混合均匀后挤出造粒；挤出温度为 250℃，固定主机转矩为 30N · m（极限为 35N · m），螺杆转速为 500r/min。

（3）性能　见表 5-102。

表 5-102　在含有反应型增韧剂体系下抑制剂对性能的影响

E-MA-GMA 外加质量份数	MFR /g · (10min)$^{-1}$	拉伸强度 /MPa	延伸率（%）	悬臂梁缺口冲击强度（1/8in,23℃）/J · m	悬臂梁缺口冲击强度（1/8in,30℃）/J · m	维卡软化温度/℃
0	17.2	63.3	145.3	872.6	376.6	119.3
1 份	16.2	62.1	143.2	899.2	420.1	118.4
3 份	13.3	60.3	152.4	921.1	561.2	117.6
5 份	11.2	58.3	24.1	917.2	467.1	114.2

注：1. 配方中各组分质量分数为 $w_{PC}:w_{PBT}:w_{MBS}:w_{AMSP}=70:30:6:0.3$。

2. 1in = 25.4mm。

（4）效果

1）采用E-MA-GMA改性剂AX-8900作为抗冲及相容改性剂，研究其用量对PC/PBT合金的结构及性能的影响。AX-8900的引入对MFR影响最大，降低非常明显；当其添加量达到5份时，对维卡软化温度影响变得明显；当添加量在3份时，低温冲击出现极值，超过后反而降低，分析可能是因为其分子中E的组分含量较高，过多添加可能使相容性下降。

2）用Arkema的8840做了对比，在添加到3份时注射成制品，当剪开断面后，发现制件极易分层。可能的原因是其结构中MA含量较少，其添加超过一定量时容易使得其与PC、PBT的界面脱黏而引起相容性出现劣化。

3）结果也可通过DSC、SEM得到表证：加入AX-8900后其微观形貌呈现良好的分散，即呈现双连续相态结构，使产品的性能更加均一、稳定。

8. 异氰酸酯基硅氧烷/硅藻土改性PBT

（1）原材料与配方（质量份）

PBT	90	硅藻土	10
异氰酸酯基硅氧烷	6	偶联剂	0.5～1.0
其他助剂	适量		

（2）制备方法　将干燥后的PBT与经处理后的硅藻土、异氰酸酯基硅氧烷树脂以一定比例在高速混合机中混合均匀，在双螺杆挤出机上挤出造粒，机筒温度为240～250℃，螺杆转速为60r/min。挤出的粒料在100℃下干燥6h，在注射机上于250℃注射成型。

（3）性能

1）随着异氰酸酯基硅氧烷树脂加入量的增加，复合材料冲击强度逐步上升，当异氰酸酯基硅氧烷树脂的用量为6%时，复合材料的冲击强度达到最大值8.92kJ/m²，相对于PBT提高73.80%，韧性提高显著。

2）当异氰酸酯基硅氧烷树脂的用量6%时，拉伸强度为65.53MPa，较未加入增容剂时提高36.10%，较纯PBT提高32.41%。这是由于异氰酸酯基硅氧烷树脂起到增容剂的作用，可以改善硅藻土与PBT的界面相容性，界面可以较好地传递应力，复合材料的拉伸性能得到提高。当异氰酸酯基硅氧烷树脂的用量为6%时，弯曲强度较硅藻土/PBT复合材料、PBT均有增加，与PBT相比提高46.86%。

（4）效果

1）由FTIR分析可知，异氰酸酯基硅氧烷树脂与PBT和硅藻土发生反应，起到“分子桥”的作用。

2）SEM分析表明：在PBT/硅藻土复合材料体系中，硅藻土容易聚集结块。加入异氰酸酯基硅氧烷树脂后，硅藻土的分散稳定性增强，PBT与硅藻土两者界面模糊，界面黏结力增强，相容性得到提高，异氰酸酯硅氧烷树脂是PBT与硅藻土间良好增容剂。

3）当异氰酸酯基硅氧烷树脂/硅藻土/PBT的质量比为6/10/90时，复合材料的综合性能最好。

（三）填充改性与增强改性

1. TAF润滑剂对玻璃纤维增强PBT的改性

（1）原材料与配方（质量份）

PBT	100	玻璃纤维	20～40
润滑剂（TAF）	1～2	偶联剂	1～2
其他助剂	适量		

（2）制备方法 将PBT、玻璃纤维和TAF在双螺杆挤出机中进行熔融挤出、造粒，干燥后注射成所需的标准样条。

（3）性能 由表5-103可以看出，加入TAF后，共混体系的光洁程度得到提高，玻璃纤维外露情况也得到明显改善，表明TAF对提高PBT/GF体系的外观有较明显的作用。这是由于TAF是在乙撑双脂肪酸酰胺的基础上引进极性基团，结构为BAB型共聚物，能与PBT的端基相互作用而降低PBT与玻璃纤维之间的相互作用力，使得玻璃纤维增强PBT在熔融挤出时黏度降低，纤维在共混物表面发生取向，降低玻璃纤维外露。同时TAF的极性基团也可与PBT的末端基团进行反应，故TAF起了相容剂的作用，从而在玻璃纤维和PBT基体树脂之间形成了类似锚固结点，即交联点，改善了玻璃纤维与树脂的黏结状态，由于玻璃纤维在树脂中得到了很好的包覆，在加工过程中玻璃纤维与树脂同步流动，不易扯开，大大减少了玻璃纤维的外露。另外，由于TAF在聚合物与加工设备的金属表面可以形成一层膜，进而减少聚合物与加工设备之间的摩擦起到润滑作用，故材料的表面光洁度也明显提高。

表5-103 共混复合体系外观

TAF含量（%）	0	0.2	0.5	1.0
光洁程度（目测）	不好	一般	较好	好
玻璃纤维外露（目测）	外露	不外露	不外露	不外露

（4）效果 润滑剂TAF极性基团既可与玻璃纤维表面的硅烷偶联剂反应，又可与PBT的端基反应，从而起到了相容剂和润滑剂的作用，改善了玻璃纤维与PBT、基体树脂的黏结状态，进而改善了PBT/GF共混体系玻璃纤维外露的现象，降低加工过程中的黏度，并改善玻璃纤维增强PBT复合体系的加工性能，增加了表面光洁度；同时可以提高PBT/GF共混体系的弯曲强度、弯曲模量和冲击强度，可以看出，加入1% TAF使体系的冲击强度可以提高近10%，而弯曲强度几乎没有改变。另外，低分子TAF的加入也使PBT/GF共混体系中PBT的结晶温度、结晶度和熔点有所降低。

2. 短玻璃纤维增强PBT电击穿和力学性能改性

（1）原材料与配方（质量份）

PBT	100	短玻璃纤维	10～30
硬脂酸（HSt）	1～2	聚四氟乙烯（PTEF）	1～3
聚乙烯蜡	0.1～1.0	阻燃剂	5～10
抗氧剂	0.5～1.5	其他助剂	适量

（2）制备方法　将经真空干燥（120℃，5h）的PBT和助剂在高速混合机混合3～5min后，与经鼓风干燥（80℃×10h）的短玻璃纤维按配比用同向旋转双螺杆挤出机挤出切粒，挤出温度为190～245℃，螺杆转速为50～60r/min，排气口抽真空为0.03MPa，料条风冷；粒料用注射机成型为标准试样，注射温度为230～265℃，模温为80℃。将注射试样放置24h后，浸入沸水中连续煮30h，冷却至室温后进行性能测试。

（3）结构分析　从SEM观察了干、湿态注射样条拉伸断面的形貌可见，在干态试样中，直径13μm的短玻璃纤维与PBT基体的界面黏结较好，拉伸时发生界面脱黏而被拔出的玻璃纤维（留下空洞）数较少；而在湿态试样中，短玻璃纤维与PBT基体之间发生严重脱黏现象，较多的玻璃纤维被拔出而留下空洞。

（4）性能

1）短玻璃纤维质量分数和品种的影响。在试验的短玻璃纤维质量分数范围（短玻璃纤维质量分数0～30%）内，随短玻璃纤维质量分数增加复合材料的熔体流动速率不断减小，意味着材料的熔体黏度升高，加工流动性变差；而拉伸强度和弯曲强度则持续增高，这说明干态情况下短玻璃纤维与PBT基体的界面黏结良好，弯曲强度和弯曲模量比PBT高的玻璃纤维对基体的增强作用随短玻璃纤维质量分数的增加而越来越明显。弯曲模量随短玻璃纤维质量分数而不断上升，热变形温度初始随短玻璃纤维质量分数增加而很快增高，当短玻璃纤维质量分数≥10%后不再变化；说明高模量的玻璃纤维对基体的增刚作用随短玻璃纤维质量分数增加而不断加强，而对于用在恒定载荷下达到规定弯曲变形量来考核的热变形温度，它对弯曲模量的敏感性在弯曲模量较低（对应于短玻璃纤维质量分数≤10%）时很大，而在弯曲模量较高（对应于短玻璃纤维质量分数>10%）时很小。

表5-104为短玻璃纤维品种（直径不同）对复合材料电击穿和干态力学性能的影响。由表5-104可见，在短玻璃纤维用量相同（质量分数为30%）的情况下，直径较大（13μm）的短玻璃纤维增强的材料，其湿态介电强度和干态拉伸强度、弯曲强度及弯曲模量都高于直径较小（11μm）的短玻璃纤维增强的材料。这可归因于在相同短玻璃纤维质量分数下，小直径玻璃纤维较之大直径玻璃纤维有更大的表面积/体积比，加工中也更易破损，导致它在复合材料中所形成的界面面积更大，所产生的界面空隙更多。

表5-104　短玻璃纤维品种对复合材料力学性能的影响

短玻璃纤维直径/μm	介电强度/kV·mm^{-1}		拉伸强度/MPa	弯曲强度/MPa	弯曲模量/GPa
	干	湿			
11	20.0	17.5	88.8	133.9	8.09
13	20.0	19.8	95.3	144.9	8.23

注：短玻璃纤维质量分数为30%。

2）加工助剂和螺杆转速的影响。鉴于短玻璃纤维在加工中的破损对复合材料的电击穿和力学性能有不利影响，如何在配方和加工工艺上采取措施来尽量减少短玻璃纤维破损是必须考虑的问题。表5-105和表5-106分别说明PTEF的效果和控制螺杆转速的作用。表5-105和表5-106中的结果清楚地表明，使用PTEF是有效的，其用量可为

0.5%～1.0%，这得益于聚四氟乙烯的减摩和润滑作用；螺杆转速在保持合理的情况下宜低，因为强剪切对短玻璃纤维的破损作用实在太大。

表 5-105 PTEF 对复合材料干、湿态性能的影响

PTEF 质量分数（%）	0.2		1.0	
	干	湿	干	湿
介电强度/kV·mm⁻¹	20.0	17.4	20.0	19.8
拉伸强度/MPa	88.9	69.2	95.3	81.6
弯曲强度/MPa	134	98	145	128
弯曲模量/GPa	8.096	—	8.23	7.14

注：短玻璃纤维质量分数为30%。

表 5-106 螺杆转速对复合材料干、湿态性能的影响

螺杆转速/r·min⁻¹	40	90	180
介电强度（干）/kV·mm⁻¹	21.6	21.3	18.9
介电强度（湿）/kV·mm⁻¹	19.5	16.7	12.2

注：短玻璃纤维质量分数为30%。

表5-107为几种常用润滑剂对复合材料干、湿态介电强度的影响。由表5-107可见，用ZnSt和HSt都会使材料干、湿态的介电强度明显降低；这可能与它们引入了极性 Zn^{2+}、H^{+} 离子，而且 Zn^{2+} 离子对PBT热降解有催化作用有关。使用弱极性或非极性的EBS和PEW对保持复合材料干、湿态的高介电强度有利；使用EBS时，材料湿态介电强度有所降低的原因可能与EBS中含有少量（约4%）HSt有关。

表 5-107 润滑剂对复合材料干、湿态介电强度的影响

润滑剂品种	HSt	ZnSt	EBS	PEW
润滑剂质量分数（%）	1.5	0.15	0.3	0.3
介电强度/kV·mm⁻¹（干）	11.7	12.4	20.0	20.0
介电强度/kV·mm⁻¹（湿）	10.7	11.9	17.5	19.8

注：短玻璃纤维质量分数为30%。

（5）效果 使用直径较大的短玻璃纤维和较低的用量、利用聚四氟乙烯的减摩和润滑作用、选用聚乙烯蜡作为流动改性剂、控制较低的螺杆转速，有利于减少加工中玻璃纤维的破损和玻璃纤维-PBT界面上空隙的数量，抑制湿热条件下PBT的水解降解、界面脱粘和微细空气通道的形成，从而提高复合材料干态特别是湿态的介电强度和力学性能。

3. 玻璃纤维增强PBT复合材料

（1）原材料与配方（质量份）

PBT	100	玻璃纤维	10～30
增韧剂（MPOE、ST2000、AX8900）	3～9	抗氧剂	0.5～1.0
偶联剂	1～2	其他助剂	适量

注：MPOE是马来酸酐接枝POE材料；ST2000是甲基丙烯酸缩水甘油酯接枝POE；AX8900是乙烯-丙烯酸甲酯-甲基丙烯酸缩水甘油酯的共聚物。

（2）玻璃纤维增强PBT复合材料的制备　将烘干的PBT、增韧剂、抗氧剂、其他加工助剂按照一定配比在高混机中混合均匀，再通过双螺杆挤出机与玻璃纤维熔融挤出造粒，挤出温度为220～260℃。塑料粒子采用注射机制样。注射条件：料筒温度为245℃，注射压力为80MPa，保压时间为2s，冷却为15s，充模为3s。

（3）性能

1）不同含量玻璃纤维增强PBT复合材料的性能见表5-108。由表5-108可知，随玻璃纤维含量的提高，复合材料的拉伸强度、弯曲强度、弯曲模量、冲击强度、耐热变形温度等都有大幅度提高。30%玻璃纤维增强PBT的拉伸强度达108MPa，弯曲强度达160MPa，弯曲模量达6300MPa，热变形温度达208℃。当复合材料的玻璃纤维含量超过30%后，制品表面变得粗糙，有明显玻璃纤维露出。

表5-108　玻璃纤维含量对玻璃纤维增强PBT复合材料性能的影响

序号	1	2	3	4
玻璃纤维含量（%）	0	11	20.3	32
拉伸强度/MPa	45	75	90	108
弯曲强度/MPa	55	110	145	160
弯曲模量/MPa	2000	4200	5000	6300
冲击强度（缺口）/（kJ/m²）	3.5	3.6	5.2	7.6
热变形温度/℃	55	185	196	208

2）增韧剂种类对玻璃纤维增强PBT复合材料力学性能的影响见表5-109。

表5-109　增韧剂种类对玻璃纤维增强PBT复合材料力学性能的影响

增韧剂种类	无	MPOE	ST2000	AX8900
玻璃纤维含量（%）	20.3	19.8	21.4	20.1
拉伸强度/MPa	90	80	85	88
弯曲强度/MPa	145	125	130	124
弯曲模量/MPa	5000	4200	4500	4600
冲击强度（缺口）/（kJ/m²）	5.2	6.0	7.8	8.6

3）AX8900增韧剂含量对玻璃纤维增强PBT复合材料的影响见表5-110。

4）不同主机转速对玻璃纤维增强PBT复合材料力学性能的影响见表5-111。

表5-110　AX8900增韧剂对玻璃纤维增强PBT复合材料力学性能的影响

序号	1	2	3	4
AX8900增韧剂含量（%）	0	3	6	9
拉伸强度/MPa	90	92	88	68
弯曲强度/MPa	145	135	124	105
弯曲模量/MPa	5000	4800	4600	3800
冲击强度（缺口）/（kJ/m²）	5.2	5.8	8.6	18.3

注：玻璃纤维含量20%。

表5-111 主机转速对玻璃纤维增强PBT复合材料力学性能的影响

序号	1	2
螺杆转速/(r/min)	250	400
拉伸强度/MPa	92	86
弯曲强度/MPa	148	135
弯曲模量/MPa	5200	4800
冲击强度（缺口）/(kJ/m²)	5.3	5.2

（4）效果

1）经表面改性过的改性玻璃纤维增强PBT的复合材料性能更好。

2）经过玻璃纤维改性的PBT复合材料综合性能大幅度提升；当复合材料的玻璃纤维含量达30%时，复合材料拉伸强度达108MPa，弯曲强度达160MPa，弯曲模量达6300MPa，热变形温度达208℃。

3）三种增韧剂对复合材料的增韧效果为AX8900 > ST2000 > MPOE；其中AX8900增韧剂对复合材料的强度、模量损失小。当AX8900含量为5%～6%时，复合材料的性能最佳。

4）主机螺杆转速过高时，复合材料的拉伸强度、弯曲强度、弯曲模量有所下降，冲击强度基本不变，生产中转速控制在300～350r/min比较合理。

4. 短切玻璃纤维增强改性PBT

（1）原材料与配方（质量份）

PBT	100	短切玻璃纤维（534A、534W）	10～30
表面处理剂	1～2	其他助剂	适量

（2）制备方法　534A和534W是通过无碱池窑拉丝，在表面涂覆两种不同表面处理剂a和b（b在a的基础上改进，使制品颜色更白）的短切玻璃纤维。

通过挤出机将534A、534W分别和PBT树脂按比例挤出复合，经切粒机切成长度为3.0～3.5mm的粒子，烘干后再经注射机注射成试样，然后将试样在温室环境下放置24h后测试性能。挤出和注射工艺参数见表5-112。

表5-112 挤出和注射工艺参数

项目	参数	项目	参数
挤出温度/℃	210～245	注射温度/℃	235～245
螺杆转速/r·min⁻¹	300	注射压力/MPa	80～82
1#喂料速度/kg·h⁻¹	11	模具温度/℃	80～90
2#喂料速度/kg·h⁻¹	5		

（3）性能　从表5-113中可以发现，534A与PBT复合后，PBT的力学性能大幅度提高，534A质量分数为30%时材料的拉伸强度和弯曲强度比纯PBT提高120%以上，冲击强度提高70%以上，缺口冲击强度是原来的2倍。

表 5-113 534A 含量对 PBT 力学性能的影响

项目	534A 质量分数（%）			
	0	10	20	30
拉伸强度/MPa	55.5	80.2	109.4	126.5
拉伸弹性模量/GPa	2.7	4.9	7.4	9.3
断裂伸长率（%）	8.6	6.2	4.8	3.1
弯曲强度/MPa	89.2	127.7	162.1	200.6
弯曲弹性模量/GPa	2.4	4.6	7.0	8.5
冲击强度/$kJ \cdot m^{-2}$	35.2	42.5	50.8	61.5
缺口冲击强度/$kJ \cdot m^{-2}$	5.5	7.1	9.4	11.1

（4）效果

1）PBT 的缺点是力学性能不突出，拉伸强度、弯曲强度和冲击强度偏低；其线胀系数较大，成型收缩率也大，尺寸稳定性相对较差，易翘曲，影响制品外观，这些缺点一定程度上限制了 PBT 作为工程塑料的应用。

2）在 PBT 中加入经表面处理剂涂覆的短切玻璃纤维，发现加入短切玻璃纤维的 PBT 制品尺寸稳定性增加，力学性能有大幅度的提高，且制品颜色更好。

5. 玻璃纤维增强 PBT/AS 合金

（1）原材料与配方（质量份）

PBT/AS（60～90/10～40）	100	玻璃纤维	30
相容剂（SMA、PTW、KD-2）	4.0	偶联剂	0.5～1.5
其他助剂	适量		

（2）制备方法　首先将 PBT 树脂在 100℃ 烘箱中干燥 4h，将干燥好的 PBT、AS、相容剂按一定比例混合均匀、质量分数为 30% 的玻璃纤维通过侧喂料口进料，在同向双螺杆挤出机上挤出造粒。挤出机螺杆转速为 200r/min，Ⅰ～Ⅶ段温度分别为 120℃、240℃、250℃、250℃、220℃、220℃、250℃，造粒所得粒料经干燥后，在注射机上制成标准的性能测试样条。

（3）性能

1）AS 添加量对 PBT/AS 合金性能的影响见表 5-114。

表 5-114 AS 添加量对 PBT/AS 合金性能的影响①

PBT/AS	拉伸强度/MPa	弯曲强度/MPa	弯曲模量/MPa	缺口冲击强度/$kJ \cdot m^{-2}$
90/10	114	162	8017	7.2
80/20	108	158	7984	6.4
70/30	98	151	7952	5.8
60/40	92	148	7683	4.3

① 添加 30% 玻璃纤维，无相容剂。

2）不同相容剂对 PBT/AS 力学性能的影响见表 5-115。

表 5-115　不同相容剂对 PBT/AS 合金性能的影响①

相容剂种类	拉伸强度/MPa	弯曲强度/MPa	弯曲模量/MPa	缺口冲击强度/kJ · m^{-2}
无相容剂	92	147	7045	4.5
SMA	110	162	7328	5.1
PTW	116	171	7541	7.2
KD-2	128	185	7824	8.5

① PBT/AS = 70/30，添加 30% 玻璃纤维。

3）KD-2 相容剂添加量对 PBT/AS 合金性能的影响见表 5-116。

表 5-116　KD-2 相容剂添加量对 PBT/AS 合金性能的影响①

KD-2 质量分数（%）	拉伸强度/MPa	弯曲强度/MPa	弯曲模量/MPa	缺口冲击强度/kJ · m^{-2}
0	92	147	7045	4.5
2	134	178	7892	7.1
4	128	185	7824	10.2
6	140	183	8427	9.5
8	138	186	8279	9

① PBT/AS = 70/30，添加 30% 玻璃纤维。

（4）效果

1）PBT/AS 是部分相容体系，加入相容剂对提高 PBT/AS 合金的性能有明显效果。

2）相容剂种类对合金的性能影响很大，通过对比研究，自制相容剂 KD-2 比 SMA、PTW 具有更好的增容作用，得到的合金力学性能最好。

3）DSC 研究表明，加入相容剂能使合金中 PBT 的熔点降低，其中加入 KD-2 时，熔点降低最明显，说明其相容性最好。

6. 碳纤维增强 ABS-g-MAH/PBT 复合材料

（1）原材料与配方（质量份）

PBT	70～90	短切碳纤维（SCF）	5～10
ABS-g-MAH	2.5～20	表面处理剂	0.5～1.5
其他助剂	适量		

（2）制备方法　将 PBT、ABS-g-MAH 和 SCF 分别在 80℃下真空干燥 24h，并按照如下质量比进行混合，PBT/ABS-g-MAH/SCF 分别为：90/10/0（A_1）、87.5/10/2.5（A_2）、85/10/5（A_3）、80/10/10（A_4）、75/10/15（A_5）、70/10/20（A_6），再将混合好的物料分别在双螺杆挤出机上进行熔融共混、挤出、造粒，得到 PBT/ABS-g-MAH/SCF 复合材料；挤出机加热区间温度为 195～240℃，螺杆转速为 55r/min。

（3）性能

1）随着SCF含量的增加，复合材料的拉伸强度呈现逐渐增长的趋势，这表明SCF的加入对PBT/ABS-g-MAH共混体系发挥了较好的增强作用。相比于未添加SCF的PBT/ABS-g-MAH共混合金，复合材料的拉伸强度随着SCF含量的增加均有所提高，当SCF含量达到10%时，拉伸强度提升了75%，达到了最高值。在冲击强度变化曲线中，当SCF含量为5%时复合材料的冲击强度达到极值，相比于未添加SCF的PBT/ABS-g-MAH共混体系提高了44%。当SCF含量大于5%时，复合材料冲击强度逐渐下降，SCF含量达到20%时，冲击强度低于PBT/ABS-g-MAH共混体系。

2）当SCF含量为5%时，复合材料弯曲强度达到极值，相比于未添加SCF的PBT/ABS-g-MAH共混体系提高了64%。但当SCF含量超过5%以后，复合材料中刚性的增加或者缺陷的产生、积累等作用使得材料的韧性略有下降，导致弯曲强度有所下降。以上结果表明，在复合材料中SCF含量在5%~10%范围内可对材料发挥较好的增强增韧作用，材料力学性能得到明显提升。

（4）效果

1）在各PBT/ABS-g-MAH/SCF复合材料中，暴露在断面表面的SCF呈无规分散状态，断面上纤维的分布较为均匀，说明SCF和PBT之间有较好的界面结合性能。

2）当ABS含量为10%时，复合材料中SCF含量为5%~10%时可对材料发挥较好的增强增韧作用，材料的力学性能得到明显提升。

3）随着SCF含量的增加，复合材料熔体的复数黏度呈现先降低后升高的趋势；当SCF含量为2.5%~10%时，复数黏度低于PBT/ABS-g-MAH二元共混物，而当SCF含量为15%~20%时，复数黏度明显升高。

4）在体系中添加适量添加SCF可以起到成核剂的作用，由于结晶变得相对容易，从而使结晶温度升高，然而过量的SCF会在一定范围内阻碍PBT的结晶过程。

7. 碳纤维（CF）增强PBT导热复合材料

（1）原材料与配方（质量份）

PBT	CF	抗氧剂1010	抗氧剂168
100	0	0.5	0.5
90	10	0.5	0.5
80	20	0.5	0.5
70	30	0.5	0.5
60	40	0.5	0.5
50	50	0.5	0.5

（2）制备方法　将PBT和CF以及抗氧剂按照配方加入密炼机中，温度为230℃，转速为30r/min，混合10min，将得到的混合料在平板硫化机上于250℃压制5min成型，然后将压得的平板裁剪成所需形状进行测试。

（3）性能

1）由表5-117可以看出，PBT/CF复合材料的层间热导率随着CF用量的增加而增大。当CF用量较少时，PBT/CF复合材料的层间热导率增加不太明显，当CF用量达到

30 份以上时，PBT/CF 复合材料的热导率迅速增加。纯 PBT 的热导率仅为 0.237W/(m·K)，当 CF 用量为 50 份时，PBT/CF 复合材料的层间热导率达到 0.635W/(m·K)，为纯 PBT 的 2.68 倍。表明少量的 CF 对 PBT/CF 复合材料热导率的改善不明显，当 CF 用量高于 30 份时，可明显改善 PBT/CF 复合材料的热导率。当 CF 用量较少时，CF 彼此之间相互接触很少，致使 PBT/CF 复合材料热导率的增加不明显，继续增加 CF 用量时，CF 彼此之间的接触增多，当 CF 用量达到一定程度时，CF 彼此之间形成导热通路，导致 PBT/CF 复合材料的热导率明显提高，并且随着 CF 用量的进一步增加，更多的导热通路形成，因而 PBT/CF 复合材料的热导率随着 CF 用量增加而增大。

表 5-117　PBT/CF 复合材料的热导率

CF 用量（质量/份）	比热容 c_p /J·(g·K)$^{-1}$	ρ /g·cm^{-3}	α_1 /mm^2·s^{-1}	α_2 /mm^2·s^{-1}	λ_1 /W·(m·K)$^{-1}$	λ_2 /W·(m·K)$^{-1}$
0	0.928	1.208	0.211	0.211	0.237	0.237
10	1.014	1.230	0.194	0.351	0.241	0.438
20	0.806	1.272	0.243	0.508	0.249	0.521
30	0.762	1.323	0.339	0.656	0.342	0.661
40	0.829	1.362	0.395	0.867	0.446	0.979
50	0.793	1.398	0.573	0.933	0.635	1.034

注：α_1、λ_1 分别表示层间热扩散系数、层间热导率；α_2、λ_2 分别表示层内热扩散系数、层内热导率。

2）PBT/CF 复合材料的力学性能见表 5-118。

表 5-118　PBT/CF 复合材料的力学性能

CF 用量（质量/份）	拉伸强度/MPa	断裂伸长率（%）
0	55.0	3.7
10	75.8	1.6
20	91.5	1.6
30	69.7	0.97
40	50.0	0.93
50	48.9	0.94

（4）效果

1）CF 对 PBT 的导热具有明显的提升作用，且 PBT/CF 复合材料层内方向的热导率高于层间方向的热导率。

2）随着 CF 用量的增加，PBT/CF 复合材料的拉伸强度呈现先上升后下降的趋势，断裂伸长率逐渐降低。

3）Lewis-Nielsen 模型对 PBT/CF 复合材料热导率的模拟效果较好，可以预测不同 CF 用量时复合材料的热导率。从拟合得到的参数可知，复合材料中 CF 主要以层内方向排列。FESEM 图表明，CF 在 PBT 基体中的分散具有方向性，导致其热导率具有方向性。

4）当 CF 用量为 50 份时，PBT/CF 复合材料的层间热导率、层内热导率分别达到

0.635W/(m·K)、1.034W/(m·K)，与纯PBT相比热导率有明显提高。

（四）纳米改性

1. 纳米黏土改性PBT

（1）原材料与配方（质量份）

PBT	100	纳米黏土	3.0
对苯二甲酸二甲酯（DMT）	0.5~1.5	其他助剂	适量

（2）制备方法　DMT与丁二醇（BG）以适当的比例在钛催化剂的作用下，先酯交换，然后真空缩聚。分散于BG中的有机黏土在适当的聚合过程中加入，制得在蒙脱土之间进行插层聚合的PBT树脂。

（3）结构分析　通过对插层聚合制备的PBT/黏土纳米复合材料进行WAXD研究，发现黏土的加入对PBT树脂的晶型无诱导作用。结果表明两种体系的X衍射峰强度和位置均无明显变化。

试验中还进行了黏土影响PBT结晶行为的探索。将纯PBT和PBT黏土纳米复合材料熔融后以10℃/min的速度冷却到室温，DSC结果表明所有试样呈单一放热峰，但峰型和结晶温度均发生了变化。黏土的加入使PBT的结晶温度提高，结晶峰宽度变窄，表明黏土的加入使PBT更易于结晶，结晶速率提高，这可能是它在PBT的结晶过程中起到了异相成核作用的结果。且随着黏土含量的增加，结晶温度略有下降。在黏土含量为1%左右时，结晶温度最高，结晶速率最快。

从纯PBT和PBT/黏土纳米复合材料在185℃等温结晶3h后得到的偏光显微镜（PLM）照片中可以看出，PBT/PBT黏土纳米复合材料中PBT球晶尺寸变小，说明黏土的加入可使PBT球晶细化，成核密度增加，从而提高了PBT的结晶速率。这与DSC测试结果是一致的。

（4）性能

1）力学性能。在给定的黏土含量范围内，黏土的加入对材料有明显的增强作用，拉伸、弯曲强度有一定的提高，模量大幅度提高，且当黏土含量<3%时，缺口冲击强度损失不大；不仅如此，黏土的加入使材料的热变形温度也有明显提高。

2）热性能。通过耐沸水性试验，研究了黏土对PBT树脂耐水解性的影响。表5-119为PBT/黏土纳米复合材料和纯PBT于沸水中不同时间特性黏度的变化情况。

表5-119　黏土对PBT树脂耐沸水性的影响

煮沸时间/h	PBT/黏土纳米复合材料特性黏度下降率（%）	纯PBT树脂特性黏度下降率（%）
0	0	0
8	1.85	4.31
20	5.56	10.34
44	9.26	19.83
56	12.96	24.14

可见，对于相同的煮沸时间，纯PBT的黏度下降率为PBT/黏土纳米复合材料的2

倍左右，说明黏土的加入可大大提高PBT树脂的耐沸水稳定性。

（5）效果　通过PBT在黏土片层之间的插层聚合，使PBT树脂的力学性能、热变形温度以及耐沸水性得到明显改善，同时，黏土的加入使PBT树脂的球晶细化，结晶速率提高。若进一步优化黏土的表面处理，提高PBT在黏土片层之间的插层聚合效果，那么PBT的性能必将得到更大的提高。

2. 纳米海泡石改性PBT复合材料

（1）原材料与配方（质量份）

PBT	100	有机化海泡石	2～4
丁二醇（BDO）	5～6	对苯二甲酸二甲酯（DMT）	1～2
钛酸四丁酯催化剂	0.1～1.0	其他助剂	适量

（2）制备方法

1）PBTS的制备。称取5g有机海泡石于250mL三口烧瓶中，加入一定量的BDO，预溶胀8h以后，加入DMT。BDO与DMT的质量比为2:1。升温至150℃开始反应，恒温于170～180℃，到甲醇出量为理论量的90%时终止酯交换反应，继续升温到220℃，30min后开始抽真空并升温到260℃，继续抽真空并升温到270～275℃，反应压力为70Pa，约4h，反应出现明显的爬杆效应，充氮气解除真空，并取出反应产物，粉碎后得到PBTS。

2）熔融共混PBT/PBTS插层纳米复合材料的制备。将上述制得的PBTS以不同比例与PBT通过螺杆挤出机进行熔融共混插层，一～三区温度分别为：230℃、250℃、265℃，机头温度为275℃，进行熔融共混插层，经铸带、造粒制成复合材料。

（3）性能　海泡石为层链状的硅酸盐，具有平行孔道，为纤维状结晶材料，正是这种独特的孔道结构而具有很高的比表面积、高的孔隙率和大的表面活性，由其表面覆盖大量的硅醇基团及Bronsted-Lewis酸中心，使它具有较活的表面物理-化学性质和较强的吸附能力，可通过氢键、分子间力等与各种有机分子相互作用，因而十分适合作为高分子增强材料。

（4）效果

1）PBT/PBTS插层纳米复合材料为假塑性流体，其表观黏度随切速率的增大而减小，随温度的增加而减小，随PBTS质量分数的增加呈下降趋势，添加了PBTS以后大大改善了PBT的流动性。

2）该复合材料的非牛顿指数大于纯PBT，表观黏度对剪切速率的敏感程度降低；黏流活化能减小，体系对于温度的敏感性降低，这将有利于复合材料在较宽温度范围内进行加工。

3）在PBT/PBTS插层纳米复合材料中，海泡石是以纳米级均匀地分布在PBT基体中，且相容性良好。

3. 纳米有机膨润土改性PBT复合材料

（1）原材料与配方（质量份）

PBT	100	纳米有机膨润土（OMMT）	3.0
溴化环氧树脂/Sb_2O_3	12~15	其他助剂	适量

（2）PBT/OMMT纳米复合材料的制备　采用原位聚合法制备PBT/OMMT纳米复合材料：

1）将1份OMMT放入30份蒸馏水中高速搅拌2h后静置，待形成稳定的悬浮液后加入0.1份插层剂，高速搅拌1h，待混合体系充分膨胀化后，把两种单体对苯二甲酸（PTA）、丁二醇（BG）加入其中，充分搅拌3h使其混合均匀，然后干燥脱水。

2）分别将质量分数为1%、3%、5%、7%、9%的OMMT与脱水后的混合液和催化剂充分混合均匀后加入到合成反应釜中，升温至200~220℃进行酯化反应3h，然后再升温至240~270℃，在低压或接近真空的条件下反应3h，制得PBT/OMMT复合材料。

3）分别将质量分数为22%、19%、15%、12%、8%的阻燃剂、OMMT、步骤1）得到的混合液和催化剂混合均匀后加入合成反应釜中，按照步骤2）进行多次合成试验，得到添加阻燃剂的PBT/OMMT纳米复合材料。

（3）性能

OMMT含量对PBT力学性能的影响见表5-120。

表5-120　OMMT含量对力学性能的影响

OMMT质量分数（%）	拉伸强度/MPa	断裂伸长率（%）	缺口冲击强度/J·m	弯曲强度/MPa
0	47.8	83.5	42.6	103.5
1	52.4	79.3	43.8	106.7
3	55.7	71.5	47.4	113.8
5	49.6	54.6	44.3	108.3
7	43.4	47.8	41.5	104.2
9	38.7	38.5	39.2	102.4

OMMT和阻燃剂用量对复合材料阻燃性能的影响，结果见表5-121和表5-122。

（4）效果

1）在挤出成型制备PBT/CNTs复合材料过程中，与粉碎机粉碎、气流分散相比，球磨分散处理的CNTs在混炼过程中更容易被分散。

表5-121　OMMT对PBT/OMMT纳米复合材料阻燃性能的影响

试样编号	PBT/OMMT	阻燃等级	LOI（%）
1	91/9	V-2	24.6
2	93/7	V-2	24.2
3	95/5	V-2	23.4
4	97/3	V-2	23.1
5	99/1	V-2	22.7
6	100/0	V-2	22.4

表 5-122 阻燃剂对 PBT/OMMT 纳米复合材料阻燃性能的影响

试样编号	PBT/阻燃剂/OMMT	阻燃等级	LOI（%）
1	78/22/0	V-0	28.2
2	78/19/3	V-0	27.6
3	82/15/3	V-1	27.3
4	85/12/3	V-1	26.8
5	89/8/3	V-2	24.8
6	100/0/0	V-2	22.4

2）在一定的范围内，随着 CNTs 质量分数的增加，复合材料的表面电阻呈下降的趋势。对球磨分散处理的 CNTs 而言，当 CNTs 的质量分数为3%时，试样表面电阻率为 $10^{12}\sim10^{13}\Omega$，而当 CNTs 的质量分数为5%时，试样的表面电阻率下降到 $10^{8}\Omega$，电阻下降了约5个数量级，复合材料的导电阈值在 CNTs 质量分数为4%左右。

3）球磨分散处理的 CNTs 在 PBT 基体中没有发生明显的团聚现象。

4. 功能化纳米 SiO_2 改性 PBT 复合材料

（1）原材料与配方（质量份）

PBT	100	纳米 SiO_2	1~7
硬酯酸（SA）	5~6	N，N-二甲基甲酰胺（DMF）	1~2
其他助剂	适量		

（2）制备方法

1）SA 功能化改性纳米 SiO_2 粉末的制备。先将彻底干燥的纳米 SiO_2 超声分散于 DMF 溶剂中，搅拌下加入定量的 SA 直至溶解，维持体系于75℃下反应24h 完成功能化改性。产物过滤、干燥后经抽提除去未反应的 SA。抽提产物干燥、研磨，即得到 SA 功能化改性的纳米 SiO_2（简称 SA-纳米 SiO_2）粉末。

2）PBT/纳米 SiO_2 复合材料的制备。将充分干燥的 PBT 粉末分别与未改性及改性后的纳米 SiO_2（纳米 SiO_2 占总含量的1%、3%、5%和7%）混合后，经混炼机熔融共混（240℃、60r/min，15min）得到 PBT/纳米 SiO_2 复合材料。最后注射成型得到标准哑铃型和冲击试样。样品编号及组成见表5-123。

表 5-123 样品编号及组成

样品编号	PBT/纳米 SiO_2 质量比	样品编号	PBT/SA-纳米 SiO_2 质量比
PBTSO-1	99/1	PBTSASO-1	99/1
PBTSO-3	97/3	PBTSASO-3	97/3
PBTSO-5	95/5	PBTSASO-5	95/5
PBTSO-7	93/7	PBTSASO-7	93/7

5. 碳纳米管（CNTs）改性 PBT 复合材料

（1）原材料与配方（质量份）

PBT	100	碳纳米管（CNTs）	3～5
其他助剂	适量		

（2）制备方法

1）CNTs的预处理：将原生CNTs在550℃、大气条件下氧化除去非晶碳，然后用盐酸酸洗除去铁，清洗过滤至中性，120℃烘干备用。烘干后的CNTs采用以下三种方法处理：粉碎机粉碎、气流分散、球磨分散。

2）PBT/CNTs复合材料母粒的制备：将预处理的CNTs和PBT放入干燥箱于120℃保温12h，然后加入混炼机中混炼。混炼时先加入PBT母粒，再加入CNTs和液体石蜡（占CNTs质量分数的10%）的混合物。混炼机混炼温度250℃、转速65r/min，混炼时间10min。混炼后将料取出，放入破碎机中粉碎作为复合材料的母粒。

3）试样的制备：开启单螺杆挤出机，将复合材料母粒加入加料筒中进行挤出成型加工。加工过程中单螺杆挤出机工艺参数：加料段温度为250℃，融化输运段温度为250℃，模口段温度为210℃，转速为9r/min。挤出试样为直径3mm左右的条状。

（3）性能　目前，CNTs作为导电剂和增强剂已在聚合物中实现了工业化应用。作为导电剂，CNTs优于传统导电炭黑的特点使其可以大幅度降低加入量，从而改善聚合物复合材料的成型性能；作为增强剂，CNTs可以大幅度提高聚合物的力学性能。但是CNTs作为导电剂在使用过程中还存在很多问题，如不容易分散、加工效果与成型工艺有关，当成型工艺为压缩成型时，制作的零件具有好的导电性，而采用挤出成型时表面电阻却很大。

将含质量分数为7%的由上述三种分散工艺处理的CNTs分别加入PBT中制备复合材料试样，并测试表面电阻值。测试结果表明：粉碎机粉碎CNTs的PBT复合材料的表面电阻率为$10^{10}\Omega$，气流分散CNTs的PBT复合材料的表面电阻率为$10^{7}\Omega$，而球磨分散CNTs的PBT复合材料的表面电阻率为$10^{6}\Omega$。由此可知，这三种处理方法中球磨分散的表面电阻率最低，即复合材料的导电性能最好。

当CNTs的质量分数为1%和3%时，试样表面电阻率分别为$10^{13}\Omega$、$10^{12}\sim10^{13}\Omega$，而当CNTs的质量分数为5%时，试样的表面电阻率下降到$10^{8}\Omega$，电阻下降了约5个数量级。

（4）效果

1）进入OMMT层间的PTA、BG单体小分子在OMMT片层之间进行酯化和缩聚反应，随着分子链的增长和分子量的增大，OMMT的片层被逐渐撑大甚至被剥离，形成了PBT/OMMT纳米插层剥离型复合材料。

2）OMMT可以提高PBT的力学性能、热稳定性和阻燃性能，当OMMT的质量分数为3%时，PBT/OMMT纳米复合材料的综合力学性能达到最佳。

3）单独加入OMMT可以提高PBT的阻燃性能，但提高幅度有限。用3%的OMMT和12%～15%的阻燃剂混合，既可保证阻燃效果，又使阻燃剂用量、成本大幅降低。

6. 纳米ZnO改性PBT复合材料

（1）原材料与配方（质量份）

PBT	100	纳米 ZnO	0.02 ~ 0.4
催化剂（钛酸四丁酯）	0.1 ~ 1.0	其他助剂	适量

（2）制备方法

1）纳米 ZnO 的制备：以醋酸锌、油酸钠为原料，乙醇为反应介质，通过溶液化学方法，制备纳米 ZnO；将制得的固体样品放入干燥箱内，在 50℃条件下真空干燥 2h，制得白色粉体样品，研磨，用于 PBT 的聚合试验。

2）PBT/纳米 ZnO 复合材料的制备：在 5L 聚合釜中，将 900g PTA、830g BDO、一定量催化剂钛酸四丁酯和自制纳米 ZnO 加入反应釜中，用 N_2 吹扫三次，在釜压为 0.3MPa、釜内温度为 220℃条件下，根据理论馏出物量判断反应终点，酯化约 5h；酯化反应结束后，在低真空条件下缩聚 30min，在 260℃、50Pa 下进行高真空缩聚，根据搅拌功率增长值判断反应终点，高真空缩聚反应 1h，当达到要求功率值时，停止搅拌，充氮，打开出料阀出料，经过冷水铸带并切粒，得到改性聚酯粒料；改变纳米 ZnO 粉体的加入量，分别为理论出料量的 0%、0.025%（质量分数，下同）、0.1%、0.4%，进行制备。

（3）性能

1）采用原位聚合工艺加入自制纳米 ZnO 制备 PBT/纳米 ZnO 复合材料的特性黏度没有产生大的变化，对聚合工艺没有影响。

2）添加微量纳米 ZnO 对 PBT 的结晶性能提高不显著，当加入较多量的纳米 ZnO 时，PBT 的成核速率增大，结晶性能增强，纳米 ZnO 对 PBT/纳米 ZnO 复合材料起到异相成核的作用。

3）加入纳米 ZnO 后，Avrami 指数及结晶速率常数均增加。

测试结果表明，PBT/SA-纳米 SiO_2 复合材料的拉伸屈服强度、拉伸模量、拉伸强度和冲击强度在整个填料用量范围内都高于 PBT/纳米 SiO_2 复合材料。当 SA-纳米 SiO_2 的质量分数为 3% 时，PBTSASO-3 的拉伸屈服强度、拉伸模量、拉伸强度和冲击强度比 PBTSO-3 和 PBT 的相应分别提高了 17.0%、9.9%、11.8%、31.5% 和 22.3%、34.8%、22.6%、57.6%。这表明 SA-纳米 SiO_2 对 PBT 复合材料可同时起到增强和增韧的作用。另外，添加纳米 SiO_2 和 SA-纳米 SiO_2 均可改善 PBT 基体的热稳定性。与 PBT/纳米 SiO_2 复合材料相比，PBT/SA-纳米 SiO_2 复合材料体现出更优异的热稳定性。纳米 SiO_2 本身具有较高的热稳定性，其分散于 PBT 基体中可以阻断热在复合材料中的扩散，起到热传递的“屏障”，从而提高复合材料的热稳定性能。

（4）效果

1）采用溶液法制备了 SA 功能化改性的纳米 SiO_2 粒子。测试表明 SA 的—COOH 与纳米 SiO_2 表面的—OH 发生反应，在纳米 SiO_2 表面包覆了 SA。

2）与添加纳米 SiO_2 的复合材料相比，SA-纳米 SiO_2 粒子在 PBT 基体中的分散性及其与 PBT 的相容性均得到明显改善，从而提高了 PBT 复合材料的拉伸和冲击性能。

3）纳米 SiO_2 的加入不改变 PBT 的晶型结构，但会加快复合材料的结晶速率。与 PBT/纳米 SiO_2 复合材料相比，PBT/SA-纳米 SiO_2 复合材料具有更快的结晶速率和更高的结晶度。

4）纳米 SiO_2 的加入提高了PBT复合材料的热稳定性。

7. 纳米氧化镁改性PBT

（1）原材料与配方（质量份）

PBT	100	纳米氧化镁	1~9
表面活性剂	0.1~1.0	其他助剂	适量

（2）制备方法

1）纳米氧化镁的制备 该试验以氯化镁为原料，$(NH_4)_2CO_3$ 作为沉淀剂，PEG-2000为表面活性剂。将 $MgCl_2$ 溶液和一定量质量分数的PEG-2000在烧杯中充分搅拌，逐渐加入碳酸铵溶液至pH值为7~7.2，反应后老化1h。并水洗、醇洗各3次，每次抽滤10min。样品在100℃干燥1h，并在500~700℃煅烧2h，最终制得纳米氧化镁。

2）纳米MgO和PBT的复合 分别将PBT和纳米MgO在100℃鼓风干燥5h。称取PBT切粒1kg，纳米MgO按照PBT质量的0.1%、3%、5%、7%、9%比例添加。使用双螺杆挤出机进行熔融共混，先加入一半PBT，再加入一半纳米MgO，5min后再加入剩余的PBT和纳米MgO。挤出物料切粒后80℃干燥8h以上备用。使用注射机和模具成型材料以备检测。各区段温度分别为180℃、225℃、230℃、230℃，模具温度为80℃。

（3）性能 表5-124是激光粒度测定结果，数据显示，在40~60℃下合成，可获得粒径为50~100mm的MgO。

表5-124 合成温度与MgO粒径对比

合成温度/℃	30	40	50	60
粒径/nm	85.4	74.1	65.3	97.6

表5-125是纳米MgO活性检测结果。40~60℃合成的样品活性均超过70%，说明制备的纳米MgO的水化反应活性良好。50℃合成的MgO具有96.15%的最大活性，40℃和60℃合成样品的活性均大幅下降。

表5-125 控制合成温度检测纳米MgO活性

序号	合成温度/℃	MgO活性（%）
1	40	74.08
2	50	96.15
3	60	71.49

表5-126是纳米氧化镁用量对MgO/PBT复合材料力学性能的影响。

表5-126 MgO添加量对MgO/PBT复合材料力学性能的影响

性能 / 样品	MgO含量（%）	拉伸强度/MPa	弯曲强度/MPa	冲击强度/J·m^{-1}
1	0	38.2	62.4	46.2
2	1	37.5	59.1	46.5

（续）

样品＼性能	MgO 含量（%）	拉伸强度 /MPa	弯曲强度 /MPa	冲击强度 /J · m^{-1}
3	3	36.7	54.0	46.9
4	5	35.3	51.3	47.3
5	7	34.8	48.6	48.9
6	9	33.1	45.9	50.8

表5-127是纳米MgO阻燃效果数据。表中显示，没有加入MgO时，PBT的氧指数为19.8；当加入5%～20%氧化镁后，PBT/MgO复合材料的氧指数明显提高。同时，随着纳米MgO添加量的提高，氧指数持续提高。当MgO添加量为20%时，氧指数达到27.4%，提高了38.4%。

表5-127　纳米MgO的阻燃效果数据

氧化镁用量（%）	0	5	10	15	20
极限氧指数（%）	19.8	20.3	22.7	25.1	27.4

（4）效果　以氯化镁为原料，碳酸铵为沉淀剂，PEG-2000为反应引发剂和分散剂，采用均匀沉淀法获得了粒径为65.3nm、活性达96.15%的MgO。氯化镁与碳酸铵浓度分别为1.5mol/L和2mol/L，PEG用量为1.5%，合成时间为1h，煅烧温度为600℃。纳米MgO/PBT复合材料的冲击性能随添加量的增加而提高，拉伸强度和弯曲强度随添加量的增加而下降。

（五）石墨烯改性

1. 石墨烯微片改性PBT功能材料

（1）原材料与配方（质量份）

PBT	100	导电填料（石墨烯、碳纤维和高导电炭黑）	1～13
表面处理剂	2～5	分散剂	5～6
其他助剂	适量		

（2）制备方法　将PBT和石墨烯微片、碳纤维、炭黑放在鼓风干燥箱里在120℃烘干6h；将干燥好的PBT与石墨烯微片、碳纤维、炭黑按一定配比放在密炼机中于250℃密炼10min，主机转速为60r/min；将取出的料于245℃平板硫化机中模压成用于导热测试和力学性能测试的标准样条，压力为10MPa，热压时间为4min，冷压时间为3min。

（3）性能　见表5-128。

表5-128　填充不同形貌填料的复合材料的 A 和 V_m 取值

颗粒形貌	V_m①	A②
球形炭黑	0.43	2.5
棒状碳纤维	0.35	11.2
片状石墨烯	0.10	33.0

① 指分散粒子的最大体积堆砌分数是与粒子形状和尺寸相关的常数。

② 指与粒子形状和尺寸相关的常数。

石墨烯微片的热导率取3200W/(m · K)，碳纤维的热导率为170W/(m · K)，炭黑的热导率为120W/(m·K)，测得基体材料PBT的热导率为0.19W/(m·K)。

（4）效果

1）当石墨烯微片填充到5%时达到渗滤阈值，填充到13%时，PBT的热导率达到1.21W/(m·K)，提高了6倍。

2）相对于Nielsen-Lewis模型，修正后的Y Agari模型能更好地与试验值吻合。

3）当石墨烯微片添加到1%时，PBT/石墨烯微片复合材料的冲击强度、拉伸强度和弯曲强度分别提升了25%、9.6%和16%；继续增加填料用量，石墨烯微片发生团聚，产生应力集中，复合材料的力学性能下降。

2. 石墨烯改性PBT复合材料

（1）原材料与配方（质量份）

PBT	100	石墨烯（GS）	0.2~0.5
偶联剂（KH-550）	0.5~1.0	无水乙醇	1~2
苯酚	1~2	四氯乙烷	5~6
其他助剂	适量		

（2）制备方法

1）将5g GS溶于100g蒸馏水和无水乙醇的混合溶液（蒸馏水/无水乙醇的体积比为5/4）中，然后放入反应器中；再将100g含有硅烷偶联剂KH-550质量浓度为5%的无水乙醇溶液缓慢加入反应器中，在温度为60℃下反应24h得到糊状物，用无水乙醇洗涤3次去除硅烷偶联剂KH-550，再用蒸馏水洗涤3次去除无水乙醇，将产物冻干，即得到表面功能化的GS，记为GS-KH550。

2）将500g PBT溶解于苯酚/四氯乙烷混合溶液（苯酚/四氯乙烷质量比为3/2）抽滤，即得到溶液处理纯PBT；将500g PBT溶解于苯酚/四氯乙烷混合溶液（苯酚/四氯乙烷质量比为3/2）放入烧杯中，然后将1.2g GS-KH550、蒸馏水和无水乙醇（GS-KH550/蒸馏水/无水乙醇的质量比为1/5/4）配成的悬浮液按比例加入烧杯中，磁力搅拌30min，抽滤，即得GS-KH550质量含量为0.2%的PBT/GS-KH550复合材料。

3）将上述抽滤得到的白色粉末分别装入索氏抽提器中，并加入无水乙醇，抽提12h，去除PBT、PBT/GS-KH550中的苯酚和四氯乙烷，将白色粉末在120℃条件下干燥8h，去除无水乙醇，即得到溶液处理PBT材料和PBT/GS-KH550复合材料。

（3）性能

1）从表5-129中可以看出，溶液处理PBT的玻璃化转变温度（T_g）和熔融温度（T_m）略低，是由于经过溶液处理的PBT分子链排列规整度变差，分子间距离增加；而加入GS和GS-KH550使PBT的T_g和T_m略有升高。这是由于GS在材料中形成的连续网络有关，GS的分布状态能够有效引导PBT分子链的排列，促进其结晶。

表5-129　PBT及其复合材料的热力学参数

样品	T_g/℃	T_m/℃
PBT	237.31	248.44
PBT/GS复合材料	237.91	248.80
PBT/GS-KH550复合材料	237.41	248.65

2）从表5-130中可以看出，溶液处理PBT结晶温度（T_c）略低，这是由于经过溶液处理的PBT分子链排列规整度变差，分子间距离增加，分子间作用力弱，难以结晶，因此结晶温度较低；而加入石墨烯和表面功能化石墨烯的结晶温度略有升高。这与石墨烯在材料中形成的连续网络有关，分子间作用力增强，石墨烯的分布状态能够有效引导PBT分子链的排列，促进其结晶，因此温度较高时也能结晶。

表5-130 PBT及其复合材料的结晶温度

样品	T_c/℃
PBT	206.33
PBT/GS复合材料	206.70
PBT/GS-KH550复合材料	207.62

3）测试结果表明：GS和GS-KH550均能提高PBT的缺口冲击强度，但PBT/GS复合材料的缺口冲击强度为11.5J/m，而PBT/GS-KH550复合材料的缺口冲击强度达到14.8J/m，说明GS-KH550与PBT表面作用力加强，界面能降低，在PBT基体中能够均匀分散，且与PBT有较好的相容性，因此使PBT/GS-KH550复合材料的缺口冲击强度提高。

（4）效果 采用溶液共混法制备聚对苯二甲酸丁二醇酯（PBT）/石墨烯（GS）复合材料和PBT/表面功能化石墨烯（GS-KH550）复合材料，并对PBT、PBT/GS复合材料、PBT/GS-KH550复合材料的性能进行研究。结果表明，GS和GS-KH550的加入均使PBT的熔融温度和结晶温度均略有升高，促进了PBT的结晶，PBT的结晶度和晶粒尺寸略有增加，使结晶更完善，但并未改变PBT结晶的类型；PBT/GS-KH550复合材料的缺口冲击强度有明显的提高，添加0.2%（质量分数，下同）GS-KH550时，PBT/GS-KH550复合材料的缺口冲击强度达到14.8J/m。

3. *石墨烯与次磷酸铝改性PBT*

（1）原材料与配方（质量份）

PBT	80～100	次磷酸铝（AHP）	15～20
石墨烯（RGO）	0.5～5.0	其他助剂	适量

（2）制备方法

1）AHP的制备：将25.44g $NaH_2PO_2 \cdot H_2O$ 溶于30mL蒸馏水中，置于三颈瓶，水浴温度为50℃，搅拌至溶液澄清，升温至87℃；0.5h后，将19.27g $AlCl_3 \cdot 6H_2O$ 溶于30mL蒸馏水，然后用恒压滴液漏斗缓慢将其加入三颈瓶中，此时有白色沉淀生成，1h后抽滤，经水洗、乙醇洗涤后，放入烘箱烘干备用。

2）RGO的制备：氧化石墨烯（GO）的制备按有关文献进行；量取400mL浓度为0.5mg/mL的GO溶液，放入500mL的水热反应釜中，将反应釜移入鼓风烘箱，设置烘箱的反应温度为180℃，反应时间为3h；反应停止后将其冷却至室温，进行抽滤得到黑色滤饼，留下的滤饼依次用蒸馏水、无水乙醇冲洗，最后将得到的物质放入60℃的真空烘箱干燥，得到片层的RGO。

3）阻燃样品的制备：将 AHP、RGO 和 PBT 在真空干燥箱中于 80℃隔夜干燥，备用；将干燥的 AHP、RGO 和 PBT 按一定的比例混合均匀，PBT/AHP/RGO 质量比分别为 100/0/0、80/20/0、80/19.5/0.5、80/19.0/1.0、80/17.0/3.0、80/15.0/5.0，在微型锥形双螺杆挤出机上挤出、造粒，机筒一的温度为 250℃，机筒二的温度为 250℃；在微型注射机上将制得的粒料注射成测量所需要的标准样条，注射压力为 0.5MPa，熔炉温度为 250℃，模具温度为 40℃。

（3）性能　该类复合材料的阻燃性能、TG 和 DTG 数据见表 5-131 和表 5-132。

表 5-131　PBT 样品的阻燃性能

样品编号	组分含量（%）			阻燃性能			
	PBT	AHP	RGO	极限氧指数（%）	UL94（3.2mm）		
					滴落	$t_1/t_2$①	等级
1#	100	—	—	21.8	是	—②	无
2#	80	20.0	—	25.4	否	5.3/19.1	V-1
3#	80	19.5	0.5	24.5	否	2.1/6.2	V-0
4#	80	19.0	1.0	23.6	否	3.0/4.3	V-0
5#	80	17.0	3.0	23.2	否	3.0/6.5	V-0
6#	80	15.0	5.0	23.0	否	4.0/5.6	V-0

①　t_1—第一次点火后的平均燃烧时间；t_2—第二次点火后的平均燃烧时间。

②　燃烧到夹具。

表 5-132　阻燃样品的 TG 和 DTG 数据

样品编号	$T_{-5\%}$/℃	T_{max}/℃	R_{max}/%·min^{-1}	750℃残炭量（%）
1#	380.8	397.4	26.8	5.5
2#	348.3	392.4	20.2	18.9
3#	339.9	382.5	21.3	20.7
6#	344.5	387.5	22.6	21.2

注：$T_{-5\%}$—样品质量损失为 5% 时所对应的温度；T_{max}—最大失重速率温度；R_{max}—最大失重速率。

（4）效果

1）将 AHP 和 RGO 以一定的比例混合添加到 PBT 中，当 RGO 的含量为 0.5% 时，样品体现出了较好的阻燃性能，极限氧指数达到 24.5%，随着 RGO 含量的进一步增大，虽然极限氧指数在一定程度上有下降的趋势，但是添加 RGO 的阻燃 PBT 样品的 UL94 均能达到 V-0 级。

2）适量 RGO 的加入可以促使样品燃烧时在残炭外表面形成较多峰窝状的囊泡，有效隔离热量的进入，抑制小分子的逸出，改善材料的阻燃性能。

（六）功能改性

1. AlPi 与 MPP 协同阻燃改性 PBT

（1）原材料与配方（质量份）

PBT	85	二乙基次磷酸铝（AlPi）	5~10
三聚氰胺聚磷酸盐（MPP）	5~10	其他助剂	适量

（2）无卤阻燃PBT的制备

将PBT、AlPi和MPP在120℃鼓风干燥烘箱中干燥6h，将干燥好的原料分别按配方加入密炼机中于250℃混合8min，密炼机转速为60r/min。将取出的料于245℃平板硫化机中模压成用于燃烧试验的标准样条，压力10MPa，热压时间4min，冷压时间3min。

（3）性能

1）表5-133中列出了PBT中添加AlPi和MPP的燃烧试验结果。

表5-133 PBT和阻燃PBT的极限氧指数（LOI）和UL94垂直燃烧结果

编号	组分	质量比	LOI（%）	阻燃级别	火焰滴落情况	
					第1次	第2次
1	纯PBT		20	NR	有	有
2	PBT/AlPi	90/10	30	V-2	无	有
3	PBT/AlPi	85/15	39	V-1	无	有
4	PBT/AlPi	80/20	41	V-0	无	无
5	PBT/MPP	95/5	21	NR	有	有
6	PBT/MPP	90/10	21	NR	有	有
7	PBT/MPP	85/15	22	NR	有	有
8	PBT/MPP	80/20	22	NR	有	有
9	PBT/AlPi/MPP	85.0/7.5/7.5	28	V-2	无	有
10	PBT/AlPi/MPP	85/10/5	31	V-0	无	无
11	PBT/AlPi/MPP	85/5/10	24	NR	有	有

注：NR为未达阻燃级别。

2）表5-134为PBT及阻燃PBT的TGA数据。

表5-134 PBT及阻燃PBT材料的TGA数据

试样编号	初始分解温度/℃	最大分解温度/℃	最大失重速率/% · min^{-1}	残炭质量分数①（%）
1	369	398	24.9	5.7
3	363	393	23.6	9.0
7	362	401	28.4	6.3
10	352	387	18.7	12.8

① 指850℃时的残炭质量分数。

（4）效果

1）AlPi和MPP复配（质量比为2:1）阻燃PBT时，阻燃PBT有较好的阻燃性能，LOI达31%，并通过UL94 V-0级。

2）TG和DTG分析结果表明，添加复配阻燃体系后，由于AlPi与MPP相互作用阻燃PBT的初始分解温度下降了17℃，热失重速率也有所降低，而残炭量却有所增加。

3）SEM分析结果表明，添加复配阻燃体系比添加单一阻燃剂更容易形成致密连续的炭层，起到隔热隔氧的作用，从而达到更好的阻燃效果。

2. DOPOMB阻燃改性PBT

（1）原材料与配方（质量份）

PBT	100	DOPOMB①	15
分散剂	2~3	润滑剂	1~2
其他助剂	适量		

① 以9，10-二氢-9-氧杂-10-磷杂菲-10-氧化物（DOPO）、顺丁烯二酸酐（MAH）和正丁醇（BA）为原料合成新型DOPO衍生物2-(6-氧-6H-二苯并［c，e］［1，2］氧杂磷菲-6-基)-丁二酸二丁酯（DOPOMB）。

（2）制备方法

1）DOPOMB的合成。在装有磁力搅拌、冷凝器、温度计和氮气导管的四口烧瓶中，加入108.0g（0.5mol）DOPO，150mL甲苯，开启搅拌，在氮气保护的情况下，升温到100℃，将58.0g（0.5mol）MAH分多次在1h内加入四口烧瓶中，随后升高到回流温度反应8h，待反应完全后冷却到室温，过滤，用四氢呋喃重结晶，100℃真空干燥8h，得DOPOMB白色粉末。熔点为201.6~204.3℃，收率为86.7%。

在装有温度计、冷凝器、分水器和磁力搅拌的三口瓶中加入83.0g（0.25mol）DOPOMB，37.0g（0.5mol）正丁醇，100mL甲苯和6.0g对甲苯磺酸，回流反应6h，冷却至室温，用10%的碳酸钠中和，分去水层，旋转蒸发出溶剂后，得浅黄色黏稠液体，经甲苯重结晶得白色固体粉末（收率为71.7%），熔点为187.3~191.2℃。其合成路线如图5-10所示。

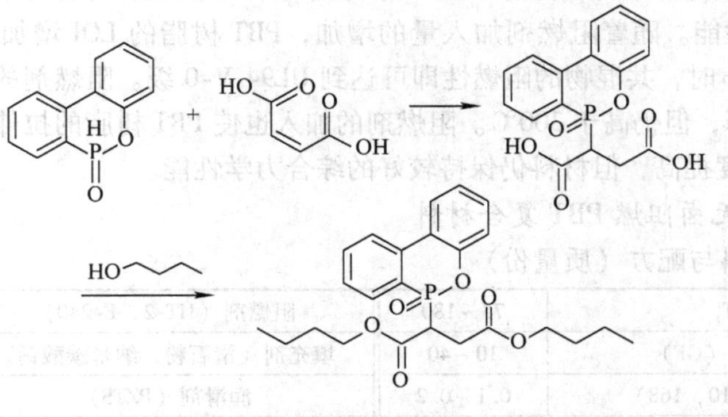

图5-10 DOPOMB的合成路线

2）PBT/DOPOMB共混物的制备。待PBT和DOPOMB在110℃真空干燥8h，并按一定的配比充分混合后加入双螺杆挤出机中熔融共混，挤出造粒。螺杆直径为35mm，长径比为32，螺杆转速为150r/min，加工温度为200~250℃。

将PBT/DOPOMB挤出粒料在110℃真空干燥6h，加入注射机中注射成标准试样，注射温度210~250℃，模具温度30℃。

(3) 性能

从表5-135中可以看出，随着DOPOMB含量的增加，材料的LOI值不断增大，从纯PBT的20.8%增加到28.6%，共混物变得极难燃烧。

表5-135　PBT/DOPOMB共混物的阻燃性能

试样	DOPOMB质量分数（%）	LOI（%）	UL94等级	滴落情况
PBT	0	20.8	HB	有
PBT-5	5	24.3	V-2	有
PBT-10	10	25.7	V-1	有
PBT-15	15	27.9	V-0	无
PBT-20	20	28.6	V-0	无

PBT/DOPOMB共混物的力学性能见表5-136。

表5-136　PBT/DOPOMB共混物的力学性能

试样	拉伸强度/MPa	弯曲强度/MPa	冲击强度/kJ·m^{-2}
PBT	59	73	6.1
PBT-5	56	69	6.7
PBT-10	53	63	7.5
PBT-15	51	58	7.8
PBT-20	47	49	7.9

(4) 效果　合成了一种新型DOPO基非反应型阻燃剂（DOPOMB），通过红外光谱、核磁分析表征了合成产物的结构；并将其与PBT共混，考察了共混物的阻燃性、热性能和力学性能。随着阻燃剂加入量的增加，PBT树脂的LOI增加；当DOPOMB的质量分数为15%时，共混物的阻燃性即可达到UL94 V-0级。阻燃剂的加入使材料的初始分解温度下降，但仍高于300℃。阻燃剂的加入也使PBT树脂的拉伸强度和弯曲强度下降，冲击强度提高，但材料仍保持较好的综合力学性能。

3. 高性能无卤阻燃PBT复合材料

(1) 原材料与配方（质量份）

PBT	75~180	阻燃剂（HT-2，F-240）	20~25
玻璃纤维（GF）	10~40	填充剂（滑石粉，纳米碳酸钙）	2~5
抗氧剂（1010，168）	0.1~0.2	润滑剂（PZTS）	0.5~1.0
润滑剂（OPE蜡）	0.2~0.5	其他助剂	适量

(2) 制备方法　将PBT原材料于120℃的烘箱里烘3h控制水分含量$<0.05\%$待用，将阻燃剂、抗氧剂以及其他添加剂上高混机混配，经双螺杆挤出，干燥制样，测试。挤出温度为210~220℃。将粒料采用注射机制作成标准试样，注射工艺：料筒温度为210~245℃，注射时间为15s，保压时间为5s，冷却时间为10s。

(3) 性能　各配方组分的影响见表5-137~表5-141。

表 5-137　阻燃剂对 PBT 性能的影响

序号	0#	1#	2#
PBT	100	80	75
HT-2	—	20	—
F-240	—	—	25
1010	—	0.1	0.1
168	—	0.2	0.2
阻燃级别（1.6mm）	HB	V-0	V-0
拉伸强度/MPa	55	32.3	30.4
冲击强度/(kJ/m²)	7.0	4.3	3.8
弯曲强度/MPa	82	68.4	59.3
熔体质量流动速率/[g/(10min)]	43	32.1	28.4

表 5-138　玻璃纤维对 PBT 复合材料性能的影响

编号	PBT 含量(%)	GF 含量(%)	阻燃剂含量(%)	阻燃级别 UL94	缺口冲击强度/(kJ/m²)	拉伸强度/MPa	弯曲强度/MPa	熔体质量流动速率/[g/(10min)]	表观
3#	78	0	22	V-0	4.3	32.3	68.4	32.1	一般
4#	70	10	20	V-0	5.9	50.5	95.7	21.8	稍微粗糙
5#	63	20	17	V-0	6.7	90.3	131.8	17.9	稍微粗糙
6#	53	30	17	V-0	8.1	110.5	145.1	15.1	明显粗糙
7#	44	40	16	V-0	7.7	122.4	155.6	7.2	很粗糙

表 5-139　填充剂对阻燃 PBT 的性能的影响

编号	PBT 含量(%)	GF 含量(%)	阻燃剂含量(%)	碳酸钙含量(%)	滑石粉含量(%)	阻燃级别(1.6mm)	缺口冲击强度/(kJ/m²)	拉伸强度/MPa	弯曲强度/MPa	熔体质量流动速率/[g/(10min)]
8#	51	30	17	2	—	V-0	7.4	111.2	146.9	13.3
9#	50	30	17	3	—	V-0	7.3	112.2	146.5	12.5
10#	48	30	17	5	—	V-1	7.1	108.9	145.1	11.7
11#	50	30	17	—	3	V-0	8.6	113.2	147.3	13.7
12#	50	30	16	—	4	V-0	9.2	121.5	150.2	13.2

表 5-140　润滑剂对玻璃纤维增强 PBT 复合体系力学性能影响

编号	PBT 含量(%)	GF 含量(%)	滑石粉含量(%)	阻燃剂含量(%)	PETS 含量(%)	OPE 蜡含量(%)	阻燃级别 UL94	缺口冲击强度/(kJ/m²)	拉伸强度/MPa	弯曲强度/MPa	熔体质量流动速率/[g/(10min)]	表观
13#	50	30	4	16	0.5	—	V-0	9.2	119.2	151.9	15.3	一般
14#	50	30	4	16	—	0.2	V-0	9.3	120.1	150.5	14.7	较好
15#	50	30	4	16	1.0	—	V-0	9.8	120.3	152.7	16.5	较好
16#	50	30	4	16	—	0.5	V-0	10.2	121.6	153.9	16.7	好

表 5-141　阻燃 PBT 材料的性能对比

无卤阻燃 PBT	冲击强度/(kJ/m²)	拉伸强度/MPa	弯曲强度/MPa	熔体质量流动速率/[g/(10min)]
16#（G30）（本材料）	10.2	121.6	153.9	16.7
深圳亚塑 7752G30	8.0	110.8	145.6	11.6
日本东丽 EC44G30	9.1	120	150	13.8

（4）效果

1）磷氮系无卤阻燃剂 HT-2 的阻燃效果优于磷酸盐系无卤阻燃剂 F-240，且不影响阻燃材料的着色功能。

2）滑石粉与 PBT 基体树脂具有良好的相容性，可均匀分散，既能有效地提高复合材料的力学性能，又降低了材料的成本，增强市场竞争力。

3）润滑剂 OPE 蜡优于 PETS，能有效改善玻璃纤维增强 PBT 的表观性能，进而降低熔体对料筒的摩擦力，降低能效，提高生产效率。

4）在玻璃纤维添加量（质量分数 30%）相同的情况下，研制的无卤阻燃 PBT 复合材料的力学性能优于国外（日本东丽）同类产品。

4. PPS/二乙基次磷酸铝协同阻燃改性玻璃纤维增强 PBT

（1）原材料与配方（质量份）

编号	PBT	PPS	ALDP	AX8900	其他助剂	GF
1#	52	0	15	2.2	0.8	30
2#	47	5	15	2.2	0.8	30
3#	42	10	15	2.2	0.8	30
4#	37	15	15	2.2	0.8	30
5#	32	20	15	2.2	0.8	30

注：ALDP—二乙基次磷酸铝；AX8900—乙烯-丙烯酸甲酯-甲基丙烯甲酯共聚物；GF—玻璃纤维。

（2）制备方法　将干燥好的 PBT、PPS、ALDP、AX8900 与其他助剂按配方混合均匀，GF 通过玻璃纤维口加入，在双螺杆挤出机中熔融挤出造粒，挤出温度为 240～270℃，螺杆转速为 350r/min。切粒后的材料经干燥处理后，注射成标准测试试样，注射温度为 250～270℃。

（3）性能

1）阻燃 GF 增强 PBT 的垂直燃烧测试结果见表 5-142。

表 5-142　阻燃 GF 增强 PBT 的垂直燃烧测试结果

试样编号	第 1 次燃烧平均时间/s	第 2 次燃烧平均时间/s	是否有滴落物/是否引燃脱脂棉	UL94 等级(1.6mm)
1#	2.8	28.6	有/否	V-1
2#	2.3	15.4	否/否	V-1
3#	1.8	6.5	否/否	V-0
4#	2.1	2.8	否/否	V-0
5#	1.3	1.6	否/否	V-0

2）阻燃 GF 增强 PBT 的力学性能见表 5-143。

表 5-143　阻燃 GF 增强 PBT 的力学性能

试样编号	拉伸强度/MPa	弯曲强度/MPa	缺口冲击强度/kJ · m^{-2}	热变形温度/℃
1#	102.8	154.5	7.8	204.6
2#	99.2	151.1	7.5	208.5
3#	97.6	149.1	7.3	210.2
4#	96.8	142.7	7.0	212.7
5#	99.6	154.6	7.4	214.3

（4）效果

1）PPS 与 ALDP 具有明显的协同阻燃效果，当 PPS、ALDP 的质量分数分别为 10%、15%时，可使 GF 增强 PBT 的阻燃等级达到 UL94 V-0（1.6mm）级。

2）GF 增强 PBT 的力学性能随 PPS 用量的增加呈现先下降后上升的趋势，而热变形温度逐渐升高。当 PPS、ALDP 的质量分数分别为 10%、15%时，阻燃 GF 增强 PBT 的拉伸强度、弯曲强度、缺口冲击强度和热变形温度分别为 97.6MPa、149.1MPa、7.3kJ/m^2 和 210.2℃。

3）TG 测试表明，PPS 明显提高了 GF 增强 PBT 的热分解温度和高温残留率，降低了材料的最大质量变化速率。当 PPS、ALDP 的质量分数分别为 10%、15%时，阻燃 GF 增强 PBT 的 $T_{50\%}$ 为 513.5℃，700℃时的残留率为 42.08%，最大质量变化速率为 9.53%/min。

4）SEM 分析表明，PPS 与 ALDP 复配阻燃 GF 增强 PBT 的残炭结构致密，有效隔绝可燃性气体和热量的传递，提高了体系的阻燃性。

5. *次磷酸铝/磷腈衍生物协效阻燃改性 PBT*

（1）原材料与配方（质量份）

PBT	100	次磷酸铝（AHP）/六对醛基苯氧基环三磷腈（HAPCP）	16
抗滴落剂（SN3300）	1～2	其他助剂	适量

（2）制备方法　将 AHP 和 HAPCP 在高速粉碎机中以不同质量比混合均匀后，再与 PBT 颗粒进行混合（其中抗滴落剂用量固定为 0.1%），用双螺杆挤出机混炼、造粒，最后用注射机注塑成标准测试样条。

（3）性能

1）AHP 单独用于阻燃 PBT 时的极限氧指数（LOI）和垂直燃烧测试结果见表5-144。

表 5-144　PBT/AHP 材料的 LOI 和 UL94 测试数据

AHP 用量（%）	LOI（%）	熔滴	UL94（3.2mm）
0	19.5	有	—
14	23.5	无	V-1

（续）

AHP 用量（%）	LOI（%）	熔滴	UL94（3.2mm）
16	23.7	无	V-1
18	23.8	无	V-0
20	24.3	无	V-0

2）从表5-145中可以看出，当单独添加HAPCP到PBT中时，未通过垂直燃烧测试，仅LOI值略有提高；只添加AHP时，PBT/AHP材料只能通过UL 94V-1测试，LOI为23.7%。

表5-145　不同质量比的PBT/AHP/HAPCP体系的LOI和UL94测试数据

AHP/HAPCP	阻燃剂用量（%）	LOI（%）	熔滴	UL94（3.2mm）
0/1	16	22.5	无	—
5/1	16	23.3	无	V-1
10/1	16	24.7	无	V-1
15/1	16	25.3	无	V-0
20/1	16	25.0	无	V-0
1/0	16	23.7	无	V-1

3）不同阻燃剂用量的PBT/AHP/HAPCP材料的阻燃性能测结果见表5-146。

表5-146　不同阻燃剂用量的PBT/AHP/HAPCP的LOI和UL94测试数据

阻燃剂用量（%）	AHP/HAPCP	LOI/%	熔滴	UL94（3.2mm）
14	15/1	23.5	无	V-2
15	15/1	23.7	无	V-1
16	15/1	25.3	无	V-0
17	15/1	25.5	无	V-0

（4）效果　在阻燃PBT中，AHP和HAPCP具有协效阻燃作用，且AHP和HAPCP复配后提高了AHP在PBT中的阻燃效率。当两者的质量比为15∶1，总用量为16%时，PBT/AHP/HAPCP体系能顺利通过UL94V-0测试，LOI值达到25.3%。同时，阻燃剂的加入提高了材料的成炭性和高温下的热稳定性。

6. 磷-氮阻燃剂改性抗静电PBT

（1）原材料与配方（质量份）

样品编号	PBT 含量	AlPi 含量	MPP 含量	CB 含量
1#	100	0	0	0
2#	100	10	5	0
3#	100	10	5	3
4#	100	10	5	5
5#	100	10	5	8
6#	100	10	5	10

（续）

样品编号	PBT含量	AlPi含量	MPP含量	CB含量
7#	100	10	5	12
8#	100	10	5	15
9#	100	10	5	18
10#	100	10	5	20

注：AlPi—二乙基次磷酸铝；MPP—三聚氰胺次磷酸盐；CB—炭黑。

（2）制备方法　将PBT粒料、AlPi、MPP和CB按照给出的配比，在100℃真空烘箱中烘干12h以上，将PBT、AlPi和MPP以一定的配比通过双螺杆挤出机进行挤出造粒，制备阻燃母粒；再将制得的阻燃母粒和CB以一定的配比放入密炼机中混炼10min，混炼温度为250℃，转速为60r/min；将混炼制得的料用平板硫化机在250℃、10MPa的压力下压制成型。

（3）性能

不同组分的PBT阻燃抗静电材料的垂直燃烧和极限氧指数试验结果见表5-147。

表5-147　不同组分的PBT阻燃抗静电材料的燃烧性能对比

PBT/AlPi/MPP/CB	极限氧指数（%）	UL94等级
100/0/0/0	20	—
100/10/5/0	26	V-0
100/10/5/5	25	V-0
100/10/5/10	26	V-0
100/10/5/15	30	V-0
100/10/5/20	31	V-0

随着CB填充量的增加阻燃抗静电PBT材料体积电阻率的变化见表5-148。

表5-148　不同组分的PBT阻燃抗静电材料的体积电阻率

PBT/AlPi/MPP/CB	体积电阻率/Ω·cm	PBT/AlPi/MPP/CB	体积电阻率/Ω·cm
100/0/0/0	2.1133×10^{13}	100/10/5/10	2.3403×10^{7}
100/10/5/0	2.3451×10^{12}	100/10/5/12	1.4078×10^{6}
100/10/5/3	4.1398×10^{10}	100/10/5/15	6.5865×10^{5}
100/10/5/5	4.9014×10^{9}	100/10/5/18	1.3625×10^{5}
100/10/5/8	1.5617×10^{9}	100/10/5/20	8.2217×10^{4}

（4）PBT阻燃抗静电材料的TG数据见表5-149。

表5-149　PBT阻燃抗静电材料的TG数据

PBT/AlPi/MPP/CB	初始分解温度/℃	最大分解温度/℃	最大失重速率/%·min^{-1}	残炭率（%）
100/0/0/0	368.4	397.6	24.8	6.2
100/10/5/0	357.4	399.7	23.7	8.2
100/10/5/5	355.1	400.2	21.2	10.6

（续）

PBT/AlPi /MPP/CB	初始分解温度/℃	最大分解温度/℃	最大失重速率/% · min^{-1}	残炭率（%）
100/10/5/10	352.1	401.0	17.4	16.9
100/10/5/15	352.3	400.4	15.5	21.9
100/10/5/20	349.5	399.1	14.4	26.0

（5）效果

1）AlPi 和 MPP 协同阻燃剂对制备的阻燃 PBT 材料有较好的阻燃性，且材料中加入 CB 对复合材料的燃烧性能没有明显的影响，当 100 份的 PBT 中加入 10 分 AlPi、5 份 MPP 和 20 份 CB 时，材料的极限氧指数为 31%，UL94 阻燃级别为 V-0 级。

2）复合材料的体积电阻率随着抗静电填料 CB 的增加呈下降的趋势，抗静电剂组分的阈值为 12 份；且 CB 在 PBT 中的分散性良好，并未出现明显的团聚现象。

3）添加 AlPi 和 MPP 协同阻燃剂后，复合材料的初始分解温度降低了 11℃，残炭率增加了 2%；当材料中加入 CB 后，复合材料的初始分解温度和最大失重速率随着 CB 含量的增加而降低，而残炭率呈逐渐增大的趋势。

三、加工与应用

（一）车灯装饰圈用 PBT/PET 合金的成型加工与应用

1. PBT/PET 合金制品设计

（1）制品壁厚　PBT/PET 车灯料标准壁厚推荐值为 0.8～3mm，并尽可能使壁厚均一，不可避免的壁厚差异应控制在 25% 以内，防止壁厚差异过大引起局部应力集中。若壁厚太薄，易因射压过高引起残余应力或短射缺料现象。壁厚太厚，易因收缩较大引起表面凹陷、冷却时间过长后收缩过大影响尺寸稳定性等缺陷。

（2）倒角　PBE/PET 合金虽然耐温较高，但比起聚碳酸酯（PC）的冲击强度较低，制品卡扣、螺柱等直角转弯部位容易发生断裂、开裂等现象，所以制品设计时要考虑在转角及螺柱根部设计倒角，避免应力集中。制品圆角半径 R 与应力集中的关系如图 5-11 所示。从图中可以看出，拐角处的应力随圆角半径的增大而迅速减小，而后趋于稳定。所以，圆角半径应大于壁厚 h 的 50% 或更多，以便降低应力集中现象。转角部设计以壁厚均匀为最佳，其内部倒角以 $0.5T$ 为宜，外部倒角以 $1.5T$ 为宜。其中，T 为制品料厚。

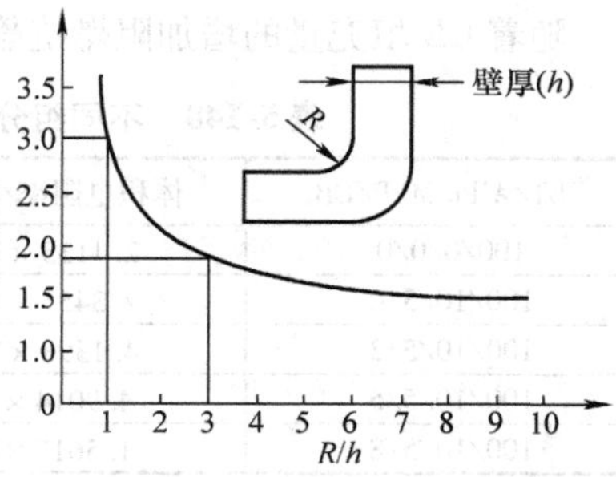

图 5-11　制品圆角半径对应力的影响

2. 原料的干燥

（1）干燥条件　通常情况下，PBT/PET 树脂在储存运输过程中会吸收空气中的水分，其吸水率随空气湿度变化而变化，一般为 0.2%～0.5%。含有较多水分的 PBT/PET 在高温下会迅速水解发生酯交换反应，使其性能大大降低。所以，为了成型出更优质的产品，PBT/PET 在成型加工前必须进行充分干燥，使材料含水量降至 0.05% 以下，以提高材料的加工稳定性能和力学性能。

PBT/PET 干燥时间与含水率的关系见图 5-12所示。由图 5-12 可看出，对同一种材料，如果原始含水率高，则需更长的干燥时间，使其原始含水率降低。通常情况下，PBT/PET 合金干燥温度为 100～130℃，干燥时间为 4～6h，可以达到所要求的含水率。具体干燥时间与使用的干燥设备有关，但最长累积干燥时间最好不要超过 10h，否则材料有降解变色的可能。

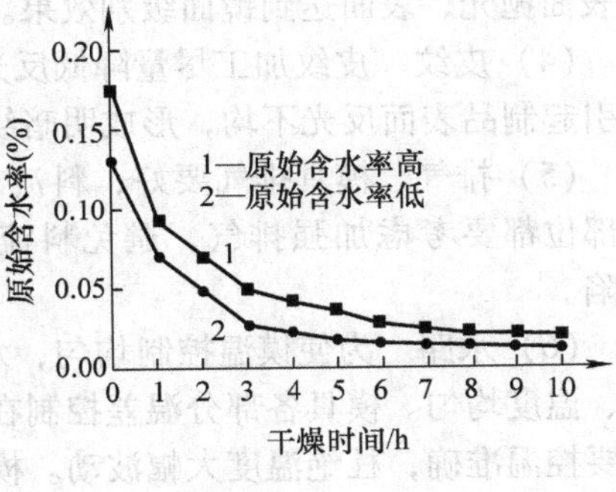

图 5-12　PBT/PET 合金干燥时间与含水率的关系（120℃温度下干燥）

（2）干燥设备　常用的干燥设备有三种：箱式干燥机、料斗式干燥机和除湿干燥机。用箱式干燥机时，应将树脂铺在托盘上，厚度为 25mm 左右，不宜过厚。对于大颗粒（回用料）或矿物、纤维填充料，干燥时间应增加到 5h 以上。使用料斗式干燥机时，加入的材料要大于料斗容量 50% 而小于 80%，以确保足够的热风阻力和干燥效率，同时要监控出风量和出风口温度，进风口和出风口的温差控制在 20℃ 以内。料斗的容量必须确保材料干燥时间达到 4～6h。除湿干燥机的干燥效果最好，PBT/PET 合金推荐使用除湿干燥机，此时除注意干燥温度、干燥时间和风量外，还必须控制好露点，露点最好为 -40℃ 以下，这样才能确保干燥效果最佳。

3. 模具设计与保养

（1）分型面　因为 PBT/PET 合金流动性好，故模具分型面设计要合理，加工精度、模具刚性要高，模板平直度要好，各活动部件装配精度要高，否则易产生飞边。

（2）浇口　PBT/PET 合金车灯料熔点较高，熔体注入模具后浇口冷凝较快，为了达到较好的浇口补缩效果，一般推荐以宽大的扇形侧浇口为宜。浇口尽量设计在产品的“肉厚”处，同时考虑流动平衡，浇口厚度大于产品壁厚的 70% 以上。浇口尺寸与制件壁厚的关系如图 5-13 所示。

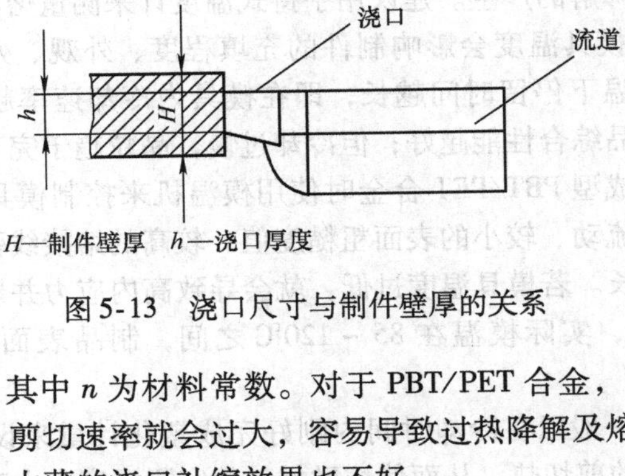

图 5-13　浇口尺寸与制件壁厚的关系

浇口厚度 $h \geqslant nH$。其中 n 为材料常数。对于 PBT/PET 合金，可取 $n \geqslant 0.7$。浇口太小或进胶处型腔太薄，剪切速率就会过大，容易导致过热降解及熔体破裂，产生浇口附近银丝、雾斑等缺陷；太薄的浇口补缩效果也不好。

（3）模具抛光　因为车灯制品为光学部件，模具表面要求镜面抛光，表面粗糙度要达到 $Ra0.25\mu m$。模具钢材要用具有较好抛光性能的钢材，如 2343ESR，在无尘室进行表面抛光，表面达到镜面级别效果。

（4）皮纹　皮纹加工尽量降低反光度并使其尽量均匀，否则易产生局部平面反射，会引起制品表面反光不均，形成明暗纹等影响光学效果。

（5）排气　模具排气要好，料流末端、拐角处、熔合线等位置容易产生排气不良的部位都要考虑加强排气，避免料流流动受阻而产生迟滞痕、较粗的熔接线等明显缺陷。

（6）水路　为使模温控制均匀，水路设计一定要合理，必须保证模具整体模温受控、温度均匀。模具各部分温差控制在5℃以内。模仁各滑块必须通水路。热流道、模温要控温准确，杜绝温度大幅波动。模具温度控制主要是让塑料熔体在模具内能够快速均匀流动，否则较容易导致产生皮纹面的阴暗纹或流痕。

（7）运动机构　滑块、导柱、抽芯机构、顶针等滑动部件要使用耐磨钢材，防止反复运动产生金属碎屑污染模具，影响制品表面光学效果。

（8）保养　模具要定期保养，建议定期 2000～3000 模用钻石膏（28000#）小保养，每 6000～9000 模进行大保养（清理料屑，表面在无尘室进行精抛光）。

4. 注射工艺

注射成型工艺参数是指和温度、速度、位置、压力及时间有关的参数。实际成型中应综合考虑，要在能保证制品的质量（如外观、尺寸精度、机械强度和成型效率）的基础上来合理设定各工艺参数。

（1）清机　AS、PBT 和 PC，都是 PBT/PET 的较好清洗剂。可以先用上述料初步清洗螺杆料筒，待料筒初步清理干净后，再换用 PBT 或 PET 清洗。料筒可在高于 PBT/PET 的加工温度下清洗，然后应逐渐降低到合适的注射温度。

（2）成型温度　PBT/PET 合金加工温度一般为 230～265℃，极限最高温度不要超过 280℃。成型温度的设定是以确保 PBT/PET 合金充分塑化为基准的，应尽量使用低温区域，以防止材料降解。成型温度提高会明显地降低 PBT/PET 合金的黏度，增强熔体的流动性，使流动距离变长。原则上，当使用建议的成型温度上限时，应使熔胶滞留时间尽可能短，以减少降解的产生。建议用手持式温度计来测量熔融材料的实际温度。

（3）模具温度　模具温度会影响制件的充填程度、外观、残余应力大小等。理论研究表明，制品在高温下停留时间越长，即在模具内冷却速率越慢，制品的结晶度越高、晶型越完整，制品综合性能越好；但冷却过慢，晶粒趋于完善而粗大，反而会使制品脆性增大。建议在成型 PBT/PET 合金时使用模温机来控制模具温度，较高的模具温度往往会产生良好的流动、较小的表面粗糙度值、较高的熔接线强度、较小的产品内应力，但成型周期会延长。若模具温度过低，就会导致高内应力并影响制件的最佳性能和表面光泽。经验表明，实际模温在 85～120℃ 之间，制品表面光泽较好，各项性能均衡。

（4）螺杆转速　一般以在冷却时间内刚好完成塑化计量来设定螺杆转速。过高的螺杆转速会导致过大的剪切热，从而使熔融材料的实际温度大大高于设定温度，就有可能导致材料降解。螺杆的转速与螺杆的外径有关，PBT/PET合金建议最佳螺杆线速度为200mm/s。

螺杆转速与螺杆直径的关系如图5-14所示。

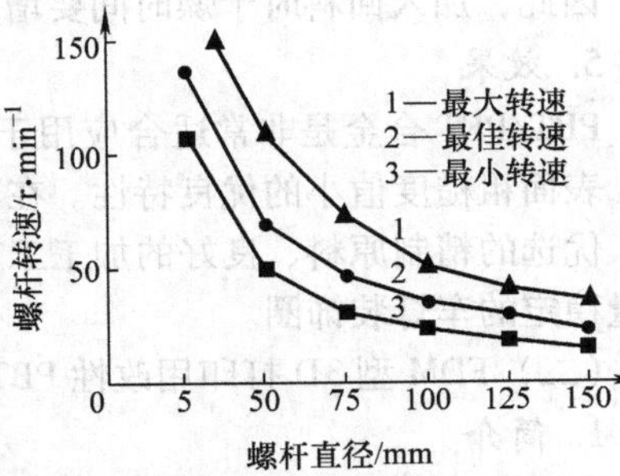

图5-14　螺杆转速与螺杆直径的关系

控制螺杆转速的目的是控制螺杆螺楞的最大线速度不要过大，防止剪切过强造成原料过热降解。理论上直径越大设定的塑化转速应该越小。

（5）塑化背压　背压的作用是提高材料的塑化质量、使熔体更密实及排出熔胶中的气体。背压的调校应视原料的性能、干燥情况、产品结构及质量状况而定，PBT/PET的背压一般调校在0～0.1MPa。过高的背压，会导致喷嘴流涎。当产品表面有少许银丝、混色、缩水及产品尺寸质量变化较大时，可适当增加背压；当射嘴出现漏胶、流涎、材料过热分解、产品变色及塑化太慢时可考虑适当减低背压。

（6）螺杆松退　松退是指为了防止熔胶流延而设定的螺杆最小后退量，它可以降低料筒内的熔体压力。PBT/PET流动性好，容易喷嘴流涎，适当的松退可以防止流涎冷料进入模具。松退量与背压大小、射嘴结构和温度密切相关。背压较小时可以不设松退量；通常情况松退量设定为3～8mm。过大的松退量会使料筒内的熔料夹杂气体，严重影响制品质量。

（7）注射残余量　可通过残余量的余料垫来控制注射量的重复精度，达到稳定注射制品质量的目的。残余料量过小，则达不到缓冲的目的，易导致每次注射的质量不稳定，过大则会使熔胶受热时间变长而降解。通常建议残余量为10～15mm。

（8）注射速度　选择注射速度时，主要考虑制品的外观、模具的排气以及型腔内树脂流动的阻力。较快的注射速度适合充填薄壁制品，并形成较好的表面质量。过快的注射速度会产生强剪切导致材料降解，从而出现银丝、变色、分层和烧焦等不良现象，同时模具排气要特别通畅。慢速注射可以避免浇口白晕、喷射痕和流痕等缺陷。最好使用多段速度控制来满足制品不同部位形状的变化对注射速度的不同要求。

（9）保压时间　保压时间是根据浇口冷却固化时间设定的，通过渐渐延长保压时间来分别测定成型品的质量，当成型品质量不再变化时的时间即是要设定的合理保压时间。保压时间过短，制品质量不稳定，保压时间过长，浇口处会留下过大的内应力。制品质量随保压时间的变化关系如图5-15所示。

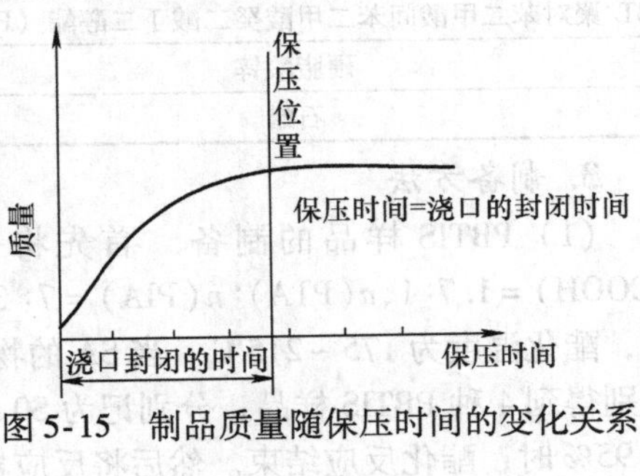

图5-15　制品质量随保压时间的变化关系

（10）回料的使用　如果允许使用回料，回料最高添加量应小于20%。回料要过筛去除粉屑，控制破碎颗粒的尺寸为5～8mm为佳。由于粉屑的比表面积大，吸收较多水分不易烘干，易导致降解产生制品银丝；同时粉屑受热易降解炭化，导致制品出现黑点。由于回料与纯颗粒的尺寸不同，水分扩散不同，因此，加入回料时干燥时间要增加。

5. 效果

PBT/PET 合金是非常适合应用于车灯装饰圈的优良工程塑料，具有高耐热、易加工、表面粗糙度值小的优良特性。在车灯饰圈的生产过程中，精良的制品设计与模具加工、优选的精制原料、良好的加工工艺控制三者密切配合，可以生产出具有良好功能和质量稳定的车灯装饰圈。

（二）FDM 型 3D 打印用改性 PBT 的加工与应用

1. 简介

3D 打印技术作为第三次工业革命的代表性技术之一，是一种基于三维 CAD 模型数据并通过材料逐层沉积的方式形成目标物体的技术。它可以简化产品的制造程序，缩短产品的研制周期，打印形状独特、结构复杂的几何体。熔融沉积打印（FDM）是一种最常用的 3D 打印技术，它采用热融喷头，使塑性材料经熔化后从喷头内挤压而出，并沉积在指定位置后固化成型。用于 FDM 型 3D 打印的材料必须是热塑性的，比如 PLA、ABS、PCL 等复合材料。由于玻璃化转变温度（T_g）和熔点（T_m）会影响材料挤出的难易程度、打印部件的热稳定性及其冷却收缩变形，因此打印材料应具有相对较低的 T_g 和合适的 T_m。此外，合适的黏度、结晶速率和足够的力学性能（刚度、强度、韧性等）是其能够自我支撑、层层沉积形成三维物体的必要条件。

PBT 作为一种常用的工程热塑性材料，具有良好的耐热性、耐化学性、电绝缘性、润滑性以及优异的力学性能，现已广泛应用于电子电气和汽车内饰领域。随着 PBT 消费的增长，对其性能也提出了更高的要求，所以目前对 PBT 的研究主要集中在改性方面。纯的 PBT 固化时间过短不适会 3D 打印，而且其悬梁缺口冲击强度较小，在负载条件下很容易发生断裂。为了解决上述问题，可用间苯二甲酸（PIA）和癸二酸（SA）代替部分对苯二甲酸（PTA），通过直接酯化和减压缩聚法制备了改性 PBT——对苯二甲酸间苯二甲酸癸二酸共聚酯（PBTIS）。用桌面拉丝挤出机将力学性能优良的 PBTIS 样品制成卷材，并用 3D 打印机打印出所设计的物件。

2. 原材料与配方（质量份）

PBT/聚对苯二甲酸间苯二甲酸癸二酸丁二醇酯（PBTIS）	100	其他助剂	适量
硬脂酸锌	0.3	邻苯二甲酸二（2-乙基）己酯	0.4
石蜡	0.5	滑石粉	0.3

3. 制备方法

（1）PBTIS 样品的制备　首先将一定量的 PTA、PIA、SA 和 BDO[n(OH)∶n(COOH)=1.7∶1，n(PTA)∶n(PIA)=7∶3]加入酯化反应器中，以钛酸四丁酯作为催化剂，酯化温度为 175～215℃。当 SA 的物质的量分别为总酸的 0、3%、5%、7% 时，可分别得到 4 种 PBTIS 样品，分别记为 S0、S3、S5 和 S7。当实际出水量达到理论出水量的 95% 时，酯化反应结束。然后将反应器迅速升温至 250～260℃ 并进行减压缩聚反应，反应压力为 50～100Pa。3h 后反应结束，在 N_2 保护下趁热出料可得 PBTIS。

（2）FDM型3D打印丝的制备　运用粉碎机将PBTIS样品研磨成细粉末，并加入硬脂酸锌（样品总质量的0.3%）作为热稳定剂，邻苯二甲酸二（2-乙基）己酯（样品总质量的0.4%）作为增塑剂，石蜡（样品总质量的0.5%）作为润滑剂，滑石粉（样品总质量的0.3%）作为无机矿物添加剂，送入料斗中加热到185℃，在螺杆的转动下以100mm/s的转动线速度、40mm/s的牵引速度和30mm/s的收卷速度挤出形成细丝，经水冷却固化，最后由牵引机拉动细丝收卷制得直径为3mm的FDM型3D打印丝。

4. 性能（见表5-150～表5-153）

表5-150　样品的分子量及其分布

样品	$M_w\times10^{-4}$	$M_n\times10^{-4}$	M_w/M_n	样品	$M_w\times10^{-4}$	$M_n\times10^{-4}$	M_w/M_n
S0	9.9	8.2	1.21	S5	9.8	7.2	1.35
S3	9.7	7.4	1.32	S7	9.7	7.0	1.37

表5-151　样品的熔点和玻璃化转变温度

样品	T_g/℃	T_m/℃	样品	T_g/℃	T_m/℃
S0	28.7	179.9	S5	17.3	174.2
S3	24.8	175.6	S7	15.3	171.8

表5-152　样品的流变性能

样品	MFR(185℃)/g·(10min)$^{-1}$	MFR(230℃)/g·(10min)$^{-1}$	黏度η(230℃)/Pa·s	样品	MFR(185℃)/g·(10min)$^{-1}$	MFR(230℃)/g·(10min)$^{-1}$	黏度η(230℃)/Pa·s
S0	7.2	40	100	S5	8.0	48	60
S3	7.8	45	80	S7	8.5	50	30

表5-153　样品的力学性能

样品	拉伸强度/MPa	弯曲强度/MPa	缺口冲击强度/kJ·m^{-2}	断裂伸长率（%）
S0	53.4	81.4	3.0	13.2
S3	54.3	82.4	5.1	22.4
S5	55.4	83.7	5.7	34.9
S7	44.8	72.8	6.4	64.3

5. 效果

采用核磁共振氢谱（H-NMR）、凝胶渗透色谱法（GPC）、差示扫描量热法（DSC）、黏度计和熔体仪、万能电子拉力机和冲击试验机分别研究了PBTIS的热性能、流变性能和力学性能。研究表明：当n（PTA）：n（PIA）=7：3，SA的物质的量分数为3%～5%时，PBTIS具有合适的熔点、良好的拉伸强度和弯曲强度及悬臂梁缺口冲击强度等力学性能。用桌面拉丝挤出机将PBTIS样品制成卷材并用3D打印机打印，结果表明其可以流畅地打印出所设计的三维物件。

（三）高灼热丝阻燃增强PA/PBT合金材料的加工与应用

1. 原材料与配方（质量份）

PA/PBT（60/40）	100	十溴二苯乙烷（DBDPE）	5～10
磷酸酯类阻燃剂（OP）	1～2	PTW增韧剂	6.0
无机阻燃剂	2～4	玻璃纤维	10～30
偶联剂	0.5～1.0	其他助剂	适量

2. 制备方法

将PBT、PA于120℃下干燥4h后，按照配比与其他助剂在高混机中混合均匀，然后经过双螺杆挤出机挤出、冷却、切粒，其中玻璃纤维在第三加料段通过加纤孔加入，得到阻燃增强PA6/PBT合金粒料。所得粒料烘干后在注射机上注射成标准的测试样条，注射温度为230～250℃。试样成型后在温度为（23±1）℃、湿度为（50±5）%的标准环境中放置24h后按标准测试。

3. 性能（见表5-154～表5-156）

表5-154　1#阻燃剂用量对阻燃增强PA6/PBT性能的影响

DBDPE质量分数（%）	拉伸强度/MPa	缺口冲击强度/kJ·m^{-2}	垂直燃烧等级	灼热丝时间/s
0	—	—	HB	—
7	105.3	11.3	V-0	18.5
9	103.2	10.7	V-0	13.3
11	95.2	9.8	V-0	9.5
13	87.3	8.8	V-0	5.3

表5-155　2#阻燃剂用量对阻燃增强PA6/PBT性能的影响

DBDPE质量分数（%）	OP质量分数（%）	拉伸强度/MPa	缺口冲击强度/kJ·m^{-2}	垂直燃烧等级	灼热丝时间/s
0	0	—	—	HB	—
5	1	90.5	7.3	V-1	7.5
6	1	85.2	6.1	V-0	5.1
7	1	82.1	5.9	V-0	3.3
6	2	78.6	5.5	V-0	0

表5-156　3#阻燃剂用量对阻燃增强PA6/PBT性能的影响

DBDPE质量分数（%）	无机阻燃剂质量分数（%）	拉伸强度/MPa	缺口冲击强度/kJ·m^{-2}	垂直燃烧等级	灼热丝时间/s
0	0	—	—	HB	—
8	2	95.5	10.2	V-0	4.3
10	2	89.2	9.3	V-0	2.9
10	3	87.1	8.9	V-0	0
9	4	88.6	9.8	V-0	0

4. 效果

1）DBDPE和OP或无机阻燃剂复配作为阻燃剂，对增强PA6/PBT的阻燃、灼热丝效果良好。

2）使用DBDPE/OP复配体系，对加工工艺要求较高，且价格较贵。

3）DBDPE、无机阻燃剂质量分数分别为9%、4%时，可使PA6/PBT合金达到UL94 V-0阻燃级别、750℃灼热丝时间小于2s，且力学性能较好、颜色稳定。

4）在PBT阻燃体系中添加部分PA6作为第二炭源，能使阻燃及灼热丝效果更佳。

5）阻燃增强PA6/PBT合金体系中加入PTW作为增韧剂，能有效改善体系的相容性和韧性。加入6%的PTW得到的合金综合性能最佳，使体系的缺口冲击强度达到

9.8kJ/m²，其他性能保持良好。

（四）抗黄变PBT节能灯专用料

1. 简介

PBT以优异的电性能、力学性能及良好的成型性能，在节能灯行业中应用极其广泛，灯头与玻璃灯管接触部分的温度可达160℃以上，普通的PBT材料很难达到要求，必须通过玻璃纤维增强PBT材料制备。然而，市面上节能灯在使用30天就变色，直接影响材料的阻燃性能以及外观颜色，因此开发耐高温、抗黄变的阻燃PBT节能灯材料具有重要的应用价值。

2. 原材料与配方（质量份）

编号	PBT	玻璃纤维	十溴联苯醚	Sb_2O_3	抗氧剂1010	抗氧剂168	抗氧剂626	光稳定剂327	光稳定剂770	光稳定剂622	其他
1#	60	20	12	6	0.1	0.2	—	—	—	—	适量
2#	60	20	12	6	0.1	—	0.2	—	—	—	适量
3#	60	20	12	6	0.1	0.2	0.2	—	—	—	适量
4#	60	20	12	6	0.1	0.2	0.2	0.2	0.4	—	适量
5#	60	20	12	6	0.1	0.2	0.2	0.2	—	0.3	适量
6#	60	20	12	6	0.1	0.2	0.2	0.2	0.4	0.3	适量

3. 制备方法

将PBT原材料于120℃的烘箱里烘3h控制含水量<0.05%待用，将阻燃剂、润滑剂以及其他添加剂按配比上高混机混配，然后加入酚类抗氧剂、亚磷酸酯类抗氧剂、光稳定剂以及紫外线吸收剂等助剂，混合均匀，在双螺杆挤出机中与玻璃纤维熔融挤出造粒，挤出温度为220～230℃。将粒料采用注射机制作标样，注射工艺：料筒温度为210～245℃，注射时间为15s，保压时间为5s，冷却时间为10s。

4. 性能（见表5-157～表5-159）

表5-157　抗氧剂体系对阻燃PBT材料颜色的影响

编号	抗氧剂体系	色差（24h）	色差（72h）	色差（120h）	色差（168h）
1#	1010/168	2.06	4.03	6.08	7.82
2#	1010/626	2.89	4.63	5.87	6.32
3#	1010/168/626	2.65	2.67	3.00	3.65

表5-158　复合稳定剂对阻燃PBT材料性能的影响

编号	冲击强度/(kJ/m²)	拉伸强度/MPa	色差	编号	冲击强度/(kJ/m²)	拉伸强度/MPa	色差
老化前	7.75	87.58	—	5#	7.03	81.85	6.89
3#	5.12	70.60	38.3	6#	6.95	82.25	4.72
4#	6.85	80.59	16.72				

注：本研究的基础配方相近，其差异在于稳定助剂的微小增减，老化前阻燃PBT材料力学性能的原始值很接近，为方便研究取平均值。

表 5-159 模拟室内环境试验对节能灯材料性能的影响

编号	冲击强度 /(kJ/m²)	拉伸强度 /MPa	色差	编号	冲击强度 /(kJ/m²)	拉伸强度 /MPa	色差
老化前	7.75	87.58	—	4#	6.55	78.38	6.75
1#	6.12	79.25	14.65	5#	6.65	80.86	5.09
2#	6.09	80.87	13.68	6#	6.71	80.24	4.32
3#	6.86	80.95	12.69				

注：本研究的基础配方相近，其差异在于稳定助剂的微小增减，老化前阻燃 PBT 材料力学性能的原始值很接近，为方便研究取平均值。

5. 效果

经 2000h 模拟光源加速老化，冲击强度平均保持 85%、拉伸强度平均保持 90%，老化后冲击强度保持率低于拉伸强度，可能是由于缺口对光源照射更敏感一些。从老化后颜色变化情况来看，只添加抗氧剂的阻燃 PBT 材料表观很容易发黄，色差较大，随着光稳定剂的加入，阻燃 PBT 材料的颜色逐渐变浅，色差随之下降。综合而言，模拟光源老化试验后对节能灯材料的力学性能影响不大，对材料外观影响较大，6#配方的综合性能较佳。

（五）无卤阻燃增强 PBT 材料的加工与应用

1. 原材料与配方（质量份）

PBT	80～90	PTW 增韧剂	10～20
阻燃剂（OP，PX，EPFR）	7～16	分散剂	3～5
其他助剂	适量		

2. 制备方法

将 PBT 于 120℃下干燥 4h，按照配比与其他助剂在高速混合机中混合均匀，然后经过双螺杆挤出机挤出、切粒，其中玻璃纤维在第三加料段通过加纤孔加入，得到无卤阻燃增强 PBT 粒料。所得粒料烘干后在注射机上注射成标准试样，注射温度为 230～250℃。试样成型后在温度为 (23±1)℃、湿度为 (50±5)% 的标准环境中放置 24h 后按国家标准测试。试样制备流程如图 5-16 所示。

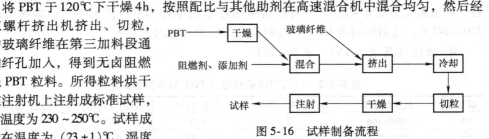

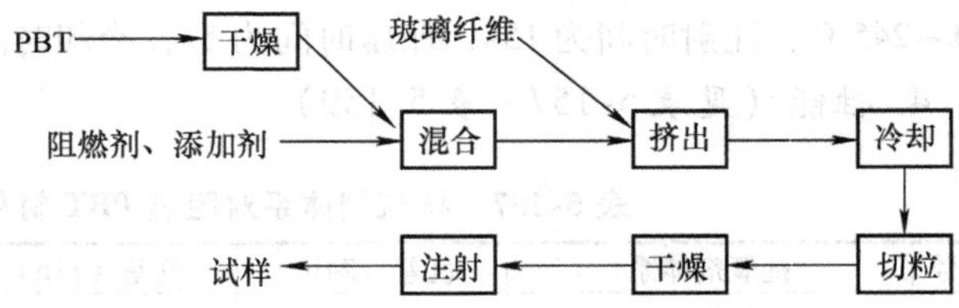

图 5-16 试样制备流程

3. 性能

1）阻燃剂 OP、PX 和 EPFR 含量对无卤阻燃增强 PBT 各性能的影响见表 5-160～表 5-162。

表 5-160 OP 含量对无卤阻燃增强 PBT 性能的影响

OP 质量分数（%）	垂直燃烧等级	拉伸强度 /MPa	断裂伸长率（%）	缺口冲击强度 /kJ · m⁻²
9	V-2	48.8	11.9	10.6
11	V-2	47.0	11.2	9.6
13	V-1	46.2	8.3	8.4
15	V-0	41.5	6.8	7.6

表5-161　PX含量对无卤阻燃增强PBT性能的影响

PX质量分数（%）	垂直燃烧等级	拉伸强度/MPa	断裂伸长率（%）	缺口冲击强度/kJ·m⁻²
10	HB	45.5	11.8	10.2
12	HB	43.6	11.1	9.7
14	HB	42.8	10.3	9.5
16	V1	40.5	9.2	8.6

表5-162　EPFR含量对无卤阻燃增强PBT性能的影响

EPFR质量分数（%）	垂直燃烧等级	拉伸强度/MPa	断裂伸长率（%）	缺口冲击强度/kJ·m⁻²
7	V-2	54.2	10.1	9.8
9	V-2	51.7	9.9	9.5
11	V-1	50.8	8.8	8.8
13	V-0	50.0	8.4	8.5

由表5-160～表5-162可知，阻燃剂PX在PBT中使用效果不佳，而阻燃剂OP与EPFR质量分数分别为15%和13%时，阻燃等级可达到UL94 V0级别。相比而言，阻燃剂EPFR添加量更少，而冲击强度与拉伸强度也比OP好。因此，应选择OP与EPFR做加工工艺对比试验。

2）选取750℃灼热丝试验作为研究对象，结果见表5-163和表5-164。

表5-163　OP含量对无卤阻燃增强PBT灼热丝测试的影响

OP质量分数（%）	燃烧时间/s	结果判定
0	>30	失败
9	>30	失败
11	25	成功
13	16	成功
15	不起燃	成功

表5-164　EPFR含量对无卤阻燃增强PBT灼热丝测试的影响

EPFR质量分数（%）	燃烧时间/s	结果判定
0	>30	失败
7	>30	失败
9	26	成功
11	15	成功
13	不起燃	成功

由表5-163和表5-164可知，阻燃剂OP质量分数为15%、EPFR质量分数为13%时，灼热丝测试样品不起燃，可满足部分高端产品要求灼热丝起燃时间小于2s的要求。

4. 效果

1）PX对增强PBT的阻燃效果不佳。

2）OP质量分数为15%时可达到UL94 V-0阻燃效果，力学性能也较好，且颜色稳定，但价格较高。

3）EPFR对增强PBT具有较高的阻燃效率，并且能够维持材料较好的力学性能，当其质量分数为13%时垂直燃烧可达到UL94 V-0级别，并可保证材料的灼热丝试验在750℃ 2s不起燃，性价比最高。

4）在无卤阻燃PBT体系中加入PTW作为增韧剂，能有效改善体系的相容性和韧性。加入质量分数6%的PTW得到的合金综合性能最佳，使体系的缺口冲击强度达到8.5kJ/m^2，其他性能保持良好。

5. 应用

最终确定的生产无卤阻燃增强PBT的配方为：PBT 50.5%，玻璃纤维30%，EPFR 13%，PTW 6%，润滑剂0.2%，抗氧剂0.3%。其拉伸强度为50MPa，断裂伸长率为8.4%，缺口冲击强度为8.5kJ/m^2，垂直燃烧等级达UL94 V-0级，灼热丝测试（750℃）起燃时间小于2s。

该无卤阻燃PBT产品可用于电子接插件内芯、线圈骨架、电子连接器配件等，现为几家大型电子电气公司所用，满足了客户对材料阻燃性能、力学性能及环保的要求。

（六）无卤阻燃长玻璃纤维增强PBT复合材料

1. 原材料与配方（质量份）

原材料	配方1	配方2	配方3	配方4	配方5
PBT（1100）	100	100	100	100	100
玻璃纤维（988A）	35	35	35	35	35
增容剂（SOG-OZ）	5~10	5~10	5~10	5~10	5~10
N，*N*-双（2-羟丙基）-对甲苯胺（MPP）	20	—	—	—	—
十溴二苯乙烷/Sb_2O_3	—	10/3	—	—	—
溴化聚苯乙烯（BPS）/Sb_2O_3	—	—	15/3	—	—
红磷母粒	—	—	—	12	—
氮磷系阻燃剂（OP1240A）	—	—	—	—	15
其他助剂	适量	适量	适量	适量	适量

2. 制备方法

将无卤阻燃剂、PBT、抗氧剂、润滑剂按比例加入双螺杆挤出机中，通过双螺杆挤出机塑化后，输送到转体式高温熔体压延浸渍模具内，该模具温度为260~310℃，双螺杆挤出机的温度为250~260℃；将连续长玻璃纤维以100~150m/min的速度牵引输入模具中，模具长度为2~4m，充分压延浸渍后，切粒、干燥得到一种无卤阻燃长玻璃纤维增强PBT材料。其工艺流程如图5-17所示。

3. 性能

1）在相同连续长玻璃纤维含量（质量分数为35%）下，不同阻燃剂阻燃连续长玻

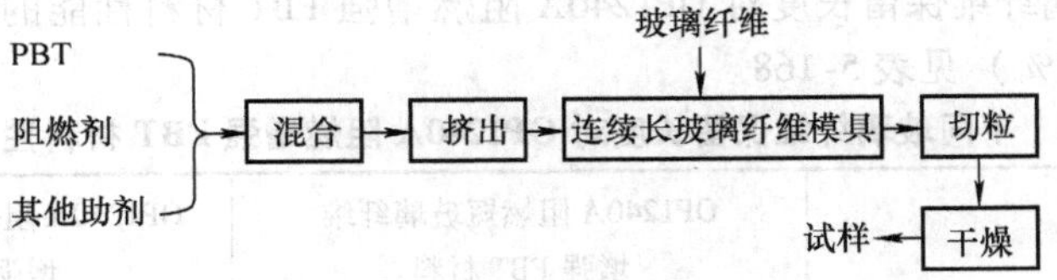

图 5-17 试样制备的工艺流程

璃纤维增强 PBT 材料的阻燃性达到 V-0 级时的性能见表 5-165。

表 5-165 不同阻燃剂对连续长玻璃纤维增强 PBT 性能的影响

项目	阻燃剂类型				
	MPP	十溴二苯乙烷/Sb_2O_3	BPS/Sb_2O_3	红磷母粒	OP1240A
阻燃剂质量分数（%）	20	10/3	15/3	12	15
拉伸强度/MPa	175	165	180	185	199
弯曲强度/MPa	225	215	220	265	335
弯曲模量/GPa	10	10	10.2	10.7	17.5
冲击强度/(J/m^{-1})	155	157	160	177	183
阻燃性（1.6mm）	V-0	V-0	V-0	V-0	V-0
相比漏电起痕电压/V	220	340	450	420	620
灼热丝起燃温度（GWIT）/℃	760	740	740	730	960
pH 值（腐蚀性试验）	7	7	7	3	7

2）不同用量的 OP1240A 对连续长玻璃纤维增强 PBT 性能的影响见表 5-166。

表 5-166 不同用量的 OP1240A 对连续长玻璃纤维增强 PBT 性能的影响

项目	OP1240A 质量分数（%）				
	5	8	11	14	17
拉伸强度/MPa	207	201	196	185	174
弯曲强度/MPa	285	282	283	265	257
弯曲模量/GPa	13.4	13	13.7	10.7	10.65
冲击强度/$J \cdot m^{-1}$	197	185	180	177	155
相比漏电起痕电压/V	>650	>650	>650	600	650
灼热丝起燃温度（GWIT）/℃	780	880	920	920	970
阻燃性（1.6mm）	V-2	V-2	V-1	V-0	5VA

3）不同阻燃剂增强 PBT 材料的腐蚀性（用 pH 值表示）见表 5-167。

表 5-167 不同的阻燃剂阻燃连续长玻璃纤维增强 PBT 材料的腐蚀性

项目	红磷母粒	MPP	OP1240A	MCA①
制品表面 pH 值	3	6	7	6

① 一种氮系无卤阻燃剂。

4）不同玻璃纤维保留长度对 OP1240A 阻燃增强 PBT 材料性能的影响（玻璃纤维质量分数均为35%）见表5-168。

表5-168　不同玻璃纤维保留长度对 OP1240A 阻燃增强 PBT 材料性能的影响

项目	OP1240A 阻燃短玻璃纤维增强 PBT 材料	OP1240A 阻燃连续长玻璃纤维增强 PBT 材料
玻璃纤维保留长度/mm	0.6～1.3	7～8
拉伸强度/MPa	115	185
弯曲强度/MPa	160	265
弯曲模量/GPa	7	10.7
冲击强度/J·m^{-1}	75	177
阻燃性（1.6mm）	V-0	V-0
相比漏电起痕电压/V	680	680
灼热丝起燃温度（GWIT）/℃	960	960
pH 值（腐蚀性试验）	7	7

4. 效果

1）用自制的无卤阻燃剂 OP1240A 制造的无卤阻燃连续长玻璃纤维增强 PBT 材料与其他阻燃体系相比具有明显更好的力学性能，更高的 CTI 和 GWIT。

2）随着 OP1240A 用量的增加，阻燃剂阻燃长玻璃纤维增强 PBT 材料的拉伸强度和冲击强度逐渐下降，阻燃等级逐渐提高。

3）和其他的阻燃体系相比，OP1240A 大大降低了阻燃连续长玻璃纤维增强 PBT 对其所接触的金属制件的腐蚀性。

4）在相同的玻璃纤维含量下，OP1240A 阻燃连续长玻璃纤维增强 PBT 材料的力学强度和冲击强度远高于阻燃非连续的短玻璃纤维增强 PBT 材料，而防火性、耐漏电绝缘性和析出腐蚀性基本相同。

（七）耐热阻燃 ABS/PBT 合金

1. 制备工艺

（1）原材料　包括 PBT（1100-211M）、ABS（3504）、十溴二苯乙烷（SAYTEX4010）、溴代三嗪（FR-245）、溴化环氧（CXB-714C）、Sb_2O_3（S-05N）、聚碳酸酯（PC）（Lupoy1300-10NP）、反应型相容剂、其他助剂等。

（2）设备　同向双螺杆挤出机（SHJ-30型）、注射成型机（BTSD-560型）等。

（3）制备方法　先将 ABS 树脂和相容剂在80℃的鼓风烘箱中干燥6h，将 PBT 和 PC 在110℃的鼓风烘箱中干燥6h。然后将 ABS、PBT、PC、阻燃剂、相容剂及其他助剂等按照一定比例充分混合均匀，再经过双螺杆挤出机挤出造粒。双螺杆挤出机各加热段的温度设定为：100℃、120℃、230℃、235℃、240℃、240℃、235℃、235℃、235℃、235℃（机头）。粒料经85℃鼓风烘箱干燥2h后，通过注射成型制成标准试样。注射机各加热段的温度为：240℃、240℃、240℃、235℃。

2. 三种阻燃材料的配制与性能（见表5-169～表5-174）

表5-169　阻燃ABS/PBT合金的组成（一）

原料名称	1#	2#	3#	4#
ABS	76.0	60.5	57.0	57.5
PBT	20.0	20.0	20.0	20.0
相容剂	3.0	3.0	3.0	3.0
SAYTEX 4010		12.0	—	—
FR-245	—	—	14.5	—
CXB-714C	—	—	—	16
S-05N	—	3.5	3.5	3.5
其他助剂	1.0	1.0	1.0	1.0
配方中溴含量（%）	—	9.8	9.7	9.6

表5-170　阻燃ABS/PBT合金的性能（一）

性能	1#	2#	3#	4#
拉伸强度/MPa	44.5	47.2	45.8	42.6
断裂伸长率（%）	21	14	19	18
缺口冲击强度/kJ·m^{-2}	20.1	6.7	9.8	8.3
弯曲强度/MPa	66.4	70.3	68.5	66.6
弯曲模量/MPa	2237	2455	2417	2284
MFR/g·(10min)$^{-1}$	64.2	40.8	71.6	80.4
热变形温度/℃	68.3	69.9	67.9	66.1
阻燃性（1.6mm）	HB	V-0	V-0	V-0

表5-171　阻燃ABS/PBT合金的组成（二）

原料名称	1#	2#	3#	4#
ABS	57.5	49.5	46.5	43.0
PBT	20.0	20.0	20.0	20.0
相容剂	3.0	3.0	3.0	3.0
PC		10.0	15.0	20.0
FR-245	14.5	13.0	12.0	10.5
S-05N	3.5	3.0	2.5	2.0
其他助剂	1.0	1.0	1.0	1.0

表5-172　阻燃ABS/PBT合金的性能（二）

性能	1#	2#	3#	4#
拉伸强度/MPa	45.8	48.9	49.7	51.6
断裂伸长率（%）	19	21	20	23
缺口冲击强度/kJ·m^{-2}	9.8	11.6	13.2	14.8
弯曲强度/MPa	68.5	70.8	72.1	73.7
弯曲模量/MPa	2417	2504	2568	2671
MFR/g·(10min)$^{-1}$	71.6	65.8	61.4	52.9
热变形温度/℃	67.9	72.6	73.9	75.7
阻燃性（1.6mm）	V-0	V-0	V-0	V-0

表 5-173　阻燃 ABS/PBT 合金的组成（三）

原料名称	1#	2#	3#	4#
ABS	46.5	41.5	36.5	31.5
PBT	20.0	25.0	30.0	35.0
相容剂	3.0	3.0	3.0	3.0
PC	15.0	15.0	15.0	15.0
FR-245	12.0	12.0	12.0	12.0
S-05N	2.5	2.5	2.5	2.5
其他助剂	1.0	1.0	1.0	1.0

表 5-174　阻燃 ABS/PBT 合金的性能（三）

性能	1#	2#	3#	4#
拉伸强度/MPa	49.7	50.3	52.1	55.4
断裂伸长率（%）	20	22	19	23
缺口冲击强度/kJ · m^{-2}	13.2	13.0	12.6	11.1
弯曲强度/MPa	72.1	72.9	74.2	74.8
弯曲模量/MPa	2568	2577	2668	2702
MFR/g · $(10min)^{-1}$	61.4	64.1	68.9	76.2
热变形温度/℃	73.9	72.8	72.2	71.3
阻燃性（1.6mm）	V-0	V-0	V-0	V-0

3. 效果

1）溴系阻燃剂的种类对阻燃 ABS/PBT 合金的性能有较明显影响，其中采用十溴二苯乙烷和溴代三嗪阻燃剂的综合性能较好。

2）PC 的加入可明显提高阻燃 ABS/PBT 合金的力学性能及 HDT，且可明显减少合金体系中溴系阻燃剂及三氧化二锑的添加量。

3）随着 PBT 含量的提高，阻燃 ABS/PBT 合金的拉伸性能、弯曲性能明显提高，而冲击性能及 HDT 稍有下降，材料流动性明显提高。综合考虑，PBT 含量确定为 25%左右为佳。

4. 应用

ABS/PBT 合金兼顾了 ABS 的高冲击性能、良好的加工性能、尺寸稳定性，以及 PBT 优异的耐化学性、良好的电绝缘性和耐磨性等优点，已经被广泛应用于通信、汽车、家用电器、电子电气等行业。

（八）改进翘曲性的玻璃纤维增强阻燃 PBT 复合材料

1. 原材料与配方（质量份）

PBT	57	增韧剂（E516）	6.0
阻燃剂（十溴二苯乙烷/Sb_2O_3）	12	填料	3 ~ 10
玻璃纤维	25	分散剂	2 ~ 5
偶联剂	0.5 ~ 1.0	其他助剂	适量

2. 制备方法

将 PBT、PC、无机填料等在 120℃ 烘 4h，按配方比例（除玻璃纤维外）混合，在 240～270℃下，将混好的原料与玻璃纤维用双螺杆挤出机挤出造粒，再将造好的颗粒在 120℃烘干 4h，用注射机注射成标准样条测试性能，并用图 5-18 所示的样条来观察翘曲。

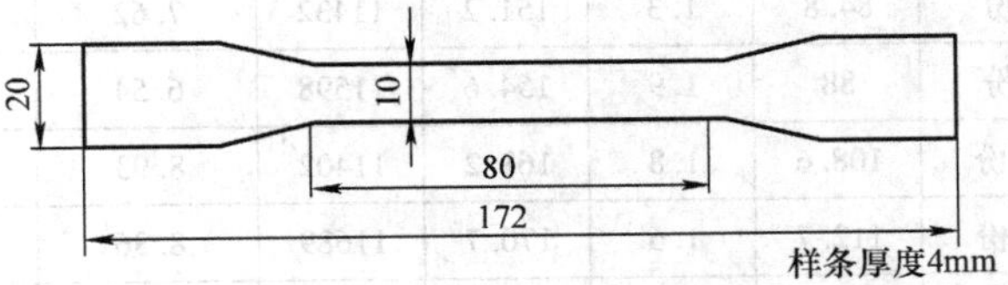

图 5-18　试验试条

由于注射的温度、压力，以及模具的温度、浇口的形状大小对产品的翘曲有很大的影响，因此为保证试验有可对比性，首先确定注射工艺条件。

将不加填充料的加玻璃纤维阻燃 PBT 粒料分别在 230℃、240℃、250℃ 的注射温度，65MPa 的注射压力下注射，样条尺寸如图 5-18 所示。放置 24h 后，在 230℃、240℃下注射的样条表面上有明显的凹槽形翘曲，在 250℃下注射的样条的翘曲明显减少，但仍然存在着看得见的翘曲。

在 250℃下，分别用 65MPa、75MPa、85MPa 的注射压力注射样条。放置 24h 后观察，结果表明，随着注射压力的提高，样条的翘曲变得越来越严重。

高的注射温度使得体系组分在注射后仍能在较高温度下进行取向和应力的松弛和调整，从而可减缓翘曲。而较高的注射压力会使体系产生较大的取向应力，从而发生更大的翘曲。

因此，将试验配方所得粒料都在注射温度 250℃、注射压力 65MPa 的条件下进行注射。

3. 性能

试验所用配方及样条的力学性能见表 5-175。

表 5-175　试验所用配方及样条的力学性能

无机填料种类及添加量	拉伸强度/MPa	断裂伸长率（%）	弯曲强度/MPa	弯曲模量/MPa	悬臂梁缺口冲击强度/kJ · m^{-2}	熔体流动速率/g · (10min)$^{-1}$	翘曲（4mm 厚）
无	93.5	2.1	152.8	10547	7.65	13.7	严重
滑石粉（1250 目）3 份	96.6	1.6	167.5	11408	8.23	15.67	较好
滑石粉（1250 目）5 份	104	1.7	172.2	11875	8.57	17.83	较好
滑石粉（1250 目）7 份	109.1	1.9	175.7	12756	7.26	20.12	好
滑石粉（2500 目）3 份	97.7	2.8	159.8	11198	8.62	14.82	一般
滑石粉（2500 目）5 份	105.1	2	167.5	12573	8.31	16.52	一般
滑石粉（2500 目）7 份	104.1	1.9	165	12108	7.83	18.02	较好

（续）

无机填料种类及添加量	拉伸强度/MPa	断裂伸长率(%)	弯曲强度/MPa	弯曲模量/MPa	悬臂梁缺口冲击强度/kJ·m^{-2}	熔体流动速率/g·(10min)$^{-1}$	翘曲(4mm厚)
云母（800目）3份	82.8	1.5	149.8	10799	8.23	22.1	好
云母（800目）5份	84.8	1.3	151.2	11432	7.62	25.62	很好
云母（800目）7份	88	1.9	154.6	11598	6.54	28.63	很好
云母（1250目）3份	108.6	1.8	168.2	11402	8.93	20.16	较好
云母（1250目）5份	112.7	1.6	170.7	11689	8.36	21.53	较好
云母（1250目）7份	116.2	1.5	173.2	11976	7.82	24.07	好
硅石灰（800目）3份	90.9	1.9	156	11079	7.96	18.76	一般
硅石灰（800目）5份	92.8	2	159.9	11326	7.23	21.52	较好
硅石灰（800目）7份	89.2	1.7	153.3	11296	6.72	24.03	好
玻璃微珠（800目）3份	98.4	2	167.3	10678	7.96	26.22	较好
玻璃微珠（800目）5份	104.2	2	163.3	11002	7.36	30.3	很好
玻璃微珠（800目）7份	107.8	2.3	176.8	12439	6.62	33.76	很好
蒙脱土（2000目）3份	99.87	1.71	169.29	11881.3	7.65	20.73	一般
蒙脱土（2000目）5份	104.47	1.62	174.76	12971.4	7.02	22.35	一般
蒙脱土（2000目）7份	96.66	1.44	168.2	11519.4	6.51	24.64	较好
高岭土（1250目）3份	87.09	1.71	152.82	10706.7	7.08	25.23	较好
高岭土（1250目）5份	90.93	1.62	158.83	11193.3	6.97	26.54	好
高岭土（1250目）7份	85.18	1.23	146.59	10214.8	6.32	27.03	很好

注：配方为PBT 57份，玻璃纤维25份，增韧剂6份，阻燃剂12份。

4. 效果

通过以上试验可以看出，只要能减缓产品内在的不对称收缩，就可以有效地控制产品的翘曲，因此可以通过以下两种方法来实现：

1）采用一些结构对称性好的填料，如玻璃微珠，用其填充的产品抗翘曲性和流动性能均有大幅度的改善。

2）采用一些粒径较大的填料，因为粒径小的填料在体系中能起到成核剂的作用，可以加速体系的结晶，会加剧产品内在的不对称收缩。但是粒径较大的填料能使体系的力学性能大幅度下降。

因此，在设计配方选择填料时，应从体系的整体性能考虑，在翘曲性能与力学性能间找到一个可接受的平衡点，即在体系的翘曲性能有明显改善时，其力学性能下降幅度最小。

（九）可在水润滑条件下运用的PBT复合材料

1. 原材料与配方（质量份）

原材料	配方1	配方2	配方3	配方4
PBT	100	100	100	100
聚四氟乙烯（PTFE）	5~10	—	—	—
硅灰石	—	5~10	—	—
芳纶	5~10	5~10	—	5.0
表面处理	1~2	1~2	1~2	1~2
其他助剂	适量	适量	适量	适量

2. 制备方法

试验采用的材料主要有PBT、PTFE、硅灰石、芳纶，其部分力学性能对比见表5-176。将干燥的PTFE、硅灰石、芳纶按照一定比例分别和PBT充分混合后，在熔融釜中融料，然后通过挤出机挤出高温样品；样品经过水冷及电热恒温鼓风干燥机风干后，利用注射机注射成型为环状样件；最后按照试验要求，将制成的样件经机械加工等工序制成所需的试验样品，用于相关摩擦磨损性能测试。

表5-176 材料的力学性能对比

参数	PBT	PTFE	硅灰石	芳纶
洛氏硬度HRR	111~119	58~70	—	118~120
弯曲模量/MPa	3500~6500	700~800	900~3000	4000~5500
拉伸强度/MPa	≥50	≥22.5	≥300	≥2.6
弯曲强度/MPa	≥100	≥20.7	≥400	≥125

3. 性能

从图5-19中还可以看出各PBT复合材料在水润滑条件下动摩擦因数的变化情况。在中低速条件下，PT-FE/PBT及硅灰石/PBT复合材料的摩擦因数都稳定在比较小的范围内，随着工况逐渐转向高速的过程中，两种复合材料的摩擦因数逐渐升高，在转速下降的过程中，摩擦因数也随之降低。

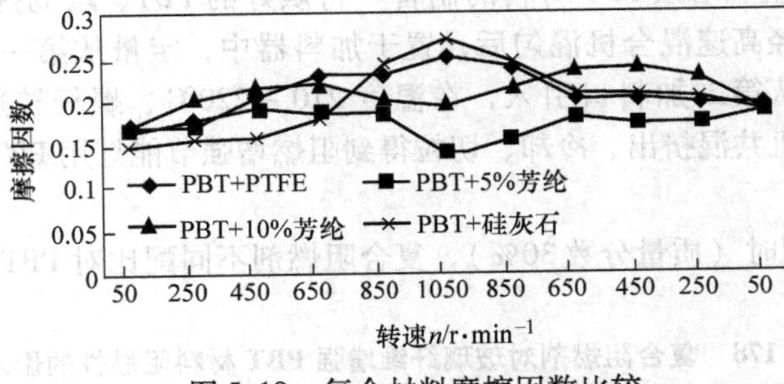

图5-19 复合材料摩擦因数比较

PTFE、硅灰石和芳纶改性PBT复合材料的平均摩擦因数及动摩擦因数标准偏差值见表5-177。

表 5-177　复合材料平均摩擦因数及动摩擦因数标准偏差值

试样	摩擦因数	动摩擦因数标准偏差值
PTFE/PBT	0. 2057	0. 0242
5% 芳纶/PBT	0. 1707	0. 0143
10% 芳纶/PBT	0. 2069	0. 0190

4. 效果

1）在中低速试验条件下，PTFE、硅灰石及芳纶都对 PBT 摩擦学性能起到了改善作用。随着转速的升高，添加 PTFE、硅灰石的 PBT 复合材料的摩擦因数逐渐变大，添加芳纶的 PBT 复合材料的摩擦因数逐渐减小。

2）PTFE、硅灰石及芳纶改性的四种复合材料中，在质量分数 5% 的芳纶改性 PBT 复合材料的平均摩擦因数最小，摩擦系数稳定性最高，磨损量最小，因此质量分数 5% 的芳纶对 PBT 摩擦性能改善效果在四种改性材料中最优。

3）各复合材料的磨损机制各不相同，芳纶/PBT 复合材料主要为轻微的疲劳磨损；PTFE/PBT 主要为黏着磨损，并伴随轻微的疲劳磨损；硅灰石/PBT 主要以磨粒磨损为主。

（十）增韧、阻燃 PBT 节能灯材料

1. 原材料与配方（质量份）

PBT	50 ~ 60	玻璃纤维（GF）	30
溴代三嗪	9 ~ 12	Sb_2O_3	1 ~ 3
改性纳米蒙脱土（OMMT）	3. 0	相容剂	2 ~ 5
其他助剂	适量		

2. 制备方法

（1）抗黄变母粒的制备　将 PBT、酚类抗氧剂、亚磷酸酯类抗氧剂、抗紫外线剂、硬脂酸类热稳定剂和有机锡类热稳定剂在 180 ~ 190℃、螺杆转速 200 ~ 220r/min 下，经双螺杆挤出机共混挤出、冷却、切粒得到抗黄变母粒。

（2）节能灯用阻燃增强 PBT 材料的制备　将烘好的 PBT、增韧剂、遮光剂、阻燃剂、抗黄变母粒等经高速混合机混匀后，置于加料器中，定量从第一进料口加入，GF（质量分数 30%）从第二加料口引入，在温度 210 ~ 220℃、螺杆转速 200 ~ 220r/min 下，经双螺杆挤出机共混挤出、冷却、切粒得到阻燃增强节能灯用 PBT 材料。

3. 性能

当 GF 含量相同时（质量分数 30%），复合阻燃剂不同配比对 PBT 材料阻燃性的影响见表 5-178。

表 5-178　复合阻燃剂对玻璃纤维增强 PBT 材料阻燃性的影响

试样编号	PBT/GF/溴代三嗪/Sb_2O_3/OMMT	UL94
1#	57/30/10/0/3	V-2
2#	56/30/11/0/3	V-1

（续）

试样编号	PBT/GF/溴代三嗪/Sb_2O_3/OMMT	UL94
3#	55/30/12/0/3	V-0
4#	58/30/9/3/0	V-0
5#	59/30/9/2/0	V-1
6#	56/30/9/2/3	V-0
7#	57/30/9/1/3	V-1
8#	56/30/10/1/3	V-0

将添加和未添加抗黄变剂的阻燃增强 PBT 材料经氙灯老化后，用色差仪测试 Δb 值见表 5-179。

表 5-179　阻燃增强 PBT 材料氙灯老化后实验结果

抗黄变母粒	Δb
未添加	1.2～1.5
添加	0.2～0.4

由表 5-179 可看出，普通的阻燃增强 PBT 材料经氙灯老化试验后的 Δb 值较大，材料的颜色变黄，而添加了抗黄变母粒后 Δb 值变化很小，颜色基本不发生变化。

将研究开发的节能灯 PBT 材料与国外同类产品进行性能对比，结果见表 5-180。

表 5-180　节能灯 PBT 材料与国外同类产品的性能比较

测试项目	节能灯 PBT 材料	国外同类产品
拉伸强度/MPa	120	117
弯曲强度/MPa	180	178
简支梁缺口冲击强度/$J \cdot m^{-2}$	95	80
GF 含量（%）	30	30
阻燃 UL94	V-0	V-0
Δb	0.2～0.4	0.4～0.6

由表 5-180 可以看出，研发的节能灯 PBT 材料不仅在材料的力学性能和阻燃性能方面堪比国外同类材料，尤其是在抗黄变性能方面优于国外同类产品。

4. 效果与应用

1）对于 GF 增强阻燃 PBT 材料，选用溴代三嗪/Sb_2O_3/OMMT 为阻燃体系，材料阻燃效果较好。其中，PBT/GF/溴代三嗪/Sb_2O_3/OMMT 质量比为 56/30/10/1/3 时最佳。

2）在增韧剂 AX8900、2M、3M 中，AX8900 的增韧效果和材料刚性保持率稍高于 2M 和 3M，并且增韧剂添加量在 2%～3% 时效果较佳。

3）对 GF 增强阻燃 PBT 材料，添加抗黄变母粒后效果明显，在氙灯老化试验后材料基本不变黄。

此节能灯 PBT 材料已经被国内一些节能灯厂家使用，并通过了灯具的耐久性测试，尤其是在抗黄变性能方面表现优异。

第六章　聚苯醚（PPO）

第一节　主要品种的性能

一、简介

（一）结构特征

聚苯醚（PPO）化学名称为聚 2，6-二甲基-1，4-苯醚（2，6-Dimethy-1，4-phenylene oxide 或 2，6-Dimethy1-1，4-phenyleneether），简称 PPO，日本为了有别于美国的 PPO，称之为 PPE，其化学结构式为

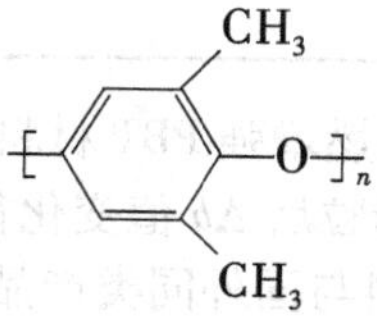

聚苯醚是以 2，6-二甲基苯酚为原料，甲苯或甲醇为溶剂，铜氨络合物为催化剂，通入氧气，经氧化偶合的方法缩聚制得的。

目前市场上流通的商品主要为改性聚苯醚（Modified polyphenelene oxide），简称 MPPO，或称 MPPE（Modified polyphenylene ether）。

（二）主要性能

聚苯醚（PPO）是一种综合性能优良的热塑性工程塑料，其绝缘性和耐水性能优异，尺寸稳定性好。

（1）物理性能　PPO 的密度小，无定形状态密度（室温）为 1.06g/cm^3，熔融状态为 0.958g/cm^3，是工程塑料中密度最小的，且无毒，经美国食品及药物管理局（FDA）及国家卫生基金会（NSF）认可，可用于制造医疗及食品用器材。

（2）力学性能　PPO 分子链中含有大量芳香环结构，分子链刚性较强，其力学性能较好，耐蠕变性能优良，温度变化影响甚小。

改性聚苯醚（MPPO）的力学性能与 PC 较为接近，拉伸强度、弯曲强度和冲击强度较高，刚性好，耐蠕变性优良，在较宽的温度范围内均能保持较高的强度，湿度对冲击强度的影响也很小。

（3）热性能　聚苯醚具有较高的耐热性，玻璃化转变温度高达 211℃，熔点为 268℃，加热至 330℃有热分解倾向，改性聚苯醚的热性能略低于未改性聚苯醚，基本上与聚碳酸酯相同。MPPO 的商品因品牌不同其热变形温度为 90～140℃。MPPO 中 PPO 含量对其热性能有显著影响，随着 PPO 含量增加，热变形温度即升高；反之则降低，玻璃化转变温度及维卡软化温度的变化也是如此。

聚苯醚的阻燃性良好，具有自熄性，其极限氧指数（LOI）为29，为自熄性材料，而高抗冲聚苯乙烯的极限氧指数为17，为易燃性材料，两者合一则具有中等程度可燃性，制造阻燃级 MPPO 时，不需要添加含卤素的阻燃剂，加入含磷类阻燃剂即可以达到 UL94 阻燃级，可减少对环境的污染。

（4）电性能　MPPO 树脂分子结构中无强极性基团，电性能稳定，可在较大的温度及频率范围内保持良好的电性能。其相对介电常数（2.5～2.7）和介电损耗角正切值（0.4×10^{-3}）是工程塑料中最小的，且几乎不受温度、湿度及频率的影响。其体积电阻率（高达10^{17}数量级）是工程塑料中最高的。MPPO 因其优异的电性能，广泛用于生产电气产品，尤其是耐高压的部件，如彩色电视机中的行输出变压器（FBT）等。

（5）化学性能　PPO 和 MPPO 都具有优良的化学性能。

1）耐水性。MPPO 为非结晶性树脂，玻璃化转变温度高。在通常的使用温度范围内，分子运动少，主链中无大的极性基团，偶极矩不发生分级，耐水性非常好，是工程塑料中吸水率最低的品种。MPPO 的特点之一是在热水中长时间浸泡，其物理性能仍很少下降。

2）耐介质性。聚苯醚和改性聚苯醚对酸、碱和洗涤剂等基本无侵蚀性；在受力情况下，矿物油及酮类、酯类溶剂会产生应力开裂；对有机溶剂如脂肪烃、卤代脂肪烃和芳香烃等会使聚苯醚和改性聚苯醚溶胀乃至溶解。

（6）耐光性　聚苯醚的弱点是耐光性差，长时间在阳光或荧光灯下使用会产生变色，颜色发黄，原因是紫外线能使芳香族醚的链结合分裂所致。如何改善聚苯醚的耐光性成为一个课题，GE 公司将原用于化妆品的一种防紫外线剂，即以甲氧基取代的2-苯基苯并呋喃与受阻胺类防紫外线剂配合使用，对改善 MPPO 的耐光性比单独使用受阻胺类防紫外线剂的效果显著，两种添加剂的用量都是 MPPO 的1%。

（三）应用

聚苯醚制品容易发生应力开裂，疲劳强度较低，而且熔体流动性差，成型加工困难，价格较高，所以多使用改性聚苯醚（MPPO）。

由于改性聚苯醚具有优良的综合性能和良好的成型加工性能，因此在电子电器、家用电器、输送电器、汽车、仪器仪表、办公机器、纺织机械等工业领域得到了广泛的应用。

二、国外聚苯醚主要品种的性能

1．美国通用电器塑料公司的 Noryl 改性 PPO 的性能（表6-1）

表6-1　美国通用电器塑料公司的 Noryl 改性 PPO 的性能

（1）商品名称：Noryl GTX（PPO/PA/玻璃纤维）

项　目	810①（GF 10%）②	820①（GF 20%）②	830①（GF 30%）②	900①	901①	901①（可烤漆）	GTX 600	GTX 910	GTX 6006
密度/(g/cm³)	1.16	1.23	1.31	1.10	1.10	1.10	1.07	1.07	1.07
拉伸强度/MPa	92	122	163	58	57	58	56	56	50

（续）

项目		810①（GF 10%）②	820①（GF 20%）②	830①（GF 30%）②	900①	901①	901①（可烤漆）	GTX 600	GTX 910	GTX 6006
断裂伸长率（%）		15	10	5	100	50	100	150	100	150
弯曲强度/MPa		133	173	224	102	92	102	70	73	70
弯曲模量/MPa		3060	4080	7140	2140	2040	2140	1800	2000	1800
冲击强度/(J/m)	23℃	80	80	80	240	180	250	600	220	800
	-20℃	60	70	80	190	130	190	150	130	300
热变形温度/℃	0.46MPa	—	—	—	—	—	—	185	195	180
	1.86MPa	175	205	205	—	—	—	—	—	—
成型收缩率（%）		0.5～0.7	0.4～0.6	0.3～0.5	1.10～1.6	1.2～1.6	1.2～1.6	—	—	—
吸水率（23℃）（%）		1.1	1.0	1.1	0.9	0.9	0.9	—	—	—

牌号	特性和主要用途
810	含10%玻璃纤维，高强度，耐高温
820	含20%玻璃纤维，高强度，耐高温
830	含30%玻璃纤维，高刚度，耐高温，尺寸稳定
900	未增强，抗冲好
901	未增强，抗冲好，可烘烤
GTX系列	密度1.31g/cm³，拉伸强度115MPa，断裂伸长率2%，冲击强度45kJ/m²，维卡软化温度225℃

（2）Noryl PPO/PS

项目	115	534	GFN1	GFN3	N85	PX 2801	PX 9406	SE 90	SE 100	SE 1GFN1
密度/(g/cm³)	1.06	1.06	1.21	1.27	1.08	1.08	1.09	1.08	1.10	1.16
拉伸强度/MPa	49	76.5	88.3	117.7	44.1	53.9	66.6	44.1	49.0	88.3
断裂伸长率（%）	50	60	4～6	4～6	60	50	60	60	50	4～6
弯曲强度/MPa	68.6	113.8	107.9	147.1	49	68.6	88.2	63.7	73.5	107.9
悬臂梁缺口冲击强度/(J/m)	117	127	98	98	117	196	225	196	196	98
热变形温度（1.82MPa)/℃	115	172	131	142	172	85	100	90	100	132
体积电阻率/Ω·cm	10^{16}	10^{17}	10^{17}	10^{17}	10^{17}	—	—	10^{16}	10^{16}	10^{17}
介电强度/(kV/mm)	20	20	20	22	20	—	—	16	16	20
燃烧性（UL94）	HB	V-1	HB	HB	V-1	V-0	V-0	V-1	V-1	V-0

（续）

牌　　号	特性和主要用途
115	未改性，力学性能好，抗冲击
534	未改性，力学性能好，抗冲击，耐热好
GFN1	含玻璃纤维，高刚度，耐高温，电性能好
GFN3	含玻璃纤维，高刚度，耐高温，电性能好
N85	阻燃 V-0 级，力学性能比 115 稍差
PX2801	阻燃 V-0 级，力学性能比 N85 要好
PX9406	阻燃 V-0 级，力学性能比 PX2801 好
SE1GFN1	玻璃增强阻燃级（V-0 级），力学性能好，抗冲击，电性能好
SE90	未改性，力学性能一般，阻燃 V-1 级，抗冲击
SE100	未改性，力学性能一般，阻燃 V-1 级，抗冲击
SPN	非增强新牌号，可加工性优良，冲击强度高，耐热好
SPN422L	高润滑，其他类似 SPN
SPN585H	高光泽，其他类似 SPN
SPN 增强级	含 20% ~30% 玻璃纤维，尺寸稳定，流动性好，耐热（热变形温度 132℃），宜制造设备底座、薄壁零件、盒式磁带传动件
RFN1	含 20% 玻璃纤维，力学性能好，耐热，宜制造工程件
RFN3	含 30% 玻璃纤维，力学性能好，耐热，刚度高，宜制造工程件
UVN	加工性好，颜色稳定，耐候，宜制造办公机器、灯罩

（3）Noryl PPO/HIPS

项　　目	PPO	Noryl		
	534	731	GEN-2	SE-1
密度/(g/cm³)	1.06	1.06	1.21	1.08
吸水率（%）	0.03	0.064	0.06	0.06
成型性	难	容易	较难	容易
洛氏硬度 HRM	78	90	78	78
模型收缩率（%）	0.006	0.006	0.02	0.006
线胀系数/($\times10^{-5}K^{-1}$)	5.2	5.9	3.6	5.9
热变形温度（1.86MPa）/℃	174	130	140	130
拉伸屈服强度（23℃）/MPa	82	68	101	67
弹性模量（23℃）/GPa	2.72	2.51	2.52	6.49
断裂伸长率（23℃）（%）	20 ~40	21 ~31	4 ~6	21 ~29
弯曲强度（23℃）/MPa	117	96	96	142
弯曲模量（23℃）/GPa	2.6	2.5	5.3	2.5
压缩强度（10%变形）/MPa	115	114	125	114
压缩模量/GPa	—	2.6	—	2.6
剪切强度/MPa	78	75	74	75

（续）

项　　目		PPO 534	Noryl		
			731	GEN-2	SE-1
悬臂梁冲击强度（6.35mm×6.35mm，23℃）/(J/m)		64	70	86	71
相对介电常数（23℃，60Hz）		2.57	2.65	—	2.70
介电损耗角正切值（23℃，60Hz）		3.4×10^{-4}	4×10^{-4}	—	7.1×10^{-4}
体积电阻率/Ω·cm		10^{18}	10^{17}	—	10^{17}
表面电阻率/Ω		10^{17}	10^{16}	—	10^{16}
介电强度/(V/mm)	（短时间，1.58mm厚）	—	850	—	800
	（短时间，3.17mm厚）	450	560	—	510
耐电弧性/s		75	75	—	—

牌　　号	特性和主要用途
731 GEN-2 SE-1	改善成型性，缺口冲击强度提高，热变形温度高，介电常数和介电损耗角正切值极低，并随湿度、频率变化小，其体积电阻率、介电强度也高，价廉

（4）Noryl PPO的性能

牌　　号	线胀系数/($\times10^{-5}K^{-1}$)	吸水率(%)	拉伸强度/MPa	断裂伸长率(%)	弯曲强度/MPa	弯曲模量/GPa	缺口冲击强度/(J/m)	介电强度/(kV/mm)	相对介电常数(60Hz)	洛氏硬度HRR
722	5.9	0.06	66	—	94	2.5	11	22	2.65	119
731	5.9	—	67.5	25	95	2.5	296	—	—	—
EN185	—	—	52.9	50	56.2	2.3	382	—	—	—
EN212	—	0.07	54.9	—	—	2.5	273	—	—	—
ENG265	—	0.06	67.5	—	—	2.5	273	—	—	—
FN215	6.8	0.06	23.0	16	47	1.8	4.6	7.5	2.27	—
GFN_2	3.6	0.06	101	—	129	5.3	4.6	16	2.86	—
GFN_3	2.5	0.06	118	—	139	7.7	4.6	16	2.93	—
N190J	7.2	0.07	48	—	57	2.3	10	25	2.78	115
N225J	6.8	0.07	55	—	—	2.4	382	25	2.79	116
N300J	5.4	0.06	76	—	—	2.5	327	25	2.69	119
2	3.6	0.06	102	4~6	160	5.2	850	—	—	—
3	2.5	0.06	120	4~6	155	9.3	870	—	—	—
PN235	—	—	49.2	—	68.9	2.4	—	—	—	—
PX1005	7.0	0.07	49	60	54	2.2	6.9	16	2.76	—
PX1214	—	0.06	43	—	57	2.1	6.2	—	—	—

（续）

牌　号	线胀系数 /（$\times 10^{-5}K^{-1}$）	吸水率（%）	拉伸强度 /MPa	断裂伸长率（%）	弯曲强度 /MPa	弯曲模量 /GPa	缺口冲击强度 /（J/m）	介电强度 /（kV/mm）	相对介电常数（60Hz）	洛氏硬度 HRR
PX2719	—	—	50	—	80	2.5	—	—	—	—
PX9406	—	0.07	67	60	89	2.5	8.8	16	2.8	—
SE_1	5.9	0.07	68	60	97	2.5	273	22	2.65	119
SE-90J	7.0	0.07	44		64	2.3	10	—	2.69	
SE-100J	6.8		55	50	90	2.5	273	16	2.65	115
SE_1-GFN_2J	3.6	0.03	102	4~6	130	5.3	125	22	2.96	106
SE_1-GFN_3J	2.5	0.03	124	4~6	140	7.7	125	24	3.15	106
SNV90J	6.7	0.07	50	60	85	2.5	2600	—	—	—
SNV115J	6.5	0.07	50	50	70	2.2	3000	—	—	—
SNV125J	6.0	0.07	63	50	88	2.5	2000	—	—	—

（5）Prevex 改性 PPO 的性能

牌　号	拉伸屈服强度 /MPa	弯曲模量 /GPa	悬臂梁缺口冲击强度 /（J/cm）	热变形温度（1.82MPa）/℃
BA	41.4	3.3	—	88
BJA	28.3	2.3	1.86	82
BJB	24.1	2.3	—	77
BJC	29.0	2.3	—	82
BJF	26.2	2.4	—	85
BJU	29.0	2.2	—	82
MVF	44.9	2.35	2.66	98
MVP	51.7	2.48	2.66	116
P2A	93.1	5.18	0.96	143
P3A	100	7.59	0.96	132
PMA	50.7	2.48	0.96	119
PQ1	53.8	2.46	0.96	119
PQA	57.9	2.46	0.96	119
V2A	96.6	5.12	0.96	133
V3A	110.4	7.59	0.96	136
VF1	44.9	2.35	3.20	85
VFA	41.4	2.42	2.67	82
VHA	48.3	2.62	2.13	98

（续）

牌　号	拉伸屈服强度 /MPa	弯曲模量 /GPa	悬臂梁缺口冲击强度 /(J/cm)	热变形温度 (1.82MPa)/℃
VGA	41.4	2.28	3.46	88
VJA	53.8	2.55	3.20	101
VJB	37.2	2.48	2.67	100
VK1	55.2	2.55	—	105
VKA	55.2	2.55	2.93	105
VM1	53.1	2.48	—	116
VMA	58.0	2.55	2.67	116
VQ1	62.1	2.62	2.67	130
VQA	61.1	2.62	2.65	130
W20	39.3	1.79	3.46	98
W30	48.3	2.48	2.67	114
W40	44.9	2.20	3.46	116
W50	50.4	2.48	2.67	121
W70	55.2	2.48	2.67	130
WX7	48.3	2.35	1.87	101

① 原为Borg-Warner化学公司的牌号。

② 为玻璃纤维含量。

2. 美国液氮加工公司的改性PPO的性能（表6-2）

表6-2　美国液氮加工公司的改性PPO的性能

项　目		标准 (ASTM)	ZF1004	ZF1006	ZF1008	ZL4036	ZL4030
拉伸屈服强度/MPa		D638	110	128	134	117	55
屈服伸长率（%）		D638	3~4	3~4	3~4	—	—
弯曲屈服强度/MPa		D790	145	159	172	—	—
弯曲模量/GPa		D790	5.5	7.9	8.6	7.6	2.3
洛氏硬度HRM		D785	90	92	94	—	—
悬臂梁缺口冲击强度/(kJ/m^2)		D256	1.9	1.9	1.7	1.3	2.0
荷重形变（14MPa，50℃）（%）		D621	0.20	0.13	0.08	—	—
热变形温度/℃	0.46MPa	D648	146	160	163	—	—
	1.82MP		143	154	157	149	127
最高连续使用温度/℃		—	110	110	110	110	110
线胀系数/($\times10^{-5}K^{-1}$)		D696	2.0	1.4	1.1	—	—
热导率/[W/(m·K)]		D177	0.16	0.17	0.17	—	—
介电强度/(kV/mm)		D149	—	0.55	—	—	—
相对介电常数（60Hz）		D150	—	2.90	—	—	—

3. 美国尔特普公司的RTP增强PPO合金的性能（表6-3）

表6-3　美国尔特普公司的RTP增强PPO合金的性能

牌　号	拉伸屈服强度/MPa	屈服伸长率（%）	弯曲模量/GPa	热变形温度（1.82MPa）/℃
1703	93.2	2.5	5.2	138
1705	103.5	2.0	7.6	149
1707	100.1	1.5	9.2	133

牌号	密度/(g/cm³)	特性和主要用途
1703	1.21	注射成型，含20%玻璃纤维的PPO合金，耐水，耐热，高强度，低翘曲，宜制工程件
1705	1.28	注射成型，含30%玻璃纤维的PPO合金，耐水，耐热，高强度，尺寸稳定，宜制工程件
1707	1.40	注射成型，含40%玻璃纤维的PPO合金，耐水，耐高温，高刚度，尺寸稳定，宜制工程件

4. 美国塞莫菲尔公司的改性PPO的性能（表6-4）

表6-4　美国塞莫菲尔公司的改性PPO的性能

项　目		标准（ASTM）	L20FG-0100	L30FG-0100	L320FG-0100	L3-20FG-0541	L3-30FG-0100	L-0755-0580	L30NF-0580	STAT-KONI
拉伸屈服强度/MPa		D638	86.3	103.5	86.3	79.3	103.5	11.3	26.1	8.9
屈服伸长率（%）		D638	4~6	3~4	—	—	—	7~9	2.5	3
弹性模量/GPa		D638	6.4	7.9	—	—	—	3.5	7.9	—
弯曲强度/MPa		D790	26.8	33	—	—	—	14.5	35	13
弯曲模量/GPa		D790	5.5	7.6	5.5	5.9	7.6	2.3	6.9	2.9
压缩强度/MPa		D695	26	28	—	—	—	12	29	—
悬臂梁缺口冲击强度/(kJ/m²)		D256	3.9	3.6	96	107	107	4.2	2.7	0.6
洛氏硬度		D785	106HRL	93HRM	—	—	—	108HRR	111HRR	—
燃烧性（UL94）		—	HB	KB	HB	V-1	HB	V-0	V-0	—
介电强度/(kV/mm)		D149	506	500	—	—	—	—	—	—
体积电阻率/Ω·cm		D157	4×10^{16}	1×10^{17}	—	—	—	—	—	10^4
热变形温度/℃	0.44MPa	D648	146	160	146	112	160	—	—	—
	1.82MPa	D648	144	149	144	110	149	—	—	—

5. 日本旭化成工业公司的 Xyron 改性 PPO 的性能（表 6-5）

表 6-5　日本旭化成工业公司的 Xyron 改性 PPO 的性能

项　目	标准（ASTM）	100V	100Z	201V	201Z	300H	300V	300Z	400H	410H
吸水率（%）	D570	0.10	0.10	0.10	0.10	0.06	0.10	0.10	0.07	0.06
热变形温度（1.84MPa）/℃	D648	80	85	90	90	100	100	100	110	110
线胀系数/（$\times 10^{-5}K^{-1}$）	D696	8	7.5	8	7.5	7.5	7.5	7.5	7.5	8.5
成型收缩率（%）	D1299	0.6	0.6	0.6	0.6	0.6	0.6	0.6	0.6	0.6
燃烧性（UL94）	—	V-1	V-0	V-1	V-0	HB	V-1	V-0	HB	HB
相对介电常数（60Hz）	D150	2.8	2.7	2.8	2.7	2.7	2.7	2.7	2.7	2.6
介电损耗角正切值（60Hz）	D150	0.0003	0.001	0.0015	0.0010	0.0004	0.0006	0.0006	0.0004	0.0004
体积电阻率/Ω · cm	D257	10^{16}	10^{16}	10^{16}	10^{16}	10^{16}	10^{16}	10^{16}	10^{16}	10^{17}
介电强度/（kV/mm）	D149	29	29	29	29	29	29	29	29	33
耐电弧性/s	D495	110	—	100	80	70	70	70	70	75
拉伸强度/MPa	D638	35	36.3	40	43	48	45	46	49	50
断裂伸长率（%）	D638	40	40	40	30	30	30	30	25	40
弯曲强度/MPa	D790	60	58.8	65	70	78	80	71	81	85
弯曲模量/MPa	D790	2100	2260	2200	2200	2300	2400	2420	2350	2400
悬臂梁缺口冲击强度/（kJ/m）	D256	1.3	2.84	2.0	2.0	2.3	2.3	2.1	2.2	1.3
洛氏硬度 HRR	D885	78	110	109	110	113	113	111	114	82
Taber 磨耗量/mg	D1044	100	—	70	70	60	60	60	50	50
项　目	标准（ASTM）	500H	500V	500Z	G010H	G702H	G702H	G703H	H-0111	H-012
吸水率（%）	D570	0.07	0.01	0.01	0.3	0.06	0.06	0.06	—	—
热变形温度（1.82MPa）/℃	D648	120	120	120	180	140	140	140	136	114
线胀系数/（$\times 10^{-5}K^{-1}$）	D696	7.5	7.0	7.5	3.5	3.5	3.5	2.8	—	—
成型收缩率（%）	D1299	0.6	0.6	0.6	0.45	0.3	0.3	0.25	—	—
燃烧性（UL94）	—	HB	V-1	V-0	HB	HB	V-1	HB	V-0	V-1
相对介电常数（60Hz）	D150	2.6	2.7	2.7	3.6	2.9	2.9	2.9	—	—
介电损耗角正切值（60Hz）	D150	0.0004	0.0006	0.0006	0.0004	0.0008	0.0008	0.0006	—	—
体积电阻率/Ω · cm	D257	10^{17}	10^{17}	10^{17}	10^{15}	10^{17}	10^{17}	10^{17}	—	—
介电强度/（kV/mm）	D149	30	29	29	35	43	43	44	—	—
耐电弧性/s	D495	80	70	—	—	70	70	—	—	—
拉伸强度/MPa	D638	50	55	57	127	100	100	128	100	9
断裂伸长率（%）	D638	20	20	50	3	5~7	5~7	5~7	5	5
弯曲强度/MPa	D790	85	95	88.3	186	140	140	147	141	111
弯曲模量/MPa	D790	2400	2400	2350	7350	5100	5300	6670	5000	5000
悬臂梁缺口冲击强度/（kJ/m）	D256	2.2	2.2	1.96	0.69	1.0	1.0	0.78	0.55	0.55
洛氏硬度 HRR	D885	114	116	116	L112	123	123	126	—	—
Taber 磨耗量/mg	D1044	50	50	—	—	50	50	—	—	—

6. 日本三菱工程塑料公司的 Luplac 改性 PPO 的性能（表 6-6）

表 6-6 日本三菱工程塑料公司的 Luplac 改性 PPO 的性能

项目		标准（ASTM）	阻燃 V-0 级 非增强						阻燃 V-1 级 非增强		阻燃 HB 级 非增强					
			AN20	AN30	AN45	AN60	AN91	AN90	AV30	AV60	AH40	AH50	AH60	AH70	AH80	AH90
密度/(g/cm³)		D792	1.08	1.08	1.09	1.09	1.06	1.08	1.10	1.08	1.06	1.06	1.06	1.06	1.06	1.06
吸水率（%）		D570	0.07	0.07	0.07	0.07	0.06	0.07	0.07	0.07	0.07	0.07	0.07	0.07	0.07	0.07
拉伸强度/MPa		D638	420	450	580	650	780	440	500	630	420	460	520	600	670	720
断裂伸长率（%）		D638	40	60	40	40	100	40	40	40	50	50	50	60	60	60
弯曲强度/MPa		D790	70	73	93	95	106	72	85	96	66	72	85	91	100	108
弯曲模量/GPa		D790	2.4	2.4	2.6	2.6	2.6	2.5	2.5	2.7	2.3	2.4	2.4	2.5	2.5	2.6
悬臂梁冲击强度（缺口）/(kJ/m²)		D256	30	30	25	22	30	20	20	20	13	16	18	18	11	8
洛氏硬度 HRR		D785	119	120	122	124	125	119	119	122	116	118	119	121	123	124
热变形温度/℃		D648	80	90	105	120	150	90	100	120	100	110	120	130	140	150
线胀系数/($\times10^{-5}K^{-1}$)		D696	7.7	7.0	5.3	5.3	5.3	6.5	6.3	6.6	6.7	6.7	6.7	6.6	6.6	6.6
燃烧性（UL94）		—	V-0	V-0	V-0	V-0	V-0	V-1	V-1	V-1	HB	HB	HB	HB	HB	HB
相对介电常数	60Hz	D150	2.88	2.85	2.90	2.80	2.70	2.82	2.80	2.79	2.68	2.68	2.67	2.67	2.67	2.65
	1MHz	D150	2.76	2.75	2.79	2.75	2.67	2.67	2.74	2.75	2.65	2.66	2.66	2.61	2.61	2.63
介电损耗角正切值（$\times10^{-4}$）	60Hz	D150	38	32	40	49	47	26	23	14	3	3	3	4	4	4
	1MHz	D150	62	70	52	54	54	38	26	30	10	10	10	12	12	12
体积电阻率/($\times10^{16}\Omega\cdot cm$)		D257	39	40	38	38	32	30	30	33	60	60	60	60	60	60
成型收缩率（%）			0.5～0.7	0.5～0.7	0.5～0.7	0.5～0.7	0.5～0.7	0.5～0.7	0.5～0.7	0.5～0.7	0.3～0.7	0.4～0.7	0.5～0.8	0.6～1.0	0.7～1.0	0.7～1.2

（续）

项目		标准（ASTM）	阻燃V-0级　GF增强			阻燃V-1级　GF增强			阻燃HB级　GF增强			MGX1005	X8018
			GN10	GN20	GN30	GV10	GV20	GV30	GH10	GH20	GH30		
密度/(g/cm^3)		D792	1.17	1.25	1.33	1.15	1.23	1.30	1.13	1.22	1.28	1.33	1.15
吸水率（%）		D570	0.06	0.06	0.06	0.06	0.06	0.06	0.06	0.06	0.06	0.07	0.07
拉伸强度/MPa		D638	85	105	120	85	105	120	85	105	120	91	62
断裂伸长率（%）		D638	5~10	4~7	4~7	5~10	4~7	4~7	5~10	4~7	4~7	5	5
弯曲强度/MPa		D790	125	140	150	130	140	150	125	140	150	127	93
弯曲模量/GPa		D790	4.0	5.4	7.0	4.1	5.5	7.2	3.9	5.5	7.2	7.0	4.0
悬臂梁冲击强度（缺口）/(kJ/m^2)		D256	12	10	10	12	10	12	12	10	10	0.59	1.08
洛氏硬度 HRR		D785	118	122	125	118	122	125	118	122	125	125	125
热变形温度/℃		D648	125	135	135	130	140	140	140	130	140	110	105
线胀系数/($\times10^{-5}K^{-1}$)		D696	4.5	3.0	2.5	4.5	3.0	2.5	4.5	3.0	2.5	—	—
燃烧性（UL94）		—	V-0	V-0	V-0	V-1	V-1	V-1	HB	HB	HB	V-0	V-0
相对介电常数	60Hz	D150	3.00	3.05	3.10	2.95	3.00	3.10	2.85	2.9	2.95	—	—
	1MHz	D150	2.97	3.01	3.07	2.92	2.97	3.05	2.82	2.87	2.92	—	—
介电损耗角正切值/($\times10^{-4}$)	60Hz	D150	12	15	18	12	14	18	10	11	12	—	—
	1MHz	D150	15	17	19	14	16	18	14	15	15	—	—
体积电阻率/($\times10^{16}\Omega\cdot cm$)		D257	≥10	≥10	≥10	≥10	≥10	≥10	≥10	≥10	≥10	—	—
成型收缩率（%）		—	0.3~0.5	0.2~0.4	0.1~0.3	0.3~0.5	0.2~0.4	0.1~0.3	0.3~0.5	0.2~0.4	0.1~0.3	0.2~0.3	0.3~0.4

7. 日本的PPO/PBT的性能（表6-7）

表6-7 日本的PPO/PBT的性能

项目		标准（ASTM）	BE100 未增强	BE130 增强	BE500 未增强	BE530 增强
玻璃纤维含量（%）		—	0	30	0	30
密度/(g/cm^3)		D792	1.22	1.45	1.33	1.58
吸水率（23℃，浸24h）（%）		D570	0.06	0.04	0.05	0.03
拉伸强度（23℃）/MPa		D638	30	72	35	80
断裂伸长率（23℃）（%）		D638	4	4	3	4
弯曲强度（23℃）/MPa		D790	50	150	50	155
弯曲模量（23℃）/GPa		D790	21	70	22	70
悬臂梁缺口冲击强度/(kJ/m)		D256	0.03	0.07	0.03	0.08
洛氏硬度 HRR		D785	90	96	92	98
热变形温度（1.86MPa）/℃		D648	87	168	90	160
燃烧性（1.6mm厚）（UL94）		—	HB	HB	V-0	V-0
相对介电常数（1MHz）		D150	3.1	3.2	3.1	3.1
介电损耗角正切值（1MHz）		D150	0.02	0.02	0.02	0.02
体积电阻率/Ω·cm		D257	10^{15}	10^{15}	10^{15}	10^{15}
耐电弧性/s		D149	110	110	90	90
成型收缩率（%）	平行	—	1.1	0.3	1.0	0.2
	垂直	—	1.6	1.2	1.1	1.0

牌号	特性和主要用途
BE100	未增强，成型性好，耐化学，耐高温，尺寸稳定，宜制机械、汽车、电器件
BE130	含30%玻璃纤维，高强度，高刚度，耐高温，尺寸稳定，宜制工程上的高强度件
BE500	未增强，除阻燃V-0级外，其余与BE100相似
BE530	除阻燃V-0级外，其余与BE130相似

8. 德国巴斯夫公司的Ultranyl PPO/PA合金的性能（表6-8）

表6-8 德国巴斯夫公司的Ultranyl PPO/PA合金的性能

项目		KR 4510	KR 4520	KR 4530M$_2$	KR 4530M$_4$	KR 4540G$_2$	KR 4540G$_4$	KR 4540G$_6$	KR 4590C$_4$	KR 4590C$_6$
拉伸强度/MPa		50~60	50~55	59~65	64~70	80~85	120~125	130~145	180	220
断裂伸长率（%）		60~70	70~75	50~55	30~35	4~5	3~4	2~3	3	2
弯曲弹性模量/MPa		2200	2100	2600	3000	4000	6500	8500	14000	20000
冲击强度/(kJ/m^2)	23℃	25	35	15	7.0	12	10	12	—	—
	-30℃	20	25	15	5.0	7.0	8.0	40	—	—

（续）

项　目	KR 4510	KR 4520	KR 4530M_2	KR 4530M_4	KR 4540G_2	KR 4540G_4	KR 4540G_6	KR 4590C_4	KR 4590C_6
热变形温度（0.42MPa）/℃	180	170	180	190	230	240	250	250	260
维卡软化温度/℃	190	180	190	200	195	205	215	215	220
线胀系数/($\times10^{-1}K^{-1}$)	0.8 ~ 1.1	0.9 ~ 1.1	0.9 ~ 1.1	—	0.4 ~ 0.5	0.3 ~ 0.4	0.2 ~ 0.3	—	—
相对介电常数	3.3	3.2	3.3	3.4	3.4	3.5	3.6	—	—
介电损耗角正切值（$\times10^{-5}$）	0.45	0.45	0.45	0.45	0.45	0.42	0.42	—	—
介电强度/(kV/mm)	95	95	—	—	65	65	65	—	—
体积电阻率/($\times10^3\Omega\cdot cm$)	6.7	5.3	5.0	5.0	5.0	5.0	—	—	—
表面电阻率/($\times10^{14}\Omega$)	1.0	1.0	1.0	1.0	1.0	1.0	1.0	—	—
燃烧性（UL94）	HB	HB	HB	HB	HB	HB	HB	HB	HB

9. 英国帝国化学公司 Lubricomp PPO 复合的性能（表6-9）

表6-9　英国帝国化学公司的 Lubricomp PPO 复合的性能

牌　号	拉伸屈服强度/MPa	屈服伸长率（%）	弯曲模量/GPa	悬臂梁缺口冲击强度/(J/m^2)	热变形温度/℃	
					0.44MPa	1.82MPa
EMI-XZC1008	—	—	15.1	58	154	149
Stat-konZ	41.4	3	2.9	—	138	—
Stat-konZC1003	—	—	9.0	53	145	143
Stat-konZC1006	—	—	11.7	64	154	149
ZBL4326	36	—	3.9	27	—	121
ZF1004	—	—	5.5	123	145	143
ZF1006	—	—	7.0	123	160	154
ZF1006FR	—	—	5.9	53	—	143
ZF1008	—	—	8.6	123	160	157
ZFL4034	—	—	5.5	80	—	140
ZFL4036	—	—	7.6	64	—	149
ZFL4323	93	—	5.2	69	—	140
ZL4030	—	—	2.3	96	—	127
ZL4320	—	—	2.8	64	—	127
ZL4530	—	—	2.2	96	—	125
ZML4334	62	—	5.2	53	—	132

10. 荷兰阿克苏工程塑料公司的改性PPO的性能（表6-10）

表6-10 荷兰阿克苏工程塑料公司的改性PPO的性能

牌 号	拉伸屈服强度/MPa	屈服伸长率（%）	弯曲模量/MPa	悬臂梁缺口冲击强度/(kJ/m²)	热变形温度/℃(1.82MPa)	燃烧性(UL94)
J1700/C/10	—	3.3	11	—	137	HB
J1700/CF/20	131	2.9	6.9	—	133	HB
J1700/GF/20	83	3.0	5.5	—	132	—
J1700/GF/30	97	2.0	7.6	—	138	—
J1700/GF/40	110	2.0	8.6	—	143	—
G1700/SS/3	55	5.0	2.5	80	125	—
G1700/SS/5	48	—	2.7	85	121	—

第二节 改性技术

一、增韧改性

（一）马来酸酐接枝乙烯共聚物（POE-g-MAH）改性PPO/PA

1. 简介

关于聚苯醚（PPO）/尼龙6合金的研究是高性能工程材料领域中一个重要的课题。PPO/尼龙6合金既保持了PPO优良的物理力学性能、电性能和耐热性，也具有尼龙6所特有的良好的耐应力开裂性、耐溶性和加工成型性能。但作为一种工程材料，PPO/尼龙6合金的韧性仍然偏低，采用普通弹性体增韧PPO/尼龙6合金，由于相容性差而增韧效果不佳，采用官能化弹性体增韧PPO/尼龙6合金是一个有效的解决方法。

2. 选材与制备

PPO树脂（646-111）、尼龙6（1013B）、POE（Engage 8150）、MAH等，将MAH、引发剂分别与PPO和POE均匀混合。采用熔融接枝共聚法，在双螺杆挤出机上制备PPO接枝MAH共聚物［PPO-g-MAH］和POE-g-MAH；用酸值法标定PPO-g-MAH的接枝率为7.8mg/g，四种POE-g-MAH的接枝率分别为1.1mg/g、2.4mg/g、4.6mg/g和8.9mg/g。将尼龙6、PPO、POE、POE-g-MAH及各种助剂按不同配比混合，其中PPO与尼龙6配比固定为70/30。在双螺杆挤出造料机组上挤出造粒，将共混物置于80℃烘箱内干燥备用。

3. 结构分析

PPO/尼龙6合金断裂面粗糙、表面颗粒细密、分布均匀。采用与PPO等量的PPO-g-MAH为增容剂，通过PPO-g-MAH上的酸酐与尼龙6上的氨基反应产生化学键。因此，PPO/尼龙6合金为相容性良好的共混物，合金表现为典型的韧性断裂行为。POE增韧PPO/尼龙6合金的共混物表面有许多球形空洞，在其周围可发现从表面脱离的粒子。这是在合金受外力冲击过程中被POE从基体中拔出的迹象，表明POE粒子与基体间的相界面黏结性极差。当共混物受外力冲击时，POE 粒子极易从基体表面脱离，造成共混物的缺口冲击强度较低，大多数空洞与粒子的直径约为 10μm，表明 POE 在基体中分散性很差，这也是导致合金缺口冲击强度下降的原因之一。从接枝率为 1.1mg/g 的 POE-g-MAH 增韧 PPO/尼龙 6 合金的冲击断裂面可见，表面暴露的弹性体粒子基本消失，空洞尺寸也略有减小。接枝率为 2.4mg/g 的 POE-g-MAH 增韧的合金断裂面表明，表面暴露的弹性体粒子完全消失，空洞尺寸也明显减小。而接枝率为 4.6mg/g 的 POE-g-MAH 增韧的合金，其共混物的断裂面已经呈现典型的韧性断裂行为，表面空洞分布均匀，表面出现基体合金受拉伸后的牵伸形态。在此配比下，合金正好发生“脆-韧”转变，缺口冲击强度出现一个飞跃式提高。显然，POE 接枝 MAH 后，通过 POE-g-MAH 分子链中的酸酐与合金中的氨基间产生化学反应，可显著提高 POE 粒子与基体间的界面黏结性，接枝越高，产生的化学键就越多，界面黏结性也就越大。POE-g-MAH 的接枝率越高，可明显地提高 POE 在基体中的分散性，并使 POE 粒子直径大幅减少，从而使其增韧 PPO/尼龙 6 合金的效果越显著，POE-g-MAH 含量为 10mg/g 时，合金断裂面中空洞分布的均匀性及粒子分散性都很好，空洞的直径却比 POE-g-MAH 含量为 15mg/g 的合金大得多，可见影响弹性体粒子直径的因素不仅包括接枝率，弹性体含量也是一个重要的因素。当弹性体含量为 15mg/g 时，粒子在基体中分散更均匀，粒子直径更小，因此增韧效果也更好。这与前面力学性能讨论的结果是一致的。

对于 PPO/尼龙 6/POE 三元共混物，在相同条件下，RuO_4 对极性较大的 PPO 和尼龙 6 的染色速度较高，对极性较小的聚烯烃 POE 的染色速度较慢，对同为极性聚合物的 PPO 和尼龙 6，RuO_4 对尼龙 6 的染色速度较 PPO 稍快，通过控制染色条件，可将尼龙 6 染成黑色，PPO 染成深灰色，而 POE 几乎不被染色，从而分辨出 POE 及 POE-g-MAH 在 PPO/尼龙 6 合金中的分布。由 TEM 图可见，POE 在 PPO/尼龙 6 合金中分散性极差，POE 在基体中呈现很大的相畴，其粒子形状不规则，直径为 5~10μm，呈白色且界面清晰，表明 POE 与基体的相容性较差。而被染成深灰色的 PPO 粒子分布均匀，直径为 0.5~1μm，表明 PPO 与尼龙 6 相容性非常好。在 POE-g-MAH 含量为 150mg/g 的情况下，从接枝率分别为 1.1mg/g、2.4mg/g 和 4.6mg/g 的 POE-g-MAH 增韧的 PPO/尼龙 6 合金的 TEM 照片中可以发现，当 POE 接枝 1.1mg/g 的 MAH 后，在其增韧的合金基体中 POE 的粒子直径明显减小至 1~2/μm；而 PPO 粒子的直径及其分布仍然保持不变。随着 MAH 接枝率的提高，POE-g-MAH 在基体中的分布均匀性进一步提高，粒子直径也进一步减小。当 POE 接枝 MAH 的接枝率达到 4.6mg/g 时，POE 的粒子直径已经减小到 0.1~0.2μm，且分散性极佳；而此时的 PPO 相畴仍没有发生变化，显然，随着 POE-g-MAH 的接枝率的增加，在合金中 POE 的相畴由大变小，分散性显著提高。这一切均表明，随 POE-g-MAH 中的酸酐与尼龙 6 上的氨基官能团反应程度增加，在提高弹性体与基体界面黏结性的同时对粒子的细化也起到了进一步的促进作用。相同接枝率的 POE-g-MAH 含量 150mg/g 的 PPO/尼龙 6 合金共混物中，其分散性和粒子直径均匀要比含量为 10mg/g 的共混物好得多。显然，POE-g-MAH 含量的提高能够增加熔融加工时弹性体与基体间的摩擦力，从而提高了弹性体在基体中的分散性，并对粒子的细化也起到了促进作用。

4. 性能分析

（1）PPO/尼龙6合金的力学性能　POE增韧PPO/尼龙6合金的缺口冲击强度只有41J/m²，比未增韧的合金还低，其原因是POE为非极性的聚烯烃，与极性的PPO和尼龙6都不相容，直接共混导致POE与PPO/尼龙6合金相界面黏结性差，使共混物韧性变差，采用MAH接枝率为1.1mg/g的POE-g-MAH与PPO/尼龙6合金共混，其缺口冲击强度显著提高，达到近100J/m²，且缺口冲击强度随POE-g-MAH接枝率的增加而提高。当POE-g-MAH接枝率达到4.6mg/g时，共混合金体系出现"脆-韧"转变，缺口冲击强度大幅提高至630J/m²。当采用更高接枝率的POE-g-MAH与PPO/尼龙6合金共混，韧性不再提高。

PPO/尼龙6合金的拉伸强度和断裂伸长率分别为64.6MPa和11.2%，当其直接与POE共混后，拉伸强度大幅度下降，显然，这是由于POE与PPO/尼龙6合金间相容性差、界面黏结性低造成的；同时，PEO作为一种弹性体，其本身的模量要远低于PPO/尼龙6合金，两者共混后，也会造成强度的下降，而POE-g-MAH增韧PPO/尼龙6合金的拉伸强度和断裂伸长率则明显增加，并随接枝率的增加而大幅提高。当接枝率达到4.6mg/g以后，拉伸强度和断裂伸长率趋于平衡，两种不同接枝率POE-g-MAH增韧合金的缺口冲击强度均随POE-g-MAH含量的增加而大幅度提高；在POE-g-MAH含量为100~150mg/g时，发生"脆-韧"转变，缺口冲击弹度比未增韧的合金提高十倍以上。继续提高POE-g-MAH含量，缺口冲击强度的增幅减小，对于弹性体增韧韧性基体体系，影响其增韧效果的主要因素包括：基体中分弹性体粒子的直径、相邻粒子的面间距离及基体与弹性体粒子间的界面黏结性。增加POE-g-MAH含量可以显著提高基体中弹性体粒子的数量，从而减少各个相邻粒子间的面间距，使得PPO/尼龙6合金材料在受外力冲击时，粒子更易于引发基体银纹和剪切屈服，提高了PPO/尼龙6合金材料的韧性。当POE-g-MAH含量达到150mg/g时，基体中的离子面间距刚好达到材料发生"脆-韧"转变的临界值，缺口冲击强度呈现飞跃式提高。还可以发现，在相同POE-g-MAH含量下，高接枝率POE-g-MAH所增韧的PPO/尼龙6合金的缺口冲击强度均高于低接枝率弹性体所增韧的合金。

合金的拉伸强度随POE-g-MAH含量的增加而下降，而断裂伸长率却随POE-g-MAH含量的增加而提高。显然，POE-g-MAH作为弹性体，其模量要远低于PPO/尼龙6合金，同时断裂伸长率要高于合金，因此两者共混后，必然导致拉伸强度的下降，且弹性体含量越高，下降的幅度也越大。

（2）PPO/尼龙6合金的流变性能　测量聚合物熔体黏度是研究聚合物间的化学反应和分子链扩链反应的一种常用手段。通常加工设备的动态扭矩反映了聚合物的熔体黏度，并强烈依赖于该聚合物的分子量、分子间的相互吸引力和分子间的相互缠结作用。由试验得知，PPO/尼龙6/POE共混物的动态扭矩低于PPO/尼龙6合金，显然POE与基体合金的分子链相容性非常差，其熔体分子链间相互排斥，导致熔体黏度的下降。而采用MAH接枝率为1.1mg/g的POE-g-MAH与PPO/尼龙6合金共混，其共混物的动态扭矩要明显高于纯POE与合金的共混物，并几乎与PPO/尼龙6合金的扭矩相同。显然，POE经过与MAH接枝，在POE分子链上引入了具有可反应活性的酸酐官能团。当

POE-g-MAH 与 PPO/尼龙 6 合金熔融共混时，其分子链上的酸酐可与尼龙 6 的氨基官能团发生如下化学反应：

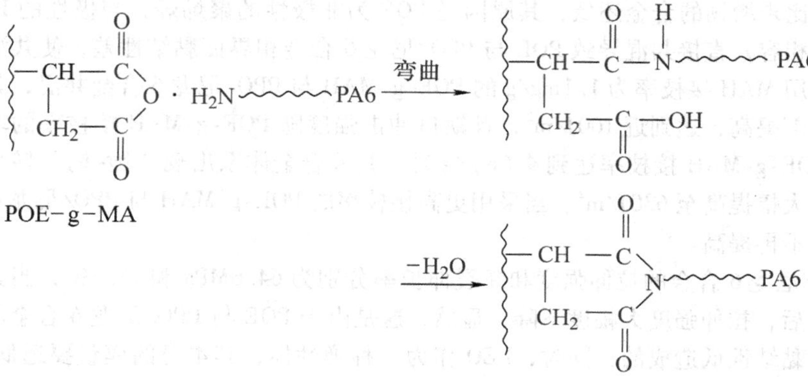

该反应在 POE 分子与尼龙 6 分子间形成了化学链，相当于生成了 POE 接枝尼龙 6 共聚物，导致共混物的分子量增加，因而使共混物的熔体黏度增加。另外在 POE 分子链上引入强极性的 MAH 基团，也必然导致 POE 分子链与尼龙 6 分子链间的相互作用。这也是导致 POE-g-MAH 增韧 PPO/尼龙 6 合金体系的扭矩大幅度提高的重要原因。从试验中得知，随着 POE 接枝率的增加，其增韧的合金体系的扭矩也随之大幅度提高。其主要原因是接枝率越高，POE-g-MAH 分子链上的酸酐官能团也越多，与尼龙 6 分子链间形成的化学键也越多；因此共混物的分子量增加幅度也越大，从而使共混物的熔体黏度也更进一步增加。对比接枝率为 4.6mg/g 和 8.9mg/g 的 POE-g-MAH 增韧 PPO 尼龙 6 合金的扭矩随时间变化曲线，可以看到，随着 POE 接枝率提高到一定程度，共混物扭矩提高幅度反而减小；尽管 POE-g-MAH 上的酸酐随接枝率的提高而增加，但是合金中尼龙 6 上的氨基有限，当氨基被消耗尽后，共混物的分子量将不再增加，此时熔体黏度的增加仅与 POE-g-MAH 分子链与合金分子链间的相互作用相关，因此熔体黏度的增加幅度也就减小了。共混物熔体表观黏度随 POE-g-MAH 接枝率变化的规律与扭矩随接枝率变化的规律完全相同，可作为上述论据的佐证。

5. *效果*

POE-g-MAH 对 PPO/PA6 合金只有显著的增韧作用，其主要机理是：POE-g-MAH 分子链中的酸酐与合金中尼龙 6 上的氨基发生化学反应，提高了 POE 粒子与基体间的界面黏结性，并明显地提高 POE 在基体中的分散性，使基体中分散的 POE 粒子直径大幅度减小，导致显著的增韧效果。POE-g-MAH 与 PPO/PA6 合金间产生的化学键使共混物的分子量增加，导致共混体系的熔体黏度显著提高。

（二）弹性体改性 PPO/HIPS 合金

1. *原材料与配方（质量份）*

PPO	70～50	抗冲聚苯乙烯（HIPS）	30～50
MBS	5～15	其他助剂	适量

2. 制备方法

PPO/HIPS/弹性体三元合金制备工艺流程如图 6-1 所示。

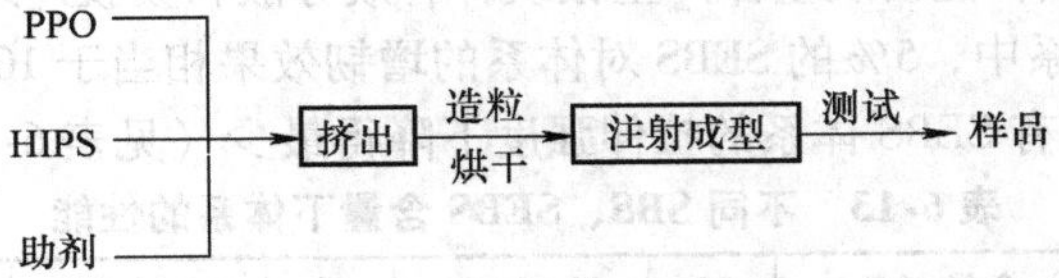

图 6-1 PPO/HIPS/弹性体三元合金制备工艺流程

3. 性能

HIPS 含量对体系性能的影响见表 6-11。

表 6-11 HIPS 含量的变化对体系性能的影响

组成	PPO 含量（%）	80	70	60	50	40	30	20
	HIPS 含量（%）	20	30	40	50	60	70	80
性能	拉伸强度/MPa	71.2	67.8	63.9	61.2	53.1	45.9	33.1
	弯曲强度/MPa	122	121.9	114.5	100.8	95.1	85.9	67.2
	缺口冲击强度/kJ · m^{-2}	10.3	12.3	12.9	13.7	12.4	10.2	7
	热变形温度/℃	155	149	138	124	115	108	94

由表 6-11 可知，当体系中 HIPS 含量控制在 20% ~50% 时，体系的热变形温度大于 120℃，拉伸强度大于 60MPa，弯曲强度大于 100MPa。

众所周知，在 PPO 分子链中，含有大量的苯环结构，导致其分子链刚性较强。虽然在 116℃ 以下有一个二级转变，使分子具有一定的韧性，但对缺口仍然敏感，加入 HIPS 以后，体系的缺口冲击强度有所提高。

不同 MBS、EPDM 含量下体系的性能见表 6-12。由表 6-12 可知，MBS、MPDM 的增韧有一定作用，可将 MPPO 的缺口冲击强度提高到 20kJ/m^2 左右。但是当 MBS、EPDM 的含量超过一定值后，体系的冲击强度下降，且在挤出过程中料条分层，这表明弹性体与基体的相容性差。

表 6-12 不同 MBS、EPDM 含量下体系的性能

组成	[PPO/HIPS] 含量（%）	95	90	80	75	95	90
	MBS 含量（%）	5	1	20	25	—	—
	EPDM 含量（%）	—	—	—	—	5	10
性能	缺口冲击强度/kJ · m^{-2}	22.1	16.1	6.5	6.5	22.7	20
	热变形温度/℃	109	112	110.5	111	115.7	116.7
	拉伸强度/MPa	—	59.3	50.2	50.2	58.3	48.2

不同 SBS、氢化 SBS（SEBS）含量下体系的性能见表 6-13。由表 6-13 可知，SBS 系列弹性体对 MPPO 的增韧有显著效果，加入少量的 SBS 或 SEBS 即可将缺口冲击强度提高到 20kJ/m^2 以上，且兼顾了体系的热变形温度、拉伸强度，使体系具有优异的综合性能。

SBS、SEBS之所以有较好的增韧效果，是因为SBS、SEBS的PS嵌段部分与PPO具有良好的相容性，它们在PPO连续相中分散得更为均匀，当体系受到冲击时，SBS、SEBS作为应力集中点，能诱发基体产生银纹，有效分散和吸收外来能量。

在SEBS增韧体系中，5%的SEBS对体系的增韧效果相当于10%的SBS。在相同增韧效果的情况下，含有SEBS体系的拉伸强度下降得最少（见表6-13）。

表6-13 不同SBS、SEBS含量下体系的性能

组成	[PPO/HIPS] 含量（%）	95	95	92	88	84	80	85	85	90	85
	SEBS（A①）含量（%）	5	—	—	—	—	—	—	—	—	—
	SEBS（B①）含量（%）	—	5	—	—	—	—	—	—	—	—
	SBS（星）含量（%）	—	—	—	—	—	—	15	—	5	7.5
	SBS（线）含量（%）	—	—	8	12	16	20	—	15	5	7.5
性能	拉伸强度/MPa	66.3	66.2	56.8	56.8	50.3	45	59.7	52.6	64.2	58.5
	缺口冲击强度/kJ·m^{-2}	27.4	21.4	20.1	27.7	31.9	37.4	26.9	31	25.9	35
	热变形温度/℃	137	131	132	129.1	120	114	124	119.5	135.4	122

① A、B为不同牌号的SEBS。

SEBS是在一定条件下将SBS中的聚丁二烯嵌段部分进行催化加氢处理，获得的类似于乙丙共聚物或（乙烯与1-丁烯）共聚物结构的一种聚合物。由于减少了双键的数量，并具有耐热、耐候、耐臭氧、耐暴晒等特点，弥补了SBS性能上的不足。因此，利用SEBS与MPPO共混不仅可改善MPPO的冲击性能，也提高了它的耐老化性能，进一步拓宽了MPPO的应用领域。

在SBS增韧体系中，考察不同结构的SBS增韧效果时，发现线形SBS增韧PPO/HIPS的效果要高于星形SBS，而含有星形SBS的PPO/HIPS体系拉伸强度要高于线形SBS的体系（见表6-13）。为此，科研人员研究了不同配比下线形SBS对PPO/HIPS的增韧效果。当其含量不超过20%时，体系缺口的冲击强度随SBS含量的增加而提高，最大可达37.4kJ/m^2，而普通的PPO/HIPS的缺口冲击强度很难超过15kJ/m^2。

由表6-13还可看出，采用星形、线形SBS配合使用的效果较好。加入15%复合SBS的情况下，缺口冲击强度达到35.0kJ/m^2。表明星形SBS与线形SBS之间具有一定的互补性。采用两种结构的SBS复合物可以有效兼顾冲击强度、拉伸强度与热变形温度。经配方筛选，得到的PPO/HIPS/SBS三元合金的综合性能见表6-14。

表6-14 PPO/HIPS/SBS三元合金的综合性能

项目	指标
拉伸强度/MPa	64.2
弯曲强度/MPa	115.0
缺口冲击强度/kJ·m^{-2}	25.9
热变形温度/℃	135.4

4. 效果

1）在PPO/HIPS =（70～50）/(30～50)（质量比）配比范围内，材料的综合性能优异。

2）用 SBS 系列弹性体作为增韧改性剂，可有效提高 PPD/HIPS 的冲击强度。

3）PPO/HIPS/弹性体三元合金的制备已经在小试的基础上进行了中试放大研究。产品经用户使用，完全达到成型工艺和使用性能要求。

（三）SEBS 增韧 PPO 共混物

1. 原材料与配方（质量份）

PPO	80	苯乙烯-乙烯-丁二烯-苯乙烯嵌段共聚物（SEBS）	20
环烷油	5～10	其他助剂	适量

2. 制备方法

SEBS 充油过程：将 SEBS 加入高速搅拌机，低速搅拌 1min，将油缓慢加入，高速搅拌 3min，出料。

先将 PPO 和 SEBS（或 SEBS 充油）在 80℃的烘箱中烘料 4h，再将 PPO 和 SEBS（或 SEBS 充油）准确称量，在高速搅拌机中搅拌 3min，混合均匀，PPO 与 SEBS 的配比（质量比）分别是 80/20、60/40、40/60、20/80，出料加入双螺杆料斗中，双螺杆同向挤出机的温度设置为 220℃、220℃、230℃、240℃、250℃、260℃、270℃、270℃、280℃、280℃、280℃，主机螺杆转速为 300r/min，加料转速为 50r/min，将物料均匀挤出，水冷造粒；然后在 80℃的烘箱中烘料 4h，将粒子烘干；再于注射机中注射成型，注射工艺条件：机筒至喷嘴温度依次为 280℃、290℃、290℃、290℃、290℃，螺杆塑化转速为 120r/min，注射压力为 60MPa；制备成标准样片。

3. 性能

由表 6-15 可知，随着 PPO 含量的增加，共混物的硬度增加，PPO 含量只有 20% 时就由未添加的 74HA 大幅增加到 92HA。当 PPO 含量为 60% 时，硬度已经大于 95HA，HA 已不能反映共混物的硬度，需要借助 HD 来反映。当 PPO 含量为 80% 时硬度达到 86HD，这是由于大量的 PPO 加入后，其强而韧的性能得以体现，因此硬度增加、柔韧性下降。

表 6-15 SEBS/PPO 共混物的硬度

SEBS/PPO（质量比）	邵氏硬度（HA/HD）
100/0	74/20
80/20	92/44
60/40	95/54
40/60	98/84
20/80	99/86

SEBS 不同充油量对共混物硬度和力学性能的影响见表 6-16。从硬度来看，随着充油量的增加，HD 硬度明显下降。这主要是由于油加入后使得分子间作用力减弱，从而导致共混物的可塑性增加，分子链柔顺性增加。从力学性能看，随着充油量的增加，拉伸强度和断裂伸长率均有不同程度的下降。这主要是由于油加入后起到了增塑剂的作用，SEBS 与 PPO 之间的界面作用力减弱，在受到拉伸应力时，分子链间错位滑移所需的切应力减小，使得拉伸强度下降；且油存在于 SEBS 的 EB 段中，加大了与 PPO 和 PS 段的分子间距，使得分子链段在拉伸过程中不能完全伸展，降低了断裂伸长率。

表 6-16　SEBS 不同充油量对共混物硬度和力学性能的影响

SEBS/环烷油（质量比）	邵氏硬度（HD）	拉伸强度/MPa	断裂伸长率（%）
100/50	83	44	58
100/100	82	38	35
100/200	80	39	33
100/350	76	34	27

4. 效果

1）纯 SEBS 具有明显的两相结构，在 AFM 中表现为 PS 段为亮点（硬相），EB 段为暗点（软相）；当 SEBS/PPO = 80/20（质量比）时，EB 段是连续相，PS 相和 PPO 是分散相；随着 PPO 含量的增加，逐渐变为双连续相，当 SEBS/PPO = 20/80 时，发生相反转，PPO 和 PS 相变为连续相。

2）随着 PPO 含量的增加，SEBS/PPO 不同共混比的拉伸强度大幅增加，断裂伸长率明显降低。

3）不同充油量的 SEBS 与 PPO（充油 SEBS/PPO = 40/60）共混后，从 AFM 电镜观察看，油加入后使得 SEBS 和 PPO 共混物相态由无序的双连续相变为有序的两相分离结构。

4）随着充油量的增加，SEBS/PPO 的拉伸强度和断裂伸长率均有不同程度的下降；充油量增加使得流动性能也有大幅度的增加，表现黏度随非牛顿剪切速率的增加逐渐降低。

二、合金化改性

（一）PPO/PA6 合金

1. 原材料与配方（质量份）

尼龙 6	40 ~ 60	PPO	30 ~ 45
复合相容剂	3 ~ 6	增韧剂	5 ~ 10
其他助剂	0.5 ~ 1.0		

2. 制备方法

将干燥好的 PA6 及 PPO、增韧剂、相容剂、抗氧剂、润滑剂等用高速混合机混匀后，置于加料器中，定量从双螺杆挤出机第一进料口加入，在 250 ~ 280℃，螺杆转速为 240 ~ 260r/min 下，经双螺杆共混、挤出、冷却、切粒得到高性能 PA6/PPO 合金粒料成品。其工艺流程如图 6-2 所示。

3. 性能

用此配方制备的 PA6/PPO 合金综合性能好，其冲击强度≥25kJ/m^2、拉伸强度≥50MPa、断裂伸长率≥50%、弯曲强度≥70MPa、弯曲模量≥1680MPa、热变形温度≥160℃（1.82MPa）。

（1）相容剂种类对 PA6/PPO 合金性能的影响　结晶性 PA6 树脂和非结晶性 PPO 树脂互不相容，PA6 与 PPO 采用简单的机械共混，分散相不稳定，注射成型时产生相分离，制品很脆。为了使 PA6/PPO 合金兼具 PA6 与 PPO 的特点，必须添加相容剂。较好

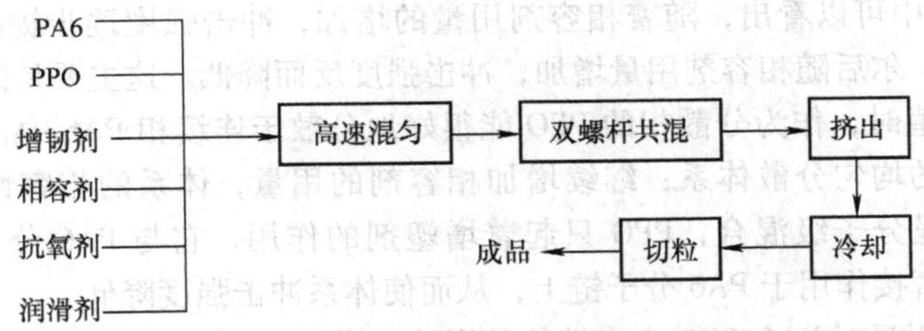

图6-2 制备PA6/PPO合金的工艺流程

的相容剂应具备的条件：①与聚合物共混时其自身易细化，易分散；②可以阻止聚合物相分离和重新凝聚；③能够降低聚合物组分之间的界面张力；④能够提高聚合物组分间的界面黏结力。PA6和PPO本身韧性不高，如果不加相容剂，制备的PA6/PPO合金的韧性自然也不会高。为了提高PA6/PPO合金的韧性，根据相似相容原理，采用了自制的接枝聚烯烃/聚烯烃弹性体共聚物作为复合相容剂。

采用增韧剂A（苯乙烯-丁二烯嵌段共聚物），在过氧化物引发剂作用下，加入可聚合极性单体MAH，分别与低分子质量聚苯乙烯、聚苯乙烯、PPO接枝，制得了三种复合相容剂（其代号分别为CNLPS、CNPS、CNPPO），用这三种相容剂制得的PA6/PPO合金性能见表6-17。

从表6-17中可以看出，以MAH接枝增韧剂A、低分子质量聚苯乙烯的共聚物（CNLPS）作为复合相容剂，制得的PA6/PPO合金冲击强度最高，但从相容剂制备工艺和PA6/PPO合金综合性能考虑，选择MAH接枝增韧剂A、聚苯乙烯的共聚物（CNPS）作为PA6/PPO合金的相容剂较为合适。

表6-17 不同相容剂对PA6/PPO性能的影响

相容剂	冲击强度/$kJ \cdot m^{-2}$	拉伸强度/MPa	断裂伸长率（%）	弯曲强度/MPa	热变形温度/℃（1.82MPa）
CNLPS	33.8	43.6	41.2	59.8	159
CNPS	29.1	42.3	60.8	62.7	162
CNPPO	31.3	43.9	45.6	65.4	156

（2）相容剂用量对PA6/PPO合金性能的影响 当相容剂用量小于0.5%时，PA6与PPO相容性差，加工困难；当相容剂用量大于1%时，PA6/PPO合金挤出胶条易牵带，带条表面光滑。相容剂用量对PA6/PPO合金性能的影响见表6-18。

表6-18 相容剂用量对PA6/PPO合金性能的影响

相容剂用量（%）	冲击强度/$kJ \cdot m^{-2}$	拉伸强度/MPa	弯曲强度/MPa	热变形温度/℃（1.82MPa）
1	22.2	50.5	76.2	165
2	23.7	50.8	74.4	161
3	23.5	50.3	76.0	162
4	24.8	48.7	74.0	160
5	26.6	48.7	73.1	163
6	14.3	48.9	74.5	160

从表6-18中可以看出，随着相容剂用量的增加，冲击强度逐步提高，用量为5%时达到最大值，尔后随相容剂用量增加，冲击强度反而降低。这主要是因为，当相容剂用量达到一定值时，作为分散相的PPO能很好地分散于连续相PA6中，形成宏观相容而微观相分离的均匀分散体系；继续增加相容剂的用量，体系的相容性过大，PA6与PPO之间完全呈分子级混合，PPO只起着增塑剂的作用，它与PA6分子的紧密附着，致使冲击应力直接作用于PA6分子链上，从而使体系冲击强度降低。

（3）PPO用量对PA6/PPO合金性能的影响　当PPO用量大于60%时，PA6/PPO合金挤出胶条牵带困难，难以工业化生产。当PPO用量在60%以下时，PPO用量对PA6/PPO合金性能的影响见表6-19。

从表6-19中可以看出，随着PPO用量的增加，冲击强度逐步降低，拉伸强度变化不大，弯曲强度和弯曲模量逐渐提高。从PA6/PPO制备工艺条件和其综合性能考虑，一般选择PPO用量为30%～45%。

表6-19　PPO用量与PA6/PPO合金性能的关系

PPO用量（%）	冲击强度/kJ·m^{-2}	拉伸强度/MPa	弯曲强度/MPa	弯曲模量/MPa
30	27.0	49.2	71.1	1694
45	23.0	50.6	73.3	1688
50	13.9	52.8	75.0	1787
55	10.4	52.8	77.4	1821
60	7.4	53.6	79.7	1906

4. 应用

PA6/PPO合金既具有PPO的高玻璃化转变温度和尺寸稳定性，又具有PA6的耐溶剂性和良好的成型性，并且具有刚性好、蠕变小、耐冲击等特点。其主要应用领域是电子电气、汽车工业、办公设备、精密机械等。在电子电气方面，成功地用于光盘、传真通信、磁带录像机等精密机械内部零件。在汽车方面，可用于制作汽车的大型挡板、缓冲垫、车轮护盖、仪表盘、车身垂直塑料外板等。岳阳石油化工总厂生产的PA6/PPO合金粒料现已用于制作汽车车轮护盖配件，产品经广西、浙江等地的用户试用后，反映良好。

5. 效果

以马来酸酐接枝增韧剂A与聚苯乙烯的共聚物作相容剂，以A_1与B_2两种增韧剂作为PA6/PPO的复合增韧剂，在PPO用量为30%～45%，相容剂用量为5%时，制备的PA6/PPO合金综合性能较好。PA6/PPO合金可广泛应用于电子电气、办公设备、汽车工业等领域。

（二）PPO/PA66合金

1. 原材料与配方（质量份）

PPO	40～60	尼龙66（10^{11}）	30～50
SEBS	10	其他助剂	适量

2. 制备方法

（1）工艺路线的选择

1）把 PPO 粉、PA66、MAH、SEBS 在混合机中混合均匀，在双螺杆挤出机中熔融挤出造粒，注射成型，所得产品力学性能较差（数据见表 6-20）。

2）在 SEBS 上接枝 MAH 使其成为 SEBS-MAH；然后与 PPO 粉、PA66 混合均匀，在双螺杆挤出机中熔融挤出造粒，注射成型，所得产品比第一种路线的产品的力学性能有所提高。

3）把 PPO 粉与 MAH 混合均匀，在双螺杆挤出机中熔融挤出，得到 PPO-MAH；随后与 PPO 粉、PA66、SEBS 混合均匀，在双螺杆挤出机中熔融挤出造粒、注射成型，该路线虽然费时费力，但产品的综合性能较好。

表 6-20 三种工艺路线所得产品的性能比较

工艺路线编号	1#	2#	3#
热变形温度（1.82MPa）/℃	124	132	150
悬臂梁缺口冲击强度/kJ·m^{-2}	3.1	22.8	28.5
弯曲强度/MPa	51.4	53.7	54.4
拉伸强度/MPa	42.7	50.8	52.2

（2）马来酸酐化聚苯醚（gPPO）的制备 用马来酸酐化 PPO 作为 PPO 合金体系的增容剂，国外已有许多报道。酸酐化过程一般分成反应挤出和溶液聚合两种方法；考虑生产成本及三废处理问题，选择了反应挤出法。将预先干燥的 PPO 粉及研细的 MAH 按一定质量比混合均匀，加入双螺杆挤出机中进行熔融反应，所用引发剂一般为过氧化物型，如过氧化二叔丁基、过氧化苯甲酰等。试验的特点：有无引发剂均能发生反应。马来酸酐可以接枝在 PPO 的支链上形成 PPO-g-MAH，也可以接到 PPO 的端基形成 PPO-MAH；由于 PPO 的端羟基在高温下易氧化降解，因而在 PPO 的合成后期要对其端羟基进行封端处理，所以熔融挤出反应得到的基本上是 PPO-g-MAH。

3. 性能

gPPO 用量对 PPO/PA66 合金性能的影响见表 6-21。

表 6-21 gPPO 用量对 PPO/PA66 合金性能的影响

样品编号		36#	35#	30#	32#	37#	38#
配方	PPO（质量份）	6.0	5.5	5.0	4.5	4	3.5
	PA66（质量份）	3	3.5	4	4.45	5	5.5
性能	热变形温度（1.82MPa）/℃	171.3	155.7	156.2	138.9	114.7	103.8
	悬臂梁缺口冲击强度/kJ·m^{-2}	9.1	33.9	37.3	29.0	36.3	21.0
	弯曲强度/MPa	52.5	52.1	49.9	49.4	49.8	48.9
	拉伸强度/MPa	52.2	50.8	50.6	51.7	52.6	52.8

从表 6-21 中可以看出，随着 PPO 用量的增加，PPO/PA66 合金的热变形温度逐渐增大；但悬臂梁缺口冲击强度变化不大，PPO 用量约大于 60% 时开始下降，估计 PPO/PA66 合金中连续相与分散相发生变化有关；PPO/PA66 在一定范围内的用量变化对拉

伸强度、弯曲应力的影响不大。所以PPO的用量不宜过大，否则易发生相变化，影响材料性能。

各种抗冲击剂对PPO/PA66合金的影响见表6-22。从表6-22中可以看到，PPO与PA66简单共混，其样条表面有花斑，冲击强度很低、很脆，注射成型时易断裂（44#）；gPPO与PA66共混，其样条表面花斑消失，但冲击强度很低、很脆，不能正常使用（45#）。在gPPO与PA66中加入少量的抗冲击剂，能明显提高PPO/PA66的冲击强度；特别是加入SEBS后，冲击强度明显提高，且对热变形温度影响小。

表6-22　各种抗冲击剂对PPO/PA66合金性能的影响

样品编号		44#	45#	41#	42#	43#
配方	PPO（质量份）	5.0	5.0	4.5	4.5	4.5
	PA66（质量份）	5.0	5.0	4.5	4.5	4.5
	抗冲击剂（质量份）	—	—	1（SEBS）	1（SBS）	1（SEBS-MAH）
性能	悬臂梁缺口冲击强度/$kJ \cdot m^{-2}$	4.3	4.3	28.5	13.2	19.9
	弯曲强度/MPa	67.2	68.8	54.4	53.3	56.0
	拉伸强度/MPa	55.3	65.0	52.2	56.1	54.8
	热变形温度/℃	146.2	156.4	145	110	120

采用Molau试验验证gPPO的增容作用：取PA66、PPO+PA66（各50%，经熔融挤出造粒）、gPPO+PA66（各50%，经熔融挤出造粒）各10g分别放入三个小烧杯中，放入无水甲酸；2h后，盛放PA66的烧杯中，PA66全溶，溶液较清；盛放PPO+PA66的烧杯中，塑料粒子基本上溶解，溶液浑浊有沉淀，估计为PPO；盛放gPPO+PA66的烧杯中，塑料粒子发生溶胀，但未溶解，说明了gPPO中的酸酐基团与PA66中的酰胺基团发生了化学反应，生成接枝共聚物，阻碍了PA66的溶解。

4. 效果

1）通过熔融挤出法制备PPO-g-MAH，有效地增加了PPO与PA66的相容性，提高了共混体系的力学性能。

2）PPO-g-MAH中的酸酐与PA66的端氨基在熔融挤出过程中，发生了化学反应，生成了接枝共聚物，这种接枝共聚物在PPO与PA66两相的界面处起到了增容剂的作用。

3）加入一定量的抗冲击剂能显著提高PPO/PA66合金的冲击强度。

（三）SBS-g-GMA改性PPO/PBT合金

1. 原材料与配方（质量份）

PPO	100	PBT（SD-200）	20～40
SBS-g-GMA	10～15	其他助剂	适量

2. 制备方法

在Rheomix 600密炼机中，先加入SBS-g-GMA，然后加入PPO和PBT，待PPO、PBT熔融后，转矩下降，将转速从60r/min提高到120r/min，混炼温度为250℃，混炼时间为10min。

3. 结构

从 SBS-g-GMA/PPO/PBT 与 SBS/PPO/PBT 合金断面的 SEM 照片中可以看出，SBS/PPO/PBT 合金相容性较差，分散相颗粒粒径分布较宽，两相界面轮廓（空洞）清晰光滑。接枝 GMA 的 SBS 共混体系比未接枝体系拥有更多圆球状分散体，分散体粒径分布变窄。这使得两相接触面积大大增加，相容性得以提高。试验中发现 SBS-g-GMA 在共混体系中像网络一样分散在两相之间，并清晰地拍摄到分散相与连续相撕开后包裹在分散相表面的弹性体被拉伸破坏而成毛茸状的照片，这有力地证实了 SBS-g-GMA 在 PPO/PBT 合金中所起的增容作用。

4. 性能

从表 6-23 中的数据可以看出，接枝 GMA 的 SBS 使 PPO/PBT 合金各项力学性能均优于 SBS/PPO/PBT 合金。其中拉伸强度提高了 36%，无缺口冲击强度提高了 14%，缺口冲击强度提高了 60%。

两种合金在不同溶剂浸渍后对无缺口冲击强度的影响见表 6-24。

表 6-23　PPO/PBT 合金的力学性能

共混合金体系	拉伸强度 /MPa	断裂伸长率 (%)	无缺口冲击强度 /kJ·m^{-2}	缺口冲击强度 /kJ·m^{-2}
SBS/PPO/PBT	26.80	2.28	8.04	2.18
SBS-g-GMA/PPO/PBT	36.57	3.17	9.18	3.50

表 6-24　溶剂对合金冲击强度的影响

共混合金体系	水	机油
SBS/PPO/PBT	7.88	7.88
SBS-g-GMA/PPO/PBT	9.18	9.08

PPO/PBT 合金的热性能数据见表 6-25。熔融热焓下降，说明 SBS-g-GMA 对 PPO/PBT 合金的影响比 SBS 大，SBS-g-GMA 比 SBS 更容易进入 PBT 中，使共混物中 PBT 的结晶度比不接枝的 SBS 存在时下降更多，PBT 晶格破坏更厉害，导致熔点下降。值得注意的是，SBS-g-GMA 的加入，使得共混物中 PBT 熔程变窄，这可能是由于 SBS-g-GMA 上的环氧基与 PBT 上的端羧基发生了反应，从而提高了 PPO 与 PBT 的相容性，即提高了 PPO 影响 PBT 晶格的能力。这样，体系中大量的 PPO 必然对 PBT 晶体的形成起巨大的阻碍作用，使得原本可以形成不完善结晶的区域最终只能成为无定形区，只有在 PBT 富集区域能够形成较完善的晶体，于是熔程变窄，结晶度下降。

表 6-25　PPO/PBT 合金的热性能

共混合金	熔点 T_m /℃	熔程 ΔT_m/℃	熔融热焓 ΔH_m/cal·g^{-1}	玻璃化转变温度 T_g /℃
SBS/PPO/PBT	222.7	24	54.2	162
SBS-g-GMA/PPO/PBT	220.2	17	45.3	160

SBS-g-GMA 的加入，造成 PPO 的 T_m 下降，这是 PPO 与 PBT 相容性改善的又一标

志。PBT 的 T_m 大约为48℃，接枝反应通常发生在非晶区或结晶缺陷区域中。这样 PPO 与非晶 PBT 的两个玻璃化转变温度互相靠近，这是相容性提高的典型标志。

（四）PPO/有机硅共混合金

1. 原材料与配方（质量份）

PPO	100	聚对羟基苯乙烯（PHS）	5~15
端胺基聚二甲基硅氧烷（PDMS）	10~20	HIPS	10~30
其他助剂	适量		

2. 制备方法

（1）PHS-PDMS 与 PPO-PHS-PDMS 的合成　在250mL 四口烧瓶中，在氮气保护下，将 PHS 用氯苯和二氧六环混合溶剂100mL 溶解，加热脱完水后，加入端胺基聚二甲基硅氧烷低聚物，通过羟胺基反应形成 PHS-PDMS 共聚物。

在250mL 四口烧瓶中，在氮气保护下，将2g 的 PPO 用氯苯和二氧六环混合溶剂100mL 溶解，加热脱完水后，加入端胺基聚二甲基硅氧烷低聚物，形成二元嵌段共聚物，然后将体系降温，加入2g PHS 的溶液，最后控制反应温度在90℃，滴加适量的端胺基聚二甲基硅氧烷低聚物，滴加完毕后反应0.5h 结束，即生成 PPO-PHS-PDMS 共聚物。

（2）共混　将 PPO 用混合溶剂溶解，按一定比例分别加入 PHS-PDMS、PPO-PHS-PDMS、PS + PPO-PHS-PDMS 中混合均匀后，蒸掉部分溶剂，试样经玻璃板涂膜或压片而成。

3. 性能

（1）PPO/PHS-PDMS 共混体系　对低聚物的研究证实，PPO 与 PHS 具有良好的相容性，利用 PPO 与 PHS-PDMS 二元嵌段共聚物进行共混，得到一相容体系，从 PPO/PHS-PDMS 共混体系的动态力学谱图中可知，其共混体系表现出两个转变温度，其中，120℃为有机硅相的结晶温度，第二个转变温度是 PPO 与 PHS-PDMS 相容相的玻璃化转变温度。可见，PPS 与 PHS-PDMS 是相容的，而 PHS-PDMS 二元嵌段共聚物与 PPO 共混后模量明显增加，且随 PHS-PDMS 含量增加，玻璃化转变温度向低温区移动。

PPO/PHS-PDMS 共混物的力学性能见表6-26。由表6-26可知，共混可大大提高嵌段共聚物的弹性模量和强度，可以对嵌段共聚物改性。

表6-26　PPO/PHS-PDMS 共混物的力学性能

样品号	试样	PPO 用量/g	弹性模量/MPa	断裂强度/MPa	断裂伸长率（%）
A-1	PPO/PHS-PDMS	2	672.3	12.0	3.4
A-2	PPO/PHS-PDMS	2	668.5	18.1	2.7
A-3	PPO/PHS-PDMS	2	623.5	12.2	2.0
A-4	PPO/PHS-PDMS	0	11.2	3.0	55.0

（2）PPO/PPO-PHS-PDMS 共混体系　由 PPO/PPO-PHS-PDMS 共混体系、PPO 以及 PPO-PHS-PDMS 的 DSC 曲线可知，当 PPO 分子量（M_1）高于 PPO-PHS-PDMS 中 PPO 分子量（M）时，在高温区 DSC 曲线表现出两个玻璃化转变温度。当 $M_1 = M$ 时，

只出现一个玻璃化转变温度，并且高于三元嵌段共聚物的第二个玻璃化转变温度，随PPO用量的增加，玻璃化转变温度向高温区移动，可见此时是一良好的互容体系。可以利用共混法对PPO或PPO-PHS-PDMS进行交互改性。

（3）PPO/PS/PPO-PHS-PDMS共混体系　PS是一种常用的高分子材料，其加工性能好、耐老化、性能稳定，但其弱点是脆性大，科研人员对其改性研究做了大量工作，期望达到增韧的目的，其中共混是简单易行的方法。研究发现，PPO与PPO-PHS-PDMS中PPO分子量相等时，两者可互容，并且PPO与PS具有良好的相容性。因此PPO可与PS互容又可与PPO-PHS-PDMS互容，可作为PS与PPO-PHS-PDMS共混体系的增容剂。

从PPO/PS/PPO-PHS-PDMS共混体系的动态力学谱可知，该体系是一两相结构，其中，120℃为有机硅相的结晶温度。高温区玻璃化转变温度为PPO、PS、PPO-PHS-PDMS中硬段、半硬段相容相的玻璃化转变温度。由此可见，在该共混体系中，三者呈互容状态，并且随着PPO用量的增加，其高温区玻璃化转变温度升高，逐渐靠近PPO的玻璃化转变温度。介电损耗角正切值tanδ随温度变化曲线证实在两个玻璃化转变温度之间呈现一较高的平台，这在PPO、PS共混体系中未曾出现，这可能是由于嵌段共聚物及界面相存在所致，它可以提高两相间的黏结力，可望增加溶解体系的韧性及剪切强度。

PPO/PS/PPO-PHS-PDMS共混物的力学性能测试结果见表6-27。由表6-27可知，该共混体系的弹性模量、强度皆大大增加，尽管增容剂PPO的用量对共混体系性能影响不是很大，但是PPO作为增容剂在体系中起着主要作用。

表6-27　PPO/PS/PPO-PHS-PDMS的力学性能测试结果

样品号	试样	PS用量/g	PPO用量/g	弹性模量/MPa	断裂强度/MPa	断裂伸长率（%）
C-1	PPO/PS/PPO-PHS-PDMS	2	0.25	698.7	17.6	3.3
C-2	PPO/PS/PPO-PHS-PDMS	2	0.5	800.1	12.2	2.0
C-3	PPO/PS/PPO-PHS-PDMS	2	1.0	868.3	13.4	2.2
C-4	PPO/PS/PPO-PHS-PDMS	2	2.0	682.4	8.3	2.6
C-5	PPO/PS/PPO-PHS-PDMS	2	4.0	882.5	27.7	3.4
C-6	PPO/PS/PPO-PHS-PDMS	2	0	254.1	7.5	4.0

（五）聚酰胺/聚苯醚合金

1. 原材料与配方（质量份）

聚苯醚	40	尼龙66	60
PPO-g-MAH	6.0	苯乙烯-乙烯/丁烯-苯乙烯（SEBS）	12
分散剂	5～10	其他助剂	适量

2. 制备方法

按照配方将物料在高速搅拌器中搅拌均匀，在合适的温度下通过双螺杆挤出机熔融共混，造粒干燥，用注射机制备出标准样条进行各种性能的测试。

3. 性能

不同配比的PPO与PA66共混物的力学性能见表6-28。

表6-28　不同配比的PPO与PA66共混物的力学性能

PPO/PA66（质量比）	拉伸强度/MPa	弯曲强度/MPa	弯曲模量/MPa	缺口冲击强度/kJ·m^{-2}	热变形温度(1.82MPa)/℃
70/30	35.4	63.6	2175.4	2.61	175.7
60/40	41.3	68.4	2198.5	2.69	162.8
50/50	56.8	71.1	2237.6	2.81	148.5
40/60	57.5	73.6	2243.0	2.99	119.9
30/70	66.0	74.2	2269.6	3.07	107.1
20/80	69.3	78.4	2274.8	3.14	96.6

由表6-28可知，随着PPO含量的增加，共混物热变形温度随之提高，而随着PA66含量的增加，共混物的强度和韧性有所提高。但是共混物的冲击强度很低，这是聚苯醚与聚酰胺不相容的结果，是典型的脆性材料，不能满足实际应用要求。因此，需选择合适的增容剂、增韧剂对其进行改性。

对比表6-28、表6-29和表6-30，尽管PPO与PA66共混物的热变形温度略有降低，但是其力学性能有了明显的提升。从表6-30中可以看出，PPO与PA66共混物的力学性能随着增容剂PPO-g-MAH含量的增加而提高。随着PPO-g-MAH用量的增加，PPO颗粒的尺寸减小，界面黏结力增强，两相界面处能够有效地传递应力，使冲击强度得到大幅度提高。

表6-29　不同配比的PPO/PPO-g-MAH/PA66合金的力学性能

PPO/PPO-g-MAH/PA66（质量比）	拉伸强度/MPa	弯曲强度/MPa	弯曲模量/MPa	缺口冲击强度/kJ·m^{-2}	热变形温度(1.82MPa)/℃
70/10/30	60.2	78.4	2462.3	4.75	170.5
60/10/40	73.6	81.7	2499.5	5.32	160.4
50/10/50	75.3	82.9	2601.6	6.41	145.6
40/10/60	77.5	86.3	2665.8	7.68	112.9
30/10/70	77.8	88.7	2689.9	8.07	101.1
20/10/80	78.4	89.5	2757.4	6.42	91.6

表6-30　相容剂的含量对PPO/PA66合金力学性能的影响

PPO/PPO-g-MAH/PA66（质量比）	拉伸强度/MPa	弯曲强度/MPa	弯曲模量/MPa	缺口冲击强度/kJ·m^{-2}	热变形温度(1.82MPa)/℃
40/0/60	57.5	73.6	2243.0	2.99	119.9
38/2/60	65.8	76.2	2337.8	5.43	116.8
36/4/60	70.1	80.1	2417.5	5.98	116.4

（续）

PPO/PPO-g-MAH/PA66（质量比）	拉伸强度/MPa	弯曲强度/MPa	弯曲模量/MPa	缺口冲击强度/$kJ \cdot m^{-2}$	热变形温度（1.82MPa）/℃
34/6/60	73.6	82.3	2498.5	6.48	115.8
32/8/60	76.2	85.2	2589.3	6.91	113.4
30/10/60	77.5	86.3	2665.8	7.68	112.9
28/12/60	79.8	87.1	2678.3	9.74	112.7

从表6-31中可以看出，SEBS作为PPO与PA66共混物的增韧剂可以明显提高共混物的韧性，SEBS用量的增加，意味着更多的应力集中点的存在，可以促使PPO与PA66产生大量的银纹、剪切带以耗散能量，达到增韧的目的，并且随着SEBS含量的增加，共混物的韧性有明显提高，但是共混物的拉伸强度、弯曲强度及热变形温度则有所降低。因此，在实际应用中还需根据具体需求来选择其添加量。

表6-31 增韧剂SEBS对PPO/PA66合金力学性能的影响

PPO/PPO-g-MAH/SEBS/PA66（质量比）	拉伸强度/MPa	弯曲强度/MPa	弯曲模量/MPa	缺口冲击强度/$kJ \cdot m^{-2}$	热变形温度（1.82MPa）/℃
40/6/0/60	73.6	82.3	2498.5	6.48	115.8
40/6/2/60	69.8	79.8	2449.6	11.45	110.6
40/6/4/60	66.0	74.7	2301.7	16.49	109.7
40/6/6/60	62.3	72.3	2229.9	18.10	108.1
40/6/8/60	60	71.6	2205.6	21.27	107.3
40/6/10/60	57.7	68.5	2155.3	25.83	105.4
40/6/12/60	55	66.2	2053.8	27.86	101.5

4. 效果

1）PPO-g-MAH作为PPO/PA66合金的相容剂，不仅使分散相PPO颗粒变小，分散均匀，而且降低了PPO/PA66两相的表面能，使PPO/PA66两相结合力得到显著提高，PPO/PA66合金的物理、力学性能得到改善，达到了很好的相容效果。

2）SEBS对PPO/PA66合金有很好的增韧效果，但材料的刚性有所降低。

（六）聚苯醚/尼龙6合金

1. 原材料与配方（质量份）

聚苯醚（PPO或PPE）	30~50	尼龙6	50~70
增容改性树脂	5.0	其他助剂	适量

2. 制备方法

称量→配料→混料→挤出粒料→备用。

3. 性能

PPE/PA6 合金的性能见表 6-32～表 6-34。

表 6-32　PPE/PA6 混合树脂的性能

编号		AE-1	AE-2	AE-3	AE-4	AE-5
配方	树脂1，添加百分比	PA6，100%	PA6，50%	PA6，50%	PA6，70%	PA6，90%
	树脂2，添加百分比	—	PPE1#，50%	PPE2#，50%	PPE2#，30%	PPE2#，10%
性能	悬臂梁冲击强度/(kJ/m²)	10.85	3.24	3.14	3.20	4.95
	弯曲强度/MPa	54.4	42.6	46.0	41.2	45.7
	拉伸强度/MPa	61.4	26.8	29.3	31.7	41.2
	热变形温度/℃	51.9	153.1	142.9	128.1	83.1

表 6-33　增容 PPE/PA6 混合树脂的性能

编号		AE-6	AE-7	AE-8	AE-9
配方	树脂1，添加百分比	PA6，65%	PA6，60%	PA6，50%	PA6，55%
	树脂2，添加百分比	PPE2#，30%	PPE2#，30%	PPE2#，30%	PPE2#，30%
	增容改性树脂，添加百分比	5%	10%	20%	10%
	增韧树脂，添加百分比	0	0	0	5%
性能	悬臂梁冲击强度/(kJ/m²)	4.2	6.9	8.5	13.0
	弯曲强度/MPa	45.1	54.2	56.1	43.1
	拉伸强度/MPa	43.2	50.1	54.9	45.1

表 6-34　增强 PPE/PA6 混合树脂的性能

编号		AE-10	AE-11
配方	树脂1，添加百分比	PA6，56%	PA6，52.5%
	树脂2，添加百分比	PPE2#，24%	PPE2#，22.5%
	增容改性树脂，添加百分比	0	5%
	玻璃纤维，添加百分比	20%	20%
性能	悬臂梁冲击强度/(kJ/m²)	6.6	8.1
	弯曲强度/MPa	102.4	102.7
	拉伸强度/MPa	69.6	85.9
	热变形温度/℃	176.8	156.3

4. 效果

1）PPE 与 PA6 的共混性能很差，添加适量的增容改性树脂，有利于 PPE 粒子在 PA6 连续相内的均化，提高材料的力学性能。

2）起增韧作用的弹性体可以提高 PPE 与 PA6 共混物的冲击性能，但是同时也会影响其拉伸性能。

3）玻璃纤维可有效改善 PPE 与 PA6 共混物的性能，增容改性树脂的加入可进一步提高性能。

（七）聚苯醚/PBT 合金

1. 原材料与配方（质量份）

聚苯醚（PPO）	40	PBT	60
增容剂（EVA、EMA、SEBS-MAH、SMA）	6.0	抗氧剂	0.5
其他助剂	适量		

2. 制备方法

先将 PPO、PBT 置于100℃真空烘箱中干燥 6h。再将烘干后的 PPO、PBT、抗氧剂以及增容剂按照配比在高速搅拌机中充分混合，通过双螺杆挤出机熔融混合造粒后制备样品。

3. 性能

不同增容剂对 PPO/PBT 合金力学性能的影响见表 6-35。由表 6-35 可见，增容剂 SMA 的效果最佳，它使 PPO/PBT 合金的拉伸强度以及抗冲击性能均较无增容剂时大幅提高，其中拉伸强度提高了 60%，冲击强度提高了 75%。这是因为加入 SMA 后，可使合金中 PPO 分散相的尺寸最小、分散最好，且使 PPO/PBT 两相间的界面作用力显著提高，因而能使合金的力学性能大幅提高。

表 6-35　增容剂对 PPO/PBT 合金力学性能的影响

样品	拉伸强度/MPa	冲击强度/$kJ\cdot m^{-2}$
PPO/PBT	30.87 ±3.08	7.31 ±0.13
PPO/PBT/EVA	30.97 ±1.46	7.09 ±0.84
PPO/PBT/EMA	25.34 ±2.08	7.71 ±0.53
PPO/PBT/SEBS-MAH	32.78 ±1.47	9.81 ±0.81
PPO/PBT/SMA	48.55 ±0.71	12.81 ±0.63

4. 效果

不含增容剂的 PPO/PBT 合金的断面光滑，分散相 PPO 的微粒尺寸较大，合金力学性能差；加入增容剂后，PPO 微粒尺寸均有下降，合金断面粗糙度增大，相容性得到改善。特别是加入 SMA 后，分散相的 PPO 微区尺寸由原来的 1μm 降低至 250nm 左右，基本无团聚现象，相容性提高最明显，且合金的拉伸强度提高了 60%，冲击强度提高了 75%，合金中 PBT 的玻璃化转变温度提高幅度也最大，由 70℃ 提高到了 80℃。高压毛细管试验结果表明，加入 PBT 可显著改善 PPO 的加工流动性。

（八）聚苯醚/环氧合金

1. 原材料与配方（质量份）

改性聚苯醚（MPPE）	100	环氧（E51）	50
固化剂	5～15	其他助剂	适量

2. 制备方法

（1）MPPE 的合成　将一定量的甲醛、浓硫酸、甲醇和熔融的二苯醚依次加入三口烧瓶中，升温回流一段时间。待反应结束后，减压蒸馏得到淡黄色黏稠液体——甲氧基二苯醚。甲氧基二苯醚继续与一定量熔融的苯酚在对甲苯磺酸的催化作用下升温反应。待反应结束后，减压蒸馏除去多余的苯酚和小分子，得到淡黄色的 MPPE，其高分子重

均分子质量 $M_w > 3000g/mol$。其主要合成反应方程式如图 6-3 所示。

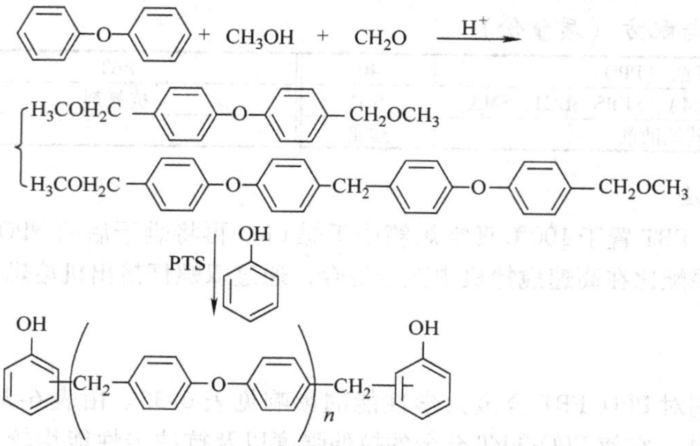

图 6-3　MPPE 的合成反应方程式

（2）MPPE/E51 固化物的制备　将 MPPE、E51 和少量促进剂按照一定配比溶于丙酮，然后按照 140℃ ×2h +160℃ ×2h +180℃ ×2h +200℃ ×2h 工艺固化，并使用索氏抽提装置，采用丙酮淋洗后测得固化体系的固化度，然后将固化物作为热失重分析（TGA）测试样品。

（3）玻璃纤维层压板的制备　将 MPPE、E51 和少量促进剂按照一定配比溶于丙酮，配制成固含量为 60% 的胶液。然后涂刷到 7628 玻璃纤维布上制成预浸料，在室温下晾置 24h 后放入 100℃烘箱。在挥发分小于 1%、流动度适宜的情况下取出，层层叠起，将层压板厚度控制在 2.0mm。在 140℃ 下加压，按照 140℃ ×2h +160℃ ×2h +180℃ ×2h +200℃ ×2h 工艺固化，冷却到室温脱模，在切割机上裁成所需尺寸的试样。

3. 性能

由表 6-36 可以看出：①MPPE 含量的增加能有效降低 E51 体系的相对介电常数；②当 MPPE 含量为 E51 的 2 倍时，体系的相对介电常数和介电损耗正切值最低，仅分别为 3.51 和 8.9×10^{-3}，比 FR-4 和 PPE/E51 的介电性能更优；③MPPE/E51 体系的吸水率比 FR-4 低，一方面是由于体系发生了交联，使固化物更加致密，另一方面是由于 MPPE 树脂本身的低吸湿性；④MPPE/E51 体系层压板的冲击强度明显比 FR-4 和 PPE/E51 体系更高，表明 MPPE 含量的增加能有效提高 MPPE/E51 层压板的冲击强度，这主要是因为 MPPE 分子结构中含有大量的醚键，并且能和 E51 形成均相结构。

表 6-36　MPPE/E51 体系的介电性能、吸水率和冲击强度

参数	样品				
	E-1.0	E-1.5	E-2.0	FR-4	PPE/E51
相对介电常数	3.81	3.88	3.51	4.50 ~4.80	3.92
介电损耗正切值/$\times 10^{-3}$	11.60	10.30	8.90	18 ~21	9.80
吸水率（%）	0.19	0.18	0.20	0.35	0.21
冲击强度/kJ · m^{-2}	63.34	59.80	60.89	23.13	39.89

4. 效果

本试验合成了含有羟基的改性聚苯醚（可直接作为环氧树脂的固化剂和改性剂），同时对MPPE/E51固化物性能进行了研究，得出如下结论：

1）MPPE作为E51的固化剂和改性剂，当其含量与E51含量相等时，固化体系放热峰值最低，为147℃。随着MPPE含量的增加，体系固化放热峰温度会偏高。

2）MPPE树脂的引入能改善环氧树脂的耐热性，当MPPE树脂含量为E51的2倍时，MPPE/E51体系最高热分解温度为385℃。

3）MPPE树脂含量越高，体系的介电性能越好，其玻璃纤维层压板最低介电常数和介电损耗分别为3.51和8.9×10^{-3}，MPPE/E51层压板都具有较高的冲击强度，最高为$63.34kJ/m^2$。

（九）玻璃纤维增强PPO/PP/GF合金

1. 原材料与配方（质量份）

聚苯醚（PPO）	100	聚丙烯（PP）	20～40
乙烯-丙烯-苯二烯（SEPS）	4～16	玻璃纤维（GF）	20～30
抗氧剂	0.5～1.0	其他助剂	适量

2. 制备方法

将PPO在120℃下干燥4h，PP和复配增容剂［SEPS/PP-g-MAH（质量比）=1/1］在80℃下干燥4h，按比例将PPO、PP、GF、复配增容剂以及抗氧剂1010和168放入高速混合机中混合均匀，通过双螺杆挤出机在挤出温度270～280℃、螺杆转速150r/min下挤出、造粒。将挤出粒料在120℃真空干燥3h，用注射机在注射温度270～280℃、注射压力80～90MPa、模具温度80～100℃条件下注射成标准试样。

3. 性能

未添加增容剂时共混体系的拉伸强度为63MPa，加入增容剂后拉伸强度先增加，当复配增容剂质量分数为4%时，拉伸强度达到最大值77.47MPa，增加了约30%，随后拉伸强度有小幅度的下降。当复配增容剂质量分数为16%时，拉伸强度下降到72MPa，但仍较未增容体系高出14.3%。缺口冲击强度随着复配增容剂含量的增加而逐渐增大，从未增容的$5.56kJ/m^2$提高到增容剂质量分数为16%时的$11.54kJ/m^2$。弯曲强度在增容剂质量分数为4%时达到最大值93.86MPa，较未增容时的85.9MPa增加了9.3%，随后略有降低；而共混体系的弯曲弹性模量则随复配增容剂含量的增加而下降较明显。

增容剂的加入明显改善了PPO/PP/GF共混体系的流动性。随着增容剂含量的增加，MFR逐渐提高，从未增容时的4.6g/(10min)增加到增容剂质量分数为16%时的13.26g/(10min)，提高了约1.88倍。这主要是复配增容剂中SEPS的PS与PPO相容性好，降低了PPO的熔体黏度，使得共混体系的MFR升高，从而改善了PPO的流动性。

共混体系的热变形温度随着增容剂含量的增加而降低，从未增容的156.4℃下降到增容剂质量分数为16%时的132.8℃，这主要是增容剂本身相对PPO的热变形温度较低，另外SEPS与PPO相容性好，也可能降低PPO的玻璃化转变温度，从而使得合金热变形温度降低。

4. 效果

1）在 PPO/PP/GF 共混体系中加入复配增容剂 SEPS/PP-g-MAH 可以改善共混体系的拉伸强度、弯曲强度、缺口冲击强度和 MFR，其中拉伸强度和弯曲强度在增容剂质量分数为4%时达到最大值，随后略有下降；材料的弯曲弹性模量和热变形温度随着增容剂含量的增加而逐渐下降。

2）复配增容剂 SEPS/PP-g-MAH 的加入改善了 PPO/PP/GF 基体树脂相容性，促进了 GF 的分散。

三、填充改性与增强改性

（一）无机填料填充 MPPO

1. 原材料与配方（质量份）

改性聚苯醚（MPPO）	97	填料（$CaCO_3$、滑石粉或 $CaSiO_3$）	3.0
铝酸酯偶联剂	1~2	其他助剂	适量

2. 制备方法

先将 $CaCO_3$、滑石粉按铝酸酯偶联剂使用要求进行表面活化处理，然后称取 $CaCO_3$、滑石粉和 $CaSiO_3$ 各1份，分别按 MPPO/填料为97/3的配比混合，再经双螺杆挤出机混炼、挤出、切粒，制得填充 MPPO。

3. 性能

三种不同填料对 MPPO 拉伸屈服强度的影响见表6-37。从表6-37中可以看出，较之未填充的 MPPO，$CaCO_3$ 对填充体系拉伸屈服强度几乎没有影响，而滑石粉和 $CaSiO_3$ 对 MPPO 拉伸屈服强度有较明显的增强作用。这是因为无定形 $CaCO_3$ 基本上可归类为粒状填料，$CaCO_3$ 粒径为2~10μm时，只起增量剂的作用；其粒径小于0.1μm时起增强剂作用。试验结果证明了粒径为15μm的 $CaCO_3$ 在体系中基本上起增量剂作用。据报道，聚合物中加入长径比较大的填充剂时，有可能使拉伸强度略有增加，当长径比大于4时，填料对体系的拉伸强度有增强作用。当长径比小于4且加入质量比例与前者相同时，长径比的变化对填充物的强度影响不大。层状滑石粉长径比约为15，针状 $CaSiO_3$ 长径比20~40。可见，滑石粉长径比大于4，$CaSiO_3$ 长径比也远大于4，所以滑石粉和 $CaSiO_3$ 对 MPPO 拉伸屈服强度有增强作用，尤其是 $CaSiO_3$ 增强效果较为明显。

表6-37　填料对 MPPO 的拉伸屈服强度的影响

填料	拉伸屈服强度/MPa
未填充 MPPO	57.2
$CaCO_3$/MPPO	57.3
滑石粉/MPPO	59.4
$CaSiO_3$/MPPO	60.2

在填充 MPPO 体系中，MPPO 为连续相，填充剂为分散相，由于活化填充剂表面物理键能和化学键能的双重作用，两相间形成了界面层，由于填充剂在体系中占据一定的空间位置，加上填充剂硬度和增黏的作用，虽使体系中的大分子链柔性大大减弱，相对

呈现了脆性，但具有较高的拉伸屈服强度。拉伸屈服后，随着应变的增加，界面层两相分子间发生滑脱直至断裂。所以拉伸应力下降较之未填充 MPPO 明显。由此也可以认为，填充 MPPO 的拉伸呈脆性断裂，从断裂微观角度分析，可能应属分子间滑脱断裂。

同样，在填充 MPPO 中，层状结构的滑石粉由于层间滑脱，致使其填充 MPPO 体系在拉伸屈服后的应力曲线下降曲率较大，而针状结构的 $CaSiO_3$，由于纤维结构的交织，致使其体系在拉伸屈服后的应力曲线下降，曲率较小。

4. 效果评价

1）粒径为 15μm 的 $CaCO_3$ 在填充 MPPO 体系中只起增量剂作用。

2）层状滑石粉和针状 $CaSiO_3$ 使 MPPO 拉伸屈服强度提高，尤其是 $CaSiO_3$ 的增强效果更为明显。

（二）玻璃纤维增强改性聚苯醚

1. 原材料与配方（质量份）

聚苯醚（PPO 或 PPE）	50	聚苯乙烯（PS）	45
SEBS（氢化苯乙烯-丁二烯-苯乙烯）	5	界面改性剂（LJ01）	1～5
玻璃纤维	20	其他助剂	适量

2. 制备方法

首先按配方称取原材料，并加以配制，然后依次加入自制界面改性剂（LJ01）0phr、1phr、3phr、5phr（phr 是指每 100 质量份中加入 LJ01 的量），经高速混合机混合均匀后，加入喂料器中，玻璃纤维则从双螺杆挤出机的玻璃纤维喂料口连续加入，挤出造粒，制备 MPPE，控制玻璃纤维的质量分数为 20%。将颗粒产品在 120℃下鼓风干燥 2h，用注射机在注射温度 260～290℃、注射压力 100～120MPa、模具温度 60～80℃下注射成标准测试样条。在恒温鼓风热氧老化箱中进行热氧加速老化试验，设定温度为 120℃，将拉伸和缺口冲击样条置于老化箱中，每 24h 取出一次用于性能测试。

3. 性能

添加不同含量的界面改性剂 LJ01 的 MPPE 材料的力学性能见表 6-38。

表 6-38 不同含量 LJ01 的 MPPE 的力学性能

LJ01 用量（%）	0	1	3	5
熔体质量流动速率/g·$(10min)^{-1}$	29.9	27.9	26.1	25.3
拉伸强度/MPa	92.7	109.7	109.5	111.9
弯曲强度/MPa	146.3	169.4	169	176.5
弯曲模量/MPa	6712.0	6617.1	6653.6	6652.8
缺口冲击强度/$kJ \cdot m^{-2}$	6.3	9.9	11.4	12.3
无缺口冲击强度/$kJ \cdot m^{-2}$	24.5	38.8	38	37.9

由表 6-38 可知，随着 LJ01 添加量的增加，其拉伸强度、弯曲强度和缺口冲击强度都表现出增加的趋势，而熔体质量流动速率则呈下降趋势；其增加或下降趋势均逐渐变缓。其中，缺口冲击强度也就是材料的韧性受 LJ01 的添加影响最大，当添加了 5phr LJ01 后，其韧性达到未加界面改性剂时的近 2 倍。

LJ01 对其拉伸强度的影响较小，其性能保持率维持在 95%～105%。经试验可以看出，随着 LJ01 加入量的增加，其性能保持率越来越好，几乎没有变化。随着热氧老化时间的增长，其性能保持率逐渐降低；随着 LJ01 的加入，其性能保持率明显好转，当 LJ01 添加量为 3phr 时，其缺口冲击强度则维持在 92% 以上，这说明 LJ01 的加入明显改善了材料的热氧老化性能。LJ01 的加入，使得玻璃纤维与基体树脂之间的界面结合紧密，玻璃纤维端部附近产生的应力能高度分散，这是改善界面热氧老化的一大原因。

4. 效果

1）界面改性剂 LJ01 的加入，提高了玻璃纤维与基体树脂界面结合程度，使得 MPPE 材料的力学性能尤其是缺口冲击强度有效改善。

2）玻璃纤维与基体树脂间的界面结合程度有效增强，并且其热氧老化性能也得到了显著的改善。

（三）玻璃纤维增强聚苯醚/聚丙烯复合材料

1. 原材料与配方（质量份）

聚苯醚（PPE 或 PPO）	100	PP	20～40
玻璃纤维（988A）	20～40	增韧剂	4～14
抗氧剂（168 或 1010）	0.5～1.0	其他助剂	适量

注：增韧剂包括马来酸酐接枝苯乙烯-乙烯/丁烯-苯乙烯（SEBS-g-MAH）FG19001、马来酸酐接枝聚丙烯（PP-g-MAH）5001 和 SEBS A1535 三种。

2. 制备方法

将 PPE 在 100℃下干燥 4h，PP、SEBS、SEBS-g-MAH 以及 PP-g-MAH 在 80℃下干燥 4h。将 PPE、PP、相容剂以及抗氧剂按比例放入高速混合机中混合均匀，通过玻璃纤维口直接加入玻璃纤维，后经双螺杆挤出，加工温度 245～265℃，螺杆转速 130r/min 下挤出、造粒。将挤出粒子 100℃下于鼓风干燥箱中干燥 4h，最后注射成标准测试样条。

3. 性能

未添加相容剂时，复合材料的拉伸强度只有 30MPa，冲击强度为 6.5kJ/m²，弯曲强度及模量分别为 50MPa 和 3760MPa，加入相容剂后复合材料的力学性能大幅提升，添加 5001 与 A1535 复配相容剂复合材料的拉伸强度达 67MPa，冲击强度达 10kJ/m²，弯曲强度达 100MPa，弯曲模量达 4900MPa。

4. 效果

1）在 PPE/PP/GF 复合材料中加入相容剂可以明显改善复合材料的力学性能和加工性能，其中加入 5001 与 A1535 复配相容剂的复合材料性能最为优异。同时复合材料的力学性能在 5001 与 A1535 复配相容剂含量为 8% 时最为优异，性价比最高。

2）加入复配相容剂可以有效地改善 PPE 与 PP 以及树脂基体与玻璃纤维之间的相容性，同时可以提高玻璃纤维在树脂基体中的分散性及树脂基体对玻璃纤维的包覆效果，提高材料的力学性能。

（四）芳纶纤维增强改性聚苯醚/尼龙6合金复合材料

1. 原材料与配方（质量份）

聚苯醚（PPO）	70	尼龙6	30
芳纶（AF1414）	7～10	SEBS-MAH	5～15
硬脂酸锌	0.5～1.0	抗氧剂（1010）	0.5～1.5
其他助剂	适量		

2. 制备方法

将3mm长的AF1414通过丙酮浸泡6h后用蒸馏水清洗，置于100℃烘箱中干燥，然后通过等离子体化学气相沉积装置处理10min，气氛为氧气，压力为10Pa。将PPO和PA6置于80℃电热鼓风干燥箱中干燥6h，然后将PPO、PA6、增容剂、抗氧化剂1010、硬脂酸锌按比例混合并搅拌混匀，通过双螺杆挤出机挤出造粒制备合金。AF增强PPO/PA6/SEBS-MAH复合材料通过密炼机共混制备，温度为260℃。

3. 性能

PPO和PA6共混比例对合金拉伸强度、弯曲强度和冲击强度的影响见表6-39。当增韧剂的添加量为10%时，合金的拉伸强度随着PPO含量的减少而持续降低，当PPO/PA6/SEBS-MAH（质量比）=70/30/10时，其拉伸强度为68.25MPa，比纯PPO下降了15.3%；弯曲强度和冲击强度呈现先增大后减小的趋势，当质量比为70/30/10时，分别达到最大值101.89MPa和69.96MPa，弯曲强度比纯PPO降低了3.3%，而冲击强度则提升了25.6%。这是因为PA6体系中含有大量的柔性链段，在某种程度上会降低其拉伸强度，同样可以很好地改善PPO/PA6合金的韧性。

表6-39 PPO和PA6共混比例对合金力学性能的影响

PPO/PA6/SEBS-MAH（质量比）	拉伸强度/MPa	弯曲强度/MPa	冲击强度/$kJ \cdot m^{-2}$
100/0/0	80.59	105.33	55.71
90/10/10	74.58	95.49	58.26
80/20/10	70.67	98.36	63.23
70/30/10	68.25	101.89	69.96
60/40/10	64.26	90.45	62.18

由表6-40可知，随着增容剂SEBS-MAH添加量的增多，合金的拉伸强度、弯曲强度和冲击强度呈现先增大后减小的趋势，在填加量为10份时取得最大值。未添加SEBS-MAH时，合金的拉伸强度、弯曲强度、冲击强度分别为57.31MPa、68.90MPa、47.67kJ/m²。当添加10份SEBS-MAH时，合金的拉伸、弯曲、冲击强度分别为68.25MPa、101.89MPa和69.96kJ/m²，分别增加了19.1%、49.3%和46.8%。

表 6-40　SEBS-MAH 添加量对 PPO/PA6 合金力学性能的影响

PPO/PA6/SEBS-MAH（质量比）	拉伸强度 /MPa	弯曲强度 /MPa	冲击强度 /kJ · m^{-2}
70/30/0	57.31	68.90	47.57
70/30/5	63.19	85.26	55.83
70/30/10	68.25	101.89	69.96
70/30/15	62.38	89.36	52.69

由表 6-41 可知，随着 AF1414 添加量的增加，共混体系的拉伸强度、弯曲强度和冲击强度均呈现先增大后减小的趋势。当 AF1414 添加量为 7.5 份时，力学性能最好，其拉伸强度、弯曲强度和冲击强度分别比未添加 AF1414 时提高了 22.1%、13.1%和 12.9%。

表 6-41　不同 AF1414 添加量对共混体系力学性能的影响

PPO/PA6/SEBS-MAH/AF（质量比）	拉伸强度 /MPa	弯曲强度 /MPa	冲击强度 /kJ · m^{-2}
70/30/10/0	68.25	101.89	69.96
70/30/10/2.5	70.46	103.47	71.26
70/30/10/5	78.65	108.46	75.23
70/30/10/7.5	83.36	115.18	78.96
70/30/10/10	80.19	113.92	73.18

由表 6-42 可知，随着 AF1414 的增多，共混体系的摩擦因数持续减小，添加 7.5 份 AF 时，摩擦因数比添加 5 份时下降了 0.8，下降幅度最大，其摩擦因数为 0.27，而添加 10 份时，摩擦因数只下降了 0.2。

表 6-42　AF1414 添加量对复合材料摩擦因数的影响

PPO/PA6/SEBS-MAH/AF（质量比）	70/30/10/0	70/30/10/2.5	70/30/10/5	70/30/10/7.5	70/30/10/10
摩擦因数	0.45	0.41	0.35	0.27	0.25

4. 效果

1）通过将 PA6 与 PPO 共混，可降低 PPO/PA6 合金的扭矩，改善其成型工艺性，虽然拉伸强度有所下降，但是合金的弯曲强度和冲击强度有所提升，合金的最佳比例为 70/30。

2）采用 SEBS-MAH 对 PPO/PA6 进行增容增韧改性，能够大幅度提高 PPO/PA6/SEBS-MAH 共混体系的力学性能，并使其玻璃化转变温度有所提升，通过 SEM 图片可以观察到体系从两相的海岛结构转变为单相的连续结构，SEBS-MAH 的最佳添加量为 10 份。

3）通过将 AF 与 PPO/PA6/SEBS-MAH 合金共混制备的复合材料的力学强度有所提升，并且摩擦因数大幅度下降，根据 tanδ 随温度的变化曲线可以得知，AF 能够提高复合材料体系的交联程度，AF 的最佳添加量为 7.5 份。

（五）碳纤维增强聚苯醚/尼龙 6 复合材料

1. 原材料与配方（质量份）

聚苯醚（PPO）	70	尼龙 6	30
SEBS	10～15	PPO-g-MAH	5～10
碳纤维（CF）	2～5	玻璃纤维（GF）	4～9
过氧化二异丙苯（DCP）	0.5～1.0	其他助剂	适量

2. 制备方法

PPO-g-MAH 的制备：将 PPO 于 80℃真空干燥箱中干燥 10h，PPO、MAH、DCP 按照 100∶2∶0.2 的比例（质量比）通过高速混合机充分混匀，通过双螺杆挤出机熔融挤出，挤出温度为 180～270℃，主机转速为 130r/min，MAH 接枝率为 0.7% ±0.1%。

将 PA6、PPO、PPO-g-MAH 于 80℃真空干燥箱中烘 10h，SEBS 于 60℃真空干燥箱烘 4h，CF 用一定量偶联剂进行表面处理后于 60℃真空干燥箱中烘 12h；PA6、PPO、PPO-g-MAH、SEBS 按照 60∶30∶10∶10 的比例（质量比）称量，通过高速混合机充分混匀，通过侧喂料加入 CF，双螺杆熔融挤出，从喂料口到机头温度为 180～270℃，经水冷、风干、切粒、干燥后，用注射机注射成型，注射温度为 260～280℃。

3. 性能

螺杆转速对 CF 和 GF 含量的影响见表 6-43。

表 6-43　螺杆转速对 CF 和 GF 含量的影响

螺杆转速/r · min^{-1}	CF 含量（%）	GF 含量（%）
80	2.5	4.0
120	3.2	6.1
150	4.5	8.2

表 6-44 所列为在同样的工艺条件下制得的不同含量 CF 和 GF 增强 PPO/PA6 共混物的性能。不加入 CF 时，共混物的拉伸强度为 66.2MPa，断裂伸长率为 33.5%。随着 CF 含量的不断增加，拉伸强度升高，断裂伸长率逐渐下降，加入 3.2% 的 CF 时其断裂伸长率下降 50%；随着 CF 含量的增加，弯曲强度和弯曲模量逐步提高；不加 CF 时缺口冲击强度为 40.1kJ/m^2，当加入 4.5% 的 CF 时，缺口冲击强度降至 10kJ/m^2；CF 的加入能够使共混物的热变形温度大幅提高，加入 2.5% 的 CF 时热变形温度提高 12℃。由于 CF 的强度和模量比 GF 高，对比表 6-44 中所给数据可以看出，共混物在 CF 含量为 4.5% 时的拉伸强度和弯曲强度与 GF 含量为 8.2% 时数据相近，加入 GF 的共混物的断裂伸长率和缺口冲击强度略高，但其弯曲模量比加入 CF 时要低。

表 6-44　PPO/PA6 共混物的性能

纤维种类	纤维含量（%）	拉伸强度/MPa	断裂伸长率（%）	弯曲强度/MPa	弯曲模量/MPa	缺口冲击强度/kJ · m^{-2}	热变形温度/℃
CF	0	66.2	33.5	86.8	2251	40.1	155
	2.5	68.7	18.5	94.4	2514	15.3	167
	3.2	71.0	16.9	98.8	2639	11.2	169
	4.5	75.2	10.3	105.9	3068	10.0	172
GF	4.0	71.8	17.2	98.3	2680	15.6	167
	6.1	73.2	15.0	102.6	2725	14.7	170
	8.2	75.2	13.9	105.3	2890	14.0	173

4. 效果

1）PPO-g-MAH 作为 PPO/PA6 共混物的相容剂能够起到较好的增容效果，能够提高 PPO 与 PA6 的界面相容性，限制聚合物分子链运动，使其黏度变大。

2）CF 的加入，在一定程度上提高了 PA6 的玻璃化转变温度，PPO/PA6 共混物的力学性能提高，共混物的刚性变强。

3）与 GF 相比较，CF 能够更好地被基体树脂包覆，制得的共混物性能更优。

四、纳米改性

（一）纳米 SiO_2 改性聚苯醚1聚苯乙烯复合材料

1. 原材料与配方（质量份）

聚苯醚（PPE）	70	高冲聚苯乙烯（HIPS）	30
纳米 SiO_2（A200）	3～4	分散剂	5～6
其他助剂	适量		

2. 制备方法

按一定比例将 PPE、HIPS 和纳米 SiO_2 等在高速混合机中搅拌 3～5min，然后将混合好的原料投入双螺杆挤出机中熔融、混炼、挤出、造粒（挤出工艺参数：挤出温度为 240～280℃，螺杆转速为 260r/min）、干燥备用，最后采用注射机注射成标准试样（注射工艺参数：注射温度为 240～300℃，注射压力为 80MPa，注射速率为 70g/s，模具温度为 60℃）。

3. 性能

纳米 SiO_2 明显提高了复合材料的力学性能，并且随着纳米 SiO_2 含量的增加，复合材料的拉伸强度和断裂伸长率均呈现先增加后降低的趋势，且当纳米 SiO_2 质量分数为 4% 时，两者均出现最大值；另外，复合材料的缺口冲击强度也呈现先增大后降低的趋势，但在纳米 SiO_2 质量分数为 3% 时出现最大值；弯曲强度则随着纳米 SiO_2 含量的增加而单调增大。从 SEM 分析可知，当纳米 SiO_2 含量较低时，大部分的纳米 SiO_2 粒子尺寸小于 100nm 且在树脂基体中分散均匀，这些粒子可吸附树脂分子起到物理交联点的作用，使得复合材料的强度提高；但当纳米 SiO_2 的含量较高时，粒子发生较为严重的团聚，造成纳米效应减弱，从而降低了复合材料的强度。

随着纳米 SiO_2 含量的增加，复合材料的玻璃化转变温度呈现逐渐升高的趋势。这说明纳米 SiO_2 粒子的加入可以束缚基体分子链的运动，从而提高了复合材料的耐热性能。

在 120℃ 时，未添加纳米 SiO_2 粒子的 PPE/PS 共混物的蠕变量较大，加入纳米 SiO_2 粒子后，蠕变量有较大程度的下降，并且随纳米 SiO_2 含量的增加呈现逐渐降低的趋势。这说明纳米 SiO_2 粒子的加入能有效地改善 PPE/PS/纳米 SiO_2 复合材料的蠕变情况，提高了复合材料的弹性。

4. 效果

1）采用熔融共混法成功制备了 PPE/PS/纳米 SiO_2 复合材料。

2）TEM 和 SEM 观察表明，纳米 SiO_2 均匀分散在 PPE/PS 基体中，粒径随着纳米 SiO_2 含量的增加而增大。

3）力学性能测试表明，复合材料的拉伸强度、断裂伸长率和缺口冲击强度随纳米

SiO_2 含量的增加呈现先增大后降低的趋势、弯曲强度和玻璃化转变温度逐渐增大，蠕变量则逐渐降低。

（二）纳米 POSS 改性环氧/聚苯醚复合材料

1. 原材料与配方（质量份）

材料	组成（质量比）
E-0	m(E55 + E692)∶m(DDS)∶m(PPE)∶m(POSS) = 100∶35∶30∶0
E-3	m(E55 + E692)∶m(DDS)∶m(PPE)∶m(POSS) = 100∶35∶30∶3
E-6	m(E55 + E692)∶m(DDS)∶m(PPE)∶m(POSS) = 100∶35∶30∶6
E-9	m(E55 + E692)∶m(DDS)∶m(PPE)∶m(POSS) = 100∶35∶30∶9
E-15	m(E55 + E692)∶m(DDS)∶m(PPE)∶m(POSS) = 100∶35∶30∶15

注：1. E55 + E692 混合物为基体材料，E55 与 E692 的质量比为 100∶15。
2. DDS-4，4′-二氨基二苯砜。

多面笼形聚倍半硅氧烷（POSS）是众多的有机-无机增强材料中尤其受到重视的一类具有明确结构定义的低聚物，其结构是由无机氧化硅核周围包围着 8 个有机侧链基团而组成，如图 6-4 所示。

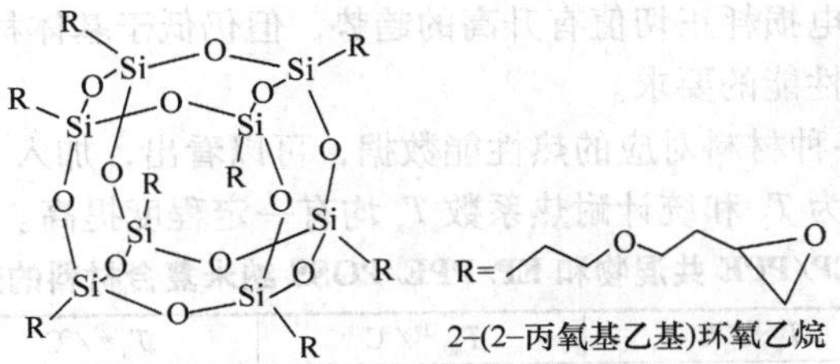

图 6-4　环氧化聚倍半硅氧烷的化学结构式

POSS 上的活性侧链基团可以分为活性和非活性两类。含活性基团 POSS 可以参与共聚、接枝、交联等化学反应，使 POSS 粒子与聚合物基体形成化学键结合，形成有机-无机纳米杂化材料。由于具有特殊的非极性笼状氧化硅纳米结构，POSS 的引入通常可以提高聚合物的刚性、表面硬度，改善耐热和阻燃性，降低材料的介电常数。尤其是含 POSS 的低介电聚合物基纳米复合材料近年来受到广泛关注。

环氧树脂（EP）/聚苯醚（PPE）共混物是一种主要应用于覆铜板基材的新型高性能树脂基体。为了改善聚苯醚和环氧树脂间的相容性，拓宽其应用领域，仍需要进一步对共混物的结构和性能进行优化。

2. 制备方法

（1）聚苯醚的降解　试验过程如下：向带有冷凝回流装置的 500mL 的四口烧瓶中加入溶剂甲苯 140mL，加热至 95℃后，将 72g 的聚苯醚加入甲苯中，机械搅拌直至形成淡黄色均匀溶液。加入双酚 A 2.88g，待其溶解后再缓慢加入过氧化二苯甲酰（BPO）2.88g，继续在 95℃下搅拌 3h。冷却至室温，用无水甲醇反复洗涤 3 次以上，干燥得低分子量聚苯醚。

（2）制备过程 称取一定量的含活性稀释剂 E692 的双酚 A 型环氧树脂，按照预设配方加入 POSS，在 120℃下搅拌 15min 充分混合均匀，升温至 170℃后加入低分子量聚苯醚。高速搅拌约 40min，待其形成均匀液体后，加入 DDS，继续搅拌 10min。将混合液体在 130℃下抽真空脱泡 20min，将脱泡后的液体倒入预热过的聚四氟乙烯模具中固化成型。固化工艺为 140℃ ×0.5h + 180℃ ×2h + 210℃ ×2h。设计配方时以 E55 + E692 环氧树脂混合物为 100 份，其他组分以与环氧树脂混合物的比例定量配制。

3. 性能

制备的 EP/PPE/POSS 纳米复合材料的介电性能见表 6-45。

表 6-45 POSS 含量对 EP/PPE/POSS 纳米复合材料的介电性能的影响

材料	EP	E-0	E-3	E-6	E-9	E-15
相对介电常数（1MHz）	4.20	3.80	3.45	3.53	3.57	3.70
介电损耗正切值（1MHz）	0.0390	0.0158	0.0098	0.0091	0.0118	0.0119

由表 6-45 可以看出，PPE 的加入使 EP 的相对介电常数从 4.20 降低到 3.80，介电损耗正切值由原来的 0.039 降低到 0.0158。加入 3 份的 POSS 纳米粒子后，复合材料的相对介电常数和介电损耗正切值进一步分别降低到 3.45 和 0.0098。POSS 含量进一步升高时，介电常数和介电损耗正切值有升高的趋势，但仍低于基体材料的对应值，超过高频覆铜板基材对介电性能的要求。

表 6-46 所列为各种材料对应的热性能数据，可以看出，加入 POSS 改性后的复合材料的初始热失重温度为 T_5 和统计耐热系数 T_s 均有一定程度提高。

表 6-46 EP/PPE 共混物和 EP/PPE/POSS 纳米复合材料的热稳定性能

材料	$T_5$①/℃	T_{30}①/℃	T_s②/℃	800℃残炭率（%）
E-0	332.5	378.7	176.5	18.6
E-3	334.9	387.1	179.4	21.6
E-6	339.7	387.2	180.4	22.4
E-9	340.0	394.5	182.6	23.2
E-15	337.0	391.0	181.0	30.5

① 为材料分解 5% 和 30% 所对应的温度，以 T_5 表示材料的初始热分解温度。

② 为统计耐热系数 $T_s = 0.49[T_5 + 0.6(T_{30} - T_5)]$。

4. 效果

通过加入含环氧基 POSS 对 EP/自制低分子量 PPE 共混物进行改性，制备了 EP/PPE/POSS 纳米复合材料。POSS 的加入明显降低了材料的介电常数和介电损耗正切值，达到了高频覆铜板用基材的性能要求。TMA 和 TGA 研究表明，POSS 的加入提高了材料的玻璃化转变温度和耐热性能。SEM 分析表明，POSS 粒子减小了 PPE 相的尺寸，促进了聚苯醚和环氧树脂的相容性。

（三）超支化聚硅氧烷接枝纳米 SiO_2 改性氰酸酯/聚苯醚复合材料

1. 原材料与配方/质量份

聚苯醚（PPO）	100	氰酸酯（CE）	900
超支化聚硅氧烷接枝纳米 SiO_2（HBP-SiO_2）	3.0	其他助剂	适量

2. 制备方法

$HBP-SiO_2$ 的制备：将1g纳米 SiO_2 粒子加入一定量的KH-560中，放入超声波中超声分散0.5h，然后逐滴滴加一定量1mol/L的HCl溶液，滴加完毕后在70℃的恒温水浴中加热搅拌6h，反应完成后，置于真空干燥箱中抽真空除去反应中生成的小分子，即得到 $HBP-SiO_2$，其结构示意图如图6-5所示。

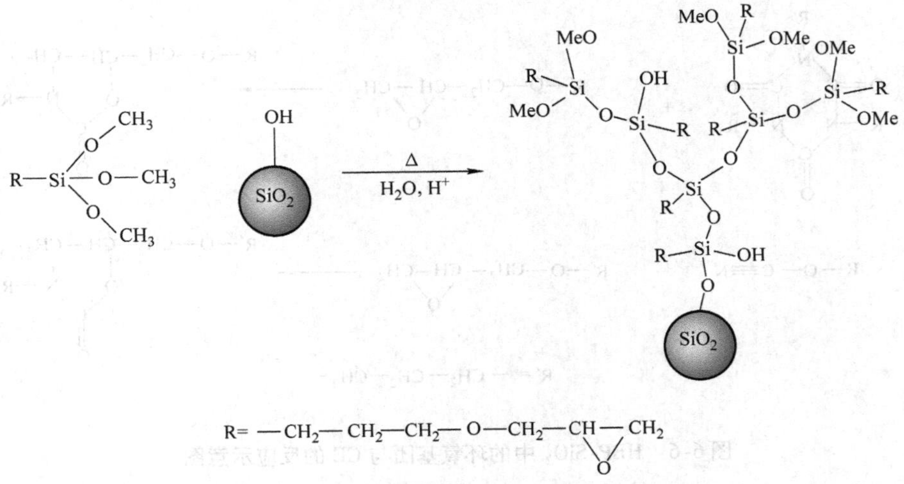

图6-5 $HBP-SiO_2$ 的制备路线

$CE/PPO/HBP-SiO_2$ 体系的制备：按质量比1∶9的比例称取适量PPO与CE溶于三氯甲烷中，然后加入5.0%的 $HBP-SiO_2$，于150℃预聚一段时间后，将混合物倒入已预热的玻璃模具中，然后置于真空烘箱中真空除气泡2h，最后采用阶梯升温法进行固化，其工艺为：140℃×2h+160℃×2h+180℃×2h+200℃×2h；再经240℃后处理3h即得到 $CE/PPO/HBP-SiO_2$ 固化树脂。

CE/PPO/纳米 SiO_2 体系的制备：按质量比1∶9的比例将PPO和CE溶解在三氯甲烷中，加入3.0%的纳米 SiO_2，超声波分散30min，参照 $CE/PPO/HBP-SiO_2$ 体系的制备方法进行。

CE/PPO体系的制备：除不添加填料外，其余按照 $CE/PPO/HBP-SiO_2$ 体系的制备方法进行。

CE/PPO、CE/PPO/纳米 SiO_2、$CE/PPO/HBP-SiO_2$ 体系的开始固化温度约为220℃、190℃、165℃。这说明 SiO_2 对CE/PPO体系具有催化作用，可以降低体系的固化温度，其中 $HBP-SiO_2$ 相比于纳米 SiO_2 对CE/PPO树脂体系的固化催化效果更为显著。这是因为纳米 SiO_2 表面含有羟基，可以促进CE的自聚，$HBP-SiO_2$ 表面含有环氧基，不仅会促进CE的自聚，也会直接与CE进行反应生成噁唑啉酮，比纳米 SiO_2 更有效地降低了CE固化反应的活化能，从而加快体系的反应速率。其反应示意图如图6-6所示。

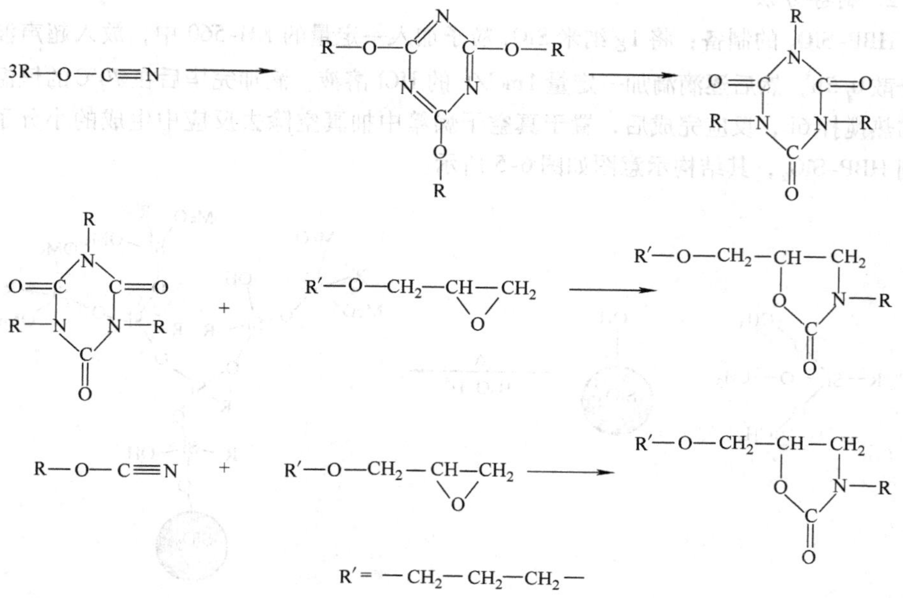

图6-6　HBP-SiO_2 中的环氧基团与CE的反应示意图

3. 性能

（1）力学性能　表6-47所列为CE、CE/PPO、CE/PPO/纳米 SiO_2 和CE/PPO/HBP-SiO_2 体系的冲击强度和弯曲强度，其中PPO含量为10.0%，HBP-SiO_2 含量为5.0%（前期研究表明，当HBP-SiO_2 含量为5.0%时，CE/PPO/HBP-SiO_2 体系的性能最优）。从表6-47中可以看出，CE/PPO/HBP-SiO_2 体系的冲击强度和弯曲强度均高于CE、CE/PPO和CE/PPO/纳米 SiO_2 体系，比CE/PPO体系分别提高了46.8%、14.2%，比CE分别提高了113%、36.6%，比CE/PPO/纳米 SiO_2 3.0%（前期研究发现，当纳米 SiO_2 为3%时，体系性能最优）体系分别提高了9.7%和10.0%。分析其原因，首先，HBP-SiO_2 分子链中存在的柔性Si—O—Si链段对冲击能量的吸收起了至关重要的作用；其次，因为HBP-SiO_2 特有的高度支化分子的空腔结构，所以HBP-SiO_2 引入体系后，降低了CE的交联密度，这使CE/HBP-SiO_2 体系的分子链在外力下很容易旋转以吸取更多的能量；最后，由于HBP-SiO_2 的环氧基团不仅会促进氰酸酯的自聚，也会直接与CE进行反应生成噁唑啉酮（见图6-6），降低了树脂的交联密度，在一定程度上提高了链的柔性。除了添加的HBP-SiO_2 作用外，还因为体系中添加的PPO中苯环的存在使分子链段内旋转的位垒增加，使其分子链呈刚性；醚键则使分子主链具有一定的柔性，并使CE/PPO/HBP-SiO_2 具有优良的冲击性能，因而CE/PPO/HBP-SiO_2 体系具有较其他体系更优异的力学性能。

表 6-47 不同体系的力学性能

样品	冲击强度/$kJ \cdot m^{-2}$	弯曲强度/MPa
CE	10.1	94.1
CE/PPO	14.7	112.5
CE/PPO/纳米 SiO_2	19.6	116.8
CE/PPO/HBP-SiO_2	21.5	128.5

（2）介电性能　在整个频率范围内，介电常数和介电损耗正切值的变化幅度不大，说明改性体系在一定的频率范围内（10～60MHz）表现出较稳定的介电性能。总体来说，CE/PPO/HBP-SiO_2 体系具有更加优异的介电性能，为制备性能良好的电子封装材料奠定了基础。

4. 效果

1）将超支化聚硅氧烷接枝到纳米 SiO_2 表面，用于改性 CE/PPO，比未改性的纳米 SiO_2 对 CE/PPO 具有更加明显的催化作用，更有效地降低体系的固化温度。

2）CE/PPO/HBP-SiO_2、CE/PPO/纳米 SiO_2 三元体系的冲击强度和弯曲强度高于二元体系 CE/PPO 和纯 CE 树脂，CE/PPO/HBP-SiO_2 的力学性能优于 CE/PPO/纳米 SiO_2 体系。

3）CE/PPO/HBP-SiO_2 体系的介电常数均低于 CE/PPO/纳米 SiO_2、CE/PPO 体系和纯 CE，而介电损耗正切值比 CE 和 CE/PPO 体系的小，但比 CE/PPO/纳米 SiO_2 体系的要大，且在整个测试频率范围内，CE/PPO/HBP-SiO_2 和 CE/PPO/纳米 SiO_2 三元改性体系的介电常数和介电损耗正切值的变化幅度不大。

（四）纳米石墨片改性聚苯醚/聚苯乙烯合金复合材料

1. 原材料与配方（质量份）

聚苯醚	63	聚苯乙烯	30
石墨片（纳米或天然鳞片）	2.0	分散剂	5～6
其他助剂	适量		

2. 制备方法

（1）纳米石墨微片的制备　将质量分数为98%的浓 H_2SO_4 稀释至85%，静置冷却至室温。分别称取 100g 天然鳞片石墨、10g 高锰酸钾和 2g 硫酸亚铁依次加入 400mL H_2SO_4（质量分数85%）中，放置于25℃的恒温槽内搅拌反应 30min。反应结束后，将产品过滤、水洗至 pH 为6～7，于50℃真空干燥至恒重，用坩埚称取定量的上述样品放入已升温到900℃的马弗炉中膨胀 30s 后取出，得到膨胀石墨。取上面制备的 4g 膨胀石墨，分散于 500mL 的 70%（体积分数）乙醇水溶液中，设置温度为 60℃，超声处理 8h 后，放于50℃真空烘箱中烘干。

（2）复合材料的制备　分别将球形石墨、天然鳞片石墨、纳米石墨微片与 PS 按质量比 1∶5 加入哈克转矩流变仪中，熔融共混，熔融挤出温度设置为 200℃，制得 PS 母粒。然后将制得的 PS 母粒与 PPO、PS 按质量比 30∶63∶2 再次通过哈克转矩流变仪熔融共混，挤出温度设置为260℃，制得复合材料。未添加石墨的PPO/PS体系称为纯共混物。在平板硫化机上压制成型，工艺参数为260℃、10MPa、5min。

3. 性能

在25℃和50℃下，添加纳米石墨微片的复合材料在2500s时的蠕变应变与纯共混物相比分别降低了34.1%和45.2%；在5000s时的回复应变分别降低了51.5%和58.5%。对耐蠕变性的提高，在高温下表现得更加明显。

随着应力的增加，材料的蠕变应变和回复应变逐渐增大。共混物的蠕变应变和回复应变明显比复合材料的大，添加纳米石墨微片的复合材料相较于其他几组材料，抗蠕变能力最强。在3MPa、6MPa、9MPa的应力下，添加纳米石墨微片的复合材料2500s的蠕变应变分别比纯共混物降低了39.0%、34.1%、29.6%。出现上述情况的原因是纳米石墨微片更好地分散在复合材料中，限制了分子链的自由运动，从而在宏观上表现出较大的蠕变抗力。

添加了纳米石墨微片复合材料的储能模量是这几组试样中最高的。如在50℃下，添加了纳米石墨微片、天然鳞片石墨和球形石墨的复合材料储能模量比纯共混物显著增加了16%、10%和7%。这也从另一方面证明了添加石墨材料的复合材料抗蠕变和回复性效果变好。

4. 效果

1）纳米石墨微片在PPO/PS基体中分散均匀，无明显团聚现象。

2）添加纳米石墨微片复合材料的蠕变和回复性能优于添加了球形石墨、天然鳞片的复合材料及共混物的，其在50℃，2500s时的蠕变应变比共混物下降低了45.2%，在5000s时的回复应变降低了58.5%。

3）添加纳米石墨微片复合材料的储能模量依次大于添加了天然石墨、球形石墨复合材料的，玻璃化转变温度从高到低依次为添加纳米石墨微片、天然石墨、球形石墨的复合材料。

五、功能改性

（一）无卤阻燃聚苯醚弹性体

1. 原材料与配方（质量份）

聚苯醚（PPO）	45	高抗冲聚苯乙烯（HIPS）	15
SEBS	40	阻燃剂（MCA）	10～30
其他助剂（RDP、ADP）	适量		

注：MCA—三聚氰胺氰脲酸盐；RDP—间苯二酚双（二苯基磷酸酯；ADP—二乙基次膦酸铝）。

2. 制备方法

将PPO、HIPS、SEBS、MCA、RDP、ADP等按量经高速混合机混合均匀后，加入双螺杆挤出机熔融挤出，挤出温度为240～250℃，螺杆转速为250r/min，喂料速度为25r/min，混合料经熔融共混，水冷切粒得到无卤阻燃PPO/HIPS/SEBS弹性体材料。粒料经90℃、4h烘干后，用注射机注射成标准样条，以备测试性能。

3. 性能

从表6-48中可以看出，随着MCA用量的增加，样品的极限氧指数和垂直燃烧阻燃级别有所提高，当MCA添加用量为40%时，其极限氧指数为26.4%，比未添加阻燃剂样品相比，极限氧指数有所提高，但是垂直燃烧却达不到V-0级别。同样单独添加RDP，对样品阻燃有所帮助，添加20%的RDP，样品的极限氧指数明显提高，能达到26.6%，但是垂直燃烧级别也不能达到V-0级别，这说明了MCA和RDP单独使用阻燃PPO/HIPS/SEBS弹性体材料的阻燃效果不好。

表6-48 MCA、RDP用量对PPO/HIPS/SEBS阻燃性能的影响

阻燃剂	用量（%）	极限氧指数（%）	UL94（3.0mm）
无	0	23.1	无级别
MCA	20	24.6	无级别
MCA	30	25.7	V-2
MCA	40	26.4	V-1
RDP	10	24.7	无级别
RDP	15	25.9	V-2
RDP	20	26.6	V-1

从表6-49中可以看出，固定阻燃剂含量，随着MCA和RDP比例的减少，即RDP含量的增加，极限氧指数有所提高，从MCA/RDP为7:1时的26.7%上升到MCA/RDP比例为3:1的27.9%，而且垂直阻燃等级能达到V-0级别，表现出显著的协同效应，当RDP继续增加，反而使得材料的极限氧指数有所下降，阻燃性能变差。这说明了在MCA/RDP复配阻燃体系中，只有当两者搭配达到合理的配比时，体系才能达到良好的阻燃效果。

表6-49 MCA/RDP配比对PPO/HIPS/SEBS材料阻燃性能的影响

序号	MCA/RDP	极限氧指数（%）	UL94（3.0mm）
1	7:1	26.7	V-1
2	3:1	27.9	V-0
3	5:3	27.5	V-0
4	1:1	26.9	V-1

固定阻燃剂添加量为30%，MCA含量为20%，改变RDP和ADP的用量，研究其对PPO/HIPS/SEBS材料体系性能的影响见表6-50。

表6-50 MCA/RDP/ADP用量对PPO/HIPS/SEBS材料性能的影响

ADP含量（%）	极限氧指数（%）	UL94（3.0mm）	MFR/g·(10min)$^{-1}$	拉伸强度/MPa
0	26.1	V-1	12.1	15.3
2	26.5	V-1	11.3	15.5
5	27.4	V-0	10.1	15.8
8	27.1	V-0	8.2	15.2
10	26.3	V-1	5.6	14.8

在未加入ADP时，MCA/RDP复合阻燃剂的含量为40%，PPO/HIPS/SEBS材料才能达到V-0级别，由于添加大量的阻燃剂，使材料的力学性能变差，拉伸强度最大

13.3MPa。加入ADP与MCA/RDP复配后，阻燃PPO/HIPS/SEBS材料的阻燃性能达到明显改善，当阻燃剂总添加量为30%，其中MCA含量为20%，RDP含量为5%，ADP含量为5%，材料的极限氧指数达到27.4%，阻燃等级V-0。但是ADP添加量不宜过多，太多会影响阻燃体系的流动性能，随着ADP的加入，材料的MFR从最高的12.1g/(10min)降到5.6g/(10min)，降低了53.7%。在总阻燃剂含量不变的前提下，随着ADP添加量的增加，材料的拉伸强度变化不大，最大能达到15.8MPa，拉伸强度比添加40%阻燃剂材料的13.3MPa，提高了18.8%。

4. 效果

1）MCA和RDP单独使用阻燃PPO/PS/SEBS材料的阻燃效果不好，采用MCA/RDP复配使用的方式，能有效提高体系阻燃性能，当阻燃剂总添加量为40%，其中，MCA用量为30%，RDP用量为10%时，极限氧指数达到27.9%，阻燃等级达到UL94 V-0（3mm），MCA、RDP协同阻燃效果良好。

2）通过加入ADP的方式，能进一步降低阻燃剂总添加量，结果表明，MCA用量为20%，RDP用量为5%、ADP用量为5%时，PPO/PS/SEBS材料的极限氧指数为27.4%，阻燃等级达到UL94V-0（3mm），拉伸强度15.8MPa，比添加40%阻燃剂材料的拉伸强度提高了18.8%，改善效果明显。

3）通过SEM试验表明，采用复配MCA/RDP/ADP阻燃剂能有效改善聚苯醚弹性体的阻燃性能，最终可获得力学性能较好的无卤阻燃的聚苯醚电线电缆材料。

（二）三嗪膨胀阻燃剂改性聚苯醚/聚丙烯

1. 原材料与配方（质量份）

聚苯醚（PPO）	20~30	PP	73~75
三嗪膨胀阻燃剂（IFR）①	20~22	抗氧剂（1010）	0.5~1.0
抗滴落剂	0.1~0.5	聚丙烯石蜡	0.7~1.0
其他助剂	适量		

① 包括三嗪成炭发泡剂（CFA）/聚磷酸铵（APP）/SiO_2 = 1:4:0.3。

2. 制备方法

以APP/CFA（质量比）为4:1、SiO_2占总阻燃剂5%的比例进行复配得到三嗪膨胀阻燃剂IFR，固定阻燃剂的总用量分别为20%和22%，用PPO替换CFA的量分别为10%、20%、30%、40%、50%和100%，PP用量为75%和73%，抗氧剂1010为0.3%，抗滴落剂SN3300为0.1%，PP蜡为0.7%。将所用的原料在鼓风干燥箱（105℃）中干燥，并按一定配比用高速混合机混合，混合均匀的物料用双螺杆挤出机挤出造粒，各段加热温度分别为150℃、170℃、185℃、190℃、190℃、185℃及180℃，得到的粒料在80℃下鼓风干燥2h。将干燥好的粒料用注射机注射成标准样条，以备性能测试。

3. 性能

从表6-51中可以看出，当单独用IFR阻燃PP时，材料达到UL94 V-0级，LOI值为31.7%；当用PPO替换10%的CFA时，材料的阻燃性能几乎没有变化，当PPO的替换量达到20%时，材料依然能通过UL 94 V-0级，LOI由31.7%降至31.0%，表明PPO自身具有较好的阻燃性能，能替代部分CFA在IFR体系中起成炭作用。

表6-51 阻燃剂用量为20%时PPO替换量对材料阻燃性能的影响

试样编号	PPO替换量（%）	LOI（%）	熔滴	UL94（1.6mm）
1	0	31.7	无	V-0
2	10	31.5	无	V-0
3	20	31.0	无	V-0
4	30	30.5	有	—
5	40	30.0	有	—
6	50	27.0	有	—
7	100	18.5	有	—

表6-52为阻燃剂总用量为22%，以PPO不同质量比替换CFA对PP阻燃性能的影响。

表6-52 阻燃剂用量为22%时PPO替换量对材料阻燃性能的影响

试样编号	PPO替换量（%）	LOI（%）	熔滴	UL94（1.6mm）
1	0	32.9	无	V-0
2	10	32.4	无	V-0
3	20	31.4	无	V-0
4	30	30.9	无	V-0
5	40	28.4	有	—
6	50	26.6	有	

从表6-52可以看出，当PPO替换CFA的量达到30%时，材料仍能达到UL94 V-0级，LOI值为30.9%，表明随着阻燃剂总用量的增加，PPO的替换比例也可以适当提高。随着PPO对CFA替换量的继续增加，材料的阻燃性能逐渐降低，且在燃烧过程中有熔滴产生。当PPO替换CFA的量为40%时，材料的LOI值降至28.4%，且在UL94测试中无级别。

表6-53为阻燃剂用量为20%时，以PPO按不同质量比替换CFA对阻燃PP力学性能的影响。从表6-53中可以看出，随着PPO替换CFA量的逐渐增加，阻燃PP的拉伸强度、弯曲强度和冲击强度均有小幅下降。这主要是因为PPO本身是一种具有刚性链段的高聚物，当PPO加入PP中，其刚性分子链段对PP分子具有一定的破坏和切断作用，同时PPO与PP的相容性较差，从而使材料的力学性能有所降低。

表6-53 PPO替换量对阻燃PP力学性能的影响

试样编号	PPO替换量（%）	拉伸强度/MPa	弯曲强度/MPa	冲击强度/kJ·m^{-2}
1	0	30.01	39.19	1.69
2	10	28.27	38.84	1.60
3	20	28.09	38.55	1.59
4	30	27.96	37.97	1.57
5	40	27.83	37.34	1.55
6	50	27.55	36.99	1.52

4. 效果

三嗪膨胀阻燃剂用于阻燃PP体系中，当用PPO替换20%的成炭发泡剂，且阻燃剂总用量为20%时，1.6mm的样条可通过UL94 V-0级，且LOI值为31.0%；当阻燃剂总用量为22%、PPO替换量为30%时，材料能通过UL94 V-0级，且LOI值为30.9%。PPO的加入使材料的力学性能有所下降，且随着PPO替换量的增加而逐渐下降，但下降的幅度较小。但是PPO的加入对材料的热降解行为及成炭性几乎没有影响。

（三）导电炭黑填充改性尼龙66/聚苯醚超声功率材料

1. 原材料与配方（质量份）

PA66	90	聚苯醚（PPO）	10
导电炭黑	3.0	分散剂	5～6
其他助剂	适量		

2. 制备方法

将PA66、PPO于120℃真空干燥6h，导电炭黑于80℃真空干燥12h，将干燥后的PA66、PPO、导电炭黑按质量比90:10:3混合均匀，然后于290℃熔融挤出造粒，在挤出过程中，通过调节超声设备功率来调控共混物的微观形态，最后将挤出的共混粒子注射成哑铃形标准试样。

3. 性能

未加超声功率时，导电炭黑填充PA 66/PPO共混物的拉伸强度和弯曲强度分别为54.2MPa和86.1MPa，在挤出过程中，对共混物施加200W的超声后，共混物的拉伸强度提高了13.0%，弯曲强度提高了10.4%；随着超声功率的增加，共混物的拉伸强度及弯曲强度先增大后减小。另外，随着超声功率的增加，PA 66/PPO共混物的弯曲模量及悬臂梁缺口冲击强度也是先增大后减小。在超声功率为400W时，弯曲模量提高了7.0%；在超声功率为600W时，悬臂梁缺口冲击强度提高了11.8%。

未加超声功率时，共混物的表面电阻率为$6.2\times10^{8}\Omega$，体积电阻率为$2.3\times10^{7}\Omega\cdot cm$，随着超声功率的增大，表面电阻率和体积电阻率都逐渐减小，在超声功率为400W时，表面电阻减小了92.9%，体积电阻率减小了96.3%。

4. 效果

1）随着超声功率的增大，PA 66/PPO共混物的拉伸强度、弯曲强度、弯曲模量、缺口冲击强度均先增大后减小。

2）施加超声能提高PA 66/PPO共混物的结晶温度。

3）施加超声能减弱PA 66/PPO共混物中导电炭黑的团聚，并提高其在基体中的分散性，PA 66/PPO共混物的导电性能得到了提升；同时超声能在一定程度上减小PPO在PA 66基体中的分散尺寸。

第三节 加工与应用

一、三螺杆挤出尼龙66/PPO共聚物

1. 原材料与配方（质量份）

聚苯醚	70～90	尼龙66	10～30
相容剂	5～10	其他助剂	适量

2. 制备方法

将 PA66 与 PPO 原料在 110℃下干燥 8h 后，依据配比在高速搅拌机进行初混；将初混后的 PA66/PPO 共混物加入三螺杆挤出机中，按试验设计工艺条件进行挤出、造粒。挤出机机筒温度设定从加料口到机头由 240℃逐渐升高到 280℃。

将挤出共混并切粒后的 PA66/PPO 共混材料于 110℃干燥 3h 后，经注射成型为标准测试样条。注射机温度从 260℃逐渐升高至 290℃，注射压力为 70MPa。

3. 性能测试与结构表征

各试验组共混过程中，从挤出机机头截取挤出样条，在液氮中冷却 5min 后脆断，将断面喷金后固定。使用 SEM 进行共混物相形态观察，加速电压为 20kV，利用 Image J 1.41 图像分析软件处理各样品的 SEM 照片。利用式（6-1）计算得各样品的分散相数均颗粒直径$\overline{d}_n$，每个样品测量 300～400 个颗粒直径；利用式（6-2）和式（6-3）计算得到粒径分布宽度指数 U，U 值越小说明混合越均匀。

$$\overline{d}_n = \frac{\sum N_i d_i}{\sum N_i} \tag{6-1}$$

$$\overline{d}_v = \frac{\sum N_i d_i^4}{\sum N_i d_i^3} \tag{6-2}$$

$$U = \frac{\overline{d}_v}{\overline{d}_n} \tag{6-3}$$

式中，N_i 为粒径等于 d_i 时的分散相颗粒个数；$\overline{d}_v$ 为体积平均粒径（μm）。

4. 性能与效果

1）对于$\overline{d}_n$ 的变化，螺杆转速和分散相占比的影响较为显著，但过高的螺杆转速会导致热降解从而影响共混效果；对于 U，螺杆转速、产量的提高及分散相占比的降低均有助于获得更窄的粒径分布。

2）以最优混合效果为目标，得到优化工艺参数为：螺杆转速 238.53r/min，产量 11.73kg/h，PPO 分散相占比 23.45%。

3）在最优工艺条件下，三螺杆挤出机由于具有拉伸作用，其样品比双螺杆挤出机获得了更好的分散效果，也提升了其拉伸强度，因此三螺杆挤出机更适用于高黏度比共混体系的加工。

二、PPO/尼龙 66 合金的加工与应用

1. 原材料与配方（质量份）

聚苯醚（PPO）	50	尼龙 66	50
N，N，N′，N-四缩水甘油基-4，4′-二氨基二苯甲烷（TGDDM），SKE-3	0.5	马来酸酐改性苯乙烯/丁二烯-苯乙烯（SEBS-g-MAH），GPM5500	15
抗氧剂（2225）	0.5	其他助剂	适量

2. 制备方法

（1）预混　先将原料按 PPO/PA66/TGDDM/SEBS-g-MAH/抗氧剂（质量比）= 50/50/0.5/15/0.5 的比例置于高速搅拌机中混合均匀；由于 PPO/PA66 合金属于典型的不相容聚合物共混体系，因此须在基体中加入相容剂 TGDDM，且只有当其与 PPO 和 PA66 都发生反应时，可生成有助于两种基体相容的 PA66-co-TGDDM-co-PPO，这时 TGDDM 才能够成为合金的有效相容剂。

（2）熔融共混改性　将预混好的物料分别通过啮合同向双螺杆挤出机、啮合异向双螺杆挤出机和 Buss 机进行熔融共混挤出、水冷、造粒；其中挤出工艺条件分别为：啮合同向双螺杆挤出机从机筒至口模的温度依次为 270℃、290℃、290℃、300℃、300℃、300℃、295℃，主机螺杆转速 50r/min，加料螺杆转速 30r/min；啮合异向双螺杆挤出机从机筒至口模的温度依次为 270℃、290℃、290℃、300℃、300℃、300℃、295℃，主机螺杆转速 50r/min，加料螺杆转速 30r/min；Buss 机从机筒至口模的温度依次为 290℃、295℃、300℃、300℃、295℃，熔体齿轮泵的温度为 300℃，主机螺杆转速 100r/min，加料螺杆转速 50r/min。

（3）注射样条　将所得粒料在干燥机中烘干（110℃ ×4h）后，在注射机上成型为标准测试样条，并在室温条件下放置 24h 后再进行性能测试。注射工艺条件：从机筒至喷嘴的温度依次为 250℃、265℃、275℃、275℃、265℃，螺杆塑化转速为 120r/min，注射压力为 60MPa。

3. 性能

不同设备所制得的 PPO/PA66 合金的拉伸强度各不相同，其中啮合异向双螺杆挤出机所制得的合金的拉伸强度最大，其次为啮合同向双螺杆挤出机所制得的合金，但两者之间的差距很小，仅为 1.3%，Buss 机所制得的合金的拉伸强度最小，并且比啮合同向双螺杆挤出机和啮合异向双螺杆挤出机所制得的合金的拉伸强度降低了 17% 左右。

啮合同向双螺杆挤出机所制得的合金的弯曲强度最大，啮合异向双螺杆挤出机所制得的合金次之，Buss 机所制得的合金最小，同样表现出啮合同向双螺杆挤出机和啮合异向双螺杆挤出机所制得的合金的弯曲强度差距非常小，不到 1%，而 Buss 机所制得合金的弯曲强度与啮合同向双螺杆挤出机和啮合异向双螺杆挤出机所制得的合金相比降低了 16% 左右。

不同设备对合金缺口冲击强度的影响与其对合金弯曲强度的影响一致，合金缺口冲击强度从大到小的顺序依次是啮合同向双螺杆挤出机所制得的合金、啮合异向双螺杆挤出机所制得的合金、Buss 机所制得的合金，且同样也表现出啮合同向双螺杆挤出机所制得的合金的缺口冲击强度和啮合异向所制得的合金差距不大，仅为 3% 左右，Buss 机所制得的合金的缺口冲击强度最小，并且比啮合同向双螺杆挤出机和啮合异向双螺杆挤出机所制得的合金的缺口冲击强度降低了 22% 左右。

4. 效果

1）啮合同向双螺杆挤出机所制得的 PPO/PA66 合金的综合力学性能最好，啮合异向双螺杆挤出机所制得的合金的综合力学性能和啮合同向双螺杆挤出机所制得的合金相差不大，而 Buss 机所制备的 PPO/PA66 合金的综合力学性能较差。

2）由于啮合区的存在，双螺杆挤出机在加工高黏度、非结晶物料方面比 Buss 机更具优势。

三、预辐照 PPO 反应挤出成型与应用

1. 原材料与配方（质量份）

聚苯醚（PPO）	100	丙烯酸（AA）	3.0
PPO-g-MAH	4.0	其他助剂	适量

2. 制备方法

（1）PPO 的预辐照 将 PPO 粉料在 120kW 的电子加速器上进行预辐照。加速能量为 3MeV，束长为 7.5cm，扫描宽度为 1.2m，传送速率为 4.8m/min，预辐照剂量为 10kGy，预辐照时间为 12s，在常温、常压、空气气氛下进行。

（2）接枝共聚物的制备 将预辐照的 PPO 与功能单体 AA 或 MAH 按照一定质量比混合均匀，然后加入反应型双螺杆挤出机中进行反应接枝得到 AA 接枝 PPO（PPO-g-AA）或 MAH 接枝 PPO（PPO-g-MAH）。从料斗到口模的温度分别为 220℃、230℃、250℃、260℃、270℃、275℃、280℃、280℃、285℃、285℃、280℃；功能单体的加入量为预辐照 PPO 质量的 1%～6%，螺杆转速为 70～130r/min。将制备的接枝共聚物在 90℃烘箱中干燥 24h。

3. 性能

PPO 及其接枝共聚物的拉伸性能见表 6-54。

表 6-54 PPO 及其接枝共聚物的拉伸性能

试样	接枝率（%）	拉伸强度/MPa	拉伸强度拉伸应变（%）	拉伸断裂应变（%）	弹性模量/MPa	拉伸断裂应力/MPa
PPO	—	130	9.7	18.0	2096	97.6
PPO-g-AA	0.22	124	9.6	11.0	2015	104.1
	0.28	130	8.5	18.0	2560	97.8
PPO-g-MAH	0.23	116	8.8	9.1	1865	104.2
	0.32	128	9.1	11.0	2093	111.7

4. 效果

1）用预辐照与反应挤出技术，将功能单体 AA 和 MAH 分别接枝到 PPO 分子链上，随单体含量增加，接枝率呈上升趋势，但当 AA 用量为 PPO 质量的 3% 以上时，接枝率变化不明显。

2）随着挤出机螺杆转速的不断增加，接枝共聚物的接枝率逐渐降低。

3）功能单体接枝到 PPO 分子链后，极大地改善了 PPO 的极性，接枝共聚物薄片表面水的接触角随着接枝率的升高而逐渐减小。

4）与 PPO 相比，PPO-g-MAH 接枝共聚物的热性能和力学性能未发生大的变化。

四、耐水高安全环保 PPO 软电缆用材的加工与应用

1. 新型耐水软电缆的设计要求

新型电缆遵循安全、耐水、阻燃、无卤、低碳、生物相溶性的设计原则。

（1）安全性　电缆绝缘材料应符合的基本安全性要求见表6-55。

表6-55　电缆绝缘材料的基本安全性要求

项目	要求
长期耐温/℃	≥90
邵氏硬度#HA	55～88
抗张强度/MPa	≥10.0
断裂伸长率（%）	≥200
极限氧指数（%）	≥28
体积电阻率/Ω·m	$\geqslant 1\times10^{12}$
介电强度/kV·mm^{-1}	≥22
脆化温度/℃	≤-40

（2）环境友好性　电缆的环境友好性很大程度上由材料决定，电缆衬料不仅要符合欧盟2011/65/EU（RoHS2.0）、76/769/EEC（PAHs）、2005/84/EC和1907/2006/EC等环境保护和健康法规要求，还要可再生、不含卤素、不消耗非再生能源，不产生大量炭尘和尾气。

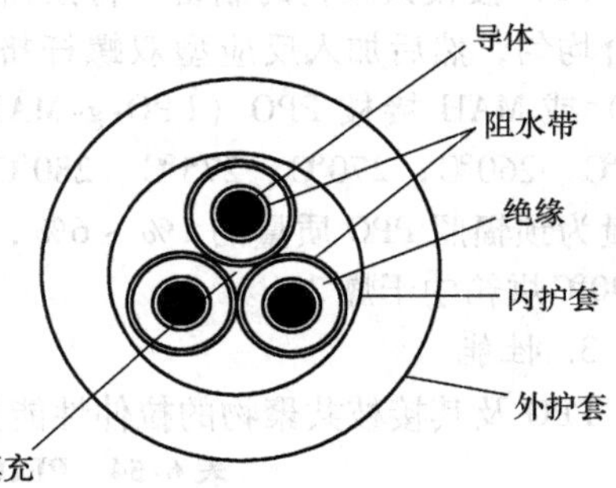

图6-7　电缆结构示意图

2. 新型耐水软电缆的设计

新型耐水软电缆以美国标准UL62户外用电源软线SJEW性能为设计基础，同时结合欧洲标准HD 22.16及有关耐水要求，设计符合无卤、阻燃、高安全性、环境友好型的耐水软电缆。

（1）结构设计　以UL62 SJEW 16AWG/3C为例，其结构如图6-7所示，结构明细见表6-56。

表6-56　电缆结构明细

导体结构	根数	65
	铜丝直径	0.16
阻水带	宽度/mm×厚度/mm	20×0.10
绝缘	材料	无卤阻燃改性聚苯醚（MPPO）混合物
	厚度/mm	0.8
	颜色	黑、白、绿
半导电阻水带	宽度/mm×厚度/mm	25×0.30
填充	半导电阻水绳	
内护层	材料	软质PE
	厚度/mm	0.3
外被	材料	无卤阻燃MPPO混合物
	厚度/mm	1.0

从图6-7中可以看出，在导体外绕包一层阻水带，以阻止水分沿导体空隙进入电缆；在绝缘线芯表面绕包一层半导电阻水带，在缆芯中间填充半导电阻水绳，可以阻止水分沿电缆结构空隙进入。

（2）材料选择 电缆通常由导体材料、辅助材料、绝缘及护套材料三部分组成，绝缘及护套材料是电缆设计的关键，选择是否合适，直接关系电缆能否符合设计要求。

聚苯醚（PPO）是新型高分子材料，由GE公司Allan S. Hay于1959年最早发明。此材料于20世纪60年代在美国得到了高速发展，因其具有优良的尺寸稳定性和拉伸强度，最先在汽车工业和机械工业中得到应用，多用于元器件、外壳板、内架、管道等。

PPO除了具有优良的尺寸稳定性和拉伸强度外，还具有很多优良性能：

1）耐燃性。其极限氧指数能达到29%，有很好的自熄性，加入少量阻燃剂就能达到UL94 V-0阻燃要求，能避免卤素、磷类阻燃剂的使用。

2）耐热性。分子中含有大量芳香环，具有较高的耐热性，玻璃化转变温度高达211℃，熔点达268℃，热变形温度可达190℃。

3）低吸水率。吸水率在0.07%左右。

4）耐蠕变性和耐磨性优良。

5）耐酸碱性好，基本不受酸碱腐蚀。

6）密度小，是常用塑料或橡胶的70%～80%。

7）生物相容性好，无毒性、无致敏性、无刺激性、无遗传毒性和无致癌性，对人体组织、血液、免疫系统无不良反应。

PPO除了以上提到的优点外，还有优良的绝缘性和耐水性，这两个优点目前很少被利用，特别是在潮湿环境、热水或蒸汽中，其电性能和力学性能优异。但相比电线电缆常用的弹性体材料，存在软硬度和回弹性等方面的不足，这是线缆技术人员不考虑选用的原因。如何对其进行软化和回弹改性，一直是技术人员研究的课题。

从PPO材料性能来看，经软化改性后可成为线缆材料的理想选择，但还存在一个严重缺陷：材料在熔融态时黏度大、流动性差，用电线电缆挤出设备很难连续生产和稳定成型，在成型后会产生内应力，导致应力开裂。随着对PPO性能的进一步研究，发现用高冲击聚苯乙烯（HIPS）改性后得到的MPPO，可大大改善软硬度和加工性能，还可改善应力开裂和冲击性能，同时对电性能、耐热性能和阻燃性能的影响都不大。随着改性技术的不断突破，PPO用于线缆上的障碍逐步得以清除。

改性后的MPPO不仅耐温、阻燃、耐磨、无卤、无毒和电性能优良，还能适应线缆行业现有的生产设备和工艺，特别是在生物相容性、耐潮湿、耐热水、耐水蒸气等方面的突出优点，正好符合环境友好型安全性耐水软电缆的要求，新设计的耐水软电缆绝缘和护套材料均选用MPPO。

（3）性能设计 依据电缆的使用环境，以额定电压为300V、额定温度为90℃对电缆进行性能设计，电缆的主要性能要求见表6-57，耐水性及抗菌性要求见表6-58。

表 6-57　电缆的主要性能要求

检验项目			要求
导体	20℃直流电阻/Ω · km⁻¹		≤14.1
绝缘	老化前	抗张强度/N · mm⁻²	≥5.5
		伸长率（%）	≥200
	空气老化（121℃，168h）	抗张强度残余（%）	≥75
		伸长率残余（%）	≥75
护套	老化前	抗张强度/N · mm⁻²	≥8.3
		伸长率（%）	≥200
	空气老化（121℃，168h）	抗张强度残余（%）	≥75
		伸长率残余（%）	≥75
介电试验		电容增加率（14d 与 1d）（%）	≤10
		电容增加率（14d 与 7d）（%）	≤3
稳定因数		变化值（14d）	≤1.0
		变化值（1d 与 14d）	≤0.5
芯线绝缘电阻（15℃）/MΩ · km			≥45
护套表面电阻（间距 13mm）/MΩ			≥100
曲绕试验/次			≥10000
VW-1 耐燃试验（%）			≤25
低温弯曲试验（-35℃，4h）			不开裂

表 6-58　电缆的耐水性及抗菌性要求

检验项目			要求	测试方法
绝缘线芯	常温绝缘体积电阻率（20℃，2h）/Ω · cm		$\geqslant 10^{14}$	EN50395
	高温绝缘体积电阻率（90℃，2h）/Ω · cm		$\geqslant 10^{11}$	
	长期绝缘体积电阻率（50℃，14d）/Ω · cm		$\geqslant 10^{11}$	EN50395
	泄漏电流（5m，120h，50℃）/mA		≤5	—
护套	耐湿热试验（90℃，1000h，85% RH）	伸长率变化率（%）	≤ ±30	EN60068-2-78
		抗张强度变化率（%）	≤ ±30	
	浸水试验（50℃，100d）	质量增加率（%）	≤ ±40	HD22.16
		抗张强度变化率（100d 与 28d）（%）	≤ ±15	
		伸长率变化率（100d 与 28d）（%）	≤ ±20	
	抗细菌率（%）		≥90	JIS Z 2801.1

3. 性能

MPPO 的主要性能见表 6-59。

表6-59　MPPO的主要性能

项目	参数值
密度/kg·m^{-3}	1.02
长期耐温/℃	100
邵氏硬度（HA）	80
抗张强度/MPa	17
伸长率（%）	260
极限氧指数（%）	30
体积电阻率/Ω·cm	1.6×10^{16}
表面电阻率/Ω·cm	1×10^{16}
介电强度/kV·mm^{-1}	25
相对介电常数（1MHz）	2.45
脆化温度/℃	−45

按设计方案制作电缆样品，并对样品进行试验，部分关键性能试验结果见表6-60。由表6-60可以看出，MPPO具有很好的耐水性，尤其是在耐热水方面表现突出，非常适合于防水电缆，另外在抗细菌和生物相容性方面也表现优异，这是很多医用器材选用此材料的原因。

表6-60　电缆部分关键性能试验结果

检验项目			测试值
绝缘线芯	常温绝缘体积电阻率（20℃，2h）/Ω·cm		8.4×10^{15}
	高温绝缘体积电阻率（90℃，2h）/Ω·cm		6.2×10^{13}
	长期绝缘体积电阻率（50℃，14d）/Ω·cm		3.6×10^{12}
	泄漏电流（5m，120h，50℃）/mA		3.4
护套	耐湿热试验（90℃，1000h，85%RH）	伸长率变化率（%）	−22
		抗张强度变化率（%）	−13
		质量增加率（%）	12
	长期浸水试验（50℃，100d）	抗张强度变化率（100d与28d）（%）	−10.6
		伸长率变化率（100d与28d）（%）	−16.5

五、PPO天线罩的加工与应用

1. 天线罩

某雷达天线罩尺寸为42mm×42mm×941mm，壁厚2mm，顶部有2个110mm×35mm方孔，一套地面雷达系统，共需要188个此种天线罩。该雷达工作在具有高温、高湿、高盐雾等特点的海边，生存寿命设计为10年。

2. 天线罩成型工艺方法

（1）材料选择　天线罩的性能与所选材料的性能关系密切，天线罩材料应具备以下特性：

1）介电常数（<10）和介电损耗角正切值（<0.01）小。低的介电常数会降低反射，使反射对辐射模式和插入损耗的影响降低到最小。此外低介电常数的材料能给天线罩带来宽频带响应，允许放宽壁厚公差，降低制造成本。

2）良好的耐热冲击性、耐热性和抗盐雾性。雷达布防于南部沿海，生存环境高温、高湿、高盐雾。

3）耐老化。雷达使用寿命 10 年，天线罩材料要具有抗老化性能。

4）良好的工艺性和经济性。天线罩成型后需要后续机械加工，所以材料要具有良好的加工性能。由于天线罩数量多，因此要考虑材料的经济性。

为了满足以上性能，传统天线罩材料一般选用树脂（基体）+纤维（增强体）形成的复合材料，再通过手工铺贴成型或真空袋压成型。树脂纤维形成的复合材料成本很高；预浸料铺贴成型或真空袋压成型不仅对操作人员的技术要求高，设备投资量大，而且生产效率低下。现在大型相控阵雷达天线罩的特点是：数量多、成型周期短、成本低，所以传统天线罩材料和成型工艺已不适合此类雷达的特点，必须寻找新的材料和工艺成型方法。

经过慎重选择，工程塑料里面的 PPO（聚苯醚）和 PPS（聚苯硫醚）是较为理想的材料。表 6-61 对比了三种材料的性能。

表 6-61　材料性能对比

材料类型	相对介电常数	介电损耗角正切值	弯曲强度 /MPa	拉伸强度 /MPa	热变形温度 /℃	线胀系数 /$\times10^{-6}$℃$^{-1}$	吸水率（%）
玻璃纤维预浸料	4.2	0.0015	413	551	—	—	—
PPO	2.52	0.0034	102	67.5	100	70	0.1
PPS	3.0	0.002	270	180	260	30～50	0.015

从以上三种材料性能参数的对比情况看，玻璃纤维预浸料的力学性能最好，PPS 次之，PPO 较差。该天线罩直接贴敷在天线外导体表面，天线罩有天线的直接支撑，所以对天线罩的力学性能要求并不高。电性能参数，PPO 和 PPS 较玻璃纤维预浸料要好，充分说明工程塑料是可以替代传统复合材料的。由于 PPS 比 PPO 贵很多，根据项目具体情况，在满足力学和电性能的情况下，优先选用 PPO。

下面详细阐述 PPO 的性能：

1）有较好的电气性能。在很宽的频率和温度范围内，介电损耗角正切值非常小，在 0.007 以下，最低可达 0.0009。介电常数在 2.7 以下，体积电阻率可达 $10^{14}\Omega\cdot cm$，介电强度在 22kV/cm 以上，是极理想的高频绝缘材料。

2）具有均衡的力学性能。拉伸强度、弯曲强度和冲击强度都超过尼龙和聚甲醛，耐蠕变、应力松弛和耐疲劳性能在工程塑料中属优级。

3）耐热性能好。热变形温度为 90～150℃，无载荷情况下间断工作温度最高可达 204℃，性能受温度的影响小，各种物理性能稳定，使用温度范围宽。

4）耐水和耐热凝汽性能在工程塑料中最优，吸水率只有 0.07%。具有卓越的耐湿热性能，在 132℃蒸汽热压器中经 200 次循环处理后，抗拉强度和冲击强度没有明显下降。

5）具有良好的成型加工性能。PPO 本身的流动性能很差，故很难注射成型。但用苯乙烯系聚合物改性后，其流动性大大改善，改善程度随苯乙烯系聚合物的品种、用量而异。因此，可利用这个性能制得不同的改性品种。

6）它属非结晶性聚合物，不存在因结晶造成的大收缩现象。由于收缩率小，可制成高精度的制品。

基于 PPO 优异的物理性能、力学性能、电性能、耐热性能和抗老化性能，完全可以用 PPO 材料代替传统的复合材料。

（2）成型工艺方案 改性 PPO 具有良好的流动性，所以可以用注射方法成型天线罩。天线罩长达 941mm，给拔模带来极大困难，所以工艺上采用化整为零的方法，即把天线罩分成上下两部分。

上天线罩采用注射方法，为了减小拔模难度，长度设定为 270mm；为了降低成本，下天线罩采用挤压成型工艺，成型后通过机械加工得到 671mm，采用注射 + 挤压成型工艺既可以满足技术指标要求，又可以缩短研制周期。

3. 密封防护

由于天线罩采用上下罩结合的方式，因此在结合处需用密封胶密封，如果密封不严密让水气进去，则会引起天线电性能的失效。

为了防止天线罩在暴晒环境下老化，需要在罩外面涂覆油漆以满足天线单元在寿命期间的正常使用。

天线罩的密封和防护一直是雷达工艺中很重要的组成部分。下面从结构设计、密封和涂覆三个方面阐述此天线罩的防护。

（1）密封结构设计 为提高上下天线罩连接、密封的可行性和可靠性，在结构设计时就应该考虑密封防护性能。在和结构设计师充分沟通的基础上，上下天线罩设计为哈弗连接方式。这种连接方式既可以实现上天线罩对下天线罩的定位，也可以实现可靠性连接。具体实现方式如图 6-8 和图 6-9 所示。

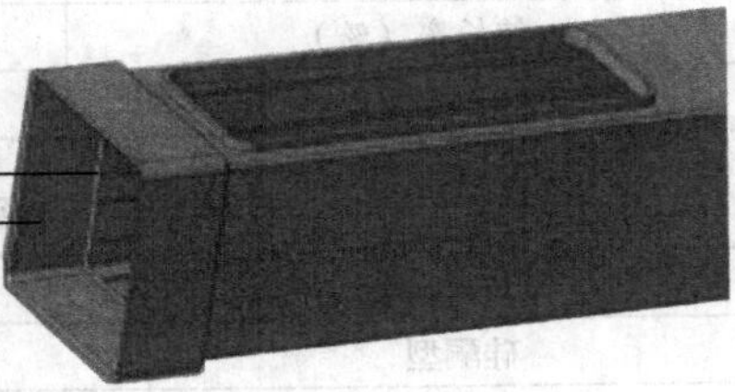

图 6-8 上天线罩

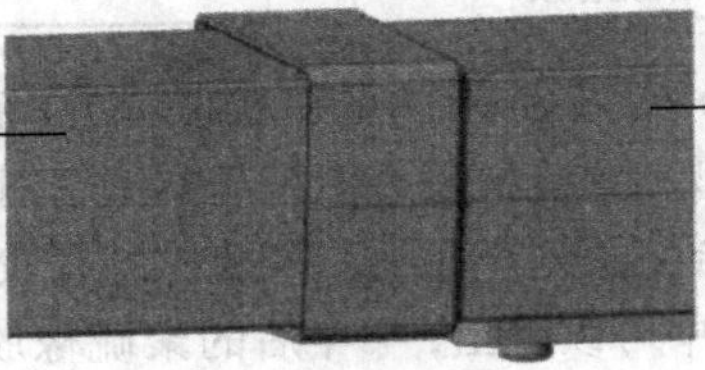

图 6-9 上下天线罩连接处

上天线罩接口处设计为凸台形式，定位台阶宽度为 1.5mm，其目的是为了确定下天线罩长度方向的具体位置。接触面深度为 20mm，上下天线罩之间的安装空隙设计为 0.5mm，在装配时，密封胶将填满上下天线罩之间的空隙。

密封胶均匀涂在下天线罩安装处的四壁，并自下而上安装，使密封胶均匀留在上下天线罩之间的空隙内。为防止天线罩在外力作用下脱胶松动，在上下天线罩连接处用浸过 555 胶的无碱玻璃布缠绕。

（2）密封胶选择　为防止水从上下天线罩连接处进入外导体内部，需要在连接处用密封胶密封。根据地面雷达要求的环境技术指标，密封胶必须具有耐候性、耐老化性、高黏性并且具有承受一定变形位移的能力。

户外电子设备常使用的弹性密封胶主要有硅酮型、聚氨酯型和聚硫橡胶等，其性能对比和户外暴晒试验结果见表 6-62 ~ 表 6-64。

表 6-62　几种密封胶的常规性能对比

密封胶类型	硅酮型	聚氨酯型	聚硫橡胶
主要成分	聚二甲基硅氧烷	聚氨酯预聚体	液体聚硫橡胶
应用特点	耐候、耐久性好，接缝四周污染	与涂料相容性好，表面耐热一般	适应冷热伸缩
抗位移压力/MPa	20 ~ 25	15 ~ 20	15
耐热性	最好	不好	较好
耐候性	最好	较好	较好
耐寒性	最好	一般	不好
耐久性	最好	较好	较好
耐污性	不好	较好	较好

表 6-63　几种密封胶的力学性能对比

力学性能	硅酮型	聚氨酯型	聚硫橡胶
撕裂强度/$N \cdot mm^{-1}$	5.5	9.8	8.9
拉伸强度/MPa	1.1	1.6	2.0
伸长率（%）	1200	745	470
模具/MPa	0.4	1.2	0.7

表 6-64　几种密封胶的 7 年户外暴晒试验结果

密封胶类型	接缝表面	接缝周围
硅酮型	无变化	有污染
聚氨酯型	龟裂纹	无污染
聚硫橡胶	一些深裂纹	无污染

由表 6-62 ~ 表 6-64 的对比可看出，硅酮型密封胶在耐候性和使用寿命周期上都好于聚氨酯型和聚硫橡胶，但是硅酮型密封胶对接缝处有污染，在要求绿色环保的今天，已不太适合使用到产品上。聚硫橡胶有较好的耐候性和力学性能，但是使用寿命较短，从表 6-65 中可以看出，7 年后的聚硫橡胶会有深裂纹出现，雨水会顺着裂纹渗透到外导体内部，形成积水，从而影响天线单元的驻波。聚氨酯型密封胶的耐候性和力学性能较好，使用寿命一般为 15 年，可满足产品的环境技术指标。

由于注射表面较光滑，如果直接涂密封胶，会降低密封胶与天线罩表面的粘接强度，工艺上采取了在密封处喷砂工艺来降低天线罩的表面粗糙度值。经试验，这样可以明显提高粘接力。另外，密封胶的配套底处理剂有优异的防胶接面腐蚀功能，同时能使聚氨酯密封胶与基材的粘接强度大幅度提高。密封胶使用底处理剂与否的剪切强度比较值见表6-65。

表6-65 剪切强度对比

测试项目	不适用底处理剂	适用底处理剂
剪切强度/MPa	0.3	1.35

为了进一步提高密封胶与接触面的粘接强度，天线罩接触面采用了底处理剂。

（3）表面涂覆 天线罩是直接和严酷环境接触的介质，经常会受到雨水、盐雾和紫外线的侵蚀。为进一步提高天线罩的耐候性，科研人员选用了常温固化氟涂料作为天线罩的防护涂层。氟碳漆具有以下特征：

1）耐候性好。漆膜无起泡、生锈、开裂、脱落现象。

2）耐化学品及酸碱能力强。涂层交联密度高，孔隙率低，抗渗性好。

3）耐污性好。涂层表面细腻光滑，摩擦因数小，容易清洗。

4）涂层具有阻燃性、耐温性。能抵抗严寒酷暑和干湿交替的复杂环境。

5）优良的力学性能。漆膜附着力强、抗冲击、耐摩擦。

该涂料耐老化性能优异，特别是在强紫外线作用下，其树脂也不易分解，防护寿命可达15～20年；该涂料的施工性能优异，可常温干燥；氟涂料还具有高的疏水性，雨水很难在天线罩表面沉积，既防止了水对高分子材料的侵蚀，又能降低天线的雨水噪声温度。

4. 效果

为了验证PPO天线罩和密封胶的耐候性，按国军标做了如下试验：高温试验（GJB 150.3A—2009）；低温试验（GJB 150.4A—2009）；淋雨试验（GJB 150.8A—2009）；湿热试验（GJB 150.9A—2009）；盐雾试验（GJB 150.11A—2009）。最后测试了天线单元的电性能，满足所设计的技术要求。最后结论：采用PPO天线罩满足产品需求。

为了降低成本，采用PPO材料代替传统的复合材料；为了提高生产效率，采用注射和挤压成型工艺；为了增强密封胶与接触面之间的黏结力，采用在连接处喷砂和涂底处理剂。采取以上工艺方法，得到了符合环境要求和电性能要求的天线罩。为大批量生产低成本的天线罩指出了一条新道路。

六、改性PPO合金雷达天线罩的加工与应用

1. 选材

主要选用国产PPO树脂，经HIPS和二氧化钛（TiO_2）微米颗粒进行掺混改性后，得到的MPPO合金塑料（PPO/HIPS）通过共混挤出成型得到了一种平板形天线罩并应用于某型雷达天线阵面。材料电性能测试、天线阵面驻波试验以及某型雷达圆筒形天线罩5年户外实际使用状况表明，改性聚苯醚合金塑料天线罩的电性能、力学性能和耐候性能均满足技术要求，雷达天线系统性能稳定，工作正常。

2. 平板形天线罩

（1）PPO原树脂 采用LXR045产品（简称PPO-45）。

（2）PPO/HIPS树脂合金 改性方法是通过将HIPS树脂粉体和TiO_2微米颗粒掺混

入高温 PPO-45 树脂熔体（260℃），并进行相容性和均相化处理后，冷却造粒得到。其中，所加入的 TiO_2 微米颗粒的粒径约为 2000 目（约 6.5μm），主要起到增强树脂基体力学性能的作用，但是会小幅度提高介电常数和介电损耗角正切值。另外，TiO_2 微米颗粒也是一种较强的紫外线（200～380nm）吸收剂，可以提高制品长期户外工作的防日晒老化性能。国内外两种 MPPO 树脂的主要物性参数比较见表 6-66。

表 6-66　国内外两种 MPPO 树脂的主要物性参数比较

材料性能	国产 MPPO	进口 MPPO
拉伸强度/MPa	68	67.6
弯曲强度/MPa	98	102
弯曲模量/MPa	2300	2500
冲击强度/MPa	18.6～18.8	11
热变形温度/℃	120	127
介电强度/kV · mm^{-1}	18	18

（3）挤压和注射成型　由外协厂家制造完成。

（4）平板天线罩热校平

1）热校平机理。由于共混挤出成型过程中受树脂熔体温差、挤出速率、冷却速率、工艺参数、制品尺寸、加工温度、注射机性能等因素的影响，制品内部大都存在着不同程度大小的两种内应力，即高分子链取向内应力和体积/温度内应力。这些内应力较大时可能会导致制品变形，如卷曲、扭曲等，甚至会产生严重裂纹或缺陷而影响制品的质量、性能和寿命。另外发现在共混挤出成型平板形天线罩时，同样出现了较大程度的卷曲变形。

对注射成型塑料制品进行退火校平，以降低或消除材料的内应力，是一种使其内部结构加速达到稳定状态的有效措施。一般认为，热塑性塑料件的退火温度以低于塑料本身热变形温度（维卡软化温度）5～10℃为宜；退火时间主要与塑料性质与制品壁厚有关，高聚物分子链的刚性越大，壁厚越大，退火时间相对越长。

2）热校平工艺。将 1～2 块卷曲变形的 MPPO 注射制品（尺寸为 1300mm × 1050mm × 3mm）夹压于两块平整度较高和表面粗糙度值较小、内表面均覆有一层聚四氟乙烯脱膜布的 5A06 铝板（尺寸为 1350mm × 1100mm × 3mm）之间，水平放置在鼓风烘箱中（最高工作温度为 300℃），以总质量约 50kg 的重物均匀压平；以 6～7℃/min 的升温速率升温至 160℃；保温 30min 后，停止加热，箱内开始鼓风降温，降温速率为 0.5℃/min；待温度降至 60℃时打开烘箱，自然降温至室温后取出。已经退火校平并室外自然放置 72h 后的 MPPO 平板天线罩，显然已完全校平，且长时间放置后未出现因残余内应力导致的回复卷曲变形现象，表明以上退火处理已在很大程度上降低了塑料基体的内应力，因而天线罩结构形状稳定。

3. 圆筒形天线罩

MPPO 树脂为进口 PPO/HIPS 合金塑料，采用注射模塑成型工艺得到圆筒形天线罩。实际应用发现，注射成型制件收缩率低，尺寸稳定性好，符合结构设计要求。

同时，为进一步提高此天线罩的户外使用寿命、耐候性以及疏雨雪能力，通过对其表面进行粗化、活化等工艺处理后，涂覆了一层氟碳树脂漆（漆膜厚度≤0.5mm），电性能试验表明该层漆膜对天线振子单元的电性能影响很小。

4. 天线罩的电性能

（1）介电常数和介电损耗角正切　本节以国产 MPPO 合金塑料平板试件为研究对象，参照 ASTM D150—2011 固体电绝缘材料的（恒久电介质）的交流损耗特性和介电常数的试验方法，分别测试了在 1MHz、1GHz 工作频率下的介电常数 ε 和介电损耗角正切 $\tan\delta$，具体测试条件如下：

1）设备名称：射频阻抗材料分析仪。

2）环境条件：温度 21.5℃，湿度 49%。

3）测试标准：ASTM D150—2011。

4）测试前处理：实验室环境下自然放置 24h 后再进行测试。

5）测试频率：1MHz 和 1GHz。

6）试件数量：各 5 件。

两种不同测试频率下的测试结果表明，该 MPPO 合金塑料的介电常数分布均匀，一致性较好，两种测试条件下的平均值分别为 2.73 和 2.66；同样，介电损耗角正切值呈单一性分布，分别为 0.002 和 0.001，均符合某型雷达对于天线罩材料的电性能设计要求。

（2）驻波性　已经热校平的 MPPO 平板天线罩再通过数控铣、去毛刺等机加工处理后，依据雷达天线罩结构和安装设计规定，装配到天线阵面上。在工作频段和扫描角内进行了阵中单元有源驻波测试，结果表明：该雷达天线阵面的电压驻波系数 VSWR≤2.3，符合电性能设计要求。

（3）天线罩耐候性　MPPO 圆筒形天线罩已在某型雷达天线阵面中装配使用。该型雷达产品在户外长达 5 年的实际工作状况表明，各天线单元天线罩未出现变形、开裂或缺损现象，抗冲击和蠕变性能良好；同时，罩体表面涂覆的氟碳涂料表面仍光洁完好，未出现明显的起皮、皱裂、脱落等老化情况。雷达天线整体工作稳定、正常。

5. 效果

改性聚苯醚合金塑料具有的低密度、低熔体黏度、易挤压和注射、制件尺寸稳定、耐候性好以及低介电常数、低介电损耗角正切值、价格低等优异特性，能够较好地解决某些大面积平板天线罩或小体积圆筒形天线罩的高效率、低成本、高精度、高一致性等批量化生产技术难题，这是某些传统树脂基复合材料（如环氧、酚醛和不饱和聚酯等）所无法实现的。不难推断，随着 PPO 树脂合成及其改性技术的发展，该聚合物树脂材料的性能将会进一步得到提高和改善，它在雷达天线罩上的应用必将具有更广阔的前景。

七、玻璃纤维布增强改性 PPO 覆铜板

1. 简介

PPO 树脂具有较好的力学性能和耐热性（玻璃化转变温度 $T_g=210$℃），尺寸稳定

性好，吸湿率低，特别是在宽广的温度范围和频率范围内，介电常数和介电损耗角正切值小且稳定。PPO 树脂的性能及结构式见表 6-67。

表 6-67　PPO 树脂的性能和结构式

项目	性能指标
玻璃化转变温度	210℃
介电常数（1MHz）	2.45
介电损耗角正切值（1MHz）	0.0007
吸水率（%）	≤0.05
耐溶剂性	耐酸、碱和极性溶剂，在卤烯烃类及芳香族溶剂中溶解
分子结构式	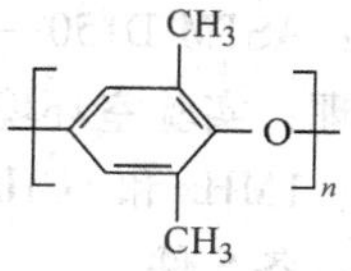

2. PPO 树脂的改性

PPO 是一种高分子量的热塑性树脂，将其直接用于覆铜板中存在着以下缺点：①熔融黏度高，难以加工成型；②耐溶剂性差，在印制电路板（PCB）制作过程中溶剂清洗或有溶剂的环境中，易造成导线附着不牢或脱落；③熔点与玻璃化转变温度相近，难以承受 PCB 工艺要求的 260℃以上的锡焊操作。因此，PPO 树脂经热固性改性后才能适合 PCB 的使用要求。

PPO 树脂的热固性改性一般有两种途径：①在 PPO 分子结构上引入可交联的活性基团，使之成为热固性的树脂；②通过共混改性或互穿网络（IPN）技术，引入其他的热固性树脂，形成相容共混的热固性 PPO 树脂体系。围绕着以上改性途径，已开发出了多种改性方法，主要有：①聚烯烃改性 PPO；②PPO/环氧改性体系；③PPO/TAIC 改性体系；④氰酸酯或 BT 树脂/PPO 改性体系；⑤在 PPO 分子结构上引入烯丙基活性基因。

3. PPO/玻璃纤维布基覆铜板的制造工艺

PPO/玻璃纤维布基覆铜板因采用的 PPO 树脂改性路线不同，制造工艺及方法也有差异，但大多数改性工艺路线都采用以下的制造工艺过程：

1）PPO 树脂的改性及混胶。根据上面的改性方法，在 PPO 分子上引入极性基因，增加与共混树脂的相容性，或在 PPO 分子上引入烯丙基活性基团，制成热固性树脂，然后与共混树脂及其他助剂等配制成树脂胶液。

2）浸胶。用玻璃纤维布浸渍改性 PPO 树脂胶液，可以采用立式上胶机上胶。在此过程中合理地控制工艺参数是制造表面及性能良好的半固化片的关键。与 FR-4 树脂液上胶不同的是大分子量的改性 PPO 树脂难以浸透到玻璃纤维布的间隙中，由于 PPO 树脂具有良好的成膜性，在烘干的过程中浮在玻璃纤维布表面的 PPO 树脂形成一层柔韧的、光滑的、平整的膜。因此做成的半固化片表面光滑、不掉粉。

3）压制。根据尺寸及厚度要求，称取一定量的改性 PPO 半固化片，叠加在一起，表面覆以铜箔，装模后推入压机，在 150～260℃、3～10MPa 的条件下成型。

4. PPO/玻璃纤维布基覆铜板的性能

开发低介电常数和高介电常数两种 PPO/玻璃纤维布基覆铜板，其特点分别介绍如下：

（1）低介电常数覆铜板　根据高频电路中信号传播速度的公式 $v=Kc/\sqrt{\varepsilon}$ [式中，K 为常数；c 为光速（cm/ns）；ε 为基板的介电常数] 可知，介电常数越小，信号传播速度越高。因此高频电路基板材料的介电常数越小，越有利于电子产品信号的高速传递。

该覆铜板（牌号 LGC-046）在制作过程中，采用特殊的合成方法，在 PPO 的分子末端引入烯丙基活性基团，与交联剂组成热固性的树脂体系。该树脂体系具有良好的工艺性，可采用 CCL 通用的浸胶设备上胶。制造出的半固化片表面光滑、均匀、不掉粉末，并具有良好的熔融流动性，可作为多层 PCB 层间粘接用的半固化片。用该半固化片制造 LGC-046CCL，可采用与 FR-4CCL 相似的压制工艺，不需要后固化处理。该半固化片比 FR-4 半固化片的熔融流动性稍低，因此压制成的 CCL 具有良好的厚度精度。

表 6-68 为 LGC-046 和其他覆铜板的性能比较。其主要性能特点有：①在 10GHz 以内很好地保持低相对介电常数（$\varepsilon_r=3.2\pm0.1$），可显著提高信号的传播速度；②低的介电损耗角正切值 [$\tan\delta\leqslant0.005$（1GHz）]，减少信号传输过程的能量损失；③无焊盘金属化孔拉脱强度高（≥30N）；④具有较好的耐热性（玻璃化转变温度 $T_g\geqslant150$℃）和刚性；⑤密度小（1.5g/cm^3），可使 PCB 产品轻量化（PTFE CCL 的密度为 2.1～2.2g/cm^3）；⑥加工性能与通用的 FR-4 相同。

表 6-68　LGC-046 和其他覆铜板的性能比较

项目	LGC-046	BMI 类聚酰亚胺树脂	氰酸酯树脂	聚四氟乙烯树脂	环氧树脂（相当于 FR-5）
相对介电常数（1MHz）	3.2	4.6～4.7	3.8	2.5～2.7	4.7～5.0
介电损耗角正切值（1MHz）	0.003	0.008～0.009	0.006	0.001～0.0015	0.015～0.019
T_g/℃	150	230	247	25	160
密度/g·cm^{-3}	1.5	1.85	—	2.2	1.9
剥离强度/N·mm^{-1}	1.5	1.8	1.7	2.2	1.9～2.3
吸水率（%）	0.25	1.5	0.6	0.1	0.35
耐浸焊性（260℃）/s	>120	>120	>120	>120	>120

（2）高介电常数覆铜板　在高频微波电子电路元件中，有些需要做得很小，以满足电子产品小型化的要求，高介电常数覆铜板使这种要求成为可能。

从共振频率的公式 $f=c/2d\sqrt{\varepsilon_r}$（式中，$c$ 为光速；ε_r 为基板的相对介电常数；d 为电极的边长）可以看出，在频率 f 一定的情况下，电路基板的介电常数越大，元件的边长就越小；另外，基板的介电损耗也应小，这样可以有效地降低信号传输产生的噪声。利用 PPO 树脂介电损耗低的特性，在 LGC-046 覆铜板的基础上，开发的高介电常数覆铜板主要性能见表 6-69，可以看出相对介电常数达 10 以上。

表 6-69　高介电常数覆铜板性能

项目	指标
相对介电常数（1MHz）	10.5 ± 0.5
介电损耗角正切值（1MHz）	≤0.005
剥离强度/(N/mm)	≥1.0
耐浸焊性（260℃）/s	≥20
体积电阻率/MΩ · m	≥10^4
表面电阻率/MΩ	≥10^6

5. PPO/玻璃纤维布基覆铜板的应用与发展方向

随着信息产业的高速发展，大量的信息需要高速传递及处理，电子通信设备的使用频率不断提高及大量普及，对高频 PCB 材料的需求越来越大，性能要求越来越高。长期以来，高频 PCB 大都使用 PTFE 覆铜板作为基板材料，但由于其价格高、刚性差及难以加工等因素，在许多应用领域正逐渐被 PPO CCL 所代替。PPO/玻璃纤维布基覆铜板因具有优异的介电性能、加工性能、高耐热性、尺寸稳定性、密度低等，可使高频电路中信号传播的速度提高，产品轻量化、小型化，可靠性高，因此被广泛应用在移动电话、大型电子计算机等领域。LGC-046 和同类覆铜板的特性比较见表 6-70。

在 21 世纪，对电子信号传输及处理的要求更高速，电子产品轻薄小型化以及降低杂波使之达到更好的阻抗控制的要求越来越突出，电子产品使用的多层 PCB 层数增多，以及各种封装技术在 PCB 上的使用，对高频印制电路板的高频性能及可靠性的要求将会进一步提高，具体要求见表 6-71。

表 6-70　LGC-046 和同类覆铜板的性能比较

性能	LGC-046	S2100	R4726	CCL-HL-870	RG200
相对介电常数（1MHz）	3.2	3.5	3.5	3.8	3.9 ~ 4.3
介电损耗角正切值（1MHz）	0.003	0.0025	0.003	0.002	0.01
T_g/℃	150	200 ~ 220	180	190	190 ~ 210

表 6-71　高频覆铜板的性能要求

性能	作用
低相对介电常数	高的信号传输速率，低信号串扰性，可减小多层板的厚度
高频下低介电损耗	小的能量损失，适合于微波电路
低 X、Y 方向 CTE	适合于表面安装技术
低 Z 方向 CTE	优良的通孔可靠性
稳定的介电常数及良好的板厚精度	有利于阻抗（Z_0）控制
高 T_g	良好的耐热性、刚性及钻孔腻污小
高弹性模量	可减小热态下的翘曲及扭曲
高热导率	便于热量散失
低吸湿率	在高频下电气性能可很好地保持

未来理想的高频印制电路板将会是以上性能的综合体。目前，我国以 PPO/玻璃纤维布基覆铜板为基础，已立项并开展了对具有以上性能的覆铜板的研究开发工作。

第七章 聚四氟乙烯（PTFE）

第一节 主要品种的性能

一、简介

1. 结构特征

聚四氟乙烯（Polytetrafluoroethylene，PTFE）是四氟乙烯的均聚物，可用悬浮法、分散法、乳液法等聚合方法制得。其结构为

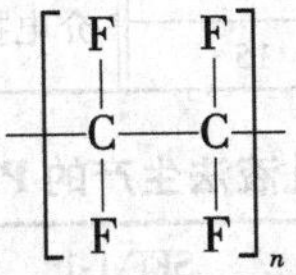

聚四氟乙烯是氟塑料中唯一可用作工程塑料的品种。

2. 主要性能

PTFE不溶于任何溶剂，因而不能用黏度法、光散射法等来测定，只能用相对密度法（SSG法）和差热法（DSC法）来测定数均分子量。结晶度也是用SSG法测得的。

PTFE的相对分子量非常大，因而相对分子量的大小对强度的影响不明显，但结晶度对PTFE制品的刚性、韧性、伸长率和强度有明显影响。

PTFE的密度约为2.2g/cm^3，表面光滑，呈蜡状，对水的接触角为114°～115°。PTFE通常为乳白色，不透明，但淬火制品有一定的透明度，几乎不吸水，对水蒸气和氮气的透过率低，且随密度的增加而降低。

PTFE的拉伸强度、伸长率、弹性率、硬度、透气率、介电强度等都和成型压力、烧结温度与时间、冷却速度等加工条件有关，因加工条件影响制品孔率和结晶度。成型压力高，在模内烧结和压力下冷却，可减少制品中的空隙，从而提高其机械强度。PTFE的弹性模量较低，容易蠕变。而蠕变是PTFE可用于垫圈、生料带、弹性带等起密封作用的原因。

PTFE的硬度较低，但加入填料可得到提高。

PTFE的摩擦因数是所有固体材料中最小的，且不随温度而变。其静摩擦因数小于动摩擦因数，因此，PTFE轴承起动平顺，阻力小，可作为低速高负荷轴承，低速转动时无噪声。

PTFE的热导率较低，加入金属填料可适当提高 。PTFE的熔点为327℃，热变形温度为50～60℃（ISO R75 A法）或130～140℃（B法），使用温度为－200～260℃，不燃。

PTFE的热稳定性是热塑性塑料中最高的，在204～327℃时的降解少，故不用加热

稳定剂。

表7-1～表7-3为PTFE树脂的性能。

表7-1　采用悬浮法生产的PTFE树脂的基本性能

性　　能	指　标	性　　能	指　标
拉伸强度(23℃)/MPa	7～28	吸水率(%)	<0.01
断裂伸长率(23℃)(%)	100～200	燃烧性	不燃
弯曲强度(23℃)/MPa	无断裂	静摩擦因数	0.05～0.08
弯曲模量(23℃)/MPa	350～630	介电强度(短时,2mm)/(V/mm)	23600
冲击强度(24℃)/kJ·m^{-2}	160	耐电弧性/s	>300
洛氏硬度HRD	50～60	体积电阻率/Ω·cm	$>10^{18}$
压应力(变形1%,23℃)/MPa	4.2	表面电阻率/Ω	$>10^{16}$
线胀系数(23～60℃)/($\times10^{-5}K^{-1}$)	12	相对介电常数($60\sim2\times10^{9}$Hz)	2.1
热导率(4.6mm)/[W/(m·K)]	0.24	介电损耗角正切值($60\sim2\times10^{9}$Hz)	0.003
负荷下变形(26℃,13.72MPa,24h)(%)	15		

表7-2　国产乳液法生产的PTFE树脂的性能

性　　能	SFF-1-1	SFF-1-2
树脂外观	白色粉状	白色粉状
试板外观纯度	板面洁净，颜色均匀，不允许夹带砂和金属杂质。>0.5mm的机械杂质和>2mm的有机杂质各不超过1个	板面颜色均匀，不允许有砂和金属杂质，允许有0.5mm的机械杂质
拉伸强度（不淬火）/MPa　≥	16	14
断裂伸长率（不淬火）（%）	350～500	≥350
热失重（%）　≤	0.8	0.8
体积电阻率/Ω·cm　≥	1×10^{16}	—
相对介电常数（1MHz）	1.8～2.2	—
介电损耗角正切值（1MHz）≤	2.5×10^{-4}	—
使用温度/℃	-250～260	-250～260
用途	电绝缘材料	一般电绝缘材料及其他制品

表7-3　国产分散法生产的PTFE树脂的性能

性　　能	氟树脂201	氟树脂202A
类别	高压缩比树脂	中压缩比树脂
平均粒度/μm	500±150	500±150
表观密度/(g/L)	475±100	450±100
最大压缩比	1600	500
拉伸强度/MPa　≥	20	20
断裂伸长率（%）	约400	约400

表7-4为聚四氟乙烯浓缩分散液的性能。

表7-4 聚四氟乙烯浓缩分散液的性能

性能	上海市有机氟材料所产品（氟树脂301）	化工部晨光化工研究院二分厂产品
浓缩剂含量（%）	4~6	6
相对密度	1.5	1.50~1.52
pH	9~10	≥8
黏度/Pa·s	$1\times10^{-2}\sim1.2\times10^{-2}$	$0.5\times10^{-2}\sim1.5\times10^{-2}$
表面张力/(N/cm)	$3.3\times10^{-4}\sim3.4\times10^{-4}$	—
聚四氟乙烯质量分数（%）	60±2	60±2
非离子表面活性剂质量分数(%)	4~6	—
外观	乳白或微黄色液体	—

PTFE在低温时不丧失其润滑性和较高的强度，在－80℃仍具有柔软性。

PTFE在150℃以下时体积电阻率大于$10^{18}\Omega\cdot cm$，且与温度无关，湿度对其也无影响。

PTFE耐化学品性极好。

3. 应用

PTFE的耐化学腐蚀性最好，因而在防腐材料上用得最多，应用面很广；PTFE的电性能优异，因而在电子电器工业中用作绝缘材料；PTFE的摩擦因数小、耐磨性好，故在机械工业中制作耐磨材质、滑动部件和密封件等。

PTFE普遍使用在桥梁、建筑物上作为承重支承座。另外根据PTFE薄膜处理后具有选择透过性，可用作分离材料，有选择地透过气体或液体。其多孔膜可用于气液分离、气气分离及液液分离，还可用于过滤腐蚀性液体。除此以外，PTFE在医学、电子、建筑等行业也有广泛的应用，如PTFE膜可用作人体器官，包括人造血管、心脏瓣膜等。

二、国内PTFE主要品种的性能与应用（表7-5~表7-10）

表7-5 四川晨光化工研究院二分厂PTFE的性能与应用

牌号	类型	拉伸强度/MPa	摩擦因数	特性	应用
FBGFG-421	填充	11.4	0.17	耐磨性好，导热效率高，低翘曲，可注射成型	可用于制备活塞、球体等
FG20	填充	15.0	0.16	耐磨性优良，可模压或烧结成型	可用于制备密封制品
FG40	填充	11.3	0.16	导热效率高，柔软，摩擦因数小，可模压或烧结成型	可用于制备工程结构制品
FGF40	填充	14.0	0.18	耐磨性好，强度高，可烧结成型	可用于制备活塞环
FGFBN-402	填充	11.7	0.20	耐磨性和耐蠕变性优良，可烧结成型	可用于制备活塞环、垫圈等

（续）

牌　　号	类型	拉伸强度/MPa	摩擦因数	特　　性	应　　用
FGFG205	填充	16.0	0.21	耐磨性优良，强度高，可烧结成型	可用于制备轴承和密封件
SFF-N-1	分散液	22.0	—	渗透性好，用于浸渍石棉、石墨、玻璃纤维等	可用于制备盘根、耐磨制品、薄膜、涂层等
SFF-N-2	分散液	22.0	—	组织性能好，为纺丝专用品级	可用于纺丝制成纤维或织物
SFN-1	分散液	—	—	浸渍性和渗透性好	可用于浸渍增强材料或涂层
SFZ-B	悬浮法	35	—	耐热，耐化学药品性能优良，断裂伸长率达300%	可用于制备电容器薄膜
$SmoZ_1$-H	悬浮法	32	—	熔点（327±5）℃，强度高，可模压成型	可用于制备工程结构制品

表7-6　上海三F公司PTFE的性能与应用

牌　　号	类型	表观密度/(g/L)	拉伸强度/MPa	特　　性	应　　用
DE241	分散液	—	—	中等压缩比，可推压成型	可用于制备管材、棒材、密片材等
SFF-1-1	分散液	—	—	绝缘性能优良，可挤出成型	可用于制备绝缘制品
SFF-1-2	分散液	—	—	绝缘性能优良，可挤出成型	可用于制备绝缘制品
SFX-1	悬浮粒	—	—	白色粉料，强度高，可模压成型	可用制备板、管材、薄膜和绝缘制品
100	悬浮粒	400～500	25.5	白色粉料，强度高，可模压成型	可用于制备板、棒材、薄膜等
102	悬浮粒	600～700	—	白色粉料，流动性好，可模压或柱塞挤出成型	可用于制备管材、棒材、管件等
104	悬浮粒	350～450	—	白色粉料，加工性能好，可模压成型	可用于制备薄膜
104A	悬浮粒	350～450	30～40	白色粉料，介电性好，加工流动性优良	可模压成型薄壁制品
104M	悬浮粒	250～350	27.4	白色粉料，加工性能良好，电性能好	可用于制备大型薄板
105	悬浮粒		—	电绝缘性好，强度高，可模压成型	可用于制备电绝缘制品
201	分散粒	475	—	白色粉料，电性能好，可与助剂混合挤压成型	可用于制备电线套管、电缆被覆等
201A	分散粒	450	—	白色粉料，成型压缩比小于201，可烧结成型	可用于制备工程结构件
202A	分散粒	450	20.7	白色柔软粉料，电性能好，可糊状挤出成型	可用于低压缩比制备电线、绝缘套管

（续）

牌号	类型	表观密度/(g/L)	拉伸强度/MPa	特性	应用
202B	分散粒	450	—	白色柔软粉料，可低压缩比成型	可用于制备生料带和薄壁管材
301	分散粒	—	—	乳白液体，含离子改性剂，浸渍性优良	可用于浸渍石墨、玻璃纤维等

表7-7 上海氯碱化工股份有限公司PTFE的特性与应用

牌号	类型	外观	成型方法	拉伸强度/MPa	特性	应用
SFF-1-1 SFF-1-2 SFF-1-3	分散剂	白色细粉	糊状成型	—	加工性能良好，为液体，可与助剂混合制成糊料、糊状成型	主要用于制备薄壁管材、棒材、电线电缆被覆
SFX-1-1 SFX-1-2 SFX-1-3	悬浮法	白色粉末	模压成型	23	耐高温、耐蚀性优越，绝缘性能良好	可用于制备化工管道衬里和绝缘制品等
SFX-2	悬浮法	白色粉末	模压或挤出成型	22	耐化学腐蚀性优异，强度中等，密封性良好	可用于制备化工衬里、管件、密封件
SFX-3	悬浮法	白色粉末	模压或挤出成型	20	耐化学腐蚀性突出，强度中等	可用于制备化工衬里、管材等

表7-8 济南化工厂PTFE的牌号、性能与应用

牌号	类型	表观密度/(g/L)	断裂伸长率(%)	拉伸强度/MPa	熔点/℃	特性	应用
SFX-1	悬浮（粗粒）	500±100	250	26	327	耐候性好，不吸水，阻燃，可于-250~260℃下长期使用，耐磨，耐电弧，介电性能好，可模压或烧结成型	可用于制备一般构件、耐腐蚀制品等
SFX-2	悬浮（细粒）	250	300	25	327		
SFX-3	悬浮	—	—	—	—	耐蚀性突出，耐高低温，电性能好，可模压或烧结成型	可用于制备密封件、结构制品
分散法细粒	—	400~500	35	16	327	性能与SFX-1相似，压缩比低，可挤压成型	可用于制备工程结构件

表7-9 上海有机化学研究所PTFE的特性与应用

牌号	特性与应用
分散剂	白色粉末或液体，与助剂混合后可用挤压制备薄壁管、细棒、异型材、电缆被覆
悬浮剂	白色粉末，模压烧结制备垫圈、板、管件等
F202	白色粉末，与助剂混合后可填充石墨浸渍玻璃纤维，也可纺丝、喷涂
F203	白色粉末，与助剂混合后可填充石墨等填料，模压制备电子件、轴承，也可纺丝、喷涂

（续）

牌号	特性与应用
分散剂	挤出成型制备薄壁管、细棒、异型材、电线被覆、密封材料
悬浮剂	模压烧结成型，宜制备薄膜、管材、棒材、轴承、垫圈、化工设备容器

三、国外 PTFE 主要品种的性能与应用（表7-10、表7-11）

表7-10　美国奥西玛塔公司（Ausimont Inc.）Halon PTFE 的性能与应用

牌号	相对密度	拉伸屈服强度/MPa	弯曲模量/GPa	悬臂梁缺口冲击强度/(J/m)	热变形温度(1.82MPa)/℃	特　性	应　用
G80	—	41	123	—	120	未改性品级，电性能好，阻燃V-0级，可模压成型	可用于制备电子、电气零部件
G83	—	35	160	—	120	未改性品级，表面光泽性优良，阻燃V-0级，可模压成型	可用于制备表面装饰或阻燃制品
G700	—	35	160	—	120	未改性品级，抗蠕变性优良，阻燃V-0级，可模压成型	可用于制备一般工程制品
1005	2.17	28	1.1	160	—	50%玻璃纤维，耐化学药品，阻燃V-0级	可模压或挤出工程制品和阻燃制品
1005pellet	2.17	18.6	0.79	149	—	5%玻璃纤维，耐化学药品，阻燃V-0级	可用于模压或挤出化工防腐制品或阻燃制品
1012	2.21	21	1.17	133	—		
1015	2.22	23	1.45	133	—		
1018	2.21	22	1.14	139	—	18%玻璃纤维，耐化学药品	可用于模压或挤出成型一般工程制品、耐腐蚀制品或阻燃制品等
1018pellet	2.21	19.3	1.10	133	—	18%玻璃纤维，耐化学药品	
1020pellet	2.21	19.3	1.14	128	—	20%玻璃纤维，耐化学药品	
1025	2.22	20.0	1.45	117	—	25%玻璃纤维，耐化学药品	
1025pellet	2.22	17.9	1.38	112	—	25%玻璃纤维，耐化学药品	
1030	2.24	17.9	1.55	107	—	30%玻璃纤维，耐化学药品	
1030pellet	2.24	14.5	1.45	101	—	30%玻璃纤维，耐化学药品	
1035	2.25	15.8	1.62	91	—	35%玻璃纤维，耐化学药品	

（续）

牌号	相对密度	拉伸屈服强度/MPa	弯曲模量/GPa	悬臂梁缺口冲击强度/(J/m)	热变形温度(1.82MPa)/℃	特　性	应　用
1035pellet	2.25	15.8	1.62	91	—	35%玻璃纤维，耐化学药品	可用于模压或挤出成型一般工程制品、耐腐蚀制品或阻燃制品等
1205	2.21	23	1.1	123	—	21%玻璃纤维，耐化学药品	
1230	2.31	16.6	1.69	107	—	5%碳纤维，耐化学药品	可用于模压或挤出成型耐腐蚀工程制品
1230pellet	2.31	13.8	1.66	101	—	20%玻璃纤维，耐化学药品	可用于制备一般耐磨制品
1230pellet	2.31	13.8	1.66	101	—	5%二硫化钼，耐磨	
1230pellet	2.31	13.8	1.66	101	—	5%碳纤维，耐化学药品	可用于制备耐化学药品工程制品
1240	2.7	14.5	1.79	101	—	20%玻璃纤维，耐化学药品	
1240	2.7	14.5	1.79	101	—	20%二硫化钼，耐磨	可用于制备工程耐磨制品
1240pellet	2.7	11	1.73	96	—	20%玻璃纤维，耐化学药品	可用于制备耐化学药品制品
1240pellet	2.7	11	1.73	96	—	20%二硫化钼，耐磨	可用于制备工程耐磨制品
1410	2.17	21	1.1	117	—	10%玻璃纤维，耐化学药品	可用于模压或挤出成型耐化学药品、耐腐蚀制品或用作化工设备耐腐蚀衬里等
1410	2.17	21	1.1	96	—	10%碳纤维，耐化学药品	
1410pellet	2.17	19.3	1.03	112	—	10%玻璃纤维，耐化学药品	
1410pellet	2.17	19.3	1.03	112	—	10%碳纤维，耐化学药品	
1416	2.16	23	1.24	112	—	5%玻璃纤维，耐化学药品	
1416	2.16	23	1.24	112	—	10%碳纤维，耐化学药品	
1416pellet	2.16	22	0.97	107	—	5%玻璃纤维，耐化学药品	
1416pellet	2.16	22	0.97	107	—	10%碳纤维，耐化学药品	

（续）

牌号	相对密度	拉伸屈服强度/MPa	弯曲模量/GPa	悬臂梁缺口冲击强度/(J/m)	热变形温度(1.82MPa)/℃	特　性	应　用
2010	2.13	17.9	1.0	155	—	10%碳纤维，耐化学药品	可用于模压或挤出成型耐化学药品、耐腐蚀制品或用作化工设备耐腐蚀衬里等
2010pellet	2.13	17.9	0.93	149	—	10%碳纤维，耐化学药品	
2015	2.12	22	1.31	149	—	15%碳纤维，耐化学药品	
2015pellet	2.12	13.8	1.24	149	—	15%碳纤维，耐化学药品	
2021	2.27	31	1.10	3.0	—	5%二硫化钼，耐磨	可用于模压或挤出成型耐磨制品、轴承配件等
2021pellet	2.27	27.6	1.03	149	—	5%二硫化钼，耐磨	
3040	3.3	23	1.45	133	—	40%青铜，耐磨	
3040pellet	3.3	21	1.38	117	—	40%青铜，耐磨	
3050	3.55	21	1.73	128	—	50%青铜，耐磨	
3050pellet	3.55	20	1.66	112	—	50%青铜，耐磨	
3060	3.97	20	1.93	123	—	60%青铜，耐磨	
3060pellet	3.80	18.6	1.93	107	—	60%青铜，耐磨	
3205	3.75	14.5	1.86	123	—	55%青铜，耐磨	
4010	2.13	29	0.91	155	—	10%碳纤维，耐化学药品	可用于模压或挤出成型耐化学药品或耐磨制品等
4010pellet	2.13	27	0.82	149	—	10%碳纤维，耐化学药品	
4015	2.11	27.6	1.03	144	—	15%碳纤维，耐化学药品	
4015pellet	2.11	26	0.97	139	—	15%碳纤维，耐化学药品	
4022	2.09	152	1.27	112	—	22%碳纤维，耐化学药品	
4022pellet	2.09	13.1	1.65	101	—	22%碳纤维，耐化学药品	
4025	2.09	13.8	1.85	112	—	25%碳纤维，耐化学药品	可用于模压或挤出成型耐化学药品或耐磨制品等
4025pellet	2.09	12.4	1.10	101	—	25%碳纤维，耐化学药品	

表7-11　国外生产的聚四氟乙烯性能

性　能	测试方法（ASTM）	美国联合化学公司 Halon TFE G80-G83	美国杜邦公司 Teflon TFE	法国于吉内居尔芒公司 Soreflon
模塑收缩率（%）	D955		3~7	3~4
熔融温度/℃	—	331	327	—
相对密度	D792	2.14~2.20	2.14~2.20	2.15~2.18
吸水率（方法A）（%）	D570	—	<0.01	<0.01
折射率（%）	D542	1.35	1.35	1.375
拉伸屈服强度/MPa	D638	2.76~44.8	13.8~34.5	17.2~20.7
屈服伸长率（%）	D638	300~450	200~400	200~300
弹性模量/MPa	D638	400	400	400
弯曲模量/MPa	D790	483	345	483
压缩屈服强度/MPa	D695	11.7	11.7	11.7
压缩模量/MPa	D695		414~621	
洛氏硬度HRD	—	50~65	50~55	50~60
悬臂梁缺口冲击强度（3.2mm）/（J/m）	D256	107~160	160	160
荷重形变（13.8MPa，50℃）（%）	—	9~11	—	9~11
热变形温度/℃	D648			
0.46MPa		121	121	121
1.82MPa		48.9	55.6	48.9
最高使用温度/℃	—			
间断		260	288	299
连续		232	260	249
线胀系数/（$\times 10^{-5}K^{-1}$）	D696	9.9	9.9	9.9
热导率/［W/（m·K）］	D177	0.27	0.25	0.25
燃烧性（极限氧指数）（%）	D2863	—	>95	>95
相对介电常数	D150			
60Hz		2.1	2.1	2.0~2.1
1MHz		2.1	2.1	2.0~2.1
介电损耗角正切值	D150			
60Hz		$<3\times 10^{-4}$	$<2\times 10^{-4}$	$<3\times 10^{-4}$
1MHz		$<3\times 10^{-4}$	$<2\times 10^{-4}$	$<3\times 10^{-4}$
体积电阻率/Ω·cm	D257	10^{17}	$>10^{18}$	$>10^{18}$
耐电弧性/s	D495	不耐电弧	>300	>1420

第二节　PTFE的改性技术

一、表面改性

PTFE是当前国内外广泛使用的工程塑料之一，广泛应用于航空航天、机械、电子电气和石油化工等诸多领域。PTFE俗称“塑料王”，其分子中的—CF_2—重复单元呈锯齿形状排列，由于氟原子半径比氢原子稍大，所以相邻的—CF_2—单元不能完全按反式交叉取向，而是形成一个螺旋状的扭曲链，氟原子几乎覆盖了整个高分子链的表面，这种几乎无间隙的空间屏障使得任何原子或基团都不能进入其结构内部而破坏碳链。PTFE自身的结构特点使它具有优异的自润滑性能、化学稳定性能和耐高低温性能，良好的电绝缘性能、耐候性能和不燃性能。

目前，对PTFE的改性研究已成为氟塑料领域的热点，研究人员对其表面改性、填充改性和共混改性做了大量的研究工作。PTFE比表面积较小、表面能较低、与其他材料间的粘接性能较差，不利于印染、涂装和粘接，也影响其在生物相容等方面的应用。近年来，国内外研究人员通过表面改性处理方法，如准分子激光改性、高能辐射改性、化学改性、高温熔融改性、等离子体改性及离子束注入改性等提高了PTFE的粘接性能。

1. 准分子激光改性

准分子激光改性具有良好的实用价值。处理时，将PTFE置于某气态物质氛围中，采用ArF、KrF或XeCl等作为激元的激光器对其进行照射，气态物质会发生光分解并产生活性原子或基团，攻击PTFE的表面，使其发生脱氟反应，从而使PTFE表面的氟原子含量降低，改善其粘接性能。也可以在PTFE表面脱氟后，通过引发单体在其表面聚合，生成接枝聚合物。此类接枝链以化学键的形式与PTFE分子相连并附着在PTFE表面，形成一个易粘表面层。

在推断激光对材料表面损伤机理的研究中，科研人员采用脉冲激光法对PTFE表面进行处理后发现，氟原子被剥离，去氟效应明显，表面发生碳化，表面粗糙度值增加；氟原子被剥离后出现的空位，一部分与氧原子连接形成含氧基团，含氧基团的引入导致表面分子发生极化；另一部分与相邻的碳原子交叉连接。这些结果有助于对PTFE进一步的接枝，也有助于与化学试剂的反应。

有科研人员分别在大气和氮气气氛下，将波长为248nm的KrF准分子激光垂直辐照PTFE，降低了PTFE表面氟的含量，并引入了极性的含氧基团。扫描电子显微镜（SEM）测试结果表明，激光照射后PTFE表面出现了孔状结构，表面粗糙度值明显增加。有科研人员同样以波长为248nm的KrF作为激元，将能量密度不同的激光照射到PTFE的表面，提高了其表面硬度和粘接性能。结果发现，激光照射后氧原子的含量增加了近一倍，从照射前的4%增加至了8%，表明在强激光的作用下，空气中的有氧原子引入到PTFE的表面。很多科研人员都在准分子激光照射后的PTFE样品表面发现了C＝C结构，并且认为激光的能量密度是影响PTFE表面形貌的重要因素。

有科研人员以三乙基四胺为改性剂，以ArF为激元，采用准分子激光辐射法改性

PTFE表面后发现，当激光照射能量密度为0~1mJ/cm^{2}时，PTFE的粘接强度随照射能量密度的增大而急剧增加；当照射能量密度大于1mJ/cm^{2}时，粘接强度变化趋于平缓。经准分子激光处理前后的PTFE表面，其水接触角由96°下降至30°~37°；与环氧树脂（EP）的粘接强度从0.03MPa上升至9MPa。

在功能性薄膜制备研究中，有科研人员以ArF为激元，采用脉冲激光沉积技术制备了PTFE和Ag的复合薄膜。PTFE膜的表面形态主要是具有高比表面积的海绵状结构，Ag分布在PTFE的表面，提高了薄膜表面的湿润性。电导率测试结果表明，当沉积层上Ag的平均质量分数从0.16%增加至3.28%时，复合膜的电阻下降约3个数量级（从10MΩ数量级下降至10kΩ数量级）。此种薄膜有望在未来的电化学传感器领域中得到应用。

激光辐射改性的优点在于改性后表面的耐久性较好，而且可以根据需要对PTFE表面进行有选择性地改性，避免了化学改性方法的盲目性。但是该方法对使用的激光源要求苛刻，需满足以下条件：激光束的振荡波长能被PTFE吸收，激光束的光子能量大于PTFE的C—F键能。

2. 高能辐射改性

高能辐射可以引发接枝聚合反应，并赋予聚合物一些独特的性能，如改善其亲水性、生物相容性、电导率等。经过辐射处理的PTFE表面，可与亲水性单体，如丙烯酸、丙烯酰胺、苯乙烯和苯乙烯/马来酸酐等进行直接接枝反应，形成一层易于粘接的接枝聚合物，使PTFE表面变得粗糙，粘接面积变大。辐射接枝中常使用的辐射源有钴-60、铯-137和锶-90等γ射线，另外还有各种类型的加速器，如X射线管、直线加速器和回旋加速器等。

科研人员在酸性条件、铈（Ce）催化作用下，采用紫外光辐射PTFE，在其薄膜表面接枝了聚乙二醇甲基丙烯酸酯，改善了PTFE表面的亲水性和粘接性能。通过X射线光电子能谱观察发现，脱去的氟原子大概占原有氟原子的29%。此外，试验验证了Ce^{3+}/H^+体系对紫外线引发氟塑料表面改性具有普适性。

在辐射处理后的PTFE表面接枝单体的研究中，有科研人员在室温下，采用钴-60 γ射线共辐射接枝技术，在PTFE膜接枝单体p-苯乙烯基三甲氧基硅烷，之后经磺化和水解缩聚制备了含有亲水性的Si—O—Si交联结构和Si—OH基团的质子交换膜。试验表明，接枝率随吸收剂量的增加而增大，并与选取的溶剂有关。选用甲苯作为溶剂可获得较高的接枝率并且可以保持膜的力学强度；接枝率随单体浓度的增加而增大，采用低浓度（<3mol/L）时，均聚物将减少；吸收剂量率为10~43Gy/min时，接枝率变化不大。

有科研人员以钴-60作为辐射源，采用直接辐射法在50μm厚的PTFE膜上接枝苯乙烯，产物可用于聚合物电解质燃料电池。试验中，将PTFE膜放在不同浓度的苯乙烯单体中，然后对其进行辐射，当苯乙烯的体积分数为70%时，接枝率达到最大值（21%）。

目前，研究人员除了对常温下PTFE的辐射结果做了大量研究工作外，对于以熔点为基点、不同温度下PTFE的辐射结果也进行了研究。有科研人员研究了经过γ射线辐射后，悬浮 PTFE 的超分子结构与形态。结果表明，在 20℃ 和 200℃（远低于 PTFE 的熔点 327℃）下，辐射后的 PTFE 与未经辐射的 PTFE 形貌较为相似；在熔点以上辐射的 PTFE 的结构发生了重排，形成了由纤维组成的、直径约 50mm 的球晶，聚合物的孔隙率显著下降。

高能辐射改性操作简单、清洁、快速，无需引发剂和催化剂，接枝率易于控制。但改性后的表面失去光滑感，而且在辐射接枝的同时基体也受到破坏，致使其力学性能大幅下降。

3. 化学改性

PTFE 经过化学品处理可以改善其表面活性，这些化学品包括钠-萘四氢呋喃溶液、金属钠的氨溶液、碱金属汞齐、五羰基铁溶液等。钠-萘处理液是由等物质的量的钠和萘在四氢呋喃、乙二醇二甲醚等活性醚中溶解或络合而得到的。钠将最外层电子转移到萘的空轨道上，形成阴离子自由基，再与钠形成离子对，并释放出大量共振能；随后萘基阴离子转移到 PTFE 上，破坏 C—F 键，使其脱去表面上的部分氟原子，这样就在 PTFE 表面形成了碳化层和一些极性基团。处理后的 PTFE 表面存在着羟基、羰基和羧基等活性基团，从而改善了 PTFE 表面的粘接性能。

科研人员采用浓度为 0.5mol/L 的萘-钠处理液对 PTFE 进行表面处理后发现，改性后 PTFE 表面的润湿性得到明显提高，并且由难粘材料转变成可粘材料；水接触角降低至 20°，剪切强度增大到 3.564MPa；处理后 PTFE 的电绝缘性没有改变。科研人员同样用钠-萘处理液对 PTFE 表面进行处理，经过工艺改进，提高了其表面活化能，使漆膜在 PTFE 上的附着力明显增强，满足了某型产品的环境使用要求。试验指出，处理后的 PTFE 在紫外线作用下，会渐渐失去处理效果，因此表面处理后的板材应及时涂覆油漆。

钠-萘络合物化学改性法是目前表面改性方法中处理效果较好的，但同时也存在一些缺点，如处理后的 PTFE 表面明显变暗或变成棕黑色，长期暴露在光照下其粘接性会大幅下降，需要处理大量废液，操作危险性较高等。

此外，研究者对新型 PTFE 表面化学处理液的研制进行了探索。在 100℃下，通过高锰酸钾水溶液和硝酸混合物处理多孔性 PTFE 薄膜 3h 后，PTFE 薄膜的水接触角从 133°±3°下降至 30°±4°。F/C 原子比从 1.65 下降到 0.10，并且引入了羰基（C ═ O）和羟基（—OH）等亲水性基团。此外，在其表面成功引入了亲水性化合物，成功地将疏水性 PTFE 改变成亲水性 PTFE。还有科研人员使用叔丁基锂和六甲基磷酸三胺（HPMA）的混合溶液处理 PTFE，并在处理后的 PTFE 上接枝甲基丙烯酸（MAA）单体。试验中，以 HPMA 为供电子溶液，叔丁基锂/HPMA 混合溶液可以产生激发态电子，此电子转移到 PTFE 分子上，使氟原子脱去并形成碳中心自由基，进而引发 MMA 的接枝聚合。试验表明，PTFE 的结晶度和相对分子质量没有因为去氟反应而改变；聚甲基丙烯酸的接枝深度大于 2.5nm；当反应 8h 时，接枝量达到最大值 2%。

4. 高温熔融改性

高温熔融改性法是将一些表面活性较强、粒径较小且易粘合的填料（如二氧化硅、铝粉等）在高温条件下烧结到 PTFE 表面，冷却后就会在 PTFE 表面形成一层嵌有可粘物质的改性层，以此来改变 PTFE 表面的结构与性质，达到提高粘接强度的目的。由于易粘物质的分子已进入PTFE表层分子中，所以其粘接强度较高。用该方法处理的PTFE耐候性、耐湿热性较好，适合长期户外使用；不足之处是在高温烧结条件下，PTFE的尺寸稳定性较差，不易保持形状。

科研人员以高温熔融法为基础，通过在PTFE粉状树脂中混合添加剂LW（无机物粉末），使添加剂LW嵌入PTFE中，可有效改善PTFE板材的粘接性能。当LW经硅烷偶联剂表面处理后，PTFE板材的粘接性能进一步提高，并且其剥离强度和剪切强度在LW质量分数为10%时达到最大值。表面嵌入添加剂LW的PTFE板材的粘接强度随固化压力增大而增大。

超临界二氧化碳对具有高链缠结密度的高分子熔体的降黏作用显著。以此为出发点，科研人员采用超临界二氧化碳与聚丙烯（PP）共混相结合的手段，实现了PTFE的连续挤出成型。试验证实，加入一定量的PP，可有效改善PTFE在挤出机中的输送和熔融塑化；超临界二氧化碳的引入可显著改善聚合物体系的流动性。力学性能测试结果表明，有超临界二氧化碳作用的PTFE/PP体系的冲击性能大大高于无超临界二氧化碳辅助成型的PTFE/PP体系的冲击性能。

高温熔融法处理PTFE表面的工艺简单易行，但由于PTFE与填料的结合强度不高，使处理后的PTFE粘接强度偏低。有科研人员通过使用硅烷偶联剂，使高温熔融法得到改进。研究结果表明，硅烷偶联剂可明显提高熔融法处理PTFE膜的粘接强度，处理前后PTFE的粘接强度由7.8MPa提高到9.5MPa。经该方法处理所得的胶接接头，其耐湿热性能明显优于钠-萘处理法。PTFE膜在高温下会放出一种有毒物质，处理时要小心。

5. 等离子体改性

等离子体由正负带电粒子和中性粒子组成，是电子、离子、原子、分子以及自由基等粒子组成的集合体，是固态、液态和气态以外，物质的第四种状态。用等离子体改性时，将试样置于特定的离子处理装置中，通过高能态的等离子轰击试样的表面，将能量传递给试样表层的分子，使试样发生热蚀、交联、降解和氧化反应，并使试样表面发生C—F键和C—C键的断裂，产生大量自由基或引进某些极性基团，从而优化试样表面的性能。低温等离子体处理对材料表面的改性可分为等离子体表面刻蚀、等离子体粘接、等离子体气相沉积、等离子体液相沉积和等离子体表面接枝等方法。

等离子体处理常用的气体为氩气，科研人员采用氩气等离子体放电处理PTFE样品600s后，接触角由原来的118°下降到4°；表面含氧量随着等离子体处理时间的增加而增加。由于分子重新定向，出现老化现象，经过氩气等离子体处理400s后的样品，接触角开始变大，表面的C、F、O含量增加。有科研人员采用氩气等离子体改性PTFE，并通过重量法对烧蚀材料的含量进行了测定。结果发现，等离子体处理后的PTFE由于烧蚀作用，其表面形貌和表面粗糙度值发生了显著变化。X射线光电子能谱测量结果表明，等离子体处理后的PTFE表面已经被氧化，试验认为，PTFE上观察到的表面变化是由于PTFE的链降解引起的。有科研人员对改性后PTFE的电动电位（Zeta电位）进行了测定，发现Zeta电位明显增加，表明与未改性的PTFE相比，亲水表面积增大。

有科研人员以氢气作为气源，采用射频等离子体技术处理PTFE膜表面。处理后PTFE膜表面的亲水性显著增强，表面能增加。与水的接触角随处理时间的延长先下降后上升，在最佳条件下，接触角由 115°下降到 53°，润湿性得到很大提高。射频源功率的增加有利于亲水性的增强，射频源功率为 100 ~ 300W 时，接触角下降较快（接触角下降 40°左右），射频源功率为 300 ~ 500W 时，接触角变化平缓（接触角下降 10°左右）。随氢气流量的增加，接触角先下降后增加，在压强为 100Pa 时处理效果最佳。

等离子体改性时，可将样品在混合气体氛围内进行处理。科研人员对比研究了氩气和氩气/CO_2 的混合物气体等离子体改性 PTFE 表面后发现，两种放电过程都包含化学和物理变化，在氩气处理过程中产生了放电氩原子、氮分子、氮的亚稳态结构、氧原子和—OH 自由基；而氩气/CO_2 混合气体处理过程中，除了产生上述原子或自由基以外，还产生了—CO 自由基。

有科研人员通过空气、氨气、丙烯酸低温等离子体改性多孔 PTFE 膜，提高了表面的亲水性。结果表明，在相同条件下，与空气处理和丙烯酸处理相比，氨气等离子体处理可以获得更为粗糙的表面；空气和丙烯酸在 100W、120s 处理后也能获得较大的表面粗糙度值。氨气等离子体处理后，F/C 原子比从 2. 97 下降到 1. 30，O/C 原子比从 0 上升到 0. 11，说明经过等离子体处理后氟原子被取代，表面亲水性提高。氨气等离子体处理的样品，在 100W、60s 处理后，其水接触角从 136. 8°下降到 95. 5°；在 300W、180s 处理后，其水接触角从 114°下降到 98°。

在功能性应用方面，有科研人员采用常压辉光放电等离子体预处理 PTFE 膜，然后将 2- 丙烯酰氨基-2- 甲基- 丙磺酸（AMPS）通过光诱导接枝到 PTFE 膜的表面，制备了一种新型带负电荷的 PTFE 膜。使用衰减全反射红外光谱仪和扫描电子显微镜分析 PTFE 膜的表面，证明 PTFE 膜上已经成功接枝了 AMPS，在聚合引发剂的体积分数为 5. 0%、AMPS 单体的体积分数为 15. 1% 的条件下，对 PTFE 膜进行 30min 的紫外线照射，可以获得 AMPS 的最佳接枝效果。在不同条件下测量改性后 PTFE 膜的泳动电势和 Zeta 电位，证明得到的是带负电荷的改性 PTFE 膜。有科研人员在等离子体处理后的 PTFE 薄膜表面引发甲基丙烯酸缩水甘油酯（GMA）的聚合，从而引入环氧基团，实现表面官能团化。通过红外和 X 射线光电子能谱证明了 PTFE 薄膜表面 GMA 接枝的存在。利用 GMA 接枝链上的环氧基团的开环反应在 PTFE 薄膜表面接枝一层聚苯胺，制得 PTFE 薄膜表面导电的高分子膜。

等离子体改性的几种参数，如作用时间、电场频率、功率、气体压力等易于调节，可通过适当的控制而获得良好的效果，可以在较短时间内改变表面组成而不影响其整体性质，如力学强度、介电性等。此方法不产生污染，无需进行废液、废气处理，因而节省能源，但它存在处理设备价格昂贵、处理后效果维持时间不长等不足。

6. 离子束注入改性

离子束注入改性技术的基本原理：将几十至几百千伏能量的离子束注入材料中，离子束与材料中的原子或分子发生一系列物理和化学作用，注入离子的能量引起材料表面成分、结构和性能发生变化，使其获得某些新的优异特性，从而优化材料的表面性能。

在此种改性技术中，等离子体浸没离子注入（PⅢ）技术应用较为广泛。有科研人员采用 PⅢ技术处理 PTFE，并通过 X 射线光电子能谱和拉曼光谱对其结果进行表征。结果显示，PTFE 的结构变化是由于碳原子的注入而引起的；碳原子注入后，PTFE 的拉曼光谱出现了无定形碳的峰；经过表面清洗，除去松散的结合碳以后，无定形碳的峰依然存在，这表明既发生了碳的沉积，又发生了碳的注入。PⅢ处理后，PTFE 表面的耐磨损性能得到改善。

改进了 PⅢ方法，加装过滤装置，实现了对聚合物表面的高频率高脉冲 PⅢ处理。采用此方法处理后的医用 PTFE 的表面形成了静态水接触角超过 150°的超疏水性表面；能够极大地促进骨细胞在 PTFE 上的附着与生长；处理后的 PTFE 对金黄色葡萄球菌的抑菌率较高。

有科研人员将不同剂量、能量的 Ni 离子注入 PTFE 表面，比较了注入前后 PTFE 表面粗糙度和润湿性能的变化，并对表面形貌与润湿性之间的关系进行了研究。结果表明，高剂量 Ni 离子的注入，使微观结构改变并生成 C ═ C，引起表面碳化；Ni 离子注入时的溅射作用，破坏了表面疏水性的 C—F 键，而亲水性的 C—C 键以及少量的 C—H 键和 C—O 键相对增强。当注入剂量为 2×10^{17} 个离子/cm^2、增大加速电压至 45keV 时，PTFE 表面接触角由 104°下降至 67°，PTFE 表面的润湿性得到改善。

PTFE 经离子束注入处理后，应用性能得到很大改善。

有科研人员采用氮离子束注入 PTFE 表面，其表面发生脱氟效应，X 射线光电子能谱测试结果显示，F/C 原子比与加速电压成反比关系。PTFE 表面平均表面粗糙度值增加，与注入量成正比，与电压成反比。由于 PTFE 表面粗糙度值增加和表面氧化效应的产生，处理后的磨损体积增大。在电压较低、注入量较高的条件下，PTFE 的表面粗糙度和水接触角增加；由于较强烈的脱氟效应，PTFE 表面的氟原子含量下降，氮原子和氧原子含量增加。处理后的 PTFE 的电阻下降了约 5 个数量级，与注入量成明显的反比关系。将 PTFE 暴露在空气中，其表面电阻将继续下降，这主要是处理后的表面氧化效应造成的。

离子束注入改性具有以下优点：它是一种环境友好型的表面处理技术；可以在低温下进行，从而避免了 PTFE 基体的热损伤；离子注入层是由离子束与基体表面发生一系列物理和化学相互作用而形成的一个新表面层，它与基体间不存在剥落问题。

二、合金化改性

（一）PTFE 多孔材料/PPS 合金

1. 原材料与配方（质量份）

PTFE	75	PPS	25
玻璃微珠	10～20	PTFE 乳液	适量
成孔剂 1213	1～2	其他助剂	适量

2. 制备方法

（1）工艺流程　工艺流程如下：

树脂粉料
增强填料 → 预处理 → 混合 → 预成型 →
成孔剂1213

→ 烧结 → 后处理 → 产品

（2）预处理　PTFE悬浮料易发生结团现象，导致粒径变大，不利于混合均匀，本试验采用在-18℃条件下冷冻，然后打碎过筛的方法，以减小粒径。

为了增强玻璃微珠与PTFE之间的黏结力，用PTFE乳液按一定比例与其混合，于80℃干燥箱中烘干水分，然后于-18℃下冷冻20min，取出后研磨，使微珠彼此分离。

（3）混合　先在搅拌器中将一定比例的PTFE与增强填充剂混合，再在混料器中将上述混合物按一定比例与成孔剂1213均匀混合。

（4）压制　根据树脂与成孔剂的配比及PTFE与增强填充剂比例的不同，压制压力在100～150MPa之间变化。压制时间因压制压力、温度的不同而异，一般为10～20min，模具温度为110～160℃。压制时，模具温度、压制压力、时间三个因素是相互关联的，需根据物料配料及制品厚度的不同而选取最佳工艺条件。

（5）烧结　根据制品厚度不同，升温速率在30～60℃/h之间变动，对于较厚的制品应采取梯度升温法，以免出现弯曲及应力开裂现象。烧结温度为375～380℃，烧结时间为0.5～2h。

（6）后处理　根据不同要求可采用淬火处理，以得到韧性的多孔材料，也可在327℃恒温一段时间，以提高结晶度，得到较高强度的多孔材料。

3. 性能

由表7-12可见，PPS改性PTFE多孔材料在高温浓H_2SO_4中仅有轻微腐蚀现象，说明PPS的加入并未明显降低多孔材料的耐蚀性。

表7-12　PPS对PTFE多孔材料耐蚀性的影响

多孔材料	失重率（10^{-3}）			
	98% H_2SO_4		50% H_2SO_4	
	95℃，48h	25℃，72h	95℃，48h	25℃，72h
纯PTFE	0.0	0.0	0.0	0.0
PTFE/PPS（75/25）	0.4	0.0	0.0	0.0

由表7-13可看出，PPS改性PTFE多孔材料的平均孔径较纯PTFE多孔材料的平均孔径略大，孔隙率略有提高。这是因为PPS的加入降低了多孔材料的收缩率，所以提高了PTFE多孔材料的孔径及孔隙率。

表7-13　PPS对PTFE多孔材料孔结构的影响

多孔材料	孔径/mm			孔隙率（10^{-2}）	比表面积/$m^2 \cdot m^{-3}$
	最小	最大	平均		
纯PTFE	1.03	4.20	2.34	83.7	1430
PTFE/PPS（75/25）	0.94	6.20	2.36	83.9	1420

4. 效果

1）对于难加工的PTFE，选用受热后可产生塑性形变且可以完全热分解的有机物成孔剂1213，采用热压成型再烧结的方法，可以成功地制得孔隙率高达80%以上的大孔径、高孔隙率的多孔材料。通过控制成孔剂1213的粒径，可以得到一定孔径的多孔材料。

2）通过混入 PPS 的方法，可以较好地改进 PTFE 多孔材料的力学性能及流体透过性能。

3）随着 PPS 含量的增大，多孔材料的压缩强度逐渐增大，流体透过性提高，多孔材料的收缩率下降，孔隙率及平均孔径增大。

4）由于多孔材料的性能随 PPS 含量的增大呈 S 形曲线变化，因此 PPS 含量应高于临界含量，以取得较好的改性效果。

5）选取缓慢冷却方法，可提高多孔材料的压缩强度、降低多孔材料的收缩率。

（二）聚苯酯/PTFE 合金

1. 聚苯酯

聚对羟基苯甲酸苯酚（以下简称聚苯酯）是一种芳香族聚酯系耐热聚合物。它是以对羟基苯甲酸为基本原料而制得的具有高结晶性的不溶聚合物。其基本结构式为

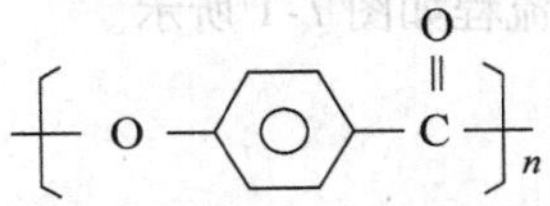

聚苯酯作为一种新型特种工程塑料，有其独特的性能：①分解温度达 530℃，可在 300℃长期使用；②具有相当好的自润滑性、耐磨性，在相同条件下与聚四氟乙烯（PTFE）、聚酰胺、聚碳酸酯等材料相比，其磨损量最小；③兼具导热和电绝缘性能，与 PTFE、聚酰亚胺等相比，其热导率大 3～5 倍，且绝缘性能优良；④具有耐辐照、耐一切有机溶剂等优异特性。自 20 世纪 70 年代问世后，聚苯酯及其合金在机械、航空、航天、电子、电气等工业领域得到了广泛应用。

PTFE 因其优异的物理力学性能和独特的不黏性、低摩擦系数等特性在各领域得到了广泛的应用，但在用于泵、轴承、活塞环等机械领域时却呈现出耐磨性差、压缩蠕变大、尺寸稳定性和导热性差等缺点。几十年来，人们对 PTFE 添加的各种类型的填充剂进行了研究，并逐渐形成填充聚四氟乙烯产品系列，大大改善了纯 PTFE 的性能，扩展了用途。随着科学技术的发展，耐高温的高性能复合材料制备轴承、齿轮、各种滑动部件及发动机零件的开发应用及复合材料摩擦学的研究越来越引起人们的重视。以无机物和金属填充 PTFE 作为轴承材料使用时，易损伤对磨材料，且存在机械加工性能差、耐化学药品性下降的缺点。为此，人们开发了高聚物填充 PTFE，以克服无机材料填充的缺点。本例即是以聚苯酯为主要改性剂的 CGZ-352 系列 PTFE 复合材料，具有优良的耐高温、耐压缩蠕变、耐磨耗性，且不损伤对磨材料，尤其是在水中表现出极显著的耐磨性，其综合性能比较优良（见表 7-14）。

表 7-14　PTFE/聚苯酯合金的性能

性能	指标
密度/(g/cm³)	1.94
拉伸强度/MPa	13.2
断裂伸长率（%）	284
压缩强度（25%变形）/MPa	35.1
压缩变形（25℃，14MPa，24h）（%）	4.22
压缩永久变形（25℃，14MPa，24h）（%）	24.3

（续）

性能	指标
摩擦因数（0.205MPa，93m/min）	0.18
磨痕宽度（干磨）/mm	5.6
线胀系数/（$\times10^{-4}$/℃）	1.46

注：本表数据系采用 20% 聚苯酯细粉（平均粒径 35μm）填充 PTFE 悬浮树脂细粉（平均粒径 65μm）所制备样品进行测试。

PTFE/聚苯酯合金可用作填料、垫圈、活门片、轴承、轴承衬垫和活塞环等，特别适于在水中或遇到水的状态下而又要求耐负荷、耐磨损和耐药品的场合，其寿命较一般的耐磨材料提高许多，是值得推广的一种新材料。

2. 聚苯酯填充 PTFE 的加工方法

聚苯酯填充 PTFE 加工工艺流程如图 7-1 所示。

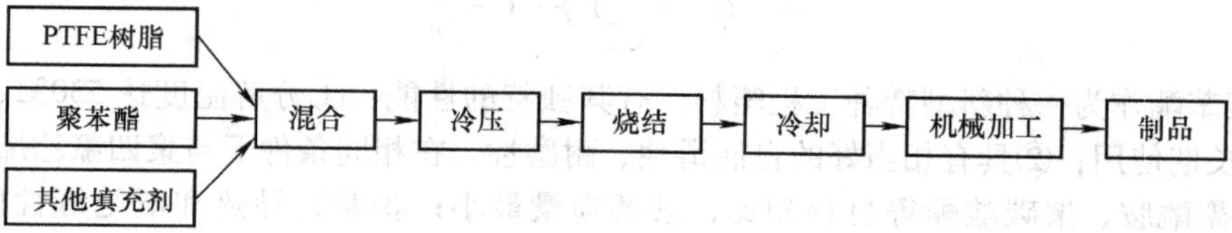

图 7-1　聚苯酯填充 PTFE 加工工艺流程

（1）配料　可采用干法混合，即聚苯酯与 PTFE 按配方直接混合。如采用手工混合后的料必须经捣碎机混合两次以上过筛，每次倒入捣碎机内的料量，最多是容器体积的 2/3。混合料应现配现用，若两天内未压制，用前应复烘（150℃，2h）和过筛方可使用。

（2）加料　先将模具擦净、检查压力机。配好的料最好一次加完，不允许敲、振、捣。

单个毛坯加料量计算如下：

$$W = dV$$

式中　W——单个毛坯加料量（g）；

d——预制品密度（g/cm³）；

V——预制品体积（cm³）。

（3）压制

1）开动压力机渐渐加压，避免因空气未能充分逸出而造成断裂。

2）压力达到 70% 时应去掉下模垫块，使制品两端受压。

预成型压力应根据填料含量而定：

聚苯酯及其他填料含量（%）	预成型压力（MPa）
10～20	50
20～30	60

保压时间应根据制品高度而定，详见表7-15。

表7-15　聚苯酯/PTFE预成型的保压时间

压件高度/mm	单面加压保压时间/min	制品高度/mm	双面同时加压保压时间/min
<5	1	30~40	8
5~10	2	40~50	10
10~20	4	50~100	15
20~30	8	100~150	20

对于高度超过30mm的制件，必须双面同时加压。

（4）烧结　将预成型品置于高温烧结炉中，在365~375℃的空气烧结炉中进行烧结，其工艺条件见表7-16。

表7-16　聚苯酯/PTFE烧结工艺条件

制品名称及规格/mm	升温速度/(℃/h)	保温		冷却速度/(℃/h)	取出温度/℃	烧结周期/h
		温度/℃	时间/h			
板厚30~50 棒ϕ80~ϕ120	30~40 250℃保1h，300℃、320℃各保1h	370±5	6	300℃以上15~20，以下20 在320℃、300℃、280℃、250℃各保温2h	200℃取出包于石棉布内	36
板厚16~30 棒ϕ40~ϕ79	40~50	370±5	4	24~30	板200℃取出压平，其余150℃取出包于石棉布中	18
套管壁厚40~80	60~70	370±5	3	在320℃、300℃各保温1h	150℃取出包于石棉布内	14
板厚6~15 棒<ϕ39	60~70	370±5	3	24~30 在300℃时保1h	板200℃取出压平，其余200℃取出包于石棉布内	14
板厚<5 其余小制品	自然升温	370±5	2~3	自然降温冷却	板200℃取出压平，其余200℃取出包于石棉布内	7~8

注：保温温度及时间根据制品透明情况在规定范围内灵活掌握。

3. CGZ-352系列聚苯酯改性PTFE的性能

（1）聚苯酯加入量对改性PTFE性能的影响　据资料介绍，10%的聚苯酯填充PTFE就可改进其磨耗性能，但聚苯酯的用量不同其制品性能也不同。试验中选择通用型模压用悬浮中粒度料（平均粒径180μm）和聚苯酯原粉（未经粉碎，平均粒径173μm），设计了几种不同比例的配方制备试样进行测试，从而使CGZ-352-*X*成为一个较完善的系列（其中聚苯酯的含量为*X*%）。

拉伸强度、断裂伸长率、密度随着聚苯酯含量的增加而减小。这是由于聚苯酯本身断裂伸长率小、密度较PTFE小的缘故。

随着聚苯酯含量的增加，其磨痕宽度逐步减小，且当聚苯酯含量为30%～60%时，磨痕宽度都能达到较好的水平。而其摩擦因数在聚苯酯含量小于80%时几乎无明显变化。

随着聚苯酯含量的增加而逐步克服聚四氟乙烯冷流的缺点，但当聚苯酯含量增至80%时，样品未到24h就碎裂，说明聚苯酯含量较高时容易发脆。聚苯酯含量在30%以上其抗压强度就迅速降低也可看出这一点。

改性塑料的玻璃化转变温度由纯PTFE的100℃以上提高到近300℃，这充分说明聚苯酯大大改善了聚四氟乙烯的耐热性。

（2）摩擦与磨耗性能　聚苯酯与PTFE复合后改善了PTFE的压缩、弯曲和磨耗性能，在宽广的聚苯酯含量范围内，摩擦因数保持不变，并且不损伤对磨材料。聚苯酯和玻璃纤维、青铜填充PTFE对对磨材料磨损情况的对比如图7-2所示。

由于聚苯酯改性聚四氟乙烯几乎不损伤对磨材料，也很少引起黏附滑动，可在高 pv 值条件下应用（其极限 pv 值为126.1MPa · m/min，远高于注油多孔青铜轴承的84.1MPa · m/min），且在水中保持与大气中相同的性能。

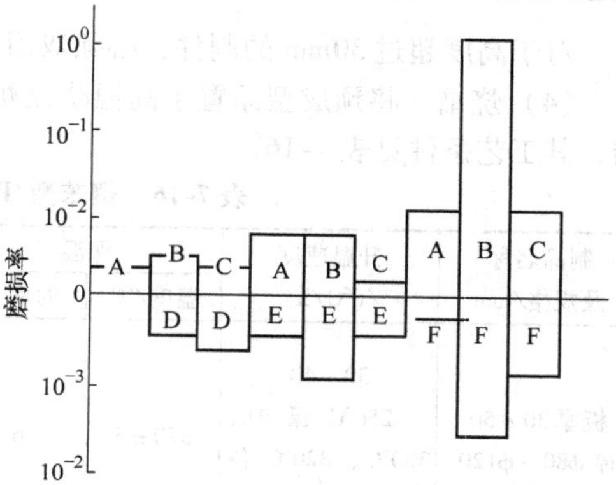

图7-2　各种填充PTFE对对磨材料的磨损

A—聚苯酯填充　B—玻璃纤维填充　C—青铜填充

D—SuS-27　E—黄铜　F—铝

聚苯酯填充PTFE的磨耗系数为玻璃纤维填充的1/3，且随时间的增加基本处于稳定状态，比含有玻璃纤维、铜粉的要平稳得多，能在较高的 pv 值条件下使用。但在高温状态和水介质中，其耐磨性变化较大，为改变这样的状态，可采用在聚苯酯填充体系中加入其他填料的方法。不同材质在大气与水介质中的磨耗试验情况见表7-17。

表7-17　不同材质在大气与水介质中的磨耗对比

材料	大气中轴承磨耗/[cm^3/(kg · m · h)]	水介质中轴承磨耗/[cm^3/(kg · m · h)]
一元聚苯酯填充PTFE	30×10^{-6}	30000×10^{-6}
二元复合（含聚苯酯）填充PTFE	2×10^{-6}	100×10^{-6}

由表7-17可知，填料的加入可提高聚合物的耐磨性，特别是在水中的耐磨性。科研人员用铜粉和玻璃纤维作为改性塑料的填料，并加入其他助剂制备试样，并对其性能进行了测试，结果列于表7-18。

表7-18　不同填料性能比较

性能	纯PTFE	25%聚苯酯	25%聚苯酯+10%铜粉	25%聚苯酯+20%铜粉	25%聚苯酯+10%玻璃纤维	25%聚苯酯+10%铜粉+5%玻璃纤维
密度/(g/cm^3)	2.17	1.76	1.83	2.12	1.77	1.84
拉伸强度/MPa	32.6	11.7	10.9	10.5	12.1	10.0
摩擦因数(0.205MPa，93m/min)	0.13	0.1922	0.2086	0.1959	0.1861	0.2064

（续）

性能	纯 PTFE	25%聚苯酯	25%聚苯酯+10%铜粉	25%聚苯酯+20%铜粉	25%聚苯酯+10%玻璃纤维	25%聚苯酯+10%铜粉+5%玻璃纤维
磨痕宽度/mm	①	7.8	5.3	7.2	6.9	6.4
压缩强度/MPa（25%变形）	26.3	32.8	31.4	30.5	35.2	37.0
24h 蠕变（%）	4.76	2.75	2.33	2.53	1.56	1.74
永久变形（%）	2.51	2.84	2.10	2.00	1.25	1.25

① 由于试验不到 40min 磨痕宽度已超过样品本身的宽度，故无数据。

由表 7-19 可知，二元及多元复合的聚苯酯填充 PTFE 材料其耐磨耗性能有不同程度的提高，可根据使用要求和填料的综合性能调整配方，以满足不同的需要。

（3）聚苯酯和 PTFE 粒径对共混物性能的影响　根据氟复合材料配方设计时应遵循相容原则和表面张力相近原则，为改善 PTFE 与其他聚合物共混的相容性，宜选用低相对分子质量和品种，采用无自凝性且易分解的 PTFE，一般以 5～30μm 超细粉为好，添加量以 10%～25%（质量分数）为宜；且填充物与之结构和性质越相似，它们之间的界面张力就越小，越有利于混容。

试验中选取了 25%聚苯酯原粉（平均粒径为 173μm）改性中粒度悬浮树脂（平均粒径为 180μm）[PE-1]、25%聚苯酯细粉（平均粒径为 35μm）改性悬浮细粉（平均粒径为 65μm）[PF-2]、25%聚苯酯超微粉（平均粒径为 8μm）改性 PTFE 超微粉（平均粒径为 12μm）[PF-3] 几组典型值复配制备试样，并测试其主要性能，结果列于表 7-19。

表 7-19　不同粒径共混物性能比较

性能	PF-1	PF-2	PF-3
密度/（g/cm^3）	1.89	1.88	1.95
拉伸强度/MPa	10.0	10.4	14.4
断裂伸长率（%）	83	205	272
弯曲强度/MPa	15.8	21.9	30.4
压缩强度（25%变形）/MPa	32.8	37.2	31.9
邵氏硬度 D	59	68	67
摩擦因数（0.205MPa，93m/min）	0.22	0.19	0.18
磨痕宽度/mm	7.8	6.2	5.9
线胀系数/（$\times 10^{-4}℃^{-1}$）	1.66	1.66	1.64
热变形温度/℃	297	297	298

由表 7-19 可以看出，PTFE 和聚苯酯粒径较小时，制件的各项性能均有一定提高，特别是拉伸强度、断裂伸长率以及弯曲强度提高较多。这是由于填料粒子表面可吸附大分子链，这些大分子链互相缠结，使吸附大分子链的粒子能起均匀分布载荷的作用。当其中一条大分子链受到应力时，可通过交联粒子将应力分散到各分子链上，故应力分布均匀。当 PTFE 与聚苯酯粒子越小，其混合越易均匀，应力分布越均匀，故表现出较好

的力学性能。

4. 效果

1）聚苯酯改性聚四氟乙烯塑料对克服PTFE的易蠕变、不耐磨耗等缺点有明显效果，且不伤对磨材料，并可提高使用温度。

2）聚苯酯含量为20%～30%、PTFE和聚苯酯粒径较小且相近时材料具有较好的综合性能。根据使用要求，可选择二元及多元复合（含聚苯酯）改性PTFE，以提高其特定的性能。

3）对聚苯酯改性PTFE进行了多方面的推广，并在机械、化工、食品、纺织、电子电气等部门的应用中取得了良好的效果。

三、填充改性

（一）锡青铜粉改性PTFE

1. 原材料与配方（质量份）

聚四氟乙烯（PTFE）	100	锡青铜粉（32μm）	5～10
二硫化钼	3.0	表面处理剂	1～2
其他助剂	适量		

2. 制备方法

锡青铜粉按照0%、10%、20%、30%、40%的填充量、MoS_2按照3%的填充量通过高速混合机添加于PTFE基体中；在压力机中进行冷压压制成型，成型压力为50MPa，保压时间15min；随后在高温烧结炉中进行烧结，得到所需样品。

3. 性能与效果

1）锡青铜粉填充PTFE复合材料与铝合金对磨时，锡青铜粉的加入造成了铝合金表面及复合材料表面的拉伤，磨损过程中脱离的铝颗粒和铜颗粒造成了摩擦过程产生了严重的磨粒磨损，磨损过程同时还伴有疲劳磨损。

2）锡青铜粉填充PTFE复合材料与阳极氧化铝合金进行干摩擦时，锡青铜粉从复合材料中脱落，拉伤了对偶，磨损过程出现了磨粒磨损和黏着磨损；当进行油润滑时，复合材料的磨痕宽度在锡青铜粉含量为10%时开始大幅降低，之后随着锡青铜粉含量的增加，下降幅度趋于平缓。

（二）陶瓷微粒填充改性PTFE密封材料

1. 原材料与配方（质量份）

PTFE	70	陶瓷微粒（SiO_2，40μm）	30
偶联剂（KH-550与KH-101）	1～2	其他助剂	适量

2. 制备方法

将预处理过的陶瓷微粒与PTFE树脂按一定比例进行干法混合，并在40MPa下模压成型，然后对预成型制品进行烧结制得新型改性PTFE密封材料。填充改性PTFE密封材料的制备工艺流程如图7-3所示。

原材料预处理：将PTFE树脂放入电热干燥箱中干燥3～5h至恒重，然后在低温下进行粉碎并过 60 目筛。陶瓷微粒使用前采用偶联剂进行表面预处理，处理完成后需干燥密封保存。

混料：采用干混方法，将处理过的陶瓷微粒和 PTFE 树脂按 3∶7 的质量比加入高速混合机中，混合 3min。混料时应注意避免摩擦生热使原料温度升高，造成结团，影响模压质量。

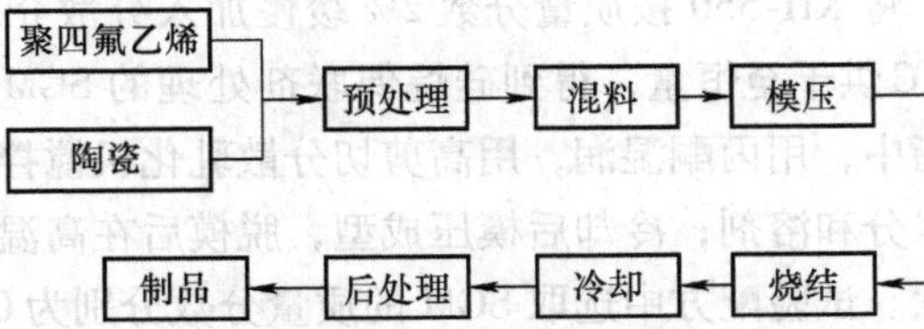

图 7-3　填充改性 PTFE 密封材料的制备工艺流程

烧结：以 60 ~80℃/h 的速率升温至 380℃，然后保温 2h，最后以 30 ~40℃/h 的速率降温至 150℃后自然冷却至室温。

3. 性能与效果

通过模压成型烧结工艺制得了陶瓷微粒填充改性 PTFE 密封材料，并对所制材料的基本性能进行了较系统的研究，结果表明：

1）陶瓷含量及偶联剂处理情况对改性 PTFE 密封材料的抗拉强度有明显的影响，陶瓷含量越高则拉伸强度越低，KH-550 偶联剂处理能较好地改善密封材料的抗拉强度。

2）陶瓷含量对密封材料的压缩回弹性能有较大影响，当陶瓷含量为 30% 左右时，采用 KH-550 处理所制备的改性 PTFE 具有最好的压缩回弹综合性能。

3）陶瓷改性 PTFE 的抗蠕变松弛能力与材料本身的厚度及陶瓷微粒的表面处理有密切关系，厚度越小，抗蠕变松弛性能越好

本试验研制的陶瓷微粒填充改性 PTFE 密封材料与国内外同类密封材料相比，其综合性能十分优异，可以代替同类进口密封材料应用于食品、化工、石化、造纸和医药工业。

（三）玻璃微珠填充改性 PTFE 密封材料

1. 原材料与配方（质量份）

PTFE	100	实心玻璃微珠（SGM）	5 ~25
硅烷偶联剂（KH-550）	1 ~2	其他助剂	适量

2. 制备方法

（1）KH-550 对 SGM 表面的活化处理　硅烷偶联剂 KH-550；即 γ-氨丙基三乙氧基硅烷，化学式为 $NH_2(CH_2)_3Si(OC_2H_5)_3$，其中—$OC_2H_5$ 水解生成硅醇，可与玻璃表面上的羟基缩合，形成硅氧烷；—NH_2 是有机官能团，能与有机物质反应而结合；从而把两种性质悬殊的材料以化学键连接在一起。硅烷偶联剂 KH-550 的表面能较低，润湿能力较强，可以均匀地分布在 SGM 表面。

硅烷偶联剂 KH-550 使得 SGM 表面形成带有亲有机基团的三维有机层，并由亲水性变成亲有机性。

（2）制备过程　先将纳米 SGM 分散在乙醇介质中，用电动搅拌机搅拌 0.5h 至均

匀。将 KH-550 按质量分数 2% 缓慢加入分散介质中，再搅拌 1.5h 至均匀，然后抽滤，100℃烘干至恒量，得到硅烷偶联剂处理的 SGM，待用。将处理后的 SGM 加入到 PTFE 树脂中，用丙酮湿润，用高剪切分散乳化机搅拌；使其混合均匀，在 120℃烘干 2h，除去水分和溶剂；冷却后模压成型，脱模后在高温试验箱中按一定程序烧结，并制成所需形状。试验配方中选取 SGM 的质量分数分别为 0、5%、10%、15%、20% 和 25%。

3. 性能

SGM 粒子在基体中起到刚硬支撑作用，并且在基体中形成以 SGM 粒子为交联点、PTFE 大分子链相互缠结的结构，这种结构可以很好地限制 PTFE 大分子链的运动，提高材料的抗压缩性能，使压缩率下降，且 SGM 含量增加，对大分子链运动的限制增强，压缩率降低，当 SGM 质量分数超过 15% 时，SGM 与 PTFE 树脂之间的界面间出现空穴，缺陷较多，导致抗压缩性能下降。

对于纯 PTFE，当压力去除后，晶区中的大分子链产生了永久形变，不再回复。而非晶区中的相互缠结的大分子链由于相互之间的限制作用向压应力的反方向产生一定的回弹。而对于 SGM/PTFE 密封材料，在压应力去除后，除了非晶区大分子链的限制作用产生一定的回弹外，SGM 粒子的牵制作用也将使大分子链沿压应力反方向产生一定的伸展，提高了材料的回复率。

表 7-20 给出了不同 SGM 含量的 SGM/PTFE 密封材料的熔融热焓（ΔH_m）及结晶度（X_c）。由表 7-20 可知，随着 SGM 含量的增加，SGM/PTFE 密封材料的结晶度呈现先减小再增加而后再减小的趋势，且加入 SGM 后，密封材料的结晶度都比纯 PTFE 的结晶度低。

表 7-20　SGM/PTFE 密封材料的熔融热焓及结晶度

SGM 质量分数（%）	ΔH_m/(J/g)	X_c（%）
0	16.06	23.28
5	11.07	16.89
10	11.74	18.90
15	12.12	20.66
20	10.56	19.13
25	9.17	17.72

4. 效果

实心玻璃微珠表面经硅烷偶联剂 KH-550 预处理后，表面变得粗糙，并有少量附着物，可在一定程度上增强其与 PTFE 树脂间的界面粘合强度。SGM 的加入，使得 SGM/PTFE 密封材料的拉伸性能和断裂伸长率呈近乎线性函数形式减小。随着 SGM 含量的增加，SGM/PTFE 密封材料的邵氏 D 硬度和回复率均呈现先升后降的趋势，并在 SGM 质量分数为 15% 时，出现极值。SGM 对密封材料结晶度的影响具有双重效应，随着 SGM 含量的增加，SGM/PTFE 密封材料的结晶度呈现先减小再增加而后再减小的趋势。

（四）TiO_2 填充改性 PTFE 复合材料

1. 原材料与配方（质量份）

PTFE	100	TiO_2	40
表面处理剂	1~2	其他助剂	适量

2. 制备方法

（1）制备流程　复合材料的制备是由作为基的 PTFE 粉末和作为第二相颗粒填料以一定的配比充分分散后，经过冷压成型后烧结而制备的。复合材料的制备工艺流程如图 7-4 所示。

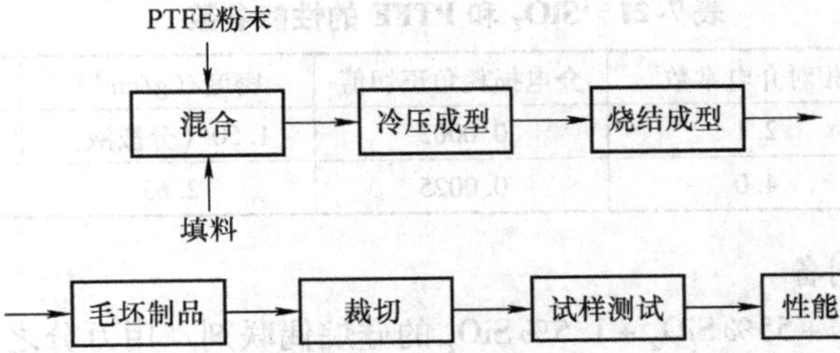

图 7-4　复合材料的制备工艺流程

（2）基体的处理　本试验采用的是平均粒径约为 48μm 的聚四氟乙烯树脂粉料。在混料前应置于低温下冷冻 12h 以上，待混料时取出，捣碎过筛。将 TiO_2 填料按一定比例和 PTFE 粉末混合均匀后，按制品需要量均匀地加入模具型腔内，并用刮刀刮平，使混合粉末均匀铺满型腔。此过程不允许用敲、震等方法填实材料，以免由于填料重量不一而形成偏析现象。另外，加料时须一次加完，以免逐次加料导致制品分层。

加料完毕后，闭合模具，起动压力机。模压时，应缓慢升压，不可以采用冲击式加压。施加压力达到设定值后，还需保压一定时间，使压力传递均匀，保压时间一般为 5~10min，并放气 2~4 次。

保压完毕后，缓慢卸压。在脱模及搬运的过程中，应小心轻放，并且在脱模后型坯应在 50℃ 的环境中放置 20~24h。

（3）烧结固化　将冷压的聚四氟乙烯型坯置于高温烧结炉内，缓慢加热到 330℃ 左右再升温到 380℃ 后保持一段时间，使分散的聚合物熔结成密实的整体，然后缓慢降温冷却。

3. 性能与效果

1）TiO_2/PTFE 复合材料的摩擦因数随着 TiO_2 含量的增加而增大，当达到 40%（质量分数）时抗磨损能力达到最佳；随载荷的增加，复合材料的摩擦因数减小，耐磨耗性能降低。

2）随 TiO_2 颗粒含量的增加，复合材料的拉伸力学性能逐渐下降，大于 40% 时，复合材料的拉伸力学性能急剧下降；当填料质量分数小于 40% 时，复合材料的硬度增大较为显著。

3）TiO_2 填充 PTFE 复合材料，TiO_2 颗粒的质量分数为40%时，复合材料的综合性能最佳。

（五）SiO_2 填充改性 PTFE 复合材料

1. 原料

SiO_2 为 $\phi 4\mu m$、$\phi 9\mu m$、$\phi 13\mu m$、$\phi 20\mu m$ 的无定形熔融硅，PTFE 则为美国杜邦公司提供的质量分数为59.2%的 PTFE 分散乳液（TE-3865C）。表7-21为原材料的主要性能，表中 α 为线胀系数。

表7-21　SiO_2 和 PTFE 的性能参数

材料	相对介电常数	介电损耗角正切值	密度/(g/cm³)	α/($\times 10^{-6}$℃$^{-1}$)
PTFE	2.1	0.0003	1.50（分散液）	109.0
SiO_2	4.0	0.0025	2.65	0.5

2. 复合材料的制备

配方为45% PTFE + 55% SiO_2 + 1.5% SiO_2 的硅烷偶联剂。用万分之一的天平称取不同粒径的 SiO_2 和偶联剂（苯基三甲氧基硅烷），加入适量的分析纯无水乙醇，在超声浴中混合1h后加入一定比例的 PTFE，高速搅拌3h后烘干。将烘干的样品粉碎后在液压机上成型，成型压力为35MPa，将预成型的样品在马弗炉中烧结，烧结温度为375℃，制备出3mm×4mm×50mm的长条和30mm×20mm×1.0mm的方片。其中长条用于测试复合介质材料的密度和热膨胀系数，方片用于测试材料的微波性能（介电常数和介电损耗角正切值）。

3. 性能

经测试表明，复合材料的密度随着 SiO_2 粒径的增大而减少，当 SiO_2 的粒径为 $\phi 20\mu m$ 时，复合材料的烧成密度可达 $2.112g/cm^3$。

由表7-22可知，PTFE 的线胀系数较大，而 SiO_2 的线胀系数则很小。

随着 SiO_2 粒径的增大，复合材料的线胀系数有增大的趋势，这是因为材料的线胀系数主要受基体树脂 PTFE 的影响，SiO_2 的粒径越大，所需包覆 SiO_2 的 PTFE 含量就越多，线胀系数就越大。在50～300℃范围内，热膨胀曲线的斜率变化率很小，说明 PT-FE-SiO_2 体系介质材料具有很好的热稳定性。

当 SiO_2 的粒径较大时，SiO_2 的表面能很好地形成 PTFE 包覆层，复合材料的气孔率小，损耗必然也会小。优良的微波复合介质材料需要较大的介电常数和较低的介电损耗角正切值。当 SiO_2 的粒径为 $\phi 20\mu m$ 时，介电常数为2.82，介电损耗角正切值为0.0012，符合材料的需要。

4. 效果

1）采用硅烷偶联剂处理 SiO_2，能增加 SiO_2 表面的活性，这样 SiO_2 能很好地填充 PTFE。

2）复合材料的密度、线胀系数、介电常数随着 SiO_2 粒径的增大而增加，而介电损

耗角正切值则随着 SiO_2 粒径的增大而减小。当 SiO_2 的粒径为 $\phi20\mu m$ 时，PTFE 能很好地在 SiO_2 表面形成一层包覆层，复合材料具有相对较高的介电常数（2.82）和低的介电损耗角正切值（0.0012），性能优异且稳定性好。

（六）Al_2O_3/$CaCO_3$ 填充改性 PTFE

1. 原材料与配方（表 7-22）

表 7-22　Al_2O_3/$CaCO_3$/PTFE 三元复合材料的配比

样品编组	w(PTFE)（%）	w(Al_2O_3)（%）	w($CaCO_3$)（%）
1	70	0	30
2	70	5	25
3	70	10	20
4	70	15	15
5	70	20	10
6	70	25	5
7	70	30	0

2. 制备方法

将混合好的 Al_2O_3/$CaCO_3$/PTFE 三元复合粉体加入模具内，放入压力机中，缓慢升压至 40MPa，保压 8min（注：升压及保压过程中排气 3 次），开模后取出型坯，于烘箱中 60℃、热处理 18h，以消除内应力。

3. 性能

随着 Al_2O_3 质量分数的增加和 $CaCO_3$ 质量分数的降低，磨损率先逐渐降低，当 Al_2O_3 质量分数达到 20% 后开始逐渐升高。摩擦因数随 Al_2O_3 质量分数的增加而逐渐增大。综合填料成本及复合材料硬度，Al_2O_3 质量分数为 25% 时，摩擦磨损性能及抗蠕变性能较好。

PTFE 复合材的拉伸强度随纳米 Al_2O_3 质量分数的增加（$CaCO_3$ 质量分数降低），先增加后降低。这主要是因为 $CaCO_3$ 质量分数高时，在 PTFE 基体中分散不均，局部有团聚现象，出现 $CaCO_3$ 补强作用减弱造成 PTFE 强度降低。当 Al_2O_3 质量分数为 15%（$CaCO_3$ 质量分数 15%）时，强度最高，此时两种填料都能很好地分散于 PTFE 基体中；当 Al_2O_3 质量分数为 20%（$CaCO_3$ 质量分数 10%）时，PTFE 复合材料断裂伸长率达到最大，其原因是两种填料颗粒在 PTFE 基体中分散较均匀，对基体 PTFE 材料起到了很好的填充作用，提高了 PTFE 的断裂伸长率，而在其他质量分数时，PTFE 基体中至少有一组分有团聚现象，分散不均匀，造成 PTFE 复合材料易脆性断裂，因而断裂伸长率降低。综合拉伸强度与断裂伸长率，当 Al_2O_3 质量分数为 20%（此时 $CaCO_3$ 质量分数为 10%）时，PTFE 复合材料的力学性能较好。

4. 效果

本试验采用冷压-烧结法制备了纳米 Al_2O_3 与纳米 $CaCO_3$ 复配填充改性的 Al_2O_3/$CaCO_3$/PTFE 三元复合材料，提高了 PTFE 的摩擦磨损性能和硬度；增强了抗蠕变性，断裂强度大幅度提高，而断裂伸长率有所降低。纳米 Al_2O_3 可有效提高摩擦因数、硬度及耐磨性；而纳米 $CaCO_3$ 主要是对 PTFE 起补强作用，提高抗蠕变性能。纳米 Al_2O_3 与纳米 $CaCO_3$ 复配填充 PTFE 试验结果表明，当纳米 Al_2O_3 质量分数为 20%、纳米 $CaCO_3$ 质量分数 10% 时，Al_2O_3/$CaCO_3$/PTFE 三元复合材料的综合力学性能较好。

（七）SiC 填充 PTFE

1. 原材料与配方（质量份）

PTFE	100	SiC	5～25
分散剂	5～6	其他助剂	适量

2. 制备方法

将碳化硅颗粒以体积分数（下同）分别为 5%、10%、15%、20%、25% 的添加量添加到 PTFE 粉末中，并充分搅拌混合均匀，经冷压成型后，再在空气中自由烧结，制备了 PTFE + SiC 颗粒复合材料。试样尺寸为 10mm × 10mm × 10mm，用 800 号水砂纸对试样表面打磨抛光，表面粗糙度 Ra = 0.2～0.4μm。

3. 磨损表面形貌观察与磨损机理分析

从 PTFE 材料及不同含量的 PTFE/SiC 复合材料的磨损表面形貌图中可见，纯 PTFE 磨损表面较为平整，存在较多的黏着痕迹和极轻微的犁沟；随 PTFE 复合材料中 SiC 颗粒含量的增加，复合材料的磨损表面变得越来越粗糙，犁削沟槽密度增大，犁沟数目增加，深度变浅，长度缩短，犁削磨损逐渐占主导，黏着痕迹逐渐减少。随着颗粒含量的增加，复合材料的耐磨性能得到提高，PTFE 基复合材料阻碍磨料运动的能力增强，磨料对表层的犁削作用行程缩短，复合材料的耐磨性能提高。

随 SiC 颗粒添加量的增大，基体对增强颗粒的固定能力减弱，使得 SiC 颗粒发生脱落，成为松散磨料的概率增大，当 SiC 颗粒的加入量大于 20% 后，该作用更加明显，随 SiC 颗粒的加入，复合材料的磨损机制发生变化，逐渐由黏着磨损向黏着磨损与犁削磨损共存转变，最终几乎全部为犁削磨损。磨损机制转化的原因：由于 SiC 颗粒的加入，使得 PTFE 不易以层片状抽出，阻碍黏着磨损的发生；磨损过程中 SiC 颗粒发生脱落、碎裂等形成磨料对复合材料形成犁削磨损。

在磨损过程中，复合材料的增强相 SiC 颗粒的流失形式有：①在摩擦过程中，在磨料的冲击作用下，颗粒与基体分离，发生脱落；②在磨损过程中，颗粒与对磨环发生摩擦，颗粒被磨损，颗粒表面形成犁沟；③在磨损过程中，颗粒在阻碍磨料对复合材料的切削过程中，当冲击力超过颗粒的极限时，颗粒会发生碎裂。

综合以上各种因素，颗粒含量的增大一方面使复合材料的磨损机理发生转变，降低了 PTFE 在摩擦环表面的黏着现象，减小了其从磨损表面抽出而发生黏着磨损的概率，从而提高复合材料的耐磨性能；另一方面，随颗粒含量的增加，复合材料对摩擦环的磨损加剧，反过来又造成摩擦环对复合材料表面的磨损程度增加，磨损过程中产生的摩擦热降低了基体的性能，减弱了基体对颗粒的固定作用，颗粒脱落形成松散磨料的概率增大，松散磨料对复合材料产生磨料磨损。颗粒含量对复合材料耐磨性的影响主要在于其对磨损机理的影响，当颗粒含量较小时，SiC 颗粒对复合材料中 PTFE 基体的锚钉作用不足以引起复合材料占主导的磨损机理发生改变时，复合材料的磨损以黏着磨损为主，复合材料的耐磨性能相对较差；随 SiC 颗粒含量的增大，SiC 颗粒对复合材料中 PTFE 基体的锚钉作用增大，使得复合材料占主导的磨损机理由黏着磨损逐渐转变为犁削磨损，复合材料的磨损失重减小，耐磨性增强。

4. 性能

测试结果表明，载荷一定时，PTFE 基复合材料的磨损失重值随 PTFE 基体中 SiC 含量的增加而减小，SiC 的加入显著提高了材料的耐磨性。材料耐磨性的提高程度与 PTFE 基复合材料中颗粒含量有关。当复合材料中颗粒含量小于 15%，复合材料的磨损失重随颗粒含量的增加急剧减小；颗粒含量为 15% 时，复合材料的磨损失重为 6.9mg，仅为 PTFE 材料磨损失重的 6%；随颗粒含量的继续增加，复合材料磨损失重的降低变得较为平缓；颗粒含量为 20% 的复合材料的磨损失重达到最低，其磨损失重为 PTFE 材料磨损失重的 3%；颗粒含量为 25% 时，磨损失重略有增加，但仍远低于纯 PTFE 的磨损失重。

颗粒的加入大大提高了复合材料的耐磨性能，SiC 对复合材料耐磨性能的影响主要与以下几个因素有关：①填料的加入阻碍了 PTFE 材料大分子呈带状结构从基体中抽出，减弱了黏着磨损的发生趋势，提高了复合材料的耐磨性能；②随 PTFE 基体中 SiC 含量的增加，复合材料的强度逐渐增大，磨损过程中复合材料不易发生塑性变形。在磨损过程中，PTFE 基体中的 SiC 逐渐暴露，并与摩擦环表面接触，颗粒在磨损过程中承接了磨损过程中的大部分载荷，避免了摩擦副之间直接承受和传递载荷，从而有效保护了 PTFE 基体；随复合材料中颗粒含量的增加，复合材料的硬度得到提高，复合材料抵抗外物压入的能力增强，松散磨料难以刺入基体，有效减少了磨料压入复合材料表面的数量，减小了压入深度，从而使犁削深度和复合材料表面的转移体积减小，复合材料中硬质颗粒的含量越多，这种有益的作用越强。

当颗粒的含量超过 20% 时，复合材料的耐磨性能随颗粒加入量的增加不再提高。造成这种现象的原因如下：①随基体中 SiC 含量的增加，复合材料脆性增加，对颗粒的固定能力降低，在磨损过程中，SiC 脱落数量增加，并作为磨粒参与磨损，加剧了材料的磨损；②PTFE 属于热塑性塑料，磨损表面由于摩擦热而软化甚至熔融的现象很普遍，随基体中 SiC 加入量的增加，SiC 与摩擦环的摩擦系数大，在磨损过程中产生大量的摩擦热，由于 PTFE 基体的导热性能极差，摩擦热不能及时导出，使得颗粒附近聚集大量的摩擦热，PTFE 基体材料在较高温度下发生软化现象，对 SiC 的固定能力下降，造成 SiC 的脱落形成松散磨料，在一定程度上加速了复合材料的磨损。

另外，纯 PTFE 材料具有最低的摩擦因数，仅为 0.1；随聚合物基体中 SiC 的加入，复合材料的摩擦因数逐渐增加。当颗粒含量小于 15% 时，随颗粒含量的增加，摩擦因数的变化幅度相对较大，即摩擦因数增加较快；当颗粒含量超过 15% 后，复合材料的摩擦因数随颗粒含量的进一步增加，但增幅降低；当颗粒含量为 25% 时，复合材料的摩擦因数增加到 0.17，远高于纯 PTFE 材料的摩擦因数。

PTFE 基体中 SiC 的加入使复合材料摩擦因数增大的原因有：①摩擦力来源之一为机械啮合，摩擦副间相对运动必须克服摩擦副微凸体间啮合的阻碍（爬过去或填料脱落），填料越多这种作用越强，摩擦力越大，摩擦系数越大；②随颗粒含量的增加，在磨损过程中，数量较多的 SiC 刺入摩擦环表面与摩擦环表面发生互相阻碍、犁削作用，摩擦剧烈程度增加；③数量较多的颗粒对摩擦环表面进行的切削过程中使 PTFE 转移膜不易在摩擦环表面形成完整的润滑膜，提高了复合材料在磨损过程中的摩擦因数。

5. 效果

1）在干摩擦条件下，随 SiC 颗粒含量的增加，复合材料的磨损失重逐渐减小，当颗粒含量达20%时，磨损失重达到最小，随 SiC 颗粒含量的继续增加，复合材料的磨损失重略有增大。

2）在干摩擦条件下，随 SiC 颗粒含量的增加，复合材料的摩擦因数逐渐增大，而且摩擦因数的增大幅度逐渐减小。

3）复合材料中增强相 SiC 颗粒有三种流失形式，即整体脱落、磨损和碎裂，SiC 颗粒发生整体脱落或碎裂后可能成为松散磨料，加大复合材料的磨损。

4）随 SiC 颗粒含量的增加，复合材料的磨损机理由黏着磨损占主导逐渐转变为显微切削占主导。

（八）玻璃微珠填充改性 PTFE

1. 原材料与配方（质量份）

PTFE	100	玻璃微球（400 目和 1250 目）	5～35
偶联剂	1～2	分散剂	5～6
其他助剂	适量		

2. 制备方法

填充改性 PTFE 板材的制备过程如图 7-5 所示。

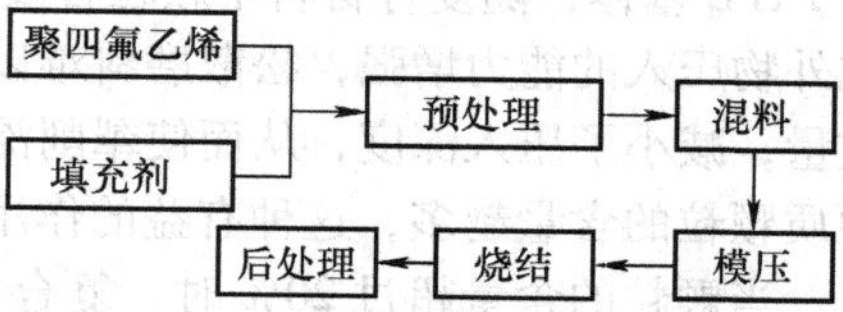

图7-5　填充改性 PTFE 板材的制备过程

预处理包括对 PTFE 进行冷冻过筛，对填充剂进行干燥和表面处理。后处理包括对试验制品进行热处理、整形和机加工。

3. 性能

（1）拉伸强度　拉伸强度表示材料抵抗张力的能力，与垫片所处工作环境及介质压力相关。垫片主要受压，理论上没有拉伸强度的垫片不会发生问题，但实际中即使在一般场合，垫片也必须具有基本的拉伸强度。纯 PTFE 的拉伸强度足以满足密封使用要求，填充改性后拉伸强度有一定程度的降低。

测试结果表明，随着玻璃微珠质量分数的增加，改性 PTFE 密封板材的拉伸强度逐渐减小，且下降幅度较大，符合粉状填料增强改性非极性聚合物的一般规律。不同粒度微珠对拉伸强度影响不同。粒度越大，拉伸强度减小越明显。这是因为对于含玻璃微珠填料的材料，当填料粒子不足够细时，玻璃微珠和 PTFE 的相容性不好，粒子分散在 PTFE 内部和表面，没有很好地和 PTFE 树脂基体结合，因此不同粒度的微珠填充效果不同，大粒度微珠不如小粒度微珠填充的 PTFE 材料拉伸强度高。尽管改性 PTFE 密封材料的拉伸强度有一定程度的降低，但由于使用过程中主要受压缩作用，其拉伸强度足以满足使用要求。

（2）压缩回弹性能 压缩回弹性能体现了密封材料填补密封表面缺陷和弹性补偿的能力，是衡量PTFE密封材料性能优劣的重要指标之一。良好的密封材料应该具有适宜的压缩性和最大的回弹率。纯PTFE密封材料压缩率过大而回弹率较低，因此受载荷循环作用时，密封稳定性较差，通过填充玻璃微珠可以改善PTFE的这种性能，见表7-23。

表7-23 PTFE密封材料的压缩回弹性能

性能	纯PTFE（自制）	改性PTFE中玻璃微珠的质量分数（%）			
		5	15	25	35
压缩率（%）	42.7	40.2	359	31.5	28.3
回弹率（%）	21.8	30.8	45.7	50.1	57.3

注：纯PTFE和改性PTFE的制备工艺相同，厚度为1.6mm。

改性PTFE密封材料的压缩回弹性能优于纯PTFE密封材料，压缩率随玻璃微珠质量分数的增加而减小，回弹率随玻璃微珠质量分数的增加而增加。由填充改性机理和PTFE的黏弹性模型可知，玻璃微珠的主要成分为SiO_2，其结构呈多孔，故具有良好的压缩回弹性。填料粒径很小，比表面积极大，有吸水性，表面形成的硅醇基（Si-OH）通过氢键作用和PTFE基体树脂形成类似于膨胀PTFE的网络结构，增加了PTFE的回弹性，改善了PTFE的压缩回弹性能。因此，添加适量的玻璃微珠可提高PTFE密封材料的回弹能力并获得适宜的压缩率。

（3）蠕变松弛性能 蠕变松弛性能反映了密封材料抗变形和维持螺栓残余载荷的能力，其好坏直接影响密封件的密封能力和使用寿命。PTFE材料的蠕变松弛现象和结晶度有关，主要发生在无定形区，可以通过化学改性或添加填料改变材料形貌结构的方法进行改进。

填充玻璃微珠后，PTFE材料的耐蠕变松弛性能得到了明显改善，且当玻璃微珠质量分数大于30%以后曲线趋于平缓，蠕变松弛率变化不大。纯PTFE由球形树枝状结晶与无定形玻璃体构成，两者间隔排列。将玻璃微珠与PTFE通过湿法混合，制成树脂包裹微珠的类似圆球形核-壳混合料。在对混合料进行模压的过程中，由于微珠硬度高，使原先PTFE树脂包裹层受到挤压，并充填于微珠形成的空隙。根据填料的堆砌理论，玻璃微珠充填在PTFE树脂基体中形成球的最小密堆积体系，PTFE树脂包裹层将球形微珠相隔开。由此可知，PTFE主要分布在多个微珠颗粒的交汇处以及颗粒表面，即以交汇处树脂为节点、以包裹层为纽带，在三维方向形成连续介质相的网络结构，从而提高材料抗蠕变松弛性能。尽管微珠质量分数小时粒度大的微珠改性效果优于粒度小的微珠，但PTFE密封材料的蠕变松弛率仍然很大。而当质量分数大于15%后，粒度小的微珠填充PTFE密封材料的耐蠕变松弛性能明显好于粒度大的微珠。由此可见，玻璃微珠的粒度大小对PTFE材料的耐蠕变松弛性能影响很大，小粒度微珠改性效果明显较好。

（4）玻璃微珠对PTFE材料外观的影响 PTFE是黏度很大的树脂，流动性不好，即使在熔融时流动性仍然很差。另外，PTFE对于无定形状态下的剪切很敏感，因此在模具内平铺原料的过程中容易产生皱褶，很难将其整理平整，加工性能较差。添加玻璃微珠不仅可以改善基体树脂的基本性能，而且可以改善加工性能。本试验分别选择了几种填料进行比较，结果见表7-24。可以看出玻璃微珠填充PTFE制得的材料外观相对最好。玻璃微珠为球状粒子，形状光滑圆整，具有等向性，无尖锐尖角，在树脂中分散性能好。因此，玻璃微珠填充到PTFE树脂中，材料的模压工艺性能得以改善，消除了对剪切的敏感度，可以较好地避免填充PTFE材料表面不平整现象，制得的材料性能和外观均较好。另外，试验过程中发现添加适量的分散剂后，玻璃微珠在材料内部和表面分散得更均匀。

表7-24　填料对PTFE材料外观的影响

填料	形状	分散性	材料外观
硅藻土	粉末、多孔	一般	尚可
玻璃微珠	球状	好	好
高岭土	针状	一般	尚好
磨碎玻璃纤维	短纤维状	一般	较好
磨碎碳纤维	短纤维状	差	尚可

（5）性能对比　采用ASTM测试标准对研制的玻璃微珠填充改性PTFE密封材料进行性能检测，并与国外的同类产品进行了对比，结果见表7-25。性能检测结果表明，本试验研制开发的PTFE密封材料综合性能指标较好，基本上达到了国外同类产品的性能，满足了一定的使用要求，可以推广应用。

表7-25　PTFE密封材料的性能对比

技术性能	测试结果		测试标准
	A	B	
密度/(g/cm³)	1.58	1.40	ASTM D972
拉伸强度/MPa	12.9	12.0～14.0	ASTM F152
断裂伸长率（%）	286.3	—	ASTM F152
压缩率（%）	32.7	25.0～45.0	ASTM F36
回弹率（%）	55.8	30.0	（垫片应力为35MPa）
应力松弛率（%）	31.6	40.0	ASTM F38（100℃×22h），ASTM F37
气密性/mL·h⁻¹	1.27	1.20	（垫片应力为7.0MPa，氮气压力为0.07MPa）

注：A为本试验研制的玻璃微珠填充改性PTFE密封材料，B为国外同类材料。

4. 效果

1）填充小粒度玻璃微珠较好地解决了纯PTFE抗蠕变松弛性能差及冷流大的问题，较好地改善了回弹性能，且其抗蠕变松弛性能、回弹性能随玻璃微珠质量分数的增加而逐渐增加。

2）填充玻璃微珠可降低PTFE密封材料的拉伸强度，且其拉伸强度随玻璃微珠质量分数的增加而逐渐降低。综合考虑玻璃微珠对PTFE密封材料性能的影响，玻璃微珠质量分数约为30%为宜。

3）通过和国外同类材料的性能对比，本试验研制的新型填充改性PTFE密封材料的外观及密封性能均较好，适用于中、低压及高、低温下的管道和螺栓法兰连接，可推广应用。

四、增强改性

（一）稀土改性玻璃纤维增强改性 PTFE

1. 选材

聚四氟乙烯，上海氯碱化工总厂生产的 SM021-F 型；玻璃纤维，直径 9 ~ 11μm，南京玻璃纤维研究设计院生产；铅粉，300 目；球形青铜粉，120 目；中碳钢板，厚度约为 1.70mm；偶联剂，南京曙光化工总厂生产的 SG-Si900 型；稀土表面改性剂，自制。

2. 制备方法

试验所制备的 PTFE 复合材料是一种金属-塑料多层复合材料，它由钢背、烧结多孔青铜中间层和 5% 玻璃纤维及 60% 铅粉填充的 PTFE 表层复合制成。其主要制备过程为：首先，在钢背上烧结 0.25 ~ 0.30mm 厚的多孔青铜中间层；然后，在中间层上高温烧结 0.01 ~ 0.03mm 厚的玻璃纤维和铅粉填充的 PTFE 表层；最后，经轧制后制成样品。

制备样品前先对玻璃纤维进行表面改性，所使用的表面改性剂有：SGS（含 1.0% SG-Si900 的酒精溶液）、RES（含稀土的酒精溶液）和 SGS/RES（含 1.0% SG-Si900 及稀土的酒精溶液），试样和玻璃纤维表面改性状态见表 7-26。

表 7-26　试样和玻璃纤维表面改性状态

试样	玻璃纤维	表面改性剂	表面改性剂浓度
1	未改性		
2	SGS 改性	SGS	1.0% SG-Si900
3	SGS/RES 改性	SGS/RES	1.0% SG-Si900 和 0.3% RE
4	RES 改性	RES	0.3% RE

3. 结构分析

从四种玻璃纤维填充的 PTFE 复合材料在油润滑条件下磨损表面形貌的 SEM 照片中可以看出：未经改性玻璃纤维填充的 PTFE 复合材料磨损表面有犁沟痕迹，呈现出磨粒磨损的特征，并且玻璃纤维已露出摩擦界面。这表明未经表面改性的玻璃纤维与 PTFE 的界面结合力很差，玻璃纤维没有起到有效增强作用，部分玻璃纤维存在于摩擦副之间，作为硬粒子刮擦复合材料表面，造成 PTFE 的大量磨损；偶联剂改性玻璃纤维填充的 PTFE 复合材料和偶联剂与稀土改性玻璃纤维填充的 PTFE 复合材料磨损表面上均有明显的裂纹区，前者磨损表面的裂纹存在于玻璃纤维区附近，且裂纹较大，而后者磨损表面的裂纹较小，可见它们的磨损机理相同，均以疲劳磨损为主，这表明用表面改性剂 SGS 和 SGS/RES 改性玻璃纤维表面，不足以使玻璃纤维与 PTFE 基体具有良好的界面结合力；稀土改性玻璃纤维填充的 PTFE 复合材料的磨损表面较光滑，只出现了轻微磨损，这是由于玻璃纤维经 RES 表面改性后极大地改善了玻璃纤维与 PTFE 基体之间的界面结合力，使界面性能得到有效发挥，抑制了 PTFE 的片状剥落和大规模转移，从而降低了摩擦，减轻了复合材料的磨损，同时提高了复合材料的抗塑性变形能力和承载能力。

4. 摩擦磨损性能

表 7-27 列出了四种玻璃纤维填充的 PTFE 复合材料在油润滑条件下的摩擦因数和

磨损量。可以看出：与未经表面改性玻璃纤维填充的 PTFE 复合材料相比，表面改性降低了玻璃纤维填充的 PTFE 复合材料的摩擦系数和摩擦表面温度，而稀土表面改性玻璃纤维填充的 PTFE 复合材料的摩擦因数和摩擦表面温度最低。这表明稀土表面改性玻璃纤维填充的 PTFE 复合材料的摩擦性能最好。从表 7-27 中还可以看出：与未经表面改性玻璃纤维填充的 PTFE 复合材料相比，经表面改性玻璃纤维填充的 PTFE 复合材料的耐磨性提高了，并且 RES 的减摩作用最明显，SGS/RES 次之，SGS 最小。

表 7-27　玻璃纤维填充的 PTFE 复合材料的摩擦磨损试验结果

试样	摩擦因数	温度/℃	磨损量/mg
1	0.049	121	26.8
2	0.046	105	23.5
3	0.036	101	20.3
4	0.030	85	16.8

5. 效果

1）与未经表面改性玻璃纤维填充的 PTFE 复合材料相比，经表面改性玻璃纤维填充的 PTFE 复合材料的摩擦磨损性能提高了，并且稀土表面改性剂 RES 的作用最明显，SGS/RES 次之，SGS 最小。

2）未经改性玻璃纤维填充的 PTFE 复合材料的磨损机制主要为磨粒磨损；偶联剂改性玻璃纤维填充的 PTFE 复合材料和偶联剂与稀土改性玻璃纤维填充的 PTFE 复合材料的磨损机理相同，均以疲劳磨损为主；稀土改性玻璃纤维填充 PTFE 复合材料只出现了轻微磨损，这是由于玻璃纤维经稀土表面改性后，极大地改善了玻璃纤维与 PTFE 基体之间的界面结合力，使稀土改性玻璃纤维填充的 PTFE 复合材料具有优异的摩擦磨损性能。

（二）碳纤维增强 PTFE

1. 原材料与配方（质量份）

PTFE	100	碳纤维（MCF-1 型）	15
偶联剂（311W）	1～2.5	其他助剂	适量

2. 制备方法

（1）CF/PTFE 制备工艺流程　CF/PTFE 材料制备工艺流程如图 7-6 所示。

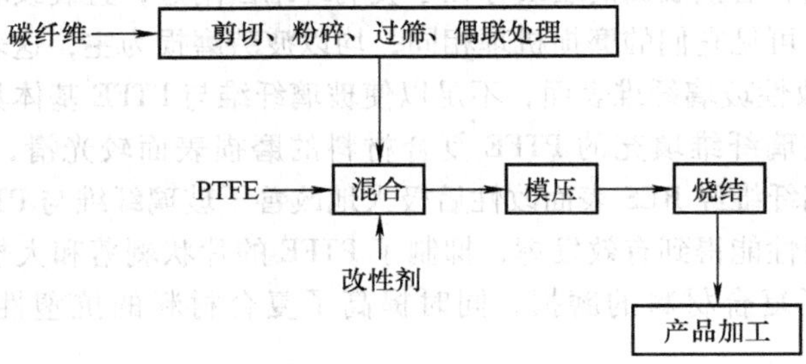

图 7-6　CF/PTFE 制备工艺流程

（2）碳纤维处理方法及其工艺　将碳纤维剪成长度为10～15mm，再用磨碎机将其磨成长径比为5∶1的短纤维，筛去过长的纤维，然后进行偶联处理。其方法为：将偶联剂311W用水稀释至含量为0.2%～4%（质量分数），加到磨碎的纤维中搅拌浸渍均匀，置于干燥箱中干燥，温度控制在95～105℃，时间为2～2.5h。

（3）压制成型与烧结工艺　将PTFE与经处理的碳纤维及改性材料经充分搅拌混合均匀后，装入专用模具，室温下加压成型，成型压力为75～85MPa，保压3～5min，成型物取出后在烧结炉中烧结，升温、降温速度为30～60℃/h。

（4）减振垫的加工　减振垫为圆形，内径$\phi=467$mm，其断面为125mm×5mm，断面外侧中间有一槽（105mm×2mm）。将烧结后的CF/PTFE粗制品按上述尺寸进行加工。

3. 性能

测试结果表明，随着碳纤维含量增加，CF/PTFE的压缩强度、压缩弹性模量提高，但拉伸强度有所降低。这是因为CF/PTFE中碳纤维的两端是材料内应力的集中点。在疲劳和蠕变时，微裂纹便从这里产生，另外也因碳纤维与PTFE基体的结合强度过低所致。综合考虑碳纤维含量以15%为宜。

为提高碳纤维与PTFE的界面结合强度，采用偶联剂311W进行偶联处理，其原理是：偶联剂两端的烷氧基官能团分别和碳纤维中的碳原子形成碳氧碳键（C—O—C），同时和基体聚合PTFE中亲和性强的官能团结合，在碳纤维和PTFE之间形成桥链，从而增加了两者之间的粘结力。偶联剂含量过小，起不到应有的增强作用，过大，碳纤维容易滑移，导致拉伸强度降低，以偶联剂含量为1.554%～2.1%（质量分数）最理想。

烧结工艺是控制CF/PTFE性能的重要环节。其中有三个关键：一是温度的转折点，325℃时PTFE由固态变为液态，400℃时PTFE开始分解，所以要严格控制；二是控制温度的上升梯度，保证材料内部温度变化均匀，温度过高则材料内部温度变化不匀，材料易产生内应力及出现翘曲、变形现象；三是保温的时间，充足的保温时间可使PTFE中表面能量不稳定的颗粒团通过热能作用使其稳定，晶格变化均匀，材料内部组织细密，增强材料和改性材料与基体材料的结合力更大，可提高材料的性能指标。从表7-28和表7-29中可看出，试样经2000h试验后，外观颜色、光泽等均无明显变化且无腐蚀，故使用寿命比铅材料长，适于长期在海洋环境条件下使用。

表7-28　CP/PTFE耐海洋环境试验

项目	盐雾试验	盐水干湿交替试验
测试标准	GB/T 2423.17—2008	GB/T 2423.17—2008
含盐量	(5±0.1)%NaCl	5%NaCl
酸碱度	pH=6.5～7.2	pH=6.5～7.2
试验温度	(35±2)℃	(35±2)℃
盐雾沉降率	1.3～1.7mL/(80cm^2·h)	—
试验周期	连续2000h喷雾	2000h、循环周期8h（即盐水中泡4h，转到空气中4h，重复试验）
试验结果	外观颜色、光泽等均无变化，无腐蚀	外观颜色、光泽等均无变化，无腐蚀

表 7-29　CF/PTFE 耐化学腐蚀性能试验

试剂	浸泡 24h 失重/g	测试结果
浓硫酸	<0.0002	不反应
浓盐酸	<0.0002	不反应
浓硝酸	<0.0002	不反应
浓碱液	<0.0002	不反应

从表 7-30 中可看出，经过盐雾和海水试验的试样与空白试样相比性能无明显下降。这说明 CF/PTFE 在海洋环境中长期使用性能基本保持稳定。

表 7-30　CF/PTFE 的力学性能

项目	空白试样	盐雾试验后		海水干湿试验后	
	平均值	平均值	变化率（%）	平均值	变化率（%）
拉伸强度/MPa	14.7	16.47	12.0	16.6	12.9
压缩强度/MPa	90.0	86.1	-4.3	92.0	2.2
弹性模量/MPa	2.1×10^3	2.12×10^3	0.1	2.0×10^3	-7.1
压缩率（压力为 50MPa）（%）	37.0	37.0	0.0	42.0	13.5
回弹率（压力为 50MPa）（%）	33.0	35.0	0.1	30.0	-9.1
测试条件	环境温度：28℃，湿度：6.8%				

从 CF/PTFE 与铅减振垫性能比较来看（表 7-31），前者弹性模量高，当潜艇达到最大振动频率 $f=60$Hz 时，高压空气瓶系统的自振频率远大于艇体的最大振动频率，不会产生共振。碳纤维与 PTFE 结合的界面具有吸振能力，振动阻尼很高，可有效地起到缓冲减振作用。可见新材料与原材料的隔振作用基本一致，可满足高压空气瓶减振的要求。

表 7-31　CF/PTFE 与铅减振垫的性能比较

项目	CF/PTFE 减振垫	铅减振垫
弹性模量/GPa	2.1	1.6
静刚度/N · m^{-1}	5.9×10^3	6.5×10^{11}
瓶体固有频率/Hz	548.9	5765.89
传递率	1.01209	1.00011

4. 效果

CF/PTFE 是综合性能优异的复合材料，不仅力学性能优异，而且耐蚀性好，适于长期在海水及海洋大气环境中使用，尤其适合作为潜艇高压空气瓶减振垫材料。用 CF/PTFE 减振垫替代铅减振垫，消除了电化学腐蚀带来的危害，延长了减振垫使用周期和瓶体使用寿命，大大提高了军事装备的可靠性。

（三）石墨/玻璃纤维增强改性 PTFE

1. 原材料与配方（质量份）

聚四氟乙烯（PTFE）	80	玻璃纤维	15
石墨（40μm）	5.0	偶联剂	1~2
分散剂	5~6	其他助剂	适量

2. 制备方法

改性 PTFE 动态密封材料的制备包括材料的预处理、混料、模压、烧结等工艺流程，如图 7-7 所示。

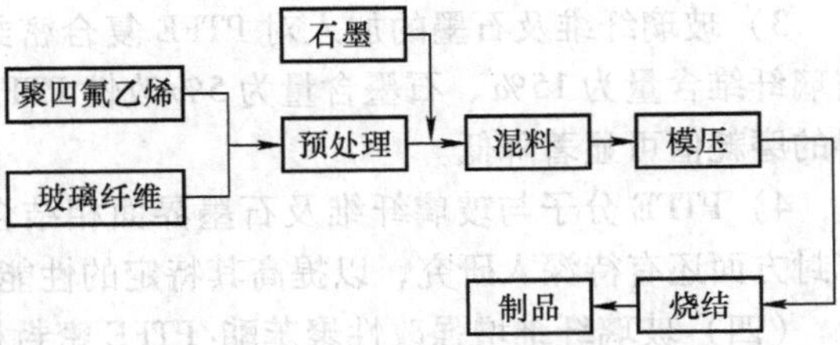

图 7-7 动态密封材料改性 PTFE 的制备工艺流程

（1）预处理 将玻璃纤维放入电热干燥箱中，在 200℃ 温度下干燥 5～8h，然后冷却至室温。同时，将 PTFE 悬浮细料树脂放入恒温房（20～23℃）中进行预处理。

（2）混料 采用干混方法，选择 100L、1400r/min 高速混合机，将预处理过的玻璃纤维、石墨和 PTFE 树脂按照 15∶5∶80（质量比）加入高速混合机，在 10℃ 混合 5min。混料时开启冷却系统，避免摩擦生热致使原材料温度过高造成结团或分散不均而影响混合质量。

（3）模压 采用冷压工艺法，将玻璃纤维、石墨改性 PTFE 材料加入模具中，按 42MPa 的成型单压进行压坯，压制中注意排气，避免炸裂。

（4）烧结 将压制好的制品坯件放入高温烧结炉，以 50℃/h 的速率从室温升至 330℃，保温 2h，然后以 30℃/h 的速率升至 380℃，保温 5～8h，最后以 30～40℃/h 的速率降温至 150℃，自然冷却至室温，取出产品。

3. 性能

以玻璃纤维和石墨填料填充改性的 PTFE 与纯 PTFE 相比，拉伸强度、压缩强度、磨耗系数等性能见表 7-32。

表 7-32 填充改性 PTFE 复合材料与纯 PTFE 的性能对比

指标名称	纯 PTFE	5% 玻璃纤维、5% 石墨和 90% PTFE	15% 玻璃纤维、5% 石墨和 80% PTFE	25% 玻璃纤维、5% 石墨和 70% PTFE	35% 玻璃纤维、5% 石墨和 60% PTFE	45% 玻璃纤维、5% 石墨和 50% PTFE
拉伸强度/MPa	32	26	22.3	17.2	13.5	9.6
断裂伸长率（%）	350	290	251	180	130	86
压缩强度/MPa	26.5	30	36	37	35.6	33
压缩模量/MPa	550	680	950	960	900	800
磨耗系数/[(mm/km)/MPa]	2.0×10^{-2}	1.8×10^{-3}	0.8×10^{-4}	1×10^{-4}	1.5×10^{-4}	1.2×10^{-4}

4. 效果

干混法制备玻璃纤维及石墨填充改性 PTFE 复合密封材料，通过模压成型工艺制得制品，并对基本性能进行了测试，结果显示：

1）玻璃纤维及石墨的含量及对 PTFE 复合密封材料的拉伸强度有明显的影响，随着玻璃纤维及石墨含量的增加则拉伸强度降低，当玻璃纤维含量为 15%、石墨含量为 5% 改性 PTFE 时，改性复合材料的拉伸强度影响较小，其材料综合性能最佳。

2）玻璃纤维及石墨的含量对 PTFE 复合密封材料的压缩回弹性能有较大影响，当玻璃纤维含量为 15%、石墨含量为 5% 改性 PTFE 时，改性复合材料具有最好的压缩回弹综合性能。

3）玻璃纤维及石墨的加入对 PTFE 复合密封材料的摩擦磨损性能有较大影响，当玻璃纤维含量为 15%、石墨含量为 5% 改性 PTFE 时具有最佳的磨耗系数，改性复合材料的磨耗值可显著降低。

4）PTFE 分子与玻璃纤维及石墨界面相结合问题，特别是改性复合材料用于动态密封方面还有待深入研究，以提高其特定的性能。

（四）玻璃纤维增强改性聚苯酯/PTFE 密封材料

1. 原材料与配方（质量份）

聚四氟乙烯（PTFE）	70 ~ 80	聚苯酯（POB）	20 ~ 30
玻璃纤维（GF）	10 ~ 40	偶联剂	1 ~ 2
其他助剂	适量		

2. 制备方法

将 POB、GF 按一定的质量分数同 PTFE 充分机械混合，然后在一定压力下模压成型；脱模后在烧结炉中按一定程序自由烧结，得到 POB/GF/PTFE 复合材料。

3. 性能

随着温度的升高，PTFE 复合材料的储能模量逐渐降低，这主要是由于温度的升高使 PTFE 分子链运动增强，导致复合材料刚性下降。对于不同含量 POB、GF 改性 PTFE 复合材料来说，虽然 POB 和 GF 的加入均没有改变 PTFE 材料储能模量的变化趋势，但其加入却可显著提高 PTFE 材料的储能模量，这主要是由于 POB、GF 刚性较大，在 PTFE 基体中充当刚硬支撑点，起到均匀分散载荷作用，从而抵抗外力使得 PTFE 复合材料在一定频率动载荷作用下不易发生形变。相比 5% POB/PTFE 复合材料，260℃ 条件下 40% GF/20% POB/PTFE 复合材料的储能模量由 175MPa 提高至 1477MPa，表现出较高的高温力学性能。

该材料的热性能见表 7-33 ~ 表 7-35。

表 7-33　纯 PTFE 材料及 20%POB/15%GF/PTFE 复合材料在不同弯曲应力下的热变形温度

弯曲应力/MPa	热变形温度/℃	
	纯 PTFE 材料	20% POB/15% GF/PTFE 复合材料
1.8	48.7	84.9
0.45	98.9	203

表 7-34　不同质量分数的 POB 改性 PTFE 复合材料的高温压缩蠕变量

配方	蠕变量/μm
纯 PTFE	6.4
5% POB/PTFE	5.7
10% POB/PTFE	5.4
20% POB/PTFE	5.1
25% POB/PTFE	5.6
30% POB/PTFE	4.5

表 7-35　不同质量分数的 GF 填充改性 20%POB/PTFE 复合材料的高温压缩蠕变量结果

配方	蠕变量/μm
20% POB/PTFE	5.1
10% GF/20% POB/PTFE	4.9
15% GF/20% POB/PTFE	4.7
20% GF/20% POB/PTFE	4.3
25% GF/20% POB/PTFE	4.6
30% GF/20% POB/PTFE	3.6
40% GF/20% POB/PTFE	3.1

4. 效果

1）POB 和 GF 的加入可显著提高 PTFE 材料的储能模量和热变形温度。在 0.45MPa 负载条件下，20% POB/15% GF/PTFE 复合材料的热变形温度可达 203℃，相比纯的 PTFE 材料提高 105%。

2）随着 POB 质量分数的增加，PTFE/POB 复合材料在 260℃ 高温条件下的压缩率和回复率均呈现下降趋势。在 20% POB/PTFE 复合材料基础上，添加 GF 可使复合材料在 260℃ 高温条件下的压缩率和回复率呈现先降低后增大然后又降低的趋势。

3）高温长时负载条件下，POB/PTFE 复合材料的蠕变量随着 POB 质量分数的增大先降低后增大，然后再降低。对于 GF/POB/PTFE 复合材料来说，GF 的质量分数对材料蠕变量影响具有相同变化趋势，但影响机制却不同。

4）POB 和 GF 对 PTFE 复合材料热力学性能的改善一方面源自 POB 和 GF 的刚性承载和对 PTFE 非晶部分分子链的缠结作用，另一方面则是 POB 参与 PTFE 结晶过程，阻碍 PTFE 结晶部分发生晶面滑移。

（五）硅灰石纤维增强改性 PTFE

1. 原材料与配方（质量份）

PTFE	50~80	青铜粉	8~38
硅灰石纤维（WF）	10	石墨	2.0
分散剂	5~6	偶联剂	1~2
其他助剂	适量		

2. 制备方法

采用常规的 PTFE 样品制备工艺，流程如下：

PTFE＋填料→搅拌机混合→预冷压成型→烧结成型→毛坯制品→机加工→打磨→清洗→试样。

3. 性能

WF 增强改性 PTFE 的摩擦磨损性能见表 7-36。

表7-36　WF增强改性PTFE的摩擦磨损性能

材料编号	材料组成	摩擦因数	磨痕宽度/mm	体积磨损量/mm^3	对磨宽度/mm
a	PTFE	0.14	16.8	163.67	0.6
b	PTFE +5% WF	0.20	8.2	79.89	1.5
c	PTFE +10% WF	0.22	5.5	53.58	1.8
d	PTFE +15% WF	0.22	5.0	48.71	2.8
e	PTFE +20% WF	0.26	4.6	44.81	3.5
f	PTFE +25% WF	0.30	4.5	43.84	3.8
g	PTFE +30% WF	0.33	4.5	43.84	4.5

从表7-36中可以看出，与纯PTFE材料相比，填充WF的PTFE摩擦因数有所增大，磨损明显降低。纯PTFE的体积磨损量高达163.67mm^3，加入5%的WF增强改性后，磨损量降低到79.89mm^3。当加入WF超过10%之后，磨损量有一定的降低，但是降低幅度变小。

材料复配体系配方组成见表7-37；复合改性PTFE材料的性能见表7-38。

表7-37　材料复配体系配方组成（质量分数,%）

配方编号	PTFE	青铜	WF	石墨
1#	80	8	10	2
2#	70	18	10	2
3#	60	28	10	2
4#	50	38	10	2

表7-38　复合改性PTFE材料的性能

材料编号	拉伸强度/MPa	硬度（邵氏D）	压缩强度/MPa	体积磨损量/mm^3	对磨宽度/mm
1#	25.5	62	55	40.92	2.2
2#	22.0	63	59	37.02	2.4
3#	16.0	65	63	34.10	2.7
4#	14.2	66	65	33.12	2.9

常用的改性PTFE耐磨材料及其组成见表7-39。

表7-39　常用改性PTFE耐磨材料及组成

材料编号	材料组成
A	60% PTFE +28%青铜 +10% WF +2%石墨
B	75% PTFE +25%玻璃纤维
C	80% PTFE +20%碳纤维
D	60% PTFE +40%青铜
E	75% PTFE +25%石墨

测试结果表明，材料A、B、C的磨损量较低，材料D、E的磨损量较大。其中青铜和WF复配改性的PTFE材料（材料A）具有最小的磨损量，抗磨效果较好。

测试结果表明，石墨含量较高的PTFE（材料E）具有较低的摩擦因数，含玻璃纤维的 PTFE 材料（材料 B）摩擦因数较高。

测试结果表明，材料 D、E 的承载能力较差，磨损量随着载荷的增大急剧增加，当载荷为 400N 时，磨损量是 200N 时的 4 倍。材料 A、B、C 具有较好的承压能力，磨损量随着载荷增加缓慢增大，体现出较好的承载能力。

4. 效果

1）WF 的加入可以提高 PTFE 的耐磨损性能。但是，WF 的加入不可避免地增大 PTFE 材料的摩擦因数且对对磨材料有一定的损伤，当 WF 质量分数超过 15% 时，对材料的损伤明显加剧。

2）青铜粉、WF、石墨三种填料共同改性 PTFE 可起到较好的协同效果，具有较好的承压能力，抗磨损性能优异，材料损伤性不大。

3）与常用的玻璃纤维、碳纤维、石墨、青铜粉改性的 PTFE 材料相比，青铜粉、WF、石墨复合改性的 PTFE 材料具有更好的承载能力，在高载荷下具有较好的耐磨损性能。

五、纳米改性

（一）纳米 Al_2O_3 与青铜粉填充改性 PTFE

1. 原材料与配方（质量份）

PTFE	100	青铜粉（300 目）	40
纳米 Al_2O_3	1～7	表面处理剂	1～2
分散剂	3～5	其他助剂	适量

2. 制备方法

将纳米 Al_2O_3、青铜粉在 110℃下烘 3h，然后将 PTFE、纳米 Al_2O_3 和青铜粉按不同质量分数加入高速混料机中混合均匀，将混合料在 40MPa 的压力下冷压成型，然后在 375℃下烧结，保温 3h。烧结后的材料经车削加工制成所需尺寸的试样，以进行各项性能测试。

3. 性能

表 7-40 为 PTFE 复合材料的力学性能。

表 7-40　PTFE 复合材料的力学性能

试样	拉伸强度 /MPa	断裂伸长率（%）	邵氏 D 硬度
纯 PTFE	36.5	400	60
40% 青铜/PTFE	26.6	330	66
1% 纳米 Al_2O_3/PTFE	33.0	330	62
3% 纳米 Al_2O_3/PTFE	30.2	330	62
5% 纳米 Al_2O_3/PTFE	29.8	310	63
7% 纳米 Al_2O_3/PTFE	27.1	290	64
1% 纳米 Al_2O_3/40% 青铜/PTFE	23.6	200	66
3% 纳米 Al_2O_3/40% 青铜/PTFE	20.3	120	67
5% 纳米 Al_2O_3/40% 青铜/PTFE	17.2	80	68
7% 纳米 Al_2O_3/40% 青铜/PTFE	15.4	60	69

表 7-41 为 PTFE 复合材料的摩擦磨损性能。由表 7-41 可知，随着纳米 Al_2O_3 用量的增加，虽然 PTFE 复合材料的摩擦因数有所增大，但磨痕宽度和体积磨损率都降低，说明纳米 Al_2O_3 可以提高 PTFE 的耐磨性。在填充 40% 青铜的基础上添加纳米 Al_2O_3，可以进一步提高复合材料的耐磨性。随着纳米 Al_2O_3 用量的增加，40% 青铜的 PTFE 复合材料磨痕宽度变小，体积磨损率降低。当纳米 Al_2O_3 的质量分数为 5% 时，40% 青铜填充的 PTFE 复合材料磨痕宽度从 12mm 降低为 5mm，体积磨损率从 $171.40\times10^{-6}mm^3/(N\cdot m)$ 降低为 $12.11\times10^{-6}mm^3/(N\cdot m)$。

表 7-41　PTFE 复合材料的摩擦磨损性能

试样	摩擦因数	磨痕宽度/mm	体积磨损率/$10^{-6}mm^3\cdot(N\cdot m)^{-1}$
纯 PTFE	0.20	20	838.76
40% 青铜/PTFE	0.23	12	171.40
1% 纳米 Al_2O_3/PTFE	0.22	13.2	229.54
3% 纳米 Al_2O_3/PTFE	0.23	11.2	138.83
5% 纳米 Al_2O_3/PTFE	0.23	10.5	114.05
7% 纳米 Al_2O_3/PTFE	0.24	10.2	104.42
1% 纳米 Al_2O_3/40% 青铜/PTFE	0.24	10	98.32
3% 纳米 Al_2O_3/40% 青铜/PTFE	0.24	8	49.99
5% 纳米 Al_2O_3/40% 青铜/PTFE	0.25	5	12.11
7% 纳米 Al_2O_3/40% 青铜/PTFE	0.25	4.5	8.82

4. 效果

1）在填充 40% 青铜的 PTFE 复合材料中添加纳米 Al_2O_3，可以进一步提高材料的耐磨性。当纳米 Al_2O_3 的质量分数为 5% 时，复合材料的磨痕宽度从 12mm 降低为 5mm，体积磨损率从 $171.40\times10^{-6}mm/(N\cdot m)$ 降低为 $12.11\times10^{-6}mm^3/(N\cdot m)$。

2）SEM 分析显示，5% 纳米 Al_2O_3/40% 青铜/PTFE 复合材料在摩擦时，纳米 Al_2O_3 可以在青铜填充不到的连续相中起到显微增强的作用，从而可以进一步提高复合材料的耐磨性。

3）DSC 分析显示，纳米 Al_2O_3 可以大大提高 PTFE 复合材料的熔融热焓值；添加 40% 青铜或者 5% 纳米 Al_2O_3，复合材料的结晶度有所提高。

4）在 40% 青铜/PTFE 复合材料添加纳米 Al_2O_3，材料的拉伸强度和断裂伸长率都有所降低，硬度则增加。

（二）纳米 ZnO 填充改性 PTFE

1. 原材料与配方（质量份）

PTFE	100	纳米 ZnO（50nm）	1～6
无水乙醇	5～10	其他助剂	适量

2. 制备方法

称取一定量的纳米 ZnO，加入 PTFE 中，手动搅拌 10min 后，往其中加入无水乙醇，超声搅拌 30min，过滤回收乙醇，固体则在 100℃ 下干燥 4h。按上述方法制备四种复合材料，ZnO 在复合材料中的质量分数分别为 1%、3%、6% 和 10%。制备好的复合材料经冷压成型、烧结成型、毛坯制品、锯割、打磨等过程，制备成测试样品。

3. 性能与效果

1）当ZnO的填充质量分数小于3%时，复合材料的拉伸强度比纯PTFE略高，但若继续增加ZnO填充量，复合材料的拉伸强度则逐渐下降。ZnO填充PTFE复合材料的断裂伸长率较纯PTFE低，当ZnO质量分数小于6%时，各复合材料之间的断裂伸长率相差不大，但若ZnO质量分数超过6%，复合材料的断裂伸长率则急剧降低。

2）ZnO填充PTFE复合材料的密度和邵氏硬度均随着ZnO填充量的增加不断增大，当ZnO质量分数为10%时，复合材料的密度、邵氏硬度分别为2.28g/mL和62.1HD，较纯PTFE分别增加了6.5%和8.4%。

3）当ZnO质量分数为1%时，复合材料的磨耗量较纯PTFE下降不多，当ZnO质量分数增加到3%时，复合材料的磨耗量仅为纯PTFE的1/7左右，但若继续增加ZnO填充量，复合材料的磨耗量却变化不大。在摩擦过程中，ZnO/PTFE复合材料的摩擦因数比较稳定，但摩擦因数随着ZnO填充量的增加而不断增大，当ZnO质量分数为10%时，复合材料的摩擦因数为0.21，较纯PTFE增加了16.7%。

（三）纳米Cu粉填充碳纤维/PTFE复合材料

1. 原材料与配方（质量份）

PTFE	100	短切碳纤维（CF）	15
纳米Cu粉	0.3	偶联剂	1~2
其他助剂	适量		

2. 制备方法

将质量分数为15%的CF和不同质量分数的纳米Cu粉分别添加到PTFE粉末中，机械搅拌混合均匀，冷压并在380℃下烧结成型，制成不同的试验样品。将样品加工至内径为22mm、外径为26mm的环形试样。实验前将样品和对偶件（不锈钢，内径为20mm、外径为30mm）用800目金相砂纸打磨到表面粗糙度$Ra = 0.15 \sim 0.3\mu m$，并用乙醇溶液清洗干燥。

3. 性能与效果

1）纳米Cu粉的含量一定时，粒径较小的纳米Cu粉能更好地提高CF/PTFE复合材料的耐磨性。

2）质量分数为0.3%的纳米Cu粉（50nm）增强CF/PTFE复合材料时，CF/PTFE复合材料具有最优的耐磨性，与未添加纳米Cu粉的CF/PTFE复合材料相比，磨损率降低了45%；速度一定时，载荷越高，纳米Cu粉增强CF/PTFE复合材料的耐磨性越好。

3）纳米Cu粉填充CF/PTFE复合材料时，因纳米Cu粉具有显微增强和“滚珠”效应，还可以增加转移膜与对偶面的结合力，因此降低了CF/PTFE复合材料的磨损率和摩擦因数。

（四）碳纳米管改性PTFE

1. 原材料与配方（质量份）

PTFE	100	碳纳米管（MWCNTs）	1~2
偶联剂或表面处理剂	1~2	其他助剂	适量

2. 制备方法

PTFE 选用上海三爱富新材料股份有限公司生产的悬浮型普通模压用 FR104-1 粉末（平均粒径 25μm）；使用前经 120℃烘干处理，冷却后用 380μm 筛分预处理。

MWCNTs 选用中科院成都有机所生产的工业级 TNIM6（外径为 20～40nm，纯度大于 90%，长度为 10～30μm）；使用前碳纳米管先经双氧水预处理，以便去除一定量的重金属杂质。

纯化后的 MWCNTs 分为 3 组进行表面处理，分组如下：Ⅰ组，经偶联剂 KH-560 处理（KH-560-MWCNTs）；Ⅱ组，经十六烷基三甲基溴化铵（CTAB）处理（CTAB-MWCNTs）；Ⅲ组，经 H_2SO_4 与 HNO_3（体积比 3∶1）混酸处理，并经球磨处理（混酸-MWCNTs）。

采用粉末冶金法（冷压粉末，随后进行烧结），分别将较小质量分数（1%、1.5% 和 2%）及较大质量分数（4% 和 6%）的 MWCNTs 添加到 PTFE 中，制备直径为 12.5mm、厚度为 2.5mm 的试验样品供性能对比。

3. 性能与效果

1）采用自制变温度场热导率测试仪，从 30℃到 170℃的连续变温度场中测试热导率发现：在输入温度升高的过程中，热导率基本上随着 MWCNTs 质量分数的增加而增加，而线胀系数随之增加而减少。

2）MWCNTs/PTFE 材料的热扩散系数，在温度逐渐升高时，呈现出一定的波动特性，但基本大于纯 PTFE 材料的热扩散系数。其中混酸-MWCNTs 填充的 PTFE 在 MWCTNs 质量分数较小时热扩散系数的这种特性尤为突出；CTAB-MWCNTs 填充的 PTFE 因其分散均匀特点，只在 MWCTNs 质量分数较大时变化突出。

3）因不同表面处理的 MWCNTs 在 PTFE 中的长径比、缺陷和温度场中热应力等不同，表现出导热能在温度升高时有激活放大效应。

（五）微米与纳米石墨改性 PTFE 复合材料

1. 原材料与配方（质量份）

PTFE	100	微、纳米石墨	3～15
表面处理剂	1～2	其他助剂	适量

2. 制备方法

所用 PTFE 粉料的平均粒径为 50μm，纯度为 99.5%；微米石墨的平均粒径为 76μm，纯度为 99.8%；纳米石墨的平均粒径为 40nm，纯度为 99.9%。将填料分别按不同质量分数加入 PTFE 中，用高速搅拌机混合，经过预冷压烧结成型，机加工成毛坯制品，按试验要求将材料铣成试样，在 800 号金相砂纸上打磨，用干净棉球擦干净，试样尺寸为 6mm×7mm×30mm。

3. 性能

纳米和微米石墨的加入均能提高复合材料的硬度。这是由于石墨粒子分布于基体材料中，能在一定程度上阻止 PTFE 大分子的运动，改善基体材料的塑性变形，较多的石墨在复合材料中起到了承受载荷的作用，使复合材料的硬度有所增加。在试验的填料含量范围内，纳米复合材料比微米复合材料有更高的硬度，且复合材料的硬度都随填料含量的增加而逐渐增加。因纳米石墨在基体中能较均匀地分散，与聚合物基体可形成较强的结合界面，故其硬度增加效果比微米石墨更好。当填料的质量分数为3%和15%时，复合材料的硬度提高较大，在这之间变化较为平缓。

由于石墨为优良的固体润滑剂，摩擦因数很低，同时能在PTFE摩擦表面产生富积，形成润滑膜，因而降低了PTFE的摩擦因数。

在相同填料含量下，纳米石墨复合材料的摩擦因数略高于微米石墨复合材料，但相差不大。两种复合材料的摩擦因数与载荷的关系比较复杂，但总体上随载荷的增加变化不大，基本在0.14左右浮动。

4. 效果

1）纳米和微米石墨的加入均能提高复合材料的硬度，在试验的填料含量范围内，纳米复合材料比微米复合材料有更高的硬度，且复合材料的硬度都随填料含量的增加而逐渐增加。

2）纳米石墨和微米石墨能不同程度地提高PTFE的耐磨性。相同载荷条件下，纳米复合材料的磨损量总小于微米复合材料。两种复合材料的摩擦因数均低于纯PTFE材料，且均随着填料含量的增加逐渐上升。相同填料含量下，纳米石墨复合材料的摩擦因数略高于微米石墨复合材料，但相差不大。

3）SEM观察表明，石墨填充复合材料磨损主要为犁削磨损，微米石墨填充复合材料犁削沟槽深，数目较少，且被压溃；纳米石墨填充复合材料犁削沟槽数目增加，深度变浅。

（六）碳纳米管与石墨烯改性PTFE

1. 原材料与配方（质量份）

PTFE	100	碳纳米管（CNT）或石墨烯（GE）	1～3
N，N′-二环己基碳二亚胺（DCC）	5～10	表面处理剂	1～2
其他助剂	适量		

2. 制备方法

（1）碳纳米管、石墨烯的表面功能化　碳纳米管的表面功能化操作如下：取400mg碳纳米管（记作r-CNT），加入300mL混酸溶液中（硫酸、硝酸体积比为3∶1）、超声15min后室温下磁力搅拌24h，再用去离子水反复清洗、抽滤，直到pH值为7，烘干滤饼，得到羧基化碳纳米管，记作c-CNT。

随后在c-CNT上接枝氨基。取一定量的DCC溶于150mL无水乙醇后，加入80mg c-CNT，超声10min后，50℃水浴20min，向体系中加入150mL饱和对氨基苯磺酸水溶液，50℃水浴24h，再用乙醇、去离子水反复洗涤、抽滤，直到pH值为7，烘干滤饼，得到氨基化碳纳米管，记作a-CNT。

平行工艺表面功能化石墨烯（r-GE），所得羟基化石墨烯与氨基化石墨烯分别记作c-GE和a-GE。

（2）CNT/PTFE和GE/PTFE复合材料的制备　制备r-CNT、c-CNT、a-CNT以及r-GE、c-GE、a-GE含量各为1%、2%、3%的PTFE基复合材料，并以纯PTFE作为对

照。PTFE复合材料的制备流程如下：碳纳米管或石墨烯于丙酮中超声分散30min后，加入PTFE，并用高速搅拌机分散20min，于通风橱中待溶剂挥发殆尽后，真空干燥箱中50℃下烘干，得到混合粉体。在50MPa压力下将混合粉体压制成型，成型生坯静置24h后于烧结炉中自由烧结，365℃下保温3h，随炉降温，制得复合材料。

3. 性能

碳纳米管和石墨烯等具有优异甚至是极限性能的碳同素异构体。石墨烯是单层碳原子构成的二维六边形密排点阵结构，拥有媲美金刚石硬度的同时又极度柔软。石墨烯的片层结构使其拥有大的长径比（二维平面的长径比是指长度或者宽度与厚度的比值。其在PTFE中有望在对PTFE进行强韧化的同时，通过石墨烯微片间的滑移进一步增强复合材料的自润滑性。

碳纳米管由单层石墨烯卷曲而成（单壁碳纳米管），或由多层石墨烯同轴嵌套而成（多壁碳纳米管）。由于石墨烯层化学键的本征特性，碳纳米管也具有接近石墨烯的超高力学性能，且其一维结构有望成为一种“超级”增强纤维。

由于碳纳米管和石墨烯都具有极高的表面能，非常易于团聚，如果以团聚体形式存在于复合材料中，则从本征上成为类似孔隙的组织缺陷，不仅无法有效发挥纳米材料的强韧化效应，且极易成为裂纹源，因此往往反而降低材料的力学性能与耐磨性。

PTFE分子链表面被电负性很强的氟原子所覆盖。如将碳纳米管和石墨烯表面进行合适的表面改性，接枝供电性官能团，如羧基和氨基等，氟元素强电负性与基团外围的电子云相互作用，有利于提高增强体和基体之间的结合强度。同时，由于增强体表面的供电基团电性相同，相互之间的同性排斥也有助于阻止增强体间的团聚，提高其分散性。分散性改善与界面改善的双重效应更有利于复合材料的力学性能和摩擦磨损性能的提高。

4. 效果

1）碳纳米管和石墨烯表面官能团的供电效应与PTFE表面氟原子的静电匹配作用，有效地改善了碳纳米管和石墨烯在PTFE中的分散，且表面的氨基化改性效果优于羧基化改性。

2）碳纳米管的强韧化作用有效地防止了PTFE分子的带状破坏，对疲劳裂纹的钉扎阻止了裂纹的扩展，从而改善了PTFE的耐磨性，其中以1%（质量分数）的a-CNT的效果最好，其磨耗量从纯PTFE的4.6mg降低到1.4mg，降低了59.6%。石墨烯则凭借其大长径比的平面状结构，在低填充量的情况下，可以有效地形成转移膜，从而在降低复合材料的摩擦因数的同时，降低磨损率。

3）随碳纳米管含量的增多，复合材料的组织不均匀性增加，碳纳米管对复合材料的强韧化效应削弱，磨损机理从疲劳磨损变成疲劳磨损、黏着磨损共存，最后变成黏着磨损和磨粒磨损共存。低填充量的石墨烯复合材料的磨损机制则以黏着磨损为主，随着石黑烯含量的增多，复合材料的组织不均匀性也增加，石墨烯对基体的强韧化效应相应减弱，磨损机制演化为黏着磨损和磨粒磨损共存。

（七）纳米 TiO_2 改性PTFE

1. 原材料与配方（质量份）

PTFE	100	纳米 TiO_2	6.0
硅烷偶联剂	1~2	其他助剂	适量

2. 制备方法

PTFE 及其复合材料试样由南京玻璃纤维研究设计院制备，复合材料中纳米 TiO_2 的质量分数为 6%。

其制备工艺流程如下：

PTFE + 纳米 TiO_2 → 混合 → 预冷压成型 → 烧结成型 → 毛坯制品 → 机加工 → 试样

3. 结构分析

从载荷为 100N 时试样磨屑的 SEM 照片可知，纳米 TiO_2 填充 PTFE 复合材料的磨屑都呈片状，而且基本上没有拉丝现象，而 PTFE 的磨屑为大片状且发生了明显的拉丝现象。同时观察到，表面处理纳米 TiO_2/PTFE 复合材料的磨屑的尺寸较未处理纳米 TiO_2/PTFE 复合材料明显减小。

在表面处理纳米 TiO_2/PTFE 复合材料中，由于纳米粒子均匀分散，纳米 TiO_2 在 PTFE 中发挥承载作用，阻止了 PTFE 带状结构的大面积破坏，而改变了磨屑形成机理，从整体上提高了复合材料的综合性能，更好地抵制了偶件表面微凸体的嵌入，所以磨损量更小。磨屑大小与磨损量具有很好的一致性，即磨屑大的对应着高的磨损量，而磨屑较小则磨损量也较小。这一结果与一般滑动摩擦磨损试验相吻合。导致 PTFE 磨损的重要机理主要是黏着磨损。

4. 性能

测试结果表明，纳米 TiO_2/PTFE 复合材料的摩擦因数比 PTFE 高，PTFE 和纳米 TiO_2/PTFE 复合材料的摩擦因数基本上均随负荷的增长而减小，到一定载荷后趋于稳定。纳米 TiO_2 表面处理与否对 PTFE 复合材料的摩擦因数影响不大。

从理论上讲，PTFE 摩擦因数低是因为 PTFE 分子间的作用力低，在摩擦过程中，能在偶件表面迅速形成转移膜而构成 PTFE-PTFE 的对磨状态。

随着载荷的增加，摩擦表面温度升高，导致试件表面出现微观熔融物质，起润滑作用，同时 PTFE 及其复合材料摩擦表面力学性能发生改变，剪切强度减小，从而使摩擦因数降低。当载荷增加到一定程度后，产生的大量摩擦热使试件变形增大，发生的是塑性或黏塑性变化，这从宏观上缓解了外力作用，结果是随载荷的增加，摩擦系数基本不变，纳米 TiO_2/PTFE 复合材料的摩擦因数比 PTFE 高，可能是由于纳米粒子表面层非配位原子多，表面的物理和化学缺陷多，表面能高，易于 PTFE 的分子发生物理和化学结合，使得填充 PTFE 复合材料主体结构发生了改变，剪切强度升高，因而摩擦因数也相应地升高。

测试结果表明，PTFE 及纳米 TiO_2/PTFE 复合材料的磨损量均随载荷的增加而增加。但 PTFE 的磨损量增加较快，尤其是在高载荷作用下更为明显，而纳米 TiO_2/PTFE 复合材料的磨损量增加较为平缓且远比 PTFE 小。表面处理纳米 TiO_2 填充的 PTFE 的耐磨性最好。在高载荷下，与 PTFE 相比，表面处理与未处理纳米 TiO_2 填充 PTFE 的耐磨性分别提高约 7 倍和 3 倍。

由于 PTFE 分子链间的作用力弱，在与钢轮对磨时，大分子链易发生滑移或断裂，使材料容易被拉出结晶区而在对偶材料表面形成转移膜，然而在对偶面上较差的黏着性是导致 PTFE 严重磨损的主要原因。

载荷对 PTFE 及复合材料磨损行为的影响主要是通过摩擦表面温度的变化来实现的。随着载荷的增加，摩擦表面间摩擦热的积累速度加快，温度升高，材料黏附转移倾向增强，而在摩擦过程中黏附的材料不断被磨去，并发生向偶件试环表面的转移，从而导致材料的磨损增大。

纳米粒子基本上是以单个粒子形式较为均匀地分散于基体中，而在未经表面处理纳米 TiO_2/PTFE 复合材料中，纳米粒子发生了团聚。当纳米颗粒不能较好地分散在高分子基体中时，其复合材料的摩擦磨损性能与微米级颗粒填充的复合材料相似，只有达到均匀分散，纳米复合材料才表现出优于其他材料的性能。这可能是因为纳米 TiO_2 经偶联剂处理后，使本身活性很高的纳米粒子表面部分钝化，阻止其团聚，促使其在基体中均匀分散，当纳米粒子均匀地分散于 PTFE 中时，由于纳米粒子的弥散强化作用，增强了材料的承载能力，因而耐磨性提高。

5. 效果

1）纳米 TiO_2/PTFE 复合材料的摩擦因数较 PTFE 大。无论是 PTFE 还是纳米 TiO_2/PTFE 的摩擦因数，基本上均随负荷的增大而减小，到一定载荷后趋于稳定。纳米 TiO_2 表面处理与否对 PTFE 复合材料的摩擦因数影响不大。

2）表面处理纳米 TiO_2/PTFE 复合材料的耐磨性较未表面处理纳米 TiO_2/PTFE 复合材料和 PTFE 的耐磨性有明显提高。

3）表面处理与未表面处理纳米 TiO_2 填充 PTFE 复合材料的耐磨性和 PTFE 相比，在高载荷下可分别提高 7 倍和 3 倍左右。

4）纳米粒子经适当表面处理可使本身活性很高的纳米粒子表面部分钝化，阻止团聚，促使其在基体中均匀分散，充分发挥了纳米效应。

5）导致 PTFE 及其复合材料磨损的主要机理是黏着磨损。

（八）纳米 Al_2O_3 和 SiO_2 复合改性 PTFE

1. 原材料与配方（质量份）

PTFE	100	纳米粒子（纳米 Al_2O_3 和 SiO_2）	1～5
偶联剂	1～2	其他助剂	适量

2. 制备方法

改性 PTFE 材料的生产工艺流程如下：

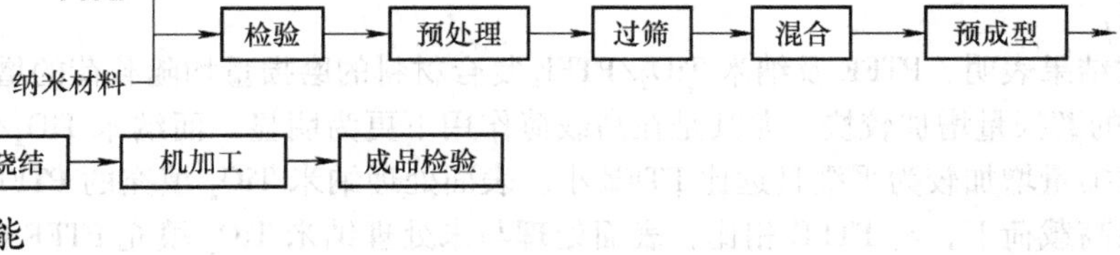

3. 性能

本试验中的纳米粒子采用了机械混合、超声波混合等分散方式，具体试验结果见表 7-42。由表 7-42 可知，在各种分散方式中，机械混合和气流粉碎组合的分散方式的效果最好。在机械混合和超声波混合组合的分散方式中，改性效果随超声波强度的变化而改变，当超声波强度为300mA时，改性效果较好。

表7-42　无机纳米粒子分散方式对改性PTFE材料性能的影响

分散方式	拉伸强度/MPa	断裂伸长率（%）	邵氏D硬度	磨耗量/g	摩擦因数
机械混合	24.4	271.7	56.8	0.0020	0.20
机械混合+超声波混合（超声波强度200mA）	25.4	291.3	57.8	0.0020	0.21
机械混合+超声波混合（超声波强度300mA）	25.5	292.3	58.0	0.0020	0.20
机械混合+超声波混合（超声波强度400mA）	24.0	272.3	57.8	0.0019	0.20
机械混合+气流粉碎	26.5	306.9	57.6	0.0017	0.20

对经机械混合和气流粉碎组合的分散方式分散的无机纳米粒子填充改性PTFE复合材料，用原子力显微镜（AFM）进行了共混结构状态的检测，无机纳米粒子基本上是以单个纳米粒子的形式分散在改性PTFE材料中，说明用机械混合和气流粉碎组合的分散方式的分散效果良好，并且该分散方式具有操作简便、稳定的特点，十分有利于工业化生产。

对机械混合和气流粉碎组合的分散工艺，进行了具体的条件试验，结果见表7-43。

表7-43　气流粉碎压力对改性PTFE材料性能的影响

气流压力组合	拉伸强度/MPa	断裂伸长率（%）	邵氏HD硬度	磨耗量/g	摩擦因数
进料压力0.25MPa、气流粉碎压力0.50MPa	24.4	281.7	61.8	0.0025	0.22
进料压力0.50MPa、气流粉碎压力0.75MPa	26.4	297.3	60.8	0.0022	0.22
进料压力0.75MPa、气流粉碎压力1.0MPa	25.5	292.3	58.0	0.0022	0.22

纳米SiO_2的加入，使PTFE材料的力学性能下降；纳米Al_2O_3的加入，在一定范围内使PTFE材料的拉伸强度和断裂伸长率增大，但随着用量的进一步增加，PTFE材料的力学性能下降，下降的幅度比纳米SiO_2填充的小。因此，用0~3%的纳米Al_2O_3填充改性PTFE材料，对提高PTFE复合材料的机械性能是有利的。纳米SiO_2和纳米Al_2O_3的加入，都显著改善了PTFE材料的耐磨耗性能，特别是少量（3%）的纳米SiO_2的改性，就对PTFE材料的耐磨耗性有很大提高，其用量的进一步增加对耐磨耗性改进不大；纳米Al_2O_3的用量大于7%时，才能达到纳米SiO_2改性的相同效果。

单一的纳米粒子填充改性PTFE材料都有一定的局限性，只能提高PTFE材料的某一方面的性能。为了得到综合性能优良的改性PTFE材料，进行了纳米Al_2O_3和纳米SiO_2复合填充改性PTFE的试验，具体试验结果见表7-44。试验结果显示：纳米Al_2O_3提高PTFE材料的拉伸强度、断裂伸长率，纳米SiO_2显著改善PTFE材料的耐磨耗性，两方面改进有效地结合在一起，加入2%纳米SiO_2和3%纳米Al_2O_3，可得到拉伸强度27.4MPa、断裂伸长率306.7%、邵氏D硬度60.0、磨耗量0.001g和摩擦因数0.20的综合性能优异的改性PTFE复合材料。

表 7-44　纳米粒子复合填充改性对 PTFE 材料性能的影响

改性材料与用量	拉伸强度/MPa	断裂伸长率（%）	邵氏 D 硬度	磨耗量/g	摩擦因数
5% 玻璃纤维	28.0	295.6	58.8	0.0720	0.15
3% 纳米 SiO_2	24.5	273.1	59.7	0.0017	0.18
3% 纳米 Al_2O_3	30.0	343.1	59.2	0.0120	0.20
3% 纳米 SiO_2 +2% 纳米 Al_2O_3	25.6	286.5	60.0	0.0009	0.20
2% 纳米 SiO_2 +3% 纳米 Al_2O_3	27.4	306.7	60.0	0.0010	0.20
3% 纳米 SiO_2 +3% 纳米 Al_2O_3	25.8	286.0	60.0	0.0008	0.20

4. 应用

用纳米粒子改性 PTFE 复合材料制成汽车油封片后，在湖北东风汽车工程研究院进行了台架耐久性试验。试验检测条件：试验用油为 15W/40；试验油温为（120±3）℃；轴跳动为 0.38mm；座孔偏心为 0.38mm；轴转速为 3400r/min；试验周期为 120℃×20h×3400r/min+常温×4h×0r/min。

5. 效果

1）以机械混合和气流粉碎的组合方式可使无机纳米粒子在 PTFE 中得到均匀分散。

2）0～3% 的纳米 Al_2O_3 用量提高了改性 PTFE 材料的拉伸强度和断裂伸长率；用量继续增大，则使改性 PTFE 的力学性能下降，但下降的速率较慢。

3）3% 的纳米 SiO_2 用量显著改善了改性 PTFE 材料的耐磨耗性能。

4）纳米 Al_2O_3 和纳米 SiO_2 复合改性 PTFE、获得了综合性能优异的 PTFE 耐磨耗材料：拉伸强度为 27.4MPa，断裂伸长率为 306.7%，邵氏硬度为 60.0HD，磨耗量为 0.001g，摩擦因数为 0.20，该改性材料十分适用于汽车发动机轴油密封件的制备。

第三节　加工与应用

一、PTFE 密封垫片

1. 原材料与配方（质量份）

聚四氟乙烯（PTFE）	70	碳纤维	30
硅烷偶联剂	1～2	其他助剂	适量

2. 制备方法

（1）工艺流程　将开松处理后的 PTFE 树脂与经过表面处理的碳纤维在高速混合机中混合均匀；将混合料置于模具中，通过液压机以 20MPa 压力作用 10min，期间放气 3 次；将所得坯料放置于烧结炉中以 380℃进行烧结，保温 4h，制得试样。

（2）碳纤维的表面处理工艺　对碳纤维采用以下四种表面处理工艺：

1）气相氧化。将碳纤维置于箱式电阻炉中，升温至 400℃进行氧化，维持 2h。

2）液相氧化。将碳纤维浸泡在质量分数为 30% 的双氧水中，加热至 100℃，维持 2h 后，取出清洗，再在干燥箱中以 50～60℃恒温干燥 12h。

3）等离子体处理。将碳纤维置于低温等离子电晕机上，在 600W 的功率下对其进行电晕处理 2min。

4）偶联剂处理。将碳纤维置于质量分数为1%的KH-550乙醇溶液中，升温至80℃，浸渍处理2h，再置于干燥箱中干燥12h。

3. 性能与效果

1）碳纤维的填充能够改善纯PTFE材料的易冷流、耐蠕变性差、承载低等缺陷，使得改性后的PTFE材料的密封性能得到提高。

2）所采用的四种碳纤维表面处理工艺均可有效提高PTFE密封复合材料的压缩回弹性能，降低材料的冷流率和应力松弛率。另外，除了偶联剂处理工艺外，其余三种处理工艺均能显著改善密封复合材料的拉伸强度。

3）相比于其他三种处理方法，等离子处理工艺能够得到密封性能相对优异的复合材料。拉伸强度可以提高8.02%以上，压缩率能达到11.02%，回弹率能达到77.79%，具有较好的抗冷流、抗蠕变性能。尤其是在200℃下，可使复合材料的应力松弛率下降到45%左右，满足垫片在高温下的使用要求。

二、高回弹低磨损食品级PTFE密封材料产品

1. 原材料与配方

配方编号	PTFE质量分数（%）	硫酸钡质量分数（%）	钛铬黄质量分数（%）
A	80	20	0
B	79	20	1
C	78	20	2
D	77	20	3
E	75	20	5
F	75	25	0

2. 制备方法

将硫酸钡、钛铬黄在200℃于烘箱中干燥3h，冷却后待用。将一定量的硫酸钡和钛铬黄加入PTFE中，采用常规的PTFE试样制备工艺制备食品级PTFE密封圈试样，流程如下：

PTFE+填料→搅拌机混合→预冷压成型→烧结成型→毛坯制品→机加工→打磨→清洗→试样。

3. 性能

表7-45为不同配方下PTFE密封材料的力学性能。

表7-45 不同配方下PTFE密封材料的力学性能

项目	配方编号					
	A	B	C	D	E	F
邵氏硬度HD	64	65	64	64	65	65
拉伸强度/MPa	25.3	25.2	26.8	25.5	24.8	20.8
断裂伸长率（%）	310	310	335	320	298	285
压缩强度/MPa	22.0	23.0	23.4	23.8	24.0	22.3

表7-46为不同配方下PTFE密封材料的摩擦磨损性能。

表7-46　不同配方下PTFE密封材料的摩擦磨损性能

项目	配方编号					
	A	B	C	D	E	F
摩擦因数	0.22	0.22	0.22	0.22	0.23	0.23
体积磨损率/[$\times10^{-5}mm^3\cdot(N\cdot m)^{-1}$]	23.34	20.15	17.23	16.88	16.56	20.01
对磨损伤宽度/mm	2.02	2.05	2.09	2.12	2.15	2.35

4. 效果与应用

1）随着硫酸钡含量的增加，硫酸钡填充PTFE密封材料的硬度、压缩强度和摩擦因数提高，拉伸强度、断裂伸长率和体积磨损率降低。

2）当硫酸钡质量分数为20%时，钛铬黄质量分数为2%时，密封材料的拉伸性能最高，安装回弹率在85%左右，其磨损表面光滑，不存在犁沟、塑性变形现象，表现为轻微磨粒磨损。

3）相对于单一硫酸钡填充的密封材料，当PTFE基体树脂含量相同时，钛铬黄与硫酸钡协同改性的密封材料的拉伸和压缩性能及安装回弹率较高，而体积磨损率和对磨损伤宽度均较低。

4）将质量分数为2%的钛铬黄与20%的硫酸钡协同改性的PTFE密封材料制成食品用密封产品，经实际生产验证，与单一硫酸钡改性PTFE密封产品相比，其使用寿命从8000h提高到10000h。

三、多孔含油PTFE密封材料

1. 原材料与配方（质量份）

PTFE	100	发泡剂（萘）	10～30
其他助剂	适量		

2. 制备方法

多孔含油PTFE密封材料的制备工艺路线如下：

1）预处理：将所选取的PTFE树脂在（100±2）℃下干燥2h，将发泡剂捣碎、过筛小于200目。

2）混合：将预处理过的PTFE和发泡剂按照配方规定高速混合均匀。

3）模压：将混合均匀的粉料在模具中压制成型，成型压力为30MPa。

4）停放：在自然条件下放置24h以上，以保证坯料气体的充分释放。

5）烧结：按照PTFE的特性进行烧结，根据制品的厚度设置不同的升温速率，升温至380℃，保温1h，然后按照50℃/h进行降温，冷却至室温即可得到发泡PTFE毛坯制品。

6）车削：按照测试标准车削各种试样或者产品。

7）在真空箱中加热润滑油至恒温90℃，保持24h，让润滑油充分浸渍到PTFE的泡孔中。

3. 性能

由表7-47可知，发泡剂含量对PTFE发泡材料的拉伸强度有较大的影响。当发泡剂质量分数为10%时，发泡材料的拉伸强度从33MPa下降到23MPa；当发泡剂质量分数为25%时，发泡材料的拉伸强度下降为15.7MPa，仍属于中等强度，符合作为密封材料的基本要求。

表 7-47　不同发泡剂用量的多孔 PTFE 材料的力学性能

发泡剂含量（%）	断裂伸长率（%）	拉伸强度/MPa	邵氏 D 硬度	密度 ρ/g · cm^{-3}
0	380	33	57	2.17
10	350	23	51	1.90
15	320	21	50	1.83
20	300	19.2	48	1.72
25	280	15.7	44	1.59
30	270	11.1	38	1.47

发泡 PTFE 材料的弹性比纯 PTFE 材料的好，且随着发泡剂的增加和泡孔的增多，弹性越来越好。采用 ASTM F36 中的标准试验方法，纯的 PPTFE 弹性较差，只有 6.72%，经过发泡后，弹性可以达到 12.92%。

所制得的发泡 PTFE 材料弹性提高较多，其中萘发泡剂用量为 10% 的 PTFE 材料弹性比纯 PTFE 材料提高 41.72%，萘发泡剂用量为 25% 的 PTFE 材料弹性比纯 PTFE 材料增加 92.2%，具有较好的增加弹性效应。

采用 25% 萘发泡剂的 PTFE 进行油保持率试验，结果见表 7-48。

表 7-48　多孔 PTFE 材料的含油率和油保持率

编号	油含量（%）	甩油后油含量（%）	油保持率（%）
1#	27.6	20.4	73.9
2#	27.7	20.1	72.6
3#	27.6	20.6	74.4
4#	26.9	20.1	74.7
5#	26.6	19.9	74.8
6#	26.8	20.0	74.6

从表 7-49 中的磨损数据可知，发泡 PTFE 比纯 PTFE 的磨痕宽度下降 9.9%，可见通过发泡可提高 PTFE 材料的抗磨损性能。而发泡 PTFE 吸油后磨痕宽度进一步下降为 8.5mm，抗磨损能力提高接近一倍。

表 7-49　PTFE 材料的磨痕宽度

试样	试验条件	磨痕宽度/mm
纯 PTFE	干摩擦	17.2
纯 PTFE	油润滑	6.5
发泡 PTFE	干摩擦	15.5
含油发泡 PTFE	无润滑	8.5

4. 效果

1）以萘为发泡剂制备的发泡 PTFE 材料具有较低的密度和较好的弹性，能提供抗蠕变松弛性能，具有更好的密封效果。其中采用 25% 萘发泡的 PTFE 材料具有较好的综合性能。

2）利用真空油脂浸渍工艺，制备的多孔含油 PTFE 材料，含油体积百分数能达到 26% 以上，油保持率能达到 20%，具有较好的油保持效果。

3）研究的多孔 PTFE，可拓宽 PTFE 的使用范围和场合，提高现有 PTFE 系列产品的综合竞争力，缩小与国外产品的差异，适应市场多样化要求。

四、水/油润滑条件下 PTFE 耐磨材料的加工与应用

1. 原材料与配方（质量份）

配方一	PTFE	80～95.5	碳纤维（CF）	0.5～20
	偶联剂	1～2	其他助剂	适量
配方二	PTFE	60	锡青铜粉（简称 Cu）	40
	胶体 MoS_2	5.0	其他助剂	适量

2. 制备方法

将 PTFE、Cu、CF、MoS_2 干燥再冷却至室温后，分别按照配比称量（CF 质量分数分别为0.5%、10%、15%、20%，余量为 PTFE，制备的复合材料分别表示为 CF0/PTFE、CF5/PTFE、CF10/PTFE、CF15/PTFE、CF20/PTFE；PTFE＋40% Cu＋5% MoS_2 复合材料表示为 Cu/PTFE），采用高速混合机混料，然后过筛，经过冷压成型压制坯料，PTFE 复合材料压制压力为50MPa，然后在高温烧结炉中烧结，烧结温度为375℃，随炉冷却后二次加热定型，机加工成试样待用。

3. 性能

两种 PTFE 复合材料的摩擦磨损性能比较见表7-50。在水润滑条件下，对磨件为42CrMo 钢时，CF20/PTFE 复合材料的摩擦因数和磨痕宽度均小于 Cu/PTFE 复合材料的。这是因为锡青铜微粒与42CrMo 钢直接接触摩擦，而各个方向的碳纤维有效阻止了水对转移膜的冲刷作用。在水润滑条件下，PTFE 复合材料的磨痕宽度较大；摩擦因数比干摩擦时的要小，但比油润滑时的要大。

4. 效果

1）在干摩擦和油润滑条件下，随着碳纤维含量的增加，CF/PTFE 复合材料的摩擦因数增大，磨痕宽度减小。

表7-50 PTFE 复合材料在不同试验条件下的摩擦学性能比较

复合材料	摩擦因数			磨痕宽度/mm		
	干	油	水	干	油	水
CF20/PTFE	0.17	0.05	0.12	4.68	2.86	6.85
Cu/PTFE	0.18	0.05	0.15	5.60	3.01	8.12

2）Cu/PTFE 和 CF/PTFE 两种复合材料在干摩擦条件下的摩擦因数最大，油润滑条件下的摩擦因数最小；而且在油润滑条件下，两种 PTFE 复合材料的磨痕宽度最小；尽管在水润滑条件下两种 PTFE 复合材料的摩擦因数比干摩擦条件下的小，但磨痕宽度比干摩擦条件下的要大。

3）CF/PTFE 复合材料的磨损机理主要为疲劳磨损，犁沟形貌不明显；Cu/PTFE 复合材料的磨损机理主要为磨料磨损，犁沟形貌明显，伴有疲劳磨损。

五、玻璃纤维增强PTFE材料的加工与应用

1. 玻璃纤维基布及PTFE树脂

增强织物基布采用超细无碱玻璃纤维纱线织造而成，纱线及织物的参数规格见表7-51。涂层树脂采用PTFE浓缩分散乳液，具体参数见表7-52。

表7-51　玻璃纤维基布的基本参数

纱线类型	织物经纬密度/根·cm^{-1}	织物面密度/$g·m^{-2}$	织物组织	膜材面密度/$g·m^{-2}$
织物E EC4 34×4×2 S120	10×9	530	平纹	1150

表7-52　PTFE分散乳液的基本参数

类型	质量分数（%）	密度/$g·cm^{-3}$	pH值	黏度/Pa·s	树脂熔点/℃
PTFE TE 3865	60.2	1.5	9~11	$25×10^{-3}$	327

2. 前处理及涂层工艺

前处理及涂层工艺采用的设备主要有：DHG-9240型电热恒温鼓风干燥箱（上海精宏试验设备有限公司），HY704-B型电焊条高温烘干箱（吴江亚泰烘箱制造厂），JMU504A型台式轧车（北京纺织机械器材研究所），JBSO-D型增力电动搅拌器（上海标本模型厂），以及自制浸渍槽及矩形框等。

制备玻璃纤维PTFE涂层工艺如下：

基布热处理：首先把玻璃纤维织物在320℃处理3min。

首道浸渍：PTFE分散乳液质量分数为40%，干燥温度及时间分别为150℃和90s，烘焙温度及时间分别为280℃和60s，烧结温度及时间分别为360℃和60s。

后道浸渍：PTFE分散乳液质量分数为50%，干燥温度及时间分别为150℃和90s，烘焙温度及时间分别为280℃和60s，烧结温度及时间分别为380℃和60s。

最后制备的玻璃纤维/PTFE膜结构材料面密度为$1150g/m^2$。

3. 性能

表7-53为玻璃纤维增强织物与膜材的拉伸强力比较。由表7-53可知，玻璃纤维织物在涂层后形成的膜结构材料的拉伸强力均提高了约10%。

表7-53　玻璃纤维增强织物与膜材的拉伸强力比较

	玻璃纤维增强织物		PTFE/玻璃纤维膜材	
	经向/N·$(2.5cm)^{-1}$	纬向/N·$(2.5cm)^{-1}$	经向/N·$(2.5cm)^{-1}$	纬向/N·$(2.5cm)^{-1}$
均值	2970	2790	3153	2970
CV	2.53%	3.22%	4.84%	5.29%

4. 效果

1）PTFE/玻璃纤维膜材的断裂强力由基布的断裂强力决定，涂层后可以使膜材的强力提高约10%，可以根据基布参数预测膜材的强力，并充分利用基布本身的强度，最终提高膜结构材料的拉伸强度。在经纬密度一致的情况下，基布在织造和涂层工艺过

程中经纬向纱线受力和弯曲状态的差异，使得膜材在拉伸过程中强力和伸长率在纵横向存在差异。

2）PTFE/玻璃纤维膜材是典型的各向异性材料，在不同的拉伸方向上表现不同，经向（0°）强力一般最大，断裂伸长率最小；45°方向上拉伸断裂强力一般最小，断裂伸长率最大；其他角度的拉伸断裂强力及伸长率介于两者之间。

3）由于玻璃纤维本身的脆性及不耐折的特点，其膜材在折叠后强力会有较大的损失，随着折叠次数增加，强力损失越大。因此，在生产、运输及安装膜材的过程中，应尽量避免或减少对膜材的折叠。

综上所述，性能优异的PTFE/玻璃纤维膜结构材料逐渐被青睐。通常采用超细玻璃纤维织物为基布，表面涂覆PTFE树脂，使PTFE膜材既能充分发挥玻璃纤维高强度等力学性能方面的优势，又能发挥聚四氟乙烯耐老化、自洁性等特性的优势，尤其是在自洁性、耐老化性方面表现出其优越性，故成为首选建筑材料。

六、Al/Fe_2O_3/PTFE反应材料的加工与应用

1. 原材料与配方（质量份）

PTFE	30～70	Al	8～20
Fe_2O_3	20～55	表面处理剂	2～5
其他助剂	适量		

2. 制备方法

试件制备过程分三步：混料→模压→烧结。

混料过程：称取相应质量比的原料置于烧杯中，加入适量无水乙醇浸没并机械搅拌20min，再将搅拌后的原料置于真空烘箱中加热5～6h直至烘干，最后过筛得到均匀的Al/Fe_2O_3/PTFE粉末。

利用成型模具及液压机模压制备尺寸为ϕ10mm×3mm（用于落锤试验）及ϕ10mm×15mm（用于准静态压缩试验）的试件。

Al/Fe_2O_3材料成型能力较弱（实测模压试件从0.5m高处自由下落可摔碎）；而Al/Fe_2O_3/PTFE材料成型能力较强（实测模压试件向空中抛掷后落地无明显破损），这说明试件的强度主要体现为PTFE的强度。由于PTFE烧结成型温度范围为330～380℃，烧结后的强度与烧结过程中的温度控制有关系，为了探索制备高强度的试件，对用于落锤和准静态压缩试验的试件进行烧结，试验时烧结温度分三组：330℃、350℃和370℃。烧结温度控制过程曲线如图7-8所示。

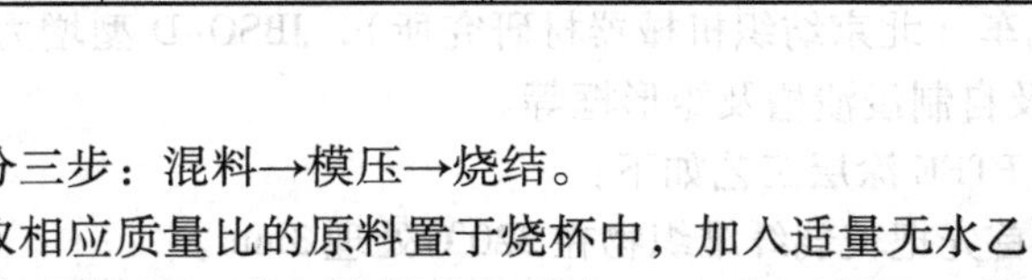

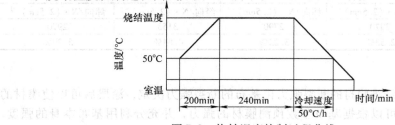

图7-8　烧结温度控制过程曲线

3. 性能与效果

针对铝热剂的成型固化问题，采用以 PTFE 为基体搭载 Al-Fe_2O_3 的方法探索其配比及制备工艺研究，同时对比试验了不同配比及烧结温度下成型 Al/Fe_2O_3/PTFE 材料的准静态压缩力学特性及撞击感度。研究结果表明：

1）试件未烧结时的强度不超过 15MPa，烧结后试件的强度为 12～46MPa。未烧结试件的特性落高大部分都高于或等于 156cm，而烧结试件的特性落高大部分为 95～131cm（仅 370℃烧结的试件的特性落高大于 156cm）。故烧结后试件的强度和撞击感度较未烧结试件高。

2）当试件 PTFE 含量在 40% 以上时，烧结后的试件才会出现应变硬化现象（370℃烧结的试件应变硬化效应不明显）。其中 330℃烧结、PTFE 含量为 60% 和 70% 的试件强度最高，最大真实应力达到 46MPa。且当烧结温度相同时，试件强度随试件 PTFE 含量的升高而增大；当试件 PTFE 含量相同时，试件强度随烧结温度的升高而减小。

3）350℃烧结、PTFE 含量为 40% 的试件撞击感度最高，其特性落高为 95cm。且当烧结温度相同时，试件撞击感度随试件 PTFE 含量的升高先增后减；当试件 PTFE 含量相同时，试件撞击感度随烧结温度的升高先增后减。

4）试验使用的 Fe_2O_3 中的杂质对试验效果有一定影响，370℃高温烧结时出现明显气体产物，使试件强度降低。下一步将对高纯度微米 Al/Fe_2O_3/PTFE 材料开展进一步研究，分析这类反应材料的活化机理。

七、玻璃纤维增强 PTFE 耐高温滤料的加工与应用

1. 简介

PTFE 具有很多优异的性能：

1）优异的高低温性能，使用温度范围广，可达 -190～260℃。

2）化学稳定性高，能够承受除了熔融的碱金属、氟化介质之外的所有强酸碱包括王水、强氧化剂、还原剂和各种有机溶剂的作用。

3）突出的不黏性、润滑性，已知的固体材料都不能黏附在其表面上，是一种表面能最小的固体材料。

4）优异的耐大气老化性能，耐辐照性能，较低的渗透性。

5）良好的不燃性，其极限氧指数在 90% 以下。

6）具有防水性能。

PTFE 虽然具有相当好的耐热性、耐化学性，但从物理性上来讲，其强度低，在高温条件下的尺寸稳定性也不如其他材料。

玻璃纤维性脆较易折断，耐磨性能较差，不耐水解，对一些化学物质如氟化物的耐蚀性也较差，使其作为高温滤料在应用方面有很大的局限性，但玻璃纤维布的高强度和耐热性以及尺寸稳定性刚好与 PTFE 互补，两种材料复合可形成性能和强度超群的耐高温除尘滤料。

利用 PTFE 和玻璃纤维两种材质的各自性能特点研发的 PTFE 玻璃纤维烧结高温过滤材料，其原理是利用进口 PTFE 高分子原材料和其他化学助剂，采用特殊烧结工艺流程，使玻璃纤维布具有了比玻璃纤维材料更高的耐磨性、耐蚀性和耐高温等性能，赋予

滤料很好的耐酸碱、耐腐蚀、耐高温、耐摩擦及耐曲挠等性能，而且表面光滑、疏水，粉尘无法黏附在滤料表面，适用于高温、高湿、高黏性粉尘行业或带有酸碱性、腐蚀性化学气体的工业烟尘净化以及其他工况恶劣的场合。

2. PTFE 玻璃纤维烧结耐高温滤料的工艺特点

（1）该滤料的功能和结构特点　由于玻璃纤维性脆较易折断，耐磨性能较差，对某些化学物质如氟化物的耐蚀性也较差，因此其作为高温滤料在应用方面有很大的局限性；另一种未经过烧结工艺处理的 PTFE 玻璃纤维复合材料则由于 PTFE 分子结晶度低，不能牢固地黏结在玻璃纤维上，PTFE 在玻璃纤维上的保护层容易脱落，制成滤料的耐高温、耐腐蚀、耐水解、柔韧性、耐磨、抗折等性能都很差，作为高温滤料其使用寿命很短。

（2）玻璃纤维布纤维表面的处理　玻璃纤维布纤维上一般都存在浆料、油脂等其他杂质，如果没有清除玻璃纤维布上的浆料、自润滑剂、浸润剂、油脂及其他杂质，或杂质去除不彻底、不充分，直接用 PTFE 浸渍处理，会影响滤料的烧结质量，使玻璃纤维布与 PTFE 黏结的牢固性不好，制成的滤料的性能变差。所以应先通过一种无物理磨损和化学侵蚀的清除工艺，彻底清除玻璃纤维布上的浆料、自润滑剂、浸润剂、油脂及其他杂质，从而使玻璃纤维布纤维表面光洁、干净，可有效提高 PTFE 与玻璃纤维的黏结性和牢固性。

（3）PTFE 玻璃纤维烧结的工艺特点　经过前期处理的玻璃纤维布和 PTFE，采用烧结工艺，经过多次烧结后，使玻璃纤维滤布中每根纤维表面都包裹上一层致密的 PTFE 保护层，而且调制的 PTFE 溶液内加入了其他化学助剂，控制了适宜的烧结温度、速度、压力等参数，提高了 PTFE 分子的结晶度，增强了 PTFE 与玻璃纤维基布的附着结合强度和柔软度。由于 PTFE 分子结晶度高，玻璃纤维表面 PTFE 结晶均匀，可有效提高两者结合的牢固性、黏结性，在玻璃纤维表面形成了一层牢固的 PTFE 保护层，PTFE 非常牢固地黏结在玻璃纤维上，从而大大提高了滤料的耐折、耐腐蚀、耐磨和强度等性能。装备袋式除尘器不但可扩宽其应用范围，而且可大大延长其使用寿命。

（4）覆膜工艺及作用　为进一步提高该过滤材料的工作寿命及过滤性能，可采用膨化的 PTFE 微孔薄膜，与烧结后的玻璃纤维布通过高温热压工艺熔融复合，就能将玻璃纤维布、PTFE 保护层与 PTFE 微孔薄膜层很能好地连接在一起，形成一种牢固性高的耐高温、耐腐蚀的 PTFE 玻璃纤维烧结覆膜滤料，它的耐蚀性、耐折、耐磨性得到进一步提高，使用寿命也进一步延长。

覆膜后的过滤材料具有如下性能：

1）过滤效率高：微孔薄膜具有独特的交叉微孔特性，PTFE 微孔膜的孔隙率达 90% 以上，对超细粉尘具有良好的过滤性能，对 0.3 ~ 1μm 及以上的微细粉尘可达 99.99% 以上的过滤效率，可以实现近于零的排放。

2）运行阻力低：由于 PTFE 薄膜本身具有不黏尘、憎水和化学性能稳定等特性，覆膜后滤料工作面极光滑，粉尘剥离性能良好，特别是对吸湿性强、易黏结硬化的粉尘具有良好的剥离性。

3）耐蚀性、耐折、耐磨性能进一步提高：微孔薄膜与 PTFE 玻璃纤维烧结滤料复合后，具有更好的耐酸碱、耐高温、耐高湿等特性。

4）使用寿命长，过滤速度大：覆膜滤料阻力小且稳定，过滤速度快。

3. PTFE 玻璃纤维烧结耐高温滤料的性能

PTFE 玻璃纤维烧结耐高温滤料的主要成分为玻璃纤维 + PTFE + 化学助剂，经检测后其主要技术参数见表 7-54。

表 7-54　PTFE 玻璃纤维烧结耐高温滤料的主要技术参数

项目	指标
标重/(g/m^2)	750 ±30
标重 CV 值(%)	≤3
厚度/mm	0.8 ±0.08
厚度 CV 值(%)	≤3
横向断裂强力/N/(5cm)$^{-1}$	≥2000
横向断裂伸长率(%)	≤20
纵向断裂强力/N/(5cm)$^{-1}$	≥2000
纵向断裂伸长率(%)	≤20
透气量/L/(m^2·s)$^{-1}$	75 ~125
使用温度	长期工作温度 260℃，短期工作温度 300℃
热收缩率(300℃)(%)	<0.5
耐磨性	好
耐酸碱性	极好
残余阻力/Pa	<400
除尘效率(%)	>99
拒水等级(AATCC100)	≥4

4. PTFE 玻璃纤维烧结耐高温滤料的特性

1）耐高温：该滤料的耐温性主要是由玻璃纤维和 PTFE 本身的耐温性能决定的，其长期使用温度为 260℃，短期及瞬间温度可达 300℃，而且热缩率<0.5%。

2）良好的耐酸碱性能：对于酸碱性及大部分有机物具有非常好的抵抗性，对酸碱性等腐蚀性气体包括氟化氢的抵抗性比普通玻璃纤维滤料明显要高。

3）良好的耐磨性及耐疲劳性，拉伸强度高，且均优于普通玻璃纤维滤料。

4）良好的疏水性：滤料表面光滑、疏水，任何粉尘都无法黏附在滤料表面且易清灰，不惧焦油、水蒸气，所以除尘器外面不需要保温，可适用于含酸碱性成分、湿度波动大的烟气粉尘过滤。

5）热稳定性好：300℃热收缩率小于 0.5%，这一特性决定了其在高温下使用的安全性。

6）过滤风速高：其过滤材料属光滑圆柱体，容尘量较小，易清灰，而且具有很好的耐磨性及耐疲劳性，这些特性决定了其具有较高的过滤风速，也决定了其能胜任的清灰方式有反吹风清灰、回转反吹风清灰、机械振动清灰、脉冲清灰等。

7）烧结后的滤料可与 PTFE 多微孔薄膜复合成覆膜滤料，具有过滤效率高，易清灰，耐酸碱，质体柔韧等特点。

5. 工程应用实例

PTFE玻璃纤维烧结耐高温滤料应用于垃圾焚烧炉，水泥、化工、冶炼、工业废料焚化炉，火电厂、产品回收厂等烟气除尘。自该产品开发成功以来，已经被国内多家垃圾焚烧炉除尘设备用户采用。

应用实例：某垃圾焚烧炉袋式除尘器应用PTFE玻璃纤维烧结耐高温滤料制成了滤袋配套，其除尘器的具体参数见表7-55。

表7-55　应用实例的除尘器具体参数

参数名称	参数
处理风量/(m^3/h)	≤22000
气体温度/℃	正常≤200，最高≤260
入口含尘浓度/(g/m^3)	≤700
出口含尘浓度/(mg/Nm^3)	≤50
过滤风速/(m/min)	≤1.0
净过滤风速/(m/min)	≤1.2
清灰方式	脉冲清灰
总过滤面积/m^2	360
净过滤面积/m^2	300
室数	5个
每室袋数	60条
总袋数	300条
滤袋规格	ϕ160mm×2050mm
滤袋材质	PTFE玻璃纤维烧结耐高温滤料
运行阻力/Pa	≤1200
电动机功率/kW	55
排气筒高度/m	20
烟气黑度(林格曼黑度)	<1

运行效果：垃圾焚烧处理技术应具有无害化、资源化、减量化的特点，但焚烧后的烟气净化具有一定难度。采用PTFE玻璃纤维烧结耐高温滤料制成滤袋，大大提高了除尘效率及布袋的使用寿命，且除尘效果好，粉尘排放浓度平均为29mg/Nm^3，烟气黑度(林格曼黑度)小于1，远低于国家排放标准。该系统自2007年10月开机以来滤袋使用效果良好。因此，PTFE玻璃纤维烧结耐高温滤料是垃圾焚烧炉除尘设备最理想的除尘高温滤料之一。

6. 效果

PTFE玻璃纤维烧结耐高温滤料具有很好的耐酸碱性、耐腐蚀、耐高温、耐磨及耐曲挠等性能，而且表面光滑、疏水，粉尘无法黏附在滤料表面，适用于高温、高湿、高黏性粉尘行业或带有酸碱性、腐蚀性化学气体的工业烟尘净化。随着我国环保事业的发展，PTFE玻璃纤维烧结耐高温滤料在高温烟气过滤行业有着广泛的用途，具有广阔的应用前景，主要可应用于：

1）垃圾焚烧炉高温、高黏性粉尘的烟气净化。特别是废弃医疗用品（如一次性针筒、橡胶手套等）及生活垃圾的处理，可解决高温烧袋、高黏性粉尘糊袋、化学气体腐蚀布袋等问题。

2）钢铁冶炼厂高炉煤气的烟气净化。主要可解决高温、高湿、露点以下糊袋及高温含硫等化学气体腐蚀布袋等问题。

3）炭黑、焦化炉的烟气净化。主要可解决高温、高黏性粉尘造成的清灰困难，停炉后的露点以下氧化反应使滤料早期脆化等问题。

4）化工、冶金、水泥等行业。可解决高温、高黏性粉尘造成的袋式除尘器糊袋、设备运行阻力高、滤料早期脆化破损等问题。

5）电站燃煤锅炉的烟气干法脱硫。与普通玻璃纤维袋相比，具有不黏袋、易清灰、设备运行阻力低、使用寿命长等优点。

八、纳米 Al_2O_3 改性 PTFE 复合保持架材料

1. 原材料与配方（质量份）

PTFE	100	纳米 Al_2O_3（VK-230）	1~9
偶联剂（KH-570）	1~2	无水乙醇	2~5
其他助剂	适量		

2. 制备方法

将纳米 Al_2O_3 置于浓度为 2% 的 KH-570 无水乙醇溶液中，进行偶联、超声分散处理，超声频率为 20kHz，超声时间为 30min。过滤除去溶剂后，将固体物置于真空干燥箱中干燥处理，真空度为 −0.1MPa，温度为（120±5）℃，时间为 8h，干燥处理后密封保存备用。取上述纳米 Al_2O_3 放入高速搅拌机并加入适量 PTFE 充分混合搅拌，制备出纳米 Al_2O_3 质量分数分别为 0%、1%、3%、5%、7%、9% 的纳米 Al_2O_3/PTFE 复合保持架材料。

制品均经冷压制坯→烧结成型→毛坯制品→机械加工→修剪打磨而成。

3. 性能（表 7-56 和表 7-57）

表 7-56　纳米 Al_2O_3 的基本性能

粒径/nm	比表面积/$m^2 \cdot g^{-1}$	晶型	纯度（%）	外观
30	56.2	α 相	≥99.9	白色粉末

表 7-57　复合材料的常温与低温性能比较

温度	拉伸强度/MPa	弹性模量/GPa	断裂伸长率（%）	冲击强度/$kJ \cdot m^{-2}$
常温	32.4	0.7	218.6	85.7
液氮	124.6	1.5	2.3	54.9
液氢	145.7	2.3	1.2	48.5

由表 7-57 可知，与常温（23℃）相比，液氮（−196℃）和液氢（−253℃）温度

下复合保持架材料的拉伸强度和弹性模量有所增加，断裂伸长率和冲击强度有所下降，呈典型脆性材料特征。这主要是由于复合保持架材料属于高分子材料，随着测试温度的降低，相邻分子链的构象或链段之间距离变短，单键内旋转能增加，相对来说破坏高分子构象或链段的力增加，使得复合保持架材料的拉伸强度和弹性模量增加；另外，分子链的构象或链段之间的距离变短，造成复合保持架材料单键内旋转困难，致使复合保持架材料柔顺性变差，脆性增加，断裂伸长率变低。

4. 效果

1）随着纳米 Al_2O_2 含量的增加，纳米 Al_2O_3/PTFE 复合保持架材料的硬度和压缩强充增大，拉伸强度和断裂伸长率变小，摩擦因数急速上升，磨损量急速下降，当纳米 Al_2O_3 质量分数达到 5% 后，摩擦因数和磨损量变化趋势均变缓。

2）通过对纳米 Al_2O_3/PTFE 复合保持架材料的摩擦磨损性能分析认为，纳米 Al_2O_3 阻碍了 PTFE 大分子带状结构破坏，有效保护了 PTFE 基体，当纳米 Al_2O_3 的质量分数为 5% 时，复合保持架材料磨损形貌最平整。

3）与常温相比，液氮和液氢温度下纳米 Al_2O_3/PTFE 复合保持架材料的拉伸强度和弹性模量有所增加，断裂伸长率和冲击强度有所下降，呈典型脆性材料特征。

九、PTFE 油封技术

1. 应用需求

随着现代汽车工业的飞速发展，汽车发动机凸轮轴及曲轴的工况条件也更加苛刻，对密封的可靠性提出了更高的要求，它要求密封唇不仅耐介质性能及耐高低温性能优越，而且在高温、高线速度下摩擦阻力小、密封可靠、使用寿命长。用氟橡胶制造的曲轴密封已经很难满足汽油发动机的寿命要求，尤其是在涡轮增压柴油发动机这种更极端工况下无法满足使用要求。此外，在航空发动机、螺杆空气压缩机等设备旋转轴的密封中，传统橡胶油封已经不能完全满足使用要求，人们开始尝试用填充聚四氟乙烯材料作为密封唇制作油封。

为解决橡胶骨架油封的泄漏问题，美国 Mather National 等公司在 20 世纪 70 年代先后研制成功用填充聚四氟乙烯材料制作的油封，如图 7-9 所示。

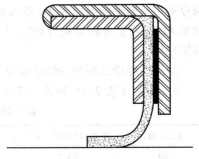

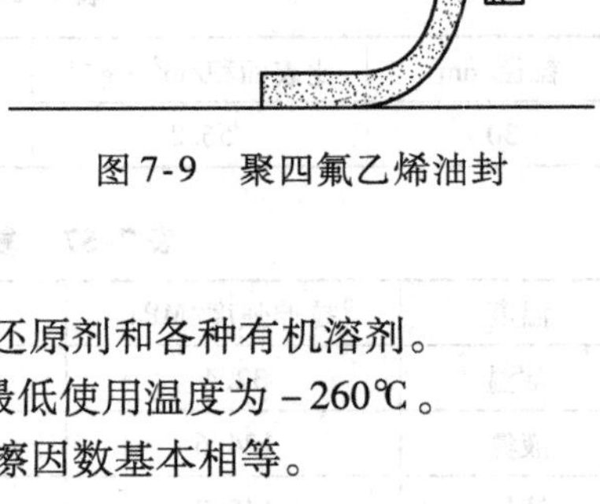

图 7-9　聚四氟乙烯油封

2. 聚四氟乙烯的特点

聚四氟乙烯（PTFE）属于四氟乙烯单体的共聚物，主要有如下优点：

1）化学稳定性好：耐强酸、强碱、强氧化剂、还原剂和各种有机溶剂。

2）使用温度范围广：最高使用温度为 260℃，最低使用温度为 –260℃。

3）摩擦特性好：摩擦因数非常小，而且动静摩擦因数基本相等。

4）优异的耐老化性能和抗辐射性能。

5）良好的不黏性。

6）优异的电绝缘性能：介电性能极为优良。

由于纯 PTFE 耐磨性很差，因此要想作为旋转轴用动密封唇，必需对其进行填充改性处理。填充改性分为无机物填充改性和有机物填充改性，在 PTFE 纯料中加入碳纤维、玻璃纤维、二硫化钼、石墨等称为无机物填充改性，在 PTFE 纯料中加入聚苯硫醚或聚苯酯等称为有机物填充改性。填充改性能够很好地提高 PTFE 的耐磨性能，同时又可以提高材料的刚性及导热性，从而提高油封的使用寿命。

3. PTFE 油封的发展过程

军工行业是最早使用 PTFE 材料的，而 PTFE 作为静密封材料始于 20 世纪 50 年代。由于 PTFE 具有优异的自润滑性，因此 20 世纪 50 年代乙烯压缩机的气缸密封用活塞环选用了 PTFE 填充材料，效果非常明显，活塞环的耐磨性明显改善，使用寿命大幅度提高，从此 PTFE 材料开始得以推广应用，随后逐渐推广到其他领域的密封件中。

20 世纪 70 年代，一些国外的公司陆续开始研究 PTFE 唇油封，例如，日本荒井公司（NOK）用 PTFE 压制成棒料，经过车削加工成圆形薄片，然后模压成为与橡胶油封形状类似的产品，这被称为第一代 PTFE 油封。由于 PTFE 材料刚性明显高于橡胶，回弹性很差，且不耐磨，无法满足油封跟随旋转轴高速回转的要求。

第二代 PTFE 油封是日本荒井公司在橡胶骨架油封的基础上做出的相关改进，即在橡胶油封内密封唇口侧黏贴上一层 PTFE 膜片，将橡胶良好的弹性与 PTFE 的低摩擦性有机结合在一起，属于一种新型的橡塑密封结构。其唇口的线速度高达 25m/s，耐压差为 0.35MPa，即使在无油润滑的状态下，依然可以保证较好的密封效果。这种结构生产工艺相对复杂，生产成本相对较高，而且黏贴工艺的可靠性较难保证，未能得到良好的推广应用。

第三代 PTFE 油封也是日本荒井公司研制的，其特点是用 PTFE 压制成棒料，经过车削加工成圆形薄片，然后模压成一个喇叭状薄膜，薄膜外圈用螺旋弹簧包裹一圈，以提供唇口对旋转轴的抱紧力。该结构的 PTFE 油封，由于螺旋弹簧对轴的抱紧力偏大，油封的使用寿命较短，而且该结构比较复杂，未能广泛推广。

第四代 PTFE 油封产品是美国 Mather 公司 1975 年研制出的，其特点与第三代 PTFE 油封类似，也是用 PTFE 压制成棒料，经过车削加工成圆形薄片，然后模压成一个喇叭状薄膜，先在外壳的内侧底面安装橡胶弹性垫圈，然后放上模压好的喇叭状薄膜，再用内骨架压紧该喇叭状薄膜，最后将外壳翻边压制成型。与第三代 PTFE 油封相比，第四代 PTFE 油封结构简单，无需螺旋弹簧提供密封唇对轴的抱紧力，密封唇与轴的接触面相对较长，由于 PTFE 的自润滑性优良，内唇口不易因摩擦产生的高温而损坏。

第五代 PTFE 油封产品于 20 世纪 80 年代研制成功，也是在第四代 PTFE 油封的基础上做出的重大改进。其特点是内唇口带有“反旋螺纹槽”，属于流体动力型油封，而第四代 PTFE 油封产品由于内唇口光滑，无“反旋螺纹槽”，因此密封效果一般。“反旋螺纹槽”的作用是给外泄到轴表面的油膜一个反向推力，从而阻止油膜外泄以及将外泄的油膜送回密封腔。第五代 PTFE 油封产品是流体动力学分析理论在油封领域应用的成果，使唇形旋转密封技术获得重大突破。目前国外的 PTFE 油封内唇口的螺旋槽基本采用模压成型，而国内 PTFE 油封内唇口的螺旋槽常用车削螺纹型。

不同的 PTFE 油封结构形式适应于不同的应用场合，比如高压场合选择双唇结构，带防尘唇的结构主要用于灰尘多的场合，而双向唇结构用于密封两种不同介质的场合。

4. PTFE 油封总体方案设计

今后，PTFE 油封总体技术方案应该从流体动力学分析、结构深层次研发、唇口材料的深层次应用及台架试验验证四个方面入手（见图7-10）。针对改善高转速下油封的跟随性、高温下唇口过盈力的保持及降低高线速度下唇口磨损三个方面进行重点技术研究，通过对油封腰部韧性、唇口回复性及油封润滑状态等核心技术要素的控制，来保证产品达到使用要求的性能与寿命。

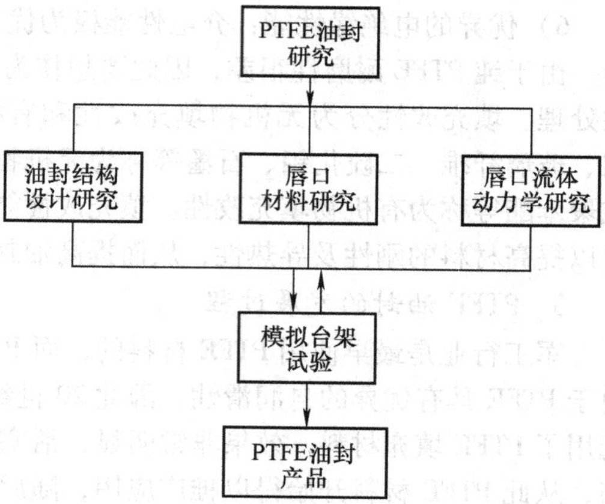

图7-10　PTFE 油封研究的总体方案

5. 研究方法和技术途径

1）提高高转速下的油封跟随性。改善油封腰部结构设计，提高油封腰部的韧性，以改善油封的动态跟随性能；选用二代氟材料，提高唇口材料的韧性，改善材料的动态响应性能。

2）保证高温下的唇口过盈力。选用二代氟材料，合理改性，提高唇口材料的高温蠕变性能；对唇口材料进行技术处理，提高唇口“记忆”及回复特性。

3）降低高线速度下的唇口磨损。运用有限元分析工具，进行高速下唇口的流体动力学研究，改善唇口密封时的润滑状态，从而减少唇口磨损；降低唇口材料的摩擦因数，提高唇口材料的耐磨性。

6. 发展趋势

由于 PTFE 材料不仅适用于一般工况条件，而且在高温、超低温、高压、高速和特种介质等工况条件下仍然具有良好的密封作用，因此 PTFE 油封将一直是高端油封发展的主流，具有非常广阔的应用前景。

航空及汽车是我国快速发展的产业，高性能的 PTFE 油封对这两个产业有重要的支撑作用。目前，在 PTFE 油封材料的研究方面，国内与国外比较还存在较大差距，迫切需要加强国内的产学研合作，掌握高速 PTFE 油封有限元分析方法，开发出一定压力下的高速、高温油封试验台，研制出具有国际竞争力和自主知识产权的 PTFE 油封产品，制定出 PTFE 油封产品及材料的行业标准，规范和指导今后的 PTFE 油封产品开发。

第八章　聚苯硫醚（PPS）

第一节　主要品种的性能与应用

一、主要品种

聚苯硫醚（Polyphenylene sulfide，PPS）是最简单的含硫芳香族聚合物，国内生产的主要是线性聚苯硫醚，它在350℃以上交联后成热固性塑料。支链型结构为新型热塑性塑料，其热变形温度低（仅101℃），没有明显的熔点，熔体黏度大，须用冷压-烧结成型工艺，其耐氧化性、弹性、化学稳定性均优于热固性聚苯硫醚，废料可以回收。

聚苯硫醚是综合性能优异的工程塑料，但其强度仅属中等水平，因此常利用其与纤维和无机填料等有良好的亲和性，对其进行增强改性，以此显著地提高PPS的物理力学性能和耐热性，从而步入特种工程塑料行列。

1. 聚苯硫醚的增强材料

聚苯硫醚用增强材料有玻璃纤维（GF）、碳纤维（CF）、石墨纤维、聚芳酰胺纤维、金属纤维等，但以玻璃纤维为主。

（1）玻璃纤维增强聚苯硫醚　采用玻璃纤维增强PPS是一种极为有效且方便、经济的方法，常用无碱无捻品种，纤维形式有短纤维、长纤维、纤维布等增强PPS玻璃纤维增强PPS的力学性能和热变形温度明显提高，见表8-1。增强材料在长期负荷或热负荷下的耐蠕变性良好，在较高温度下的蠕变很小，还是优异的减摩、抗磨材料，在热水老化、气候老化下均不影响其滑动摩擦性；玻璃纤维增强PPS在200℃或60℃热水中20天仍保持优异的电性能，因而可用于高温、高频及高湿下的电气元件。

表8-1　四川特种工程塑料厂玻璃纤维增强PPS的牌号和力学性能

项目＼牌号		T-3	T-4	T-5	T-7	T-10	TN-1	TN-2
相对密度		1.65	1.66	1.70	1.90	1.99	1.40	1.48
特征		玻璃纤维增强易流动	玻璃纤维增强	玻璃纤维增强	增强填充	增强填充	PPS/PA增强	PPS/PA增强
成型收缩率(%)		0.25	0.25	0.25	0.2	0.2	0.3	0.2
拉伸强度/MPa		145	160	170	130	120	155	152
弯曲强度/MPa		180	190	210	180	160	210	190
弯曲模量/GPa		11	12	14	170	140	100	100
简支梁冲击强度/(kJ/m²)	缺口	10	11	11	6.7	6.5	13	12
	无缺口	24	25	25	18	15	42	40

（续）

项目 \ 牌号	T-3	T-4	T-5	T-7	T-10	TN-1	TN-2
热变形温度/℃	260	260	260	260	260	240	245
阻燃性(UL94)	V-0	V-0	V-0	V-0	V-0	V-0	V-0
表面电阻率/Ω	1×10^{14}	2×10^{15}	2×10^{14}	1×10^{14}	1×10^{14}	2×10^{14}	2×10^{14}
体积电阻率/Ω · cm	1×10^{15}	1×10^{15}	1×10^{15}	1×10^{14}	1×10^{14}	1×10^{15}	1×10^{15}
相对介电常数(1MHz)	4	4	4	4.5	4.6	4.2	4.2
介电强度/(kV/mm)	18	18	18	14	14	22	22
介电损耗角正切值(1MHz)	0.002	0.002	0.002	0.008	0.008	0.013	0.013

玻璃纤维增强 PPS 的热变形温度达 260℃，UL 温度指数达 200～220℃，因而可用作隔热垫块，在高温下仍耐各种化学药品。

玻璃纤维增强 PPS 的耐候性、耐辐射性优良。

（2）碳纤维增强聚苯硫醚　该类产品具有高刚性、高强度、导电性、高弹性、耐磨性和更好的摩擦特性。

（3）聚芳酰胺纤维增强聚苯硫醚　其性能优于 GF、CF 增强产品，PPS 与金属纤维、石墨、炭黑等填充增强的复合材料可用于防爆泵、抗电磁波屏蔽材料。

2. 无机物及矿物质填充增强聚苯硫醚

用于填充增强 PPS 的矿物质有滑石、高岭土等，无机物有 $CaCO_3$、SiO_2、MoS_2 等，填充后的制品可极大地降低成本，同时还可提高 PPS 的力学性能和电性能。无机物填充 PPS 后可提高耐电弧性而取代热固性塑料用于高压绝缘部件。若在填充的同时再以玻璃纤维增强则性能更佳。

3. 聚苯硫醚合金

PPS/PTFE、PPS/PA、PPS/PPO 等合金已商品化。PPS 与 PA6、PA66、PA12 等共混可制得相容性较好的合金，极大地改善了 PPS 的脆性而得到高韧性合金。

PPS/PTFE 合金改善了 PPS 的脆性、润滑性和耐蚀性，合金主要用于防粘、耐磨部件及传动件，如轴承等。因其无毒，不粘涂层已得到美国食品和药物管理局（FDA）、美国卫生设备基金会（NSF）认可，用作不粘锅、饮水配管的部件。

4. 其他改性品种

可用聚芳砜（PSF）与 PPS 嵌段共聚制得聚硫醚砜（PTES），其力学性能得到极大提高，拉伸强度和弹性模量在工程塑料中为最高，且熔体流动性极好，耐锡焊，耐热性、耐化学性极好。

二、主要性能

交联或半交联型聚苯硫醚为浅褐色粉末，经加热变为深褐色；而直链型 PPS 则为白色颗粒，高结晶速度的为白色或浅黄色颗粒，受热后其颜色变深。识别此种材料应采用红外光谱方法。交联型和直链型 PPS 的性能见表 8-2。

表 8-2　交联型和直链型 PPS 的性能

性　能	交联型	直链型	性　能	交联型	直链型
拉伸强度/MPa	65.7	78.4	冲击强度(缺口)/(J/m²)	107.8	882
断裂伸长率(%)	1.5	12	耐蠕变性	好	差
弯曲强度/MPa	96	107.8	耐热性	好	差
弯曲模量/MPa	3822	41160	焊接强度	差	好

PPS 的基本性能特点如下：

1）白色、结晶性、易流动的粉末。

2）强度高、抗蠕变性好，坚韧、质硬、无冷流变性，力学性能随温度升高而降低。

3）热稳定性极好，热变形温度为260℃，熔点为290℃，在400～500℃热空气和氮气中仍稳定，交联后可耐600℃高温，可在350℃以上长期使用。

4）耐磨，阻燃性优，有自熄性，对玻璃、陶瓷、金属的粘接性好。

5）电绝缘性优，高温、高湿的影响小，耐电弧性好。

6）成型收缩率小，尺寸稳定性好，熔体黏度小，易成型加工。

7）化学稳定性优异，耐稀酸、碱，在204℃以下耐任何溶剂。

8）对炭黑、石墨、玻璃纤维、MoS_2、PTFE 等填料有特别好的润湿作用。

各类 PPS 的性能见表 8-3。

表 8-3　各类 PPS 的性能

项　目		超薄壁用	玻璃纤维增强	低毛边	高冲击下玻璃纤维增强		玻璃纤维增强通用品
					1 型	2 型	
相对密度		1.55	1.70	1.67	1.56	1.52	1.67
成型下限压力/MPa		<1.3	2.8	3	4	3	4
拉伸强度/MPa		160	160	205	155	166	205
断裂伸长率（%）		1.6	1.6	2.3	2.9	3.0	2.3
弯曲强度/MPa		200	200	260	225	230	265
弯曲模量/MPa		10000	10000	13500	10000	10000	13000
悬臂梁冲击强度/(kJ/m²)	带缺口	9	10	13	22	16	13
	无缺口	40	30	50	85	70	55
热变形温度/℃		260	260	260	—	—	260
燃烧性（UL94）		V-0	V-0	V-0	—	—	V-0
焊接强度/MPa		—	—	70	50	75	80
成型收缩率（%）		0.25	0.20	0.20	—	—	0.20
体积电阻率/Ω·cm		—	—	1×10^{16}	—	—	1×10^{16}

三、应用

PPS可应用于汽车、化学、机械、电子电气及航空航天等工业领域。

四、国内PPS主要品种的性能与应用（表8-4～表8-9）

表8-4　广州化工研究所PPS的性能与应用

牌号	弯曲强度/MPa	冲击强度/(kJ/m²)	热变形温度/℃	成型收缩率(%)	特　性	应　用
纯树脂	56	7.3	—	—	白色或米黄色粉料，耐热性好，长期使用温度250℃，阻燃V-0级；力学性能、耐蚀性和绝缘性好，可注射或压制成型	可用于制备工程部件、绝缘制品或粘合剂
FRC-4	125	24	>260	0.3～0.5	添加玻璃纤维或石墨或无机填料后耐热性更好，强度、刚性增大，综合性能更佳，可注射、压制或挤出成型	可用于制备工程结构制品、电绝缘制品，也可用作粘合剂
FR-C-7	115	18	>260	0.3～0.5		
FR-10	83	12.7	>260	0.3～0.5		

表8-5　四川自贡市化学试剂厂S2PPS的性能与应用

牌号	拉伸强度/MPa	缺口冲击强度/(J/m)	热变形温度/℃	特　性	应　用
S2PPS-1C、2C	120	100	200	用填料填充，附着力强，力学性能好	可用作涂料
S2PPS-1P、2P	120	100	200	白色粉料，灰分0.3%～0.5%	可用于制备涂料
S2PPS-1R	120	100	200	纯树脂，粒料，可注射成型	可用于制备工程制品
S2PPS-4R	120	100	7200	40%玻璃纤维增强粒料，可注射成型	可用于制备工程结构件、绝缘件等

表8-6　四川绵阳市能达利化工厂有限公司PPS的性能与应用

牌号	拉伸强度/MPa	缺口冲击强度/(kJ/m²)	热变形温度/℃	成型收缩率(%)	特　性	应　用
1R	60	7.1	106	1.0	纯树脂，可注射、压制成型	可进行改性，制备工程结构制品
4R	120	10	>260	0.25	40%玻璃纤维增强品级，力学性能优越，可注射成型	可用于制备工程结构部件、绝缘件

（续）

牌号	拉伸强度/MPa	缺口冲击强度/（kJ/m²）	热变形温度/℃	成型收缩率（%）	特　性	应　用
8R、10R	120	10	>260	0.25	玻璃纤维增强，填料填充级，耐电弧性好，可注射或模压成型	可用于制备工程件和电绝缘构件
M2	135	8	260	0.25	玻璃纤维增强品级，加工流动性好，可注射成型	可用于制备工程构件和受力件等
M3	145	10	260	0.25	玻璃纤维增强品级，力学性能好，可注射成型	可用于制备工程结构制品
M4	150	11	260	0.25	玻璃纤维增强品级，力学性能好，可注射成型	可用于制备工程结构制品
M5	170	11	260	0.25	玻璃纤维增强，综合强度高，可注射或压制成型	可用于制备工程制品
M6	60	7.1	106	1.0	纯树脂品级，耐热性好，强度高，可注射或模压成型	可用于制备工程制品
M7	100	6.7	260	2.0	无机填料填充品级，刚性/韧性平衡，可注射或模压成型	可用于制备工程制品
M8	115	6	260	0.15	无机填料填充品级，刚性/韧性平衡，可注射或模压成型	可用于制备工程耐热制品
M10	120	6.5	260	0.20	无机填料填充品级，综合性能良好，可注射或模压成型	可用于制备工程耐热制品
MF20	120	8	260	0.25	PPS/PTFE合金品级，综合性良好，可注射成型	可用于制备工程结构件、耐磨制品
MF30	130	8.5	260	2.5	PPS/PTFE合金品级，综合性能良好，可注射成型	可用于制备工程构件和耐磨件
MF-C1	150	5.5	260	1.5	碳纤维增强品级，综合性能良好，可注射或模压成型	可用于制备工程结构件、功能构件
MF-C2	115	13	240	1.5	碳纤维增强PPS/PTFE合金品级，综合性能良好，可注射成型	可用于制备工程结构件、耐磨构件
MN-1 MN-2	155	13	245	0.3	PPS/PA合金品级，综合性能良好，可注射成型	可用于制备一般工程制品
PPS着色料	—	—	260	0.2	有红、黄、蓝、黑专用料	主要用于电子电气制品的制造

表 8-7 河北工业大学 PPS 的牌号、性能与应用

牌号	拉伸强度/MPa	冲击强度/(J/m²)	成型收缩率(%)	特性	应用
PPS	630~660	38~39	0.22	玻璃纤维增强品级，电性能优良，可注射成型	可用于制备电子电气结构件

表 8-8 北京市化工研究院 PPS 的牌号、性能与应用

牌号	拉伸强度/MPa	缺口冲击强度/(kJ/m²)	热变形温度(1.82MPa)/℃	成型收缩率(%)	特性	应用
S104	140	10	260	0.25	玻璃纤维增强品级，强度与刚性高，流动性好，使用温度高（220~240℃），阻燃 V-0 级，耐化学性、尺寸稳定性、电性能好，可注射成型	可用于制备工程结构制品或耐热阻燃制品
S114	150	10	260	0.25		
S124	120	7	260	0.25	玻璃纤维增强品级，综合性能优良，且耐磨性好，可注射成型	可用于制备工程耐磨制品
S206	100	6.5	260	0.2	无机填料填充品级，成本低，尺寸稳定性好，阻燃 V-0 级，电性能、耐蚀性好，耐高温，可注射成型	可用于制备一般工程构件或耐热阻燃制品
S216	100	6	260	0.2	无机填料填充品级，综合性能良好，成本低，耐磨性好，可注射成型	可用于制备一般工程制品和耐磨件
SN-01	140	12	245	0.3	玻璃纤维增强 PPS/PA 合金，机械强度高，耐高温，阻燃 V-0 级，可注射成型	可用于制备通用制品、阻燃制品
SN-02	130	10	250	0.2	玻璃纤维增强 PPS/PA 合金，强度高，耐高温，不阻燃，可注射成型	可用于制备耐热制品
SN-01	120	10	255	0.2	玻璃纤维增强 PPS/PPO 合金，耐热，阻燃 V-0 级，电性能良好，强度高，可注射成型	可用于制备工程制品或阻燃制品

表 8-9 天津合成材料工业研究所 PPS 的牌号、性能与应用

牌号	拉伸强度/MPa	冲击强度/(J/m²)	热变形温度(1.82MPa)/℃	特性	应用
JBLM-1	65.5	7.8～9.8	135	白色粉料，热稳定性好，刚韧性强，阻燃并自熄性好，尺寸稳定，耐化学药品性优良，吸水率极低，粘接强度高	可用于制作粘合剂
JBLM-2	65.5	7.8～9.8	135		
增强品级	141	29	260	玻璃纤维增强品级，褐色粒料，强度高，尺寸稳定，质硬，阻燃，可注射成型	可用于制作工程结构件

五、国外 PPS 主要品种的性能与应用（表 8-10 和表 8-11）

表 8-10 日本东洋纺织公司 PPS 的性能与应用

牌号	拉伸强度/MPa	缺口冲击强度/(J/m)	热变形温度(1.82MPa)/℃	成型收缩率(水平/垂直)(%)	特性	应用
TS101	127	59.9	260	0.13/0.25	玻璃纤维与无机增强填料改性品级，耐高温，低收缩，强度高，阻燃 V-0 级，可注射成型	可用于制备工程结构部件
TS201	170	67.7	260	0.15/0.45	玻璃纤维与填料改性品级，强度高，耐高温，阻燃 V-0 级，可注射成型	可用于制备工程结构件
TS201HS	197	76.5	260	0.15/0.45	玻璃纤维与填料改性品级，强度与韧性高，耐高温，阻燃 V-0 级，可注射成型	可用于制备耐高温结构制品
TS401	184	84.3	260	0.25/0.90	标准品级，强度高，耐高温，阻燃品级，可注射成型	可用于制备工程结构件、耐高温部件等
TS401HS	197	91.2	260	0.23/0.9	高韧性，高加工流动性，耐高温，阻燃 V-0 级，可注射成型	可用于制备工程结构件、耐高温制品

表 8-11　美国通用电气塑料公司 Supec PPS 的性能与应用

牌号	拉伸强度/MPa	缺口冲击强度/(J/m)	热变形温度(1.82MPa)/℃	燃烧性(UL94)	特　性	应　用
Supec G304		60	260	V-0	30%玻璃纤维增强品级，冲击强度、机械强度高，可注射成型	可用于制备电子管部件、接插件等
Supec G323		60	260	V-0	30%玻璃纤维增强并填充填料品级，高模量，可注射成型	可用于制备工程阻燃制品
Supec G401	169	80	260	V-0	40%玻璃纤维增强品级，冲击强度高、耐热、高刚度，可注射成型	可用于制备工程阻燃制品
Supec G402	152	80	260	V-0	40%玻璃纤维增强品级，流动性好，高刚度，可注射成型	可用于制备耐高温阻燃制品
Noryl APS4400	59	—	270	—	40%玻璃纤维增强合金料，耐高温、强度高、尺寸稳定性好，可注射成型	可用于制备工程结构件
Noryl APS4300	59	—	270	—	30%玻璃纤维增强品级，耐高温、高刚度、高强度，可注射成型	可用于制备工程结构制品

第二节　改性技术

一、增韧改性

（一）玻璃纤维增强 PPS 增韧改性

1. 原材料与配方（表 8-12）

表 8-12　GF 增强 PPS 复合材料的增韧配方（质量分数,%）

材料	编号					
	1#	2#	3#	4#	5#	6#
PPS	60	58	56	54	52	50
GF	40	40	40	40	40	40
增韧剂	0	2	4	6	8	10

注：增韧剂为乙烯-丙烯酸丁酯共聚物（EBA）、乙烯-丙烯酸甲酯-甲基丙烯酸缩水甘油酯共聚物（GMA）、甲基丙烯酸甲酯-丁二烯-苯乙烯共聚物（MBS）、马来酸酐接枝乙烯-辛烯共聚物（POE-g-MAH）。

2. 制备方法

按表 8-12 中的配方将 PPS 和增韧剂在 270～300℃下经双螺杆挤出机挤出造粒，侧喂料速度调控至下料 200g/min，主喂料速度调控至下料 300g/min，主机转速为

350r/min。所得粒料在120℃下烘干处理2h后，用注射机制样，注射温度为290～320℃，注射压力为50～60MPa。所得试样在温度为（23±2）℃、湿度为（50±5）%的环境中静置24h之后，再进行性能测试。

3. 性能与效果

PPS本身的力学性能良好，尤其是与玻璃纤维（GF）复合之后，可得到具有优异力学性能、耐高温、耐腐蚀的热塑性复合材料。然而，PPS本身偏脆，进一步提高GF增强PPS的韧性，是实现PPS结构、功能一体化的重要方向。

1）对于增韧剂EBA、GMA、MBS和POE-g-MAH，随着增韧剂添加量的增加，GF增强PPS复合材料的拉伸强度、弯曲强度和弯曲弹性模量呈现先增大后减小的趋势，当增韧剂质量分数为2%时，GF增强PPS复合材料的拉伸强度、弯曲强度和弯曲弹性模量达到最大值。

2）随着增韧剂添加量的增加，GF增强PPS复合材料的悬臂梁缺口冲击强度逐渐增大，且不同增韧剂的增韧效果不同，其中POE-g-MAH的增韧效果最好，其质量分数为6%时，复合材料的悬臂梁缺口冲击强度比未添加增韧剂时提高25%；MBS的增韧效果最差。

3）随着增韧剂添加量的增加，GF增强PPS复合材料的MFR逐渐降低，总体上以添加POE-g-MAH时复合材料的MFR为最高，当其质量分数为6%时，复合材料的MFR从31.5g/（10min）下降到20.0g/（10min）；添加GMA时复合材料的MFR最低，当其质量分数为6%时，复合材料的MFR从31.5g/(10min）下降到7.7g/(10min)。

4）对比四种增韧剂可知，POE-g-MAH对GF增强PPS复合材料的增韧效果最为明显，并且它对复合材料的MFR影响较小，是一种优质高效的GF增强PPS复合材料增韧剂。

（二）SEBS-g-MAH增韧改性PPS

1. 原材料与配方（质量份）

PPS	60～90	抗氧剂	0.5～1.0
马来酸酐接枝苯乙烯-乙烯-丁二烯-苯乙烯嵌段共聚物（SEBS-g-MAH）	10～40	润滑剂	1～2
		其他助剂	适量

2. 制备方法

将PPS在干燥箱中于120℃干燥3h，将干燥后的PPS与SEBS-g-MAH分别按90:10、80:20、70:30、60:40的质量比在高速混合机中混合，经双螺杆挤出机熔融共混、挤出、冷却、吸干、切粒，制得不同配比的PPS/SEBS-g-MAH共混物（分别编号为1#、2#、3#、4#），其中，螺杆转速为150r/min，挤出机各段温度分别为220℃、270℃、280℃、285℃、275℃。将所得共混物于80℃条件下在干燥箱中干燥2h，并在注射机上注射测试试样，注射温度为280～330℃，螺杆转速为83r/min。

3. 性能（表8-13和表8-14）

表8-13　不同配比的PPS/SEBS-g-MAH共混物的TG参数

项目	纯PPS	1#	2#	3#	4#
失重5%时的温度/℃	499.5	442.5	439.1	433.4	426.3
失重10%的温度/℃	520.9	474.6	454.8	450.1	444.6
外推起始温度/℃	495.8	429.6	439.2	439.9	441.9

表8-14　不同配比的PPS/SEBS-g-MAH共混物熔融与结晶主要参数

项目	纯PPS	1#	2#	3#	4#
结晶峰温度/℃	231.6	236.1	236.9	237.0	236.0
结晶度（%）	32.2	30.1	19.0	16.7	7.9
熔点/℃	281.9	280.4	279.8	281.6	281.1

测试结果表明，纯PPS的缺口冲击强度为4.58kJ/m²。随着共混物中SEBS-g-MAH含量的增加，其缺口冲击强度得到大幅提高；当SEBS-g-MAH含量由30%增加到40%时，缺口冲击强度骤增，由7.0kJ/m²增加到13.1kJ/m²，达到纯PPS缺口冲击强度的近3倍。

纯PPS的拉伸强度为124.5MPa，断裂伸长率为0.54%。随着SEBS-g-MAH含量的增加，PPS/SEBS-g-MAH共混物的拉伸强度逐渐降低，而断裂伸长率则大幅提高。在SEBS-g-MAH含量为30%时，共混物的拉伸强度降低到65.6MPa，降低了47.3%，断裂伸长率达到3.6%，是纯PPS的6.7倍；在SEBS-g-MAH含量为40%时，共混物的拉伸强度降低到54.2MPa，降低了56.5%。断裂伸长率大幅增加到13.7%，是纯PPS的25倍。

4. 效果

1）TG测试结果表明，在PPS中加入SEBS-g-MAH后，PPS/SEBS-g-MAH共混物的外推起始温度降低，失重5%时的温度和失重10%时的温度均减小，共混物热稳定性降低。

2）DSC测试结果表明，在PPS中加入SEBS-g-MAH，使得PPS/SEBS-g-MAH共混物的结晶性能发生变化，结晶速率较纯PPS减小，结晶度变小，但对其熔点的影响较小。

3）在PPS中加入SEBS-g-MAH，使得PPS/SEBS-g-MAH共混物的缺口冲击强度逐渐增大，拉伸强度逐渐减小，断裂伸长率相应增加；当共混物中SEBS-g-MAH含量为40%时，其缺口冲击强度为13.1kJ/m²，断裂伸长率达到13.7%，拉伸强度减小为54.2MPa。

（三）聚甲基乙烯基硅氧烷增韧改性 PPS

1. 原材料与配方（质量份）

原材料	配方 1	配方 2
PPS	100	100
无苯基聚甲基乙烯基硅氧烷（NPMVS）	3～10	—
单苯基聚甲基乙烯基硅氧烷（SPMVS）	—	3～10
抗氧剂	0.5～1.0	0.5～1.0
其他助剂	适量	适量

2. 制备方法

将 PPS 样品在 140℃的真空烘箱中干燥 3h，然后将处理后的 PPS 分别与 NPMVS 和 SPMVS 按不同配比（质量分数分别为 0、3%、7%、10%、15%）加入密炼机中，在 300℃条件下以 60r/min 的转速熔融共混 10min，将混合好的样品用粉碎机粉碎成粒料；用微型注射机将两种体系的共混材料注射成标准样条，样条注射成型条件：机筒温度为 300℃，模具温度为 150℃，注射压力为 20MPa，保压压力为 20MPa，保压时间为 5s，进行相关性能测试表征；将质量分数为 0、3%、7%、10%、15% 弹性体 NPMVS 填充的 PPS/NPMVS 共混材料分别命名为 PPS、P0P03、P0P07、P0P10、P0P15；质量分数为 3%、7%、10%、15% 弹性体 SPMVS 填充的 PPS/SPMVS 共混材料分别命名为 P1P03、P1P07、P1P10、P1P15。

3. 性能

共混材料体系的拉伸性能见表 8-15。

表 8-15　共混体系的拉伸性能

样品	拉伸强度/MPa	断裂伸长率（%）
PPS	80.75	3.40
P0P03	75.20	16.55
P0P07	63.62	15.80
P0P10	59.80	7.41
P0P15	45.13	3.89
P1P03	68.34	11.56
P1P07	67.88	12.41
P1P10	63.94	9.40
P1P15	55.60	7.05

当弹性体含量为 3% 时，PPS/NPMVS 共混材料的断裂伸长率为 16.55%，相对于 PPS 基体（3.4%）提高了 3.9 倍，PPS/SPMVS 共混材料的断裂伸长率为 11.56%，相对于 PPS 基体提高了 2.4 倍。综上所述，可以说明弹性体的加入使 PPS 的韧性得到明显改善。

随着弹性体的加入，PPS/NPMVS、PPS/SPMVS两种共混材料体系的冲击强度相对于基体PPS均有明显提高。在PPS/NPMVS共混体系中，当NPMVS含量为10%时，共混材料的冲击强度达到最大值，为35.81kJ/m^2，相对于PPS基体提高了1.8倍。在PPS/SPMVS共混体系中，当SPMVS含量为3%时，共混材料的冲击强度最佳，为30.6kJ/m^2，相对于PPS基体提高了1.4倍。

4. 效果

1）弹性体NPMVS、SPMVS在共混材料体系中具有良好的分散性，其加入对PPS基体材料起到明显的增韧效果，且使共混材料体系的耐热性稳定；NPMVS含量为10%时，PPS/NPMVS共混材料的冲击强度达到最大值，比PPS基体提高了1.8倍；SPMVS含量为3%时，PPS/SPMVS共混材料的冲击强度最佳，比PPS基体提高了1.4倍。

2）NPMVS、SPMVS对共混材料体系的增韧效果不同，NPMVS对PPS的增韧性能更明显；弹性体的加入使共混材料体系的拉伸强度和弯曲强度有所降低。

3）弹性体的含量为3%时，两种共混体系的综合力学性能最佳：在PPS/NPMVS共混材料中，其冲击强度相对于PPS基体提高90%，拉伸强度的最大值为75.20MPa，弯曲强度的最大值为123.61MPa；在PPS/SPMVS共混材料中，其冲击强度相对于PPS基体提高1.4倍，拉伸强度的最大值为68.34MPa，弯曲强度为最大值117.92MPa。

二、合金化改性

（一）PPS/尼龙6合金

1. 原材料与配方（质量份）

PPS	100	尼龙6	30
相容剂	5～6	其他助剂	适量

2. 制备方法

将原材料烘干热处理后，再按一定配比加入挤出机中共混30min，以单丝形式挤出物料，在水槽中冷却后造粒。粒料在注射机上注射成所需试样。

3. 结构

将PPS/PA6合金拉伸断裂试样断面喷金后在SEM上观察微观形态，观察中发现当外力作用在试样上，到达屈服点后，会引起PPS/PA6合金链段沿受力方向取向，尤其是到试样取向极限状态，也就是断裂时，能够充分保留链段受力后的形态，因此通过SEM观察可以得到PPS/PA6合金内部受力后的形态结构，从而推断出PPS/PA6合金中两种聚合物的相容性。由SEM图可以看出，PPS与PA6两相没有明显分离现象，说明PA6和PPS有较好的相容性。对比不同配方的两个试样可见，PA6含量为60%时相对于含量为30%时缺陷较明显，可以看到有微小气泡的存在，这可能是因为PA6较易与水反应，当PA6含量较高时，在加工过程中与空气中水分反应造成的。

4. 性能

虽然PPS/PA6合金的耐热性相对于PPS有所下降，但PPS/PA6合金仍然具有良好的耐热性能，PPS起始分解（质量保持率为99%，下同）温度为395℃，PPS/PA6合金为358℃。

PPS和PPS/PA6合金在失重率为5%、40%、60%时的温度及最大失重速率处温度见表8-16。

表8-16　PPS和PPS/PA6合金失重率温度对照

失重率（%）	温度/℃	
	PPS	PPS/PA6
5	443	392
40	516	492
60	536	537
最大失重速率	521.31	437.70

PA6的加入可提高PPS的拉伸强度，各种配比合金的拉伸强度均比PPS的拉伸强度（49.06MPa）有所提高，而配方中PA6含量为60%时拉伸强度最大，其值为58.20MPa。

不同配比合金的断裂伸长率见表8-17。由表8-17可知，PA6的加入可明显提高PPS的断裂伸长率，说明通过这种方法可以改善PPS的脆性，提高它的韧性。

表8-17　不同PA6含量的PPS/PA6合金的断裂伸长率

项目	PA6含量（%）				
	0	30	60	70	80
断裂伸长率（%）	10.63	16.24	17.94	14.22	16.02

PA6的加入可以明显提高PPS的冲击强度，并且随着其含量的增加而增大。这是因为PPS与PA6的溶解度参数相近，合金的相容性好，加上PA6主链结构中有—CH_2—，分子链较为柔顺，并且PPS/PA6合金分子间存在氢键，共混后PA6对PPS起到增韧作用。PPS的缺口和无缺口冲击强度分别为7.80kJ/m^2和15.96kJ/m^2；PA6含量为30%时，PPS/PA6合金的缺口和无缺口冲击强度分别为8.69kJ/m^2和17.120kJ/m^2；PA6含量为70%时，则分别为9.370kJ/m^2和19.32kJ/m^2。

5. 效果

PA6可以改善PPS的力学性能，使PPS/PA6合金既具备PA6优良的力学性能，又保留了PPS耐高温的优点，是一种综合性能较优异的合金材料。

（二）PPS/尼龙66合金

1. 选材

（1）原料PPS树脂：将PPS30树脂原料经240℃、2h空气热处理，低切变黏度687Pa·s（303℃），熔体质量流动速率107g/(10min)（316℃，5kg负荷，毛细管直径2.095mm）。PA66：市售，熔体质量流动速率242g/(10min)（280℃，5kg负荷，毛细管直径2.095mm）。玻璃纤维：无碱、无捻，10支纱/20股长纤，经KH-550偶联剂处理。

（2）增强材料　由于PPS与PA66的容度参数较接近（PPS为12.5，PA66为12.7～13.6），两者相容性好。但由于共混树脂无增强基增强，其力学性能限制了其在工程领域的应用范围。实际应用中对工程塑料的要求是强度高、韧性好、耐高温，通常情况下需加入增强材料（如玻璃纤维、碳纤维等）才有应用价值。通用型 PPS 塑料均为玻璃纤维增强，实际应用中，40% 玻璃纤维增强的 PPS 综合性能较好，本文即是在 40% 玻璃纤维含量的基础上探索 PA66 含量对合金性能的影响。

（3）助剂　在加工 PPS/PA66 的合金中需加入偶联剂、抗氧剂、润滑剂等添加剂，才能保证 PPS/PA66 合金与玻璃纤维能更好地相容，且在加工过程中不易氧化变质。因此，添加剂的种类和加入量对产品性能的影响至关重要。

1）偶联剂。一般玻璃纤维增强 PPS 及 PA66 塑料均选用 KH-550（γ-氨丙基三乙氧基硅烷）作为偶联剂，添加量为总重的 0.5% ~1%，在此选取 0.5% 的添加量。

2）抗氧剂。PPS 与 PA66 的加工温度在 300℃ 左右，PPS 和 PA66 在加工过程中，易发生氧化变质，导致材料性能下降，因此需加入少量的抗氧剂。抗氧剂 AOD（2，6-二叔丁基-4-甲基酚）对加工中存在的氧化变质有很好的阻碍作用。在此 AOD 的加入量为总重的 0.1%。

3）润滑剂。在加工过程中、熔体黏度高，高速加工设备对熔体产生高的剪切力，使机械能转化为热能，致使局部过热，导致材料变色或不期望的烧焦，加入润滑剂能缓解以上情况的发生。同时，润滑剂可以降低流道壁面对熔体的阻力，使粒料表面有更小的表面粗糙度值。润滑剂的选择不是单一的，而是采用复配式的，由几种具有润滑性的物质共同组成，其各部分有其不同的作用。在此选用褐煤酸（1 份）、硬脂酸钠（3 份）、精制蜡（1 份）组合成复配式润滑剂，加入量为总重的 0.3%。

2. 共混合金的制备

将 PPS 树脂与 PA66 树脂按一定比例在高速混合机中混合，在 110℃ 下干燥 1.5h，在双螺杆挤出机上熔融共混挤出造粒，制得共混粒料。

3. 性能分析

（1）PA66 含量对合金性能的影响　以纯 PPS 与 PA66 进行共混，表 8-18 为纯 PPS 与 PA66 按 60:40 共混与纯 PPS 及 PA66 的部分力学性能对比情况。试验发现其相容性好，但力学性能不能满足工业应用需要。

为了探索 PA66 含量对合金性能的影响，在增强材料及助剂不变的条件下，按 PA66 含量由低到高进行了 6 个配方的试验，结果列于表 8-19。

表 8-18　纯 PPS 与 PA66 按 60:40 共混与纯 PPS 及 PA66 的部分力学性能对比

项目	PPS/PA66（60/40）	PPS	PA66
拉伸强度/MPa	62	60	68
弯曲强度/MPa	96	90	120
冲击强度/$kJ\cdot m^{-2}$	23	13	54

表 8-19　试验数据

项目	0#	1#	2#	3#	4#	5#	6#
PA66 含量（%）	0	5	10	15	20	25	30
拉伸强度/MPa	157	163	176	164	139	130	116

（续）

项目	0#	1#	2#	3#	4#	5#	6#
弯曲强度/MPa	221	229	234	198	188	162	190
冲击强度/kJ · m^{-2}	41	40	42	48	36	25	36
热变形温度/℃	259	256	253	251	247	240	237

试验结果表明，PA66 在一定含量范围内可较大幅度地提高合金的韧性，而其他性能不会显著降低。从各项性能综合考察，2#、3#配比的综合性能优异，由于 PA66 较 PPS 树脂价格更低，故选用成本较低的3#配比。

（2）工业化生产配方　按3#配方，进行了工业规模生产（牌号为 HT-P1），其性能与纯 PPS +40% 玻璃纤维增强料（HT-4）的比较结果见表 8-20。

表 8-20　HT-P1 与 HT-4 的性能比较

项目	HT-P1	HT-4
拉伸强度/MPa	159	157
弯曲强度/MPa	235	221
冲击强度/（kJ/m^2）	58	44
热变形温度/℃	250	259

4. 效果

1） PPS 通过与 PA66 共混可提高其韧性，而其他性能不会明显降低。

2） PPS/PA66 合金的韧性并非随 PA66 的含量增加而提高，当 PA66 的含量超出一定值时其韧性反而有所下降。

（三） PPS/PBT 共混合金

1. 原材料与配方（质量份）

PPS	80	PBT	20
分散剂	适量	其他助剂	适量

2. 制备方法

将 PBT、PPS 分别在 80℃ 下真空干燥 3h，根据不同的质量组成比，在塑化仪混合头中进行共混，混合温度为 305℃，混合头转速为 50r/min，混合时先投入 PPS，3. 0min 后再投入 PBT 混合。

3. 性能

在采用塑化仪混合头进行 PBT/PPS 共混时，共混体系中随着 PBT 含量的增加，共混体系所达到的最大扭矩和平衡扭矩均呈上升趋势，表明 PBT 使 PPS 的熔体黏度增加，在以 PPS 为基体的 PPS/PBT 共混体系中，PBT 的含量越大，熔体黏度越大，加工性能变差；反之，在以 PBT 为基体的 PBT/PPS 共混体系中，PPS 的含量越大，熔体黏度越小，加工性能越好。

在氮气气氛下，以10℃/min的升温（降温）速率进行DSC调试，得到的冷结晶温度T_{cc}、熔融温度T_m、热结晶温度T_{Hc}和各自的热焓ΔH_{cc}、ΔH_m、ΔH_{Hc}分别列于表8-21。下标B和P分别表示PBT和PET。

表8-21　共混体系的DSC数据

样品（PBT/PPS）	T_{ccP}/℃	T_{mB}/℃	T_{mP}/℃	T_{HcB}/℃	T_{HcP}/℃	ΔH_{ccP}/(J/g)	ΔH_{ccB}/(J/g)	ΔH_{mP}/(J/g)	ΔH_{HcB}/(J/g)	ΔH_{HcP}/(J/g)
1（100/0）	—	223.71	—	171.00	—	—	59.67	—	57.21	—
2（80/20）	153.25	222.41	270.04	195.20	237.92	0.79	49.66	5.93	46.62	6.77
3（60/40）	148.11	222.20	270.38	194.27	237.08	1.44	34.52	11.47	33.65	13.36
4（40/60）	155.06	222.0	270.15	194.07	237.03	1.05	20.63	21.04	20.49	22.22
5（20/800）	128.49	221.15	268.78	156.01	232.57	9.10	11.40	28.02	8.83	29.22
6（10/100）	129.30	—	271.22	—	233.82	20.28	—	37.18	—	38.99

在不同比例的PBT/PPS共混体系中，在DSC测试条件下均呈现双重熔融峰和热结晶峰，分别为PBT和PPS的熔融峰和热结晶峰，其熔融峰与各自单组分的数值基本相同，仅有很小的下降，表明在共混体系中PBT和PPS是两相分离的，各自在自己的微区内进行结晶。结晶的完整性未受到另一组分的干扰。热结晶峰的变化呈下降趋势，T_{HcB}随着PPS量的增加从171.00℃上升到194～195℃，说明PPS对PBT的结晶有一定的异相成核作用。PPS的热结晶温度高于PBT的热结晶温度。在PBT的T_{HcB}以上已有PPS的晶粒存在，这部分晶粒对PBT的异相成核作用是明显的，可以使T_{HcB}上升23～24℃，但当共混体系中PBT含量较小时，其T_{HcB}又下降到156.01℃，这一现象值得进一步研究。T_{HcP}变化不显著，说明在降温过程中PBT组分对PPS组分的结晶无明显的影响，结晶和熔融热焓的变化依据共混体系中各组分的质量分数，且有着良好的线性关系。这表明共混体系中各组分在各自的微区中进行结晶，结晶的程度（结晶度）受共混组分的影响不大。

在上述研究条件下，共混体系中的PBT相的冷结晶温度未测出，PPS的冷结晶温度T_{ccP}却呈较为明显的变化；随着PBT组分的增加，T_{ccP}由129.30℃上升到155.06℃。PBT组分对PPS组分的结晶有阻碍作用。在低温下结晶时必须将PBT组分推出PPS的晶格之外，需要有更多的能量。

从共混样品经熔融压片、热处理后进行WAXD测试得到的衍射和PPS的WAXD图中可见，随着PBT组分的减少，PBT各晶面的衍射峰逐渐蜕化、变弱。PBT结晶的完善性受到影响，PBT/PPS=20/80样品的衍射图接近PPS的衍射图。但在2θ角为12.1°、24.8°、29.3°处的尖锐峰在共混后消失。

不同共混比例的共混样品用液氮冷冻，使样品脆化，然后喷金制备SEM用试样。在不同的放大倍数下观察共混体系的表观形态。共混体系的表观形态明显表明PBT和PPS两相是分离的，有清晰的界面。在PBT/PPS（质量比）=80/20时PBT为连续相，PPS为分散相。最大的球粒直径为2μm，而在PBT/PPS（质量比）=20/80时，则相反。PPS为连续相，PBT为分散相。但球粒尺寸却明显减小，约为0.3μm。在PBT和PPS量相近时（60/40、40/60）相分离的界面不太明确，仅个别区域可以观察到不同相的清晰界面。将 PBT/PPS = 80/20 的共混样品的混合时间延长 1 倍后，仍发现有清晰相分离的界面，但 PPS 球粒的尺寸明显变小，均小于 1μm。

4. 效果

用熔融混合法制备结晶/结晶共混体系 PBT/PPS。采用 DSC、WAXD 和 SEM 对共混物的结晶、熔融、相容性和形态进行了研究。结果表明，PBT/PPS 共混物是不相容的，各自在自己的微区内进行结晶。PBT 的加入可使 PPS 的熔体黏度明显上升。

（四）PPS/PTFE 合金

1. 原材料与配方（质量份）

PPS	100	PTFE	5～20
分散剂	5～6	其他助剂	适量

2. 制备方法

将原料烘干按一定的配比在双螺杆挤出机中挤出，挤出的物料在水槽中冷却、造粒。将粒料在注射机上注射成所需样条。

3. 结构分析

由 PTFE 含量为 5% 和 20% 的合金在放大倍数为 4000 和 7000 时的扫描照片可以看出，当外力作用在共混物样品上，到达屈服点后，会引起共混物链段沿受力方向取向，尤其是到样品取向极限状态，也就是断裂时，能够充分保留链段受力后的形态。因此通过扫描电子显微镜观察可以得到共混物内部受力后的形态结构，从而推断出共混物中两种聚合物的相容性。在照片中并没有看出明显的两相分离现象，说明两种聚合物有一定的相容性。

4. 性能

从 PPS 及 PPS/PTFE（PTFE 含量为 10%）合金的热失重曲线中可以看出，PPS/PTFE 合金仍然具有良好的耐热性能，并且 PPS/PTFE 合金的耐热性有明显的提高，PPS 树脂的起始分解温度（1%，以下同）为 395℃，PPS/PTFE 合金高达 444℃。

从 PPS 纯树脂和 PPS/PTFE 合金（PTFE 含量为 10%）的热失重和微分热失重曲线中分析可知，当温度达到 521.31℃时，PPS 的热失重速率达到最大，此时的失重率为 45.54%；对于 PPS/PTFE 合金，在 541.14℃、失重率为 45.07% 时热失重速率最大。另外，在氮气气氛中 PPS/PTFE 合金的失重为一步过程，也说明两种高聚物有一定的相容性，并且耐热性提高，在 445℃以下基本上无失重发生。

分别对照两种物质在失重率为 5%、40%、60% 的温度以及最大失重速率处温度和失重率，相关数据列于表 8-22。

表 8-22　温度与失重率对照

样品	$T_{5\%}$/℃	$T_{40\%}$/℃	$T_{60\%}$/℃	T_{max}/℃	在 T_{max} 时的失重率（%）
PPS	443	516	536	521	46
PPS/PTFE	485	536	572	541	45

PPS 的拉伸强度在工程塑料中属中等水平，不同公司不同分子量的产品强度有所不同，在此所用纯 PPS 的强度为 49.06MPa。

PPS/PTFE 合金的拉伸强度相当于或高于 PPS 纯树脂的强度。除了 PTFE 含量为 5%时拉伸强度无明显变化外，其余配方均有不同程度的提高，当 PTFE/PPS 为 10 时效果最好，拉伸强度为 60.82MPa。拉伸强度是在拉伸试验机上，在规定的试验温度、湿度和拉伸速率下，在哑铃型标准试样上施加拉伸负荷至试样断裂时在单位面积上所承受的最大负荷。拉伸强度提高的原因可能是聚四氟乙烯起着使应力在更大的面积上分布并有防止裂纹发展的作用，而且由于合金的力学性能与试验过程中的条件密切相关，其原因有待于进一步研究。

聚四氟乙烯的加入可以明显地提高聚苯硫醚的断裂伸长率，并且它的加入可能使高聚物的结晶度发生了改变，进而影响力学性能。试验证明通过这种方法可以改善聚苯硫醚脆性的缺点，提高它的韧性。现将不同配比合金的伸长率列于表 8-23。

表 8-23　不同配比合金的伸长率

合金	编号	1	2	3	4	5
聚苯硫醚	PTFE 含量（%）	0	5	10	15	20
聚四氟乙烯	断裂伸长率（%）	10.63	16.11	23.03	20.61	21.28

聚苯硫醚是硬度高、韧性差的特种工程塑料，其冲击强度较低。由冲击强度与 PTFE含量的关系图可以看出，聚四氟乙烯可以改善聚苯硫醚韧性差的缺点。PTFE 的加入可增强聚苯硫醚的冲击性，但没有表现出明显的变化趋势。缺口冲击强度与样品断裂敏感性有关，添加聚四氟乙烯对于缺口冲击强度有所改善，但效果不是很明显，说明样品的断裂敏感度略有提高；无缺口冲击强度侧重于研究样品抵抗外界瞬间冲击时对应力的吸收和传递能力，由于韧性较好的 PTFE 加入使无缺口冲击强度大大提高，这主要是因为合金中聚四氟乙烯可以吸收更多的冲击能而使强度提高。可以看出，当 PTFE 含量为 10% 时无缺口冲击强度达到最大值，即 25.73kJ/m^2。

由摩擦磨损试验机测量出各试样的摩擦因数和磨痕宽度，并将数据列于表 8-24。由磨痕宽度可以看出试样耐磨损性。由表 8-24 可见，聚四氟乙烯的加入不但可以使摩擦因数大幅降低，并且可使磨痕宽度显著减小，即磨损量下降耐磨性提高。随聚四氟乙烯加入量的增加，磨损量逐渐减小，耐磨性逐渐提高。说明聚四氟乙烯的加入可以在降低树脂的摩擦因数的同时提高它的耐磨性。

表 8-24　不同试样的摩擦因数和磨痕宽度

试样编号	1	2	3	4	5
摩擦因数	0.72	0.20	0.15	0.17	0.18
磨痕宽度/mm	7.16	6.87	6.60	5.30	4.90

聚合物的耐磨性在很大程度上依赖于它们在对偶面上形成薄且均匀、黏着力强的转移膜的能力。聚苯硫醚不能形成牢固的转移膜，所以其与钢环之间的机械相互作用决定

了材料的摩擦磨损性能。在摩擦过程中，聚合物与对偶表面直接接触，钢环上的微突起对样品表面产生犁耕作用，使得PPS的摩擦因数较高。另外，聚合物向对偶转移，而转移膜与对偶钢环间的结合力很弱，附着的这层转移膜又不断被除去，摩擦过程中的这种重复作用导致PPS的磨损增大。而聚苯硫醚/聚四氟乙烯合金可能在对偶面上生成了薄且均匀、黏着力强的转移膜，所生成的转移膜在摩擦过程中防止了对偶表面上的微突起对样品的犁耕作用，降低了摩擦磨损。

5. 效果

1）聚苯硫醚/聚四氟乙烯合金仍然具有良好的耐热性能，并且相对于聚苯硫醚纯树脂来说，聚苯硫醚/聚四氟乙烯合金的耐热性有明显的提高。

2）力学测试表明，聚四氟乙烯的加入可以改善聚苯硫醚的力学性能，起到增韧的作用，使力学性能提高。

3）分析表明，聚苯硫醚和聚四氟乙烯产生了部分相容，并且相容性有待于进一步提高。

4）摩擦学分析表明，聚苯硫醚/聚四氟乙烯合金的摩擦磨损性能较聚苯硫醚有了明显的提高。

5）聚苯硫醚/聚四氟乙烯合金是一种综合性能优异的复合材料，非常值得深入研究。

（五）PPES/PPS 合金

1. 原材料与配方（质量份）

PPS	20～100	抗氧剂	0.5～1.0
含二氮杂萘酮结构聚醚砜（PPES）	10～60	其他助剂	适量
分散剂	3～5		

2. 制备方法

将PPES和PPS烘干后以不同比例混合均匀，PPES/PPS分别为90/10、80/20、70/30、60/40、50/50、40/60，经双螺杆挤出机挤出、造粒，最后经单螺杆注射机注射成型，制得标准样条，进行性能测试。挤出工艺条件为：螺杆转速为100r/min，第一～八区的温度分别为252℃、320℃、325℃、330℃、334℃、339℃、340℃、347℃。注射工艺条件为：第一～三区的温度分别为331℃、346℃、355℃，注射时间为4.5s，机头压力为16.5MPa。

3. 性能（表8-25）

表8-25　PPES/PPS 共混物的力学性能

PPS 含量（%）	拉伸强度/MPa	弹性模量/GPa	缺口冲击强度/kJ·m^{-2}	无缺口冲击强度/kJ·m^{-2}
0	62.3	1.62		31.27
20	53.7	1.13	2.87	21.57
30	31.2	0.68	1.43	5.62
40	32.7	0.73	1.59	6.31

（续）

PPS 含量（%）	拉伸强度/MPa	弹性模量/GPa	缺口冲击强度/$kJ \cdot m^{-2}$	无缺口冲击强度/$kJ \cdot m^{-2}$
50	33.9	0.78	1.78	6.62
100	44.8	2.83	—	7.29

从表8-25中还可以看到，当PPS含量超过30%后，共混物的各力学性能指标都有小幅度的上升，这可能是由于高结晶性PPS具有较强的刚性，而且此时PPS可能形成了连续相，共混物的性能由强度较高的PPS决定所引起的。

4. 效果

1）通过与PPS共混以及提高成型温度均可以明显改善PPES的熔融加工性。

2）PPES/PPS共混物为热力学不相容体系，且当PPS含量超过30%时即可形成连续相。

3）PPS的加入使共混体系的力学性能先降低后升高。

（六）PPS/PTFE合金密封材料

1. 原材料与配方（质量份）

PPS	5~25	MoS_2	5.0
PTFE	75~95	其他助剂	适量

2. 制备方法（图8-1）

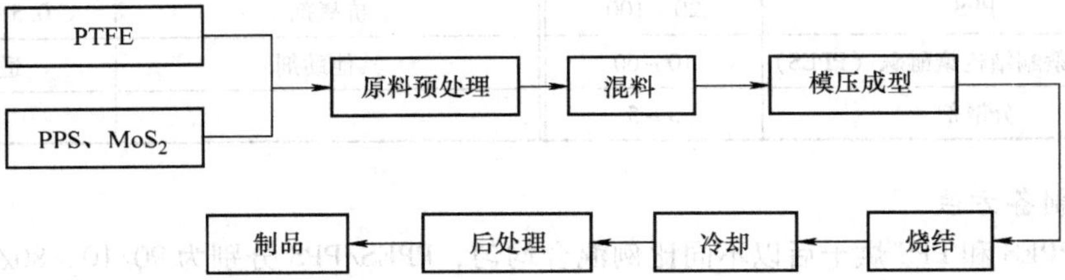

图8-1　改性PTFE密封材料的制备流程

3. 性能与效果

选取PPS以及MoS_2填充聚四氟乙烯，采用模压烧结工艺制备PPS/MoS_2/PTFE密封材料，并研究质量分数为5%~25%的PPS填充PTFE对PPS/MoS_2/PTFE密封材料维氏硬度、压缩回弹性能及蠕变松弛性能等的影响，结论如下：

1）PPS含量对PPS/MoS_2/PTFE密封材料的维氏硬度有明显的影响。填充PPS可以较好地提高PPS/MoS_2/PTFE密封材料的硬度，且PPS含量越高，复合材料的硬度越大。

2）PPS含量对PPS/MoS_2/PTFE密封材料压缩回弹性能的影响较大。填充PPS可以较好地提高PPS/MoS_2/PTFE密封材料的压缩回弹性能，且PPS含量越高，复合材料的压缩率越低，回弹率越高。

3）PPS含量对PPS/MoS_2/PTFE密封材料蠕变率、松弛率的影响不同。填充PPS可以提高 PPS/MoS_2/PTFE 密封材料的抗蠕变松弛性能，且当 PPS 质量分数为 5%～10%时，复合材料的抗蠕变松弛性能较好；PPS 含量增加，复合材料的抗蠕变松弛性能逐渐降低。

三、填充改性和增强改性

（一）陶瓷粒子填充 PPS

1. 原材料与配方（质量份）

PPS	100	填充剂（SiC、Si_3N_4、Cr_3C_2）	5～10
分散剂	5～10	其他助剂	适量

2. 制备方法

将聚苯硫醚粉料同陶瓷粉料进行充分的机械混合之后热压制成尺寸为 5mm×27mm×36mm 的试块，热压过程中将混合粉料以升温速率 5℃/min 加热至 310℃，保温 1h 后冷却至室温，模压初始压力为 56MPa，随着温度升高压力持续降低并在温度达到 310℃时稳定于 12MPa，在冷却过程中当温度降至 260℃时再次将压力升至 56MPa，以便制得致密性良好的复合材料试块。

3. 性能

SiC 和 Si_3N_4 填充使得聚苯硫醚的磨损体积损失明显降低；Cr_3C_2 填充同样使聚苯硫醚的磨损体积损失降低但其降低幅度不如 SiC 和 Si_3N_4 那样大。在滑动初期，PPS/Al_2O_3 的磨损体积损失比非填充聚苯硫醚的低，而其稳定状态磨损体积损失同非填充聚苯硫醚的基本相同。

从稳定状态磨损过程中在偶件表面上形成的转移膜的表面形貌 SEM 照片中可以看出，Si_3N_4 和 SiC 填充聚苯硫醚在摩擦过程中均能形成良好的转移膜，这种转移膜的形成有利于阻止偶件金属微突体对复合材料表面的擦伤作用，因而使得相应复合材料的磨损率降低。推测 PPS/Si_3N_4 所形成的转移膜较薄，因为其底材表面上的原始打磨痕迹依然可见。与此相似，PPS/Cr_3C_2 在偶件表面上也能形成转移膜，因此不难理解 PPS/Si_3N_4 的磨损率也比聚苯硫醚的低。而 PPS/Al_2O_3 虽然也可以在偶件表面形成转移膜，但其磨损率同聚苯硫醚相比变化不大。这可能是由于不同填料填充 PPS 复合材料在偶件表面形成的转移膜具有不同的抗磨减摩作用所致。

对摩擦 10h 后偶件表面上形成的转移膜的 XPS 分析结果列于表 8-26。

表 8-26　PPS 复合材料在偶件表面上形成的转移膜的 XPS 分析结果

复合材料	黏结能/eV						
	C	N	S	Si	Cr	Al	Fe
PPS/Si_3N_4	—	397.4	161.2	101.8	—	—	710.4～712.3
	—	399.4	163.2，168.4	—	—	—	—
PPS/SiC	—	—	163.5	101.5	—	—	710.3～712.1
	—	—	168.3，169.5	—	—	—	—

（续）

复合材料	黏结能/eV						
	C	N	S	Si	Cr	Al	Fe
PPS/Cr_3C_2	282.4	—	161.6，168.4	—	576.5	—	710.4 ~ 712.3
	—	—	165.6，166.5	—	—	—	—
PPS/Al_2O_3	—	—	161.6，168.4	—	—	74.2	709.2 ~ 710.2
	—	—	—	—	—	—	710.7

由于陶瓷填料的化学和热稳定性相当高，预期其在摩擦过程中将不会与偶件成分发生摩擦化学作用。在不存在化学键合作用的情况下，机械锁嵌作用将是转移膜同偶件底材之间黏结的惟一原动力。XPS 分析结果证实，在同钢对磨的过程中，复合材料试样中的 PPS 发生了分解，其分解产物进而同偶件铁发生摩擦化学反应从而生成 FeS 和 $FeSO_4$ 等产物。FeS 和 $FeSO_4$ 的生成有利于提高聚合物复合材料的耐磨性，其原因在于这些摩擦化学产物的生成提高了聚合物转移膜在偶件表面上的结合强度。PPS/Cr_3C_2、PPS/SiC 和 PPS/Si_3N_4 的磨损体积损失比相同条件下 PPS 的明显较低就是这种作用的具体表现。由于非填充 PPS 在摩擦过程中发生分解的可能性很小。

4. 效果

Si_3N_4、SiC 和 Cr_3C_2 填料使得聚苯硫醚的磨损体积损失降低，而 Al_2O_3 填料使其磨损体积损失有所增加。XPS 分析结果显示，复合材料中的聚苯硫醚在摩擦过程中发生了分解，分解产物同偶件铁及大气氧作用生成 FeS 和 $FeSO_4$ 等化合物。这些化合物的生成有利于提高转移膜在底材表面的结合强度，因而使得耐磨性得以提高。

（二）氧化钨/PTFE 填充 PPS

1. 原材料与配方（质量份）

PPS	100	氧化钨	30 ~ 35
PTFE	5 ~ 10	其他助剂	适量

2. 制备方法

采用模压法制备不同聚四氟乙烯-氧化钨单一及双填充聚苯硫醚复合材料，其中二元复合材料的质量比为 1:1，三元复合材料的质量比为 1:1:1。将聚苯硫醚（PPS）与聚四氟乙烯（PTFE）和氧化钨（WO_3）充分混和后在 40MPa 压力下加热至 310℃（升温速率为 5℃/min）保温为 1h，然后热压制成尺寸为 ϕ8mm × 30mm 的试样。

3. 性能

表 8-27 给出了填充 PPS 复合材料的摩擦磨损试验结果。可以看出，WO_3 填充聚苯硫醚与 45 钢对磨时的摩擦因数较高且其波动幅度较大；单一填充 WO_3 或 PTFE 均能有效地降低 PPS 的磨损量，但 WO_3 和 PTFE 双填充 PPS 复合材料的耐磨性最佳，这表明两种填料之间存在协同抗磨作用。

表 8-27　PPS 复合材料与 45 钢对磨时的摩擦因数和磨损质量损失

复合材料	摩擦与磨损行为	
	摩擦因数	磨损量/g
PPS	0.41 ~ 0.38	21.6
PPS/PTFE/WO_3	0.24 ~ 0.26	3.2
PPS/WO_3	0.22 ~ 0.50	11.2
PPS/PTFE	0.29 ~ 0.25	15.5

从几种填充 PPS 复合材料试样磨损表面的 SEM 形貌照片中可以看出，不同填料填充的聚苯硫醚复合材料的磨损机理明显不同。PPS/PTFE 复合材料的磨损表面呈现明显的疲劳剥落和黏着磨损迹象，并可见填料 PTFE 被卷压成不规则条片状磨屑而脱落。推测这是由于复合材料的热压成型温度（310℃）远低于 PTPE 的融化温度（约 390℃），因而 PTFE 在复合材料中仅以填充颗粒存在而未发生融化及再结晶聚合，结果使得其在干摩擦下较强的机械和热效应作用下很快发生塑性变形和被挤压团聚，并最终形成条片状磨屑。PPS/WO_3 复合材料的磨损表面可见明显的擦伤和塑性变形迹象，而无疲劳剥落痕迹。表明该复合材料具有相当高的力学强度。与上述两种复合材料明显不同，PPS/PTFE/WO_3 复合材料中的无机填料 WO_3 在磨损表面团聚并能被压入聚合物基体中，此时的磨损机理主要表现为黏着磨损和擦伤。据此可以得出结论，在聚苯硫醚基体中填充 PTFE 及 WO_3 可以有效地改善 PPS 基复合材料的摩擦磨损性能，而不同填充 PPS 复合材料的磨损机理也具有明显差异。

4. 效果

PTFE 及 WO_3 作为填料能够有效地改善 PPS 的摩擦磨损性能；PPS/PTFE/WO_3 复合材料的磨损机理明显不同于 PPS/WO_3 及 PPS/PTFE，前者主要为擦伤和黏着磨损，后者则分别为塑性变形和疲劳剥落。

（三）玻璃纤维增强 PPS

1. 原材料与配方（质量份）

PPS	100	玻璃纤维	66
悬浮剂	5 ~ 6	偶联剂	1 ~ 2
其他助剂	适量		

2. 制备方法

先将聚苯硫醚进行固相热处理（270℃空气），然后再将 PPS 及 C1-PPS（处理 15h）树脂进行细化处理，再采用悬浮-熔融法制备玻璃纤维增强复合材料的预浸带，工艺过程如下：

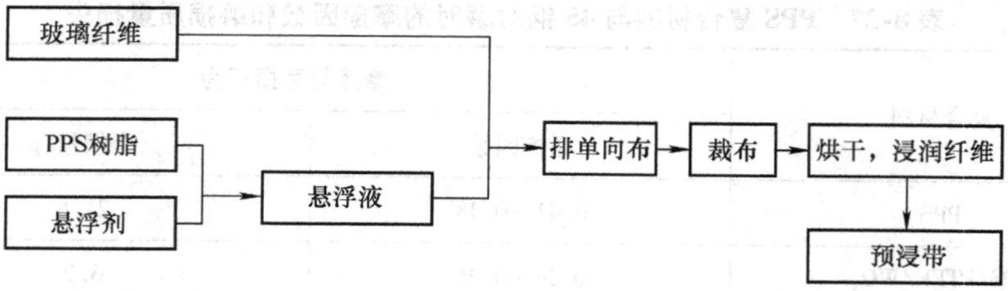

经铺层、压制后得到单向板。压制条件：320℃，2.8MPa，保温保压 15～20min 后自然冷却。

3. 结构分析

从玻璃纤维增强聚苯硫醚复合材料断口的扫描电镜照片中可以发现：聚苯硫醚复合材料断口上的玻璃纤维表面只黏附有少量聚苯硫醚树脂，绝大部分纤维表面都比较光滑。

GF/C1-PPS 的剪切强度比 GF/PPS 的剪切强度高，但两者的破坏形式主要都归属于界面脱黏，这种现象的存在是由于聚苯硫醚经过固相热处理，发生了分子连接、支化，使得分子质增加，这不仅改善了界面（纤维-树脂的黏结）状况，同样也使树脂基体本身的强度性能增加。而 C1-PPS 本身性能提高的程度大于 C1-PPS 与纤维之间黏结性能的提高程度，所以破坏主要在界面。

4. 性能

表 8-28 为玻璃纤维增强聚苯硫醚复合材料在室温（22℃）下所测的性能数据。

表 8-28　GF/PPS、GF/C1-PPS 的物理力学性能

复合材料＼性能	纤维含量（%）	复合材料中基体结晶度（%）	弯曲强度/MPa	弯曲模量/GPa	短梁剪切强度/GPa	冲击强度/J·m^{-2}
GF/PPS	66	40.8	766.6	37.1	33.2	1812.2
GF/C1-PPS	66	32.3	1154.6	49.0	50.8	2406.0

5. 效果

用悬浮-熔融法制备连续玻璃纤维增强聚苯硫醚复合材料预浸带是可行的。通过固相热处理后的聚苯硫醚制成的复合材料，在常温下的力学性能有很大程度的提高，并仍具有较好的耐溶剂性。固相热处理的方法，是改性低分子量聚苯硫醚、提高其玻璃纤维复合材料力学性能简便而有效的途径。

（四）玻璃纤维布增强 PPS

1. 原材料与配方（质量份）

PPS	100	玻璃纤维（GF）	20～60
硅灰石	15～25	偶联剂	1～2
其他助剂	适量		

2. 制备方法

其工艺过程如下：

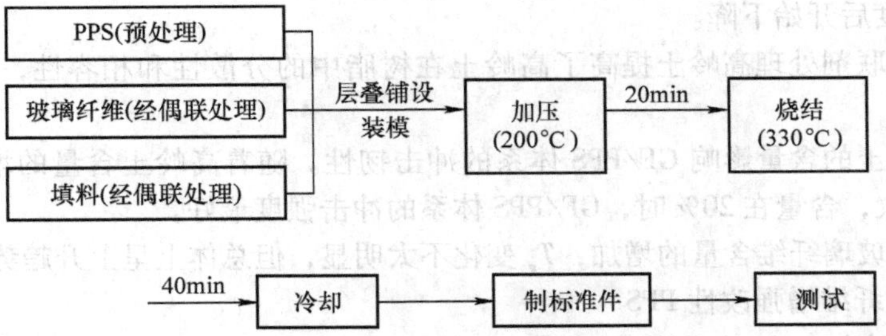

3. 性能

随着材料中玻璃纤维布含量的增加，材料的拉伸强度逐渐增强，但玻璃纤维布含量达到70%时，拉伸强度又呈下降趋势。究其原因，在玻璃纤维增强聚苯硫醚复合体系中，玻璃纤维布是承载体，起着承载外来应力的作用，玻璃纤维布含量越大，承受外力作用的能力就越强；而基体则主要起粘接纤维、传递应力的作用，基体与纤维的粘接程度越好，应力就能均匀地传递到纤维上，材料的拉伸强度也就增高。因此，玻璃纤维布含量在20%～60%之间的材料拉伸强度呈上升趋势，当玻璃纤维布含量达到70%时，由于玻璃布层间聚苯硫醚的量减少，玻璃纤维布间粘接状态不佳，应力不能得到有效的传递，易形成应力集中，而导致材料的强度开始下降。

随着玻璃纤维布含量的增加，材料的冲击强度逐渐提高，当玻璃纤维含量达到50%时，其冲击强度开始下降。其变化的原因是：在玻璃纤维增强聚苯硫醚复合材料中，玻璃纤维从基体中断开后拔出，由于摩擦而使能量耗散，从而提高了材料的韧性；并且玻璃纤维可以阻碍微裂纹的扩展，当裂纹扩展到垂直于裂纹方向的玻璃纤维时，玻璃纤维可有效地阻止裂纹扩展；由于玻璃纤维有较高的断裂伸长率，受冲击应力后，纤维均匀吸收冲击能，所以随着纤维含量的增加，GF/PPS复合材料的冲击强度增加。但玻璃纤维含量远远大于树脂含量时，应力不能被树脂有效地传递，容易产生应力集中，因此材料的冲击强度降低。

随硅灰石含量的增加，GF/PPS材料的冲击强度逐渐提高。在硅灰石含量达20%时，可达到最大值。可见加入适量无机填料，可提高GF/PPS复合材料的韧性。究其原因可能是作为刚性粒子的硅灰石可有效地防止微裂纹产生，并因硅灰石粒子可作为晶核，诱导基体树脂伸展链晶体网络结构的形成，从而使体系由脆转韧。但硅灰石的含量过大时，组分之间容易自聚成团，使其易产生应力集中，从而产生脆性破坏。

硅烷偶联剂处理高岭土填充GF/PPS材料时，增强了和基体的结合力，提高了相容性，从而使分散性得到改善，在高岭土和PPS之间起到了更好的桥梁作用，发挥了高岭土对GF/PPS更好的增韧效果，使复合材料的冲击强度明显提高。

纯聚苯硫醚树脂的热熔融温度较低，加入玻璃纤维布后玻璃化转变温度（T_g）有了明显的提高，但玻璃纤维布含量增加时，其 T_g 变化不显著，从总体上观察还是呈上升趋势。分析其原因，玻璃布通过界面作用于基体，使基体的链运动受到一定阻碍，从而使聚苯硫醚的 T_g 升高，并且随着玻璃纤维布含量的增加略有上升的趋势。

4. 效果

1）随着玻璃纤维含量的增加，GF/PPS复合材料的拉伸强度与冲击强度升高，但达到一定程度后开始下降。

2）用偶联剂处理高岭土提高了高岭土在树脂中的分散性和相容性，KH-550 处理的效果较好。

3）高岭土的含量影响 GF/PPS 体系的冲击韧性。随着高岭土含量的增加，材料的冲击强度增大，含量在 20% 时，GF/PPS 体系的冲击强度最好。

4）随着玻璃纤维含量的增加，T_g 变化不太明显，但总体上呈上升趋势。

（五）碳纤维增强改性 PPS

1. 原材料与配方（质量份）

PPS	100	碳纤维（T300B-3000-40B）	50~60
分散剂	5~10	表面处理剂	1~2
其他助剂	适量		

2. 制备方法

由于 PPS 是一种高熔点结晶性树脂，在室温至 200℃ 没有良溶剂；在 200℃ 以上才溶于 α-氯代萘中。试验用溶剂配成胶液状在高温下对纤维浸润，结果发现较难控制，而且 α-氯代萘的毒性很大，所以对于 PPS 不宜选用这种方法。将树脂加热到熔点以上，使纤维通过 PPS 熔体实施浸润，则必须进行大的设备改造，而且 PPS 在高温下长时间受热易发生固化反应。为此，研制出悬浮-熔融法制备 CF/PPS 预浸带。先将树脂进行细化处理，并根据树脂选择合适的悬浮剂，配成悬浮液，搅拌，让纤维通过悬浮液，使得树脂粒子均匀地分布在纤维上，且使纤维之间粘接成布，然后裁下，放在加热装置上，并在两者之间垫一层隔离用的聚四氟乙烯布；上面用铁板将纤维布压紧，在两者之间放一层铁网以利于悬浮剂挥发，然后升温，先烘去悬浮剂，再继续加热到 320℃，保持 15min，使树脂熔融浸渍纤维得到预浸带。将预浸带裁成一定大小，放入平板框式模具中进行模压。经正交设计优化压制工艺条件为：320℃，2.8MPa 保温保压时间为 20min。冷却方式：采用自然冷却（1.1℃/min）和快速冷却（13.9℃/min）。这种方法具有工艺简单，无需进行大的设备改造，悬浮剂无毒，树脂受热时间短等优点。

3. 结构

从 CF/PPS 复合材料截面上的碳纤维分布情况可以看出，T-300 碳纤维的截面是不规则形状的。PPS 树脂把碳纤维分开，纤维得到了很好的浸润，纤维处于随机分布的状态。

从 CF/PPS 复合材料的弯曲和剪切断口形貌可以看出，碳纤维被聚苯硫醚树脂紧紧地包裹住，碳纤维表面非常粗糙，黏附有许多树脂，表明聚苯硫醚与碳纤维之间的黏结性能很好，破坏发生在聚苯硫醚树脂本身，而不在碳纤维与聚苯硫醚之间的界面层。

在 T-300 碳纤维表面的处理剂涂层，虽然在 CF/PPS 复合材料压制时，因受热分解被除去一部分，但可能还会有一些残留在碳纤维与聚苯硫醚之间的界面上，将影响聚苯硫醚与碳纤维之间的黏结。但从电镜照片上看出：碳纤维与聚苯硫醚之间黏结得很好，破坏并不发生在界面。其原因是在本工艺条件下，CF 得到了充分的浸润，树脂能够和碳纤维表面的沟槽形成“嵌接”；并且由于碳纤维的存在，对 PPS 来说，起到了成核剂的作用，在 CF/PPS 模压冷却时，使得聚苯硫醚能够以碳纤维为核生长结晶，从而加强了 CF 与 PPS 之间的作用，形成很牢固的界面层，具有很高的界面强度，而破坏则发生在最薄弱的地方，造成非界面脱黏。

4. 性能

表 8-29 为 CF/PPS 复合材料的力学性能数据，用悬浮-熔融法制备的碳纤维增强两种国产聚苯硫醚复合材料均具有很好的力学性能，且比较稳定，均达到了国外报道的水平，表明此法制备 CF/PPS 复合材料预浸带是可行的。

表 8-29　CF/PPS 复合材料的力学性能

性能 / 复合材料	纤维体积分数（%）	拉伸强度 /MPa	弹性模量 /GPa	弯曲强度 /MPa	弯曲模量 /GPa	剪切强度 /MPa	冲击强度 /J·m^{-2}
CF/PPS（广州）	59	1434	124.8	1472	164	87.1①	—
CF/PPS（四川）	53	—	—	1451	125	73.2	718

① 快速冷却。

在低于聚苯硫醚玻璃化转变温度的区域，随着测试温度的升高，CF/PPS 复合材料的性能缓缓下降；而到了聚苯硫醚的 T_g 区，其性能下降得最快；随后，在高于聚苯硫醚 T_g 的范围，性能下降又较在转变区时缓慢。同无定形热塑性树脂基复合材料相比出现一个高于 T_g 时的性能缓慢下降阶段。这是由于 PPS 为半结晶性高聚物，在高于 T_g 的温度下，虽然无定形区的分子链段开始运动，但其结晶部分仍处于热力学相对稳定的状态，仍能保持一定的力学性能，以起到黏结纤维、传递载荷和均匀载荷的作用，表现出结晶热塑性树脂基复合材料的特点。

表 8-30 为 CF/PPS 复合材料的耐溶剂性数据。其对 CF/PPS 复合材料性能的影响较小。由于 PPS 本身具有优异的耐溶剂性，并且碳纤维与聚苯硫醚之间有很好的界面粘接。

表 8-30　CF/PPS（广州）经试剂浸泡后的性能

处理条件	剪切强度/MPa	降低率（%）	弯曲强度/MPa	降低率（%）
未处理试样	87.1①	—	1472.2	—
100℃水煮 24h	87.1	0	1377.9	6.4
丙酮泡 24h	85.5	2.0	1457.4	1.0
煤油泡 24h	86.1	1.1	—	—
盐酸（38%）泡 24h	86.1	1.1	—	—

① 快速冷却。

5. 效果

用悬浮-熔融法制备连续纤维增强聚苯硫醚复合材料预浸料是可行的。纤维得到了充分的浸润，聚苯硫醚与碳纤维之间的黏结性能优良。CF/PPS 复合材料模压工艺参数优化结果：温度为 320℃、压力为 2.8MPa、时间为 15min。材料具有很好的力学性能及优良的耐溶剂性。

（六）芳纶增强改性 PPS

1. 原材料与配方（质量份）

PPS	70	酚酞侧基聚醚酮（PEK-C）	30
芳纶 1414	40	表面处理剂	1～2
其他助剂	适量		

2. 制备方法

1）称取一定量的 NaOH 加入盛有二甲基亚砜的烧瓶中，反应温度在 60～70℃之间直至无气体放出，得到棕色表面处理液。

2）在 30℃下将干燥过的纤维加入处理液中使纤维表面酰胺键钠离子化，时间 10min。

3）在 60℃下加入环氧氯丙烷（用无水氯化钙脱水），0.5h 后停止加热。

4）用 HCl 的水溶液中和至中性，取出纤维后用丙酮洗净、干燥。

5）将 PPS、PEK-C 纤维经球磨、高速粉碎后混合均匀，于 320℃压制 1h 后加压至 80MPa，保温 0.5h，然后冷却成型。

3. 性能

测试结果表明，用短芳纶增强 PPS 共混体系，PPS 基体是连续相，基体中的全部切应力是以纵向拉应力的方式加在纤维上的，由于芳纶纤维非常柔软，可以伸直、卷曲形式存在于基体中，不同形态的纤维受力不同，主要有传递到纤维上的拉应力和纤维与基体界面上的剪应力，因而只有当纤维长度大于有效长度时，才能使纤维承受最大的应力，充分发挥纤维的增强作用。

在相同纤维含量下，10mm 长纤维末端数少于 3mm 长纤维，因而 10mm 长纤维增强的复合材料中应力集中少于 3mm 长纤维的，在裂纹扩展时，10mm 长纤维增强复合材料中的裂纹遇到纤维的概率大于 3mm 长纤维，裂纹被终止概率大，应力集中点少，因此在同一含量时 10mm 长纤维复合材料比 3mm 长的冲击韧性好。

将接枝环氧基的短芳纶复合材料与未做化学处理的纤维复合材料试件放入 150℃的热水中密封煮 24h 后，测试其拉伸强度，试验结果见表 8-31。

表 8-31　短芳纶复合材料 150℃水煮 24h 前后的拉伸强度

材料	水煮前的拉伸强度/MPa	水煮后的拉伸强度/MPa	拉伸强度保持率（%）
PPS	43.7	22.6	51.7
PPS/PEK-C＋纤维	72.5	36.4	50.2
PP/PEK-C＋接枝环氧基的纤维①	79.5	45.5	57.2

① 纤维长为 10mm，用量为 40%。

由表 8-31 中的数据可知，芳纶纤维的加入使得复合材料耐热水性能降低，这是由于：①纤维表面的酰胺键本身易与水分子形成氢键，易吸水使水分子进入界面，沿界面渗透，减弱了纤维与基体间的界面从而使拉伸强度降低；②纤维上的酰胺键本身耐水性不好，高温水煮后纤维强度会下降。当纤维表面接枝环氧基团后，由于纤维表面处理后复合材料界面性能增强，水分子难以沿界面渗入，因而在同一条件下水煮后耐高温热水性能提高，拉伸强度保持率提高。

4. 效果

1）纤维与基体间的界面性能对复合材料的力学性能有很重要的影响。在纤维表面接枝基团后可以增强芳纶纤维与PPS间的界面结合，有利于拉伸强度提高，但会使冲击强度下降。

2）芳纶纤维的存在会使复合材料耐水性能下降。纤维表面经接枝环氧基团后，由于复合材料界面性能增强，水分子难以沿界面渗入，从而使得在同一条件下耐高温热水性能提高。

（七）碳纤维增强PPS/PAI复合材料

1. 原材料与配方（质量份）

PPS	40～60	PAI（聚酰胺酰亚胺）	40～60
碳纤维（CF）	30	表面处理剂	0.5～1.0
其他助剂	适量		

2. 制备方法

将PPS和PAI分别真空干燥3h（120℃）和8h（150℃）。

将干燥后的PPS、PAI和CF按一定配比加入高混机中，常温混合30min，于平板硫化机上冷压成型，然后在360℃的马弗炉中烧结60min，随后在10MPa的条件下压制10min，冷却24h后裁成15mm×10mm×5mm的样片。

3. 性能与效果

PPS具有优异的耐高温性、耐磨性、尺寸稳定性、电性能以及物理力学性能，可制成各种功能性薄膜、涂层和复合材料，广泛应用于电子电气、航空航天、汽车运输等领域。但是由于PPS脆性大、冲击强度较低，大大限制了其适用范围，因而降低了其实用性。为解决这一问题，可将其与韧性较好的高聚物共混，从而改善PPS较差的冲击性能；另外，还可对PPS进行填充改性，以改善PPS复合材料的力学性能和耐磨性。聚酰胺酰亚胺（PAI）是一种韧性较好的非结晶性耐高温热塑性树脂，将其引入PPS有可能产生增韧效果，但也可能影响PPS的强度及耐磨性，因此还需加入某种填料，与PAI协同增韧增强PPS。碳纤维增强复合材料具有耐热性好，比强度、比刚度高，蠕变小，耐磨损等优良性能，故将其作为增强填料。

1）PAI的加入使PPS/PAI合金的力学性能得到提高。随着PAI含量的增加，PPS/PAI合金的拉伸强度和冲击强度总体上呈上升趋势，其中，PPS/PAI（40/60）合金具有最佳综合性能以及最高性价比。

2）CF的加入改善了PPS/PAI/CF复合材料的摩擦磨损性能。随着CF含量的增加，复合材料的摩擦因数总体呈下降趋势，到最低点稍有上升；而复合材料的磨损量则随CF含量的增加而显著下降。其中，PPS/PAI/CF（30%）复合材料的综合性能最佳。

（八）玻璃纤维增强PPS/HDPE复合材料

1. 原材料与配方（表8-32）

表8-32 复合材料中各组分的质量分数（%）

材料	编号									
	1	2	3	4	5	6	7	8	9	10
PPS	100	62	55.8	49.6	43.4	37.2	31	39.6	34.8	32.4
HDPE	0	0	6.2	12.4	18.6	24.8	31	26.4	23.2	21.6
PE-g-MAH	0	8	8	8	8	8	8	4	12	16
GF	0	30	30	30	30	30	30	30	30	30

2. 制备方法

将连续GF短切成12mm，干燥。将原料按表8-32中的配比在转矩流变仪的混炼器中混炼得PPS/HDPE/GF复合材料。混炼器的转速设定为40r/min，一区～三区的温度分别为275℃、275℃、280℃，混炼时间为480s。复合材料经电动加硫成型机模压成型后，再用万能制样机制得标准试样。

3. 性能与效果

马来酸酐接枝聚乙烯（PE-g-MAH）可作为PPS/PE共混物的增容剂。为了更好地达到增韧的效果，在PPS/PE共混体系中引入玻璃纤维（GF）可有效地提高材料的冲击韧性。PE-g-MAH的MAH基团可以分别与PS、高密度聚乙烯（HDPE）和GF上的官能团反应，从而实现三相界面的紧密结合。

1）随着HDPE含量增加，PPS/HDPE/GF复合材料的缺口冲击强度逐渐增大。当HDPE/PPS质量比为50/50时，其缺口冲击强度达13.56kJ/m²，比不加HDPE的复合材料提高90.72%。同时，在复合材料中加入PE-g-MAH后，随其含量的增加，试样的缺口冲击强度显著提高。但当PE-g-MAH质量分数超过8%时，缺口冲击强度反而下降。

2）PPS/HDPE/GF复合材料中，韧性良好的HDPE贯穿于复合材料中，提高了复合材料的韧性；另外，PE-g-MAH可与复合材料中各相的官能团发生反应，增强了复合材料各相间的界面作用，对复合材料增韧起到重要的作用。

（九）玄武岩纤维增强PPS复合材料

1. 原材料与配方（质量份）

PPS	100	玄武岩纤维（BF）	20～40
表面处理剂	1～2	其他助剂	适量

2. 制备方法

将PPS原料烘干后与BF混合，通过双螺杆挤出机造粒，造粒温度270℃；将所得共混粒料和PPS原料干燥后分别注射成摩擦试验样条，样条尺寸为30mm×7mm×6mm。

3. 性能与效果

BF是一种高性能纤维，由多种氧化物陶瓷成分组成，所以BF具有阻燃性好、力学性能好、耐高温，化学稳定性、耐蚀性以及耐磨性能好等优点，已经被广泛应用于不同的工业领域，如过滤材料和增强水泥制品等。PPS具有非常好的高温稳定性、阻燃性、耐化学腐蚀性以及良好的力学性能，最重要的是该材料还具有较好的自润滑性和耐磨性，因此已作为耐磨材料在各行各业得到了广泛的应用。

本文使用玄武岩纤维（BF）作为增强体制备了BF增强聚苯硫醚（PPS）复合材料，研究了BF增强PPS复合材料的摩擦磨损性能，以及不同体积分数的BF增强体、不同载荷与滑动速度对复合材料的摩擦磨损性能的影响。结果表明，引入BF能有效地提高复合材料的摩擦磨损性能，复合材料的摩擦系数随BF体积分数的增加逐渐提高；复合材料的摩擦因数随载荷的增加逐渐降低，但磨损率增大。

四、纳米改性

（一）纳米SiO_2改性PPS

1. 原材料与配方（质量份）

PPS	100	纳米SiO_2（20nm）	3.0
分散剂	适量	偶联剂（KH-550）	1～2
其他助剂	适量		

2. 制备方法

首先将纳米SiO_2混入KH-550的乙醇溶液中进行表面处理。在40℃以下用超声波振荡60min后，脱去溶剂，烘干备用。这样纳米粒子表面包敷了一层硅烷偶联剂，有利于分散，并可增强粒子与基体树脂的亲和力。

将纳米SiO_2和PPS用高速混合机混合均匀后，用双螺杆挤出机进行共混，挤出造粒，用高压注射机注射试样。其制备工艺流程如图8-2所示。

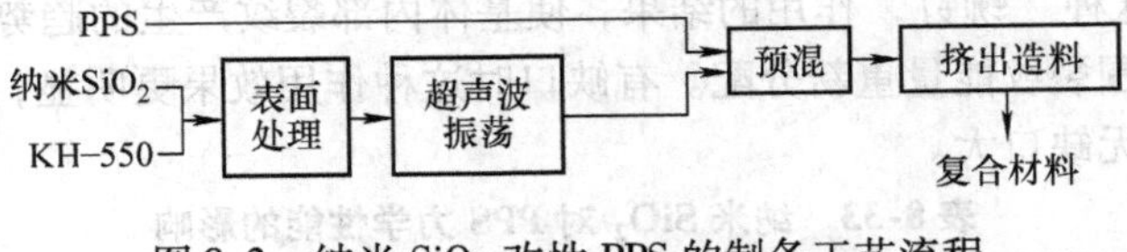

图8-2　纳米SiO_2改性PPS的制备工艺流程

3. 纳米SiO_2的改性机理

材料在受到拉伸和弯曲外力时，纳米SiO_2粒子应力场不是一个简单的叠加，而是相互作用，使得粒子周围PPS基体变形时有一个缓冲，甚至降低约束，从而降低破坏能量。同时纳米SiO_2粒子本身是刚性粒子，增韧的同时也使体系的刚性得到不同程度的提高。

纳米SiO_2/PPS韧性的改善可用刚性无机小粒子增韧机理解释，一般认为：①纳米SiO_2粒子的存在产生集中效应，易引发周围产生微裂纹，吸收一定的变形能；②纳米粒子的存在使基体树脂裂纹扩展受阻，最终终止裂纹，不致发展为破坏性开裂；③随着纳米SiO_2粒子粒径的减小，粒子比表面积增大，填料与基体接触面积增大，材料受冲击时产生更多的微裂纹，吸收更多的冲击能。不仅如此，纳米SiO_2粒子还有“铆钉”

作用，并随着纳米 SiO_2 粒子的比表面能的增加而增加，这种作用破坏了 PPS 基体中晶体聚集能及分子间范德华力的原有平衡，促使体系建立更稳定的平衡。

4. 性能

（1）偶联剂对纳米 SiO_2 分散性的影响　由于纳米 SiO_2 粒子尺寸小，比表面积大，表面存在大量的不同键合状态的羟基，因此在决定其优异的光、电、磁、热、力学特性和奇异的理化性能的同时，也产生了软团聚问题，影响了其应有性能的发挥。如何打开软团聚体，使纳米 SiO_2 粒子充分、均匀地分散在基体中是制备纳米材料的关键。为此，一般用偶联剂对填料颗粒进行表面处理，增加粒子间排斥力位能，促使粒子均匀、稳定地分散，还可嵌入柔性界面层，有助于填充改性。但由于纳米粒子的表面能高，吸附作用强，容易集聚，难以均匀、稳定地分散，因此考虑用超声波分散和偶联剂处理的方法促进纳米 SiO_2 粒子在 PPS 中的均匀分散。

通过 TEM 对纳米 SiO_2、纳米 SiO_2 改性 PPS 等样品中的 SiO_2 进行状态和尺寸的检测表明，纳米 SiO_2 粉末形态为颗粒状，其尺寸在 6～20nm 范围内，其中 10～15nm 的约占总体积的 80%。在纳米 SiO_2 改性 PPS 中，纳米 SiO_2 分布均匀，形态为颗粒状，其尺寸在 10～40nm 范围内。从 TEM 图及分析可以看出，纳米 SiO_2 在 PPS 中的分散已经达到纳米级分散，这说明采用这种工艺能够将纳米粒子以纳米尺度均匀分散到 PPS 基体中。

（2）纳米 SiO_2 对 PPS 力学性能的影响　表 8-33 是纳米 SiO_2 对 PPS 力学性能的影响，其中纳米 SiO_2 用量为 3%。

对于纳米 SiO_2 改性 PPS 体系，冲击强度是表征其性能的重要指标。由表 8-33 可以看出，添加 3% 的纳米 SiO_2，就使体系的冲击强度有明显的提高，可见纳米 SiO_2 对 PPS 增韧体系产生了较大的影响；缺口冲击强度提高 27.3%，无缺口冲击强度提高 7.4%，前者提高幅度较大，也说明纳米 SiO_2 均匀分散在 PPS 体系中，冲击时纳米粒子起到“铆钉”作用，这种“铆钉”作用的结果，使基体内部裂纹产生的趋势大为降低，并且使得纳米粒子周围裂纹能量重新分配。有缺口时这种作用效果更明显，所以缺口冲击强度的提高幅度比无缺口大。

表 8-33　纳米 SiO_2 对 PPS 力学性能的影响

项目	纯 PPS	纳米 SiO_2 改性 PPS	提高幅度（%）
缺口冲击强度/$kJ \cdot m^{-2}$	2.2	2.8	27.3
冲击强度/$kJ \cdot m^{-2}$	19.0	20.4	7.4
拉伸强度/MPa	55.62	63.07	13.4
弹性模量/GPa	3.31	3.51	6.0
弯曲强度/MPa	88.54	93.84	6.0
弯曲模量/GPa	2.85	3.06	7.4

从表 8-33 中还可看出，纳米 SiO_2 在明显提高 PPS 体系韧性的同时，也使该体系的拉伸性能和弯曲性能得到了不同程度的提高，其中拉伸强度和弹性模量分别提高 13.4% 和 6.0%，弯曲强度和弯曲模量分别提高 6.0% 和 7.4%。也就是说，纳米 SiO_2

对 PPS 体系韧性改善的同时也提高了综合性能，这正是纳米 SiO_2 与传统改性剂的区别之所在。

5. 效果

1）纳米 SiO_2 在 PPS 中的分散已经达到纳米级分散，从 TEM 照片上看粒径为 10～40nm。

2）纳米 SiO_2 对 PPS 基体有明显的增韧效果，添加 3% 的 SiO_2，可使缺口冲击强度提高 27.3%，冲击强度提高 7.4%。

3）添加 3% 的纳米 SiO_2 后，PPS 的综合性能也得到了不同程度的提高，拉伸强度和弹性模量分别提高 13.4% 和 6.0%，弯曲强度和弯曲模量分别提高 6.0% 和 7.4%。

（二）有机纳米蒙脱土改性 PPS

1. 原材料与配方（质量份）

PPS	100	蒙脱土（MMT）	5.0
十六烷基二甲基溴化胺（CTAB）	1～3	其他助剂	适量

2. 制备方法

（1）OMMT 的制备　配置质量分数为 5% 的蒙脱土（MMT）悬浮液 400mL 置于 1000mL 的三口烧瓶中，在 800r/min 下机械搅拌 2h，静置 24h，取上层悬浮液。称取 2 倍于 MMT 阳离子离子交换容量的 CTAB 倒入 200mL 的 0.1mol/L 的盐酸溶液中，搅拌均匀，用分液漏斗缓慢倒入 MMT 的悬浮液中。用油浴加热至 60℃，在 300r/min 的转速下机械搅拌 2h。再将反应液真空抽至滤饼，在抽滤过程中用 0.1mol/L 的硝酸银溶液检验滤液无溴化银沉淀为止。最后将滤饼在 80℃ 的真空烘箱中干燥 72h 至恒重，研磨过 200 目筛，即可得到 OMMT，放入干燥器中备用。

（2）PPS/OMMT 复合材料的制备　将 PPS 在 165℃ 真空干燥箱中干燥预结晶 16h。按配方将不同比例 OMMT 和 PPS 混匀后在双螺杆挤出机上挤出，造粒干燥备用，挤出温度 290℃。其中，OMMT 质量分数为 0、5%、10% 的 PPS/OMMT 复合材料试样为 0#、1#、2#；PPS 在 290℃ 下熔融 4min、6min 后挤出的试样为 3#、4#。

（3）PPS/OMMT 复合材料热处理　采用电热恒温鼓风干燥箱，将 PPS 及其复合材料在 160℃ 下处理 24h，取出后在室温下自然冷却，在干燥器中静置 24h。其中 1#、2#、4# 试样的热处理试样分别记为 5#、6#、7#。

3. 性能与效果

蒙脱土（MMT）片层的高径厚比及大比表面积赋予 MMT 纳米复合材料优异的性能。

以十六烷基三甲基溴化铵作为插层剂，采用阳离子交换法对钠基蒙脱土粉体进行有机改性制备有机蒙脱土（OMMT）；采用熔融插层法制得 PPS/OMMT 复合材料并将复合材料进行热处理；利用红外光谱技术研究热处理前后 PPS 树脂及其复合材料的结构变化，对 PPS 的热氧化机理进行探讨；利用计算机测色配色仪对热处理前后的 PPS 树脂及其复合材料颜色的变化值进行测试。结果表明：

1）PPS 树脂及 PPS/OMMT 复合材料经过热处理后氧化程度加深，产生交联，PPS 的结构发生变化，结构由线型分子向网状结构转变。

2）OMMT 的添加可以在一定程度上延缓 PPS 树脂的氧化，提高 PPS 树脂的抗氧化性。

3）红外光谱证明，经过热处理后 PPS 的 C—H 面外弯曲振动吸收峰及 C—O 伸缩振动峰均发生了蓝移。

4）色度变化测试表明，OMMT 的添加可改善 PPS 经热处理后的色度变化，提高 PPS 的抗热氧化效果，其中添加 OMMT 质量分数为 5% 的 PPS/OMMT 复合材料的抗氧化效果较好。

（三）碳纳米管改性碳纤维增强 PPS 复合材料

1. 原材料与配方（质量份）

PPS	100	碳纤维	15 ~ 25
碳纳米管（CNTs）	5 ~ 15	表面处理剂	1 ~ 2
硅烷脱模剂	0.5 ~ 1.5	其他助剂	适量

2. 制备方法

按照预定比例称量相应质量的碳纤维或碳纳米管和聚苯硫醚投入球磨罐中，球磨 2h，使碳纤维（碳纳米管）和聚苯硫醚充分混合。然后将混合好的粉料在平板硫化机上通过模具热压成型，温度控制在 260℃，压力为 10MPa，压制 30min，脱模。

3. 性能

复合材料的性能见表 8-34 ~ 表 8-39。

表 8-34　不同碳纤维含量 PPS 复合材料的拉伸性能测试结果

序号	CF 含量（%）	拉伸强度/MPa
1	0	32.10
2	15	36.70
3	20	45.14
4	25	46.72

表 8-35　不同碳纤维含量 PPS 复合材料的电导率

序号	CF 含量（%）	电导率/(S/cm)
1	0	1.86×10^{-9}
2	15	5.44×10^{-6}
3	20	4.86×10^{-4}
4	25	7.51×10^{-4}

表 8-36　不同 CNTs 含量 PPS 复合材料的拉伸强度

序号	CNTs 含量（%）	拉伸强度/MPa
1	0	33.10
2	5	42.52
3	10	78.66
4	15	76.96

表 8-37　不同 CNTs 含量 PPS 复合材料的电导率

序号	CNTs 含量（%）	电导率/(S/cm)
1	0	2.05×10^{-9}
2	5	3.98×10^{-8}
3	10	1.63×10^{-4}
4	15	8.44×10^{-4}

表 8-38　不同含量 CNTs 和 CF 复合材料的拉伸强度

序号	样品组成	拉伸强度/MPa
1	PPS	32.60
2	2% CNTs/18% CF/80% PPS	51.97
3	4% CNTs/16% CF/80% PPS	77.38
4	6% CNTs/14% CF/80% PPS	79.86

表 8-39　不同含量 CNTs 和 CF 复合材料的电导率

序号	样品组成	电导率/(S/cm)
1	PPS	2.05×10^{-9}
2	2% CNTs/18% CF/80% PPS	1.32×10^{-4}
3	4% CNTs/16% CF/80% PPS	1.55×10^{-3}
4	6% CNTs/14% CF/80% PPS	3.83×10^{-3}

4. 效果

本文对 CF 和 CNTs 增强 PPS 的力学性能和导电性能进行了详细研究。通过分析 CF 和 CNTs 不同含量对复合材料的导电性能和力学性能的数据，得出 CF 含量为 20%、CNTs 含量为 15% 时复合材料的力学性能和导电性能较理想。表明 CF 或 CNTs 的添加量存在一个阈值，当其含量达到此值时，复合材料的力学性能和导电性发生很大的变化。并进一步研究同时添加 CF 和 CNTs 对复合材料增强作用，通过分析复合材料的导电性能和力学性能，CF 添加 16%、CNTs 添加 4% 时，相对于 PPS，拉伸强度提高 140%，电导率提高近 6 个数量级，此时 CNTs/CF/PPS 复合材料的性能较理想，且经济适用性也较好。

（四）纳米 Al_2O_3 改性 PPS/PTFE 复合材料

1. 原材料与配方（质量份）

PTFE	100	PPS	5.0
纳米 Al_2O_3	5.0	分散剂	2～5
其他助剂	适量		

2. 制备方法

将 PTFE、PPS 和纳米 Al_2O_3 按一定比例在高速机械共混机上均匀混合，在 45MPa 下冷压成型，脱模后在烧结炉中以一定程序烧结 6h，自然冷却至室温，最后将烧结好的样品打磨成试样备用。

3. 性能与效果

1）PPS 和纳米 Al_2O_3 都能提高复合材料的硬度，且都随着添加量的增大，复合材料的硬度逐渐增大。

2）PPS 的加入可有效改善 PTFE 的耐磨性，当 PPS 质量分数为 5% 时，PPS/PTFE 复合材料的体积磨损率最小；当 PPS 含量继续增大时，体积磨损率逐渐增大，但耐磨性均优于纯 PTFE；纳米 Al_2O_3 的加入可以有效改善 PPS/PTFE 共混物的耐磨性，纳米 Al_2O_3 质量分数为 5% 时，Al_2O_3/PPS/PTFE 复合材料的体积磨损率仅为 $3.41\times10^{-6}mm^3/(N\cdot m)$，耐磨性较纯 PTFE 提高了 276 倍。

3）PPS 的添加有效地缓和了材料磨损表面的塑性变形，并且使得 PTFE 的纤维化得到有效抑制，磨损程度降低；纳米 Al_2O_3 的加入有效地提高了复合材料的表面抗剪切能力，磨损大幅度改善，转移膜光滑、均匀和平整，有利于复合材料润滑性能的提高。

4）在室温摩擦条件下，PTFE、PPS/PTFE、纳米 Al_2O_3/PPS/PTFE 的磨损机制主要为黏着磨损。在 150℃ 时，纳米 Al_2O_3/PPS/PTFE 的磨损机制主要为黏着磨损和磨粒磨损。

第三节　加工与应用

一、PPS 的注射成型技术

1. 简介

（1）PPS 的特性

1）阻燃性：PPS 的阻燃性非常好，达到 UL94 V-0 级。

2）加工性能十分优异：PPS 是具有高刚性的结晶聚合物，其流动性好，结晶速度快，成型周期短，而且制品切削加工、熔接、黏接、锡焊等二次加工性也非常好。

3）耐热性能优异：PPS 的热变形温度达到 260℃，可以在 200～240℃ 以下长期使用。短期耐热性和长期连续使用的热稳定性均优于目前所有的工程塑料。

4）电性能优异：PPS 树脂具有很高的表面电阻率和体积电阻率，介电常数和介电损耗角正切值又比较低，即使在高温、高湿、高频条件下仍具有优良的电性能。其体积电阻率和表面电阻率变化极小，介电常数几乎不随周波数和温度变化。

5）力学性能良好：表面硬度高，刚性极强，并具有优异的耐蠕变性和耐疲劳性。在高温高载荷下仍有优良的耐蠕变特性，对于循环应力也显示出优良的耐疲劳特性。

6）优异的耐化学药品性：在200℃以下未发现可以溶解PPS的溶剂，对无机酸、碱和盐类的抵抗性也很强。PPS制品在大多数酸碱环境状态下工作时，尺寸、性能非常稳定。

7）耐磨性突出：PPS树脂耐磨性非常好，加入碳纤维和氟塑料，可以大幅度提高耐磨性和润滑性。

8）良好的尺寸稳定性：PPS成型收缩率非常小，吸水率极低，在高温、高湿载荷下仍具有良好的尺寸稳定性。

9）良好的耐辐射性：PPS树脂即使在比较强的γ射线照射下其物理性能也非常稳定。

10）良好的焊锡耐热性：PPS制品可以在260℃焊锡槽中浸蘸10s，比较适用于电子部件的表面封装技术。

（2）PPS的应用领域

1）电子电气：用于广泛制造线圈架、接线器、插座、继电器、马达壳、电容器等。

2）汽车工业：点火器、轴承支架、风扇、反光镜、加热器、齿轮箱等。

3）仪器仪表：计时器、传速器、传感器、仪表壳体、热风筒等。

4）机械工业：泵壳、叶轮、风机、齿轮、法兰盘、管件、孔板、密封环、垫等。

5）航空工业：飞机行李架、座椅骨架等。

2. 注射成型工艺

PPS是一种综合性能十分优越的高分子材料，它所具有的优良的加工性能、可以注射成型，使其在特种工程塑料制品中被越来越广泛地应用。

（1）模具的设计

1）圆角。由于PPS树脂是脆性结晶性树脂，成型品在尖角处容易有应力集中现象，导致制品开裂变形，因此在设计模具时，尽量不采用尖角、直角，而采用圆角设计。对于薄壁及不等壁制品，可以通过增加加强筋，提高刚性，防止制品变形。同时设计时使成型品的厚度尽量均匀一致。

2）浇口。浇口可采用针点式、隧道式、侧浇口。由于PPS制品一般采用玻璃纤维增强且成型收缩率小，树脂硬度大，因此注射成型时不适于使用潜伏性浇口。通常情况下浇口直径要大些，最好选取1~1.2mm。

3）流道。为了方便脱模，流道的侧壁必须光滑，流道形状为锥形、圆形、梯形，有一定的锥度（2°~3°）。主流道为锥形，分流道为梯形或圆形，在主、分流道末端设置冷料。

PPS树脂成型收缩率小，而树脂硬度大，为便于脱模，模具应选用稍大的脱模角。

4）排气槽。如果模具排气不充分产生内气泡，则会导致制品性能下降，表面粗糙度值大，熔合缝强度低下，注射不满及制品烧焦等问题，所以为了得到优良的PPS制品，必须在模具上开设排气槽。

5）模具温度控制。PPS 增强料，一般的模具温度要求达到 125 ~ 150℃，采用热水循环加热已经满足不了模具的要求，通常模具加热使用电热棒（板）进行温度控制，同时在定、动模上也要安装加热装置，并在模具与动、定模板之间加装石棉隔热板。

（2）物料预干燥 为了得到外观良好的制品，防止流涎，预干燥条件要保持一定，且成型机内的滞留量一定要恰当，尽可能避免中途变更成型机容量。推荐干燥条件为 120 ~ 140℃、2 ~ 3h。

（3）推荐的注射成型工艺条件 见表 8-40。

表 8-40 推荐的注射成型条件

机台	柱塞式或螺旋式注射机
机台温度/℃	喷嘴：290 ~ 300　前部：300 ~ 310 中部：310 ~ 320　后部：270 ~ 280
模具温度/℃	125 ~ 150
注射压力/MPa	60 ~ 80
保压时间/s	5 ~ 10
注射速度/s	中速
注射时间/s	5 ~ 10
背压	降至最低

1）模具温度。模具温度对产品性能影响非常大，当成型时，模具温度较高时制品具有表面粗糙度值小、耐热性增加、弯曲模量增加、表面硬度高、耐蠕变性好等优点，但是它的弯曲强度、拉伸强度又有所降低。为了使制品尺寸稳定，外观光滑，建议模具温度为 125 ~ 150℃。

2）料筒温度。PPS 熔融温度在 285℃左右直到分解这个温度范围很宽，因此 PPS 在加工过程中很少出现物料分解等情况，PPS 注射加工温度要求也不是很严格，然而温度过低则树脂塑化不好，注射时容易出现分层、产生熔合痕，而且机筒、螺杆磨损会增大。如果料筒温度太高，物料就会出现部分分解碳化，导致物料变色，为了防止物料分解使机筒产生气体及内压力，树脂温度不得高于 360℃，在机筒内物料停留时间原则上不高于 0.5h，在保证流动性的前提下，尽量降低机筒温度，减少物料变色，推荐机筒温度为 280 ~ 320℃。

3）注射压力。一般注射压力越高，得到的 PPS 制品越优良，外观越美观，但是注射压力太高，则制品容易出现飞边、翘曲，一般选择 60 ~ 80MPa。

4）注射速度。注射速度越快，一般获得的制品外观越良好，但是容易使成型品发生烧焦、翘曲等现象，因此一般情况下，使用中等注射速度。

5）螺杆转速。螺杆转速一般设定为 40 ~ 100r/min，当转速高于 200r/min 时，容易造成玻璃纤维断裂，影响制品性能。

6）制品的后处理。为了提高产品的结晶度，消除内压力，保持产品尺寸稳定，在条件允许的情况下，可以将制品进行退火处理。处理温度为 160 ~ 180℃，处理时间为4～16h。

7）回料的使用。在实际注射成型时，经常遇到回料的使用问题，回料因为玻璃纤维断裂等原因，耐热性能下降，材料变色，所以建议使用量尽可能控制在25%之内。

3．注射成型加工中遇到的问题、解决方法

表8-41为注射成型加工中的现象、产生原因和处理方法。PPS拥有十分优良的综合性能，优越的加工性，良好的流动性，其加工温度范围宽、熔融流动性好，容易填充模具，成型收缩率低，尺寸稳定，具有高刚性、高抗蠕变性。因此，只要掌握好增强PPS的工艺特性，采用合理的注射工艺，就能注射出优质的成型制品。

表8-41　注射成型加工中的现象、产生原因及处理方法

现象	产生原因	处理方法
表面粗糙无光泽	1. 模具表面粗糙 2. 成型品密度不足 3. 排气不好 4. 模具温度过低 5. 充填速度慢 6. 物料干燥不充分	1. 提高模具表面质量，及时清洁表面 2. 增加计量，提高注射压力 3. 增设排气通道 4. 提高模具温度、提高注射速度 5. 适当提高机筒温度 6. 充分干燥原料
制品开裂	1. 产品内压力过大 2. 成品冷却过快 3. 嵌件位置设计不合理 4. 壁过厚 5. 模具设计不合理	1. 降低注射速度，壁厚均匀化，提高模具温度，进行后处理 2. 提高模具温度 3. 进行合理设计 4. 选择使用厚壁成型材料 5. 尽量不使模具具有尖角，减小内压力
成型品有飞边	1. 注射压力、工艺不当 2. 模具合模力不足 3. 模具有损伤 4. 物料过剩 5. 物料流动性过高	1. 降低注射压力 2. 提高合模力 3. 修理模具 4. 降低计量 5. 选用低流速物料
翘曲	1. 充填物料过多 2. 成型品冷却不均匀 3. 注射速度过快	1. 降低注射压力，减少计量 2. 调整模具冷却循环系统 3. 调整降低注射速度
凹陷缩孔填充不足	1. 树脂产生气体过多 2. 注射量不足，模腔填充不够 3. 注射压力不足，物料进入不够 4. 料筒及模具温度过高，成型收缩率大 5. 填充速度慢，填充不足 6. 浇口尺寸过小	1. 注射前物料充分烘干 2. 加大注射量 3. 提高注射压力 4. 降低模具及料筒温度 5. 提高注射速度 6. 扩大尺寸，缩短浇口流道距离

（续）

现象	产生原因	处理方法
成型品在使用时刚性差，性能稳定性不好	1. 模具温度过低，注射及保压压力过高 2. 物料干燥不充分 3. 物料不纯有杂质 4. 料筒温度过高，物料部分分解 5. 模具温度过低，树脂结晶化不好	1. 调整注射成型条件 2. 延长干燥时间 3. 清扫料斗、料筒 4. 调整降低注射温度 5. 提高模具温度，有条件的对成型品进行退火处理
烧焦，糊斑	1. 料筒温度设定不合理，树脂温度过高 2. 物料干燥不充分，有气体滞留 3. 料筒内有局部存料 4. 注口与料筒接合部有存料 5. 注射速度过快	1. 降低料筒温度 2. 预干燥要充分，加排气孔 3. 结构设计要不留死角 4. 接合部注射缝隙要减小 5. 降低注射速度
熔合痕	1. 注射压力不够 2. 模具温度不均匀 3. 料筒温度不合理，物料出现分层 4. 模槽内空气滞留 5. 模槽部压力不足	1. 提高注射压力 2. 提高模具温度 3. 提高料筒温度 4. 设置排气孔，提高背压 5. 提高树脂及模具的温度，提高充填速度，提高注射压力，增加供料
水汽大有气泡	粒料的预干燥不充分	进行充分的预干燥
脱模顶出困难及破损	1. 模具锥度不足 2. 顶杆数量或位置不合理 3. 料筒温度过高 4. 模具温度过高 5. 充填量过多 6. 循环水冷却时间不合理 7. 顶出杆直径过小 8. 成型品冷却不充分导致顶出破损	1. 设置加大脱模锥度或使用脱模剂 2. 设计合理的顶杆位置和数量 3. 降低料筒温度 4. 降低模具温度，延长循环时间 5. 减少计量 6. 调整冷却时间 7. 加大顶杆直径 8. 增加保压时间，降低模具温度
制品表面有波纹	1. 注射压力高 2. 浇口尺寸不合理 3. 模具温度偏低 4. 物料干燥不充分 5. 料筒温度偏高	1. 降低注射压力 2. 扩大浇口尺寸 3. 提高模具温度 4. 充分预干燥 5. 降低料筒温度

二、PPS微孔泡沫的注射成型与制品

1. 原材料与配方（质量份）

PPS粉料	100	SC-N_2发泡剂	0.2~0.6
加工助剂	适量	其他助剂	适量

2. 制备工艺

将PPS粉料在140℃烘4h除去杂质，用双螺杆挤出机进行挤出造粒。挤出工艺的温度参数见表8-42。将造好的粒料140℃烘6h，备用。

表8-42 挤出工艺的温度参数

温度/℃							
第一段	第二段	第三段	第四段	第五段	第六段	第七段	机头
270	275	280	280	285	285	285	285

采用配有超临界流体泵送系统的注射成型机，以SC-N_2作为气源，得到不同工艺参数下微孔化的PPS泡沫塑料制件。注射成型工艺参数见表8-43。

表8-43 注射成型工艺参数

样品编号	SC-N_2含量（%）	熔胶量位置/mm
1#	0	23
2#	0.2	23
3#	0.4	23
4#	0.6	23
5#	0.6	21
6#	0.6	19
7#	0.6	17
8#	0.6	15
9#	0.6	13
10#	0.6	11

3. 性能

对性能影响的相关因素见表8-44和表8-45。

表8-44 SC-N_2含量对微孔化PPS泡沫材料泡孔特性的影响

SC-N_2含量（%）	泡孔密度/个·cm^{-3}	相对密度（%）	泡孔孔径/μm
0	0	1.0000	0
0.2	4.41×10^6	0.9318	40.30
0.4	5.29×10^6	0.9346	38.43
0.6	1.01×10^7	0.9456	30.17

注：试样截面位置为试样的中间位置；PPS熔胶量位置为23mm。

表 8-45　熔胶量位置对微孔化 PPS 泡沫塑料泡孔特性的影响

熔胶量位置/mm	泡孔密度/个 · cm^{-3}	相对密度（%）	泡孔孔径/μm
23	1.01×10^7	1.0000	30.17
21	8.73×10^6	0.9641	37.33
19	3.23×10^6	0.9189	61.70
17	1.94×10^6	0.8671	83.01
15	0.89×10^6	0.7989	109.50
13	0.63×10^6	0.7503	120.37
11	0.45×10^6	0.6961	132.51

注：试样截面位置为试样的中间位置；SC-N_2 含量为0.6%。

4. 效果

1）随模具流道的延长，微孔化 PPS 泡沫塑料的泡孔孔径逐渐变大，泡孔密度降低。

2）SC-N_2 含量对微孔化 PPS 泡沫塑料的泡孔孔径影响不大，而泡孔密度随 SC-N_2 含量的增大而增大，相对于微发泡的 PPS 而言，微孔化 PPS 泡沫塑料的拉伸强度、弯曲强度和冲击强度及介电常数均有所降低，但随 SC-N_2 含量变化不明显。

3）随熔胶量位置的降低，微孔化 PPS 泡沫塑料的泡孔密度降低，泡孔孔径增大，泡沫塑料的力学性能也相应逐渐降低，介电常数也随熔胶量位置的降低而降低。

三、热压法制备锆（Zr）基非晶颗粒增强 PPS

1. 原材料与配方（质量份）

PPS	100	锆基粉末	10～40
表面处理剂	0.5～1.5	加工助剂	1～2
其他助剂	适量		

2. 制备工艺

采用气雾法制备锆基非晶合金粉末。首先选用高纯金属 Zr、Cu 和 Al，按名义成分 $Zr_{50}Cu_{40}Al_{10}$（原子分数）进行配料，高频感应熔炼得到母合金；然后在 5×10^{-3}Pa 真空条件下，利用4.0MPa 的 Ar 气流在紧耦合雾化设备中雾化制粉。具体制备过程见相关文献。

在 PPS 中分别加入0、10%、20%、30%和40%（体积分数，下同）的 $Zr_{50}Cu_{40}Al_{10}$ 非晶粉末，在蝶形混料机中混合均匀，然后放入耐高温模具中，在 38MPa 压力下压制成型，再通过加热套将模具升温至310℃进行热压，压力为10MPa，保压0.5h（热压温度低于 $Zr_{50}Cu_{40}Al_{10}$ 非晶的玻璃化转变温度），最后在 18MPa 压力下冷却到室温，得到 $Zr_{50}Cu_{40}Al_{10}$ 含量不同的一系列锆基非晶/PPS 树脂基复合材料。试样摩擦面抛光，先用丙酮再用无水乙醇进行超声清洗，放入干燥箱烘干。采用同样的方法制备以 Al_2O_3 粉作为填料的 PPS 树脂基复合材料。

3. 性能与效果

非晶材料具有短程有序、长程无序的原子排布特征，因而不存在传统晶体材料的位错、空位、晶界等晶体缺陷，具有超高的强度、耐摩擦磨损等优良的物理性能。非晶颗粒填充到复合材料中，能够 抵抗裂纹扩展，缓解应力集中，从而改善材料的力学和摩擦学性能。

1）$Zr_{50}Cu_{40}Al_{10}$非晶粉末作为填充物，对于 PPS 树脂材料抗磨性能的提升效果优于传统无机填料 Al_2O_3。30% $Zr_{50}Cu_{40}Al_{10}$/PPS 复合材料的磨损质量仅为纯 PPS 材料的 20.4%。

2）随非晶粉末颗粒含量（体积分数）从 0 增加到 40%，非晶/PPS 复合材料的摩擦因数与磨损量均逐步降低而后略有增加。磨损机理则从黏着磨损逐步过渡到磨粒磨损，最终转为疲劳磨损。非晶颗粒的最佳添加量为 30%。

3）由于 $Zr_{50}Cu_{40}Al_{10}$非晶颗粒能够与摩擦副发生化学反应，促进并参与转移膜的形成并提高转移膜与摩擦副的结合强度，减少摩擦副表面的微凸体，从而减少摩擦副对复合材料基体的磨损。

四、玻璃纤维增强增韧 PPS 复合材料的加工与应用

1. 原材料与配方（质量份）

PPS	100	玻璃纤维（GF）	30~60
相容剂（马来酸酐接枝苯乙烯-乙烯-苯乙烯共聚物，SEBS-g-MAH）	1~9	偶联剂	0.5~1.0
其他助剂	适量		

2. 制备方法

增强增韧 PPS 复合材料制备工艺流程如图 8-3 所示。

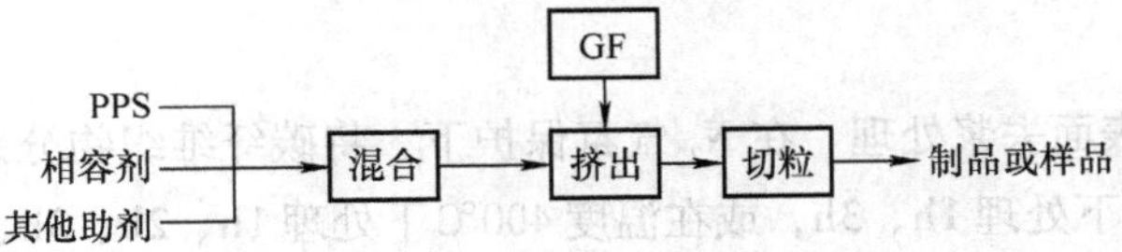

图 8-3　增强增韧 PPS 复合材料制备工艺流程

经过预干燥的 PPS（120℃、热风干燥 6~8h）、相容剂（80℃，热风干燥 3~4h）和其他助剂按一定比例经高速混合机混合，通过双螺杆加入 GF 熔融挤出造粒，造粒温度为 275~295℃，螺杆转速为 300r/min。所得粒料再经 120℃鼓风干燥为 8h，在注射机上注射成标准的性能测试样条，注射温度为 270~290℃。试样成型后在温度为 (23±2)℃、湿度为 (50±5)% 的环境中放置（24±1）h 后按相关标准测试。

3. 性能

研制的增强增韧 PPS 复合材料具有较好的力学性能，在电子电气及汽车领域已得到广泛应用。本次研制的增强增韧 PPS 复合材料力学性能、耐热性能等完全能满足行业对材料的要求，研制材料与行业要求材料的性能对比见表 8-46。

表 8-46　研制材料与行业要求材料的性能对比

检测项目	行业要求	实测性能
拉伸强度/MPa	≥150	176
弯曲强度/MPa	≥200	227
缺口冲击强度/$kJ \cdot m^{-2}$	≥12.0	13.5
热变形温度/℃	≥260	264

4. 效果

1）材料的冲击强度、拉伸强度随 GF 含量的增加而增强，GF 质量分数超过 50% 时，冲击强度、拉伸强度均有所下降。

2）加入相容剂后，复合材料各组分间相容性提高。

3）研制的增强增韧 PPS 复合材料已广泛用于电子电气、汽车等领域，性能满足要求，使用状况良好。

5. 应用

目前，用该增强增韧 PPS 复合材料生产了活塞套筒、马达外壳等系列产品，已得到行业的广泛认可，产品刚性、韧性、耐热性能均好，使用过程中无损坏现象。

五、碳纤维增强 PPS 复合材料的性能与应用

1. 原材料与配方（质量份）

PPS	100	碳纤维织物（CFF）	20～60
硅烷偶联剂（KH-570）	0.5～1.5	耐高温修饰剂（SKE-1，SKE-3）	1～5
加工助剂	2～5	其他助剂	适量

2. 制备工艺

（1）碳纤维表面去浆处理　在 N_2 气氛保护下，将碳纤维织物分别置于高温炉腔体中，在温度 350℃ 下处理 1h、3h，或在温度 400℃ 下处理 1h、2h、3h、4h 后，置于装有干燥剂（无水氯化钙）的干燥器中备用，分别以 CFF-350-1、CFF-350-3、CFF-400-1、CFF-400-2、CFF-400-3、CFF-400-4 标记，未处理的纤维标记为 CFF-无。

（2）碳纤维织物表面修饰

1）耐高温表面修饰剂涂层。将 SKE-1 树脂和 SKE-3 树脂分别配制成浓度为 1%（质量分数，下同）、2%、3%、4%、5% 的丙酮溶液，搅拌均匀。将去浆处理的 CFF 完全浸没于该系列溶液中放置 2h，取出碳纤维织物并置于自制支架上，待溶剂完全挥发后，放入真空烘箱中 80℃ 下烘干 24h，分别以 CFF-SKE1-1、CFF-SKE1-2、CFF-SKE1-3、CFF-SKE1-4、CFF-SKE1-5 和 CFF-SKE3-1、CFF-SKE3-2、CFF-SKE3-3、CFF-SKE3-4、CFF-SKE3-5 标记。

2）硅烷偶联剂（KH-570）涂层。在将硅烷偶联剂溶液配制成浓度为 20% 的乙醇水溶液（KH-570: 乙醇: 水 =20: 72: 8），并用醋酸将溶液的 pH 值调至 4～5，搅拌均匀。将去浆处理的 CFF 浸没于该溶液中放置 2h，取出碳纤维织物并置于自制的支架上，待

溶剂完全挥发后，放入真空烘箱中80℃下烘干24h，以CFF-KH-2标记，未处理的CFF用CFF-KH-1标记。

（3）复合材料层压板制备　采用的复合材料制备方法为薄膜叠层压制法，在计算机平板硫化机上完成，工艺参数为本试验室前期探索的最佳的工艺。将制备的一系列复合材料层压板经过水切割、烘干、打磨成标准试样后，进行性能测试与表征。

3. 性能（表8-47～表8-50）

表8-47　CFF表面的元素组成

类型	C	N	O
CFF-无	78.35	0	21.65
CFF-400-4	81.42	0.45	18.13

表8-48　CFF表面的C1s化学结构分析

类型	官能团占比（%）				
	—C—C—	—C—N—	—C(=O)—	—C(=O)—O—	—C—O—
CFF-无	8.56	0	14.1	0	77.33
CFF-400-4	71.45	14.85	1.62	2.68	9.40

表8-49　不同热处理条件下CF单丝强度及其下降比率和CFF/PPS复合材料的层间剪切强度（ILSS）及其提升比率

类型	CF单丝强度/CN	单丝强度下降比率（%）	ILSS/MPa	ILSS提高比率（%）
CFF-无	12.85	0	33.48	0
CFF-350-1	12.70	1.14	35.20	5.2
CFF-350-3	12.38	3.70	36.46	8.9
CFF-400-1	12.23	4.87	39.03	16.6
CFF-400-2	12.08	6.04	40.81	21.9
CFF-400-3	11.81	8.14	42.43	26.7
CFF-400-4	11.40	11.31	47.88	43.0

表8-50　采用不同类型CFF制备CFF/PPS复合材料与国外产品的力学性能对比

类型	弯曲强度/MPa	弯曲模量/GPa	拉伸强度/MPa	拉伸模量/GPa	冲击强度/kJ·m^{-2}	层间剪切强度/MPa
CFF-无	683.9	58.9	718.3	67.7	46.2	34.2
CFF-400-4	720.9	62.3	762.3	67.1	62.2	47.9

（续）

类型	弯曲强度/MPa	弯曲模量/GPa	拉伸强度/MPa	拉伸模量/GPa	冲击强度/$kJ \cdot m^{-2}$	层间剪切强度/MPa
CFF-SKEI-4	953.7	67.0	797.4	68.4	58.3	91.4
为A340空客飞机设计的产品	1027	59	758	56	—	—

4. 效果与应用

1）商业级碳纤维织物原先的保护浆料对CFF/PPS复合材料的界面结合性能不利，可以通过热处理去浆得到改善，其最佳工艺条件为：在氮气保护下，400℃处理4h。

2）SKE1表面修饰剂可以有效改善CFF/PPS的界面结合性能。SKE1的丙酮溶液浓度为4%时，复合材料的综合力学性能相对较高。在该工艺条件下，复合材料的储能模量与其他界面改性剂制备的复合材料相比也更高，印证了CFF与PPS界面结合强度的提高。

该材料主要用于航空、航天和兵器的轻量化功能制件的制备。

六、PPS耐磨复合材料的制备与应用

1. 原材料与配方（质量份）

PPS	100	玻璃纤维（短切或连续）	40
PTFE	10	纳米SiO_2	10
偶联剂（KH-570）	0.5~1.0	加工助剂	适量
其他助剂	适量		

2. 制备工艺

（1）GF和CF增强PPS的制备　将PPS放入150℃的鼓风干燥箱中干燥6h，然后将其加入挤出机主喂料口，GF从螺杆第四和第五加热区间的加纤口加入，CF从第五和第六加热区间的侧喂料口加入，挤出机温度为280~300℃，螺杆转速为400r/min；挤出料条经水冷、风干、切粒得到GF增强PPS和CF增强PPS粒料，然后注射成标准试样。

（2）复合耐磨改性GF增强PPS的制备　将PTFE或纳米SiO_2置于高速混合机中，于100~120℃条件下高速搅拌3min后，按照PTFE或纳米SiO_2质量的0.4%加入硅烷偶联剂KH-570，继续搅拌5min，制得表面改性的PTFE或纳米SiO_2。按照一定质量比，将干燥PPS、表面改性PTFE、表面改性纳米SiO_2置于高速混合机中，于100~120℃温度下高速搅拌3min后，加入挤出机主喂料口，GF从螺杆第四和第五加热区间的加纤口加入，挤出机温度为280~300℃，螺杆转速为400r/min，挤出料条经水冷、风干、切粒得到复合耐磨GF增强PPS，然后注射成标准试样。

3. 性能

随着纳米SiO_2含量的增加，材料的摩擦因数和磨损率逐渐降低。当纳米SiO_2质量

分数为10%（此时PTFE质量分数也为10%）时，GF增强PPS具有最好的摩擦磨损性能，其摩擦因数为0.16，磨损率为$6.3\times10^{-6}mm^3/(N\cdot m)$，均低于相同质量分数的CF增强PPS［此时其摩擦因数为0.23，磨损率为$6.5\times10^{-6}mm^3/(N\cdot m)$］。随着纳米$SiO_2$含量的进一步增加，其在PPS树脂中很容易发生团聚，减摩耐磨改性效果反而降低。从表8-51中可以看出，相对于纯PPS，CF增强PPS的体积电阻率大幅降低，而GF增强PPS的体积电阻率基本没有变化。同时可以看出，PTFE及纳米SiO_2的加入对GF增强PPS的体积电阻率影响不大，这表明采用PTFE和纳米SiO_2复配对GF增强PPS进行耐磨改性，可以保持PPS的优良电绝缘性能。

表8-51　不同PPS的体积电阻率

项目	纯PPS	GF增强PPS	CF增强PPS	复合耐磨改性GF增强PPS
体积电阻率/Ω·cm	6.7×10^{15}	4.1×10^{15}	2.1×10^{2}	3.2×10^{15}

采用PTFE和纳米SiO_2复配对GF增强PPS进行耐磨改性，相对于CF增强PPS，还有一个重要的优点是可以降低成本。

4. 效果与应用

1）质量分数为40%的CF增强PPS的摩擦磨损性能优于相同质量分数的GF增强PPS。

2）PTFE可以明显降低GF增强PPS的摩擦因数和磨损率，通过与纳米SiO_2复配，能够进一步改善PPS的摩擦磨损性能，当两者的质量分数均为10%时，其改性的GF增强PPS的摩擦因数、磨损率，以及滚动摩擦时的磨损质量和磨损体积低于CF增强PPS。

3）利用PTFE和纳米SiO_2复合改性GF增强PPS，能够在改善耐磨性能的同时，保持PPS优良的电绝缘性能。

4）相对于CF耐磨改性，采用PTFE和纳米SiO_2复合改性GF增强PPS，能够在降低成本的情况下达到减摩耐磨改性目标。

该材料广泛应用于纺织、汽车、家用电器、电子电气、机械仪表、石油化工、国防工业、航天航空等领域。

七、碳纤维与玻璃纤维增强PPS耐磨复合材料

1. 原材料与配方（质量份）

原材料	配方1	配方2
PPS	100	100
玻璃纤维	30～40	—
碳纤维	—	30～40
偶联剂	0.5～1.0	0.5～1.0
加工助剂	3～5	3～5
其他助剂	适量	适量

2. 制备方法

将PPS原料烘干后分别与GF和CF混合，通过双螺杆挤出机造粒，控温270℃。将所

得共混粒料和 PPS 原料干燥后分别注射成摩擦试验样条，样条尺寸为30mm×7mm×6mm。

3. 性能与效果

当纤维用量由 30% 增至 40% 时，复合材料的耐磨损性能也相应提高。这是由于纤维增强体的增多，使复合材料承受外力的能力增强，从而使复合材料的耐磨损性能显著提高。

1）在 PPS 中加入纤维增强体后，复合材料的摩擦磨损性能得到了很大的提高。

2）同 GF/PPS 相比，CF/PPS 具有更好的摩擦磨损性能。CF/PPS 不仅摩擦因数较小，而且磨损率也低于 GF/PPS。

3）随着载荷的增大，纤维增强 PPS 复合材料的摩擦因数降低，但是磨损率却明显提高。

八、抗热氧化 PPS 复合材料

1. 原材料与配方（质量份）

PPS	100	抗氧剂（KYN-818）	0.1～0.3
加工助剂	1～3	其他助剂	适量

2. 制备方法

将质量分数分别为 0.1%、0.2%、0.3% 的 KYN-818 分别与 PPS 切片在双螺杆挤出机中混合均匀，加热熔融挤出，经水浴拉条、切粒，制备 PPS 复合材料。在切粒之前，截取一定长度的试样，以备后续测试使用。

3. 性能

PPS 复合材料的影响因素见表 8-52～表 8-55。

表 8-52　KYN-818 对 PPS 复合材料玻璃化转变温度的影响

KYN-818 的质量分数（%）	玻璃化转变温度/℃
0	95.12
0.1	90.01
0.2	91.15
0.3	89.15

表 8-53　KYN-818 对 PPS 复合材料结晶性能的影响

KYN-818 的质量分数（%）	熔融温度/℃	热结晶温度/℃	过冷度/℃	冷结晶热焓 /J·g^{-1}	熔融热焓 /J·g^{-1}	结晶度（%）
0	280.34	217.77	62.34	26.35	46.02	25.38
0.1	280.20	219.61	60.59	21.98	46.64	31.82
0.2	279.87	219.93	59.94	22.29	43.36	27.19
0.3	279.88	220.03	60.46	24.49	45.04	26.52

表 8-54　PPS 复合材料的氧化诱导温度数据

KYN-818 的质量分数（%）	氧化诱导温度/℃
0	430
0.1	431
0.2	432
0.3	440

表 8-55　KYN-818 对 PPS 复合材料力学性能的影响

KYN-818 的质量分数（%）	拉伸断裂应力/N	截面面积/mm²	拉伸断裂强度/MPa	断裂伸长率（%）
0	168.098	3.80	44.24	2.75
0.1	175.558	4.01	43.78	1.62
0.2	189.057	4.24	43.59	1.80
0.3	170.209	3.09	44.16	1.50

4. 效果与应用

1）在 PPS 复合材料谱线中，KYN-818 与 PPS 分别呈现各自的特征峰，没有生成新的官能团。

2）KYN-818 作为小分子物质，对 PPS 基体起到增塑作用，使 PPS 复合材料的玻璃化转变温度下降 5℃左右。

3）添加 KYN-818 后，PPS 复合材料基本维持了纯 PPS 的拉抻断裂强度，但其断裂伸长率略有降低。

4）随着 KYN-818 含量的增加，PPS 复合材料的氧化诱导温度有一定程度的提高，当 KYN-818 的质量分数为 0.3% 时，PPS 复合材料的氧化诱导温度较纯 PPS 提高 10℃；由于 KYN-818 的高温分解，在后续的共混纺丝过程中，KYN-818 的质量分数应小于 0.3%。

该材料主要用于特种功能过滤材料，如热电厂的高温袋式除尘、垃圾焚烧烟气过滤领域。

第九章　聚砜类（PSU）塑料

第一节　主要品种的性能

一、主要品种

聚砜（Polysulfone，PSF）是一类在主链中含有砜基和芳核的高分子化合物。

较广泛应用的三种聚砜类塑料为双酚 A 聚砜、聚醚砜和聚芳砜。

双酚 A 聚砜具有较好的综合性能，热变形温度为 170℃，长期使用温度为 150℃，且易于加工成型。

聚醚砜具有优良的耐热性，热变形温度为 210℃，长期使用温度为 180 ~ 200℃，且可用普通注射成型机加工成型。

聚芳砜具有特殊的耐热性，热变形温度为 270℃，长期使用温度为 240 ~ 260℃。但是由于其分子结构中含有联苯链节，故流动性差，加工困难。

双酚 A 聚砜可制作高强度、耐高温和尺寸稳定的机械零件，聚醚砜可制作高强度的机械零件和耐磨零件，聚芳砜适用于耐高低温的电气绝缘件和耐高温高压的机械零件。

二、双酚 A 聚砜

双酚 A 聚砜（Bisphenol- A polysulfone）简称聚砜，其结构式为

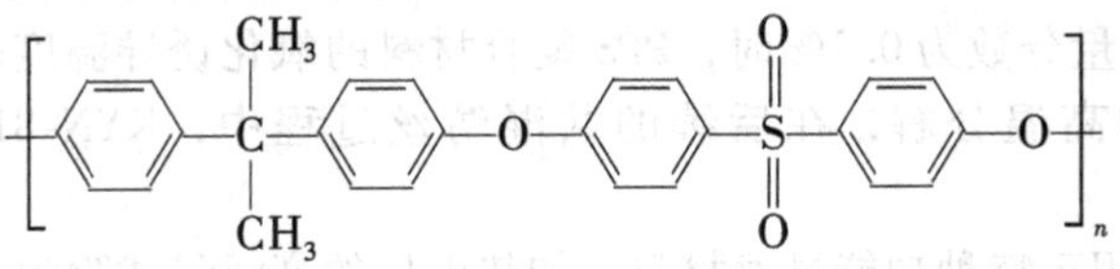

1. 基本性能

（1）识别特征　聚砜为透明琥珀色或不透明象牙色的固体塑料；难燃，离火后自熄，且冒黄褐色烟，燃烧时熔融而带有橡胶焦味。

（2）力学性能　聚砜具有高弹性率、高拉伸强度；脆化温度达 –101℃，热变形温度（1.86MPa）为 174℃；经过两年时间其性能无变化。

（3）电性能　聚砜具有卓越的电气性能，使用温度、频率范围宽，介电常数稳定，介电损耗角正切值小，适于制作电子电气产品的 PCB 片状电容器线圈、接插件等。

（4）耐药品性　聚砜可在苛刻环境中制造设备的耐磨蚀衬里，可耐碱、无机盐溶液腐蚀；对于洗涤液碳水化合物在高温条件下使用效果很好；但对极性有机溶剂应注意。

（5）耐水性、耐蒸汽性　聚砜可以长期耐沸水和蒸汽；用它制造的各种零部件可

反复用蒸汽消毒，反复进行自动洗涤，其物性、表面光泽度不会降低；利用这些特性可代替玻璃和金属制造医疗器械、食品加工机械等。

（6）耐蠕变性 聚砜的耐蠕变性能优异，即使在高温下也同样具有高的耐蠕变性。

聚砜的性能（国外以美国 LNP 公司为代表，国内列举几家公司）见表 9-1 ~ 表 9-3。

表 9-1 美国 LNP 公司玻璃纤维增强聚砜（LNP）的性能

项目		测试方法（ASTM）	GF1004（20%玻璃纤维）	GF1006（30%玻璃纤维）	GF-1006FR（30%玻璃纤维）	GL-4030（15%聚四氟乙烯）
模塑收缩率（%）		D955	0.3 ~ 0.4	0.2 ~ 0.3	0.25	—
熔融温度/℃		—	385	385		385
相对密度		D792	1.38	1.45	1.46	1.37
吸水率（%）	方法 A	D670	0.20	0.20	0.20	0.15
	方法 D		0.60	0.50	—	0.38
拉伸强度/MPa		D638	103	124	121	159
断裂伸长率（%）		D638	3.0	3.0	—	2 ~ 3
弯曲强度/MPa		D790	145	165	165	221
弯曲模量/GPa		D790	5.9	8.3	8.3	13.8
洛氏硬度（方法 A）		D785	HR M92	HR M92	—	—
			HR L107	HR L108		—
悬臂梁冲击强度（缺口）/（kJ/m^2）		D256	2.73	3.78	2.73	2.52
热变形温度/℃	0.455MPa	D648	188	191		191
	1.82MPa		182	185	185	185
最高使用温度/℃		—	149	149	—	149
线胀系数/（$\times10^{-5}K^{-1}$）		D696	1.7	1.4	1.4	0.6
燃烧值（O_2 值）（%）		D2863	—	35.0	39.5	—
介电强度/（kV/mm）		D149	—	0.48	0.48	—
相对介电常数（60Hz）		D150	—	3.55	3.65	—
体积电阻率/Ω · cm		D257	—	10^{17}	—	—
介电损耗角正切值（60Hz）		D150	—	1.9×10^{-3}	2×10^{-3}	—

表 9-2 国产聚砜的性能

项目	上海曙光化工厂 S-100	大连塑料一厂 P7301	天津合成材料厂
相对密度	1.24	1.24	1.24
吸水率（%）	<0.1	0.22 ~ 0.24	0.25
模塑收缩率（%）	0.6 ~ 0.8	0.50 ~ 0.70	—

（续）

项　　目	上海曙光化工厂 S-100	大连塑料一厂 P7301	天津合成材料厂
拉伸强度/MPa	≥50	75～80	>70
弯曲强度/MPa	≥120	110～120	>100
冲击强度/(kJ/m^2)	≥370	300～500	>100
压缩强度/MPa	>85	80～90	>100
剪切强度/MPa	>45	—	—
弹性模量/GPa	>2.5	2.0～2.5	—
弯曲模量/GPa	—	2.5～2.9	—
布氏硬度/MPa	>10	10～12	20
维卡耐热温度/℃	170～180	—	—
马丁耐热温度/℃	—	145～155	170
热变形温度/℃	≥150	174	—
长期使用温度/℃	—	150	—
脆化温度/℃	—	100	—
线胀系数/($\times10^{-5}K^{-1}$)	5	5	—
介电强度/(kV/mm)	≥15	15	20
体积电阻率/Ω·cm	1×10^{16}	1×10^{16}	1.5×10^{17}
表面电阻率/Ω	1×10^{15}	1×10^{16}	1×10^{17}
相对介电常数(1MHz)	3	3	3.4
介电损耗角正切值(1MHz)	10^{-3}	6×10^{-3}	4.5×10^{-3}

表 9-3　国产玻璃纤维增强聚砜的性能

项　　目	上海曙光化工厂 S-215	项　　目	上海曙光化工厂 S-215
相对密度	1.45	布氏硬度/MPa	>10
收缩率(%)	0.3～0.5	热变形温度/℃	≥165
冲击强度/(kJ/m^2)	≥70	线胀系数/($\times10^{-5}K^{-1}$)	5×10^{-5}
弯曲强度/MPa	≥140	相对介电常数(1MHz)	3
拉伸强度/MPa	≥80	介电强度/(kV/mm)	≥15
压缩强度/MPa	>90	体积电阻率/Ω·cm	$\geq1\times10^{16}$
剪切强度/MPa	>45	介电损耗角正切值(1MHz)	1×10^{-13}
拉伸模量/GPa	3		

2. 成型加工工艺

聚砜在成型过程中剪切速度不敏感，黏度较高，熔融流动中的分子定向较低，易获得均匀的制品。聚砜易进行规格和形状的调整，适合于挤出成型的异型制品。

聚合物的黏度与温度的关系：在高温时黏度都较高，其黏度 PSF 与 PS 相一致。在成型加工时可以调整螺筒与模具的温度控制其流动性。故 PSF 采用与 PC 加工成型同样的挤出机、注射机和模具便可获得较好的 PSF 制品。

聚砜可采用注射、挤出、吹塑等方法成型加工。但是聚砜具有熔融黏度大、熔融温度高、分子链较刚硬、冷流性小等特点。最好采用长径比大的螺杆注射机，一般小制品也可用活塞式注射机。聚砜的成型工艺条件见表 9-4 ~ 表 9-6。

表 9-4　聚砜注射工艺条件

项目	数　值	项目	数　值
树脂干燥	烘箱 130℃，1h 鼓风烘箱 120 ~ 140℃，10h 以上	喷嘴温度/℃	270 ~ 300
		模具温度/℃	100 ~ 120
机筒温度/℃	280 ~ 310	注射压力/MPa	117 ~ 135

表 9-5　聚砜挤出工艺条件

项目	数　值	项目	数　值
树脂干燥	鼓风烘箱 120 ~ 130℃，10h 以上	长径比	20∶1
螺杆直径/mm	65	机筒温度/℃	270 ~ 300
螺杆压缩比	(2.3 ~ 2.5)∶1	机头温度/℃	260 ~ 280

表 9-6　聚砜吹塑工艺条件

项目	数　值	项目	数　值
树脂干燥	鼓风烘箱 120 ~ 130℃，10h 以上	模具温度/℃	90 ~ 110
螺杆压缩比	(2.0 ~ 2.5)∶1	吹塑压力/MPa	1 ~ 2
机筒温度/℃	270		

3. 应用

聚砜在耐高温和其他性能方面均能取代多种塑料，也可代替玻璃和金属（如不锈钢、黄铜、镍），其优点是质轻，且成本低。

聚砜广泛应用于电气电子、汽车及航空、食品加工和医疗器械等领域，此外，它还适于制作工艺装置和清洁设备管道、蒸汽盘、波导设备元件、水加热器汲取管、教学监视箱、摄影箱零件、摄影机零件、毛发干燥器、衣服蒸汽发生器、热发泡分散器、污染设备及过滤隔膜和罩等。

4. 聚砜的性能与应用（表9-7～表9-11）

表9-7　辽宁大连第一塑料厂PSF的性能与应用

牌号	吸水率（%）	冲击强度/(kJ/m²)	热变形温度/℃	成型收缩率（%）	特　性	应　用
P7301	0.1	300	174	0.55/0.65	浅驼色树脂，耐高温，耐电弧，耐化学腐蚀，机械强度高，尺寸稳定性好，抗蠕变，自熄性强，可注射或挤出成型，其中P7302、7303为粒料	可用于制备高强度、耐高温工程制品，型材和绝缘制品等
P7302	—	—	—	—		
P7303	—	—	—	—		

表9-8　上海曙光化工厂PSF的性能与应用

牌号	拉伸强度/MPa	冲击强度/(kJ/m²)	热变形温度/℃	成型收缩率（%）	特　性	应　用
S100	50	370	150	0.6～0.8	本色粒子，耐寒、耐热，柔韧性好，强度高，耐蠕变性、耐化学药品性和尺寸稳定性优良，电绝缘性、自熄性突出，可注射或挤出成型	可用于制备电子、电器、仪表、化工、机械等高强度制品，绝缘制品
S110、S101	50	500	150	0.6～0.8	瓷白粒料或有色粒子，强度高，耐热、耐寒，低翘曲，尺寸稳定性好，电性能优异，可注射或挤出成型	可用于制备汽车、机械、电子绝缘件，板材和管材等
S140	50	200	150	0.6～0.8	天蓝粒料，耐氧化、耐候性和耐化学药品性突出，其他性能与S101相同	可用于制备汽车、电子、机械制品
S170	50	200	150	0.6～0.8	灰色粒料，耐氧老化性、耐化学药品性突出，其他性能与S101相同	可用于制备工程结构制品
S180	50	20	150	0.6～0.8	黑色粒料，其他性能与S101相同	可用于制备工程结构制品
S215	80	70	160	0.3～0.5	15%玻璃纤维增强品级，强度与刚性优异，耐热、耐寒、耐氧老化性、耐化学药品性优良，低翘曲，抗蠕变，可注射或挤出成型	可用于制备工程结构制品
S310、S340、S370、S380	5	160	150	0.6～0.8	磁白粒料，阻燃V-0级，低毒，低烟，强度高，电性能好，其中S340为蓝色粒子，阻燃级，S370为无色粒子，S380为黑色粒子	可用于电子、航天、航空零部件的制备

（续）

牌号	拉伸强度/MPa	冲击强度/(kJ/m²)	热变形温度/℃	成型收缩率(%)	特　性	应　用
S315	80	55	170	0.3~0.5	本色粒料，阻燃品级，强度高，尺寸稳定性优良	可用于航天、航空和电子零部件的制备
S410	50	80		0.6~0.8	填充PTFE品级，耐磨性、润滑性突出，耐热，强度高，抗蠕变，尺寸稳定性、耐化学性优良，可注射成型	可用于制备工程耐磨制品
S510、S540、S580	49	49~50	165	0.3~0.4	瓷白粒料，内含碳改钙，刚性好，冲击强度偏低，其中S540为海蓝粒料，S580为黑色粒料	可用于制备工程件
SF415					填充PTFE品级，耐热、耐磨、抗蠕变性突出，低翘曲，电性能优异	可用于制备工程结构件

表9-9　上海天山塑料厂PSF的性能与应用

牌号	拉伸强度/MPa	冲击强度/(kJ/m²)	马丁耐热温度/℃	特　性	应　用
S100	80	370	175	淡棕色粒料，未改性，可注射成型	可用于制备工程耐酸制品、电器件
S101	80	370	175	灰色粒料，未改性，可注射成型	可用于制备化工容器或涂层
SF415	50	80	175	填充PTFE品级，耐摩擦性能好，可注射成型	可用于制备耐磨、润滑工程制品
SG215	100	70	195	15%玻璃纤维增强品级，强度高，尺寸稳定性好，刚性突出，可注射成型	可用于制备工程结构件

表9-10　天津合成材料厂PSF的性能与应用

牌号	拉伸强度/MPa	冲击强度/(kJ/m²)	马丁耐热温度/℃	特　性	应　用
PSF	70	100	170	浅琥珀不透明粒料，耐高温、耐电弧、耐蚀性好，强度与刚性高，尺寸稳定性和抗蠕变性好，可注射或挤出成型	可用于制备工程用和宇航用耐高温、高强度绝缘件以及工业用各种结构件

表 9-11 美国阿莫科化学公司（Amoco Chemlical Co.，Ltd.）**Udel PSF** 的性能与应用

牌号	拉伸屈服强度 /MPa	冲击强度（缺口）/(J/m)	热变形温度（1.82MPa）/℃	成型收缩率（%）	特性	应用
GF110	78	64	179	0.4	10%玻璃纤维增强品级，阻燃 V-0 级，可注射成型	可用于制备工程制品
GF120	96.6	69	180	0.3	20%玻璃纤维增强品级，阻燃 V-0 级，可注射成型	可用于制备工程结构制品
G130	107.6	74.7	182	0.2	30%短切玻璃纤维增强品级，阻燃 V-0 级，可注射成型	可用于制备一般工程制品
B360	121.4	64.0	160		强度和刚性突出，阻燃 V-1 级，可注射成型	可用于制备工程结构件
B390	72.5	58.7	169		熔体流动速率为 8～9g/(10min)，强度刚性优良，可注射成型	可用于制备高强度构件
GF205	75.9	53.3	176		玻璃纤维增强品级，阻燃 V-0 级，熔体流动速率为 5g/(10min)，可注射成型	可用于制备工程结构件
GF210	73.26	53.3	178		玻璃纤维增强品级，阻燃 V-0 级，熔体流动速率为 6g/(10min)，可注射成型	可用于制备高性能构件
M800	65.6	34.7	179	0.4	强度高，刚性优良，阻燃 V-0 级，熔体流动速率为 8.5g/(10min)，可注射成型	可用于制备工程构件
M825	67.6	53.3	179		强度高，耐热，熔体流动速率为 7g/(10min)，阻燃 V-0 级，可注射成型	可用于制备工程阻燃制品
S1000	65.7	85.3	149	0.2	相对密度为 1.23，阻燃 V-0 级，可注射成型	可用于制备工程结构制品

三、聚醚砜

1. 基本性能

聚醚砜（PES）分子是由醚键和砜基与苯基交互连接而构成的线性大分子。聚醚砜的耐热性及刚性要比聚砜（双酚 A）好得多。

（1）热性能　PES 的耐热性高，其玻璃化转变温度为 225℃，热变形温度高于 203℃，在 200℃时力学性能不发生变化。其中弯曲模量与温度的关系：随温度上升，PES 的弯曲模量逐渐降低，而非结晶的 PES 即使达到它的玻璃化转变温度时其弯曲模量

仍保持不变，而且在高温时其蠕变性、尺寸稳定性优良。用玻璃纤维增强PES在180℃下拉伸强度与应力应变的关系：加入30%玻璃纤维增强后在200℃高负荷下，4个月变形小于0.005%。由此可推算出PES拉伸强度下降至一半时，在180℃下可使用20年；在200℃下，可使用5年。故可推定PES的长期使用温度为180℃，若加入30%玻璃纤维增强后可为190℃。另外它的低温性可达到-150℃时制品不会脆裂。

（2）力学性能　PES的机械强度在热塑性塑料中是属于高的，如拉伸强度达86MPa，弯曲强度模量为2700MPa，断裂伸长率为80%，冲击强度（无缺口）为93kJ/m²。

（3）难燃性　PES本身具有不燃性，如用厚0.5mm的试样进行试验，可达到UL94 V-0级标准。它不仅难燃而且在强制燃烧时，发烟量也很少。

（4）耐药品性　PES耐酸、碱等无机药品及溶液性能优良，对有机溶剂视具体情况而定。

PES与其热塑性塑料一样，在成型时由于有残余应力，在受到外力作用和温度时会受到影响。经试验这种残余应力在200℃以下尚不会出现问题，大于200℃时将会引起破裂，因此在高温耐药品性环境中应采用玻璃纤维增强的PES。

（5）电性能　PES具有优异的电性能，在200℃时仍是一种性能稳定耐热型的绝缘材料。

聚醚砜的典型性能见表9-12。

表9-12　聚醚砜的典型性能

项　目		Ultrason E3010 纯料	Ultrason E1010G6 30%玻璃纤维	Ultrason KR4101 30%无机填料
密度/(g/cm³)		1.37	1.6	1.62
平衡吸水率(23℃)(%)		2.1	1.5	1.5
拉伸强度/MPa		92	155	92
断裂伸长率(%)		15~40	2.1	4.1
弹性模量/GPa		2.9	10.9	4.8
弯曲强度/MPa		130	201	148
弯曲模量/GPa		2.6	9.2	4.9
悬臂梁冲击强度/(J/m)	缺口	78	90	21
	无缺口	不断	432	411
洛氏硬度HRM		85	97	84
玻璃化转变温度/℃		220	—	—
热变形温度(1.84MPa)/℃		195	215	206
线胀系数/($\times10^{-5}K^{-1}$)		3.1	1.2	1.7
极限氧指数(%)		38	46	44
体积电阻率/Ω·cm		$>10^{16}$	$>10^{16}$	$>10^{16}$
表面电阻率/Ω		$>10^{14}$	$>10^{14}$	$>10^{14}$
相对介电常数(1MHz)		3.5	4.1	4.0
介电损耗角正切值		0.011	0.01	0.01

2. 成型加工工艺

PES的成型工艺有注射、挤出、吹塑、压制等，也适于用熔融浇注或涂层工艺。现以注射成型工艺条件为例加以说明。

1）树脂需预干燥，干燥条件为150℃、3h。

2）成型温度：螺筒为330~370℃，机头为350~380℃。

3）模具温度为140~160℃。

4）注射压力为70~150MPa。

5）保压压力为50~100MPa。

6）注射速度为中速或高速。

7）螺杆转速为30~80r/min。

8）一般不用脱模剂，必要时须用氟塑料系列耐高温的脱模剂。

3. 应用

PES主要用于电子电气工业，汽车、机械行业，照明、光学等精密仪器行业，航空航天行业，此外，也用于制作医疗器械、化工设备、给水设备、过滤膜及框架的涂层（电镀层）等。

4. PES的性能与应用（表9-13~表9-17）

表9-13　国内聚醚砜（PES）的性能与应用

牌号	拉伸强度/MPa	冲击强度/(kJ/m²)	热变形温度(1.82MPa)/℃	成型收缩率(%)	特性	应用
PES-004（吉林大学试中试厂）	86~98	—	208	—	力学性能、电性能好，成型收缩率低，质坚硬，线胀系数小，耐油，气密性好，摩擦因数小，可注射成型	可用于制备飞机零件，高压绝缘件，耐酸、耐热蓄电池等
PES-C（徐州工程塑料厂）	100	21	—	—		
PES-Z（武汉大学化工原料厂）	124~130	—	21	0.2~0.5	—	—
PES-C-20G（苏州树脂厂）	90	130	—	—	20%玻璃纤维增强，强度高，耐高温，可注射成型	可用于制备工程耐高温制品

表9-14　美国塞莫菲尔公司Thermofil PES的性能与应用

牌号	拉伸屈服强度/MPa	冲击强度（缺口）/(J/m)	热变形温度(1.82MPa)/℃	特性	应用
K10FG-0100	114	69	207	10%玻璃纤维增强品级，抗冲击，阻燃V-0级，可注射成型	可用于制备工程制品

（续）

牌号	拉伸屈服强度/MPa	冲击强度（缺口）/(J/m)	热变形温度（1.82MPa）/℃	特　性	应　用
K15NF-0941	117	67	221	15% 碳纤维增强品级，耐热，抗静电，可注射成型	可用于制备工程结构件
K20FG-0100	134	67	210	20% 玻璃纤维增强品级，耐热，高强度，可注射成型	可用于制备工程结构制品
K20NF-0100	152	59	227	20% 玻璃纤维增强品级，耐热，阻燃 V-0 级，抗静电，可注射成型	可用于制备工程结构件
K30FG-0100	159	64	213	30% 玻璃纤维增强品级，耐热，阻燃 V-0 级，润滑性好，可注射成型	
K30NF-0100	152	53	229	30% 碳纤维增强品级，耐热，阻燃 V-0 级，导电，可注射成型	可用于制备高性能制品
K40FG-0100	179	43	238	40% 玻璃纤维增强品级，耐热，阻燃 V-0 级，刚性好，可注射成型	可用于制备高强度工程制品
K07SS-0100	—	—	—	20% 钢纤维增强，导电，电磁屏蔽性优良，可注射成型	可用于制备电磁屏蔽制品

表 9-15　美国复合技术公司（Compounding Technology Inc.）PES 的性能与应用

牌号	密度/(g/cm³)	弯曲模量/GPa	热变形温度（0.45MPa）/℃	燃烧性（UL94）	特　性	应　用
ES30CF/000	1.51	5.86	204	V-0	含 30% 碳纤维，耐热，导电，可注射成型	可用于制备高性能结构件
ES20GF/000	1.48	8.41	213	V-0	含 20% 玻璃纤维，耐热，抗冲，机械强度高，可注射成型	可用于制备工程结构件
ES30GF/000	1.60	11.0	215	V-0	含 30% 玻璃纤维，耐热，刚性较好，抗蠕变，可注射成型	可用于制备工程结构件
ES40GF/000	1.72	14.1	216	V-0	含 40% 玻璃纤维，耐热，刚性好，抗蠕变，可注射成型	可用于制备高强度结构件

表 9-16　美国钢铁化学公司（USS Chemical CO.，Ltd.）Arylon PES 的特性与应用

牌号	成型方法	特　性	应　用
410NC10	注射	未改性品级	可用于制备工程制品
501BK103	注射	玻璃纤维增强品级，耐热性高，尺寸稳定性好	可用于制备工程结构制品
Q402NC10	注射	未增强，阻燃品级	可用于制备工程阻燃制品
T3198	注射、挤出	相对密度 1.37，抗冲击，阻燃	可用于制备工程结构件

表 9-17　日本大日本油墨化学公司 Amoryon PES 的性能与应用

牌号	拉伸屈服强度 /MPa	冲击强度（缺口）/(J/m)	热变形温度（1.82MPa）/℃	成型收缩率（%）	特　性	应　用
V30	157	98	260	0.2/0.8	30% 玻璃纤维增强品级，强度与刚度高，耐高温，阻燃，可注射成型	可用于制备工程制品
V40	177	108	260	0.2/0.8	40% 玻璃纤维增强品级，刚度高，耐高温，阻燃，抗蠕变，可注射成型	可用于制备工程结构制品
V130	137	78	260	0.25/0.8	石墨与玻璃纤维增强品级，摩擦因数小，磨耗小，可注射成型	可用于制备耐磨和滑动制品

四、聚芳砜

1. 基本性能

聚芳砜（PASF）分子是由砜基、醚键相互与联苯基连接而成的线性大分子，主链上引入了高刚度的联苯基，大分子的刚性和稳定性比前两类聚砜好，材料的耐热性、熔体黏度也比前两类聚砜高。

其识别特征如下：

1）聚芳砜为透明琥珀色固体。与双酚 A 聚砜相比，聚芳砜密度稍大，热变形温度和连续使用温度均高出 100℃左右。

2）高温强韧性和低温冲击强度、刚性、耐磨性等都好。

3）耐热性、抗氧化稳定性、耐低温性等突出，可在 -196 ~260℃长期工作。

4）耐燃、自熄性、耐水解性、耐辐射性等优良。

5）电绝缘性超过 H 级。

6）化学稳定性好，耐碱、无机酸、烃类、燃料油、氟利昂等。

7）熔体黏度大，成型性差。

国内生产厂家有吉林大学化学所、苏州树脂厂，其产品性能见表 9-18。

表 9-18 国产聚芳砜的性能

项目		PAS360①	GF PAS360②	项目	PAS360①	GF PAS360②
拉伸强度/MPa	室温	94	190.8	马丁耐热温度/℃	242	—
	260℃,900h	71.4	—	热变形温度/℃	300	—
冲击强度/(kJ/m^2)		>100	126.3	热失重温度/℃	450	—
热分解温度/℃		460	—	相对介电常数(1MHz)	4.77	2.68
表面电阻率/Ω		5.7×10^{15}	1.57×10^{15}	介电强度/(kV/mm)	84.6	27③
体积电阻率/Ω·m		3.4×10^{16}	2.82×10^{15}	介电损耗角正切值(1MHz)	6.5×10^{-3}	5×10^{-2}
压缩强度/MPa		150	367.2			
弯曲强度/MPa		>140	346	燃烧性	自熄	—
断裂伸长率(%)		7~10	—	红外透光率(%)	1.5~4	—

① 吉林大学化学所产品。
② 苏州树脂厂增强聚芳砜。
③ 90℃测定。

美国 3M 公司产品的性能见表 9-19 和表 9-20。

表 9-19 美国 3M 公司 Astrel 360 的性能

项目		数值	项目		数值
相对密度		1.36	压缩模量/GPa		2.4
吸水率(%)		1.8	弯曲模量/GPa	23℃	2.78
模塑收缩率(%)		0.8		260℃	1.77
色泽		透明	断裂伸长率(%)	23℃	13
拉伸强度/MPa	23℃	91		260℃	7
	260℃	29.8	悬臂梁冲击强度(缺口)/(kJ/m)		0.163
压缩强度/MPa	23℃	126			
	260℃	52.8	洛氏硬度 HRM		110
弯曲强度/MPa	23℃	121	Taber 磨耗/(mg/1000 次)		40
	260℃	62.7	玻璃化转变温度/℃		288
弹性模量/GPa		2.6	热变形温度(1.82MPa)/℃		274

2. 成型加工工艺

（1）成型加工　成型前应在 135℃下干燥 3~5h。主要用模压、流延、浸渍、层合工艺；也可用注射、挤出、涂覆、电镀、粘接、印刷等成型工艺。聚芳砜的典型工艺条件见表 9-21~表 9-24。注射制品应在 160℃热空气中处理。

表 9-20　美国 3M 公司 Astrel 380 薄膜的性能

项　目	数值	项　目		数值
色泽	透明	拉伸强度/MPa	未定向	91
形态	无定形		定向	126
相对密度	1.35	断裂伸长率(%)	未定向	10
玻璃化转变温度/℃	310		定向	50
弹性模量/GPa	2.1	介电损耗角正切值	23℃,100Hz	4×10^{-3}
热变形温度/℃	315		200℃,100Hz	9×10^{-3}
可燃性	自熄	介电强度/(kV/mm)	室温	128
吸水率(%)	2.1			
相对介电常数(100Hz)	3.85		200℃	112

表 9-21　聚芳砜的干燥条件

工艺参数	数　　值
温度与时间	150℃，10~16h；或 205℃，6h；或 260℃，3h
备注	若物料干燥不充分，则制品表面易出现银斑或内部留有微小气孔

表 9-22　聚芳砜的模压工艺条件

工艺参数	数　值	工艺参数	数　值
模具温度/℃	360~380	卸模温度/℃	260
成型压力/MPa	7~14		

表 9-23　聚芳砜的注射工艺条件

工艺参数	数　值	工艺参数	数　值
机筒温度/℃	315~410	注射压力/MPa	140~280
模具温度/℃	230~260	成型周期/s	15~40

表 9-24　聚芳砜的挤出工艺条件

工艺参数		数　值	工艺参数	数　值
机筒温度/℃	后部	230~260	口模温度/℃	340~410
	中部	260~315	螺杆转速/(r/min)	20~90
	前部	315~340		

（2）薄膜成型　薄膜成型方法是将固体含量为40%的硝基苯溶液，用二甲基酰胺或N-甲基吡咯烷酮稀释到固体含量为20%，在高温流延机上直接成膜（温度为200~

250℃）。或者将经过沉淀、洗涤、干燥后的聚芳砜配成20%的溶液再成膜。

3. 应用

聚芳砜主要用作耐高温结构材料，如高速喷气机的机械零件，电气工业用作耐高低温的H级绝缘材料、线圈骨架、印制电路板，耐高温电容器、集成电路元件，电线涂覆等；还可用作粘合剂、涂料、纤维。聚芳砜加氟乙烯、石墨等用作耐高温、耐磨结构材料，如高载荷轴承等，加云母后用作高级绝缘材料，玻璃纤维增强层复合塑料用作耐高温结构材料。

4. 聚芳砜的性能与应用（表9-25～表9-27）

表9-25　国内PASF的性能与应用

牌号	拉伸强度/MPa	冲击强度/(kJ/m²)	热变形温度/℃	特　性	应　用
360（中科院长春应用化学研究所，吉林大学化学所）	94	>100	300	耐高温、抗老化，使用温度范围较宽，机械强度高，抗冲击性好，韧性好，电性能好，抗辐射，自熄性好	可用于制备电子、航空、宇航机械的耐高温部件和电气绝缘件等
增强360（上海曙光化工厂，江苏苏州树脂厂）	190.8	126.3	>300	可注射或模塑成型	—

表9-26　美国阿莫科化学公司（Amoco Chemical Co.）Radel PASF的性能与应用

牌号	拉伸屈服强度/MPa	冲击强度（缺口）/(J/m)	热变形温度(1.82MPa)/℃	成型收缩率(%)	特　性	应　用
A100	82.4	85	204	0.6	透明，耐高温，阻燃V-0级，可注射成型	可用于制备工程耐高温制品
A200	82.4	85	204	0.6	透明，阻燃V-0级，耐高温，加工流动性好，可注射成型	可用于制备工程结构件
AG210	86.3	48	209	0.5	10%玻璃纤维增强品级，强度高，耐高温，尺寸稳定，阻燃V-0级，可注射成型	可用于制备工程结构制品
A220	105	59	213	0.4	20%玻璃纤维增强品级，强度高，耐高温，尺寸稳定，阻燃V-0级	可注射成型工程耐高温结构件
AG230	127	75	213	0.3	30%玻璃纤维增强品级，刚性好，耐高温，阻燃V-0级，可注射成型	可用于制备耐高温工程制品
AG360	120	85.6	201		36%玻璃纤维增强品级，强度高，刚性好，耐高温，阻燃V-0级	可用于注射成型耐高温结构件

（续）

牌号	拉伸屈服强度/MPa	冲击强度（缺口）/(J/m)	热变形温度(1.82MPa)/℃	成型收缩率(%)	特性	应用
R5000	69.7	696	190	—	透明品级，阻燃V-0级，抗冲击性好，可注射成型	可用于制备工艺制品
R5100	69.7	696	190	—	透明品级，抗冲击性优良，阻燃V-0级，可注射成型	可用于制备工程结构制品

表9-27 美国3M公司Astrel PASF的性能与应用

牌号	拉伸强度/MPa	缺口冲击强度/(kJ/m²)	热变形温度(1.82MPa)/℃	成型收缩率(%)	特性	应用
360	91	7.3	274	0.8	透明品级，耐热，耐氧化，耐高温，强度高，但熔融黏度大，可注射成型	可用于制备工程结构制品
360	91	—	315	—	淡灰色透明品级，耐高温，连续使用温度200℃以上，电性能好，可挤出成型	可用于制造耐高温膜材、片材和带材等，也可作为涂料使用

第二节 改性技术

一、填充改性与增强改性

（一）Al_2O_3 填充聚砜膜

1. 选材

聚砜：γ-氧化铝（粒径：1μm）；阴离子表面活性剂，市售；N甲基-2-吡咯烷酮，分析纯；N，N-二甲基乙酰胺，分析纯；丙酮，分析纯；95%乙醇，分析纯。

2. 膜制备工艺

采用溶胶-凝胶相转化法，其制备过程如下：

1）将聚砜溶于定量溶剂（N-甲基-2-吡咯烷酮或N，N-二甲基乙酰胺）中，加入适量添加剂（丙酮）配制成胶液。

2）将陶瓷材料和阴离子表面活性剂溶于定量溶剂中并充分碾压，然后加入胶液中。

3）将胶液充分搅拌制成制膜液。

4）将制膜液流延在玻璃板或无纺布上，在空气中蒸发一定时间后放入凝胶液中

（本例采用 C_2H_5OH 水溶液）至凝胶固化成膜。

3. 结构分析

由 SEM 照片可看出，PSF/Al_2O_3 共混膜由于掺杂 Al_2O_3 微粒表面略显粗糙。PSF/Al_2O_3 共混膜的膜表面的孔分布均匀，膜表面的孔隙率较大。由共混膜断面的 SEM 图看出，共混膜具有典型不对称的三层结构。Al_2O_3 颗粒均匀分布于整个膜中，处于孔壁表面和膜表面层上。Al_2O_3 与聚砜之间存在中间过渡相，通过这个中间过渡相使它们牢固地结合在一起。在共混膜的表面上具有很多亲水的 Al_2O_3 颗粒，该膜具有很强的亲水性，弥补了性能优良的聚砜膜憎水的缺陷。PSF/Al_2O_3 共混膜在油水分离时，促进了水在膜表面和膜内的传递。

4. 性能

（1）膜的力学性能　PSF/Al_2O_3 共混膜具有和有机聚合物膜相似的柔韧性，这也是该共混膜比陶瓷膜优越的地方之一。所制备的 PSF/Al_2O_3 不同质量配比的膜在 1cm 长度下均可弯曲成 360°。因此该膜可制备成各种形式的膜组件。

（2）膜的超滤性能　PSF 与 Al_2O_3 质量比不同的共混膜，水通量随操作压力的增加而增大。所制备的膜中，以 PSF 与 Al_2O_3 的质量比为 10∶5 的膜的水通量最大，该膜的孔隙率也最大，该膜的水通量随操作压力的增加最为显著。

膜的水通量随连续操作时间的延长而减小，PSF/Al_2O_3 共混膜的水通量随时间的衰减较小，而 PSF 膜的水通量衰减显著。水通量衰减是由于含油水体中的油污染了膜面、堵塞了膜孔。PSF/Al_2O_3 共混膜的抗污能力强，得益于 Al_2O_3 的亲水性能。这样一方面减少了污染，另一方面促进了水在膜表面和膜内的传递。

PSF/Al_2O_3 共混膜中 PSF 与 Al_2O_3 的质量比不同，使膜的超滤性能也不同，在相同的截留率下质量比为 10∶5 的膜的水通量最大，抗污染性能最好，效率最高。膜的亲水性能的好坏也可由接触角数据看出，见表 9-28。膜的接触角均比 PSF 膜的接触角小，亲水性均比 PSF 膜强。PSF 膜和 PSF/Al_2O_3 共混膜对油田站外排水砂滤后水样进行了超滤，水样分析结果列于表 9-29 和表 9-30 中。由此可看出，超滤后水的油含量均小于 0.5mg/L，完全符合要求，对油的截留率皆在 99% 以上，说明所研制的共混膜对含油污水中的分散油、乳化油和溶解油具有很好的去除作用。

表 9-28　各种膜的接触角

PSF/Al_2O_3（质量比）	10∶10	10∶7	10∶5	10∶2	纯 PSF
接触角	43°	39°	32°	36°	108°

表 9-29　不同配比的共混膜对油的截留率

PSF/Al_2O_3（质量比）	纯 PSF	10∶2	10∶5	10∶7	10∶10
截留率（%）	99.21	99.25	99.26	99.26	99.28

表 9-30　水样分析结果（操作压力 $p=0.1\text{MPa}$）

水样（质量比）	油含量/(mg/L)	悬乳物含量/(mg/L)	油粒径/μm
原水	64.0	32.1	25.4
PSF 膜	0.5	0.263	0.0960
$PSF/Al_2O_3=10:2$	0.48	0.113	0.0802
$PSF/Al_2O_3=10:5$	0.47	0.110	0.0842
$PSF/Al_2O_3=10:7$	0.47	0.109	0.0914
$PSF/Al_2O_3=10:10$	0.46	0.113	0.0802

（3）膜的清洗　使用一段时间后的膜被污染，必须进行清洗，才能恢复膜的水通量。由于油污组分复杂，故先用3%的 NaOH 溶液清洗，用清水清洗后再用3%的 HCl 清洗，洗涤时间均为30min，然后再用清水冲洗至中性，测试膜清洗前后的水通量，每种膜分别连续重复6次，结果见表9-31。PSF/Al_2O_3 共混膜清洗后水通量恢复率较高，经6次清洗，水通量仍然能恢复至初始的85%左右，说明此膜可循环使用，寿命较长。

表 9-31　PSF/Al_2O_3 膜清洗后的水通量恢复率　（%）

PSF/Al_2O_3（质量比）	清洗次数					
	1	2	3	4	5	6
10:2	98.9	97.4	94.1	90.8	87.3	84.8
10:5	99.1	97.4	94.3	91.6	87.9	85.0
10:7	99.0	97.5	95.6	92.3	88.7	85.3
10:10	98.9	96.7	95.3	92.1	88.7	85.1

（4）膜的孔隙率　由表9-32可看出，PSF 膜的孔隙率小于 PSF/Al_2O_3 共混膜，不同质量比的 PSF/Al_2O_3 共混膜的孔隙率也不同，PSF 膜的孔隙率为41%，PSF/Al_2O_3 膜的孔隙率最大为81.31%，说明 Al_2O_3 的加入提高了共混膜的孔隙率。

表 9-32　各种膜的孔隙率

PSF/Al_2O_3（质量比）	10:10	10:7	10:5	10:2	纯 PSF
孔隙率（%）	51.8	74.1	81.3	75.3	42.7

（5）分散剂的影响　为了防止 Al_2O_3 粉末之间的聚集结团，加入的 Al_2O_3 应充分分散，因此采用阴离子表面活性剂作为分散剂。加入分散剂可以使 Al_2O_3 颗粒稳定地分散悬浮在胶液中。通过试验发现分散剂的加入量最佳值为溶剂加入量的1%。加入太少不能充分起到分散的作用，加入太多会造成浪费。

（6）成膜工艺的影响

1）预蒸发时间的影响。采用传统 sol-gel 相转化法制膜工艺，涂膜后使制膜液在空气中停留一段时间。不同预蒸发时间制备的各种膜的水通量见表9-33。由表9-33可看出最佳预蒸发时间为55s。

2）浸渍液对膜性能的影响。浸渍液对膜表面孔隙率及孔结构形成有直接的影响，纯 H_2O 为浸渍液制备的膜水通量远小于在 C_2H_5OH 水溶液中制备的膜。因此浸渍液用质量分数为10%的 C_2H_5OH 水溶液较好。

表9-33　不同预蒸发时间所制膜的水通量　[单位：$L/(m^2 \cdot h)$]

PSF/Al_2O_3（质量比）	预蒸发时间/s			
	35	45	55	70
10:10	106.7	105.3	103.4	100.8
10:7	115.0	112.9	111.3	108.6
10:5	124.4	122.5	121.2	119.7
10:2	117.7	115.9	114.9	110.1

5. 效果

1）PSF/Al_2O_3 共混膜的柔韧性很好，1cm长的膜可任意弯曲360°。

2）PSF/Al_2O_3 共混膜孔隙率最高可达81.3%，PSF/Al_2O_3 的最佳质量比为10:5。

3）阴离子表面活性剂加入量最佳值为溶剂质量的1%。

4）最佳预蒸发时间为55s。浸渍液选含10% C_2H_5OH 的水溶液。

5）PSF/Al_2O_3 共混膜的水通量随操作压力的增加而增加，在相同截留率和操作压力下，PSF/Al_2O_3 的质量比为10:5的共混膜的水通量最大，增加也最为显著，最高可达162.4$L/(m^2 \cdot h)$（0.1MPa）。

6）在一定压力下，PSF/Al_2O_3 共混膜的水通量随操作时间的延长而下降，在相同截留率时，与PSF膜相比，下降得慢，抗污性好，效率高。

7）经分析这几种共混膜处理后的水样均达到油田回注水的要求。

（二）碳纤维增强聚砜颅骨修补材料

1. 选材

碳纤维（CF）一般选用日本产品；聚砜可选择国产产品，也可选择进口产品；其他助剂适量选用。

2. 制备方法

首先对碳纤维进行预处理，再与聚砜树脂进行共混，可先制成粒料，再注射成制品，也可采用高温注射的同时加料，便可制备出制品。

3. 性能

（1）密度　密度随CF含量的增加而增加。CF含量为5%时，实测密度与按加和律计算的理论值相符，但CF含量再增大，则实测密度较理论值出现负偏差，且CF含量越高，负偏差越大。可见在CF含量较高时，网状CF束与聚砜基体之间难以达到充分而完全的黏结。

（2）线胀系数　由于CF本身的线胀系数较低（10^{-6}数量级），加上CF与PSF之间的紧密黏结阻碍了CF/PSF的膨胀，故随着CF含量的增大，CF/PSF复合材料的线胀系数迅速降低。当CF含量超过15%以后，线胀系数降低缓慢。CF含量为30%时，线胀

系数为 $6.0\times10^{-6}K^{-1}$。线胀系数的降低使材料的尺寸稳定性提高，对于 CF/PSF 作为颅骨修补材料是十分必要的。

（3）体积电阻率　试验结果表明，纯 PSF 的体积电阻率为 $9.72\times10^{16}\Omega\cdot cm$，而 CF 含量为 30% 的 CF/PSF 复合材料，其体积电阻率为 $2.75\times10^{16}\Omega\cdot cm$。可见 CF/PSF 复合材料的电性能与 CF 含量有关。随着 CF 含量的增加，CF/PSF 复合材料的体积电阻率呈下降趋势，且对数体积电阻率（$\lg\rho_V$）与 CF 含量呈直线关系：

$$\lg\rho_V=16.717-20.188w_{CF}$$

相关系数 $r=0.9196$，$r_{0.01}=0.834$，因此线性关系显著。

（4）熔体质量流动速率 MFR　作为良好的颅骨修补材料，应具有良好的成型性能。对于 CF/PSF 材料，具体反映在熔体质量流动速率 MFR 上，随着 CF 含量的增大，熔体质量流动速率 MFR 下降，这与 CF/PSF 材料中 CF 的网状分布有关。可以看出 CF/PSF 复合材料在较高温度（300℃）下塑形较方便。

（5）力学性能　CF/PSF 复合材料的拉伸强度及弹性模量随 CF 组分的变化而改变。随 CF 含量增加，材料的拉伸强度和弹性模量都增大，但 CF 含量超过 30% 时，两者又略有下降。此时 CF 的体积分数大，导致 PSF 基体与 CF 表面难以充分黏结。CF 含量在 20% ~30% 之间变化时，CF 能与 PSF 基体充分黏结，且呈网状分布的碳纤维 LCF 作为承受应力的主体，而 PSF 借助自身的塑性流动和与 LCF 的紧密黏结来传递应力，因此拉伸强度和弹性模量几乎成直线增加。E 增大，说明 CF/PSF 材料的刚性得到改善，这对于颅骨修补材料来说是非常重要的。对于 CF 含量为 30% 的 CF/PSF 复合材料，其拉伸强度为 204.78MPa，弹性模量为 1.988GPa。

4. 效果

CF/PSF 复合材料的缺口冲击强度及弯曲强度随 CF 含量的变化而改变。当 CF 含量在 0 ~25% 范围内增加时，CF/PSF 复合材料的缺口冲击强度及弯曲强度都增加。当 CF 含量为 25% 时，CF/PSF 材料的缺口冲击强度比纯聚砜的缺口冲击强度提高了 2 倍，弯曲强度提高了 81%，这种强度的增加与 CF/PSF 材料中的 CF 网状分布有关。当 CF 含量为 30% 时，CF/PSF 复合材料的缺口冲击强度为 $28.88kJ/m^2$，弯曲强度为 162.0MPa。

二、合金化改性

（一）PES/PA66 合金

1. 原材料与配方（质量份）

PES	70	PA66	30
环氧型相容剂	3 ~15	其他助剂	适量

2. 制备方法

（1）工艺流程　工艺流程如下：

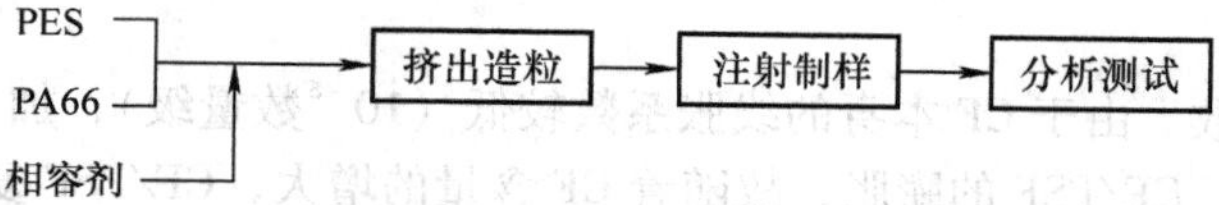

（2）挤出及注射成型工艺的确定　由于 PES 与 PA66 的熔融温度相差近 30℃，因此

在挤出及注射成型时，若加工温度太高，会引起 PA66 的降解；若加工温度太低，则 PES 黏度太大，使得 PES、PA66 很难混合均匀，制备得到的合金宏观与微观性能都很差。经过反复试验并在加入稳定剂的情况下，认为下面的工艺条件比较适合 PES/PA66 合金的制备及注射成型：

PES/PA 合金挤出时，螺杆第一段至第四段的温度分别为 245℃、285℃、305℃、290℃；PES/PA 合金注射成型时螺杆第一段至第四段的温度分别为 245℃、290℃、310℃、120℃。

（3）注射及挤出成型前的准备　由于 PES 较易吸水（吸水率 1.3% 左右），刚干燥的 PES 置于空气中 0.5h，吸水率可达 0.8%，1h 后大于 1.0%。因此成型前必须对物料进行严格干燥，如物料干燥不好，在成型过程中，制品会出现气泡等问题，并影响其内在性能。另一个关键问题是模具温度必须适宜。

（4）注射机模具的改进　通过多次试验发现，注射机原来的模具由于没有加热冷却系统，因此模具温度在试验开始时与室温相同，而随着注射的不断进行，模具的温度会越来越高。试验结果表明：模具温度对试样的力学性能，特别是冲击强度影响较大，因此必须对模具进行一些改进。采用电加热器对模具进行加热，并通过数字显示温控仪使模具温度控制在最佳范围。模板温度及干燥条件对 PES 冲击性能的影响见表 9-34。

表 9-34　模板温度及干燥条件对 PES 冲击性能的影响

模板温度	干燥时间/min	干燥温度/℃	冲击强度/$kJ \cdot m^{-2}$
120℃	120	80	11.0
80℃	120	80	7.4
室温	120	80	7.0
室温	—	—	6.4

3. 性能

（1）PES/PA66 简单共混所得合金的力学性能　表 9-35 列出了纯 PES 及纯 PA66 的力学性能。

表 9-35　纯 PES 及纯 PA66 的力学性能

名称	冲击强度/$kJ \cdot m^{-2}$	拉伸强度/MPa	弯曲强度/MPa
纯 PES	11.2	81.2	410
纯 PA66	4.6	34.2	414

表 9-36 为 PES/PA66 经简单共混所得合金的力学性能。

表 9-36　PES/PA66 经简单共混所得合金的力学性能

PA66 的质量分数（%）	冲击强度/$kJ \cdot m^{-2}$	拉伸强度/MPa	弯曲强度/MPa
10	2.0	68.5	420
20	3.4	71.5	401
30	5.0	64.6	378

（续）

PA66 的质量分数（%）	冲击强度/kJ·m^{-2}	拉伸强度/MPa	弯曲强度/MPa
40	4.6	30.0	367
50	4.3	38.0	392
60	4.1	28.2	377
70	4.0	35.1	390
80	3.8	32.0	480

由于 PES 与 PA66 的溶解度参数（δ）相差较大，PA66 的 δ 为 27.7（J/cm^3）$^{1/2}$，两者的 δ 绝对值相差 4.2（J/cm^3）$^{1/2}$。一般认为两者的 δ 绝对值相差大于 1.5（J/cm^3）$^{1/2}$ 时就不相容，而且 PA66 属于结晶型塑料，而 PES 是非晶型的，PA66 与 PES 的官能团有排斥力作用存在。因此，在无相容剂存在的情况下，PES 与 PA66 经简单共混很难得到混合均匀和性能良好的聚合物合金。从表 9-35 及表 9-36 中可以发现，经简单共混所得 PES/PA66 合金的力学性能比纯 PES、纯 PA66 的力学性能都低，特别是冲击性能。另外也可以看出，PES/PA66 简单共混在质量比为 70/30 时，其力学性能稍好，因此共混试验以 PES/PA66 的质量比为 70/30 的基础上进行。

（2）PES/PA66/相容剂三元合金的力学性能　PES、PA66 在加入相容剂之后所得合金的力学性能见表 9-37。

表 9-37　PES/PA66/相容剂三元合金的力学性能

相容剂（质量份）	冲击强度/kJ·m^{-2}	拉伸强度/MPa	弯曲强度/MPa
0	5.0	64.6	378
3	5.2	65.2	410
6	5.9	68.8	290
9	6.5	74.3	470
12	5.7	68.5	596
15	5.6	71.7	330

4. 效果

1）成型前原材料的干燥和注射模具温度的适当调整，有利于提高材料的力学性能。

2）相容剂的加入有利于提高合金的力学性能。

（二）PES/PC 合金

1. 原材料与配方（质量份）

PES	100	PC	20～40
相容剂	5～10	其他助剂	适量

2. 制备方法

将 PES 树脂（双酚溶液脱盐法合成，特性黏度为 0.37）和 PC 树脂（IR2200，日本出光石化公司产）分别在120℃下真空干燥4h后，按一定比例混合，然后在XSS-300型转矩流变仪中，于305℃混合8min，制得共混物。再在120℃真空干燥2h后，在300～305℃下模压成厚度为0.4mm或在300～305℃模压在脱蜡的玻璃丝织布上，制成制品或试样。

3. 性能

在PES/PC共混物的载荷-应变曲线上，PES呈典型的脆性断裂，PC出现屈服，为韧性材料；少量PC使PES/PC共混体系的拉伸行为呈现典型的韧性断裂。共混物的组成对其断裂伸长率的影响十分显著。

增加PC含量，共混物的断裂伸长率增大，并在25%左右出现极大值，接近于纯PC的断裂伸长率。共混物的拉伸强度随着PC含量的增加而下降。

共混体系的模量在PC含量低于40%时高于线性加和值；高于40%时低于线性加和值。

4. 效果

1）在PES中添加适量的PC（质量分数20%～40%），可以明显改善PES的韧性和加工性能。

2）PC与PES合金化改性，也可改善PC的应力和耐热性等问题。

3）PC/PES合金拓宽了各种应用领域，是开发高性能工程塑料的实例。

（三）PES/PI共混合金

1. 原材料与配方（质量份）

PES	100	聚酰亚胺（PI）	40～60
相容剂	5～10	其他助剂	适量

2. 制备方法

以溶液共混法进行，共混溶剂为N，N-二甲基甲酰胺。将聚酰胺酸和聚醚砜准确称量，配制成溶液后混合均匀，注入模具后在真空烘箱中烘干，即80℃恒温2h，250～300℃恒温2h，脱膜干燥。所制得的PES/PI共混试样具有半互穿聚合物网络结构（IPN）的特征。其PES的含量分别为20%、50%和70%，分别编号为B_2、B_6和B_7。

3. 性能

PI与PES共混，导致其中的PES玻璃化转变温度（T_g）向低温移动3～4℃。这种玻璃化转变温度相互靠近的现象表明，PI与PES是部分相容的共混体系。在此共混物中，PI的分子链中的链节“铰链”缠结和部分支化交联，形成近似网状的高分子结构；PES的分子链以线状形态穿绕于PI的结构之中，形成半IPN，使此共混物中PI与PES部分相容，T_g相互靠近。

PI在碱性介质中易发生酰亚胺环的水解反应。经PES改性后，由于生成了半IPN的物理缠结结构，使耐碱性改善。例如B_7薄膜经NaOH溶液处理8h后，其外观无明显变化，但由亚胺环的特征谱带1780cm^{-1}和1380cm^{-1}的谱带强度变化，可以发现PI/PES共混物的耐碱性有所改善。PI的1780cm^{-1}谱带强度随NaOH溶液处理时间的增长而迅速降低，这表明 PI 中亚胺环迅速开环水解，即耐碱性差；而含 70% PES 的 PI/PES 共混物的 1780cm^{-1}谱带强度则变化很小，这表明 PI/PES 的半 IPN 结构使此共混物的耐碱性良好，B_2 的耐碱性介于两者之间。在 PES 含量小于 20% 时，PI/PES 的耐碱性较差；含量在 40% ~60% 时，PI/PES 共混物的耐碱性良好。

4. 效果

1）溶液共混法制备 PI/PES 共混物是有效的，PI/PES 共混物的半 IPN 结构是部分相容的体系。

2）PES 可以改善 PI 的耐碱性能。当 PES 含量小于 20% 时，PI/PES 的耐碱性差；当 PES 含量在 40% ~60% 时，其耐碱性良好。

（四）PPS/PES 合金

1. 原材料与配方（表 9-38）

表 9-38　PPS/PES 共混物的配方（质量份）

试样编号	1#	2#	3#	4#	5#	6#
PPS/PES（质量比）	100/0	80/20	60/40	40/60	20/80	0/100

2. 制备方法

材料的制备工艺过程如图 9-1 所示。

PPS、PES 经过筛后，在烘箱中进行 120℃、120min 干燥。按表 9-38 中的配方进行高速混合，再置于转矩流变仪混炼机中进行 310℃ ×10min 熔融混炼。在 320℃左右、8MPa、保温 30min 下进行模压成型，再进行 120℃ ×120min 后处理后，制样备用。

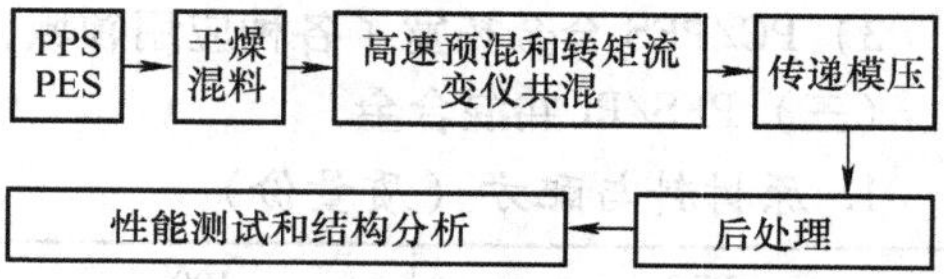

图 9-1　传递模压法制备 PPS/PES 共混物的工艺过程

3. 性能（表 9-39 和表 9-40）

表 9-39　PPS/PES 共混物的力学性能

试样编号	PPS/PES（质量比）	拉伸强度/MPa	弯曲强度/MPa	冲击强度/kJ · m^{-2}	断裂伸长率（%）
1#	100/0	55.6	87.0	3.51	0.5
2#	80/20	62.3	90.6	5.34	0.7
3#	60/40	68.5	97.2	6.85	1.3
4#	40/60	70.8	108.4	7.45	2.0
5#	20/80	75.3	116.9	8.01	2.7
6#	0/100	78.5	121.5	8.34	3.3

表 9-40　PPS/PES 共混物的热力学参数

试样编号	PPS/PES（质量比）	PPS 的玻璃化转变温度/℃	PES 的玻璃化转变温度/℃	熔点/℃
1#	100/0	93.0	—	268.4
2#	80/20	94.2	216.8	270.8

（续）

试样编号	PPS/PES（质量比）	PPS 的玻璃化转变温度/℃	PES 的玻璃化转变温度/℃	熔点/℃
3#	60/40	95.9	217.1	275.2
4#	40/60	97.3	218.6	279.4
5#	20/80	97.5	220.7	281.2
6#	0/100	—	223.1	—

4. 效果

1）PPS/PES 共混材料的拉伸强度、弯曲强度和冲击强度及断裂伸长率总体上都随着 PES 含量的增加而增大，但在 PES 含量低（<50%）时，改性效果更加明显。

2）PPS/PES 共混材料出现两个独立的玻璃化转变温度（T_g）。随着 PES 在合金中含量的增加，PPS 和 PES 的 T_g 先相互靠近后相互背离，说明 PPS/PES 共混体系是一类具有部分相容性的多相共混体系，且其相容性与 PES 的含量密切相关。

3）PES 的加入提高了 PPS 的玻璃化转变温度和熔点，从而提高了共混材料的使用温度。尽管共混材料的热稳定性比纯 PPS 有所降低，但其整体热稳定性良好。

三、填充增强改性

（一）玻璃纤维增强改性 PES

1. 原材料与配方（质量份）

PES	100	玻璃纤维（GF）	60~65
偶联剂（KH-550）	1~2	其他助剂	适量

2. 制备方法

预浸料及层压板的制备与碳纤维复合材料基本相同，见相关文献。预浸料单层厚度为 0.125~0.13mm，纤维含量（体积分数）为 58%~61%。

在 32t 热压机上将预浸料压制成 230mm×140mm 的单向层压板，成型温度为 320~330℃，成型时间为 20min。制得的层压板含 16 层预浸料，厚 2mm，纤维含量（体积分数）为 60%~63%。

3. 断口形貌与结构

GF/PES 的 0°和 90°拉伸压缩和弯曲都是线弹性的，应力-应变曲线为直线，直到断裂前很小范围内才略偏离直线。

0°拉伸破坏一般由轴向劈裂或脱黏开始，试样劈分成许多细小的条带后，纤维断裂，以致于破坏的试样像“刷子”一样。这种断裂模式介于典型的 GF/EP 的散丝和 CF/EP（或 CF/PES）的脆性断裂之间。轴向劈裂使得基体 PES 的塑性性质未能体现，故 0°拉伸强度与脆性的环氧体系相当。从拉伸断口形貌中可以看到明显的界面脱黏和散丝。

90°拉伸断口较平整，但有明显的纤维断裂，即裂纹穿过了临近的纤维而改变了扩展路径，这对 S-GF/PES 体系更为突出。从两种体系的 90°拉伸微观断口形貌中可见，

E-GF/PES 的断口纤维上几乎没有残留的树脂，即破坏发生在纤维-树脂界面，故其强度较低；S-GF/PES 的 90°拉伸也以界面破坏为主，但一些纤维的表面残留着基体树脂，同时可看到一些纤维断裂，这导致 S-GF/PES 具有比较高的 90°拉伸强度。

0°压缩呈特征的弯曲破坏模式，断面角为 45°，连接两个断面的纤维长度约为 1mm。S-GF/PES 体系 0°压缩的微观断口形貌显示，大部分纤维呈拉伸断裂为主的弯曲破坏模式，一些纤维呈完全的拉伸破坏，树脂为“慢柔性”（Slow ductile）破坏，在断裂前经历了较大塑性变形，从中还可看到裂纹的扩展路径。90°压缩为剪切破坏，断面角约为 37°。

±45°拉伸的应力-应变试验结果与 T300-GF/PES 体系类似，GF/PES 的 ±45°拉伸也表现出明显的基体韧性特征。断裂前，试样经历了很大的“塑性”形变，由于微区脱黏，使得试样表面沿纤维方向出现微细条纹并发白（这类似于韧性塑料的银纹现象），最后试样断裂。其断裂伸长率要比 T300/PES 大一倍多，达到 34%，充分显示了热塑性复合材料的性能特点。

层间剪切破坏一般发生在试样的中性层。两种体系层间断口形貌显示，断口纤维上残留树脂很少，破坏发生在纤维-树脂界面。由于 PES 没有可与树脂反应的官能团，故 GF/PES 的界面作用主要是物理吸附或次价力，界面粘接强度低于树脂的破坏强度，从而导致界面破坏。同样可发现在断口上残留的树脂产生了明显的塑性变形，即性能特点也在这里得到体现。

4. 性能

（1）模压条件对性能的影响　组分性质和复合工艺是决定复合材料性能的内在和外在因素。复合工艺既包括预浸料的制造，也包括模压成型工艺。模压温度和模压时间是热塑性树脂基复合材料模压成型中的两个首要工艺参数。首先应使这两个参数最优化，以制造出性能优异的复合材料。

试验中，对恒定模压温度（330℃）下，模压时间对复合材料性能的影响进行了分析。弹性常数主要由组分性质决定，受成型温度影响越小。横向弯曲强度及层间剪切强度 τ_s 均随模压时间的增加而增加，这是因为这两个强度性质主要由纤维与基体的界面粘接状况决定。较长的模压时间可使树脂充分流动而对纤维浸润更完全，空隙减少，界面粘接强度提高，这自然导致横向弯曲强度及 τ_s 的提高。纵向弯曲强度 τ_t 在模压时间为 15min 时出现极大值，这是因为 τ_t 由纤维强度控制并受界面粘接状况影响，适当地增加模压时间可提高 τ_t；但是，时间过长（如 40min）引起纤维强度损失过大，导致 τ_t 降低；同时，树脂发生了交联和降解而变成不溶，材料失去了热塑性特征，故模压时间不能过长。同样，在恒定模压时间下（15min），适当提高模压温度可提高材料性能，过高的模压温度也导致一些性能的下降和树脂的交联。τ_t 在 330℃ 附近出现极大值。因而，要制造出综合力学性能好的 GF/PES 复合材料并保持其热塑性，就要控制好模压成型的温度和时间，合适的选择是在 330℃ 模压 20min。

（2）静态力学性能　表 9-41 列出了两种 GF/PES 复合材料单向板在室温下的基本静态力学性能，表中也列出了一组 S-GF/EP 复合材料的力学性能以作为比较。由表 9-41 可见，两种材料具有与环氧体系相当的力学性能。两种材料具有相同的泊松比，但

S-GF/PES 的0°拉伸强度和弹性模量略高于E-GF/PES，主要是由于S-GF 自身的强度和模量高于E-GF 的缘故；E-GF/PES 的0°压缩强度高于 G-SF/PES，而横向压缩强度相当；两种材料的层间剪切强度相同（75MPa）。

表 9-41　GF/PES 复合材料单向板在室温下的静态力学性能

体系	E-GF/PES	S-GF/PES	S-GF/EP
密度/(g/cm³)	2.08	2.08	—
0°拉伸强度/MPa	1229(5.5)	1287(5.8)	1262
弹性模量/GPa	50.1(5.2)	56.3(4.2)	44.7
泊松比	0.293(4.7)	0.293	0.27
断裂伸长率(%)	2.6(6.1)	2.3(2.0)	—
0°压缩强度/MPa	818(11.1)	704(8.6)	663
弹性模量/GPa	48.2(4.7)	51.4(4.8)	49.4
90°拉伸强度/MPa	34.9(5.0)	52.5(9.7)	47.7
弹性模量/GPa	17.6(11.5)	16.3(6.7)	16.0
90°压缩强度/MPa	140(4.7)	129(5.7)	184
弹性模量/GPa	17.0(1.8)	14.6(1.5)	12.7
0°弯曲强度/MPa	1340(3.8)	1470(3.6)	1373
弹性模量/GPa	40.0(1.4)	49.0(1.3)	—
±45°拉伸强度/MPa	138(4.2)	297(6.4)	—
面内剪切模量/GPa	4.9(1.5)	5.1(2.8)	—
层间剪切强度/MPa	75.7(2.0)	75.0(2.8)	84

注：1. 纤维体积分数为60%～63%。

2. 括号中的数字为离散系数。

5. 效果

1）GF/PES 复合材料的力学性能受成型工艺条件影响很大，一般在 330℃下模压 20min 制得的层压板综合性能较好，太低的温度或太短的时间不能使纤维被基体充分浸润，性能较差；过高的温度或过长的时间可能导致纤维自身性能的下降，或使树脂产生交联和降解，也使材料性能和质量下降。

2）GF/PES 复合材料具有比较好的综合力学性能，0°拉伸强度可达 1200MPa、1300MPa，90°拉伸强度为 53MPa（S-GF/PBS）和 35MPa（E-GF/PES），层间剪切强度为 75MPa，与一般的环氧树脂复合材料相当。

3）GF/PES 复合材料的一些性能明显地显示出热塑性基体的韧性特征。断口形貌分析表明，GF/PES 的界面粘接主要靠次价力或物理吸附，这种作用低于树脂的内聚力，以致于相关的断裂都发生在纤维-树脂界面。

(二) GF/TLCP/PES 复合材料

1. 原材料与配方（质量份）

PES	100	热致液晶聚合物（TLCP）	5 ~ 15
玻璃纤维（GF）	15	偶联剂	1 ~ 2
其他助剂	适量		

2. 制备方法

所采用的材料改性工艺流程如图 9-2 所示。

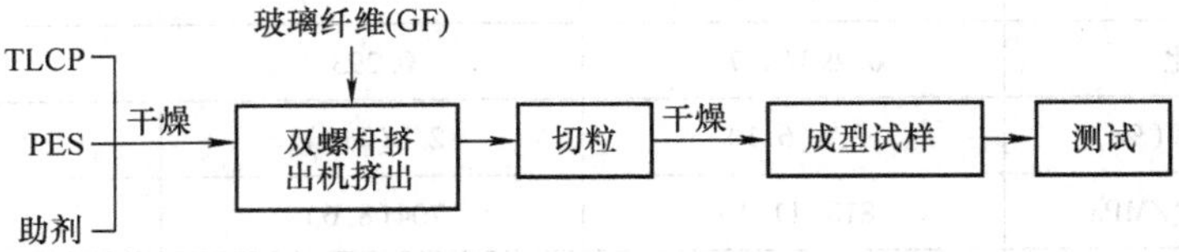

图 9-2　GF/TLCP/PES 复合材料制备工艺流程

所采用的工艺控制条件如下：

共混工艺：一段 290℃，二段 310℃，三段 320℃，四段 325℃，五段 330℃，机头 325℃；螺杆转速 190r/min。

注射工艺：一段 290℃，二段 325℃，三段 330℃，喷嘴 325℃；压力 10MPa。

干燥工艺：将 PES、TLCP 均在 140℃ 干燥 12h 以上。

3. 结构与断口形貌

对 CF/TLCP/PES 复合体系，由于 TLCP 的流变特性，在材料中形成直径在亚微米数量级的高长径比 TLCP 微纤，微纤阻断材料微裂纹的扩展；GF 赋予材料强度和弹性模量，形成原位混杂复合材料。这是一种比较理想的结构形式。

从 TLCP/PES 与 CF/TLCP/PES 复合材料的扫描电镜照片中可以看出，在 TLCP/PES 中，TLCP 呈笋状，长径比不是很大；在 CF/TLCP/PES 中，TLCP 形成一定量的微纤，长径比稍大，比在 TLCP/PES 体系中分布均匀。推断这是由于在 CF/TLCP/PES 体系中，TLCP 与 PES 黏度比较小造成的。在 CF/TLCP/PES 体系中，还没有达到理想的原位增强状态，但 CF/TLCP/PES 复合材料的强度和弹性模量均比 CF/PES 体系要高，其中 TLCP 有两方面的作用：一方面是降低 GF 的损伤；另一方面是形成微纤增强。哪种作用更大，需进一步研究。

4. 性能

(1) TLCP 与复合材料性能的相关性　表 9-42 表示了 TLCP 含量对复合材料拉伸强度、弹性模量、断裂伸长率的影响。由表 9-42 可以看出，添加 TLCP 后，材料的拉伸强度、弹性模量均高于 GF/PES 体系，断裂伸长率均低于 GF/PES 体系。这说明 TLCP 能够提高 GF 的增强效果，并同时降低体系的黏度，这与在 GF/TLGP/PP 复合材料中呈现的现象相似。在 TLCP 含量达到 15% 时，拉伸强度下降明显，注射成型的标准试样中已出现轻微的分层。原因是 TLCP 含量增加，TLCP 与 PES 相容性降低，从而影响了其力学性能。TLCP 在 PES 基体中呈刚性纤维状或粒状，相当于在 PES 中加入了短纤维或填料，从而降低了基体树脂的断裂伸长率。

表 9-42　TLCP 含量对复合材料力学性能的影响

项目	TLCP/PES（质量比）				
	0/100	5/95	7/93	10/90	15/85
拉伸强度/MPa	118	145	148	150	132
弹性模量/GPa	5.6	6.9	7.2	7.8	7.4
断裂伸长率（%）	3.2	2.8	2.5	2.4	2.4

注：GF 体积分数均为 15%。

（2）GF 含量对复合材料力学性能的影响　表 9-43 列出不同 CF 含量下复合材料的力学性能。由表 9-43 可以看出，随着 GF 含量的增加，复合材料拉伸强度、弹性模量均呈上升趋势，断裂伸长率不断下降，与一般短纤维增强热塑性复合材料表现的规律一致。当 GF 含量为 15% 时，拉伸强度达到 148MPa，与 GF/PES 体系相比提高 25%。

表 9-43　GF 含量对复合材料力学性能的影响

项目	CF 含量（%）（体积分数）			
	10	15	20	25
拉伸强度/MPa	120	148	164	172
弹性模量/GPa	5.7	7.2	9.1	9.8
断裂伸长率（%）	3.1	2.5	2.3	2.2

注：TLCP/PES 质量比为 7/93。

（3）TLCP 含量对复合材料加工性能的影响　由于 TLCP 特殊的分子结构，熔融时具有很低的黏度。在进行 GF/TLCP/PES 复合材料共混熔融时，加工条件为高温强剪切，TLCP 熔体黏度更低，从而对共混物起润滑降黏作用。

5. 应用

通过优化挤出工艺和配方，可以获得强度高、加工性能好的 GF/TLCP/PES 复合材料。该复合材料的物理力学性能见表 9-44。

表 9-44　CF/TLCP/PES 复合材料的物理力学性能

CF 含量（%）	拉伸强度/MPa	弹性模量/GPa	弯曲强度/MPa	缺口冲击强度 /kJ · m^{-2}	热变形温度（1.82MPa）/℃
20	164	9.1	185	13	195

采用这种复合材料可注射成型发动机接油管和齿轮罩两种部件。应用表明，部件具有耐高温、耐腐蚀、高刚度等优点。

6. 效果

1）GF/TLCP/PES 体系中，TLCP 能提高 GF 增强效果，加入量为 7% 时，改性效果最佳。

2）TLCP可明显改进GF/PES体系的加工性能，提高挤出效率，降低能耗。

3）通过优化工艺配方，可以获得综合性能较好的CF/TLCP/PES复合材料。

（三）碳纤维石墨填充增强改性PES

1. 原材料与配方（质量份）

PES	100	碳纤维（CF）	15~20
PTFE	5~10	固体润滑剂石墨（Gr）	1~3
其他助剂	适量		

2. 制备方法

聚醚砜及其复合材料板材制备工艺为：将各组分（以质量分数计）充分混合后，在热压机上进行模压成型，模压压力为300MPa，温度为300℃，保压时间30min，自然冷却至室温开模，将模压板材切割成尺寸为55mm×6mm×4mm和4mm×8mm×10mm的试样。

3. 性能

表9-45列出了不同组分的PES试样的物理力学性能。可以看出：随着碳纤维体积分数的增加，试样的硬度增加，这符合混合定律；而随着碳纤维体积分数的增加，试样的冲击强度先增加，在碳纤维体积分数处于8%~20%之间时达到最高，然后开始下降。SEM分析表明，当纤维含量较低时，基体与纤维的黏附性较好，纤维承担了大部分载荷，因此冲击强度有明显的提高；当纤维体积分数较高（>30%）时，基体与纤维之间的粘接不佳，表现出明显的界面，裂纹容易沿着纤维与基体的界面扩展，使材料的冲击强度下降。从表9-45还可以看出，随着碳纤维体积分数的增加，材料的储能模量增加，而介电损耗角正切值逐渐减小，并在碳纤维体积分数达到20%以后渐趋平缓。对于硬质材料，其摩擦因数与介电损耗角正切成正比，与储能模量成反比，而比磨损率与摩擦因数成正比，与硬度和断裂强度成反比。因此，硬度、模量和强度的提高以及介电损耗角正切值的下降，均有利于聚醚砜复合材料摩擦磨损性能的改善。此外，虽然两种不同长度规格的碳纤维对复合材料的显微硬度几乎无影响，但是以CFⅡ增强的聚醚砜复合材料的储能模量及玻璃化转变温度较CFⅠ体系的有所提高。

表9-45 不同组分的PES试样的物理力学性能

材料	碳纤维体积分数（%）	玻璃化转变温度/℃	硬度HV	冲击强度/kJ·m^{-2}	弹性模量/GPa	介电损耗角正切值	密度/g·cm^{-3}
PES	0.00	230	21	15	1.8	0.25	1.38
PES5CFⅠ	3.98	232	24	20	2.3	0.22	1.39
PES10CFⅠ	8.04	235	32	30	2.1	0.19	1.41
PES20CFⅠ	16.44	235	46	26	2.6	0.17	1.43
PES30CFⅠ	25.22	238	59	13	3.6	0.16	1.47
PES40CFⅠ	34.42	242	68	15	5.0	0.16	1.49

（续）

材料	碳纤维体积分数（%）	玻璃化转变温度/℃	硬度 HV	冲击强度/kJ·m^{-2}	弹性模量/GPa	介电损耗角正切值	密度/g·cm^{-3}
PES5CFⅡ	3.98	235	24	21	2.5	0.23	1.39
PES10CFⅡ	8.04	235	33	32	2.9	0.18	1.41
PES20CFⅡ	16.44	238	48	28	3.0	0.15	1.43
PES30CFⅡ	25.22	239	60	14	3.9	0.16	1.47
PES40CFⅡ	34.41	243	68	17	5.2	0.15	1.49
PES10CFⅠ/PTFE/Gr	8.40	234	53	28	2.8	0.2	1.47

测试结果表明，不论是PES/CFⅠ体系还是PES/CFⅡ体系，其摩擦因数及磨损率均随着碳纤维体积分数的增加而下降，在碳纤维体积分数约为15%时达到最低点，特别是PES/CFⅡ体系，其摩擦因数降低了50%，磨损率降低了两个数量级。这说明对于短碳纤维增强聚醚砜体系，长度为100μm的碳纤维比长度为40μm的碳纤维具有更好的减摩抗磨效果。因此应该合理选择碳纤维的长度，使之既有利于注射或挤出成型，又可以提高体系的摩擦磨损性能。碳纤维可以减轻犁削、撕裂及其他非黏着性磨损，使材料的耐磨性提高。但并非碳纤维含量越高，复合材料的耐磨性就越好。树脂基复合材料的磨损微观机制可以分为基体磨损、纤维的滑动磨损、纤维断裂及纤维/基体脱黏四种形式。当纤维含量较低时，基体和纤维黏结得较好，此时以前两种磨损形式为主；但纤维含量过高时，发生后两种形式磨损的概率增加，而且断裂和拔出的纤维可在偶件表面促进第三体磨粒磨损，从而加剧材料的磨损。从以上分析可知，当碳纤维的体积分数为15%左右时，聚醚砜复合材料的物理性能和摩擦磨损性能最佳。

对于PES20CFⅠ体系，其摩擦因数随着温度及载荷的增加而减小，而磨损率则随着温度和载荷的增加而增大。可以认为，随着温度的上升，复合材料的界面剪切强度下降，结果使得摩擦力矩下降，剪切阻力变小，因此摩擦因数减小，比磨损率增加；而载荷较低时，材料的摩擦表面处于黏弹性状态，随着载荷的增大，摩擦热的作用增强，材料表面的剪切强度下降，使材料易于在外加载荷方向和摩擦力方向产生形变甚至塑性流动，同时高载荷下产生的摩擦热导致表面融化，使纤维和基体的粘接变差，因此比磨损率增加较快。

4. 效果

1）碳纤维可以明显地降低聚醚砜的摩擦因数及比磨损率，长纤维能更有效地改善聚醚砜的摩擦磨损性能。当碳纤维的体积分数为15%时，体系的摩擦因数及比磨损率最低。碳纤维体积分数超过20%以后，体系的摩擦磨损性能无明显变化。

2）石墨和PTFE等固体润滑剂可以有效地降低聚醚砜的摩擦因数及比磨损率。

3）聚醚砜复合材料的摩擦因数随着温度及载荷的增加而减小，比磨损率随着温度及载荷的增加而增大。

（四）热致液晶聚合物（TLCP）与碳纤维（CF）增强改性 PES

1. 原材料与配方（质量份）

PES	100	碳纤维（CF）	5～10
热致液晶聚合物（TLCP）	5～6	表面处理剂	适量
其他助剂	适量		

2. 制备方法

熔融共混是在美国 CSI 公司产的 CS-194A 挤出机上进行的，转子温度为 350℃，模口温度为 340℃，转子转速为 50r/min；然后再用美国 CSI 公司产的 CS-183MINI MAX 注射机注射出哑铃形拉伸样条，熔体温度为 350℃，模温为 170℃。

3. 结构

从 TLCP/CF/PES（5/5/95，质量比，余同）注射样条断口表面的 SEM 照片中可以看出，直径 7μm 左右的纤维是 CF，直径在 0.5μm 以下的纤维是 TLCP 在注射成型时原位形成的微纤。说明 TLCP/CF/PES 体系在注射成型时，可以形成两种不同尺寸纤维的混杂增强结构。用 N，N-二甲基甲酰胺，将 CF/PES（5/95）及 TLCP/CF/PES（5/5/95）注射样条中的 PES 基体溶解掉，并用计算机图像分析，分别对其中 CF 的长径比进行统计。该结果表明，TLCP 的加入降低了体系中 CF 的折断率，使其纤维长径比分布向大长径比方向移动。

4. 性能

（1）力学性能　CF/PES 和 TLCP/CF/PES 共混注射样条的拉伸强度和弹性模量见表 9-46。在 95 质量份 PES 中加入 5 质量份 CF，使体系的拉伸强度及弹性模量分别提高了 17.8% 和 50.5%。当再加入 5 质量份 TLCP 后，使体系的拉伸强度及弹性模量又进一步提高了 11.1% 和 21.5%。CF/PES（10/90）样品由于表观黏度高而不能成型。而 TLCP/CF/PES（5/10/90）体系的拉伸强度与弹性模量比 PES 分别提高了 74% 和 104%。

表 9-46　CF/PES 和 TLCP/CF/PES 注射样条的拉伸强度和弹性模量

材料	拉伸强度/MPa	弹性模量/GPa
PES	96.0	0.93
CF/PES（5/95）	113.1	1.4
TLCP/CF/PES（5/5/95）	123.8	1.6
CF/PES（10/90）	①	①
TLCP/CF/PES（5/10/90）	167.4	1.9

① 采用 CS-183 注射机不能注射成型。

（2）流变性能　在 340℃ 测得的 PES、CF/PES 及其与 TLCP 共混样品的流变曲线表明，所测全部样品在 $10^1 \sim 10^4 s^{-1}$ 的剪切速率范围内都表现出非牛顿流体的流变行为，它们的表观黏度随剪切速率的增大而降低。在测试剪切速率范围内，CF/PES 样品的表观黏度比 PES 基体高，并且随着 CF 含量的增大，CF/PES 的表观黏度增大。在百份的 CF/PES（5/95）和 CF/PES（10/90）的样品中，分别添加 5 份的 TLCP 后，样品 TCLP/

CF/PES（5/5/95）、TLCP/CF/PES（5/10/90）的表观黏度在所测剪切速率范围内，不但比CF/PES低，甚至比纯PES树脂低。说明TLCP不但可以降低其与聚合物共混体系的黏度，而且对纤维增强的热塑性复合材料体系也有改善加工性的作用。

在TLCP/CF/PES体系中能否实现CF与TLCP微纤混杂增强，关键在于TLCP在加工过程中能否形成微纤结构。已有的研究表明，TLCP的自身特征及加工时TLCP与聚合物的表观黏度比与TLCP在原位复合时的微纤化有密切关系。选择了成纤倾向强的TLCP，配以PES树脂，使TLCP与基体PES在加工温度下的表观黏度比为0.01，从而有利于TLCP在基体中成纤。

5. 效果

在TLCP/CF/PES体系中形成了两种不同尺寸纤维的混杂增强结构。由于混杂体系中，亚微米数量级TLCP微纤是由熔融TLCP分散相形成的，从而产生了降低加工黏度、降低对加工设备磨损、减少碳纤维折断，进而提高混杂体系宏观力学性能等一系列协同作用。将利用TLCP的原位复合技术，与使用不同尺寸增强剂的混杂增强原理结合起来，可以使材料的加工性和力学性能同时得到改善。这对于改善特种工程塑料的加工性能，充分发挥其优异特性尤其有意义。TLCP微纤对材料中小裂纹的传播扩散的阻断作用，在亚微米增强复合材料力学上有其学术意义，值得深入研究。

（五）纳米Al_2O_3改性PES-BMI-BBA-BBE复合材料

1. 原材料与配方（质量份）

4，4′-二氨基二苯甲烷双马来酰亚胺（BMI）	100
PES	5.0
超临界纳米氧化铝（SCE-Al_2O_3）	4.0
3，3′-二烯丙基双酚A（BBA）与双酚A双烯丙基醚（BBE）稀释剂	10~30
加工助剂	1~3
其他助剂	适量

SCE-Al_2O_3/PES-BMI-BBA-BBE样品的编号与组成见表9-47。

表9-47 SCE-Al_2O_3/PES-BMI-BBA-BBE样品的编号与组成

编号	质量分数（%）	
	PES	SCE-Al_2O_3
A	0	0
B_0	5	0
B_1	5	1
B_2	5	2
B_3	5	3
B_4	5	4
B_5	5	5
B_6	5	6

2. 制备方法

（1）Al_2O_3 的超临界处理 开启超临界盐浴池的升温开关，将温度设置为乙醇的超临界温度（241.39℃），将5g Al_2O_3 加入反应釜内，再加入50mL的无水乙醇，盖上装有压力表的反应釜盖，密封。待盐浴池温度显示为241.39℃时，将反应釜放入盐浴池中。待压力为超临界压力（6.14MPa）时，开始计时，处理时间为5min、15min、20min。达到处理时间后，将反应釜取出放入冷水槽中急冷，打开反应釜盖，取出处理后的 Al_2O_3（即SCE-Al_2O_3）。将处理后的纳米粒子放入真空烘箱中于100℃下烘干，5h后将烘干的纳米粒子研磨过筛待用。

（2）复合材料的制备 在圆底烧瓶中将一定量的BBA与BBE在80℃条件下混合均匀，把SCE-Al_2O_3 加入圆底烧瓶中，于80℃下超声搅拌2h，将混合均匀的溶液加热至170℃，加入PES搅拌，待全部溶解后，降温至140℃，再逐次加入BMI粉末，搅拌30min，制得胶液。将胶液加入已经预热好的模具中进行浇注，在120℃条件下真空脱泡，移入烘箱内梯度固化，固化工艺为：130℃ ×1h + 150℃ ×1h + 180℃ ×1h + 200℃ ×1h + 220℃ ×2h。固化完成后，冷却至室温脱模，即得SCE-Al_2O_3/PES-BMI-BBA-BBE复合材料。

3. 性能

双马来酰亚胺具有亚胺类聚合物突出的耐热、绝缘性能以及优良的加工性能，但是未改性的双马来酰亚胺树脂脆性大，抗冲击性能和抗应力开裂的能力也较差，制备复合材料的工艺性差，且不溶于一般有机溶剂，成型温度高。PES是一类韧性好、模量高、耐热性以及耐老化性优异的高性能热塑性树脂，采用PES树脂改性双马来酰亚胺树脂不仅可以提高其韧性，而且对耐热性影响不大，同时可以改善加工性能。纳米粒子对复合材料的电学性能、耐热性能以及力学性能会产生重大影响，但是由于 Al_2O_3 表面能巨大，具有强烈的不稳定性，极易团聚，而且纳米粒子表面疏油，在基体树脂中易发生团聚而导致分散不均匀，阻碍 Al_2O_3 自身优异性能的发挥，超临界乙醇（SCE）不仅仅具有超临界流体的优点而且超临界条件（241.39℃、6.14MPa）较为温和，易于控制，用该方法处理纳米粒子会对粒子表面产生较好的修饰效果。

利用超临界乙醇修饰纳米 Al_2O_3，得SCE-Al_2O_3，使其表面沉积活性基团；以4，4′-二氨基二苯甲烷双马来酰亚胺（BMI）为基体、3，3′-二烯丙基双酚A（BBA）和双酚-A双烯丙基醚（BBE）为活性稀释剂、聚醚砜（PES）为增韧剂、SCE-Al_2O_3 为改性剂，通过原位聚合法合成了SCE-Al_2O_3/PES-BMI-BBA-BBE复合材料。采用SEM和FT-IR观察分析了SCE-Al_2O_3 纳米粒子和PES的增韧机制。结果表明：

1）超临界乙醇（SCE）处理 Al_2O_3 会使其表面沉积乙醇分子，提高 Al_2O_3 在聚合物基体中的分散效果，处理时间以5min为适宜。

2）热塑性树脂聚醚砜（PES）在基体树脂4，4′-二氨基二苯甲烷双马来酰亚胺-3，3′-二烯丙基双酚A（BBA）-双酚A双烯丙基醚（BBE）中呈两相结构，PES树脂以“蜂窝”状均匀分散在基体中；当加入量为6.75%（质量分数）时，PES分子聚集倾向增加、粒径增大，并且材料的热稳定性降低明显，PES加入量以5%（质量分数）为宜。

3）4% SCE-Al_2O_3/PES-BMI-BBA-BBE 复合材料的热分解温度为444.41℃，比掺杂前提高了20.52℃；600℃时残重率为47.64%，比掺杂前提高了7.09%，进一步证明了 SCE-Al_2O_3 可有效提高复合材料的耐热性能。

（六）超临界处理纳米 SiO_2 改性 PES/MBMI 复合材料

1. 原材料与配方（质量份）

4，4′-二氨基二苯甲烷双马来酰亚胺（MBMI）	100	超临界乙醇处理纳米 SiO_2（SCE-SiO_2）	2.0
3′，3′-二烯丙基双酚 A（BBA）与双酚 A 双烯丙基醚（BBE）	10～20	加工助剂	3～5
PES	1～4	其他助剂	适量

2. 制备方法

（1）SiO_2 的超临界处理　打开超临界盐浴池的升温开关，预热到乙醇的超临界温度（241.39℃）。将2.5g 纳米 SiO_2 和100mL 的乙醇混合均匀，加入反应釜中，盖紧带有压力表的反应釜盖，保证密封。将反应釜放入已经预热好的盐浴池中，待压力达到临界压强12.6MPa 后开始计时，处理时间选择5min，处理完成后立即将反应釜放入冷却槽中迅速冷却。冷却完成后取出纳米 SiO_2 粉末，放入真空干燥箱中在50℃进行干燥6h，即得到 SEC-SiO_2，研磨并筛选后待用。

（2）SCE-SiO_2/PES/MBAE 复合材料的制备　把 BBA 和 BBE 加入圆底三口瓶中，加热到80℃混合均匀。随后加入 SCE-SiO_2，在80℃的水浴环境下超声搅拌30min。完成后将混合溶液加热到170℃，多次少量加入 PES，待 PES 完全熔溶于溶液后，将温度降低到130℃，加入 MBMI，真空搅拌下反应至成为棕红色溶液，得到胶液。将胶液倒入预热好的模具中，进行梯度固化，工艺参数为：120℃×1h+140℃×1h+160℃×1h+180℃×1h+200℃×1h+220℃×1h。固化完成后脱模即可得到 SCE-SiO_2/PES-MBAE 复合材料。

3. 性能与效果

为了研究双马来酰亚胺的增韧方法及其对耐热性的影响，首先利用超临界乙醇处理纳米 SiO_2（SCE-SiO_2）；然后以4，4′-二氨基二苯甲烷双马来酰亚胺（MBMI）、3，3′-二烯丙基双酚 A（BBA）、双酚 A 双烯丙基醚（BBE）为原料合成 MBAE（MBMI-BBA-BBE）复合材料基体；最后加入 SCE-SiO_2 和 PES 制备 SCE-SiO_2/PES/MBAE 多相复合材料。SCE-SiO_2 的红外分析结果表明乙醇以分子形态吸附于纳米粒子表面，并改善了表面性能。通过 SEM 观察 SCE-SiO_2/PES/MBAE 复合材料断面形貌，研究表明：

1）经过超临界乙醇处理的纳米 SiO_2，表面会沉积上乙醇分子，这样能有效降低纳米粒子的表面能，减少团聚性并提高其在基体中的相容性。

2）SCE-SiO_2 能很好地分散于基体中，断面形貌上观测不到团聚产生的大粒；PES 以两相形式均匀地分散于基体中，使断面结构由脆性断裂向韧性断裂转变，显著地提高了材料的韧性。

3）PES 会降低材料的热稳定性，SiO_2 能在一定程度上弥补降低，质量分数为 2% 的 SCE-SiO_2 和质量分数为 4% PES 的 SCE-SiO_2/PES/MBAE 复合材料的热分解温度为 436℃，较未改性材料仅下降了 6.12℃。

（七）热膨胀纳米石墨改性 PES 导电复合材料

1. 原材料与配方（质量份）

PES	90～98	热膨胀石墨（EG）	2～10
偶联剂（KH-550，NDZ-201）	0.5～1.0	无水乙醇	适量
其他助剂	适量		

2. 制备方法

膨胀石墨的制备和表面处理：先将原料可膨胀石墨置于 900℃电阻炉中处理 15s，得到蠕虫状热膨胀石墨 EG，再将偶联剂 KH-550 和 NDZ-201 加入 EG 中（质量比：KH-550/NDZ-201 = 1∶1，偶联剂/EG = 5%），最后在上述体系中加入过量的无水乙醇，超声分散约 8h，使其混合均匀，混合体系经抽滤、70℃真空干燥 24h，即得到预处理的 EG。

PES/EG 导电纳米复合材料的制备：按一定比例将 PES、EG 混匀，在同向双螺杆挤出机中熔融共混制备 PES/EG 导电纳米复合材料，物料经造粒、干燥后，用注射机制备标准样条进行性能测试。PES 与 EG 预混合质量比分别为 100∶0、98∶2、96∶4、94∶6、92∶8、90∶10 等，依次记为 PES/EG-0，PES/EG-2，PES/EG-4，PES/EG-6，PES/EG-8，PES/EG-10 等。

3. 性能

测试结果表明，PES/EG 导电纳米复合材料的拉伸强度和断裂强度均随着 EG 含量的增加先增大后减小，在 EG 的质量分数达到 6% 时，拉伸强度和断裂强度均达到最大值，分别为 49.8MPa 和 147.3MPa，比相应纯 PES 分别提高了 46.4% 和 8%；而 PES/EG 导电纳米复合材料的断裂模量和硬度均随着 EG 含量的增加而增大，表明 EG 的加入对基体 PES 有一定补强作用。但当加入过多的 EG 时（如 EG 的质量分数 >6%），PES/EG 导电纳米复合材料的拉伸强度和断裂强度开始降低，表明过多的 EG 将引起复合材料的强度降低。

由表 9-48 可以看出，加入 EG 后，复合材料的热失重温度向高温方向移动，并且在温度低于 200℃以内，复合材料没有明显的热失重现象发生。由表 9-48 还可看出，随着 EG 含量的增加，复合材料的 $T_{-5\%}$ 热失重达 5% 时的温度升高，热失重百分率降低。这表明性能稳定的石墨层状物有利于提高纳米复合材料的热稳定性。这与石墨在复合材料中有效充当隔热层的作用，其热阻效应显著降低热在复合材料中的传递作用有关。

表 9-48　纯 PES 和不同 EG 含量的 PES/EG 导电纳米复合材料的热失重分析数据

EG 的质量分数（%）	0	2	4	6	10	20	50
$T_{-5\%}$/℃	532.5	533.9	538.5	537.3	540.3	547.2	562.9
热失重百分率（%）	75.5	54.7	54.0	53.4	50.7	37.9	33.1

复合材料的电导率随EG含量的增加而增大，当EG的质量分数达30%时，复合材料的电导率已经达到149.1S/cm，当EG的质量分数达50%时，导电纳米复合材料的电导率可达到224.3S/cm。这是由于具有高电导率的EG含量的增加，石墨片层间相互接触并彼此连接的概率显著提高，可以形成更多的导电网络通路，从而提高了复合材料的导电性。

4. 效果

采用直接熔融共混法，获得了性能良好的PES/EG导电纳米复合材料，并对复合材料的性能和微观形貌进行了系统研究。结论表明：EG的加入改善了PES的力学性能，当EG的质量分数为6%时，PES/EG导电纳米复合材料具有较好的综合力学性能。与纯PES相比，EG的加入有效地改善了PES的电性能。当加入质量分数为2%的EG时，复合物的电导率提高了12个数量级，其导电逾渗阀值小于2%。综合考虑复合材料的力学性能和电性能，添加的EG的质量分数应低于6%。研究结果对拓宽PES的应用领域有一定的指导意义。

第三节 加工与应用

一、玻璃纤维增强PES/环氧复合材料的加工与应用

1. 原材料与配方（质量份）

胺酚基三官能度环氧树脂（AFG-90）	100	无碱玻璃纤维方格布（EW-200）	20~40
PES	15	偶联剂	1~2
双氰胺（DICY）	10	N，N′-二甲基甲酰胺（DMF）	5~6
二氯苯基二甲脲（DCMU）	9.0	其他助剂	适量

2. 复合材料制备

（1）预浸料树脂的制备　按100：15：10：9的质量比分别称取AFG-90、PES、DICY和DCMU，先将PES、DICY和DCMU在盛有DMF的四口烧瓶中加热溶解，然后加入AFG-90，混合搅拌均匀，并在80℃下减压蒸馏，除去大量DMF，即得预浸料用树脂。

（2）预浸料的制备　保持金属操作台面温度约为90℃，利用刮板让上述预浸料树脂浸渍0.35mm厚的无碱玻璃纤维方格布，然后将浸渍树脂的方格布在温度为80℃、真空度为-0.1MPa的真空干燥箱中干燥2h，除去多余的DMF，得到复合材料用预浸料，预浸料的挥发分为1.2%~1.4%，树脂含量为35%~36%。

（3）复合材料的制备　采用模压工艺制备复合材料，将预浸料叠层后，在模具中加热到110℃，保持1h，然后按130℃/2h+150℃/1h的固化工艺进行固化，最后保压冷却到室温，脱模得到复合材料。

3. 性能

表9-49给出了两种不同老化条件下，28天后复合材料的强度保留率。可以看出，在湿热老化条件下，复合材料的弯曲强度保留率最低为64.5%，其原因为湿热老化使树脂发生水解反应，降低了基体的强度，而使水分子渗入，在复合材料体系内起到分子增塑作用，降低了复合材料的模量。同时也可以看出，湿热老化后复合材料的冲击强度保留率最高为82.8%，其原因也是水分子在体系内起到增塑作用，一定程度上保持了复合材料的韧性。在紫外线老化条件下，复合材料的拉伸强度、弯曲强度和压缩强度的保留率明显高于湿热老化条件下的，分别为83.9%、78.9%和82.5%，其原因是紫外老化仅促使分子链的部分断裂，而无小分子（如水分子等）影响复合材料的界面结合，同时紫外光照射有一定的深度限制，复合材料在紫外线老化条件下，表面层老化较明显，而内部影响较小。紫外线老化条件下复合材料冲击强度保留率为72.0%，较拉伸强度、弯曲强度和压缩强度的保留率低，说明紫外老化促使分子链断裂对复合材料的韧性影响更明显。

表9-49　老化处理后复合材料强度保留率

老化类型	强度保留率（%）			
	拉伸	弯曲	压缩	冲击
湿热老化28天	68.3	60.9	72.7	82.8
紫外老化28天	83.9	78.9	82.5	72.0

4. 效果与应用

本节制备了玻璃纤维/聚醚砜/AFG-90预浸料，并通过热压工艺制备了复合材料，研究了在28d湿热和紫外老化过程的树脂官能团变化和复合材料力学性能的变化。得到结论如下：

1）在湿热老化条件下，复合材料的破坏主要是水分子的深入破坏复合材料界面和促使树脂中酰胺键发生水解；紫外老化的主要破坏是紫外光和高温促使环氧树脂主链发生光氧化反应和热氧反应。

2）在湿热和紫外老化条件下，玻璃纤维/聚醚砜/AFG-90复合材料力学强度随着老化时间延长而下降，28d后，湿热老化处理的试样拉伸强度、弯曲强度、压缩强度和冲击强度保留率分别为68.3%、60.9%、72.7%和82.8%，紫外老化处理的试样拉伸强度、弯曲强度、压缩强度和冲击强度保留率分别为83.9%、78.9%、82.5%和72.0%。

该材料主要用于高低压电器、覆铜板和电子元器件的绝缘与封装。

二、磨碎碳纤维增强PES汽车装饰紧固件材料的加工与应用

1. 原材料与配方（质量份）

PES	100	磨碎碳纤维（CFP）	10
表面处理剂	0.5~1.0	混料剂（无水乙醇）	5~15
加工助剂（脱模剂）	1~2	其他助剂	适量

2. 制备工艺

（1）CFP 的氧化处理　将 CFP 置于电阻炉中，并将电阻炉设置在 370～430℃，充分氧化一定时间（20～60min）后取出，置于干燥箱中自然冷却备用。

（2）PES/CFP 复合材料的制备

1）干混法。按照一定比例，准确称取一定质量的 CFP 和 PES 置于容器中，使用玻璃棒手动搅拌 5min 左右至混合均匀，然后将其放入真空炉中于 100℃ 干燥 1h，而后取出冷却备用。

2）湿混法。准确称取一定质量的 CFP，放入足量无水乙醇中并手动搅拌 1min，然后加入一定比例的 PES 并置于电磁搅拌器中搅拌约 5min，使用自制的简易减压抽滤装置（见图 9-3）滤干，滤干后将混合物倒入坩埚中并置于真空干燥箱中干燥 1h，而后取出冷却备用。

接着将一定质量的混合物放入模具中并置于热压机上，采用 20MPa 压力预压成干坯；最后将模具置于电阻炉中于 370℃ 条件下加热 45min，然后置于压力机上并施加 10MPa 压力压至规定尺寸，自然冷却后再脱模取样。PES/CFP 复合材料热压模具如图 9-4 所示。

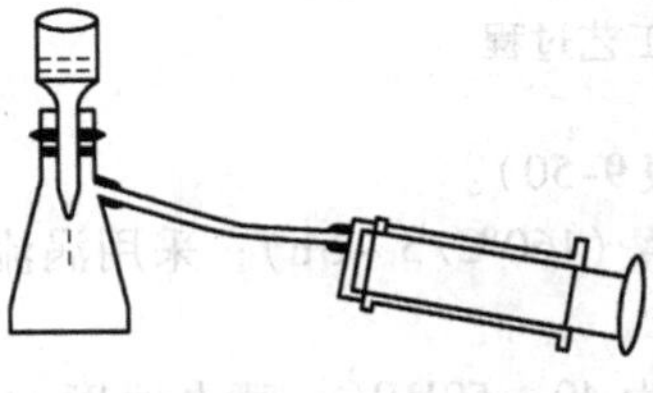

图 9-3　简易抽滤装置示意图

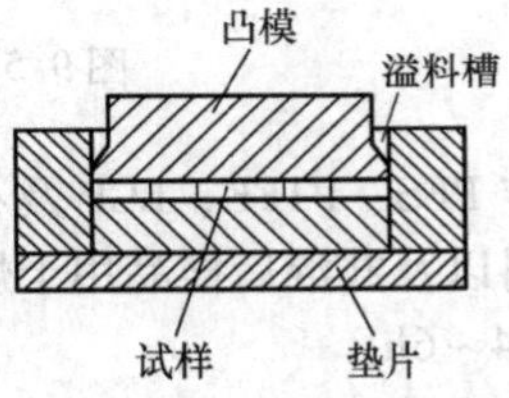

图 9-4　PES/CFP 复合材料热压模具

3. 性能与效果

1）湿混法与干混法相比，前者能使 CFP 与 PES 的混合效果更好；随着 CFP 体积分数的增加，PES/CFP 复合材料的拉伸强度先增后减，并在体积分数为 10% 时达到最大；拉伸弹性模量随 CFP 体积分数的增加逐渐增大。

2）通过对 CFP 表面的空气氧化处理能显著提高复合材料的拉伸性能。加入 10% 体积分数的 415℃ 下处理 45min 的 CFP，并采用湿混法压制制得的复合材料拉伸性能最佳，此时拉伸强度达到 136MPa，弹性模量可达到 831MPa，可制作性能优异的汽车装饰紧固件材料。

三、金属/PES 复合自润滑材料

1. 原材料与配方（表 9-50）

表 9-50　复合材料各层成分的质量分数　（%）

成分	喷涂层	塑料工作层
PES	100	75
PTFE	—	18

（续）

成分	喷涂层	塑料工作层
液晶聚合物（LCP）	—	4
石墨	—	3

2. 制备方法

用镶嵌、喷涂和机械共混-模压成型制备的金属/塑料复合自润滑材料的结构为自上而下由塑料工作层、PES粉末喷涂层、喷丸加工后具有凹槽的钢板组成。复合材料制备的工艺过程如图9-5所示。具体过程说明如下：

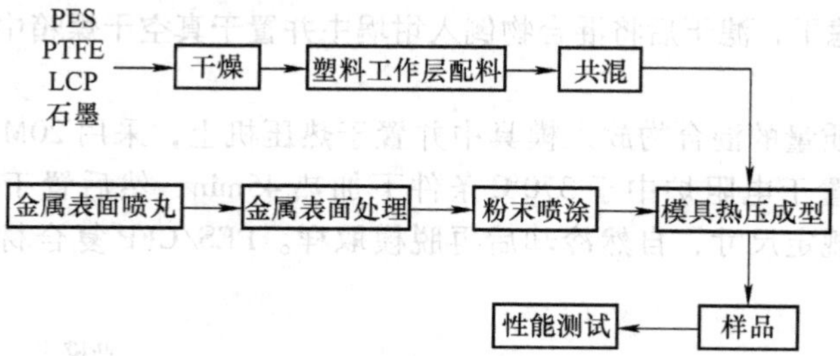

图9-5　复合材料制备的工艺过程

1）确定PES、PTFE、LCP及石墨的含量（见表9-50）。

2）原料以及共混后样品用干燥箱进行充分干燥（160℃/3～5h）；采用涡流式高效混料机混料4～6h。

3）板材喷丸处理：选用铸钢丸，其硬度一般为40～50HRC，喷丸速度为60m/s。选用喷丸处理板材既可以清除掉工件表面的污物，还可以增加金属与塑料结合的表面积，有利于塑料与金属的镶嵌，喷丸后再除掉其表面的油污、灰尘和锈迹等才能喷涂粉末。

4）粉末喷涂工艺：静电电压30～80kV；静电电流10～20μA；流速压力0.30～0.55MPa；雾化压力0.30～0.45MPa；清枪压力0.5MPa；供粉桶流化压力0.04～0.20MPa；供粉量200～300g/min；喷枪口至工件的距离100～200mm。

5）材料的预压和压制成型在四柱液压机和自制的模压模具上进行，采用常规脱模剂进行脱模：热压成型过程中，应进行多次脱气，以减少制品缺陷；压力由小到大，待温度降到一定值时再按工艺要求进行保压冷却，当模板冷却到130℃左右即可开模，取出试样。

3. 性能与效果

1）使用镶嵌、喷涂、机械共混-模压成型法能制得摩擦学性能优良的金属/PES复合自润滑材料。

2）在干摩擦试验的载荷范围内，复合材料的摩擦因数和磨损量随载荷的增加而不断减小，随转速的增大而不断增大。

3）轻载荷时，复合材料以犁削占主导，表现为磨粒磨损的特征；较大载荷时，表现为黏着磨损及磨粒磨损。

4）低转速时，复合材料表现为黏着磨损为主、犁削为辅；较大转速时，表现为磨粒磨损及黏着磨损。

四、3D 打印用木粉/PES 材料激光烧结成型技术

1. 简介

选择性激光烧结（SLS），属于3D打印技术的一种，采用可控激光束熔融粉末状材料进行层层累积烧结出复杂的立体模型。在发展选择性激光烧结这类3D打印技术产业化的进程中，制造设备和材料基础研究是两大关键技术。选择性激光烧结对原材料要求较为苛刻，材料需要以粉末状提供；烧结过程中，材料在快速融化和凝固等物态变化之后，仍须具有良好的物理、化学性质。可应用于选择性激光烧结成型的材料不仅种类少、成本高，而且加工工艺也比较复杂，因而难以实现产业化。

目前，常用于选择性激光烧结研究的材料，有金属材料、陶瓷材料、聚合物材料以及它们之间的复合材料。国内科研人员提出将木塑复合材料运用于选择性激光烧结成型技术的观点。木塑复合材料应用于3D打印技术中，可降低原材料的成本，扩大该先进技术的可行领域。

松木粉来源广泛且价格低廉；PES作为木塑复合材料的黏结剂，具有机械强度高、尺寸稳定性好以及优良的成型加工性能等特点。

2. 原材料与配方（表9-51）

表9-51 松木粉/PES复合材料的三种配比情况

试样号	松木粉质量/kg	PES质量/kg	松木粉占总量的质量比（%）
Ⅰ	2.0	8.0	20
Ⅱ	2.0	6.0	25
Ⅲ	1.5	3.5	30

3. 制备方法

（1）复合材料粉末的制备 木粉/PES粉末主要由木粉、热熔胶粉及其他添加剂组成。其中，热熔胶与木粉占总质量的90%以上，添加剂包括降黏剂、偶联剂、引发剂、光稳定剂和有机填料等。

木粉的主要成分为纤维素、半纤维素、木质素及抽提物等。经过碱化处理后，植物纤维中的部分果胶、木质素和半纤维素等低分子杂质被溶解除去，纤维的氢键也被大量去除，剩余的主要是木纤维，碱溶液将结晶木纤维的羟基打开，木纤维变得蓬松。

热熔胶是一种热塑性材料PES，在一定的温度范围内，随温度的改变而变化，并保持同样的化学性能。这是一种无毒、无味、环保的化学材料。通过材料设计，得到了目前最佳的成分配比：碱化后的木粉与PES热熔胶粉的体积比为10:（8~9），它们是构成木粉/PES粉末的主要部分；其他添加剂占总质量的16%左右。所有成分经高速混合并烘干后制得复合材料粉末。

（2）激光烧结成型 激光烧结快速原型采用分层扫描的方式对三维模型进行读取，并由计算机系统转化为加工信息，以分层制造、“增材”的方式直接加工出零件实体。试验设备采用华中科技大学研发的HRPS-Ⅲ激光成型机，将粉末材料置于成型机两侧的料箱，由铺粉辊将粉末均匀地铺于中间的加工区域，逐层粉末，逐层烧结，最终获得

成型件。加工参数分别为：采用分区域扫描方式，激光器输出功率为30~50W，扫描激光光束的移动速率为1800~2000mm/s，激光光斑的特征半径为0.3mm，激光光束扫描间距为0.15mm，分层厚度为0.1~0.2mm。另外，粉床温度也是一个非常重要的加工参数，通过试验发现，最佳温度为70℃左右。加工出的成型件精度高，表面平整，相对密实，具有一定的强度。

由成型件可看出，细小的木纤维与胶粉颗粒分布均匀，且排列较为有序紧密，但可清楚地看到许多孔隙，孔隙率达到50%左右，这也是导致成型件表面粗糙、力学性能较差的主要原因。所以，需进行后处理来改善其力学性能。

（3）后处理——渗蜡 采用该木粉/PES粉末进行选择性激光烧结所得的成型件，具有一定的力学性能和良好的激光烧结特性，但对于复杂零件及强度要求较高的零件，它依然无法满足要求，加之孔隙率较大，因此需要对成型件进行后处理，选用的后处理方法为渗蜡处理。

在一定温度下，将烧结后的成型件浸入石蜡液体，液态石蜡通过成型件内部的孔隙快速地渗入，近似于毛细现象。取出冷却后，凝固的石蜡便填补了成型件内部的孔洞，使其变得更加密实，从而提高了强度。从经过后处理的成型件与渗蜡后的成型件表面SEM图片中可以看出，几乎所有孔洞均被密实，表面较平整。通过前后的对比可见，后处理工艺对于提高成型件的强度有着非常重要的作用。经过渗蜡处理的成型件，在X、Y、Z三个方向上的尺寸会略有增加（≤0.1mm）。如果对尺寸精度要求较高，也可将渗蜡后的成型件进行打磨，这样可同时提高尺寸精度和表面精度。

4. 性能

通过表9-52中的试验数据可直观地看出，经渗蜡处理后的成型件，其力学性能有明显的提高，拉伸强度提高约87倍，弯曲强度提高约5.7倍，冲击强度提高约2.5倍；经过打磨，成型件的表面精度也会有所提高。因此，渗蜡处理可作为该复合材料选择性激光烧结的后置增强处理。

表9-52 成型件的力学性能测试结果

成型件状态	拉伸强度/MPa	弯曲强度/MPa	冲击强度/kJ·m^{-2}
渗蜡前	0.014	0.475	0.567
渗蜡后	1.214	2.730	1.412

5. 效果

1）通过材料设计，成功地制备出一种低成本、无污染、可循环利用、可降解的用于选择性激光烧结的木粉/PES粉末。该材料的主要组成部分为碱化的木粉、热熔胶粉PES及其他添加剂。

2）使用该粉末经激光烧结所得的成型件，成型精度高，具有很好的力学性能。

3）理论分析表明，采用该材料进行选择性激光烧结，渗蜡处理是一种必要的后置增强处理。

4）试验结果表明，经过后处理的成型件，孔隙率由原来的51%变为7%左右，而其他力学性能也有了明显提高：拉伸强度提高到1.214MPa；弯曲强度提高到2.73MPa；冲击强度提高到1.412kJ/m^2。

第十章　聚醚醚酮（PEEK）

第一节　主要品种的性能

一、简介

1. 结构特征

聚酮类塑料是指化学结构中带有醚、酮键的一类高分子材料，现已工业化生产的品种主要有聚醚醚酮（PEEK）、聚醚酮（PEK）、聚醚酮酮（PEKK）和酚酞型聚醚醚酮（PEEK-C）等。其中应用较为广泛、使用价值较高的只有 PEEK。本书仅对 PEEK 加以介绍。

聚醚醚酮（PEEK）的化学结构为

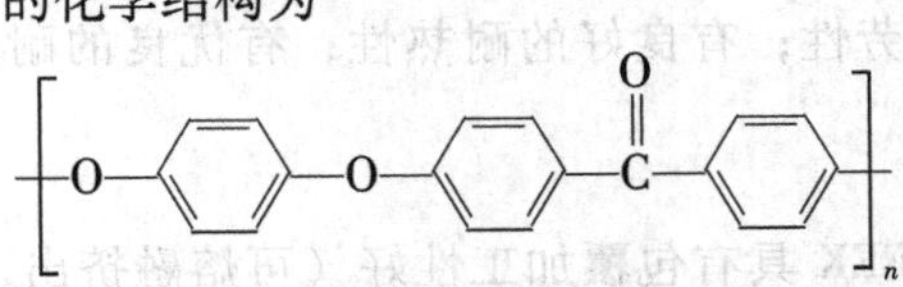

PEEK 是一种综合性能优良的结晶性耐高温热塑性工程塑料，也是聚芳醚酮类聚合物的一种。其长期的连续工作温度为 240℃，可在 200℃蒸汽中使用，且质地柔韧，冲击性能和伸长率优异，耐腐蚀、耐辐射、自熄性优良，燃烧时烟雾密度低，电性能优良。PEEK 已在航空航天工业、原子能工业、武器装备和高尖端技术中应用。

2. 主要性能

（1）耐热性　虽然未增强纯 PEEK 树脂的热变形温度只有 160℃，但用玻璃纤维、碳纤维增强后，热变形温度可达 300℃以上。按长期连续使用温度的评价方法 UL 温度指数测定为 250℃。

（2）力学特性　PEEK 在室温时的抗蠕变性能很好，不论有无缺口都比其他耐热性树脂高得多。

（3）各种物性随温度的变化　虽然在其玻璃化转变温度（143℃）附近有所下降，但直至其熔点附近（300℃）仍保持有足够的弹性模量。其拉伸强度随增强情况不同有所变化，直到高温领域都还保持一定强度。其在 250℃的老化试验结果表明，不仅一般树脂无法与之相比，甚至比公认的长期耐热性好的 PPS 也要稳定。

（4）耐冲击性　PEEK 是耐热树脂中韧性最好的一种。

（5）阻燃性　PEEK 有自熄性，不加任何阻燃剂，用 UL94 标准测定达到 V-0 级（厚度为 1.5mm）。另外燃烧时的发烟量也非常少。

（6）耐药品性　PEEK 只溶解于浓硫酸，有良好的耐化学药品性，特别是在高温下耐酸碱性方面比聚酰亚胺好得多。

（7）耐水解性　PEEK 的吸水率很小，23℃的饱和吸水率只有 0.5%；而且耐热水性好，可以在300℃的加压热水或蒸汽中使用；在200℃以上的热水中可以连续使用；在130℃热水中浸泡11d后其弯曲模量保持率在90%以上，远高于其他树脂。

（8）耐磨性 PEEK具有相当于聚酰亚胺的良好耐磨性。

（9）耐疲劳性 PEEK在所有树脂中具有最好的耐疲劳性。

（10）耐辐照性 PEEK耐γ辐照的能力很强，超过了通用树脂中耐辐照性最好的聚苯乙烯。PEEK可以做成γ辐照剂量达1100Mrad时仍能保持良好绝缘能力的高性能电线。

（11）耐剥离性 PEEK的耐剥离性很好，因此可制成包覆很薄的电线或电磁线，并可在苛刻条件下使用。

（12）电性能 PEEK具有良好的电绝缘性能，并可保持到很高的温度范围。其介电损耗角正切值在高频情况下也很小。

3. 应用

（1）高性能增强塑料 近年来引人注目的是热塑性高性能增强塑料，其中发展最快的是由ICI公司推出的PEEK高性能增强塑料（商品名APC-2）。这种材料的特点是：比环氧高性能增强塑料易加工；成型后不需养生；有良好的耐冲击性，损伤容限大；有优良的抗蠕变性和耐疲劳性；有良好的耐热性；有优良的耐热湿循环性；损伤处易修补。

（2）挤出成型制品

1）电磁线。利用PEEK具有包覆加工性好（可熔融挤出，而不用溶剂），燃烧时发烟量低且产生腐蚀性气体少，耐磨性好，耐辐照性强，可自由着色等特点，已经用作电缆、电线的绝缘或保护层，广泛应用于原子能、飞机、船舶、油井、气井、电磁线、光导纤维等领域。

2）薄膜。利用PEEK比聚酰亚胺吸湿性小，高温时耐碱、耐酸、耐高频性好，耐焊锡、耐辐照等特点，用作H级以及C级绝缘材料，广泛用于电动机、发电机、变压器、电容器等的绝缘薄膜，可绕性印制电路板，载波带，增强塑料（用PEEK与碳纤维、玻璃纤维层覆）耐热耐药品的环型带等。

3）纤维。PEEK单丝具有比聚酯和尼龙纤维更好的耐蒸汽、耐药品、耐磨耗、抗蠕变、韧性好等特点，应用于制纸机械的干燥帆布、耐热滤布、球拍的网线、增强塑料（与碳纤维、玻璃纤维等混织或混编）、耐热耐药品纺织带等。

（3）注射成型制品

1）耐磨材料。利用其耐磨性、耐药品性、韧性好和可在250℃使用等特点用于制造轴承保持架、金属轴承的护衬、离合器零件、动力闸的真空零件、汽油发动机的零件、涡轮加载器叶片、复印机零件、悬置轴瓦、活塞裙、发动机推杆等。

2）电气、电子制品。发挥PEEK的耐焊锡性（热变形温度300℃以上）、阻燃、UL温度指数250℃、韧性好等特点，用于制造镶嵌插头，高可靠性接插件，电缆插头、接线盒，配线的引出头，晶片笼型线圈，电池外壳，IC的封装等。

3）热水设备。发挥PEEK能耐加压水或蒸汽而且在200℃以上可长期使用的特点，用于制造热水、化学泵的泵体和叶轮及其他零件，蒸汽阀门，O形圈，采油用接插件，锅炉pH计的护套等。

4）其他。PEEK还可以用于制造原子能发电站用接插件和阀门零件、涡轮叶片、显微镜灯罩、电动机周围导线支架、火箭用电池槽、螺栓、螺母、实验室用镊子等。

（4）粉末喷涂制品　PEEK可用静电喷涂或流化床法喷涂制成金属等表面的耐热、耐腐蚀涂层。

（5）加工成型制品　PEEK可用旋转成型法制造大型制品，可用吹塑成型法制作盛核废料的容器，还可以把PEEK薄膜与金属加压胶黏制成高温黏结力很好的增强塑料。

二、聚醚醚酮的性能（表10-1～表10-9）

表10-1　吉林大学聚醚醚酮的性能

项　目	指　标	项　目	指　标
相对密度	1.32	长期使用温度/℃	250
玻璃化转变温度/℃	143	相对介电常数(1MHz)	3.2～3.3
熔点/℃	334	介电损耗角正切值(1MHz)	0.0033
拉伸强度/MPa	94	体积电阻率/Ω·cm	10^{16}
弯曲强度/MPa	145	阻燃性(UL94)	V-0

表10-2　湖北省化学研究所聚醚醚酮的性能

项　目		数　值	项　目	数　值
相对密度		1.26	热分解温度(失重5%)/℃	500
吸水率(%)		0.60	体积电阻率/Ω·cm	5×10^{16}
吸油率(%)		0.22	介电强度/(kV/mm)	51.3
拉伸强度/MPa	常温	86.3	相对介电常数(1MHz)	2.18
	150℃	37.1	介电损耗角正切值(100kHz)	1.72×10^{-2}

表10-3　国产聚醚醚酮与聚砜耐化学药品性的比较

介　质	聚醚醚酮	聚　砜	介　质	聚醚醚酮	聚　砜
30%盐酸	无变化	无变化	丙酮	无变化	发白,不透明,发皱
30%硝酸	无变化	无变化	甲苯	无变化	部分溶解
30%氢氧化钠	无变化	无变化	二甲基甲酰胺	无变化	部分溶解
70%乙酸	无变化	无变化	二甲基亚砜	无变化	全部溶解
70%乙醇	无变化	无变化	二氯甲烷	无变化	全部溶解
10%草酸	无变化	无变化			

表 10-4　英国帝国化学工业公司聚醚醚酮的性能

项　目		数　值	项　目		数　值
熔点/℃		334	结晶度(最大)(%)		48
玻璃化转变温度/℃		143	相对密度(完全结晶)		1.32
吸水率(%)		0.15	拉伸强度/MPa	缺口 0.254mm	33.8
熔体黏度(400℃)/Pa·s		450~550		缺口 0.508mm	33.8
熔融热稳定性(400℃,1h,黏度变化)(%)		<10		缺口 1.016mm	33.8
拉伸强度/MPa		100		缺口 2.032mm	33.8
断裂伸长率(%)		150	介电强度/(kV/mm)	薄膜(厚度 50μm)	16~21
弹性模量/MPa	150℃	1000		被覆电线(20℃,水中)	19
	180℃	400	相对介电常数(1MHz)	50Hz,150℃	3.2~3.3
弯曲模量/GPa		3.5		50Hz,200℃	4.5
冲击强度(缺口,摆锤式,25℃,2.03mm)/(kJ/m)		1.387	体积电阻率(被覆电线,25℃,水中)/Ω·cm		1×10^{13}

表 10-5　英国帝国化学工业公司晶型聚醚醚酮的性能

项　目		数　值	项　目		数　值
拉伸强度/MPa	23℃	91	蠕变(%)	10MPa,150℃,7d	1.73
	100℃	66		5MPa,180℃,7d	1.70
	150℃	34	Taber 磨耗/(g/1000r)		6×10^{-3}
弯曲模量/GPa	23℃	3.9	模塑收缩率(%)		1.1
	100℃	3.0	热变形温度(1.8MPa)/℃		148
	150℃	2.0	断裂伸长率(%)		150

表 10-6　英国帝国化学工业公司聚醚醚酮的燃烧性能

项　目	测 试 方 法	数　值	项　目	测 试 方 法	数　值
极限氧指数(%)	ASTM D2863		烟散发	NBS 烟室(英国新标准线规烟室)	10
0.4mm 厚		24	3.2mm 厚燃烧		1.5
3.2mm 厚		35	3.2mm 厚不燃烧		
涂敷电线		40.5	产品燃烧的毒性指数	英国国防部试验 NES713	0.17
燃烧性	UL94				
0.3mm 厚		V-1			
1.6mm 厚		V-0			
3.2mm 厚		5-V			

表 10-7　25%玻璃纤维增强聚醚醚酮的性能

项　目	数　值	项　目	数　值	
拉伸强度/MPa	80	拉伸强度/MPa	在 23℃下	在 200℃下
弹性模量(185℃)/MPa	1000	缺口 0.254mm	84	34
		缺口 0.508mm	86	34
		缺口 1.016mm	84	34
		缺口 2.032mm	73	34

表 10-8 碳纤维增强聚醚醚酮的性能

项目	20%碳纤维	30%碳纤维	项目	20%碳纤维	30%碳纤维
密度/(g/cm³)	1.40	1.44	断裂伸长率(%)	6	3
拉伸断裂强度/MPa	165	215	热变形温度(1.8MPa)/℃	300	300
弯曲强度/MPa	260	248			
弯曲模量/GPa	12.50	15.50	体积电阻率/Ω·cm	—	1.4×10^{3}

表 10-9 碳纤维与玻璃纤维增强聚醚醚酮的性能比较

项目	30%碳纤维	30%玻璃纤维	项目	30%碳纤维	30%玻璃纤维
拉伸强度/MPa	215	140	热变形温度(1.8MPa)/℃	300	300
断裂伸长率(%)	3	3			
弯曲模量/GPa	15.40	8.00			

三、成型加工性能

聚醚醚酮具有热塑性工程塑料典型的加工性能，可用注射、挤出、模压、吹塑等方法加工成各种制品。其工艺条件见表 10-10 和表 10-11。

表 10-10 聚醚醚酮的注射成型工艺条件

项目	未增强型	玻璃纤维增强型
机筒温度/℃		
后部	350	370
中部	370	390
前部	365	390
喷嘴温度/℃	385	390
模具温度/℃	160	160~180
注射压力/MPa	13~14	13~14
注射时间/s	8	10
冷却时间/s	15	20

表 10-11 聚醚醚酮的挤出成型工艺条件

项目	数值
螺杆直径/mm	45
螺杆长径比(L/D)	20
螺杆转速/(r/min)	16
机筒温度/℃	
后部	350
中部	365
前部	370
口模温度/℃	365

第二节 改性技术

一、填充改性与增强改性

（一）晶须增强 PEEK 复合材料

1. 原材料与配方（质量份）

PEEK	85	PTFE	10~20
钛酸钾晶须（PTW）	5~15	偶联剂（KH-550）	0.5~1.0
润滑油/NaOH（90:10）	适量	其他助剂	适量

2. 制备方法

10% ~20% 的 PTFE 能够大幅改善 PEEK 的摩擦性能，制备出高性能减摩耐磨材料。试验中称取不同量经处理后的填料加入 15% PTFE 和余量的 PEEK 粉末中，机械搅拌混合均匀，经热压（370 ~380℃，10MPa 下保持 1.5h）成型，冷却至 110℃脱模。加工后的样品（外径为 26mm，内径为 22mm）和不锈钢对偶面在试验前用 900#砂纸打磨到表面粗糙度 *Ra* 值为 0.15 ~0.3μm，最后用丙酮清洗干净。

3. 性能

表 10-12 给出了不同纤维增强 PEEK 复合材料的摩擦磨损性能。由表 10-12 可以看出，在相同的填料含量条件下，与碳纤维（CF）增强 PEEK 复合材料相比，PTW 增强 PEEK 复合材料的摩擦因数和磨损率大幅降低。PTW 增强 PEEK 复合材料的耐磨性显著提高，是相同含量 CF 增强 PEEK 复合材料耐磨性的 10.5 倍。

表 10-12 不同纤维增强 PEEK 复合材料摩擦磨损性能

试样	磨损率/($\times10^{15}m^3 \cdot N^{-1} \cdot m^{-1}$)	摩擦因数
15% CF	8.76	0.186
15% PTW	0.83	0.07

表 10-13 给出了碱液中载荷对 PEEK 复合材料摩擦磨损性能的影响。由表 10-13 可见，随着载荷的增大，PTW 和 CF 增强 PEEK 复合材料的摩擦因数和磨损率都在增加。相同载荷下 PTW 增强 PEEK 复合材料表现出更好的减摩耐磨性能。

表 10-13 碱液中载荷对 PEEK 复合材料摩擦磨损性能影响

试样	磨损率/（$\times10^{15}m^3 \cdot N^{-1} \cdot m^{-1}$）	摩擦因数
15% CF，200N	5.054	0.0645
15% CF，400N	7.280	0.0820
15% PTW，200N	1.480	0.0260
15% PTW，400N	1.890	0.0390

4. 效果

1）在碱液中，CF 增加了 PTFE/PEEK 复合材料的摩擦因数和磨损率，与此相反，PTW 可以进一步降低 PTFE/PEEK 复合材料的摩擦因数和磨损率。含 5% PTW 的 PTFE/PEEK 复合材料可提高其在碱液中的耐磨性 2.36 倍。

2）干摩擦时，200N 载荷下，15% PTW 增强 PTFE/PEEK 复合材料耐磨性是相同含量 CF 增强时的 10.5 倍。

3）碱液降低了 CF 与 PEEK 基体材料结合力，同时阻止了对偶面转移膜的形成，犁削和磨粒磨损是 CF 增强 PEEK 复合材料在碱液中的主要磨损机制，而隧道状晶体结构和细微尺寸的纤维态形貌使得 PTW 在碱液中仍具有显微增强耐磨作用。

（二）四针状氧化锌晶须增强 PEEK 复合材料

1. 原材料与配方（质量份）

PEEK	100	氧化锌晶须（T-ZnOw）	10
偶联剂	0.5～1.0	其他助剂	适量

2. 制备方法

复合材料的制备工艺过程如图 10-1 所示，具体过程为：将四针状氧化锌晶须与 PEEK 粉末置于干燥箱中干燥 3h（100℃）；按照配方将四针状氧化锌晶须与 PEEK 粉末混合均匀后进行模压成型；冷却到 30℃左右开模，后处理制样备用。

图 10-1　复合材料的制备工艺过程

3. 性能与效果

1）正交试验方法可成功应用于制备 T-ZnOw/PEEK 复合材料。极差分析和方差分析结果一致，与材料磨损表面的分析相吻合。

2）T-ZnOw 含量对复合材料的耐磨性影响最为明显，其次是成型压力和烧结温度，材料的最优制备方案为：T-ZnOw 质量分数 10%，成型压力 8MPa，加热温度 400℃。

3）黏着磨损是纯 PEEK 的主要磨损机制。填充少量 T-ZnOw 后，复合材料表面犁沟减轻，随着填充量不断增加，其磨损机制转化为磨粒磨损与疲劳磨损。

（三）玻璃纤维/硅灰石增强 PEEK 复合材料

1. 原材料与配方（质量份）

PEEK	100	硅灰石（W）	40
玻璃纤维（GF）	15～30	偶联剂	1～2
其他助剂	适量		

2. 制备方法

（1）母料的制备　将硅灰石和 PEEK 粉末按照硅灰石质量分数为 40% 的比例在高速混合机上混合均匀，在双螺杆挤出机上挤出，造粒；在挤出纯 PEEK 树脂时，将连续玻纤从双螺杆纤维喂料口导入，制备玻璃纤维质量分数为 40% 的复合材料，造粒；挤出纯 PEEK 树脂，造粒。

（2）复合材料的制备　将三种粒料按照一定比例混合，在双螺杆挤出机上二次挤出，得到填料比例分别为 $w(\mathrm{W})=10\%/w(\mathrm{GF})=15\%$，$w(\mathrm{W})10\%/w(\mathrm{GF})=20\%$，$w(\mathrm{W})10\%/w(\mathrm{GF})=25\%$，$w(\mathrm{W})10\%/w(\mathrm{GF})=30\%$，$w(\mathrm{W})=5\%/w(\mathrm{GF})=20\%$，$w(\mathrm{W})=15\%/w(\mathrm{GF})=20\%$，$w(\mathrm{W})=20\%/w(\mathrm{GF})=20\%$ 的复合材料，造粒。加料段、加工段、机头口模温度分别为 320℃、340℃、360℃、360℃、360℃、340℃，螺杆转速为 90r/min。

（3）复合材料测试样条的制备　将挤出切粒后的复合材料 120℃干燥 4h 后，在注射机上注射成拉伸、弯曲测试样条，拉伸测试样条尺寸为4.0mm×9.0mm×40.0mm，弯曲测试样条尺寸为4mm×6mm×55mm。

3. 性能（表10-14～表10-18）

表10-14　PEEK及其复合材料[w(W)恒定,w(GF)变化]的力学性能

试样	弯曲模量/MPa	弯曲强度/MPa	弹性模量/MPa	拉伸强度/MPa	断裂伸长率（%）
PEEK	3258.6	162.7	1943.2	98.7	44.0
w(W)=10%/w(GF)=15%	5951.4	192.0	2789.7	113.0	8.3
w(W)=10%/w(GF)=20%	6854.8	194.2	2997.7	115.8	8.5
w(W)=10%/w(GF)=25%	8090.0	199.1	3208.1	113.3	7.1
w(W)=10%/w(GF)=30%	9137.2	201.4	3470.8	120.6	7.3

表10-15　PEEK及其复合材料[w(W)变化,w(GF)恒定]的力学性能

试样	弯曲模量/MPa	弯曲强度/MPa	弹性模量/MPa	拉伸强度/MPa	断裂伸长率（%）
PEEK	3258.6	162.7	1943.2	98.7	44.0
w(W)=5%/w(GF)=20%	6541.1	188.3	2795.8	111.0	8.2
w(W)=10%/w(GF)=20%	6854.8	194.2	2997.7	115.8	8.5
w(W)=15%/w(GF)=20%	7630.1	200.2	3233.7	125.3	7.6
w(W)=20%/w(GF)=20%	8812.1	210.5	3416.9	128.0	8.0

表10-16　PEEK及其复合材料[w(W)恒定,w(GF)变化]的热性能数据

试样	结晶起始温度/℃	结晶峰温度/℃	熔点/℃	结晶度（%）
PEEK	301.42	296.15	339.22	26.25
w(W)=10%/w(GF)=15%	299.00	293.79	338.52	31.29
w(W)=10%/w(GF)=20%	298.96	293.81	338.59	27.29
w(W)=10%/w(GF)=25%	297.32	292.43	339.30	28.90
w(W)=10%/w(GF)=30%	295.87	290.97	339.16	24.65

表10-17　PEEK及其复合材料[w(W)变化,w(GF)恒定]的热性能数据

试样	结晶起始温度/℃	结晶峰温度/℃	熔点/℃	结晶度（%）
PEEK	301.42	296.15	339.22	26.25
w(W)=5%/w(GF)=20%	305.53	297.80	339.12	28.95
w(W)=10%/w(GF)=20%	298.96	293.81	338.59	27.29
w(W)=15%/w(GF)=20%	295.23	291.15	338.75	25.57
w(W)=20%/w(GF)=20%	290.74	286.48	338.37	24.18

表 10-18　PEEK 及其复合材料[w(W)恒定,w(GF)变化]的线胀系数

（单位：$\times10^{-5}K^{-1}$）

试样	40～60℃	80～100℃	180～210℃
PEEK	49.55	54.76	130.75
w(W)=10%/w(GF)=15%	33.13	38.11	89.59
w(W)=10%/w(GF)=20%	30.14	33.13	81.00
w(W)=10%/w(GF)=25%	30.91	35.97	85.98
w(W)=10%/w(GF)=30%	21.58	24.95	55.37

4. 效果

本试验研究制备了硅灰石含量不定、玻璃纤维含量增加和玻璃纤维含量不变、硅灰石含量增加两个体系的三元复合材料，考察了两个体系三元复合材料的力学性能、结晶性能、流变性能以及尺寸稳定性和耐摩擦性能等。玻璃纤维的引入可以更好地增加材料的模量，而硅灰石则对增加强度贡献更大。当硅灰石含量较低而玻璃纤维含量较高时，硅灰石起到了异相成核剂的作用，促进了结晶，其结晶性能甚至高于纯树脂；而当硅灰石含量增加，由于形成了更紧密的堆砌，结晶性能急剧下降。该三元复合材料具有非常好的尺寸稳定性和摩擦学特性。

（四）组装改性碳纤维增强 PEEK 复合材料

1. 原材料与配方（质量份）

原材料	配方 1	配方 2	配方 3
PEEK	100	100	100
碳纤维	5～20	—	—
纯 P 组装碳纤维	—	5～20	—
60% P 组装碳纤维	—	—	5～20
其他助剂	适量	适量	适量

2. 制备方法

（1）羟基碳纤维的制备　将 1g 碳纤维置于 40mL 的浓 H_2SO_4 和 30% H_2O_2（体积比为 3:1）的混合溶液中，超声分散 30min。然后在 70℃的条件下磁力搅拌 3h，取出后抽滤，用去离子水洗至中性。80℃下干燥，最终得到羟基碳纤维。

（2）羟基碳纤维的组装改性　分别采用纯 P 和含 60% P 改性制备试样。室温下，将 0.5g 十八烷基磷酸酯溶于 200mL 乙醇中，加热至 60℃磁力搅拌 0.5h。随后在搅拌条件下加入 5g 羟基碳纤维于混合液中，溶液分散均匀后，继续搅拌 2h。沉降后用乙醇溶液多次洗涤，以洗去游离的十八烷基磷酸酯分子。将组装产物在 80℃下干燥 5h，最终得到样品。CF 组装反应式如图 10-2 所示。

（3）PEEK 复合材料的制备　采用 PEEK 粉体为基体，碳纤维作为增强剂制备复合材料。称取一定量的 PEEK 粉末，分别加入质量分数为 5%、10%、20% 的原碳纤维，5%、10%、20% 纯 P 组装碳纤维，5%、10%、20% 的含 60% P 组装碳纤维，采用机械

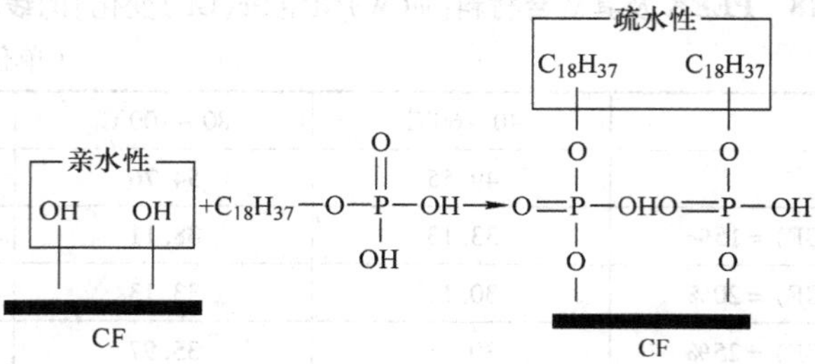

图 10-2　CF 组装反应式

搅拌混匀后模压成型，经程序控温烧结制成 PEEK 复合材料。车削加工后的复合材料，制成外径 26mm、内径 22mm、高 6mm 的圆柱环试样。

3. 性能与效果

1）采用纯十八烷基磷酸酯和含 60% 十八烷基磷酸酯对碳纤维进行组装改性，测试表明纯十八烷基磷酸酯组装改性可提高纤维表面的疏水性，进一步改善纤维与聚合物基体之间的相容性，使界面黏结更加稳定牢固，提高了碳纤维分散性能及其与 PEEK 基体的界面黏结性能。

2）组装改性的碳纤维能够提高 PEEK 复合材料的耐磨性能，质量分数为 10% 的纯十八烷基磷酸酯组装改性碳纤维可使得复合材料磨损率达到最低，比 60% 十八烷基磷酸酯改性和未改性碳纤维填充复合材料分别降低了 25.5% 和 32.8%，且摩擦磨损试验后磨损面比较光滑。

（五）碳纤维/氮化铝增强 PEEK 复合材料

1. 原材料与配方（质量份）

PEEK	90	氮化铝（AlN）	10
碳纤维	10	偶联剂	1～2
加工助剂	适量	其他助剂	适量

2. 制备方法

将 CF 在 450℃ 的箱式电阻炉中热氧化 5h 后冷却至室温；将 PEEK 在 120℃ 烘箱中干燥 12h；按一定比例将各组分置于高速混合机中混合 1min 后在 2.5MPa 压力下压实 300s，然后移入 380℃ 的加热炉中加热 2h；取出模具在 170℃、2.5MPa 的平板硫化机中热压 20min；在空气中自然冷却，再制成性能测试使用的标准试样。

3. 性能与效果

1）随着 AlN 的添加，PEEK/AlN 复合材料的热导率提高，拉伸强度下降，弯曲强度先增大后减小，PEEK/AlN 质量比为 9:1 时复合材料的综合性能最好。

2）PEEK/AlN/CF 复合材料力学性能的变化与储能模量的变化趋势与其一致，CF 为 0～10 份时，随着 CF 含量的增加材料拉伸强度和储能模量增加，介电损耗角正切值峰随着 CF 含量的增加而减小。

3）PEEK/AlN/CF复合材料的储能模量随扫描频率的增加逐渐增加，介电损耗角正切值则随着振动频率的增加而降低；按照 Arrhenius 方程计算的分子运动活化能为299.3kJ/mol。

（六）碳纤维/炭黑增强 PEEK 抗静电复合材料

1. 原材料与配方（质量份）

PEEK	100	碳纤维（CF）	15～20
炭黑（CB）	3～5	偶联剂	0.5～1.0
其他助剂	适量		

2. 制备方法

将PEEK与CB（CF）按一定比例放入高速混合机中，混合15min。将所得混合料采用模压成型的方法，在1MPa压力下压实30s，然后放入温度为380℃的加热炉中，加热2h。熔融后先升压至3.5MPa且保持1min，然后释压；再升压至5MPa且保持1min，再释压，最后升压到10MPa，保压10min。在维持保压的同时，以40℃/min的速率冷却模具，温度低于300℃解除压力，低于140℃开模取出制品，在空气中自然冷却，再制成供各种性能测试使用的标准试样。

3. 性能

测试结果表明，PEEK/CB复合材料的渗滤区CF含量为3%～5%，而PEEK/CF复合材料的渗滤区CB含量为15%～20%。复合材料的导电性主要取决于导电填充料的种类，骨架构造、表面状态、分散性、添加浓度等，典型的CB由接近纯碳而处于葡萄状组织的胶状实体所组成。在PEEK/CB复合材料中，这种聚集体组织或链式组织的存在正是CB呈现出高导电性的原因。以下的SEM可以证明，在PEEK/CB抗静电复合材料中形成三维空间导电网络结构，使复合材料的表面电阻率大幅度下降。

当CB含量为5%时，PEEK/CB复合材料的弯曲强度为126.23MPa，相比PEEK降低了17.9%；当CF含量为20%时，PEEK/CF复合材料的弯曲强度为85.05MPa，相比PEEK降低了44.7%。抗静电复合材料的冲击强度随着CB、CF含量的增加先升高，达到最大值后再下降。当CB含量为5%时，PEEK/CB复合材料的冲击强度为16.6kJ/m^2；当CF含量为20%时，PEEK/CF复合材料的冲击强度为10.3kJ/m^2。由以上数据可以看出，达到同样抗静电效果时，PEEK/CB复合材料的力学性能要好于PEEK/CF复合材料。

4. 效果

1）PEEK/CB体系渗滤区的CB含量为3%～5%，PEEK/CF体系渗滤区CF含量为15%～20%，这说明少量的CB就会使复合材料具有优异的力学性能。

2）扫描电镜（SEM）表征了CB在PEEK基体中达到纳米级分散，形成三维空间导电网络，这种三维空间导电网络结构提高了复合材料的抗静电性能。

（七）碳纤维/PTFE/PEEK 仿生多孔润滑耐磨复合材料

1. 原材料与配方（质量份）

PEEK	100	碳纤维	15~20
PTFE	20	NaCl	30
表面处理剂	1~2	其他助剂	适量

2. 制备方法

PEEK、PTFE、NaCl、碳纤维布在 120℃ 下预干燥 2h，将 PEEK、PTFE、NaCl 按一定比例高速搅拌形成共混粉体，再将碳纤维布在模具中以层铺的方法与共混粉体进行铺设，然后模压成型得到复合材料模压件。模压件通过热处理、机械加工（内外半径等），滤取造孔剂形成具有一定孔隙率的多孔复合材料，最后用润滑脂真空热熔浸渍得到多孔自润滑复合材料。

表 10-19 是多孔 CF/PTFE/PEEK 自润滑耐磨复合材料与纯 PEEK 材料、经典 CF/PEEK 复合材料、多孔 PTFE/PEEK 自润滑复合材料摩擦因数、磨损率和磨损面温度数值对比。多孔 CF/PTFE/PEEK 自润滑耐磨复合材料与纯 PEEK 材料干摩擦相比，耐磨性提高了 979 倍；比经典 CF/PEEK 复合材料耐磨性提高了 25 倍；比多孔 PTFE/PEEK 自润滑复合材料耐磨性还提高了 10 倍。因为多孔 CF/PTFE/PEEK 自润滑耐磨复合材料在摩擦过程中，本身材料能形成转移膜，使摩擦副与复合材料隔离，而多孔结构又能均匀释放油脂，在磨损面上形成连续稳定的润滑油膜，并且 CF 起到支撑骨架作用，因此降低了材料的摩擦因数和磨损率，使材料的减摩耐磨性能得到很大提高。

表 10-19　200N 下几种 PEEK 复合材料的摩擦磨损性能对比

试样	摩擦因数	磨损率/[$\times10^{-16}m^3(N\cdot m)^{-1}$]	磨损面温度/℃
PEEK（干态）	0.1500	3400.0	129.0
15% CF/PEEK	0.1860	87.6	147.3
30% NaCl/20% PTFE/PEEK	0.0369	36.8	36.8
0.4mm CF/30% NaCl/20% PTFE/PEEK	0.0192	3.47	26.8

3. 效果

1）采用模压-滤取和高温真空熔渍工艺制备了自身发汗式润滑耐磨多孔 CF/PTFE/PEEK 复合材料，PTFE 含量为 20%、NaCl 为 30%、碳纤维布层间间距为 0.4mm 时，所得多孔 CF/PTFE/PEEK 复合材料的摩擦因数和磨损率最低，200N 下摩擦因数和磨损率可低至 0.0192 和 $3.47\times10^{-16}m^3/(N\cdot m)$。获得的多孔 CF/PTFE/PEEK 复合材料与纯 PEEK 干摩擦相比，耐磨性提高了 979 倍，比经典 CF/PEEK 复合材料的耐磨性还提高了 25 倍，显示出优异的自润滑和耐磨性能。

2）对于多孔 CF/PTFE/PEEK 复合材料，微孔中的润滑脂在载荷和温度作用下向摩擦面扩散，形成了稳定润滑油膜，降低了材料的摩擦因数和磨损率。CF 布在复合材料中有序排列，不仅起到支撑骨架作用，而且还起到协同耐磨作用。本研究设计的多孔发汗式 PEEK 复合材料具有很好的摩擦磨损性能，解决了 PEEK 材料在实际应用过程中的热积累问题。

（八）石墨烯/碳纤维/PEEK 复合材料

1. 原材料与配方（质量份）

PEEK	70	碳纤维（CF）	30
石墨烯（GR）	0.1～0.5	加工助剂	2.5
其他助剂	适量		

2. 制备方法

CF/PEEK 预浸料为山西煤炭化学研究所研制，该单向预浸料中的增强炭纤维为 T700S，制备方法为粉末法，纤维和树脂的含量比为 70%/30%。石墨烯由山西煤炭化学研究所提供。通过修饰的 Hummers 法制备氧化石墨烯，之后将氧化石墨烯在 1000℃热剥离制得所需石墨烯。

首先将 CF/PEEK 预浸料裁成和模具大小相应的尺寸，之后将相应质量分数（0.1%、0.3%、0.5%）的石墨烯在超声辅助下分散于无水乙醇中，利用喷枪将该分散液喷涂于裁好的 CF/PEEK 预浸料表面，为了保证石墨烯在预浸料表面的均匀分布，喷涂操作在加热板上进行，控制温度在 80℃以保证溶剂乙醇的快速蒸发，该过程在空气气氛中进行。然后将 16 层喷涂有石墨烯的 CF/PEEK 预浸料放置在模具中，于 400℃、30MPa 条件下热压 1h，再保压 1h 制得 GR/CF/PEEK 复合材料。图 10-3 为该复合材料的制备过程示意图。

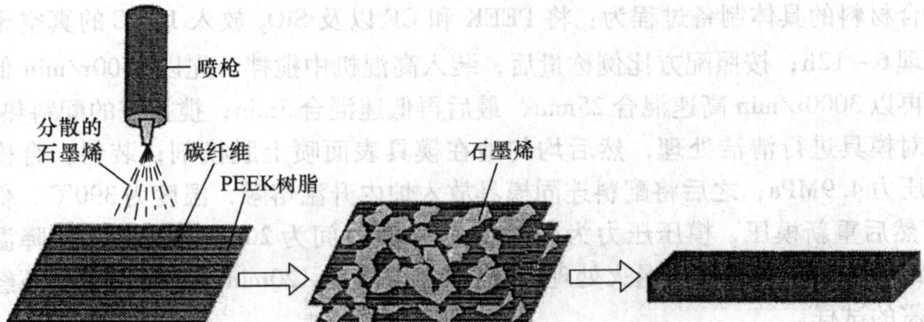

图 10-3　GR/CF/PEEK 复合材料的制备过程

3. 性能与效果

石墨烯是一种良好的导电材料，加入复合材料后，石墨烯的片与片之间可以相互搭接连成有效的导电网络，以此来提高复合材料的导电性；同时，相邻石墨烯片层之间产生的隧道电流对电导率的提高也有贡献。以 0°方向（沿纤维方向）的电导率为例，未加入石墨烯时，CF/PEEK 的电导率为 0.39S/cm，这主要是由于碳纤维对电导率的贡献。加入 0.1%、0.3%、0.5% 的石墨烯后，电导率分别增加了 28.2%、61.3%、73.1%。同时，将石墨烯加入复合材料后，90°方向（垂直于纤维方向）、厚度方向的电导率也有明显的增加。

采用层间喷涂法制备了 GR/CF/PEEK 复合材料。通过分析其性能可以发现，少量石黑烯的加入就能够改善纤维和基体树脂的界面结合作用，从而使复合材料的层间剪切强度和弯曲性能得到显著提高。同时，由于石墨烯的诱导结晶作用，加入少量石墨烯能够提高该复合材料体系基体的结晶度。此外，少量石墨烯的加入，可以在复合材料内部形成连通的网络，能够使复合材料的热导率以及电导率得到明显的提高。因此，GR/CF/PEEK 复合材料与 CF/PEEK 相比具有更优良的综合性能（加力学性能、热学性能和电学性能），有望作为多功能材料得到更广泛的应用。

二、纳米改性

（一）纳米 SiO_2 改性碳纤维增强 PEEK 复合材料

1. 原材料与配方（质量份）

配方 \ 原料	SiO_2	CF	PEEK
SC-0	0	25	75
SC-1.5	1.5	25	75
SC-3.0	3.0	25	75
SC-4.5	4.5	25	75
SC-6.0	6.0	25	75

2. 制备方法

复合材料的具体制备过程为：将 PEEK 和 CF 以及 SiO_2 放入 150℃ 的真空干燥箱中干燥处理 6～12h；按照配方比例称量后，装入高混机中搅拌：先以 1500r/min 低速混合 5min，再以 3000r/min 高速混合 25min，最后再低速混合 5min；搅拌完的配料热压成型，成型前对模具进行清洁处理，然后均匀地在模具表面喷上脱模剂；装料，合模，预压 4min，压力 4.9MPa；之后将配料连同模具放入炉内升温熔融，温度为 390℃，保温时间为 4h；然后重新模压，模压压力为 4.9MPa，保压时间为 20min；随之风冷降温，开模取样；最后将制备好的样品退火处理，在 270℃ 下恒温 120min。退火后的样品经机械加工成所需的试样。

3. 性能与效果

填充 25% CF 的 CF/PEEK 复合材料与 PEEK 材料相比，摩擦因数降低了 29%，比磨损率降低 72%，耐磨性能明显增强；填充 5% 纳米 SiO_2 的 SiO_2/PEEK 复合材料的摩擦因数降低 7%，比磨损率降低 70%。

填充含量不同的纳米 SiO_2/CF/PEEK 混杂型复合材料的摩擦性能与 25% CF/PEEK 相比，随着纳米粒子填充量的不断增大，摩擦因数先增大后减小；比磨损率先减小后增大，当纳米 SiO_2 含量为 5.0% 时，可以与 25% CF 协同作用使纳米 SiO_2/CF/PEEK 混杂型复合材料的耐磨性能最好。

（二）多壁碳纳米管改性 PEEK 复合材料

1. 原材料与配方（质量份）

PEEK	100	多壁碳纳米管（MWCNT）	1~15
无水乙醇	5~10	十二烷基苯磺酸钠	1~3
其他助剂	适量		

2. 制备方法

将一定量的 PEEK 粉体放入无水乙醇中超声分散，使 PEEK 充分浸润后搅拌配制成 PEEK 悬浮液；分别将添加比例为 0、1%、3%、5%、7%、10%、15% 的 MWCNT 超声分散在无水乙醇中，然后将分散液滴加到 PEEK 的悬浮液中，进行预混合；所得混合溶液在 150℃下干燥 4h，去除溶剂；在不锈钢模具内热压成型，温度为 380~400℃，压力为 10MPa，保压时间为 10min，在室温下冷却脱模获得复合材料块体。

3. 性能（表 10-20 和表 10-21）

表 10-20 MWCNT 含量对复合材料弯曲强度的影响

MWCNT 含量（%）	弯曲强度/MPa
0	157.63
1	204.52
3	217.64
5	241.90
7	181.15
10	148.00
15	127.00

表 10-21 不同试样在 90kW/m² 下的燃烧参数

MWCNT 含量（%）	点燃时间/s	热释放速率峰值/kW·m^{-2}	到达热释放速率峰值的时间/s	燃烧性能指数
0	116	561.877	200	0.206
1	133	514.175	264	0.258
3	123	647.256	223	0.190
5	94	645.345	212	0.157
7	105	670.386	196	0.146

4. 效果

1）控制 MWCNT 的添加量可以提高 PEEK 的力学性能，当 MWCNT 添加比例为 5%时，复合材料的弯曲强度提高近 53%。

2）MWCNT 含量为 1% 的 PEEK 具有相对较低的热释放速率值和较长的点燃时间，其燃烧性能指数值最大，火灾危险性最低。

3）MWCNT 含量为 1% 的 PEEK 初始分解温度高于纯 PEEK，并且热失重速率峰值最低，表现出了优异的热稳定性。

（三）PEEK/MWCNT 复合材料（PM）

1. 原材料与配方（质量份）

PEEK	100	多壁碳纳米管（MWCNT）	0.5～0.6
无水乙醇	适量	其他助剂	适量

2. 制备方法

（1）MWCNT 表面改性与 MWCNT 分散液的制备　在反应瓶中依次加入表面活性剂十六烷基三甲基溴化铵（CTAB）0.28g 的水（100mL）溶液和 MWCNT 2.00g，磁力搅拌 30min（使 CNT 被水溶液完全润湿），于 700W 超声 5min，取出静置于冰水中冷却；反复超声（总时间 55min）-冷却至用玻璃棒蘸取少量分散液滴至清水中迅速均匀扩散开为止。离心（$3000r\cdot min^{-1}$）分离 40min，弃沉降物制得 MWCNT 分散液（记为“改性 MWCNT”）。

（2）PEEK 与 MWCNT 的预混合　在反应瓶中依次加入 PEEK 50g 和无水乙醇 400mL，充分润湿后超声分散，搅拌下缓慢滴加 MWCNT 分散液（质量分数分别为 0%、0.5%、1.0%、2.0%、4.0%、6.0%、8.0%），滴毕，反应 6h。抽滤，滤饼于 120℃ 真空干燥至恒重制得一系列 PEEK 与 MWCNT 的预混物（记为 $PM_{预}$）。

（3）PM 的制备　将 $PM_{预}$ 置于注射机中，熔融温度 380℃～410℃，按照标准制得 $PM_{预}$ 样品制作。

将 $PM_{预}$ 样品制件置烘箱中，于 150℃ 干燥 5h；升温至 200℃（10℃，h^{-1}），保温 1h；降温至 150℃（$10℃\cdot h^{-1}$）；切断电源，自然冷却至室温制得 PM。

3. 性能与效果

经过阳离子表面活性剂改性的碳纳米管能在水溶液中形成稳定、均匀分散的体系，利用碳纳米管与聚醚醚酮的吸附共沉淀作用，碳纳米管能在复合材料中均匀分散且和聚醚醚酮基材间有较好的界面结合力。

碳纳米管的加入提高了复合材料的弯曲、拉伸强度，有效改善了聚醚醚酮的力学性能，随着碳纳米管含量的增加，力学强度也逐渐增加，其中弯曲强度在碳纳米管含量为 6% 时提高了 20% 左右，拉伸强度大约提高了 10%。但当碳纳米管含量达到 8% 时，力学性能急剧降低。

DSC 降温曲线显示碳纳米管的加入使得复合材料的结晶温度有所提高，聚醚醚酮结晶温度约为 297.7℃，碳纳米管含量为 0.5% 时复合材料结晶峰温度移到了 302.0℃，而当碳纳米管含量为 6% 时，复合材料结晶温度为 306.1℃，这与碳纳米管的加入起到了一定的成核作用，促进成核有关。DSC 升温曲线则表明复合材料的熔融温度先升高后降低，这可能是低含量的碳纳米管充当了异相成核剂促进成核，但高含量的碳纳米管却又阻碍了聚合物链段的运动使结晶不完善程度相对增加。

第三节　加工与应用

一、钛酸钾晶须/PEEK 复合材料的注射成型与应用

1. 原材料与配方（质量份）

PEEK	80	钛酸钾晶须	20
偶联剂（TM38S）	0.5～1.0	加工助剂	1～3
其他助剂	适量		

2. 制备方法

（1）PEEK 的预处理　由于 PEEK 具有少量的吸湿性，因此注射前要对其进行干燥处理，干燥温度为 120℃，干燥时间为 6～8h。已干燥的 PEEK 粒料应尽快投入使用或者密封保存，避免重复干燥。

（2）钛酸钾晶须的改性　利用钛酸酯偶联剂 TM38S 对六钛酸钾晶须进行改性，取 TM38S 为六钛酸钾晶须质量分数的 1%，在 pH 值为 3～5 的水/乙醇溶剂中水解 20～45min，再加入晶须，使其被溶液浸没，用超声波对溶液进行超声波分散处理 0.5h 后，蒸发乙醇，即得到表面处理的六钛酸钾晶须（PTW）。

（3）PTW/PEEK 复合材料的制备　将质量分数为 80% 的聚醚醚酮，经表面处理的 20% 的六钛酸钾晶须按试验所需质量分数配好，在 120℃ 的烘箱中干燥 6h；然后将干燥好的材料放入高速混合机中搅拌使其充分混合；将混合好的原料在双螺杆挤出机中进行共混挤出，挤出温度为 360～390℃，主机转速为 200～250r/min，切粒得到圆柱状颗粒。

（4）PTW/PEEK 制品的注射成型　将挤出得到的 PTW/PEEK 颗粒进行干燥，调整好注射机的工艺参数，即可开始注射成型。图 10-4 所示为 PTW/PEEK 制品的制备工艺流程。

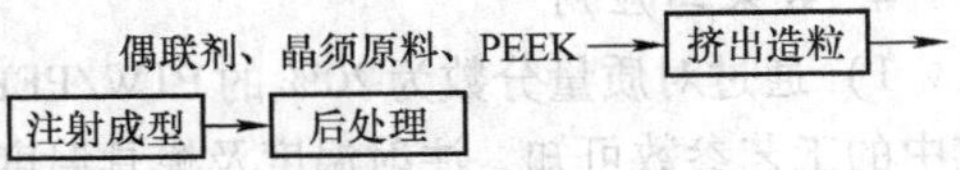

图 10-4　PTW/PEEK 制品的制备工艺流程

3. 影响因素

PEEK 是半结晶性热塑性工程塑料，玻璃化转变温度为 143℃，熔点为 334℃，其结晶状况决定了 PTW/PEEK 制品力学性能的高低，而加工温度又是影响结晶状况的主要因素之一。故控制 PTW/PEEK 制品的注射成型温度极其重要。保持其他工艺不变，调整注射机料筒三段的温度范围，然后注射成型并测其力学性能，所得结果见表 10-22。

表 10-22　不同注射温度下 PTW/PEEK 制品的力学性能

料筒温度/℃			拉伸强度/MPa	弯曲强度/MPa	注射现象
前段	中间	后段			
370	360	345	—	—	未注满不成型
380	370	355	74	101	制品表面略显粗糙

（续）

料筒温度/℃			拉伸强度/MPa	弯曲强度/MPa	注射现象
前段	中间	后段			
390	380	365	85	117	制品表面光滑
400	390	375	78	106	制品表面光滑
410	400	385	62	96	制品表面凹陷

保持注射温度由前到后依次为 390℃、380℃、365℃，其他因素不变，改变模具温度，然后注射成型并测试制品的力学性能，结果如图 10-5 所示。

由图 10-5 可以看出，随着模具温度的升高，制品的拉伸强度和弯曲强度也随之升高，当模具温度由 20℃上升到 180℃时，力学性能显著提高；当模具温度由 180℃上升到 220℃时，制品力学性能的提高并不明显。

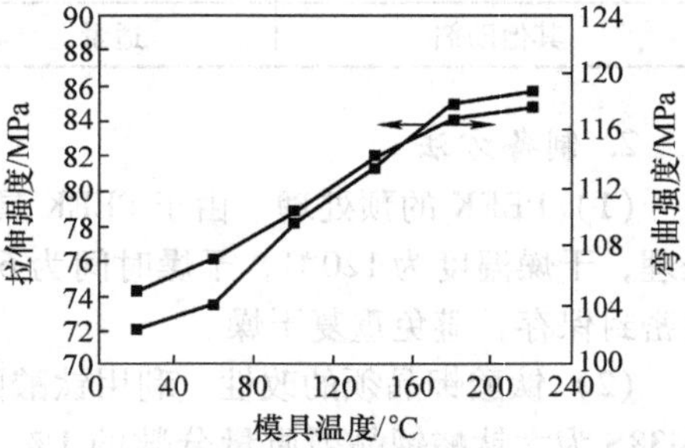

图 10-5　模具温度对 PTW/PEEK 制品拉伸强度和弯曲强度的影响

采用注射温度由前到后依次为 390℃、380℃、365℃，模具温度为 180℃，对 PTW/PEEK 制品进行注射成型。注射成型后制品采用 200℃、1h 的条件进行退火处理，通过扫描电镜观察，PTW/PEEK 制品断面规整，钛酸钾晶须与 PEEK 界面结合紧密，有利于提高 PTW/PEEK 制品的力学性能。

4. 效果与应用

1）通过对质量分数为 20% 的 PTW/PEEK 复合材料进行注射成型，并研究其加工工艺中的工艺参数可知，注射温度及模具温度对复合材料的力学性能影响极其重要；另外通过对 PTW/PEEK 进行退火处理和后处理，PTW/PEEK 制品的力学性能进一步得到提高。

2）在注射温度由前到后依次为 390℃、380℃、365℃，模具温度为 180℃，退火处理条件为 200℃、1h 下对 PTW/PEEK 制品进行注射成型后，观察断面形貌，可以看出断面规整，六钛酸钾晶须与 PEEK 结合紧密，复合材料的综合性能优异。

目前市场上利用六钛酸钾晶须增强 PEEK 复合材料生产的制品，一般用来制作各种棒材、板材、管材，具有耐高温、超耐磨、自润滑、防腐蚀、高强度和易加工等特点，已广泛应用于纺织机械、汽车工业、油田设备、电子电气、能源工业和航空航天等领域。

二、碳纤维 + 石墨/PEEK 复合材料的模压成型与应用

1. 原材料与配方（质量份）

PEEK	100	碳纤维（CF）	20 ~ 30
石墨（G）	5 ~ 10	偶联剂	0.5 ~ 1.0
加工助剂	2 ~ 3	其他助剂	适量

2. 制备方法

图 10-6 所示为 CF + G/PEEK 复合材料的模压制备工艺流程，模压制得的试样规格为 90mm × 6.5mm × 15mm，再经切割、打磨后制成拉伸试样和冲击试样。

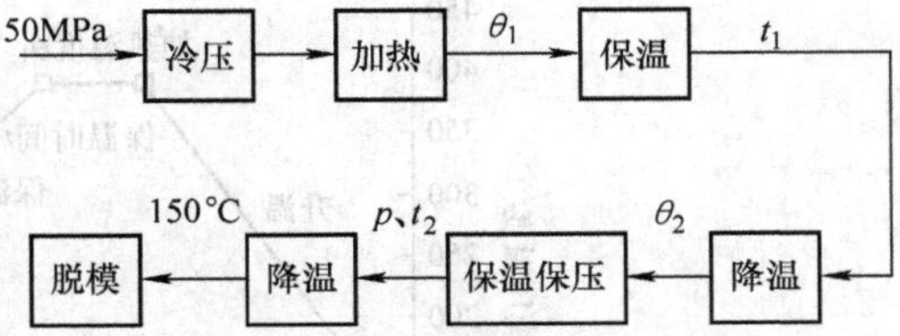

图 10-6　CF + G/PEEK 复合材料的模压制备工艺流程

其中 θ_1、t_1、θ_2、t_2、p 分别为加热温度、保温时间、保压温度、保压时间和保压压力。

3. 工艺与性能

表 10-23 为 L16（45）正交试验的因素水平，试验结果见表 10-24。

表 10-23　因素水平

水平	因素				
	θ_1	t_1	θ_2	p	t_2
Ⅰ	370	0	315	17	5
Ⅱ	380	10	320	26	10
Ⅲ	390	20	325	34	15
Ⅳ	400	30	330	43	20

表 10-24　极差分析表

力学性能指标	影响因素				
	θ_1	t_1	θ_2	p	t_2
抗拉强度/MPa	46.1	5.9	9.6	14	10.2
冲击强度/$kJ \cdot m^{-2}$	18.7	7.7	3.8	9.1	2.9

从表 10-24 中的极差分析结果可知，这 5 个模压工艺参数对 CF + G/PEEK 复合材料的拉伸强度的影响度（由大到小）依次为 θ_1、p、t_2、θ_2、t_1，对冲击强度的影响度（由大到小）依次为 θ_1、p、t_1、θ_2、t_2。其中，加热温度对拉伸强度和冲击强度的影响最显著。

根据以上试验结果，得到优化后的 CF + G/PEEK 复合材料的模压制备工艺，如图 10-7 所示。

4. 效果与应用

1）采用模压法制备 CF + G/PEEK 复合材料的较佳工艺参数为：加热温度为 390℃、保温时间为 20min、保压温度为 320℃、保压压力为 43MPa、保压时间为 15min。

2）模压工艺参数对 CF + G/PEEK 复合材料拉伸强度的影响度（从大到小）依次为 θ_1、p、t_2、θ_2、t_1，对冲击强度的影响度（从大到小）依次为 θ_1、p、t_1、θ_2、t_2。其中加热温度是决定复合材料力学性能的最重要因素。

该材料主要用于制造轴承类滑动零部件。

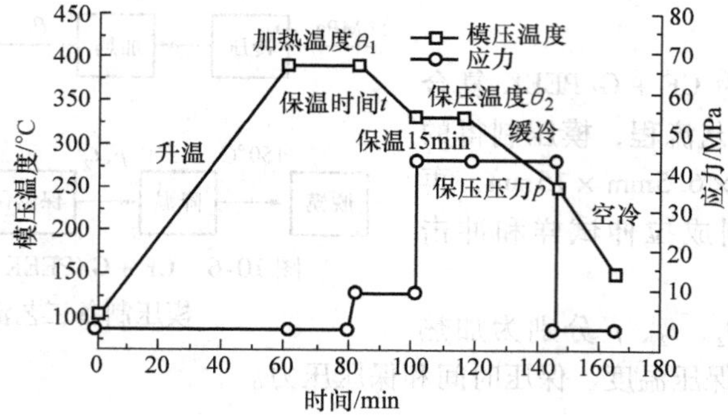

图 10-7　优化后的 CF + G/PEEK 复合材料模压制备工艺

三、高承载耐磨 PEEK 复合材料的加工

1. 原材料与配方

分别选用碳纤维、钛酸钾晶须及偶联剂处理钛酸钾晶须作为增强材料，利用冷压烧结、高温模压和挤出注射工艺制备一系列聚醚醚酮复合材料，各组分配比见表 10-25。

表 10-25　原材料与配方

样品编号	质量分数（%）					
	PEEK	PTFE	碳纤维	钛酸钾晶须	偶联剂 + 钛酸钾晶须	其他
0#	80	10	10	—	—	—
1#	90	10	—	—	—	10
2#	60	10	20	—	—	10
3#	60	10	—	20	—	10
4#	60	10	—	—	20	10

2. 制备方法

分别利用冷压烧结、高温模压、挤出注射三种成型方式制备了聚醚醚酮复合材料，其配方为：PEEK 60%（质量分数，下同），PTFE 10%，增强碳纤维 20%，其他填料 10%。

（1）冷压烧结成型　按配方配制 210g 原料，在高混机内混料 2min，然后置于 150℃烘箱内干燥 3h 备用。将干燥好的原料装入模具内，在高温模压机上加载 40MPa 压力预压 2h，随后将压制预成型片材置于 360℃烧结炉内烧结 6h，自然降至室温后取出备用。

（2）高温模压成型　按配方配制 210g 原料，在高混机内混料 2min，然后置于 150℃烘箱内干燥 3h 备用。清洁模具后涂上耐高温脱模剂，将干燥好的混合粉料加入模具，首先进行常温冷压，加载压力为 35MPa，压制 30min 后开始升温至 400℃，同时将压力降至 5MPa，模具达到设定温度后，保持 30min，随后将模温自然冷却至 345℃，然后再把压力升至 15MPa；将模具自然冷却到 120℃，开模，取出备用。

（3）挤出注射成型

1）挤出造粒：原料经高速共混机共混15min，置于150℃烘箱内干燥3h，然后在高温挤出机上挤出造粒，挤出温度分布从第一区到机头分别为365℃、370℃、370℃、375℃，主机频率为20Hz，喂料频率为10Hz。

2）注射成型：干燥后的挤出粒料通过高温注射机注射成制品，注射温度为(380±10)℃，模具温度为140℃，注射压力为90MPa，螺杆转速为80r/min。

3. 性能与应用

以PEEK为基体，加入聚四氟乙烯和不同增强材料制备了系列PEEK复合材料，探讨了成型制备工艺、增强材料种类对复合材料力学性能和摩擦性能的影响，制备了高承载耐磨PEEK复合材料。

1）PEEK及其复合材料可以用不同成型方式进行加工；其中挤出注射成型工艺所得PEEK制品的力学性能和摩擦性能最优。

2）纤维的加入能够明显提高PEEK复合材料的力学性能，降低摩擦因数，减少磨损量。

3）不同纤维的配方工艺中，偶联剂处理过的钛酸钾晶须制品能够获得力学和摩擦综合性能最优的制品。

四、三维编织纤维增强PEEK的加工与应用

1. 三维编织纤维增强材料

三维编织复合材料 C_{3D}，是利用三维编织预制件再注入基体材料而成的。在编织，复合到成品，不分层，无机械加工，或仅有不损伤纤维的少量加工，因此能更好地保持材料原来的性能，克服了因层合材料层间的强度和刚度不足的缺陷，从而显著提高了复合材料的整体强度和刚度，最终大大改善了复合材料的综合性能。

三维编织复合材料具有以下特性：高比强度，大比模量；优良的抗疲劳、减振、热稳定性能；电磁波通过性、耐蚀性、导热性和隔热性能好；耐高温、低温及隔声性能好。因此，编织结构的复合材料已经广泛地应用于高科技领域。

2. 三维编织纤维的编织工艺

三维编织纤维的编织工艺有四步法、两步法、多层连接编织法和多步法，其中四步法和两步法是此领域内目前最主要的两种方法。在编织过程中，沿同一方向排列的纤维通过纱线牵引器携带着运动，可以精确地沿预定的轨道移动。使纤维相互交叉或交织成网络结构，最后打紧交织面而形成各种形态结构的增强三维织物，四步法方形三维编织示意图如图10-8所示。

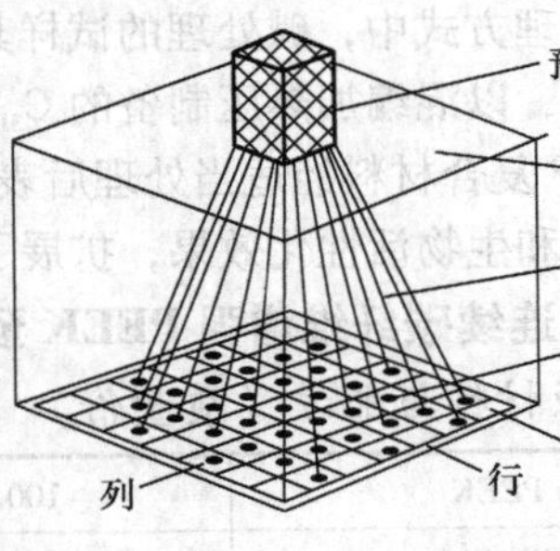

图10-8　四步法方形三维编织示意图

3. 基体材料聚醚醚酮PEEK的表面改性处理

聚醚醚酮PEEK是4，4′-二氟二苯甲酮与对苯二酚在碱金属碳酸盐存在下，以二苯砜作为溶剂进行缩合反应制得的一种新型半晶态芳香族热塑性优异的特种工程塑料，它耐高温，耐

化学品腐蚀、阻燃、耐磨，具有良好的电绝缘性能。其熔点高达 343℃，纯树脂材料的热变形温度为 140℃，经过纤维增强后的材料其热变形温度达到 315℃，长期使用温度为 260℃。但因其表面惰性而难以进行涂覆处理，限制了应用，故有必要对其进行表面改性。

4. 三维编织纤维增强树脂基复合材料的加工工艺

树脂传递模塑工艺的设备和模具投资小，成本低，材料结构设计灵活，适合生产面积大和结构复杂的构件，并具有生产效率高等优点。其为闭合模塑技术，在成型时，树脂注射进入模腔中，在压力作用下，树脂在增强材料的预制件中流动，同时由于压力作用被压到各个部位。树脂注射完后，经过固化冷却，制成最终产品。有时需要加以真空辅助。

三维编织纤维增强材料有效地避免了树脂传递模塑工艺对纤维流动时的冲刷破坏作用。三维混编加热压制备 C_{3D}/PEEK 复合材料的工艺，通过对 C_{3D}/PEEK 复合材料进行细胞试验和钙磷层沉积试验，为获得具有优异生物特性的表面层提供试验依据。

5. 三维编织纤维增强树脂基复合材料表面改性研究分析

研究结果表明，以混编纤维预干燥 2h 后于 370℃、0.5MPa 真空熔融热压可获得表面状态良好、纤维浸渍充分的 C_{3D}/PEEK 复合材料，合适的碳纤维体积含量和表面氧化处理可显著提高材料的力学性能。接触角测试及 XPS、AFM 结果证实，随等离子体处理时间延长，几种编织复合材料亲水性均明显改善，这与试样的表面粗糙度和活性基团数量增加有关，但处理时间过长会破坏表面已形成的活性基团。形貌分析表明，以适当工艺可在几种复合材料表面形成具有明显金属光泽的金属离子注入层。

硬度测试及 SEM 分析表明，在普通硫酸铜电镀液中掺杂一定量的纳米 SiO_2 可使镀层显微硬度提高，且随掺杂量提高硬度增加，掺杂后材料表面电镀层晶粒显著细化，镀层致密度提高。细胞试验证实，在 1.0×10^4/mL 和 2.0×10^4/mL 两种成骨细胞种植密度下，C_{3D}/PEEK 复合材料表面细胞数量均随培养时间延长而明显增加，材料表面有形态良好的细胞存在，MTT 试验表明材料无毒性。SEM 和 EDS 结果表明，经等离子体处理、钛离子注入及碱液处理后的 C_{3D}/PEEK 复合材料浸入 1.5 倍 SBF 中一段时间后均有钙磷化合物层生成，且沉积 28d 后其球状颗粒相比 7d 时更多且更为细小、均匀，在几种不同的预处理方式中，碱处理的试样其沉积量和 Ca/P 原子比均最高。

总之，以混编加热压制备的 C_{3D}/PEEK 复合材料及树脂传递模塑工艺制备的 C_{3D}/EP 和 C_{2D}/EP 复合材料经适当处理后表面更具活性，可大大方便后续处理，并可获得良好的金属化和生物活性化效果，扩展了该类编织复合材料的应用范围。

五、连续碳纤维增强 PEEK 预浸带的成型加工

1. 原材料与配方（质量份）

PEEK	100	碳纤维	20～30
偶联剂	0.5～1.0	加工助剂	2～5
其他助剂	适量		

2. CF/PEEK 预浸带成型设备

PEEK 为热塑性树脂基体，熔点高，没有合适的溶剂可溶，传统制备热固性预浸带的溶液法和热熔法都不适用于制备 CF/PEEK 预浸带。西安航天复合材料研究所基于浸渍法原理研制的 CF/PEEK 预浸带成型设备能使 PEEK 粉末均匀分散在纤维丝束间，PEEK 熔融时间短，PEEK 不易氧化分解，具有效率高、过程连续等优点。该法的基本原理为：首先将连续碳纤维通过分纱辊分散，经过浸渍槽使聚醚醚酮粉末均匀分散，并黏附在纤维单丝表面，在预热区域去除溶剂后再经过熔融热压区域使聚醚醚酮粉末熔融并浸渍碳纤维，最后通过辊压成型出满足尺寸要求的、表面光滑、柔韧性好的热塑性预浸带。

3. CF/PEEK 预浸带制备工艺

（1）预浸带制备方法　CF/PEEK 试样采用专用成型设备进行制作，主要包括四个步骤：首先使碳纤维在一定张力下均匀分散；其次经过浸渍胶槽使 PEEK 粉末吸附在碳纤维丝束表面；然后经过预烘烤除去溶剂，再经过熔融热压区使 PEEK 熔融并浸渍碳纤维，连续收卷得到预浸带；最后根据所需长度进行裁剪。

（2）预热区、熔融热压区温度分布　PEEK 的玻璃化转变温度 T_g 为 143℃，熔点 T_m 为 334℃，热分解温度为 560℃。预热区温度分布确定原则为能使纤维丝束内部的溶剂完全挥发，熔融浸渍区温度分布确定原则为能使纤维丝束内部的 PEEK 粉末完全熔融、无氧化现象，并能快速定型。

如图 10-9 所示，在预热区长度 L_1 的范围内分为三个预热隔断 T_1、T_2 和 T_3，在不同设定温度下，测量预热区出口处预浸带质量变化来判定纤维丝束内部的溶剂是否完全挥发。研究发现，在预浸带行进速率为（1~3）m/min 的情况下，T_1、T_2 和 T_3 分别设定为 110℃、120℃及 130℃，能使纤维丝束内部的溶剂（水、丙酮等）完全挥发。

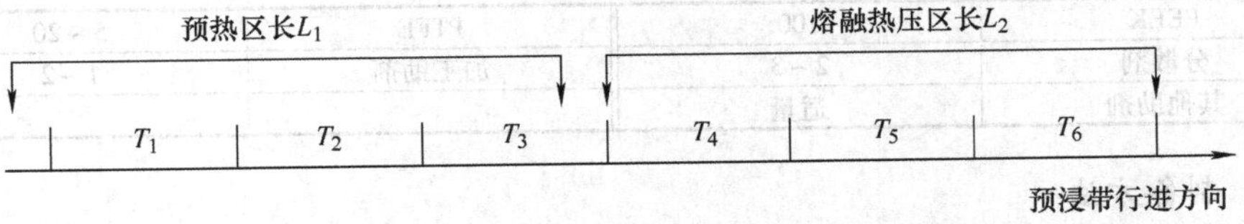

图 10-9　预热区及熔融热压区温度分布示意图

确定熔融热压区温度时需考虑隔离膜承受的最高温度。研究发现，三个温度隔断 T_4、T_5 及 T_6 分别设定为 355℃、370℃及 220℃时能保证纤维丝束中的 PEEK 熔融并浸渍，其中 220℃隔断主要使浸渍过 PEEK 的预浸带降温定型。

（3）预浸带行进线速度　预浸带行进线速度用熔融热压区的行进速度 v_2 来衡量（图 10-10）。较快的行进速度将导致纤维丝束间的溶剂不能挥发；相反，较慢的行进速度使预浸带在熔融热压区停留时间过长，容易导致 PEEK 及隔离膜氧化。表 10-26 为预浸带行进速度与预浸带浸渍效果。由表 10-26 可知，采用 2m/min 的行进速度较好，预浸带在定型炉中停留时间约为 1.5min。

表 10-26　预浸带行进速度与浸渍效果

行进速度/m · min^{-1}	停留时间/min	浸滞带浸渍效果
1	3	预浸带相对柔韧，收卷时无折断
2	1.5	预浸带相对柔韧，收卷时无折断
3	0.75	预浸带较脆，收卷时易折断

如图 10-10 所示，为保证预浸带在熔融热压区运行平稳，不产生松弛弯曲及过紧，采用 PLC 编程控制放纱速度 v_1、牵引速度 v_3，其与行进速度 v_2 的速度差通过 100 脉冲/s 的方法进行补偿。

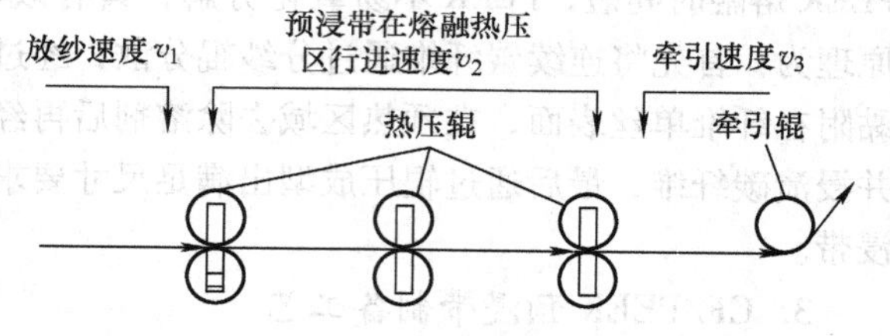

图 10-10　预浸带行进线速度分配示意图

4. 性能与效果

1）预热区温度设定为 110℃、120℃及 130℃能保证纤维丝束间的溶剂充分挥发；熔融热压区温度设定为 355℃、370℃及 220℃能使纤维丝束间的 PEEK 粉末充分熔融并浸渍碳纤维。

2）在熔融热压区预浸带行进速度控制在 2m/min 时预浸带质量较好，另外，为保证预浸带行进状态稳定，在熔融热压区两端的放纱速度和牵引速度各设置 100 脉冲/s 来进行补偿。

3）预浸带的拉伸性能测试结果表明，预浸带最大拉伸强度能达到 1.81GPa，性能略低于 AS_4/APC-2 预浸带的拉伸强度 2.13GPa。

4）扫描电镜显示碳纤维与 PEEK 界面结合良好，说明基于浸渍法原理制备 CF/PEEK 预浸带工艺可行，具有工程应用价值。

六、PEEK/PTFE 水润滑轴承材料的加工与应用

1. 原材料与配方（质量份）

PEEK	100	PTFE	5～20
分散剂	2～3	加工助剂	1～2
其他助剂	适量		

2. 制备方法

将 PEEK 置于 150℃烘箱中干燥 3h 后取出，冷却密封备用。将适量 PEEK 和 PTFE 粉置于高速搅拌机中混合均匀，然后置于 20 倍显微镜下进行观察，若无明显色差即为合格。采用热模压成型工艺制备 PEEK/PTFE 复合材料，其制作流程为：过筛→干燥→混料→装料→热压→脱膜。

3. 性能（表 10-27～表 10-29）

表 10-27　PTFE 添加量对复合材料拉伸强度的影响

参数	PTFE 的质量分数（%）				
	0	5	10	15	20
拉伸强度/MPa	105	92.93	80.16	62.83	46.91

表 10-28　PTFE 添加量对复合材料邵氏硬度的影响

参数	PTFE 的质量分数（%）				
	0	5	10	15	20
邵氏硬度 HSD	84	83	78	77	74

表 10-29　PTFE 添加量对复合材料摩擦性能的影响

参数	PTFE 的质量分数（%）				
	0	5	10	15	20
摩擦因数	0.450	0.200	0.140	0.130	0.110
磨损量/mm^3	0.022	0.072	0.126	0.172	0.215

4. 效果与应用

1）在 PEEK 中添加 PTFE 可以有效降低复合材料的摩擦因数，延长轴承使用寿命。

2）当 PTFE 添加量为5%时，共混改性 PEEK 制得的复合材料既保留了 PEEK 的力学性能、耐磨特性，又能显著降低其摩擦因数，延长使用寿命，具有最优的综合性能；且与常规轴承水润滑材料相比，具有耐热性好、不易吸水、耐水解等优点，是一种性能优异的水润滑轴承候选材料。

3）PEEK 与 PTFE 的相容性不是很好，故 PTFE 添加量不宜过大。加入 PTFE 后，PEEK/PTFE 复合材料的摩擦因数显著降低，自润滑性能得到极大改善，且当 PTFE 添加量不太大时，复合材料的力学性能及耐磨性依然保持在较高的水平。尤其是当 PTFE 添加量为5%时，复合材料自润滑性能改善明显，材料的摩擦因数与纯 PEEK 相比下降了 55.6%，而拉伸强度、邵氏硬度、耐磨性等指标仍处于较高水平。

七、电缆用 PEEK 的加工与应用

1. PEEK 简介

PEEK 由 Victrex 公司（早期为 ICI）在 1977 年首先开发，经过多年的研究和试验，到 2009 年底第三代产品已上市，其基本力学性能、耐热性能、加工性能等都有不同程度的提高。目前，国内外已有多家企业研究生产，如国外的英国 Victrex、德国 Degussa、比利时 Solvay、美国 LNP、荷兰 DSM、美国 RTP 公司、日本住友共混公司等，国内吉林大学特种工程塑料、金发科技股份有限公司等，但国产的稳定性较差，不能用于电线电缆。

（1）无卤性能　PEEK 材料分子中不含卤素原子，材料燃烧后不产生酸性气体和有毒气体，并完全符合欧盟 RoSH 等环保要求，是环保材料。

（2）体积电阻　在极广的温度范围内，普通 PEEK 聚合物仍能保持很高的体积电阻率，在 23℃，PEEK 的体积电阻率大于 $6\times10^{13}\Omega\cdot m$，在 140℃，其体积电阻率大于 $8\times10^{12}\Omega\cdot m$，而在 200℃，其体积电阻率大于 $6\times10^{9}\Omega\cdot m$，仍具有优良的绝缘性能。

（3）表面电阻　PEEK 在 25℃、50%湿度条件下表面电阻率达到 $2.0\times10^{16}\Omega$，优于氟塑料、聚酰胺、聚酰亚胺等塑料。

（4）介电常数和介电损耗角正切值　PEEK™450G 的相对介电常数只有 2.7，略高

于聚乙烯（PE）和氟塑料，但比聚氯乙烯（PVC）低很多。在 10^9Hz 的频率范围内，普通 PEEK 聚合物具有良好的电气性能。该材料的很多电气性能符合热塑材料的典型性能，同时 PEEK 聚合物在极广的温度和频率范围内也保持这些优良的绝缘性能。PEEK 材料在 140℃以下，其介电损耗角正切值较小。

（5）耐热性　PEEK 聚合物具有 143℃的玻璃化转化温度，由于它是一种半结晶态热塑材料，因此在熔点 343℃附近仍可保持优良的力学性能。其耐疲劳及耐蠕变性是热塑性塑料中最高的。

（6）阻燃性　PEEK 有自熄性，不加任何阻燃剂用 UL94 标准测定分别达到 V-1（厚度为 0.3mm）、V-0（厚度为 1.5mm）、V-5（厚度为 3.2mm）。另外燃烧时的发烟量也非常少。

（7）耐环境性　PEEK 只溶解于浓硫酸中，有良好的耐化学药品性，特别是在高温下耐酸碱性方面比聚酰亚胺好得多。同时 PEEK 的吸水率很小，23℃的饱和吸水率只有 0.5%。而且其耐热水性好，可以在 300℃的加压热水或蒸气中使用。

（8）耐辐照性　PEEK 耐 γ 辐照的能力很强，超过了通用树脂中耐辐照性最好的聚苯乙烯。PEEK 可做成 γ 辐照剂量达 1100Mrad 时仍能保持良好绝缘性能的电线。

2. PEEK 的加工设备

PEEK 具有很好的力学性能，对加工设备的要求较高，在选择设备时要充分考虑以下因素。

（1）挤出设备的选择　因 PEEK 材料较硬，易磨损设备，故加工 PEEK 材料的设备的螺杆、机筒、机头必须加以硬化（如渗氮法），此技术可提供必需的表面强度，以防止熔融物引起过度磨损。

同时挤出机应满足下述基本条件：料筒温度可升到 400℃，设定温度变动不超过 ±2℃；料筒内应没有形成熔融料死角的地方。

（2）螺杆的选择　挤出 PEEK 时会出现出料不均匀、挤出压力过大等问题，主要是由于 PEEK 熔体黏度大、流动相对较慢。如果只通过调节温度来改善上述挤出时发生的问题，会导致经常出现预交联现象，造成塑化不均匀。此时，应对挤出螺杆进行改进，采用等距不等深的螺杆挤出（图 10-11），以避免未熔融的颗粒传送到螺杆的压缩段。同时，还应适当延长螺杆的进料段，而为了提高剪切力，应增加机腔内塑料的温度，要求螺杆与机腔套筒的间隙要小于 0.30mm。

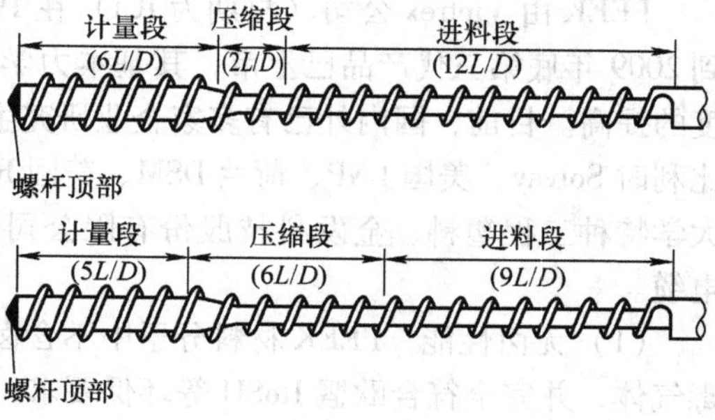

图 10-11　PEEK 专用螺杆
（等距不等深螺杆）

3. PEEK 的加工工艺及注意事项

PEEK 具有很好的力学性能和电气性能，由于它具有硬度高、耐高温等特性，因此其加工工艺与以往的普通塑料也有所不同。

（1）模具温度　PEEK 的熔点为 343℃，且因其结晶性，故 343℃附近仍可保持一定的力学性能，所以 PEEK 的加工温度要远高于熔点。根据经验，模具温度一般为 380～390℃，一般将模具和机头的温度设计为 400～500℃。

（2）PEEK 材料的干燥处理　PEEK 的吸水率很低，饱和吸水率只有 0.5%，但是要在高温下成型，所以加工成型之前要在 150℃ 的环境中干燥 3h 以上，或在 160℃ 的环境中干燥 2h 以上，以确保挤出电缆的均匀一致性。

（3）挤出成型条件　PEEK 的标准挤出成型条件见表 10-30。

表 10-30　PEEK 的标准挤出成型条件

项目		条件
挤出机螺杆		ϕ30mm，长径比 24，压缩比 3
料筒温度/℃	喂料	350
	压缩部	370
	机头	380
模具温度/℃		380
定型辊温度/℃		30
螺杆转速/(r/min)		30
线速度/(m/min)		10
吐出量/(kg/cm^2)		5

（4）注意事项

1）不要使用连续压缩 PVC 螺杆，因其实际上没有进料部分，使聚合物紧缩，导致转矩过大。

2）先加热导体再进入机头生产。PEEK 优良的物理性能源于半结晶态特性，导体的温度低会阻碍 PEEK 的结晶过程。

3）使用过滤网。PEEK 在加工设备中停留时间长，会产生凝胶，最终会影响线缆表面品质，使用过滤网可有效地分散这些凝胶，且将凝胶留在加工设备中。

4）清洗设备时最好使用清洗料，因清洗时必须保证 PEEK 没有冷却和固化，反之 PEEK 将与渗氮涂层黏得很牢固，会将涂层从金属表面剥落。

4. 应用

PEEK 绝缘电线突出的耐高温性、阻燃性、耐辐射性以及良好的力学性能，使其在航空工业中可作为超高温导线，在石油工业中可作为潜油泵电动机绕组线及连接线，在原子能发电站中可作为核岛驱动机构的绕组线圈长期在辐照条件下使用；PEEK 绝缘电线的耐海水性、密度小、体积小、阻燃性等优异性能，使其可在舰船中使用。因此，PEEK 绝缘电线具有十分广阔的推广前景和应用价值。

第十一章 聚酰亚胺（PI）

第一节 主要品种的性能

一、简介

（一）品种

主链上含有酰亚胺基团（$-\overset{O}{\overset{\|}{C}}-\overset{|}{N}-\overset{O}{\overset{\|}{C}}-$）的聚合物均称为聚酰亚胺（PI）。聚酰亚胺主要分为芳香族和脂肪族两大类。由于脂肪族聚酰亚胺无实用价值在此不做介绍。芳香族聚酰亚胺因分子结构不同，有热固性聚酰亚胺、热塑性聚酰亚胺和改性聚酰亚胺三类产品。而作为工程塑料应用大致可分为以下几类。

第一类为热固性聚酰亚胺，主要包括以美国杜邦公司的 Vespel PI 和我国中科院长春应用化学研究所研制的均苯型 PI 和联苯型 PI，以及为降冰片烯、炔基或苯炔基封端预聚物等 PI 为代表的 PI 树脂。这类 PI 聚合物在高温下没有明显的软化现象，一般不能通过常规塑料熔融成型加工法加工。

第二类为热塑性聚酰亚胺，以我国上海合成树脂研究所和中科院长春应用化学研究所研制的醚酐、单/双醚酐型聚酰亚胺和日本三井东亚公司的 Aurum 为代表。这些均是比较典型的热塑性聚酰亚胺，可进行熔融加工。

第三类为聚酰亚胺改性品种，如聚醚酰亚胺、聚酰胺酰亚胺、聚酯酰亚胺等，它们是近年来研究较多、发展较快的产品。这类为热固性聚酰亚胺树脂，以双马来酰亚胺（BMI）为代表，由于其脆性太大不能单独作为工程塑料使用，但可以用二胺进行改性或者用热塑性树脂改性制成半互穿网络聚合物使用。目前大量的研究工作均放在对此类聚酰亚胺树脂的改性上。

（二）性能

聚酰亚胺不仅耐热性好，还具有优良的综合性能。其耐热性和耐辐照性能是目前工业化生产高分子材料中最好的；在高温下具有突出的介电性能、力学性能、耐辐照性能、阻燃性能和耐磨性能，制品尺寸稳定性好，耐有机溶剂，并且低温性能优良。均苯型聚酰亚胺等品种可在 $-240\sim260$℃下长期使用，短期可在 400℃使用。但 PI 也存在成本较高、成型加工较困难和对碱较为敏感等缺点。

（三）应用

聚酰亚胺可用于制造纤维增强塑料、层压塑料、模塑料、泡沫塑料、薄膜和注射/挤出塑料制品，以及漆、涂料、黏结剂、纤维等。PI 广泛应用于航空、航天、兵器、电子、电气及其他精密机械等方面。

二、实用性聚酰亚胺

（一）均苯型聚酰亚胺

1. 性能

均苯型聚酰亚胺是由均苯四甲酸二酐（PMDA）与各种芳香二胺缩聚而成的聚合物。其结构为

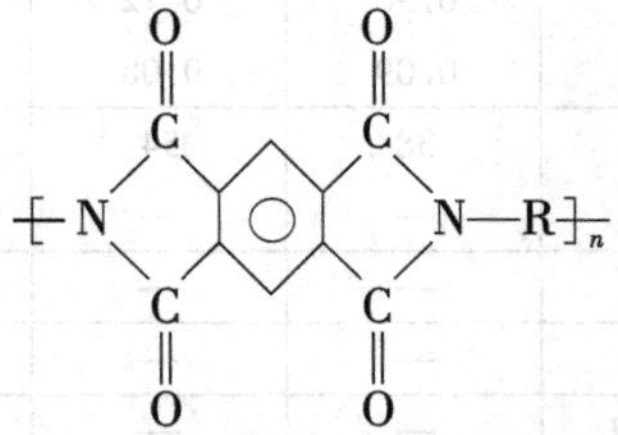

，是最早发现和实现工业化生产的耐高温聚合物。

均苯型聚酰亚胺是不溶性聚酰亚胺的一种，综合性能优良；外观多为深褐色固体；在 -269～400℃范围内可保持较高的力学性能；可在 -240～260℃的空气中或315℃的氮气中长期使用；在空气中，300℃下可使用一个月，460℃下可使用1d；耐辐照性能突出，经α-射线2.58×10^5Ci/kg 照射后，仍保持较高的力学性能和介电性能；在高温和高真空下具有良好的自润滑性、低摩擦性及难挥发性；电绝缘性能好，耐老化，耐火焰，难燃，低温硬度和尺寸稳定性好，耐大多数溶剂、油脂等，并耐臭氧、耐细菌的侵蚀等。

均苯型聚酰亚胺的缺点是，冲击强度对缺口敏感性强，易受强碱及浓无机酸的侵蚀，并且不宜长期浸于水中。

另外，由于均苯型 PI 玻璃化转变温度（T_g）为 385℃，理论计算其熔点高达 592℃，实际上在其熔融之前已发生分解，故而不能采用熔融加工方法制备，只能采用特殊的加工方法制成有实用价值的产品，加工成本高且难度大，而且树脂成本也很高。

Vespel 的性能见表 11-1。

表 11-1　Vespel 塑料的性能

性能		SP-1	SP-21	SP-22	SP-211	SP-3
拉伸强度/MPa	23℃	86.2	65.5	51.7	44.8	58.5
	260℃	41.4	37.9	23.4	24.1	
断裂伸长率(%)	23℃	7.5	4.5	3.0	3.5	4.0
	260℃	7.0	3.0	2.0	3.0	
弯曲强度/MPa	23℃	110.3	110.3	89.6	68.9	75.8
	260℃	62.1	62.0	44.8	34.5	39.9
弯曲模量/GPa	23℃	3.1	3.8	4.8	3.1	3.3
	260℃	1.7	2.6	2.8	1.4	1.9
压缩应力/MPa	1%应变	24.8	29.0	31.7	20.7	34.5
	10%应变	133.1	133.1	112.4	102.0	127.6
压缩模量/GPa	23℃	2.4	2.9	3.3	2.1	2.4
悬臂梁冲击强度/(J/m)	缺口	42.7	42.7	—	—	21.3
	无缺口	747	320	—	—	112

（续）

性　　能	SP-1	SP-21	SP-22	SP-211	SP-3
泊松比	0.41	0.41	—	—	—
摩擦因数					
$pv = 0.875\text{MPa}\cdot\text{m}\cdot\text{s}^{-1}$	0.29	0.24	0.30	0.12	0.25
$pv = 3.5\text{MPa}\cdot\text{m}\cdot\text{s}^{-1}$		0.12	0.09	0.08	0.17
线胀系数/($\times10^{-5}\text{K}^{-1}$)　23～300℃	54	49	38	54	52
-62～23℃	45	34	—	—	—
热变形温度(1.86MPa)/℃	360	360	—	—	—
相对介电常数(10^4Hz)	3.64	13.28	—	—	—
介电损耗角正切值(10^4Hz)	0.0036	0.0067	—	—	—
介电强度(2mm 厚)/(kV/mm)	22.0	9.8	—	—	—
体积电阻率/Ω · cm	10^{14}～10^{16}	10^{12}～10^{13}	—	—	—
表面电阻率/Ω	10^{15}～10^{16}	—	—	—	—
吸水率(%)(24h)	0.24	0.19	0.14	0.21	0.23
密度/(g/cm³)	1.43	1.51	1.65	1.55	1.60
洛氏硬度 HRE	45～48	32～44	15～40	5～25	40～55
极限氧指数(%)	53	49	—	—	—

注：SP-1 为纯树脂；SP-21 为 15% 石墨；SP-22 为 40% 石墨；SP-211 为 15% 石墨 + 10% 聚四氟乙烯；SP-3 为 15% 二硫化钼（百分数均为质量分数）。

均苯型聚酰亚胺薄膜的性能见表 11-2。

表 11-2　均苯型聚酰亚胺薄膜的性能

项　　目	天津市绝缘材料厂(6050)	上海赛璐珞厂(三鹿牌)
相对密度	≥1.40	—
拉伸强度/MPa		≥100
纵向	≥100	
横向	≥100	
断裂伸长率(%)		≥20
纵向	≥25	
横向	≥20	
表面电阻率/Ω	≥1×10^{14}	≥10^{13}～10^{15}
体积电阻率/Ω·cm		≥10^{14}～10^{16}
(20±5)℃	≥1×10^{15}	
(200±5)℃	≥1×10^{12}	
相对介电常数		
50Hz	≤4	
1MHz		2～4

项　　目	天津市绝缘材料厂(6050)	上海赛璐珞厂(三鹿牌)
介电损耗角正切值		
50Hz	≤1×10^{-2}	
1MHz		10^{-2}～10^{-3}
介电强度/(kV/mm)		90～150
20±5℃	≥100(平均)，60(最低)	
200±5℃	≥80(平均)，48(最低)	
外观	薄膜表面应平整，不应有气泡、针孔和导电杂质，边缘整齐无破损	—

2. 用途

均苯型聚酰亚胺可制备薄膜、漆布、模压塑料、层压板、增强塑料、泡沫塑料、纤维等。薄膜可用于电动机、电器的耐热绝缘衬里，电缆、半导体的包封材料，高温电容器介质，柔性印制电路等。塑料可制作耐高温、高真空的自润滑轴承，压缩机活塞环、密封圈，垫圈，鼓风机叶轮，电气设备零件以及耐低温零部件和耐辐射制品等。

（二）NA 基封端聚酰亚胺

1. 性能

NA 基封端聚酰亚胺 P13N 具有加工时不产生挥发性物质、预浸渍工艺简单和预浸渍物稳定的特点。其模压制品热稳定性好，长期使用温度为 260～288℃，而且力学性能良好，其层压板孔隙率低（<2%），并可采用一般层压工艺。

P13N 的缺点是由于该树脂溶剂有毒，造成制品有毒、吸水性强，且成本高。

PMR-15、YB-10 和 PMR-15Ⅱ型的成本低、毒性低。PMR-15 的平均相对分子质量为 1500，长期耐热温度为 288～300℃。PMR-15Ⅱ型耐热性高于 PMR-15，短期耐热温度可达 316℃，其层压制品层间剪切强度高。

表 11-3 为 PMR-15 及 PMR-15Ⅱ型配方。

表 11-3 PMR-15 及 PMR-15Ⅱ型配方（摩尔比）

材料	PMR-15	PMR-15Ⅱ型
5-降冰片烯-2,3-二羧酸单甲酯(NE)	2	2
二苯甲酮四羧酸二乙酯(BTDE)	2.087	—
4,4′-二氨基二苯甲烷(MDA)	3.087	—
2,2′-双(3′,4′-二羧酸单甲酯苯)六氟丙烷(6FDE)	—	1.67
对苯二胺(PPDA)	—	2.67

LARC-160 树脂的浸渍性好，加工流动性好，可在中等温度和低压下成型；可制作形状复杂的结构件，并可在 260～288℃长期使用。

NA 基封端聚酰亚胺层压板的性能见表 11-4 与表 11-5。

表 11-4 NA 基封端聚酰亚胺层压板的性能

性能	上海合成树脂研究所产品（YB-10）	性能	上海合成树脂研究所产品（YB-10）
外观	深红棕色，无气泡，不分层平板	表面电阻率/Ω	10^{14}
相对密度(20℃)	1.80～1.87	体积电阻率/Ω·cm	10^{14}
弯曲强度/MPa		介电强度/(kV/mm)	≥25
室温	≥500	相对介电常数(1MHz)	3.5～4.5
250℃	≥400	介电损耗角正切值(1MHz)	9×10^{-3}

表 11-5 NA 基封端聚酰亚胺层压板的性能

性能	P13N 37%(体积)硼纤维增强层压板	PMR-15 碳纤维增强层压板	LARC-160 碳纤维增强层压板
弯曲强度/MPa			
室温	1560	1460	2160
260℃	—	1870	1540
260℃,500h	—	128	71

（续）

性　　能	P13N 37%（体积）硼纤维增强层压板	PMR-15 碳纤维增强层压板	LARC-160 碳纤维增强层压板
280℃	1210	1260	1460
280℃，500h	—	87	68
316℃	—	980	—
316℃，500h	—	67	—
层间剪切强度/MPa			
室温	70.7	113	97
260℃	—	55	55
260℃，500h	—	48	56
280℃	—	48	52
280℃，500h	—	43	49
316℃	—	18	—
316℃，500h	—	16	—

2. 加工特性

NA基封端聚酰亚胺可采用一般成型方法加工，在288℃时发生交联，固化温度为316℃，固化时间为1～2h，固化压力为1.4MPa。

3. 用途

NA基封端聚酰亚胺主要用于制作复合材料，如制作层压板、结构部件及耐高温绝缘制品；用于飞机及电器等方面，如喷气发动机零件、电路板、电机槽楔，定、转子绝缘侧板等，也可用作粘合剂。

（三）乙炔基封端聚酰亚胺

1. 性能

乙炔基封端聚酰亚胺具有优异的耐热性，长期使用温度为300～350℃，树脂和粘合剂在空气中371℃下，稳定期为25～50h；在固化成型过程中没有挥发物产生，制品孔隙率低，力学性能和耐热氧化性优良，耐磨性能好；其主要缺点是加工性差，成本高。

乙炔基封端聚酰亚胺HR-600的性能见表11-6，其层压板及塑料性能见表11-7～表11-9。

表11-6　乙炔基封端聚酰亚胺HR-600的性能

性　　能	数　　据	性　　能	数　　据
拉伸强度/MPa	97	压缩强度/MPa	214
弹性模量/GPa	3.79	巴氏硬度	45
断裂伸长率（%）	2.0	相对介电常数（1MHz）	3.13～3.14
弯曲强度/MPa	124～145	介电损耗角正切值	4.8×10^{-3}～6.8×10^{-3}
弯曲模量/GPa	4.48～4.55		

表 11-7　HR-600/玻璃纤维层压板的性能

在空气中老化温度和时间	弯曲强度/MPa		弯曲模量/GPa		硬度(巴氏)	热失重率(%)
	20℃	316℃	20℃	316℃		
原样品	641～827	193～503	36.5	24.8	75	—
316℃,186h	538～655	503～614	30.3	29.0	75	1.6
316℃,336h	421～490	372～421	30.3	29.0	75	2.8

表 11-8　单向石墨纤维增强的 HR-600 层压板的性能

测试温度	赫克里斯 A-S 石墨纤维			HTS 石墨纤维	
	弯曲强度/GPa	弯曲模量/GPa	短臂剪切强度/MPa	弯曲强度/MPa	弯曲模量/GPa
20℃	1.21	110～117	117	834	110
125℃	1.03	103	124	—	—
260℃	—	—	82.7	—	—
316℃	1.56	110	—	1190	103

表 11-9　石墨短纤维增强 HR-600 模塑料老化后的性能

测试温度/℃	老化条件		弯曲强度		弯曲模量	
	时间/h	温度/℃	/MPa	保持率(%)	/GPa	保持率(%)
20	500	260	400	100	31.0	100
20	1000	260	367	92	31.0	100

2. 加工特性

乙炔基封端聚酰亚胺可采用注射、挤出、吹塑及发泡成型，也可机械加工。

乙炔基封端聚酰亚胺加工前应充分干燥，使其水分含量降至 0.05% 以下。

乙炔基封端聚酰亚胺的注射成型工艺条件为：机筒温度为 330～430℃，模具温度为 50～120℃，注射压力为 50～100MPa。

3. 用途

乙炔基封端聚酰亚胺可用于制作耐热、高强度机械零部件，如汽车的散热器元件、化油器外罩和阀盖、仪表罩等；机械工业中的轴承保持架、轴承、搅拌器轴；电绝缘制品，如电子电气中的高压断路器支架、线路板、接插件、开关底座及电线包覆等；兵器工业中的火箭弹引信风帽、闭气环、防弹衣等；食品加工机械和医疗器械零部件等；也可制成薄板、薄膜、纤维等。

（四）聚酰胺-酰亚胺

1. 性能

聚酰胺-酰亚胺与均苯型聚酰亚胺相比，除长期使用温度为 220℃，较之略低外，其柔韧性、耐磨性、耐碱性、加工性及粘接性均相当或优于均苯型聚酰亚胺，而且成本较低。

玻璃纤维增强聚酰胺-酰亚胺的耐热温度较前显著提高；环氧改性聚酰胺-酰亚胺改善了加工性能，成型温度可降低 80℃ 左右，且在高、低温下有较好的黏结性能，但热失重较前者稍差。

聚酰胺-酰亚胺及改性、复合薄膜的性能见表11-10，聚酰胺-酰亚胺层压板的性能见表11-11，其塑料的性能见表11-12和表11-13。

表11-10　聚酰胺-酰亚胺及改性、复合薄膜的性能

性　能	聚酰胺-酰亚胺薄膜	环氧改性聚酰胺-酰亚胺薄膜	环氧改性聚酰胺-酰亚胺与聚酯复合薄膜
厚度/mm	0.05	0.04	0.085～0.090
相对密度	1.38	1.34	1.36
吸水率(%)	3.81	—	—
拉伸强度/MPa	100～128	100～120	129～143
断裂伸长率(%)	10～47	10～12	17～75
玻璃化转变温度/℃	280～310	—	—
脆化温度/℃	-196	—	—
分解温度/℃	410～450	—	—
零点强度温度/℃	—	—	254
体积电阻率/Ω·cm			
室温	$1\times10^{17}\sim2\times10^{17}$	$3.8\times10^{15}\sim7.5\times10^{15}$	$10^{16}\sim10^{17}$
180℃	4×10^{12}	2.4×10^{14}	—
155℃	—	—	$10^{15}\sim10^{16}$
相对介电常数(1MHz)	3～4	—	—
介电损耗角正切值			
工频	1.8×10^{-2}	—	—
高频	$5\times10^{-3}\sim9\times10^{-3}$	—	—
介电强度/(kV/mm)	50～175	90～99	73～133

表11-11　聚酰胺-酰亚胺层压板的性能

性　能	PAI-T	AI-10	CII95
树脂含量(质量分数,%)	32	28～32	—
相对密度	1.88	—	—
吸水率(%)	0.11～0.14	0.5	—
拉伸强度/MPa	340	400	—
弯曲强度/MPa			
老化前	280～380	450～530	535
老化后	390 (280℃/316h)	330 (360℃/1000h)	260～435 (300℃/250h)
弯曲模量/GPa	—	22～24	—
冲击强度/(kJ/m²)	210～330	—	—
布氏硬度/MPa	5.8	6.0	—
马丁耐热温度/℃	272	—	—
燃烧性	不燃	不燃	不燃

（续）

性　　能	PAI-T	AI-10	CII95
体积电阻率/Ω·cm			
常态	2.54×10^{16}	—	
受潮	2.64×10^{14}	—	—
180～220℃	2.23×10^{13}	—	—
表面电阻率/Ω			
常态	1.95×10^{16}	—	—
受潮	1.22×10^{14}	—	—
180～220℃	9.2×10^{13}	—	—
相对介电常数（受潮，1MHz）	7.08	—	—
介电损耗角正切值（受潮，1MHz）	0.192	—	—
介电强度/（kV/mm）			
常态	>15	—	—
受潮	>15	—	—
180～200℃	>15	—	—

表 11-12　聚酰胺-酰亚胺模塑料的性能

性　　能	数　　值	性　　能	数　　值
相对密度	1.41	洛氏硬度 HRE	104
拉伸强度/MPa		热变形温度（1.82MPa）/℃	296
23℃	92	相对介电常数（0.1MHz）	3.7
260℃	61	介电损耗角正切值（0.1MHz）	1×10^{-3}
弯曲强度/MPa		体积电阻率/Ω·cm	7×10^{14}
23℃	161	表面电阻率/Ω	$>10^{13}$
260℃	98	介电强度/（kV/mm）	17.2
压缩强度/MPa	240		
吸水率（%）	0.28		

表 11-13　环氧改性聚酰胺-酰亚胺塑料的性能

性　　能	数　　值	性　　能	数　　值
外观	棕黄色透明	表面电阻率/Ω	
相对密度	约 1.34	常态	4.8×10^{15}
拉伸强度/MPa	100～120	受潮	4.8×10^{14}
断裂伸长率（%）	10～12	介电强度/（kV/mm）	
吸水率（%）	≤1.3	常态	96～109
体积电阻率/Ω·cm		受潮	95～99
常态	2.5×10^{15}～	高温	100
	3.8×10^{15}	耐沸水性（100℃，24h）	不变
受潮	5.3×10^{14}	耐油性（变压器，150℃，24h）	不变
高温	2.4×10^{16}	耐溶剂（酸、碱、苯、醇）性	良好

Torlon 可以注射成型，其性能见表 11-14。

表 11-14　Torlon 的性能

性　　能		4203L①	4347②	5030③	7130④
密度/(g/cm³)		1.42	1.50	1.61	1.50
拉伸强度/MPa	-160℃	221.8	—	207.7	160.6
	23℃	195.8	125.3	209.2	207.0
	175℃	119.0	106.3	162.1	160.6
	238℃	66.9	54.9	114.8	110.6
断裂伸长率(%)	-160℃	6	—	4	3
	23℃	15	9	7	6
	175℃	21	21	15	14
	238℃	22	15	12	11
弹性模量(23℃)/GPa		4.93	6.13	11.0	22.68
弯曲强度/MPa	-160℃	288.7	—	383.0	316.9
	23℃	245.7	190.1	340.1	357.0
	175℃	174.6	144.4	252.8	264.8
	238℃	120.4	100.7	184.5	177.5
弯曲模量/GPa	-160℃	8.03	—	14.37	25.14
	23℃	5.14	6.41	11.97	20.28
	175℃	3.94	4.51	10.92	19.15
	238℃	3.66	4.37	10.07	16.06
悬臂梁冲击强度/(J/m)	缺口	143	69	80	48
	无缺口	10.6	—	5.04	3.39
泊松比		—	—	—	0.39
热变形温度(1.86MPa)/℃		278	278	392	392
线胀系数/($\times10^{-6}K^{-1}$)		30.6	27.0	16.2	9
热导率/[W/(m·K)]		0.26	—	0.36	0.52
极限氧指数(%)		45	46	51	52
相对介电常数	10^3Hz	4.2	6.8	4.4	—
	10^6Hz	3.9	6.0	4.2	—
介电损耗角正切值	10^3Hz	0.026	0.037	0.022	—
	10^6Hz	0.031	0.071	0.050	—
介电强度/(kV/mm)		22.8	—	33.1	—
吸水率(%)		0.33	0.17	0.24	0.26

① 3% TiO_2 +0.5% 氟聚合物。

② 12% 石墨 +8% 氟聚合物。

③ 30% 玻璃纤维 +1% 氟聚合物。

④ 30% 石墨纤维 +1% 氟聚合物。

2. 用途

聚酰胺-酰亚胺已制得层压板、薄膜、模塑料、浇注料、玻璃纤维增强塑料、漆、涂料和粘合剂等。漆主要用于要求耐辐射、耐高温的漆包线。塑料用于耐热 F、H 级电绝缘制品，飞行器的耐烧蚀器件、军用发动机部件及机械轴承、齿轮等。薄膜用于耐高温绝缘材料方面。

（五）聚酯-酰亚胺

1. 性能

聚酯-酰亚胺综合了芳香聚酯优良的电绝缘性能、力学性能和聚酰亚胺的耐高温等特性，在 230～240℃可使用 20000h，耐化学药品性能良好，加工性优于均苯型聚酰亚胺，且成本低。其力学性能见表 11-15。

表 11-15 聚酯-酰亚胺塑料的力学性能

不同种类二元胺的聚酯-酰亚胺	拉伸强度/MPa		弹性模量/GPa		断裂伸长率（%）	
	23℃	200℃	23℃	200℃	23℃	200℃
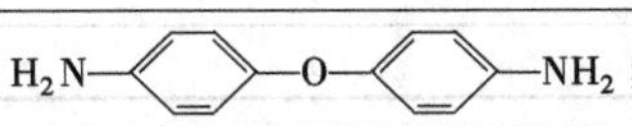 型	103	43.4	3.03	1.33	14	23
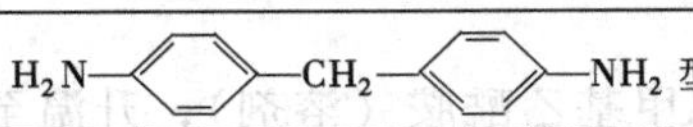 型	100	42.7	3.75	1.32	6	2
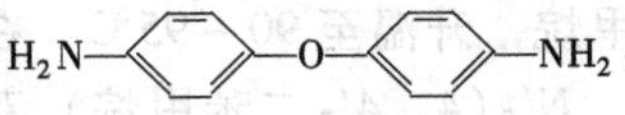 型与 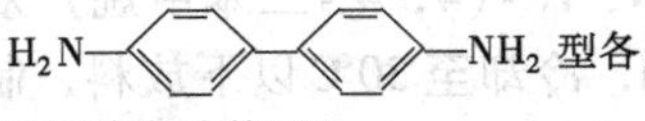 型各占 50%（摩尔分数）型	157	68.3	5.45	2.44	6	11

聚酯-酰亚胺薄膜为坚韧的淡黄色透明薄膜，使用温度高达 230℃，在此温度下物理力学性能优良，虽高温氧化稳定性不如均苯型聚酰亚胺，但此聚酯薄膜性能好，其性能见表 11-16。

表 11-16 聚酯-酰亚胺薄膜的性能

项目		国产薄膜（厚 0.025mm）	美国通用电气公司薄膜
拉伸强度/MPa		100～110	105
断裂伸长率（%）		14.7	14
燃烧性		自熄	自熄
长期耐热性		—	240℃，1000h
表面电阻率/Ω		1.98×10^{16}	—
相对介电常数（1MHz）		2.71	3.1
介电损耗角正切值	1MHz	6.86×10^{-3}	—
	1kHz	—	6×10^{-3}
介电强度/（kV/mm）		154	—

2. 用途

聚酯-酰亚胺主要用于 F、H 级电绝缘漆、耐热绝缘薄膜、电缆包皮、半导体封装及制作纤维等。

（六）聚胺-酰亚胺

1. 简介

聚胺-酰亚胺由法国罗纳普朗克首先研制成功，已经工业化生产，称为 M 型聚酰亚胺。

2. 制备方法

（1）原材料及配方　见表 11-17。

表 11-17　聚胺-酰亚胺预聚物的原材料及配方

用　途	配方用量/mol			
	N,N′-(4,4′-二苯醚)双马来酰亚胺	N,N′-(4,4′-二苯甲烷)双马来酰亚胺	4,4′-二氨基二苯醚	4,4′-二氨基二苯甲烷
玻璃布层压板	3.7		1	
玻璃纤维模塑料	2.5	2.5	1	
塑料粉	1.5 ~ 3		1	

玻璃布层压板预聚物溶液制备是在反应釜中加入二甲基乙酰胺（溶剂），升温至 60℃搅拌，加入 4，4′-二氨基二苯醚或 4，4′-二氨基二苯甲烷，升温至 90 ~ 95℃，在 15 ~ 20min 内将 N，N′-(4，4′-二苯醚）双马来酰亚胺或 N，N′-(4，4′-二苯甲烷）双马来酰亚胺全部加入，升温至 100℃左右搅拌下反应 30min，冷却至 30℃以下放料，制得聚胺-酰亚胺预聚物溶液。

玻璃纤维增强模塑料预聚物溶液的制备方法基本同上，不同处是合成反应温度为 100 ~ 110℃，保温反应时间为 1h。

（2）玻璃布层压板　玻璃布浸渍聚胺-酰亚胺预聚物溶液，控制含胶量（质量分数）为 38% ±3%；干燥温度为 50 ~ 130℃；层压工艺：温度为 230℃，压力为 7MPa，保温保压时间 8min/(mm 厚)；层压板后处理条件为 125℃/1h、160℃/4h、200℃/8h 热处理。

（3）玻璃纤维增强模塑料　玻璃纤维浸渍聚胺-酰亚胺预聚物溶液，控制树脂含胶量为 36% ~ 42%；烘干温度为 90 ~ 160℃。模压大型制件时，需在（160 ± 5)℃预热 5min；模压温度为 220 ~ 250℃，压力为 10 ~ 45MPa；保温时间为 3 ~ 3.5min/mm 厚；并经 200℃/(6 ~ 8)h 热处理。

（4）粉状压塑料　粉状压塑料是由粉碎后的双马来酰亚胺和二元胺混合均匀，于 180℃下预聚 22 ~ 45min，经粉碎、过筛而制得的。

（5）模压工艺　加料温度为（180 ± 5)℃；模压温度为（240 ± 5)℃；模压压力为 20MPa；保温时间为 1min/mm；后热处理条件为 200 ~ 220℃/24h。

3. 性能

聚胺-酰亚胺是一类主链中含有仲胺基与酰亚胺基的改性聚酰亚胺，与均苯型聚酰亚胺相比，除耐热性略低（但仍能在 180 ~ 200℃长期使用）外，其他性能接近或超过均苯型聚酰亚胺，且成本低，加工性好，可采用普通热固性塑料加工工艺成型。

聚胺-酰亚胺预聚物溶液的性能指标见表11-18。

聚胺-酰亚胺塑料的性能见表11-19～表11-21。

4. 用途

聚胺-酰亚胺塑料可制作电绝缘板、绝缘管、变压器线圈的绝缘层、线圈座，各种齿轮、轴承、垫圈、密封圈等，还用于制作雷达设备、航空电池、汽车零件等；此外，还可制作漆、黏合剂及纤维等。

表11-18　聚胺-酰亚胺预聚物溶液的性能

项　目	层压板用预聚物溶液	玻璃纤维增强模压塑料用预聚物溶液
外观	深褐色均匀液体,无沉淀和机械杂质	深褐色均匀液体,无沉淀和机械杂质
固体含量(质量分数,%)	40～45	40±2
黏度(涂4杯)/s	(15℃下)18～22	(20℃下)15±3
成型时间(210℃±2℃,2g料)/min	2～3.5	1.5±0.2

表11-19　聚胺-酰亚胺塑料的性能

项　目		玻璃布层压板	玻璃纤维模压塑料	粉状模压塑料
相对密度		1.8～2.0	1.77	1.3～1.34
吸水率(%)		0.1～0.3	0.186	—
流动性(拉西格)/mm		—	—	150～180
马丁耐热温度/℃		>300	>300	222
拉伸强度/MPa		322～350	—	—
弯曲强度/MPa	常温	522～600	813	88～140
	200℃	370	—	80
	250℃	190～265	—	50
沸水煮2h		483	—	—
弯曲模量/GPa		28.5	—	3.8
压缩强度/MPa		350	—	—
冲击强度/(kJ/m²)				
无缺口		93～269	>400	7.6～25
缺口		82	—	—
相对介电常数(1MHz)		4.7～5.8	4.3～4.9	3.3～5.81
介电损耗角正切值(1MHz)		$4\times10^{-3}\sim17\times10^{-3}$	12×10^{-3}	$3\times10^{-3}\sim7\times10^{-3}$
体积电阻率/Ω·cm				
常温		$1.2\times10^{14}\sim1.2\times10^{15}$	8.9×10^{14}	$10^{14}\sim10^{16}$
200℃		—	1.2×10^{12}	—
250℃		3.5×10^{12}	—	—
浸水24h		—	3.19×10^{14}	—
表面电阻率/Ω		—	2.24×10^{12}	—
介电强度/(kV/mm)				
常态		25.4	14.7	14.1
250℃		19.9	—	—
180℃		—	>12	—

表 11-20 聚胺-酰亚胺玻璃纤维增强压塑料（D541）的性能

项 目	四川东方绝缘材料厂 数 值	项 目	四川东方绝缘材料厂 数 值
相对密度	1.75 ~ 1.95	表面电阻率/Ω	
吸水率(%)	≤0.5	常态	$\geqslant 10^{12}$
挥发物含量(质量分数,%)	≤3	浸水 24h	$\geqslant 10^{11}$
马丁耐热温度/℃	≥280	介电损耗角正切值	
冲击强度/(kJ/m²)	≥350	50Hz 常态	$\leqslant 5\times10^{-2}$
弯曲强度/MPa		1MHz	$\leqslant 5\times10^{-2}$
常态	≥700	相对介电常数	
180℃	≥300	50Hz	≤6
体积电阻率/Ω · cm		1MHz	≤6
常态	$\geqslant 10^{13}$	介电强度/(kV/mm)	
浸水 24h	$\geqslant 10^{12}$	常态	≥13
200℃	$\geqslant 10^{10}$	200℃	≥10

表 11-21 法国罗纳普朗克公司聚胺-酰亚胺玻璃纤维增强模塑料（Kinel 5504）的性能

项 目	数 值	项 目	数 值
玻璃纤维含量(质量分数,%)	60	压缩强度/MPa	
相对密度	1.9	25℃	230
吸水率(%)		250℃	130
室温,24h	0.2	剪切强度/MPa	
100℃,170h	1.5	25℃	220
成型收缩率(%)	0.2	250℃	155
拉伸强度/MPa		冲击强度(缺口)/(J/m)	
25℃	190	25℃	907
250℃	160	140℃	890
弯曲强度/MPa		热变形温度/℃	350
25℃	350	线胀系数/($\times10^{-6}K^{-1}$)	15
250℃	248	燃烧性	不燃,无滴落
200℃,900h 后,250℃	222	相对介电常数(60Hz,23 ~ 220℃)	4.6 ~ 4.8
弯曲模量/GPa		介电损耗角正切值(60Hz,23 ~ 220℃)	4×10^{-3} ~ 15×10^{-3}
25℃	25		
250℃	18	体积电阻率/Ω · cm	9.2×10^{15}
洛氏硬度 HRR	114	介电强度/(kV/mm)	20

（七）聚苯并咪唑酰亚胺

1. *生产方法*

将3，3′，4，4′-二苯醚四甲酸二酐与4，4′-二氨基二苯醚及2，2′-二（对氨基苯基)-5，5′-二苯并咪唑溶解在二甲基亚砜中，于室温下进行缩聚反应，然后加热脱水环化而成。

2. 性能

聚苯并咪唑酰亚胺分子结构是具有醚酐型聚酰亚胺和聚苯并咪唑的重复链节。其模塑料可在250～270℃使用，综合性能超过醚酐型聚酰亚胺，尤其是高温力学性能比较稳定。其性能见表11-22。

表11-22 聚苯并咪唑酰亚胺模塑料的性能

项目	数值	项目	数值
相对密度	1.37	弯曲强度/MPa	
吸水率(%)	0.08	室温	212
成型收缩率(%)	0.17～0.67	200℃	87.3
压缩强度/MPa		250℃	55.1
室温	170	冲击强度/(kJ/m²)	>60
200℃	86.2	摩擦因数(阿姆斯勒磨损机上，2.3MPa,3h)	0.29
250℃	65.3		
布氏硬度/MPa	1.9	磨耗/mm	2.2～4
玻璃化转变温度/℃	305	表面电阻率/Ω	
热分解温度/℃	506		
线胀系数/($\times10^{-5}K^{-1}$)	4.7	室温	8×10^{14}
相对介电常数(1MHz)		250℃,300h	4×10^{15}
室温	3.35	弯曲强度/MPa	
250℃,300h	3.20	250℃,300h	
介电损耗角正切值(1MHz)		室温	220
室温	4.12×10^{-3}	250℃	59.5
250℃,300h	2.98×10^{-3}		
体积电阻率/Ω·cm		压缩强度/MPa	
室温	7.1×10^{15}	250°,300h	—
250℃,300h	1.7×10^{16}	室温	167

聚苯并咪唑酰亚胺压缩模塑工艺条件：模具温度390～400℃，成型压力100MPa，模压时间15min。

3. 用途

聚苯并咪唑酰亚胺可制作模塑料、薄膜、层压板、粘合剂、涂料和密封剂等，以及高温、低温介质下的密封圈、垫圈等零件。

三、性能与应用（表11-23～表11-33）

表11-23 江苏徐州造漆厂双醚酐型聚酰亚胺的性能与应用

牌号	表观密度/(g/cm³)	熔体流动速率/[g/(10min)]	特性	应用
RY-101	0.31	—	浅黄色粉末，可模压成型	可用于制造宇航、原子能工业的密封件、电子工业件

（续）

牌　号	表观密度/(g/cm^3)	熔体流动速率/[g/(10min)]	特　性	应　用
RY-102	0.31	5～10	浅黄色粉末，可注射成型	可用于制造活塞环、密封圈、电子工业件
RY-103	0.82	1～5	琥珀色，透明粒子，可挤出成型	可用于制备宇航、原子能工业的型材、管、棒

表 11-24　上海合成树脂研究所 PI 及其共聚物的性能与应用

牌　号	拉伸强度/MPa	冲击强度/(kJ/m^2)	热变形温度(1.82MPa)/℃	熔体质量流动速率/[g/(10min)]	特　性	应　用
PEI-P	106～131	140	200	0.1～3.0	聚醚酰亚胺，耐高温，高强度，低翘曲，可注射、挤出或吹塑成型	可用于制备汽车热交换器、轴承、电绝缘件和兵器工业中的火箭引信风帽、防弹衣等
EPEI-P-20G	168	27.8	206.5	1.42	可熔体聚醚酰亚胺，玻璃纤维含量（质量分数）10%，耐高温，可注射或挤出成型	可用于制造耐高温结构部件
YB10	500	—	—	—	NA 基封端型，深红棕色，耐高温，高强度，绝缘性好，可层压成型	可用于制造耐高温、高强度构件
YS12	130	—	280	—	单醚酐型，棕色模塑料，低蠕变，高耐磨性，疲劳强度高，抗辐射，透明性好，可模压成型	可用于制造轴承、轴套、叶片
YS12S	120	20	280	—	单醚酐型，石墨含量（质量分数）15%，黑色模塑料，耐磨，抗疲劳，耐辐射，可模压成型	可用于制造轴承、轴套、阀座、电子件
YS20	180	100	—	—	单醚酐型，浅黄色粉末模塑料，可模压或层压成型	可用于制造薄膜、压缩机叶片、活塞环、密封圈、自润滑轴承、轴套

表 11-25 美国杜邦公司（DuPont Co., Ltd.）氟酐型聚醚亚胺的性能与应用

牌号	拉伸强度/MPa	冲击强度/(kJ/m)	热变形温度(1.82MPa)/℃	特性	应用
NR150A	77~84	37.3	—	耐热，耐辐射，机械强度高，可层压成型	可用于制造电子电气元器件、印制电路板
NR150A2	87~111	37.3	260	耐高温，抗冲击，机械强度高，可模压成型或真空热压成型	可用于制造宇航、飞机结构件，热烧蚀、屏蔽件
NR150B	97	28.8	—	拉伸性能比 NR150A 高，而弯曲性能略低，可模压成型或真空热压成型	可用于制造电子电气元器件、印制电路板
NR150B2	110	41.4	343	拉伸性能比 NR150A 高，而弯曲性能略低，可模压成型或真空热压成型	可用于制造电子电气元器件、印制电路板

表 11-26 美国明尼苏达矿业制造公司（又称 3M 公司）PI 及乙炔基封端聚酰亚胺的特性与应用

牌号	特性	应用
AFR2009	含玻璃纤维，耐高温，耐辐射，机械强度高，可注射或模压成型	可用于制造医疗件、航空件
AL200L	耐高温，耐辐射，耐化学药品，介电性能好，可注射或模压成型	可用于制造汽车、机械件
LARC-13、LARC-160	NA 基封端型，不溶，耐高温，电绝缘性好，可层压或浸渍成型	可用于制造飞机上的结构材料、电子电气元器件上的绝缘件
R125AC、RMR-15-Ⅱ	NA 基封端型，不溶，耐高温，电绝缘性好，可层压或浸渍成型	可用于制造飞机发动机的引擎件、电路板、转子绝缘板

表 11-27 美国孟山都公司 PI 及其共聚物的特性与应用

牌号	特性	应用
7-W	可溶性，耐高温，耐辐射，机械强度高，可注射或模压成型	可用于制造电子和电气件、机械零件
700	（酮酐型）不溶性，耐高温，耐辐射，高强度，高刚度，可层压成型	可用于制造机械、航空件
702、6234	（酮酐型）不溶性，耐高温（长期耐 300℃），可层压或烧结成型	可用于制造火箭、超音速飞机、喷气发动机的耐高温结构件

（续）

牌　号	特　　性	应　　用
704	可溶性，耐高温，耐辐射，机械强度高，可注射或模压成型	可用于制造航空、汽车的电子、电气元器件
P13N	不溶性，耐高温，耐磨，机械强度高，可层压成型	可用于制造层压板，用于电子、电气元器制件
P105AC	不溶性，耐高温，耐磨，机械强度高，可层压成型	可用于制造层压板、印制电路板
Y3602	可溶性，耐高温，耐辐射，耐磨，机械强度高，介电性能和耐化学性好，可注射或模压成型	可用于制造电子、电气元器件

表11-28　美国宇航局兰利研究中心 Larc 酮酐型PI的特性与应用

牌　号	特　　性	应　　用
2、3、4	耐高温，耐辐射，机械强度高，可层压成型	可用于制造电子、电气元器件、机械件
13	耐高温，绝缘性好，可层压成型	可用于制造电子、电气元器件、电路板、绝缘件
160	耐老化，耐高温，可浸渍或缠绕制模坯后模压	可用于制造层压板，以及电子、电气元器件
PMR-Ⅱ	耐高温，耐老化，绝缘性好，可浸渍层压成型	可用于制造耐老化件、印制电路板
TPI	耐高温，绝缘性好，可层压成型	可用于制造电子、电气元器件

表11-29　美国联合碳化物公司（Union Carbide Co.）PI的特性与应用

牌　号	特　　性	应　　用
P13N	NA基封端型，不溶性，耐高温，电绝缘性好，高强度，有毒，可模压成型	可用于制造工程结构件、绝缘件
P84	不溶性，耐高温（315℃），蠕变小，自润滑，可模压成型	可用于制造飞机、航天零件
XEI-18Z	可溶性，机械强度高，耐热，可注射或挤出成型	可用于制造汽车、机械零件
Y3602	可溶性，耐高温，耐辐射，耐磨，耐化学性好，机械强度高，可注射或挤出成型	可用于制造汽车、航空、机械零件

表11-30　美国复合材料公司PI的性能与应用

牌　号	拉伸屈服强度/MPa	热变形温度(1.82MPa)/℃	密度/(g/cm³)	特　　性	应　　用
P120GF/000	148	213	1.41	玻璃纤维含量（质量分数）20%，机械强度高，耐高温，可注射成型	可用于制造耐高温结构件

（续）

牌　号	拉伸屈服强度/MPa	热变形温度（1.82MPa）/℃	密度/(g/cm³)	特　性	应　用
P130CF/000	235	216	1.39	碳纤维含量（质量分数）30%，机械强度高，耐高温，耐磨，抗静电，可注射成型	可用于制造耐高温、耐磨结构件
P130GF/000	197	216	1.49	玻璃纤维含量（质量分数）30%，机械强度高，耐温性高于P120GF/000，可注射成型	可用于制造高温结构件
P140CF/000	255	216	1.44	碳纤维含量（质量分数）40%，机械强度高，耐高温，耐磨，抗静电，可注射成型	可用于制造耐高温、耐磨结构件
P140GF/000	221	216	1.59	玻璃纤维含量（质量分数）40%，机械强度高，刚性好，耐高温，可注射成型	可用于制造耐高温结构件

表 11-31　美国通用电气塑料公司 Ultem PI 及其合金的性能与应用

牌　号	拉伸强度/MPa	冲击强度（缺口）/(kJ/m²)	热变形温度（1.82MPa）/℃	成型收缩率（%）	特　性	应　用
1000	107	5.6	210	0.7	耐高温，阻燃，可注射成型	可用于制造阻燃结构件
1010	107	7.4	207	0.7	耐高温，阻燃，高流动性，可注射成型	可用于制造阻燃结构件
2100	117	6.2	210	0.6	玻璃纤维含量（质量分数）10%，机械强度高，耐高温，成型收缩率小，可注射成型	可用于制造较高强度构件
2200	142	9.0	210	0.4	玻璃纤维含量（质量分数）20%，机械强度高，耐高温，刚性好，尺寸稳定性好，阻燃，可注射成型	可用于制造阻燃结构件
2300	173	11.2	212	0.3	玻璃纤维含量（质量分数）30%，刚性好，耐高温，尺寸稳定性好，阻燃，可注射成型	可用于制造阻燃结构件
2400	190	11.8	216	0.15	玻璃纤维含量（质量分数）40%，刚性好，耐高温，尺寸稳定性好，阻燃，可注射成型	可用于制造阻燃结构件

（续）

牌　号	拉伸强度/MPa	冲击强度（缺口）/(kJ/m²)	热变形温度（1.82MPa）/℃	成型收缩率（%）	特　　性	应　　用
4000	98.5	16.8	211	0.25	含润滑剂，润滑性好，耐高温，线胀系数小，可注射成型	可用于制造齿轮、电气件
4001	98.5	5.6	195	0.6	含氟树脂，内部润滑性好，耐高温，可注射成型	可用于制造结构件
6000	106	4.5	221	0.6	耐高温，阻燃，机械强度高，可注射成型	可用于制造阻燃构件
6100	120	5.6	222	0.55	玻璃纤维含量（质量分数）10%，机械强度高，阻燃，抗冲击，可注射成型	可用于制造阻燃结构件
6200	150	9.0	225	0.4	玻璃纤维含量（质量分数）20%，机械强度高，刚性好，阻燃，可注射成型	可用于制造阻燃结构件
6203	99	4.5	216	0.6	矿物质含量（质量分数）20%，阻燃，力学性能较6200差，价廉，可注射成型	可用于制造阻燃零部件

表 11-32　美国阿莫科化学公司（Amoco Chemical Co.）Torlon PAL 的性能与应用

牌　号	拉伸屈服强度/MPa	冲击强度（缺口）/(kJ/m)	热变形温度（1.82MPa）/℃	线胀系数/($10^{-5}K^{-1}$)	特　　性	应　　用
4203	190	133	274	3.24	不溶性，耐高温，柔韧性好，耐磨，耐碱，可层压成型	可用于制造F级、H级电绝缘体，飞行器耐烧蚀线，军用发动机零件
4301	138	58.7	274	2.88	不溶性，耐高温，柔韧性好，耐磨，耐碱，可层压成型	可用于制造F级、H级电绝缘体，飞行器耐烧蚀线，军用发动机零件
AI-10	—	—	—	—	不溶性，耐高温，耐辐射，可层压成型	可用于制造F级、H级绝缘制品

表 11-33　日本东丽工业公司 PAI 的性能与应用

牌　号	拉伸屈服强度/MPa	冲击强度（缺口）/(kJ/m)	热变形温度（1.82MPa）/℃	线胀系数/($\times10^{-5}K^{-1}$)	特　　性	应　　用
TI-5013	190	130	274	3.8	含氟树脂钛白料，机械强度高，耐高温，阻燃V-0级，可模压成型	可用于制造阻燃结构件

（续）

牌 号	拉伸屈服强度/MPa	冲击强度（缺口）/(kJ/m)	热变形温度(1.82MPa)/℃	线胀系数/($\times10^{-5}K^{-1}$)	特 性	应 用
TI-5031	140	60	274	3.0	含石墨、氟树脂12%，耐高温，阻燃V-0级，耐磨，可模压成型	可用于制造阻燃结构件
TI-5032	130	50	274	2.5	含石墨、氟树脂20%，力学性能比TI-5031稍差，可模压成型	可用于制造耐高温零部件
TI-5133	95	31	279	2.2	含石墨（质量分数）30%，力学性能稍差，阻燃V-0级，耐磨性好，可模压成型	可用于制造阻燃、耐磨构件
TI-5134	75	22	279	1.9	含石墨（质量分数）40%，性能与TI-5133相似，可模压成型	可用于制造阻燃、耐磨构件

四、性能、成型方法与应用

聚酰亚胺的性能、成型方法与应用见表11-34。

表11-34 聚酰亚胺的性能、成型方法与应用

项目	热固性聚酰亚胺	热塑性聚酰亚胺	聚酰胺-酰亚胺
性能	1. 深褐色不透明固体 2. 力学性能、耐疲劳性好，有良好的自润滑性、耐磨性，摩擦因数小且不受湿度、温度的影响，冲击强度高，但对缺口敏感 3. 耐热性优异，可在－269～300℃长期使用，热变形温度高达343℃ 4. 耐辐射，不冷流，不开裂，电绝缘性优异，阻燃 5. 成型收缩率、线胀系数小，尺寸稳定性好，吸水率低 6. 化学稳定性好，耐臭氧，耐细菌侵蚀，耐溶剂性好，但易受碱、吡啶等侵蚀 7. 成型加工困难	1. 琥珀色固体 2. 耐热性好，可在－193～230℃长期使用，玻璃化转变温度为270～280℃ 3. 其他性能与热固性聚酰亚胺相似	1. 力学性能、耐磨性优异，性脆，对缺口敏感，加入石墨、MoS_2、青铜后有自润滑性，耐蠕变性好 2. 耐热、耐寒性是塑料中最佳者，可在－250～300℃长期使用 3. 耐辐射性为塑料之冠 4. 电性能优异，介电强度高，介电常数和介电损耗角正切值小 5. 高温下透气率很低，难燃，自熄，是富氧、纯氧下工作的理想非金属材料 6. 价格贵，成型困难
成型方法	可模压、流延成膜、浸渍、浇注、涂覆、机加工、粘接、发泡	可注射、挤出、模压、传递模塑、涂覆、发泡、粘接、机加工、焊接	可浸渍、涂覆、模压、层合、发泡、粘接

（续）

项目	热固性聚酰亚胺	热塑性聚酰亚胺	聚酰胺-酰亚胺
应用	可制成薄膜、增强塑料、泡沫塑料、耐高温自润滑轴承、压缩机活塞环、密封圈，电器业的电动机、变压器线圈绝缘层和槽衬，与PTFE复合膜用作航空电缆、集成电路，可挠性印制电路板、插座 泡沫制品用作保温防火材料、飞行器防辐射、耐磨的遮蔽材料、高能量的吸收材料和电绝缘材料	用作精密耐磨材料、耐辐射材料、耐高温绝缘材料，以及与热固性聚酰亚胺相同的用途 可与PTFE、炭黑共混制作高压高速压缩机的无油润滑材料，可用玻璃纤维增强	可制成薄膜、漆包线、涂料、纤维、黏合剂、增强塑料、泡沫塑料等，产品用于高温、高真空、强辐射、超低温条件件；模制品用作航空器部件、压缩机叶轮、阀座、活塞环、喷气发动机供燃系统零件；薄膜用于电机、电缆、电容器、薄层电路、录音带；泡沫塑料用于航空、宇航防火、隔声、吸收能量、绝缘方面

第二节 改性技术

一、简介

PI主链含有苯环和酰亚胺环结构，使PI成为刚性聚合物，分子链的刚性和分子间的相互作用以及电子化作用使PI紧密堆积，从而导致PI有以下缺点：PI不溶不熔，难以加工；固化温度高，合成工艺要求高；透明性差等。为了弥补PI的上述不足并开发出新型的性能优良的PI，人们对PI的改性已做了深入研究，PI的改性主要包括结构改进、共混改性、共聚改性及填充改性。

1. 结构改进

PI的结构改进主要包括主链引入柔顺性基团，引入功能化侧基、扭曲和非共平面结构。在PI的分子链上可引入含氟、硅、醚和酮等特征基团得到新型的高性能材料。

科研人员用含氟苯乙炔苯胺封端PI制备了新型含氟PI树脂3FPA-PI-50，计算其分子量为5000，试验结果表明，3FPA-PI-50树脂的溶液具有良好的室温储存稳定性，成型的树脂具有优异的热氧化稳定性和热性能，低的相对介电常数（2.92）和介电损耗角正切值（0.004），低吸水率（0.81%）。固化后树脂的玻璃化转变温度（T_g）为404℃，5%的热失重温度大于530℃。

有科研人员用吡啶环及三氟甲基取代苯侧基引入PI分子结构中，制备的PI膜具有优良的耐热性能和透光性能。利用FTIR、核磁共振（NMR）、质谱及元素分析结果表明，薄膜的T_g为280℃，起始分解温度为580℃，700℃的质量保持率为64.5%，450nm处的透光率超过了85%。这种改性了的PI薄膜比没改性之前的薄膜具有优良的综合性能，使其广泛应用在电子、液晶显示器等领域。

有科研人员研究了乙二胺（EDA）改性PI的反应及性能。在交联反应过程中PI的热性能变化很大，延长交联时间可以降低聚合物链间的三维空间。用EDA改性过的PI降低了其渗透性，增加其气体分离性，提高了塑化特性。由于CO_2和仲胺之间的作用力，使EDA交联的PI对CO_2/CH_4混合气体的分离性比纯PI对CO_2/CH_4气体的分离性高。在实际分离过程中改性的PI具有更好的性能。

2. 共混改性

共混改性是利用聚合物之间的互补性和协同性对材料进行的改性，以期改善 PI 材料的物理力学性能、加工性能或赋予 PI 材料某些特殊性能的改性方法。

有科研人员使用芳香 PI 膜和聚乙烯吡咯烷酮（PVP）聚合物的混合物来制备碳分子筛膜（CMS）。由于不同尺寸的 PVP 相存在于 PI 基体中，使得由 PI/PVP 制得的 CMS 比纯 PI 制得的 CMS 膜具有高的渗透性和低的分离性。纯 PI 制得的 CMS 膜 O_2 渗透率为 $3750.25\times10^{-18}m^2/(s\cdot Pa)$，由 PI/PVP 制得 CMS 膜随 PVP 分子量的增加其 O_2 渗透率从 $4200.28\times10^{-18}m^2/(s\cdot Pa)$ 增到 $6075.405\times10^{-18}m^2/(s\cdot Pa)$。PI/PVP 制得的 CMS 膜随 PVP 分子量的增加其 O_2/N_2 的分离性从 10 减少到 7。

有科研人员研究了双酚 A 缩水甘油醚（DGEBA）与 PMR-15 PI 混合材料的热性能和力学性能。用热重分析研究其热稳定性，动态力学分析来研究其力学性能。结果表明，热稳定性依赖于最初的分解温度，而 T_g 随 PMR-15 含量的增加而增加。DGEBA 与 PMR-15 混合增加了聚合物分子链间的作用力或氢键，使聚合物的临界应力强度因子和临界应变能的释放率与活化能和交联密度相比具有类似的测试结果。

有科研人员研究了尼龙（PA）6 改性 PI 的性能，其混合改性 PI 的热稳定性比未改性的 PI 好。空气中 400℃等温研究结果表明两种聚合物失重均超过 90%，而在惰性气体中，改性过的 PI 则表现出良好的热稳定性。X 射线衍射（XRD）表明改性的 PI 比未改性的 PI 具有高的结晶度和密度。

有科研人员对热固性/热塑性 PI 共混物的相分离体系和相容性进行了研究。结果表明，相分离结构使体系的力学性能得到改善，同时也保持了原有优异的热性能。

3. 共聚改性

在二胺与二酐缩聚反应中，通常改变合成单体的种类以及软硬段的比例来改善 PI 的性能。

科研人员缩聚了含腈基团的 PI-聚二甲基硅氧烷共聚物。这种共聚物易溶于极性有机溶剂，如 N-甲基吡咯烷酮，N，N-二甲基甲酰胺，微溶于极性溶剂氯仿，特性黏度为 0.43～0.55dL/g。该共聚物有好的热稳定性，聚合物质量保持率为 90% 的温度为 450～537℃，T_g 为 149～219℃。

有科研人员通过无水氨对四氟邻苯二甲酸进行氨基脱氟作用，有选择性地得到 4-氨-3，5，6-三氟邻苯二甲酸，在二环己基碳二亚胺的作用下，该邻苯二甲酸被定量转化成 4-氨基-3，5，6-三氟邻苯二甲酐，这是最简单的 AB 型单体。在苯甲酸融化下高温缩聚得到全氟 AB 型 PI。使用 NMR、紫外可见光、TG/DSC 方法测试其有优异的性能。FTIR 表征 PI 的近红外光谱没有 C—H 和 O—H 键的谐波振动，这使它在光学通信系统方面有着潜在的应用价值。

科研人员合成的共聚 PI 溶解性较好，溶于常见有机溶剂。由此制得的 PI 膜热稳定性良好，在氮气中，起始降解温度超过 500℃，温度为 547.1～601.5℃的质量保持率为 90%，800℃时的质量保持率为 64.8%～67.2%。PI 膜的拉伸强度、拉伸弹性模量和断裂伸长率分别为 105.8～112.6MPa、2.24～2.32GPa 和 9.5%～10.2%。PI 膜的吸水率为 0.96%～0.98%。

有科研人员经高温溶液缩聚合成了一系列可溶性共聚 PI，紫外可见光测试其透光率为70%～90%，凝胶渗透色谱测定分子量为4.00×10^4～9.10×10^4，分子分布系数为1.5左右。TG分析PI在500℃左右开始发生热降解。

科研人员用3，3′，5，5′-二苯酮四酸二酐（BTDA）、2，2-双［4-（4-氨基苯氧基）苯基］丙烷（BAPP）和4-苯基-2，6-双（4-氨基苯基）吡啶（PBAP）合成BAPP-PBAP-BTDA共聚PI，测试结果表明所得PI的结晶度低，溶解性好，有良好的热稳定性。

4. *填充改性*

目前，填充改性常用的填料主要有无机填料、金属及金属氧化物纳米填料和杂化填料。无机填料主要包括碳纤维（CF）、玻璃纤维（GF）、石墨、二硫化钼（MoS_2）、二氧化硅（SiO_2）、陶瓷颗粒等。杂化填料如蒙脱土（MMT）/TiO_2、SiO_2/Ag等常用于制备PI杂化薄膜，经杂化填料改性后的PI材料具有良好的气体分离性、光学性和介电性，目前已广泛用于气体分离膜、微电子器件及光电材料等领域。

科研人员用ZSM-5沸石填充聚砜（PSF）/PI气体混合膜，研究了沸石在聚合物中的含量及气体分离性。在混合物中ZSM-5质量分数为0～20%，扫描电子显微镜（SEM）表明，膜具有均质结构，不加沸石时O_2的渗透率为$5.175\times10^{-18}m^2/(s\cdot Pa)$，而加入10%和20%的沸石则增加到$6.675\times10^{-18}m^2/(s\cdot Pa)$。结果表明，达到最小渗透率及具有均质基体结构的最佳配比为两种聚合物各占50%。

科研人员用同分异构PI树脂溶液和改性纳米SiO_2前驱体后热处理工艺来合成异构PI/SiO_2杂化材料。SEM表明SiO_2纳米粒子均匀分散在异构PI基体上。用TG仪、动态机械分析仪和XP纳米硬度系统来检测材料的性能，结果表明异构PI/SiO_2杂化材料比异构的PI具有更好的热性能，更高的硬度和模量。

科研人员研究了四氟化碳（CF_4）等离子体改性PI，可以在PI膜表面形成疏水区域和亲水区域。在特定的改性条件下，疏水性和亲水性表面的接触角分别达到$(108.3\pm0.6)°$和低于5°。XPS分析表明$CF_2—CF_2$多的区域降低了表面的润湿性能，而亲水区域含有如羰基或羧基基团增加了表面的湿润性。

科研人员研究了石墨烯改性PI，其结果表明改性后的复合材料的拉伸弹性模量、拉伸强度均有提高，导电率增加了8个数量级达到$1.7\times10^{-5}S/m$。

科研人员用化学合成法及溶胶凝胶工艺制备了PI/纳米Fe_2O_3复合材料，由FTIR、透射电子显微镜分析可以看出，纳米Fe_2O_3粒子存在于薄膜试样中且分散均匀，与PI基体发生键合，提高了薄膜试样的热性能与力学性能。吸水性能测试表明，由于Fe_2O_3分子与PI分子相互作用，使得PI与水分子的键合机会及结合牢固程度减弱，吸水率随之降低。

总之，现有的PI树脂体系无论是从成型工艺还是加工方法都无法满足日益增加的高新技术的要求。基于航空航天对材料的比模量和比强度的高要求，PI在这些方面已有所突破，并研发出了一些满足性能要求的航天材料。PI在绝缘材料和结构材料方面的应用正在不断扩大，在功能材料方面正崭露头角，其潜力仍在发掘中。今后PI研究的方向如下：

1）在合成工艺和改性上寻求新的方法来降低其生产成本。如通过开发热塑性 PI 和采用共混改性的方法，进一步改进 PI 的加工性能。比如，PI 与 BMIs，BMIs 与 EP 等进行共混改性，可提高材料的加工性及其他性能。

2）开发新型的复合材料，提高其综合性能，扩大其应用领域。

3）制备易加工、韧性好、溶解性好、耐高温等综合性能均衡的 PI。

二、填充改性与增强改性

（一）无机粒子填充改性 PI

1. 无机填充粒子

用于制备 PI/无机粒子复合材料的无机物种类繁多，研究中常见的有陶瓷类、硅氧烷类、黏土类、分子筛类等。无机粒子可以直接掺杂，也可以通过其前驱体反应再转化为无机相。直接掺杂是将无机粒子（如 SiO_2、TiO_2、Al_2O_3、蒙脱土、分子筛等）直接通过物理共混与基体树脂复合。前驱体反应转化一般在复合过程中通过水解、缩合等得到无机相，最常用的是硅氧烷类和金属盐类。

2. PI/无机粒子复合材料制备方法

（1）溶胶-凝胶法　溶胶-凝胶法是用含高化学活性组分的化合物作为前驱体，进行水解、缩合，进一步陈化、干燥、烧结固化，制备出分子乃至纳米亚结构的材料。科研人员合成了二酐封端的 PI，并利用带胺基的硅氧烷与酐基反应，将其接入 PI 的大分子链中，溶胶-凝胶化后制得 PI/SiO_2 杂化材料，结果表明：材料具有更低的吸水率（最低可达 0.69g/g）和更高的玻璃化转变温度（t_g 为 370℃）及优异的力学性能。科研人员用正硅酸乙酯（TEOS）和异丙醇铝（HPAl）为无机粒子前驱体，先将 HPAl 水解得到羟基氧化铝，再利用其羟基与水解后的 TEOS 反应，得到了同时含有 Si—O、Al—O 及大量—OH 的无机低聚物凝胶，再加入二胺和二酐单体，进一步反应，亚胺化，最终得到杂化材料，扫描电子显微镜（SEM）照片表明聚合物在酰亚胺化过程中形成了无机物网络。

用溶胶-凝胶法制备的复合材料一般都存在一定程度的相分离，这种非均相结构会影响材料的性能。通常，加入偶联剂可有效改善无机相与有机相的相容性。偶联剂中的功能性官能团可与 PI 中的羧基成盐或发生共价键结合，烷氧基则参加溶胶凝胶反应。最常用的偶联剂有胺基硅烷和环氧基硅烷。

科研人员采用一种新的溶胶-凝胶法，在不加偶联剂的情况下制备了 PI/SiO_2 复合材料，并将其性能与采用传统溶胶-凝胶法制备的复合材料进行了对比。新方法采用硅溶胶先与二胺单体混合，再加入二酐单体聚合。SEM 测试表明：新方法得到了更细的无机粒子且两相的相容性增加。新材料具有更高的热稳定性，分解温度由 513℃ 提高到 550℃（SiO_2 含量为 3%）。紫外-可见光吸收光谱表明，新方法制备的材料在 SiO_2 含量为 10% 时仍表现为透明，而传统方法得到透明材料时 SiO_2 含量不超过 8%。

（2）插层复合法　插层复合法分为插层聚合和聚合物的插层。前者是将聚合物单体插入层状无机物间进行聚合，后者是将聚合物熔体或溶液与层状无机物共混，再通过力和热的作用使片层剥离并实现纳米结构的分散。科研人员首先制备了单层 MoS_2，再将均苯四甲酸酐（PMDA）和 4，4′-二氨基二苯醚（ODA）溶解在二甲基乙酰胺

(DMAC)溶液中，使其插入单层 MoS_2 的片层中，然后通过聚合制备了 PI/MoS_2 复合材料，SEM 和 X 射线衍射测试表明：MoS_2 片层结构增大且疏松，表明得到了插层复合材料。科研人员合成了一种带三胺基的插层剂，将蒙脱土溶胀在其中，得到了带活性胺基的蒙脱土，再与功能化的 PI 反应，结果表明：三功能基团的溶胀剂使蒙脱土很好地剥离并形成纳米结构。科研人员制备了多壁碳纳米管/氟化 PI 复合材料，为了防止碳纳米管的团聚，在其表面引进酰氯基团使其功能化，然后将其与二酐和二胺单体混合，用原位插层聚合法得到了碳纳米管分散均匀的复合材料。

(3) 机械共混法 一些无机物的超微粉可通过物理共混掺杂在 PI 基体中，如 Al_2O_3、AlN、TiO_2、$BaTiO_3$ 等。由于无机粉体微粒易团聚，高速、长时间的机械搅拌加上超声分散是常用的方法。科研人员采用溶液超声分散法制备了 PI（PMDA 和 ODA 为单体）/云母复合膜，测试表明：当云母质量分数在 10% 以下时，膜的强度和硬度均提高；SEM 测试表明：随着云母质量分数（10% ~20%）增加，云母开始发生聚集，并且在材料断面微观尺寸上可观察到滑扣和错位的纹理。科研人员以同样的 PI 为树脂基体，在不加增容剂和改性剂的条件下引入 Al_2O_3，SEM 测试表明：Al_2O_3 在基体树脂中稳定存在且无明显团聚，Al_2O_3 含量为 30% 时仍表现出相当好的界面结合性能。由此可知，分散性能与无机粒子自身的相互作用及其与基体树脂的作用密切相关。

3. PI/无机粒子复合材料的性能

(1) 热性能 尽管 PI 具有优异的耐热性能，但在高温使用时，性能也受到挑战。在恶劣的氧化环境中，PI 会氧化，引起不会氧化的无机物可以提高材料的热稳定性且对 PI 的其他性能没有明显影响。

科研人员研究了不同硅溶胶对 PI（PMDA 和对苯二胺为单体）膜热性能的影响，研究表明：加入硅溶胶后，聚合物的玻璃化转变温度最高提高了 95.0℃，但最大分解温度却下降，降幅最大达 93.7℃。

科研人员用纳米 Al_2O_3 改性 PI（PMDA 和 ODA 为单体），结果表明：随纳米 Al_2O_3 含量增加，膜的热分解温度呈上升趋势，当纳米 Al_2O_3 质量分数为 24% 时，分解温度为 608.0℃。由此可见，基体膜不同，添加粒子不同，其热性能改变也不同。

通常，PI 具有较高的热膨胀系数（CTE）且热膨胀性不稳定，而无机粒子的 CTE 较小，将无机粒子与 PI 复合可有效地改善其热膨胀性。有科研人员研究了不同 SiO_2 含量的 PI 在不同温度下的热膨胀性能，研究表明：SiO_2 含量为 3% 时，CTE 显著下降；SiO_2 含量为 15%，在 200℃时，CTE 由纯膜的 1.01 降至 0.43。

(2) 力学性能 无机粒子掺杂的 PI 薄膜的拉伸模量一般会增加，但是拉伸强度和断裂伸长率会下降。拉伸模量的增加是无机粒子的纳米刚性效应的结果，而两相结构在很大程度上影响拉伸强度和断裂伸长率。有科研人员研究发现：SiO_2 和 PI 相容性的增加使复合膜的拉伸强度和断裂伸长率提高，SiO_2 含量为 5% 时，断裂伸长率提高了 90.7%，含量继续增加，断裂伸长率有下降趋势。科研人员研究了硅氧烷改性的石英管对 PI 膜力学性能的影响，结果表明：硅氧烷改性的石英管质量分数为 1% ~5% 时，复合膜的拉伸强度比纯 PI 膜高（不论室温还是低温），且在 1% 时达到最大值（206.95MPa），较纯 PI 膜增加了 20%，而断裂伸长率只在 3% 内有提高。

有科研人员研究了不同粒径玻璃微珠改性热塑性 PI 材料在干摩擦和水润滑两种情况下的摩擦损耗性能，表明玻璃微珠的加入能传导摩擦热，从而提高材料的耐热性能，使磨损率大幅下降。

有科研人员研究了 PI/Al_2O_3 体系的摩擦损耗性能，认为纳米 Al_2O_3 的加入降低了材料的摩擦因数和体积摩擦损耗，Al_2O_3 质量分数为3%～4%时，材料能在很高的负载（290N）下有最低的体积磨损（约2.5mm^3）和最小的摩擦因数（约0.3）。

（3）光学性能　一直以来，研究者们致力于透明性 PI 的研究以满足其在光波导材料、电子封装、光学材料等的应用。通常，分子间或分子内的电荷转移使 PI 具有颜色，引入无机粒子后，这种电荷转移作用减弱了，从而可得到浅色或无色的材料。

有科研人员利用单分散的硅胶（12nm）掺杂 PI 得到了高透明性的复合材料，紫外-可见光吸收光谱表明：该复合材料在400～900nm可见光波长内透明性极高，在633nm处折射率由1.580下降到1.480。

有科研人员用4，4′-二氨基-3，3′-二甲基二苯甲烷和 ODA 合成了一种 PI，并用 SiO_2 和 TiO_2 对其掺杂，研究表明：SiO_2 和 TiO_2 无机粒子在基体中均分散良好，无机区域的粒径大小为10～20nm；膜的折射率在1.550～1.847且可控，并且具有较低的双折射率；SiO_2 掺杂的 PI 的双折射率由0.011下降到0.008，TiO_2 掺杂的 PI 双折射率下降到0.007。

（4）电性能　普通的 PI 材料在微电子行业一直有着很好的应用，但随着集成电路技术的高速发展，PI 类材料的介电性能面临着更高要求。科研人员通过水溶性的聚酰胺酸盐和中孔隙 SiO_2 制备了相容性很好的 PI/中孔隙 SiO_2 复合材料，测试表明：复合材料的介电常数由纯 PI 的3.34下降到2.45，且具有良好的热性能和力学性能。然而，另有科研人员用 Al_2O_3 掺杂 PI 得到复合材料，发现材料的介电常数随 Al_2O_3 含量的增加而增大，并且存在频率依赖性，测试表明，在1MHz下，复合材料的介电常数由3.00左右升高到5.80左右，介电损耗角正切值也呈增大的趋势。科研人员制备了 $BaTiO_3$ 掺杂 PI 的薄膜，研究表明：掺杂后，材料的介电常数由3.53上升到46.50（10kHz），介电损耗角正切值也由0.005上升到0.015。因此，材料的介电损耗与无机粒子的种类有关，可以根据不同需求来选择无机粒子从而制备具有合适性能的复合材料。

（5）气体渗透性　PI 表现出特有的气体选择透过性。科研人员研究了不同结构的有机硅掺杂 PI 的气体透过性能，测试表明：气体的透过性与无机粒子的结构、无机粒子与 PI 基体的相容性、交联程度等有关，而且无机物的加入减少了基体的自由体积，使气体透过性降低。有科研人员在 PI［4，4′-(六氟亚异丙基）二苯胺和4，4′-二氨基二苯甲烷为单体］中引入了特殊结构的低聚倍半硅氧烷（OAPS），研究表明：膜的纯气体渗透系数大都随 OAPS 含量的增加而减小，而混合气体的选择透过性增加了，并指出气体传递是通过 PI 基体而不是 OAPS。

有科研人员研究了 TiO_2 掺杂 PI（4，4′-对苯二氧双邻苯二甲酸酐和3，3′-二甲基-4，4′-二氨基二苯甲烷为单体）的情况，结果表明：随着 TiO_2 含量增加（TiO_2 含量 > 5%），纯气体的透过性都是增加的，且复合膜表现出优异的选择透过性。

4. 应用

无机粒子改性后的PI在不明显降低材料的热性能和力学性能的同时富集了无机小分子高模量、耐氧化、耐摩擦等性能，优化了材料的性能，满足更高要求的应用领域。引入无机纳米粒子，材料的内部分子堆积、相互作用等发生改变，对气体的选择透过性有很大的改善，因而广泛地应用于气体分离膜、蒸发渗透膜、纳滤膜等。改性后的PI具有可控的介电性能、膨胀性能等，可在微电子行业、固体电解质、燃料电池用膜等方面得到更好的应用。基于分子设计和无机改性同时进行的PI复合材料具有良好的光学性能，被用作光刻胶、微电子光学器件等。另外，其在高温胶黏剂、液晶显示用取向排列剂等中也有应用。

（二）水滑石、填充改性PI复合材料

1. 原材料与配方（质量份）

PI	100	镁铝型水滑石	3～12
N，N′-二甲基甲酰胺（DMF）	2～3	4，4′-二氨基二苯醚（ODA）	3～4
联苯四甲酸二酐（BPDA）	5～10	其他助剂	适量

2. 制备方法

1）含水滑石预聚体的制备：称取1.2g ODA和1.8g BPDA与一定量的水滑石（0、3%、6%、9%、12%，各组分的含量为水滑石占总固含量的质量比）置于研钵中，在钠灯照射下进行充分研磨，直到原料全部变为淡黄色。

2）聚酰亚胺复合材料的制备：称取1.5g研磨后的粉末与10mL DMF溶剂，置于100mL的烧瓶中，机械搅拌溶解并抽真空反应1h；将溶液倒入玻璃模具中于80℃在烘箱中保温2h；然后于马弗炉中梯度升温热亚胺化形成聚酰亚胺复合材料，梯度温度分别为120℃、160℃、220℃各0.5h，最后300℃/2h。

3. 性能（表11-35～表11-37）

表11-35 不同样品的热分解温度

水滑石含量（%）	失重5%分解温度/℃	失重10%分解温度/℃
0	484	551
3	504	562
6	515	579
9	493	543
12	452	513

表11-36 不同样品的力学性能比较

水滑石含量（%）	弹性模量/MPa	拉伸强度/MPa	断裂伸长率（%）
0	3503.6	103.4	13.3
3	6531.7	192.4	13.2
6	9353.0	317.6	11.2
9	4889.3	136.3	8.6
12	4416.0	121.4	8.2

表 11-37 不同样品的接触角及表面能

样品		接触角/(°)		表面能/mN·m^{-1}		
		H_2O	$HCONH_2$	测量试剂或被测样品的表面能 γ	表面能的色散分量 γ^d	表面能的极性分量 γ^p
水		—	—	72.8	29.1	43.7
$HCONH_2$		—	—	58.2	35.1	23.1
聚酰亚胺中水滑石含量（%）	0	74.6	66.4	29.2	13.1	16.1
	3	73.8	59.1	34.3	25.9	8.4
	6	69.2	54.4	36.8	25.8	11.0
	9	64.1	52.0	38.2	20.2	18.0
	12	60.4	46.2	41.7	23.5	18.2

4. 效果

1）采用固相预聚-溶液聚合法成功制得聚酰亚胺/水滑石复合材料，且水滑石在聚酰亚胺基体中剥离分散较好。

2）加入水滑石在一定程度上可以提高聚酰亚胺的力学性能，复合材料的拉伸强度随水滑石加入量的增加呈现先增大后减小的趋势，当加入量为6%时，复合材料的力学性能达到最佳状态，且此时材料的热稳定性能优异。

3）引入的层状金属氧化物水滑石，使得聚合体系中存在络合作用，减少了聚酰胺酸的缩合，从而使得复合材料表面接触角降低，表面自由能增大，进而提高了材料的亲水性。

（三）钛酸钡填充改性 PI 复合材料

1. 简介

钛酸钡（$BaTiO_3$，BT）是一种典型的 ABO_3 型钙钛矿结构，随着温度的变化，钛酸钡存在五种不同的晶体结构，分别为六方相、立方相、四方相、斜方相和三方相，相变温度依次为1733K、393K、298K、183K。常温下，钛酸钡具有压电性、铁电性和介电性，其介电常数可达1400，在居里温度（120℃）附近可达6000~10000。正是由于钛酸钡具有较高的介电常数，所以其具有较强的存储电荷能力，利用钛酸钡材料的这一性质可制备各种集成电容器，如超大容量电容器、动态随机存储器、埋入式电容器等。钛酸钡是目前制备埋入式陶瓷电容器最重要的介质材料，被誉为"电子陶瓷工业的支柱"。埋入式电容器的电介质材料要求具有高介电常数、低介电损耗角正切值、良好的加工性能和低廉的价格。由于钛酸钡是陶瓷，机械加工性能比较差，因此必须将钛酸钡和高分子聚合物混合加热固化形成复合材料来增加其韧性和可塑性。

2. 原料

原料包括五水硫酸铜（$CuSO_4 \cdot 5H_2O$）、硼氢化钠（$NaBH_4$）、钛酸钡（$BaTiO_3$，直径100nm）、聚乙烯吡咯烷酮 K-30（PVP）、巯基乙酸（$HSCH_2COOH$）。其中，五水硫酸铜是铜源，硼氢化钠是还原剂，聚乙烯吡咯烷酮是表面活性剂，巯基乙酸是抗氧化剂。

3. 制备方法

首先，把钛酸钡纳米颗粒放在300℃条件下煅烧24h以激活其表面的活性，然后称取2.33g煅烧过的钛酸钡（BT）、2.50g的五水硫酸铜（$CuSO_4 \cdot 5H_2O$）和0.21g的聚乙烯吡咯烷酮（PVP）倒入250mL的烧瓶中，再加入100mL的蒸馏水，在通氮气保护的条件下，以800r·min^{-1}搅拌1h。称取0.4g硼氢化钠（$NaBH_4$）加入20mL的蒸馏水中超声溶解，再逐滴加入上述混合液中，整个过程都需要在氮气保护和不断搅拌的条件下进行，反应过程大概需要30min。然后，向反应液中加入4mL巯基乙酸（$HSCH_2COOH$），保持氮气保护和搅拌的条件下，继续反应30min。最后，把反应液离心，用无水乙醇洗涤4次，再放在真空箱中常温条件下干燥24h，将得到的产物密封保存。

称取0.2g的BT-Cu和0.3g的聚酰亚胺（PI）放在研钵中研磨30min至粉末色泽均匀为止，再称取0.2g的混合粉末加入压片模具中，在210℃，7MPa的压力下，处理20min。最后，把制成的薄片表面打磨平整、光滑，厚度控制约在1mm，再在薄片表面涂均匀的银浆。注意，不要让两面的银浆连接在一起，否则测不出介电常数。

4. 性能与效果

本试验采用化学还原法在直径100nm的钛酸钡表面沉积直径为5～20nm的铜纳米颗粒，分析了$BaTiO_3$-聚酰亚胺复合材料的介电性能和作用机理。研究结果表明：铜纳米颗粒通过化学键与钛酸钡表面的晶体结构结合在一起，与聚酰亚胺组合成两相复合材料，这有别于$BaTiO_3$/导电粒子/聚酰亚胺三相复合材料。另外，虽然铜纳米颗粒有部分被氧化，导电性能降低，但改性后的$BaTiO_3$-聚酰亚胺的复合材料还是具有低损耗、高介电的性能，充分说明了这种新型的两相复合材料能够实现高介电、低损耗的目标。

（四）空心微珠填充改性碳纤维/PI复合材料

1. 原材料与配方（质量份）

PI	100	碳纤维	10
空心微珠	5～20	偶联剂	1～2
无水乙醇	5～8	脱模剂	1～2
其他助剂	适量		

2. 制备方法

将质量分数为无机填料1%的KH-560硅烷偶联剂用无水乙醇稀释，并与空心微珠混合，用电动搅拌机搅拌30min至均匀，之后在超声波振荡仪中振荡分散30min，烘干至恒重，研磨过筛。将碳纤维和空心微珠与聚酰亚胺模塑粉混合搅拌均匀，其中碳纤维质量分数为10%，保持恒定，空心微珠的质量分数分别为5%、10%、15%和20%。将混好的粉料加入金属模具，以20MPa预压2次，每次10min，连续升温至340℃，保温保压2h；降至室温卸压开模，得到空心微珠-碳纤维/聚酰亚胺复合材料模压件。

3. 性能与效果

1）碳纤维和空心微珠共混增强的空心微珠-碳纤维/聚酰亚胺复合材料的硬度大于聚酰亚胺基体和空心微珠单独增强的空心微珠/聚酰亚胺，但较碳纤维增强的碳纤维/聚酰亚胺复合材料硬度低。碳纤维和空心微珠共混增强的空心微珠-碳纤维/聚酰亚胺的硬度和拉伸强度均随空心微珠含量增加而降低，其中硬度呈稳步降低的趋势，而拉伸强度在空心微珠含量大于15%时显著下降。

2）碳纤维和/或空心微珠改性的空心微珠-碳纤维/聚酰亚胺的摩擦学性能优于聚酰亚胺，且空心微珠和碳纤维共混增强的空心微珠-碳纤维/聚酰亚胺的摩擦学性能优于它们单独填充的复合材料；空心微珠的含量对其与碳纤维共混增强的聚酰亚胺的摩擦因数影响不大，但复合材料的磨损率随空心微珠含量的提高先减小后增大，15%空心微珠-10%碳纤维共混增强的空心微珠-碳纤维/聚酰亚胺的减摩耐磨性能最佳；随着滑动速度的提高，空心微珠-碳纤维/聚酰亚胺的摩擦因数下降，磨损率增大；共混增强的空心微珠-碳纤维/聚酰亚胺的摩擦因数随载荷的增加先下降后上升，而磨损率则随载荷的增加单调增加。

3）聚酰亚胺的磨损机制主要为黏着磨损和疲劳磨损；碳纤维或空心微珠单独增强的碳纤维或空心微珠/聚酰亚胺的主要磨损机制在较低载荷时为磨粒磨损或黏着磨损，在较高载荷时为黏着磨损和疲劳磨损；碳纤维和空心微珠共混增强的空心微珠-碳纤维/聚酰亚胺主要磨损机制在较低载荷时为磨粒磨损，在较高载荷时为黏着磨损和磨粒磨损。

（五）蒙脱土填充改性PI复合材料

1. 原材料与配方（质量份）

PI	100	蒙脱土	1~7
N，N-二甲基乙酰胺（DMAC）	5~10	4，4-二氨基二苯醚（ODA）	3~5
均苯四甲酸二酐（PMDA）	1~2	其他助剂	适量

2. 制备方法

采用原位聚合法制备蒙脱土/聚酰亚胺纳米复合材料。准确称取一定量的蒙脱土，溶于极性溶剂DMAC中，超声分散0.5h，分批加入物质的量比为1:1的4，4’-二氨基二苯醚（ODA）和均苯四甲酸二酐（PMDA），常温下搅拌3~4h，制得固含量为15%（质量分数），蒙脱土质量分数为0、1%、3%、5%、7%的聚酰胺酸（PAA）溶液，将PAA溶液均匀地涂于干净的玻璃基板和钢环上，置于烘箱中按程序升温，进行热亚胺化处理，制得蒙脱土/聚酰亚胺纳米复合材料，分别标记为MMT/PI-0、MMT/PI-1、MMT/PI-3、MMT/PI-5、MMT/PI-7。

3. 性能（表11-38和表11-39）

表11-38 不同蒙脱土含量复合材料的摩擦测试结果

蒙脱土质量分数（%）	磨损率/($10^{-14}m^3\cdot N^{-1}\cdot m^{-1}$)	摩擦因数
0	6.56	0.42
1	4.79	0.32
3	4.59	0.26
5	4.81	0.28
7	5.38	0.29

表 11-39　不同蒙脱土含量复合材料的线胀系数

蒙脱土质量分数（%）	线胀系数/($10^{-6}K^{-1}$)
0	31.85
1	24.81
3	20.64
5	19.82
7	20.39

4. 效果

1）随着蒙脱土的加入，蒙脱土/聚酰亚胺纳米复合材料的拉伸强度和断裂伸长率呈现下降趋势，但其弹性模量显著上升。

2）添加适量的蒙脱土，可以有效地改善聚酰亚胺复合材料的摩擦学性能。随着蒙脱土含量的增加，聚酰亚胺复合材料的磨损机制由黏着磨损转变为磨粒磨损。当蒙脱土质量分数为 3% 时，复合材料的摩擦因数和磨损率均达到最低值。

3）添加蒙脱土可以有效地改善复合材料的热稳定性，随着蒙脱土含量的增减，复合材料的热膨胀系数整体呈现下降的趋势。

三、纳米改性

（一）不同纳米粒子改性 PI

1. 纳米 Al_2O_3 改性 PI

Al_2O_3 热导率高，电气性能好，将其作为填料添加到聚合物中，不仅可以改善聚合物的介电性能，还可以提高材料的热导率，因而在绝缘材料领域有着广泛的应用。纳米 Al_2O_3 具有不同的晶型，科研人员用 4，4-二氨基二苯醚（ODA）和均苯四甲酸二酐（PMDA）制备了 ODA-PMDA 型 PI 基体，研究了不同晶型的纳米 Al_2O_3 对 ODA-PMDA 型 PI 的改性。结果表明，所有晶型纳米 Al_2O_3 均可提高薄膜的热稳定性和电击穿场强。α-Al_2O_3 的分散性、击穿场强优于 γ-Al_2O_3，而 γ-Al_2O_3 的热稳定性和结晶性更好。科研人员将异丙醇铝溶解在由 PMDA 和 ODA 合成的聚酰胺酸（PAA）溶液中，通过溶胶凝胶法成功地制备了 PI/Al_2O_3 薄膜，测试结果表明，无机相形成了 Al—O—Al 网络结构。与纯 PI 膜相比，杂化膜的热稳定性显著提高。

用 4，4-二氨基二苯基砜和 4，4-六氟亚异丙基-邻苯二甲酸酐（6FDA）合成含氟的 PI 基体，用硅烷偶联剂 KH-550 对 Al_2O_3 纳米粒子进行表面处理后引入有机基团，通过原位聚合法制备了不同 Al_2O_3 含量的改性膜。研究表明，纳米粒子分散均匀，粒径大小在 40～80nm 之间，由于 Al_2O_3 有热稳定性以及改性的 Al_2O_3 和 PAA 链反应形成配位键使得杂化薄膜的热性能提高。科研人员通过原位聚合法制备了一系列不同纳米 Al_2O_3 含量的 ODA-PMDA 型 PI/Al_2O_3 复合膜。结果表明，纳米 Al_2O_3 的加入改善了薄膜的力学性能、热性能和电气老化性能。当 Al_2O_3 的添加量达到 10% 时，薄膜的电气老化性能是纯 PI 薄膜的 3.4 倍。PI 薄膜的性能得到如此大的改善主要是因为纳米 Al_2O_3 在 PI 基体中具有很好的分散性。

2. 纳米 SiO_2 改性 PI

SiO_2 在纳米尺度具有量子隧道效应、特殊的光电性能、高磁阻现象，高温下仍具有强度高、稳定性好、韧性好等特性。将纳米 SiO_2 颗粒引入 PI 体系中，可提高其力学、热稳定等性能。有科研人员研究表明，ODAPMDA 型 PI/SiO_2 复合薄膜的介电击穿强度随着 SiO_2 添加量的增大先升高后降低，添加量为 6% 时介电击穿强度达到最大值 248MV/m，耐电晕性能随着添加量增大而升高。当 SiO_2 添加量为 15% 时，复合薄膜的耐电晕寿命超过纯膜 20～30 倍。有科研人员以 3，3′，4，4′-联苯四甲酸二酐和对苯二胺为单体合成 PAA，然后将其和四乙氧基硅烷混合，经过溶胶凝胶和多步热固化过程制备出 PI/SiO_2 杂化膜。热失重分析（TGA）结果显示杂化膜的热稳定性显著提高，说明纳米 SiO_2 很好地分散在 PI 基体中，杂化膜的线胀系数随着 SiO_2 添加量的增大而下降。有科研人员研究了具有低介电常数的多孔 PI/SiO_2 杂化膜。该试验中用 3-氨基丙基三乙氧基硅烷（APS）改性的 SiO_2 影响多孔结构的形成，介电常数随着 SiO_2 含量的增多而降低。有科研人员研究了 ODA-PMDA 型 PI/SiO_2 杂化薄膜的光学性能和介电性能。结果表明，纳米 SiO_2 的加入使得光学参数和介电常数升高，光学性能得到很大改善。有科研人员通过 1，2-二溴乙烷、对羟基苯甲醛和肼等合成一种新的二胺，并将产物和 PMDA、ODA 反应生成共聚 PAA，将改性和未改性两种 SiO_2 前驱体分别和 PAA 溶液混合最终合成两种杂化膜。结果表明，新型二胺和改性 SiO_2 引入的灵活烷基和亚胺键增强了无机有机两相之间的作用力。

3. 纳米 TiO_2 改性 PI

纳米 TiO_2 颗粒具有优良的光、电及力学性能和较好的热稳定性、化学稳定性，可提高材料的耐高温性能和耐老化性能，可通过在 PI 中加入 TiO_2 改善其性能。PI/TiO_2 杂化薄膜表现出优良的光学、电学特性。有科研人员将用偶联剂封端的 PAA 溶液和 TiO_2 前驱体溶胶混合，通过原位合成纳米的方法制备了无色 PI/TiO_2 杂化膜，测试结果表明，纳米 TiO_2 的加入不仅降低了 PI 的热膨胀系数，同时还降低了光学双折射率。因此，可以通过控制 TiO_2 的含量得到不同折射率的材料。有科研人员研究表明，PI/TiO_2 杂化薄膜的折射率在 1.63～1.80 之间，具有很高的光学透过性。有科研人员用 2，2-双（3-氨基-4-羟基苯基）六氟丙烷和 3，3′，4，4′-二苯甲酮四羧酸二酐（BTDA）合成 PAA，将 PAA 和经过 4-氨基苯甲酸处理的 TiO_2 混合制备复合薄膜，测试发现折射率接近 1.941，与高温条件下制备的薄膜的折射率接近。有科研人员在使用偶联剂改性的条件下，用 PMDA 和 ODA 通过原位聚合方法制备了三明治结构（PI-TiO_2/PI/PI-TiO_2）的杂化膜，测试了杂化薄膜的力学性能和绝缘性能等。结果表明，强的界面作用增强了杂化膜的力学性能和介电性能，添加量为 5% 时，弹性模量比纯 PI 膜增大 150%，力学性能比单层 PI/TiO_2 膜增大 30%；击穿强度和体积电阻率比单层膜分别增大 8% 和 20%。有科研人员通过 L-苯丙氨酸甲酯盐酸盐、3，5-二硝基苯甲酰氯、苯胺和肼合成了一种新型二胺，该二胺的侧基中包含了 L-苯丙氨酸结构中的一部分。用该二胺、PMDA 和纳米 TiO_2 制备出共混物薄膜，二胺中庞大的侧基增强了无机和有机两相之间的作用力，使得纳米粒子以球形状态很好地分散在基体中。有科研人员用芴酮和苯胺盐酸盐（摩尔比 1:2）合成了9，9-双-（氨基苯基）氰（BAPF），用BAPF、BTDA和4，4-二氨基-3，3-二甲基二苯基甲烷（DMMDA）合成cardo-PI/TiO_2杂化膜，cardo基团是PAA中的氨基和BAPF中的羧基反应产生的。这种交联的化学结构很大程度地影响杂化膜的表面形貌和在分离气体方面的应用，制得的杂化膜在气体分离方面的应用潜力巨大。

4. 纳米 MgO 改性 PI

纳米MgO具有不同于本体材料的光、电、磁、化学特性，具有高硬度、高纯度和高熔点等特点。将少量纳米MgO掺入聚合物中能有效降低空间电荷排斥效应，提高聚合物的电气击穿强度。有科研人员通过原位聚合制得一系列不同添加量的ODA-PMDA型PI/MgO复合薄膜，结果表明，在添加量约为4%时，复合薄膜的介电击穿强度达到最大值349.60MV/m，为未杂化PI薄膜电气强度的1.13倍。有科研人员用6FDA和ODA为单体，在不使用偶联剂或者表面改性剂的情况下制备PI/MgO杂化膜，聚合物基体中的羧基和氧化镁中的镁原子之间的作用促进了两者之间的相容性。结果表明，PI/MgO杂化膜具有很好的透光性和紫外线屏蔽效应。

5. 纳米 ZnO 改性 PI

ZnO纳米粒子是一种n型半导体，具有突出的物理和化学性能、优异的热稳定性和低介电常数。纳米ZnO粒子加到聚合物基体中，可以增强其光学性能。有科研人员用2，4-二氨基-1，3，5-三嗪（DTA）和PMDA合成PAA，通过微波辅助热溶剂生长技术合成花状的ZnO纳米粒子，将其和PAA混合制备了PI/ZnO纳米复合材料并研究其结构、表面形貌和热稳定行为。结果显示，粒径为70～80nm的ZnO纳米粒子均匀地分散在基体中，热稳定性比纯PI膜高，热分解温度随ZnO的增大而升高，并且对紫外光和可见光有很好的吸收作用。有科研人员制备了DTA-PMDA型PI/棒状ZnO纳米复合材料，并研究了复合材料的介电性能。研究表明，均匀分散的ZnO纳米颗粒增强了材料的热稳定性，最重要的是加入ZnO实现了材料的低介电常数，ZnO的添加量为5%时复合膜的介电常数最低，达到2.82。

6. 纳米 $BaTiO_3$ 改性 PI

纳米$BaTiO_3$的介电常数较高，具有较好的介电性、耐电压和绝缘性能，通过在PI膜中掺杂纳米$BaTiO_3$，使其拥有不同于其他材料的新特性，极大地扩大了PI的应用领域。有科研人员以ODA和PMDA为单体通过原位法制备了PI/$BaTiO_3$纳米复合薄膜，研究结果表明，随着$BaTiO_3$的添加，薄膜的介电常数增大，介电损耗角正切值减小。有科研人员研究发现，PI/$BaTiO_3$复合薄膜的相对介电常数随$BaTiO_3$体积添加量的增大而增大，体积添加量为18%时介电常数从2.8增大到6.2（1MHz）；介电击穿强度随着$BaTiO_3$含量的增大而增大，当体积添加量10%时击穿强度达到最大值296V/μm。有科研人员通过ODA和PMDA合成PAA，将其与$BaTiO_3$混合制备复合薄膜并测试其性能，结果表明，在偶联剂的作用下$BaTiO_3$的添加量可以达到90%；在10kHz的扫描频率下，复合薄膜的相对介电常数从3.53（无添加）增加到46.50（添加90%的$BaTiO_3$）。复合薄膜的吸水率随着$BaTiO_3$含量的增加而下降，添加量为10%时，吸水率比纯PI下降45%，但是含量越高，吸水率的降低越不明显。

7. POSS 改性 PI

POSS 是一种具有纳米笼形结构的有机无机杂化分子，POSS 外围的有机基团使 POSS 与聚合物复合具有良好的相容性，其内部含有纳米空腔。其无机内核（Si_8O_{12}）具有优异的抗氧化性和耐热性，能有效地降低介电常数而不影响力学性能，是制备低介电常数 PI 的理想材料。有科研人员将 POSS 加到 PI 的前驱体溶液中，最后制得 PI（双酚 A 醚二胺-PMDA）/POSS 复合薄膜，其介电常数和热膨胀系数随着 POSS 的含量增加而下降，当 POSS 的质量分数为 10% 时，其相对介电常数为 2.65。有科研人员将 POSS 加到 6FDA-ODA 型 PI 中，形成了密度低、自由体积大的复合材料，使得相对介电常数也下降至 2.54。有科研人员用直接物理混合方法制备 ODA-PMDA 型 PI/POSS 复合材料，结果表明，复合材料耐原子氧的侵蚀性增强。分析原子氧侵蚀前后复合材料的形貌、组分和结构发现，当 POSS 添加量为 5% 时，侵蚀 16h 后损失仅是未添加时的 48%，这是因为在侵蚀过程中形成了 SiO_2 粒子，起到了保护层的作用。

8. 石墨烯和碳纳米管改性 PI

石墨烯和碳纳米管具有良好的导电性、化学稳定性以及独特的电化学性能，近年来，石墨烯、碳纳米管在 PI 基体中的纳米级分散为材料科学开拓了一个新的领域。石墨烯和碳纳米管改性复合材料的性能提高程度是常规复合材料或者纯聚合物无法达到的，仅仅添加少量石墨烯就可以改善 PI 基体的热性能和热导率。有科研人员通过原位缩聚将纳米石墨烯层分散在 ODA-PMDA 型 PI 基体中来研究橡胶态和玻璃态的弹性行为，体积添加量为 1.18%、6.12%、28.08% 时，橡胶态弹性模量增强了 11%、52% 和 400%，玻璃态弹性模量增强了 100%、108% 和 500%。这种区别是由硬质填料的刚化效应引起的。有科研人员用功能化后带有羧基的石墨烯纳米片层合成 PI/石墨烯复合薄膜，石墨烯在基体中具有好的分散性，和纯 PI 膜相比，加入石墨烯纳米片层增强了薄膜的力学性能、热稳定性能、热导率和介电常数，同时降低了透气性，添加量为 1% 时热分解温度提高了 25℃，玻璃化转变温度提高了 35℃，透气性降低了 20%。科研人员制备了 ODA-PMDA 型 PI/氧化石墨烯复合材料，结果表明氧化石墨烯添加量为 2% 时，储能模量从 1.4×10^8Pa 增大到 3.8×10^8Pa，玻璃化转变温度从 317℃ 升到 323℃。有科研人员以 ODA、PMDA 与羧酸化多壁碳纳米管为原样，原位聚合制备 PI/羧酸化多壁碳纳米管复合薄膜。结果表明，PI 与碳纳米管表面富集的羧基之间形成了氢键或其他配位键，使得复合薄膜的热稳定性比纯 PI 高，说明多壁碳纳米管的修饰对提高聚合物材料的热稳定性有一定的作用。有科研人员研究发现多壁碳纳米管在 PI 基体中增强了导电性，在添加 40% 时电导率最高达 55.6S/cm。同时用作单体的 2，6-二氨基蒽醌（DAAQ）起到分散剂的作用，DAAQ 和多壁碳纳米管之间的强烈的 π-π 作用通过红外光谱、紫外光谱、拉曼荧光光谱等分析得到证实。

（二）纳米炭黑改性 PI

1. 原材料与配方（质量份）

PI	100	纳米炭黑（CB）	5～35
偶联剂	1～2	其他助剂	适量

2. 制备方法

将CB颗粒在N，N′-二甲基乙酰胺（DMAC）溶液中超声分散30min，同时加入适量偶联剂改善CB在溶液中的分散，然后加入4，4-二胺基二苯醚（ODA），待其充分溶解后分批缓慢加入均苯四甲酸酐（PMDA），充分搅拌反应以后得到含有CB颗粒的聚酰胺酸悬浮液；将悬浮液均匀涂覆在玻璃板表面，用流延法成膜，然后放入烘箱中，对总固含量为15%的悬浮液进行热亚胺化处理，得到热固性PI/CB复合薄膜；用500目的金相砂纸对钢环表面进行打磨，然后用酒精清洗干净，用滴管将聚酰胺酸悬浮液小心滴在钢环表面，然后将钢环放入烘箱进行热亚胺化处理，得到试验要求的环形试样。

3. 性能与效果（表11-40）

表11-40　PI/CB复合材料的力学性能

CB含量（%）	拉伸强度/MPa	弹性模量/MPa
0	99.56	1166.6
5	100.70	1430.1
10	108.40	1700.9
15	100.40	1976.3
20	97.99	2069.9
25	87.86	2312.9
30	75.22	2568.7
35	66.29	2782.6

1）PI/CB复合材料热亚胺化程度比较完全。

2）PI/CB复合材料的力学性能良好，和纯PI膜相比，拉伸强度有所下降，弹性模量增加明显。

3）CB的加入降低了材料的摩擦因数和磨损率，当CB含量为固含量的28%时，复合物材料的摩擦学性能最好。

4）纯PI是磨粒磨损，并且伴有黏着磨损，PI/CB复合材料是磨粒磨损。

（三）纳米凹凸棒土改性PI

1. 原材料与配方（质量份）

N，N′-二甲基乙酰胺（DMAC）	50	4，4′-二氨基二苯醚（ODA）	30
均苯四甲酸酐（PMDA）	20	凹凸棒土	3~10
红油	1~2	其他助剂	适量

2. 制备方法

准确称取一定量的凹凸棒土，溶于极性溶剂DMAC中，超声0.5h，分批加入摩尔比为1∶1的PMDA和ODA，常温下搅拌3~4h，制得固含量为15%，凹凸棒土含量为0、3%、5%、7%、10%的PAA溶液，将PAA溶液均匀地涂于干净的玻璃基板和钢环上，水平放入烘箱中，热亚胺化处理，得到凹凸棒土/聚酰亚胺纳米复合材料。

3. 性能（表 11-41 ~ 表 11-43）

表 11-41　复合材料干摩擦性能测试结果

凹凸棒土含量（%）	磨损率/（$\times10^{-14}m^3\cdot N^{-1}\cdot m^{-1}$）	摩擦因数
0	6.52	0.268
3	2.65	0.214
5	3.13	0.238
7	4.32	0.223
10	7.77	0.241

表 11-42　复合材料水润滑摩擦性能测试结果

凹凸棒土含量（%）	磨损率/（$\times10^{-14}m^3\cdot N^{-1}\cdot m^{-1}$）	摩擦因数
0	1.82	0.077
3	0.916	0.040
5	1.74	0.056
7	2.06	0.052
10	2.86	0.059

表 11-43　复合材料油润滑摩擦性能测试结果

凹凸棒土含量（%）	磨损率/（$\times10^{-14}m^3\cdot N^{-1}\cdot m^{-1}$）	摩擦因数
0	0.696	0.023
3	0.496	0.022
5	0.876	0.022
7	0.731	0.022
10	0.762	0.022

4. 效果

1）当纳米颗粒质量分数为3%时，复合材料拉伸强度最好，随着纳米颗粒含量增大，材料的拉伸强度和断裂伸长率明显下降，而弹性模量则一直呈现上升趋势。

2）在干摩擦条件下，适量的凹凸棒土有利于在摩擦表面形成良好的转移膜，降低摩擦因数和磨损率，随着纳米颗粒的增加，纳米颗粒的团聚脱落会破坏转移膜，致使产生严重的磨粒磨损，导致复合材料的摩擦因数和磨损率都增大。

3）在水润滑条件下，由于水的冷却和溶胀作用，摩擦因数较干摩擦降低了一个数量级，当凹凸棒土含量较高时，磨损机制类似于干摩擦，纳米颗粒团聚增强，磨损过程中易脱落，破坏了转移膜，磨粒磨损加剧，摩擦因数和磨损率又升高。

4）在油润滑条件下，润滑油有利于纳米颗粒嵌入摩擦表面的沟壑中，并填平不平整处，形成了油对油滑动，因此摩擦因数和磨损率都非常低。

5）由试验可知，凹凸棒土质量分数为3%时，材料的力学性能和摩擦性能都达到最好。

（四）碳纳米管/石墨烯改性 PI

1. 原材料

二氨基二苯甲烷（ODA）	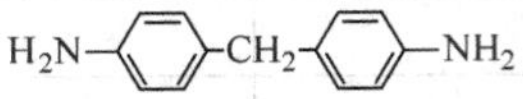	1，4 二氧六环	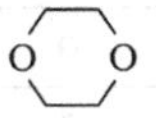
异构联苯二酐（BPDA）	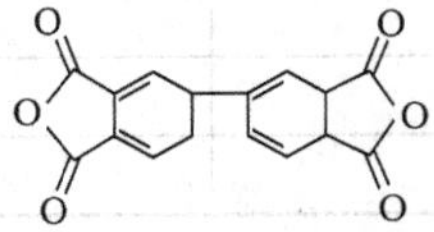	氨基化多壁碳纳米管	内径：3 ~ 5nm 外径：8 ~ 15nm 长度：约 50μm
苯乙炔基酐（PEPA）	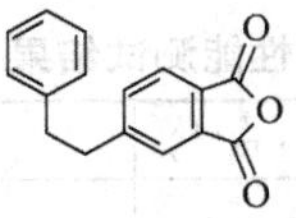	石墨烯	尺寸：3 ~ 5μm 层数：1 ~ 10

2. 制备方法

整个试验流程如图 11-1 所示。其中，第一步混合的 BDPB、PEPA 和 ODA 的摩尔质量之比为 2∶2∶3。向制得分子量为 1500 的低聚物中添加的石墨烯和碳纳米管的质量之比分别为 0.28% 和 1%。

制样过程主要包括除溶剂、制模塑粉及固化成型三个阶段。将混合物放入真空烘箱中，升温至 120℃，去溶剂保温 1h；将去除溶剂后的金黄色固体粉碎，制得模塑粉；将模塑粉放入已有的模具内，加压加温到 370℃，固化 2h 后脱模。

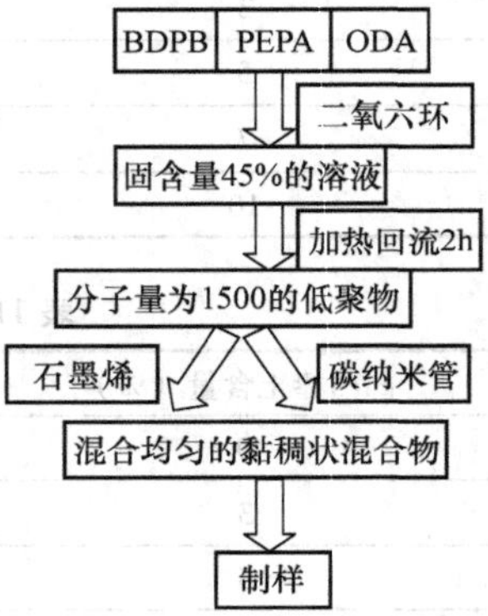

图 11-1　试验流程

3. 性能与效果

1）分别采用石墨烯和碳纳米管，对聚酰亚胺树脂进行增强，进而制备聚酰亚胺模塑试样以及抗剪试样。随测试温度的升高，材料的力学性能呈下降趋势。

2）添加石墨烯对复合材料的拉伸强度和剪切强度有明显的提升作用。与未添加增强材料相比，室温下石墨烯增强的试样拉伸强度相对于原始和添加碳纳米管的试样分别提高了 10.42% 和 30.18%；300℃下，石墨烯增强的树脂抗剪强度相比原始试样提高了 41.03%。

3）添加两种增强材料后，有效改善了树脂中树脂和其他材料的界面结合性能，并对树脂自身强度和韧性进行了提升，两者协同作用，有效提升了树脂材料的力学性能。

四、石墨烯改性

（一）石墨烯及其衍生物改性 PI

1. 石墨烯的制备及改性

制备石墨烯方法分物理法和化学法。物理法即剥离法，以鳞片石墨或膨胀石墨为原料，通过机械、气相或液相剥离获得单层或多层石墨烯；化学法主要为化学气相沉积法

（CVD）和还原氧化石墨烯法。制备改性石墨烯主要是在化学法的基础上获得，通过在氧化石墨烯的含氧官能团上引入其他原子或基团得到不同功能化石墨烯。

（1）化学气相沉积法　化学气相沉积法制备薄层石墨烯发生在金属或者金属碳化物表面，并且通常都在一个高度真空的密室中，在高温、气态条件下发生反应，生成的碳原子沉积在基体表面，并且可以被观察到沉积的碳原子与基片之间的相互作用。

Co、Pt、Ir、Ru、Ni 等过渡金属被广泛用作制备单层石墨烯的反应基体。有科研人员在600K 温度、6.5×10^{-3}Pa 压力下将 Co 通入 Ni 表面获得了薄碳层。并通过碳边缘电子能量损失和表面扩张能量损失精细结构分析观察到堆积的碳原子与 Ni 基板底之间强烈的相互作用，单层石墨烯的振动光谱包含有单峰，揭示了碳原子与 Ni 基底之间界面粘结强度。有科研人员提出了一种低成本、可发展的技术，通过在多晶 Ni 表面常压化学气相沉淀制备了单层或多层大面积石墨烯膜，然后转移到非特异性的基体上。这些膜包含了 1 ~ 12 层的石墨烯层，单层或双层石墨烯的侧向尺寸为 20μm，具有良好的透明度、电导率和双极性传输特征。

（2）氧化还原法　氧化还原法是先将天然石墨粉经氧化制得氧化石墨，再经过剥离得单层或多层的氧化石墨烯（GO），最后通过还原剂还原或者热还原得到石墨烯。制备氧化石墨的方法有 Staudenmaier 法、Brodie 法和 Hummers 法，制备过程中均要加入强质子酸和强氧化剂。其中，Hummers 法由于其所需的氧化时间较短，产物的氧化程度较高，产物的结构较规整且易于在水中发生溶胀而层离，是现今被大家常用的方法。常用的还原剂有水合肼、硼氢化钠、氨水、多元酚等。氧化还原法操作成本低、产率高，但其生产的石墨烯结构不完整，表面易产生皱褶，并且表面官能团也很难完全去除，石墨烯厚度不均匀，因此导致石墨烯材料在性能方面大打折扣，从而限制了使用领域。

一些研究者已报道了通过在水或不同种类有机溶剂中使用超声剥离氧化石墨可以得到均匀分散的稳定氧化石墨烯胶态悬浮液，亲水性的氧化石墨烯可以很容易地分散在水中（3mg/mL），得到棕色或深棕色悬浮液。氧化石墨还能分散在一些极性溶剂中比如乙二醇、二甲基甲酰胺、N-甲基吡咯烷酮和四氢呋喃（0.5mg/mL），而且经过有机分子改性的氧化石墨烯在有机溶剂中也能形成稳定的悬浮液，比如氧化石墨与异氰酸酯基团反应可制备异氰酸酯改性氧化石墨烯，能很好地分散在极性非质子溶剂中，这被认为是异氰酸酯与羟基和羧基反应生成了氨基甲酸酯和氨基化合物。有科研人员利用氧化石墨烯上的羧基基团与硬脂胺之间的偶联反应制备带有 20% 质量分数的长烷基链改性的氧化石墨烯。

（3）石墨烯的改性　化学法制备的石墨烯存在结构不完整、层数较多、层间距小等缺陷，在与聚合物基体树脂复合时分散性和兼容性差，并且容易产生自聚。因此，制备功能化石墨烯衍生物，使其在复合材料中的应用得到扩展是改性研究的热点和重点。氧化石墨烯作为石墨烯的一种衍生物在高分子材料中得到了广泛的应用，其表面的含氧基团（羧基、环氧基、羟基）给予了共价键改性的反应活性点，在引入功能基团后石墨烯衍生物具有较好的分散性和可加工性。

氧化石墨烯羧基上的改性可以通过将羧基酰氯化，然后与含有胺类基团的物质包括十八胺、伯胺、氨基酸与胺基硅氧烷反应，再经还原制得共价改性的石墨烯，共价改性产品在有机溶剂中有很好的分散性；也可以通过酯化，将聚乙烯醇（PVA）键合到石墨烯表面。除羧基可作为共价修饰的位点外，氧化石墨烯表面的环氧基团与羟基也可作为反应的活性点，利用胺基或聚丙烯胺侧链的胺基与氧化石墨烯表面的环氧基团的反应制备交联的石墨烯，使得石墨烯薄膜的力学性能有大幅提高。

2. *石墨烯改性聚酰亚胺*

在聚酰亚胺中加入填料粒子是一种有效改变聚酰亚胺性能的方法，制得的复合材料具有良好的力学性能和加工性能，同时还可得到具有导电性、透明性的新型聚酰亚胺复合材料。石墨烯由于其本身具备力学性能好、耐热性好、导电等性能，是一种聚酰亚胺理想的增强体，具备很大的应用潜力。

（1）改性方法　制备石墨烯/聚酰亚胺复合材料的方法主要有两种：溶液共混法和原位聚合法。两者都是制备聚酰亚胺复合材料的前驱体聚酰胺酸过程，主要区别在于制备前驱体的途径不同。

1）溶液共混法。溶液共混法是将纳米填料添加到前驱体聚酰胺酸中，经充分搅拌混合得到氧化石墨烯/聚酰胺酸前驱体。由于石墨烯很难分散在溶剂中，故溶液共混法一般先将氧化石墨溶于有机溶剂体系（二甲基乙酰胺、二甲基甲酰胺等）中，超声处理使氧化石墨充分剥离成为氧化石墨烯分散液，再加入聚酰胺酸溶液，搅拌共混后得到复合材料的前驱体，最后经过高温热酰亚胺化即可得到石墨烯/聚酰亚胺复合材料。

2）原位聚合法。原位聚合法是将填料与反应单体一起加到反应容器中，在反应单体形成前驱体的过程中，纳米填料同时均匀分散在分子链中，从而获得分散均匀、相容性良好的前驱体。将氧化石墨烯或经改性的石墨烯均匀分散在有机溶剂体系（二甲基乙酰胺、二甲基甲酰胺等）中，在一定温度下加入等当量的二酐单体和二胺单体，反应所得溶液经热处理得到复合材料。利用原位聚合法制备石墨烯/聚酰亚胺纳米复合材料，可以解决石墨烯纳米片在聚酰亚胺基体中的分散和相容性问题，得到分散性良好的聚酰亚胺纳米复合材料。

（2）石墨烯/聚酰亚胺复合材料的性能研究　二维平面结构的石墨烯及其衍生物（如氧化石墨烯和功能化改性石墨烯）具有优异的光、电、力学等性能，因而与聚合物之间具有很强的互补性。此外，石墨烯及其衍生物大的长径比和比表面积，易于均匀分散在聚合物基体中，从而更好地发挥其优异性能。石墨烯及其衍生物改性聚酰亚胺制备复合材料主要基于改善聚酰亚胺的电学、力学和热学等性能。石墨烯改性聚酰亚胺一般采用还原氧化石墨烯方法，通过石墨烯改性聚酰亚胺制备的复合材料具有优异的综合性能，扩大了聚酰亚胺材料的应用范围，可广泛应用在电子产品，航空航天领域，能很好地适应特殊环境。

有科研人员制备了聚酰胺酸溶液，再采用溶液共混法将氧化石墨烯与聚酰胺酸复合，经制膜和热酰亚胺化反应制备了石墨烯/聚酰亚胺复合薄膜。测试发现被还原的氧化石墨烯已经充分剥离并均匀分散在聚酰亚胺基体中，且与基体树脂结合紧密，拉伸强度、热稳定性均得到明显提升。有科研人员通过原位聚合法将石墨烯掺杂在聚酰亚胺中，制备不同掺量的石墨烯/聚酰亚胺复合薄膜。测试结果表明，石墨烯的掺杂，未改变聚酰亚胺无定形状态，随着掺量增加，复合薄膜颜色加深，石墨烯在薄膜中越密集，并出现自聚。但因石墨烯的加入，会增加聚酰亚胺分子链之间的摩擦，使聚合物的刚性增加，从而使聚酰亚胺分子链不容易运动，致使玻璃化转变温度提高，储能模量也有一定的提高，同时使聚酰亚胺保持了高热稳定性。科研人员通过原位聚合法将纳米石墨烯分散在高性能聚酰亚胺树脂基体中，将十八胺溶解在N-甲基吡咯烷酮中，然后加入纳米石墨烯，强烈机械搅拌加入1，2，4，5-均苯四甲酸二酐（PMDA），制得石墨烯/聚酰胺酸溶液，然后将其用溶液浇注法在剥离衬底上随后真空中热酰亚胺化，制得石墨烯/聚酰亚胺复合薄膜。通过动态力学分析黏弹性，对比橡胶高弹态区（>400℃）和玻璃化转变区（<400℃）的力学行为发现，体积分数为1.18%、6.12%、28.08%石墨烯含量的复合薄膜，在橡胶高弹态区模量分别增大11.0%、52.0%和400.0%，而在玻璃化转变区模量分别增大100%、108%和500%。这种增强效果不一致归因于硬性填料在柔性或弹性树脂比如橡胶中的显著的劲度效应。

3. *石墨烯衍生物改性聚酰亚胺*

通过对石墨烯功能化改性，更容易制备聚酰亚胺复合材料，从而得到性能更广泛的复合材料，因此应将研究重点集中于对石墨烯进行改性以制备功能化石墨烯/聚酰亚胺复合薄膜。其改性方法与石墨烯改性聚酰亚胺类似，只是在制备复合材料之前对石墨烯进行不同的功能化改性，以制备改性氧化石墨烯。

（1）含氨基类石墨烯改性聚酰亚胺　氧化石墨烯经改性接枝上氨基基团，更容易分散在有机溶剂中，还可增强复合材料的可溶性，可制备出高力学性能、热力学性能和电性能的复合材料。

有机胺类常被用作氧化石墨烯的改性剂，有科研人员首先使用4-苯基丁胺（PBA）改性氧化石墨烯（PBA-GS），再通过共混法制备不同改性氧化石墨烯含量的PBA-GS/PI杂化薄膜。随着含量增加，杂化薄膜的导电性急剧增大，当含量从1%增加到10%，导电性从1×10^{-10}S/cm增大到10S/cm。有科研人员在氧化石墨烯的N，N-二甲基甲酰胺（DMF）分散液中加入碳二亚胺盐酸盐、羟基苯并三唑、三乙基胺、苯乙炔基胺制备了化学修饰石墨烯（CMG），可在热固性聚酰亚胺树脂基体中实现分子水平的分散和平面取向，并制备CMG/PI复合材料。通过系列测试综合结果证明：共价键和取向分布的共同作用增强了CMG在PI树脂中的效用，在CMG/PI界面出现了有效的应力传递，加入少量的CMG，材料的力学性能、热稳定性、导电性能和疏水性得到有效改善。

硅烷偶联剂是一种用来增强高聚物和无机填料之间黏结性的常用物质，以提高产品的机械、电气、耐水、抗老化等性能。有科研人员以对苯二胺三甲基羟亚胺基硅烷（p-PTMAS）和联苯四甲酸二酐制得二胺和二酐改性的石墨烯，共混法制备改性石墨烯/聚酰亚胺复合材料。将复合材料加热到高于玻璃化转变温度以上并施加压力，随后降低温度撤去外力，材料出现一个新的伸长，再次加热到玻璃化转变温度，发现长度恢复。由此可以证明高温下该复合材料具有形状记忆功能。有科研人员通过原位聚合法制备了经氨丙基三甲基硅氧烷（APTMS）改性的还原氧化石墨烯/聚酰亚胺复合材料（APTMS-rGO/PI），发现通过APTMS耦合改性的rGO在力学性能和热性能方面都表现出良好的增强效应，这归结于PI与rGO之间的共价功能化；rGO在PI中的均匀分散使得复合材料的玻璃化转变温度和热分解温度分别提高21.7℃和44℃，填料含量为0.3%时抗张强度和弹性模量比纯 PI 分别提升 31% 和 35%；拉曼光谱分析出 rGO 和 PI 之间的强界面相互作用，这都归因于—NH_2 的改性和 rGO 的均匀分散。

（2）含异氰酸基石墨烯改性聚酰亚胺　异氰酸基（—NCO）接枝到石墨烯表面后可完全破坏晶体结构，使得改性石墨烯能稳定分散在溶剂中，更易于与聚酰亚胺复合，并且复合方式为化学键接，从而可获得多种功能化产品。

科研人员在氧化石墨胶态悬浮液中加入过量的异氰酸酯（MDI），通过与—OH、—COOH的加成反应制备 GO-NCO，再通过溶液共混法、热酰亚胺化获得不同质量分数的 FGS/PI 复合薄膜。由 AFM、XRD 测试结果可看出，GO、GO-NCO 厚度约为 1nm，证明成功获得了单层片层胶态悬浮液，这将有利于 GO-NCO 和 PAA 混合均匀；FGS 含量为 0.75% 时复合薄膜的拉伸性能最好，比纯 PI 增强 60%，但是随着含量增加 FGS 和 PI 基体之间结合更加有次序。此外，TGA 分析结果表明复合材料的热稳定性有轻微提高。有科研人员用异氰酸乙酯改性氧化石墨烯，经改性后发现其容易分散在 DMF 中；再通过原位聚合法制备了聚酰亚胺复合材料。最后发现当 FGS 加入量为 0.38% 时，复合薄膜的弹性模量从 1.8GPa 增加至 2.3GPa，接近 30% 的提升，拉伸强度从 122MPa 增至 131MPa，电导率增加了 8 个数量级达到 1.7×10^{-5}S/m。

（二）石墨烯改性 PI 介电复合材料

1. 原材料与配方（质量份）

PI	100	氧化石墨烯（rGO）	0.5～1.0
加工助剂	5～10	其他助剂	适量

2. 制备方法

（1）氧化石墨的制备　将 0.6g 冷却到 0℃ 的石墨粉、3.0g 高锰酸钾和 30mL 浓硫酸依次加入反应釜中，将反应釜密闭后置于冰箱中冷藏 1h，使原料在低温下混合均匀。取出反应釜，置于 80℃ 鼓风干燥箱中反应 2h。将反应釜中的物料缓慢倒入 200mL 蒸馏水中，加入 2.5mL 的 30% 双氧水，剧烈搅拌 2h，静置沉淀。沉淀物用 10%（体积分数）的稀盐酸水溶液洗涤 3 次，再用去离子水离心洗涤至 pH 为 6～7，得到凝胶状的棕色氧化石墨。将氧化石墨胶体置于真空干燥箱中 45℃ 温度下干燥 48h，然后充分研磨，得到棕黑色的氧化石墨粉。

（2）石墨烯/聚酰亚胺复合薄膜的制备　以制备氧化石墨烯质量分数为 0.5% 的 rGO/PI 复合薄膜为例。将氧化石墨粉加入 DMF 中，配成 GO 密度为 0.74g/L 的溶液，充分搅拌 2h，随后超声分散 2h 充分剥离氧化石墨，得到氧化石墨烯（GO）。取 5mL 该溶液，加入 0.01g 的 PVP 作为保护剂，充分搅拌 4h，再加入 0.01g 还原剂 VC，搅拌均匀，然后在 100℃ 温度下搅拌还原 30min。还原反应过程中溶液由棕色逐渐转变为深黑色，表明 GO 逐步还原成为石墨烯（rGO）。随后超声分散 1h，加入 0.307g 的 ODA，在氩气保护下搅拌溶解，然后缓慢加入 0.506g 的 BTDA，继续反应 24h，得到黑色黏稠的 rGO/PAA 复合溶液。最后采用流延成膜法制备 rGO/PAA 复合膜，具体过程为：将 rGO/PAA 复合溶液在 60℃ 放置一夜挥发大量溶剂后，从 80℃、120℃、140℃、180℃、220℃ 和 250℃ 逐级升温，其中在 80℃、120℃、140℃ 和 220℃ 分别保温 1h，在 180℃ 和

250℃分别保温2h。

用同样的方法制备石墨烯质量分数分别为0.1%、0.2%、0.3%、0.4%、0.5%、0.6%和0.7%的一系列rGO/PI复合膜。

3. 性能与效果

1）以氧化石墨烯为原料、DMF为溶剂、PVP为保护剂、VC为还原剂，通过还原氧化石墨烯，成功制得石墨烯。

2）石墨烯/聚酰亚胺复合薄膜中，rGO在聚酰亚胺内分布均匀。由于rGO的含量较少，不会对聚酰亚胺的结构以及热力学性能造成影响，石墨烯与聚酰亚胺基体间以弱的相互作用力结合在一起，形成层片状结构。

3）石墨烯/聚酰亚胺复合膜的介电常数随rGO含量的变化规律符合渗流阈值模型，拟合得到的逾渗阈值浓度（体积分数）$f_0=0.461\%$，临界指数$q=0.523$。极低的逾渗阈值浓度表明rGO是一种高效的填料粒子，当石墨烯的体积分数为0.453%（质量分数为0.7%）时，薄膜的相对介电常数为35.1，是纯聚酰亚胺的8.4倍。

（三）耐高温石墨烯（GO）改性PI复合材料

1. 原材料与配方（质量份）

原材料	配方1	配方2
PI	100	100
石墨烯纳米片（GO）	1～5	—
石墨烯-Si（GO-Si）	—	1～5
偶联剂（KH-550）	0.5～1.0	0.5～1.0
其他助剂	适量	适量

2. 制备方法

（1）GO纳米片的制备　采用改进的Hummers方法制备GO纳米片。将浓硫酸（69mg）添加到石墨片（3.0g）及硝酸钠（1.5g）的混合物中；将上述混合物冰浴冷却至0℃；取高锰酸钾（9.0g）缓慢分批添加，保持反应温度低于20℃；然后加热升温至35℃搅拌7h；此后，另取高锰酸钾（9.0g）加入上述混合溶液中，在35℃搅拌12h；所得反应混合物冷却至室温，将此混合物浇到冰上，把30%过氧化氢（3mL）浇到冰（400mL）上；固体产品通过离心分离，用5%盐酸溶液反复冲洗，直到不能用氯化钡检测到硫酸；将所得产物在真空烘箱中50℃干燥48h，从而制得GO纳米片。

（2）GO-Si纳米片的制备　取0.5g GO纳米片加入已有50.0mL乙醇的单颈烧瓶中，水浴超声30min；然后在上述溶液中加入2.0g KH-550，在75℃下冷凝搅拌反应24h；将溶液过滤，用乙醇和蒸馏水洗涤，最终产物在50℃的真空烘箱中干燥48h，得到GO-Si纳米片。

（3）复合材料的制备　两种纳米填料分别用来制备复合材料，即GO纳米片和GO-Si纳米片。首先，将2g的PI粉末分散在一个含有20mL乙醇的大烧杯中，超声处理10min，搅拌30min；其次，将一定量的纳米填料加入含有10mL乙醇的小烧杯中，通过超声波分散30min；将上述分散的纳米填料和聚酰亚胺混合，搅拌，干燥，最后在

100℃真空烘箱干燥24h，从而得到具有不同质量分数填料的PI复合材料粉末；将上述粉末制成1g薄片，然后在320℃的马弗炉退火处理12h。

3. 性能与效果

1）由KH-550接枝的GO纳米片能够均匀分散在PI中，其较大的表面积增强了GO纳米片与PI基体间的界面相互作用，能够有效传递载荷。摩擦磨损的试验结果表明，GO-Si填充的PI复合材料，其减摩和抗磨性能是最佳的，其次是用GO填充的复合物，未填充的复合材料最差。

2）纯PI的磨损形式为黏着与磨粒磨损，抗磨性差；当填充GO、GO-Si纳米片到聚合物基体后，磨损表面比较平整光滑，复合材料摩擦损坏明显降低，抗磨性能好。

3）在GO的分解物保护了PI分解产物的同时，GO-Si的加入提高了PI树脂的热稳定性。

4）摩擦模型揭示了在摩擦磨损的试验过程中，GO-Si纳米片会逐渐地从PI复合材料中释放出来，在钢球表面与复合材料形在一层转移膜，GO-Si纳米片的这种自润滑性质起到了耐磨减摩作用。

五、功能改性

（一）PI高阻隔改性

有机电致发光器件（OLED）具有自发光、结构简单、超轻薄、全彩、高亮度、高对比、响应速度快、广视角、驱动电压低、工作温度范围宽、全固态、可实现柔性显示等诸多优点，被认为是继液晶显示器（LCD）之后的最有发展前景、最有可能替代液晶显示器的新型显示器。然而，由于OLED中的有机发光材料对水蒸气和氧气的侵入特别敏感，渗入OLED的水汽和氧气会腐蚀有机功能层和电极材料，影响了OLED的使用效率和寿命，限制了其应用。因此，要确保OLED的稳定性、延长器件的使用寿命，就必须避免与水和氧气的接触，采用高阻隔性材料对其OLED封装是提高OLED使用效率和寿命最直接最有效的方法。

聚酰亚胺具有耐高温、高强度、高模量、抗蠕变、高尺寸稳定性、低线胀系数（低于10^{-5}/℃）、耐辐射、耐腐蚀等优点，能很好地满足OLED封装材料的高要求，是柔性OLED衬底或封装材料的最佳选择之一。但本征型聚酰亚胺的阻隔性能不能很好地满足OLED对衬底/封装材料的高要求，因此，许多学者都采用不同的阻隔技术和手段来改善其阻隔性能。

有科研人员将有机改性蒙脱土（Cloisite 30B）加入BTDA-BAPB的聚酰胺酸溶液中，再经热酰亚胺化制得无色的PI薄膜。纯BTDA-BAPB聚酰亚胺膜的氧气透过率为1.202mL/(m^2·d)，加入蒙脱土后，氧气透过率明显降低，为0.203~0.879mL/(m^2·d)，同时PI膜的热性能也得到了提高。

有科研人员将热还原氧化石墨烯（RG）与几乎无色的PI溶液共混获得PI/RG纳米复合材料，再采用射频磁控溅射法将Si_3N_4沉积在PI纳米复合材料上获得了紧密堆积、光滑、连续的30nm厚的阻隔层。石墨烯的加入显著地改善了聚酰亚胺对水的阻隔性能，与纯PI膜相比，纳米复合膜的水蒸气透过率（WVTR）由181g/(m^2·d)降低至0.17g/(m^2·d)，既保持了柔韧性和高的光学清晰度，又表现出优异的水阻隔性能，同时还增强了尺寸稳定性和机械强度。

有科研人员采用新型镁硅酸盐［$Mg_3Si_2O_5(OH)_4$］纳米管（SNTs）与聚酰亚胺制备了新型纳米复合材料，有效改善了其对氧气和水蒸气的透过率。

有科研人员制备了 MMT/(BATB-ODPA) 纳米复合材料。与纯 PI 膜相比，该复合材料对氧气、氮气和水的阻隔性明显提高，其对氧气和氮气的渗透性分别降低了 86.8%和 87.5%。

有科研人员经热酰亚胺化制备了电活性聚酰亚胺（EPI）/石墨烯纳米复合涂层（EPGN），并采用傅里叶变换红外光谱仪（FTIR）和透射电子显微镜（TEM）对其结构进行了表征，采用气体渗透性能分析（GPA）研究了复合材料的阻隔性能。结果表明：由于含羧基的石墨烯纳米片良好分散在 EPGN 中，阻碍气体迁移，延长了气体渗透的路径，降低了气体的渗透率，从而导致 EPGN 的阻隔性能得到提高。

（二）PI 的阻燃改性

1. 共混改性

共混改性是聚合物改性中最常用的方法。通过共混复合，可使 PI 综合不同材料的性能，制成具有特殊功能的 PI 类聚合物。针对其阻燃性能方面合成的改性聚合物包括纳米复合材料、环氧树脂（EP）等。

以有机聚合物和含有硅酸盐片层的无机黏土进行共混，制成的纳米复合材料具有较好的力学与加工性能、阻燃性能和阻透性能，因而受到了广泛的关注。聚合物/黏土纳米复合材料通常以三种形态存在：①微米纳米复合材料，即黏土类晶团聚体与聚合物分别存在，不存在插层现象；②剥离型复合材料，即黏土层作为单独的片晶插入连续的聚合物矩阵当中；③夹层型复合材料，即采用常规的方法（如离子交换法）增加黏土层间距，促使聚合物插入黏土片层当中形成的复合材料。目前形成的纳米复合材料通常以后两种存在形式为主。

目前，纳米复合材料的阻燃机理主要是保护层机理，形成的保护层覆盖在基体的表面，起到隔热、隔氧的作用，同时也阻止挥发物的燃烧，阻碍火焰的进一步蔓延，达到阻燃的目的。而分散较好的黏土颗粒如何在燃烧时聚集到基体表面的呢？针对这个问题主要有两种说法：一种是衰退机理，即聚合物树脂受热向内部收缩，而黏土颗粒则不动而突出来聚集到聚合物的表面；另外一种说法是扩散机理，即基体最初受热分解产生的大量气体在熔体内部形成对流将黏土颗粒由内部推动到表面，形成保护层进行阻燃。

聚酰胺-酰亚胺（PAI）通过引入酰胺基对酰亚胺进行改性，改性后的酰亚胺具备两者的优势，且与无机物黏土进行共混之后，可显著提高材料的阻燃性能。例如，有科研人员利用溶剂插层技术，将改性后的有机黏土插入制备好的 PAI 矩阵中，合成一种新型的纳米复合材料。黏土通过离子交换法，由原来的亲水性变成了亲有机性，增大了黏土片层的间距，也增加了与聚合物之间的相互作用力，利于合成结构均一的、稳定的纳米复合材料。与有机黏土复配后的 PAI 的阻燃性得到了明显的改善，放热速率峰由原来未添加有机黏土的 250W/g 降低到 157W/g。

2. 共聚改性

共缩聚反应通常是聚合物改性的主要方法之一。按照引入基团的不同可分为以下几类：PAI、聚砜酰亚胺、聚乙醚酰亚胺、聚酯酰亚胺等。利用共聚反应对酰亚胺进行改性，虽然反应过程当中有水生成，但原料配比较为简单，操作也较为方便。

（1）PAI共聚物 PAI类聚合物综合了酰胺基和酰亚氨基的共同优点，虽然PAI中含有的酰胺基使聚合物的耐热性较PI有所降低，但能使分子链的刚性降低，可溶性改善，使之易于加工成型。

有科研人员通过直接共缩聚的方法合成了一系列PAI类聚合物，聚合物链段中含有的亚甲基、部分醚基等柔性链段降低了酰亚胺环的刚性结构，改善了聚合物的溶解和加工性能。产物经过测试得出，热分解10%质量时的分解温度（T_{10}）为380～385℃，残炭率于800℃下为54%左右，极限氧指数为39.5%，展现了较好的热稳定性。

有科研人员利用三苯基膦作为催化剂，二酰亚胺-二元酸与多种芳香性的二元胺进行共缩聚反应，合成了一系列含有电活性三苯胺单元的PAI类聚合物，该类聚合物可以较好地溶解于多种有机溶剂中，具有较高的玻璃化转变温度（269～313℃）和较好的热稳定性，在800℃于氮气保护下，残炭率高达68%以上。该类PAI类聚合物薄膜由于含有对苯二甲酸单元，也展现了较好的电化学性能。

科研人员采用六种手性的左旋氨基酸和含氨基的磷化氢氧化物在连续介质中，通过共缩聚反应，合成了六种主链含有磷化氢氧化物单元的PAI类阻燃剂。热失重分析表明该类聚合物具有较好的热稳定性，同时残炭率和极限氧指数的测定结果表明聚合物具有较好的阻燃性。

（2）聚酯酰亚胺共聚物 聚酯酰亚胺因其具有较高的熔融温度和较好的溶解性能，在阻燃领域得到了广泛的关注和应用。通过探索不同的反应条件，人们合成出具有一定阻燃效果的聚酯酰亚胺。例如，有科研人员以水为介质，由聚酯预聚体和二异氰酸盐合成聚酯酰亚胺聚合物，用三乙胺中和残留的羧基，合成的聚酯酰亚胺被分散到水中，分散相采用聚吖丙啶进行交联。由于离子浓度的增加，使颗粒尺寸变小、黏度增加，同时在保证离子浓度不变的情况下，增加交联剂的种类，可使聚合物的玻璃化转变温度显著提高。此外，通过临界表面张力的测定发现其进行交联之后的表面疏水基团进行了重组。

有科研人员利用偏苯三酸酐和二元醇合成四羧基二酐，再和二元胺进行反应，合成出新型的聚酯酰亚胺。这种由高温黏结剂衍生出来的聚酯酰亚胺具有较高的玻璃化转变温度和较低的介电常数，并且在加工过程中也展现出了较好的热塑性和溶解性能。

（3）引入含氮杂环 三嗪环含氮量高、热稳定性好、分解产物无污染，在无卤阻燃剂方面有良好的应用。其中三聚氰胺具有不可燃、低毒、加热易升华等优点，还具有促进炭层形成的作用，在很多复合型膨胀阻燃剂中作为发泡剂使用。通过三聚氰胺与芳香性酸酐的共缩聚反应，将酰亚胺环刚性结构的热稳定性以及三聚氰胺的阻燃性能进行有机结合，这使得生成的PI在理论上将具有较好的阻燃性。

有科研人员以二甲亚砜为有机溶剂，三聚氰胺与芳香性的酸酐进行共缩聚反应，并采用4-二甲基氨基吡啶作为反应的催化剂。试验表明，发生1个氨基的亚胺化反应较容易，2个氨基的亚胺化反应有些困难，3个氨基都发生亚胺化反应几乎是不可能实现的。关于这方面的文献报道不是很多，探索的空间还很大。

3. 结构改性

结构改性主要是从聚合物的主链和侧链两个方面进行阻燃改性研究，包括引入杂元素（如磷）或者柔性基团（如亚砜、羟基），起到增加分子链间距离，降低分子链间的作用力的作用。

（1）在主链中引入杂元素 在PI的主链引入一些杂元素，可显著提高聚合物的热稳定性和阻燃性，还可以扩展PI的应用范围。例如，在PI主链中引入的磷元素或含磷氧化物，一方面于凝聚相阶段释放磷的含氧酸，加速炭层的形成；另一方面，于气相阶段通过链式反应形式抑制含氢自由基的释放，起到较好的阻燃效果。

有科研人员采用溶剂和微波辅助两种缩聚方法合成了六种新型的聚酯酰亚胺类物质，该类合成方法的主要思路是在含有亚胺环的主链中引入含磷氧化物基团，改善溶解性、相容性，提高其阻燃性。这些聚合物在热塑性材料的阻燃性能方面具有潜在应用价值。

此外，在浓缩阶段引入硼酸，与醇形成炭层，覆盖在聚合物表面，起到隔氧、隔热和阻止火焰进一步蔓延的目的，达到阻燃效果。例如，有科研人员通过绿色合成的方法，将含硼单体［如苯硼酸（PBA）］，酰亚胺预聚体［如芳香性的酸酐（O_{xy}）］，以及1，1，4，4-四羧基邻苯二甲酸酐（DAH）合成三元共聚物，调节PBA: O_{xy}和PBA: DAH的比例在0∶1~1∶0之间，并得出两者比例取中间值时，具有较好的热稳定性和阻燃性。该聚合物具有合成无污染、阻燃性能优良等特点，将有希望取代传统阻燃聚合物。

此外，引入亚砜、乙醚和羟基等柔性基团，不仅增加聚合物的构象数，提高PI的溶解性，还可以改善加工性能，扩展其应用范围。

有科研人员以N-甲基-2-吡咯烷酮为溶剂，以对氨基安息香酸、4，4′-氧化邻苯二甲酸以及2,2′-偏［4-(4-氨基苯氧基）苯基］亚砜（BAPS）为反应单体，经过环化脱水反应合成一种新型四酰亚胺二羧酸类聚合物，与多种芳香性二元胺在三苯基膦为催化剂的条件下进行共缩聚反应，合成出一系列PAI类物质。亚砜柔性基团的引入，不仅改善了聚合物的溶解性能，同时，在800℃于氮气保护的条件下测得的残炭率在50%以上，表现了较好的阻燃性能。

有科研人员制备两种预聚体1，1′-二茂铁二酰氯和3，3′-［4，4′-磺酰基偏（1，4-亚苯基）偏（氧）］双苯胺（SBOD），两者合成的酰胺与三种不同的酸酐进行共缩聚反应，合成了一系列新型PAI类有机金属聚合物，由于链段中二茂铁基团、乙醚、亚砜柔性基团的存在，大大改善了聚合物在质子惰性溶剂中的溶解度，并提高了热稳定性和阻燃特性，使其得到了广泛的应用。

有科研人员采用一种绿色化学合成方法——以离子液体作为反应溶剂，以三苯基膦作为催化剂，苯甲酰胺与四种不同的L-氨基酸进行共缩聚反应，合成出了一系列的PAI。由于聚合物中含有完整的L-氨基酸单体，使其具有较好的光学活性，同时在含有酰亚胺环的主链中，由于含有完整的芳香性结构和几种功能性的官能团（如羟基），使聚合物具有较好的热稳定性和阻燃特性。

（2）功能性侧基的引入 引入功能性侧基的主要目的是为了改善PI的刚性结构，通过降低分子链间的相互作用力，增加其柔韧性，改善PI的溶解和加工性能，使其得到更广泛的应用。引入的侧基大都含有较完整的芳环结构，且体积比较大，如邻苯二甲腈基团等。例如，有科研人员将含有邻苯二甲腈单元的二元胺与含有酯基团的芳香性二元酐进行共缩聚反应，合成含有邻苯二甲腈基团作为下垂物（体积较大的基团）的新型聚酯酰亚胺。这类聚合物可较好地溶解于极性质子惰性溶剂中，展现了较好的热氧化稳定性，分解温度高达 360℃以上。

（3）引入扭曲或非共平面结构　引入扭曲或非共平面结构可减小分子间的作用力，提高 PI 的溶解性及加工性能。例如，有科研人员通过“一步法”合成的两种新型非对称二元胺，进一步共缩聚合成出的非对称 PI，不仅具有较好的阻燃性，溶解性能也得到了明显的改善，在阻燃材料和微电子产业等方面具有很好的应用前景。

（三）PI 导电复合材料

1. 导电 PI 制备方法

目前导电 PI 的制备方法主要有原位聚合法、溶液混合法、表面改性自金属化法和离子注入法。其中，溶液混合法是高分子聚合物的导电改性中应用最广泛的，而原位聚合法是将导电填料在反应之前就添加到反应物中，能更好地解决团聚、分散不均等问题，在制备导电 PI 复合材料中应用较多。

（1）原位聚合法　原位聚合法是先将纳米颗粒与二胺在溶剂中混合均匀后，再加入二酐到溶剂中，然后在一定条件下使两种单体发生聚合反应（反应过程中要加以超声或者机械搅拌，使纳米颗粒分散得更加均匀）。这种方法可以使纳米颗粒在反应的过程中就参与进去，纳米颗粒可以附着在原料上参与反应。其方法操作简单，几乎可以适用于所有的高分子聚合物，只要能在反应过程中加入纳米颗粒，就可以使用这种方法来制备纳米颗粒高分子聚合物的复合材料。

有科研人员通过原位聚合法得到聚酰胺酸（PAA）/炭黑（CB）聚合物溶液，再利用静电纺丝、热亚胺化制备了 PI/CB 复合纳米纤维膜，经过热压加工工艺得到以 CB 为填料的 PI 基导电复合材料。研究结果显示：PI/CB 导电复合材料的渗流阈值为 6%；在渗流阈值时，材料的拉伸强度和断裂伸长率分别为 93.9MPa 和 68.9%，10% 热失重温度为 575.8℃，同时 PI/CB 导电复合材料表现出优异的力学性能和热稳定性能。

有科研人员在电纺 PI 纤维的热处理中得到碳纳米纤维（CNF），采用 X 射线衍射，拉曼光谱和扫描电子显微镜分析碳纳米管（CNTs）的碳结构和表面形貌。研究 CNF 作为导电性填料和 PI 作为基体材料来制成纳米复合材料的一些性能。CNF-PI 薄膜的电性能研究显示：当 CNF 含量增加，由于其导电性优异，CNF-PI 薄膜电导率显著增强。复合材料的渗流阈值为 6.3%，PNC-PI 薄膜也表现出优异的力学性能和热性能，如 PNC-PI 薄膜的玻璃化转变温度上升 25℃，拉伸强度和拉伸弹性模量分别增加了 7.1% 和 52.5%。这些结果证实了 PI 纤维经碳化制备 CNF 能力和制造出的 CNF-PI 复合材料具有优异的电性能的同时，也保持了优异的热学性能和力学性能。

（2）溶液混合法　溶液混合法是指通过先制备 PAA 或 PI 溶液，再在该溶液中添加导电纳米颗粒，通过机械搅拌或者超声分散使其分散均匀，然后除去溶剂（PAA 溶液需经过亚胺化处理），获得导电 PI 复合材料。

有科研人员将 CNTs、乙炔黑和石墨粉这三种不同的导电填料与 PI 前驱体 PAA 混合均匀，再将其亚胺化，研究了三种复合薄膜的电学性能、力学性能和黏结性能。结果显示：PI/CNTs 导电复合材料在力学强度、电导率和剥离强度上都优于 PI/乙炔黑和 PI/石墨粉导电复合材料。

（3）表面改性自金属化法 表面改性自金属化法是利用 PI 薄膜可碱解开环的特点来进行 PI-金属复合的一种有效方法。它是指首先使用碱液（如 NaOH 水溶液）对 PI 薄膜进行表面刻蚀，使其表面的一层 PI 水解开环形成 PAA 盐（或者再进一步酸化使其成为 PAA），然后利用 PAA 中的可反应活性基团-羧基与金属盐在水溶液进行离子交换反应，生成 PAA 的金属盐化合物，浇注成膜后经过热处理，在热处理的过程中形成导电 Ag/PI 薄膜。"自金属化"薄膜进行热处理的过程中，含 Ag^+ 化合物在没有外加还原剂的情况下，通过热诱导作用而自动还原；大部分 Ag^+ 粒子扩散到聚合物的表面，并在聚合物的表面发生聚集，从而形成导电 PI 薄膜。

有科研人员通过对 PI 薄膜进行碱溶液水解、离子交换和热处理制备出具有表面导电性的 PI 银复合薄膜，并研究了影响 PI 银复合薄膜导电性的因素。结果显示：一定的薄膜厚度、碱溶液处理时间、合适的固化时间和固化温度都有利于制备出高导电性的复合薄膜。复合薄膜保持了 PI 薄膜的基本力学性能，并且银原子与聚合物之间有良好的黏附性能。同时该制备方法简单，成本低，易于大规模生产。

（4）离子注入法 离子注入技术是近 30 年来在国际上蓬勃发展和广泛应用的一种材料表面改性高新技术。其基本原理是：用能量为 100keV 量级的离子束入射到材料中去，离子束与材料中的原子或分子将发生一系列物理的和化学的相互作用，入射离子逐渐损失能量，最后停留在材料中，并引起材料表面成分、结构和性能发生变化，如离子束注入 PI 材料中会使 PI 炭化形成一种碳材料，从而大大地降低其表面电阻率。

有科研人员用 100keV 不同剂量的 Xe 离子注入 PI（50μm）改变其电学性能，采用高阻测试仪及霍尔效应测量仪测定了注入后样品的表面电阻率随剂量以及温度的变化。用 Mott 方程对表面电阻率-温度曲线进行了拟合，最后用卢瑟福背散射等试验手段对其结构变化进行了研究。结果显示：样品的表面电阻率随注入剂量的增加而减小。Xe 离子注入 PI 中后，由于离子注入引起了高分子链的交联、碳化，因而可有效地降低其表面电阻率。

2. PI 导电填料

PI 导电复合材料的性能与导电填料的种类、用量、粒度和状态以及它们在高分子材料中的分散状态有很大的关系；目前常用的导电填料有纳米金属物质、含碳纳米物质、结构性导电聚合物。

（1）纳米金属物质 金属具有良好的导电性及导热性，因此纳米金属物质常被用作填料掺杂在一些高分子材料中以提升其导电性；铜和银的导电能力优良，一般在高分子材料中应用较多。有文献报道：含铜量为 3% 的 PI 薄膜可使体积电阻率达到 $8 \times 10^{12}\Omega \cdot cm$，其他性能优异，是导电胶带、防静电制品和包装材料的优良选择。但铜易氧化，目前用于 PI 中的主要是纳米银（纳米银颗粒、银纳米线）。

有科研人员在多元醇溶液中合成了银纳米线，通过银纳米线在 PI 基体溶剂混合的方式得到高导电复合材料。结果显示：在非常低的渗滤阈值（银纳米线体积分数为

0.48%）时，复合电导率达到100S · m^{-1}以上。SEM-FEG图像表明，银纳米线被很好地分散在PI矩阵中并且不影响该聚合物的物理结构。

有科研人员通过将醋酸银和三氟乙酰丙酮加入二甲基乙酰胺溶液的PAA中进行处理，再掺杂到PAA中制备表面具有反射性和导电性的PI薄膜。金属化的薄膜保留了必要的力学性能，比未掺杂的薄膜具有较好的热稳定性。

（2）含碳纳米物质 含碳纳米物质主要是炭黑、碳纳米管、乙炔黑、石墨烯这一类具有导电性的物质。

1）炭黑（CB）。CB本身是半导体材料，导电CB具有较低的电阻率，能够使橡胶或塑料具有一定的导电性能，用于不同的导电或抗静电制品，如抗静电或导电橡胶、塑料制品、电缆料，还可以作为干电池的原材料；由于CB价格便宜，近年也有研究人员将CB应用在PI中制备导电PI复合材料。

有科研人员以均苯四甲酸二酐、4，4-二氨基二苯醚、CB为主要原材料制成填充型导电PI/纳米CB复合材料。掺入纳米CB能使PI的导电能力增强，且这种能力随CB掺入量增加而提高，但是CB含量继续增加却会引起聚合物体系中团聚现象的加剧，导致导电能力下降，当掺入量为6%时，复合材料导电性能达最好，电阻为$4.02\times10^6\Omega$。

2）碳纳米管（CNTs）。CNTs是一种具有特殊结构（径向尺寸为纳米量级，轴向尺寸为微米量级，管子两端基本上都封口）的一维量子材料。由于CNTs中碳原子采取sp^2杂化，杂化中s轨道成分比较大，使CNTs具有高模量和高强度。CNTs上碳原子的p电子形成大范围的离域π键，由于共轭效应显著，并且CNTs的结构与石墨的片层结构相同，因此具有很好的电学性能。CNTs具有良好的传热性能，CNTs具有非常大的长径比，因而其沿着长度方向的热交换性能很高，相对地，其垂直方向的热交换性能较低，通过合适地取向，CNTs可以合成高各向异性的热传导材料。近几年CNTs/高分子复合材料的研究在力学增强以及电学的改进方面比较多。CNTs本身具有独特的高电导率，能够通过大的电流密度，与聚合物复合可极大地改善聚合物复合材料的导电性能。

有科研人员通过用酸化/超声法对不同CNTs进行了功能化处理，再对均苯型PI薄膜进行掺杂，探讨了CNTs的长径比对PI薄膜电性能的影响。结果显示：使用混酸/超声法处理CNTs后，CNTs接枝上了功能基团。处理时间越长，CNTs平均长度越短，长径比越小。CNTs的长径比对复合薄膜的渗流阈值产生影响，在管径相同时，CNTs长径比越大，渗流阈值越低。而在CNTs平均长度相同时，长径比越大，渗流阈值越大。CNTs的长径比对复合薄膜的介电常数和介电损耗产生影响。在掺杂量为0.2%和1.0%下，管径相同时，CNTs长径比越大，相对介电常数越低，介电损耗越高。而在CNTs平均长度相同时，长径比越大，相对介电常数越高，介电损耗越低。

3）石墨烯（Gr）。Gr具有优异的电学性能与力学性能，其sp^2杂化结构域单层结构使得电子可以在表面迅速移动，室温下电子迁移率高达$1\times10^4cm^2$（V · s），电子传导率达$8\times10^5m/s$。它以sp^2杂化轨道排列，碳原子之间的σ键具有极高的键能，使其具有极高的力学性能。

有科研人员采用原位聚合的方法制备不同掺杂量的Gr/PI复合薄膜。使用SEM对复合薄膜的表面形态进行表征，并对其电学性能、力学性能、热学性能与动态力学性能进行了表征分析。结果显示：Gr 的掺入没有影响 PI 的无定形状态，同时 Gr 保持了晶体形态。Gr 掺量的增加会增加 PI 薄膜的弹性模量、拉伸强度、耐热性和玻璃化转变温度。Gr 的加入对 PI 薄膜的电阻率降低有明显的效果。0.1% 的掺量已经可以将电阻率下降 4 个数量级，0.5% 的掺量就可以达到极其优秀的抗静电能力。

（3）结构性导电聚合物　聚合物中含有 π 键的一类物质具有导电性，常见的导电聚合物有聚乙炔、聚噻吩、聚吡咯、聚苯胺（PANi）、聚苯撑、聚苯撑乙烯和聚双炔等。目前用得最多的是聚噻吩的衍生物，它具有高透明性，高导电性，高温稳定性，导电性能优良，但其生产成本高，价格昂贵；PANi 价格便宜且导电性良好，是最有前途的共轭聚合物之一，它在导电材料、电容材料、传感材料方面都具有应用，目前有学者将 PANi 掺杂在 PI 中来提升其导电性能。

有科研人员将聚苯胺掺杂在 PI 中制备了 PI/PANi 导电复合薄膜。当 PANi 掺杂量为 15% 时，其电阻率降为 $10^{10}\Omega$，达到了抗静电的性能要求；同时复合薄膜的力学性能优良，断裂伸长率有所下降，弹性模量有所提高，热膨胀系数明显降低，热稳定性能降低。

有科研人员用配备有高速旋转收集器静电纺丝装置制备了高度对齐的 PI 纳米纤维膜。作为静电 PI 纳米纤维膜具有大的表面积，在 $FeCl_3$ 作为氧化剂的情况下，它们可以被用来作为模板用于原位生长 PANi。结果显示：由于 $FeCl_3$ 的低氧化/还原电势和所述官能化的 PI 纳米纤维的活性成核位点分布，PANi 纳米颗粒可以均匀地高度对齐在 PI 纳米纤维的表面上。所制备的 PANi/PI 复合膜不仅具有优异的热学和力学性能，而且表现出良好的导电性、pH 值的敏感性，显著改善了电磁阻抗特性。

3. 导电 PI 复合材料的应用

导电 PI 复合材料因具有导电性能的同时也具备了优异的力学性能和热学性能，可广泛应用在微波、电磁屏蔽、静电分散、集成电路、导电膜剂、涂料等方面。

（1）集成电路、电磁屏蔽方面　导电 PI 可用作薄膜电容器，应用于电子、家电、通信、电力、电气化铁路、混合动力汽车、风力发电、太阳能发电等多个行业；导电 PI 也可制作柔性集成电路板，应用在柔性显示材料中，利用自身的优异性能为柔性显示的发展推波助澜。

便携式计算机、GPS、ADSL 和移动电话等产品都会因高频电磁波干扰产生杂信，影响通信品质。另外，若人体长期暴露于强力电磁场下，则可能易患癌症病变。导电 PI 可作为耐高温、耐腐蚀电磁屏蔽材料用于防静电涂层磁性存储器件，电磁屏蔽过滤板，航天及国防等电子设备用电磁屏蔽膜等。

（2）导电膜剂、涂料方面　PI 类材料的新型导电膜剂可替代一般的导电膏，应用在大电网电力接头方面，能更好地解决电网接头易发热、易腐蚀、接触电阻易变大的问题。导电 PI 也可制成新型特种涂料，应用于塑料、橡胶、合成纤维方面，可以解决静电积累问题，有效减少力学性能的损耗，避免电荷积累引起的燃烧、爆炸等事故。

（3）其他方面　新型导电 PI 聚合物可应用在聚合物燃料电池中，可作为电解质膜，有望满足未来高效率、高能量密度电池的要求。导电 PI 复合材料也可用作太空中依靠太阳能工作的 γ 射线望远镜上的反射器和聚能器、太阳能发电器的聚能器、光导通信设备中的波导系统太空中的大功率的广播频率天线、航天器的保护外壳、光学仪器的结构部件等方面。

（四）聚苯胺改性PI导电复合材料

1. 原材料与配方（质量份）

PI	100	导电聚苯胺	5～20
1-甲基-2-吡咯烷酮（NMP）	1～5	其他助剂	适量

2. 制备方法

准确称取一定量的聚苯胺粉末加入45g的NMP溶剂中，常温下搅拌并超声处理30min，加入一定量的ODA，完全溶解后，分3次加入总量与ODA等物质的量的PMDA，维持固含量为10%；加入3滴硅烷偶联剂KH-550，常温下搅拌4～6h，制得聚酰胺酸（PAA）/聚苯胺溶液；采用流延法涂成均匀的薄膜，放到烘箱中梯度升温（100℃下60min＋200℃下60min＋280℃下120min），热亚胺化处理得到聚酰亚胺/聚苯胺复合薄膜；其中，控制聚苯胺的量，分别制备出含量为0、5%、10%、15%、20%的聚酰亚胺/聚苯胺复合薄膜。

3. 性能（表11-44～表11-46）

表11-44　聚酰亚胺/聚苯胺复合薄膜电阻率与聚苯胺含量的关系

样品编号	聚苯胺含量（%）	表面电阻率/Ω	体积电阻率/Ω·cm
1#	0	1.28×10^{15}	2.34×10^{12}
2#	5	3.11×10^{12}	2.27×10^{10}
3#	10	3.18×10^{11}	5.05×10^{9}
4#	15	7.42×10^{10}	1.53×10^{9}
5#	20	1.93×10^{11}	3.93×10^{8}

表11-45　聚酰亚胺/聚苯胺复合薄膜的线胀系数

聚苯胺含量（%）	线胀系数/（$\times10^{-6}K^{-1}$）
0	31.99
5	30.17
10	29.82
15	27.48
20	26.89

表11-46　聚酰亚胺/聚苯胺复合薄膜的TG分析数据

聚苯胺含量（%）	T_5/℃	T_{10}/℃
0	496.74	516.74
5	479.24	513.82
10	415.49	490.62
15	403.12	476.74
20	367.99	435.49

注：T_5为5%分解时的温度；T_{10}为10%分解时的温度。

4. 效果

1）磺基水杨酸掺杂的聚苯胺的引入成功制得亚胺化完全的聚酰亚胺/聚苯胺抗静电复合薄膜；当聚苯胺含量为15%时，其表面电阻率降为$10^{10}\ \Omega$，达到了抗静电的要求。

2）聚酰亚胺/聚苯胺复合薄膜的介电强度和电阻率成正比关系，随着导电能力的增强而降低。

3）聚酰亚胺/聚苯胺复合薄膜的力学性能优良，断裂伸长率有所下降，弹性模量有所提高。

4）聚苯胺的引入使得分子之间的刚性增强，聚酰亚胺/聚苯胺复合薄膜的线胀系数明显降低，同时复合薄膜的热分解温度降低，热稳定性能降低。

第三节 加工与应用

一、共聚联苯型聚酰亚胺模压成型与应用

1. 原材料与设备

（1）主要原料　均苯四甲酸二酐（PMDA），工业品；联苯四酸二酐（BPDA），工业品；二胺基二苯醚（ODA），工业品；N，N-二甲基乙酰胺（DMAC），分析纯；二甲苯，分析纯；三乙胺，分析纯。

（2）主要设备　100吨油压机、模具和万能制样机。

2. 模压工艺

（1）聚酰亚胺模压件的制备

1）聚酰亚胺模塑粉的制备：室温下往三口瓶中加入定量的DMAC和ODA，搅拌使之充分溶解，然后将摩尔比为3∶7混合均匀的干燥BPDA和PMDA分多次加入，搅拌3～5h后加入二甲苯和三乙胺升温回流，过滤后得黄色粉末。将此粉末洗涤、干燥、高温热环化制得共聚联苯型聚酰亚胺模塑料（淡黄色粉末，表观密度为$0.35g/cm^3$，玻璃化转变温度为281℃）。

2）模压件的制备：称取一定量的粉碎筛分的模塑料，将其加入涂有脱模剂的模具中；将油压机预热至250℃左右后放入模具，然后加压至5MPa，合模后保温10min左右，再以一定的升温速率升温至430℃，并加压至13MPa，且在加温加压过程中排气2～4次，最后保温15min；通风冷却降温至200℃卸压，脱模即得共聚联苯型聚酰亚胺模压件。

（2）模压工艺条件　采用的共聚联苯型聚酰亚胺模塑料的玻璃化转变温度为281℃，比纯均苯型聚酰亚胺模塑料的玻璃化转变温度352℃有明显降低。试验以纯均苯型聚酰亚胺模塑料的模压工艺（模压温度为470℃，模压压力为15MPa，模压时间为25min）为基础，调节主要模压工艺条件（模压温度、模压压力、模压时间）进行单因素试验并进行拉伸性能测试，主要结果见表11-47。

表 11-47　拉伸性能测试结果

模压温度/℃	模压压力/MPa	模压时间/min	拉伸强度/MPa	断裂伸长率（%）
400	13	15	42.12	1.83
430	13	15	52.37	1.94
460	13	15	47.32	1.52
430	10	15	48.16	1.90
430	15	15	40.34	1.72
430	13	20	51.38	1.95
430	13	10	45.14	1.46

在聚酰亚胺模塑粉模压成型过程中，模压温度起着最重要的作用。提高模压温度可以加速模塑粉的塑化速度，但温度高于 460℃ 会使制件表面颜色暗黑，外观较差，而且拉伸强度降低；模压温度若低于 400℃，则易造成模塑粉局部熟化程度不够，制件内部颗粒的致密度程度不够高，拉伸强度变差。所以共聚联苯型聚酰亚胺的适宜模压温度为 430℃。

模压压力对制品拉伸性能的影响力位于其次。若压制压力小于 13MPa，制件内部不够致密从而使拉伸强度降低；聚酰亚胺在压制过程中符合一般粉末的压制曲线（见相关文献），应该避免使用第Ⅲ区域内的模压压力，即不应采用过高的模压压力，若压力高于 15MPa 会在压制成型中造成物料外溢，使模压制品有毛边，形状不规整，外观较差，而且还会降低模具的使用寿命。由表 11-47 可知，在 430℃ 的模压温度下，适宜的模压压力为 13MPa。

模压时间与制品的厚度、形状以及模压压力和温度等有关，对制品拉伸性能的影响最小。在 430℃、13MPa 条件下，若模压时间短于 10min 会造成模塑粉塑化不完全，颗粒间结合不牢固，拉伸性能下降；在 430℃、13MPa 下模压 20min，制件的断裂伸长率只比模压 15min 增加了 0.01%，增加值并不高；而模压时间长会降低生产效率，多消耗能量，且会造成过度熟化使制品局部颜色发暗，表面易出现鼓泡现象。所以综合考虑模压制品的拉伸性能、外观、能耗，适宜的模压工艺条件：模压温度为 430℃，模压压力为 13MPa，模压时间为 15min。此时制件的拉伸强度可达 52.37MPa，断裂伸长率为 1.94%。

由 SEM 照片可看出，聚酰亚胺制件内部为无结晶结构，与聚酰亚胺模塑粉结晶结构比较，模压工艺条件对聚酰亚胺的结晶形态有一定的影响，结晶结构的减少，对增加试样的韧性具有积极的作用。又由于采用 BPDA 与 PMDA 共聚，聚酰亚胺分子刚性降低，分子量也随之增加，由此增加了分子间相互缠绕的内聚作用，因此断裂伸长率有明显提高。

在氮气、空气中 300℃ 下热老化 480h 后，此制件的失重率仅为 1.25% 和 2.47%，说明制件具有较好的耐热稳定性，可在高温下长时间使用。

3. 效果

1）采用摩尔比为 3∶7 的联苯四酸二酐、均苯四酸二酐与二氨基二苯醚聚合制得的共聚联苯型聚酰亚胺模塑料的适宜模压条件为：模压温度为 430℃，模压压力为 13MPa，模压时间为 15min。与纯均苯型聚酰亚胺模压条件相比，提高了生产效率，降低了能耗，且制件拉伸伸长率可达 1.94%，拉伸断面呈典型韧性断裂。

2）用此模压工艺制得的聚酰亚胺制件具有优良的耐热稳定性，可在高温下长时间使用。

二、聚酰亚胺复合材料的树脂传递模塑（RTM）与应用

1. 原材料

4-苯乙炔苯酐（4-PEPA），进口；2，3，3′，4′-联苯四酸二酐（α-BPDA），进口；1，3-双（4′-氨基苯氧基）苯（1，3，4-APB），国药集团化学试剂有限公司；间苯二胺（m-PDA），进口；无水乙醇，北京化工厂，分析纯；U3160 碳纤维织物，威海拓展纤维有限公司；G827 碳纤维织物，进口。

2. 制备工艺

（1）RTM 聚酰亚胺树脂的合成　将一定比例的 1，3，4-APB 和 m-PDA 两种二胺及溶剂加入一个装有机械搅拌、分水器、水冷凝管和氮气的三口烧瓶中，通入氮气，机械搅拌，适当加热使二胺均匀溶解在溶剂中；再将一定比例的酸酐及封端剂与溶剂在烧杯中混合成泥浆状加入三口烧瓶中，并用溶剂洗涤烧杯加入上述的三口烧瓶中，避免烧杯残留，形成 30% 质量分数的混合物；加热混合物到 75℃，恒温搅拌 4h 后，将一定量的甲苯加入混合液中，把温度调节至 180℃，回流反应一定时间后放出甲苯，当分水器中不再出现液滴后停止加热；待混合液降至低于 60℃后，采用乙醇将反应物析出得到浅黄色沉淀，将浅黄色沉淀物反复用乙醇洗涤过滤后，置于 135℃的真空烘箱中干燥 24h，得到黄色粉末状产物，即为 RTM 聚酰亚胺树脂。

（2）U3160/HT-350RTM 聚酰亚胺复合材料层合板的制备　U3160/HT-350RTM 聚酰亚胺复合材料层合板的制备工艺如下：

1）清理模具和铺层：用丙酮清理干净注胶罐和模具，模具涂上均匀脱模剂；将碳纤维织物按照标准的铺层铺放于平板模具中，并合上模具。

2）预定型和排气处理：在注胶前，需要将铺层好的模具预热到 280℃，并恒温抽真空 30min 进行预定型和排气处理。这样可以排除预成型体中的水蒸气，残留的溶剂及空气，降低复合材料的空隙率，提高质量。

3）树脂的熔融及排气：将聚酰亚胺树脂粉末置于注胶罐中，缓慢升温至 280℃，并对熔融的树脂进行抽真空排泡处理，30min。

4）注射：待树脂脱泡处理完成后，开始注射，以 0.4MPa 的注射压力将树脂注入闭合模具，保证树脂完全浸渍预成型体，完成注射。

5）固化：370℃保温、保压 1.5h，完成固化，冷却至室温脱模。

3. 性能与效果

1）采用苯乙炔苯酐（4-PEPA）为封端剂，异构联苯四甲酸二酐（α-BPDA）作为二酐单体，通过选择合适的二胺单体及优化配比，研制了耐温等级高于 350℃、适用于 RTM 工艺的聚酰亚胺基体树脂 HT-350RTM，该聚酰亚胺树脂的最低黏度可达 390mPa · s，在 280℃恒温 2h 后的黏度仍低于 1Pa · s，开放期大于 2h，HT-350RTM 聚酰亚胺树脂基体的玻璃化转变温度（T_g）为 392℃，储能模量拐点为 362℃，5% 的分解温度高达 537℃。

2）以 HT-350RTM 聚酰亚胺为研究对象，采用 RTM 成型工艺制备了碳纤维增强 HT-350RTM 聚酰亚胺树脂基复合材料（U3160/HT-350RTM）层合板，超声（C 扫描）检测结果表明层合板内部质量良好，无分层等缺陷；光学显微镜分析表明，层合板内部

偶见孔隙，孔隙大小仅为微米级，层合板孔隙率仅为 0.34%。

3）对 U3160/HT-350RTM 复合材料的室温及高温力学性能进行了评价，室温下 U3160/HT-350RTM 具有良好的力学性能，315℃和 350℃下均具有很高的力学性能保持率，它们的拉伸、压缩、弯曲和层间剪切性能保持率均高于 60%，其中 350℃下的层间剪切强度更是高达 62.6MPa，体现了树脂基体的优异耐热性能及其与纤维良好的界面结合性能。所以，HT-350RTM 聚酰亚胺树脂基复合材料至少能够满足 350℃工况下长期使用的要求。

4. 应用

该复合材料主要用于制造飞机发动机的外涵道、发动机芯帽、导流叶片和喷口调节片等构件。

三、高强度玻璃布增强 PI 复合材料的加工与应用

1. 原材料

PI 树脂（BMP350）、高强度玻璃布（SW220 斜纹）、偶联剂和其他助剂等。

2. 制备工艺

复合材料层压板采用高强玻璃布预浸布真空辅助模压成型方法制备，固化工艺：225℃/1h→250℃/1h→280℃/1h→315℃/1h→350℃/6h→自然降温。

真空制度：250℃后抽真空，保持真空度≤－0.096MPa，至 350℃保温结束。

3. 性能（表 11-48～表 11-52）

表 11-48　不同复合材料的常温力学性能对比

材料	拉伸强度/MPa	拉伸模量/GPa	弯曲强度/MPa	弯曲模量/GPa
SW220/酚类	358	34.7	550	29.2
SW220/环氧树脂（AE4）	585	25.3	529	19.8
SW220/BMP350	372～477	32.9～34.5	451～651	25.7～36.3

表 11-49　不同复合材料的高温力学性能

力学性能	P2		P1	
	200℃	380℃	200℃	380℃
拉伸强度/MPa	440	418	431	382
弯曲强度/MPa	506	439	506	387.8
剪切强度/MPa	46.5	36.3	39.4	38.2

表 11-50　聚酰亚胺复合材料的高温力学性能保持率

力学性能保持率	P2		P1	
	200℃	380℃	200℃	380℃
拉伸强度保持率（%）	93.42	88.75	90.93	80.59
弯曲强度保持率（%）	77.73	67.43	84.47	64.73
剪切强度保持率（%）	90.64	70.76	69.12	67.02

表 11-51　聚酰亚胺复合材料的线胀系数

材料	线胀系数/（$\times 10^{-6}K^{-1}$）			
	室温～100℃	200℃	300℃	400℃
P1	7.205	7.754	8.718	7.143
P2	7.253	7.483	8.008	6.031

表 11-52 聚酰亚胺复合材料的热学性能

温度/℃	比定压热容/$J \cdot kg^{-1} \cdot K^{-1}$	热扩散率/($mm^2 \cdot s^{-1}$)	热导率/$W \cdot m^{-1} \cdot K^{-1}$
室温	0.984～0.987	0.254～0.266	0.470～0.494
100	1.191～1.224	0.221～0.236	0.506～0.530
200	1.355～1.376	0.191～0.210	0.490～0.537
300	1.482～1.510	0.180～0.215	0.497～0.583

4. 效果与应用

1）当预浸料含胶量为（34±2)%时，高强玻璃布/聚酰亚胺（BMP350）复合材料力学性能最佳。常温拉伸强度约为470MPa，弯曲强度约600MPa，200℃下SW220/BMP350复合材料的强度保持率均大于65%，380℃热历程后的力学强度保持率大于60%。

2）SW220/BMP350复合材料层压板具有较高的尺寸稳定性，在300℃时其线胀系数最大$8.718 \times 10^{-6} K^{-1}$，热导率等热物理性能与酚醛复合材料较为接近。SW220/BMP350复合材料的热失重主要发生在370℃以后，800℃热失重率最大23.39%，热解峰值温度610℃。DMA分析结果表明，玻璃化转变温度为375℃。

3）使用真空辅助模压法成型的SW220/BMP350复合材料具有较高的力学性能、较好的尺寸稳定性和较高的热解温度，具有作为弹体外部气动防热材料的潜力。

四、短切碳纤维增强PI泡沫塑料的加工与应用

1. 原材料与配方（质量份）

多亚甲基多苯基多异氰酸酯（PAPI）	50	均苯四甲酸二酐（PMDA）	30
短切碳纤维	10～50	二月桂酸二丁基锡	1～2
泡沫稳定剂	1～2	发泡剂	3～5
加工助剂	1～3	其他助剂	适量

2. 制备方法

将一定量的PMDA溶于适量二甲基甲酸胺中，待其完全溶解后加入一定量的无水甲醇和短切碳纤维，其中PMDA与甲醇的物质的量之比为0.5∶1.05，短切碳纤维质量分数分别为0、10%、20%、30%、40%、50%。在60℃下磁力搅拌反应3h，得到反应液A。将泡沫稳定剂AK8805、PEG-600，催化剂二月桂酸二丁基锡、三乙醇胺、发泡剂水按配方添加到反应液A中，在磁力搅拌下搅拌10min，充分混合均匀，得到均匀的泡沫前体溶液。

将制备的泡沫前体溶液和一定比例的PAPI混合，在转速约为2000r/min的机械搅拌下搅拌15s，待溶液发白后倒入提前准备好的纸模中，自由发泡。待泡沫不黏手时，将泡沫从纸模中拿出，置于800W的微波炉中微波定型10min，初步酰亚胺化。而后转移到180℃的烘箱中后固化3h，得到短切碳纤维增强的PI泡沫。根据短切碳纤维质量分数分别为0、10%、20%、30%、40%、50%，制备的PI泡沫分别标记为PI-0、PI-1、PI-2、PI-3、PI-4、PI-5。

3. 性能

试验制备的短切碳纤维增强PI（PI/CF）泡沫的性能见表11-53。

表 11-53　PI 及 PI/CF 泡沫的性能

项目	PI-0	PI-1	PI-2	PI-3	PI-4	PI-5
密度/$kg \cdot m^{-3}$	17.76	17.95	17.80	17.78	18.50	18.31
平均泡孔尺寸/μm	767.23	580.27	507.46	638.35	671.21	730.31
压缩强度/kPa	34.41	41.80	47.60	54.52	49.15	39.93
热导率/$W \cdot (m \cdot K)^{-1}$	0.0524	0.0589	0.0635	0.0653	0.0661	0.0685
$T_{5\%}^{①}$	270.41	250.06	251.81	277.15	275.69	273.85
$T_{10\%}^{②}$	295.52	289.57	291.25	319.10	319.25	299.31
$R_w^{③}$(%)	31.40	32.78	35.41	34.03	37.80	35.57

① TG 测试中质量损失为5%时的温度。

② TG 测试中质量损失为10%的温度。

③ TG 测试中800℃时的质量保持率。

4. 效果与应用

通过一步法，以 PMDA 和 PAPI 为主要原料，制备了一系列短切碳纤维增强的 PI 泡沫，研究了不同短切碳纤维添加量对 PI 泡沫性能的影响，得到如下结论：

1）随着短切碳纤维含量的增加，泡沫的泡孔平均尺寸先减小后增加，在其质量分数为20%时达到最小值507μm；泡沫的密度没有明显改变；泡沫的压缩强度随着短切碳纤维含量的增加先增大后减小，在质量分数为30%时压缩强度最大为54.52kPa。

2）短切碳纤维的添加对泡沫的化学结构及耐热性能没有明显的影响；泡沫的热导率随着短切碳纤维含量的增加有一定的升高。

3）通过调节短切碳纤维的含量，可以制备出泡孔均匀，同时具有较高力学性能的轻质 PI 泡沫。

PI 以其独特的刚性结构赋予了 PI 泡沫材料诸多优异的性能，具有轻质、阻燃、隔热吸声以及较宽的使用温度，现已广泛地应用于航天飞行器、飞机、舰船及汽车等领域。

五、电纺碳纳米纤维短纤增强 PI 高介电常数复合材料

1. 简介

电纺纳米纤维凭借其比表面积大和高孔隙率的特点已广泛应用于复合材料、过滤、储能、生物医学工程等领域。通常，电纺碳纳米纤维材料已被证明具有优良的力学性能和良好的导电性。近年来，纳米纤维短纤凭借其易于制备、在基质中分散良好和高比表面积的优点，在复合材料、油/水分离以及组织工程的应用上吸引了较多的关注。

本试验制备碳纳米纤维短纤（SCNFs）并用于导电填料以制造具有高介电性能的复合材料。PI 由于其良好的力学性能、良好的热稳定性以及耐化学性，被选择用作基质聚合物。这种碳纳米纤维短纤增强的聚酰亚胺复合材料由于提高了材料的力学性能和介电常数，有望作为潜在的介电材料在现代电子电气行业中得到广泛应用。

2. 制备方法

将聚丙烯腈粉末溶于 N，N-二甲基甲酰胺（DMF）中，形成质量分数为10%的溶液，然后进行静电纺丝，该工艺所施加的电压、收集距离和流量分别为20kV、25cm 和

$1.0mL \cdot h^{-1}$。静电纺聚丙烯腈纳米纤维通过铝箔收集，得到的聚丙烯腈纳米纤维毡，首先在220℃下预氧化2h，然后在1000℃下碳化1h，得到碳纳米纤维。碳纳米纤维短纤（SCNFs）是通过已制备的碳纳米纤维毡切割成小块，研磨1h，在乙醇中超声处理10min，过滤后在60℃下干燥4h后得到的。聚酰胺酸溶液（PAA，10%）是通过3，3′，4，4′-联苯四羧酸二酐（BPDA）和4，4′-二氨基二苯醚（ODA）在N，N-二甲基乙酰胺（DMAC）中于0℃等摩尔反应24h获得的。通过机械搅拌（$3000r \cdot min^{-1}$）将不同质量分数的SCNFs（0、0.5%、1.0%、2.0%、3.0%、4.0%和5.0%）分散在稀释过的5%的PAA溶液中，并将分散体浇注成SCNFs/PAA复合膜。然后，将复合膜在真空烘箱中60℃下干燥12h，再进行酰亚胺化（120℃下1h，300℃下1h），形成SCNFs/PI复合材料。

3. 性能与效果

本试验制备了电纺碳纳米纤维短纤（SCNFs），并将其用作导电填料制备了具有高介电性能的SCNFs/PI复合膜材料。SCNFs/PI复合膜材料显示了一个质量分数为4%的SCNFs的低渗流阈值，此时的介电常数为60.79（100Hz）。在添加SCNFs改善其介电性能的同时，并没有减弱SCNFs/PI复合材料的机械强度。这种具有高介电常数的SCNFs/PI复合膜材料有望在现代电子电气行业中得到广泛应用。

六、PI纤维的结构、性能及其应用

1. PI纤维的结构

（1）分子结构　聚酰亚胺纤维的分子主链中有酰亚胺环、芳香环等，分子链间刚性大，酰亚胺环中的碳和氧双键相连，与芳香环产生共轭效应，导致主链键能和分子间氢键作用力较大。这种结构使聚酰亚胺纤维具有高模量特点，此外，独特的分子结构还赋予纤维耐辐射、耐高温、优异的热稳定性和化学性能等特点。

（2）形态结构　采用不同的工艺技术制备出来的聚酰亚胺纤维，具有不同的纤维形态结构。采用干法纺丝成型过程中没有凝固浴，制备的纤维呈圆形，纤维表面光滑无沟槽，内部无空洞，无皮芯现象，结构更为致密均匀。采用湿法纺丝工艺，纤维结构密实均匀，截面呈腰圆形，特别值得说的是凝固浴的溶剂选择、温度确定等对湿法纺丝工艺非常重要，不同凝固浴的凝固性能不同，导致纤维性能有较大差异性。

2. PI纤维的制备

（1）合成工艺　经过多年的发展，聚酰亚胺的合成技术逐步成熟，形成了两种主要合成工艺，一种是在聚合过程中形成聚酰亚胺环，另一种是以带酰亚胺环的单体缩聚来获得聚酰亚胺。目前，以二酐和二胺为单体合成聚酰亚胺的第一种工艺技术为大部生产企业所普遍采用，而该工艺技术又可分为一步法和二步法。

一步法是将二酐和二胺两种单体在特定溶剂中加热至150～250℃直接生成聚酰亚胺，该工艺的特点是单体合成的聚酰亚胺可以溶解于酚类溶剂而直接得到纺丝浆液，且溶液的相对分子质量较高；缺点是由于聚酰亚胺只能溶解于特定溶剂，故特定溶剂仅限于高沸点的酚类溶剂，如间甲酚、对氯苯酚等，这类溶剂毒性大，对人体和环境危害严重，不利于规模化生产。

二步法是将二酐和二胺在二甲基甲酰胺、二甲基乙酰胺等非质子极性溶剂中进行低温溶液缩聚，获得聚酰胺酸溶液，再去溶剂后进行高温环化，生成带有酰亚胺环结构的聚酰亚胺。该工艺的特点是对单体和溶剂的要求小，适合大部分结构的聚酰亚胺，且溶剂易于回收，毒性较小；缺点是前躯体纤维在成型和环化过程中的微结构不易控制，原液细流在凝固浴中的双扩散过程会在纤维内部形成微孔等缺陷，纤维的力学性能差。

（2）纺丝工艺　目前，国内生产聚酰亚胺纤维纺丝工艺分为湿纺和干纺。湿法工艺即纺丝溶液经纺丝机挤出进入凝固浴，经过一定牵伸和干燥后卷取，得到聚酰亚胺初生纤维，再通过高温环化和拉伸获得聚酰亚胺纤维，如图 11-2 所示。干法工艺即在纺丝时，将聚酰胺酸溶液经计量泵挤入热风甬道，溶剂挥发固化成纤后卷绕得到初生纤维，再经热牵伸制得聚酰亚胺纤维，如图 11-3 所示。

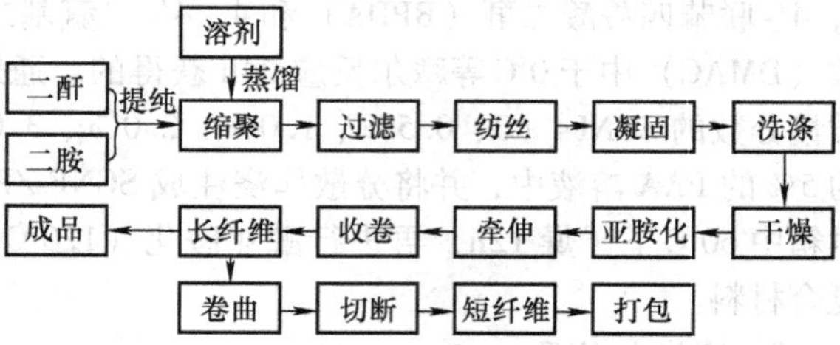

图 11-2　湿法纺丝工艺流程

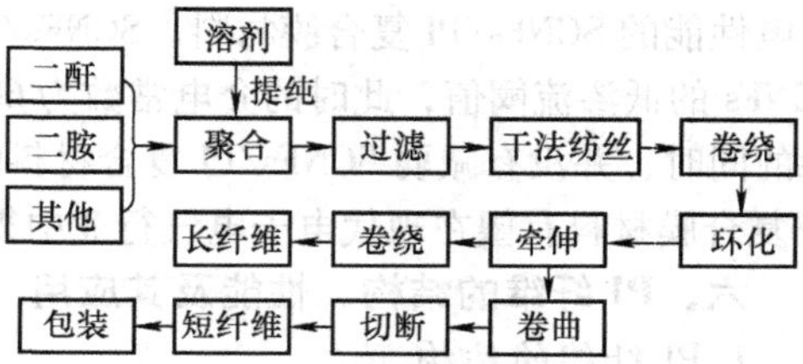

图 11-3　干法纺丝工艺流程

3. 聚酰亚胺纤维的性能

（1）热稳定性　聚酰亚胺纤维的玻璃化转变温度可达 400℃，分解温度一般约为 500℃。由联苯二酐和对苯二胺合成的聚酰亚胺，其热分解温度达到 600℃，是迄今聚合物中热稳定性最高的品种之一。

如图 11-4 所示，在 300℃空气中进行 24h 热处理，可以看到进口 P84 纤维和间位芳纶 1313 的力学性能有着较为明显的下降，聚四氟乙烯（PTFE）纤维的力学性能有小幅下降，国产聚酰亚胺（PI）纤维力学性能也下降较小。

（2）化学性能　聚酰亚胺纤维具有优良的耐酸性能，几乎不被绝大部分脂肪族碳氢化合物侵蚀，但聚酰亚胺纤维不耐碱，其在碱性条件易水解。对常用高性能纤维的耐酸性试验如图 11-5 所示。可以看出聚苯硫醚纤维的耐酸性最好，国产聚酰亚胺纤维与进口 P84 纤维相比，具有明显的优势。

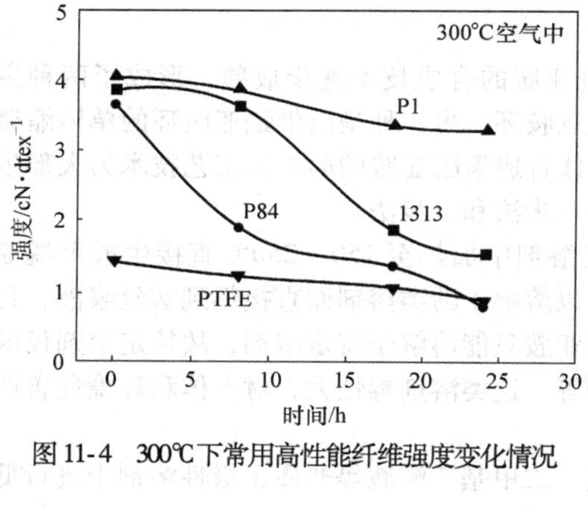

图 11-4　300℃下常用高性能纤维强度变化情况

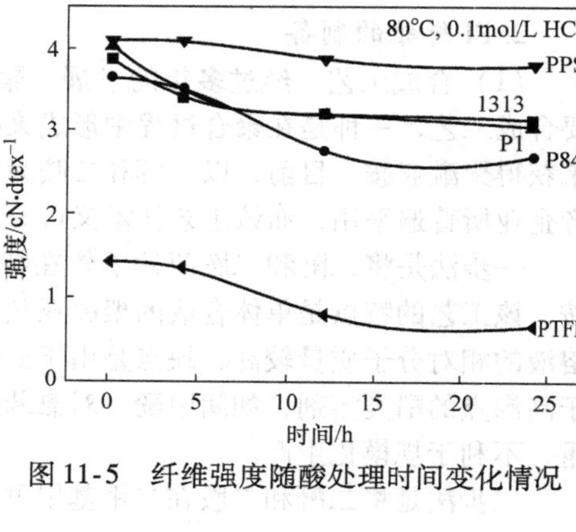

图 11-5　纤维强度随酸处理时间变化情况

除此以外，聚酰亚胺纤维还具有很好的耐辐射性能，耐低温性、生物相容性及较小的线胀系数等。表 11-54 示出了 PI 纤维的其他性能。

表 11-54　聚酰亚胺纤维的其他性能

紫外光照射（80～100℃）	热氧化稳定性（300℃）	水浴（300℃）	水解性（85℃，40%硫酸）
8h 强度保持 70%	30h 强度保持 90%	8h 强度保持 50%	150h 强度保持 95%

4. PI 纤维的应用及发展前景

（1）应用领域　凭借优异的性能，聚酰亚胺纤维目前主要应用在以下领域：①高温过滤领域，用作水泥生产等领域尾气处理袋式除尘器的滤料；②特种防护领域，制造高温、强辐射等恶劣条件下的防护用品，如防火阻燃服、隔热毡、飞行服、高压屏蔽服、耐高温特种纺织缆绳等；③纺织服装领域，制成户外防寒服、保暖絮片、抓绒衣等。

（2）发展前景　随着对聚酰亚胺纤维特性的深入认识，聚酰亚胺纤维的应用领域也逐步拓展，在核能工业、空间环境、航空航天、国防军工等领域中的应用前景广阔。

在航天航空领域，聚酰亚胺树脂、聚酰亚胺纤维和聚酰亚胺纤维复合材料可用于航空航天器和火箭的轻质电缆护套、高温绝缘电器、发动机喷管隔热及耐高温特种编织电缆的制造。此外，聚酰亚胺短切纤维制成的聚酰亚胺纤维纸，可有效提高特种纸的性能，是航空航天领域重要的先进材料之一，也可作为高温介质及放射性物质的过滤材料。聚酰亚胺纤维纸可用作干式变压器，H 级和 C 级电机中的线圈绕组，相间和匝间线路终端绝缘材料；也可作为基材制成蜂窝结构材料，用于飞机机翼和机舱门衬板，飞机及高铁顶棚、地板、隔墙等，还可用于新一代战斗机壳体、大口径展开式卫星天线张力索、空间飞行器囊体材料的增强编织材料等。

同时，随着小康社会的全面建设和环保意识的逐渐提高，可以预见的是水泥、电力、钢铁、垃圾焚烧等领域的排放标准将日趋严格，袋式除尘器作为高效除尘设备在上述领域的应用比例将会逐渐提高，聚酰亚胺纤维是重要的滤料材料，具有巨大的市场前景。

第十二章　聚芳酯（PAR）与液晶聚合物（LCP）

第一节　聚芳酯（PAR）

一、PAR 树脂

聚芳酯（PAR）又称 U-聚合物，是由对（间）苯二甲酰氯与双酚 A 缩聚而成的。其结构为

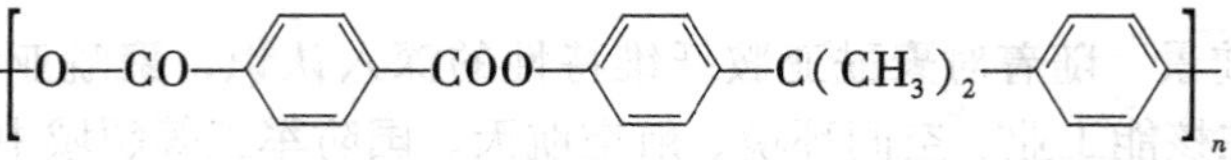

1. 性能

PAR 的结构与 PC 相似，其性能大体一样，但结构的差别也使 PAR 的耐热性更好（玻璃化转变温度为 193℃），且耐紫外线性、耐蠕变性优异，其基本性能特点如下。

1）PAR 为无定形、透明，白色或浅黄色的颗粒或粉末。

2）PAR 的热稳定温度高，其分解温度高达 430℃。

3）PAR 的耐热、耐焰，具有自熄性，燃烧时发烟量少，无毒。

4）PAR 的化学稳定性好，耐碱性、芳烃、酮类溶剂较差，不耐浓硫酸，可溶于卤代烃和酚类溶剂等。

5）PAR 的吸水率小，但耐热性差。

2. 应用

与 PC 相同，可将 PAR 与玻璃纤维混合制备增强塑料，也可将 PAR 与其他热塑性树脂掺混制备高性能热塑性合金等。

3. 主要品种的性能（表 12-1 ~ 表 12-3）

表 12-1　国产聚芳酯的性能（晨光化工研究院）

项　目	性状和数值
外观	白色粉末或浅黄色粒料
相对密度	1.20
拉伸强度/MPa	>65

表 12-2　德国聚芳酯的性能

项　目		测 试 方 法	APE KL 1-9300
冲击强度/(kJ/m²)	无缺口	DIN 53453	不破裂
	缺口		22
悬臂梁冲击强度(缺口,3.2mm)/(J/m)		ASMD 256	280
弯曲强度/MPa		EN 20178	62

（续）

项　　目		测 试 方 法	APE KL 1-9300
弯曲模量/GPa		EN ISO 178	2.3
拉伸屈服强度/MPa		EN 20527	70
屈服伸长率(%)		EN 20527	9
强度拉伸断裂/MPa		EN 20527	62
断裂伸长率(%)		EN 20527	56
弹性模量/GPa		EN ISO 178	2.1
球压硬度(H30)/MPa		DIN ISO 2039	110
维卡软化温度/℃		—	188
热变形温度(1.8MPa)/℃		ISO-75	165
体积电阻率/Ω·cm		VDE0303/3	$>10^{16}$
表面电阻率/Ω		VDE0303/3	$>10^{13}$
介电强度/(kV/mm)		VDE0303/3	>30
相对介电常数	50Hz	VDE0303/4	3.4
	1kHz		3.4
	1MHz		3.2
介电损耗角正切值	50Hz	VDE0303/4	2.4×10^{-3}
	1kHz		4×10^{-3}
	1MHz		17×10^{-3}
抗电弧径迹性/(kHz/F)		VDE0303-1	225

表 12-3　日本聚芳酯的性能

项　　目	测试方法(ASTM)	U-100	U-1060	U-4015	U-8000
相对密度	D792	1.21	1.21	1.24	1.26
拉伸强度/MPa	D638	72	75	83	73
断裂伸长率(%)	D638	50	62	63	95
弯曲强度/MPa	D790	97	95	115	113
弯曲模量/GPa	D790	1.88	1.88	2.01	1.90
压缩强度/MPa	D695	96	96	98	98
悬臂梁冲击强度(缺口,3.175mm)/(kJ/m)	D256	0.30	0.38	0.35	0.32
Taber 磨耗/(mg/1000r)	D1044	6	6	—	—
洛氏硬度 HRR	D785	125	125	124	125
热变形温度(1.86MPa)/℃	D648	175	164	132	110
阻燃性	D635	自熄	自熄	自熄	自熄
体积电阻率/Ω·cm	D257	2×10^{16}	2×10^{16}	2×10^{16}	2×10^{16}
耐电弧性/s	D495	129	129	120	123
相对介电常数(1MHz)	D150	3	3	3	3
介电损耗角正切值(60Hz)	D150	1.5×10^{-2}	1.5×10^{-2}	1.5×10^{-2}	1.5×10^{-2}
成型收缩率(%)	D1239	0.8	0.8	0.8	1.0

二、PAR 合金

PAR 的基本牌号为 U-100，是一种非结晶性聚合物，对材料具有良好的相容性，可与热塑性树脂进行良好的掺混制成高性能合金，改进其某些性能。所谓 U-聚合物系列就是在 U-100 的基础上，根据其使用要求而制备成的不同类型的热塑性合金。目前此类合金大体可分为四个品级：P-品级、U-品级、AX-品级和增强品级。其性能见表 12-4～表 12-8。

表 12-4　PAR 合金的基本性能

性　能	测试方法（ASTM）	U-100	P-1001	P-3001	P-5001	U-8000	AX-1500
相对密度	D792	1.21	1.21	1.21	1.21	1.24	1.17
吸水率(%)	D570	0.26	0.26	0.25	0.25	0.15	0.75
透光率(%)	D1003	87	87	88	88	87	不透光
拉伸强度/MPa	D638	69	69	69	65	71	72
断裂拉伸率(%)	D638	60	65	70	80	105	53
弯曲强度/MPa	D790	84	82	83	86	103	91
弯曲模量/GPa	D790	2.1	2.1	2.1	2.2	2.7	2.3
悬臂梁冲击强度/(J/m)	D256	225	255	353	451	108	78
载荷挠曲温度(1.8MPa)/℃	D648	175	175	160	150	110	150
洛氏硬度 HRR	D785	125	123	122	120	125	104
介电强度/(MV/m)	D149	39	31	30	30	44	25①
体积电阻率/Ω · cm	D257	2×10^{14}	2×10^{14}	2×10^{14}	2×10^{14}	2×10^{14}	2×10^{14}
相对介电常数/(pF/m)	D150	27	27	27	27	27	32①
介电损耗角正切值	D150	0.015	0.01	0.01	0.01	0.015	0.04①
耐电弧性/s	D495	130	127	125	125	120	84①

① 检测条件：23℃，相对湿度 50%，平衡。

表 12-5　P 品级聚芳酯与其他透明塑料的光学性能比较

聚芳酯	透光率(%)	雾度(%)	折射指数	其他塑料	透光率(%)	雾度(%)	折射指数
P-1001	85	2.3	1.607	PC	89	1.0	1.590
P-3001	87	1.9	1.602	PMMA	92	<1.0	1.490
P-5001	89	1.9	1.597				

表 12-6　聚芳酯和聚碳酸酯（PC）的性能比较

项　目	测试方法（ASTM）	U-Polymer（U-100）	APE（KL 1-9300）	Durel 400	PC
相对密度	D792	1.21	1.20	1.21	1.20
拉伸强度/MPa	D638	71.5 70	71 69.6	70 69	62 61
断裂伸长率(%)	D638	55	56	50	110

（续）

项 目	测试方法（ASTM）	U-Polymer（U-100）	APE（KL 1-9300）	Durel 400	PC
弯曲强度/MPa	D790	80 78	63 62	102 100	95 93
弯曲模量/GPa	D790	1900 1.86	2300 2.26	2300 2.26	2300 2.26
悬臂梁冲击强度/(kJ/m²)	D256	20	28	30	73
3.2mm,缺口/(J/m)	D256	196	274	294	715
热变形温度/℃	D648	175	165	171	135
线胀系数/($\times10^{-5}K^{-1}$)	D696	6.1	—	6.3	6.6
介电强度/(kV/mm)	D149	39	730	18	15
体积电阻/$\times10^{16}\Omega\cdot cm$	D257	2.0	>1.0	2.0	2.0
相对介电常数(10^6Hz)	D150	3.0	3.2	2.96	3.0
介电损耗正切值(10^6Hz)	D150	0.015	0.017	0.022	0.010
耐电弧性/s	D495	130	—	124	120
燃烧性(UL94,1.6mm)	—	V-0	—	V-0	V-2
制造商	—	尤尼奇卡	拜尔	塞拉尼斯	—

表 12-7 U-聚合物和其他树脂力学性能及电性能比较

树脂和牌号		悬臂梁冲击强度/(kJ/m²)				拉伸冲击强度/(kJ/m²)			介电强度/(kV/mm)	
		测试方法（ASTM）	缺口 12.7mm	缺口 6.35mm	缺口 3.175mm	测试方法（ASTM）	20℃	-20℃，4h	测试方法（ASTM）	厚度 1.70mm
U-聚合物	U-100	D256	15.5	17.7	30	D1822	—	—	D419	30
	U-1060		13.4	14.9	38		31	31		34
	U-4015		5.1	7.0	35.1		44	32		
	U-8000		—	—			38	32		
	UG-1060		—	—	—		—			39
其他树脂	聚碳酸酯		7.10	9.16	72~75	—	—	—		—
	聚砜		3.4	3.7	5.6					26(厚度1.93mm)
	改性芳香聚醚		10.6	11.9	5.1					
	聚甲醛		4.4	4.3	5.1					—
	玻璃纤维增强 PBT		—	—	—					33(厚度1.60mm)

表 12-8 AX 系列树脂的性能

项 目	AX-1500	AXN-1500	AX1500W	AXN1500W	MPPO 白树脂	PBT 白树脂
相对密度	1.17	1.31	1.57	1.51	1.25	1.6
拉伸强度/MPa	74 72.5	81 79.4	75 73.6	75 73.6	—	62 60.8

（续）

项　　目	AX-1500	AXN-1500	AX1500W	AXN1500W	MPPO 白树脂	PBT 白树脂
断裂伸长率(%)	25	3	14	11	—	12
弯曲模量/GPa	2.2	2.4	2.8	3.0	2.5	3.0
	2.2	2.4	2.7	2.9	2.4	2.9
冲击强度/(J/m²)	180	70	50	30	100	20
	176	69	49	29	98	20
热变形温度(1.8MPa)/℃	150	140	150	130	110	64
燃烧性(UL94,1.6mm)	HB	V-0	HB	V-0	—	HB
反光率(%)	—	—	90	88 ~ 90	85	92
激光性	—	—	0	0	0	X

三、增强 PAR 塑料

1. 主要品种

（1）玻璃纤维增强系列　该系列产品是向 U-100 中添加玻璃纤维从而提高硬度和抗蠕变性能，并获得优异的尺寸稳定性。

（2）摩擦改良系列　U-聚合物没有聚甲醛、尼龙等的自润滑性。如分别向 U-100 和 AX-1500 中填加氟树脂生成 L-品级和 AXF-品级合金，可较大幅度地提高材料的摩擦和耐磨性，应用实例如 CD 播放机的支架和伸展弹簧等。

（3）精密成型系列　以 U-8400 为基础，用特殊矿物填料增强的材料，可以同时满足高刚性、低翘曲、低各向异性、高平滑性、高正圆度等要求；主要应用于照相机的镜筒、薄膜压板、钟表齿轮、文字盘及复印机的进纸器等。

2. 应用

（1）电气零件　PAR 特别适用于耐热、耐燃和尺寸稳定性高的电气零件，如电极板、垫片、连接器、线圈架、继电器外壳、热敏电阻箱等。

（2）机械零件　PAR 可制作具有良好耐磨性的齿轮、衬套、轴承架等。

（3）照明零件　PAR 可制成透明的白炽灯和荧光灯的夹具、灯罩，透明灯的照明器，汽车前照灯的反光罩等。

（4）医疗器材和包装材料　因为聚芳酯透明无毒和抗冲击，所以可制成眼药瓶，也可用于包装薄膜等。

四、国内外 PAR 主要品种的性能（表 12-9 ~ 表 12-14）

表 12-9　玻璃纤维增强聚芳酯（UG 系列和 AX 系列）的性能比较

项　　目	UG-100-30	UG-1060-30	UG-4015-30	UG-8000-30	AX-1500-20	AXNG-1502-20	AXNG-1500-20
相对密度	1.44	1.44	1.45	1.46	1.31	1.33	1.51
吸水率(%)	0.24	0.23	0.18	0.13	0.65	0.65	0.60
拉伸强度/MPa	135	138	140	144	130	125	125

（续）

项目	UG-100-30	UG-1060-30	UG-4015-30	UG-8000-30	AX-1500-20	AXNG-1502-20	AXNG-1500-20
断裂伸长率(%)	2.5	2.5	2.4	2.3	9	7	7
弯曲强度/MPa	136	138	150	156	150	140	140
弯曲模量/GPa	5.8	5.9	6.5	7.5	5.8	6.2	7.3
悬臂梁冲击强度(缺口)/(kJ/m)	100	110	110	130	60	50	50
热变形温度/℃	180	169	141	121	175	170	165
体积电阻率/Ω·cm	4.6×10^{16}	4.6×10^{16}	4.0×10^{16}	2.8×10^{16}	10^{14}	10^{14}	10^{14}
相对介电常数(1MHz)	3.0	3.0	3.0	3.0	3.6	3.6	3.6
介电损耗角正切值(1MHz)	1.5×10^{-2}	1.5×10^{-2}	1.5×10^{-2}	1.5×10^{-2}	4×10^{-2}	4×10^{-2}	4×10^{-2}
介电强度/(kV/mm)	35	41	32	40	30	25	25
燃烧性(UL94)	V-0	V-0	V-2	V-2	HB	V-2	V-0
成型收缩率(%)	0.3	0.3	0.3	0.3	0.4	0.4	0.4
线胀系数/($\times10^{-5}K^{-1}$)	3.5	3.5	3.5	3.5	5.0	5.0	5.0

表 12-10 增强聚芳酯的性能

项目	APE KL 1-9301	项目	APE KL 1-9301
相对密度	1.44	断裂伸长率(%)	3.9
冲击强度/(kJ/m^2)		弹性模量/GPa	6.9
无缺口	40	球压硬度(H30)/MPa	170
缺口	8	线胀系数/($\times10^{-5}K^{-1}$)	2.5
弯曲强度/MPa	66	维卡软化温度/℃	192
弯曲模量/GPa	7.8	热变形温度(方法 A, 1.8MPa)/℃	183
拉伸屈服强度/MPa	108		
拉伸断裂强度/MPa	107		

表 12-11 聚芳酯的屏蔽性能

项目		U-8060	U-8100	U-8200	U-8400
可见光透光率(%)		90	90	91	91
气体透过常数	O_2	0.03	0.03	0.04	0.09
	N_2	0.03	0.03	0.03	0.04
	CO_2	0.20	0.20	0.30	0.70
水蒸气透过率(24h)/(g/m^2)		46	46	47	53

表 12-12 聚芳酯的耐磨性

材料	速度/(cm/s)	临界 pv 值/(MPa·cm/s)	平均临界 pv 值/(MPa·cm/s)	材料	速度/(cm/s)	临界 pv 值/(MPa·cm/s)	平均临界 pv 值/(MPa·cm/s)
U-100	35	47.8	51.1	AX-1500	35	29.8	34.3
	61	55.3			61	29.9	
	81	54.3			81	39.2	
	103	46.8			103	38.1	
3% MoS_2 + U-100	35	47.8	53.7	UF-100	35	158.1	95.4
	61	55.3			61	89.8	
	81	53.3			81	63.3	
	103	58.5			103	70.2	

表 12-13 高反射遮光级聚芳酯的性能

项目	AX-1500W	AXN-1500N	项目	AX-1500W	AXN-1500N
相对密度	1.37	1.51	燃烧性	HB	V-0
拉伸强度/MPa	81	75	反射率(%)	90	88～89
断裂伸长率(%)	14	11	体积电阻率/Ω·cm	10^{14}	10^{14}
弯曲强度/MPa	80	88	介电强度/(kV/mm)	25	25
弯曲模量/GPa	2.8	3.0	耐电弧性/s	80	80
冲击强度/(kJ/m²)	50	30			

表 12-14 U-聚合物和其他树脂热性能比较

树脂和牌号		耐热温度/℃	热收缩率(%) 热处理温度(1h)			
			110℃	130℃	150℃	170℃
U-聚合物	U-100	184	0	0	0.15	0.20
	U-1060	175	0	0.02	0.18	0.23
	U-4015	141	0	0.08	0.25	—
	U-8000	119	0.15	1.80	—	—
聚碳酸酯		145	0	0.05	0.20	—
聚砜		181	0	0	0.13	0.18
改性芳香聚醚		127	0.09	0.35	3.00	—
聚甲基丙烯酸甲酯		116	—	—	—	—
聚甲醛		—	0.26	0.35	0.73	—

五、PAR 的成型加工

玻璃纤维增强聚芳酯的制造工艺流程与玻璃纤维增强聚碳酸酯基本相同。

增强聚芳酯可用注射、挤出等成型方法加工成管、板、薄膜以及各种制件，具体成型条件见表 12-15。

不同牌号的 U-聚合物，其机筒温度和模具温度是不同的，详见表 12-16。

表 12-15　增强聚芳酯注射成型条件

项　目		TS-5050	TS-7030	U-1060
粒料干燥	温度/℃	110～120	110～120	100～120
	时间/h	>12	>12	>6
机筒温度/℃	前部	310～330	340～360	330～350
	中部	—	—	330～350
	后部	280～290	290～300	230～250
模具温度/℃		120	120	120～140
注射速度		—	—	低～高
背压/MPa		—	—	6～12
注射压力/MPa		70～120	80～120	110～130
保持压力/MPa		—	—	50～110
成型周期/s		—	—	15～30

表 12-16　不同牌号 U-聚合物的注射成型温度

项　目	U-100	U-1060	U-4015	U-8000
机筒温度/℃	325～345	330～350	300～320	260～300
模具温度/℃	120～140	120～140	100～120	80～100

注：注射 U-聚合物制件必须注意粒料应预热干燥，U-100、U-1060 和 U-4015 的干燥条件为 100～120℃，4～6h 或更长些；U-8000 的干燥条件为 80～100℃，6h 或更长些。加料漏斗温度为 80～100℃。

六、氧化石墨烯改性热致液晶 PAR

1. 原材料与配方（质量份）

PAR	100	氧化石墨烯（GO）	0.5～1.2
加工助剂	5～10	其他助剂	适量

2. 制备方法

（1）氧化石墨烯的制备　采用 Hummers 方法制备氧化石墨烯：在冰水浴中加入适量的浓硫酸，搅拌下加入 2g 石墨粉和 1g 硝酸钠的固体混合物及 6g 高锰酸钾，反应一段时间后升温到 35℃，再缓慢加入一定量的去离子水，搅拌 20min 后，加入适量双氧水还原残留的氧化剂，趁热过滤，并用 5% HCl 溶液和去离子水洗涤至中性。最后将滤饼置于 60℃ 真空烘箱中充分干燥，保存备用。氧化石墨烯的制备流程如图 12-1 所示。

（2）聚合工艺　HNA（6-羟基-2-萘甲酸）/HBA（对羟基苯甲酸）-GO 的合成工艺如图 12-2 所示，采取的是原位聚合的方法加入不同质量分数的氧化石墨烯（0.5%、0.8%、1.2%），与乙酰化后的 HNA、HBA 单体一同参与聚合反应。

3. 性能与效果

本试验采用 Hummers 法制备氧化石墨烯，通过两步法熔融聚合制备 HBA/HNA 液晶聚酯，并在此基础上，采用原位聚合法制备了 HBA/HNA-GO 液晶聚酯复合材料。通过红外光谱、扫描电镜、X 射线衍射（XRD）、热重、热台偏光显微镜（POM）等分析方

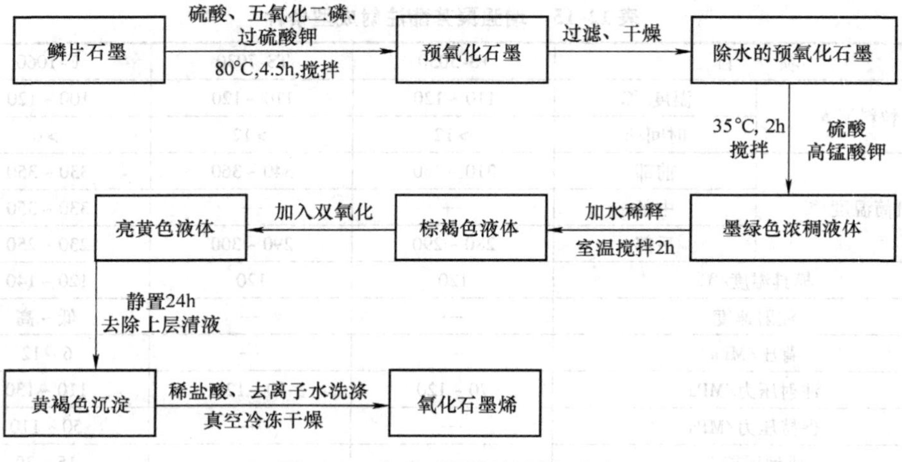

图 12-1　氧化石墨烯的制备流程

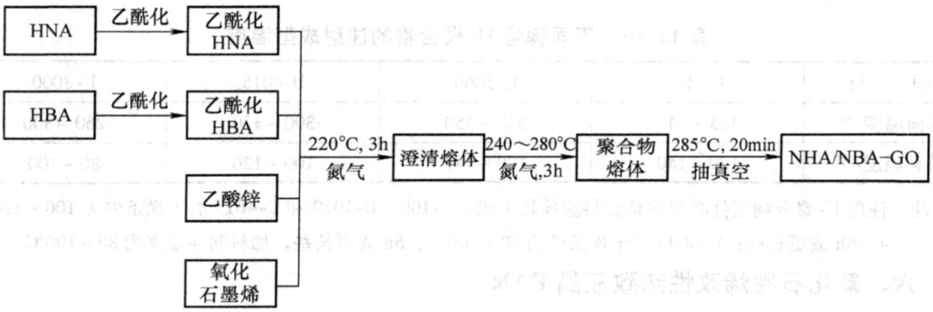

图 12-2　HNA/HBA-GO 的合成工艺

法对材料的结构、性能进行表征。

用 Hummers 法对石墨进行处理后，石墨片层表面成功接枝了大量含氧官能团，且片层之间的距离增大（从 0.342nm 增加到 0.939nm）。当石墨烯的添加量为 0.5% ~ 1.2% 时，通过原位聚合制备得到的 HBA/HNA-GO 聚酯的液晶结构依然存在，在 POM 下仍能看到明显的双折射现象，通过 XRD 计算出的 4 组样品的晶粒尺寸也基本一致，并由热重分析可知，复合材料的热稳定性随着石墨烯含量的增加而有所提高。

七、PAR 的研究进展

1. 聚芳酯的发展

最早生产聚芳酯的是日本 Unitika 公司，商品名为 U-polymer，型号为 U-100，该类聚芳酯以双酚 A 为单体，与对苯/间苯二甲酸共聚制得，它的结构式如图 12-3 所示。

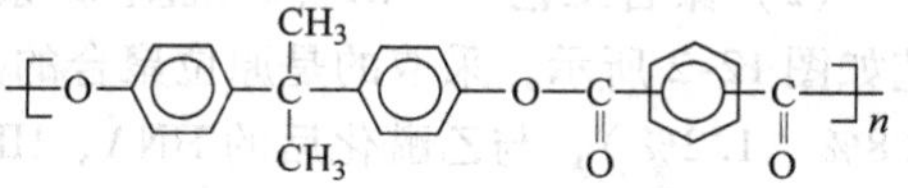

图 12-3　U-polymer 的结构式

从结构式可以看出，由于含有对位和间位苯环链节，降低了聚合物的结晶性。该聚芳酯为无定形聚合物，可制得透明塑料，纯制品为淡黄色，有玻璃光泽感，其玻璃化转变温度在 190℃ 左右，比聚碳酸酯（130℃）的耐热性优异。该树脂的热变形温度为

157～175℃（1.8MPa），比聚碳酸酯高20～40℃。聚芳酯的热变形温度与对苯二甲酰氯和间苯二甲酰氯的比例有关，其一般比例在7∶3至5∶5，而UL的耐热指数为130℃。此外，其耐热性和耐热老化性均优。

虽然该类聚芳酯的耐热性能好，但该类聚芳酯也存在一些缺点，如它的熔融黏度高、流动性差，溶解性能、加工性能不好，特别是薄壁和大件制品难以制得。因此，科研人员在该类聚芳酯的基础上进行了改性。目前，聚芳酯的改性主要有以下两种：

1）使用新的单体参与双酚A与间苯二甲酰氯、对苯二甲酰氯的聚合反应，或用其他单体代替双酚A来生产新型聚芳酯，这类方法已经做了大量的研究。

奥地利Isovlta公司用图12-4所示的两种单体与对苯二甲酰氯和间苯二甲酰氯反应合成了链长约50万个单元的聚芳酯，并已经工业化，型号分别为Isaryl 15和Isaryl 25。

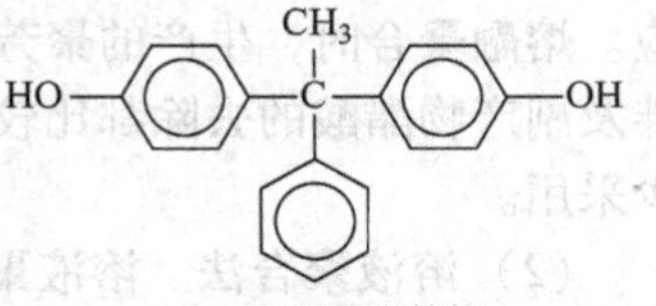

a) Isaryl 15所用单体

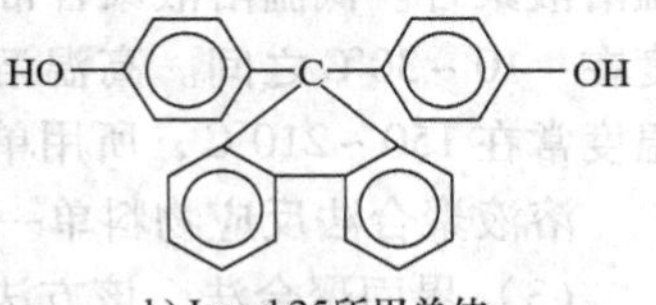

b) Isaryl 25所用单体

图12-4　Isovlta公司生产聚芳酯所用的两种单体

有科研人员用二酸4-［4-(4-羧基苯氧基）苯基］-2-(4-羧基苯基）二氮杂萘-1-酮和双酚A通过溶液聚合合成了含有二氮杂萘酮结构的聚芳酯，聚合物中引入杂环结构，可以提高聚合物的耐热性，同时也改善了聚合物的溶解性。有科研人员以金刚烷为原料合成了4-(1-金刚烷基）-1，3-二苯酚（ADRL）和1，3-二（4-苯酚）-金刚烷（BHAD）单体，通过界面聚合法合成了新型金刚烷基聚芳酯。金刚烷基的引入不但提高了聚合物的耐热性，同时降低分子链的规整性和分子间作用力，使聚合物显示出较好的溶解性和可加工性。有科研人员使用对苯二甲酰氯（TPC）、间苯二甲酰氯（IPC）、双酚A（BPA）和含磷单体9，10-二氢-9-氧杂-10-磷酰杂菲-对苯二酚（DOPO-HQ）合成了新型含磷聚芳酯。该聚芳酯不但有较高的玻璃化转变温度和较好的溶解性，同时阻燃性也得到了提高。有科研人员用含硅单体双［对-酰氯苯基］二甲基硅烷部分取代对苯二甲酰氯，在聚芳酯主链中引入硅原子，合成出了含硅聚芳酯。合成得到的含硅聚芳酯在保持了聚芳酯一些突出性能的基础上，其玻璃化转变温度明显降低，可以在相对较低的温度下加工，改善了聚芳酯的加工性能，提高了其加工性，扩大了其应用空间。

众所周知，氟原子具有独特的物理化学性质，聚合物中引入氟原子可以赋予聚合物许多新的优异的性能，如良好的溶解性、较低的介电常数、高透明性等。因此，在聚芳酯中引入氟原子也是改善聚芳酯性能的一个有效途径。有科研人员首先使用含氟单体双酚AF与对苯二甲酰氯、间苯二甲酰氯通过界面法合成出含氟聚芳酯。有科研人员研究了氟原子的引入对聚芳酯性能的影响，结果表明，氟原子的引入不但提高了聚芳酯的玻璃化转变温度，同时增加了聚芳酯的溶解性，提高了聚芳酯的加工性能。有科研人员合成了两种新的含氟单体，并用它们与二酰氯反应合成出了新型的含氟聚芳酯，聚芳酯在保持原来一些性能的基础上，溶解性得到明显改善，改善了聚芳酯的加工性能。

使用新的单体来合成新型聚芳酯，通过使用含有特殊基团或特殊结构的单体来合成出耐热性和加工性较好的聚芳酯是聚芳酯制备中一个主要的研究方向。

2）在Unitika公司的U-聚合物基础上制备高分子合金材料是聚芳酯改性的另一个方法。目前，制备的聚芳酯合金主要有高透明性聚芳酯、PAR/PET合金、PAR/PA合金、PAR/氟树脂等。

2. 聚芳酯的合成方法

聚芳酯的常用合成方法有熔融聚合法、溶液聚合法和界面聚合法。

（1）熔融聚合法　该方法以双酚A和芳香族羧酸（对苯二甲酸、间苯二甲酸或对苯二甲酸和间苯二甲酸的混合物）为原料，在熔融状态下直接进行缩聚反应。由于制得的聚芳酯分子量较小，而且颜色较深，因此一般采用双酚A的醋酸盐为原料进行反应。熔融聚合时，生产的聚芳酯熔体黏度较高，当达到一定的聚合度时，反应体系的搅拌及副产物醋酸的去除都比较困难，不易制得分子量较高的产物，因而此方法目前已很少采用。

（2）溶液聚合法　溶液聚合可根据聚合温度和所选的溶剂分为低温溶液聚合和高温溶液聚合。低温溶液聚合常用的溶剂有四氢呋喃、二氯甲烷、1，2-二氯乙烷等，温度在-10~30℃之间。高温溶液聚合常用的溶剂有多氯联苯、邻二氯苯或α-氯萘等，温度常在150~210℃，所用单体一般为双酚A和芳香族二甲酰氯。

溶液聚合法反应物料单一，所得产品分子量较高，反应产品容易析出，操作简便。

（3）界面聚合法　该方法一般是把二元酚制成二元酚钠盐溶于水中，二元酰氯溶于有机溶剂中，并加入相转移催化剂，一般为季铵盐类化学物，反应温度一般为20℃左右。反应结合后，经分水后用甲醇或丙酮等沉淀剂使聚合物析出，再经洗涤、离心分离、干燥制得聚芳酯产品。界面聚合由于反应条件温和、反应速度快、易得到高分子量产物等优点，逐渐受到青睐。

3. 聚芳酯的应用

聚芳酯具有优良的耐热性、阻燃性、耐冲击性、耐紫外线屏蔽性和耐候性等特点，在各种应用领域内得到使用，在未来也显示出潜在的应用和市场。

汽车领域：聚芳酯在汽车上，主要用作灯光反射器、照明装置零件、滑动零件以及透明零部件等；电子电气：聚芳酯在电子电气领域的应用主要是开关、插座、电位器、连接器、继电器、线圈绕线管、照明灯泡零件、发光二极管等；机械领域：主要用于垫片、照相机零部件、软接头、泵体滑动件等。另外，聚芳酯在果汁、碳酸饮料等方面由于可热装和温水灭菌，日益受到重视。

4. 展望

聚芳酯具有优异的耐热性和良好的力学性能，作为一种高性能的材料，具有广泛的应用。国外在开发聚芳酯方面的工作做得比较多，已经处于领先水平，我国研究机构较少，目前还没有生产能力，需要的聚芳酯基本依靠进口。另外，现已商业化的聚芳酯，由于其玻璃化转变温度仅为190℃左右，而且熔融黏度高、流动性差，溶解性能、加工性能不好等一些缺点，因此，从分子设计的角度出发，设计合成出具有自主权的新型聚芳酯具有重要的研究意义。

第二节 液晶聚合物（LCP）

液晶聚合物（Liquid crystal polymer，LCP）分为热熔性 LCP 和热致性 LCP。热熔性 LCP 多数用于纺丝，著名的芳纶（Kevlar）就是热熔性 LCP，可作为工程塑料应用的是热致性 LCP。

一、主要性能

LCP 的外观一般为米黄色，也有呈白色不透明的固体粉末，密度为 1.4 ~ 1.7g/cm³。LCP 具有高强度、高模量的特点，由于其具有自增强性，因而不增强的液晶塑料即可达到甚至超过普通工程塑料用玻璃纤维增强后的强度及其模量的水平；如果用玻璃纤维、碳纤维等增强，更远远超过其他工程塑料。

LCP 还具有优良的热稳定性、耐热性及耐化学药品性，对大多数塑料存在的蠕变缺点，液晶材料可忽略不计，而且耐磨、减摩性均优异。

Xydar 及 Ekonol 型 LCP 的热变形温度为 275 ~ 350℃，是目前热塑性塑料中热变形温度最高者之一。

液晶塑料热稳定性高。Xydar LCP 在空气中于 560℃ 分解。它耐锡焊，可在 320℃ 焊锡中浸渍 5min 无变化。

液晶塑料的耐候性、耐辐射性良好，具有优异的阻燃性，熄灭火焰后不再继续燃烧。其阻燃等级达到 UL94 V-0 级水平。Xydar LCP 是防火安全性最好的特种工程塑料之一。

LCP 还具有优良的电绝缘性能和突出的耐蚀性。

LCP 的成型温度高，因其品种不同，熔融温度在 300 ~ 425℃ 范围内。LCP 的熔体黏度低，流动性好，与烯烃类塑料近似。LCP 具有极小的线胀系数，尺寸稳定性好。

二、主要品种的性能（表 12-17 ~ 表 12-19）

表 12-17 LCP 产品的分类（依耐热性分）

类型		热变形温度 (1.86MPa)/℃	适用范围	产品规格型号	竞争产品
Ⅰ		>300	超耐热	Xydar-RC、FC 系列；E4000 系列；E5000 系列	PEEK；PA1、P1
Ⅱ	a	>240（安装耐热性 280℃，相当 10s 以上）	SMT 安装 (280℃，10s)	Xydar-300 系列、G、M；E6000 系列；Vectra 系列；E345G30	PA-46；PSS；芳香族 PA
	b	>200	一般安装；高强度（弹性率拉伸等）；精密成型（低黏度，低线性膨胀率）	Vectra A 系列；5000 系列；E335；UENO-LCP2000 系列	PBT、POM、PC、PCT
Ⅲ		>200	高强度（弹性率拉伸等）；精密成型（低黏度，低线性膨胀率）	E335、E322；5000 系列；UENO-LCP1000 系列	—

注：上述分类与以往的分类形式有所不同，与产品的基本结构无关，以热变形温度为标准。

表 12-18　日本产 LCP 的性能

牌　　号		E2008	E-6008	RC-210	HAG-140
填料(质量分数)		石墨 40%	石墨 40%	玻璃纤维 30%	玻璃纤维 40%
密度/(g/cm^3)		1.69	1.70	1.60	1.70
吸水率(%)		0.02	0.02	<0.1	0.02
拉伸强度/MPa		100	122	140	100
断裂伸长率(%)		7.0	4.8	1.7	7.0
弯曲强度/MPa		108	116	160	100
弯曲模量/GPa		1.03	1.15	1.36	1.08
悬臂梁冲击强度/(kJ/m)	缺口	0.05	0.06	0.11	0.05
	无缺口	0.20	0.25	0.62	0.20
洛氏硬度 HRR		104	103	77	105
线胀系数/$10^{-5}K^{-1}$		2.0	1.3	1.2	1.5
体积电阻率/Ω · cm		10^{15}	10^{15}	11×10^{15}	10^{15}
相对介电常数(10^3 Hz)		4.0	4.4	—	4.3
介电损耗角正切值(10^3 Hz)		0.009	0.022	—	0.014
介电强度/(kV/mm)		—	—	25	—
耐电弧性/s		136	130	188	135

牌　　号		HBG-140	A130	C-130	2030G
填料(质量分数)		玻璃纤维 30%	玻璃纤维 30%	玻璃纤维 30%	玻璃纤维 30%
密度/(g/cm^3)		1.69	1.62	1.62	1.61
吸水率(%)		0.02	0.05	—	—
拉伸强度/MPa		120	215	165	180
断裂伸长率(%)		5.6	2.2	2.0	1.8
弯曲强度/MPa		142	255	220	210
弯曲模量/GPa		1.36	1.5	1.4	1.35
悬臂梁冲击强度/(kJ/m)	缺口	0.06	0.14	0.12	0.15
	无缺口	0.30	—	—	—
洛氏硬度		101HRR	80HRM	—	82HRM
线胀系数/$10^{-5}K^{-1}$		2.1	0.3	—	0.8
体积电阻率/Ω · cm		10^{15}	3×10^{16}	3×10^{16}	10^{15}
相对介电常数(10^3 Hz)		4.6	4.0	4.1	—
介电损耗角正切值(10^3 Hz)		0.023	0.019	0.018	—
介电强度/(kV/mm)		—	24	23	—
耐电弧性/s		130	137	131	—

表 12-19　日本 LCP 产品的耐热等级（热变形温度/℃）

生产厂商	Ⅰ	Ⅱ	Ⅲ	产　品
	>275	250~275	220~250	<220	—
日本石油化学公司	RC、FC、MG	G、M MC-350	—	—	Xydar
住友化学工业公司	E5000、E4008	E6008	E7006L		LCP
日本聚合塑料公司		E130	A130、B130、C130	Vectra	
三菱工程塑料公司	—	—	E345G30	E335G30	Novaccurate
尤尼崎卡公司	—	—	LC5000 系列	LC5030G	—
东丽公司	—	—	L201G	L204M	—
杜邦公司	7130	6130,6330	—	—	Zenite
上野制药公司	—	—	2030G	1030G	UENO-LCP

三、成型加工特性

LCP 加工性能良好，常用的成型加工条件见表 12-20。

表 12-20　LCP 的成型加工条件

成型温度/℃	300~390	压缩比	2.5~4
模型温度/℃	100~260	成型收缩率(%)	0.1~0.6
成型压力/MPa	7~100		

热致性液晶聚合物（TLCP）共混物的加工方法与通常加工热塑性树脂及其共混物的方法相同。对加工设备的要求也相同。而由于 TLCP 的加入降低了体系的加工黏度，减小了设备的磨耗。

TLCP 共混物的加工可以采用直接使用单螺杆或双螺杆挤出机的共混、造粒，然后注射成型，也可将 TLCP 与基体树脂干混后直接进入注射机。TLCP 分子在液晶态熔体流动时很容易自发取向，分子间很少缠结，分子间摩擦力小。TLCP 与热塑性树脂共混加工时，体系的加工黏度大大降低，熔体流动性大大提高。

有科研人员研究了 TLCP 对基体聚合物加工工艺的影响，从其研究结果（见表 12-21）可以看出，挤出性能大大改善。

TLCP 的基础研究主要围绕着 TLCP 热塑性树脂中的分散和具有大长径比的 TLCP 微纤的形成，以及 TLCP 优异性能方面的充分发挥。其途径和手段则是加工工艺条件的选择和控制，以及界面作用的设计与控制等。

表 12-21　TLCP 对聚合物加工工艺性能的影响

项　目	挤出机转矩/N·m	挤出机熔体压力/MPa	注射压力/MPa	温度/℃
PES	70~90	5.5	110	350
PES/TLCP 聚酯	25~35	2.1	55	350
尼龙	70~90	7.6	55	300
尼龙/TLCP 聚酯	3~4	6.9	55	300

四、应用与发展

LCP 可用于电子电气工业，可用于制作办公机械、精密仪器、汽车零部件等。

此外，Xydar LCP 和 Ekonol LCP 已经用于微波炉灶容器，这种炉灶要耐高低温，LCP 完全可以达到要求，还可以制作印制电路板、人造卫星电子部件、喷汽发动机零件、塑料容器、体育用品、胶片、纤维和医疗用品等。

LCP 的新应用方面包括：可以加入高填充的液晶塑料作为集成电路封装材料，以代替环氧树脂作为线圈骨架的封装材料；制作光纤电缆接头护套和高强度元件；代替陶瓷作为化工用分离塔中的填充材料等。

目前 TLCP 价格尚高，主要用于电子工业，需求量小，市场也小，而将其作为高分子结构材料的增强剂，需求大、市场大、产量大，它的成本和价格就会随之下降，带来的利益将是不可估量的，这正是 TLCP 及其合金应用的潜力。虽然我国现在几乎没有 TLCP 的商品，有些也只是处于研究试验阶段，但是上述潜力与国际动向催促我们跟上国际 TLCP 合金研究与开发的步伐。预计不久的将来，国内也会突破难关，实现 TLCP 的国产化。

五、改性技术

（一）热致性液晶增韧环氧树脂

热致性液晶增韧环氧树脂的主要途径可以归纳为两类：液晶环氧树脂（LCEP）增韧和其他聚合物液晶共混增韧。

1. LCEP 增韧

该方法是先制成热致性液晶环氧树脂，再使其在液晶温度范围内低温固化，使环氧固化物的韧性提高；或利用 LCEP 对普通环氧树脂进行改性，实现环氧树脂高韧。

LCEP 是一种分子高度有序聚合物，可由含液晶基元的低分子化合物主要包括酯类、联苯类、亚甲胺、-甲基苯乙烯和环氧树脂聚合制得。这种 LCEP 是在一定温度区间内显示液晶性的环氧树脂，通过选用适宜的固化剂，使 LCEP 在液晶温度范围的低限固化，最终固化物的韧性提高。固化剂有一定的限制条件：首先固化剂的熔点和固化温度要低于液晶环氧介晶相的熔点；其次，液晶环氧树脂的凝胶时间要大于介晶单元的取向时间，以便有充裕时间让介晶单元的取向、介晶域形成和固定。

LCEP 也可由液晶性固化剂和小分子环氧化合物（如 1，2-二缩水醚乙烷和 1，4-环氧丙氧基苯等）反应而得到。所选用的液晶性固化剂有偶氮类、氧化偶氮类、酯类、联胺类等。这些固化剂的固化条件对液晶环氧树脂液晶微区的形成有较大影响，当选用合适的固化温度和足够长的固化时间，就可以形成较好的液晶微区。

（1）LCEP 增韧机理　LCEP 固化物融合了液晶有序与网络交联的优点，力学性能出众，特别是在取向方向上性能大幅度提高。用 X 射线研究表明，LCEP 具有多相结构。材料本身的多相结构和液晶结构的各向异性，取向的液晶有序区域被各相同性的无序区所包围，此结构类似于纤维增强的复合材料。在外力作用下，银纹首先产生于各相同性区域并沿外力方向直线传播，液晶有序区内的分子取向可以阻碍银纹的发展，从而提高了材料的断裂强度。正是由于材料本身的多相性和其中液晶结构的各向异性，使 LCEP 的断裂强度很高。此外，LCEP 的黏度较低，浸渍性能好，便于制造高性能复合材料。由于固化前或固化初体系分子就已经取向，因而固化过程体积收缩小，避免了材料内应力，有利于提高其力学性能。LCEP 增韧普通环氧树脂时，还会存在液晶环氧有可反应的官能团，可以通过固化剂与环氧树脂形成网络结构而提高普通环氧树脂的韧性。

（2）LCEP 增韧研究

1）有科研人员用含有芳酯结晶单元的液晶环氧树脂 4，4′-二缩水甘油醚基二苯基酰氧（PHB-HQ）增韧环氧树脂 E-51，选择熔点与 PHBHQ 介晶相温度相一致，反应活性较低的混合芳香胺为固化剂，当 PHBHQ 用量达 50% 时，固化树脂的冲击强度达 40.2kJ/m^2，与改性前的值 23.0kJ/m^2 相比较，提高了 17.2kJ/m^2，将近 70%，此外增韧后的环氧树脂 E-51 的玻璃化转变温度也有一定提高。

2）有科研人员合成了一种液晶环氧树脂，通过对液晶环氧动力学的研究，确定了在 30~60℃ 温度区间的反应速率常数、反应级数和活化能的值，并将其与环氧树脂 E-44 混合，提高了环氧树脂 E-44 固化物的力学性能和热稳定性。

3）有科研人员以苯酚和环氧氯丙烷为主要原料制得液晶单官能团环氧树脂（MEP），在 120℃ 下与环氧树脂 E-44 反应，以此制备出侧链液晶环氧树脂（SCEP），在 150℃ ×4h +200℃ ×8h 的条件下制得其固化物，液晶单官能团环氧树脂、侧链液晶环氧树脂有较好的液晶特征，SCEP 固化物有较高的强度和韧性。

4）有科研人员对液晶环氧树脂的介晶基元、固化行为进行研究，并用液晶环氧树脂改性普通环氧树脂，除可以得到很好的力学性能外，还能赋予体系较高的热性能。添加 10% 的液晶环氧树脂可以使体系的玻璃化转变温度升高 40℃。

5）有科研人员采用 4，4′-二环丙氧基双酚 A 环氧树脂（EPB）和 4，4′-二环丙氧基 3，3′，5，5′-四甲基双酚 A 环氧树脂（EPTB）为原料，以三正叔丁胺作为催化剂，分别与介晶硬化剂氧化偶氮苯（CAA10）反应，制得两种环氧树脂 EPB-CAA10 和 EPTB-CAA10。红外光谱和热分析表明，两种环氧树脂在一定的温度范围内具有两相结构、液晶性质。相对于未与介晶硬化剂反应生成的环氧树脂，玻璃化转变温度有所提高，且韧性增加。

6）有科研人员用 4，4′-二缩水环氧甘油醚-α-甲基对苯乙烯（DGE-DHAMS）和对氨基苯磺酰胺制备液晶环氧树脂，并制成三种弯曲试样，分别经历一系列不同环境温度下固化。从弯曲试样的断裂行为、形态分析液晶环氧树脂的力学性能。研究结果表明：在经过 160℃ ×4h +180℃ ×1h +200℃ ×6h 固化处理的弯曲试样，其临界应变松弛速率（GIC）为 580J·m^{-2}，韧性最强，而对应的普通环氧树脂的 GIC 仅为 180J·m^{-2}，韧性有了很大程度的提高。

2. TLCP 共混增韧

该方法是先合成液晶高分子增韧改性剂，再使其与环氧树脂基体均匀共混，所得共混物固化后的液晶有序结构被固定在交联网络中，环氧树脂的韧性得到提高。目前用于增韧环氧树脂的热致性液晶化合物主要是酯类和联苯类的主链液晶或支链液晶。TLCP 增韧环氧树脂初始采用的工艺方法是熔融纺丝法，但工艺复杂，为了简化过程发展了原位聚合法，即先将液晶低分子溶于环氧树脂中进行原位聚合，再添加固化剂固化。目前已经合成了一些能直接与环氧树脂基体熔融共混并在其中保持微纤状的 TLCP，进一步改进了原位聚合法的工艺。

（1）TLCP 共混增韧机理 环氧树脂中含有少量热致性液晶作为分散相，可大幅度改善固化物在玻璃化转变温度附近的伸长率。热致性液晶在固化物中呈微相分散，类似于复合材料的增强效应。增韧机理主要包括以下几个方面：

1）裂纹钉锚作用机理：对热致性液晶/环氧树脂固化体系断裂面进行 SEM 观察发现，取向的液晶有序区被各向同性的无序区域所包围，此结构类似于纤维增强的复合材料，并且结晶域对裂纹具有约束闭合作用，它横架在断裂面上，从而阻止了裂纹的进一步扩展，并将裂纹的两端连接起来，对连接处的裂纹起钉锚作用。

2）银纹剪切带屈服机理：热致性液晶与固化剂的固化反应速度不同于固化剂与环氧树脂的反应速度，所以在固化过程中发生相分离，热致性液晶的介晶单元聚集到一起，形成各向异性的介晶域，在介晶域内介晶单元取向有序，介晶域与环氧树脂界面结合力高，非晶域内则是普通环氧的交联。由于介晶域与环氧树脂基体的强度、刚度等性质不同，当材料受力时，介晶域与基体的界面产生应力集中，使固化网络发生局部屈服形变作用，从而引发剪切带和裂纹。同时介晶域又可有效地终止银纹的发展，避免破坏性裂纹的产生。

3）微纤增韧机理：固化后的复合体系由于环氧树脂的交联结构而形成网络结构，刚性棒状热致性液晶以微小分子状态水平均匀地分散于树脂基体中，并在固化过程中取向形成微纤，这种有序度被固定在均相复合体系的网络中。当材料受到冲击载荷后，这些微纤能像宏观增强基体一样，承受应力并起应力分散的作用，阻碍裂纹的扩展，使材料的冲击强度大幅度提高而不降低材料的耐热性。

（2）TLCP 共混增韧研究

1）科研人员设计并合成了一种侧链型液晶聚合物（SLCP），研究了该聚合物的结构，分析了 SLCP 和环氧树脂 E-44 共混物的微相分离结构，并探讨了 SLCP 对环氧树脂共混物力学性能的影响。研究结果表明，用三乙胺（TEA）作为固化剂时，SLCP 在一定比例范围内与环氧共混，固化物拉伸强度最大提高 1.5 倍，但断裂伸长率和玻璃化转变温度均呈下降趋势，韧性没有明显的变化；用环氧固化剂（T31）时，SLCP 对环氧树脂有较好的增强增韧效果，在强度和玻璃化转变温度不降低的情况下，断裂伸长率比未改性固化物最大提高 2.6 倍；但用三乙醇胺作为固化剂时 SLCP 对环氧树脂改性，韧性没有明显的变化。

2）科研人员为了使 TLCP 在热塑性塑料中原位生成微纤结构，先将三元乙丙橡胶/枯物血球凝集素（EPT/PHA）与可溶于环氧树脂中的芳香聚酯或聚碳酸酯共混并进行熔融纺丝，再将这些细丝添加到环氧树脂中，在固化过程中，起载体作用的芳香聚酯或聚碳酸酯溶解到基体树脂中，剩下的 TLCP 则保持微纤形态。试验结果表明，TLCP 含量仅为 4% 时，就可使环氧树脂的冲击韧性提高到原来的 2.73 倍，GIC 提高到 3.82 倍。TLCP 不仅起到了增韧作用，而且还起到了增强作用，同时耐热性和模量均有提高。

3）科研人员采用对羟基苯甲酸甲酯、对苯二甲酰氯、一缩二乙二醇作为原料，经溶液缩聚反应合成了聚酯型液晶高分子（PHDT），用 PHDT 对环氧树脂进行增韧改性，研究了共混体系的力学性能，并借助 SEM 对改性环氧树脂断裂面的形态结构进行了观察。结果表明：将5%的 PHDT 与 CYD-128 型环氧树脂共混，以 DDS 为固化剂，可使共混物冲击强度增加 80.1%，弯曲强度增加 20.5%，玻璃化转变温度提高 15℃；通过 SEM 观察，未改性的环氧树脂断口尖锐，而改性后的断口圆滑，表明其韧性明显增加。

4）对苯二甲酸乙二酯-对羟基苯甲酸共聚物（PET-PHB）是一种有较低熔融温度的 TLCP，有科研人员用 PET-PHB 对环氧树脂进行改性，用电子扫描电镜分析了其改性环氧树脂断裂面的形态结构，并对其共混体系的力学性能进行了研究，探讨了体系的形态结构与冲击性能之间的关系。研究结果表明，改性环氧树脂的弹性模量高于纯环氧树脂，其冲击强度及拉伸强度均有大幅度提高。当 PET-PHB 的加入量为 10% 时，改性环氧树脂的拉伸强度及冲击强度呈最大值，此时其断面形态呈微观网络分布，明显不同于未改性环氧树脂脆性断裂的台阶形结构。

5）有科研人员将对苯二甲酸乙二醇-对羟基苯甲酸共聚物 PET/PHB-60 与可溶于环氧树脂的芳香酯（PAr）共混、熔融纺丝，然后将这些细丝添加到环氧树脂 Epon825 中，在固化过程中起载体作用的 PAr 溶解到环氧树脂中，剩下 TLCP 的则以微纤形式保存下来，并起到增强和增韧的作用。试验结果表明，仅加入 2% 的环氧固化物的断裂韧性就已提高了 20%（要用 10% 的热塑性树脂才会获得同等的韧性效果），且玻璃化转变温度及弹性模量基本没有变化；在一定范围内，随着 TLCP 含量的增加，材料韧性急剧增加。

（二）LCP 改性聚苯胺导电复合材料

1. *原材料与配方（质量份）*

LCP	30～90	聚苯胺（PAn）	30～90
过硫酸铵	1～2	浓硫酸	适量
加工助剂	2～3	其他助剂	适量

2. *制备方法*

HCl 掺杂反掺杂制备聚苯胺（EB）按相关文献合成。

溶液共混制备复合材料：将液晶离聚物（LCI）和 PAn 分别溶于浓 H_2SO_4 中，将两者混合搅拌均匀后在甲醇中共沉淀，用砂芯漏斗对沉淀产物进行过滤，真空干燥后得产物。

直接共混后 HCl 掺杂：将 LCI 和 PAn 置于研钵内，充分混匀后，用压片机压成薄片，将稀 HCl 滴加到薄片上，待其充分浸润和干燥后得产物。

所得复合材料的组成见表 12-22。

表 12-22　复合材料的组成

溶液共混	HCl 掺杂	LCI∶PAn（摩尔比）
S0	H0	0∶10
S1	H1	1∶9
S3	H3	3∶7
S5	H5	5∶5
S7	H7	7∶3
S9	H9	9∶1
S10	H10	10∶0

3. 性能（表12-23）

表12-23 HCl掺杂复合材料的电导率

试样	长度/cm	横截面面积/cm^2	电阻/Ω	电导率/（$\times10^{-3}S\cdot cm^{-1}$）
H10	0.0545	1.000	—	—
H9	0.0754	1.000	—	—
H7	0.0716	1.000	21	3.41
H5	0.0597	1.000	17	3.51
H3	0.0656	1.000	22	2.98
H1	0.0681	1.000	16	4.26
H0	0.0651	1.000	26	2.50

4. 效果

本试验采用溶液共混和直接共混稀盐酸掺杂两种方法，制备出液晶离聚物（LCP）和聚苯胺（PAn）导电复合材料。红外光谱结果表明酯环模式振动红移了$11cm^{-1}$，峰形变宽是因$-SO_3^-$吸电子基团的作用；DSC结果表明溶液共混复合材料为均相，且复合材料相容性增强；透射电镜结果表明溶液共混复合材料均匀分散且达到纳米级；交流阻抗结果表明直接共混HCl掺杂复合材料，LCI含量为10%时电导率最大为$4.26\times10^{-3}S/cm$。

（三）埃洛石纳米管改性PA66/TLCP

1. 原材料与配方（质量份）

PA66	100	TLCP	4.0
埃洛石纳米管（HNTs）	10~20	乙烯-辛烯共聚物弹性体接枝马来酸酐（POE-g-MAH）	5~10
硅酮	1~3	其他助剂	适量

2. 制备方法

TLCP的质量份为4、硅酮树脂的质量份为1、POE-g-MAH的质量份为4、PA66的质量份为100。PA66和TLCP原料在110℃下真空干燥12h，HNTs在100℃下真空干燥10h。按一定比例将PA66、TLCP、HNTs（见表12-24）、硅酮树脂、POE-g-MAH混合均匀、共混造粒。将所造粒料于真空干燥箱中110℃干燥8h，然后注射成标准样条（尺寸为60mm×10mm×4mm）。挤出机各段温度分别为190℃、275℃、285℃、290℃、290℃、285℃、280℃、280℃、280℃、280℃，螺杆转速为300r/min。注射机各段温度分别为220℃、275℃、285℃、290℃、280℃，注射压力为75MPa，注射速度为35%，保压时间为5s。

3. 性能（表12-24和表12-25）

表12-24 PA66/TLCP/HNTs原位混杂复合材料的DSC测试参数

配方（质量份）	次熔融峰的熔融热焓/$J\cdot g^{-1}$	主熔融峰的熔融热焓/$J\cdot g^{-1}$	复合材料总的熔融热焓/$J\cdot g^{-1}$	绝对结晶度（%）	相对结晶度（%）	结晶峰的半高宽/℃	结晶峰温度与熔融温度之差/℃
PA66	48.41	24.52	72.93	37.46	37.46	3.60	26.2
4% TLCP	41.36	36.90	78.26	40.20	41.67	3.80	26.3

（续）

配方（质量份）	次熔融峰的熔融热焓/J·g^{-1}	主熔融峰的熔融热焓/J·g^{-1}	复合材料总的熔融热焓/J·g^{-1}	绝对结晶度（%）	相对结晶度（%）	结晶峰的半高宽/℃	结晶峰温度与熔融温度之差/℃
10% HNTs	30.03	42.58	72.61	37.30	44.94	3.30	24.2
20% HNTs	27.06	37.31	64.37	33.06	45.29	3.30	24.0
30% HNTs	22.57	31.60	54.16	27.82	44.16	3.20	24.0
40% HNTs	21.16	25.44	46.60	23.94	44.33	3.10	22.5

表 12-25 PA66/TLCP/HNTs 复合材料的 DMA 数据

PA66/TLCP/HNTs/POE-g-MAH/硅酮树脂（质量比）	储能模量最大值/MPa	玻璃化转变处储能模量/MPa	损耗模量最大值/MPa	玻璃化转变处损耗模量/MPa	介电损耗角正切值	玻璃化转变温度/℃
100/0/0/0/0	1750	730	125	84	0.140	65.9
91/4/0/4/1	1700	750	120	88	0.134	67.2
81/4/10/4/1	2600	1200	170	140	0.125	67.4
71/4/20/4/1	3700	1750	230	168	0.104	70.3
61/4/30/4/1	4300	2250	295	220	0.098	75.6
51/4/40/4/1	4900	3000	348	290	0.105	79.2

4. 效果

1）DSC 表明 HNTs 能起到异相成核的作用，促进 PA66 的结晶并提高 PA66 晶体的完善程度，随着 HNTs 含量的增加，聚合物相对结晶度逐渐上升。

2）DMA 表明复合材料的储能模量随着 HNTs 含量的增加而显著升高。当 HNTs 的含量为 40% 时，复合材料的储能模量提高了 188%，HNTs 表现出明显的增强效果。

3）SEM 表明 HNTs 具有优异的分散性能，且与 PA66 基体相容性好，并能促进 TLCP 成纤，充分显示了原位混杂技术的优越性。

（四）新型 TLCP 材料

1. 高流动性、低翘曲的 TLCP 材料

IT 产品的超薄化和轻型化成为市场发展的主流。其不但对材料性能要求高，同时对材料的流动性和抗翘曲性能提出了更高的要求。日本东丽公司在原有合成 TLCP 材料的基础上，通过填料和玻璃纤维复合改性，推出了流动性更好的 Siveras L304G35H 牌号和抗翘曲性能优异的 Siveras L304M35 牌号。此外，日本住友化学公司通过其独特的聚合工艺开发出流动性更好的 TLCP 树脂，推出了相应的 SumikaSuper SZ6506HF 高流动性产品，与标准级别的 E6808UHFZ 产品相比，具有更加优异的流动性能。此外，在通过回流焊工艺后，其抗翘曲性能和强度都得到了改善。因此，可以适用于微距连接器的生产要求。

2. 耐起泡的 TLCP 材料

TLCP 材料成型的电子元器件常采用表面贴装技术（SMT）贴装，各种元器件同时

在红外加热装置中加热，需要承受回流焊接工艺中的高峰值温度。在采用 SMT 贴装时，TLCP 容易表面起泡，其主要原因是 TLCP 树脂合成工艺导致其含有残留气体，且 TLCP 容易产生界面剥离和层间剥层；此外，在成型过程中由于成型条件选择不当也容易卷入空气，模具构造不当也可能导致排气不良。针对上述原因，TLCP 生产厂家改进加工条件和通过模具设计，在一定程度上消除了部分起泡的原因，但没有从根本上解决起泡的问题。日本上野制药公司在其原有 GM 系列产品的基础上，通过改善改性技术和特殊的结构设计，开发出 GZ 系列产品，提高了 TLCP 与填料的相容性，从而使产品具有更好的耐起泡性能。

3. 高耐热的 TLCP 材料

电子元器件小型化使其成型工艺复杂化，对 TLCP 耐热性的要求进一步提高。因此，近几年问世的 TLCP 也大都具有高的热变形温度（HDT）。如美国泰科纳公司推出了 Vectra S 系列产品，其 HDT 高达 340℃，可以满足各种无铅焊锡工艺。但 TLCP 加工温度超过 380℃就无法避免分解反应而产生气体和炭化等，从而导致性能的降低。针对高耐热性要求高熔点与低加工温度矛盾的问题，科技人员有效利用聚合工艺和分子设计，开发出 HDT 在 290～340℃之间，且 HDT 与其熔融温度之差小于 40℃的 TLCP 树脂。日本上野制药公司利用该技术已经开发出低加工温度、高耐热 Ueno 9035G-B 牌号树脂。此外美国杜邦公司也推出了 Zenite 9140HT 系列的 TLCP 产品，其 HDT 高达 356℃，但具有很好的可加工性能。在熔融温度下，只需适度地提高其温度刚性，就能很好地满足实际生产的要求。

4. 高频特性的 TLCP 材料

天线、高频连接器以及高频电路板等高频制件对材料的高频特性提出了更高的要求。传统的陶瓷材料虽然高频特性较好，但密度大，且难以成型尺寸精度要求高的制件。TLCP 具有优良的高频特性，已经在高频特性要求高的电子信息制件中有了广泛的应用。日本上野制药公司采用两种特殊结构的 TLCP 树脂与具有良好介电性能的无机填料复合，得到产品在 1GHz 频率测量的介电损耗角正切值≤0.003，并推出了适合用于制造使用高频信号的天线、连接器和基座等电子部件的 TLCP 材料。日本住友化学公司利用结构中含有 40%（摩尔分数）以上的 2，6-萘二基单元的 TLCP 树脂与高介电填料复合，针对高频电子部件专门开发出一种新型的“介电损耗”TLCP 材料。与传统的 TLCP 材料相比，这种材料吸收更少的射频能量，从而能够很好地维持高频连接器和天线的信号水平，可用于蜂窝式移动电话和其他电信设备中。

5. 低密度、高强度的 TLCP 材料

数字盘驱动装置所处理信息的大容量化和高速化，对减振性提出了更严格的要求，对所用光学拾波器部件材料的性能要求也随之提升。特别是 DVD 和蓝光要求高倍速记录体系中部件的相对密度须控制在 1.3～1.5 之间。此外，还要具有更高的共振频率和高介电损耗角正切值。标准的 TLCP 改性材料其相对密度在 1.6 左右，因此需要采用特殊的改性技术以满足其要求。有科研人员采用 TLCP 与特定长度玻璃纤维复合形成相对密度在 1.4 左右的材料，其共振频率超过 2500Hz，介电损耗角正切值也超过了 0.15。此外，有科研人员通过 TLCP 与云母、碳纤维和空心填料复合也开发出相对密度在 1.45

左右、电绝缘性能好而且刚性高的材料，可以用于光学拾波器以及线圈骨架制件，日本住友化学公司目前采用此技术已经推出了牌号为 SumikaSuper E5205LS 的材料。

6. LED 用 TLCP 材料

由于环保要求，LED 近年来得到大力的推广和使用。但 LED 在封装过程中必须承受 260℃以上的无铅焊接温度，因此对封装材料的耐温性要求极高。TLCP 以其优异的耐温性也被用作 LED 封装材料，是仅次于耐高温尼龙的第二大用量的 LED 封装材料；且在温度要求更高的 AuSn 共晶锡焊接封装工艺中必须使用 HDT 更高的 TLCP。但 TLCP 树脂由于其本色是米黄色，因此在一定程度上限制了其在 LED 领域的使用。有科研人员通过 N-甲基咪唑（NMI）合成工艺合成的 TLCP 树脂，颜色较传统 TLCP 树脂颜色浅，且在改性过程中加入二氧化钛和其他荧光增白剂，开发出高反射率和白度的材料，可用于 LED 封装材料。此外，科研人员通过分子设计开发出白度较高的 TLCP 树脂，然后与二氧化钛以及光学增亮剂复合制备出可以用于 LED 制件的 TLCP 材料。美国泰科纳公司也推出了一种专用于 LED 领域的 Vectra C400 TLCP 材料。

7. TLCP 合金材料

TLCP 除了与无机矿物填料和增强纤维进行复合改性外，还可以与 PET、PPS、PTFT 等各向同性树脂共混制成合金材料，合金保留了材料的基本特性之外还可以提高 TLCP 的熔接痕强度、改善翘曲、流动性，赋予功能性等优点。泰科纳公司利用 TLCP 与 PPS 合金化技术开发出 Vectra V140 和 V143XL 两个牌号的合金材料，可以改善 PPS 注射制件时的飞边问题，在同样的注射条件下可以加工成更薄壁的制件，可成型更复杂的电子元器件。此外，宝理也推出了 TLCP 与聚四氟乙烯的合金 Vectra A430，该合金具有很好的耐磨性和滑动性。

8. 绝缘导热 TLCP 材料

绝缘导热材料常用作 LED 照明、电动马达、电路和处理器中的散热器制件，其不仅要求具有绝缘性能，而且需要良好的导热性。绝缘导热材料通常由聚合物树脂和高热导率无机材料复合而成，但通常的树脂材料的热导率只有 0.2～0.4W/（m·K）。TLCP 熔融加工时由于可以取向，导致流动方向的热导率提高到 2.5W/（m·K），为一般树脂材料的 10 倍。研究者利用 TLCP 的这个特性，加入少量高热导率的六方氮化硼同样可以达到导热材料的要求。目前日本柯尼卡公司已经报道利用 TLCP 开发出相应的绝缘导热材料。

六、加工与应用

1. TLCP 的合成

TLCP 的合成主要为对羟基苯甲酸（HBA）与二元酚、芳香二元酸间的缩聚反应过程。由于芳香二元醇中芳族羟基的亲和性很低，不能采用直接的熔融酯化反应路线，须把芳族羟基或者芳族羧基活化后再进行聚合。目前主要有以下几种合成方法。

（1）Schotten-Baumann 反应法　该方法是将芳香族酰氯与羟基化合物通过溶液聚合或者界面聚合得到聚合物。但该方法合成的 TLCP 产品分子量较小，且需要繁琐的后处理工艺。因此，该方法主要用于在实验室进行研究工作。

（2）氧化酯化法　氧化酯化法是一种芳香族羧酸与酚的直接聚合方法。该方法在吡啶或者酰胺溶剂中，在含磷化合物或者亚硫酰氯等活化剂以及催化剂作用下进行反应，可以得到高分子量的 TLCP，该方法反应条件较温和，且可以通过单体加入顺序控制分子结构序列。

（3）硅酯法　该方法是芳香族酸类单体通过三甲基硅酯化后，再与乙酰化的酚类单体，通过溶液或者熔融聚合工艺，去除三甲基硅乙酸酯小分子，可得到高分子量的 TLCP。

（4）苯酯法　苯酯法为芳香族羧酸苯酯与酚类单体进行熔融缩聚的方法。但该方法采用的芳香族羧酸苯酯价格比较昂贵，且在反应过程中会生成小分子苯酚难以去除干净。住友化学采用碳酸二苯酯与酚类单体通过“一步法”合成工艺合成出低醋酸残留的 TLCP，且树脂具有良好的流动性，是一种具有潜在优势的合成工艺。

（5）酸解反应法　该方法为芳香族二元酸与乙酰化的酚类单体进行熔融缩聚，脱去副产物醋酸得到 TLCP。该方法是目前 TLCP 工业化生产的主要方法。以对羟基苯甲酸、联苯二酚和对苯二甲酸为单体合成 TLCP 体系为例，其反应机理如图 12-5 所示。

图 12-5　酸解反应法合成 TLCP 的机理

酸解反应法合成 TLCP 需要在高温条件下进行，但高温下物料容易流失且容易发生副反应。此外，科研人员认为酸解反应法合成 TLCP 的反应机理随着反应的进行由初期的酸解反应逐渐转化成酚解反应。上述因素都在一定程度上造成合成工艺难以控制，且产物颜色变深。随着反应的进行，分子量逐渐增长，体系熔体黏度增大而容易造成反应程度不均一，也易于导致物料出料困难。由于该方法为目前 TLCP 工业化生产的主要方法，科技界和工业界主要从催化剂和合成工艺两方面开展研究，以解决上述难题。

1）催化剂。K、Na、Mg、Zn、Ca 等的醋酸盐是合成 TLCP 的传统催化剂，但这些催化剂同时存在导致合成过程中生成的聚合物分子链解聚的作用。另外，这些金属离子会残留在树脂中，从而使制品的绝缘性能等下降。1992 年，有科研人员发现含氮有机化合物 N- 甲基咪唑（NMI）对 TLCP 合成过程的乙酰化和酸解反应都有催化作用。2001 年，有科研人员利用 NMI 催化聚合 TLCP，发现 NMI 不仅具有选择性催化作用，而且可以使 TLCP 树脂分子量分布较传统催化剂催化合成的更窄，副反应更少；从而使所得树脂的颜色浅，加工和力学性能更加优异。

2）合成工艺。1976 年，Carborundum 公司采用酸解反应法制备 TLCP，开始了 TL-

CP工业化生产的历程。但早期由于单体纯度的限制，主要采用的方法是乙酰化与缩聚反应分开的“两步法”合成工艺。20世纪90年代开始，随着精细化工的发展，合成单体纯度有所提高，其合成工艺也逐渐发展成乙酰化与缩聚反应不分开的“一锅法”熔融缩聚。但这种工艺也存在着在反应后期，反应温度高、熔体黏度大，从而使聚合物产生裂解、颜色变深以及出料困难等缺陷。随后，科技界和工业界开发出固态缩聚工艺作为辅助方法，使TLCP传统的“一锅法”熔融缩聚生产工艺演变成“一锅法”合成制备预聚物、固态缩聚制备高分子量TLCP树脂的现代路线。有科研人员从固态缩聚的工节参数对固态缩聚的反应机理和速率进行了详细的研究。

2. TLCP的成型加工

由于TLCP具有优异的加工流动性，传统的注射、挤出和吹塑成型方法都可以用来成型加工TLCP制品。近年来，随着TLCP在电路板中的推广应用，也开发出了溶液浇注成型的新工艺。

（1）注射成型　注射成型是TLCP最主要的成型方法。TLCP不仅具有优异的加工流动性，且固化速度快，故适用于采用注射成型方法加工。相对于聚苯硫醚（PPS）和耐高温尼龙（HT-PA），制件具有无飞边等优势。但由于TLCP分子链是刚性棒状的，易于沿流动方向取向，从而导致成型制件在平行于流动方向与垂直于流动方向的性能差异以及熔接痕强度较差等缺点。近年来通过模具设计等方法在一定程度上改善了熔接痕强度差以及各向异性等缺陷。

（2）挤出成型　挤出成型方法常用于生产塑料薄膜和管材等。由于TLCP容易呈各向异性，采用传统挤出工艺加工成型TLCP薄膜在熔体流动的横向性能较弱。因此，目前TLCP一般与其他各向同性的材料，如PET、乙烯-乙烯醇共聚物（EVOH）等通过共挤出加工成型成多层薄膜或者管材。已有资料报道了无定型的TLCP与PET通过共挤出制备了拉伸强度较高的薄膜。有科研人员利用TLCP与聚四氟乙烯（PTFE）多孔树脂通过共挤出方法制备了流动方向与垂直流动方向性能差异小且表面光滑的复合薄膜。

（3）溶液浇注成型　TLCP具有较低的热膨胀系数、优良的尺寸稳定性、低吸湿性、优异的高频特性和电绝缘性能，使其在高频电路基板中得以广泛的应用。其中挠性印制板（FPC）和嵌入式电路板（ECB）需要布局灵活及高密度的布线，因而对成型工艺要求非常高。传统的注射、挤出等方法难以满足其工艺要求。住友化学通过特殊的分子设计生产TLCP树脂，然后溶解在特殊的溶剂中通过溶液浇注成型后可以得到强度和挠性非常好的薄膜。所采用的溶剂不同于目前所常用的含氟苯酚溶剂，可操作性强。而且通过溶液浇注成型后的制件避免了注射、挤出成型所造成的各向异性的缺陷。同时可以成型更加复杂的基材，且可以混入更多的填料。目前该方法加工成型的TLCP薄膜制件正在电路板中推广使用。

（4）吹塑成型　TLCP具有优异的耐气体透过性和耐溶剂性能，可通过吹塑成型为阻隔性能优良的中空成型制品或者薄膜制件，例如汽车的油箱和各种配管。但TLCP熔体张力低而导致其垂伸严重，因此通过吹塑成型法制备所需形状的成型制品有一定的困难。有科研人员通过在TLCP分子结构中引入一定量的折曲性单体，合成出非晶态的全芳香族聚酯酰胺类TLCP，可以改善其吹塑成型性能。此外，聚酯酰胺类TLCP与环氧改性苯乙烯类共聚物复合可以简易地通过吹塑成型制备壁厚均匀、外观良好的中空成型制品，又不失其力学性能和耐热性。

3. TLCP 的主要应用领域

（1）薄膜材料 定向 LCP 具有优异的阻隔性能，可制成各种包装薄膜，这是近年来 LCP 研究的新方向。将 LCP 用于食品包装中的阻隔层，其阻氧和防潮效果十分明显，在高湿度条件下，LCP/PET 或 LCP/PP 夹层结构的阻氧效果很好。在冷藏条件下保存食品时，保质期可达 1 年以上。通过适宜的分子设计和制膜技术可制成在流动和垂直两个方向性能均优的薄膜。20 世纪 90 年代初，日本旭化成公司生产的厚度为 12μm 的 Aramica 型 PPTA 膜，耐折强度为 64000 次，是 Kapton 膜的 7 倍，且耐酸碱及有机溶剂，耐碱性远优于 PEI 膜。可用作发热线的包覆膜、热敏复印机用高级薄膜、隔氧防护膜、渗透膜、柔性印制电路配线板、耐高温电容器的介质及真空喷涂功能膜等。

（2）光电材料 近年来，利用侧链 LCP 制备显示和记录器件的研究成果已受到普遍重视。侧链 LCP 的应用研究已由最初利用液晶相态变化的热感型光电材料扩展到利用光化学反应的光感型光电材料，以及基于非线性光学现象的光学信息存储、处理和光调制材料。利用胆甾型 LCP 的热效应可在无需外加电场下实现大面积、大容量和高清晰度的显示，具有稳定的记忆功能。

（3）电子电气 这一领域消费的 LCP 占总消费量的 70% 左右。就全球范围而言，电子工业领域的生产正在由使用平板式印制电路板向使用表面安装元件电路板转换。目前电子元器件接头市场中，一半以上已经转变为表面安装技术（SMT）装配法。采用 SMT 法装配生产电器产品，生产效率和可靠性极高，但 SMT 法所使用的红外回流焊接技术需要热挠曲温度在 230～250℃ 的聚合物作为基板。通用塑料和通用工程塑料均不能适应这一苛刻的条件，而 LCP 正可一展身手。此外，电子元件的发展日趋微型化和小型化，要求元件的加工性和尺寸稳定性较高，LCP 以其优异的尺寸稳定性和良好的熔体流动性成为这一市场的最佳应用材料。LCP 主要用于制造具有高插扎密度的电器连接器和接插件，注射成型立体印制电路板、线圈骨架、继电器盒和基座、电容器、电位器及开关、集成电路和晶体管的封装材料等。LCP 还被大量应用于生产微型马达、微波炉、打印机、复印机、传真机、视听设备及计算机硬盘驱动器等办公设备的零部件。

（4）汽车工业 汽车工业是 LCP 应用发展较快的行业。将 LCP 引入氟塑料合金中，可提高耐磨损性。随着汽车向高档化、轻型化发展，LCP 正被应用于制造汽车内各种零部件以及特殊的耐热隔热部件、精密部件、电子元件及车灯，替代陶瓷和部分有色金属，以实现汽车轻量化，减少破损率，适应更苛刻的环境。

（5）生物医学及医疗用品 由于人体组织的生物膜、核糖核酸及肌肉蛋白质均以液晶态存在，人的大脑含有 30% 的高分子液晶，故对 LCP 的研究可能导致医学科学、生命科学的革命。目前牙科托盘之类的保健产品已处于研究开发中。现阶段 LCP 已被用于外科设备、插管、刀具、消毒托盘、腹腔镜及齿科材料，替代不锈钢及其他有机合成材料。

（6）其他应用领域 在化学工业方面，LCP 用于制造特殊的精馏塔填料、阀门、泵及计量仪器零部件和机械热密封材料等。光纤通信方面将 LCP 用于通信光纤的二纤包覆、抗拉构件、光纤连接器和耦合器。航空航天是LCP的一个新兴的应用领域，主要用作雷达天线的屏蔽罩、机舱隔板、传感器元件和摄影设备用复合材料等。LCP目前还打入了食品容器、微型机械零件（如手表的齿轮和轴承）、工业及日常生活用的绳、缆、网及体育用品（如网球拍、滑雪器材、游艇器材）等领域。

七、其他液晶化合物

（一）概述

1. 含氟类液晶化合物

氟原子或氟化取代基能够影响液晶化合物的熔点、光学各向异性和介电各向异性等性质，因此含氟液晶已引起人们的广泛关注。

有科研人员合成了一系列含氟液晶化合物。研究发现，这些化合物聚合后，液晶相转变温度明显加宽，且稳定性也得到提高。科研人员以含氟溴苯为起始原料，经过一系列反应得到一类含氟联苯酚酯类液晶化合物。表征发现，该类液晶化合物具有较高的清亮点和较宽的介晶相转变温度范围。有科研人员以1，2-二氟苯为起始原料，合成4-烷基环已基-2，3-二氟苯碘后，再与4-乙氧基-2，3-二氟苯乙炔偶联，最终得到三种四氟二苯乙炔类液晶化合物。试验结果发现，该类化合物同时具有较大的光学各向异性、负介电各向异性和良好的低温相容性。由于其合成路线简单易于放大操作，因此具有非常好的产业化前景。

3，4-二氟苯和3，4，5-三氟苯及氟化的杂环化合物具有良好的化学稳定性，能够与多种液晶基础材料反应，是合成含氟液晶化合物的理想材料。如利用3，4，5-三氟苯酚作为基础材料可制备较低黏度且性能稳定的介电各向异性液晶材料，该材料在薄膜晶体管领域具有较好的应用前景。

有科研人员合成了一种以3，4二氟吡咯和3，3，4，4，-四氟吡咯烷作为端基的新氮杂环化合物。研究结果表明，上述含氟液晶化合物均呈现出较宽的介晶相转变温度范围，并且能够在高温下处于稳定状态。

2. 偶氮苯类液晶化合物

偶氮苯液晶化合物凭借其良好的光学性质在高密度数据存储、光学计算机、动态全息摄影技术、光学图像处理、波导开关和非线性光学材料等领域有着巨大的发展前景。

有科研人员合成了含有偶氮苯发色团的液晶凝胶剂，该凝胶剂可在向列型液晶相中形成自组装液晶网络，进而形成具有特殊性能的液晶凝胶。研究发现，在偶氮苯链上引入苯甲酸类基团延长了液晶分子的刚性核长度，从而明显地改善了溶解度，降低了液晶偶氮凝胶剂在液晶主体中的聚集。

显示液晶混合物取向的主要方法是摩擦法。但是摩擦技术有很多缺点，例如容易产生静电电荷和引入粉尘颗粒等。该方法不会使其本身产生多畴的取向层，从而在液晶显示器上无法达到增加有限视角的需要。目前，开发光控取向的液晶新材料已成为主流。

有科研人员研究了几种不同分子结构的侧链偶氮苯聚合物薄膜的液晶光控取向问题，并对偏振光照射下液晶的取向和再取向动力学进行了深入研究。特别对光诱导过程中液晶薄膜和液晶盒的取向度、取向稳定性以及多重再取向的可能性做了详细的研究。

结果表明，所研究的偶氮苯类液晶聚合物具有良好的稳定性和多重再取向等特点，其在显示技术和光电子学领域具有广阔的应用前景。

有科研人员合成了一系列 U 形偶氮液晶分子，分子结构由 1，2-亚苯基中心核和通过烷基链接的两个棒状偶氮苯为外围单元组成。所有的化合物无论链的长度和奇偶性都表现近晶 A 相和向列相。研究还发现，这些 U 形偶氮分子表现出较强的光学异构化特性和非常长的热后松弛时间（约 32h）。该液晶材料在光存储设备及光致变色材料领域具有潜在的应用前景。

有科研人员合成了五种以肉桂酸酯封端的新型偶氮液晶化合物。研究发现，液晶核的刚性、柔性间隔基长度及不同的端基取代基对分子间作用力及偶极矩有较大影响。同时，化合物中烯类双键的存在会增加棒状分子的极化率和提高化合物的热稳定性。此外，这些光敏性偶氮化合物在 330 ~ 340nm 呈现强的紫外-可见光吸收性，且当这些偶氮化合物用特定的紫外光照射后，在 450nm 左右会出现一个对应于顺式偶氮苯的最大吸收峰。

3. 环己烷类液晶化合物

环己烷类液晶化合物主要是向列型液晶，该类液晶不仅熔点低，而且具有较高的化学和光化学稳定性，尤其是它的低黏度，非常适用于光电显示器件。

4-烷基-1-(4′-氯苯基）-环己烷液晶具有良好的润滑性能和较宽的液晶相变温度，是一种理想的液晶材料。有科研人员通过有关反应，以氯苯、环己烯和酰氯为主要原料，在氯化铝存在的条件下，经分子内重排得到了该产物，并用红外光谱、质谱及核磁共振光谱对产物结构进行了系统表征，为环己烷类液晶化合物的合成开辟了新的途径。

有科研人员采用 4-正烷基-1-(4′-苯基硼酸）环己烷为主要原料，经过锂化、硼酸酸化等工艺，合成了较高产率的一系列三、四环苯基环己烷。试验中发现，随着末端烷基碳原子数的增加，产物熔点逐渐降低，近晶相温度范围变宽。

有科研人员在 1 ~ 2000MHz 的频率范围内，研究了反式-4-丙基（4-腈基苯基）-环己烷向列相液晶的介电常数的频率依赖性，并比较了从向列相液晶到各相同性液相转变过程中，介电常数和光学性质对温度的依赖性。研究发现，尽管液晶分子内的运动会轻微影响纵向介电常数的色散，但短轴分子的转动则起重要作用。同时，长轴分子的转动对纵向介电常数的色散没有影响。

有科研人员以 4-丙基双环己基-4′-甲酸为起始原料，通过氯化、酰胺化、格式化、氧化、氟代及亲核取代等一系列反应得到两种新型液晶化合物：反式-4-丙基-4′-(1，1-二氟乙基）双环己烷和反式-4-(1，1，1-三氟乙基）-4′-丙基双环己烷。结果表明，得到的液晶化合物的清亮点均高于原材料。由于上述反应条件温和，产品收率高，具有很好的工业化前景。

有科研人员借助于粗粒度模型和蒙特卡罗模拟模型方法，考察了联苯环己烷类液晶分子及其衍生物链的大小和长度对液晶纳米团簇的影响。研究发现，随着液晶纳米团簇尺寸的增加，液晶纳米团簇的平衡构象逐渐由管状结构变为球状结构，且随着平衡构象的转变，体系的有序参数减少。

（二）含氟液晶材料

1. 含氟液晶材料的优势

以当前液晶显示器对液晶材料的基本要求为标准，当氟原子引入液晶分子中引起的性能变化有利于增加介电各向异性值，降低黏度和拓宽向列相温度时即为利用了氟原子的优势。本文先给出有机分子氟与其他元素取代后引起的性能参数变化，见表 12-26。

表 12-26　有机分子中氟与其他元素取代的参数

特性	H	F	Cl	Br	I	C	N	O
电负性	2.20	3.98	3.16	2.96	2.66	2.55	3.00	3.50
C—X 偶极矩/D	0.4	1.41	1.46	1.38	1.19	—	—	—
可极化性/$10^{-25}cm^{-1}$	6.67	5.57	21.8	30.5	47	—	—	—
范德华半径/Å	1.20	1.47	1.75	1.85	1.98	1.70	1.55	1.52
C—X 键长/Å	1.09	1.38	1.77	1.94	2.13	—	—	—
C—X 键能/kcal·mol^{-1}	98.0	115.7	77.2	64.3	50.7	—	—	—

注：1kcal = 4.187kJ；1Å = 10^{-10}m。

从表 12-29 中可以看出，由于氟在元素周期表中电负性最大，所以 C—F 键的偶极矩比较大，对改善介电各向异性有很大帮助；而氟原子的范德华半径与氢原子最为接近，所以氟取代氢后在分子中引起的立体效应最小，也就是说用氟取代液晶分子径向伸展的氢之后，对整个分子的长径比影响较小，从而尽量减小了分子产生液晶相的几何构型变化，有利于保持其原有的液晶相稳定性；C—F 键的键能最大，所以对液晶分子的光和热稳定性有一定改善。对表 12-26 中数据的分析认为氟引入液晶分子后具有很大的优势，那么是否可以认为全氟有机化合物就应该是最好的液晶材料？本文在表 12-27 中列出了正己烷与全氟正己烷的性能比较。

表 12-27　正己烷与全氟正己烷的性能参数

特性	正己烷	全氟代正己烷
沸点/℃	69	57
密度（25℃）/g·cm^{-3}	0.655	1.672
黏度/mPa·s	0.29	0.66
表面张力/dyn·cm^{-1}	17.9	11.4
介电常数	1.89	1.69

注：1dyn = 10^{-5}N。

由表 12-27 可知，从正己烷到全氟代正己烷的沸点降低，密度增加和表面张力降低对液晶的光电性能影响很小，但是黏度从 0.29mPa·s 增加到 0.66mPa·s，说明全氟烷基的引入会增加液晶分子的黏度，对提高材料响应速度不利，同时介电常数下降，至少可以说明全氟化合物与碳氢化合物比较可极化度变小，从而降低分子的介电各向异性值。所以对于现有模式的高端彩色液晶显示材料来说，很少考虑引入长链全氟烷基作为取代基团。

2. 分子中不同位置氟代对液晶材料性能的影响

为了更为简便地讨论在液晶分子中不同位置氟代后的性能变化情况，这里将液晶分子用以下通式来表示：

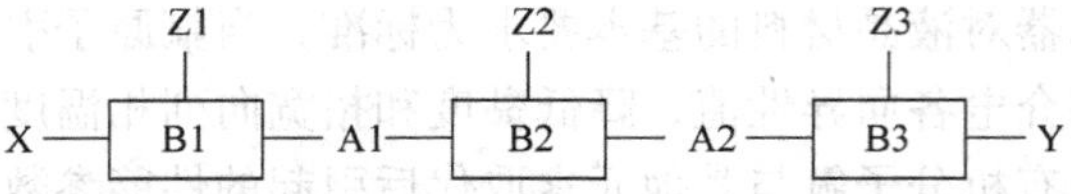

其中，B代表液晶分子骨架中的各种刚性环结构，比如1，4-取代苯环、1，4-取代环己烷等。

A代表液晶分子骨架中环与环之间连接基（也称桥键），比如1，2-取代乙烷、1，2-取代乙烯、1，2-取代乙炔等，有时环与环也可以直接相连，即A代表单键。

X、Y代表液晶分子中的端基和末端基，比如正烷基、—F、—Cl、—CN等。

Z代表液晶分子中连接在环骨架上的基团，称作侧向基，比如侧向F、Cl等。

（1）端基取代　氟或者含氟基团作为液晶分子的端基取代时，通常主要是为了增加分子的极性，从而提高介电各向异性。下面以烷基双环己基取代苯为例，观测不同基团取代后的介电各向异性差别。

表12-28中氰基取代的液晶分子介电各向异性值Δε最大，这也是含氰基液晶材料被广泛用于TN和STN液晶混合物中的原因。但是由于TFT彩色液晶材料要求有更高的电阻率（$10^{14}\Omega\cdot cm$）和电压保持率（大于98%），而含氰基液晶材料因其易于和微量金属杂质络合而无法满足上述要求，所以液晶化学家们才将注意力集中在含氟液晶上来。Δε其次的是—SF_5作为端基的液晶分子，该化合物不但由于其液晶相温度范围变窄，而且因黏度过大无法在实际中使用。表12-31中由—CF_3、—OCF_3和—$OCHF_2$作为端基的液晶分子均有适中的Δε（5.2~9.5）。尽管随着Δε增加，液晶向列相稳定性下降，但是上述液晶化合物在某些显示器件中仍有使用。单氟取代的化合物的Δε最低，但因其具有比较合适的液晶向列相温度，通常器件中都会用到该类化合物。为了进一步提高氟作为端基的液晶化合物的Δε，可以在分子苯环末端引入多个氟原子，以进一步增加分子的极性，引入后的结果见表12-29。

表12-28　丙基双环己基取代苯的介电各向异性值Δε

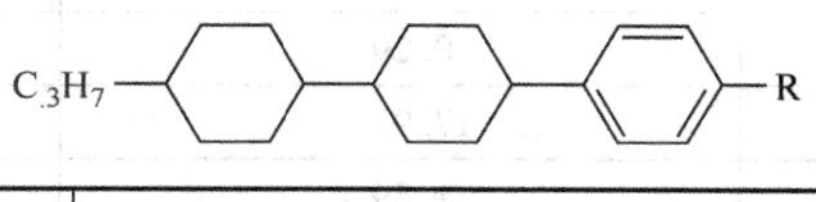

序号	端基	相变温度/℃	Δε
1	F	C90.0 N156.0 I	3.0
2	$OCHF_2$	C52.0 SmB69 N173.6 I	5.2
3	OCF_3	C39 SmB70.0 N154.7 I	6.9
4	CF_3	C133.0［N112.2］I	9.5
5	SF_5	C121.0［N95.5］I	11.6
6	CN	C75.0 N241.7 I	14.8

表 12-29　戊基环己基多氟代苯液晶的相变温度和介电各向异性值 Δε

序号	液晶化合物	相变温度/℃	Δε
7	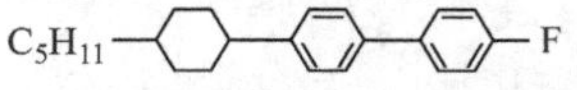	C102.0 N153.9 I	4.2
8	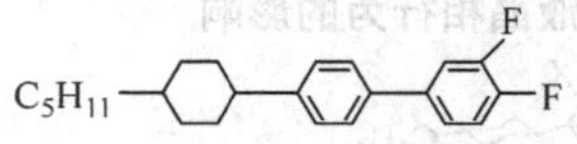	C55.0 N105.4 I	6.3
9	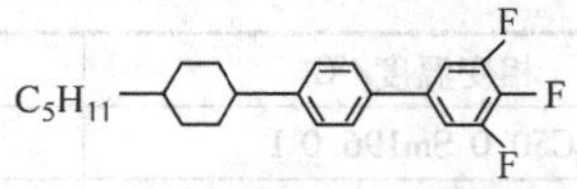	C25.0 N54.8 I	11.7

由表 12-29 中的数据可以看出，从单氟代、双氟代到三氟代液晶化合物中，Δε 也相应从 4.2 增加到 6.3 再到 11.7，取得了明显的效果。但是其相应向列相温度范围也从 51.9℃降低到 49.6℃，再进一步到 29.8℃，所以在提高 Δε 的同时，减少了液晶向列相的温度范围。为了寻找既有较大的 Δε，又能尽量保持液晶向列相温度范围的液晶分子，其中最简便的方法之一就是增加分子的长度，所以在分子中增加两个碳原子的液晶化合物被设计和合成出来，它们的性能见表 12-30。

表 12-30　丙基双环己基三氟代苯与增加两个碳原子液晶分子的性能数据

序号	液晶化合物	相变温度/℃	介电各向异性值 Δε
10	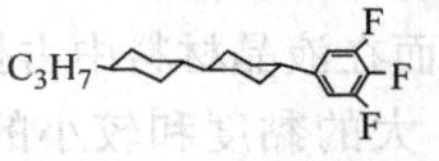	C66.0 N94.1 I	9.7
11	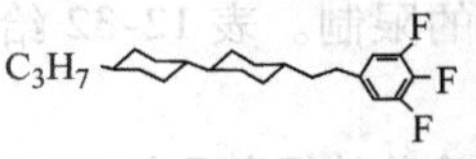	C35.0 SmB42.0 N100.8 I	9.3
12	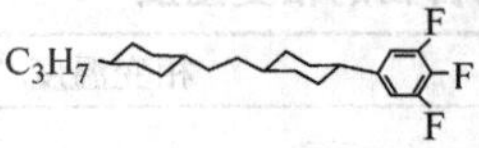	C45.0 N82.8 I	9.4
13	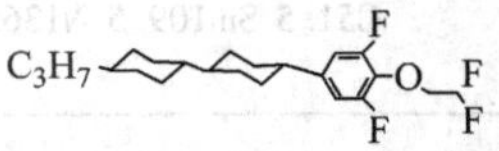	C49.0 N135.9 I	9.8

由表 12-30 可知，丙基双环己基三氟代苯的熔点是 66℃，向列相温度范围为 28℃，当增加的—CH_2CH_2—处于苯环和环己基之间时（化合物 11），熔点下降到 35℃，向列相温度范围增加到 58.8℃，出现了近晶相；当增加的—CH_2CH_2—处于两个环己烷之间时（化合物 12），熔点下降到 45℃，向列相温度范围增加到 37.8℃，它们的介电各向异性值略有下降。特别有意义的是将母体分子中的一个末端氟被偏二氟乙烯氧基取代后（化合物 13），其相变温度范围增加到 87℃，同时 Δε 还略有上升。这可能是由于 $F_2C=CHO$—的长度大于—CH_2CH_2—，同时由于共轭作用，$F_2C=CHO$—的吸电作用比单个氟原子更强。上述液晶化合物由于其优异的性能在各种显示器中均得到了广泛使用。

（2）侧基取代　氟作为侧向取代基在液晶合成中已经做了比较广泛的研究。其主要作用：①利用氟原子的高电负性，增加侧向的分子极性，从而得到更大的 −Δε，这类液晶广泛应用于 VA 和 IPS 显示模式；②利用氟原子半径比氢原子半径大的特性，在两个共轭环之间取代从而破坏其共轭程度，以期降低熔点、降低黏度和破坏近晶相的形成而增加有利于显示的向列相温度范围。表 12-31 给出了在分子侧向取代基依范德华半径不同而相行为变化的情况。

表 12-31　侧向基对液晶相行为的影响

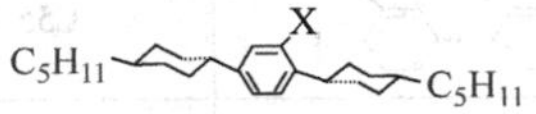

序号	X	相变温度/℃	范德华半径/Å
14	H	C50.0 Sm196.0 I	3.4
15	F	C61.0 SmB79.2 N142.8 I	5.8
16	Cl	C46.1 N92.1 I	12.0
17	CH_3	C55.5 N86.5 I	13.7
18	Br	C40.5 N80.6 I	14.4
19	CN	C62.8 N79.5 I	14.7
20	NO_2	C51.2 N57.0 I	16.8

化合物 14 在 50℃熔化后只有近晶相产生。当向苯环侧向引入的基团范德华半径逐渐增加时，从向列相产生（化合物 15），到纯向列相（化合物 16～20）。而向列相的温度范围也随着取代基体积的增加呈收窄趋势（化合物 15～20）。

三联苯液晶因其稳定的液晶相和大的双折射率而在液晶材料中占据了十分重要的地位，但是由于三联苯液晶中存在着较宽的近晶相、大的黏度和较小的溶解度（在液晶混合物中溶解度小于 5%）而在应用中受到了很大的限制。表 12-32 给出了三联苯液晶单氟代后的相行为变化情况。

表 12-32　单氟代三联苯液晶化合物的相变温度

序号	液晶化合物	相变温度/℃
21	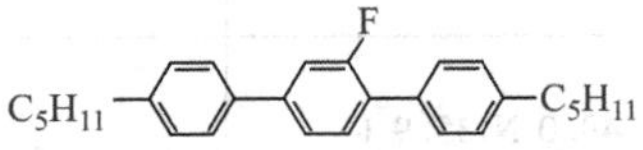	C51.5 Sm109.5 N136.5 I
22	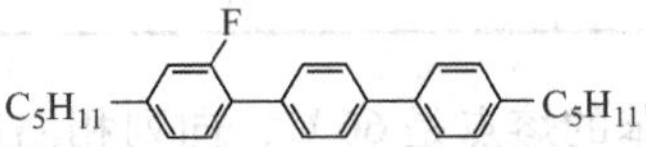	C72.5 Sm80.0 N136.0 I
23	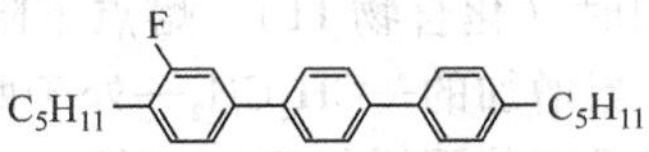	C156.5 Sm185.5 I
24	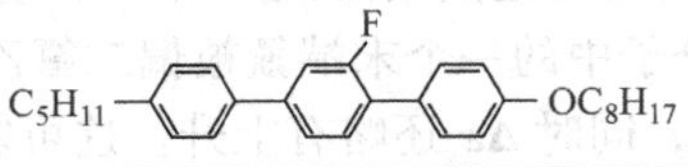	C47.0 Sm130.0 N155.0 I
25	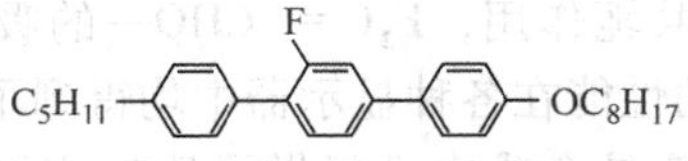	C69.0 Sm158 N161.0 I

（续）

序号	液晶化合物	相变温度/℃
26	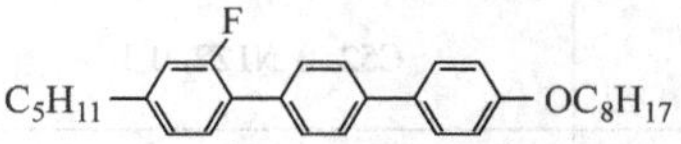	C102.0 Sm137.5 N160.0 I
27	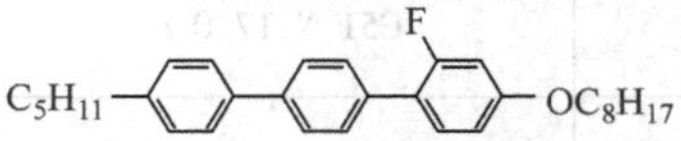	C69.0 Sm119.0 N158.0 I
28	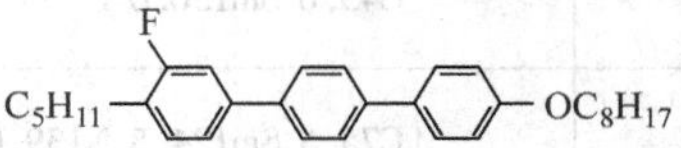	C170.5 Sm202.5 I
29	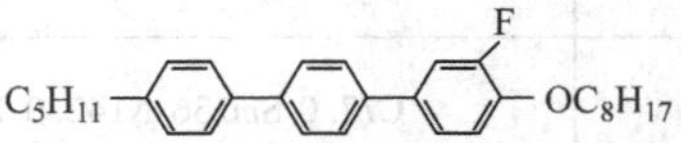	C146.0 Sm195.0 I

从表12-32中可以看出，单氟代三联苯分为中心环取代（化合物21、24、25）、边环取代（化合物22、23、26～29），在边环取代中又有氟取代内侧方向（化合物22、26、27）和外侧向取代（化合物23、28、29）。在三联苯两个端基相同的情况下，内环取代（化合物21）与边环取代中内侧方向（化合物22）清亮点变化不大，但内环取代的熔点低于边环取代。而边环外向取代（化合物23）的熔点最高，而且没有向列相，所以对于用作显示材料不利。其主要原因是氟取代在边环侧外方向时，对三联苯中苯环的共轭抑制作用降低所致。当三联苯两个端基不同时，氟在中心环取代时偶极矩方向与三联苯分子一致时（化合物25），熔点、清亮点和近晶相温度都偏高，反之（化合物24），熔点、清亮点和近晶相温度都会下降。当氟原子在边环向内取代时，偶极矩方向与原分子极性一致（化合物27），会导致熔点、清亮点和近晶相温度下降，反之（化合物26），上述温度会上升。与上述相同端基三联苯一样，不对称端基三联苯化合物的边环侧外单氟代化合物（化合物28、29）只存在近晶相，比较化合物28和29可知，氟代的偶极矩方向与原骨架偶极方向相反时，熔点和清亮点均会明显下降。

对于二氟代三联苯液晶的相变情况就更为复杂，数据见表12-33。

表12-33 二氟代三联苯液晶相变性能比较

序号	液晶化合物	相变温度/℃
30	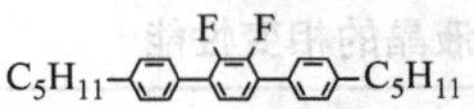	C60.0 N120.0 I
31	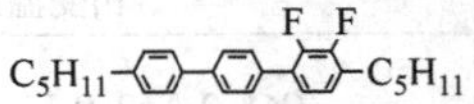	C81.0 Sm131.5 N142.0 I
32	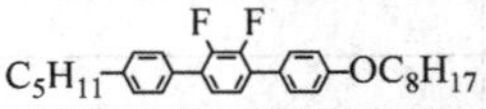	C48.5 Sm95.0 N141.5 I
33	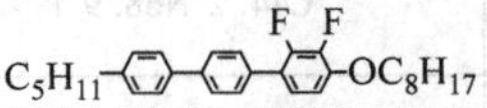	C93.5 Sm148.0 N159.0 I
34	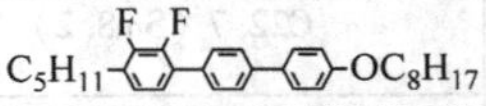	C89.0 Sm165.0 N166.0 I
35	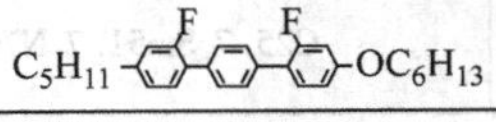	C45.0 N131.0 I

（续）

序号	液晶化合物	相变温度/℃
36	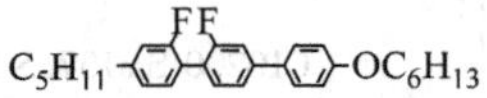	C52.0 N122.0 I
37	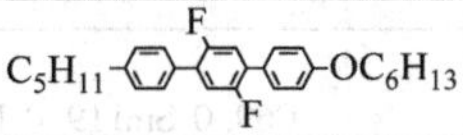	C51 N117.0 I
38	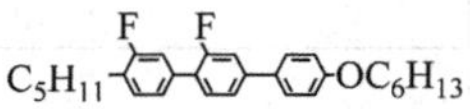	C45.0 Sm156.0 I
39	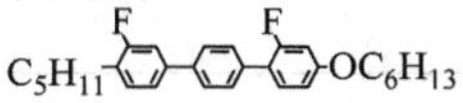	C75.5 Sm124.5 N139.0 I
40	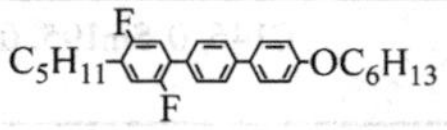	C77.0 Sm136 N142.0 I

从表 12-33 中的数据可以看出，如果比较化合物 30 和 31 的相变温度，当两个氟相邻处于同一苯环上时，中心环取代只有向列相要明显优于边环取代（化合物 31）。在三联苯两个端基不同时，比较化合物 32、33 和 34 可以看出，中心环双氟代化合物（32）要优于两个边环双氟邻取代化合物（33 和 34），而边环双氟邻取代处在烷基环上的化合物 34 由于熔点低、清亮点高要优于处在烷氧基环上的化合物 33。

比较化合物 37 和 40 可以看出，在同一苯环上双氟对取代时，双氟对取代中心环上的化合物 37 由于熔点低，只有向列相而明显好于双氟对取代边环的化合物 40，后者不仅熔点高，而且向列相温度范围仅为 6℃。化合物 35、36、38 和 39 是两个氟取代在不同环上的双氟代三联苯液晶。而化合物 35 和 36 中两个氟原子的偶极矩方向均指向分子中心，所以它们都具有较低的熔点和唯一的向列相，非常适合在显示用液晶材料中应用，而化合物 38 和 39 由于有一个氟原子的偶极矩方向指向三联苯的侧外方向，因此有近晶相或较高近晶相温度存在，从而无法在实际中应用。

对含三个氟原子取代的三联苯液晶性能见表 12-34，其相行为变化规律与单氟、双氟代相似，当其中一个氟原子的处于边环，且偶极矩指向侧外向时（化合物 43、44），均有形成近晶相的倾向。而氟取代处于中心环和边环，偶极矩指向侧内时（化合物 41、42），都具有较好的向列相温度。

表 12-34　三氟代三联苯液晶的相变性能

序号	液晶化合物	相变温度/℃
41	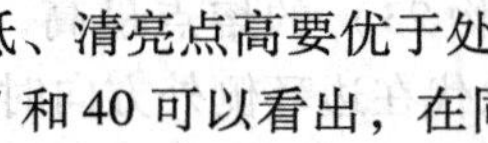	C41.2 N69.9 I
42	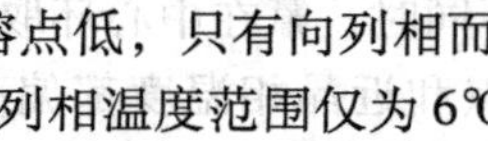	C44.2 N68.9 I
43	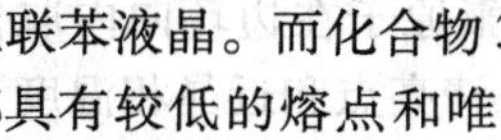	C22.7（Sm8.2）N75.5 I
44	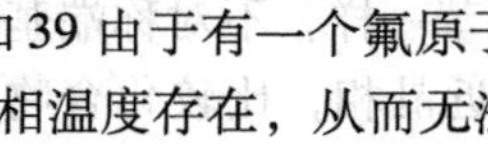	C25.7 Sm51.7 N75.0 I

多于三个氟原子取代的三联苯液晶（见表 12-35）性能一般都表现为向列相，但是向列相温度范围很窄（化合物 45、46），当三联苯中有六个氟原子取代后（化合物 47），液晶相全部消失，但是化合物的 $-\Delta\varepsilon$ 随着氟取代数增多而增加。特别值得注意的是，当四个氟原子处在两个边环时（化合物 45），其黏度要小于四个氟原子处在两个相邻苯环上的化合物（化合物 46）。而随着氟取代数的增多，黏度也相应增加。

表 12-35 多氟代三联苯液晶的性能

序号	液晶化合物	相变温度/℃	$-\Delta\varepsilon$	黏度/mPa · s
45	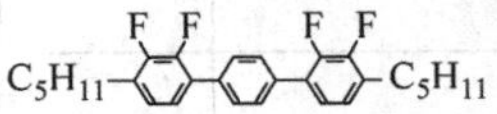	C88.0 N89.2 I	4.3	210
46	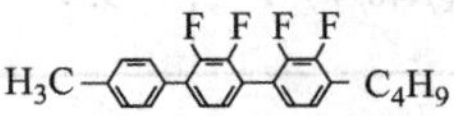	C85.0 （N50.5）I	5.5	277
47	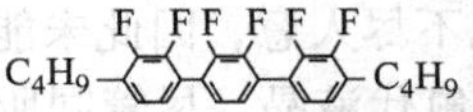	C97.0 I	7.2	345

随着高性能显示器件发展的需求，三联苯液晶暴露出了黏度高、溶解度小和双折射率偏大等缺点。为了克服上述缺点，许多环己基苯和双环己基苯液晶被合成。氟代环己基苯类液晶的性能见表 12-36。

表 12-36 烷基环己基氟代苯（联苯）液晶化合物的性能

序号	液晶化合物	相变温度/℃	$-\Delta\varepsilon$	黏度/mPa · s
48	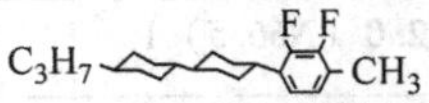	C67.0 N145.3 I	2.7	218
49	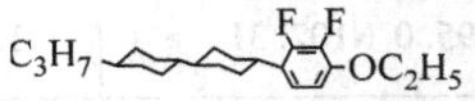	C79.0 N184.5 I	5.9	413
50	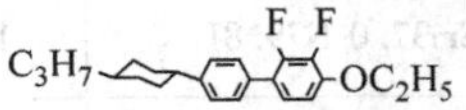	C80.0 N173.3 I	5.9	233
51	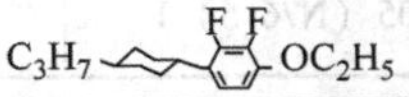	C49.0 I	6.2	110

通过比较化合物 48 和 49 可以看出，当苯环末端被乙氧基取代后的 $-\Delta\varepsilon$ 为 5.9，而甲基取代的 $-\Delta\varepsilon$ 仅为 2.7，这一变化可能是由于烷氧基除了有比烷基更大的供电子能力外，氧原子的 p 电子通过苯环 π 电子而影响氟原子的 p 电子轨道，从而使氟原子的电子云密度偏向分子中心方向，也就是氟的偶极矩方向垂直于分子长轴方向偏移，从而增加了 $-\Delta\varepsilon$。但是由于氧原子的存在，化合物 49 具有更高的黏度。比较化合物 49 和 50 可知，在分子结构中，中心环由于苯环取代环己烷（化合物 50）后，相变温度和 $-\Delta\varepsilon$ 变化不大，但是化合物 50 有比化合物 49 更小的黏度，这就是由于氟取代而引起的反常现象。比较化合物 51 和化合物 50、49 可以看出，当分子中减小一个环骨架后，尽管液晶相消失，但是 $-\Delta\varepsilon$ 略有增加，更主要的是黏度大大减小。所以化合物 51 通常被大量应用在实用配方中起到“溶剂”的作用。

为了进一步提高液晶材料的响应速度，也就是进一步增加 $-\Delta\varepsilon$ 和降低黏度，各种结构的含氟液晶化合物被化学家们设计和合成出来。下面举两组例子来说明所合成的化合物的性能变化情况。表12-37给出了含五元稠环的液晶化合物。从表12-37中可以看出，此类化合物随着氟取代个数的增加，$-\Delta\varepsilon$ 值有明显的改善。

表12-37 含五元稠环液晶化合物的性能

序号	液晶化合物	相变温度/℃	$-\Delta\varepsilon$	黏度/mPa·s
52	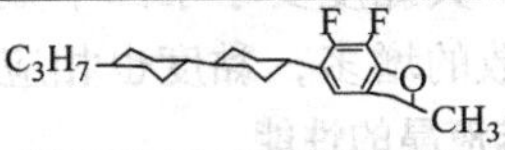	C112.0（N105.1）I	6.7	1254
53	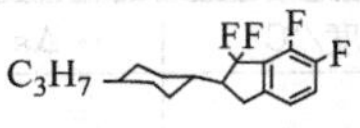	C85.0（N49.4）I	8.6	142
54	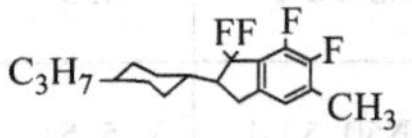	C90（N48.7）I	9.9	221

但是由于其熔点偏高，而且液晶相温度范围也不尽人意，因此未能实现其在显示器件中的应用。而表12-38中所列出的含双环己烷类氟代液晶，尽管同所预测的一样，此类液晶表现出较低的熔点和黏度，但是由于饱和环上氟取代后增加了分子中的侧向之间的吸引力，从而导致了形成近晶相的趋势，所以实用配方中一般避免使用该类液晶化合物。

表12-38 双环己烷氟代液晶的性能

序号	液晶化合物	相变温度/℃	$-\Delta\varepsilon$	黏度/mPa·s
55	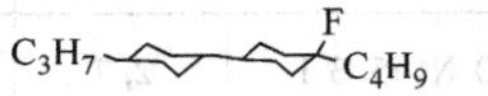	C30.0 Sm112.0（N66.5）I	1.7	62
56	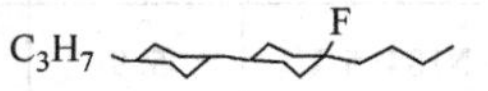	C48 Sm95.0 N102.3I	1.7	47
57	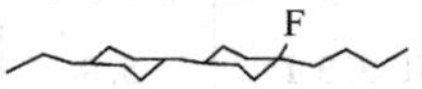	C13.0 Sm37.0 N79.8I	1.9	41
58	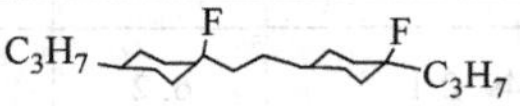	C78.0 Sm105（N76.5）I	4.6	198

3. 连接基（桥键）

连接基处于液晶分子中心的环骨架之间，所以在连接基上进行氟取代后对液晶性能的影响非常显著。其主要作用除改变液晶的相行为外，对介电各向异性和黏度都有很显著的改善。表12-39给出了含氟代乙基、乙氧基连接基液晶聚合物的性能。

由表12-39中化合物59和60的数据比较可以看出，对于分子骨架中含饱和环的液晶化合物，中心连接乙基氟代后液晶相温度明显提高，黏度变化不大。而比较含有端基二氟代的化合物61和62也有同样的结果，只是化合物61的向列相温度范围65.3℃比化合物62的向列相温度范围57℃略宽一些。所以对于含端氟代液晶中连接基氟代后效果并不理想。比较化合物63和64可以看出增加氟代乙氧连接基后，其向列相温度范围从化合物63的28℃加宽到化合物64的61.3℃，而且 $\Delta\varepsilon$ 从化合物63的9.7提高到化合物64的10.5，同时黏度也从171mPa·s下降到145mPa·s。如果将化合物64中的边环己烷用二噁烷取代成化合物65，$\Delta\varepsilon$ 还可继续从10.5提高到20.6。但是二噁烷的引入会增加液晶化合物的黏度（从化合物64的145mPa·s提高到化合物65的207mPa·s）。比较化合物66和67也同样可以看出，二噁烷的引入相同氟代苯骨架中，$\Delta\varepsilon$总会有一定程度的提高。如果在分子中继续增加氟代苯的数量，$\Delta\varepsilon$也会继续增加（比较化合物66和68）。这里需要指出的是化合物66和68，尽管它们均不存在液晶相，但是在许多用于移动设备（如手机、照相机等）的显示器中均选用该类化合物来提高液晶材料的$\Delta\varepsilon$，以降低工作时所需的电压。

表12-39　含氟代乙基、乙氧基连接基液晶化合物的性能

序号	液晶化合物	相变温度/℃	$\Delta\varepsilon$	黏度/mPa·s
59	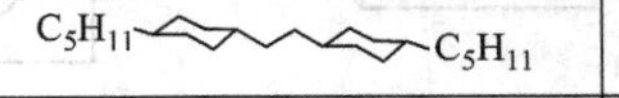 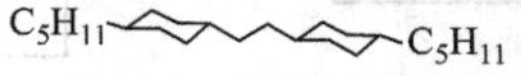	C44.0 Sm108.0 I	0.5	134
60	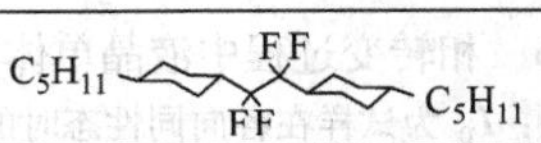	C13.0 Sm138.0 N139.8I	0.1	138
61	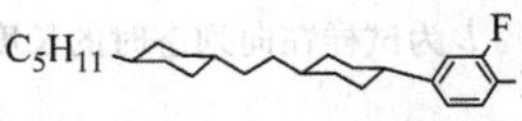	C39.0 N104.3I	5.5	247
62	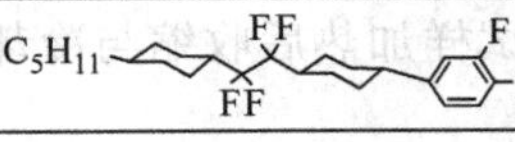	C15.0 Sm121.0 N178.1I	5.4	267
63	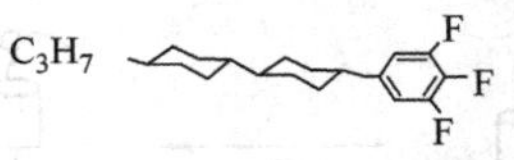	C66.0 N94.1I	9.7	171
64	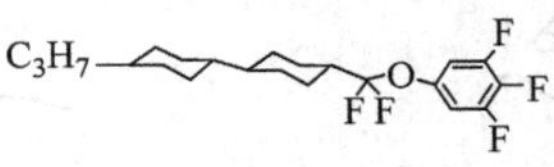	C44.0 N105.3I	10.5	145
65	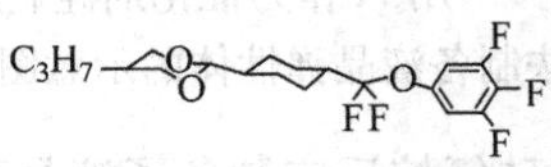	C64.0（Sm48.0）N68.5I	20.6	207
66	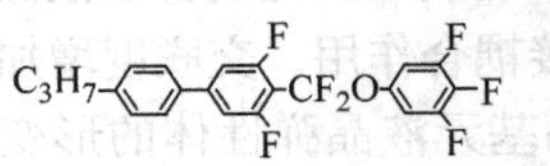	C48 I	25.2	96
67	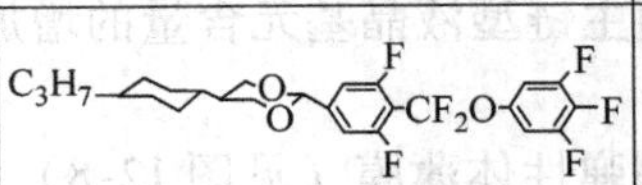	C84 N129.4I	27.5	336
68	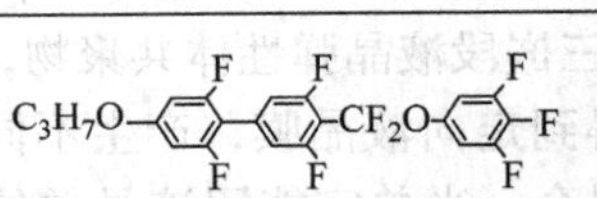	C72I	35.8	203

从表12-39中可以看出，在液晶化合物中引入氟代乙氧基是液晶材料发展中的一大创造，它对于很多低阈值液晶配方是不可缺少的组分，同时该类化合物的低黏度也为其在高响应速度液晶显示器中应用奠定了基础。

（三）具有形状记忆效应的液晶弹性体

1. *液晶弹性体的分类及形变机理*

基于液晶形成条件不同，可分为热致液晶和溶致液晶。按照液晶基元在聚合物链中的位置不同，分为主链型液晶弹性体、侧链型液晶弹性体和混合型液晶弹性体。根据液晶分子在空间排列顺序不同，分为近晶型液晶弹性体、向列型液晶弹性体、胆甾型液晶弹性体。

（1）单畴液晶弹性体的形变机理　液晶分子是有取向的，当液晶分子由各向同性态向液晶态转变时，液晶分子构象会有尺寸的变化，如图 12-6 所示。其中 I 为各向同性态，N 为向列态。当液晶弹性体中所有液晶分子或者绝大多数液晶分子的链段构象向列态时，其长轴与指向矢平行；而处于各向同性态时，其指向矢一致。因此，该液晶弹性体具有形状记忆效应。液晶分子在温度变化、光照刺激或电场等外场作用下，会发生向列态和各向同性态之间的可逆转化，构象的变化会引起试样加热后收缩与冷却后的伸长，从而使材料的整体尺寸变化。

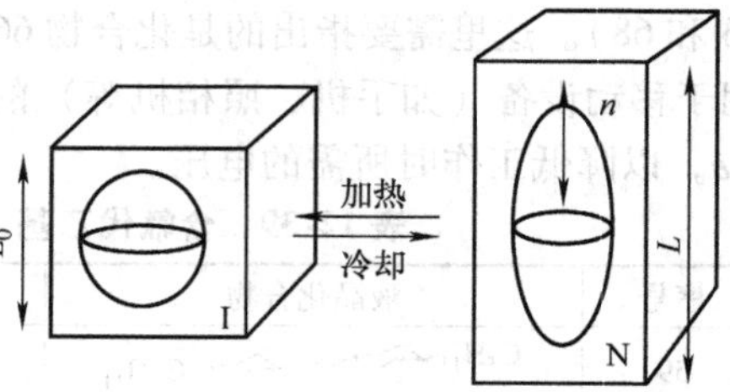

图 12-6　相转变过程中液晶单体构象的变化

注：L_0 为试样在各向同性态时的长度；L 为试样在向列态时的长度

（2）热致液晶弹性体　1981 年有科研人员首先用 Pt 作为催化剂（见图 12-7），利用硅氧加成法制备出以聚硅氧烷为主链的侧链型液晶弹性体。他们还发现当单畴液晶弹性体加热到相转变温度时，从液晶相消失成各向同性，沿着取向轴自发收缩，收缩率可达 26%。

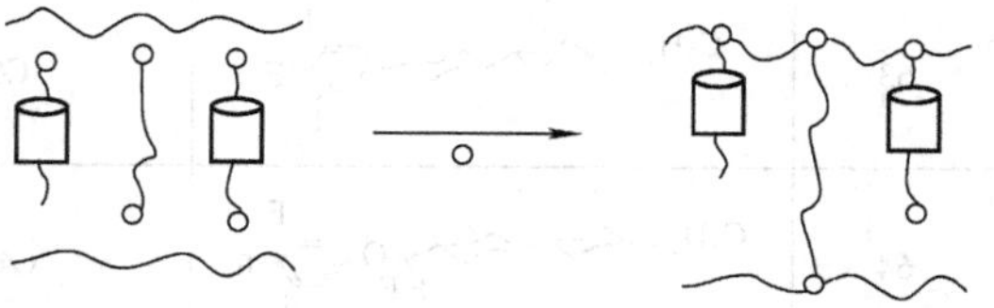

图 12-7　用 Pt 作为催化剂硅氧加成法制备液晶弹性体的示意图

有科研人员将侧链型和主链型液晶单体，均与聚硅氧烷反应制备了液晶弹性体。在相转变过程中，主链上的介晶基元与聚合物网络直接耦合作用，交联度增加时，液晶弹性体形变量也增大，且最高可达 350%。主链型液晶基元液晶弹性体的形变系数比侧链型液晶弹性体大，高分子链的平均有效各向异性随主链型液晶基元含量的增加而增大，同时可逆形变系数也会相应增加。

有科研人员发现了兼备温控形变的胆甾型液晶弹性体薄膜（见图 12-8）有扭曲取向或展开取向。有科研人员合成了拥有片层结构的三嵌段液晶弹性体共聚物，改变温度使其收缩到 18%。有科研人员通过控制单体排列得到定向液晶膜，产生不同交联度的光聚合反应，研究单官能团和双官能团液晶单体混合。当单官能团液晶单体组分增加时，薄膜的双折射值也增加；在温度升高时，低交联度的高分子膜单体的取向发生变化；当温度降低时，单体的取向又恢复到原状态。有科研人员制备出转变温度低且性能佳的形状记忆材料。

有科研人员合成了腰接型侧链液晶弹性体（见图 12-9），在相转变过程中，液晶弹性体大幅度收缩 35% ~40%，收缩力可达 270kPa。他们还制备了具有高度取向的液晶弹性体纤维，相转变时应变可达 35%，收缩力接近 300kPa。

有科研人员制备了两种尾接热致液晶弹性体，随温度变化有可逆性转变，是一种优

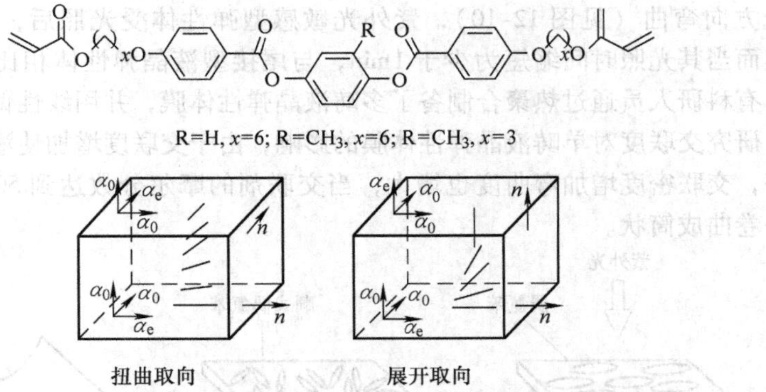

图 12-8　制备具有扭曲和展开取向的液晶弹性体膜所需单体的化学结构式

注：α_0、α_e 表示两个定向方向。

良的热致型材料。

有科研人员研究了腰接型单畴液晶弹性体随温度变化的可逆形变特性，最大可达40%。

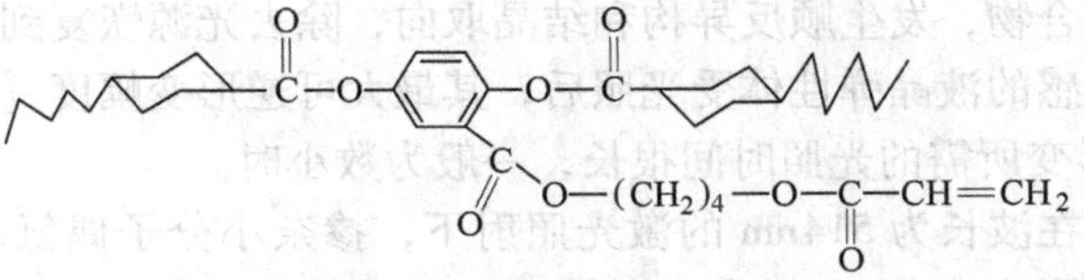

图 12-9　制备腰接型液晶弹性体膜所需单体的化学式

（3）光致液晶弹性体　有科研人员在聚硅氧烷侧链上引入偶氮苯，用两步法合成了单畴向列型液晶弹性体，由于偶氮苯的顺反异构和交联网络的耦合，光致收缩率达到20%，在开发微型、大位移、高速、回复性好的执行器与人工肌肉等领域有良好的应用前景。有科研人员将光可逆［2+2］肉桂酸甲酯（或香豆素）基团引入聚合物，作为分子开关。变形样品暴露于紫外光［波长（λ）>260nm］下，能促进肉桂基环加成，形成交联的临时形状。在紫外光λ<260nm 照射时触发形状恢复，一定程度上提高了形状记忆性能。有资料报道了一个完全不同运行机制的光响应SMP系统，该系统不依靠光响应可逆共价化学形成，而是将异构化偶氮苯进行用作分子开关，其含偶氮苯部分是交联的玻璃状液晶性高分子。当暴露于波长为442nm 的可见光下时，该样品可以变形；若固定变形超过1年，则样品形状稳定。而有科研人员通过引入感光肉桂基到聚合物网络，用作分子开关，成功研制了光敏感形状记忆聚合物（LSMPs）。

有科研人员制备出侧链含偶氮苯介晶基元的液晶弹性体膜，发现其只能在摩擦方向上发生光致弯曲现象。在360nm 紫外光照射下，液晶弹性体膜只在摩擦取向上弯曲；当停止紫外光照射时，又能恢复到原来的形状。其主要原因是在360nm 紫外光附近偶氮苯的消光系数很高，表面厚度不到1μm 的偶氮苯吸收了99%的光子，偶氮苯会发生顺反异构，而且向列相液晶消失为各向同性。在入射光表面有偶氮苯的光异构，从而使有序度下降，薄膜部分的偶氮苯仍保持反式构象。在这样的情况下，薄膜表层收缩，并向入射光方向弯曲（见图12-10），紫外光敏感型弹性体受光照后，最大可逆形变达18%，然而当其光照时间缩短为少于1min，与尾接型液晶弹性体相比，光响应速度明显提高。有科研人员通过热聚合制备了多畴液晶弹性体膜，并用线性偏振光精确控制弯曲方向，研究交联度对单畴液晶弹性体膜的影响，由于交联度增加使液晶弹性体膜结构更加有序，交联密度增加弯曲度也增大，当交联剂的摩尔分数达到50%时，液晶弹性体膜几乎卷曲成筒状。

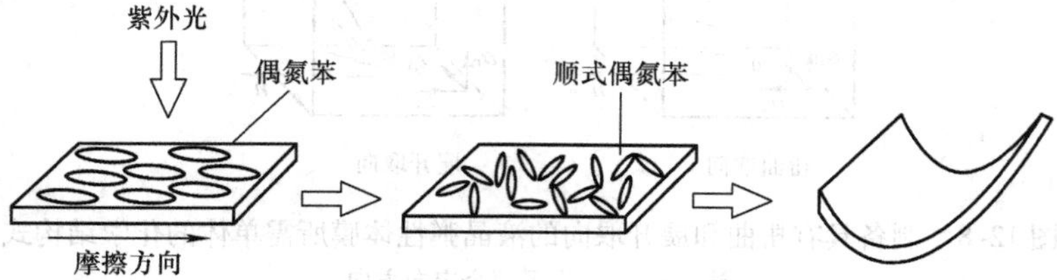

图12-10　偶氮苯液晶弹性体膜的光致弯曲机理

有科研人员制备含有偶氮苯且交联度较高的LCE薄膜，有较大的弯曲性。在紫外光下，加入手性试剂，发生定向达90°扭曲。有科研人员用太阳光照射含偶氮二苯乙炔共轭基团的液晶聚合物，发生顺反异构和结晶取向，除去光源恢复到原始状态。有科研人员发现紫外光敏感的液晶弹性体受光照后，其最大可逆形变幅度［$(L-L_0)/L_0$］可达到20%，但是形变所需的光照时间很长，一般为数小时。

有资料报道了在波长为514nm的激光照射下，掺杂小分子偶氮苯液晶弹性体会快速弯曲，弯曲角度可达60°以上；当光照射到漂浮在水面上的薄膜时，薄膜会从光照射处游开。有科研人员在没有溶剂的净相中，利用两步交联使侧链官能化且聚酯光致交联，从而制备出近晶主链型液晶弹性体，在不破坏近晶相结构时，其薄膜可沿平行膜伸长60%。

(4) 电致液晶弹性体　有科研人员预测手性近晶相（Sc^*相）液晶可能存在铁电性，后来制备出拥有铁电性的手性液晶聚合物。1989年，有科研人员发现在电场中液晶弹性体具有类似铁电开关的铁电功能，又发现某些含Sc^*相的弹性体具有铁电性。把部分导电材料（如炭黑、石墨和金属粉末等）加入液晶弹性体中，加外电场时，会出现逆压电效应。这主要是由于导电材料发热，弹性体发生N-I转变，导致弹性体形变迅速响应（<1s）；但是弹性体散热慢，从而延迟回复。有科研人员发现在足够高的电场作用下，溶胀的向列相液晶弹性体有宏观变形以及取向旋转达到90°。旋转变形主要发生在取向旋转平面，与取向旋转方向无关。有科研人员制备出超薄（<100nm）铁电液晶弹性体薄膜，在1.5MV/m的电场作用下，电介质应变达4%。

有科研人员发现将含手性组分的向列相液晶网络转化为胆甾相液晶弹性体，胆甾相的螺距随手性组分含量的增加而减小。有科研人员研究出一种具有手性近晶C相弹性体，发现当温度达到81℃时，会连续增加压电响应，直到液晶相的压电响应是各向同性的1000倍，在10mV信号下，可能出现不饱和状态，弹性体处于各向同性态。

(5) 化学刺激导致形变的液晶弹性体　有资料报道了在潮湿条件下溶胀，聚合物盐网络比氢键网络更具吸湿性。在聚合过程中，液晶相分子预校准，可确立初始膨胀方向，聚合物盐单元作为分子的致动器，优先沿垂直方向取向。当有较多分子执行器平行组合时，在垂直方向会有大尺度宏观伸展，来结合平行且比它小的取向。聚合物网络对齐、氢键键合可使聚合物具有刚性和疏水性，能够改变聚合物网络中永久到可逆化学键的比率，从而调整机械完整性和刺激的灵敏度。例如，用浓度为0.1mol/L的KOH溶液处理膜20s，羧酸基团的一小部分转化为羧酸钾基团，形成一种吸湿性网络。KOH处理降低了网络有序性，但并不能消除它，能穿过网络，酸基质子化破坏可逆氢键。

有科研人员提出了pH值或水响应的致动材料，单轴排列的薄膜在膜所有的区域对pH值或水的响应都是等价的，在相同的外界刺激作用下，发生的形变量很小。在薄膜上表面和下表面pH或湿度的差异，诱导薄膜产生很大的弯曲形变，扭曲或伸展结构都不需要环境梯度，就能产生宏观运动，在这两种情况下，薄膜相反两边的优先膨胀方向相互抵消了90°，相同刺激存在条件下导致薄膜厚度的伸展梯度和整体弯曲行为类似于金属双层热变形。永久液晶交联剂没有打破次价键进入网络，增加致动器的机械一致性和除去水的分析物，促进形状可逆性。

2. *液晶弹性体的应用*

液晶弹性体的本质是拥有液晶性质的橡胶，当暴露于光、热或其他刺激条件下时，会发生形状的变化，如弯曲、起皱或伸展。因其反应灵敏，适合使用在人造肌肉和血管、执行器、传感器、塑料马达和药物输送系统等应用上，甚至可以作为一种机械可调无腔镜的“橡胶”激光使用。

有科研人员首先提出可以用液晶弹性体作为人工肌肉的理论，该材料在低应力下有相转变和形状记忆功能，其有序性和各向异性有利于模仿肌肉动作。

有科研人员在液晶弹性体表面涂覆碳粉，用激光作为热源照射试样，研究表明，增强人工肌肉的外部刺激，极大缩短了反应时间，且不显著影响弹性体薄膜的力学性能。

光致液晶弹性体薄膜具有双向形状记忆功能，变形方向、变形速度可以调控，因此可以用于多种微机械系统的驱动元件，具有广阔的应用前景，如光驱动微手爪、光驱动水中行走等微执行器。有科研人员将光致弹性体薄膜和聚乙烯薄膜复合制备出复合膜，充当机器人胳膊，可在光调控下实现搬运物体。有科研人员将偶氮液晶弹性体与聚乙烯的复合薄膜，包裹在马达的两个滑轮上，当受到可见光和紫外光照射时，会产生伸展和收缩形变，带动滑轮旋转，从而实现了光能到动能的转化，使马达持续转动。在流体控制系统中，利用光致液晶弹性体薄膜设计出薄膜式光致弯曲微泵，完成一个从泵吸水到排水完整的泵抽工作过程。

为修补光学梁制动器，建立静态结构模型，优化光学伸缩执行器柔性梁结构位移。有科研人员利用聚硅氧烷的微相分离结构实现毫秒级开关时间的铁电型液晶弹性体，在微型开关、引信安保机构等方面有良好的发展优势。

作为一种新的智能材料，具有形状记忆功能的液晶弹性体开拓了液晶弹性体的应用领域，制成的致动器及感应器在人工肌肉、柔性机器人、显示器等诸多领域的应用前景十分广阔，而且在航空航天及生物工程等领域的研究也备受关注。与此同时，其生物相容性、抗疲劳性、热传导性较差等问题也亟待解决。相信在不久的将来，这些问题将会解决，形状记忆液晶弹性体将得到广泛的应用，从而产生巨大的社会和经济效益。

参考文献

[1] 张玉龙，李萍．工程塑料改性技术［M］．北京：机械工业出版社，2006.

[2] 吴方娟，方辉．一步增容法制备尼龙6/全硫化丁腈橡胶复合材料［J］．福建工程学院学报，2015，13（6）：537－541.

[3] 仪海霞，李继刚，徐勤福，等．聚烯烃接枝系列产品对尼龙6的增韧研究［J］．塑料工业，2014，42（2）：52－54.

[4] 李枫，张家山，邱桂学．聚丁二烯共聚改性MC尼龙的研究［J］．工程塑料应用，2012，40（6）：17－20.

[5] 赵松，龚林．选择性激光烧结尼龙12/碳酸钙复合材料成型工艺［J］．工程塑料应用，2017，45（1）：61－64.

[6] 刘玉坤，牛景新，王龙，等．硅灰石填充尼龙1010复合材料的制备与力学性能［J］．工程塑料应用，2013，41（9）：47－49.

[7] 徐德增，唐玲俊，门秀龙，等．载银沸石/稀土/尼龙共混物的性能［J］．大连工业学报，2013，32（1）：64－67.

[8] 张彩霞，徐秀兵，王居兰，等．玻纤增强尼龙66产品的制备与研究［J］．广东化工，2012，39（15）：111－112.

[9] 王道龙，姚峰，宋克东，等．耐高寒玻纤增强尼龙的制备及性能研究［J］．塑料工业，2017，45（1）：135－138.

[10] 张志坚，杨扬，陆建明，等．无捻粗纱增强尼龙复合材料的性能研究［J］．塑料工业，2015，43（5）：106－108.

[11] 刘罡．增强增韧尼龙12材料的制备及力学性能研究［J］．塑料助剂，2011（4）：28－31.

[12] 陈浩，周松，张雨晴，等．EVA对竹纤维/尼龙6复合材料性能的影响［J］．塑料工业，2016，44（2）：108－112.

[13] 曾斌，李海鹏，刘书萌，等．硫酸钙晶须短玻纤协同增强尼龙复合材料的力学性能［J］．合成材料与应用，2014，43（2）：13－15.

[14] 何伟，苗丽丽，王思宁，等．MC尼龙/纳米MgO复合材料的制备与性能［J］．工程塑料应用，2015，43（2）：7－10.

[15] 刘奇祥，陈敏剑，袁绍彦，等．纳米材料改性尼龙的制备及机械性能研究［J］．塑料工业，2016，44（2）：108－112.

[16] 郭立强．纳米材料改性铸型尼龙的研究［J］．广东化工，2014，41（22）：65－66.

[17] 彭梦飞，汪艳．尼龙12/OMMT纳米复合材料粉末的制备及性能［J］．工程塑料应用，2017，45（3）：50－53.

[18] 王伟，万兆荣，吕冬，等．埃洛石纳米管对尼龙6/碳纤维复合材料物理性能的影响［J］．高科技纤维与应用，2017，42（3）：14－17.

[19] 陈玉莹，赫秀娟．溶液共混法制备改性碳纳米管/尼龙12复合材料的性能研究［J］．沈阳化工大学学报，2011，25（2）：131－133.

[20] 王玉丰，李金焕，王芦芳．MC尼龙/氧化石墨烯复合材料的制备和性能［J］．工程塑料应用，2015，43（12）：6－9.

[21] 龙春光，申超，曹太山. 石墨烯增强 MC 尼龙复合材料的力学和摩擦学性能 [J]. 长沙理工大学学报，2014，11（2）：92－97.
[22] 夏兆路，杨雅琦，段宏基，等. 尼龙 6/功能化热膨胀石墨复合材料的制备和性能 [J]. 工程塑料应用，2015，43（9）：13－17.
[23] 金晶，周军杰，孔伟，等. 快速成型低析出阻燃矿物填充尼龙材料 [J]. 塑料工业，2016，44（5）：109－111.
[24] 刘鹏举，阳龚，刘渊，等. 高分散型三聚氰胺氰尿酸阻燃尼龙 66 的研究 [J]. 工程塑料应用，2013，41（3）：11－14.
[25] 代彦荣，周岚，冯新星. 玻纤增强阻燃共聚尼龙 66 复合材料的阻燃性能研究 [J]. 浙江理工大学学报，2017，37（3）：366－370.
[26] 胡新利，陆佳琦，罗宇，等. 尼龙 12 导电复合材料的制备与性能研究 [J]. 工程塑料应用，2012，40（5）：13－17.
[27] 余进娟，王承刚，张学锋，等. 增强增韧抗静电尼龙 612 材料的制备及性能 [J]. 工程塑料应用，2017，45（6）：52－55.
[28] 张学锋，何杰，邵军，等. 导热尼龙 66 复合材料的制备与性能研究 [J]. 工程塑料应用，2014，42（5）：34－37.
[29] 林星五，李灿浩，王麦见，等. 纤维增强尼龙复合材料研究进展 [J]. 广州化工，2013，41（13）：69－71.
[30] 李爱元，孙向东，张慧波，等. 尼龙/石墨烯复合材料研究进展 [J]. 工程塑料应用，2017，45（4）：140－145.
[31] 张永，周华龙，王丰，等. 阻燃尼龙材料的发展现状 [J]. 上海塑料，2015（1）：6－9.
[32] 秦旭峰，李玲. 尼龙阻燃的研究进展 [J]. 化工中间体，2012（2）：6－8.
[33] 沈国春，朱海霞，高静萍，等. 聚氨酯改性尼龙球磨机内衬的设计及制造 [J]. 装备制造技术，2016（3）：128－130.
[34] 曾上游，林轩，刘成. 卧式离心浇涛法生产 MC 尼龙棒 [J]. 工程塑料应用，2011，39（10）：52－53.
[35] 李国昌. 增韧耐磨尼龙弹带材料的研制 [J]. 工程塑料应用，2015，43（9）：40－43.
[36] 张传辉，麦堪成，曹民，等. 高温尼龙研究进展 [J]. 工程塑料应用，2012，40（11）：95－100.
[37] 赵静，姚秀超，吕通建，等. 新型增韧剂对聚碳酸酯的增韧研究 [J]. 中国塑料，2013，27（8）：38－41.
[38] 苏鹏，邹晓轩，杨家富，等. 马来酸酐接枝三元乙丙橡胶共聚物增容 AES/PC 共混物的研究 [J]. 中国塑料，2016，30（5）：50－54.
[39] 徐晶晶，郭红革. 聚碳酸酯树脂的改性研究 [J]. 现代塑料加工应用，2015，27（3）：29－29.
[40] 贺丽丽，郑芳芳，周中玉，等. 耐刮擦剂对高光 PC/ABS 合金性能的影响研究 [J]. 工程塑料应用，2014，42（9）：98－101.
[41] 罗永丽，迟长龙，聂耀辉，等. 聚碳酸酯/热塑性聚氨酯共混体系工艺设计及性能表征 [J]. 静岛大学学报，2015，38（1）：45－48.
[42] 周健，徐泽平，杨菁菁，等. 改性 PC/ABS 合金的研究 [J]. 工程塑料应用，2014，42

(9)：25－29.
[43] 陈晶斌，潘勇军，黄岐善．玻纤增强 PC/PBT 合金的结晶行为［J］．工程塑料应用，2017，45（9）：38－41.
[44] 张志坚，章建忠，陆建明．玻璃纤维短切原丝增强 PC 性能研究［J］．工程塑料应用，2013，41（11）：39－41.
[45] 王剑磊，沈春银，吉华建，等．玻纤网格布增强 PC 复合片材的制备及其拉伸性能［J］．华东理工大学学报，2014，40（4）：427－432.
[46] 刘斌，孙小文，邱谍．晶须硅对聚碳酸酯性能的影响［J］．塑料科技，2012，40（4）：61－64.
[47] 刘义敏，侯兴双，宋娜．纳米 TiO_2/PC-PP 光扩散复合材料的结构与性能［J］．复合材料学报，2016，33（11）：2405－2411.
[48] 乔晋忠，王通．多壁碳纳米管/聚碳酸酯复合材料的制备与性能［J］．山西化工，2012，32（2）：1－3.
[49] 张宁，郭强．MAH-SBS 和纳米 $CaCO_3$ 复合改性 PC-ABS 共混材料［J］．复合材料学报，2014，31（3）：591－596.
[50] 赵元旭，李安，冯跃战，等．短多壁碳纳米管/聚碳酸酯复合材料的制备与性能［J］．现代塑料加工应用，2015，27（5）：8－11.
[51] 周文君，陈友财，王雪芹，等．PC/聚铝硅氧烷阻燃材料性能的研究［J］．中国塑料，2012，26（9）：37－41.
[52] 胡志勇，张旭蕊，张来来，等．S-N-P 阻燃剂对聚碳酸酯性能影响研究［J］．工程塑料应用，2015，43（5）：111－114.
[53] 徐肖丽，胡爽，林倬仕，等．次磷酸铝/苯氧基环三磷腈协同阻燃聚碳酸酯的性能研究［J］．上海塑料，2015（3）：35－37.
[54] 张诗尧，赖涛，梁梦琦，等．芳基二磷酸酯阻燃剂的合成及阻燃聚碳酸酯的应用研究［J］．塑料科研，2014，42（3）：107－110.
[55] 宋健，周文君，陈友财，等．聚硼硅氧烷与有机磷酸酯阻燃剂复配协同阻燃聚碳酸酯［J］．复合材料学报，2012，29（3）：65－71.
[56] 胡志勇，刘书艳，荆洁，等．膨胀型阻燃剂/聚碳酸酯复合材料的阻燃性能研究［J］．功能材料，2016，47（7）：7076－7080.
[57] 王振，邱琪浩，方义红，等．无卤阻燃 ACS/PC 合金的制备及性能［J］．工程塑料应用，2012，40（11）：12－15.
[58] 黎敏，龙光宝，陈如意，等．无卤阻燃 PC/ABS 合金的研制［J］．工程塑料应用，2014，42（11）：38－42.
[59] 张丽丽，李斌，赵巍，等．新型大分子磷氮阻燃剂合成及其在阻燃 PC 中的应用［J］．合成化学，2012，20（3）：334－336.
[60] 张成，张群朝，蒋涛．纳米氧化锑锡增强聚碳酸酯的阻红外隔热性能［J］．复合材料学报，2015，32（2）：365－369.
[61] 张毅，洪若瑜．膨化石墨填充 PC/ABS 共混物的性能研究［J］．工程塑料应用，2015，43（6）：30－33.
[62] 侯德发，马寒冰，陈燕燕，等．改性二氧化钛对聚碳酸酯热降解行为的影响［J］．西南科

技大学学报，2016，31（4）：17－21.
[63] 周克斌，陈宇宏，丁雪佳. 改性聚碳酸酯板材的制备及性能研究［J］. 中国塑料，2012，26（14）：77－80.
[64] 李红刚，祁博，马述伟. 高抗冲高模量聚碳酸酯复合材料的制备［J］. 工程塑料应用，2015，43（3）：45－49.
[65] 陈健，梁全才，刘小林，等. 挤出加工工艺对 PC/ABS 合金力学性能的影响［J］. 工程塑料应用，2014，42（2）：59－62.
[66] 赵鋆冲，何杰，赵红玉，等. 聚碳酸酯基光扩散材料的研究［J］. 工程塑料应用，2012，40（7）：97－99.
[67] 钱晶，吴超. 聚碳酸酯加工的抗黄变性能研究［J］. 工程塑料应用，2015，43（9）：115－118.
[68] 孔德玉，沈会员，何洋，等. 蓝光吸收剂在 PC 中的应用探究［J］. 工程塑料应用，2017，45（9）：111－114.
[69] 张尊昌，何征. 片材挤出用导电聚碳酸酯工程塑料的研制［J］. 塑料科技，2012，40（4）：95－97.
[70] 孙得翔，何小芳，范利丹，等. 聚甲醛的改性及应用研究［J］. 工程塑料应用，2015，43（12）：132－134.
[71] 冯清正，蒋立忠，孙长江，等. 新型成核剂对聚甲醛树脂结构与性能的影响［J］. 工程塑料应用，2014，42（5）：105－108.
[72] 姚秀超，朱勇飞，吕通建，等. 不同弹性体增韧聚甲醛的研究［J］. 工程塑料应用，2013，41（3）：30－33.
[73] 李磊，方伟，黄河，等. 聚丙烯/聚甲醛合金性能的研究［J］. 现代塑料加工应用，2017，29（1）：9－11.
[74] 孟永智，方伟，孙亚楠，等. 聚氨酯弹性体增韧聚甲醛改性研究［J］. 合成材料老化与应用，2015，44（5）：45－48.
[75] 沈晓洁，邱桂学. 乙烯-乙酸乙烯酯共聚物增韧改性聚甲醛的研究［J］. 中国塑料，2016，30（12）：36－42.
[76] 蔡菁菁，张明非，蔡绪福. 弹性体和刚性粒子对聚甲醛的增韧改性研究［J］. 中国塑料，2012，26（8）：26－30.
[77] 罗鹏，刘惠文，戴文利，等. PE-UHMW 对聚甲醛力学性能及非等温结晶的影响研究［J］. 中国塑料，2014，28（4）：46－51.
[78] 陈曦，冯小丰，金旺，等. 玻璃微珠填充改性聚甲醛复合材料的制备及性能研究［J］. 工程塑料应用，2014，41（11）：28－32.
[79] 沈玉婷，伍敏萍，屈健强，等. 废旧聚甲醛/改性竹纤维复合材料的力学性能研究［J］. 中国塑料，2016，30（12）：91－96.
[80] 王彦辉，田庆丰，刘保英，等. 硅灰石纤维增强聚甲醛复合材料的制备与性能研究［J］. 化学研究，2016，27（5）：609－613.
[81] 金璐，刘保英，徐元清，等. 聚甲醛/弹性体/纳米碳酸钙复合材料的制备及性能研究［J］. 中国塑料，2015，29（4）：58－63.
[82] 吴保章，王彦辉，李豪，等. 膨胀蛭石填充聚甲醛复合材料的制备与性能［J］. 化学研究，

2017，28（2）：236－240.
[83] 仝蓓蓓，马亿珠，张孝彦. 聚甲醛/不同表面修饰二氧化硅纳米复合材料的力学性能、热性能及结晶行为［J］. 中国塑料，2017，31（3）：46－52.
[84] 刘俊鹏，龙春光，谌磊，等. 漆籽壳纤维含量对聚甲醛/玄武岩纤维复合材料的力学及摩擦学性能的影响［J］. 中国塑料，2017，31（4）：40－44.
[85] 黄志良. 碳纳米管/聚甲醛复合材料的结晶行为研究［J］. 池州学院学报，2015，29（3）：45－47.
[86] 陈先敏，于向天，周涛，等. 三聚氰胺聚磷酸盐阻燃聚甲醛研究［J］. 工程塑料应用，2016，44（11）：109－102.
[87] 赵静，姚秀超，吕通建，等. 红磷膨胀阻燃体系阻燃聚甲醛的研究［J］. 中国塑料，2014，28（2）：50－54.
[88] 吴燕鹏，王艳飞，杨阳，等. 阻燃成炭剂 trimer 和微胶囊红磷复配阻燃聚甲醛的研究［J］. 中国塑料，2016，30（7）：82－86.
[89] 宋波，黄元盛. 导电聚甲醛/炭黑复合材料的制备及其表面直接电镀铜［J］. 电镀与涂饰，2016，35（3）：117－120.
[90] 任德财，史民强，谢刚. 复配抗氧剂对聚甲醛的热稳定性化研究［J］. 黑龙江大学工程学报，2014，5（11）：47－50.
[91] 李丽英. 抗静电/导电型聚甲醛产品的开发与应用［J］. 塑料科技，2013，41（12）：60－64.
[92] 姜慧婧，李彦鹏，杨玮婧，等. 抗静电聚甲醛的研究［J］. 现代塑料加工应用，2017，29（4）：21－23.
[93] 王军，徐海军. 抗静电聚甲醛的制备及性能［J］. 工程塑料应用，2016，44（18）：22－25.
[94] 陶兆增，王亚涛，李建华，等. 耐候型聚甲醛复合物的制备与性能研究［J］. 中国塑料，2014，28（4）：28－33.
[95] 谢云峰. 聚甲醛的耐紫外光/耐候性［J］. 合成树脂及塑料，2015，32（1）：56－58.
[96] 冯清正，张英伟，孙长江，等. 耐磨消音聚甲醛复合材料开发［J］. 工程塑料应用，2013，41（7）：21－25.
[97] 傅全乐，李齐方，丁筠，等. 聚甲醛的耐磨改性研究［J］. 工程塑料应用，2014，42（7）：34－37.
[98] 陈威，宁宇，李亚斌. 耐磨改性聚甲醛材料性能研究［J］. 天津化工，2017，31（3）：34－36.
[99] 刘洪阵，刘喜明. 碳纤维与铜颗粒增强聚甲醛复合材料摩擦磨损性能研究［J］. 长春工业大学学报，2015，36（1）：6－10.
[100] 马小丰，金旺，杨大志，等. 碳纤维增强聚甲醛复合材料的制备及性能研究［J］. 工程塑料应用，2014，42（1）：23－26.
[101] 李红霞，张立群，王炎祥，等. SEBS/PPO 共混物的相态结构及力学性能和流变性能研究［J］. 中国塑料，2014，28（6）：33－40.
[102] 段家真，余若冰，胡林，等. 新型聚苯醚改性环氧树脂［J］. 上海大学学报，2015，21（1）：38－45.

[103] 付杰辉，陈晓东，徐群杰，等．聚苯醚/聚酰胺合金的增容及增韧改性研究［J］．塑料工业，2014，42（10）：36－39.
[104] 马玫，雷祖碧．聚苯醚与尼龙 6 共混物的增容性［J］．合成材料老化与应用，2014，43（5）：19－21.
[105] 王翔，王启，于向天，等．聚苯醚/聚对苯二甲酸丁二醇酯合金的增容改性研究［J］．塑料工业，2017，45（8）：27－30.
[106] 任强，韩玉，李锦春，等．低介电高耐热环氧树脂/聚苯醚/POSS 纳米复合材料研究［J］．功能材料，2013，44（9）：1320－1323.
[107] 洪喜军，容建华，林志丹，等．复配增容剂增容 PPO/PP/GF 研究［J］．工程塑料应用，2012，40（1）：20－23.
[108] 宋芳，姜立忠，刘成阳．聚苯醚/聚苯乙烯/纳米二氧化硅复合材料的制备及其结构与性能［J］．工程塑料应用，2012，40（3）：30－32.
[109] 王尹杰，郭建鹏，张强，等．玻纤增强聚苯醚/聚丙烯复合材料的制备及其性能研究［J］．塑料工业，2014，42（10）：25－28.
[110] 王宏华，梅启林，夏雪，等．芳纶纤维增强聚苯醚/尼龙 6 合金的性能研究［J］．玻璃钢/复合材料，2017（6）：75－79.
[111] 郑雪琴，刘芳，于利芳．碳纤维增强 PPO/PA6 共聚物的研究［J］．中国塑料，2013，27（7）：43－47.
[112] 李婷婷，彦红侠，王倩倩，等．氰酸酯/聚苯醚/超支化聚硅氧烷接枝纳米 SiO_2 复合材料的性能［J］．中国塑料，2014，28（1）：22－27.
[113] 韦良强，孙静，黄安荣，等．超声功率对导电炭黑填充 PA66/PPO 共混物性能的影响［J］．合成树脂及塑料，2017，34（4）：36－39.
[114] 李华亮．无卤阻燃聚苯醚弹性体的研究［J］．广东化工，2016，43（16）：1－2.
[115] 王宇，许苗军，李斌．三秦膨胀阻燃剂/聚苯醚阻燃聚丙烯的性能研究［J］．塑料科技，2016，44（5）：83－86.
[116] 刘杰，刘春林，夏艳平，等．石墨对聚苯醚/聚苯乙烯共混物蠕变性能的影响［J］．现代塑料加工应用，2015，27（1）：22－25.
[117] 高峰．环境友好型高安全性耐水软电缆用聚苯醚材料的研究［J］．电线电缆，2015（5）：17－19.
[118] 瞿启云，邓友银，黄钊，等．改性聚苯醚合金在雷达天线罩上的应用［J］．电子机械工程，2015，31（2）：48－51.
[119] 孙建彬，李正，韦生文，等．聚苯醚在天线罩上的应用技术研究［J］．电子机械工程，2016，32（5）：53－56.
[120] 杨昆晓，信春玲，姜李龙，等．三螺杆挤出共混聚酰胺 66/聚苯醚的工艺参数优化分析［J］．北京化工大学学报，2017，44（3）：87－92.
[121] 马秀清，葛明杰，程琨，等．不同混合设备对聚苯醚/聚酰胺 66 合金性能的影响［J］．中国塑料，2016，30（12）：9－12.
[122] 李文斐，姚占海，部小萌，等．预辐照聚苯醚反应挤出接枝共聚物的制备［J］．合成树脂及塑料，2013，30（1）：29－33.
[123] 何栋，唐婷．PPO 改性 PVC 泡沫材料的制备与性能［J］．合成材料老化与应用，2016，45

(1): 10 - 14.
[124] 郑振超，寇开昌，张冬娜，等. 聚四氟乙烯表面改性技术研究进展 [J]. 工程塑料应用，2013，41 (2): 105 - 110.
[125] 康克家，杜三明，张永振，等. PTFE 复合材料摩擦及改性研究综述 [J]. 润滑与密封，2012，37 (6): 99 - 102.
[126] 朱长岭，陈跃，杜三明，等. 改性聚四氟乙烯摩擦学研究进展 [J]. 工程塑料应用，2011，39 (6): 92 - 94.
[127] 侯梅，寇开昌，张冬娜，等. 协同填充改性聚四氟乙烯复合材料的研究进展 [J]. 工程塑料应用，2011，39 (5): 110 - 113.
[128] 杨俊秋，周飞，胡学梅，等. 密封填充改性 PTFE 的研究及应用 [J]. 武汉船舶职业技术学院学报，2014 (3): 25 - 28.
[129] 金石磊，李小慧. 锡青铜粉改性 PTFE 复合材料对铝合金摩擦磨损性能的研究 [J]. 广州化工，2017，45 (4): 87 - 90.
[130] 王科，谢苏江. 陶瓷填充改性聚四氟乙烯密封材料的制备性能与研究 [J]. 液压气动与密封，2010 (7): 25 - 28.
[131] 陈扶东，龚俊. 不同填充 PTFE 复合材料的力学及摩擦磨损性能 [J]. 润滑与密封，2014，39 (5): 13 - 16.
[132] 颜录科，李炜光，寇开昌，等. $BaSO_4$/PTFE 复合材料在干摩擦条件下的摩擦磨损机理研究 [J]. 航空材料学报，2010，30 (5): 78 - 81.
[133] 于占江，邱建设，姜娟. Al_2O_3/$CaCO_3$/PTFE 三元复合材料力学性能探讨 [J]. 咸阳师范学院学报，2014，29 (6): 30 - 32.
[134] 庞翔，张彩虹，童启铭，等. SiO_2 粒径对 PTFE/SiO_2 复合材料性能的影响 [J]. 压电与声光，2012，34 (6): 908 - 911.
[135] 田华，解旭东，宋希文. TiO_2 改性 PTFE 复合材料力学与摩擦性能的研究 [J]. 内蒙古科技大学学报，2010，29 (4): 334 - 338.
[136] 郑振超，寇开昌，张冬娜. 玻璃微珠表面处理对 PTFE 密封材料性能的影响 [J]. 粘接，2013 (5): 63 - 67.
[137] 禹权，叶素娟. 硅灰石纤维改性 PTFE 材料摩擦性研究 [J]. 工程塑料应用，2012，40 (2): 73 - 75.
[138] 王超，王齐华，王廷梅. 聚苯酯/玻璃纤维改性 PTFE 密封材料的热力学性能 [J]. 润滑与密封，2017，42 (8): 1 - 5.
[139] 见雪珍，李华，房光强，等. 含碳纳米管、石墨烯的 PTFE 基复合材料摩擦磨损性能 [J]. 功能材料，2014，45 (3): 11 - 16.
[140] 李国一，叶素娟. 纳米 Al_2O_3 与青铜粉协同填充 PTFE 复合材料的性能研究 [J]. 塑料工业，2012，40 (11): 78 - 81.
[141] 孙义牛，穆立文，史以俊，等. 纳米 Cu 粉填充碳纤维/PTFE 复合材料的摩擦磨损性能 [J]. 润滑与密封，2011，36 (8): 38 - 41.
[142] 余志扬，汪海风，徐意，等. 纳米 ZnO 填充 PTFE 复合材料的力学及摩擦学性能 [J]. 润滑与密封，2012，37 (7): 53 - 55.
[143] 朱磊宁，谢苏红，安琦. 碳纳米管改性 PTFE 材料的导热性能 [J]. 华东理工大学学报，

2015，41（1）：97－102.
[144] 马国军，黄晓鹏，万芳新. 微米及纳米石墨改性 PTFE 复合材料摩擦磨损性能研究［J］. 化工机械，2010，37（2）：145－147.
[145] 胡泽华，张红烨. PTFE 油封技术发展趋势［J］. 润滑与密封，2015，40（10）：128－133.
[146] 时连卫，王子君，孙小波，等. 纳米 Al_2O_3 改性 PTFE 复合保持架材料性能研究［J］. 轴承，2016（6）：35－38.
[147] 邱新标. PTFE 玻纤烧结耐高温滤料的研究及应用［J］. 中国环保产业，2010（5）：56－58.
[148] 陶忠明，方向，李裕春，等. Al/Fe_2O_3/PTFE 反应材料制备及性能［J］. 含能材料，2016，24（8）：781－786.
[149] 马芳，金石磊，王文东，等. PTFE 复合材料力学性能及摩擦磨损机理的研究［J］. 广州化工，2011，39（13）：48－51.
[150] 施威，陈晔，阚松. 表面处理工艺对碳纤增强 PTFE 密封垫片性能的影响［J］. 轻工机械，2014，32（5）：27－31.
[151] 李捷，王成，刘培杰，等. PTFE/玻纤膜结构材料拉伸性能研究［J］. 高科技纤维与应用，2013，38（1）：48－51.
[152] 杨东亚，王月，董悦，等. 不同纳米填料增强 PPS-PTFE 共混物的摩擦磨损性能分析［J］. 功能材料，2014，45（6）：11－15.
[153] 叶素娟，曾幸荣，范青，等. 高回弹低磨损食品级 PTFE 密封材料研制［J］. 工程塑料应用，2014，42（2）：20－24.
[154] 叶素娟，曾幸荣，谭锋. 多孔含油 PTFE 密封材料的制备及性能［J］. 润滑与密封，2013，38（1）：70－73.
[155] 王文东，张超，杜鸣杰，等. 水/油润滑条件下 PTFE 复合材料的摩擦学性能［J］. 理化检验-物理分册，2016，52（10：717－721.
[156] 陈涛，焦明华，田明，等. 稀土化合物对 PTFE 基三层复合材料摩擦磨损性能的影响［J］. 润滑与密封，2015，40（1）：37－40.
[157] 林新土，张华集，黄巧玲，等. 回收 PET 增韧改性研究进展［J］. 工程塑料应用，2013，41（2）：101－103.
[158] 吴泽帆，何晓红，梁远生，等. PET 回收料的改性研究［J］. 广州化工，2015，43（4）：82－84.
[159] 张华集，甘晓平，张雯，等. TPV 及 PP-g-MAH 对回收 PET 的改性研究［J］. 塑料科技，2012，40（1）：60－64.
[160] 王建国，梁秀丽，孙东，等. 玻璃纤维增强 PBT/PET 共混物性能研究［J］. 工程塑料应用，2015，43（6）：95－97.
[161] 张少峰，李迎春，郑佳星，等. 环氧树脂改性 PET 的研究［J］. 塑料科技，2011，39（9）：41－44.
[162] 马星慧，杜素果，乔冰，等. 回收 PET 与 PC 熔融共混改性研究［J］. 工程塑料应用，2014，42（1）：40－43.
[163] 丁鹏，刘枫，苏双双，等. 纳米滑石粉增强废旧 PET 复合材料的制备和性能研究［J］. 功

能材料，2014，45（6）：116-121.
[164] 张杰，乔辉，丁筠，等．PET阻燃复合材料的研究进展［J］．工程塑料应用，2017，45（5）：140-143.
[165] 郭永萍，罗钟琳，王标兵．AlPi和PPBBA复配阻燃PET的燃烧性能［J］．工程塑料应用，2017，45（5）：7-12.
[166] 马萌，朱志国，魏丽菲，等．磷系阻燃剂/硼酸锌复合阻燃PET的制备及性能研究［J］．合成纤维工业，2016，39（3）：21-24.
[167] 王忠卫，刘炳艳，田秀娟，等．新型含磷阻燃剂阻燃PET热稳定性研究［J］．山东科技大学学报，2016，33（2）：86-92.
[168] 王鹏，王锐，朱志国．阻燃抗熔滴PET的制备与性能表征［J］．合成纤维工业，2015，38（2）：32-25.
[169] 王淼，刘春秀，王彪．原位聚合法制备PET蓄光功能复合材料［J］．华东大学学报，2016，42（1）：24-29.
[170] 董海东．高阻隔耐热PET瓶材料的制备与性能研究［J］．合成材料老化与应用，2017，46（2）：22-27.
[171] 高磊，李强，李文强，等．含再生材料的PC/PET无卤阻燃合金加工稳定性［J］．工程塑料应用，2016，44（5）：55-59.
[172] 朱道峰，封英俏．以回收聚酯瓶为主要原料的PET/PE合金管材的研制［J］．中国塑料，2015，29（7）：100-103.
[173] 陈志兵，何继敏．PET挤出发泡成型的工艺参数研究［J］．塑料科技，2011，39（10）：58-61.
[174] 李秀华，王自瑛．PET降解研究进展［J］．塑料科技，2011，39（4）：110-114.
[175] 杨兴娟，修志锋，尤丛赋，等．PET薄膜表面改性研究进展［J］．工程塑料应用，2015，43（4）：148-152.
[176] 潘小虎，李乃祥，庞道双，等．发泡PET研究进展［J］．合成技术及应用，2015，30（1）：21-25.
[177] 李艳敏，张颖，颜卿华，等．聚对苯二甲酸丁二醇酯增韧改性研究进展［J］．塑料科技，2011，39（8）：101-104.
[178] 郭建兵，王峰，邵会菊，等．POE-g-（GMA-Co-St）的制备及其对PBT的共混改性［J］．现代塑料加工与应用，2012，24（1）：38-41.
[179] 赵晨阳，李绍英，王成忠．核壳粒子对PBT增韧改性研究［J］．北京化工大学学报，2011，38（5）：86-88.
[180] 付锦锋，麦堪成，何超雄，等．AS/PBT合金的性能及相结构研究［J］．广州化工，2015，43（22）：72-74.
[181] 彭景军，孙树林．环氧官能化ABS增韧PBT树脂的性能研究［J］．广州化工，2014，42（8）：77-79.
[182] 黄伯芬，白延潮，李枭．异氰酸酯基硅氧烷树脂/硅藻土/PBT复合材料研究［J］．塑料工业，2014，42（8）：109-112.
[183] 李文强，王依民，王斌．E-MA-GMA改善PC/PBT共混体系相容性的研究［J］．汽车零部件，2014（5）：42-44.

[184] 卞军，何飞雄，蔺海兰，等．环氧化 EPDM 对 PBT/LLDPE 共混体系的微观形态及力学性能的影响研究［J］．塑料工业，2014，42（8）：31－36.
[185] 严文，高山俊，唐晨．PA6/PBT 合金的制备与性能［J］．工程塑料应用，2017，45（3）：5－8.
[186] 宋功品，陆蕾蕾．玻纤增强 PBT 复合材料的制备［J］．安徽化工，2015，41（5）：25－27.
[187] 张志坚，费振宇，章建忠，等．短切玻璃纤维改性 PBT 的研究［J］．工程塑料应用，2011，39（7）：12－14.
[188] 陈锐，艾军伟，岑茵，等．玻纤增强 PBT/AS 合金相容性的研究［J］．广州化工，2013，41（20）：69－70.
[189] 李鑫，庞国星，肖聪利，等．碳纤维增强 PBT/ABS-g-MAH 复合材料的力学性能和流变行为［J］．中国塑料，2016，30（6）：52－56.
[190] 洪玉琢，朱健，冯正明，等．PBT/CF 导热复合材料的制备与研究［J］．工程塑料应用，2015，43（4）：92－96.
[191] 陈利岩，于维才，朱湘萍．PBT/海泡石纳米复合材料流变性及形貌特征研究［J］．聚酯工业，2013，26（3）：21－23.
[192] 张冬，彭辉，刘国玉，等．PBT/OMMT 纳米复合材料的性能研究［J］．工程塑料应用，2011，39（5）：40－42.
[193] 陈延明，贾鹏月，王立岩，等．原位聚合制备 PBT/nano-ZnO 复合材料及其结晶性能研究［J］．中国塑料，2016，30（3）：33－37.
[194] 罗雷，曾效舒，刘震云，等．PBT/CNTs 复合材料的制备及其导电性能［J］．南昌大学学报，2013，35（4）：331－334.
[195] 蔺海兰，卞军，周强，等．功能化纳米 SiO_2 改性 PBT 复合材料的研究［J］．现代塑料加工应用，2015，27（1）：9－13.
[196] 李晓生，林蔚，李静，等．纳米氧化镁的合成及其对 PBT 的增韧与阻燃效果研究［J］．合成技术及应用，2014，29（4）：17－19.
[197] 陶国良，魏晓东，夏艳平，等．PBT/石墨烯微片复合材料的导热性能和力学性能［J］．中国塑料，2016，30（5）：55－59.
[198] 任秀艳，曹春雷，王宇明．溶液共混法制备 PBT/石墨烯复合材料及其性能研究［J］．中国塑料，2016，30（2）：20－23.
[199] 赵婉，何敏，张道海，等．磷系阻燃剂阻燃 PBT 复合材料的研究进展［J］．现代塑料加工应用，2016，28（5）：48－51.
[200] 许博，钱立军．阻燃 PBT 用磷系阻燃剂的研究进展［J］．工程塑料应用，2016，44（1）：119－123.
[201] 陶国良，张发新，夏艳平，等．ALPi 和 MPP 协同阻燃 PBT 的研究［J］．现代塑料加工应用，2014，26（1）：52－55.
[202] 徐晓强．DOPO 衍生物的合成及其在阻燃 PBT 中的应用［J］．工程塑料应用，2015，43（3）：108－111.
[203] 付锦锋，麦堪成，程庆，等．ABS/PBT 合金的制备与性能研究［J］．广东化工，2015，42（19）：46－47.

[204] 雷祖碧，王浩江，王飞，等．高性能无卤阻燃PBT复合材料的研制 [J]．合成材料老化与应用，2015，44 (3)：38－41．
[205] 左景奇，李雄武，李方军，等．PPS与二乙基次膦酸铝协同阻燃GF增强PBT研究 [J]．工程塑料应用，2016，44 (2)：35－38．
[206] 王静，许苗军，李斌．次磷酸铝/磷腈衍生物协效阻燃PBT的性能研究 [J]．塑料科技，2015，43 (8)：82－85．
[207] 张志帆，武伟红，齐艳侠，等．次磷酸铝与石墨烯对PBT的协效阻燃作用 [J]．中国塑料，2016，30 (9)：41－45．
[208] 许博，陈雅君，辛菲，等．二乙基次膦酸铝与三嗪成炭剂协同阻燃PBT的研究 [J]．功能材料，2016，47 (9)：9079－9083．
[209] 兰浩，王保续，薛刚，等．无卤阻燃增强PBT材料的开发及应用 [J]．工程塑料应用，2011，39 (7)：47－49．
[210] 范潇潇，郭建鹏，孔伟，等．无卤阻燃长玻纤增强PBT的研究及应用 [J]．工程塑料应用，2015，43 (3)：113－116．
[211] 唐帅，钱志国，曹金波，等．一种高效无卤阻燃PBT复合材料的制备及性能 [J]．工程塑料应用，2016，44 (11)：27－30．
[212] 徐宁，刘琪，吕通建，等．阻燃增强PBT的增韧改性研究 [J]．工程塑料应用，2015，43 (12)：11－14．
[213] 陶国良，陆鸿博，廖华勇，等．基于磷-氮协同阻燃体系的抗静电PBT材料的性能研究 [J]．中国塑料，2015，29 (1)：48－51．
[214] 范玉东，李强，王斌，等．车灯装饰圈用PBT/PET合金的成型加工 [J]．塑料工业，2011，39 (1)：107－110．
[215] 李海东，富露祥，葛铁军，等．反应挤出增容技术制备超韧PBT合金的研究 [J]．辽宁化工，2011，40 (4)：349－351．
[216] 吕智．改善玻纤增强阻燃PBT复合材料翘曲的研究 [J]．塑料助剂，2015 (1)：34－36．
[217] 常铁，高金军，郭智威，等．改性PBT复合材料在水润滑条件下的摩擦学性能研究 [J]．润滑与密封，2017，42 (8)：31－35．
[218] 王保续，兰浩，李娜，等．高灼热丝阻燃增强PA/PBT合金材料 [J]．塑料工业，2012，40 (11)：99－102．
[219] 才勇，孟成铭，杨涛．节能灯PBT材料阻燃、增韧与抗黄变研究 [J]．工程塑料应用，2012，40 (4)：9－12．
[220] 雷祖碧，马玫．抗黄变PBT节能灯专用料的研究 [J]．合成材料老化与应用，2013，42 (1)：11－13．
[221] 曹世晴，孙莉，薛为岚，等．一种用于FDM型3D打印的改性PBT [J]．功能高分子学报，2016，29 (1)：75－79．
[222] 王雄刚，姚丁杨，黄彩霞，等．GF增强PPS复合材料的增韧改性研究 [J]．工程塑料应用，2016，44 (2)：116－119．
[223] 程丽，薛平，金志明，等．SEBS-g-MAH对PPS性能的影响 [J]．工程塑料应用，2016，44 (7)：41－44．
[224] 屈晓莉，刘丽娜．PPES/PPS共混物的性能研究 [J]．中国塑料，2016，30 (9)：31－34．

[225] 王英，姜涛，王宪忠，等. 聚甲基乙烯基硅氧烷增韧聚苯硫醚的力学性能研究 [J]. 中国塑料，2015，29（3）：51-56.

[226] 李黎明，巴俊洲，蒋亚雄，等. PPS/MoS_2/PTFE 密封材料的制备及性能研究 [J]. 舰船防化，2014，46（1）：9-12.

[227] 岳守兆，曲敏杰，吴立豪，等. PPS/PAI/CF 复合材料摩擦磨损性能的研究 [J]. 塑料科技，2013，42（4）：76-82.

[228] 孙海青，谭洪生，王延刚，等. 聚苯硫醚/高密度聚乙烯/玻纤复合材料增韧研究 [J]. 工程塑料应用，2011，39（12）：68-71.

[229] 张志军，戴文利，王文志，等. 增强增韧聚苯硫醚复合材料研制及其应用 [J]. 现代塑料加工应用，2011，23（3）：8-10.

[230] 王宏亮. 玄武岩纤维增强聚苯硫醚复合材料摩擦磨损性能的研究 [J]. 中国塑料，2013，27（3）：42-44.

[231] 袁霞，孙义红，安玉良，等. 碳纳米管/碳纤维增强聚苯硫醚复合材料研究 [J]. 化学与粘合，2015，37（1）：11-14.

[232] 邢剑，邓炳耀，刘庆生，等. 聚苯硫醚/有机蒙脱土复合材料热氧化研究 [J]. 合成纤维工业，2014，37（5）：6-10.

[233] 王笑天，周旭晨，李振环，等. S-9228 抗氧剂改善聚苯硫醚热氧化性能的研究 [J]. 合成纤维工业，2017，40（3）：17-20.

[234] 景鹏展，朱姝，余木火，等. 基于碳纤维表面修饰制备碳纤维织物增强聚苯硫醚（CFF/PPS）热塑性复合材料 [J]. 材料工程，2016，44（3）：21-27.

[235] 李静莉，刘涛，罗世凯，等. 微孔注射成型 PPS 及其性能研究 [J]. 中国塑料，2016，26（9）：72-77.

[236] 黄泽彬，刘举，陈瑜，等. 聚苯硫醚耐磨改性研究 [J]. 工程塑料应用，2014，42（12）：15-18.

[237] 杨东亚，王月，龚俊，等. 聚苯硫醚与纳米 Al_2O_3 填充聚四氟乙烯复合材料的摩擦磨损性能 [J]. 润滑与密封，2013，38（11）：72-77.

[238] 陈金亭. 聚苯硫醚注塑成型技术 [J]. 天津化工，2013，27（1）：4-6.

[239] 张勇，张蕊萍，黄玉莲，等. 抗热氧化 PPS 复合材料的制备及性能研究 [J]. 工程塑料应用，2014，42（6）：22-25.

[240] 李开洋，吴宏，刘咏，等. 热压法制备 Zr 基非晶颗粒增强聚苯硫醚复合材料的摩擦磨损性能 [J]. 粉末冶金材料科学与工程，2015，20（6）：914-920.

[241] 牛军锋. 纤维增强聚苯硫醚复合材料摩擦磨损性能的研究 [J]. 塑料科技，2012，40（10）：55-57.

[242] 于倩倩，陈刚，崇琳，等. PES 增韧高性能环氧树脂力学性能研究 [J]. 工程塑料应用，2012，40（9）：22-24.

[243] 李雪峰，郭梅梅，刘佰军，等. SPEEK/PES 嵌段聚合物的制备及性能 [J]. 高等学校化学学报，2011，32（5）：1022-1024.

[244] 程宝发，张天骄. PPS/PES 共混物相容性的研究 [J]. 失效分析与预防，2010，5（1）：17-20.

[245] 陈宇飞，谭珺琰，张清宇，等. SCE-SiO_2/PES-MBAE 复合材料微观形貌及性能 [J]. 哈

尔滨理工大学学报，2016，21（4）：75－79.
[246] 陈宇飞，代起望，腾成君，等．超临界氧化铝/聚醚砜-BMI-BBA-BBE复合材料的微观结构与耐热性［J］．复合材料学报，2015，32（3）：665－672.
[247] 龙春光，李融峰，粟洋，等．聚苯硫醚/聚醚砜共混材料的力学性能和热学行为［J］．长沙理工大学学报，2010，7（3）：63－67.
[248] 孟玲宇，徐任信，郑从伟．玻纤/聚醚砜/环氧复合材料老化性能研究［J］．玻璃钢/复合材料，2014（8）：31－34.
[249] 卞军，魏晓伟，王琴，等．聚醚砜/热膨胀石墨导电纳米复合材料的制备与性能研究［J］．西华大学学报，2011，30（6）：89－94.
[250] 张慧，郭艳玲，赵德金，等．松木粉/聚醚砜树脂复合材料的制备及选择性激光烧结试验［J］．东北林业大学学报，2014，42（11）：150－152.
[251] 郭艳玲，姜凯译，辛宗生，等．木粉/PES复合粉末选择性激光烧结成形及后处理技术研究［J］．电加工与模具，2011（6）：29－32.
[252] 胡良志，颜银标，刘晶晶．汽车装饰紧固件用PES/CFP材料的制备与性能［J］．工程塑料应用，2014，42（3）：22－25.
[253] 骆志高，李进，赵兵．金属/PES复合自润滑材料的制备及摩擦学性能研究［J］．塑料工业，2012，40（11）：114－117.
[254] 李文晓，官威．PES泡沫芯材的压缩性能研究［J］．工程塑料应用，2010，38（8）：52－54.
[255] 李恩重，徐滨士，王海斗，等．玻璃纤维增强PEEK复合材料的高速干摩擦性能［J］．工程塑料应用，2012，40（5）：62－65.
[256] 魏佳顺，潘蕾，陶杰，等．表面处理对碳纤维润湿性及连续纤维增强PEEK复合材料拉伸性能的影响［J］．纤维复合材料，2010，27（4）：36－40.
[257] 聂琰，曲敏杰，吴立豪，等．PEEK/AIN/CF复合材料动态力学性能的研究［J］．现代塑料加工应用，2016，23（3）：48－51.
[258] 王志，雷卓研，张晓玲，等．聚醚醚酮/多壁碳纳米管复合材料力学及阻燃性能研究［J］．中国塑料，2014，28（11）：42－46.
[259] 韩崇涛，马驰，蒋立新，等．吸附共沉淀法制备聚醚醚酮/多壁碳纳米管复合材料与性能研究［J］．合成化学，2013，21（1）：26－31.
[260] 汪怀远，林珊，张帅，等．仿生多孔润滑耐磨CF/PTFE/PEEK复合材料的设计及其摩擦学性能［J］．材料工程，2014（6）：45－50.
[261] 万长宇，曲敏杰，吴立豪，等．PEEK抗静电复合材料的研究［J］．塑料技术，2013，42（3）：54－57.
[262] 代汉达，曲建俊，庄乾兴．模压工艺对CF+G/PEEK复合材料力学性能的影响［J］．吉林大学学报，2010，40（2）：457－460.
[263] 程芳伟，姜其斌，张志军，等．注塑工艺对PTW/PEEK制品力学性能的影响［J］．塑料工业，2014，42（10）：68－71.
[264] 马忠雷，张广成，杨全，等．PPS/PEEK共混物的超临界CO_2微孔发泡研究［J］．工程塑料应用，2015，43（6）：16－21.
[265] 王全兵，张志军，刘爱学，等．高承载耐磨PEEK复合材料配方与制备工艺研究［J］．塑

料工业，2013，41（1）：116－119.
[266] 谭力新，刘亚雄，陈若梦，等．个性化聚醚醚酮颅骨植入物多点柔性注塑工艺［J］．西安交通大学学报，2016，50（8）：130－134.
[267] 汪怀远，朱艳吉，冯新，等．碱液中晶须增强 PEEK 复合材料的摩擦磨损性能［J］．化工学报，2010，61（6）：1550－1553.
[268] 马刚，张淑玲，岳喜贵，等．聚醚醚酮/硅灰石/玻纤三元复合材料的制备及性能研究［J］．航空制造技术，2013（5）：84－88.
[269] 苏亚男，张寿春，张兴华，等．石墨烯/碳纤维/聚醚醚酮复合材料的制备及性能［J］．新型炭材料，2017，32（2）：152－159.
[270] 陈佩民，孙克原．纳米 SiO_2/CF 混杂增强聚醚醚酮复合材料的耐磨性研究［J］．江苏科技信息，2013（9）：55－56.
[271] 曾栌贤，吴婷，徐建军，等．热致液晶聚芳酯/聚醚醚酮复合纤维非等温结晶动力学研究［J］．合成纤维工业，2013，36（6）：5－9.
[272] 朱艳吉，陈晶，姜丽丽，等．组装改性碳纤维增强聚醚醚酮复合材料的摩擦学性能［J］．润滑与密封，2015，40（8）：61－65.
[273] 戴春霞，李洁，粟洋，等．四针状氧化锌晶须增强聚醚醚酮复合材料的正交试验研究［J］．润滑与密封，2011，36（2）：35－37.
[274] 赵春丽，邱文，单小红．三维编织纤维增强聚醚醚酮材料的性能［J］．轻纺工业与技术，2012，41（1）：25.
[275] 陈书华，韩建平，王喜占，等．连续碳纤维增强聚醚醚酮预浸带成型工艺及性能［J］．宇航材料工艺，2016（4）：48－51.
[276] 楚婷婷，李媛媛，孙小波，等．聚醚醚酮/聚四氟乙烯复合水润滑轴承材料性能研究［J］．轴承，2015（5）：35－37.
[277] 闫春子，关鹏．聚醚醚酮在电缆上的应用［J］．电线电缆，2013（4）：16－18.
[278] 代晓瑛，雷兴平．环控系统高温管路用聚醚醚酮的应用性能研究［J］．塑料工业，2013，41（11）：100－103.
[279] 倪卓，王应，刘士德，等．聚醚醚酮/纳米羟基磷灰石生物材料对 MG-63 细胞增殖作用［J］．生物骨科材料与临床研究，2013，10（3）：46－48.
[280] 张檬，马晓燕，张杰．新型功能性聚酰亚胺的研究与应用进展［J］．工程塑料应用，2013，41（1）：109－112.
[281] 张晶晶，徐勇，韩青，等．低温制备聚酰亚胺的研究进展［J］．塑料科技，2015，43（9）：87－91.
[282] 吕佳滨，王锐．聚酰亚胺纤维结构、性能及其应用［J］．高科技纤维与应用，2016，41（5）：23－26.
[283] 李华南，封伟，王挺．聚酰亚胺合成及应用进展［J］．吉林建筑大学学报，2017，34（2）：102－106.
[284] 赵丽萍，寇开昌，吴广磊，等．聚酰亚胺合成及改性的研究进展［J］．工程塑料应用，2012，40（12）：108－111.
[285] 张磊．聚酰亚胺的改性研究现状［J］．科技风，2017（5）：182－183.
[286] 钱明球．聚醚酰亚胺的研发现状与应用前景［J］．合成技术及应用，2011，26（3）：

30-33.
[287] 陈宇飞，郭红缘，李志超，等. 聚醚砜/双马来酰亚胺-环氧树脂复合材料的微观结构与性能［J］. 复合材料学报，2017，34（5）：939-943.
[288] 郭来辉，方省众，王贵宾，等. 热塑性聚酰亚胺与聚醚醚酮共混物的等温结晶动力学［J］. 高等学校化学学报，2011，32（12）：2908-2915.
[289] 张汉宇，张亨. 碳系填料改性聚酰亚胺的研究进展［J］. 上海塑料，2016（4）：15-22.
[290] 高艺航，石玉红，王鲲鹏，等. 碳纤维增强聚酰亚胺树脂基复合材料 MT300/KH420 高温力学性能（Ⅰ）——拉伸和层间剪切性能［J］. 复合材料学报，2016，33（6）：1206-1212.
[291] 张颖，沈杰，徐祖顺，等. 聚酰亚胺/无机粒子复合材料的制备及其性能研究进展［J］. 合成树脂及塑料，2013，30（1）：76
[292] 王志远，沈旭，俞娟，等. 聚酰亚胺/纳米炭黑复合材料的性能研究［J］. 中国塑料，2014，28（2）：41-43.
[293] 黄伟九，叶峰，赵远，等. 空心微珠-碳纤维共混改性聚酰亚胺复合材料的摩擦学性能［J］. 复合材料学报，2013，30（4）：59-65.
[294] 李书干，焦晓宁. 聚酰亚胺针刺织物与聚苯硫醚针刺织物的热稳定性与燃烧性能对比［J］. 纺织学报，2012，32（12）：35-38.
[295] 潘志龙. 钛酸钡改性及其聚酰亚胺复合材料的性能研究［J］. 电子科技，2015，28（3）：154-157.
[296] 张洪文，耿晓坤，张福婷，等. 聚酰亚胺/水滑石复合材料的制备与表征［J］. 中国塑料，2014，28（12）：45-48.
[297] 姜恒，俞如，沈旭，等. 蒙脱土/聚酰亚胺复合材料摩擦磨损性能［J］. 润滑与密封，2015，40（11）：94-97;
[298] 付红梅，朱光明，王宗瑶，等. 纳米材料改性聚酰亚胺研究进展［J］. 中国塑料，2015，29（2）：1-5.
[299] 沈旭，俞娟，穆丽柏，等. 凹凸棒土改性聚酰亚胺复合材料的摩擦磨损性能［J］. 润滑与密封，2012，37（12）：69-73.
[300] 任攀，李长青，周雷. 碳纳米管/石墨烯增强聚酰亚胺树脂性能研究［J］. 机械工程师，2015（9）：131-132.
[301] 闵春英，聂鹏，刘颖，等. 耐高温 GO/聚酰亚胺复合材料的制备及摩擦性能［J］. 固体火箭技术，2014，37（4）：569-573.
[302] 王丹，亚辉，李桢林，等. 石墨烯及其衍生物改性聚酰亚胺的研究进展［J］. 江汉大学学报，2016，44（2）：108-112.
[303] 王鸣玉，王亚，李衡峰. 石墨烯/聚酰亚胺介电复合材料的制备与性能［J］. 粉末冶金材料科学与工程，2017，22（1）：62-68.
[304] 王小燕，许文慧，侯豪情. 电纺碳纳米纤维短纤增强的高介电常数聚酰亚胺复合材料［J］. 江西师范大学学报，2017，41（3）：221-223.
[305] 姚瑶，张广成，史学涛，等. 短切碳纤维增强聚酰亚胺泡沫的制备及性能［J］. 工程塑料应用，2017，45（8）：1-5.
[306] 向贤伟，王倩. 高阻隔聚酰亚胺的研究进展［J］. 广州化工，2016，44（5）：39-40.

[307] 孟宪娇，杨云峰，王利萍，等. 芳香性聚酰亚胺的阻燃改性研究进展［J］. 中国塑料，2015，28（1）：14－17.

[308] 杨莹，严辉，杨志兰，等. 导电聚酰亚胺及其复合材料的研究进展［J］. 江汉大学学报，2015，43（3）：210－214.

[309] 张朋，周立正，包建文，等. 耐350℃ RTM 聚酰亚胺树脂及其复合材料性能［J］. 复合材料学报，2014，31（2）：345－351.

[310] 陈铁华，朱文苑，杨学军，等. 高强玻璃布增强聚酰亚胺复合材料性能［J］. 固体火箭技术，2010，34（5）：648－561.

[311] 李永真，陈玉红，王贵珍，等. 共聚联苯型聚酰亚胺的模压工艺研究［J］. 绝缘材料，2011，44（3）：57－59.

[312] 文晓梅，尤鹤翔，俞娟，等. 聚酰亚胺/聚苯胺导电复合材料的制备与表征［J］. 中国塑料，2013，27（6）：42－45.

[313] 赵海，张教强，季铁正，等. 聚酰亚胺/聚全氟乙丙烯层压复合材料摩擦性能研究［J］. 工程塑料应用，2011，39（10）：84－87.

[314] 马彦琼，谭忠阳，李玉杰，等. 聚四氟乙烯和石墨对聚醚酰亚胺摩擦学性能的影响［J］. 高等学校化学学报，2014，35（12）：2720－2724.

[315] 王云飞，张朋，刘刚，等. 航空发动机用聚酰亚胺树脂基复合材料衬套研究进展［J］. 材料工程，2016，44（9）：121－128.

[316] 刘中云，李辉，宗传永，等. 聚芳酯的研究进展［J］. 山东化工，2011，40（2）：33－35.

[317] 黄铄涵，洪帆，王依民. 氧化石墨烯改性热致液晶聚芳酯的结构性能研究［J］. 合成技术与应用，2015，30（1）：16－20.

[318] 肖中鹏，麦堪成，曹民，等. 热致液晶聚合物的研究进展［J］. 广州化工，2013，41（3）：9－12.

[319] 张娜，张毅，王久芬. 液晶聚合物的研究进展［J］. 工程塑料应用，2002，30（8）：53－56.

[320] 施娜娜，赵雄燕，仲锡军. 液晶化合物的研究进展［J］. 应用化工，2016，45（4）：768－776.

[321] 王雄刚，甘典松，宋克东，等. 埃洛石纳米管对聚酰胺66/热致液晶原位复合材料性能及微观形态的影响［J］. 中国塑料，2014，28（5）：56－58.

[322] 宫大军，魏伯荣. 热致型液晶增韧环氧树脂的研究进展［J］. 化学与粘合，2010，32（6）：50－53.

[323] 张爱玲，汪洋，吕震乾，等. 液晶离聚物/聚苯胺导电复合材料的研究［J］. 电源技术，2010，34（8）：807－808.

[324] 孙茹悦，李雪，谢建强，等. 具有形状记忆效应的液晶弹性体研究进展［J］. 中国塑料，2016，30（10）：1－4.

[325] 李文博，姜祎，陈新兵，等. 含氟液晶材料的发展趋势［J］. 浙江化工，2010，41（8）：1－7.